科学出版社“十四五”普通高等教育本科规划教材

细胞遗传学

Cytogenetics

陈　宏　主编

科　学　出　版　社

北　京

内 容 简 介

本书较为全面、系统地阐述了细胞遗传学的基本概念、基本理论和基本技术，并力求反映该学科的最新进展。全书涉及的内容包括原核生物和真核生物的染色体特征、真核生物的染色体行为学、染色体标本的制备原理及技术、染色体核型分析原理、技术及应用、染色体显带原理及技术、染色体结构与数目变异、染色体工程与育种、动物性别决定与控制技术、植物的无融合生殖、细胞融合与基因定位、干细胞的特性与研究应用、核移植与动物克隆技术、转基因与转染色体原理及技术、细胞基因组编辑原理及技术、染色质三维结构与功能、染色质重塑与组蛋白修饰、单细胞测序技术与应用、细胞器遗传学及细胞遗传学的应用研究等。

本书可作为高等院校及科研院所的生物科学、生物技术、生物工程、医学、动物科学、动物医学、智慧牧业、农学、园艺、草业科学、植保、食品科学等生命学科各有关专业本科生和研究生教材，同时也是从事细胞遗传学、细胞工程和细胞生物学教学、科研人员的一本有益的参考书。

图书在版编目（CIP）数据

细胞遗传学 / 陈宏主编. —北京：科学出版社，2022.10

科学出版社“十四五”普通高等教育本科规划教材

ISBN 978-7-03-073242-2

Ⅰ. ①细…　Ⅱ. ①陈…　Ⅲ. ①细胞遗传学－高等学校－教材　Ⅳ. ①Q343

中国版本图书馆 CIP 数据核字（2022）第 174938 号

责任编辑：刘　畅 / 责任校对：严　娜

责任印制：张　伟 / 封面设计：迷底书装

科 学 出 版 社 出版

北京东黄城根北街 16 号

邮政编码：100717

http://www.sciencep.com

北京九州迅驰传媒文化有限公司印刷

科学出版社发行　各地新华书店经销

*

2022 年 10 月第　一　版　开本：787×1092　1/16

2023 年 10 月第二次印刷　印张：29

字数：742 400

定价：168.00 元

（如有印装质量问题，我社负责调换）

编 写 人 员

主　编　陈　宏（西北农林科技大学）

副主编　蓝贤勇（西北农林科技大学）

李宗芸（江苏师范大学）

刘武军（新疆农业大学）

黄永震（西北农林科技大学）

编　者（按姓氏汉语拼音排序）

曹修凯（扬州大学）

程　杰（西北农林科技大学）

付建红（新疆师范大学）

韩永华（江苏师范大学）

姜运良（山东农业大学）

雷初朝（西北农林科技大学）

李红梅（华南农业大学）

李兴锋（山东农业大学）

刘武军（新疆农业大学）

娜日苏（西南大学）

潘传英（西北农林科技大学）

王　昕（西北农林科技大学）

徐学文（华中农业大学）

赵志辉（广东海洋大学）

陈　宏（西北农林科技大学）

党瑞华（西北农林科技大学）

韩红兵（中国农业大学）

黄永震（西北农林科技大学）

蓝贤勇（西北农林科技大学）

李　辉（广西大学）

李惠侠（南京农业大学）

李宗芸（江苏师范大学）

刘小军（河南农业大学）

聂庆华（华南农业大学）

汪文静（江苏师范大学）

徐美玲（江苏师范大学）

张　丽（广东海洋大学）

周　扬（华中农业大学）

主　审　曾文先（西北农林科技大学）

前　言

细胞是生命活动的基本结构单位和功能单位。30 多年以来，以细胞为基础的整个现代生物科学发展迅速，一系列新理论、新技术和新方法的不断涌现，使生物学家利用不同学科交叉在揭示生命奥秘和改造生物方面已开拓了不少新的研究领域，从而全面地推进了生命科学的研究进展。其中，以染色体或染色质为研究对象的细胞遗传学是最引人注目的研究领域之一。

细胞遗传学是以细胞生物学、分子生物学和遗传学等学科为基础而发展起来的一门以技术为主的遗传学分支学科，它的应用目前已广泛涉及临床医学、种植业、畜牧业、水产养殖业等。因此，了解和掌握细胞遗传学领域的基本概念、基本原理及基本技术对生命科学的人才培养和现代生物技术发展的促进是非常重要的。

全书共二十一章，可分为四大部分，第一部分是对整体细胞遗传学的概念、研究对象、研究内容、形成与发展、分支学科及应用的概述，包括第一章（绪论）和第二十一章（细胞遗传学的应用研究）；第二部分主要讲述经典细胞遗传学的基本原理、染色体标本的制备原理及技术，包括第二章（原核生物的染色体特征）、第三章（真核生物的染色体特征）、第四章（真核生物的染色体行为学）、第五章（染色体标本的制备原理及技术）、第六章（染色体核型分析原理、技术及应用）、第七章（染色体显带原理及技术）、第八章（染色体结构与数目变异）、第九章（染色体工程与育种）和第十章（动物性别决定与控制技术）；第三部分主要讲述体细胞遗传学的基本原理、技术及应用，包括第十一章（植物的无融合生殖）、第十二章（细胞融合与基因定位）、第十三章（干细胞的特性与研究应用）和第十四章（核移植与动物克隆技术）；第四部分主要讲述分子细胞遗传学的最新进展、基本原理、技术与应用，包括第十五章（转基因与转染色体原理及技术）、第十六章（细胞基因组编辑原理及技术）、第十七章（染色质三维结构与功能）、第十八章（染色质重塑与组蛋白修饰）、第十九章（单细胞测序技术与应用）和第二十章（细胞器遗传学）。

本书编写人员来自全国 14 所高等院校教学一线的教师。第一章由陈宏编写；第二章由付建红编写；第三章由聂庆华和李红梅编写；第四章由赵志辉和张丽编写；第五章的第一至四、八节由刘武军编写，第五、六节由雷初朝编写，第七节由李宗芸编写，第六章的第一至第六节、第八节由陈宏编写，第七节由韩永华编写；第七章由徐学文和陈宏编写；第八章由黄永震编写；第九章由韩永华编写；第十章由李辉编写；第十一章由李宗芸、徐美玲、汪文静编写；第十二章由刘小军编写；第十三章由潘传英编写；第十四章由韩红兵编写；第十五章由李惠侠编写；第十六章由王昕编写；第十七章由程杰和曹修凯编写；第十八章由蓝贤勇和娜日苏编写；第十九章由周扬编写；第二十章由党瑞华编写；第二十一章由姜运良和李兴锋编写。全书由陈宏教授和蓝贤勇教授统稿，最后由陈宏教授定稿。

曾文先教授审阅了全书，为本书的修改和定稿提出了不少宝贵的意见。西北农林科技大学教务处和科学出版社的同志在本教材编写与出版过程中给予了热情的指导、帮助与支持，在此一并表示衷心的感谢。此外，本书的部分插图引自书后相关参考文献，在此向原作者表示感谢。

由于细胞遗传学，特别是分子细胞遗传学的研究领域不断拓宽，发展迅速，加上编写人员水平有限，缺点和疏漏在所难免，敬请同行师生批评指正，以便将来进一步完善。

陈　宏

2022年9月

目　录

前言
第一章　绪论 …… 1
一、细胞遗传学的概念 …… 1
二、细胞遗传学研究的对象及任务 …… 1
三、细胞遗传学研究的内容 …… 1
四、细胞遗传学的形成与发展 …… 2
五、细胞遗传学的分支学科 …… 4
六、细胞遗传学的学习方法 …… 5
本章小结 …… 6
思考题 …… 6
第二章　原核生物的染色体特征 …… 7
第一节　原核生物概述 …… 7
一、原核生物概况 …… 7
二、原核生物的分类 …… 7
第二节　原核生物染色体的结构 …… 8
一、细菌染色体 …… 9
二、DNA 结构域和基因组超螺旋 …… 9
三、类核蛋白相关蛋白（NAP） …… 9
第三节　原核生物染色体形态、数目与基因分布 …… 10
第四节　原核生物染色体的复制 …… 10
一、与复制相关的酶 …… 10
二、DNA 复制过程 …… 11
三、质粒的一般特征及其复制调节 …… 12
第五节　原核生物基因组概述与作图 …… 13
一、原核生物基因组概述 …… 13
二、原核生物基因组作图 …… 14
第六节　原核生物染色体举例 …… 15
一、大肠杆菌的染色体 …… 15
二、大肠杆菌染色体基因特征 …… 16
三、大肠杆菌 DNA 结合蛋白 …… 16
本章小结 …… 18
思考题 …… 18
主要参考文献 …… 18

第三章 真核生物的染色体特征 …… 20
第一节 染色质与染色体 …… 20
一、染色质的概念 …… 20
二、染色体的概念 …… 21
第二节 染色质的化学组成 …… 21
一、DNA …… 21
二、蛋白质 …… 23
第三节 染色质的类型 …… 25
一、常染色质与异染色质 …… 25
二、X 染色质和 Y 染色质 …… 27
第四节 染色质结构基本单位的发现与组成 …… 27
第五节 从染色质到染色体的结构演化 …… 29
一、染色质的基本结构单位——核小体 …… 30
二、染色质的二级结构 …… 31
三、染色质的三级结构 …… 34
四、染色质组装的四级结构——染色体 …… 34
第六节 物种染色体形态、数目和类型 …… 35
一、染色体的形态 …… 35
二、染色体的形态类型 …… 35
三、染色体的数目 …… 40
四、性染色体与常染色体 …… 42
五、特异染色体 …… 43
第七节 真核生物基因组和基因 …… 44
一、真核生物基因组特征 …… 44
二、真核生物基因特征 …… 45
三、真核生物基因组分析 …… 48
第八节 真核生物与原核生物染色体的异同点 …… 49
本章小结 …… 50
思考题 …… 51
主要参考文献 …… 51
第四章 真核生物的染色体行为学 …… 53
第一节 染色体行为学变化 …… 53
一、细胞周期 …… 53
二、细胞周期相关的基本概念 …… 54
三、无丝分裂 …… 56
四、有丝分裂 …… 57
五、减数分裂 …… 65
六、有丝分裂与减数分裂比较 …… 73
第二节 动物配子发生与染色体的周期性变化 …… 75
一、配子形成过程 …… 75

二、染色体的周期变化……75
本章小结……77
思考题……78
主要参考文献……78
第五章　染色体标本的制备原理及技术……80
第一节　细胞遗传实验室所需的条件及溶液……80
一、细胞遗传实验室的要求……80
二、器具的清洗与灭菌……80
三、染色体制备所用的主要溶液与作用……81
第二节　骨髓染色体标本的制备……83
一、概述……83
二、骨髓染色体标本制备的原理……83
三、实验步骤……83
第三节　外周血淋巴细胞培养与染色体标本制备……84
一、微量全血培养法与染色体标本制备……84
二、分离白细胞培养法与染色体标本制备……85
第四节　组织细胞培养与染色体标本制备……86
一、概述……86
二、组织细胞培养……86
三、染色体标本制备……88
第五节　X 染色质的失活学说与巴氏小体制备……88
一、巴氏小体的发现……88
二、X 染色质失活的概念与证据……88
三、莱昂假说……89
四、X 染色质失活的机制……89
五、巴氏小体制备及其生物学意义……90
第六节　昆虫多线染色体标本的制备……91
一、昆虫多线染色体的发现与作用……91
二、果蝇多线染色体的细胞遗传学图谱……92
三、果蝇多线染色体的分子细胞遗传学研究……94
四、果蝇多线染色体标本的制备……94
第七节　植物染色体标本的制备……95
一、概述……95
二、常规压片法制备植物染色体标本……95
三、去壁低渗火焰干燥法制备植物染色体标本……96
四、两种植物染色体标本制备方法比较……97
第八节　染色体标本制备中应注意的问题……98
本章小结……99
思考题……99
主要参考文献……100

第六章　染色体核型分析原理、技术及应用 ……101
第一节　染色体核型的概念 ……101
第二节　染色体核型分析技术 ……101
一、染色体核型分析的概念……101
二、染色体核型分析的过程……101
第三节　染色体核型分析的内容 ……102
一、染色体数目确定……102
二、染色体大小的确定……103
三、染色体形态特征的分析……105
四、染色体剪切配对……107
五、染色体排列分组……107
六、染色体编号……107
七、染色体变异观察……107
第四节　染色体核型正常与异常的表示法 ……108
一、染色体核型式表示法……108
二、染色体命名符号和缩写术语……108
三、一些物种正常染色体核型表示法举例……110
四、一些物种异常染色体核型表示法……110
第五节　染色体核型特征类型 ……111
第六节　人和常见农业动物染色体核型特征 ……111
一、正常人的染色体核型特征……111
二、牛的染色体核型特征……112
三、猪的染色体核型特征……112
四、绵羊的染色体核型特征……112
五、山羊的染色体核型特征……113
六、马的染色体核型特征……114
七、驴的染色体核型特征……114
八、水牛的染色体核型特征……115
九、兔的染色体核型特征……116
十、鸡的染色体核型特征……117
十一、鸭的染色体核型特征……117
十二、鹅的染色体核型特征……118
十三、鹌鹑的染色体核型特征……118
第七节　常见农业植物染色体核型特征 ……119
一、小麦的染色体核型特征……119
二、玉米的染色体核型特征……120
三、马铃薯的染色体核型特征……120
四、黄瓜的染色体核型特征……121
五、花生的染色体核型特征……121
六、番茄的染色体核型特征……121

七、豌豆的染色体核型特征……121
八、油菜的染色体核型特征……122
九、向日葵的染色体核型特征……122
十、燕麦的染色体核型特征……123
第八节　染色体核型多样性分析及其应用……123
一、染色体的多型性……123
二、染色体标记与起源进化……124
三、染色体研究与育种及生产……126
本章小结……127
思考题……128
主要参考文献……128
第七章　染色体显带原理及技术……130
第一节　染色体显带的概念与研究历史……130
一、染色体显带的概念……130
二、染色体显带技术产生的背景……130
三、染色体显带技术的理论分析……131
四、第一个染色体显带技术——Q带……131
五、染色体显带技术的发展……131
第二节　染色体显带技术……132
一、染色体Q分带技术、原理与应用……132
二、染色体G分带技术、原理与应用……133
三、染色体C分带技术、原理与应用……134
四、染色体R分带技术、原理与应用……135
五、染色体T分带技术、原理与应用……136
六、染色体Ag-NOR分带技术、原理与应用……137
七、染色体SCE的概念、原理与制备……138
八、染色体高分辨G显带技术……139
第三节　染色体带型的分区与命名……140
第四节　染色体显带分析的意义……142
一、疾病诊断……142
二、起源进化分析……142
三、基因定位……142
四、变异分析……143
五、环境监测……143
本章小结……143
思考题……143
主要参考文献……144
第八章　染色体结构与数目变异……146
第一节　变异概述……146
第二节　染色体结构变异……148

一、缺失……149
二、重复……150
三、倒位……151
四、易位……152
五、其他结构变异……154
第三节　动植物中常见染色体结构变异及表现……155
一、动物中常见的染色体结构变异及表现……155
二、植物中常见的染色体结构变异及表现……156
第四节　染色体数目变异……156
一、整倍体的变异……156
二、非整倍体的变异……158
三、嵌合体……159
四、染色体数目及形态的演化……160
第五节　人类染色体变异类型与染色体病……167
一、人类染色体病……167
二、人类常见遗传病的类型……168
三、人类严重遗传病的危害……168
四、遗传病的检测与预防……169
本章小结……171
思考题……171
主要参考文献……172
第九章　染色体工程与育种……173
第一节　单倍体育种……173
一、单倍体育种的概念……173
二、获得单倍体的途径……173
三、单倍体二倍化及其染色体倍性鉴定……177
四、单倍体育种的意义……178
五、单倍体育种的成就……179
六、自然界的单倍体动物……179
第二节　多倍体育种……179
一、多倍体育种的概念和种类……179
二、人工诱导多倍体的技术方法……180
三、多倍体倍性鉴定……182
四、多倍体在育种和生产上的应用……183
五、多倍体育种的成就……184
六、多倍体育种的优点与缺点……184
七、自然界的多倍体植物和动物……184
第三节　其他染色体变异育种……185
一、染色体的削减——单体与缺体系统……185
二、染色体的添加……186

三、染色体的代换……188
四、异源易位系……189
第四节　雌、雄核发育……191
一、雌、雄核发育的概念……191
二、人工诱导雌、雄核发育的方法……191
三、单性发育二倍体的鉴定……193
四、人工诱导雌、雄核发育在遗传育种中的意义和应用……194
第五节　染色体显微操作技术……194
一、染色体分离……194
二、染色体微切割……195
第六节　人工染色体技术……195
一、人工染色体的概念……195
二、人工染色体的类型……195
三、人工染色体的应用……198
本章小结……198
思考题……199
主要参考文献……199
第十章　动物性别决定与控制技术……201
第一节　性别决定的类型……201
一、性别决定……201
二、两种典型动物的性别决定类型……202
第二节　性别决定的理论与外界因素……203
一、染色体性别决定理论……203
二、基因平衡性别决定理论……203
三、性别决定的基因理论……204
四、性别决定的外界因素……205
第三节　性染色体的多态性与演化……206
一、性染色体的多态性概述……206
二、性染色体的多态性变异类型……206
三、性染色体的演化……207
四、性染色体演化的基本模式……208
第四节　性别诊断技术……211
一、性别诊断的技术方法……211
二、诊断技术的优缺点……211
第五节　动物的性别控制技术……212
一、性别控制的意义……212
二、性别分化调控机制……212
三、性别控制的途径……214
四、性别控制的方法……214
五、家畜性别控制技术在实际生产中的应用……218

第六节　动物的孤雌生殖……219
一、正常生殖……219
二、孤雌生殖……219
三、孤雌生殖的意义……221
四、孤雌生殖的发展简史……221
五、孤雌生殖动物的形成……221
本章小结……223
思考题……224
主要参考文献……224
第十一章　植物的无融合生殖……226
第一节　无融合生殖的遗传类型……226
一、概述……226
二、无融合生殖的分类……226
三、无融合生殖种质资源的发现……227
第二节　无融合的胚胎发育……228
一、植物无融合生殖胚胎学的研究……228
二、无融合生殖胚胎发育的机制……230
三、无融合生殖及多胚现象……231
第三节　无融合生殖的遗传……232
一、植物无融合生殖的遗传学机制……232
二、与无融合生殖相关基因的研究……233
三、无融合生殖的表观遗传调控研究……238
四、分子标记与遗传定位在无融合生殖研究中的应用……239
第四节　无融合生殖在作物育种中的应用……240
一、无融合生殖在作物育种中的优势……240
二、利用无融合生殖的主要方法……241
三、研究无融合生殖的主要方法……242
四、无融合生殖在部分作物中的应用……244
五、前景与展望……246
本章小结……247
思考题……247
主要参考文献……248
第十二章　细胞融合与基因定位……249
第一节　细胞融合……249
一、细胞融合的概念、意义……249
二、细胞融合的方法和基本程序……250
三、融合杂种细胞的选择与鉴定……253
第二节　胚胎融合……256
一、胚胎融合的概念、意义……256
二、胚胎融合的方法和基本程序……257

三、融合个体的选择与鉴定……259
第三节 基因定位……260
一、体细胞杂交……260
二、原位杂交和荧光原位杂交……262
第四节 人类基因定位和基因组作图……266
一、人类基因定位方法……266
二、人类基因组作图方法……270
本章小结……273
思考题……273
主要参考文献……274
第十三章 干细胞的特性与研究应用……275
第一节 概述……275
第二节 干细胞的概念与分类……275
一、干细胞的概念……275
二、干细胞的分类……276
第三节 干细胞的主要生理特征……278
一、干细胞的表型特征……278
二、干细胞的生物学特征……279
第四节 干细胞的遗传特性……280
一、胚胎干细胞的遗传和表观遗传不稳定性……280
二、间充质干细胞遗传特性……281
三、造血干细胞表观遗传特性……281
第五节 干细胞的基础研究……283
一、干细胞的增殖与分化……283
二、干细胞增殖和分化的调控……284
三、细胞因子及信号转导与干细胞增殖分化的调控……285
第六节 诱导多能干细胞……289
一、iPSC 的诞生……289
二、iPSC 带来的可能性……289
三、作为病理生理学和药理学工具的 iPSC……291
第七节 干细胞的诱导分化研究……292
一、多能干细胞分化研究的意义……292
二、多能干细胞分化应考虑的因素……293
三、关于 iPSC 的研究……294
第八节 干细胞的应用与前景……294
一、干细胞研究的应用……294
二、干细胞研究面临的问题……296
三、干细胞研究的展望……297
本章小结……298
思考题……298

主要参考文献 298
第十四章 核移植与动物克隆技术 300
第一节 细胞核移植的概念 300
一、核移植技术的发展历程 300
二、核移植的基本原理 301
第二节 胚胎克隆技术 301
第三节 动物体细胞克隆技术 306
一、体细胞克隆的概念和研究历史 306
二、动物体细胞克隆一般步骤 308
三、影响动物体细胞克隆的因素 310
四、动物克隆的意义与前景 312
第四节 动物体细胞克隆研究进展 312
一、分析基因组重编程影响因素 313
二、增强重组胚胎染色质中组蛋白乙酰化水平 313
三、改进 X 染色体失活技术 314
第五节 动物体细胞克隆存在的问题与展望 314
一、动物体细胞克隆存在的问题 314
二、动物体细胞克隆展望 316
第六节 细胞器移植及应用 316
本章小结 317
思考题 318
主要参考文献 318
第十五章 转基因与转染色体原理及技术 320
第一节 转基因技术的概念 320
第二节 转基因研究的历史与现状 320
一、转基因植物发展概况 320
二、转基因动物发展概况 321
第三节 植物转基因技术 323
一、基本技术 323
二、转基因植物的应用 325
第四节 动物转基因技术 326
一、常规技术 326
二、转基因克隆动物技术 329
三、动物转基因技术的应用 329
第五节 转多基因技术与染色体转移技术 330
一、转多基因技术 330
二、染色体转移技术 333
第六节 转基因研究存在的问题与展望 335
本章小结 336
思考题 336

主要参考文献 …… 337
第十六章　细胞基因组编辑原理及技术 …… 338
第一节　概述 …… 338
第二节　锌指核酸酶技术 …… 338
一、锌指核酸酶的构成 …… 338
二、锌指核酸酶的工作原理 …… 339
三、锌指核酸酶的修复机制 …… 339
第三节　TALE 核酸酶技术 …… 341
一、TALE 结构和 TALEN …… 341
二、TALEN 的切割和修复机制 …… 342
三、TALEN 的构建方法 …… 342
第四节　CRISPR/Cas 技术 …… 344
一、CRISPR/Cas 系统的发现 …… 345
二、CRISPR/Cas 系统的结构组成 …… 346
三、CRISPR/Cas 系统的类型 …… 346
四、CRISPR/Cas9 编辑系统 …… 347
五、CRISPR/Cas9 系统的断裂修复机制 …… 348
第五节　基因组编辑技术的应用前景及存在问题 …… 350
本章小结 …… 350
思考题 …… 351
主要参考文献 …… 351
第十七章　染色质三维结构与功能 …… 352
第一节　基因组三维结构 …… 352
一、基因组三维结构层次 …… 352
二、染色质环挤压模型 …… 356
第二节　基因组三维结构研究的方法 …… 357
一、以 3C 为基础的方法 …… 358
二、以成像技术为基础的方法 …… 359
三、无酶连方法 …… 361
第三节　基因组三维结构的构建 …… 362
一、基因组三维结构的鉴定 …… 362
二、基因组调控元件互作的鉴定 …… 362
第四节　增强子的预测与功能验证 …… 363
一、普通增强子的预测 …… 363
二、超级增强子的预测 …… 366
三、增强子的功能验证 …… 367
第五节　三维基因组学的应用 …… 369
一、构建基因组三维结构 …… 369
二、构建基因组单倍型 …… 369
三、辅助基因组组装 …… 370

四、解析遗传变异的表型调控机制……371
本章小结……373
思考题……374
主要参考文献……374
第十八章　染色质重塑与组蛋白修饰……375
第一节　染色质重塑……375
一、核小体的定位……375
二、染色质重塑的种类……376
三、染色质重塑复合体的种类与功能……378
第二节　细胞周期中的染色质重塑……381
一、染色质重塑与 DNA 复制起始……381
二、染色质重塑与复制偶联的染色质装配……381
三、染色质重塑因子与有丝分裂……382
四、重塑因子参与 DNA 修复……382
第三节　染色质重塑研究技术……383
一、重组单核小体……383
二、体外重组染色质技术……383
三、染色质免疫共沉淀技术……385
第四节　组蛋白修饰……386
一、组蛋白修饰的生物学基础……386
二、组蛋白修饰的分析方法……387
三、组蛋白修饰的应用研究……390
本章小结……391
思考题……392
主要参考文献……392
第十九章　单细胞测序技术与应用……394
第一节　单细胞测序技术的概念与背景……394
一、单细胞测序技术的概念……394
二、单细胞测序技术的背景……394
三、单细胞测序技术的意义及面临的问题……396
第二节　单细胞测序技术的方法与步骤……398
一、单细胞的分离……398
二、细胞溶解与 DNA 的获取……401
三、全基因组扩增……403
四、测序与数据分析……406
第三节　单细胞测序技术的应用……408
一、在肿瘤研究中的应用……408
二、在发育生物学中的应用……409
三、在微生物研究中的应用……410
四、在神经科学中的应用……410

五、在生物育种中的应用……411
本章小结……411
思考题……412
主要参考文献……412
第二十章　细胞器遗传学……413
第一节　线粒体基因遗传学……413
一、线粒体遗传物质的发现……413
二、线粒体基因组的大小……414
三、线粒体基因组分子特征……414
四、线粒体基因遗传的特点……416
五、线粒体基因的密码子特性……418
六、线粒体基因表达特征……419
七、线粒体基因遗传病……420
八、线粒体基因的多态性……422
九、线粒体基因的应用……423
第二节　叶绿体基因遗传学……424
一、叶绿体 DNA 概述……424
二、叶绿体基因组的大小……425
三、叶绿体基因组分子特征……425
四、叶绿体基因遗传的特点……426
五、叶绿体基因的密码子特性……428
六、叶绿体基因表达特征……429
七、叶绿体基因遗传病……430
八、叶绿体基因的多态性……430
九、叶绿体基因的应用……430
本章小结……431
思考题……431
主要参考文献……431
第二十一章　细胞遗传学的应用研究……432
第一节　在植物基础研究中的应用……432
一、植物物种起源演化的研究……432
二、植物染色体特征演化研究……433
三、植物重要基因定位……434
四、植物基因功能研究……435
第二节　在植物育种中的应用……435
一、创造新品种……435
二、植物性别控制……438
第三节　在动物卵母细胞发育中的研究……438
一、卵母细胞染色质构型的概念……438
二、哺乳动物卵母细胞染色质构型的分类标准……438

三、染色质构型和卵母细胞基因转录的关系……440
四、卵母细胞染色质构型与发育能力的关系……441
第四节　在人类医学产前诊断中的应用……441
本章小结……442
思考题……442
主要参考文献……443

第一章 绪　论

一、细胞遗传学的概念

细胞遗传学是遗传学与细胞生物学相结合的一门遗传学分支学科，也可以说是在细胞水平上研究生物遗传和变异规律的遗传学分支学科，或者说是在细胞层次上进行遗传学研究的遗传学分支学科。细胞遗传学主要是从细胞学的角度，特别是从染色体的结构和行为及染色体与其他细胞器的关系来研究遗传现象，阐明遗传和变异机制的科学。

二、细胞遗传学研究的对象及任务

染色体是遗传物质的主要载体，因此，细胞遗传学主要以包括人类在内的高等动植物的染色体为研究对象，包括染色体的形态、结构特征、功能、运动行为及其与生物遗传和变异的关系，同时也涉及染色体外遗传因子在生物遗传和变异中的作用等。此外，随着细胞遗传学研究的不断深入，有些研究人员也把原核生物的 DNA 分子作为染色体进行研究。因此，细胞遗传学研究的主要任务是揭示染色体与生物遗传、变异和进化的关系，包括揭示染色体的数目、形态、结构、功能与运动等特征，以及这些特征的各类变异对遗传传递、基因重组、基因表达与调控的作用和影响，在细胞、染色体及分子细胞水平上阐明生物遗传变异的机理、规律及应用。

三、细胞遗传学研究的内容

随着细胞遗传学研究的不断深入，细胞遗传学与其他学科的交叉也越来越多，研究领域也在不断扩大，目前该学科主要的研究内容包括：染色体的数目、形态、结构及其变化；染色体行为学与遗传变异；基因组染色质三维结构与基因表达；细胞骨架的维持与细胞内部结构的分布；细胞的起源与进化；细胞的增殖与调控；干细胞分化与调控；细胞衰老与凋亡；细胞工程与组织工程；人工染色体与染色体工程；核转移与动物克隆；转基因与转染色体技术；染色体的基因定位；细胞融合与单性生殖等。

细胞遗传学研究的主要对象是真核生物，特别是包括人类在内的高等动植物。以后又衍生出一些分支学科，研究内容进一步扩大。它把遗传学研究和细胞学方法有机结合起来，从细胞的角度，主要是从染色体的结构和行为来研究遗传现象、揭示遗传机制和遗传规律。此外，还包括细胞质及其他细胞器遗传作用的研究。对此，我们有必要对一些概念有所了解。

真核生物是所有单细胞或多细胞的具有细胞核生物的总称，它包括所有动物、植物、真菌和其他具有由膜包裹着的复杂亚细胞结构的生物。这些生物的共同点是它们的细胞内含有细胞核及其他细胞器。此外，它们的细胞靠细胞骨架来维持其形状和大小。所有的真核生物都是从一个含核的细胞（胚胎、孢子等）发育而来的。其他细胞中没有细胞核的生物被统称为原核生物。真核生物的另一个特点是它们的细胞可以用同一段基因生产不同的蛋白质，这个功能在术语中被称为“可变剪接”。

无融合生殖是一种代替有性生殖的不发生核融合的生殖。在同一个种中，往往有性生殖和无融合生殖同时存在。同一种植物可以在某一地区进行有性生殖，而在世界其他地区进行无融合生殖。无融合生殖在植物界是普遍存在的，在藻类和蕨类植物中也有无融合生殖，但在苔藓和裸子植物中却很少有报道。

减数分裂是生物体在进行有性生殖过程中形成有性生殖细胞的方式。减数分裂的起点细胞是体细胞，亦即进行减数分裂的细胞也可进行有丝分裂，但可进行减数分裂的体细胞只有精原细胞和卵原细胞。也就是说，精原细胞和卵原细胞（原始生殖细胞）实质上是体细胞，它们自身的增殖靠有丝分裂，它们分裂形成有性生殖细胞靠减数分裂。在整个减数分裂过程中，染色体复制一次，细胞连续分裂两次，结果产生的生殖细胞中染色体数目比原始生殖细胞的减少了一半。

单性生殖从理论上可以分为孤雌生殖和孤雄生殖两种。孤雌生殖（parthenogenesis）也称单性生殖，即卵不经过受精也能发育成正常的新个体。孤雄生殖（male parthenogenesis）的定义是指在授粉过程中精核进入胚囊后，未发生核融合，卵核解体消失，由精核直接发育成种子胚，也称雄核发育。在自然界，动物的孤雄生殖几乎是不存在的。

四、细胞遗传学的形成与发展

（一）细胞遗传学的形成

关于细胞遗传学的形成，不同的学者有不同的描述，但总的来说，细胞遗传学是伴随着细胞学和遗传学的发展而形成的。早在 17 世纪，荷兰人萨查里亚森（J. Sachariassen）和詹森（Z. Janssen）发明了世界上第一台显微镜。17 世纪 60 年代中期（1665 年）英国人胡克（R. Hooke）用极原始的显微镜对木栓进行了观察，第一次提出了“细胞”的术语。1828 年苏格兰植物学家布朗（R. Brown）在植物鲜花中发现了细胞核，并于 1831 年指出细胞核是细胞的主要成分。1831～1839 年德国学者施莱登（M. J. Schleiden）和施万（T. Schwann）正式提出“细胞学说”，明确指出细胞是一切生命有机体结构与功能的基本单位。19 世纪后期，有许多学者对动植物的性别与受精作用进行研究，特别是 1876～1877 年赫特维希（W. A. O. Hertwig）和 1884 年斯特拉斯伯格（E. Strasburger）分别在动植物上发现受精卵是卵子与精子的融合。1882 年弗莱明（W. Flemming）提出“有丝分裂”（mitosis）与“染色质”（chromatin）两个术语，并证明染色体在核分裂时纵向分开。1883 年爱德华·凡·贝内登（E. van Beneden）证明配子染色体数是体细胞的一半，而受精又使合子染色体数恢复到体细胞染色体的数目，从而保证了物种染色体数的相对恒定。1890 年博韦里（T. Boveri）和赫特维希（Q. Hertwig）一起发现了减数分裂（meiosis）。细胞学和胚胎学的发展，使人们对于细胞结构、有丝分裂、减数分裂、受精及细胞分裂过程中染色体动态都已比较了解。与此同时，1856～1864 年，孟德尔利用豌豆进行杂交实验，系统地研究了生物的遗传和变异，提出了分离定律和自由组合定律，并认为生物遗传受细胞里的遗传因子所控制。1900 年狄弗里斯（H. de Vris）、科伦斯（C. Correns）和冯·切尔迈克（E. von Tschermark）三位植物学家在不同国家用多种植物进行杂交试验，获得了与孟德尔相似的结果，证实了孟德尔遗传规律，这标志着遗传学的建立和开始发展。在此之后，许多科学家对遗传学产生了极大的兴趣，1902 年德国实验胚胎学家博韦里（Boveri）和 1903 年美国细胞生物学家萨顿（Sutton）各自在动植物生殖细胞的减数分裂过程中发现了染色体行为与遗传因子行为之间的平行关系，认为孟德尔所设想的遗传因子就在染色体上，这就是所谓的萨顿-博韦里假说或称遗传的染色体理论。1906 年贝特森（W. Bateson）从香豌豆中发现性状连锁。1901～1911 年美国细胞学家麦克朗（McClung）、史蒂文斯（Stevens）和威尔逊（Wilson）先后发现在直翅目和半翅目昆虫中雌体比雄体多了一条染色体，即 X 染色体，从而揭示了性别和染色体之间的关系，为染色体与性别决定（昆虫）——遗传的染色体理论提供了实验证据。1910年，摩尔根（T. H. Morgan）通过果蝇的杂交实验，创立了连锁遗传定律并证实了基因在染色体上以直线方式排列。确立了遗传的染色体理论，标志着细胞遗传学的诞生。摩尔根是美国进化生物学家、遗传学家和胚胎学家。他发现了染色体的遗传机制，创立了染色体遗传理论，是细胞遗传学和现代实验生物学奠基人，也可以说是细胞遗传学的创始人，并于1933年获得诺贝尔生理学或医学奖。

（二）细胞遗传学的发展

细胞遗传学的发展伴随实验技术的进步而不断深入，从细胞遗传学诞生到现在大体可以分为4个发展阶段。

1. 经典细胞遗传学发展阶段（1910～1952年）

指从细胞遗传学建立到细胞低渗处理技术发明之前这段时期。早期的细胞遗传学着重研究分离、重组、连锁、交换等遗传现象的染色体基础及染色体畸变和倍性变化等染色体行为的遗传学效应，并涉及各种生殖方式如无融合生殖、单性生殖及减数分裂驱动机制等方面的遗传学和细胞学基础。

2. 细胞遗传学快速发展阶段（1953～1968年）

指细胞低渗处理技术的出现到染色体显带技术出现之前的时期。1953年，美籍华裔学者徐道觉（T. C. Hsu）发明了细胞低渗处理技术，克服了染色体叠加、团聚的现象，成功使细胞核内染色体相互分离。低渗处理技术的出现，标志着细胞遗传学研究进入一个快速发展阶段，这个技术能使染色体分散性好，容易计数，使人们能够准确鉴定细胞内的染色体数目、观察染色体的形态，大大促进了动植物个体和群体以染色体为主要特征的核型分析及染色体变异分析。1956年，美籍华裔遗传学家蒋有兴和Levan首次发现并确认正常人的细胞染色体数目是46条，从而更改了30年来认为正常人有48条染色体的错误概念，这是一个关键性的进展。据此，很快就发现唐氏综合征（Down syndrome）、特纳综合征（Turner syndrome）和精曲小管发育不全（seminiferous tubule dysgenesis），这些都是染色体数目异常所致。1959年确认唐氏综合征是由人体第21号染色体的三体变异造成。20世纪50年代末，发现了人类一系列遗传综合征与染色体畸变有关，为染色体疾病诊断提供了理论基础。同时，也相继在其他动物中发现许多不同的染色体畸变类型与遗传效应。在这一时期，也建立了多种植物的单倍体和多倍体育种技术。

3. 染色体显带技术发展阶段（1968～1986年）

指染色体显带技术出现至荧光原位杂交技术出现之前的时期。1968年，瑞典荧光化学家卡斯伯森（T. Caspersson）在植物和人类细胞研究中首次成功发明了染色体Q带显带技术，使每条染色体上可以显示出丰富的带纹，由于这些带纹在每条染色体上都是特定的并稳定遗传，故能够更精细地识别每条染色体。接着，相继出现了G分带、C分带、R分带、T分带、Ag-NOR、SCE等不同的染色体显带技术，其研究和应用领域更加广泛，使人们可以在更精细的染色体水平上研究生物的遗传变异。1976年，尤尼斯（J. J. Yunis）通过研究高分辨染色体制作技术，将人类染色体显带数目水平可提高至800条或更高，微小染色体结构变异得以辨认。随着显带技术的推广，人们可以精确地识别每一条染色体，甚至每条染色体上的每一条带、每一条亚带，因而发现了大量染色体数目和结构的异常（3000～5000种）。1978年发表了“人类细胞遗传学命名法”的国际体制（简称ISCN），从而也大大推动了人类和动植物染色体显带的深入研究。

4. 分子细胞遗传学发展阶段（1986年迄今）

指荧光原位杂交（fluorescence *in situ* hybridization，FISH）技术出现以后到现在。1986年

荧光原位杂交技术应用于人体染色体分析。它把染色体和特别的 DNA 序列直接联系起来，可检测在显微镜观察中不能或难以发现的、微小的染色体结构异常，即微畸变——微畸缺或微畸增。荧光原位杂交技术的出现标志着该学科已进入分子细胞遗传学发展的新阶段。在后来的几十年中，分子生物学技术的迅猛发展，使染色体的研究更加精细、更加深入，研究领域也不断扩大。

1992 年，人们把比较基因组杂交（comparative genomic hybridization，CGH）技术应用在染色体分析上。这是一种分子细胞遗传学技术，通过用不同荧光素（Cy3 或 Cy5）标记待测 DNA 和正常人的 DNA 参照，与芯片上染色体进行杂交，可检查出某一组织的整个基因组的染色体拷贝数量变异，最初主要应用于肿瘤细胞检测，其分辨率达 3～5 Mb。

1997 年，出现了染色体微阵列分析技术（chromosomal microarray analysis，CMA），也称 aCGH（array-based comparative genomic hybridization）。这种技术可在全基因组范围内检测基因组片段的缺失与扩增，即拷贝数变异（copy number variation，CNV）。CNV 是指通过与参考基因组序列相比较，所发现的结构差异包含缺失或扩增。许多基因组区域拷贝数变异引起遗传疾病或增加疾病易感性。aCGH 集中了许多分子遗传学和细胞遗传学诊断方法的优点，该技术不仅需要 DNA 量少，而且省略了细胞培养获取分裂期细胞的步骤。由于该技术分辨率高，操作简单，结果稳定快速，已被广泛应用于人类遗传学研究和遗传病的诊断，帮助发现新的基因组病和新的疾病基因。在此基础上，这种方法也应用于家畜染色体上拷贝数变异及起源进化的研究。

在细胞间期，基因组染色质三维结构对基因表达调控具有重要影响。近年来，染色体构象捕获（chromosome conformation capture，3C）技术和高通量染色体构象捕获（high-through chromosome conformation capture，Hi-C）技术等的出现，成为研究基因组染色质三维结构及其基因表达调控机制的主要有效方法。由于真核生物细胞核内基因组染色质并不是以线性分子的形式无序存在，而是以不同层次的三维结构有序地压缩在细胞核内，这种复杂的基因组染色质三维结构在 DNA 复制、基因转录、细胞分裂和减数分裂等过程中具有重要作用。染色体构象捕获技术及其衍生技术是目前鉴定基因组染色质三维结构的主要手段，基因组染色质三维结构及其调控研究也使分子细胞遗传学的研究进入一个新的阶段。可以预见，分子生物学技术的不断发展及其与细胞遗传学的有机结合，将使分子细胞遗传学成为生命科学中重要的分支学科之一，在揭示生命奥秘中必将起到重要的作用。

五、细胞遗传学的分支学科

随着研究的不断深入，细胞遗传学也衍生了许多分支学科，主要有以下几个。

1. 体细胞遗传学

主要研究体细胞，着重研究离体培养的高等生物体细胞的遗传规律，是以高等生物的体细胞为实验材料，采用细胞离体培养、细胞融合和遗传物质在细胞间转移等方法，研究真核细胞的基因结构功能及其表达规律等的遗传学分支学科。研究内容包括细胞融合与基因定位，干细胞分离、分化研究及应用，核转移与动物克隆，转基因与转染色体技术，细胞原位基因治疗等。可以为动植物育种提供新方法，并且是人类遗传性疾病基因治疗的理论基础。

2. 分子细胞遗传学

主要研究染色体的亚显微结构和基因活动的关系，是在分子细胞水平上研究亚显微结构与生物遗传和变异机制的遗传学分支学科。包括基因组染色质三维结构与基因表达、染色质重塑与表观遗传学、染色体上的DNA序列、基因构成及分布特征等，经典遗传学研究的主要是基因在亲代和子代之间的传递问题；分子细胞遗传学则主要研究基因的本质（包括基因的化学性质、结构和组织）、基因的功能及基因的变化等问题。

3. 进化细胞遗传学

是主要研究染色体数目、形态、结构和倍性改变的类型、机制及其与物种形成之间关系的一个细胞遗传学分支学科。

4. 细胞器遗传学

是主要研究细胞器如叶绿体、线粒体等的遗传结构、特点、变异及其对性状表现的影响与应用的细胞遗传学分支学科。也就是研究染色体以外的遗传因子所表现的遗传现象，在真核生物中常称为细胞质遗传，也称为核外遗传、非染色体遗传、非孟德尔式遗传或母体遗传。动植物正反杂交子代的某些性状都相同于母本，这是最早发现的染色体外遗传现象。这里性状相同于母本的原因是控制这些性状的遗传因子是在细胞质中，而高等动植物合子的细胞质又几乎全部来自雌性配子。

5. 医学细胞遗传学

这是细胞遗传学的基础理论与临床医学紧密结合的一门新兴边缘学科，主要研究染色体畸变与人类遗传病的关系，包括产生的机制、发生的类型、遗传效应等，这对于遗传咨询和产前诊断具有重要意义。

6. 单性生殖学

单性生殖是生殖细胞未经过两性细胞结合，而单独地发育成新个体的生殖方式。单性生殖学就是研究单性生殖的发生、发展及其表现规律的学科。

7. 群体细胞遗传学

是以生物群体为研究对象的细胞遗传学分支学科，如通过不同群体染色体结构差异来阐明种间或种内不同群体间的进化关系。

8. 临床细胞遗传学

是细胞遗传学与临床诊断相结合的一门分支学科，主要应用于染色体疾病的诊断、预后、防治和遗传咨询。比医学细胞遗传学研究的范围小，而且更具体。

9. 染色体学

是专门研究染色体的数目、形态特征、结构和功能及其动态变化的学科。

六、细胞遗传学的学习方法

细胞遗传学是一门实验性很强的学科，同时又是一门分析和推理的基础学科，一些基本概念、名词、符号在其他学科经常被提及和应用。所以，在细胞遗传学的学习和研究中，首先必须了解和掌握各种细胞遗传学的实验方法，如生物染色体不同的制备技术和方法，不同染色体的分带技术、细胞融合技术、干细胞培养与分化技术、单倍体与多倍体诱导技术、核移植与动物克隆、转基因技术；分子细胞遗传学发展阶段所涉及的方法，如染色体的原位杂交技术、染色体微阵列分析技术、染色体构象捕获技术、Hi-C技术等。因此，首先要着重掌握各种细胞遗传学方法的基本原理、操作方法和步骤，这是学好细胞遗传学的关键所在。其次要重点掌握各种细胞遗传学实验结果的分析方法、表示方法、分析规则、基本概念及各种符号的内涵，这些都是进一步学好其他相关课程的基本前提、基础和保证。

本 章 小 结

本章比较简洁地介绍了细胞遗传学是遗传学与细胞生物学相结合的一门遗传学分支学科，也可以说是在细胞水平上研究生物遗传和变异规律的遗传学分支学科。其研究的对象主要是包括人类在内的高等动植物的染色体，包括染色体的形态、运动行为、结构特征、功能及其与生物遗传和变异的关系。其主要任务是揭示染色体与生物遗传、变异和进化的关系，包括揭示染色体的数目、形态、结构、功能与运动等特征，以及这些特征的各类变异对遗传传递、基因重组、基因表达与调控的作用和影响，在细胞、染色体及分子细胞水平上阐明生物遗传变异的机理、规律及应用。细胞遗传学的主要研究内容包括染色体的数目、形态、结构及其变化的研究，染色体行为学与遗传变异，细胞骨架的维持与细胞内部结构的分布，细胞的起源与进化，细胞的增殖与调控，干细胞分化与调控，细胞衰老与凋亡，细胞工程与组织工程，人工染色体与染色体工程，核转移与动物克隆，转基因与转染色体技术，染色体的基因定位，细胞融合与单性生殖，基因组染色质三维结构与基因表达等。此外，本章还介绍了细胞遗传学的形成与发展，一般认为以 1910 年摩尔根创立的染色体遗传理论为细胞遗传学诞生的标志。在细胞遗传学的发展过程中，可分为 4 个阶段，即经典细胞遗传学发展阶段、细胞遗传学快速发展阶段、染色体显带技术发展阶段和分子细胞遗传学发展阶段。随着科学的发展也衍生了许多细胞遗传学分支学科，主要有体细胞遗传学、分子细胞遗传学、进化细胞遗传学、细胞器遗传学、医学细胞遗传学、单性生殖学、群体细胞遗传学、临床细胞遗传学和染色体学等。

➤思 考 题

1. 什么是细胞遗传学?
2. 细胞遗传学的研究对象和任务是什么?
3. 细胞遗传学研究的内容是什么?
4. 细胞遗传学是如何形成的? 其发展史可分为哪几个阶段? 各阶段的主要特征是什么?
5. 细胞遗传学衍生了哪些分支学科?
6. 学习细胞遗传学应注重哪些问题?

编者：陈宏

第二章　原核生物的染色体特征

第一节　原核生物概述

在亿万年的空间变化中，各种生物经历自身的遗传、变异与选择，最终形成了当今多样性的生物世界。原核生物尽管相对低等、简单，但始终是生物世界中的重要成员。原核生物虽然不是细胞遗传学的主要研究对象，但近年来，人们也已把原核生物染色体作为细胞遗传学的研究内容之一。为了更好地理解真核生物的细胞遗传学，也很有必要了解原核生物的染色体基本特征。

一、原核生物概况

1951年，多尔蒂提出原核（细胞）生物的概念。所谓“原核生物”就是指没有真正细胞核，但是有分布于细胞内的核质，周围没有与胞质隔开的核膜的原始微型生物。原核生物在微生物中占据重要地位，其个体小，常以单细胞为独立生存单位。迄今发现的原核生物主要指古菌和细菌。古菌是一类发现较晚、异军突起的生物；细菌包括真细菌、蓝细菌、原绿菌、放线菌等；它们分别归入古菌域和细菌域。

地球是个巨大完整的生态系统，孕育和繁衍着众多的微生物。其中原核生物十分丰富，人们对微生物的了解古来有之，真正的微生物学研究迄今已经历了5个时期。如今人们应用分子生物学理论对微生物（包括细菌等）进行识别——分类学研究，已经进入最新阶段。

二、原核生物的分类

（一）古菌域

1977年Woese等发现古菌，最初古菌被看成细菌成员，后来人们根据其与细菌的渊源关系而判定它为古菌。它的地位与细菌一样都各自成为一域。20世纪70年代～90年代初，人们一直认为古菌只是生存在极端的环境中，包括陆域极端环境中的一类原核生物，1992年才发现古菌也存在于一般状态的环境中，古菌具有对广泛生境的适应性、营养与生存方式的多样性及分子遗传的变异性，这些特点使得它们基本上广布于地球各处。

1994年之前原核生物中的古菌被称作古细菌，一直被认为是细菌中的一个纲——古生菌纲，即被归为一个独特的子分支而已。随着科学技术的不断提升，古菌有别于细菌的特征、性状日益明朗，原核生物中的古菌不同于细菌的学说逐步确立起来，古菌域成为原核生物三大域之一。

按任立成等（2006）引证的观点，古菌域被分作三界，即广古菌界、嗜温泉古菌界和初生古菌界。按潘晓驹和焦念志（2001）引证的观点，古菌域只有两界，即广域古菌界和嗜温泉古菌界，其下共有5类：产甲烷型古菌、硫酸盐还原型古菌、极端嗜盐型古菌、无细胞壁型古菌和极端嗜热型硫代谢菌，再其下还有8目12科。而据陶天申和东珠秀（2007）的看法，古菌域分为两界——泉古菌界和广古菌界。泉古菌界包括4目，广古菌界至少有6目，有5个生理类群，分属7纲。张晓华（2007）根据系统发生树的分法，把古菌分为4个主分支，即4门，此门又相当于界，这是为了对应细菌域的分类方式而已。目前有明确性状特征的古菌属有99个，即广域古菌门8纲共计68属，泉生古菌门6纲30属、纳古菌门1纲1属，而初生古菌门尚未建属，约195种，常见的古菌有甲烷杆菌、甲烷球菌、盐球菌、热原体、热球菌、热变形菌、纳古菌等。

（二）细菌域

微生物分类系列、方法等的变迁，包括重新认识、变位、拆并、取消、新建等，使得相应的微生物归属、名称也处在不断变化之中。

1965年出版的《拉汉微生物名称》所载细菌、放线菌名称约计2800条。1977年出版的《细菌分类基础》记载有138属155种细菌。1980年出版的《细菌名称》收录了5000条细菌名称。1982年的《细菌名称》载有5000条细菌名称。1994年出版的 *Bergey's Manual of Determinative Bacteriology*（第9版）将世界细菌划分为35群，它们被归入四大类目，即具胞壁的G^-真细菌、具胞壁的G^+真细菌，无胞壁的真细菌及古菌。它们被分作574属，在属之前已被归入不同纲、目、科等类别之中。

截至2008年4月，张晓华统计的有关资料得出，世界原核生物约8500种，被归入1799属中，其中细菌1700属8305种。赵乃昕等统计原核生物至少高达9380种，而细菌达9185种。

各原核生物的科所含属数不一，细菌域中达到和超过10个属的科约有48个；达到和超过24个属的科有10个，以黄杆菌科所含的属最多，有72个。各原核生物属所含种的数量也不相同，其中有562个属只包含1个种；尚有11个属未列出任何种名；有18个属的细菌域成员，其种数达到或超过50个，其中有7个属的种数至少有106个，它们分别是分枝杆菌属（种数达106个，下同）、乳杆菌属（126个）、支原体属（119个）、芽孢杆菌属（147个）、假单胞菌属（155个）、梭菌属（176个）和链霉菌属（533个），链霉菌属的种数最多。这18个属的菌种数合计2040个，占细菌域总种数（8305个）的24.6%，与蔡妙英等（1999）的估计比，现在的细菌数只占1995年细菌数的55.4%左右（8305/15 000）。至今无种数记录的11个属有10个在蓝细菌中。而据以往的记录，除吉特勒氏蓝细菌和鞘丝藻属（*Lyngbya*）外，均属于有种的属，种数在1～38。除上述大属和无种属外，余下的菌种数共计4406个，它们分布于639个属中，其种数≥2，平均每属含种数6.9个（4406/639），而细菌域所有菌属平均菌种数则为4.89个（8305/1700）。

某些有机体，如噬菌体和病毒，既不是原核生物，也不是真核生物。它们是一种超分子的亚细胞生命形式，它们的繁殖必须在寄主体内进行，因而其遗传机制与寄主密切相关，如噬菌体（即细菌病毒）适应了原核生物的遗传战略，而动物病毒和植物病毒则使用真核生物的遗传法则（孙乃恩，1990）。世界原核生物有多少，迄今还是个谜，它尚待有志者的进一步探索。

第二节　原核生物染色体的结构

原核生物一般只有一个染色体即一个核酸分子（DNA 或 RNA），大多数为双螺旋结构，少数以单链形式存在。这些核酸分子又大多数为环状，少数为线状，如噬菌体 ϕX174 的染色体是单链DNA，表现为环状；λ噬菌体的DNA在侵染前是双链线状，一旦侵染寄主则变为闭合环状。

一、细菌染色体

细菌染色体（chromosome of bacteria）均为环状双链 DNA 分子相对聚集在一起，形成一个较为致密的区域，称为拟核（nucleoid）（图 2-1）。拟核的中央部分由 RNA 和支架蛋白组成，外围是双链闭环的 DNA 超螺旋结构（图 2-2）。染色体 DNA 通常与细胞膜相连，连接点的数量随细菌生长状况和不同的生活周期而异。在 DNA 链上与 DNA 复制、转录有关的信号区域和细胞膜优先结合，如大肠杆菌染色体 DNA 的复制起点（Ori C）、复制终点（Ter C）等。细胞膜在这里可能是对染色体起固定作用。

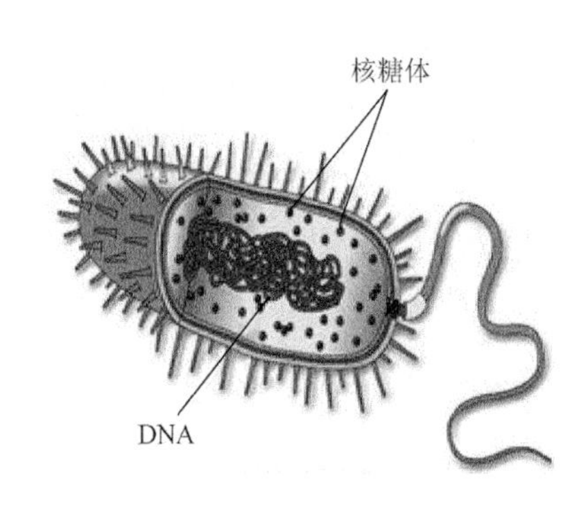

图 2-1　原核生物的拟核

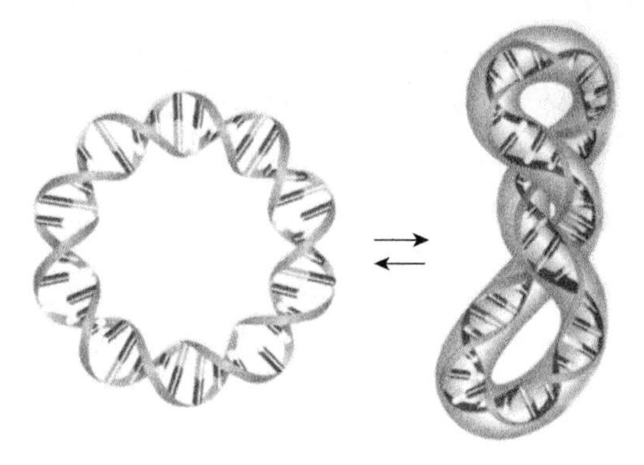

图 2-2　原核生物基因组的超螺旋闭环 DNA 分子

虽然细菌没有出现具有真核生物细胞染色体形态特征的结构，但是它们的基因组同样构成确定的小体。它们的遗传物质为相当致密的小块，或占细胞体积 1/3 的一串小块。

二、DNA 结构域和基因组超螺旋

体外分离出来的压缩小体 DNA，根据它对溴乙锭的反应可以判定它是闭合的双链体结构。溴乙锭能够插入碱基对之间，之后由负超螺旋（$\Delta L_R/L_{k0}$，比连系差，也叫超螺旋密度）变成正超螺旋而形成闭环 DNA 分子，也就是双链均共价整合的 DNA 分子（在一条链上有一个切口的开环 DNA 分子，或是线性的 DNA 分子）在溴乙锭插入后可以自由旋转，这样就减轻了张力。如图 2-3 所示，每一个结构域就是一个 DNA 环，每一个基因组约有 100 个这样的结构域，每一个结构域为 50～100 kb 的 DNA 组成紧密的纤丝结构。

图 2-3　原核生物的染色体结构模型（程罗根等，2018）

基因组中的超螺旋能够以以下两种基本的形式存在。

（1）如果超螺旋 DNA 是游离的，DNA 的绷紧与解旋以动态形式存在。

（2）超螺旋以固定形式与蛋白质结合，超螺旋被限制。因为张力不再沿分子传递，蛋白质与超螺旋 DNA 之间相互作用的能量使核酸稳定。

三、类核蛋白相关蛋白（NAP）

DNA 结合蛋白：与周围 DNA 发生非特异性结合，约束着约半数的 DNA 超螺旋，包括 HU 蛋白及 H-NS 蛋白［H1 蛋白，类组蛋白（histone-like protein）］。

HU 蛋白：能够浓缩 DNA 的二聚体，能够将 DNA 裹成一个念珠结构。如果其亚基 hupA、hupB 都失去功能，那么 DNA 的一些超螺旋也会消失。

H-NS 蛋白：一种中性的单体蛋白，倾向于与 DNA 内部弯曲区域发生非特异结合，具有压缩 DNA 的作用，对 DNA 被包装进入拟核及稳定和限制染色体超螺旋十分必要，亦称类组蛋白。

第三节　原核生物染色体形态、数目与基因分布

原核生物的遗传物质只以裸露的核酸分子方式存在，虽与少量的蛋白质结合，但是没有真核生物染色体那样的等级结构。习惯上，原核生物的核酸分子也称为染色体。因为原核生物没有真正的细胞核，DNA 一般位于一个类似“核”的结构——拟核上。细菌 DNA 是一条相对分子质量在 10^9 左右的共价、闭合双链分子，通常也称为染色体（图 2-4）。虽然快速生长期内的大肠杆菌可以有几条染色体，但一般情况下只含有一条染色体。因此，大肠杆菌和其他原核细胞都是单倍的。

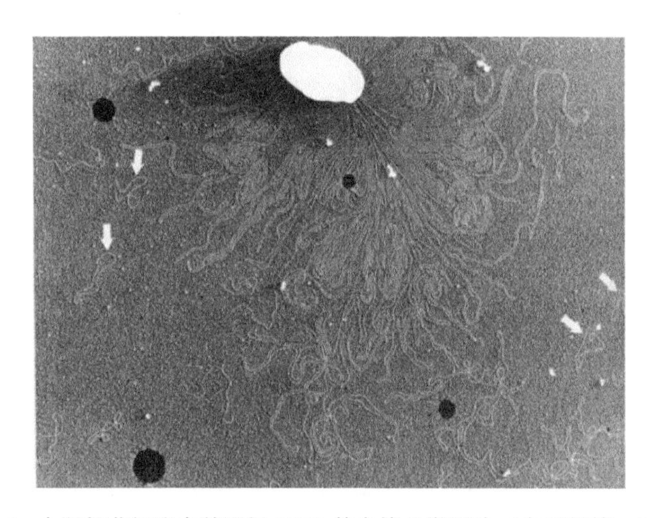

图 2-4　大肠杆菌细胞中基因组 DNA 的电镜显微照片（朱玉贤等，2013）

箭头所示处为球状质粒 DNA，各种白斑或黑斑为样品制备中产生的假象

原核生物 DNA 的主要特征：原核生物中一般只有一条染色体且大都带有单拷贝基因，只有很少数基因（rRNA 基因）是以多拷贝形式存在的；整个染色体 DNA 几乎全部由功能基因与调控序列所组成；几乎每个基因序列都与它所编码的蛋白质序列呈线性对应状态。原核生物拟核区的 DNA 是其基因的主要分布部位，其细胞之中的质粒也含有部分基因。

第四节　原核生物染色体的复制

一、与复制相关的酶

与 DNA 复制相关的酶主要包括 DNA 聚合酶（DNA polymerase）、连接酶（ligase）、解旋酶（helicase）、拓扑异构酶（topoisomerase）等。

在大肠杆菌中分离得到 3 种 DNA 聚合酶：DNA 聚合酶Ⅰ、DNA 聚合酶Ⅱ和 DNA 聚合酶Ⅲ。DNA 聚合酶Ⅰ和 DNA 聚合酶Ⅱ合成 DNA 速度较慢，DNA 聚合酶Ⅲ是活体内真正控制 DNA 合成的复制酶。3 种 DNA 聚合酶只具有 5′→3′聚合酶功能，都没有直接起始合成 DNA 的功能，只有

在引物存在的情况下才能进行链的延伸，因此DNA的合成必须有引物引导；3种DNA聚合酶都有核酸外切酶的功能，可对合成过程中发生的错误进行校正，保证DNA复制的高度准确性。

DNA连接酶可以催化DNA链末端间形成共价键连接。DNA连接酶只催化双链DNA切口处的5′-磷酸基和3′-羟基生成磷酸二酯键。解旋酶的作用是打断互补碱基对的氢键，以500～1000 bp/s的速率沿DNA链解旋DNA双螺旋。

DNA双链解旋过程中使复制叉前面获得巨大的张力而产生正超螺旋，这种张力由DNA拓扑异构酶来消除。DNA拓扑异构酶可以在DNA双链中切开一个口子，使一条链旋转一周，然后再将其共价连接，从而消除张力。目前发现有两种类型DNA拓扑异构酶：DNA拓扑异构酶Ⅰ，只对双链DNA中的一条链进行切割，产生切口（nick），每次切割只能去除一个负超螺旋，此过程不需要能量；DNA拓扑异构酶Ⅱ可以同时对DNA双链切割，每次切割去除正负两个超螺旋，需要ATP提供能量。

二、DNA复制过程

DNA复制从特定位置起始，这一位点称复制起点（replication origin，常用Ori表示）。DNA中发生复制的独立单位称为复制子（replicon），是从一个DNA复制起点开始，最终由这个起点复制叉完成的片段。原核生物染色体只有一个复制起点，绝大多数原核生物的DNA复制是双向等速进行的，复制区的形状类似眼睛，也被称为复制眼（replicative eye），正在复制的地方称为复制叉（replication fork），也有的生物的DNA复制并不是双向等速的，如枯草杆菌是双向不等速的，噬菌体T_2的复制是单向的。

DNA的复制包括起始、延伸和终止3个过程。

（一）DNA复制的起始

起始包括4个步骤：①首先是专一识别复制起点序列的蛋白质结合在复制起点上；②DNA双链在解旋酶作用下解螺旋；③DNA双链解开后，单链DNA结合蛋白（single-strand DNA-binding protein，SSB protein）马上结合在分开的双链上，保持其伸展状态；④引发酶（primase）以解旋的单链DNA为模板，根据碱基配对的原则，合成一段引物，提供3′端自由的羟基（—OH）。

（二）DNA复制的延伸

DNA聚合酶Ⅲ把新生链的第一个核苷酸加到引物的3′羟基上，按照碱基互补配对原则，开始新链的延伸合成过程。DNA双链中一条链的合成是连续的，称为前导链（leading strand）；另一条的合成是不连续的，称为后随链（lagging strand）。这一现象被日本学者冈崎用放射性实验验证。后随链先沿5′→3′方向合成一个片段，叫冈崎片段（Okazaki fragment），冈崎片段是由DNA聚合酶Ⅲ催化合成的。DNA聚合酶Ⅰ利用其5′→3′端核酸外切酶的功能，将前一个片段的引物RNA切除，同时利用其5′→3′聚合酶功能合成DNA以置换RNA引物区域链，再由DNA连接酶连接起来，形成一条完整的新链（图2-5）。

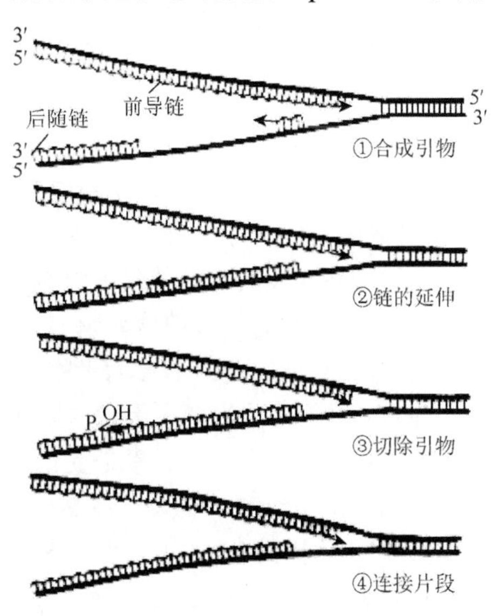

图2-5　DNA复制中的前导链、后随链及冈崎片段（郭玉华，2014）

（三）DNA 复制的终止

DNA 双链一般具有终止区域，可结合终止蛋白，使复制停止。

三、质粒的一般特征及其复制调节

细菌细胞除有一个大的双链环状 DNA 以外，还有一至数个小的环状双链 DNA，称为质粒。质粒只载有少数基因，如抗生素抗性基因等，其复制不依赖于宿主染色体，能够独立自主地复制。质粒在细胞中的拷贝数是稳定的，即其数目在每一个细胞世代中保持不变。还有一些质粒既可以自主地存在于染色体外，也可以插入细菌染色体上，作为染色体的一部分进行传递，这种类型的质粒称为附加体（episome）。某些质粒和附加体可以通过细菌接合（conjugation）在细胞之间进行转移。在接合过程中，有时宿主基因也随质粒从一个细菌细胞转移到另一细菌细胞，从而使遗传信息在细菌之间进行交换。

根据细胞中质粒的拷贝数，可将质粒分成两大类。第一类为单拷贝质粒（single copy plasmid），这类质粒在每个细胞世代只复制一次，即质粒中唯一的一个复制起始区（Ori P）只行使一次功能，然后于复制起始区分离到两个不同子细胞中，因此每一细胞中的染色体和质粒都只有一个拷贝。第二类为多拷贝质粒（multicopy plasmid），这类质粒在每个细胞世代中可以进行多次复制，所以每个细菌细胞可以有多个拷贝的质粒。有些质粒能够产生一些毒素和解毒素，以保证细菌细胞必须含有质粒。毒素较稳定，解毒素寿命较短，具有抑制毒素的作用。当细菌细胞丢失质粒后，解毒素降解，然后毒素引起细胞死亡，所以丢失了这类质粒的细菌必定死亡。这种杀伤质粒有两类，第一类以 F 质粒为代表，它们编码的杀伤因子和解毒素都是蛋白质，解毒素解除杀伤因子的作用。第二类以 R_1 质粒为代表，它们编码的杀伤因子为毒素蛋白，而解毒素则为一种反义 RNA（antisense RNA），反义 RNA 通过与毒素 mRNA 进行碱基互补配对，阻止毒素 mRNA 翻译。

细胞中质粒的拷贝数还与质粒的不相容性（incompatibility）有关。质粒不相容性是指在一组质粒中，其成员不能共存于同一细菌细胞中的现象。其主要原因是这些质粒在 DNA 复制和分离阶段不能相互区别。如果将属于同一相容群的具有不同复制起始区的两个质粒引入同一细胞中，则细胞有两个复制起始区，这两种质粒都不能复制。当经过细胞分裂，两个质粒被分离到不同子细胞中后，这两种质粒才能在不同细胞中复制。另外，如果这两个质粒都有相同的决定分离的位点，那么这两个位点之间就会通过竞争使两个质粒被分离到不同细胞中，而不能共存于同一细胞中。

细胞中质粒拷贝数是由质粒的复制起始过程决定的。例如，大肠杆菌的 ColE1 质粒在每个细菌细胞中大约有 20 个拷贝，保持这种拷贝数取决于 ColE1 复制起始区中起始复制的机制。

质粒 DNA 复制时，首先在复制起始区上游转录出一段长 555 个核苷酸的 RNA，当转录进行到复制起始区时，核糖核酸酶 H（RNase H）在复制起始区中切割转录子，产生 3′端。然后 DNA 聚合酶再以这段 RNA 为引物，开始合成 DNA。

RNA 引物形成受两种因素的影响，其中一种因素是受与 RNA 引物互补的负调控 RNA 如 RNA Ⅰ的影响。另一种因素是受由附近座位编码的蛋白质的影响。RNA Ⅰ由引物 RNA 链的模板链编码，长 108 个碱基（图 2-6）。RNA Ⅰ的合成从引物区开始，在引物 RNA 合成开始的位点附近终止。因此 RNA Ⅰ与引物 RNA 的 5′区互补。这两种 RNA 通过碱基配对控制引物 RNA 参与 DNA 复制过程。RNA Ⅰ称为反转录子（countertranscript），又称为反义 RNA。与前体引物 RNA 碱基配对后，前体引物就形成一种特有的次级结构，阻止核糖核酸酶 H（RNase H）在复制起始区内切割，从而不能为 DNA 复制提供引物。在这个过程中，前体引物 RNA 作为起始复制的正调节子，而 RNA Ⅰ则为一种负调节子，抑制正调节子的作用。RNA Ⅰ与引物RNA 的结合过程受一种称为 Rom 蛋白质的影响。Rom 蛋白质由复制起始区下游的一个基因编码，它加强 RNA Ⅰ与前体引物 RNA 结合，从而阻止引物形成。上述现象表明，质粒通过复制起始过程来控制其在细胞中的拷贝数。

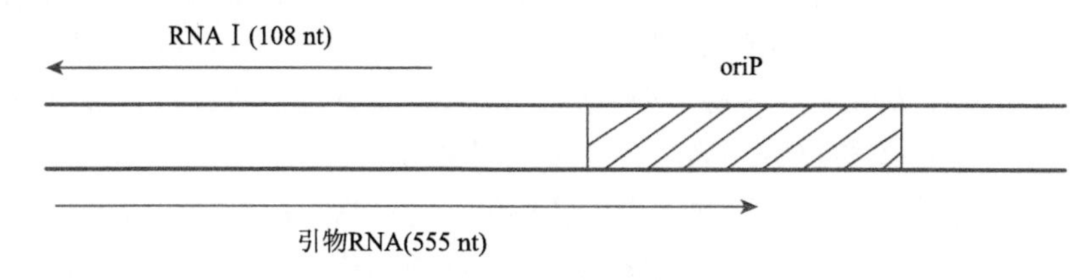

图 2-6　RNA Ⅰ与引物 RNA 的 5′区域互补（杨业华，2006）

自然的细菌质粒通过人工改造，可以用作克隆基因的载体，即通过离体重组，将某个基因或一段 DNA 序列连接到质粒上，然后通过转化细菌，将其重新送回细胞中。

第五节　原核生物基因组概述与作图

一、原核生物基因组概述

原核生物的基因组很小，大多只有一条染色体，且 DNA 含量少，如大肠杆菌 DNA 的相对分子质量仅为 2.4×10^9 或 4.6×10^6，其完全伸展总长约为 1.3 mm，含 4000 多个基因。最小的病毒如双链 DNA 病毒 SV40，其基因组相对分子质量只有 3×10^6，含 5 个基因，而单链 RNA 病毒 Qβ，只含有 4 个基因。此外，细菌的质粒也含有 DNA 和功能基因，这些 DNA 被称为染色体外遗传因子。从基因组的组织结构来看，原核细胞 DNA 有如下特点。

（一）结构简单

原核 DNA 分子的绝大部分是用来编码蛋白质的，只有非常小的一部分不转录，这与真核 DNA 的冗余现象不同。在 ϕX174 中不转录部分只占 4%左右（217/5386），T_4 DNA 中占 5.1%（282/5577），而且这些不转录 DNA 序列通常是控制基因表达的序列，如 ϕX174 的 *H* 和 *A* 基因之间（3906～3973 个核苷酸）就包括了 RNA 聚合酶结合位点、转录终止信号区及核糖体结合位点等基因表达调控元件。

（二）存在转录单元

原核生物 DNA 序列中功能相关的 RNA 和蛋白质基因，往往丛集在基因组的一个或几个特定部位，形成功能单位或转录单元，它们可被一起转录为含多个 mRNA 的分子，叫多顺反子 mRNA。ϕX174 及 G4 基因组中就含有数个多顺反子。功能相关的基因，如 ϕX174 中的 *D-E-J-F-G-H* 等都串联在一起转录产生一条 mRNA 链，然后再翻译成各种蛋白质，其中 *J*、*F*、*G* 及 *H* 编码外壳蛋白，*D* 编码的蛋白质与病毒装配有关，*E* 编码的蛋白质则导致细菌的裂解，这是功能相关基因协同表达的方式之一。在大部分原核生物中，转录单元多以操纵子的形式存在，即由几个结构基因及其操作子、启动子组成的一种转录功能单位称作操纵子，如大肠杆菌中，组氨酸操纵子转录成一条多顺反子 mRNA，再翻译成组氨酸合成途径中的 9 个酶。

（三）有重叠基因

人们曾经认为基因是一段 DNA 序列，这段序列负责编码一个蛋白质或一条多肽。但是，已经发现在一些细菌和动物病毒中有重叠基因，即同一段 DNA 能携带两种不同蛋白质的信息。1973 年 Weiner 和 Weber 在研究一种大肠杆菌 RNA 病毒时发现，有两个基因从同一起点开始翻译，一个在 400 bp 处结束，生成较小的蛋白质，而在少数情况下，翻译可一直进行下去直到 800 bp 处碰到双重终止信号时才停止，合成较大相对分子质量的蛋白质。当时他们认为相对分子质量大的蛋白质含量少，对病毒无关紧要，因而不予重视，没有进一步研究。后来，Weissman 证实小分子蛋白质是一种外壳蛋白，需要量大，大分子蛋白质产量虽少，却是组成有感染力的病毒颗粒所必需的。当 Weiner 等想回头研究这一现象时，Sanger 在 *Nature* 杂志（1977 年）上发表了 ϕX174 DNA 的全部核苷酸序列，正式发现了重叠基因。

ϕX174 是一种单链 DNA 病毒，宿主为大肠杆菌，感染宿主后合成另一条链［(–）链］，变成复制型（replicating form，RF)，然后以新合成的（–）链为模板合成子代 DNA 分子［(+）链］，并合成 9 个蛋白质，总相对分子质量约为 2.5×10^5，相当于 6078 个核苷酸，而病毒 DNA 本身只有 5375 个核苷酸，顶多能编码总相对分子质量为 2.0×10^5 的多肽，这个矛盾很长时期都无法解释。Sanger 在弄清 ϕX174 DNA 的全部核苷酸序列及各个基因的起讫位置和密码数目以后发现，ϕX174 的 9 个基因有些是重叠的。主要有以下几种情况。

（1）一个基因完全在另一个基因里面，如基因 *B* 在基因 *A* 内，基因 *E* 在基因 *D* 内。

（2）部分重叠，如基因 *K* 和基因 *C* 的部分重叠。

（3）两个基因只有一个碱基对的重叠，如 *D* 基因终止密码子的最后一个碱基是 *J* 基因起始密码子的第一个碱基。

尽管这些重叠基因的 DNA 序列大致相同，但由于基因重叠部位一个碱基的变化可能影响后续肽链的全部序列，从而编码完全不同的蛋白质。除 ϕX174 外，SV40 病毒、G4 噬菌体的 DNA 中也存在基因重叠现象，如 SV40 DNA 由 5224 个碱基对组成，它编码 3 个外壳蛋白（VP1、VP2、VP3）及 2 个表面抗原（T 及 t)，Fiers 等在测定 SV40 DNA 的全部核苷酸序列以后发现，VP1、VP2 与 VP3 基因之间都有 122 个碱基对的重叠序列，但密码子各不相同。t 抗原基因完全在 T 抗原基因里面，它们有一个共同的起始密码子。基因重叠可能是生物进化过程中自然选择的结果。

二、原核生物基因组作图

应用界标或遗传学标记对基因组进行精细的划分，进而标示出 DNA 的碱基序列或基因排列的工作称为基因组作图。其主要有遗传图（genetic mapping)、物理图、序列图和基因图。这里我们主要讨论遗传图。

（一）遗传图概念

通过遗传重组所得到的基因在具体染色体上线性排列的图称为遗传连锁图，简称遗传图。计算连锁的遗传标志基因之间的重组频率，确定它们的相对距离，一般用厘摩（cM）表示，重组频率为 1%相当于 1 cM。

（二）遗传作图的基础

连锁分析是遗传作图的基础。摩尔根总结了连锁和交换定律。然而在实验室工作的一名大学生 Sturtevant（1913）有一个重大发现：基因间交换（去连锁）的概率与它们在染色体上的距离成正比，因而重组频率是衡量两个基因间距离的单位。

（三）遗传作图标记

遗传作图分子标记的类型有限制性片段长度多态性（restriction fragment length polymorphism，

RFLP)、简单序列长度多态性（simple sequence length polymorphism，SSLP）包括小卫星 DNA、微卫星 DNA；单核苷酸多态性（single nucleotide polymorphism，SNP）等，人类基因组中至少有 400 万个 SNP，其中只有 10 万个可以形成 RFLP。总之，它们是可以识别的结构。

（四）遗传作图的方法

对果蝇、小鼠等发生减数分裂的真核生物染色体上基因进行连锁分析，通过有计划的育种实验，观察和估计子代重组率，对不发生减数分裂的细菌的连锁分析，通过诱导同源片段交换，观察子代细胞重组率。细菌的遗传物质进行交流与重组的方式有接合、转导和转化。

接合是 DNA 从一个细菌到另一个细菌；转导是通过噬菌体转移小片段 DNA；转化是受体菌从环境中摄取供体细胞释放的 DNA 片段。对人的连锁分析，只能通过家系分析完成：分析家庭连续几代成员遗传标记与某基因（或某疾病）共同出现的频率。

（五）遗传图的用途

提供基因在染色体上的坐标，为基因识别和基因定位创造了条件。例如，6000 多个遗传标记能够把人的基因组分成 6000 多个区域，连锁分析能找到某一疾病基因与某一标记紧密连锁的证据，可把这一基因定位于这一已知区域。遗传图的分子坐标也是基因组物理图绘制的基础。

第六节 原核生物染色体举例

一、大肠杆菌的染色体

大肠杆菌由于繁殖快，易培养，故常将其作为受体细胞应用于基因工程中。目的片段重组于载体上构建重组 DNA 转移到大肠杆菌受体细胞内，后者便获得并表达重组 DNA 的遗传性状。大肠杆菌和其他细菌一样没有明显的核结构，但是其 DNA 并非散布在整个细胞内，而是有一个相对集中区域，在这一小区域中形成拟核（nucleoid）。在大肠杆菌的对数生长期，每个细胞可能会有 2～4 个这种同样的 DNA 分子构成的拟核。

大肠杆菌染色体 DNA 为环状双链 DNA 分子，全长 1100～1400 μm，含 4288 个开放阅读框。大肠杆菌染色体 DNA 通常以折叠或螺旋状态存在，且依赖于 RNA 分子的作用，如通过 300 μm 的环状 RNA 分子的连接作用将 DNA 片段结合起来而形成环（loop），从而导致 DNA 长度缩小成为 25 μm，在活体大肠杆菌染色体上约有 50 个这样的环（图 2-7）。存在于细胞质中的质粒 DNA 为小的环状 DNA 分子，能自主复制。

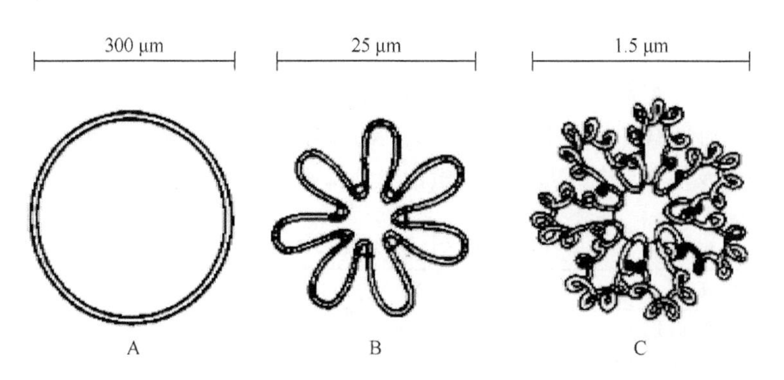

图 2-7 大肠杆菌（*E. coli*）染色体的基本结构特征

A. 未螺旋化的双链 DNA；B. 由 RNA 连接物形成环（loop）；C. 超螺旋、折叠的染色体

二、大肠杆菌染色体基因特征

大肠杆菌染色体基因组是研究最清楚的基因组。估计大肠杆菌基因组含有 4000 个基因，已被定位的有 1000 多个。在这些基因中，有 260 个基因已查明具有操纵子结构，定位于 75 个操纵子中。在已知的基因中 8%的序列具有调控作用。大肠杆菌染色体基因组中已知的多是编码一些酶类的基因，如氨基酸、嘌呤、嘧啶、脂肪酸和维生素合成代谢的一些酶类的基因，以及大多数碳、氮化合物分解代谢的酶类的基因。另外，核糖体大小亚基中 50 多种蛋白质的基因也已经鉴定了。

除有些具有相关功能的基因在一个操纵子内由一个启动子转录外，大多数基因的相对位置可以说是随机分布的，如控制小分子合成和分解代谢的基因、大分子合成和组装的基因分布在大肠杆菌基因组的许多部位，而不是集中在一起。再如，有关糖酵解的酶类的基因分布在染色体基因组的各个部位。进一步发现，大肠杆菌和与其分类关系上相近的其他肠道菌如志贺氏杆菌属（*Shigella*）、沙门氏菌属（*Salmonella*）等具有相似的基因组结构。伤寒沙门氏杆菌（*Salmonella typhimurium*）几乎与大肠杆菌的基因组结构相同，虽然有 10%的基因组序列和大肠杆菌相比发生颠倒，但是其基因的功能仍正常。这更进一步说明染色体上的基因似乎没有固定的格局，相对位置的改变不会影响其功能。

在已知转录方向的 50 个操纵子中，27 个操纵子按顺时针方向转录，23 个操纵子按逆时针方向转录，即 DNA 两条链作为模板指导 mRNA 合成的概率差不多相等。在大肠杆菌染色体基因组中，几乎所有的基因都是单拷贝基因，因为多拷贝基因在同一条染色体上很不稳定，极易通过同源重组的方式丢失重复的基因序列。另外，由于大肠杆菌细胞分裂极快，可以在 20 min 内完成一次分裂，因此，携带多拷贝基因的大肠杆菌并不比单拷贝基因的大肠杆菌更为有利；相反，由于多拷贝基因的存在，*E. coli* 的整个基因组增大，复制时间延长，因而更为不利，除非在某种环境下，需要有多拷贝基因来编码大量的基因产物。例如，在有极少量乳糖或乳糖衍生物的培养基上，乳糖操纵子的多拷贝化可以使大肠杆菌充分利用乳糖分子。但是，一旦这种选择压力消失，如将大肠杆菌移到有丰富乳糖的培养基上，多拷贝的乳糖操纵子便没有存在的必要。相反，由于需要较长的复制时间，这种重复的多拷贝基因会重新丢失。

大肠杆菌染色体基因组中，大多数 rRNA 基因集中于基因组的复制起点 Ori C 的位置附近。这种位置有利于 rRNA 基因在早期复制后马上作为模板进行 rRNA 的合成，以便进行核糖体组装和蛋白质的合成。从这一点上看，大肠杆菌基因组上各个基因的位置与其功能的重要性可能有一定的联系。

三、大肠杆菌 DNA 结合蛋白

大肠杆菌的拟核（类核）中，DNA 成分占 80%，其余为 RNA 和蛋白质。用 RNA 酶和蛋白质酶处理类核，可使其由致密变得松散。这表明 RNA 和某些蛋白质分子起到稳定类核的作用。在 *E. coli* 中已发现若干种 DNA 结合蛋白（表 2-1）。

表 2-1 大肠杆菌内的若干 DNA 结合蛋白（孙乃恩，1990）

蛋白质	组成	每个细胞含量	真核生物的相关蛋白质	基因位点
H	两个 28 kDa 的相同亚基	30 000 个二聚体	组蛋白 H2A	未知
HU	两个各 9 kDa 的不相同亚基	40 000 个二聚体	组蛋白 H2B	未知
HLP1	17 kDa 的亚基	20 000 个单体	未知	*firA*
P	3 kDa 的亚基	未知	精蛋白	未知

这些DNA结合蛋白质，使长达4.2×10^6 bp的*E. coli*染色体DNA压缩成为一个脚手架形（scaffold）结构。在这一结构的中心为多种DNA结合蛋白质，而DNA双螺旋分子有许多位点与这些蛋白质结合，而形成大约100个小区（domain）。每个小区的DNA都是负超螺旋。一个小区的DNA有两个端点被蛋白质所固定，因而可保持每个小区的相对独立性。当用极微量的DNA酶Ⅰ作用于这个脚手架时，只能使少量小区的DNA成为松弛状态，而其他小区仍然保持超螺旋状态，这就说明*E. coli*染色体DNA并非一个自由的DNA分子。这种脚手架形结构见图2-8。

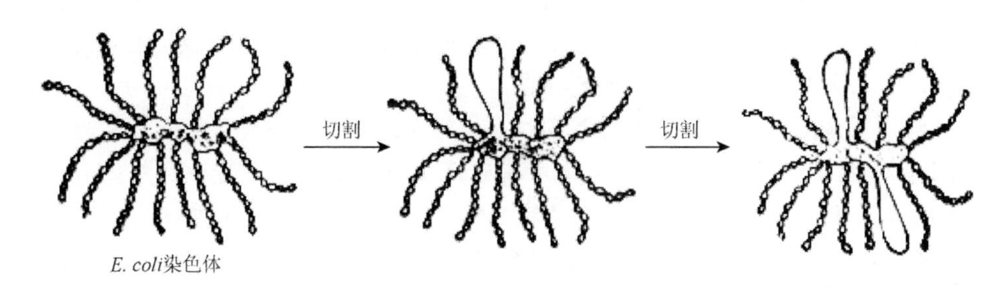

图2-8　大肠杆菌染色体的脚手架形结构及微量DNase Ⅰ作用示意图（孙乃恩，1990）

大肠杆菌染色体是由4.2×10^6 bp组成的双链环状DNA分子，大肠杆菌在进化过程中选择了经济而又有效的结构形式。

（1）功能上相关的几个结构基因前后相连，再加上一个共同的调节基因和一组共同的控制位点即启动子和操纵子在基因转录时协同操作。对基因表达过程实行原发调节控制，也是最有效的一种调节控制。细菌基因表达调控的这样一个完整的单元，称为操纵元（operon），也叫操纵子。例如，大肠杆菌中乳糖代谢的β-半乳糖苷酶、半乳糖苷透性酶、半乳糖苷乙酰化酶等三个酶的基因*LacZ*、*LacY*、*LacA*与控制位点o、p及它们的调节基因*i*一起组成乳糖操纵元（子）。

这些功能相关的位于一个操纵元内的若干个蛋白质基因在转录时产生一个多基因的mRNA。有些功能相关的RNA基因也串联在一起，如构成核糖核蛋白体的三种RNA基因转录在同一个转录产物中，它们依次是16S rRNA、23S rRNA和5S rRNA。这三种rRNA除组建核糖体外，别无他用，而在核糖体中的比例是1∶1∶1。倘若它们不在同一个转录产物中，可能造成这三种RNA比例失调，影响细胞功能或造成浪费。当然，并非所有功能相关的基因都组织在一起。

（2）蛋白质基因通常以单拷贝的形式存在。多拷贝基因或多拷贝序列存在于同一染色体上常常引起非均等交换，结果导致了相同序列之间基因的缺失或倒位。然而基因序列的倍增又是经常发生的，可是绝大多数的基因倍增并没有给细菌带来选择上的优势，因而很快又被淘汰。这样，就使绝大多数的蛋白质基因保持单拷贝形式。

（3）RNA基因通常是多拷贝的。大多数*E. coli*菌株都含有16S rRNA、23S rRNA和5S rRNA基因各7个拷贝，以便装配大量的核糖体，使细菌能在20 min内将细胞内的蛋白质含量加倍。在大肠杆菌中，rRNA基因除多拷贝的特点外，它们在染色体上的分布也增加了潜在的基因剂量。在7个操纵元中，有6个分布在*E. coli* DNA的双向复制起点附近，而不是在复制终点附近。可以设想，在一个细胞周期中，复制起点处的基因表达量几乎相当于处于复制终点的同样基因的两倍。

（4）除把相关基因组织成操纵元的形式之外，各种基因的启动子和操纵子部分的DNA序列也是多种多样的，以便与DNA聚合酶及调节基因的产物阻遏蛋白发生不同程度的结合，对各种基因的表达加以精细的调节。

本 章 小 结

原核生物（prokaryote）是一些无真正的细胞核的单细胞或多细胞低等生物，包括古菌（archaea）和细菌（bacteria）（其中包含支原体和蓝藻门）。原核生物一般没有细胞内膜，没有细胞核膜，无真正的细胞核，但依然有遗传物质，如DNA和RNA。原核生物的DNA伴随些许蛋白质，以一个或数个环形分子的方式存在。

原核生物染色体上功能相关的基因大多组成操纵元结构，其蛋白质基因通常为单拷贝，而RNA基因则是多拷贝的。在噬菌体染色体中有时还出现基因重叠、大基因内含小基因。原核生物DNA结构简单，基因组中存在可移动的DNA序列，如转座子和质粒等。质粒是独立于细菌细胞染色体以外，能自主复制的共价闭合环状DNA分子。作为一个完整的复制子，在转化细胞后能自主复制，并对细菌的一些代谢活动和抗药性产生重要作用，即给细菌带来特殊标志。

原核生物——细菌基因组拥有由双链DNA组成的环（以纤维的形式），每个环的底部形成相对独立的结构域。基因组中的超螺旋能够以两种基本的形式存在。DNA结合蛋白与周围DNA发生非特异性结合，约束着约半数的DNA超螺旋。

原核生物染色体只有一个复制起始点，DNA在复制时首先在拓扑异构酶Ⅰ的作用下解开负超螺旋，并与解链酶共同作用，在复制起始点处解开双链；接着由引发酶等组成的引发体迅速作用于两条单链DNA上。不论是前导链还是后随链，都需要一段RNA引物起始子链DNA的合成。

连锁分析是遗传作图的基础。对不发生减数分裂的细菌的连锁分析，通过诱导同源片段交换，估算子代细胞重组率。细菌的遗传物质进行交流与重组的方式有接合、转导和转化。

➤思 考 题

1. 原核生物与真核生物有哪些区别？
2. 简述原核生物染色体的形态、结构及数目。
3. 原核生物DNA具有哪些特征？
4. 简述原核生物DNA的复制过程。

编者：付建红

主要参考文献

蔡妙英，卢运玉，赵玉峰. 1999. 细菌名称[M]. 2版. 北京：科学出版社：782.

程罗根. 2018. 遗传学[M]. 2版. 北京：科学出版社：120.

郭玉华. 2014. 遗传学[M]. 北京：中国农业大学出版社：46-48.

科勒德. 1985. 微生物学的发展[M]. 王龙华，译. 北京：科学出版社：173.

潘晓驹，焦念志. 2001. 海洋古菌的研究进展[J]. 海洋科学，25（2）：20-23.

任立成，李美英，鲍时翔. 2006. 海洋古菌多样性研究进展[J]. 生命科学研究，10（2）：67-70.

孙乃恩. 1990. 分子遗传学[M]. 南京：南京大学出版社：31-36.
陶天申，东秀珠. 2007. 原核生物系统学[M]. 北京：化学工业出版社.
杨业华. 2006. 普通遗传学[M]. 2 版. 北京：高等教育出版社：46.
张晓华. 2007. 海洋微生物学[M]. 青岛：中国海洋大学出版社：371.
朱玉贤，李毅，郑晓峰，等. 2013. 现代分子生物学[M]. 4 版. 北京：高等教育出版社：24.
Delong E F. 1992. Archaea in coastal marine environment[J]. Proc Natl Acad Sci USA，89：685-689.
Garrity G M，Lilburn T G，Cole J R. 2007. Tax Onomic Outline of the Bacteria and Archaea[M]. 3rd ed. New York：Springer-Verlag.

第三章　真核生物的染色体特征

第一节　染色质与染色体

一、染色质的概念

染色质（chromatin）是在 1879 年由德国生物学家 Flemming 提出的，用以描述细胞核中染色后强烈着色的物质。现在认为染色质是在细胞间期细胞核内能被碱性染料染色的纤细网状物质。

真核生物中的染色体由染色质丝组成。染色质丝由核小体组成（组蛋白八聚体，DNA 链的一部分附着并包裹在其周围）。染色质丝被蛋白质包装成染色质的浓缩结构。染色质含有绝大多数的核 DNA 和少量母系遗传获得的线粒体 DNA 等。染色质存在于大多数细胞核中，有少数例外，如红细胞。在细胞分裂期间，染色质进一步浓缩以形成显微镜下可见的染色体。染色体的结构、大小、长短随细胞周期而变化。在细胞间期，染色体被复制；在细胞分裂期，染色体分裂并成功传递给它们的子细胞，以确保它们后代的遗传多样性和存活率。染色体以复制或非复制的形式存在。未复制的染色体是单个双螺旋，而复制的染色体包含由着丝粒连接的两个相同的双螺旋（其中的任何一个都可被称为染色单体或姐妹染色单体）。

真核生物（具有细胞核的细胞，如植物、真菌和动物细胞）具有包含在细胞核中的多个大的线性染色体。每个染色体都有一个着丝粒，一个或两个从着丝点突出的臂。此外，大多数真核生物还有小的环状线粒体染色体，一些真核生物也有额外的小环状或线状细胞质染色体。

（一）间期染色质

在细胞不分裂的间期，染色质可分为常染色质和异染色质两种类型（详见本章第三节）：由活性的 DNA 组成，以分散状态存在，染色较浅且均匀者，称常染色质（euchromatin）；主要由无活性的 DNA 组成，以浓缩状态存在，染色较深者称异染色质（heterochromatin），推测异染色质在染色体阶段起到结构性作用。异染色质可进一步区分为组成型异染色质和机动型异染色质两种类型：组成型异染色质始终处于固缩状态，多位于着丝粒周围，通常包含高度重复序列，从不表达；机动型异染色质，也叫功能型异染色质或兼性异染色质，这种异染色质在一定条件下可以变为常染色质，有时表达。

（二）中期染色质

在有丝分裂或减数分裂（细胞分裂）的早期，染色质双螺旋浓缩程度增强。形成一种紧凑可传输的经典四臂结构染色体，一对姐妹染色单体在着丝粒处相互连接。较长的臂称为长臂（q 臂），较短的臂称为短臂（p 臂）。此时期是用光学显微镜观察单个染色体的最佳时间。有丝分裂中期的染色体是线性纵向压缩的连续染色质组成的环。在有丝分裂期间，微管通过动粒的特殊结构附着到着丝点上。每个染色单体具有自己的动粒，反向附着于有丝分裂纺锤体的两极。从中期到后期的过渡中，微管将染色单体拉向两极，使每个子细胞继承一组染色单体。一旦到细胞分裂末期，染色单体就会被解开，DNA 可以再次复制、转录。染色质结构上的高度浓缩，使得这些巨大的 DNA 结构能够包含在细胞核内。

二、染色体的概念

染色体（chromosome）是指在细胞分裂期出现的一种能被碱性染料强烈染色的，并具有一定形态、结构特征的有形小体，是遗传信息的载体，由DNA、RNA和蛋白质构成，具有储存和传递遗传信息的功能。真核细胞的基因大部分存在于细胞核内的染色体上，通过细胞分裂，基因随着染色体的传递而传递，从母细胞传给子细胞，从亲代传给子代。各种不同生物的染色体数目、形态、大小各具特征，在同一物种中，染色体的形态、数目是恒定的。

染色体的外形、成分及行为等在系统发育过程中一直处于变化中，常表现为染色体数目和结构的变化，在物种形成中起着重要作用，这也体现了生物在染色体水平的多样性。这同样会引起染色体畸变，从而表现为染色体病。

染色体和染色质的主要成分都是DNA和蛋白质，它们仅是同一物质在分裂期和细胞间期的不同表现形态而已（图3-1）。

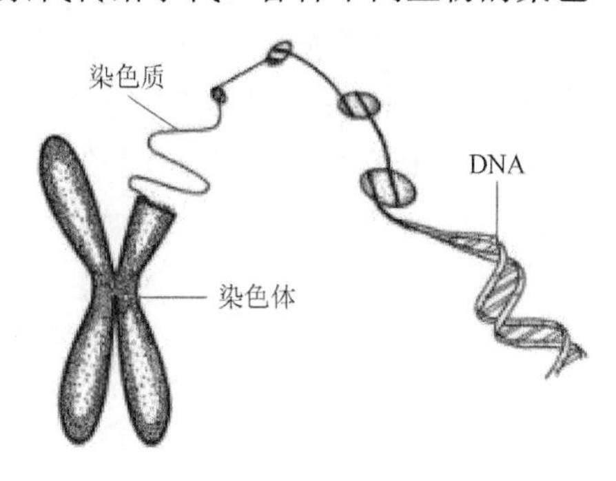

图3-1　染色质与染色体

第二节　染色质的化学组成

染色质的基本化学成分为脱氧核糖核酸核蛋白，它是由DNA、组蛋白、非组蛋白和少量RNA组成的复合物。在真核生物染色体中，DNA约占27%，组蛋白和非组蛋白约占66%，RNA约占6%。不同生物染色质的化学组成比例略有差异（表3-1）。

表3-1　染色质的化学组成

来源	DNA	RNA	组蛋白	非组蛋白
猪小脑	1	0.13	1.60	0.50
猪垂体	1	0.108	1.56	0.45
鼠肝	1	0.04	1.15	0.95
鼠肾	1	0.06	0.95	0.70
小鸡肝	1	0.03	1.17	0.88
小鸡红细胞	1	0.02	1.08	0.54
母牛胸腺	1	0.007	1.14	0.33
小牛胸腺	1	0.05	0.89	0.21
人宫颈癌细胞	1	0.09	1.02	0.71
豌豆芽	1	0.05	1.10	0.41
豌豆生长子叶	1	0.13	0.76	0.36

一、DNA

细胞中编码和调控的信息包含在DNA分子中。DNA与染色质有着重大联系。DNA是一种高分子聚合物，即由重复单位构成的大分子。每一单位都由三种较小分子组成，它们彼此结合形成核苷酸。碱基共有 4 种：胸腺嘧啶（T）、胞嘧啶（C）、腺嘌呤（A）和鸟嘌呤（G）。在多数来源的 DNA 中，嘌呤的物质的量等于嘧啶的物质的量，即 A + G = T + C，A = T，C = G，这就是著名的夏格夫法则（chargaff rule）。DNA 分子由两条螺旋缠绕的分子链组成。链由糖和磷酸残基交错连接形成。每条链都有一个糖-磷酸主链和由糖向内突出的碱基。在 DNA 分子中各个碱基排列成对，DNA 分子整体呈双螺旋形式。脱氧核糖与碱基的特定碳原子相连，大分子中相邻的两个糖分子通过与磷酸形成的磷酸二酯键彼此连接。碱基借助于氢键相互连接，使整个分子保持稳定。碱基配对是严格互补的：A 与 T 配对，C 与 G 配对，DNA 分子的两条链在整个分子长度内是彼此互补的（图 3-2）。

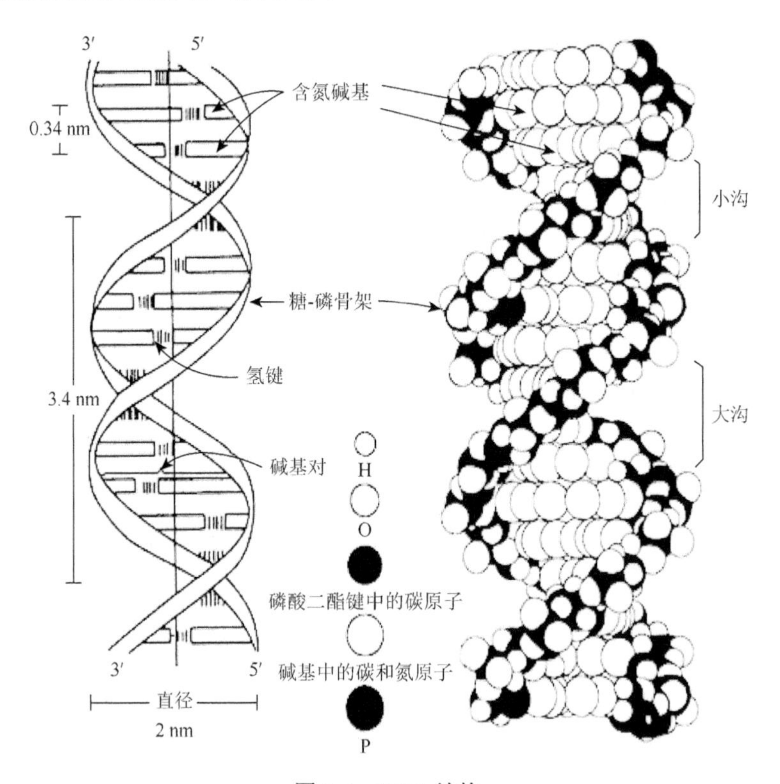

图 3-2　DNA 结构

在人的细胞中，DNA 位于与核膜相连的细胞核内，而蛋白质的合成则在细胞质中进行。细胞直接读出的信息是编码在 RNA 分子上的，细胞不能直接阅读染色体 DNA 上的信息。DNA 中的胸腺嘧啶在 RNA 中被极为相似的分子尿嘧啶代替。RNA 是单链的，与其模板 DNA 双螺旋中的一条多核苷酸链互补。这些信息将最终被翻译成特定的结构蛋白或酶蛋白。

DNA 是一种具有多种功能的分子。它能够自我复制，细胞每分裂一次 DNA 便复制一次。它通过转录过程制造三种 RNA，分别为信使 RNA（mRNA）、转运 RNA（tRNA）和核糖体 RNA（rRNA）。这三种 RNA 在细胞质合成蛋白质的一系列过程中执行不同的功能。信使 RNA 由 DNA 模板产生，是按一定顺序排列的三联体密码子，因其携带的遗传信息可作为蛋白质合成的模板而得名。密码子是一种三联体，任一 mRNA 中核苷酸的数目至少应是所要合成的蛋白质中氨基酸数目的三倍。tRNA 有好多种，是一类三叶草形状的分子。tRNA 成分中含有一些异常核苷酸，游离端的末端是核苷酸-CCA，中叶的顶部是三个核苷酸一组，构成反密码子（可以用互补方式与 mRNA 三联体密码子的三个核苷酸配对），是 mRNA 编码信息的读码者。

转录时，DNA 的双螺旋在 RNA 聚合酶的作用下被拆开。RNA 聚合酶结合于双链 DNA 上，使它解旋和分开；同时形成 RNA，RNA 随 RNA 聚合酶沿 DNA 的移动而增加长度。当 mRNA 从 DNA 中释放出来，由细胞核进入细胞质，附着于一个或几个核糖体上，其信息由相应的 tRNA 读出。然后，附着于 tRNA-CCA 末端的氨基酸彼此连接，形成不断加长的蛋白质。当 tRNA 到达终止密码子（UAA、UAG、UGA）时，这一过程便结束，合成的蛋白质被释放出来，作为酶或膜及其他细胞器的结构分子而供细胞使用。

二、蛋白质

蛋白质是荷兰科学家格里特在 1838 年发现的。他观察到有生命的物质离开了蛋白质就不能生存。蛋白质是生物体内一种极其重要的高分子有机物，大约占人体干重的 54%。蛋白质主要由氨基酸组成，因氨基酸的组合排列不同而组成各种类型的蛋白质。人体中估计有 10 万种蛋白质。生命是物质运动的高级形式，这种运动方式是通过蛋白质来实现的，所以蛋白质有极其重要的生物学意义。染色质的基本化学成分包含组蛋白和非组蛋白。

（一）组蛋白

1. 组蛋白概述

组蛋白早在 1884 年就被著名科学家科塞尔（A. Kossel，1910 年诺贝尔生理学或医学奖获得者）发现，但直到 20 世纪初，人们才认识到“染色体是遗传物质的载体”，在这之前，人们曾一度认为组蛋白是遗传物质。自从认识到 DNA 是遗传物质，而不是蛋白质后，组蛋白的研究就处于停滞状态。科学家在 20 世纪 60 年代也仅仅是弄清了组蛋白大致有 5 种类型。直到 1973 年，人们对组蛋白的功能还知之甚少。1974 年，伊森伯格（I. Isenberg）和罗克（D. Roark）通过实验发现，组蛋白与组蛋白相互作用构成染色质亚基的核心部分。此外，一个关于核酸酶抗性染色质粒子的水动力性质的研究发现，组蛋白之间具有紧凑性。之后美国著名科学家科恩伯格（Roger D. Kornberg），用凝胶分离蛋白质的方法揭示了组蛋白与 DNA 结合的秘密，使组蛋白的研究重新成为热点。

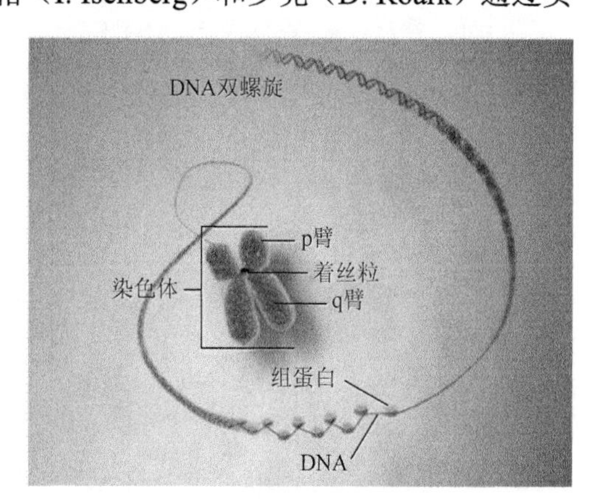

图 3-3 染色质中的组蛋白
（美国国家医学图书馆）

目前已经明确组蛋白（histone）是染色质的基本结构蛋白（图 3-3），因其富含碱性氨基酸——精氨酸（Arg）和赖氨酸（Lys）而呈碱性，二者加起来约占所有氨基酸残基的 1/4，组蛋白可与带负电荷的酸性双螺旋 DNA 大沟结合成 DNA-组蛋白复合物。组蛋白因氨基酸成分和分子质量不同主要分成 5 类（表 3-2），分子质量为 11～23 kDa，按照分子质量由大到小分别称为 H1、H3、H2A、H2B 和 H4。事实上还有第六类组蛋白，即古细菌组蛋白。

组蛋白的甲基化修饰主要是由一类含有 SET 结构域的蛋白质来执行，组蛋白甲基化修饰参与异染色质形成、基因印记、X 染色体失活和转录调控等多种主要生理功能，目前组蛋白的修饰作用是表观遗传学研究的一个重要领域。研究证实：组蛋白甲基化的异常与肿瘤等多种人类疾病相关，可以特异性地激活或者抑制基因的转录活性。研究还发现，组蛋白甲基转移酶的作用对象不仅仅限于组蛋白，某些非组蛋白也可以被组蛋白甲基转移酶甲基化，这将为阐明细胞内部基因转录、信号转导，甚至个体的发育和分化机制提供更广阔的空间。

染色质是由许多核小体组成的，H2A、H2B、H3 和 H4 各 2 个分子构成的 8 聚体是核小体的核心部分，H1 的作用是与线性 DNA 结合以帮助其形成高级结构。组蛋白是已知蛋白质中最保守的，亲缘关系较远的种属中，4 种组蛋白（H2A、H2B、H3、H4）氨基酸序列都非常相似，如海胆组织 H3 的氨基酸序列与来自小牛胸腺的 H3 的氨基酸序列间只有一个氨基酸的差异；小牛胸腺的 H3 的氨基酸序列与豌豆的 H3 的氨基酸序列也只有 4 个氨基酸不同。人类和豌豆的 H4 氨基酸序列只有两个不同；人类和酵母的 H4 氨基酸序列也只有 8 个不同，这说明 H4 的氨基酸序列在约 10^9 年间几乎是恒定的。不同生物的 H1 序列变化较大，在某些组织中，H1 被特殊的组蛋白所取代，如成熟的鱼类和鸟类的红细胞中 H1 被 H5 所取代，精细胞中则由精蛋白代替组蛋白。

真核生物细胞核中组蛋白的含量约为 0.5 g/g 染色质，染色质中的组蛋白与 DNA 的含量之比约为 1∶1。

2. 组蛋白的分类和特点

组蛋白的分类和特点如表 3-2 所示。

表 3-2　组蛋白的分类和特点

种类	赖氨酸与精氨酸比值	残基数	分子质量/kDa	保守性	存在部位及结构作用
H1	29.0	215	23.0	低	连接线上，锁定核小体，参与包装
H2A	1.22	129	14.0	高	核心颗粒，形成核小体
H2B	2.66	125	13.8	高	核心颗粒，形成核小体
H3	0.77	135	15.3	极高	核心颗粒，形成核小体
H4	0.79	17	11.3	极高	核心颗粒，形成核小体

注：H1 富含碱性氨基酸

（二）非组蛋白

非组蛋白又称序列特异性 DNA 结合蛋白（sequence specific DNA binding protein），主要是指与特异 DNA 序列相结合的蛋白质，是高等动植物的核蛋白质中，除组蛋白之外的其他蛋白质的总称。非组蛋白大多是酸性的。即非组蛋白是细胞核中组蛋白以外的酸性蛋白质。核小体与核内的 RNA、非组蛋白等结合，形成更为高级的结构。

非组蛋白的功能是：①有酶（RNA 合成酶、蛋白质磷酸化酶等）的作用；②维持遗传信息和调节表达（HMG14、HMG17 及许多酸性染色体蛋白质）；③作为染色体的结构支持体，如基质蛋白（matrix protein）、支架蛋白质（scaffold protein）等。

非组蛋白不仅包括以 DNA 作为底物的酶，也包括作用于组蛋白的一些酶，如组蛋白甲基化酶，此外还包括 DNA 结合蛋白、组蛋白结合蛋白和调节蛋白。由于非组蛋白常常与 DNA 或组蛋白结合，因此在染色质或染色体中也有非组蛋白的存在，如染色体骨架蛋白。非组蛋白含谷氨酸、天冬氨酸等酸性蛋白质，带负电荷，既有专一性又有多样性，且含有组蛋白所没有的色氨酸，是 DNA 复制 RNA 转录活动的调控因子。

组蛋白只在S期合成，但非组蛋白在整个细胞周期都合成。非组蛋白能识别特异DNA序列，结合于氢键和离子键。非组蛋白的功能是帮助DNA折叠、复制，调节基因的表达。

第三节　染色质的类型

染色体在细胞周期的间期以染色质形式存在，染色质有常染色质（euchromatin）和异染色质（heterochromatin）两种类型。性染色质与性染色体（X染色体和Y染色体）有关，包含X染色质和Y染色质。染色质的高级结构在基因调控中起到不可忽视的作用，目前研究关注较多的是染色质结构如何在不同生命过程中受到调控而发生变化，并参与细胞功能的实现。多种因素与染色质结构的形成与调节相互关联。

一、常染色质与异染色质

常染色质一般是有活性的，而异染色质一般都是没有活性的。这是由于异染色质不含有编码基因（组成型异染色质，如着丝点区域）或抑制了所含基因的表达（功能型异染色质，如失活的X染色体）。异染色质在S期复制时比常染色质要晚一些，这是异染色质中发生高度浓缩的结果。

异染色质在各种真核生物中都在着丝点附近及端粒上，而在其他位置时常具有种的特异性。两种异染色质也是可区分的。组成型异染色质（constitutive heterochromatin）是没有活性的，且位于染色体对的同源位点上。着丝点和端粒皆属于这种类型。功能型异染色质（facultative heterochromatin）可以变成常染色质。它可能含有基因，但染色质凝聚时这些基因也随之失活，女性中有一个X染色体失活而成为巴氏小体（Barr bodies）就是一例，但巴氏小体中也并不是所有的基因都失活。

在染色质中与DNA结合的两类蛋白质——组蛋白和非组蛋白，它们在确定染色体的物理结构中起了重要的作用。正如我们看到的DNA总是包在组蛋白分子的四周，而非组蛋白再和这个复合体结合。各种研究表明有的非组蛋白在染色体中起到结构的作用。如果我们将染色体中的组蛋白除去，那么DNA就解开且从复合体中释放出来，但非组蛋白骨架以染色体的形状保留。

真核生物染色体的很大部分是异染色质，容易发生形态学的变化。而常染色质是活动的染色质部分，其染色线呈解旋状态，着色较浅，主要由单一DNA序列构成。异染色质则是处于不活动状态的染色质部分，染色线高度螺旋化，着色较深，DNA链含有较多的重复序列。异染色质还可进一步区分为结构性异染色质和兼性异染色质。前者指在间期一直保持高度螺旋状态的染色质部分，如着丝粒区域就属于这种情况，后者指在不同类型的细胞中和不同的发育时期，可以转变为活动状态的异染色质，或者说是在一定的细胞类型或一定的发育阶段呈现凝集状态的异染色质，如哺乳动物细胞的X染色质。虽然雌性细胞有两条X染色体，但也只有一条具有转录活性，另外一条X染色体像异染色质一样保持凝缩状态，称为巴氏小体（Barr bodies）（详见第五章第五节）。巴氏小体的形成保证了雄性和雌性都只有一条具有活性的X染色体，合成等量的X-连锁基因编码的产物。

值得注意的是，染色质的形成与空间分布密切相关。常染色质一般集中在细胞核的中间区域，而异染色质则分布在核周围。若将酵母或哺乳动物的一段基因固定到核周，则该基因表达就会受到抑制。推测核周围调控因子的分布对基因的沉默非常重要。Ragunathan等研究发现组蛋白 H3 第 9 号赖氨酸的甲基化修饰，即 H3K9me，是异染色质最重要的表观遗传标志。H3K9me 的效应蛋白 HP1 可与核纤层蛋白 Lamin 结合。但是核周分布是如何调控基因沉默和异染色质维持的机制尚不清楚，目前是一个研究热点。

研究还表明，涉及 Clr4 的直接“读-写”机制如何体现组蛋白修饰，并允许组蛋白作为表观遗传信息的载体。这些实验表明异染色质维持不需要通过系留的 TetR-Clr4-1 继续抑制转录，并且转录状态的变化受脱甲基酶 Epe1 的调节。H3K9me2 界定了可以表观遗传的沉默状态，并且脱甲基酶 Epe1 调节表观遗传状态衰变速率（Ragunathan et al.，2015）（图 3-4）。

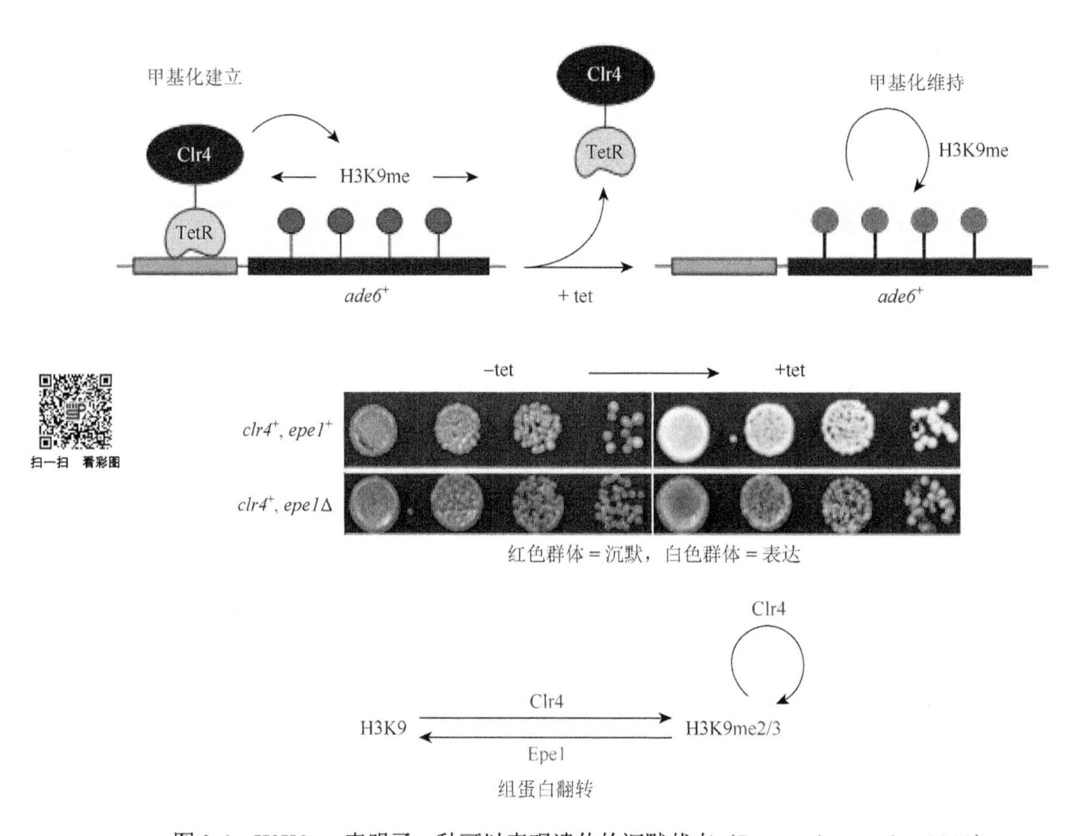

图 3-4　H3K9me 表明了一种可以表观遗传的沉默状态（Ragunathan et al.，2015）

直接“读-写”机制涉及 Clr4 H3K9 甲基转移酶增殖组蛋白修饰，并允许在没有任何 DNA 输入的情况下，组蛋白作为表观遗传信息的载体使 DNA 甲基化或 RNAi。Epe1，一个假定的去甲基化酶，和其他转录相关的组蛋白转换途径调节表观遗传状态的衰变速率

在真核生物中，部分 DNA 被高度包装呈结构致密的异染色质状态。异染色质在 DNA 的代谢活动中表现得不活跃并具有在染色质序列上随机向外蔓延的特征，导致覆盖区域的基因被沉默。异染色质的蔓延受到严格的调控，否则其不受控制的蔓延将会改变异染色质的形态分布并对生命体造成危害。例如，研究发现，在人类干细胞的分化阶段，异染色质向调控基因的蔓延严重地改变了染色质的形态分布，从而影响干细胞的分化。报道称一种被称为“边界元件”（boundary element）的 DNA 序列具有抑制异染色质蔓延的功能。

常染色质和异染色质虽然在 DNA 组成及活动状态上有一定的差异，但在结构上它们是连续的。研究不同种属常染色质和异染色质的分布特点，在分类学和进化研究上都有重要的参考价值。且两者对维持染色质的形态和调节基因组的重新排布具有重要的作用。

二、X染色质和Y染色质

（一）X染色质

X染色质又称巴氏小体或X小体，为紧贴细胞核膜内面的团块状结构，直径约为1 μm，染色程度较其他染色质深。其形态不一，常呈三角形、半圆形、平凸形或球形。放射自显影技术的研究发现，女性的两条X染色体中有一条DNA复制延迟，称迟复制X染色体。迟复制X染色体在间期时表现为X染色质。当细胞内有一条以上X染色体时，在间期时除一条X染色体外，其余的X染色体均表现为X染色质，因此间期细胞核中的X染色质数目等于X染色体数减去1。当X染色体结构异常时，X染色质的形态也会有相应的改变，如X等臂染色体时，出现大的X染色质，双着丝粒X染色体时，出现双叶或大的X染色质。

（二）Y染色质

Y染色质又称Y小体或荧光小体。Y染色体用荧光染料染色后，呈亮暗不一的荧光带，在Y染色体长臂的远侧端呈明亮的荧光区。在间期时，Y染色体长臂远侧端的强荧光特性仍然存在，经荧光染色后，呈强荧光亮点，直径为0.25～0.3 μm，位于细胞核内的任何位置。人类Y染色体长60 Mb，由于Y染色体上存在睾丸决定基因（*TDF*）和性别决定基因（*SRY*），其主要功能是性别分化。

Y染色体的长度变异是常见的人类染色体多态表现之一。Y异染色质增加也称“大Y”或Yqh +。关于Y异染色质增加与生殖的关系研究报告甚多，有截然不同的两种观点，一些学者认为Y异染色质增加是Y染色体的常态变异，不构成任何有实际意义的临床遗传效应；另有一些学者的研究结论则认为Y异染色质增加对人类的生殖和妊娠结果具有重要影响（程红玲等，2009）。Y异染色质增加的实质是Y染色体的长臂异染色质区发生DNA的串联重复，DNA序列的过度复制又发生Y染色体在空间结构上的过度螺旋化。

第四节　染色质结构基本单位的发现与组成

核小体是20世纪生命科学中的重要发现之一，它的发现为合理解释染色质如何在细胞核内压缩提供了重要依据，并为研究真核细胞基因的转录奠定了理论基础。1972年，美国科学家奥林斯（Olins）夫妇用放大镜认真地观察鸡红细胞细胞核的电子显微镜照片，发现染色质像细线连接起来的念珠。他们把这种像念珠一样串联起来的小颗粒结构称为“V（nu）body”（钮体），意思是，这些既是新发现的（new），又是包含核组蛋白（neucleohistone）的小物体。1974年1月，该成果以“Spheroid chromatin units”（球状的染色质单位）为题发表在国际著名的*Science*杂志上。Olins将它们命名为“V小体”。1975年，乌代（P. Oudet）、格罗斯-巴拉德（M. Gross-Bellard）和尚邦（P. Chambon）等也分别独立地发现了V小体的存在，Chambon给V小体取名为“核小体”（nucleosome）。于是，1975年后的研究都用“核小体”，不再用V小体。

核小体是构成真核生物染色体的基本结构单位，形状类似一个扁平的碟子或一个圆柱体（图3-5），此时DNA的长度压缩为原来伸展状态的1/6，称染色质纤维。当一连串核小体呈螺旋状排列构成纤丝状时，DNA的压缩包装比约为40。纤丝本身再进一步压缩，成为常染色质的状态时，DNA的压缩包装比约为1000。有丝分裂时染色质进一步压缩为染色体，压缩包装比高达8400，即约只有伸展状态时长度的万分之一。

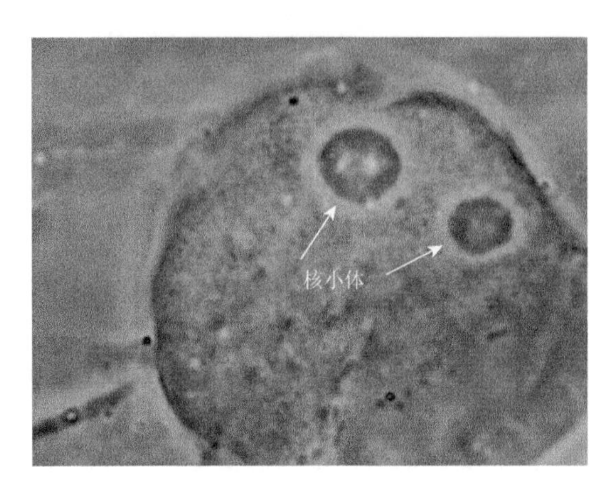

图 3-5　核小体的形状

核小体由 DNA 与 H1、H2A、H2B、H3 和 H4 等 5 种组蛋白（histone，H）构成。两分子的 H2A、H2B、H3 和 H4 形成一个组蛋白八聚体，约 200 bp 的 DNA 分子盘绕在组蛋白八聚体构成的核心结构外面 1.75 圈，形成了一个核小体的核心颗粒（core particle）。核小体的核心颗粒再由 DNA（约 60 bp）和组蛋白 H1 共同构成的连接区连接起来形成串珠状的染色质细丝。这时染色质的压缩包装比（packing ratio）为 6 左右，即 DNA 由伸展状态压缩了近 1/6。200 bp DNA 为平均长度；不同组织、不同类型的细胞，以及同一细胞里染色体的不同区段中，盘绕在组蛋白八聚体核心外面的 DNA 长度是不同的。例如，真菌的可以短到只有 154 bp，而海胆精子的可以长达 260 bp，但一般在 180～200 bp。在这 200 bp 中，146 bp 直接盘绕在组蛋白八聚体核心外面，这些 DNA 不易被核酸酶消化，其余的 DNA 用于连接下一个核小体。连接相邻 2 个核小体的 DNA 分子上结合了另一种组蛋白 H1。组蛋白 H1 包含了一组密切相关的蛋白质，其数量相当于核心组蛋白的一半，所以很容易从染色质中抽提出来。所有的 H1 被除去后也不会影响到核小体的结构，这表明 H1 是位于蛋白质核心之外的（图 3-6），核小体核心颗粒在组蛋白 H1 的作用下形成稳定结构，进一步组装成高级结构。而且相邻的核小体之间的自由区域（linker DNA）为 20～50 个碱基的长度，也就是说基因组的 75%～90%被核小体所占据。

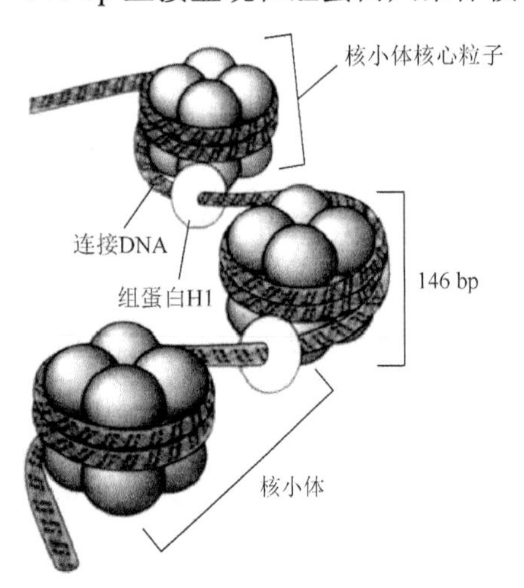

图 3-6　核小体结构的图解

染色质的结构不均匀，是由于某些区域核小体占据率高、某些区域核小体缺乏，如基因间区与 ORF 相比，核小体比较稀疏；像启动子这样的调控区，核小体分布甚至比基因间区还少。Bernstein 等（2004）分析了酵母全部启动子区核小体的占据水平，发现启动子区域核小体的占据数与启动子下游基因转录速率呈负相关，核小体缺乏区含有更多的转录因子结合模体。Field 等（2009）详细研究了酵母的大约 380 000 个核小体序列，发现转录起始位点上游区域和翻译终止位点下游区域核小体缺乏。

第五节　从染色质到染色体的结构演化

20 世纪 70 年代初期核小体发现后，染色体的内部结构和染色体与染色质之间的结构变化，以及染色体中 DNA 分子之间的关系和相互作用等科学问题才得到了较为完整的解答。首先看一下染色质研究过程中的重要历史事件（表 3-3）。

表 3-3　染色质研究过程中的重要历史事件

年份	内容
1871	瑞士生物化学家费希尔（Edmond H. Fischer）发现核酸
1880	德国生物学家弗莱明（W·Fleming）提出了染色质这一概念
1884	德国化学家科塞尔（Kossel）发现组蛋白
1944	美国洛克菲勒医学研究所的艾弗里（O. Avery）、麦克劳德（C. MacLeod）、麦卡蒂（M. McCarty）鉴定细菌转化的关键因子是 DNA
1953	沃森（J. Watson）、克里克、威尔金斯、斯托克斯（A. Stokes）、威尔逊（H. Wilson）、富兰克林（R. Franklin）和戈斯林（R. Gosking）提出 DNA 双螺旋模型
1964	美国科学家奥尔弗里（V. Allfrey）、福克纳（R. Faulkner）和米尔斯基（A. Mirsky）证实组蛋白修饰（乙酰化促进蛋白质合成）与 DNA 转录的联系
1967	约翰斯（E. W. Johns）分馏了组蛋白
1972	奥林斯夫妇（AdaL. Olins，Donald E. Olins）提出染色质亚单位模型
1973	美国科学家奥林斯夫妇（Ada L. Olins，Donald E. Olins）和伍德科克（Janet Woodcock）用电子显微镜观察到染色质具有重复性的亚单位
1975	乌代（P. Oudet）、格罗斯-巴拉德（M. Gross-Bellard）和尚邦（P. Chambon）分别发现了 V 小体的存在，Chambon 给 V 小体取名为“核小体”
1984	里士满（T. Richmond）等确定了核小体晶体 0.7 nm 的结构
1993	特纳（B. Turns）提出表观遗传信息是在组蛋白的尾部修饰
1997	卢格尔（Luger）等确定了核小体晶体 0.28 nm 的结构
2001	杰纽温（T. Jenuwein）和阿利斯（C. Allis）提出组蛋白密码

沃森和克里克提出的 DNA 双螺旋结构使生命科学进入分子生物学时代，成为 20 世纪最伟大的科学发现之一。2014 年，中国科学院生物物理研究所科学家发现的染色质双螺旋结构揭开了染色质的高级结构变化这一科学界“黑箱”，对于破译生命信息建立和调控的表观遗传学密码来说，是一个重大突破。

染色质是细胞形态学名词，它相当于生物化学上的核内 DNA 和蛋白质的复合体。间期的染色质在有丝分裂时形成染色体。染色体到有丝分裂间期又变为染色质。因此染色质和染色体是有丝分裂周期中不同阶段的运动形态。由染色质到染色体为多级螺旋化，与蛋白质结构相似，按不同的空间尺寸，染色质构象可分为 3 个不同维度（图 3-7）：一维结构为核小体的物理定位，反映了不同基因组部位的可接近性；二维结构为核小体串进一步折叠或凝缩形成的染色质构象，如 30 nm 染色质纤维，重点研究邻近核小体之间的相互作用；三维结构为染色质的三维空间构象，是基因组范围内的、广泛的远距离互作结构，包括可能存在的跨越几 kb 到几 Mb 距离不等的染色质疆域（chromosome territory，CT）、染色质区室（chromatin compartment）、拓扑相关结构域（topologically associating domain，TAD）、染色质环（chromatin loop），以及反式互作等（张玉波等，2020）（详见第十七章）。

一、染色质的基本结构单位——核小体

核小体是染色质的基本组成单元，最早于 1974 年由 Kornberg（1974）通过 MNase 酶切和电镜实验发现。在电镜视野下，核小体与核小体相连，呈现出经典的“串珠”结构（beads-on-a-string）。但直到 1997 年，人们才成功获得核小体的高分辨（2.8 Å）晶体结构。结构分析显示，核小体是由 146 bp 长的 DNA 缠绕组蛋白八聚体（组蛋白 H2A、H2B、H3 和 H4 各 2 个分子形成一个组蛋白八聚体）1.75 圈后形成，DNA 通过 14 个小沟与组蛋白八聚体作用形成紧密的结构（图 3-7）。随着细胞周期的变化，在细胞中呈现不同的结构状态。核小体在染色质上的各种结构状态的变化与遗传信息的传递，染色质的复制、转录，基因的表达调控等都密切相关。核小体一直是遗传学、细胞学研究的重点。

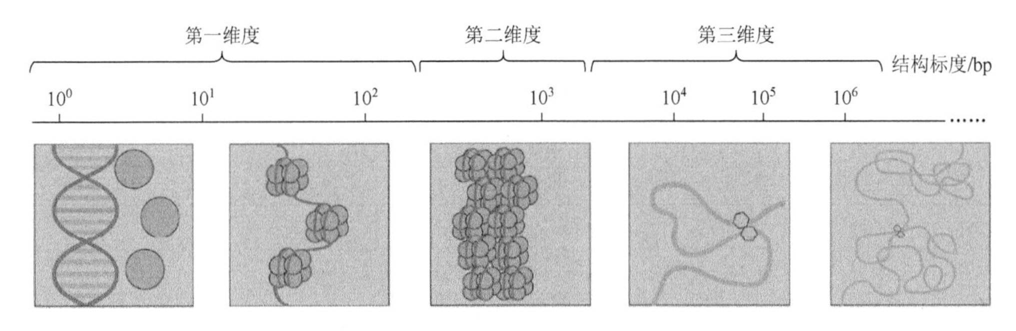

图 3-7　不同维度的染色质构象（张玉波，2020）

（一）核小体定位与核小体定位密码

核小体在 DNA 上的精确定位对细胞正常功能的发挥起重要作用。由于核小体与 DNA 的动态相互作用，大多数核小体的位置是不固定的。但是在有些情况下，某些核小体被限定在基因组的固定位置上，或者说 DNA 序列仅以一种特定的构型组装成核小体，则 DNA 上的每个位点将一直位于核小体上的特定位置，我们称这种组装类型为核小体定位（nucleosome positioning）。研究表明核小体的定位由 DNA 结合蛋白或特殊的 DNA 序列所指导。核小体定位对基因的表达调控有重要的影响。核小体的定位变化总是伴随着基因从抑制到转录状态的转变。核小体的定位、定位去稳定或解除，可能是影响基因转录调控的重要因素。大量的实验结果证明，核小体的形成和在染色质的精确定位是真核基因表达所必需的。

研究证明 DNA 的排序确实对如何放置核小体的“分区制”信息进行了编码。Segal 和其同事（2006）成功地证明 DNA 序列的确编码放置核小体的“区域”信息。他们首先从酵母中分离出 199 个长度为 142～152 bp 的核小体 DNA 序列，利用这些序列按一种新的计算法构建，并从实验上验证他们提出的“核小体-DNA 相互作用模型”，揭示了这些核小体包装的序列在酵母和鸡基因组中的相似性，并用来预期整个染色体中的核小体的编码组织方式，结果证明基因组编码一种内在的核小体定位密码（nucleosome positioning code）。这种“定位密码”由序列上出现的每 10 个碱基的周期信号组成。这种信号的规则重复帮助 DNA 片段剧烈地弯曲成核小体所需的球状。利用该模型能准确地预测酵母细胞中 50%的核小体的位置。这种核小体定位密码有助于特定染色体的功能，包括转录因子结合、转录起始及核小体本身的重塑等。

（二）核小体与染色质复制模型

在这里染色质的复制模型主要涉及核小体在DNA复制时如何分离、复制和重新组装等问题。“复制体通过核小体的移动模型”（model of the movement of replisomes past nucleosomes）提出当复制体经过复制叉时，核小体分成两个半核小体，经过复制叉后这各个半核小体再彼此重新组装成一个个完整的核小体；“半核小体综合模型”认为旧核小体通过复制叉后，两个半核小体附着于一个子链上，然后重新组装成一个核小体，因而没有新、老组蛋白混合形成的核小体。

根据实验结果并在以上两种模型的基础上，有人又提出了一些修改，主要是在DNA复制后核小体组蛋白的组装上有所不同。首先是复制时不保留组蛋白八聚体，但是保留了 H2A·H2B 二聚体和H3·H4四聚体。DNA复制后核小体立即被组装，组装的第一步是结合一个H3·H4四聚体。一旦四聚体结合后，两个 H2A·H2B 二聚体接着结合形成最终的核小体。H3·H4 四聚体和 H2A·H2B 二聚体或是全由新的组蛋白或是全由老的组蛋白组成。而这种组装是需要组蛋白伴侣参与并指导才能进行。

（三）核小体与染色质转录模型

一般认为，转录起始是伴随着染色质上的一些DNA基因调节序列或者周围核小体结构的改变而开始。对于在转录中RNA聚合酶与染色质和核小体的相互作用关系，先后提出了“核小体变构转录模型”“核小体复制转录模型”“组蛋白乙酰化转录模型”，以及“核小体换位绕轴模型”（spooling model for nucleosome repositioning）等，其中由Felsenfeld等于1994年所提出的“核小体换位绕轴模型”较为大家所接受，而且目前该模型在不断地补充改进。“核小体换位绕轴模型”认为DNA转录时核小体按全保留的成环机制使RNA聚合酶通过核小体完成转录。RNA聚合酶转录经过后，完整的核小体逐渐被恢复。转录也会导致核小体重新分布和部分核小体的损耗。

最近有人提出在染色质的转录过程中DNA拓扑异构酶起着非常重要的作用。他们认为基因表达调节机制是由瞬间依赖TopoⅡβ催化的DNA双链的断裂所介导，在核受体结合到靶基因上后，TopoⅡβ造成一个核小体特定DNA双链断裂，这可能触发PARP-1的固有催化活性，导致染色质结合蛋白质的聚腺苷二磷酸化。当组蛋白H1交换为HMGB（high mobility group B，高速泳运族B）蛋白后，似乎这种基因专一转录活性由PAIZP-1的活性所决定。在这个机制中使染色质的转录引入了DNA的损伤与修复机理，与以上的各种模型相结合起来考虑，可能对染色质的转录理解得更深一些（丁毅，2006）。

（四）核小体与基因表达

核小体结构的变化将导致基因的激活或预激活状态。组蛋白N端的修饰也可以改变核小体的功能。一般乙酰化的核小体与染色体上的转录活跃区域联系，而脱乙酰化的核小体与染色质上转录受抑制的区域相联系。目前有两个模型解释了激活因子募集核小体修饰物来帮助转录机器结合到启动子上，使核小体的改变帮助转录机器与启动子结合，转录得以进行。具体分为以下两方面：①激活因子在募集组氨酸乙酰基转移酶，该酶通过在组氨酸末端残基上添加乙酰基团来轻微改变核小体的紧凑结构，并为携带合适识别结构域的蛋白质创造结合位点；②激活因子募集某种核小体重塑分子来改变启动子附近的核小体结构，使其变得可接近并且能同转录机器相结合（丁毅，2006）。以上研究更有助于我们对遗传学及其生物学各研究领域工作的开展。

二、染色质的二级结构

核小体是染色质结构的基本单元，它如何构成二级结构——30 nm的染色质纤维？30多年来，世界各国的科学家都在探寻这个谜题，他们没能直接观测到，便利用间接证据推测，在有组蛋白 H1 存在的情况下，由直径 10 nm 的核小体串珠结构螺旋盘绕每圈 6 个核小体，形成外径 25～30 nm，螺距 12 nm 的螺线管——染色质组装二级结构；但在近年，中国科学家的发现推翻了这一经典猜测。李国红研究组在染色质体外重建和结构分析平台上，制备出三种后来获得成功观测结果的染色质纤维。其中一种含 24 个核小体，两种含 12 个核小体。朱平研究组用冷冻电镜来观察（图 3-8）。两个研究组紧密合作，在世界上首次解析出染色质的清晰高级结构图：30 nm 染色质纤维以 4 个核小体为结构单元相互扭曲形成；结构单元的形成和单元之间的扭转由不同方式的作用力介导；四聚核小体结构单元之间的空隙可能是组蛋白修饰、染色质重塑等重要表观遗传现象发生的调控控制区域。

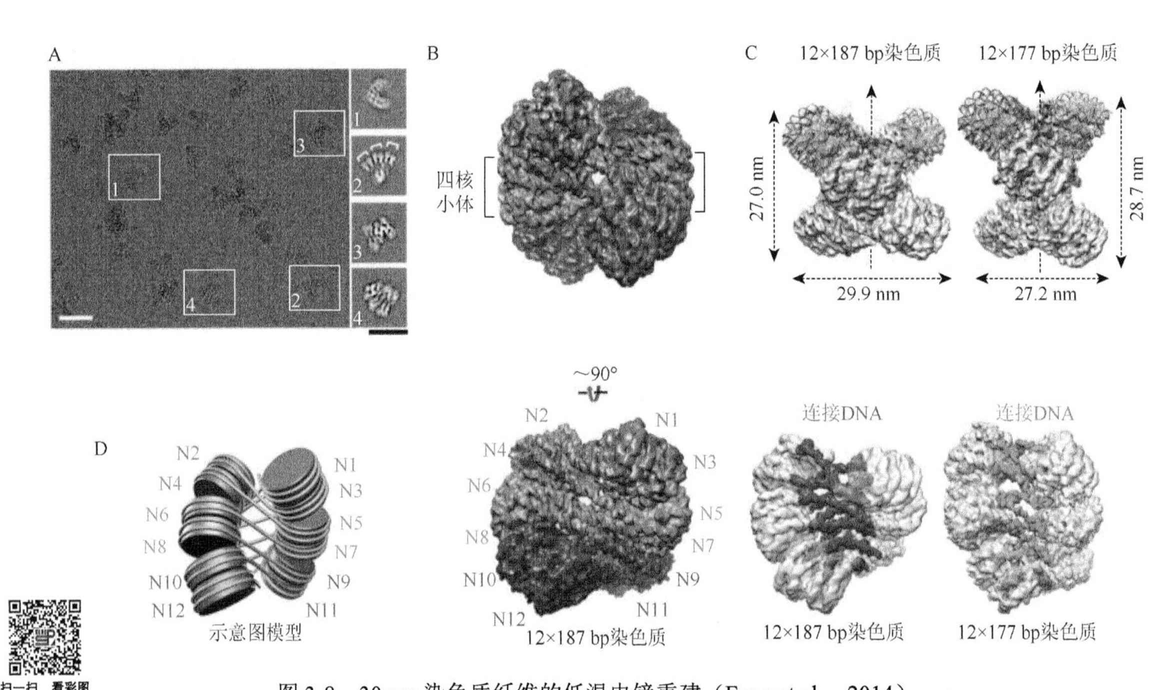

图 3-8　30 nm 染色质纤维的低温电镜重建（Feng et al.，2014）

A. 具有代表性的低温电子显微镜（Cryo-EM），30 nm 染色质纤维在 12×187 bp DNA 上重构。标尺表示 50 nm。选取的 4 个无监督分类生成的平均值显示在正确的图像中，与显微图中白框所示的原始粒子基本一致。B. 从两个角度观察，在 12×187 bp 条件下重构的 30 nm 染色质纤维的三维冷冻电镜总图以不同颜色突出的三个四核体结构单位的 DNA。C. 在 12×187 bp 和 12×177 bp DNA 上重构的 30 nm 染色质纤维的整体结构比较，从直接标记的纤维尺寸和它们的尺寸两个角度观察直线连接 DNA 突出显示出来。D. 30 nm 染色质纤维的低温电镜结构如图 B 所示

同时，他们发现连接组蛋白 H1 在单个核小体内部及核小体单元之间的不对称分布及相互作用促成 30 nm 高级结构的形成，首次明确了连接组蛋白 H1 在 30 nm 染色质纤维形成过程中的重要作用。长期从事 X 射线晶体学研究的结构生物学家许瑞明的研究组也参与了此项研究。他们进一步发现，染色质纤维的各个四聚核小体单元之间，通过相互扭曲折叠形成一个左手双螺旋高级结构，与 DNA 的右手双螺旋结构类似。并且，染色质纤维不是此前大家猜想的每 6 个核小体一组，而是每 4 个一组；不是管状螺旋体，而是左手双螺旋（Feng et al.，2014）（图 3-9，图 3-10）。这也改写了现代生物学教科书。

该发现对于理解生命个体的发育、衰老和重大疾病的发生发展都具有重要意义。例如，现在研究发现人类肿瘤大概只有 30%～40%是由于基因突变导致的，而表观调控的异常是其他很

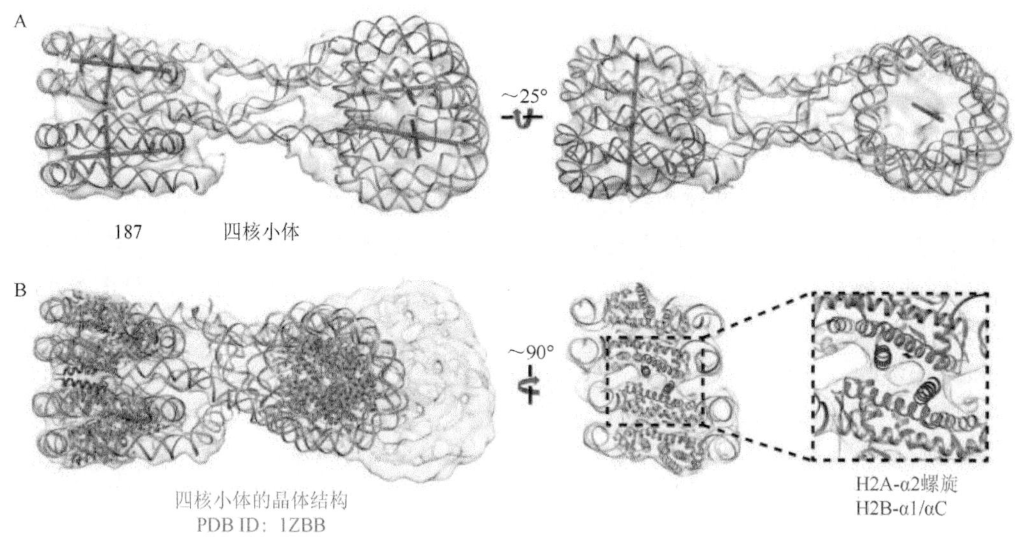

扫一扫　看彩图

图 3-9　NRL 为 187 bp 的四核小体单位的结构（Feng et al.，2014）

A. 在 12×187 bp DNA 上重构的 30 nm 染色质纤维中四核小体单位的分段密度图，显示为一个对接的单核小体晶体结构（PDB 1AOI）和建模的假定连接子 DNA 的原子结构，并从两个角度观察。不同的轴用颜色突出显示，包括核小体核心双轴（绿色）、核小体超螺旋轴（红色）和堆叠轴（粉色）。B. 核小体的三维冷冻电镜图（灰色）与 X 射线结构（PDB 1ZBB，粉红色）的比较。相邻的 H2A-H2B 二聚体相遇时的强密度被放大并在每个栈内的核小体核之间的界面上突出显示

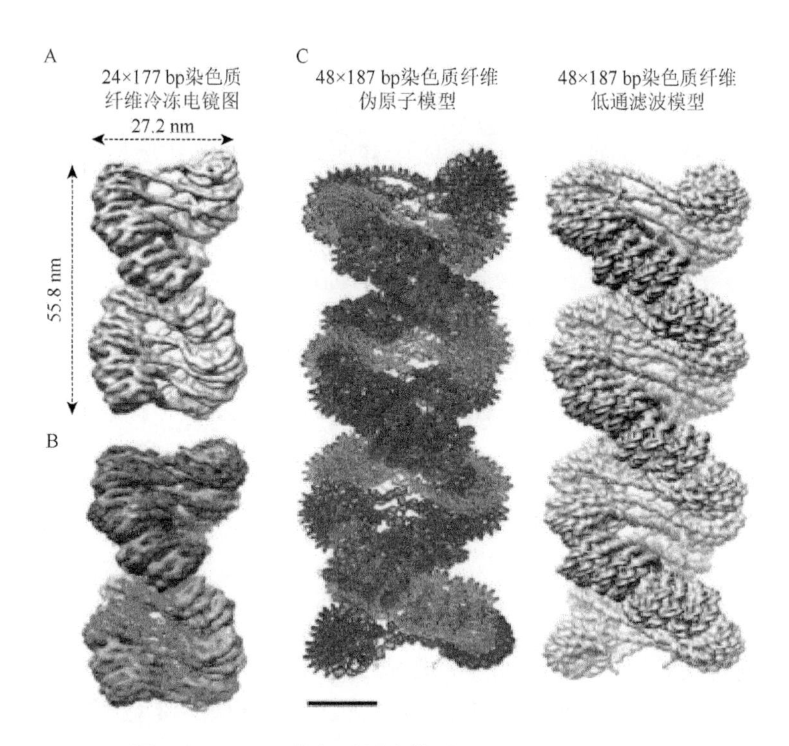

图 3-10　30 nm 染色质纤维模型（Feng et al.，2014）

A. 在 24×177 bp 601 DNA 上重构的 30 nm 染色质纤维三维冷冻电镜总图，显示纤维的长度和直径。B. 将 24×177 bp 30 nm 纤维的结构与两份 12×177 bp 30 nm 纤维的 Cryo-EM 结构进行对接。通过 UCSF 嵌合体的相关值优化拟合。C. 伪原子模型（左，不含 H1 的结构）及其对应的密度图低通滤波到 11a（右），直接将十二核体 30 nm 纤维的 Cryo-EM 结构与 187 bp 的 NRL 相互叠加，形成连续的纤维。标尺表示 11 nm

多肿瘤的诱发因素。但事实上，以上所有关于 30 nm 染色质纤维的结果都是基于体外实验发现

的，截至今日，科学家尚未真正在细胞内发现该结构的存在，因此，关于染色质 30 nm 纤维的体内研究还有待进一步深入。

三、染色质的三级结构

1885 年 Rab 等观察到细胞核内存在不同的染色体区域，而后通过荧光染色技术、显微技术等很多实验都证实了细胞核中存在不同的三维结构。随着测序技术的发展，“人类基因组计划”（human genome project，HGP）和“DNA 元件百科全书”计划（encyclopedia of DNA elements，ENCODE）的完成，三维基因组学研究热潮被正式掀起。染色质构象捕获技术（chromosome conformation capture，3C）是 Dekker 等于 2002 年开发的测定特定的点对点之间染色质交互作用的新技术。该技术第一次将认识 DNA 一维序列高度提升到三维水平，也成了后续三维基因组测序技术开发的基础。此外，随着电镜技术的发展，超高分辨率电子显微镜技术也为染色质三维构象的研究提供了新的视角。

基于上述技术和分析结果，科学家提出了真核生物染色质三维层级假说模型（详见第十七章）。在不同的空间尺度上，这些层级结构依次为染色质疆域（CT）、染色质区室、拓扑相关结构域（TAD）和染色质环（图 3-11）。揭示染色质构象与基因功能关系是染色质构象研究的最终目的，也是深入解读遗传密码关键的一步。染色质构象与基因功能的阐明要求多组学数据的联合分析，但目前同一样品多组学数据的同步分析实现起来还存在一定的难度。

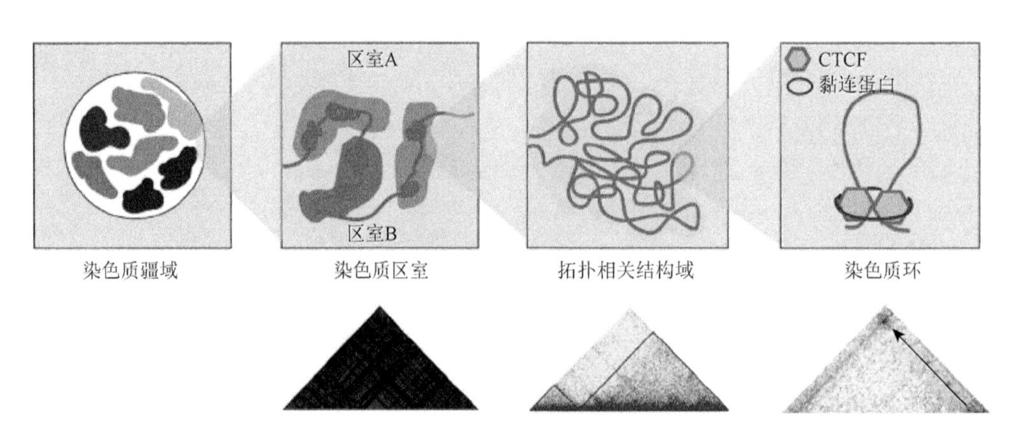

图 3-11　染色质的三维构象（Rao et al.，2014）

区室 A/B 及 TAD 热图数据来源于小鼠胚胎干细胞 eHi-C（专利号 CN201610995880.X）数据，染色质环热图数据来源于人类淋巴母细胞（GM12878），*in situ* Hi-C 数据

四、染色质组装的四级结构——染色体

染色质这种超螺旋管进一步螺旋折叠，形成 2～10 μm 的染色单体——染色质组装的四级结构。从 DNA 到染色体经过 4 级组装：DNA（压缩 7 倍）→核小体（压缩 6 倍）→螺线管（压缩 40 倍）→超螺线管（压缩 5 倍）→染色体。

细胞分裂中期的染色体是由两个染色单体组成的，两个染色单体在对应的空间位置上以着丝粒结合在一起。在减数分裂或有丝分裂过程中，染色体通过复制形成由一个着丝粒连接在一起的两条基因内容完全一样的子染色体，即姐妹染色单体。着丝粒分裂以后，姐妹染色单体即行分开成为染色体。

目前已经清楚的是，染色体内的 DNA 是一个连续的长分子，而染色体相对来说要短得多。

例如，人的46条染色体长短不一，平均长度仅几μm，而每条染色体中DNA的长度平均为几cm，总长度可达1.7 m。所以，DNA在染色体内的压缩程度应为8000～10 000倍，按上述各级模型的DNA压缩率来计算，其压缩程度为8400倍。

染色体的这种结构显然有利于在基因不表达时，大量的遗传信息储存于有限的空间中，同时也有利于遗传物质平均地分配到两个子细胞中。

第六节　物种染色体形态、数目和类型

一、染色体的形态

在细胞周期中，染色体的形态有两种，并且通过一定的方式相互转化。在复制前期时，染色质高度螺旋成染色体，在末期染色体解旋成染色质。

在细胞增殖周期的间期，染色体结构疏松而分散，在光学显微镜（LM）下呈颗粒状，不均匀地分布于细胞核中，比较集中于核膜的表面，称为染色质（chromatin）。

在细胞有丝分裂的中期可以清楚地看到具有典型结构的染色体，呈较粗的柱状、杆状等形态，并有基本恒定的数目。每个中期染色体均由两条染色单体组成，两个染色单体并列，并在一缩窄处相互连接，这一连接处称为着丝粒或主缢痕。着丝粒在染色体上的位置是固定的，由着丝粒向两端伸展的是染色体臂，包括长臂（q）和短臂（p）。有些染色体短臂末端往往连着一个小球，叫随体。有些染色体的臂上可出现直径较细的缢痕区，称为次缢痕，其位置与范围比较恒定，可用于识别某些染色体（图3-12）。

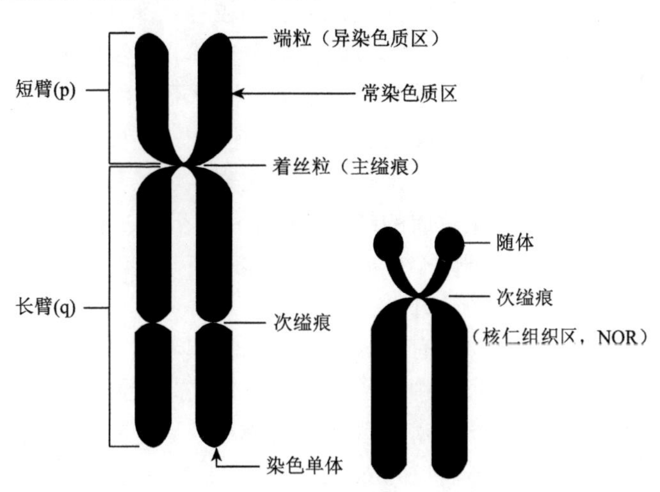

图3-12　染色体形态结构

通常所说的染色体是指分裂后期直到细胞间期DNA复制前即S期之前的染色体。从图3-12中，我们看到的染色体是细胞分裂中期的染色体，是经过复制的染色体，包含两个染色单体，互称为姐妹染色体单体，两个姐妹染色单体是完全相同的，姐妹染色单体从着丝粒纵向分裂后，就变成了两个完全相同的染色体。也就是，染色体复制后至着丝粒分裂前，染色体的个数不变，但包含有两个染色单体。也就在这一段时间内称染色单体。

二、染色体的形态类型

每个染色体含有两条姐妹染色单体，只在着丝粒处相连。根据着丝粒的位置染色体形态

可分为 4 种类型，中着丝粒染色体、亚中着丝粒染色体、近端着丝粒染色体、端着丝粒染色体（图 3-13）。

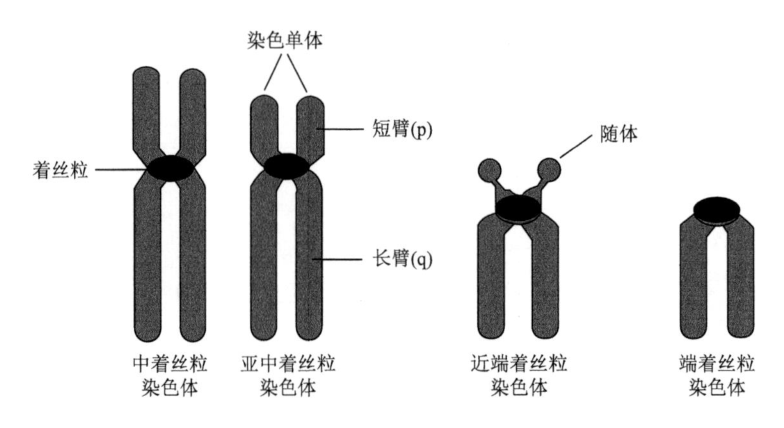

图 3-13　人类染色体形态特征

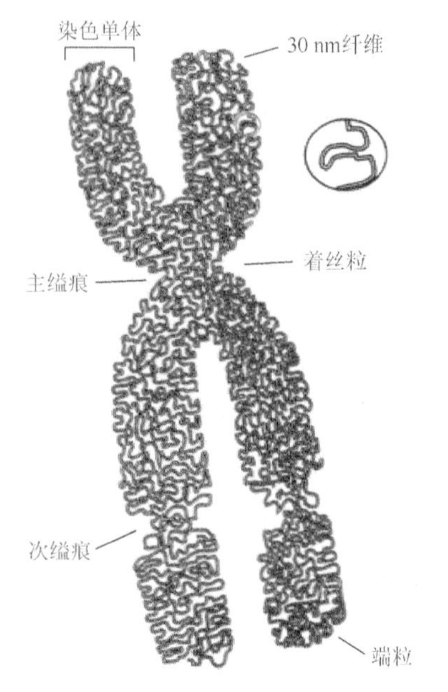

图 3-14　染色体结构

（一）着丝粒和着丝点

染色体的种类包含常染色体和性染色体。典型的染色体通常由长臂、短臂、着丝点（kinetochore）、着丝粒（centromere）、主缢痕（primary constriction）、次缢痕（second constriction）、随体（satellite）和端粒等几部分组成（图 3-14）。

在两条姐妹染色单体相连处，有一个向内凹陷的缢痕，称为主缢痕，光镜下相对不着色。着丝粒处于主缢痕的内部，是主缢痕的染色质部位。

近来在电镜下观察发现，着丝粒（染色体的主缢痕）为染色质的结构，将染色体分成二臂，在细胞分裂前期和中期，把两个姐妹染色单体连在一起，到后期两个染色单体的着丝粒分开。

有些教材对着丝粒和着丝点没有加以区分，在许多文献资料中使用不一。早期文献定义着丝粒是细胞分裂时，纺锤丝附着的区域，又称着丝点。实际上着丝点为 kinetochore，着丝粒为 centromere，二者不是同一个概念。着丝点其实是现在分子生物学常说的动粒，与着丝粒是不同的。

电镜下可见主缢痕两侧有一个三层结构的特化部位，称为着丝点，即动粒（kinetochore）（图 3-15），在有丝分裂期动粒会分离（图 3-16）。

着丝点是着丝粒结合蛋白在有丝分裂染色体着丝粒部位形成的一种圆盘状的结构，微管与其连接，与染色体分离密切相关，每一个中期染色体有两个动粒，位于着丝粒的两侧。

着丝点可分为内板、中间间隙、外板和纤维冠 4 个部分。在细胞分裂过程中，微管与着丝点相连，牵引染色体在分裂中期进行染色体列队，在分裂后期，牵引分开的染色体分别向细胞的两极运动。

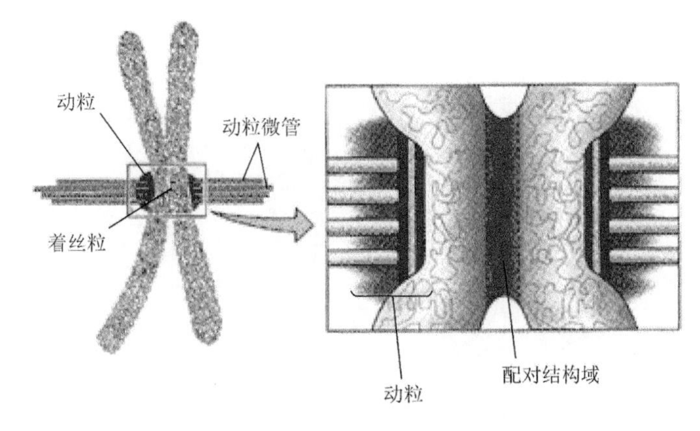

图 3-15　电镜下可见主缢痕两侧的动粒

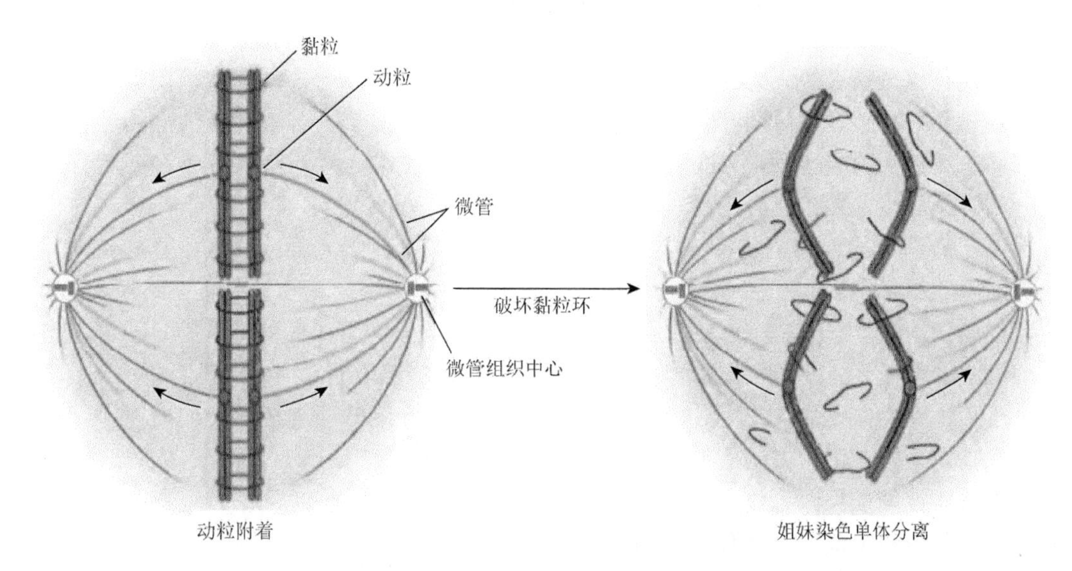

图 3-16　分裂期（M 期），首先连接姐妹染色单体对的两个动粒分别黏附到有丝分裂纺锤体的相反两极。一旦全部的动粒都结合到两极上，通过破坏黏粒环使姐妹染色单体间的黏附力消失。最后，当黏附力消失后，姐妹染色单体分离到有丝分裂纺锤体相反的两极

因此，着丝点和着丝粒并非同一结构，它们的功能也不同，但它们的位置关系是固定的，有时用着丝点或着丝粒泛指它们所在的染色体主缢痕位置是可以理解的。

目前正在研究着丝粒结合蛋白及其他的一些因素。一个主要的问题是解决纺锤丝附着着丝粒的具体机制。也有资料表明，着丝粒是染色单体中一段高度重复的 DNA 序列，该序列不与组蛋白结合。

哺乳动物的动粒可分为三个不同的区域，即内板、中间层和外板，直径约为 200 nm（图 3-17）。

中间层（middle layer）染色浅，它将内板和外板隔开，中间层有一些纤维，它起着联系内外两层结构的桥梁作用；内板（inner layer）是染色质的特化层，它附着在着丝粒的异染色质上；外板（outer layer）含有与微管正端结合的蛋白质。

动粒包括两个区域：一个为内动粒，该区域用于与 DNA 着丝粒紧密连接；另一个为外动粒，用于和微管发生作用。单着丝粒生物（包括脊椎动物、霉菌和众多植物）在每个染色体中

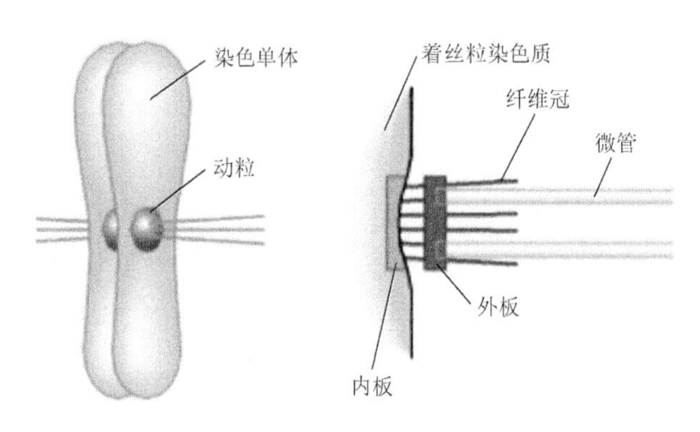

图 3-17　动粒的不同区域

有一个单独的动粒区，联合起来组成一个动粒。全着丝粒生物（包括线虫和蛔虫等）顺着染色体的延伸方向组装动粒。

在细胞有丝分裂 S 期，染色体自我复制，两个姐妹染色单体由各自方向相反的动粒结合在一起。在分裂中期到分裂后期的转变中，姐妹染色单体各自分离，各染色单体上的独立动粒驱动它们向纺锤体的两极运动，形成两个新的子细胞。因此动粒是经典有丝分裂和减数分裂中染色体分离必不可少的要素。

即使是最简单的动粒也包括 45 种以上不同的蛋白质，其中大部分存在于真核细胞中，包括一类专用的组蛋白 H3 变种（称为“CENP-A”或“CenH3”）。这些蛋白质在动粒和 DNA 连接中起辅助作用。动粒中的其他蛋白质使动粒附着于有丝分裂纺锤体的微管上。同时还需蛋白质发动机（如动力蛋白和驱动蛋白）为有丝分裂中染色体的运动提供动力。其他一些蛋白质（如 MAD2）监测微管的附着情况及姐妹动粒的张力大小，并在这两项中任意一项出现问题时激活纺锤体检验点来阻止细胞复制的循环周期。

在染色体被碱性染料染色后，由于动粒几乎把着丝粒覆盖，因此染色后观察染色体的外形时在动粒部分染色很浅或几乎观察不到着色。

（二）主缢痕、次缢痕和随体

主缢痕是中期染色体上一个染色较浅而缢缩的部位，主缢痕处有着丝粒，所以亦称着丝粒区，由于这一区域染色体的螺旋化程度低，DNA 含量少，所以染色很浅或不着色。

次缢痕是染色体上的一个缢缩部位，由于此处部分的 DNA 松懈，形成核仁组织区，故此变细。它的数量、位置和大小是某些染色体的重要形态特征。每种生物染色体组中至少有一条或一对染色体上有次缢痕。

随体是位于染色体末端的、圆形或圆柱形的染色体片段，通过次缢痕与染色体主要部分相连，主要由异染色质组成，含高度重复的 DNA 序列，不具有常染色质的功能活性。随体的形态大小在染色体上是恒定的，因此是识别染色体的又一重要形态特征。带有随体的染色体称为 Sat-染色体。

根据随体在染色体上的位置，可分为两大类：随体处于末端的，称为端随体；处于两个次缢痕之间的称为中间随体。其中条纹斑竹鲨的第 31 对染色体带有随体。人类 13 号、14 号、15 号、21 号、22 号染色体具有随体，其余染色体无随体。一条染色体有随体，它的同源的另一条染色体也会有随体。如果随体由于某种原因缺失时，就会在其他染色体的末端形成核仁。

（三）端粒

1. 端粒的概念和功能

端粒（telomere）是存在于真核细胞线状染色体末端的一小段 DNA-蛋白质复合体，它与端粒结合蛋白一起构成了特殊的“帽子”结构，作用是保持染色体的完整性和控制细胞分裂周期。端粒、着丝粒和复制原点是染色体保持完整和稳定的三大要素。同时，端粒又是基因调控的特殊位点，常可抑制位于端粒附近基因的转录活性（称为端粒的位置效应，TPE）。

端粒的长度反映细胞复制史及复制潜能，被称作细胞寿命的“生命时钟”。端粒是短的、多重复的非转录序列（TTAGGG）及一些结合蛋白组成的特殊结构，除提供非转录 DNA 的缓冲物外，它还能保护染色体末端免于融合和退化，在染色体定位、复制、保护和控制细胞生长及寿命方面具有重要作用，并与细胞凋亡、细胞转化和永生化密切相关。细胞分裂一次，每条染色体的端粒就会逐次变短一些。

构成端粒的一部分基因有 50～200 个核苷酸，会因多次细胞分裂而不能达到完全复制（丢失），以至细胞终止其功能不再分裂。因此，严重缩短的端粒是细胞老化的信号。在某些需要无限复制循环的细胞中，端粒的长度在每次细胞分裂后，被能合成端粒的特殊性 DNA 聚合酶——端粒酶所保留。

端粒 DNA 是由简单的 DNA 高度重复序列组成的，染色体末端沿着 5′→3′方向的链富含 GT。在人体和酵母中，端粒序列分别为 TTAGGG/CCCTAA 和 C1-3A/TG1-3，并有许多蛋白质与端粒 DNA 结合。端粒 DNA 既可以保护染色体不被核酸酶降解；还防止染色体相互融合；并且可为端粒酶提供底物，解决 DNA 复制的末端隐缩，保证染色体的完全复制。

在大多真核生物中，端粒的延长是由端粒酶催化的。另外，重组机制也介导端粒的延长。端粒的功能主要是稳定染色体末端结构，这靠的是一种沉默效应，且这种效应可以扩散（图 3-18），防止染色体间末端连接，并可补偿滞后链 5′端在消除 RNA 引物后造成的空缺。

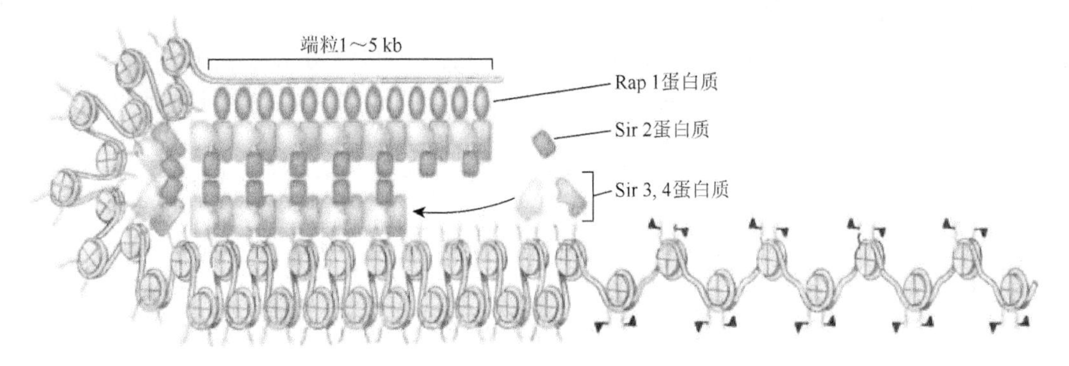

图 3-18　酵母端粒中的沉默效应

Rap 1 募集 Sir 复合体至端粒。Sir 2 是该复合体的一种成分，使邻近的核小体脱乙酰化。未被乙酰化的尾部随后与 Sir 3 及 Sir 4 结合，募集更多的 Sir 复合体，从而允许其中的 Sir 2 作用于更远处的核小体，循环往复。这就解释了脱乙酰化造成的沉默效应的扩散

2. 端粒的发现

科学家在寻找导致细胞死亡的基因时，发现了一种叫端粒的物质存在于染色体顶端。端粒本身没有任何密码功能，它就像一顶高帽子置于染色体头上。

在新细胞中，细胞每分裂一次，染色体顶端的端粒就缩短一次，当端粒不能再缩短时，细胞就无法继续分裂了。这时候细胞也就到了普遍认为的分裂 100 次的极限并开始死亡。因此，端粒被科学家视为“生命时钟”。

科学家由此又开始探究精子和癌细胞内的染色体端粒是如何长时间不被缩短的原因。其实早在 20 世纪 30 年代，缪勒（Muller）和麦克林托克（McClintock）等就已发现了端粒结构的存在。1978 年，四膜虫的端粒结构首先被测定。1984 年，分子生物学家在对单细胞生物进行研究后，发现了一种能维持端粒长度的端粒酶，并揭示了它在人体内的奇特作用：除人类生殖细胞和部分体细胞外，端粒酶几乎对其他所有细胞不起作用，但它却能维持癌细胞端粒的长度，使其无限制扩增。1990 年起，凯文 · 哈里（Calvin Harley）把端粒与人体衰老联系起来，首先，哈里发现细胞越老，其端粒长度越短；细胞越年轻，端粒越长，端粒与细胞老化有关系。衰老细胞中的一些端粒丢失了大部分端粒重复序列。当细胞端粒的功能受损时，就出现衰老，而当端粒缩短至关键长度后，衰老加速，临近死亡。其次，正常细胞端粒较短。细胞分裂会使端粒变短，分裂一次，缩短一点，就像磨损铁杆一样，如果磨损得只剩下一个残根时，细胞就接近衰老。细胞分裂一次其端粒的 DNA 丢失 30～200 bp。再次，研究还发现，细胞中存在一种酶，它合成端粒。端粒的复制不能由经典的 DNA 聚合酶催化进行，而是由一种特殊的逆转录酶——端粒酶完成。正常人体细胞中检测不到端粒酶。一些良性病变细胞，体外培养的成纤维细胞中也测不到端粒酶活性。但在生殖细胞、睾丸、卵巢、胎盘及胎儿细胞中此酶为阳性。令人注目的发现是，恶性肿瘤细胞具有高活性的端粒酶，端粒酶阳性的肿瘤有淋巴瘤、急性白血病、乳腺癌、结肠癌和肺癌等。

有些科学家曾指出，克隆动物的早衰也与端粒的长短有关。最有名的例子就是克隆羊的早夭事例。1996 年 7 月 5 日世界上第一只克隆羊多莉诞生，多莉是由移植母羊的乳腺细胞到被去除细胞核的卵子细胞中发育而成的。但在 2003 年 2 月，兽医检查发现多莉患有严重的进行性肺病，这种病在目前还是不治之症，于是研究人员对它实施了安乐死。绵羊通常能活 12 年左右，而多莉只活了 6 年，它的早夭是一种老年绵羊的常见疾病导致的。科学家认为多莉的寿命也许应从 6 岁算起，寿命也是 12 年左右。6 年的乳腺细胞端粒已经缩短，因此寿命也跟着缩短。当然这种说法还存在一定的争议。

其他与寿命有关的基因也在被不断地发现，它们的工作原理与端粒相似。科学家不但希望能找到人体内所有的生命时钟，更希望找到拨慢时钟的方法。很多植物的端粒酶已被提取出，许多国家的研究组正在从事相关课题的研究。

凭借“发现端粒和端粒酶是如何保护染色体的”这一成果，揭开了人类衰老和罹患癌症等严重疾病奥秘的三位美国科学家［美国加利福尼亚大学旧金山分校的伊丽莎白 · 布莱克本（Elizabeth Blackburn）、美国巴尔的摩约翰 · 霍普金斯医学院的卡罗尔 · 格雷德（Carol Greider）、美国哈佛医学院的杰克 · 绍斯塔克（Jack Szostak）］获得了 2009 年的诺贝尔生理学或医学奖。

三、染色体的数目

1956 年，美籍华裔遗传学家 Joe Hin Tjio（1919～2001）和 Levan 首次发现人的体细胞的染色体数目为 46 条，这标志着人类细胞遗传学的建立。46 条染色体按其大小、形态配成 23 对，第一对到第二十二对叫作常染色体，为男女共有，第二十三对是一对性染色体（sex chromosome），雄性个体细胞的性染色体对为 XY；雌性则为 XX。同一物种内不同个体间的染色体数目是相对恒定的，高等动植物细胞的染色体大多是成对的，在性细胞中总是单的，故在染色体数目上，体细胞是性细胞的两倍，通常分别用 2*n* 和 *n* 表示。在遗传学上，把体细胞中形态和结构相同、遗传功能相似的一对染色体称为同源染色体（homologous chromosome）；而这一对染色体与另一对形态结构和功能不同的染色体，则互称为非同源染色体（non-homologous chromosome）。成对同源染色体中的一条来自父本，另一条来自母本。

不同物种的染色体数目差别很大，表 3-4 给出了一些真核生物细胞核中染色体（包括性染色体）的总数。大多数真核生物是二倍体，如人具有 22 对常染色体（每个有两个同源拷贝）和 1 对性染色体（2 个拷贝），总共有 46 条染色体。其他生物染色体有两个以上的拷贝，如面包小麦，它是六倍体，有 7 种不同染色体，各为六个拷贝，总共 42 条染色体。

每个真核生物种类的不同成员都具有相同数量的核染色体（表 3-4），真核生物的其他染色体，如线粒体中染色体数量的差异较大，每个细胞可能有数千个拷贝。

表 3-4　常见生物染色体数目列表

通用名	学名	二倍体数	通用名	学名	二倍体数
动物			家蝇	*Musca domestica*	12
人类	*Homo sapiens*	46	青蛙	*Rana nigromaculata*	26
猕猴	*Macaca mulatta*	42	果蝇	*Drosophila melanogaster*	8
黄牛	*Bos taurus*	60	蜜蜂	*Apis mellifera*	♀32♂16
瘤牛	*Bos indicus*	60	蚊	*Culex pipiens*	6
大额牛	*Bos frontalis*	58	僧帽佛蝗	*Phlaeoba infumata*	♀24♂23
沼泽型水牛	*Swamp buffalo*	48	水螅属	*Hydra*	32
河流型水牛	*River buffalo*	50	植物		
牦牛	*Bos grunniens*	60	大麦	*Hordeum vulgare*	14
猪	*Sus scrofa*	38	水稻	*Oryza sativa*	24
狗	*Canis familiaris*	78	小麦	*Triticum vulgare*	42
猫	*Felis domesticus*	38	黑麦	*Secale cereale*	14
马	*Equus caballus*	64	燕麦子	*Avena sativa*	42
驴	*Equus asinus*	62	玉米	*Zea mays*	20
山羊	*Capra hircus*	60	高粱	*Sorghum vulgare*	20
绵羊	*Ovis aries*	54	粟	*Setaria italica*	18
双峰驼	*Camelus bactrianus*	74	金鱼草	*Antirrhinum majus*	16
小家鼠	*Mus musculus*	40	陆地棉	*Gossypium hirsutum*	52
大家鼠	*Rattus norvegicus*	42	洋葱	*Allium cepa*	16
水貂	*Mustela vison*	30	中棉	*Gossypium arboreum*	26
豚鼠	*Cavia cobaya*	64	大豆	*Glycine max*	40
兔	*Oryctolagus cuniculus*	44	豌豆	*Pisum sativum*	14
家鸽	*Columba livia domestica*	80	香豌豆	*Lathyrus odoratus*	14
鸡	*Gallus domesticus*	78	花生	*Arachis hypogaea*	40
火鸡	*Meleagris gallopavo*	80	马铃薯	*Solanum tuberosum*	48
鸭	*Anas platyrhynchos*	80	萝卜	*Raphanus sativus*	18
鹌鹑	*Coturnix japonica*	78	蚕豆	*Vicia faba*	12
珠鸡	*Numida meleagris*	78	菜豆	*Phaseolus vulgaris*	22
家蚕	*Bombyx mori*	56	向日葵	*Helianthus annuus*	34

续表

通用名	学名	二倍体数	通用名	学名	二倍体数
烟草	*Nicotiana tabacum*	48	微生物		
番茄	*Solanum lycopersicum*	24	链孢霉	*Neurospora crassa*	7
松	*Pinus species*	24	青霉菌	*Penicillium species*	4
青菜	*Brassica chinensis*	20	曲霉	*Aspergillus nidulans*	8
甘蓝	*Brassica oleracea*	18	衣藻	*Chlamydomonas reinhardi*	16
月见草	*Oenothera biennis*	14			

四、性染色体与常染色体

人类染色体可分为两种类型：常染色体和性染色体。某些遗传特征与一个人的性别有关，并通过性染色体传播。常染色体包含其余部分的遗传信息。常染色体和性染色体的复制、有丝分裂和减数分裂过程一致。

人类细胞有 23 对染色体，其中 22 对常染色体和 1 对性染色体，即每个细胞共有 46 条染色体。除此之外，人类细胞还有数百个线粒体染色体拷贝。人类基因组的测序提供了关于每条染色体的大量信息。图 3-19 是根据 Sanger Institute 在脊椎动物基因组注释（VEGA）数据库中

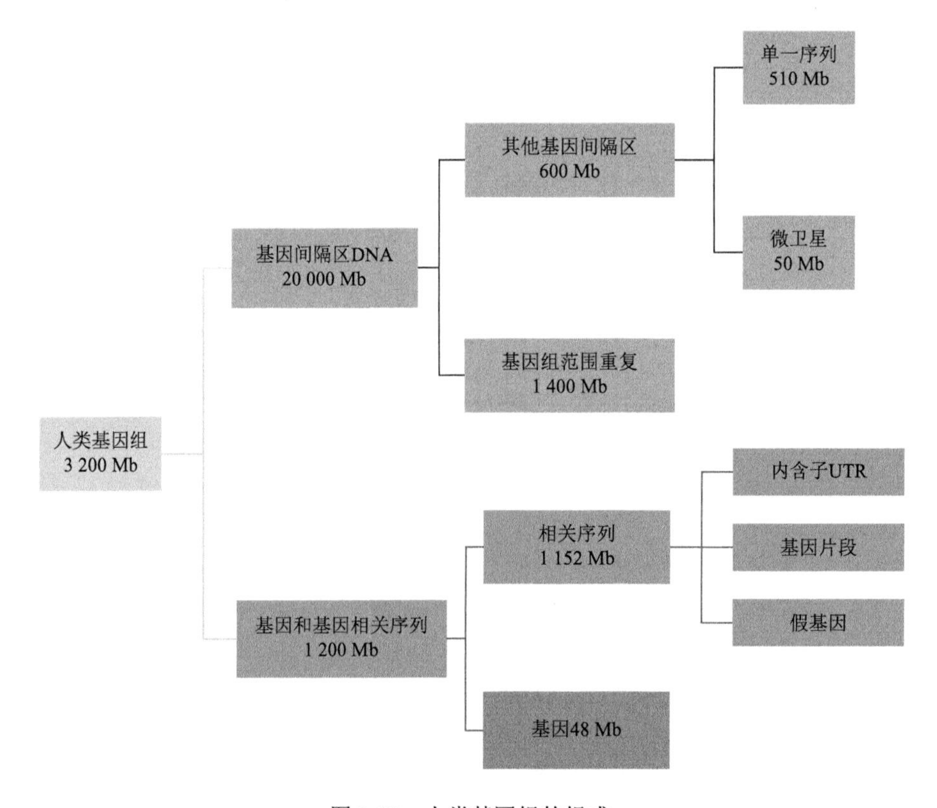

图 3-19 人类基因组的组成

人类基因组由许多不同类型的 DNA 序列构成，绝大多数 DNA 序列不编码蛋白质，此图显示了各种类型序列的分布和数量

的人类基因组信息编制的染色体统计数据。基因数量是估计值，因为它部分基于基因预测。总染色体长度也是估计值，是基于未测序异染色质区域的大小估计的。

五、特异染色体

染色体的一般形态是正常染色体特征，然而在某些物种、种群或特殊组织中，还有一些非标准的异常染色体或特化染色体存在。所以特异染色体就是非标准的异常染色体或特化染色体。

（一）多线染色体

多线染色体（polytene chromosome）是种缆状的巨大染色体，存在于某些生物生命周期的某些阶段里的某些细胞中，由核内有丝分裂产生的多股染色单体平行排列而成。

巴尔比尼于1881年首先在摇蚊属（*Chironomus*）幼虫的唾腺细胞中发现了多线染色体。多线染色体还存在于双翅目昆虫（果蝇、摇蚊）幼虫的唾腺、前肠、中肠和马氏管的细胞中。多线染色体是目前已知的最大染色体，比其他体细胞染色体长100～200倍，体积大1000～2000倍，这是核内有丝分裂的结果，即染色体存在多次复制，但不分离。

多线染色体不是生长到一定程度就进入有丝分裂，而是不断生长，继续复制，而且新的复制体总是沿其全长整齐地与原来的染色体并列着，因而染色体就变得非常庞大。用显微镜观察多线染色体，只需把腺体等材料放在一滴固定剂和染色剂的混合液中用玻片压破腺体细胞核，即可看到多线染色体分散出来。

多线染色体上有按一定次序排列的横带，一个带含有多个基因。带的数目、大小、位置随不同的多线染色体而不同，因此可以据此鉴别染色体。多线染色体的带型在光镜下可见（图3-20）。

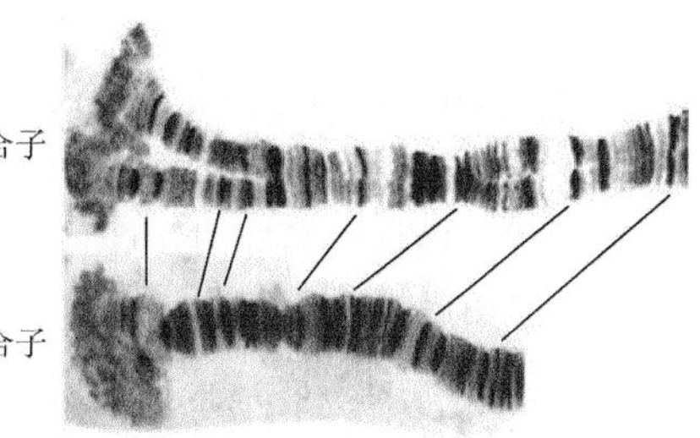

图3-20 多线染色体

多线染色体上还可见膨胀而成的小泡，即疏松区。疏松区是紧密缠绕的DNA分子松开，即基因正在活动的部分，故疏松区总能检测到RNA。

（二）灯刷染色体

灯刷染色体（lampbrush chromosome）是卵母细胞进行第一次减数分裂时，停留在双线期的染色体（图3-21）。它是一个二价体，含4条染色单体，由轴和侧丝组成，形似灯刷。染色体轴由染色粒（chromomere），也就是染色质凝集而成的颗粒、轴丝构成，每条染色体轴长

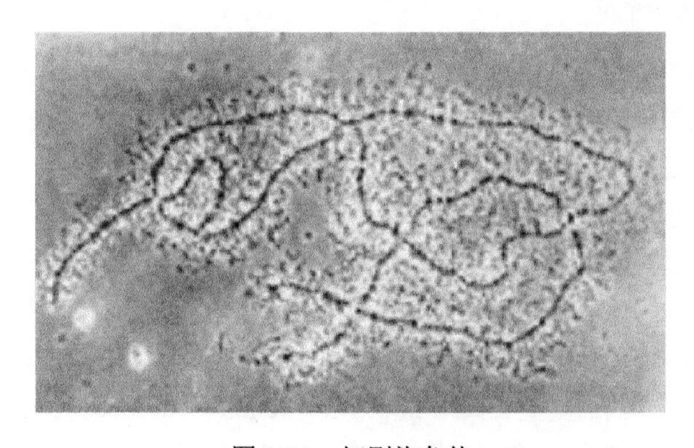

图3-21 灯刷染色体

400 μm，从染色粒向两侧伸出两个相类似的侧环，伸出的环是成对对称的，一个平均大小的环约含 100 kb DNA。

灯刷染色体是较普遍存在于鱼类、两栖类和爬行类动物的卵母细胞中的一类形似灯刷的特殊巨大染色体。通常出现在卵母细胞第一次减数分裂的双线期（diplotene stage），为二价体，两条同源染色体通过几处交叉而相连，含四条染色单体。由染色深、高密度的颗粒（即染色粒，chromomere）串连组成染色单体的主轴，由主轴染色粒向两侧伸出成对侧环，染色粒是染色单体紧密折叠区域，其直径为 0.25～2 μm，为不进行转录的片段。侧环灯刷染色体是脱氧核糖核酸（DNA）转录的活跃区域。一套灯刷染色体约有 10 000 个侧环。侧环轴是由 DNA 分子外被基质所组成的，基质成分为核糖核酸（RNA）和蛋白质。每个侧环由一个转录单位或几个转录单位组成。转录过程中由于基质的厚薄和转录 RNA 分子的长短不同，侧环具有粗细变化的过程。电镜下观察从侧环垂直伸出的细丝为 DNA 轴转录产物，随转录的进展，RNA 链不断延长，外形呈“圣诞树”（christmas tree）样结构。每条灯刷染色体的形态和侧环在卵母细胞的生长期是一定的，故可成为染色体编号的标志。灯刷染色体是研究基因表达极为理想的实验材料。有证据表明，存在于灯刷染色体上的环形结构可能与基因的活性有关。灯刷染色体只有在两栖类动物卵细胞发生减数分裂时才能被观察到，它是染色体充分伸展时的一种形态。此时，两对姐妹染色体常常通过“交叉点”连成一体。高倍电镜下观察发现，灯刷染色体上存在许多突起的泡状或环状结构，有时还能看到核糖核蛋白（RNP）沿着这些突起结构移动，表明这些 DNA 正在被 RNA 聚合酶所转录。

（三）超数染色体

超数染色体（supernumerary chromosome），又称 B 染色体（B-chromosome），种群中某些个体的附加染色体。在植物中常见，真菌、昆虫和动物中也有发现。B 染色体是正常染色体的片段形式，由核分裂时的异常事件造成。其中一些含有基因，常为核糖体 RNA 基因，但不清楚这些基因是否具有活性。B 染色体的存在可以影响生物的表型，特别是在植物中与生存能力降低有关。推测由于 B 染色体遗传方式的不规则性，其在传代中逐渐丢失。

超数染色体有以下特征：①B 染色体比 A 染色体小很多；②一般在顶端都具有着丝粒；③大多含有较多的异染色质；④在减数分裂时不能和同样的常染色体配对，而且 B 染色体彼此之间配对能力也很差。

第七节　真核生物基因组和基因

一、真核生物基因组特征

基因组是指一个物种单倍体所携带的一套基因，基因组中不同区域具有不同的功能，有些是属于编码蛋白质的结构基因，有些属于参与结构基因的复制、转录及其蛋白质表达调控的调节基因，有些功能目前还尚不清楚。

真核生物的基因组分子质量很大，约为 3×10^{12} Da，长度为 2×10^{6} kb，形态为线状，编码 100 万个以上的基因，染色体和组蛋白结合形成四级结构。人类的每个细胞在二倍体的核中 DNA 长约 30 亿 bp，估计编码 3 万个基因，每条染色体含碱基 8000 万～3 亿。现已有 5000 个基因被编目，1900 个基因已进行了染色体定位，600 个已被克隆分离出来。若将一个细胞中每条染色体的 DNA 首尾彼此相接，全长约 200 cm。Renato Dulbecco 于 1986 年首先提出了“人类基因组计划”，这一计划 10～15 年完成，耗资 30 亿美元，其宏伟的程度堪与曼哈顿原子弹计划和阿波罗登月计划相提并论。经多年的激烈争论，终于在 1990 年开始实施，由美国国立卫生研究院（NIH）和能源部的两个人类基因组国家研究中心负责协调。要将人类基因组的全顺序都测定出来。这一工作的完成将使人们深刻地了解人类生老病死的奥秘，大大增强人们对遗传病、肿瘤、心血管病，以及最新发现的一些病毒感染的疾病治疗和预防的能力，对其他的真核生物也会起到触类旁通的作用，但也可能会引起种族歧视等负面效应。

将人类的染色体完整地分离出来进行研究是十分困难的。在分离纯化时常引起断裂。分离真核的染色体是在有丝分裂的中期，分离 DNA 是在间期的核中提取的。从细胞中获得的 DNA 和蛋白质的复合物称为染色质（chromatin）。在各种真核细胞中鉴定染色质是容易的。

真核生物基因组具有下列特征：①真核生物基因组 DNA 与蛋白质结合形成染色体，储存在细胞核中。除配子外，体细胞中的基因组是二倍体，即有两个同源的基因组。②真核细胞基因的转录产物为单顺反式。③结构基因被转录并翻译成 mRNA 分子和多肽链。有重复，重复次数可以超过一百万次。④在基因组中，非编码区多于编码区。⑤大多数基因含有内含子，因此基因是不连续的。⑥基因组比原核生物要大得多，真核生物有许多复制起点，每个复制子的长度都较小。人类基因组由不同类型的 DNA 序列组成，大部分为不编码蛋白质序列。

2018 年，地球生物基因组计划（EBP）正式启动，准备在 10 年内对地球上 150 万种已知真核生物的基因组进行测序、编目和分类，预计耗资 47 亿美元，来自美国、英国、中国等国家的 17 家机构承诺将共同努力实现项目的最终目标。此外，英国政府还宣布将在未来 5 年内开展 500 万人的基因组计划，这标志着精准医学研究进入大数据阶段。

二、真核生物基因特征

（一）真核生物基因结构特点及功能

真核生物的基因结构包括编码区和非编码区。编码区其实是断裂基因结构，也就是不连续基因。具有蛋白质编码功能的不连续 DNA 序列称为外显子，外显子之间的非编码序列为内含子。每个外显子和内含子接头区都有一段高度保守的一致序列，即内含子 5′端大多数是由 GT 开始，3′端大多是以 AG 结束，称为 GT-AG 法则，是普遍存在于真核基因中 RNA 剪接的识别信号。

第一个外显子首端和最后一个外显子末端，分别为翻译蛋白质的起始密码子和终止密码子。首位和末位外显子两侧的区域为非编码区，也可以叫作侧翼序列，侧翼序列中包含一些调控元件，如启动子、终止子，还可能有增强子（图 3-22）。

1. 启动子

上游侧翼序列包含启动子区域，启动子区域包含 5′端 TSS 上游 20～30 个核苷酸的位置，有 TATA 框（TATA box），碱基序列为 TATAATAAT，是 RNA 聚合酶重要的接触点，它能够使酶准确地识别转录的起始点并开始转录，影响着转录开始的位点。5′端 TSS 上游 70～80 个核苷酸的位置，有 CAAT 框（CAAT box），碱基序列为 GGCTCAATCT，是 RNA 聚合酶的另一个结合点，它控制着转录的起始频率，而不影响转录的起始点。GC 框（GC box），位于 CAAT 框的两侧，由 GGCGGG 组成，是一个转录调节区，有激活转录的功能。

2. 增强子

可位于转录起始位点上游或下游，一般在 5′端转录起始位点上游约 100 个核苷酸以外的位置，它不能启动一个基因的转录，但有增强转录的作用。

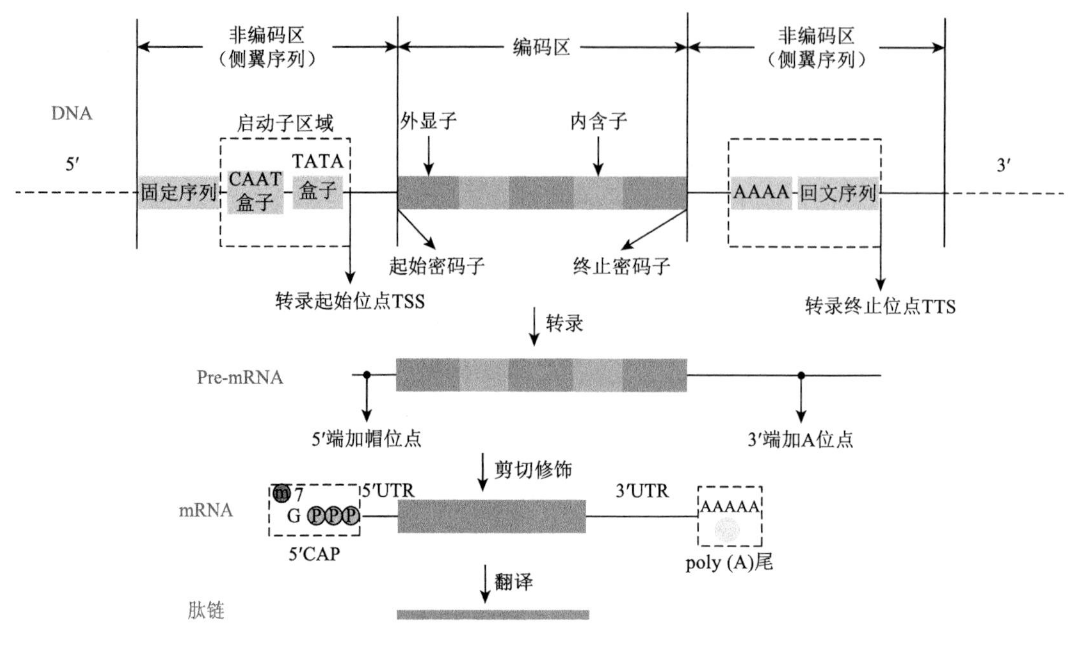

图 3-22　真核生物基因的结构

3. 终止子

终止子是 AATAAA 序列和其下游的反向重复序列。终止子区域包含在 3′端终止密码子下游，有 AATAAA 短序列，可对 mRNA 的多聚腺苷酸化有重要作用，在 poly（A）化之前，mRNA 的 3′端会水解掉 10～15 个碱基。AATAAA 作为 RNA 裂解信号，指导核酸内切酶在此信号下游 10～15 碱基处裂解 mRNA；在聚合酶作用下，在成熟 mRNA 的 3′端加 150～250 个 A 的 poly（A）。AATAAA 序列的下游是一个反向重复序列（7～20 核苷酸对），位于转录终止位点之前，经转录后可形成一个发卡结构。发卡结构阻碍 RNA 聚合酶移动，转录终止。从转录起始位点到终止位点转录出来的 RNA 便是前体 RNA 分子，经过内含子的剪切，以及 5′加帽子结构和 3′加 poly（A）的修饰，形成成熟的 mRNA。5′UTR 和 3′UTR，5′端帽子结构与起始密码子之间的区域，3′的 poly（A）和终止密码子之间区域，不编码蛋白质。miRNA 经常结合于 3′UTR，从而引起 mRNA 降解。mRNA 的 5′端帽子结构是 mRNA 翻译起始的必要结构，为核糖体识别 mRNA 提供了信号，协助核糖体与 mRNA 结合，使翻译从 AUG 开始。帽子结构可增加 mRNA 的稳定性，保护 mRNA 免遭 5′→3′核酸外切酶的攻击。

（二）真核生物基因表达调控特点

基因表达（gene expression）是指储存遗传信息的基因经过一系列步骤表现出其生物功能的整个过程。典型的基因表达是基因经过转录、翻译产生具有特异生物学功能的蛋白质的过程。基因表达调控（gene regulation 或 gene control）则是指通过生物体内的调控系统控制体内蛋白质的含量与活性，使细胞中基因表达的过程在时间、空间上处于有序状态，并对环境条件的变化作出反应的复杂过程。

真核生物基因表达调控可在多个层次上进行，包括基因水平、转录水平、转录后水平、翻译水平和翻译后水平的调控。基因表达调控是生物体内细胞分化、形态发生和个体发育的分子基础。在真核生物中基因表达的调节有以下几个特点：①多层次；②无操纵子和衰减子；③个体发育复杂；④受环境影响较小，且在真核生物中，RNA 聚合酶没有 σ 因子，不能直接识别启动子，必须依靠各种蛋白质因子帮助 RNA 聚合酶识别启动子，因而增加了调节的复杂性。

真核生物编码蛋白质的基因含启动子元件和增强子元件，有的启动子元件是转录起始所需，有的起调节功能。它们可被特殊的调节蛋白识别和结合，从而调节某些基因的表达。特殊的调节蛋白也和增强元件相结合，再通过与结合在启动子元件上的蛋白质相互作用来激活转录。增强子元件和启动子元件也与许多相同的蛋白质结合。这表明两种调控元件是以相同的机制作用于转录的。

具有转录活性的染色质对 DNase Ⅰ的降解比非转录活性的染色质要敏感得多。这种敏感是转录激活区的 DNA 蛋白质结构出现疏松的结果。对于有活性的基因而言其一定的位点称为超敏区，即对 DNase Ⅰ高度敏感区域。这些超敏位点可能是相应的 RNA 聚合酶和调节蛋白的结合位点。

大部分真核的 DNA 在一定的碱基上进行甲基化，甲基一般都加在胞嘧啶上。在这些真核生物中，具有转录活性的基因比无转录活性基因甲基化的程度要低得多。

在真核生物中尽管没有发现操纵子，但在某些生化途径中相关功能的基因有时是连锁的。更多的情况是基因分布在基因组中，并列地受到调控。

在高等真核生物中，短期（short-term）基因调节系统通过甾类激素来控制酶的合成，一些激素（如甾类激素）是以激素受体-复合体的形式直接和细胞的基因组结合来发挥它们的作用。另一些激素（如多肽类激素）作用在细胞表面上，激活表面受体系统，产生 cAMP 第二信使来控制基因的活性。激素作用的特异性是由于激素受体只存在于一定类型的细胞中，而且要通过甾类受体复合物与细胞特异类型的调节蛋白的相互作用才能发挥功能。

真核生物基因表达能在 RNA 加工这一水平上进行调控。这种类型的调节操纵了从 RNA 前体分子到成熟的 mRNA，以致决定了其产物的类型。这种类型的调节可以通过选择不同 5′起始点，3′加尾位点及不同内含子剪切产生不同的成熟 mRNA，最终合成不同的蛋白质。

mRNA 从细胞核到细胞质的转运也是一个重要的控制点，剪接体滞留模型就反映了这一调节的特点。在此模型中剪接体在前体 mRNA 上的装配与 mRNA 输出相竞争，这样在切除内含子时，在核中的剪接体用来固定 RNA，当所有的内含子被切除时剪接体也就被解离，游离的 mRNA 能与核孔相互作用而输出。

基因的表达还可以通过翻译控制和 mRNA 的降解来进行调节。后者已成为基因表达调节的主要控制点。mRNA 个体的结构特点和降解的速率有关。细胞因子和酶的作用与 mRNA 的稳定性也有一定的关系。长期调节（long-term regulation）是在发育和分化过程中基因的激活和阻遏。

真核生物基因表达的调控要比原核生物复杂得多，特别是高等生物，不仅由多细胞构成，而且具有组织和器官的分化。细胞中由核膜将核和细胞质分隔开，转录和翻译并不偶联，而是分别在核和细胞质中进行。基因组不再是环状或线状近于裸露的 DNA，而是由多条染色体组成，染色体本身结构也是以核小体为单位形成的多级结构。真核生物还存在着复杂的个体发育和分化，因此真核生物的基因调控是多级的，从 DNA 到染色质、染色体。而原核生物基本上是在 DNA 这一层次上，在转录和翻译水平上进行调控。真核生物的染色体在正常情况下也存在丢失、扩增和重排来进行“宏观”调控，在染色质的水平上受到组蛋白和非组蛋白的调节，有时要进行异染化或去异染化来调节活性；在 DNA 水平上虽然也和原核生物相似，主要是转录和翻译两个水平的调控，但由于 5′端顺式元件的存在和多种转录因子的加盟，以及内含子的存在，调控更为扑朔迷离。

原核生物基因调控以适应外部的环境条件、节省能量、维持生命为原则；调节的最主要形式是操纵子。真核生物由于长期进化的结果，也建立了一套系统，受外界的影响比较小，但其本身的生理、生化反应要求一系列复杂的调控，我们可将真核基因的调节分为两种不同的范畴：短期调节和长期调节（short-regulation and long-term regulation）。所谓的短期调节涉及基因迅速地打开或关闭，以此对环境条件的改变或者细胞及组织生理条件的改变作出反应，如代谢的调节和一些应激反应。长期调节是生物的发育和分化所必需的，它在一定程度上受到程序化的控制，对外界环境的变化影响不大，而是受内在调节物质的控制。

基因的活性和基因的表达是两个不同的概念，基因的活性是指基因是否具备表达的条件，具有活性的基因是指它已具有表达的基本条件，但并不是说它正在表达；基因的表达是指这个基因已具备表达的充分条件，其仅仅控制表达的水平。

（三）真核生物和原核生物基因表达调控特点的比较

真核生物和原核生物的细胞结构和遗传信息存在明显差异。在基因组结构上，原核生物结构简单，信息量少；真核生物结构复杂，信息量大。在基因表达调控上，虽然二者可以在复制、扩增、基因转录、激活、转录后、翻译和翻译后等多级水平上进行，但还是以转录水平调控为主，且真核基因表达调控的环节更多。

真核生物的基因表达特点实质上就是中心法则的总结，其特点为：真核生物基因表达调控过程更复杂；基因及基因组的结构特点与原核生物也不同，如真核生物基因具有内含子结构等；转录与翻译的间断性，原核生物转录与翻译同时进行，而真核生物该两过程发生在不同区域，具有间断性；转录后加工过程存在正负调控机制；RNA 聚合酶种类多。

但原核生物和真核生物基因表达调控也有共同点，如结构基因均有调控序列；表达过程都有不同程度复杂性，且为多环节；表达都具有时空性，都表现为不同发育阶段和不同组织器官上表达的复杂性。

三、真核生物基因组分析

基因组（genome）是构成、运行和调节生物体并且将遗传信息传递到下一代的整套遗传指令，包含有机体的全部遗传特征。真核生物的遗传物质集中在细胞核中，并与某些特殊的蛋白质组成核蛋白，形成一种致密的染色体结构，如酵母、霉菌、高等动植物。

真核生物基因组结构的特点是：染色体数量多，结构复杂。由几个或几十个双链 DNA 分子组成，如人基因组含有 23 对，46 条染色体，且存在以核小体为单位的染色质结构，这是原核生物基因所不具有的；真核生物 DNA 都是双链双螺旋结构，核苷酸分子多数为线状。含有与原核生物不同的染色体外遗传因子，如有细胞器基因（线粒体 DNA、植物的叶绿体基因）；真核生物的基因组庞大，结构复杂。DNA 有多个复制起始位点，且每个基因组有数万个基因构成；真核生物基因组包含很多重复序列，通过对基因组的复性动力学和密度梯度离心研究发现，真核生物与原核生物的 DNA 复性也不相同。真核生物在 DNA 复性时，除其复性曲线与原核生物 DNA 部分相似外，还有一部分很快地复性。复性快的部分就是重复序列，大致分为单拷贝序列（基因组中只有一个拷贝，是复性曲线中最后复性的部分，占基因组的 40%～70%）、串联重复基因（每一种序列的重复次数为 2～10 拷贝）、中度重复序列（这些序列一般是分散的，每一种序列的重复次数大约十个到数百个拷贝）和其余的高度重复序列（这些序列一般是不分散的，大部分集中在异染色体中，特别是在中心粒和端粒的附近，如卫星 DNA，占基因组的 10%～30%，同一拷贝序列的重复次数达十万到数百万次）。

真核基因都是单顺反子（monocistron），即一个结构基因转录一个 mRNA 分子，翻译一条多肽链。许多来源相同、功能相关、结构相似的基因成套组合，形成基因家族。基因家族可能分散在同一染色体的不同部位，甚至位于不同的染色体上。基因家族又由若干紧密成串排列的基因簇组成，位于同一染色体上。同一家族的各成员的核苷酸序列彼此相似，具有同源性，如编码血红蛋白 α 链和 β 链的珠蛋白基因，各成员分成两个基因簇分别排列在不同的染色体上。

真核基因组中还存在断裂基因。真核生物无操纵子，基因是不连续的，同一基因的编码序列被数量不等的非编码间隔隔成多个较小的片段，编码蛋白的片段叫外显子（exon），非编码蛋白的片段叫内含子（intron）。基因组中不编码的区域多于编码区域，因此真核基因被称为断裂基因。内含子虽然不被翻译，但特定的核苷酸序列对 RNA 的精确剪接加工是不可缺少的。已经发现血红蛋白 α 链的内含子突变会引起剪接差错，使合成 α 链结构异常而导致地中海贫血症。

第八节　真核生物与原核生物染色体的异同点

真核生物是细胞具有细胞核生物的总称，它包括所有动物、植物、真菌和其他具有由膜包裹着的复杂亚细胞结构的生物。真核生物与原核生物的根本性区别是前者的细胞内含有细胞核，因此以真核细胞来命名这一类细胞。

所有的真核生物都是由一个类似于细胞核的细胞（胚、孢子等）发育而来，包括除病毒和原核生物之外的所有生物。许多真核细胞中还含有其他细胞器，如线粒体、叶绿体、高尔基体等。与古生物、原核生物并列构成现今生物三大进化谱系。

而原核生物是指一类细胞核无核膜包裹，只有称作核区的裸露 DNA 的原始单细胞生物。它包括细菌、放线菌、立克次氏体、衣原体、支原体、蓝细菌和古菌等。它们都是单细胞原核生物，结构简单，没有细胞器，个体微小，一般为 1～10 μm，仅为真核细胞的万分之一至十分之一。

真核生物的细胞核中有 DNA 和核蛋白质形成的染色质，在进行分裂时，染色质可高度螺旋化形成染色体。而原核生物的拟核部位是环状的 DNA 分子，DNA 分子不与蛋白质结合，或很少与蛋白质结合，染色体为裸露的 DNA。

真核生物与原核生物的细胞结构和功能具体差异如表 3-5、图 3-23 所示。

表 3-5　真核生物与原核生物的细胞结构和功能具体差异

原核生物	真核生物
原核细胞的细胞质中缺少结构复杂的细胞器（只有核糖体这种细胞器）	真核细胞的细胞质中含有结构复杂的细胞器（如线粒体、叶绿体、高尔基体、内质网、核糖体、中心体、溶酶体、液泡等）
原核生物的结构相对简单，只有拟核，而无成型的细胞核	真核生物的结构相对复杂，具有成型细胞核，细胞核有核膜和核仁
原核生物的转录与翻译是同时进行的	真核生物转录在核内，翻译在细胞质中进行
原核生物的结构和功能单位是原核细胞，一个细胞只有一条 DNA，与 RNA、蛋白质不连接在一起。繁殖方式属于二分裂、出芽生殖	真核生物的结构及功能单位是真核细胞，一个细胞有多个染色体，DNA 与 RNA、蛋白质连接在一起。细胞属于有丝分裂，基因组多，基因重复序列多，且基因绝大部分为非编码区，基因是不连续的，有外显子和内含子

由于二者的细胞结构不同，它们的基因组及其基因表达调控差异明显。

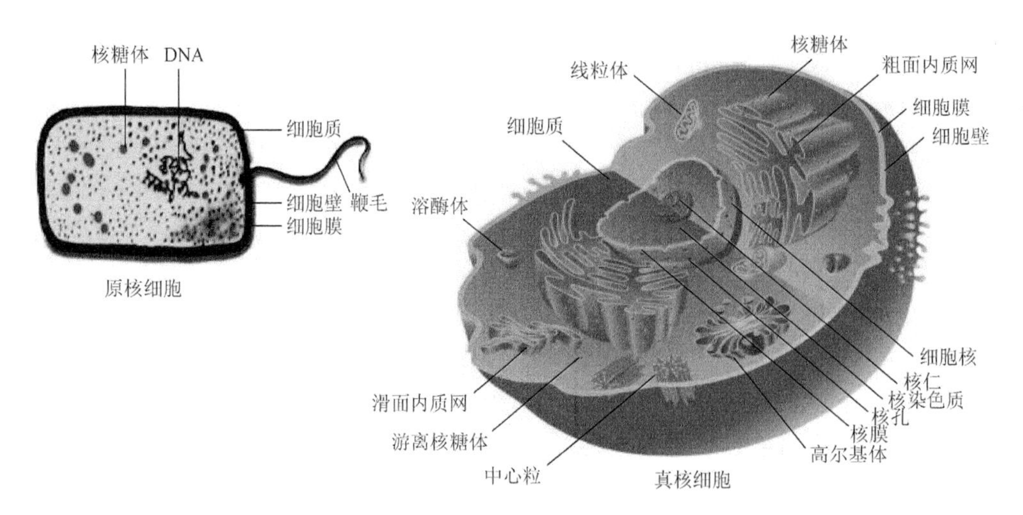

图 3-23　真核生物与原核生物细胞结构

本 章 小 结

真核生物的染色体是指在细胞分裂期出现的一种能被碱性染料强烈染色，并具有一定形态、结构特征的有形小体，是遗传信息的载体，由 DNA、RNA 和蛋白质构成，具有储存和传递遗传信息的功能。染色体在细胞周期的间期时 DNA 的螺旋结构松散，呈网状或斑块状不定形物，即染色质。染色体和染色质的主要成分都是 DNA 和蛋白质，它们之间仅是同一物质在分裂期和细胞间期的不同形态表现而已。染色质又分为常染色质和异染色质。以浓缩状态存在者，称异染色质；以分散状态存在者，称常染色质。人类染色质的很大部分是异染色质，容易发生形态学的变化。而常染色质是活动的染色质部分，其染色线呈解旋状态，着色较浅，主要由单一 DNA 序列构成。异染色质则是处于不活动状态的染色质部分，染色线高度螺旋化，着色较深，DNA 链含有较多的重复序列。性染色质与性染色体有关，包含 X 染色质和 Y 染色质，X 染色质曾称巴氏小体或 X 小体，为紧贴细胞核膜内面的团块状结构，也是异染色质状态。Y 染色质又称 Y 小体或荧光小体。

染色质的基本化学成分为脱氧核糖核酸核蛋白，它是由 DNA、组蛋白、非组蛋白和少量 RNA 组成的复合物。核小体是构成真核生物染色体的基本结构单位，形状类似一个扁平的碟子或一个圆柱体，此时 DNA 的长度压缩 7 倍，称染色质纤维。核小体由 DNA 和 H2A、H2B、H3、H4 和 H1 等 5 种组蛋白构成。两分子的 H2A、H2B、H3 和 H4 形成一个组蛋白八聚体，约 200 bp 的 DNA 分子盘绕在组蛋白八聚体构成的核心结构外面 1.75 圈，形成了一个核小体的核心颗粒。核小体的核心颗粒再由 DNA（约 60 bp）和组蛋白 H1 共同构成的连接区连接起来形成串珠状的染色质细丝。

最新研究揭示 30 nm 染色质纤维以 4 个核小体为结构单元相互扭曲形成。染色质纤维的各个四聚核小体单元之间，通过相互扭曲折叠成一个左手双螺旋高级结构。染色质纤维不是此前大家猜想的每 6 个核小体一组，而是每 4 个一组；不是管状螺旋体，而是左手双螺旋。但关于染色质 30 nm 纤维的体内研究还有待进一步深入研究。真核生物染色质三维层级结构依次为染色质疆域、染色质区室、拓扑相关结构域和染色质环。染色质超螺旋管进一步螺旋折叠，从 DNA 到染色体经过四级组装，DNA（压缩 7 倍）→核小体（压缩 6 倍）→螺线管（压缩 40 倍）→超螺线管（压缩 5 倍）→螺旋折叠形成 2～10 μm 的染色单体。

每个染色体含有两条染色单体，呈赤道状彼此分离，只在着丝粒处相连。根据着丝粒的位置分为4种类型，中着丝粒染色体、亚中着丝粒染色体、近端着丝粒染色体、端着丝粒染色体。同一物种内不同个体间的染色体数目是相对恒定的，高等动植物细胞的染色体大多是成对的，在性细胞中总是单的，故在染色体数目上，体细胞是性细胞的2倍，通常分别用 $2n$ 和 n 表示。在遗传学上，把体细胞中形态和结构相同、遗传功能相似的一对染色体称为同源染色体；而这一对染色体与另一对形态结构和功能不同的染色体，则互称为非同源染色体。成对同源染色体中的一条来自父本，另一条来自母本。

不同物种的染色体数目差别很大。染色体的一般形态是正常染色体特征，然而在某些物种、种群或特殊组织中，还有一些非标准的异常染色体或特化染色体存在。所以特殊染色体就是非标准的异常染色体或特化染色体者，如多线染色体、灯刷染色体和超数染色体。

真核生物基因组指一个物种单倍体所携带的一套基因，基因组中不同区域具有不同的功能，有些是属于编码蛋白质的结构基因，有些属于参与结构基因的复制、转录及其蛋白质表达调控的调节基因。真核生物基因组结构的特点是：染色体数量多，结构复杂。由几个或几十个双链DNA分子组成，且存在以核小体为单位的染色质结构，这是原核生物基因所不具有的；真核生物的基因组庞大，结构还复杂。DNA有多个复制起始位点，且每个基因组由数万个基因构成；真核生物基因组包含很多重复序列，还存在断裂基因。真核生物与原核生物的根本性区别是前者的细胞内含有细胞核，因此以真核细胞来命名这一类细胞。

➤思　考　题

1. 真核生物细胞核、染色质的化学成分包含哪些？
2. 真核生物的染色体有何特点？它的复杂性表现在哪几个方面？
3. 组蛋白和DNA存在怎样的关系？
4. 试比较组蛋白与非组蛋白功能的不同。
5. 常见的组蛋白有哪些类型？
6. 何谓端粒，端粒的作用是什么？
7. 描述真核生物的线性结构和超微结构。
8. 基因在染色体上的分布有何特点？
9. 为何真核生物染色体的调控比原核生物复杂得多？
10. 常染色质和异染色质的区别在哪里？
11. 多线染色体的结构是怎样的？灯刷染色体的结构是怎样的？比较两者之间结构的异同。
12. DNA转录受到哪些调控？

编者：聂庆华　李红梅

主要参考文献

程红玲，朱国战，卢宝庭. 2009. Y异染色质增加的生殖遗传学效应探讨[J]. 中国男科学杂志，23（3）：59-60.

丁毅. 2006. 染色质的基本结构——核小体的研究进展[C]. 2006年学术年会暨学术讨论会论文摘要集湖北省科学技术协会会议论文集：7-8.

黄其通，李清，张玉波. 2020. 染色质构象与基因功能[J]. 遗传，42（1）：1-17.

李伟，窦硕星，王鹏业. 2005. DNA与组蛋白的相互作用的布朗力学研究[J]. 物理，34（12）：877-882.

李艳，钱伟强. 2017. 植物中DNA甲基化及去甲基化研究进展[J]. 生命科学，29（3）：302-308.

李志强. 2010. 生皮化学与组织学[M]. 北京：中国轻工业出版社.

刘保东，汪海林. 2018. 真核生物基因组 DNA 甲基化和去甲基化分析[J]. 生命科学，30（4）：374-382.

张红艳，刘爱京，刘福英，等. 2002. 外源 RNA 对小鼠白蛋白基因表达及 DNase I 敏感性的影响[J]. 遗传学报，29（1）：26-29.

朱启锭. 1981. 核小体[J]. 南京医学院学报，3：24.

Audit B，Zaghloul L，Vaillant C，et al. 2009. Open chromatin encoded DNA sequence is the signature of ‘master’ replication origins in human cells[J]. Nucleic Acid Res，37（18）：6064-6075.

Bernstein B E，Liu C L，Humphrey E L，et al. 2004. Global nucleosome occupancy in yeast[J]. Genome Biology，5：R62.

Falk M，Feodorova Y，Naumova N，et al. 2019. Heterochromatin drives compartmentalization of inverted and conventional nuclei[J]. Nature，570（7761）：395-399.

Field Y，Fondufe-Mittendorf Y，Moore I K，et al. 2009. Gene expression divergence in yeast is coupled to evolution of DNA-encoded nucleosome organization[J]. Nature Genetics，41：438-445.

Fuks F. 2005. DNA methylation and histone modifications teaming up to silence genes[J]. Curr Opin Genet Dev，15：490-495.

Hawkins R D，Hon G C，Lee L K，et al. 2010. Distinct epigenomic landscapes of pluripotent and lineage-committed human cells[J]. Cell Stem Cell，6（5）：479-491.

Holla S，Dhakshnamoorthy J，Diego Folco H，et al. 2020. Positioning heterochromatin at the nuclear periphery suppresses histone turnover to promote epigenetic inheritance[J]. Cell，180（1）：150-164.

Kornberg R D，Lorch Y. 1999. Twenty-five years of the nucleosome fundamental particle of the eukaryote chromosome[J]. Cell，98（8）：285-294.

Kornberg R D. 1974. Chromatin structure：a repeating unit of histones and DNA[J]. Science，184（4139）：868-871.

Law J A，Jacobsen S E. 2010. Establishing，maintaining and modifying DNA methylation patterns in plants and animals[J]. Nat Rev Genet，11：204-220.

Lee W，Tillo D，Bray N，et al. 2007. A high-resolution atlas of nucleosome occupancy in yeast[J]. Nat Genet，39：1235-1244.

Luger K，Mäder A W，Richmond R K，et al. 1997. Crystal structure of the nucleosome core particle at 2.8 Å resolution[J]. Nature，389：251-260.

Mari-Ordonez A，Marchais A，Etcheverry M，et al. 2013. Reconstructing de novo silencing of an active plant retrotransposon[J]. Nat Genet，45：1029-1039.

Mavrich T N，Ioshikhes I P，Venters B J，et al. 2008. A barrier nucleosome model for statistical positioning of nucleosomes throughout the yeast genome[J]. Genome Res，18：1073-1083.

Olins D E，Olins A L. 2003. Chromatin history：our view from the bridge. nature review[J]. Molecular Cell Biology，4（10）：809-813.

Ragunathan K，Jih G，Moazed D. 2015. Epigenetic inheritance uncoupled from sequence-specific recruitment[J]. Science，348（6230）：1258699.

Rao S S，Huntley M H，Durand N C，et al. 2014. A 3D map of the human genome at kilobase resolution reveals principles of chromatin looping[J]. Cell，159（7）：1665-1680.

Ricote M，Huang J，Fajas L，et al. 1998. Expression of the peroxisome proliferator-activated receptor gamma（PPARgamma）in human atherosclerosis and regulation in macrophages by colony stimulating factors and oxidized low density lipoprotein[J]. Proc Natl Acad Sci，U S A，95（13）：7614-7619.

Rougier N，Bourc'his D，Gomes D M，et al. 1998. Chromosome methylation patterns during mammalian preimplantation development[J]. Gene Dev，12：2108-2113.

Shalev A，Siegrist-Kaiser C A，Yen P M，et al. 1996. The peroxisome proliferator-activated receptor alpha is a phosphoprotein：regulation by insulin[J]. Endocrinology，137（10）：4499-4502.

Song F，Chen P，Sun D，et al. 2014. Cryo-EM study of the chromatin fiber reveals a double helix twisted by tetranucleosomal units[J]. Science，344（6182）：376-380.

Wu H，Zhang Y. 2014. Reversing DNA methylation：mechanisms genomics，and biological functions[J]. Cell，156：45-68.

Yang D L，Zhang G，Tang K，et al. 2016. Dicer-independent RNA-directed DNA methylation in *Arabidopsis*[J]. Cell Res，26：66-82.

Ye R，Chen Z，Lian B，et al. 2016. A Dicer-independent route for biogenesis of siRNAs that direct DNA methylation in *Arabidopsis*[J]. Mol Cell，61：222-235.

Zemach A，Kim M Y，Hsieh P H，et al. 2013. The *Arabidopsis* nucleosome remodeler DDM1 allows DNA methy-ltransferases to access H1-containing heterochromatin[J]. Cell，153：193-205.

Zhai J，Bischof S，Wang H，et al. 2015. A one precursor one siRNA model for Pol Ⅳ-dependent siRNA biogenesis[J]. Cell，163：445-455.

第四章　真核生物的染色体行为学

细胞增殖是生命体延续和生长发育的根本保证，是所有生物生命活动的基本特征。多细胞的真核生物，由单细胞的受精卵发育为具有功能复杂性的各种器官和个体，且以后依然保持每秒钟数百万的新细胞产生，以补偿上皮、血液等细胞的衰老和死亡，这些生命活动的完成均通过细胞增殖来实现。细胞增殖是通过细胞分裂（cell division）的方式进行的。母细胞通过细胞分裂将复制后的遗传物质均等地分配到两个子细胞中，保持上下代细胞间遗传物质的稳定，该过程受到严格有序的周期性调控。真核生物染色体通过细胞分裂间期和分裂期染色质与染色体形态学的变化，以及不同细胞分裂时期的功能与行为的改变，来完成细胞分裂时遗传物质由母细胞到子细胞的传递。

就单细胞原核生物来说，由于体细胞与生殖细胞不分，因此细胞分裂就意味着无性繁殖，从而使原来的一个个体形成两个新个体。在真核生物中，无论是单细胞的生命个体，还是多细胞的生命个体，细胞繁殖的基本形式是有丝分裂。通过有丝分裂，亲代将遗传物质传给后代，后代通过自身的生长发育，使其性状得以表达，从而产生与亲本相似的个体。在这一系列过程中，细胞的分裂和增殖是一切生命活动的前提条件。

第一节　染色体行为学变化

一、细胞周期

细胞分裂是一个十分复杂而又精确的生命过程。细胞在分裂前，必须进行各种必要的物质准备，然后才能进行细胞分裂。细胞分裂准备期重要的生物学事件是遗传信息载体——DNA的复制，然后在分裂期将复制的遗传物质经过精准的调控分配到子细胞中。如果细胞分裂准备期和分裂期过程紊乱，如出现遗传物质不能复制、染色体包装不正常、染色体运动失调、遗传物质不能平均分配到两个子细胞中等问题，将会导致染色体结构和数目变异的发生。

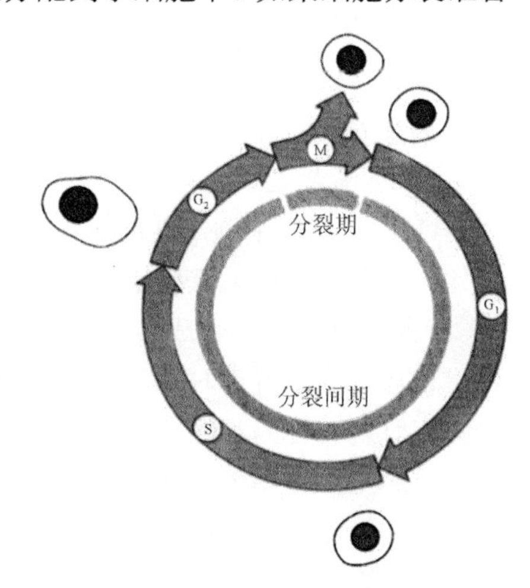

图 4-1　细胞周期简图

细胞分裂过程中这种精细的物质准备和分裂周而复始连续进行的生物学过程，称为细胞周期（cell cycle）。从上一次细胞分裂结束开始，经过物质积累过程，直到下一次细胞分裂结束为止的整个生物学过程，称为一个细胞周期（图 4-1）。一个细胞周期是一个细胞的整个生命过程，即由一个母细胞变成了两个子细胞。一般来说，为了描述细胞周期的过程，人们最初从细胞变化考虑，将细胞周期简单地划分为两个相互延续的时期，即细胞有丝分裂期（mitosis）和位于两次分裂期之间的分裂间期（interphase）。分裂间期是细胞增殖的物质准备和积累阶段，分裂期则是细胞增殖的实施过程阶段。细胞经过细胞分裂间期和分裂期，完成一个细胞周期，细胞数量也相应地增加一倍。

分裂间期以 DNA 合成为标志，又分为 DNA 合成前期（G_1 期）、DNA 合成期（S 期）和 DNA 合成后期（G_2 期）。在细胞分裂期，真核生物染色体经历了由间期纤细的染色质结构逐渐凝缩而形成细胞分裂中期光镜下可见的染色体，然后又逐渐解凝缩重新转变为染色质状态等过程。染色体的形态随着细胞分裂周期性变化。

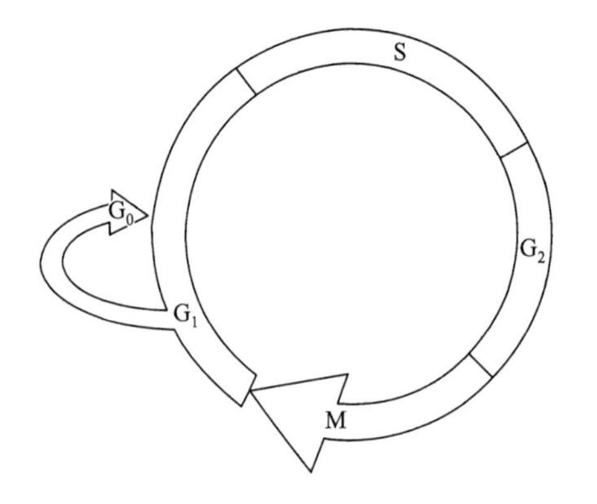

图 4-2　细胞周期 G_0 期模式图（翟中和等，2000）

二、细胞周期相关的基本概念

（一）G_0 期

多细胞生物，尤其是高等生物，是由一个受精卵经过许多次细胞分裂而分化形成的新个体。在这个过程中，有些细胞可能会持续分裂，以增加细胞数量，这些细胞常称为周期中细胞（cycling cell）。也有些细胞会暂时离开细胞周期，停止细胞分裂，去执行一定的生物学功能，这些细胞称为静止期细胞（quiescent cell），或 G_0 期细胞（图 4-2）。

G_0 期细胞一旦得到信号指使，会快速进入细胞周期，分裂增殖，如结缔组织中的成纤维细胞，平时并不分裂，一旦所在的组织部位受到伤害，它们会马上进入细胞周期并产生大量的成纤维细胞，促使伤口愈合。体外培养的细胞，在某些营养物质缺乏时，也可以进入 G_0 期。此时的细胞仅可以生存，但不能进行分裂。一旦营养物质补充，很快会进入细胞周期，开始细胞分裂。G_0 期细胞的生成和它们重新进入细胞周期的机制研究，已越来越受到人们的重视，尤其在干细胞干性维持、肿瘤发生与治疗、体内内环境的稳定与组织再生，以及动物体细胞克隆中克隆效率的提高等领域都具有重要的意义。

在机体内另有一些细胞，由于分化程度很高，一旦生成后，则终生不再分裂。这些细胞称为终末分化细胞，如大量的横纹肌细胞、血液多型核白细胞、某些生物的有核红细胞等。G_0 期细胞和终末分化细胞的界限有时难以划分，有的细胞过去认为属于终末分化细胞，目前可能被认为是 G_0 期细胞。

（二）限制点或检验点

G_1 期是一个细胞周期的第一阶段。上一次细胞分裂之后，子代细胞生成，标志着 G_1 期的开始。新生成的子代细胞立即进入一个细胞生长时期，开始合成细胞生长所需要的各种蛋白质、糖类、脂质等，但不合成 DNA。在 G_1 期的晚期阶段有一个特定时期，如果细胞继续走向分裂，则可以通过这个特定时期，进入 S 期，开始合成 DNA，并继续前进，直到完成细胞分裂。这个特定时期被称为起始点（start）。起始点过后，细胞开始出芽，DNA 也开始复制。起始点最初的概念是指芽殖酵母（*Saccharomyces cerevisiae*）细胞出芽的开始，但事实上控制着新一轮细胞周期的运转。它被认为是 G_1 期晚期的一个基本事件。细胞只有在内在和外在因素共同作用下才能顺利通过调控限制，顺利通过 G_1 期起始点，进入 S 期并合成 DNA。在其他真核细胞中，这一特定时期称为限制点（restriction point，R 点）或检验点（checkpoint）（图 4-3）。任何因素影响到这一基本事件的完成，都将严重影响细胞从 G_1 期向 S 期转换。影响这一事件的外在因素主要包括营养供给和相关的激素刺激等；而内在因素则主要是一些与细胞分裂周期基因（cell division cycle gene，*CDC* 基因）调控过程等相关的方面。*CDC* 基因的产物是一些蛋白激酶、磷酸酶等。这些酶活性的变化将直接影响细胞周期的变化。而这些酶活性变化本身又受到内在和外在因素的立体调节。

DNA 复制完成以后，细胞即进入 G_2 期。此时细胞核内 DNA 的含量已经增加了一倍，即每对同源染色体含有 4 个拷贝的 DNA。其他结构物质和相关的亚细胞结构也已完成了进入 M 期的必要准备。通过 G_2 期后，细胞即进入 M 期。但细胞能否顺利地进入 M 期，要受到 G_2 期检验点的控制。G_2 期检验点要检查 DNA 是否完成复制、细胞是否已生长到合适大小、环境因素是否利于细胞分裂等。只有当所有有利于细胞分裂的条件得到满足以后，细胞才能顺利实现从 G_2 期向 M 期的转化。

检验点的概念多用于高等真核细胞，尤其是哺乳动物细胞。绝大多数细胞若在限制点不能满足继续分裂的条件，则细胞会很快进入休眠期，不能复制 DNA，也不能进行细胞分裂。检验点是目前细胞周期研究领域中用得较多的一个术语。这一术语的出现可能源于早期对大肠杆菌 *E. coli* DNA 复制调控的研究。当 *E. coli* DNA 受到损伤或 DNA 复制受到抑制时，会激活 RecA 蛋白，酶解 LexA 抑制因子，并诱导 *SOS* 基因的大量表达。有些 *SOS* 基因产物参与受损 DNA 的修复，有些则参与阻止细胞分裂过程。这种细胞周期进程被抑制并不是 DNA 损伤或 DNA 复制尚未完成本身所引起的，而是由于细胞内存在一系列监控机制（surveillance mechanism）。这些特异的监控机制可以鉴别细胞周期进程中的错误并诱导产生特异的抑制因子，阻止细胞周期进一步运行。在真核细胞中也发现了多种监控机制。检验点不仅存在于 G_1 期和 G_2 期，也存在于其他时期，如 S 期检验点和纺锤体装配检验点等。

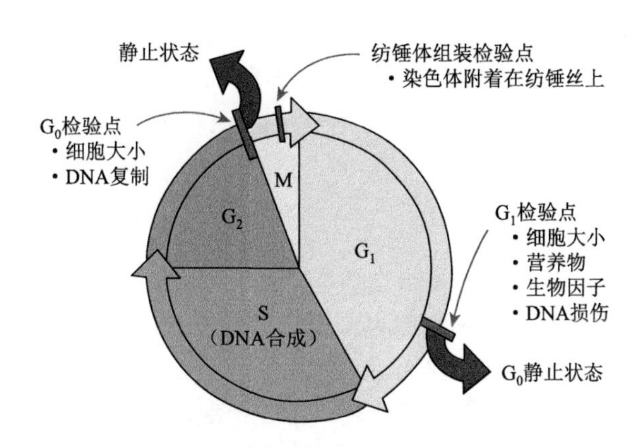

图 4-3　检验点分布及检查的主要内容

（三）细胞周期测定与分析

细胞周期测定是目前细胞增殖相关基因表达调控研究的主要方法。关于细胞周期时间长短的测定工作已有几十年的历史，测定方法也多种多样。其主要原理是利用细胞周期不同时期 DNA 复制前后含量的差异来判断细胞周期的基本状况。从 DNA 含量来看，G_1 期、G_2 期、M 期细胞含有固定的 DNA 含量，分别为 $2C$ 和 $4C$，S 期细胞的 DNA 含量介于 $2C$ 和 $4C$ 之间。早期细胞周期的测定一般通过放射性同位素标记技术将 ^{3}H-TdR 等标记物短期饲养细胞，经过统计细胞数量和被标记的分裂期细胞百分比，对细胞周期进行综合分析。现在一般为 DNA 结合荧光染料后，应用流式细胞仪观察不同细胞周期的特征性图谱来测定细胞周期。通过监察细胞

DNA 含量在不同时间内的变化，从而确定细胞周期时间长短和不同细胞类型的比例。应用流式细胞仪并结合细胞周期同步化，综合分析细胞周期时间，将会使实验结果分析更加简便（图 4-4）。DNA 亲和荧光染料的应用也使细胞周期的测定更加安全可靠。例如，应用某些药物处理，将细胞抑制在细胞周期中的某个特定时期，当抑制解除后，所有细胞将会同步化。应用流式细胞仪测定这些细胞的周期时间，既简单可靠，又可以通过改变某些成分或基因的表达来研究这些基因或因子对细胞周期的影响。

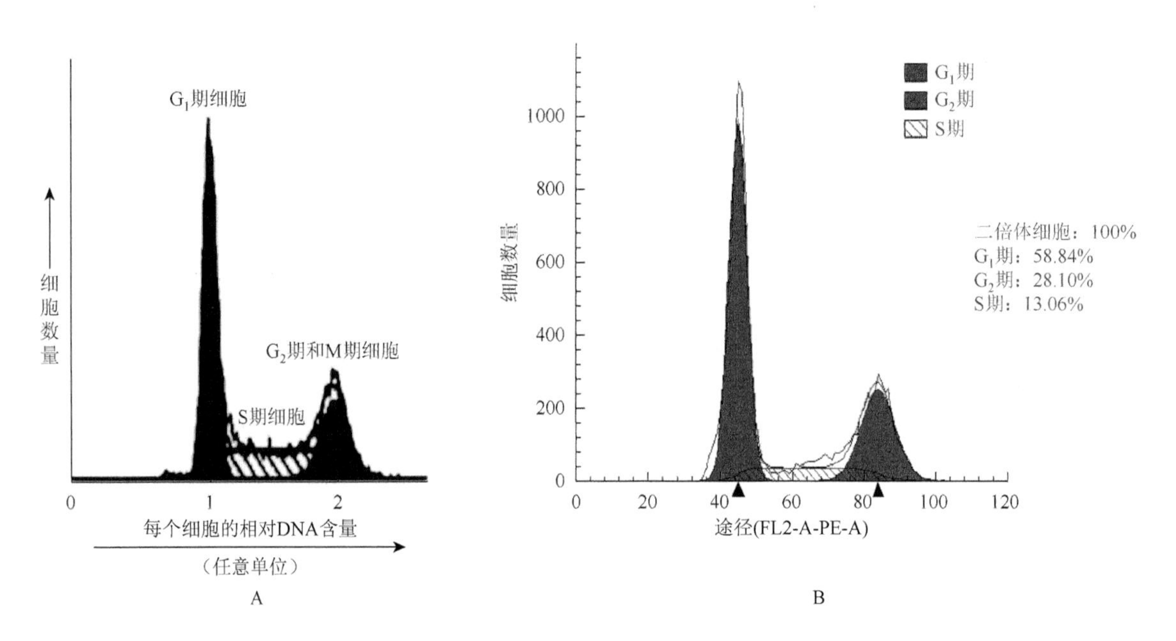

图 4-4　流式细胞仪测定细胞周期

A. 检测内容；B. 牛乳腺上皮细胞周期检测结果

三、无丝分裂

无丝分裂是最早于 1841 年在鸡胚的血细胞中发现的一种细胞分裂方式，是原核生物的细胞分裂方式，真核生物的某些组织和细胞也采用这种分裂方式。这种分裂方式较简单，在分裂过程中，不出现纺锤体，也没有纺锤丝出现，所以叫作无丝分裂。又因为这种分裂方式是细胞核和细胞质的直接分裂，所以又叫作直接分裂。无丝分裂的早期，球形的细胞核和核仁都伸长。然后细胞核进一步伸长呈哑铃形，中央部分狭细。最后细胞核分裂，这时细胞质也随着分裂，并且在滑面型内质网的参与下形成细胞膜。在无丝分裂中，核膜和核仁都不消失，没有染色体的出现，当然也就看不到染色体的规律性变化。但是，这并不说明染色质没有变化，实际上染色质也要进行复制，并且细胞要增大。当细胞核体积增大一倍时，细胞核就发生分裂，核中的遗传物质就分配到子细胞中去。至于核中的遗传物质 DNA 是如何分配的，还有待进一步研究。

关于无丝分裂的问题，长期以来就有不同的看法。有些人认为无丝分裂不是正常细胞的增殖方式，而是一种异常分裂现象；还有些人则主张无丝分裂是正常细胞的增殖方式之一，这种分裂方式常出现于高度分化成熟的组织中，如蛙红细胞的分裂、某些植物胚乳细胞的分裂及部分体细胞（如肝细胞、肾小管上皮细胞、肾上腺皮质细胞等）的分裂。

四、有丝分裂

许多亚细胞结构与有丝分裂过程紧密关联，如中心体、动粒与着丝粒、纺锤体等，有丝分裂过程中染色体的排列和移动会影响细胞周期和细胞命运。

（一）间期

细胞分裂间期在光镜下看不到细胞明显的形态学变化，但是在细胞内，却进行着一系列的生化反应，包括DNA复制、RNA转录和大量蛋白质的合成。间期以DNA合成为标志，发生在分裂间期中的某个特定时期，称为DNA合成期（DNA synthesis phase，简称S期）。该期既不在分裂间期的开始，也不在分裂间期的末尾，而是在其中间某个时期。因此在S期之前与上次细胞分裂之后，必然存在一个时间间隔（gap）。人们称这一时间间隔为第一间隔期，简称为G_1期；在S期后与细胞分裂之前，也必然存在一个时间间隔。人们将这一间隔称为第二间隔期，简称为G_2期。光镜下可见的有丝分裂称为分裂期，简称M期。经过分裂期，加倍的染色体平均分配到两个子细胞中，其他细胞组分也随细胞质分配到子细胞中。上述间期的G_1—S—G_2三个时期与M期共同构成一个完整的细胞周期。由此可见，一个细胞周期可以人为地划分为先后连续的4个时期，即G_1期、S期、G_2期和M期。绝大多数真核细胞的细胞周期都包含这4个时期，在这个循环过程中，不同生物细胞的细胞周期持续时间差异很大，同种生物不同组织之间也不相同。对大部分动物体细胞来说，细胞周期持续时间为18～24 h，其中间期占了整个细胞周期时间的90%，而M期的时间只持续1～2 h。具体各期持续时间及DNA在不同时期的变化如图4-5所示。

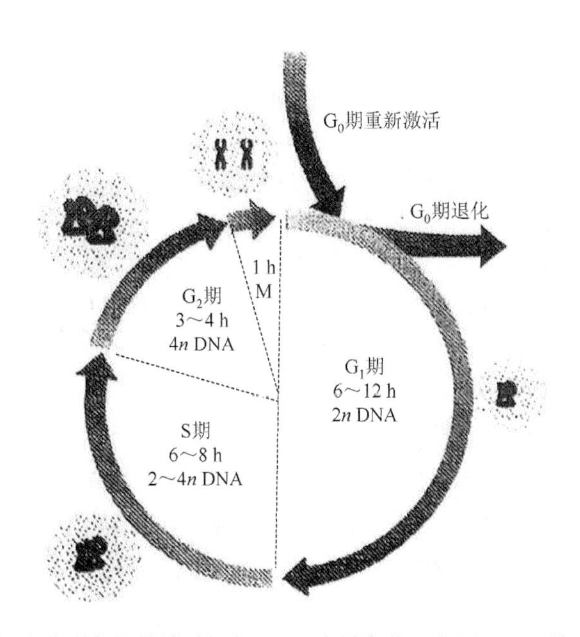

图4-5　细胞分裂各期持续时间与DNA含量变化示意图（张玉静，2000）

1. G_1期

G_1期，又称DNA合成前期（pre-synthetic gap phase）。在G_1期，染色体并未复制，因此可认为它是DNA合成的一个准备阶段。在这一时期物质代谢活跃，细胞体积增大，进行着RNA和蛋白质的合成。在调节细胞生长中，G_1期与DNA合成启动和细胞增殖调控有关，这是因为在新生组织中，连续增殖的细胞，其增殖率受G_1期细胞的平均时间长短所控制，细胞周期持续时间，也取决于 G_1 期的持续时间，而 S 期（S phase）和该期的时间则相对稳定。有些细胞经常从细胞周期中退出而进入一种与 G_1 期相似，但又截然不同的 G_0 期。这些细胞可通过刺激离开 G_0 期并重新进入细胞周期。故 G_1 期可能存在着一个限制点，来接受一系列特殊或非特殊的环境信号，使处于不利条件下的细胞停止在 G_1 期或退入 G_0 期。

2. S 期

S 期（S phase），又称 DNA 合成期。在该期，主要完成 DNA 的合成和组蛋白、非组蛋白等染色体蛋白质的合成，并装配成具有一定结构的染色质。

不少研究者从核质互作的角度来探讨 DNA 合成的起因。Rao 和 Johnson 等用细胞融合方法研究 DNA 合成中核质间的相互关系，他们用 G_1 期 HeLa 细胞与 S 期 HeLa 细胞融合，明显观察到 G_1/S 期融合细胞中，G_1 期细胞核中 DNA 合成率增加，说明在 S 期细胞质中存在某种因素负责 DNA 合成启动，并可以作用于 G_1 期细胞核中诱导 DNA 复制过程。但在所建立的 S/G_2 期融合细胞中，并不能诱导 G_2 期细胞核中的 DNA 合成。进一步实验表明，这种存在于 S 期细胞质中的 DNA 合成诱导因素是在 G_1 期逐渐积累起来的。在此基础上，Rao 等提出了解释模型：当 G_1 期向 S 期过渡时，DNA 合成诱导因素逐渐累积。当达到临界水平时，DNA 复制被启动，至早 S 期或中 S 期达到峰值，然后逐渐减少，在 S/G_2 期边界处诱导因素量降到临界水平以下，DNA 合成停止。

在真核生物中，DNA 的复制和蛋白质的合成是相对应的。随着 S 期 DNA 在核内的合成，也进行着组蛋白和非组蛋白等染色体蛋白质的合成，并迅速地运输到核内，参与新生姐妹染色单体的组装。因此，DNA 复制和组蛋白的合成有着密切的关系。当 S 期细胞被 DNA 合成抑制剂如羟基脲（hydroxyurea）作用时，组蛋白合成很快停止，其 mRNA 水平也迅速降低。DNA 合成与组蛋白合成之间的关系形成了一种反馈机制，来调节游离组蛋白水平，保证新合成的组蛋白数量与新合成的 DNA 数量相对应。

S 期 DNA 的复制有一定的顺序。S 期中早复制的部位，在下一次细胞周期中也早复制。一般来说常染色质早复制，异染色质后复制，GC 含量高的部位先复制，AT 含量高的后复制。

3. G_2 期

G_2 期（G_2 phase），又称 DNA 合成后期。通过辐射实验证实，若在 G_1 期辐射，染色体发生畸变；若在 G_2 期辐射，则染色单体发生畸变，说明 DNA 复制在 S 期完成后，细胞才进入 G_2 期。G_2 期细胞不进行 DNA 复制，但合成一定的蛋白质和 RNA 分子，这是细胞进入有丝分裂所必需的，如微管蛋白等。如果用嘌呤霉素、环己亚胺等蛋白质合成抑制剂作用于 G_2 期细胞，则这些细胞不能进入 M 期。另外，还有一些基因，其产物也是细胞通过 G_2 期进入 M 期所必需的，如在 ts85（小鼠 FM3A）细胞中，由于 H1 组蛋白磷酸化缺陷，从而阻止了染色体的凝集，导致细胞周期停止在 G_2 期。

4. M 期

除染色质复制外，细胞准备有丝分裂的现象是细胞生长。其表现是，间期结束后分裂期之前，细胞的体积几乎增大一倍，说明进行有丝分裂的细胞不但要准备核分裂（karyokinesis），还要为细胞质分裂（cytokinesis）作准备。

有丝分裂的另一项准备工作是中心粒的复制和向两极移动。在间期的 G_1 期，通常可观察到两个中心粒，它们一般在 S 期复制。复制的新中心粒称前中心粒，它比母中心粒小并与母中心粒呈大于 90°的 L 形状。前中心粒的大小逐渐增加，直至与母中心粒大小相同。G_2 期结束时完成中心粒的复制。在这时，两对中心粒仍处于核膜一边。前期开始，一对中心粒与另一对分开并沿核外缘向对侧移动，而另一对中心粒位置不动。同时在两对分开的中心粒之间出现小的纺锤丝片段。在中期两对中心粒分别定位于细胞的两极，并在两者之间形成完整的纺锤丝体系。

M 期促进因子（M phase promoting factor，MPF）在有丝分裂间期到分裂期的转化过程中起着重要的作用。该因子在未受精的卵母细胞中发现，又称卵细胞促成熟因子（maturation-promoting factor），在多种真核生物卵母细胞中都可以分离到，在进化中高度保守，具有刺激卵母细胞成熟的作用。MPF 对于真核细胞的增殖是非常重要的，在哺乳动物、海胆、蛤、酵母等中均可以分离到，且可以促进卵母细胞从 G_2 期进入 M 期。MPF 为两个亚基的蛋白质分子，一个亚基是细胞周期蛋白，另一个亚基是依赖细胞周期蛋白起作用的蛋白激酶，其中周期蛋白为调节亚基，能够促使染色体凝集，使细胞由 G_2 期进入 M 期。具有蛋白激酶活性的亚基对另一个亚基进行磷酸化而实现自我激活。当细胞内具有少量的磷酸化 MPF，可以对其他 MPF 分子进行激活而产生大量的 MPF 活性因子。该因子的功能完全依赖磷酸化和去磷酸化状态，并对细胞分裂产生影响。

（二）有丝分裂期

经典的有丝分裂期一般分为前期、中期、后期和末期 4 个时期。考虑到分裂期的细胞学特征变化，许多人又将前期末和中期初单独划分出来，称为前中期或早中期；同时将胞质分裂单独出来，将有丝分裂期划分为前期、前中期、中期、后期、末期和胞质分裂等 6 个时期。前 5 个时期是一个相互连续的过程，胞质分裂则相对独立。胞质分裂开始于上述 5 个时期的一定阶段。有丝分裂过程中染色体的结构与行为在不同时期呈现出不同的特征（图 4-6）。

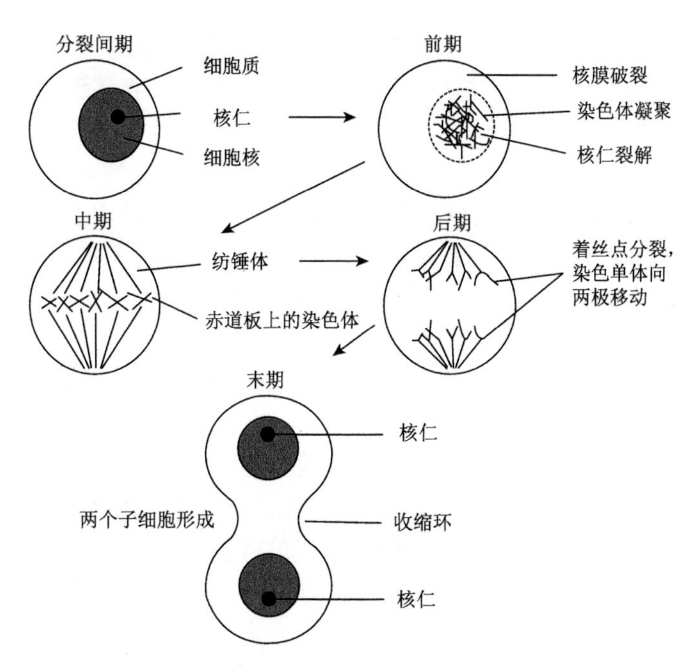

图 4-6　动物细胞有丝分裂模式图

1. 前期

前期（prophase）发生的主要变化是染色质丝不断螺旋化而逐渐凝集成染色体，核膜、核仁消失，形成纺锤体等。

标志前期开始的第一个特征是染色质不断凝集，实质是染色质的螺旋化、折叠和盘曲的包装过程。每一早前期的染色体都由经过间期S期染色体复制的两条染色单体组成，并相互缠绕在一起。随着螺旋化和折叠盘曲的不断进行，相互缠绕的两条染色单体逐渐分开并处于平行状态。在前期中，染色体纤维进一步缩短、变粗，可以看到两条染色单体在主缢痕处连接。两对中心体和主缢痕处的着丝粒各作为微管组织中心，分别伸出纺锤丝并逐渐形成纺锤体。在前期末，核仁消失，核膜崩解。染色体遍布整个细胞，成为它们向两极移动分离成染色单体的最好时机。

2. 前中期

核膜破裂，则细胞进入前中期（prometaphase），该期的特征是染色体剧烈活动。两极中心粒伸出的纺锤丝分别与染色体两侧的着丝粒结合形成染色体牵丝，两侧相反方向的牵引力量达到平衡，使染色体排列在中期的赤道板（equatorial plate）上，从而完成染色体集结（chromosome congression）和着丝粒的定向（centromere orientation）。早中期在哺乳类细胞中持续10～20 min。

着丝粒完成定向后，其相应的染色体大致均匀地分布在赤道板上。然而染色体在赤道板上的分布并不是完全随机的，可能具有某种程度的特定排列，如许多昆虫的中期染色体，较大的染色体位于赤道板的两端，而较小的染色体位于中间。与其相反，人类细胞中最大的1号、2号染色体靠近中间，而较小的Y、13号、17号、18号和21号染色体位于外缘。因此，有关染色体在赤道板上的排列机制中，可能还包括其他因素的作用。

3. 中期

中期（metaphase）染色体高度螺旋化，因而比其他任何时期都要短而粗，所以适于细胞学研究，是核型分析的最佳时期。此时，两条染色体不再相互缠绕，而处于平行排列状态。染色体的两条染色单体只在未分裂的着丝粒处相互连接。中期的结束是以着丝粒的断裂和所有姐妹染色单体在着丝粒处分开为标志。

4. 后期

后期（anaphase）是染色体活跃和迅速运动的时期，在这一时期中，姐妹染色单体分开并向两极移动。当染色体到达两极时，此期结束。

染色单体的分开从着丝粒处开始。着丝粒部位的分离，打破了力的平衡，在染色体牵丝的牵引下产生染色体的移动。移动时着丝粒部位在前，两臂拖后，视着丝粒在染色体上的位置不同，而呈V形、L形或J形。在同一细胞内无论染色体多大，它们都以相同的速度移向两极，其移动是同步的。

在纺锤体中有两种类型的纺锤丝，一种是连续性纺锤丝，它从纺锤体的一极延伸到另一极；另一种是染色体牵丝，它与染色单体的着丝粒相连接。有关染色体移动的机制有多种看法，有的认为是牵丝的收缩；有的认为是牵丝的收缩和连续性纺锤丝伸长的共同结果，但都缺乏足够的证据。

5. 末期

末期（telophase）是子染色体到达两极后至形成两个新细胞为止的时期，主要过程是子核形成和胞质分裂。

末期时，到达两极的两组染色体重新由核膜包围，并形成两个子核，同时染色体开始解螺旋而丧失致密度和着色能力，染色质分散在核中。在特定的染色体上的核仁组织区部位出现新的核仁。然而在有些生物细胞中，有的核仁组织区没有活性，因此往往核仁数比核仁组织区少。末期结束了有丝分裂周期，然后进入新细胞周期的间期阶段。

6. 胞质分裂

虽然核分裂和胞质分裂是相继发生的，但是属于两个分裂过程。胞质分裂（cytokinesis）开始于细胞分裂后期，完成于细胞分裂末期。胞质分裂开始时，在赤道板周围细胞表面下陷，形成环形缢缩，称为分裂沟（cleavage furrow）。随着细胞由后期向末期转化，分裂沟逐渐加深，直至两个子代细胞完全分开。分裂沟的形成靠多种因素的相互作用。实验证明，肌动蛋白和肌球蛋白参与了分裂沟的形成和整个胞质分裂过程。在分裂沟的下方，除肌动蛋白之外，还有微管、小膜泡等物质聚集，它们共同构成一个环形致密层，称为中间体（midbody）。随着胞质分裂，中间体将一直持续到两个子细胞完全分离。胞质分裂开始时，大量的肌动蛋白和肌球蛋白在中间体处装配成微丝并相互组成微丝束，环绕细胞，称为收缩环（contractile ring）。收缩环收缩，分裂沟逐渐加深，细胞形状也由原来的圆形逐渐变为椭圆形、哑铃形（图 4-7），直到两个子细胞相互分离。胞质分裂整个过程可以简单归纳为 4 个步骤，即分裂沟位置的确立、肌动蛋白聚集和收缩环形成、收缩环收缩、收缩环处细胞膜融合并形成两个子细胞。

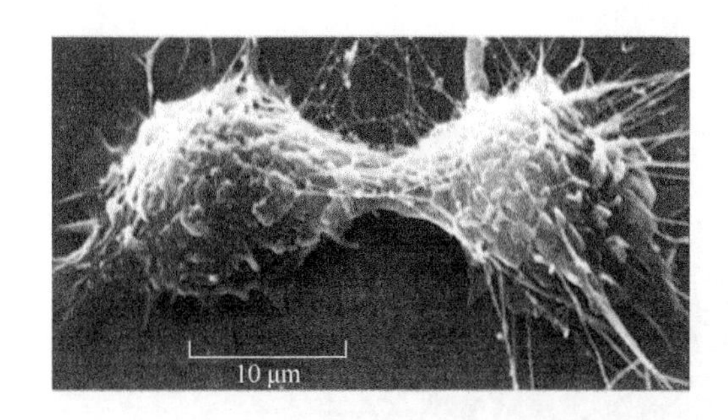

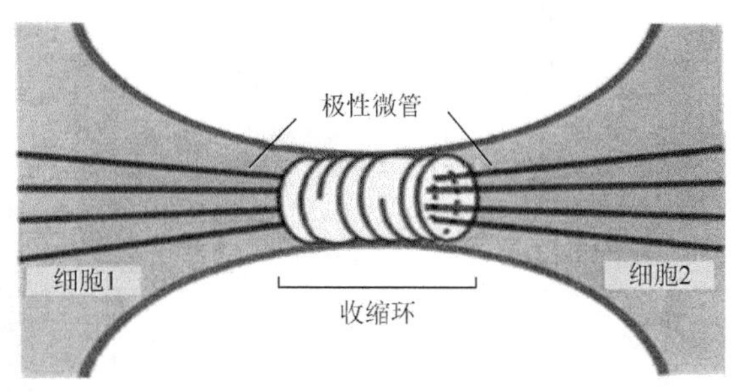

图 4-7　动物细胞分裂末期两个子细胞分离扫描电镜图和收缩环示意图（Bruce et al.，1989）

（三）与有丝分裂染色体行为相关的亚细胞结构

1. 中心体

中心体（centrosome）是一种与微管装配和细胞分裂密切相关的细胞器。每个处于静止期的高等动物间期细胞通常含有一个中心体。中心体一般由一对位于中央的中心粒和其周围的无定型物质构成。每个中心体包括两个中心粒且相互呈直角排列。每一个中心粒为一个圆筒状结构，直径约 0.25 μm。圆筒的壁由 9 组三联微管构成。三联微管的主要成分为 α 微管蛋白、β 微管蛋白。中心粒圆筒周围为中心粒外基质（pericentriolar matrix）。其组成成分并不完全清楚。

在间期细胞中，微管围绕中心体装配，如同星光向四周辐射。因而，中心体与四射的微管合称为星体。当细胞走向分裂时，星体参与装配纺锤体。

在细胞分裂期，中心体也要进行复制并经历一系列的发育过程。中心体在 G_1 期末开始复制。到达 S 期，细胞已经含有一对中心体，但两者并不分开。到达 G_2 期，一对中心体开始分离，并各自向细胞的两极移动，参与装配纺锤体。到细胞分裂结束，两个子细胞分离，每个子细胞获得一个中心体。

2. 动粒与着丝粒

动粒（kinetochore）又称为着丝点，是附着于着丝粒上的一种特化结构，而着丝粒则是指染色体主缢痕部位的染色质。每个正常染色体都含有一个着丝粒，它是有丝分裂和减数分裂过程中染色体分离不可缺少的因素，缺乏着丝粒的染色体片段，不可能参与纺锤体的形成，也不会通过细胞分裂分配到子细胞中去。

动粒的外侧主要用于纺锤体微管附着，内侧与着丝粒相互交织。每条中期染色体上含有两个动粒，分别位于着丝粒的两侧。细胞分裂后，两个动粒分别被分配到两个子细胞中。当细胞再次进入 S 期后，动粒又会重新复制。在电镜下，动粒为一个圆盘状结构，分内、中、外三层。内层宽 40～60 nm，可能由着丝粒染色质构成；外层宽 40～60 nm，为细纤维网络样结构；中层宽 25～30 nm，有细纤维横跨内外层之间。在外层的表面，为一些纤维样物质（图 4-8）。由于动粒和着丝粒联系紧密，结构成分相互穿插，在功能方面联系密切，因而两者常被一些人合称为着丝粒-动粒复合体（centromere-kinetochore complex）。

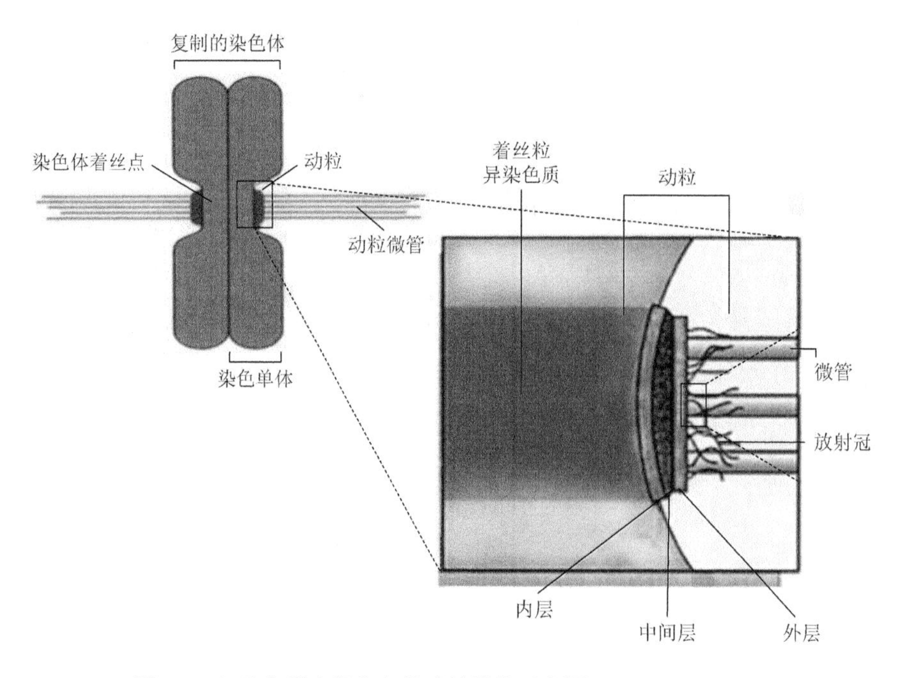

图 4-8　细胞分裂中期染色体动粒结构示意图（Gerald，2010）

着丝粒 DNA 主要由 α 卫星 DNA 构成。某条特定染色体着丝粒的结构和功能，由位于着丝粒处的 DNA 序列所决定。不同真核生物着丝粒 DNA 片段大小长度变异很大，主要由一些特殊序列重复排列构成。在简单的真核生物中，决定着丝粒功能的序列非常短，如在酵母细胞中，着丝粒元件（centromere element，CEN）大约有 110 bp，其中包括 96 bp 和 11 bp 的两个高度保守的侧翼元件（flanking element）及一个 80～90 bp 的富含 AT 的中部节段（segment）。酵母细胞中的着丝粒是可互相替换的。一个酵母染色体的着丝粒可以替换另一个染色体的着丝粒而不会引起明显的后果。哺乳动物着丝粒的结构更加复杂，而且具有一些特异的 DNA 序列。

动粒在细胞分裂过程中的重要性一直受到科学家的高度重视。染色体依靠动粒捕捉由纺锤体极体发出的微管。没有动粒的染色体不能与纺锤体微管发生有机联系，也不能和其他染色体一起向两极运动。用药物咖啡因处理细胞，可以使动粒与染色体脱离，等到分裂期，动粒则单独向两极移动。

3. 纺锤体

纺锤体（spindle）是细胞分裂过程中的一种与染色体分离直接相关的细胞器。高等细胞的纺锤体呈纺锤状，主要由微管和微管结合蛋白组成。纺锤体的两端为星体。如前所述，组成纺锤体的微管可以分为两种类型，即动粒微管和极性微管。动粒微管的一端与中心体相连，另一端与动粒相连。极性微管的一端与中心体相连，而另一端游离。从两极发出的极性微管常在赤道处相互搭桥（图4-9）。植物细胞不含中心体，但其纺锤体仍能够像动物细胞一样，维持纺锤样结构。

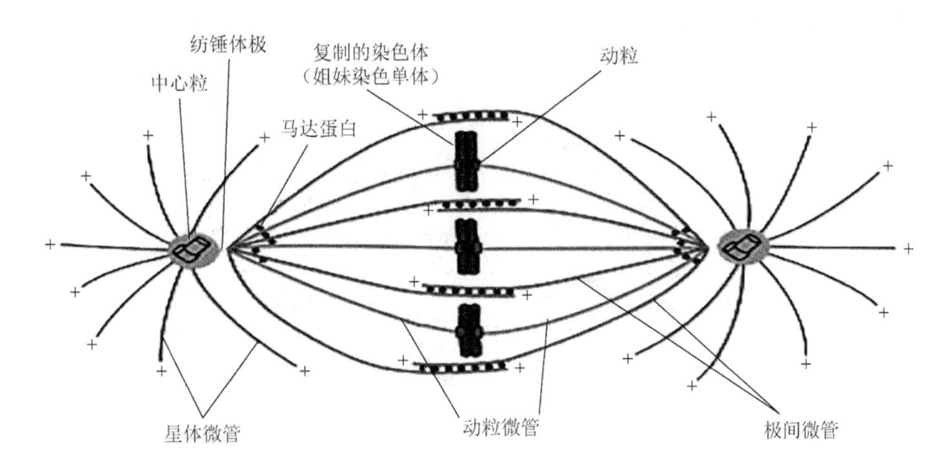

图4-9　细胞分裂中期纺锤体结构示意图（Bruce et al.，1989）

（四）有丝分裂过程中的染色体行为

1. 染色体在赤道板的排列

染色体排列是有丝分裂过程中的重要事件之一，是启动染色体分离并向两个子细胞中平均分配的先决条件。染色体队列不整齐，细胞不能从分裂中期向后期转化，两条染色单体不能相互分离；个别情况下，细胞分裂虽然可以继续进行，但常常导致染色体不能平均分配，最终导致细胞死亡。

细胞通过什么机制将染色体排列到赤道板上呢？目前流行两种学说，即牵拉（pull）假说和外推（push）假说。牵拉假说认为，染色体向赤道板方向运动，是动粒微管牵拉的结果。动粒微管越长，拉力越大，当来自两极的动粒微管的拉力相等时，染色体即被稳定在赤道板上；外推假说认为，染色体向赤道方向移动，是星体的排斥力将染色体外推的结果。染色体距离中心体越近，星体对染色体的外推力越强，当来自两极的推力达到平衡时，染色体即被稳定在赤道板上。这两种假说并不相互排斥，有时可能同时作用，或有其他机制共同参与，最终将染色体排列在赤道板上。

2. 染色体的向极移动

染色体排列到赤道板上后，在各种调节因素的共同作用下，细胞周期由中期向后期转化，同源染色单体分离并逐渐向两极移动。在后期染色单体分离和向两极移动的运动机制曾有多种假说。目前比较广泛支持的假说是后期A和后期B两个阶段假说。在后期A，微管动力蛋白结合到动粒上，在ATP提供分解能量的情况下，动粒微管的末端解聚，动粒微管变短，使得动粒和染色单体与两极之间的距离逐渐拉近并将染色体逐渐拉向两极。当染色单体接近两极，后期 A 结束，转向后期 B。在后期 B，极性微管游离端在 ATP 提供能量的情况下微管蛋白聚合，使极性微管加长，形成较宽的极性微管重叠区，逐渐聚合的微管蛋白在重叠区富集，使重叠区逐渐变得狭窄，两极之间的距离逐渐变长，并使得染色体向两极移动。细胞分裂后期染色体向极移动两阶段假说机制如图 4-10 所示。

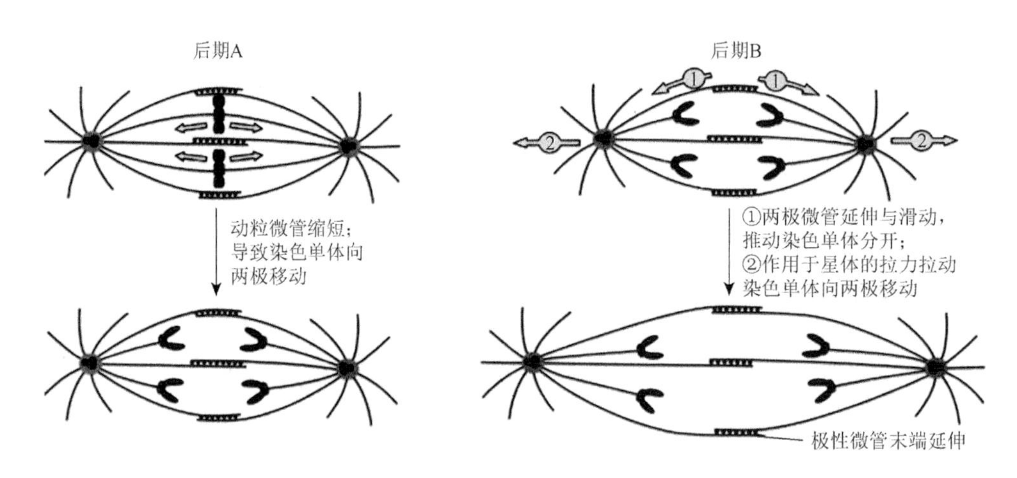

图 4-10　细胞分裂后期染色体向极移动示意图（Bruce et al.，1989）

（五）早期胚胎发育过程中的细胞周期与染色体行为

1. 早期卵裂中无细胞生长的简化版细胞周期

早期胚胎细胞的细胞周期主要指受精卵在卵裂过程中的细胞周期。它与一般体细胞的细胞周期明显不同，尤其是两栖类、海洋无脊椎类及昆虫类的早期胚胎细胞等。最显著的特点是，卵细胞在成熟过程中已经积累了大量的物质基础，为早期胚胎发育积累了物质基础，其细胞体积也显著增加；当受精以后，受精卵便开始迅速卵裂，细胞的数量增加，但卵裂球的总体积并不增加，因而，细胞体积将越来越小；每次卵裂所持续的时间，即一个细胞周期所持续的时间，大大短于一个体细胞周期所持续的时间；早期胚胎细胞周期的 G_1 期和 G_2 期非常短，以致认为早期胚胎细胞周期仅含有 S 期和 M 期，即一次卵裂后，新的细胞迅速开始 DNA 合成，然后立即开始下一轮细胞分裂。以非洲爪蟾早期胚胎为例，当卵细胞受精以后，第一个细胞周期，即第一次卵裂，持续时间约 90 min。从第二个细胞周期到第十二个细胞周期，即从第二次卵裂到第十二次卵裂，每个细胞周期仅持续 30 min，在约 7 h 内产生 4096（2^{12}）个细胞。十二个细胞周期共需要 8 个多小时。快速的细胞分裂使得早期胚胎细胞周期以简化的方式进行。MPF 和其他因子如周期蛋白在早期胚胎细胞分裂过程中，对于加快细胞分裂的速度和解除染色体复制阻断发挥重要作用。早期胚胎细胞周期分裂方式见图 4-11。

虽然早期胚胎细胞周期有其鲜明的特点，但其基本的细胞周期调控因子和调节机制与一般体细胞标准的细胞周期基本是一致的。人们通常选用早期胚胎细胞作材料进行细胞周期调控研究，并取得了许多突破性进展。

2. 受精卵第一次细胞分裂中父源和母源染色体的行为

每个人的一生都开始于一枚受精卵。一旦卵细胞与精子融合，亲本染色体需要结合在一起。为了实现这个目的，两个独立的被膜包围的卵细胞和精子染色体通过两个核相互靠近，在

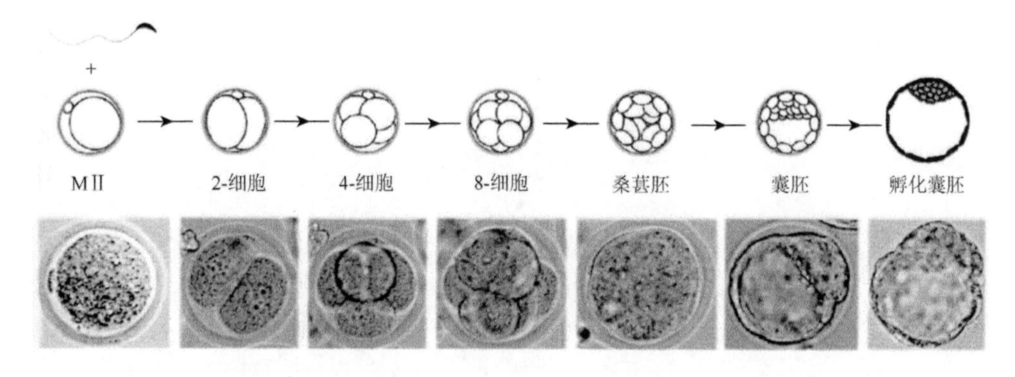

图 4-11　小鼠体外受精后早期胚胎发育的示意图（上）和胚胎图（下）（李光鹏和张立，2018）

受精的卵细胞中间融合，成为受精卵。这就是母本和父本染色体结合的过程。最近的研究结果表明这种解释并不完全正确，在整个第一次细胞分裂中，亲本染色体都在受精卵中各自占据了自己的领地，而不是立刻混合到一起。

受精这一特殊时期亲本染色体是如何自动在基因组互作的机制依然不清楚。小鼠雌雄原核中亲本染色体初次相遇及后续第一次细胞分裂的研究结果表明，在合子首次细胞分裂中采用的是一种特殊的亲本染色体独立分开进行的机制。在此过程中，雄性和雌性染色体各自组装自己的染色体分离装置（chromosome separation machinery）。这增加了染色体不均等分配的可能性，并可能阻碍胚胎发育并引起自然流产。

利用荧光标记合子母源和父源染色体的微管及纺锤体组装的蛋白纤维来追踪后续细胞染色体的捕获与染色体排列，结果表明母本和父本各自的染色体都组成了一个独立的纺锤体并分别进行染色体的排列。然后，两个纺锤体合并成为一个纺锤体。但是，母本和父本的染色体仍然保留在这个合并纺锤体里各自独立的区域而不混合在一起。

这种亲本染色体的空间分离对发育中的哺乳动物胚胎是否有利尚不明确。但是，合子有两个纺锤体能产生无法预料的潜在错误是肯定的。合子在分裂时务必完成的任务是两个纺锤体轴必须平行排列，这样两个纺锤体才能合并成紧凑的双重结构。如果纺锤体的两极无法正确排列与合并，那么合子的染色体可能会被拉向三个或四个方向，而不是两个（图 4-12），纺锤体的这种错误排列可能会形成多核胚胎，从而引起后续细胞分裂中遗传物质的异常并导致胚胎发育障碍。大量体外受精异常病例也表明，人类胚胎的早期体外培养经常出现多核细胞，并且这些细胞不能进一步发育。

五、减数分裂

有性生殖是生物长期进化过程中所形成的更为进步的一种繁殖方式。通过受精作用，雌雄配子融合形成合子，其结果既保证了遗传的稳定性，又增加了许多新的变异，增强了生物对环境的适应能力。显然，雌雄配子在互相融合形成合子时，其染色体数目要增加一倍，因此需要有一种机制来使配子形成过程中，染色体数目减半，从而保证合子的染色体数目和亲代相同。减数分裂（meiosis）是有性生殖个体性母细胞（精母细胞、卵母细胞）成熟后，配子形成过程中所发生的特殊方式的有丝分裂，它只经过一次染色体复制，却经过两次连续的核分裂，从而使子细胞的染色体数目只有原来母细胞的一半。减数分裂形成的子细胞发育成配子。在染色体行为方面，可以发生联会（synapsis）和交换（crossing over），并导致遗传重组（genetic

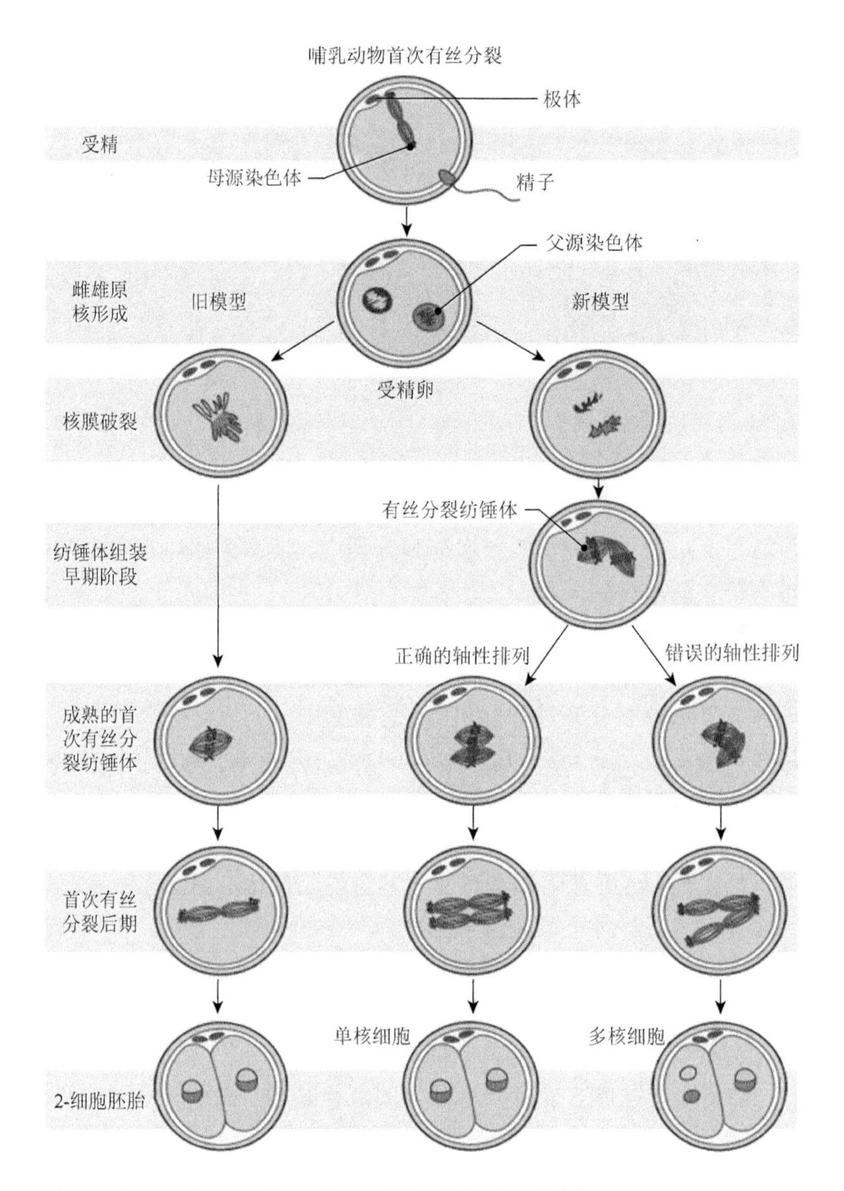

图 4-12　哺乳动物首次有丝分裂父源和母源染色体行为示意图（Zielinska and Schuh，2018）

recombination）的发生。减数分裂过程中的重组有两种类型：一种是由核内各对同源染色体之间的独立分配和非同源染色体之间的自由组合而产生的染色体之间的重组；另一种是联会引起的同源染色体之间的交换而产生的同源染色体内遗传重组。重组的发生对于生物进化和动物育种有重大意义。

（一）减数分裂前间期

减数分裂前间期与有丝分裂间期很相似，也分为 G_1 期、S 期和 G_2 期。不同的是减数分裂前的 S 期比有丝分裂的 S 期要长。此种延长并非由于复制活动减慢，而是每单位长度 DNA 复制单元的启动减少所致。另一令人瞩目的现象是在有些生物中，减数分裂 S 期合成全部染色体 DNA 的 99.7%，其余的 0.3%在偶线期合成。

由减数分裂的 G_2 期细胞进入两次有序的减数分裂。第一次减数分裂可分为前期Ⅰ、中期Ⅰ、后期Ⅰ、末期Ⅰ。两次分裂之间具有一个或长或短的分裂间期，但无 DNA 合成。第二次减数分裂可分为前期Ⅱ、中期Ⅱ、后期Ⅱ、末期Ⅱ。两次分裂中以前期Ⅰ最为复杂，经历时间最长，在遗传上意义也最大，可细分为细线期、偶线期、粗线期、双线期和终变期。这些时期的划分是对一个连续过程进行的人为划分。整个过程如图 4-13 所示。

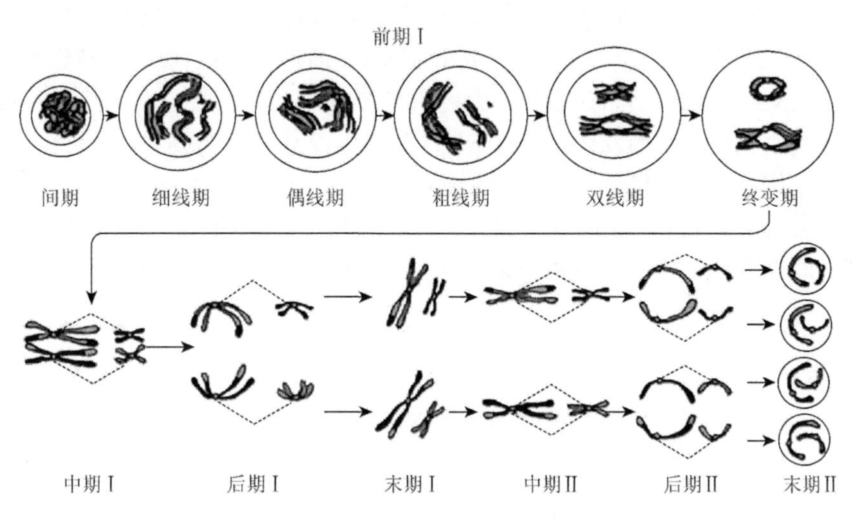

图 4-13　减数分裂过程示意图

（二）第一次减数分裂

1. 前期Ⅰ

前期Ⅰ的一个重要特征是细胞核明显增大，动植物减数分裂的前期核体积要比有丝分裂前期核体积大 3～4 倍。在这一时期，染色体还表现出一些特殊行为：染色体配对、单体交换、相斥和端化作用。

（1）细线期（leptotene）　这是减数分裂过程开始的时期。在这一时期中，细胞核的体积增大，核仁也较大，染色体开始凝缩与螺旋化，呈现出类似于有丝分裂早前期的线性结构。此期线状染色体往往缠在一起，并偏于核的一侧，因此又称凝线期（synizesis）。在动物减数分裂中，虽然此期同源染色体尚未配对，但同源染色体的一端或两端附于核膜上，而且彼此靠近。因而人们推测，染色体配对可能从这里开始。有的生物在细线期细胞中，所有染色体的一端都集中在中心体所在位置的核膜上，形成花束状，所以这一时期又称花束期（bouquet stage）。花束的形成可能有助于偶线期同源染色体的联会。

（2）偶线期（zygotene）　偶线期主要是同源染色体的配对时期，各同源染色体两两配对，这一现象称为联会（synapsis）。联会是减数分裂中染色体行为和功能实现的重要手段，也是遗传重组与变异产生的重要原因。这种配对可以想象为从沿着染色体的任一点甚至若干接触点上开始，并扩展到所有的同源区段，使同源染色体像拉链一样并排排列处于配对的平衡状态。由于联会后的结构是由两条同源染色体组成，因此该结构又称为二价体（bivalent）。在通常情况下，同源染色体之间的配对是精确而专一的，如果没有同源染色体之间精确的配对，将会对物种的繁殖能力产生重要影响。然而有的同源染色体的配对往往是不完全的，如 XY 染色体既有同源区段也有非同源区段。在该期有 0.3%的 DNA 合成，从构型看为 Z-DNA。有人认为 Z-DNA 的合成可能和联会与配对机制有关。联会所形成的特殊结构沿同源染色体纵轴分布，称为联会复合体（synaptonemal complex，SC）。

联会复合体已在各种动植物减数分裂前期观察到，它可能是真核生物减数分裂的共同特征。它起始于细线期，到双线期消失，在偶线期和粗线期最为清晰。电镜下它由三个平行的部分组成：两个平行的梯子样旁侧成分（lateral element），宽 20～40 nm，电子密度高；两侧成分间为一个含有中央成分（central element）的中央区（central space），宽 100 nm 且比较明亮。中央成分宽 300 Å，比较暗。旁侧成分和中央成分之间由横向排列的纤维相连，此纤维称 LC 纤维（图 4-14）。细胞化学分析表明，旁侧成分富含 DNA、RNA 和蛋白质（包括组蛋白），而中央成分主要含有 RNA 和蛋白质，没有或有很少量的 DNA。虽然目前还没有直接证据证明 SC 的两条旁侧成分是否参与交换的发生，但在 SC 的某些区段有时可观察到两条旁侧组分之间有电子密度较高的结构，称为重组结（recombination nodule，RN，图 4-15）。联会复合体在双线期解体时，首先失去中央成分，然后旁侧成分消失。消失可能是染色体进一步收缩的结果。联会是染色单体之间遗传物质交换和减数分裂后期 I 同源染色体有规律分离的必要条件。

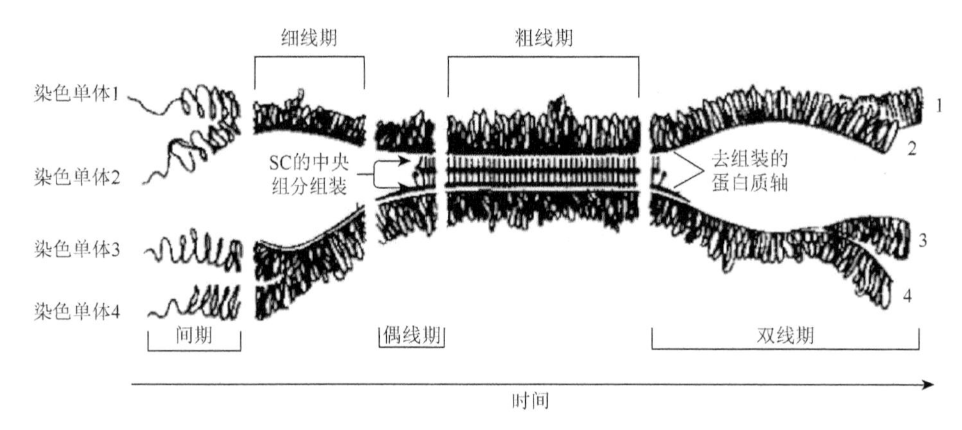

图 4-14 减数分裂前期 I 的进程与联会复合体（张玉静，2000）

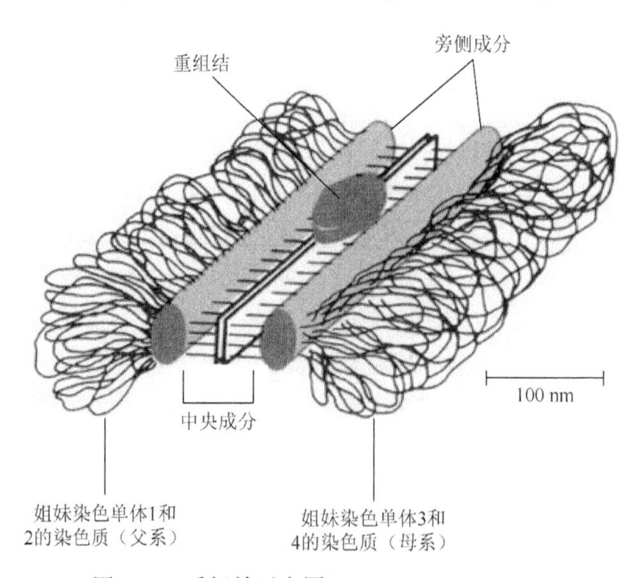

图 4-15 重组结示意图（Bruce et al.，1989）

（3）粗线期（pachytene） 粗线期又称重组期（recombination stage）。该期始于同源染色体配对完成之后。染色体变粗变短，结合紧密，非姐妹染色单体之间发生 DNA 片段交换，产生新的等位基因组合并导致重组的发生。这一过程可以持续几天至几个星期。

人们对重组结做深入研究时发现，在 SC 的不同发育阶段处于 SC 中央组分上的重组结在形态、大小和分布特点方面并不完全相同，通常可以分为两种类型：第一种 RN 在偶线期 SC 片段刚刚形成时即出现，其数目在早粗线期达到最多，这一时期它们在不同染色体间和同一染色体上的分布是随机的，人们通常称这类重组结为早重组结（early RN）；中-晚粗线期 SC 已稳定形成之后，第二种 RN 出现。其形态和大小与第一种 RN 不同，其分布是不随机的，人们通常称这类重组结为晚重组结（late RN）。现在人们还不敢明确断定，两种 RN 是各自独立形成的还是由早期重组结经形态分化形成晚期重组结。有一个观察结果是，Böjko 在红色面包霉［粗糙脉孢菌（*Neurospora crassa*）］中发现了一种与早、晚重组结形态都不相同的 RN，Böjko 认为这可能是早重组结分化形成晚重组结过程中的一种中间过渡形式。现在人们已经有较多的证据支持晚重组结真正参与了交换，这些证据概括起来主要有：①像交换一样，RN 也出现在常染色质区；②交换的数目与 RN 的数目具有很好的一致性；③交换的位置与 RN 出现的位置具有很好的一致性；④影响交换数目的突变也能影响 RN 的数目，RN 频率的降低与交换频率的降低具有高度一致性；⑤像交换一样，RN 在分布上也是不随机的，存在干涉（interference）现象。

关于早重组结的功能，人们现在仍然知道得很少，但不同的研究者依据各自不同的观察结果提出了不同观点：①早 RN 参与了基因转换（gene conversion）。Holm 和 Rasmussen 曾提出，所有的早 RN 都具有参与交换和（或）基因转换的潜在可能，但只有那些最终参与交换的早 RN 能够始终保持与 SC 的联系，而参与基因转换的早 RN 则在偶线期-粗线期过渡时期脱离 SC，这样一来，早 RN 到晚 RN 形态上的变化也就反映了交换的发生。同样的观点，Carpenter 也曾提出过，果蝇中基因转换是由早 RN 作媒介完成的，而交换则由粗线期的晚 RN 作媒介来完成。②早 RN 参与了同源染色体的配对识别过程。Carpenter 曾提出“二步过程假说”（two-step process hypothesis），认为早 RN 参与了为保证同源染色体精确配对而进行的同源性识别过程。具体来说，最初 SC 片段的形成并不要求同源性，而只是一个随机配对过程，这些片段形成后，由早 RN 参与立即通过一种类似基因转换的过程进行同源配对识别，当在刚形成的 SC 片段及其两侧能够识别出较长一段同源序列时，联会则继续进行。反之，当识别不同源序列时，SC 片段的两个旁侧成分则解除联系，然后再重复上述随机配对和同源识别过程。这个假说与传统观点不同之处在于，它认为同源识别发生在 SC 片段形成之后而不是之前。基因转换参与了同源染色体配对时同源识别过程的观点最初是由 Smithies 和 Powers 提出来的。他们在研究了位于不同染色体上的胎儿珠蛋白基因（foetal globin gene）间的基因转换过程后提出，在短同源序列间形成异源双链 DNA（同时产生基因转换），对于完成同源染色体识别来说似乎是一个很好的、可被自然选择下来的过程。

粗线期另一个重要的生化活动是，合成减数分裂期专有的组蛋白，并将体细胞类型的组蛋白部分或全部地置换下来。这种置换也许在一定程度上参与了基因重组过程，或反映出减数分裂前期染色体结构的变化。

（4）双线期（diplotene） 在双线期，染色体进一步收缩变粗，同源染色体间有几个接触点，这时可清楚地看到四条染色单体组成的四分体。同源染色体之间的接触点称为染色体交叉（chromosome chiasma），这也是从形态学角度提出的粗线期同源染色体之间发生交换的证据。在这一时期，染色体的联会引力结束，SC 消失，同源染色体相斥分离，而只在交换点联结在一起。随着双线期的进行，着丝粒分开且交叉点数目减少，这一过程称为交叉端化作用（terminalization）。当交叉移动到染色体末端时，就停留在那里，形成末端交叉，它似乎被阻在端粒内而不能越过这个结构，直到完成染色体中的中期取向排列，端部张力使末端交叉分开而进入后期。

（5）终变期（diakinesis）　终变期是观察染色体的理想时期之一。唯一的缺点是这个时期比较短。染色体的高度螺旋化和二价体之间的相斥及纺锤丝尚未与染色体结合，使染色体遍布整个细胞。

在终变期，核仁消失，四分体较均匀地分布在核中，姐妹染色单体靠着丝粒连在一起，而四分体只靠端部和交叉结合在一起。交叉位置和数目的差异，端化程度的不同，从而使终变期染色体呈现不同形状，如棒状、单环状、双环状或环叉状等。

2. 中期Ⅰ

在第一次减数分裂中，核膜的消失、中心体的分离和纺锤体的形成，标志着前期Ⅰ的结束。二价体的着丝粒与纺锤丝相连并向赤道板移动，每一对同源染色体的两个着丝粒向极取向，标志着减数分裂Ⅰ已进入中期。

有丝分裂中期与减数分裂中期Ⅰ有显著差异。在有丝分裂的中期，姐妹染色单体的着丝粒连在一起，并准确地位于赤道板上，同源染色体之间不发生配对。而在减数分裂中期Ⅰ中，同源染色体的着丝粒并不位于赤道板上，而是位于赤道板两侧，因为配对而形成的末端交叉点位于赤道板上。当所有的二价体都到达这一位置时，则处于暂时的平衡状态。二价体的每条染色体在赤道板两侧的向极分布是随机的，这种随机取向也决定了该染色体在子细胞中的分配，从而造成了染色体之间的不同组合方式（染色体重组）。假设有 n 对同源染色体，则组合方式有 2^n 种。如此庞大的排列方式，即使不发生基因重组，得到遗传上完全相同的配子概率也只有 $1/2^n$。再加上基因重组和精子与卵子的随机结合，要想得到遗传上完全相同的个体几乎是不可能的，除非是同卵双生个体。减数分裂分离是孟德尔自由组合定律的实质。所不同的是，孟德尔规律所研究的是性状决定的基因分离，而减数分裂分离所涉及的是基因连锁群（或染色体）的分离。

与有丝分裂不同的是，每个四分体含有 4 个动粒。其中一条同源染色体的两个动粒位于一侧，另一条同源染色体的两个动粒位于另一侧。从纺锤体一极发出的微管只与一个同源染色体的两个动粒相连，从另一极发出的微管也只与另一个同源染色体的两个动粒相连（图 4-16）。

3. 后期Ⅰ

在后期Ⅰ，二价体中的两条同源染色体分开，分别向两极移动。减数分裂后期Ⅰ与有丝分裂后期的差异是，在有丝分裂后期中，相连的姐妹染色单体的着丝粒分裂，每一染色单体作为独立的子染色体分别向两极移动。而在减数分裂后期Ⅰ中，相连的姐妹染色单体的着丝粒并不分裂，两条染色单体作为一个单位向极移动。

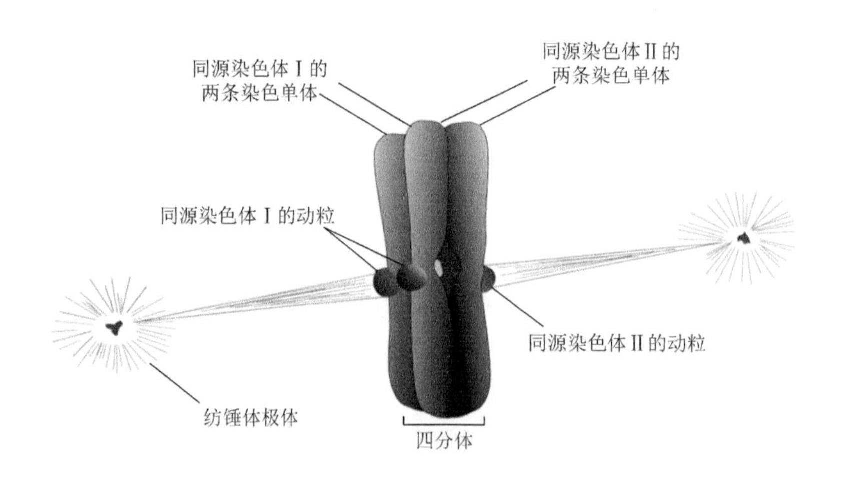

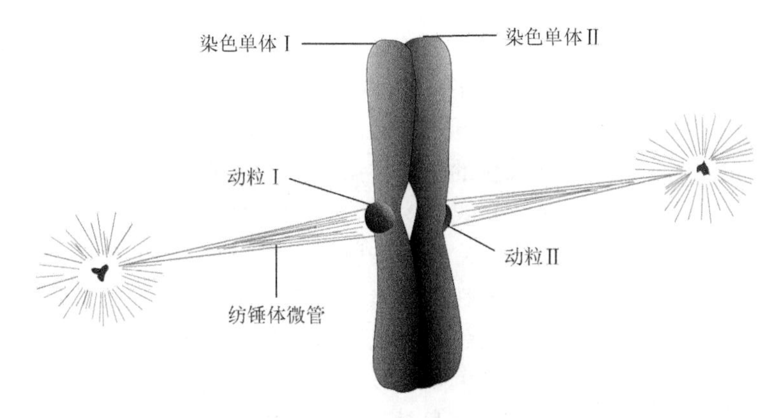

图 4-16　减数分裂（上）与有丝分裂（下）同源染色体动粒结构示意图（仿自翟中和等，2000）

在减数分裂的后期Ⅰ，作为参与分裂的生殖细胞极容易受到环境因素的影响，使得纺锤丝发生断裂，从而两条同源染色体向同一极进行移动而使染色体数目变异；同时由于交叉部位的同源染色体之间的重组及断裂与重新接合受到影响，非常容易发生染色体片段缺失等结构变异。

4. 末期Ⅰ

同源染色体平均分配到达两极时，末期Ⅰ开始。此时染色体的行为有两种，一种是染色体脱螺旋，核被膜重新装配，形成两个子细胞核。随着染色体分离并向两极移动，细胞质也开始分裂，完全形成两个间期子细胞，并进入间期状态。此时的间期细胞虽具有一般间期细胞的基本结构特征，但又有着重要区别，即它们不再进行 DNA 复制，也没有 G_1 期、S 期和 G_2 期之分。间期持续时间一般较短，有的仅作短暂停留。为区别于一般细胞间期，特将其称为减数分裂间期（interkinesis）。另一种是在纺锤体消失后，染色体并不解旋，而是由两极直接进入各自第二次分裂的赤道板，立即准备进行第二次减数分裂。

经过减数分裂Ⅰ后，同源染色体平均地分配到子细胞核中，从细胞的二倍体（$2n$）减少到子细胞中的单倍体（n），但其 DNA 含量与 G_1 期相同（$2C$），因为每条染色体含有两条姐妹染色单体。

（三）第二次减数分裂

与有丝分裂过程基本相同，可分为前、中、后、末 4 个时期。在末期Ⅰ和分裂间期染色体已经解旋，则前期Ⅱ染色质重凝缩和螺旋化，每条染色体的两条染色单体在着丝粒处相连。在中期Ⅱ，染色体的着丝粒排列在赤道板上，每条染色体上的着丝粒分别和不同极的纺锤丝相连，每一着丝粒一分为二，每一条染色单体成为独立的子染色体，并在纺锤丝牵引下移向两极，其结果每极含有 $1C$ 的 DNA 含量，相当于减数分裂前间期 G_1 期细胞的 1/2 DNA 含量和 G_2 期细胞的 1/4 DNA 含量。末期Ⅱ重新组成核仁、核膜，染色体脱螺旋。经过减数分裂，一个母细胞变成 4 个子细胞，染色体数目从母细胞的 $2n$ 变成子细胞的 n，从而完成减数分裂周期。

由减数分裂所形成的 4 个细胞核，不同性别的结果也不同。雄性动物经过减数分裂所形成的 4 个精细胞，分化成有功能的雄性配子——精子。而在雌性动物中，由于胞质的不均匀分裂，只形成一个卵细胞：其他子核形成胞质极少的无功能的极体（polar body）。从性染色体构成来说，精原细胞为 XY，卵原细胞为 XX，经过减数分裂后所形成的 4 个精子中性染色体分别为 X、X、Y、Y，而一个卵子的性染色体为 X。

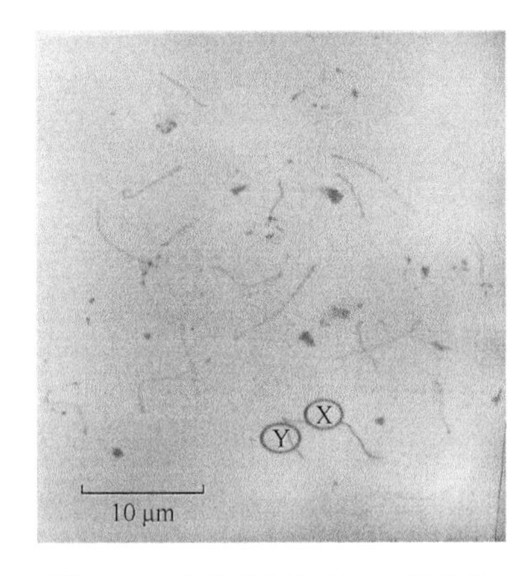

图 4-17 小鼠精原细胞 XY 染色体联会电镜图（Bruce et al., 1989）

（四）与减数分裂染色体相关的结构与行为

1. 性染色体的分离

不同性别之间，其性染色体构成不同。绝大多数雌性动物细胞的两条性染色体为 XX，而雄性动物细胞的性染色体为 XY 或 XO（即无 Y 染色体）。也有一些种类正好相反，雄性为 XX 两条染色体，雌性为 XY 两条染色体。对于含有两条 XX 性染色体的细胞，两条 XX 染色体像常染色体一样进行正常配对、交换和分离。而含有 XY 性染色体的细胞，两条性染色体的形态结构不同，基因含量也不同。在前期 I，两者是如何配对和分离的呢？一般来讲，有些物种的 XY 染色体间可能会含有一些同源区段。对于含有同源区段的 XY 染色体，如小鼠的 XY 染色体，在前期 I 可以进行配对（图 4-17）。不管 XY 染色体配对与否，两者都将和常染色体一样，在分裂中期 I 排列到赤道板上。其后，随常染色体分离而相互分离，并各自移向两极。到第二次减数分裂，XY 染色体和常染色体一样，其两条染色单体再进行分离。偶尔也可出现 XY 染色体的染色单体在第一次减数分裂时就相互分离的现象，致使产生的两个细胞各含有一个 X 染色单体和一个 Y 染色单体。到第二次减数分裂时，每个细胞的 X 染色单体和 Y 染色单体再分配到两个细胞中。

对于 XO 物种（主要是昆虫），在第一次减数分裂时，X 染色体移向一极。结果将产生一个含 X 染色体的细胞和一个不含性染色体的细胞。到第二次减数分裂，含 X 染色体的细胞分裂为两个含 X 染色单体的细胞；不含性染色体的细胞也一分为二，形成两个不含性染色体的细胞。偶尔也可以看到 X 染色体的两个染色单体在第一次减数分裂时即相互分离，产生两个各含一个 X 染色单体的细胞。到第二次减数分裂时，X 染色单体仅分配到一个细胞中。其最终结果是，一个 XO 细胞经过减数分裂，产生两个含 X 染色体的细胞和两个无性染色体的细胞。

2. 联会复合体与遗传重组

（1）联会复合体是父源和母源染色体遗传重组的结构基础　来自两个父本和母本的配子结合后发育成新的个体。新的个体发育成熟后产生配子时，往往会有变异的产生。遗传变异的产生是由于在减数分裂过程中发生了两种遗传重组。一种是父源和母源同源染色体在减数分裂 I 期子代细胞间随机分布，这种随机分布依赖于减数分裂 I 期的联会复合体的形成及同源染色体在赤道板的随机排列，并产生新的染色体组合。这种情况是通过彼此不同的染色体再分配形成的，是一个简单但却十分重要的重组机制，在该过程中没有 DNA 间遗传物质的物理交换和新突变的产生，在不同染色体上的基因重新分配，并造成表型性状的遗传差异。每个配子获得母本和父本染色体，并产生不同组合。仅从这个过程中可以看出，一个个体原则上可以产生 $2n$ 个遗传差异的配子，其中 n 是染色体的单倍体数量。但实际的遗传变异数远远超过这个数字，因为在联会复合体形成后，同源染色体的非姐妹染色单体之间会发生第二种重组方式，即遗传物质的互换。交叉互换的发生，使得父源和母源的每条染色体的遗传组成发生了变化，并改变了父源和母源染色体的连锁群。重组对物种的生存是十分重要的，可使有利和不利的基因分离，并作为一个连锁单元在新的组合中被遗传。

（2）联会复合体介导了同源染色体的配对与交换　减数分裂前期染色体复杂的形态学变化在于染色体的配对与去配对。根据染色体配对时发生的形态变化，将第一次减数分裂前期分为 5 个时期。其中在偶线期，同源染色体非姐妹染色单体之间配对并形成联会复合体结构。

这种配对是非常精确的，在特殊情况下，联会复合体能够连接两条染色体上非同源的区域，并导致非均等交换的发生。染色体之间的初始配对可能是位于每个染色体上配对区域的 DNA 序列碱基对相互作用的结果，然后联会复合体将预先排列好的染色体的其余部分组装在一起。联会复合体在粗线期之前形成，使同源染色体保持在一起并紧密排列，被认为是发生交叉事件所必需的。遗传重组依赖于同源染色体之间的紧密结合。

发生在父源和母源同源染色体非姐妹染色单体之间的遗传重组可用同源性重组来解释。两个巨大的 DNA 分子连接起来并交换序列是个十分复杂的过程。同源性重组常常只发生在两个 DNA 分子的同源区。在重组点的两侧必须改变它们彼此的构象，这一复杂的过程涉及多种生物学过程。同源性重组是两个 DNA 双螺旋之间的反应。整个基因组的各个部分重组频率并不保持恒定，它要受全局及局部因素的影响。总体的频率在卵细胞和精细胞中可能是不同的，在人类中，女性重组的频率是男性的两倍。在基因组中，其频率也取决于染色体的结构。例如，在异染色质附近遗传物质的交换要受到抑制。

同源性重组发生在 DNA 的同源序列之间。真核生物减数分裂时的染色单体之间的交换，某些低等真核生物及细菌的转化、转导、接合，噬菌体的重组等都属于同源性重组这一类型。

（3）联会时染色体的交叉为同源染色体的正确排列和移动提供了保证　有性繁殖的二倍体在减数分裂时，同源染色体彼此独立分配，在配子中存在着染色体的不同组合。当父源和母源染色体组联会并进行交叉互换时，便改变了基因组中遗传物质的连锁关系，形成不同于正常情况的连锁群。在减数分裂时染色体的独立分配、交叉互换、遗传重组共同作用降低了物种个体间的遗传相似性。

在减数分裂 I 期的粗线期以后，联会的同源染色体之间的配对逐渐解除，而非姐妹染色单体之间的交叉逐渐显现，直到终变期，这种交叉依然存在于非姐妹染色单体之间。在纺锤丝的牵引下，同源染色体移动并在减数分裂 I 期中期的赤道板两侧排列。同源染色体在两侧“隔板相望”的排列方式，也决定了每条染色体未来向两极移动的走向。

六、有丝分裂与减数分裂比较

（一）有丝分裂和减数分裂的特点和区别

归纳起来，有丝分裂与减数分裂相比有如下主要特点和区别。

（1）有丝分裂是所有正在生长的组织中体细胞分裂的主要方式，从受精卵开始并持续生命整个生活周期；减数分裂发生在有性繁殖的组织中，是性母细胞成熟后配子形成过程中，生殖细胞采用的特殊的有丝分裂，在高等生物中仅限于成熟个体。

（2）有丝分裂母细胞染色体经过一次复制，一次分裂，每个周期产生 2 个子细胞；减数分裂母细胞经过一次复制，两次分裂，每个周期产生 4 个子细胞。

（3）有丝分裂子细胞的染色体数目与母细胞的染色体数目相同，均为 $2n$，是姐妹染色单体的均等分裂；减数分裂子细胞的染色体数目为 n，是母细胞染色体数目的一半，减数分裂 I 是联会的同源染色体分离的过程，是真正的减数分裂过程；减数分裂 II 是一个染色体复制后姐妹染色单体分离的均等分裂过程。

（4）有丝分裂没有联会、交叉互换及同源染色体的分离，子细胞的遗传组成与母细胞的相同；而减数分裂具有同源染色体联会、同源非姐妹染色单体之间的交叉与互换和同源染色体的分离。同源染色体联会是染色体一次复制而两次分裂的条件，同源非姐妹染色单体发生片段互换，可使子细胞的遗传成分与母细胞的不同，是父母本遗传成分的重新组合，是生物不同世代产生变异的基础。

（5）减数分裂中来自父母的两组染色体的两次随机分离使 4 个子细胞的染色体在组成上

同父母代有了区别，而且随机分离过程产生了染色体重组，这些都是生物不同世代产生变异的基础。

（二）有丝分裂和减数分裂的意义

1. 生物学意义

有丝分裂是细胞分裂的方式，是细胞生长发育的基础；减数分裂是性细胞成熟后采用的细胞分裂方式，是物种延续和繁殖的基础。

2. 遗传学意义

有丝分裂和减数分裂都具有重要的遗传学意义。在有丝分裂中，子细胞的染色体与母细胞的染色体数目、形态、结构及遗传构成完全一致，这就保持了同一个体体细胞遗传组成的一致性，进而保证了同一物种个体生长发育的稳定性，是生物遗传的基础。

在减数分裂中，子细胞的染色体数目是母细胞的一半，精卵结合后染色体数目又合半为一，这就保证了物种上下代染色体数目的恒定，为物种的遗传稳定提供了保证，同时同源染色体的随机取向分离、交叉和互换又为变异提供了条件。

有丝分裂和减数分裂中染色体的行为为解释遗传规律奠定了细胞学基础。同源染色体的分离是分离规律的基础；复制后姐妹染色单体在赤道板处的随机取向和向极移动是自由组合规律的基础；同一染色体上的基因连锁在一起遗传及同源非姐妹染色单体之间的交叉互换是连锁互换定律的基础。减数分裂和有丝分裂过程的比较如图 4-18 所示。

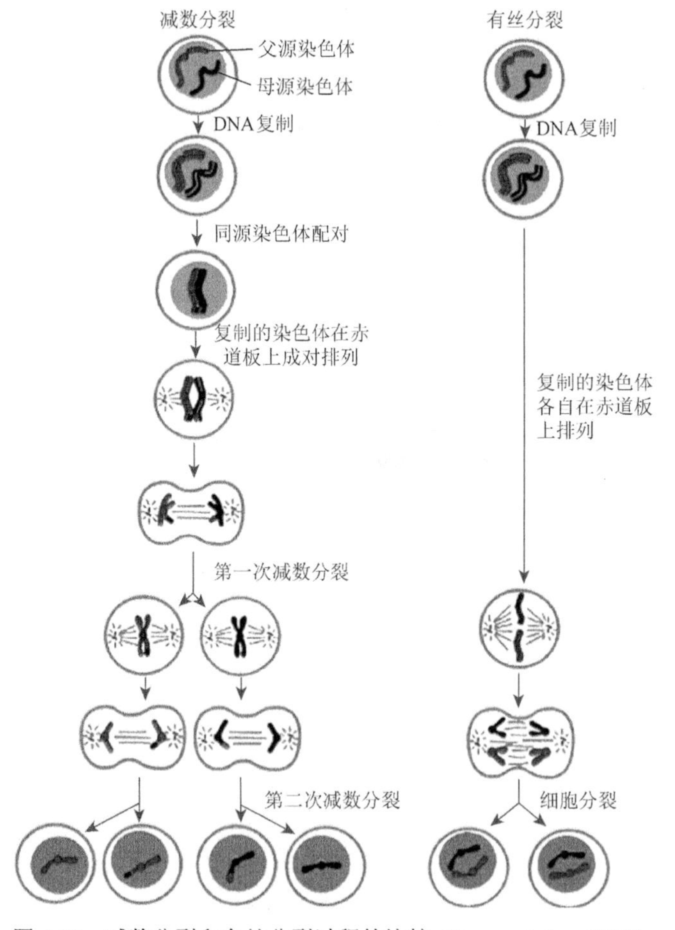

图 4-18　减数分裂和有丝分裂过程的比较（Bruce et al.，1989）

第二节　动物配子发生与染色体的周期性变化

生物进化和种族延续过程中物种的遗传稳定与遗传物质上下代传递过程中的稳定性，即物种染色体的形态、数量和结构的稳定是息息相关的。有性生殖过程中遗传重组又是扩大种内变异的基础。为了保持二倍体生物染色体组成的稳定性，性细胞的产生和性细胞染色体数目的减半都是物种种族延续和遗传稳定必不可少的条件。

一、配子形成过程

动物个体生长发育到性成熟年龄，雄性动物睾丸精细管上皮有许多的精原细胞，雌性动物卵巢皮质部有许多卵原细胞，这些性原细胞都是通过有丝分裂产生的，其所含的染色体数与体细胞中的染色体数相同。精原细胞经过 4 个时期产生精子，卵原细胞经过 3 个时期产生卵子。

（一）增殖期

精原细胞、卵原细胞经有丝分裂过程进行性原细胞的增殖。

（二）生长期

精原细胞、卵原细胞经过生长期增大体积，形成初级精母细胞和初级卵母细胞。这两种细胞因不断蓄积分裂物质而逐渐增大，相当于减数分裂前的间期。

（三）分裂期

1. 减数分裂Ⅰ

一个初级精母细胞分裂为两个次级精母细胞；一个初级卵母细胞形成一个次级卵母细胞和一个很小的第一极体。

2. 减数分裂Ⅱ

两个次级精母细胞分裂为 4 个精细胞；一个次级卵母细胞形成一个卵细胞和一个第二极体，第一极体分裂成两个第二极体，也可能不分裂，退化崩解，多数物种皆为后者。由此可见，卵细胞形成中的减数分裂为非均等的胞质分裂，次级卵母细胞和卵细胞皆含有绝大多数母细胞的细胞质，而极体胞质的量很少。理所当然，卵子不但是精子授精的受体，也承担着个体发育早期阶段所需全部物质的储备和供应责任。

（四）变形期

精细胞经过形态改变而成精子，卵细胞没有变形期（图 4-19）。

二、染色体的周期变化

（一）细胞周期中染色体的周期变化

染色体是 DNA 的载体，DNA 含量的加倍是染色体复制的一个象征。DNA 含量不仅在一个物种的某一发育阶段是恒定的，而且它与染色体的倍数水平密切相关。如果用 C 来代表单倍体中 DNA 的含量，那么一个二倍体细胞在合子或体细胞有丝分裂的 G_1 期时，其 DNA 含量为 $2C$。由于在 S 期进行 DNA 复制，DNA 含量增加到 $4C$。当后期染色体单体分离后，在末期形成 2 个子细胞，细胞核内的 DNA 含量又恢复到 $2C$。处于连续有丝分裂的细胞中，其 DNA 含量总是表现出这种有规律的变化。在减数分裂 S 期中，DNA 含量也上升到 $4C$。由于染色体和

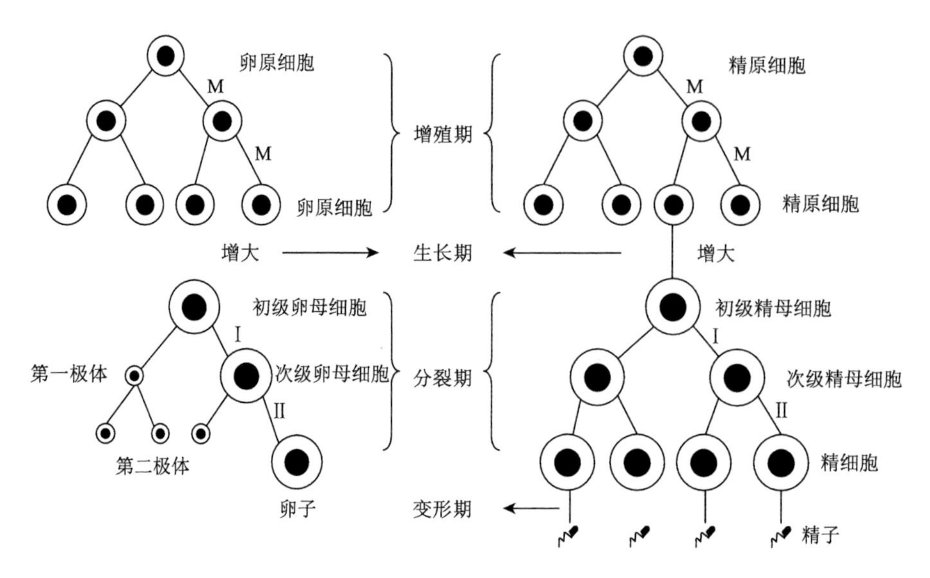

图 4-19　精子和卵子发生示意图

DNA 只复制一次，却进行了两次连续的分裂，因此在第一次减数分裂后期（Ⅰ）后形成的子细胞中，核内 DNA 含量为 $2C$，第二次减数分裂后期（Ⅱ）以后，核内 DNA 含量为 C。

染色体数目在有丝分裂和减数分裂中，也表现出周期性的变化。如果单倍体的染色体数目用 n 来表示，则合子和体细胞中染色体数目为 $2n$，经过 S 期后，虽然细胞核内的 DNA 含量加倍，但着丝粒未分离，因此每条染色体含有两条染色单体，总的染色体数目却没有发生变化。在减数分裂过程中，真正的减数分裂是在后期 I 发生的，而有丝分裂后期及第二次减数分裂后期所形成的子细胞中染色体数目与该次分裂前细胞的染色体数目相同。DNA 含量和染色体数目的变化具体见图 4-20。

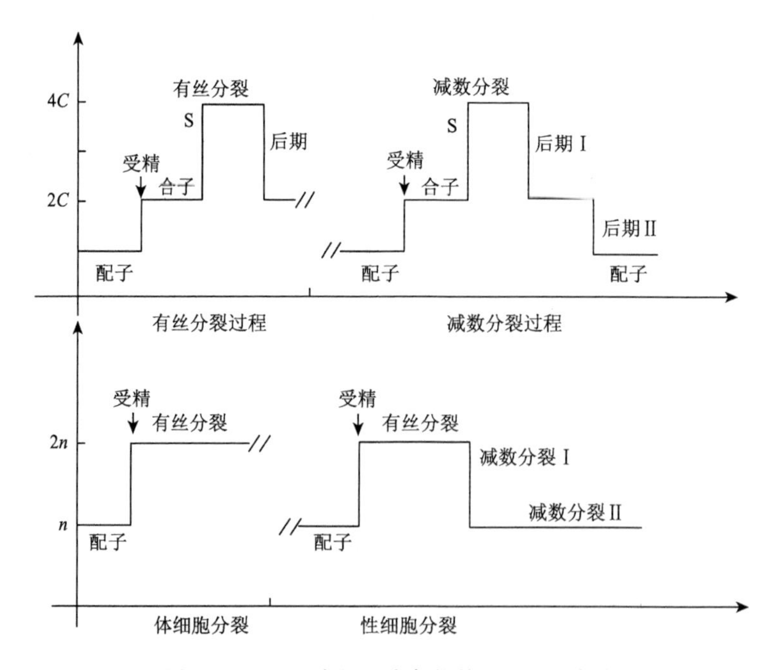

图 4-20　DNA 含量和染色体数目周期性变化

（二）个体发育中染色体的周期变化

个体的发育从受精卵开始。受精时，来自父本的一个精子进入卵子成为受精卵。雄原核与雌原核融合，形成具有二倍染色体数的受精卵（$2n$）。受精卵经过有丝分裂、分化发育成新的个体；新个体生长发育到性成熟，产生性细胞（n）；然后通过雌雄个体交配，两性细胞结合形成受精卵（$2n$），这样就形成了动物的一个生活周期。动物生活史中染色体呈现如图 4-21 所示的规律性变化。从细胞分裂来看，个体的发育和物种的世代交替是有丝分裂与减数分裂交替的结果；从染色体数看，是二倍体与单倍体交替的结果。这种周期性的变化使动物的染色体数目在世代延续中保持恒定，正因为染色体数目的规律性变化与相对恒定性，从而保证了物种遗传的相对稳定。

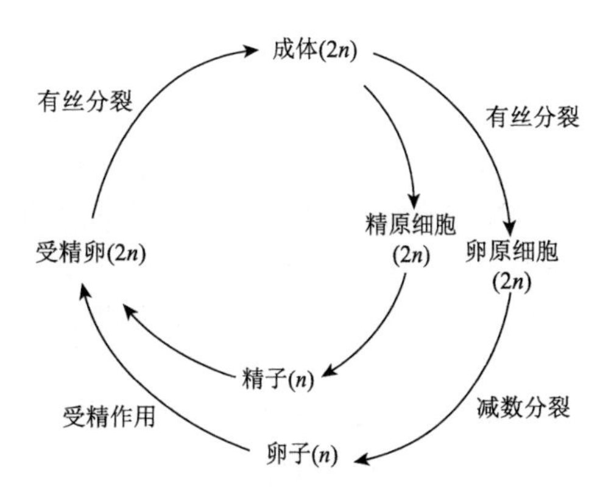

图 4-21　染色体的周期性变化

本 章 小 结

细胞增殖是生命体延续和生长发育的基础，该过程受到严格有序的周期性调控。从一次细胞分裂结束开始，直到下一次细胞分裂结束为止的整个生物学过程称为一个细胞周期。细胞周期分为有丝分裂期和分裂间期。分裂间期是细胞增殖的物质准备和积累阶段，分裂期则是细胞增殖的实施过程。间期分为 G_1 期、S 期和 G_2 期。有些细胞会暂时离开细胞周期，这些细胞称为静止期细胞或 G_0 期细胞。在真核细胞的特定时期，只有在内在和外在因素共同作用下才能完成这一时期并顺利进入下一个时期，这一现象称为检验点。流式细胞仪是目前测定细胞周期的主要方法。

真核生物的有丝分裂是一个连续过程，即 G_1 期、S 期、G_2 期和 M 期。G_1 期是 DNA 合成的一个准备阶段；S 期主要完成 DNA 和组蛋白的合成，并装配成具有一定结构的染色质；G_2 期是细胞进入有丝分裂所必需的准备时期。根据分裂期的细胞学特征，将有丝分裂期划分为前期、前中期、中期、后期、末期和胞质分裂等 6 个时期。前期发生的主要变化是染色质丝不断螺旋化而逐渐凝集成染色体、核膜核仁消失和形成纺锤体等。前中期的特征是染色体剧烈活动并完成染色体在赤道板的集结和着丝粒的定向。中期染色体高度螺旋化，是核型分析的最佳时期。后期姐妹染色单体分开并向两极移动。子染色体到达两极并形成两个新细胞为有丝分裂的末期。胞质分裂开始于细胞分裂后期，完成于细胞分裂末期，直至两个子代细胞完全分开。中心体参与微管装配和细胞分裂。动粒是附着于着丝粒上的一种特化结构，而着丝粒则是指染色体主缢痕部位的染色质。细胞分裂后，两个动粒分别被分配到两个子细胞中。由于动粒和着丝粒联系紧密，在结构和功能方面联系密切，因而常被合称为着丝粒-动粒复合体。

早期卵裂采用简化的细胞周期。母本和父本染色体在首次胚胎有丝分裂中采用的是一种非常特殊的各自染色体分别进行排列的机制。这种亲本染色体的空间分离对发育中的哺乳动物胚胎具有重要的影响。

减数分裂是有性生殖个体性母细胞成熟后，配子形成过程中所发生的特殊方式的有丝分裂，它只经过一次染色体复制，却经过两次连续的核分裂，从而使子细胞的染色体数目只有原来母细胞的一半。减数分裂形成的子细胞，在染色体行为方面，可以发生联会和交换，并导致遗传重组的发生。减数分裂前的间期与有丝分裂的间期很相似。减数分裂过程包括两次有序的减数分裂。两次减数分裂均可分为前期、中期、后期、末期，以前期Ⅰ最为复杂，在遗传上意义也最大，可细分为细线期、偶线期、粗线期、双线期和终变期。同源染色体的配对联会现象发生在偶线期。联会是减数分裂中染色体行为和功能实现的重要手段，也是遗传重组与变异产生的重要原因。联会所形成的特殊结构称为联会复合体。在减数分裂的中期Ⅰ，姐妹染色单体的着丝粒连在一起，并准确地位于赤道板两侧。在后期Ⅰ，两条同源染色体分开并分别向两极移动。同源染色体平均分配到达两极时，形成两个子细胞核。随着染色体分离并向两极移动，细胞质也开始分裂，完全形成两个间期子细胞。减数分裂Ⅱ与有丝分裂过程基本相同。

细胞分裂按照细胞周期的不同阶段进行周期性变化，而作为遗传物质的载体，染色体的数量和 DNA 含量也随细胞周期的变化呈现出规律性的变化。个体的发育和物种的世代交替是有丝分裂与减数分裂交替的结果；从染色体数看，是二倍体与单倍体交替的结果。这种周期性的变化使动物的染色体数目在世代延续中保持恒定，保证了物种遗传的相对稳定。

➤思 考 题

1. 何为细胞周期？简述细胞周期不同时期的生物学功能。
2. 简述细胞周期测定与分析的主要原理。
3. 细胞分裂过程有哪些主要的检查点，其主要的功能是什么？
4. 有丝分裂分为几个时期，其主要的细胞遗传学特征有哪些？
5. 减数分裂Ⅰ前期分为几个时期，简述不同时期的染色体形态特征。
6. 何为联会，其生物学意义是什么？
7. 何为动粒与着丝粒，动粒的主要结构和功能是什么？
8. 简述有丝分裂过程中的染色体行为。
9. 简述哺乳动物胚胎首次有丝分裂的特点。
10. 简述减数分裂的概念与生物学意义。
11. 简述联会复合体与遗传重组的关系。
12. 减数分裂中遗传重组的主要类型有哪些？
13. 比较有丝分裂与减数分裂的异同。
14. 简述配子发生的过程。
15. 简述在个体发育过程中染色体和 DNA 含量的主要变化规律。
16. 家猪有 38 条染色体，请说明下列各细胞分裂时期中的有关数据。

（1）一个体细胞经过有丝分裂产生多少子细胞，每一个子细胞的染色体数和 DNA 含量是多少？

（2）一个初级精母细胞经过减数分裂产生多少子细胞，每一个子细胞的染色体数和 DNA 含量是多少？

（3）有丝分裂前期和后期染色体与着丝粒的数量是多少？

（4）减数分裂前期Ⅰ、后期Ⅰ、前期Ⅱ和后期Ⅱ的染色体与着丝粒数量是多少？

编者：赵志辉　张丽

主要参考文献

戴灼华，王亚馥，粟翼玟. 2008. 遗传学[M]. 北京：高等教育出版社.

李碧春. 2016. 动物遗传学[M]. 北京：中国农业出版社.
李光鹏，张立. 2018. 哺乳动物生殖工程学[M]. 北京：科学出版社.
刘娣，王秀利，庞亚民. 1999. 动物遗传学[M]. 北京：北京理工大学出版社.
吴常信. 2016. 动物遗传学[M]. 北京：高等教育出版社.
谢生勇. 2001. 分子细胞遗传学[M]. 北京：中国农业科技出版社.
翟中和，王喜忠，丁明孝. 2000. 细胞生物学[M]. 北京：高等教育出版社.
张玉静. 2000. 分子遗传学[M]. 北京：科学出版社.
Alberts B，Bray D，Lewis J，et al. 1989. Molecular Biology of The Cell[M]. New York：Garland Publishing Inc.
Karp G. 2010. Cell and Molecular Biology-Concepts and Experiments[M]. Hoboken：John Wiley & Sons，Inc.
Winter P C，Hickey G I，Fletcher H L. 2003. Instant Notes in Genetics[M]. 北京：科学出版社.
Zielinska A P，Schuh M. 2018. Double trouble at the beginniny of life[J]. Science，361（6398）：128-129.

第五章　染色体标本的制备原理及技术

细胞遗传学分析和研究的主要对象是染色体（chromosome）。染色体是真核细胞在有丝分裂或减数分裂时 DNA 存在的特定形式，是决定物种繁衍的遗传物质的载体，对生物的遗传与变异、个体发育和进化都具有十分重要的作用。每个物种细胞内的染色体数目、形态和大小等特征是物种重要的遗传标志之一。对各个物种的染色体进行识别和分析，可帮助探寻物种间的亲缘关系、绘制遗传图谱、鉴别染色体畸变和辅助种间杂交等，是细胞遗传学、现代分类学和进化理论的重要研究手段。因此，制备清晰、完整、优良的染色体标本是细胞遗传学研究的重要技术基础，是研究染色体分析的先决条件，对于细胞遗传学的学习、染色体的深入研究显得非常重要。从理论上讲，含核的细胞只要经过特定的方法处理都可制备出所需要的染色体标本。但是由于动植物细胞的结构不同，不同的组织、不同的细胞所处的生理状态、发育阶段不同，制备染色体标本的难易程度有很大差异。这一章我们就来讨论常用的几种染色体标本的制备技术及其注意事项。

第一节　细胞遗传实验室所需的条件及溶液

细胞遗传实验室是用于制备生物染色体标本的实验室。根据染色体标本制备的需要，对实验室也有一定的要求。

一、细胞遗传实验室的要求

细胞遗传实验室一般分细胞培养室、工作室和暗室。要求清洁干净、明暗适宜、不直接通风且无菌。夏季室温太高，可安装空调调节气温。细胞培养室主要用于培养细胞，不能有任何污染。新建细胞培养室的消毒，必须用 3/4 过氧乙酸擦洗一两遍，包括墙壁、地板，并开紫外灯照射 1～2 h；常用的细胞培养室每周应擦一次，每次实验前擦桌子和地板，并打开紫外灯照射 30 min。在细胞培养室内操作时，应戴口罩，穿戴消毒的工作衣帽。实验工作人员应尽量避免扰乱气流的动作。细胞培养室应具备必要的操作仪器和设备，包括超净工作台、CO_2 细胞培养箱、带有显微照相设备的体视显微镜和荧光显微镜等。超净工作台一般操作完毕后，应关机并把防尘帘放下。工作室主要用于细胞培养以外的实验操作与处理，应具备相应的实验操作仪器和设备，包括离心机、恒温水浴箱、高压灭菌锅、干燥箱、烘箱、天平、冰箱等。暗室主要用于染色体图片的冲洗与放大。过去用的都是光学胶卷，显微拍照后，需要对染色体图像胶片进行冲洗、放大，所以暗室需要有冲洗和放大的相关设备。如今，一般用的都是数码相机或高清像素手机拍摄，可以直接拷到计算机上进行观察与分析，省去了冲洗和放大的环节，也就不需要暗室了。

二、器具的清洗与灭菌

由于动物细胞染色体多数通过细胞培养来制备，染色体又很小，因此干净的器皿、玻片和无菌就非常重要。

（一）玻璃器皿的清洗与灭菌

（1）新的玻璃器皿 新的玻璃器皿应先在肥皂水中煮沸 30 min，趁热洗刷其内外，再用流水冲洗 10 min，放入 80～100℃的干燥箱中烘干。然后浸入洗液中 1～2 d，捞出后再用流水冲洗 20 min，蒸馏水洗 2～3 次。若为直接接触细胞的玻璃器皿如培养瓶，还需用三蒸水或纯净水洗一次，烘干后用牛皮纸包装，160℃干热灭菌 2 h，待冷却后取出。

洗涤吸管时应放在大小合适的量筒中，倒入肥皂水反复冲洗 1～2 h，然后用流水冲洗 2 h，用 5%～10% HCl 溶液浸泡 1 d，再放入量筒中用流水冲洗 1～2 h，最后用蒸馏水冲洗 3 次，必要时再用三蒸水或纯净水洗一次，干热灭菌。

（2）载玻片 新的载玻片先浸于 95%乙醇中，逐片挑选一次，有纹、发霉的一律不用，至少浸泡 1 d，用时用清洁的白绸、无汗渍的清洁手巾或细而柔软的纸巾仔细擦干，对光检查合格的，即可使用，或装入干燥器，或浸入 95%的乙醇置于冰箱中备用。用过的载玻片，先用自来水洗去细胞、染料后，再浸入洗液中，可以长期浸泡。从洗液中捞出后，用自来水反复冲洗，蒸馏水洗 2 次，浸泡于无离子水中，4℃冰箱中放置，待用。总之，制作染色体的玻片要求较严格，稍不干净就会直接影响染色体标本制作的质量。

（二）微孔滤器、针头的清洗与灭菌

微孔滤器、针头，套在注射器上，反复推动注射器清洗，洗涤方法同上，然后烘干，牛皮纸包装，高压灭菌。当然，如今多用一次性的微孔滤器，省了清洗环节。

（三）橡胶类器具的清洗与消毒

新的橡胶制品先用自来水刷洗，再用 2% NaOH 溶液煮 30 min，流水冲洗后，用 1.8% HCl 煮 0.5 h，自来水冲洗 3～5 次，蒸馏水洗 3 次，再在蒸馏水内浸泡一夜后，烘干，备用。若为已用过的橡胶制品，则用肥皂水煮 0.5 h，趁热洗刷，再用自来水、蒸馏水、三蒸水冲洗，干燥后，牛皮纸包装，高压灭菌。

（四）金属器材的清洗与灭菌

金属器材一般可用 75%乙醇纱布擦洗干净后，置干燥箱中 160℃灭菌。若临时急用，可煮沸消毒或浸入 1∶1000 的新洁尔灭溶液中灭菌，为防止生锈可在其中加入 0.5% NaOH。

三、染色体制备所用的主要溶液与作用

（一）PHA

PHA（phytohemagglutinin）也叫植物血凝素。微量全血培养主要利用血液中的淋巴细胞。进入血液的淋巴细胞一般不再分裂增殖，但在植物血凝素的刺激下淋巴细胞就可分裂。PHA 是一种强有力的非特异性的丝裂原（mitogen），作为一种促细胞分裂剂现已广泛用于淋巴细胞的培养。在体外培养时，可使小淋巴细胞转化为幼稚状态，因而能促进有丝分裂，使染色体出现。PHA 有两种重要的化学成分，即黏多糖和蛋白质，前者可促进有丝分裂，后者主要起凝集作用。PHA 可从市场上购置，也可从菜豆中提取。提取用的菜豆如广东新会县的鸡子豆、北京紫花菜豆、东北芸豆和四川的雪山大豆等。

（二）培养基

培养细胞最常用的基本培养基有 RPMI1640、M199、F10、Eagle 等。由于在市场上这些培养基有半成品出售，因此只需要参考其说明书称量配制即可。外周血淋巴细胞培养液一般用 RPMI1640（日本）干粉，按照 10.4 g，溶在 1000 mL 三蒸水中，调 pH 为该动物的血液 pH，过滤除菌即可。培养液中含有细胞生长所需的所有氨基酸。配制好的 RPMI1640 原液可置 4℃

冰箱中保存。用时取 RPMI1640 原液 80 mL，加小牛血清 20 mL，加 PHA（按出售的成品）1 mg/1 mL，并用 5% $NaHCO_3$ 调 pH。

（三）小牛血清

血清是由血浆去除纤维蛋白而形成的一种很复杂的混合物，血清中含有各种血浆蛋白、多肽、脂肪、碳水化合物、生长因子、激素、无机物等，牛血清是细胞培养中用量最大的天然培养基，含有丰富的细胞生长所必需的营养成分，对促进细胞生长繁殖具有极为重要的功能。淋巴细胞培养一般多用小牛血清，因其较易获得，效果也好。一般用量浓度为 5%～10%，有特殊要求的浓度在 20%。血清应保存在–20～–5℃，能在–20℃长期贮存而不丧失其有效性，若存放在 4℃不可超过一个月。解冻血清时，应先将血清至于 2～8℃冰箱，并经常摇匀使其溶解，然后至室温放置使其升温，绝对不可将冷冻的血清直接放入 37℃水浴或者温箱中，如放在 37℃解冻，颜色加深，黏稠度也会增加，血清在解冻和热灭活后，应按用量分装并于–20℃保存，避免反复冻融。

（四）肝素

肝素也叫肝素钠、低分子肝素钠等，是一种抗凝剂，是两种多糖交替连接而成的多聚体，在体内外均有抗凝血作用。血细胞培养时，由于大量白细胞和淋巴细胞往往与红细胞发生集结而影响培养的成败和质量。为防止凝血，需加一定量的肝素，但肝素必须限制在最小的有效量，否则肝素浓度太高又会导致溶血。据计算 200 单位肝素至少可以在 24 h 之内抗凝 10 mL 静脉血。肝素为一白色粉剂，可用生理盐水配制成 1.2%的肝素液，蒸汽压力 0.7 kg/cm^2 20 min 高压灭菌。

（五）秋水仙素

秋水仙素（colchicine）为一种植物碱，因此也叫秋水仙碱，其分子式为 $C_{22}H_{25}O_6N$，分子量为 399.43 Da。它具有抑制细胞纺锤丝形成，使细胞分裂停止于中期，以积累大量的中期细胞的作用。秋水仙碱的浓度范围较广，可差几十倍之多。一般其最终浓度为 0.25～0.5 μg/mL 培养液。根据不同的试验动物可用不同浓度秋水仙碱与在不同时间处理来控制染色体形成和收缩程度，秋水仙碱作用时间越长，被阻止的中期细胞越多，但染色体也越凝集和收缩。秋水仙碱在 5℃下可贮存半年而不致失效。

（六）抗生素

培养液中加入抗生素，可以防止培养物的污染。常用的是青霉素和链霉素，一般浓度为 100 IU/mL。试验证明哺乳类细胞培养时对链霉素，特别是氯霉素的毒性很敏感。培养过程中，如能严格无菌，培养液中可不必加抗生素，即使培养液有些轻度污染，对培养效果影响也不大。青霉素（以 40 万单位为例）：以 4 mL 培养液或 0.85% NaCl 溶液稀释，则每毫升含 10 万单位，取 1 mL 加入 1000 mL 培养液则最终浓度为 100 IU/mL。链霉素（以 100 万单位为例）：以 4 mL 稀释液稀释，则每毫升含 25 万单位。取 0.4 mL（含 10 万单位）加入 1000 mL 培养液，则每毫升含 100 IU。

（七）低渗液

低渗液处理能使核膜膨胀、破裂，染色体分散而易于观察和计数。常用的低渗液有：①蒸馏水；②1%和 0.45%的柠檬酸钠；③0.075 mol/L 的 KCl 溶液。实践证明，应用 0.075 mol/L KCl 作低渗液，对染色体结构影响较小。且对制备显带标本效果最佳。不同动物的不同组织处理的时间有差异。处理时间不足染色体铺展不好；处理时间过长，会引起细胞破碎，染色体丢失，甚至染色体胀得太大而导致形态结构模糊。因此，对任一组织和低渗液都应事先进行预试验，以确定最合适的处理时间。

（八）固定液

染色体标本的好坏受固定及操作影响，常用的固定液为卡诺氏固定液，即甲醇∶冰醋酸为3∶1。此液要注意现配现用，用后倒掉，否则会形成酯类，发生沉淀，影响固定的效果。为了消除中期染色体外层物质对染色体在载玻片上展开和亲和力的影响，需要更换2～3次固定液，每次20～30 min。如所制标本染色体固缩不良时，可改变固定液的冰醋酸比例（2∶3或1∶3，视染色体分散程度而定）。加入细胞悬液中，混匀，离心后再制片，染色体分散程度可得到提高。但与3∶1固定液相比，所制得的染色体标本，形态易改变，染色欠佳，故一般情况下不宜用2∶3或1∶3比例的固定液。

（九）吉姆萨（Giemsa）染液

吉姆萨染液对染色体和DNA具有很好的染色效果，是制备染色体常用的染色液。配制时先配制成原液，再稀释使用。原液的配制是：Giemsa粉1 g置玻璃乳钵中，加数滴甘油，仔细研磨，呈浓糊状，研磨约1 h，直到看不到颗粒为止，加甘油33 mL，边加边搅，置于60℃温箱2 h，然后倾入小烧杯中，用45 mL甲醇分次加入研钵中，将研钵里附着的染料洗下来，然后用一根细玻璃棒在小烧杯中慢慢搅拌均匀，最后倒入棕色小瓶或滴瓶中，此为原液。原液保存的时间越久越好。染色时用的是Giemsa稀释液，用时取Giemsa原液1 mL，加入9 mL磷酸缓冲液（pH 7.5）。

第二节　骨髓染色体标本的制备

一、概述

骨髓染色体标本的制备是一种常用的、简便的方法。由于骨髓细胞具有很旺盛的有丝分裂能力，故常利用骨髓细胞的这一特性直接制备染色体标本，且多用于医学临床上白血病的研究和小型动物染色体的制备。由于这种方法需要屠杀动物，因此，不适宜大动物及小型保护类动物染色体的制备。一般多用于小型哺乳类动物和鸟类，如鼠、兔、鸡、鸭、鹅等及鸟类的核型分析。

二、骨髓染色体标本制备的原理

首先，骨髓细胞是具有旺盛分裂能力的细胞。小型动物四肢骨内骨髓细胞中的造血干细胞是生成各种血细胞的原始细胞，分裂能力强，从这些分裂细胞中，可以观察到处于分裂中期的染色体，能对一种动物染色体的形态特征、数目进行准确地观察和分析。其次，为了获得较多的中期骨髓细胞分裂相，必须给动物注射一定剂量的秋水仙碱。秋水仙碱对分裂期纺锤丝和纺锤体的形成具有破坏作用。当用适当浓度的秋水仙碱对分裂增殖的骨髓细胞处理后，其由于纺锤丝、纺锤体不能形成，中期染色体不能正常拉向两极，大量的细胞处于观察染色体形态的最佳分裂时期——中期，此时可以收集到更多的中期分裂细胞。同时秋水仙碱能使染色体缩短、变粗，能够清楚地观察染色体的数目。

三、实验步骤

一般来说，骨髓染色体制备是最简单、最快速的方法，包括秋水仙碱处理→取骨髓→低渗处理→固定→制片→染色→镜检等实验步骤。在此，我们以小鼠为例说明骨髓染色体制备的方法。

（1）秋水仙碱处理　在动物处死前的 3～4 h 向小鼠腹腔注射秋水仙碱，剂量为 2 μg/g 体重。

（2）取骨髓　在注射秋水仙碱 3～4 h 后，将小鼠用脱颈椎法处死，立即取出两侧股骨，剔净股骨上的肌肉，以等渗的 2%的柠檬酸钠溶液洗净股骨上的血污及肌肉碎渣。剪断股骨。用尖镊子小心地取出骨髓，置于放有少量等渗液的小培养器皿中捣碎，再加入少量等渗液制成 2～3 mL 的骨髓细胞悬液。也可用剪刀将股骨两端膨大的关节头剪掉，使其露出骨髓腔，用吸有适量柠檬酸钠液的注射器，从股骨腔的一端插入注射针头，将骨髓冲入离心管内，可反复冲洗数次，直至股骨变白为止，此时离心管内的细胞悬浮液有 4～5 mL。

（3）低渗处理　低渗处理的作用是使溶液向细胞里渗透，使细胞膨胀而不破。低渗液一般常用 0.075 mol/L KCl。将细胞悬液经离心吸去上清液后，加入预温的 0.075 mol/L KCl 的低渗液，立即将细胞团打匀，在 37℃条件下静置 25 min。低渗的时间可以根据细胞染色体的分散程度进行适当调整。

（4）固定　固定的作用是让染色体上的蛋白质变性，使制备的染色体标本紧缩，表面光滑。固定液一般用卡诺氏固定液（甲醇∶冰醋酸为 3∶1）。经一次预固定，三次固定。在低渗处理后，向试管低渗液中加少许（1～2 mL）的固定液，用吸管轻轻吹打成细胞悬液，预固定 5 min。目的是防止低渗处理后的细胞在离心时结团。然后离心，吸去上清液，再加入 5 mL 的固定液，混匀后，室温固定 30 min。如此重复固定 2～3 次，第三次固定后也可在冰箱内静置到第二天，吸去部分上清液。留下约 0.5 mL 的固定液，打匀后即可滴片制作染色体标本。

（5）制片　从冰箱中取出冰冻载玻片，用吸管吸取细胞悬液，距离玻片 10 cm 左右的高度滴片，每片滴 1～2 滴细胞悬液，或者滴片后用嘴轻轻吹片，以帮助染色体分散。必要时在酒精灯上微火烘片，这样可促使染色体展开，空气干燥保存。

（6）染色　将染色体玻片标本，经 10% Giemsa 染液（Giemsa 原液与磷酸缓冲液之比为 1∶9）染色 15～30 min，自来水冲洗，洗去上面的浮色，晾干。

（7）镜检　取染色后的玻片标本，先在低倍镜下全面观察染色体制片，找出分散适度的良好的中期分裂相细胞，再换用高倍镜和油镜仔细观察染色体形态，统计骨髓细胞染色体数目。另外，未经染色的染色体玻片标本（叫作白片）可作为显带处理的标本材料。

第三节　外周血淋巴细胞培养与染色体标本制备

由于外周血淋巴细胞培养制备染色体标本不需要屠杀动物，对动物的生命和生产性能没有明显影响，因此已成为制备动物染色体标本最主要的方法。淋巴细胞培养常用的方法有两种，即全血培养法和分离白细胞培养法，由于全血培养用血量很少，只要 0.5～1 mL 的全血就可以进行实验，故又称微量全血培养法。

一、微量全血培养法与染色体标本制备

（一）微量全血培养法

微量全血培养法适合所有的动物。这种方法首先是按照动物的种类配备适合的培养液及 pH。具体的方法如下。

（1）培养液的制备　培养液的主要成分有 RPMI1640 培养液、小牛血清、青霉素、链霉素、PHA（植物血凝素）等。RPMI1640 培养液 80%，小牛血清 20%混合后，再加入青霉素、

链霉素使其终浓度各为 100 IU/mL，最后加入 PHA 使其终浓度为 1 mg/mL，混匀后，用 5% $NaHCO_3$ 调至所培养动物细胞的血液 pH（由于不同的动物血液 pH 存在差异），然后过滤灭菌，分装于每 5 mL 小培养瓶中，待用。

（2）采血及运输　用 0.2%肝素液湿润注射器，自动物的静脉或耳垂采血，混匀，将肝素抗凝的血液无菌地注入培养瓶内，贴上标签，写清畜别、畜号、时间放入冰壶中，然后快速带回实验室培养。要注意防止污染。

（3）细胞培养　在无菌条件下，用注射器针头经橡胶瓶盖插入含有培养液的培养瓶内（内装 5 mL 培养液）接种全血，每瓶加全血 0.5～1 mL（7 号针头加 13～15 滴）。轻轻摇匀，置于 37～39℃（人 37℃，马 38.5℃，猪 38.2～39℃，绵羊 38～39℃，牛 38.5℃，山羊 39℃）的培养箱内培养。由于不同动物体温有差异，培养温度必须与动物的体温相适应。每天轻摇 2～3 次，培养 72 h。

（4）秋水仙碱处理　在培养终止前 4～6 h，加秋水仙碱溶液。将预先配好的 0.001%的秋水仙碱溶液加 1～2 滴（5 号针头，1 mL＝100 滴），培养液最终浓度为 0.02～0.4 μg/mL，轻轻摇动、继续培养。适量的秋水仙碱和适宜的处理时间，是获得良好分裂相的重要条件，它关系到分裂相的多少和染色体的长短。

（二）染色体标本制备

（1）细胞收获　细胞培养 72 h 结束后，用吸管轻轻吹打培养瓶中的细胞悬液，沿管壁徐徐移入尖底离心管内，以 1000 r/min，离心 10 min，吸去上清液。

（2）低渗处理　加入少量 37℃预温的 0.075 mol/L KCl 低渗液，打成细胞悬液后，再加入 5 mL 的低渗液，37℃低渗处理 15～20 min。低渗处理可使红细胞解体，白细胞膨胀，染色体分散。若低渗不足或过度皆会造成不良影响，故应准确处理。

（3）固定　低渗处理后，先向试管低渗液中加少量（1～2 mL）固定液（甲醇∶冰醋酸为 3∶1）进行 5 min 的预固定。以防止低渗处理后的细胞在离心时结团。然后以 1000 r/min，离心 10 min，吸去上清液，再向离心管内加入少量固定液，用吸管轻轻吹打成细胞悬液，再加入 5 mL 的固定液，混匀后，固定 30 min。此时因血红蛋白释出，致使固定液呈浅褐色。如此重复固定 2～3 次，第三次固定后也可在冰箱内静置到第二天，离心后，吸去部分上清液。留下约 0.5 mL 的固定液，打匀后即可滴片制作染色体标本。

（4）制片、染色、镜检　方法同本章第二节三。

二、分离白细胞培养法与染色体标本制备

由于某些动物（如马属动物）在用全血培养时，常常发生严重的凝血现象，严重影响了细胞培养效果，导致细胞培养失败，无法获得中期分裂细胞。因此必须先分离出白细胞，再进行培养。这种分离白细胞培养法既可防止严重的凝血现象，又可获得满意的效果和更多的分裂相。

分离白细胞的原理是除去血液中红细胞的纤维蛋白，将白细胞从血液中分离出来，使其不出现溶血现象，再按常规的细胞进行培养。其一切操作应尽量在无菌条件下进行。将采来的抗凝全血，注入无菌离心管内，再加入与采血量相等的 Hank's 液，轻轻摇匀，离心后弃上清液，在余下的沉积物（主要是红、白细胞）中，加入双蒸水，轻轻振荡，直至出现明显的溶血现象，即由透明液体变为混浊红色液体为止，将溶血液体慢慢倒入另一离心管内，纤维蛋白因离心作用贴附于原管底而被除去。若未除净红细胞，还可再加双蒸水，直到不再出现溶血现象为止。然后将取得的溶血溶液，离心、弃去上清液，即可得到白细胞的沉积物。再加入适量的 Hank's

液，使其悬浮，洗涤白细胞，离心后即可得到白细胞，可直接加入培养液内培养。以后各步骤与微量全血培养法基本相同。

第四节　组织细胞培养与染色体标本制备

一、概述

组织细胞培养是研究细胞功能和基因表达的主要途径之一，特别是一些细胞系的建立，长期的体外培养和传代是否存在基因和染色体的变异，都需要制备其染色体，研究染色体的特征和数目的变化。用于染色体标本制备最常见的组织细胞有皮肤细胞、睾丸组织细胞、细胞株、胚胎干细胞、成体干细胞、肌肉细胞、脂肪细胞、虾贝的受精卵、精巢细胞等。此外，脾淋巴细胞、果蝇神经节细胞、外科手术材料、死后不久的尸体组织等，也可以用于组织细胞培养，并制备染色体。培养细胞具有来源容易、细胞分裂率高和染色体标本清晰度高等优点。利用组织细胞制备染色体的关键是要掌握好体外细胞的生长动态，只有处在对数生长期的细胞才能出现较高的分裂相。故把握好秋水仙碱处理的时间与用量十分关键。

二、组织细胞培养

体内组织细胞在体外培养时，所需培养环境基本相似，但由于物种、个体遗传背景、细胞类型及所处发育阶段等的不同，各自要求条件有一定差别，所采取的培养技术措施亦不尽相同，不同组织细胞的培养程序也有差异。但大致的培养程序为：在无菌的条件下，从活体取下组织，经机械和酶的作用变为单个细胞，然后加入培养液，当这些组织细胞在培养液中处于生长最旺盛的对数生长期时，就可以加秋水仙碱，制备染色体标本。组织细胞培养分为原代培养和传代培养。

（一）原代培养及其操作步骤

1. 原代培养

原代培养是指从供体动物内取出组织后，经机械及酶的作用分离成单个细胞或单一型细胞群，使其在体外模拟动物体生理环境，在无菌、适当温度和一定的营养条件下生存、生长和繁殖。原代培养细胞常有不同的细胞成分，生长缓慢，但是更能代表所来源的组织细胞类型和表达组织的特异性特征。

2. 操作步骤

利用原代细胞培养做各种实验，其操作步骤如下。

（1）剪切组织　　先将所取得的组织，用 Hank's 液清洗，以去除表面血污，并用手术镊去除黏附的结缔组织等非培养所需组织。再次清洗后，用手术刀将组织切成若干小块，移入培养皿中，加入适量缓冲液，用弯头眼科剪，反复剪切组织，直到组织成约 1 mm^3 大小。静置片刻后，用吸管吸去上层液体，加入适当的缓冲液再清洗一次。

（2）消化分离　　消化分离的目的是将细小的组织块消化分离成细胞团或分散的单个细胞，以利于进一步培养，常用的消化酶有胰蛋白酶和胶原酶。

（3）培养　　细胞悬液用计数板进行细胞计数。用培养液将细胞调整为实验所需密度，分装于培养瓶中，使细胞悬液的量以覆盖后略高于培养瓶底部为宜。置 CO_2 培养箱内，5% CO_2，37℃静置培养。一般 3～5 d，原代培养细胞可以黏附于瓶壁，并伸展开始生长，可补加原培养液量1/2的新培养液，继续培养2～3 d后换液，一般7～14 d可以长满瓶壁，进行传代。也可加秋水仙碱后，收获细胞，制备染色体标本。

（二）传代培养及其操作步骤

1. 传代培养

原代细胞培养成功以后，需要进行分离培养，否则细胞会因生存空间不足或密度过大营养障碍，影响细胞生长。细胞由原培养瓶内分离稀释后传到新的培养瓶中培养的过程称为传代培养。传代细胞允许培养的细胞扩增（形成细胞株），可以进行细胞克隆，易于保存，但可能丧失一些特殊的细胞和分化特征。传代细胞形成细胞株的最大益处在于提供了大量持久的实验材料，便于实验。

2. 操作步骤

在原代细胞培养后期，需要传代培养。其具体操作步骤为：①吸掉或倒掉培养瓶内旧培养液；②向培养瓶内加入胰蛋白酶液和EDTA混合液少量，以能覆盖培养瓶底为宜；③置37℃培养箱进行消化，2～5 min后把培养瓶放在倒置显微镜下进行观察，当发现胞质回缩、细胞间隙增大后，应立即终止消化；④吸出消化液，向培养瓶内加入Hank's液少量，轻轻转动培养瓶，把残留消化液冲掉，然后再加培养液，如果仅使用胰蛋白酶消化，在吸除胰蛋白液后，可直接加入少量含血清的培养液，终止消化；⑤使用弯头吸管，吸取培养瓶内培养液，按顺序反复轻轻吹打瓶壁细胞，使其从培养瓶壁脱离形成细胞悬液，吹打时动作要轻柔，以防用力过猛损伤细胞；⑥用计数板计数后，分别接种于新的培养瓶中，置CO_2培养箱中进行培养；⑦细胞培养换液时间应根据细胞生长的状态和实验要求来确定，一般2～3 d后应换一次生长液，待细胞铺满器皿底面，即可使用，也可继续传代扩大培养或换成维持液。

3. 注意事项

注意事项有以下几方面。①掌握好细胞消化的时间，消化时间过短时，细胞不宜从培养瓶壁脱落，时间过长会导致细胞脱落、损伤。②掌握好消化酶的浓度，当消化酶浓度过高时，消化时间应缩短，过低时细胞消化时间相对延长。

（三）培养细胞的冻存及复苏

把培养的细胞冻存起来，可以随时复苏并利用。细胞低温冻存是培养室常规工作和通用技术。细胞冻存在–196℃液氮中，储存时间几乎是无限的。细胞冻存及复苏的原则是慢冻快融。

1. 冻存细胞

冻存细胞的基本步骤为如下。①选对数生长期细胞（证明无支原体污染），在冻存前1 d换液。②按常规方法把培养细胞制备成悬液，计数，使细胞密度达5×10^7/mL左右，离心，去上清。③加入配制好的冻存液（培养液6.8 mL，小牛血清2 mL，DMSO 1 mL，5.6% $NaHCO_3$ 0.1 mL），按与去上清相同的量一滴一滴加入离心管中，然后用吸管轻轻吹打，令细胞重悬。冻存细胞时培养液中加入10%二甲基亚砜（DMSO）或甘油作保护剂，可使冰点降低，使细胞内水分在冻结前透出细胞外。④分装于无菌冻存管中，每管加1.5 mL悬液。⑤旋好冻存管并仔细检查，一定要盖紧，做好标记。⑥冻存，在特殊的仪器或简易的液氮容器中，按–1℃/min的速度，在30～40 min内，下降到液氮表面，再停30 min后，直接投入液氮中。要适当掌握下降冷冻速度，过快影响细胞内水分透出，过慢则促进冰晶形成。操作时应戴防护眼镜和手套，以免液氮冻伤。

2. 复苏细胞

若将冻存的细胞再次培养，需对冻存的细胞进行复苏。具体步骤如下。①从罐中取出冻存管。②迅速放入 36～37℃水浴中，不时摇动，使其急速融化，30～60 s 内完成。③冻存管用 70%乙醇擦拭消毒后，打开盖子，用吸管将细胞悬液注入离心管中，再滴加 10 mL 培养液。④低速离心（500～1000 r/min）5 min，弃去上清后再用培养液洗一次。⑤用培养液适当稀释后，装入培养瓶 37℃培养，次日更换一次培养液后，继续培养。以后仍按常规进行培养和利用。冻存细胞数量要充分，密度应达到 10^7/mL，在融后稀释 20 倍时，仍能保持 5×10^5/mL 的数量。

三、染色体标本制备

组织细胞培养的一般都是贴壁细胞。收获前 4～6 h，加秋水仙碱处理后，用 0.01%胰蛋白酶消化成单个细胞，收获细胞。其染色体制备步骤，如低渗、固定、染色、镜检等各步骤与微量全血培养法相同。

第五节　X 染色质的失活学说与巴氏小体制备

一、巴氏小体的发现

在哺乳动物中，无论雄性还是雌性，体细胞中只有一条有活性的 X 染色质。在雌性体细胞内，虽然有两条 X 性染色体（在细胞间期称染色质），但是为了保证 X 染色质上的基因表达剂量在一个合适的范围内，在胚胎发育到原肠胚的时期，体细胞中两条 X 染色质中的一条随机失活，这就是 X 染色质失活。而且，一旦这个细胞启动了对某一条 X 染色质的失活进程，那么这个细胞的子代细胞都会保持对同样一条 X 染色质的失活。失活的 X 染色质是 1949 年加拿大学者 Barr 在雌猫的神经元间期细胞核中首次发现的，所以被称为巴氏小体，而雄猫没有失活的 X 染色质（图 5-1）。

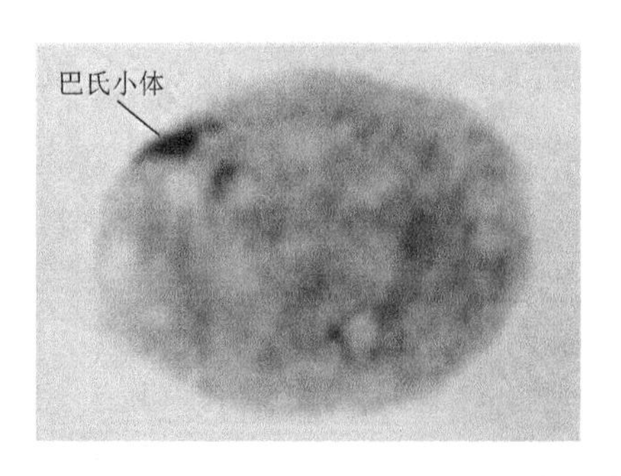

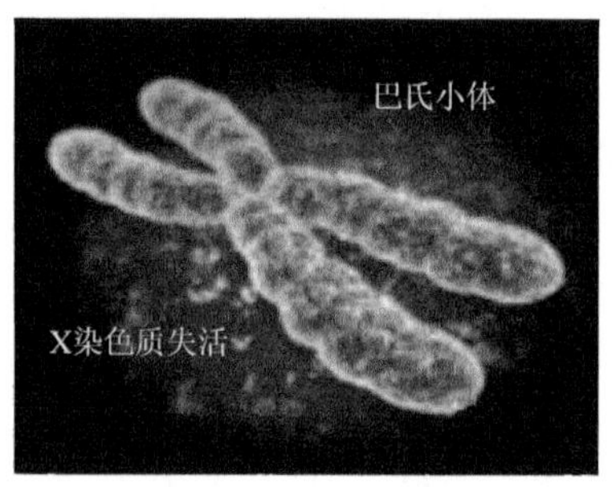

图 5-1　X 染色质失活与巴氏小体

二、X 染色质失活的概念与证据

X 染色质失活是指雌性哺乳动物细胞中两条 X 染色质，其中一条失去活性的现象，也称为 X 染色质的剂量补偿效应。失活的 X 染色质表现出强烈的浓缩变成异染色质，进而因功能受抑制而沉默。X 染色质失活最直观的表现可以用三色猫来说明。母猫身上有可能会是花斑的，既有棕色又有黄色，而公猫只有一种颜色，棕色或者黄色。决定毛色的基因只存在于 X 染色质上，一条 X 染色质只能携带一种颜色的信息。黄色和棕色是一对等位基因，一条 X 染色质上带的要么是黄色毛基因，要么是棕色毛基因。一般猫的腹部都是白色的，白色是白化基因的作用，让猫本来的颜色不能显示出来。这种白化基因并不存在于性染色体上，因而不受 X 染色质失活的影响。对于只有一条 X 染色质的公猫，它的毛色要么是黄白，要么是棕白。对于虽然有两条 X 染色质，但是毛色基因一致的雌猫，毛色也是黄白或棕白。只有杂合体的雌猫，拥有两条 X 染色质，但是一条上面带的是黄毛基因，另一条上面则是棕毛基因。在胚胎发育的早期，已经形成了多细胞阶段，两条 X 染色质要失活一条，失活的 X 染色质浓缩成染色较深的异染色质。有些细胞保留黄毛基因所在的 X 染色质的活性，有些细胞保留棕毛基因所在的 X 染色质的活性。而且这些细胞再分裂出来的子代细胞，都保持一样的失活状态。因此，出生的杂合体雌猫，身上的花斑毛色就是这里一块黄色，那里一块棕色，再加上白色，出现黄、棕、白三色（图 5-2）。

图 5-2　黄、棕、白三色猫

三、莱昂假说

为了解释 X 染色质失活的现象，英国学者莱昂（M. F. Lyon）于 1961 年提出了 X 染色质失活的假说，其主要内容为：①巴氏小体是一个失活的 X 染色质；②在雌性哺乳动物中，其体细胞的两个 X 染色质中有一个 X 染色质在受精后的第 16 天失活；③两条 X 染色质中哪一条失活是随机的；④X 染色质失活后，细胞分裂形成的子细胞中，此条染色质都是失活的；⑤生殖细胞形成时失活的 X 染色质可得到恢复；⑥X 染色质的失活是部分片段的失活。虽然大量的证据表明了莱昂假说的正确性，但仍存在一些问题。例如，既然女人只有一条 X 染色质是有活性的，那么 XXX 和 XO 的女性也只有一条 X 染色质有活性，为什么会出现异常呢？1974 年 Lyon 又提出了新莱昂假说，认为 X 染色质的失活是部分片段的失活。

四、X 染色质失活的机制

对 X 染色质失活的机制做出重要贡献的是韩国女科学家李简妮（Jeannie. T. Lee），她发现了 X 染色质失活中心（X inactivation center，XIC）。XIC 这段 DNA 序列在同一条 X 染色体上是一个顺式作用元件。XIC 位点有一个基因名为 *Xist*，其表达产物为 XIST RNA，长度为 15～17 kb，且并不进一步翻译成蛋白质。XIST 作为一个长链非编码 RNA 是 X 染色质失活的分子基础。*Tsix* 基因为 *Xist* 的反义基因，TSIX RNA 为 XIST RNA 的反义 RNA，对 XIST RNA 起负调控作用。XIST RNA 偏好与转录了自己的 X 染色体结合，一步步地包裹整条染色质，最终导致该 X 染色质失活（图 5-3）。

XIST RNA 包裹染色质的能力是自发的，将其序列插入常染色质上，RNA 产物也会包裹一定长度的染色质，但不会像在 X 染色质上那么包裹完全。XIST RNA 在包裹染色质后，会富集

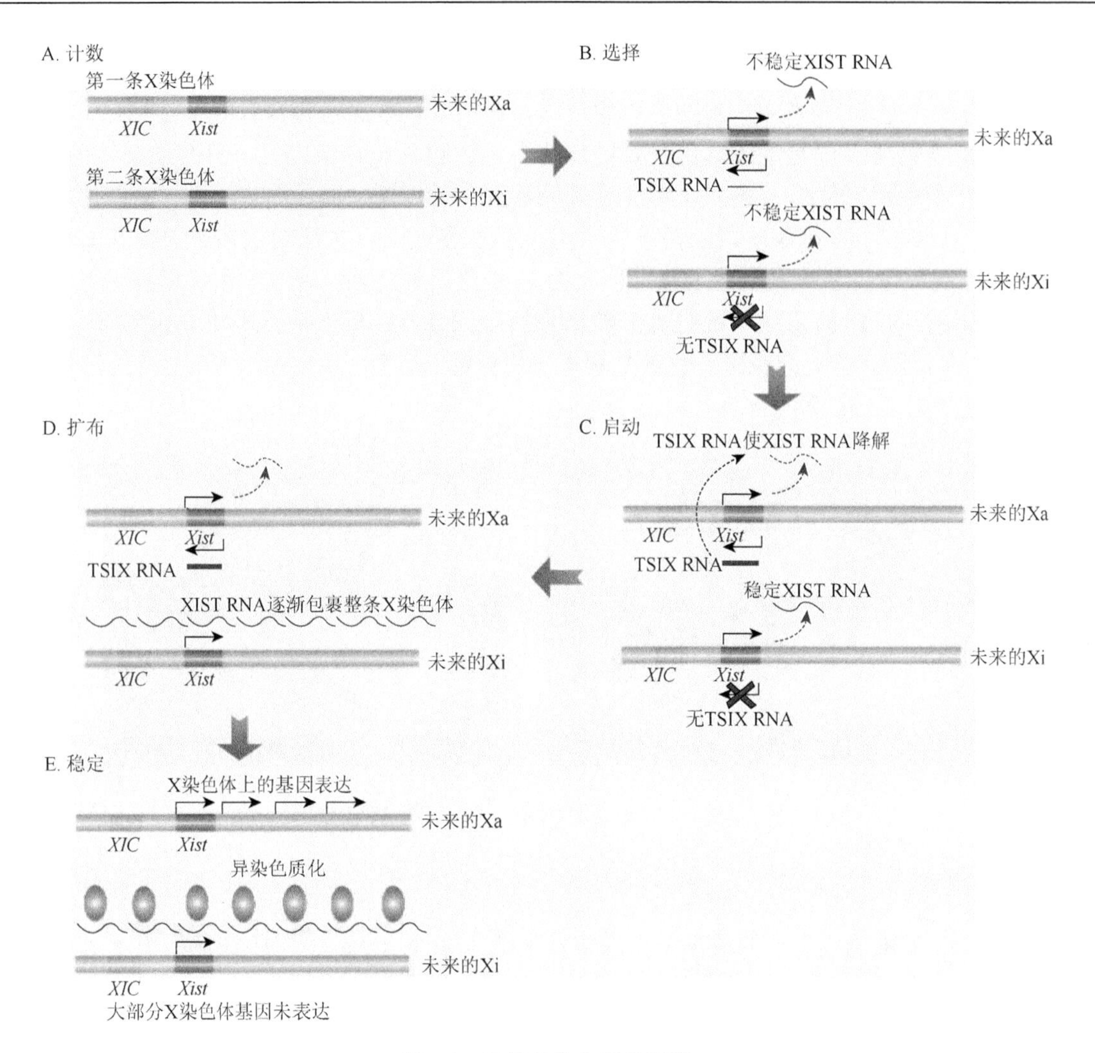

图 5-3 X 染色体失活的过程

稳定地转染沉默失活的 X 染色体（Xi）通过一系列步骤实现。A. 首先，称为 X 染色体失活中心（XIC）的 X 染色体上的基因是“计数的”，必须存在至少两个拷贝的 XIC，失活才能发生。计数过程确保只有一条 X 染色体在二倍体细胞中保持活性。B. 两条 X 染色体转录 XIST RNA，这是 X 染色体失活所必需的。通过 TSIX RNA 的不对称表达来确定哪条 X 染色体失活。DNA 互补链需要 *Tsix* 基因的转录。与 XIST RNA 结合只存在于未来的活性 X 染色体（Xa）中。相反，在未来的 Xi 染色体中，*Tsix* 基因的转录被抑制，XIST RNA 积累。C. X 染色体失活的启动由 XIST RNA 在未来 Xi 上的稳定介导，而不稳定的 XIST RNA 降解后，Xa 染色体上的等位基因随后开始转录。D. 稳定的 XIST RNA 在染色体上扩散表达。E. XIST RNA 为促进组蛋白修饰序列提供结合位点，帮助异染色质形成，最终导致转录沉默并确保维持 X 染色体失活

约 100 种蛋白质到 X 染色质上，进一步维持和稳定 X 染色质失活。DNA 甲基化对 X 染色质失活也是有重要作用的，已知在失活的 X 染色质上，很多区域的 X 染色质被甲基化。

五、巴氏小体制备及其生物学意义

（一）巴氏小体及其制备

在哺乳类动物中，正常雌性个体两条 X 染色质在不分裂的细胞中，只有一条 X 染色质活化，另一条固缩，固缩状态的 X 染色质能被碱性染料所深染，这就是失活的 X 染色质，即巴氏小体。在雄性动物中，染色体为 XY 型，一般无固缩的 X 染色质，故检查不出。有人实验统计得出，在雌性动物中，X 染色质检出率为 56%～87%，雄性动物中为 2%～6%。

巴氏小体一般出现在细胞周期的间期，直径 1 μm 左右，位置大部分紧贴核膜内侧，形态多样，常呈现半圆形、三角形、馒头形，少部分游离于核内呈现圆形或椭圆形。

细胞间期核内巴氏小体的数目总是比细胞内 X 染色体的数目少 1。正常雌性有 2 条 X 染色质，因此就有 1 个巴氏小体（图 5-4A、图 5-4C）。若有 3 条 X 染色质，就有 2 个巴氏小体（图 5-4B），以此类推。正常雄性只有 1 条 X 染色质，故没有巴氏小体。

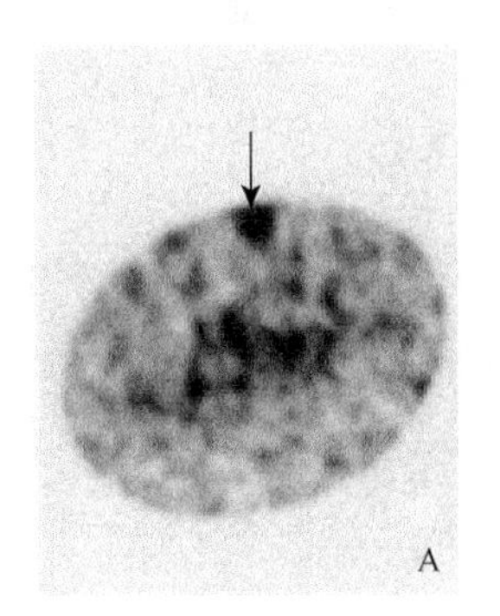

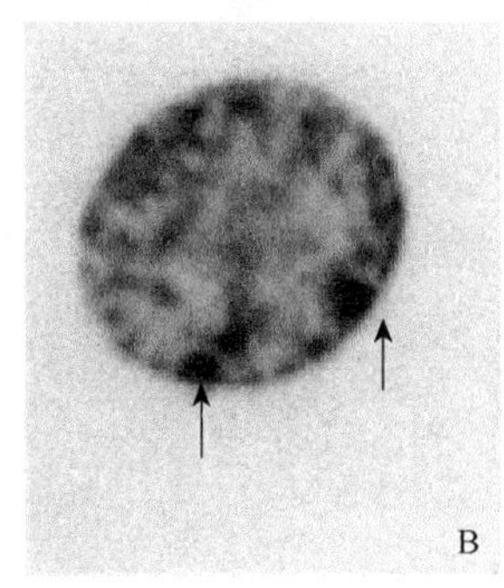

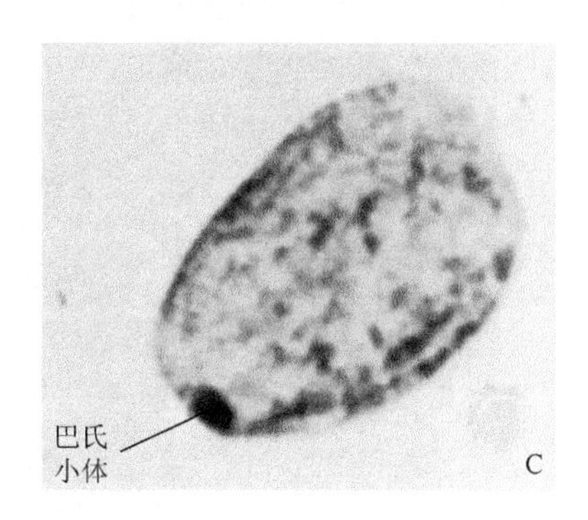

图 5-4 人类细胞中的巴氏小体

A、C. 正常女性细胞中有 1 个巴氏小体；B. 具有 3 条 X 染色质的女性细胞中具有 2 个巴氏小体

巴氏小体的制备步骤一般如下：首先刮取人或动物口腔颊部黏膜上皮细胞，第一次刮的弃掉，用第二次刮的涂片，然后放入 95%的乙醇中固定 30 min，干燥后，用苯酚复红染色 1～2 min，蒸馏水漂洗，干燥后，显微镜观察巴氏小体。

（二）巴氏小体生物学意义

由于巴氏小体的数量与性别有关，因此在 20 世纪 70～80 年代，人们利用巴氏小体进行性别鉴定。有者则为雌性，无者则为雄性。另外，巴氏小体在人类临床医学上进行了更为广泛的研究和应用，在各种性异常的疾病和部分肿瘤细胞中，均发现了两个或更多的巴氏小体存在。利用巴氏小体鉴定动物或人类性别的应用研究也取得了一定的进展，经研究发现性别的差异与胚胎中巴氏小体出现的概率具有较大的相关性，一般来讲，巴氏小体出现概率高的将来发育成雌性的可能性更高，这在指导畜牧业的发展上有潜在的应用价值。当然，随着分子生物学技术的发展，这一问题可以通过 PCR 扩增技术很容易得到解决。

第六节 昆虫多线染色体标本的制备

一、昆虫多线染色体的发现与作用

（一）昆虫多线染色体的发现

1881 年，Balbiani 首先发现双翅目昆虫唾腺有多线染色体存在，但并没有引起细胞遗传学家的注意；1933 年，Heitz 等重新发现双翅目昆虫的唾腺和马氏管等器官中存在多线染色体结构；1935 年，Bridges 详细描述了果蝇多线染色体的特征并绘制了其细胞学图谱。

（二）果蝇多线染色体是典型的遗传学研究材料

果蝇属有 1600 多种（图 5-5），遗传资源非常丰富，这使果蝇多线染色体成了典型的遗传学研究材料。果蝇多线染色体不但可用于研究染色体重组，染色体畸变的类型、定位，染色质形态变化及其与对应蛋白质之间的关系，也是研究 DNA 复制转录与基因表达调控的优异模型。近年来，果蝇还是研究许多人类基因，特别是疾病相关基因，如血脂异常、肥胖和糖尿病等功能基因组学的一个重要模型。果蝇多线染色体还可以用来解释遗传学上一些重要的遗传学效应，如剂量补偿效应和花斑位置效应。有些动物，如果蝇等的雄体通过其 X 染色质上的基因表达速率增加一倍以实现剂量补偿效应。在遗传学中，染色体畸变改变了一个基因与其邻近基因或邻近染色质的位置关系，从而使它的表型效应也发生变化的现象称为位置效应。这包括两种类型：一种是稳定型的位置效应，就是染色体畸变后相应基因产生的表型效应稳定，如果蝇的棒眼是相关基因重复造成的；另一种是不稳定的位置效应，为嵌合型，称为花斑位置效应。因此，果蝇多线染色体已成为细胞和分子遗传学研究的典型模式材料。

图 5-5　果蝇性状

二、果蝇多线染色体的细胞遗传学图谱

果蝇多线染色体是由核内多次有丝分裂后形成的染色质丝平行排列组成的巨大染色体。由 4 对同源染色体组成（图 5-6），同源染色体呈配对状态；第 1、4 对同源染色体是端或近端着丝粒染色体，且第 4 对染色体较小，第 2、3 对同源染色体是中或近中着丝粒染色体；4 对染色体的着丝粒聚合形成染色中心（图 5-7），以此为中心伸出 5～6 条臂，其中第 2、3 对染色

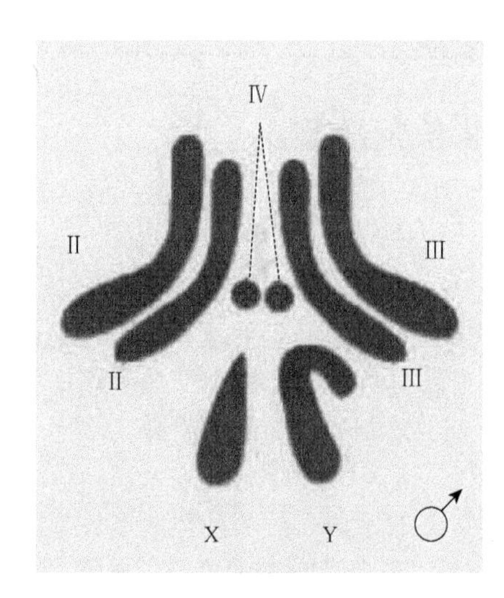

图 5-6　果蝇的染色体

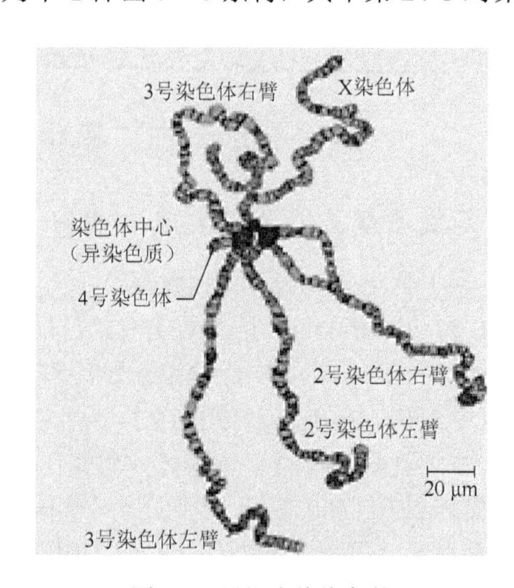

图 5-7　果蝇多线染色体

体分别贡献 2 条臂，第 1 对染色体为性染色体，贡献 1 条臂，第 4 对染色体在伸展充分的情况下可以贡献 1 条臂，每条臂可以含有 1000 多条染色质丝，长度是中期染色体的 100～150 倍，所以在普通光学显微镜下清晰可见。

Morgan 早期的果蝇遗传实验从理论上证明了基因在染色体上呈线性排列，但缺乏物理证据。Bridges 利用果蝇多线染色体带纹绘制了第一个果蝇染色体细胞遗传图谱，他将多线染色体的 6 条臂分为 102 个区，除第 4 对染色体较小仅包含 2 个区以外，其他 5 条臂分别由 20 个区组成，每个区又分为 6 个亚区，用 A～F 字母依次表示，每个亚区内用数字 1、2、3 等表示带纹的序号。Kings 进一步将已知的基因和遗传连锁图等数据与 Bridges 的细胞遗传图谱进行了精确的整合。为了避免 Kings 和 Bridges 所绘制的多线染色体线描图与实物存在差距不利于应用实践的困扰，Lefevre 利用多线染色体的黑白照片进行了完美拼接，这些图谱的绘制为精细定位变异和基因位置等奠定了基础。目前果蝇的染色体连锁遗传图已经定位了更多的基因（图 5-8）。

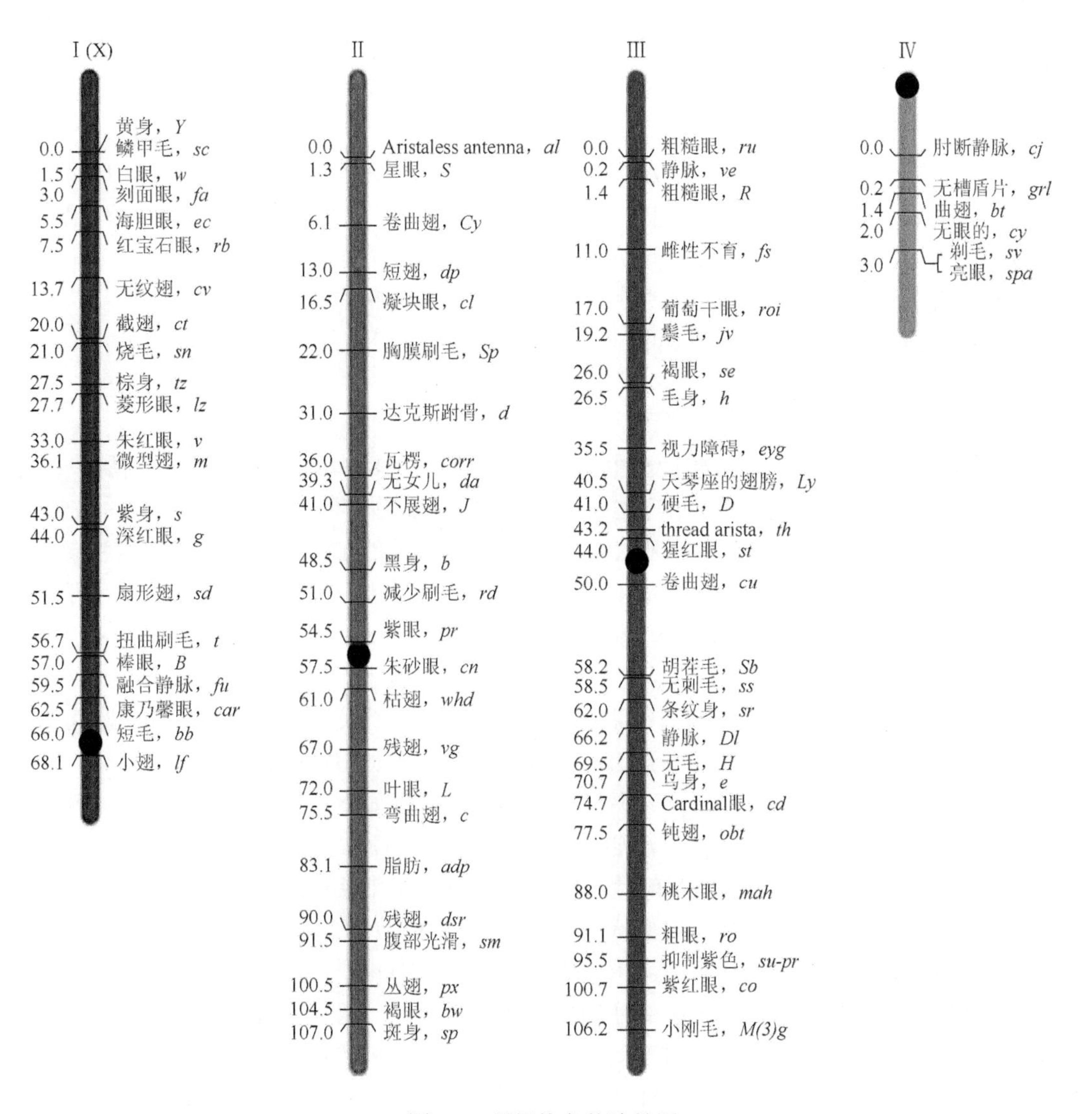

图 5-8　果蝇染色体连锁图

三、果蝇多线染色体的分子细胞遗传学研究

果蝇多线染色体之所以能够为众多细胞及分子遗传学家所青睐，主要由于其染色体足够大，且上面有丰富的带纹和显见的膨突结构，通过普通光学显微镜可以直接观察到。通过对野生型和突变型多线染色体带纹和膨突的比较可以将不同染色体分类并发现各种染色体畸变；结合组织化学染色技术，很容易区分间期染色体中常染色质和异染色质部分；利用现代测序技术发现果蝇多线染色体中常染色质和异染色质在 DNA 序列组成上存在根本差异：异染色质主要由重复序列组成，含有少量的基因，而常染色质则少有重复序列，基因含量高；利用免疫组织化学技术结合分子生物学技术，发现异染色质区域存在组蛋白低乙酰化和 H3K9 的高甲基化，而常染色质则是高水平的组蛋白乙酰化和 H3K4 的高甲基化；异染色质又分为结构异染色质和兼性异染色质，前者如着丝粒、端粒等的维持除需要组蛋白的低乙酰化和 H3K9 的高甲基化外，还需要各自特有的抑制因子，而后者的形成则是由于基因组印记和发育调控相关基因或序列的参与。作为研究间期染色体模型的一个重要特点就是明暗相间的带纹，而带和间带区的遗传组织问题一直是研究的热点。关于带纹的遗传组织问题有很多假说，早期的假说认为带和间带都是基因的载体，每条带或间带含有 1～2 个基因；有的认为每条带包含多个结构基因，类似于多顺子结构进行协同转录；也有假说认为带和间带中分别有独立的遗传单元；令人感兴趣的是 Paul 的假说，他认为间带是 DNA 聚合酶结合位点，转录是从带和间带连接区开始扩散到带区。综合多人的研究成果后有人提出带是由转录惰性的基因组成，而间带则是转录活跃基因，特别是永久表达的看家基因。最新的研究结果表明，在黑腹果蝇唾腺第四染色体上，间带区包含了看家基因的启动子区域和 5′端，中间不同基因起始部分优先排列顺序是“头对头”结构，而带一般是由组织特异性基因组成。

四、果蝇多线染色体标本的制备

多线染色体是一类存在于双翅目昆虫的幼虫唾液腺内的巨大染色体，果蝇的唾腺染色体是典型的巨大染色体，它的巨大性是由于核内染色体 DNA 经过多次复制（可达 210～215 次），并未发生细胞核分裂引起的，同时唾腺细胞中的染色体总是处在配对状态即体细胞联会，重复复制后的染色线聚集在一起，在显微镜下看到唾腺染色体要比一般的染色体大得多，可以达到宽 5 μm，长 400 μm，是一般中期染色体的 100～150 倍，因此，又称多线染色体。研究表明，对一种果蝇来说，带纹的宽窄、数目、位置等特征是恒定的。通过细胞遗传学的研究已经证明，多线染色体的带纹与某些特定的基因相联系。由于它的巨大性及其染色体上带纹清晰可数，因此巨大染色体是遗传学上研究染色体形态结构及染色体畸变的好材料。

果蝇多线染色体的制备通常采用压片法。具体操作步骤如下。①首先用解剖针从培养瓶内挑取 1 只三龄幼虫置于载玻片上，并滴加 1 滴生理盐水。剖唾腺时，用 2 根解剖针，左手解剖针压在幼虫末端的 1/3 处，右手持解剖针压住果蝇头部并向前轻轻移动，即可将头部与身体拉开，仔细观察可看见一对透明微白的囊状体即为唾腺（图 5-9）。在唾腺的前端各伸出一条细管在前面汇合成一总管。果蝇的唾腺是由单层细胞构成的，因此，在解剖镜下可以看出其细胞界限。如果唾腺没有被拉出来，可用解剖针轻压虫体的断开处，把唾腺挤压出来。操作时解剖针一定要轻轻拨动，切不可将肠管、神经管等全部戳断从而影响视线。由于果蝇唾腺几乎透明，但是其上连带的脂肪体为乳白色，因此还是较容易辨认出来的。②去除脂肪体。果蝇的唾腺上附有乳白色的脂肪体，如不去除，在制片时会在载玻片上形成大量脂肪滴从而影响制片的质

量。在去除脂肪体时，用解剖针的针尖轻轻操作，尽量保持唾腺的完整性。如果在剥离脂肪时将唾腺碰断，仍然可以继续进行染色操作，因为在唾腺内有大量的细胞。③将唾腺移入加有 6 mol/L HCl 的载玻片上固定 3 min，吸走盐酸。④滴 1 滴乙酸地衣红染色 30 min 后，将多余的染料吸去。⑤压片：用镊子夹盖玻片盖上，并对准唾腺所在方向将盖玻片压下去，使细胞铺展开来。左手按住盖玻片的一角，右手持铅笔从垂直于盖玻片的方向，在唾腺细胞所在区域轻轻敲击，这个染色体很长，不能重击。⑥镜检。将染色体标本放在显微镜下观察染色体是否分散开，如果没有则重复上述步骤，直至看到有臂散开来的细胞。

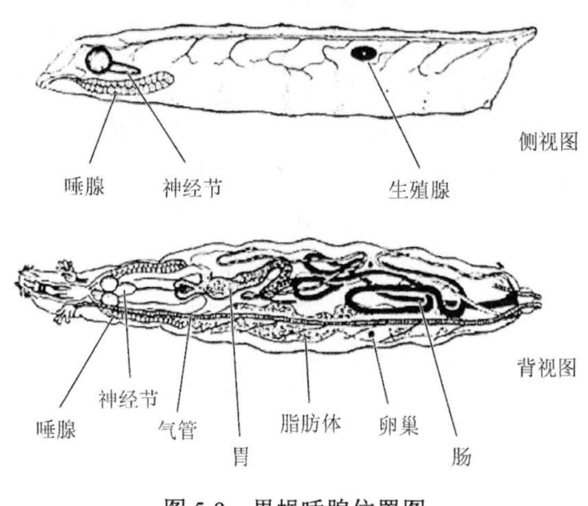

图 5-9　果蝇唾腺位置图

第七节　植物染色体标本的制备

一、概述

植物细胞与动物细胞相比，拥有坚实的细胞壁，在染色体标本制片过程中难以消除细胞质和细胞壁对染色体的覆盖，导致染色体不易分散，呈现出染色体重叠、变形、断裂等现象。为了克服植物细胞壁带来的一系列染色体标本制片过程中的困难，科研人员在人类和动物细胞制片方法的基础上进行不断改进，逐步形成适用于植物细胞的染色体标本制作技术。

常规压片法由 Beilin 于 1921 年发明，一直沿用至今，是细胞生物学中最经典的技术之一。1979 年，陈瑞阳先生根据人类及动物细胞染色体标本制片中的低渗技术，创立了去壁低渗火焰干燥法，对植物染色体标本制作技术进行了改革与创新。利用该方法，陈瑞阳先生对我国 37 科 105 种植物进行了染色体计数、组型分析、Giemsa 分带等研究，出版了世界上第一部植物基因组染色体图谱，使我国植物染色体研究达到了国际先进水平。至今该方法被应用于各类植物染色体研究，如黑麦、小麦、大麦、玉米、棉花、大豆、花生、水稻、高粱、绿豆、麻类等多种作物，使我国的植物研究领域得到了长足发展。现对常规压片法与去壁低渗火焰干燥法两种植物染色体标本制片技术进行详细介绍。

二、常规压片法制备植物染色体标本

（一）原理

常规压片法是观察植物染色体常用的方法，该技术以分裂比较旺盛的植物根尖细胞或茎尖

细胞为实验材料，经预处理、固定、解离、压片等操作步骤，观察处于有丝分裂中期的染色体的数目、形态等特征，为后续的染色、分带等分析工作奠定基础。

（二）操作步骤

（1）取材　应选取分裂旺盛的组织或细胞。在植物中通常选择幼嫩的根尖或茎尖，在分裂高峰期时取材（通常为上午 10 时左右），可得到大量处于有丝分裂中期的细胞。

（2）预处理　可用低温处理，将实验材料置于 0～4℃环境中 12～30 h；或使用秋水仙碱短时间处理，将实验材料置于 0.01%～0.2%的秋水仙碱溶液中处理 2～5 h。目的是抑制细胞内的纺锤体形成，使大部分细胞停留在有丝分裂中期。

（3）固定　常采用卡诺氏固定液（甲醇∶冰醋酸＝3∶1）固定 2～24 h。其目的是将细胞迅速杀死，蛋白质沉淀，并可尽量保持细胞原有状态。

（4）解离　将实验材料从固定液中取出，用蒸馏水漂洗干净，切除多余部分，留下分生区组织，放入 1 mol/L 盐酸溶液中，在 60℃恒温水浴中放置 30～60 min；或置入 2.5%的果胶酶和 2.5%的纤维素酶的混合液中，37℃的恒温箱中处理 2～5 h。目的均是要除去细胞间的果胶层，并使细胞壁软化或酶解，为染色体的分散提供了空间。

（5）漂洗　解离结束后，用蒸馏水或 75%乙醇冲洗分生区组织，终止解离反应。

（6）压片　将分生区组织放在干净的载玻片上，滴加苯酚品红染液，加盖玻片。用吸水纸将载玻片与盖玻片包裹住，既可以吸去多余的液体，又能保证盖玻片不轻易滑动。然后通过指腹等机械力量向盖玻片施压，使细胞分散、破碎，释放出染色体，然后进行显微镜下观察和染色体计数。

三、去壁低渗火焰干燥法制备植物染色体标本

（一）原理

植物根尖分生组织细胞经果胶酶和纤维素酶处理后，由果胶质及纤维素构成的细胞壁被消化，成为游离的原生质体；然后用低渗溶液处理，使细胞膨胀，经固定、火焰干燥、染色等步骤，即可制备出染色体长度适中、集中而不重叠、各部分形态结构清晰的优良染色体标本。

（二）操作步骤

（1）前处理　待幼根长到 0.5～2 cm 时，取下幼根，浸入 0.01%～0.2%秋水仙碱溶液中，黑暗处理 3 h。目的是抑制细胞内纺锤体的形成，使大部分细胞处于有丝分裂中期。

（2）前低渗　经过前处理的幼根用蒸馏水冲洗后切取根尖分生区，浸入 0.075 mol/L KCl 溶液中，在 25～30℃条件下低渗处理 30 min。

（3）固定　去除低渗液，用蒸馏水将根尖冲洗干净，加入现配的卡诺氏固定液（无水乙醇∶冰醋酸＝3∶1），室温固定 4～24 h。

（4）去细胞壁　将固定液去除，加入 2.5%的纤维素酶和果胶酶的混合液，酶液量以能浸没试验材料为宜，在 37℃条件下处理 2～5 h。

（5）后低渗　用蒸馏水轻轻冲洗材料 2～3 次，以去除酶解液，终止酶解反应。然后加入 0.075 mol/L 的 KCl 溶液进行后低渗处理 10 min。时间不宜太长，以防细胞破裂。

（6）漂洗　去除低渗液，用蒸馏水将根尖分生区轻轻冲洗干净。

（7）涂片法制片　将根尖放在预冷的载玻片上，用镊子尖端或解剖针将其捣碎涂抹，剔除大块碎片组织。然后加 1 滴固定液于根尖组织涂抹区，迅速抬起载玻片一侧，帮助固定液扩散，之后再用酒精灯微微加热至载玻片完全干燥，即可进行显微镜观察或染色处理。

四、两种植物染色体标本制备方法比较

（一）实验过程比较

常规压片法作为应用最广泛的染色体标本制备方法，具有操作简单、耗时少、观察视野集中等优点，但获得的标本容易出现细胞重叠、染色体分散不均等现象。去壁低渗火焰干燥法引入了动物细胞染色体制片中的低渗技术，使植物细胞膨胀，并通过纤维素酶和果胶酶混合液降解细胞壁，使细胞容易破裂，染色体能平整地铺展在载玻片上，从而获得形态清晰、分散良好的染色体标本。

去壁低渗火焰干燥法与常规压片法相比较，具有以下优点。第一，优良染色体标本比率高。常规压片法观察到的植物染色体受压片过程力度的影响，易出现染色体聚集、重叠、断裂等现象，能供核型分析用的细胞比率比较低。而去壁低渗火焰干燥法获得的染色体形态比较完整，有利于染色体的测量和分析。第二，去壁低渗火焰干燥法通过涂片法来制片，省去了压片、揭盖玻片等步骤，可减少去除盖玻片过程中对染色体的损伤。第三，去壁低渗火焰干燥法通过酶解、低渗、火焰干燥等手段，得到的标本背景干净，利于后续进行荧光原位杂交过程的探针上色。第四，去壁低渗火焰干燥法不用树胶封片就可以在显微镜下直接观察，而且在 Giemsa 液染色后再封片可长期保存而不褪色，而常规压片法需要树脂封片后才可以长期保存。

去壁低渗火焰干燥法的缺点是操作步骤相对烦琐，细胞在载玻片上分布范围广而不利于显微镜观察，对细胞低渗时间要严格把控，否则影响实验效果。

（二）实验注意事项

（1）两种方法均需要把控取材时间，幼嫩的根尖为首选材料，以保证分生区细胞在进行旺盛的有丝分裂过程。

（2）实验材料预处理均可利用低温或秋水仙碱溶液，帮助染色体凝缩和维持大部分细胞处于有丝分裂中期，但处理时间要根据不同实验材料进行调整。例如，对小麦进行预处理，则需要处理时间较长，因为小麦基因组庞大，染色体更长；而水稻拥有较小的基因组则预处理时间较短。

（3）在实验过程中，为保证标本成功率，建议药品均现用现配，如卡诺氏固定液、低渗液等。

（4）在解离过程，解离时间是关键。解离时间短，染色体包裹在坚硬的细胞壁内部无法分散开，同时会导致标本背景脏乱，不利于荧光探针与染色体杂交；解离时间长，分生组织在制片前被溶解成悬浮液，不利于后续压片或低渗处理。不同物种由于细胞壁薄厚不同需要摸索各自的解离时间。例如，加入等量的酶解混合液（2%纤维素酶：2%果胶酶）于 28℃条件下酶解，水稻大约需要 3 h 将细胞壁酶解干净，而油菜只需 1.5 h 即可。

（5）在去壁低渗火焰干燥法中，不同材料的低渗处理时间不同，如果低渗时间短，不能使染色体冲破细胞达到染色体分散良好的目的，低渗时间长，会使细胞胀破，导致细胞内染色体不完整，影响计数。

（三）制片方法改进

目前，去壁低渗火焰干燥法应用广泛，因此为适应不同物种的特性及提升此方法的效率，对其进行了部分改良。

第一，去壁低渗火焰干燥法的制片阶段，除涂片方式外，还可以采用悬浮液滴片法。滴片法是在解离并完成后低渗处理的分生区组织中加入固定液，然后捣碎或搅拌使其形成细胞悬浮液，再进行高处滴片，通过重力作用帮助低渗膨胀的细胞破碎，从而释放出染色体。然后在酒精灯火焰上微微加热使载玻片干燥，帮助染色体更紧密地附着在载玻片上。

第二，去壁低渗火焰干燥法中常采用秋水仙碱溶液对材料进行预处理，在秋水仙碱溶液中加入可提高细胞壁透性的二甲基亚砜（DMSO），可以提高预处理的效率，得到更多处于有丝分裂中期的细胞。另外，秋水仙碱有剧毒且价格昂贵，有实验证明可采用市售樟脑丸配制饱和溶液作为预处理剂。利用樟脑丸饱和溶液对水仙根尖进行预处理，能取得与秋水仙碱相同的效果。并且与低温预处理相比，又大大缩短了处理时间。同时市售樟脑丸廉价易购，节约费用。8-羟基喹啉（8-HQ）和 α-溴代萘也是在预处理阶段凝缩染色体的优良试剂，但是仍需把控预处理时间，做到因材施教、因地制宜。

第三，笑气（N_2O）也可以帮助染色体凝缩，在小麦细胞学研究中的应用尤为突出。将材料放入密闭罐中，充入笑气，保持 1～2 h，然后利用 90%冰醋酸溶液杀死细胞，再进行解离、火焰干燥法（涂片法或滴片法）制片。此方法的优势在于缩短了固定的时间，并且使染色体保持良好清晰的形态。在荧光原位杂交的标本准备过程常利用此法。

第四，去壁低渗火焰干燥法中常采用卡诺氏固定液将细胞杀死并将细胞原有形态固定下来。将固定后的材料用 70%乙醇隔天换洗，2～3 次后，再置于 70%乙醇中封存，可供长期使用。该法还适用植物生殖细胞减数分裂材料的固定和保存，使实验取材不受时间、季节限制。

第八节　染色体标本制备中应注意的问题

染色体标本制备的好坏直接影响染色体标本的质量和后续分析。所以在染色体标本制备中，特别是利用微量全血培养法应注意系列问题。

（1）*无菌操作*　细菌或霉菌污染是培养失败的常见原因，在外周血淋巴细胞培养或组织细胞培养中，必须加强各个环节的无菌操作观念，以预防为主，一旦污染，一般很难消除。

（2）*培养液*　所用的培养液必须满足细胞生存和生长的必要条件。由于细胞来源的动物种类、组织类型不同，对培养液的要求有一定的差异，必须要用预实验的方法选择适当的培养液。

（3）*小牛血清*　小牛血清对于维持培养细胞的生存和促进细胞增殖起着关键性作用。可选择多种不同批号的小牛血清进行小样分析。一旦确定某一厂家的某一批号小牛血清后，就保持应用至实验完成。

（4）pH　合适的 pH 是细胞培养成功的重要因素之一。由于不同动物种类血液的 pH 是有差异的，根据动物种类及时调整好培养液的 pH 非常重要。

（5）*培养温度*　由于不同动物种类体温是有差异的，培养温度的选择必须与动物体温保持一致。

（6）PHA　合适的 PHA 浓度要通过预实验来确定，PHA 浓度太大，发生凝血；浓度太小，不能刺激细胞分裂，中期分裂相细胞少。

（7）*低渗*　低渗所用的温度和时间都很重要，合适的处理温度和时间一般也要通过预实验来确定。温度太低或处理时间不够，染色体分散不开或重叠，不能分析；温度太高或处理时间过长，染色体分散太开，聚集性不好，染色体容易丢失。

（8）*秋水仙碱*　秋水仙碱使用的时间过长和浓度过大，都会造成染色体过短，不利于分析。秋水仙碱使用的处理时间太短和浓度太低，不能达到阻断细胞分裂的目的，中期分裂细胞太少。

（9）*胶原酶溶液*　必须新鲜配制，贮存时间过长（即使是−20℃低温保存），也将影响消化效力，导致消化时间过长，细胞损伤增加。

（10）L-*谷氨酰胺*　几乎所有细胞对谷氨酰胺都有较高的要求，细胞需要谷氨酰胺合成核酸和蛋白质，在缺少谷氨酰胺时，细胞会因生长不良而死亡。谷氨酰胺在溶液中很不稳定，加有谷氨酰胺的培养液在4℃冰箱贮存两周以上时，就应重新加入原来量的谷氨酰胺。

（11）静置培养　原代细胞在消化分离后，在置于CO_2培养箱的24～48 h（必要时72 h）内，应处于绝对静置状态，切忌不时地取出培养瓶观察生长状况，这将使原代分离细胞难以贴壁，更谈不上伸展和增殖，初学者尤应注意。不必担心培养液中的营养成分会消耗光，在细胞增殖之前对营养的要求并不大。原代培养初期仅加一薄层培养液的目的也是有利于细胞贴壁伸展。

（12）消化时间　一般消化至肉眼尚可见微小组织颗粒即可，因为此时组织颗粒已经松散，略经吹打即成细胞团或单个细胞，过久的消化往往导致细胞损伤加重，细胞培养成活率降低。

（13）其他生长因子　经过以上处理，一般原代分离细胞培养均可以成功。对于少数特殊类型细胞也可以考虑加一些特殊的生长因子，如胰岛素能促使细胞摄取葡萄糖和氨基酸。另外，内毒素、EGF、FGF等均有促有丝分裂的作用，但费用较高。

本章小结

染色体制备是细胞遗传研究的基础。本章介绍了细胞遗传实验室所需的基本工作条件和要求，细胞培养室和工作室所需的基本仪器设备，器具的清洗与灭菌的要求，制备染色体所用试剂溶液的特性与作用，以及重点介绍了动植物培养细胞染色体的制备方法，包括骨髓染色体标本制备法、外周血淋巴细胞培养与染色体标本制备法、组织细胞培养与染色体标本制备法、染色质失活及巴氏小体制备法、昆虫多线染色体标本制备法和植物染色体标本制备法等技术和方法。比较详细地阐述了不同方法的基本原理，使用对象、范围、操作步骤及注意的事项。

骨髓染色体标本制备法一般适合于小型哺乳类动物和鸟类；外周血淋巴细胞培养与染色体标本制备法适合较大型和珍贵的动物。由于外周血淋巴细胞培养法制备染色体标本不需要屠杀动物，已成为制备动物染色体标本最主要的方法。组织细胞培养法由于细胞来源容易、细胞分裂率高和染色体标本清晰度高等优点，也是制备染色体标本常用的方法。植物细胞与动物细胞相比，拥有坚实的细胞壁，在染色体标本制片过程中难以消除细胞质和细胞壁对染色体的覆盖，导致染色体不易分散。所以，在动物染色体制备方法的基础上，不断改进。现主要利用常规压片法和去壁低渗火焰干燥法制备植物染色体标本。

在动物细胞培养和染色体制备中，需要注意的是无菌操作，合适的pH、温度、PHA、秋水仙碱含量，以及低渗的温度和时间等。在植物染色体制备中，除共性的问题以外，在解离过程中解离的时间是关键。

➤思　考　题

1. 在染色体标本的制备中，培养的细胞收获前为何要加入秋水仙碱？
2. 在动物细胞培养结束前加入秋水仙碱时间长短对染色体标本有何影响？
3. 在外周血淋巴细胞培养中为何要加PHA？加入量过多或过少对细胞培养有何影响？
4. 在外周血淋巴细胞培养时，培养液的pH是如何确定的？
5. 简述利用外周血淋巴细胞培养法制备染色体标本的基本过程。
6. 所制备的染色体标本有分裂相，但分散不好，原因是什么？如何改进？
7. 在染色体标本制备过程中，为什么要进行低渗处理？
8. 为什么巴氏小体分析可以进行性别诊断？

9. 在染色体标本制备过程中，为何用 0.075 mol/L KCl 处理？
10. 在什么条件下，用分离白细胞培养法制备染色体？
11. 动物细胞培养时，培养温度是如何确定的？
12. 在适宜温度条件下，适宜的低渗时间是多少？低渗时间长短对染色体制片有何影响？
13. 染色体制备中为什么要固定？常用的固定液是什么？
14. 染色体标本一般用什么染料染色？
15. 骨髓染色体标本的制作适合什么样的动物？
16. 染色体制备中应注意哪些问题？
17. 在什么条件下，用外周血淋巴细胞培养法制备染色体？

编者：刘武军　雷初朝　李宗芸

主要参考文献

曹清河，马代夫，张安. 2008. 甘薯近缘种染色体核型及花粉粒超微结构分析[J]. 西北植物学报，28（8）：1610-1613.

陈高，孙航，孙卫邦. 2007. 改进的植物染色体制片方法[J]. 植物生理学通讯，43（4）：759-760.

陈瑞阳，宋文芹，李秀兰. 1979. 植物有丝分裂染色体标本制作的新方法[J]. 植物学报，21（3）：297-298.

陈瑞阳，宋文芹，李秀兰. 1982. 植物染色体标本制备的去壁、低渗法及其在细胞遗传学中的意义[J]. 遗传学报，9（2）：151-159.

丁鸿，邱东萍，陈少雄. 2012. 植物染色体标本的制备和染色体核型分析研究进展[J]. 南方农业学报，43（12）：1958-1962.

高锦声. 1982. 人体染色体方法学手册[M]. 南京：江苏省医学情报研究所.

郭团玉. 2012. 植物细胞染色体标本制备实验方法改进[J]. 宁德师范学院学报（自然科学版），24（01）：62-64.

李刚，陈凡国. 2015. 果蝇唾腺多线染色体研究进展及其在遗传学教学中的应用[J]. 遗传，37（6）：605-612.

李国珍. 1985. 染色体及其研究方法[M]. 北京：科学出版社.

李懋学，张敦方. 1991. 植物染色体研究技术[M]. 哈尔滨：东北林业大学出版社.

李懋学，张赞平. 1996. 作物染色体及其研究技术[M]. 北京：中国农业出版社.

李展. 1982. 用去壁低渗火焰干燥法制片进行玉米染色体的组型和带型分析[J]. 安徽农业科学，（3）：42-47.

李宗芸，伍晓明，王秀琴，等. 2003. 甘蓝与芸薹属 5 个近缘物种的基因组原位杂交分析[J]. 中国油料作物学报，25（4）：16-19.

陆绮. 2017. X 染色体失活现象与机制[J]. 自然杂志，39（1）：25-30.

吕群，江绍慧，何银瑛，等. 几种家畜淋巴细胞培养方法和染色体组型[J]. 遗传，79：3.

彭莉莉，赵丽娟，宋运淳，等. 2004. 水稻中期染色体和 DNA 纤维的高效制备技术[J]. 武汉植物学研究，22（04）：364-367.

王超，王婧菲，庄南生，等. 2012. 木薯根尖染色体制片方法的优化[J]. 热带作物学报，33（4）：627-630.

王子淑. 1987. 人体及动物细胞遗传学实验技术[M]. 成都：四川大学出版社.

赵吉平，王桂荣，刘芳. 1991. 8-羟基喹啉诱导蚕豆根尖细胞异常性的研究[J]. 遗传，13（6）：5-10.

朱澂. 1982. 植物染色体及染色体技术[M]. 北京：科学出版社.

Han F，Liu B，Fedak G，et al. 2004. Genomic constitution and variation in five partial amphiploids of wheat：thinopyrum intermedium as revealed by GISH，multicolor GISH and seed storage protein analysis[J]. Theor Appl Genet，109：1070-1076.

Hiremath S，Chinnappa C. 2015. Plant Chromosome Preparations and Staining for Light Microscopic Studies[C]//Yeung E，Stasolla C，Sumner M，et al. Plant Microtechniques and Protocols. Berlin：Springer.

Kato A，Lamb J C，Birchler J A. 2004. Chromosome painting using repetitive DNA sequences as probes for somatic chromosome identification in maize[J]. Proc Natl Acad Sci USA，101：13554-13559.

Schwarzacher T. 2016. Preparation and Fluorescent Analysis of Plant Metaphase Chromosomes[C]//Caillaud M C. Plant Cell Division. Methods in Molecular Biology vol 1370. New York：Humana Press.

第六章　染色体核型分析原理、技术及应用

染色体是基因的载体，因此，要进行某生物种、品种或个体的细胞遗传学研究与分析，就必须首先对该生物染色体的基本特征有所了解。在细胞水平上，遗传物质以染色体的形式表现出来。在高等动植物中，染色体特征已作为物种的重要标志之一。染色体特征的综合表现包括染色体的数目、形态和大小，它具有稳定的遗传特性，可以作为一个物种、一个品种或一个个体的遗传标记。

染色体标本制备出来以后，需分析确定一个物种染色体的特征，或确定染色体是否正常，染色体结构和数目有无变化，这就需要进行染色体的核型分析。染色体的核型分析包括数目、形态、结构及特征等分析。

第一节　染色体核型的概念

染色体核型（karyotype）是指将一个生物中期分裂细胞中的全部染色体图像进行剪切，按照同源染色体配对，分组、依大小排列的图形称核型。核型反映了一个物种所特有的染色体数目及每一条染色体的形态特征，包括染色体的相对长度、着丝粒的位置、臂指数、随体的有无、次缢痕的数目及位置等。核型是物种最稳定的细胞遗传学特征和标志，代表了一个个体、一个物种，甚至一个属或更大类群的遗传特征。按照同一物种不同个体许多细胞染色体的核型特征绘制出的核型模式图称为染色体组型图（idiogram）。染色体组型是由理想的、模式化、标准的染色体组成，是根据许多细胞的染色体形态学特征描绘而成的。染色体组指的是一个生物细胞中同源染色体之一构成的一套染色体。染色体组型是染色体分析的参考标准。

第二节　染色体核型分析技术

一、染色体核型分析的概念

核型分析（karyotype analysis）是将一个细胞内的染色体利用显微摄影的方法，将生物体中期分裂细胞内整个染色体拍下来，然后按同源染色体进行配对，再按照形态、大小和它们相对恒定的特征排列起来，制成核型图（karyogram），并进行染色体数目、结构和特征有无异常的分析过程。如果有染色体组型标准，这种分析可以与组型进行比较，从而得出结论。所以，染色体核型分析有时也叫染色体组型分析，在一些文献中染色体核型和染色体组型常常有混用的情况。

二、染色体核型分析的过程

染色体核型分析主要是对染色体数目、相对长度、形态特征的分析。分析的步骤如下。①取样、细胞培养和染色体标本的制备；②观察细胞分裂相，寻找和选择合适的分裂细胞，进行染色体计数与数目分析；③染色体显微照相；④通过剪切、配对、测量和计算，进行相对长

度和形态学分析；⑤通过对染色体特征的识别和排列做核型分析；⑥资料的显示和比较，包括柱形图和统计检验等。一个中期细胞的染色体的核型排列可以手工进行，也可用相应的计算机程序进行核型分析（图 6-1）。

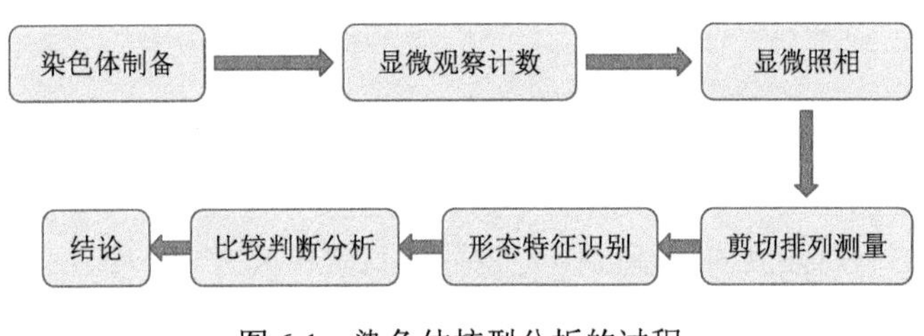

图 6-1　染色体核型分析的过程

第三节　染色体核型分析的内容

一、染色体数目确定

在高等动植物的体细胞中，都有特定的染色体数目，一般情况下，染色体的数目是恒定的。在二倍体生物体细胞中染色体成对存在，大小、结构、形态相同的两个染色体叫同源染色体。同源染色体之一构成的一套染色体称一个染色体组。一个染色体组所携带的全部基因称基因组。在一般动物细胞中，都含有两个染色体组，称为二倍体（$2n$）；含有体细胞染色体数目一半的生殖细胞，称为单倍体（n）。例如，黄牛的正常染色体数目为 60 条（表 6-1），可配成 30 对，其中 1 对为性染色体，29 对为常染色体。在母牛中有 1 对较大、相同的性染色体，称 X 染色体。在公牛中，有一条与母牛大小相同的性染色体和一条小的性染色体，这个小的性染色体称 Y 染色体。

表 6-1　不同种牛的染色体数目

种名	学名	染色体数
黄牛	*Bos taurus*	60
瘤牛	*Bos indicus*	60
沼泽型水牛	*Swamp Buffalo*	48
河流型水牛	*River Buffalo*	50
牦牛	*Bos grunniens*	60

注：来自陈宏，1990

染色体数目分析是对分散良好、染色体相互不重叠、团聚性好的中期分裂相细胞中的所有染色体在显微镜下或显微视频屏幕上进行观察计数，一般观察计数在 50 个以上的细胞，求其平均数，大于 80%以上细胞的染色体数目均数代表该个体的染色体数目。例如，1990 年陈宏对 4 个中国黄牛群体每个个体观察了大量中期分裂相细胞的染色体，二倍体染色体数目的观察统计结果见表 6-2。由表 6-2 可见，蒙古牛、秦川牛、岭南牛、西镇牛染色体数 $2n = 60$ 的细胞占总观察细胞数的比例分别为 86.51%±3.53%，86.50%±1.92%、85.77%±3.25%、88.12%±3.45%，平均为 86.23%±0.35%。$2n \neq 60$ 的细胞平均为 13.77%± 0.35%。说明 4 个中国黄牛群体正常体细胞的染色体数目 $2n = 60$。在此前后，郭爱朴等、于汝梁等、门正明等、陈琳等先后对丽江黄牛、晋南牛、鲁西牛、南阳牛、郏县红牛、峨边花牛、温岭高峰牛、甘肃本地牛、海南牛、新疆褐牛、荷斯坦牛等许多个品种开展了研究，其关于中国黄牛染色体数目的结果与许多报道一致。

表 6-2 4 个中国黄牛群体的染色体数目

群体	性别	头数	观察细胞数	染色体数目及比例/%（以个体频率为基础求得 $\bar{X}\pm S$）							
				<57	58	59	60	61	62	>63	4n
蒙古牛	公	10	579	28	8	12	501	0	0	3	27
				4.13±3.49	1.47±1.22	2.30±1.32	87.24±3.26	0.00	0.00	0.46±0.77	4.41±2.30
	母	5	293	13	8	10	245	1	2	1	13
				5.09±2.47	2.00±1.86	3.21±2.62	85.05±3.97	0.30±0.67	0.49±0.70	0.32±0.70	3.54±2.27
	合计	15	872	41	16	22	746	1	2	4	40
				4.45±3.13	1.64±1.42	0.61±1.81	86.51±3.53	0.10±0.38	0.16±0.44	0.41±0.72	4.12±2.25
秦川牛	公	12	584	24	6	8	503	7	3	8	25
				4.12±1.20	0.84±1.42	1.35±1.92	86.15±1.48	1.19±1.61	0.51±0.83	1.36±1.74	4.31±2.09
	母	4	229	9	3	3	200	1	0	1	12
				3.89±2.51	1.30±0.87	1.30±0.87	87.41±2.82	0.42±0.84	0	0.44±0.88	5.24±1.92
	合计	16	813	33	9	11	703	8	3	9	37
				4.05±1.57	1.09±1.27	1.33±1.65	86.50±1.92	0.72±1.26	0.37±0.72	1.10±1.57	4.57±1.92
岭南牛	公	6	442	16	7	7	385	0	1	6	20
				3.85±2.72	1.47±1.69	1.57±0.95	87.08±3.77	0	0.22±0.53	1.23±2.08	4.59±1.66
	母	5	400	12	8	9	337	1	1	5	27
				3.00±0.69	1.96±1.38	2.28±1.43	84.21±1.76	0.246±0.56	0.27±0.59	1.24±1.50	6.78±1.60
	合计	11	842	28	15	16	772	1	2	11	47
				3.46±2.02	1.69±1.66	1.89±2.11	85.77±3.25	0.11±0.37	0.24±0.53	1.23±1.74	5.59±1.93
西镇牛	公	9	560	16	14	18	480	2	2	4	24
				2.72±1.50	2.43±2.11	3.22±2.11	85.99±3.91	0.32±0.65	0.75±1.47	0.75±0.88	4.22±2.50
	母	12	786	19	11	17	674	6	5	4	50
				2.54±1.82	1.46±1.15	1.82±11.53	86.21±3.24	0.87±0.91	0.64±0.83	0.51±0.77	5.96±2.27
	合计	21	1346	35	25	35	1154	8	7	8	74
				2.62±1.65	1.84±1.50	2.40±1.97	86.12±3.45	0.63±0.83	0.69±1.26	0.61±0.81	5.21±2.47

在染色体数目分析时，应注意以下几点。①为了防止计数过的细胞又重复计数，每次移动一个显微镜视野，可采取如图 6-2 所示的细胞观察路线。②尽量选择分散性好并且团聚性好的中期分裂相。③尽量选择染色体相互间没有重叠的中期分裂细胞。④在计数时，可以把分裂相分为若干个区进行计数，以防漏掉或重复计数，造成计数不准确（图 6-3）。

二、染色体大小的确定

染色体的绝对长度是指每一条染色体从一端到另一端的实际长度，因为绝对长度随细胞不同分裂时期染色体的收缩程度不同而有变化，甚至同一个体不同分裂时期细胞中的染色体绝对

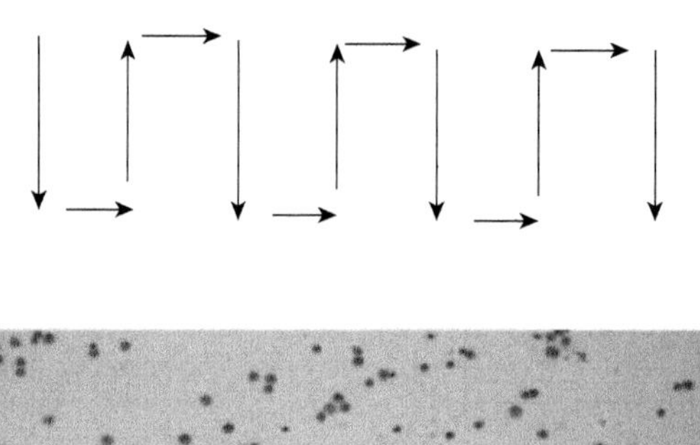

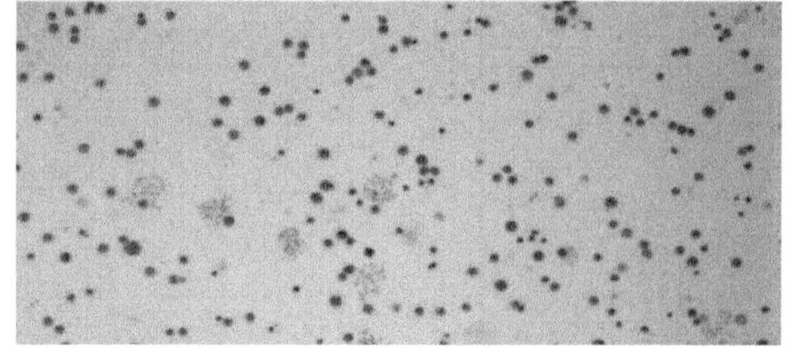

图 6-2　细胞观察计数路线

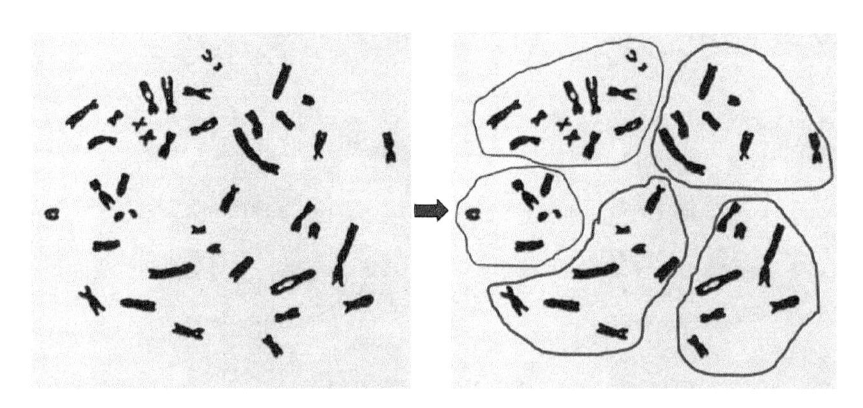

图 6-3　计数时把分裂相分为若干个区

长度差异都很大，所以常用相对长度来衡量。进行染色体核型分析时，常常利用染色体的相对长度（relative length）来反映生物染色体的大小，或者进行不同品种、不同物种染色体核型间的比较研究。相对长度（relative length）是指某单个染色体的长度与包括 X 染色体在内的单倍性常染色体的总长度之比，以百分率表示，即

相对长度 = 某条染色体长度/(单倍性常染色体总长 + X 染色体的长度)×100%

根据染色体相对长度的概念，染色体的大小只能在同一细胞内或同一生物类群间不同对染色体间比较分析和鉴别。在染色体特征分析中，一般都进行染色体相对长度的分析，各对染色体的相对长度在细胞分裂的各个时期基本稳定。因此，根据染色体的大小可以初步识别各对染色体及其大小。

综上，要进行染色体大小即相对长度的分析，首先要进行每个染色体长度的精准测量。一般方法是将中期分裂相经显微照相，洗出照片，再用游标卡尺进行测量。根据测量数据计算出每个染色体的相对长度，可以进行同种不同类群或品种间、个体间的比较分析。

陈宏（1990）测量了 4 个黄牛品种 35 个个体、170 个中期分裂相细胞的染色体长度，计算了相对长度，统计结果见表 6-3。1 号染色体最大，依次逐渐变小，X 染色体比 1 号染色体稍小，Y 染色体的大小介于 26 号与 27 号染色体之间。

表 6-3 4 个黄牛群体染色体相对长度

群体		蒙古牛	秦川牛	岭南牛	西镇牛	平均
头数		9	10	9	7	35
测量细胞数		32	54	52	32	170
染色体序号	1	5.398±0.196	5.423±0.246	5.474±0.188	5.506±0.223	5.450±0.050
	2	4.783±0.174^{CD}	4.841±0.204	4.896±0.211	4.913±0.176	4.612±0.057
	3	4.530±0.097^{BCD}	4.625±0.157	4.629±0.127	4.664±0.123	4.476±0.031
	4	4.422±0.086^{D}	4.473±0.137	4.470±0.128	4.518±0.100	4.347±0.032
	5	4.310±0.091^{D}	4.347±0.112	4.341±0.109	4.388±0.106	4.232±0.036
	6	4.1191±0.080^{D}	4.203±0.116	4.225±0.096	4.280±0.104	4.122±0.024
	7	4.094±0.093^{d}	4.118±0.108	4.121±0.086	4.153±0.094	4.002±0.010
	8	3.990±0.085	3.997±0.096	4.010±0.079	4.009±0.081	4.122±0.024
	9	3.872±0.111	3.889±0.097	3.903±0.073	3.917±0.079	3.895±0.019
	10	3.750±0.111	3.757±0.111	3.780±0.105	3.778±0.096	3.766±0.015
	11	3.622±0.086	3.617±0.094	3.626±0.101	3.651±0.094	3.629±0.015
	12	3.495±0.095	3.458±0.116	3.456±0.086	3.464±0.100	3.468±0.018
	13	3.343±0.086	3.308±0.097	3.323±0.086	3.304±0.089	3.320±0.018
	14	3.229±0.070	3.196±0.089	3.208±0.076	3.209±0.081	3.211±0.014
	15	3.122±0.068	3.093±0.084	3.106±0.077	3.107±0.109	3.107±0.012
	16	3.047±0.064^{BC}	2.990±0.092	3.012±0.079	3.008±0.100	3.014±0.024
	17	1.954±0.064^{bc}	2.905±0.085	2.909±0.067	2.913±0.098	2.918±0.018
	18	2.850±0.067	2.813±0.092	2.821±0.083	2.818±0.086	2.826±0.017
	19	2.773±0.80^{D}	2.734±0.083	2.740±0.092	2.729±0.076	2.744±0.020
	20	2.678±0.078	2.662±0.078	2.643±0.091	2.640±0.095	2.658±0.018
	21	2.600±0.077^{C}	2.581±0.075	2.553±0.089	2.572±0.083	2.578±0.018
	22	2.573±0.074^{cd}	2.503±0.083	2.474±0.078	2.488±0.067	2.501±0.027
	23	1.443±0.094^{C}	2.404±0.079	2.389±0.086	2.408±0.073	2.411±0.022
	24	2.342±0.085	2.324±0.084	2.308±0.084	2.312±0.073	2.322±0.015
	25	2.243±0.096^{d}	2.253±0.090	2.214±0.084	2.193±0.087	2.226±0.027
	26	2.155±0.095	2.156±0.098	2.146±0.075	2.113±0.094	2.143±0.020
	27	2.069±0.088^{d}	2.065±0.096	2.069±0.082^{d}	2.018±0.093	2.055±0.025
	28	1.984±0.083^{D}	1.973±0.097	1.984±0.089^{D}	1.924±0.087	1.966±0.029
	29	1.884±0.109	1.872±0.097	1.903±0.089^{D}	1.835±0.094	1.874±0.029
	X	5.380±0.276	5.385±0.246^{CD}	5.264±0.246	5.153±0.247	5.296±0.256
	Y	2.110±0.148^{d}	2.112±0.166	2.112±0.166	2.051±0.140	2.075±0.138

注：B、C、D 分别代表秦川牛、岭南牛和西镇牛，大写表示极显著 $P<0.01$，小写表示显著 $P<0.05$

三、染色体形态特征的分析

染色体形态特征一般用臂指数（arm index）、着丝粒指数（centromere index）和染色体臂数（NF）等参数表示。按照臂指数，Levan（1964）将染色体划分为中着丝粒染色体（M）、中央着丝粒染色体（m）、亚中着丝粒染色体（SM）、亚（近）端着丝粒染色体（ST）和端着丝粒染色体（T）（表 6-4），后来人们将中着丝粒染色体（M）和中央着丝粒染色体（m）统称为中着丝粒染色体（M）。

表 6-4　染色体形态类型的划分

着丝粒指数/%	染色体形态类型
0.0～12.5	端着丝粒染色体（T）
12.5～25.0	亚端着丝粒染色体（ST）
25.0～37.5	亚中着丝粒染色体（SM）
37.5～50.0	中着丝粒染色体（M）

1. 臂指数

臂指数（arm index）是指某条染色体的长臂长度与短臂长度的比率，即

臂指数 = 长臂长度/短臂长度

当一个中着丝粒染色体的两个臂长度相等时，臂指数为 1；当一个端着丝粒染色体没有短臂时，臂指数为无穷大。所以，臂指数的取值范围为 1 到∞。

2. 着丝粒指数

着丝粒指数（centromere index）是指某一染色体的短臂长度占该染色体长度的比率。它决定着丝粒的相对位置，即

着丝粒指数 = 短臂长度/该染色体长度×100%

着丝粒指数的取值范围为：0≤臂指数≤50%。

也有人把染色体形态类型按染色体的臂指数进行划分，见表 6-5。

表 6-5　染色体的臂指数与染色体形态类型的关系

臂指数	染色体类型	染色体形态	代表符号
1.0～1.7	中着丝粒染色体	着丝粒在染色体的中部或接近中部	M
1.7～3.0	亚中着丝粒染色体	着丝粒在染色体中部的上方	SM
3.0～7.0	亚端着丝粒染色体	着丝粒靠近端部，具有一个长臂和一个极短的臂	ST
7.0 以上	端着丝粒染色体	着丝粒在染色体的端部，染色体只一个长臂	T

一个物种有多少种染色体形态，每种形态的染色体又有多少条，在核型分析中一般也是通过测量和计算分析得出的。当然一些有经验的专家通过视角也能判断。大量的研究表明，中国黄牛有 60 条染色体，29 对常染色体全为端着丝点染色体，X 染色体为双臂亚中着丝粒染色体，Y 染色体为中、亚中或端着丝粒染色体。所以在中国黄牛染色体分析时，对端着丝粒的常染色体一般不计算臂指数和着丝点指数，而只计算性染色体的臂指数和着丝点指数。着丝粒的位置，可以作为初步识别各对染色体的标志。在中国黄牛中 Y 染色体具有多态性。北方黄牛多为中着丝粒 Y 染色体，南方黄牛大多为端着丝粒染色体。中原黄牛两种类型的 Y 染色体都存在。在人和家猪上，中着丝粒染色体、亚中着丝粒染色体、亚端着丝粒染色体和端着丝粒染色体 4 种形态类型的染色体都存在。

3. 染色体臂数

染色体臂数（NF）是根据着丝粒的位置来确定的，端着丝粒染色体臂数为 1 个，中部或亚中部着丝粒染色体臂数为 2 个，如中国黄牛的染色体臂数为 61 或 62。端着丝粒 Y 染色体的中国黄牛品种的染色体臂数为 61，中或亚中着丝粒 Y 染色体的中国黄牛品种的染色体臂数为 62。染色体臂数也是生物种或品种的特征。

四、染色体剪切配对

染色体剪切配对是核型分析和核型图制备中的一个中间环节。它指的是一个中期分裂相中的所有染色体经过显微照相、洗相和放大，然后把每一个染色体剪切下来，按照染色体的大小、形态、着丝点的位置进行同源染色体的配对过程。在正常情况下，一般常染色体都是成对存在，性染色体在哺乳动物雌性，或在家禽、鸟类雄性中为同型，可以配对为 XX 或 ZZ，在哺乳动物雄性，或在家禽、鸟类雌性中为异型，虽然不能配对，但也常常排列在一起。剪切每个染色体时，先放在一个小盒子中，以防丢失。然后按照大小、形态、结构相同的原则，进行同源染色体配对。

五、染色体排列分组

在染色体剪切配对结束以后，一般按照染色体的形态和大小特征进行分组。例如，猪的染色体有 38 条，可以配成 19 对，在这 19 对染色体中，4 种形态类型的染色体都有，所以，猪的染色体分为 A、B、C、D 四组，A 组有 1～5 号 5 对染色体，为亚中着丝粒染色体；B 组有 6～7 号 2 对染色体，为亚端着丝粒染色体；C 组有 8～12 号和性染色体共 6 对染色体，D 组有 13～18 号 6 对染色体，为端着丝粒染色体。人类染色体共分为 A、B、C、D、E、F、G 7 个组。但也有不分组的如牛的核型，牛的染色体共 60 条，29 对常染色体全为端或近端着丝粒染色体，而且大小逐渐减小，只有性染色体形态与其不同，所以牛的染色体是不分组的。

六、染色体编号

染色体分组以后，接下来是对染色体进行编号。目前几乎所有主要的农业动物和植物都有标准的编号，在研究中结合染色体标准组型进行编号。一般编号的规则是从最大的染色体开始编号，依大小向后编号。例如，牛的染色体最大的常染色体编为 1 号，依次编为 2 号、3 号、4 号……，性染色体不编号，放在最后。对有分组的染色体编号，先按形态进行分组，含有最大染色体的组为第一组，在每组里，也是从大到小进行编号。编号后，把染色体按编号大小进行排列、粘贴，间距相同，其原则是清楚、美观，最后写上核型式，这样一个生物或品种或个体的核型图就做好了。

七、染色体变异观察

染色体核型分析的最终目的是检查和发现生物染色体的数目、形态和结构有无异常，以寻找性状变异的细胞遗传学原因。在染色体核型分析中，一般观察 100 个以上细胞的染色体形态，计数染色体数目，测量长度，在提交的染色体核型报告中需要有染色体核型排列图，以反映个体细胞染色体的核型特征、鉴定并标明染色体的数目和结构变异的染色体序号，最后标注染色体核型式，附上分裂中期图片和染色体核型图，根据该型分析、分辨和识别各个染色体形态结构有无异常，或进行不同生物类群染色体核型比较，探讨进化规律。经过许多中国黄牛品种染色体的核型分析，正常黄牛的染色体核型见图 6-4。由于中国黄牛一个细胞中全部 60 条染色体只有两种形态，染色体一般不分组，29 对常染色体从大到小依次排列，分别编号为 1～29 号，一对性染色体排列在最后（图 6-4）。

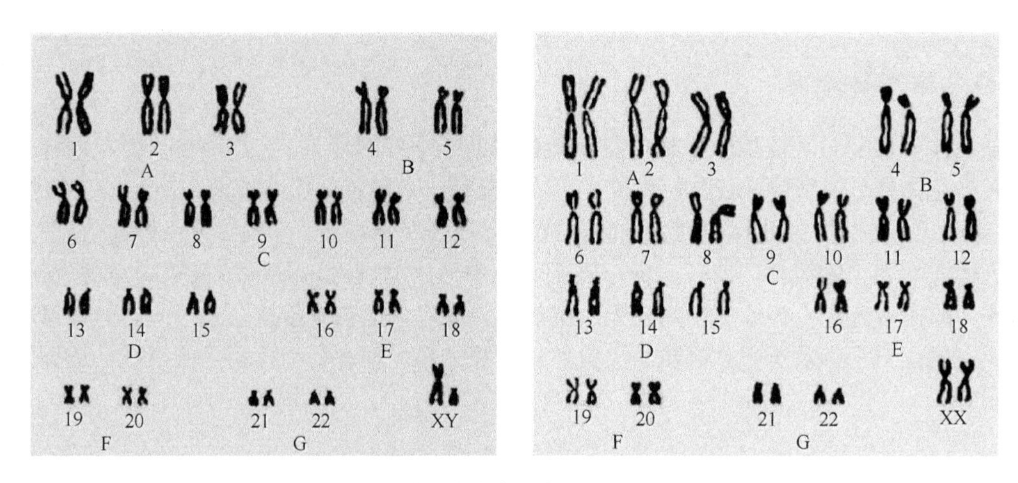

图 6-4　中国黄牛的染色体核型（陈宏，1990）

第四节　染色体核型正常与异常的表示法

一、染色体核型式表示法

由于染色体检查在动植物遗传育种和临床兽医中的广泛应用，染色体异常的报道也日益增多，对染色体核型表示法作统一的标准显然是十分必要的。核型表示方式也叫核型式，它能简明地表示一个个体、一个品种或一个物种染色体的组成。一般前面的数字代表一个个体、一个品种或一个物种细胞内染色体的总数，在逗号后的两个字母代表性染色体的组成和类型，如牛的核型，60，XX：表示细胞中染色体数为 60，性染色体组成为 XX 型，为正常母牛的核型式；60，XY：表示细胞中染色体数为 60，性染色体组成为 XY 型，为正常公牛核型式。猪的核型，39，XXX：表示细胞中染色体数为 39，母性，X 染色体多了一条，变为 3 条。

二、染色体命名符号和缩写术语

各种染色体变异都可用相应的核型表示。现将 1978 年人类细胞遗传学命名常务委员会拟订的“人类细胞遗传学命名的国际体制”中的染色体命名符号和缩写术语归纳于表 6-6 中，现已广泛应用于人类和动植物的染色体分析。

表 6-6　染色体命名符号和缩写术语表

命名符号和缩写术语	说明	命名符号和缩写术语	说明
AⅠ	第一次成熟分裂后期	ace	无着丝粒碎片
AⅡ	第二次成熟分裂后期	→	从→到

续表

命名符号和缩写术语	说明	命名符号和缩写术语	说明
b	断裂	dup	重复
cen	着丝粒	e	互换
chi	异源嵌合体	end	内复制
:	断裂	=	总数
::	断裂与重接	f	断片
cs	染色体	fem	女性
ct	染色单体	g	裂隙
cx	复杂	h	次缢痕
del	缺失	i	等臂染色体
der	衍生染色体	ins	插入
dia	浓缩期	inv	倒位
dic	双着丝粒体	/	相嵌的两细胞株间的符号
dip	双线期	mn	众数
dir	正位	mos	嵌合体
dis	远侧端	oom	卵原细胞中期
lep	细线期	p	染色体短臂
MⅠ	第一次成熟分裂中期	PI	第一次成熟分裂中期
MⅡ	第二次成熟分裂中期	Pac	粗线期
mal	男性	( )	其内为结构起了变化的染色体
mar	标记染色体	Pat	来自父亲
mat	来自母亲	pcc	前成熟的染色体
med	中央	prx	近侧端
min	微小点	psu	假
r	环状染色体	prz	粉碎
rcp	相互易位	q	染色体长臂
rea	重排	qr	四射体
rec	重组染色体	?	表示对染色体或染色体结构难决定或不明
rob	罗伯逊易位	sce	姐妹染色单体互换
s	随体	;	在涉及一个以上染色体结构中，使染色体和染色体区分开
spm	精原细胞中期	tr	三射体
t	易位	tri	三着丝粒体
tan	串联易位	(=)	用于区别同源染色体
ter	末端（染色体的端部）	var	染色体的可变区
zyg	偶线期	xma	交叉
dit	核网期	+，–	+，–在染色体组成或编号的前面，则表示整个染色体增加或减少；如在臂符号后面，则表示臂长度的增减
dmin	双微小点		

三、一些物种正常染色体核型表示法举例

各种生物都有特定的染色体数目，也都可以用特定生物核型式表示，表 6-7 与表 6-8 列出了常见农业动物和植物正常染色体数目与核型式。

表 6-7　常见农业动物正常染色体数目与核型式

物种	染色体数目	雌性核型式	雄性核型式	物种	染色体数目	雌性核型式	雄性核型式
猪	38	38，XX	38，XY	猫	38	38，XX	38，XY
牛	60	60，XX	60，XY	狗	78	78，XX	78，XY
绵羊	54	54，XX	54，XY	梅花鹿	66	66，XX	66，XY
山羊	60	60，XX	60，XY	兔	44	44，XX	44，XY
牦牛	60	60，XX	60，XY	家蚕	56	56，ZW	56，ZZ
沼泽水牛	48	48，XX	48，XY	鸡	78	78，ZW	78，ZZ
河流水牛	50	50，XX	50，XY	鸭	78	78，ZW	78，ZZ
大额牛	58	58，XX	58，XY	鹅	78	78，ZW	78，ZZ
马	64	64，XX	64，XY	火鸡	82	82，ZW	82，ZZ
驴	62	62，XX	62，XY	鹌鹑	78	78，ZW	78，ZZ
双峰驼	74	74，XX	74，XY	鸽子	80	80，ZW	80，ZZ

表 6-8　常见农业植物正常染色体数目与核型式

物种	染色体数目	核型式	物种	染色体数目	核型式
小麦	42	$2n = 6x = 42$	豌豆	14	$2n = 2x = 14$
玉米	20	$2n = 2x = 20$	陆地棉	52	$2n = 4x = 52$
水稻	24	$2n = 2x = 24$	油菜	38	$2n = 4x = 38$
高粱	20	$2n = 2x = 20$	荞麦	16	$2n = 2x = 16$
谷子	18	$2n = 2x = 18$	西红柿	24	$2n = 2x = 24$
向日葵	34	$2n = 2x = 34$	甘蓝	18	$2n = 2x = 18$
燕麦	42	$2n = 6x = 42$	马铃薯	48	$2n = 4x = 48$
大麦	14	$2n = 2x = 14$	洋葱	16	$2n = 2x = 16$
大豆	40	$2n = 2x = 40$	西瓜	22	$2n = 2x = 22$
蚕豆	12	$2n = 2x = 12$	黄瓜	14	$2n = 2x = 14$
绿豆	22	$2n = 2x = 22$	甘蔗		一般 $2n > 100$

四、一些物种异常染色体核型表示法

在人类和动植物中，已发现许多染色体变异的情况，如染色体数目的增加和减少、染色体结构的变异等，这些变异都可利用相应的染色体核型式来表示。下面举一些人染色体数目变异和结构变异核型式的表示方法，以加深对核型式的理解和应用。

46，XX，del（1）（pter→q21：）：染色体数为 46，性染色体为 XX，表示断裂在第 1 号染色体的长臂的第 2 区第一带处，此处以远的长臂至末端片段丢失。

46，XX，inv（Dp + q-）：染色体数为 46，性染色体 XX，D 组中一个染色体臂间倒位。

46，XX，t（B-p；D+q）：染色体数为46，性染色体为XX，B组中的一个染色体短臂与D组中一个染色体长臂单向易位。

46，Y，t（X+q；16-p）：染色体数为46，性染色体为XY，X染色体长臂与一个第16号染色体的短臂单向易位。

46，XX，-D，-G，+t（DpGp），+t（DqGq）：染色体数为46，性染色体为XX，D组一个染色体和G组一个染色体之间相互易位。

第五节　染色体核型特征类型

根据染色体核型排列的特点，生物染色体核型特征可以有以下几种类型。

（1）均等型：指染色体长度大体一致的核型，如小麦的染色体核型。

（2）梯度型：染色体逐渐变小的核型，如牛、山羊的核型。

（3）单相型：在一个细胞中只有一种染色体的排列形式，如小鼠的染色体核型。

（4）双相型：在一个细胞中可以有两种染色体的排列形式，如马的染色体核型。

（5）对称型：在一个细胞中几乎都为中或亚中着丝粒染色体的核型，如小麦、花生的染色体核型。

（6）非对称型：在一个细胞中，有半数以上的染色体为端或近端着丝粒染色体的核型，如马和驴的染色体核型。

第六节　人和常见农业动物染色体核型特征

一、正常人的染色体核型特征

正常人的染色体为46条，其中44条为常染色体，它们都是两两配对的同源染色体，可配成22对，共分为A、B、C、D、E、F、G 7组，这在男女中都一样，还有两条为性染色体，男性中一条为较大的X染色体，一条为较小的Y染色体，女性中则是一对较大的X染色体。丹佛系统（Denver system）规定，人的染色体核型是按1～22号染色体长度递减排列；D组、G组和Y染色体为近端着丝粒染色体；X染色体的大小与C组相当，其长度介于6～8号染色体之间，Y染色体的大小与G组相当。人类核型特征见表6-9和图6-5。男性核型式为46，XY，女性核型式为46，XX。

表6-9　人类染色体核型各组染色体特征

染色体分组号	染色体号	形态大小	着丝点位置	随体	次缢痕
A	1～3	最大	1、3中部，2位亚中部	无	常见于1号
B	4～5	次大	亚中部着丝点	无	无
C	6～12，X	中等	亚中部着丝点	无	常见于9号
D	14～15	中等	近端着丝点	有	常见于13号
E	16～18	较小	16中部，17，18亚中部	无	常见于16号
F	19～20	较小	中部	无	无
G	21～22，Y	最小（Y有变异）	近端	无	无

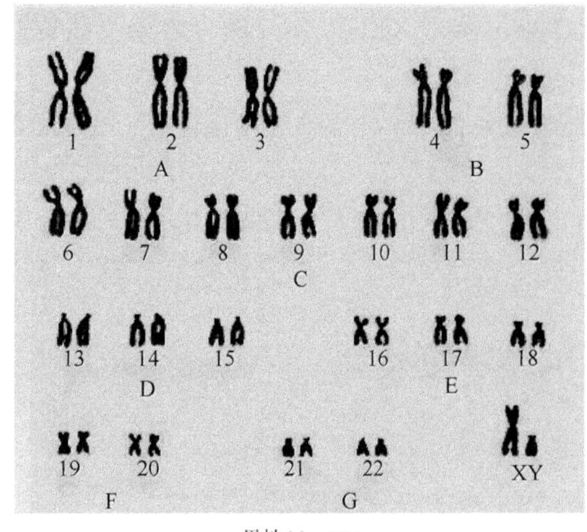

男性46，XY

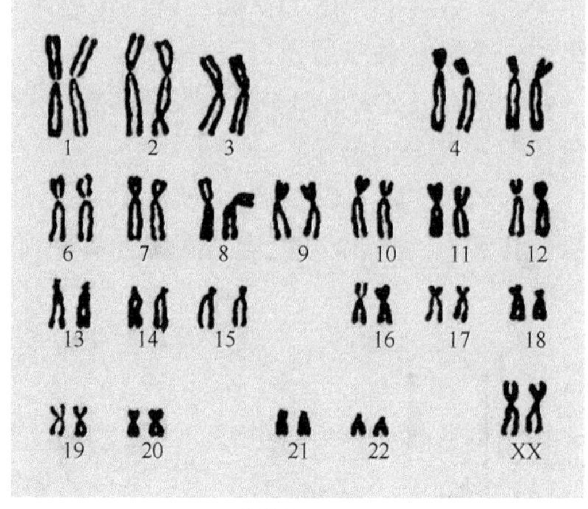

女性46，XX

图 6-5　人类染色体核型

二、牛的染色体核型特征

牛的染色体为 60 条，58 条常染色体全为近端和端着丝粒染色体，配成 29 对，编号从大到小递减排列。X 染色体为一大的亚中部着丝粒染色体，大小仅次于 1 号染色体。Y 染色体具有多态性，存在有中、亚中部着丝粒 Y 染色体和近端着丝粒 Y 染色体，大小介于 26 和 27 号染色体之间。牛的染色体核型不分组，正常公牛的核型式为 60，XY；正常母牛的核型式为 60，XX（图 6-4）。染色体总臂数为 NF = 61 或 62。由于牛常染色体与性染色体形态的显著差异，通过核型很容易进行牛的性别鉴别。

三、猪的染色体核型特征

家猪的二倍体染色体数为 38 条，其中 36 条为常染色体，可配成 18 对同源染色体，一对为性染色体，为 XY 型。参照第一届国际家养动物分带核型标准化会议提出的家猪染色体核型标准（葛云山和 Fort，1983），并根据染色体的相对长度、着丝点指数、臂指数将猪的染色体分为 A、B、C、D 4 个组。在每组内按染色体的相对长度由长到短依次递减排列与编号，性染色体不编号，以 X、Y 表示。A 组为第 1～5 对染色体，该组属于亚中着丝粒染色体（SM），其中第一对染色体是整个核型中最大的一对染色体；B 组为第 6～7 对染色体，为亚端着丝粒染色体（ST）；C 组为第 8～12 对染色体，属于中着丝粒染色体（M），其中，第 8、10 对染色体短臂靠着丝粒处有次缢痕；D 组为第 13～18 对染色体，为端着丝粒染色体（T），其中第 13 号染色体的相对长度仅次于第 1 号染色体。X 染色体为中着丝粒染色体（M），其大小介于第 8 和 10 号染色体之间，属于 C 组；Y 染色体为整个染色体核型中最小的一个中着丝粒染色体，也属于 C 组。正常家猪公猪的核型式为 38，XY，正常母猪的核型式为 38，XX（图 6-6）。

四、绵羊的染色体核型特征

绵羊二倍体染色体数为 $2n = 54$，其中 52 条为常染色体，可配成 26 对常染色体和 1 对性染色体，可分为两组，第一组是最大的 3 对常染色体，为中着丝粒染色体；第二组为第 4～26 对染色体，为端着丝粒染色体；每组内按染色体的相对长度由长到短依次递减排列和编号，在性

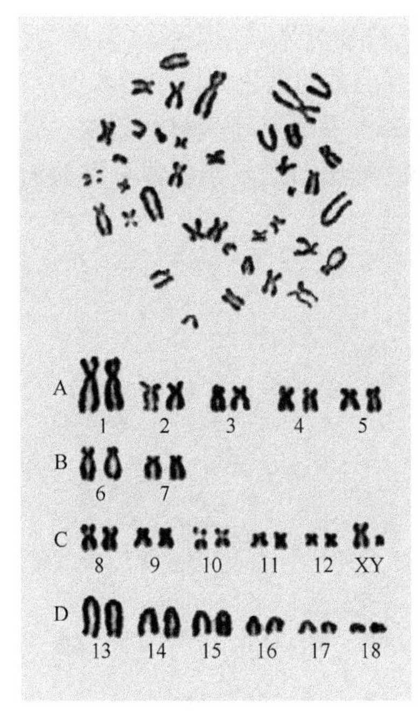

公猪38，XY（♂）

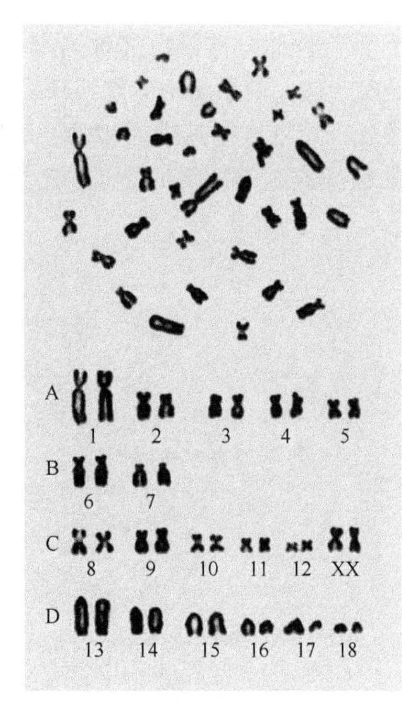

母猪38，XX（♀）

图 6-6　猪的染色体核型

染色体中，X 染色体为最大的端着丝粒染色体，Y 染色体为最小的中着丝粒染色体（图 6-7）。正常绵羊公羊的核型式为 54，XY；母羊核型式为 54，XX。染色体总臂数为 NF = 61（♂）和 60（♀）。

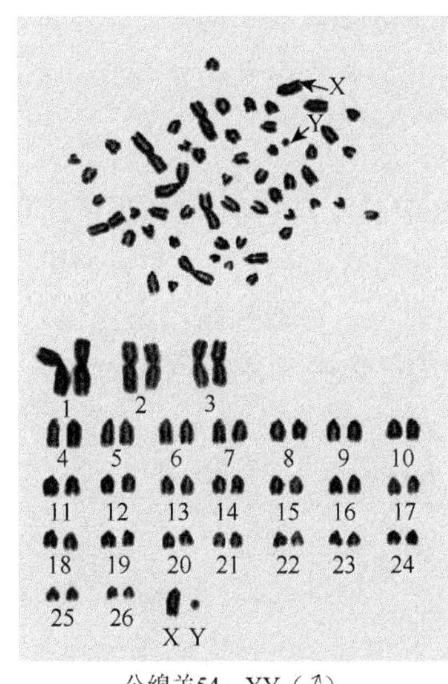

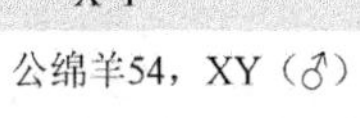

公绵羊54，XY（♂）

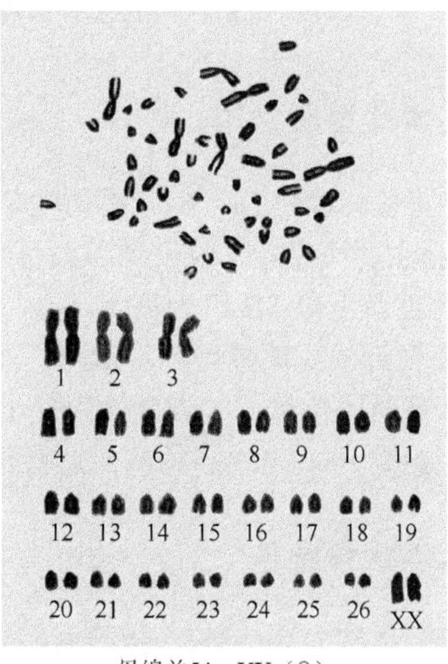

母绵羊54，XX（♀）

图 6-7　绵羊的染色体核型（赵淑娟等，2008）

五、山羊的染色体核型特征

山羊的二倍体染色体数 $2n = 60$（雷初朝等，2001b），其中 58 条为常染色体，可配成 29 对常染色体和 1 对性染色体，常染色体都为端着丝粒染色体。X 染色体为第二大端着丝粒染色体，Y 染色体是唯一的、最小的中着丝粒染色体。山羊的染色体核型不分组，常染色体按染色体的相对长度由长到短依次递减排列和编号，X 和 Y 染色体不编号，以 X、Y 表示（图 6-8）。正常山羊公羊的核型式为 60，XY；母羊核型式为 60，XX。染色体总臂数为 NF = 61（♂）和 60（♀）。

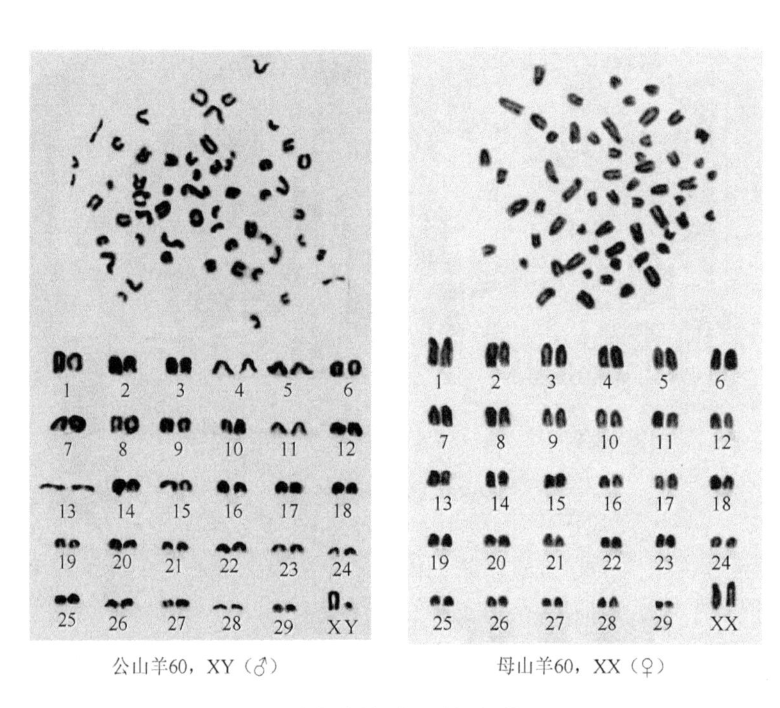

公山羊60，XY（♂）　　母山羊60，XX（♀）

图 6-8　山羊染色体核型（雷初朝等，2001b）

六、马的染色体核型特征

马的二倍体染色体数为 $2n = 64$（雷初朝等，2001a），其中 31 对常染色体和 1 对性染色体。在 31 对常染色体中，按照着丝粒位置和大小顺序分为 A、B 两组。A 组为第 1～13 号染色体，为中或亚中着丝粒染色体；B 组为第 14～31 号染色体，为端着丝粒染色体，每组内按染色体的相对长度由长到短依次递减排列和编号；在性染色体中，X 染色体为 1 条仅次于 1 号染色体大小的亚中着丝粒染色体，Y 染色体为最小的端着丝粒染色体。正常公马的核型为 64，XY（图 6-9），母马核型为 64，XX。染色体总臂数为 NF = 92（♂）和 91（♀）。

七、驴的染色体核型特征

家驴二倍染色体数为 $2n = 62$（张静南，2011），其中 30 对常染色体和 1 对性染色体。关于驴的染色体核型的分组不一，有人分为 4 组，有研究者分为两组。在 30 对常染色体中，一般多按照着丝粒位置和大小顺序分为 A、B 两组。A 组为第 1～19 号染色体，为中或亚中着丝粒染色体；B 组中为第 20～30 号染色体，为端着丝粒染色体，A 组内按中或亚中着丝粒染色体的相对长度递减排列和编号；B 组内按端着丝粒染色体的相对长度递减排列和编号。在性染色体中，X 染色体为 1 条小于 3 号染色体而大于 4 号染色体的亚中着丝粒染色体，Y 染色体为

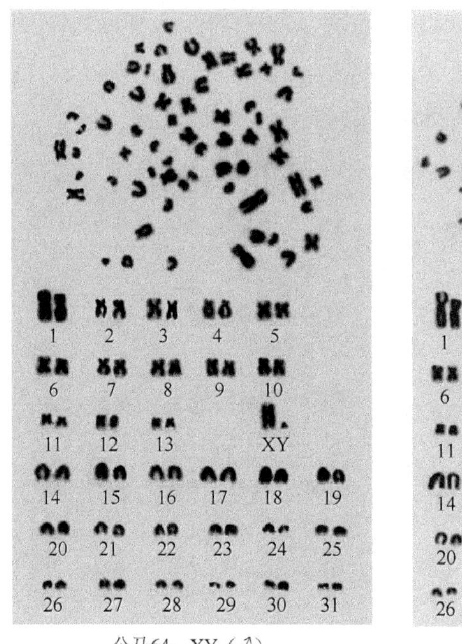

公马64，XY（♂）　　母马64，XX（♀）

图 6-9　马染色体核型（雷初朝等，2001a）

最小的端着丝粒染色体。正常公驴的核型为 62，XY，母驴核型为 62，XX（图 6-10）。染色体总臂数为 NF = 101（♂），102（♀）。

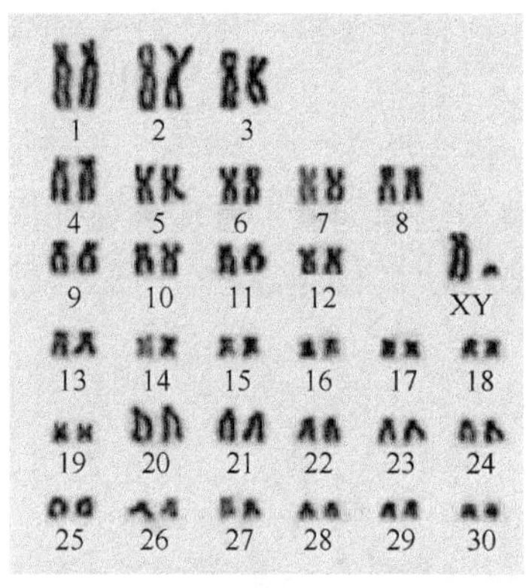

公驴62, XY（♂）

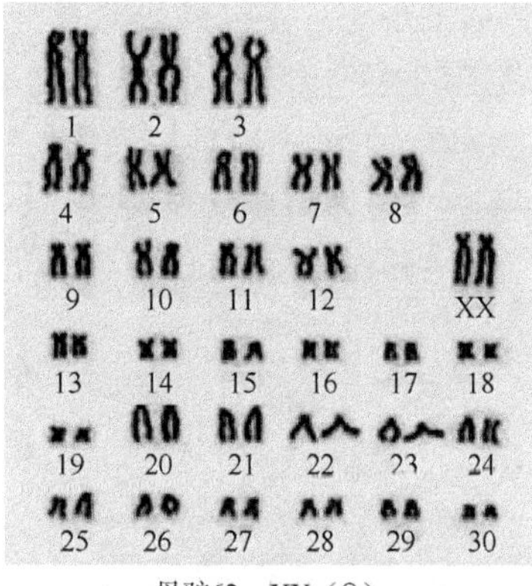

母驴62，XX（♀）

图 6-10　驴染色体核型（张静南，2011）

八、水牛的染色体核型特征

水牛分为摩拉水牛（河流型水牛）和沼泽型水牛两大类。两类水牛的染色体数目不同，但正反交杂交后代都可育。摩拉水牛二倍体染色体数目为 $2n = 50$，48 条常染色体配成 24 对，其中有 5 对双臂染色体，第 1 对为亚着丝粒染色体，第 3、5 对为中着丝粒染色体，第 2、4 对为亚中着丝粒染色体，其余第 6～24 号常染色体均为端着丝粒染色体；X 为最长的一条近端着丝粒染色体，Y 为一小型近端着丝粒染色体，其大小与第 23 对染色体相似。沼泽型水牛二倍体染色体数目为 $2n = 48$，有 23 对常染色体，分为两组，A 组为 5 对双臂染色体，其中第 1、4、5 对为中着丝粒染色体，第 2 对为亚着丝粒染色体，第 3 对为亚中着丝粒染色体，B 组为第 6～

23 号染色体，为端着丝粒染色体。性染色体与摩拉水牛类似。正常摩拉水牛的核型式公牛为 50，XY，母牛为 50，XX（图 6-11 右）。正常沼泽型水牛的核型式公牛为 48，XY（图 6-11 左），母水牛为 48，XX。染色体臂数均为 NF = 58。

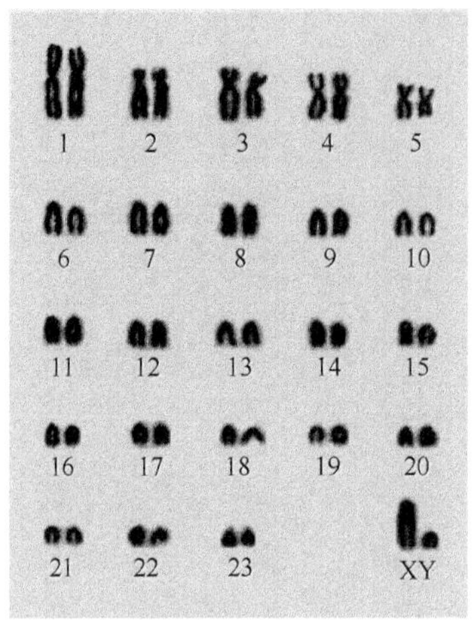

沼泽型水牛公牛48，XY（♂）

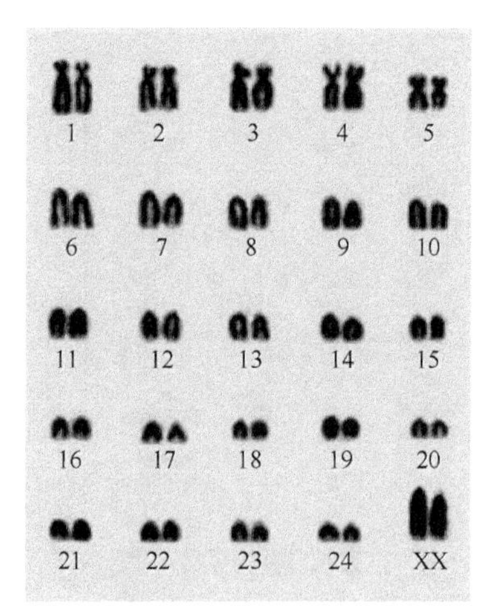

摩拉水牛母牛50，XX（♀）

图 6-11　水牛染色体核型（余桂娜等，1987）

九、兔的染色体核型特征

兔的二倍体染色体数目为 $2n = 44$，其中 21 对为常染色体，1 对为性染色体，性染色体属 XY 型。关于染色体的形态，不同的研究者有差异。兔的核型一般分为 A、B、C、D 4 组。各组的排列顺序根据常染色体相对长度依次递减，A 组：1～8 号染色体，为中着丝粒染色体；B 组：9～11 号染色体，为近中着丝粒染色体；C 组：12～17 号染色体，为近端着丝粒染色体；D 组：18～21 号染色体，为端着丝粒染色体。X 性染色体为近中着丝粒染色体，Y 为最小的端着丝粒染色体。正常公兔的染色体核型为 44，XY，母兔为 44，XX（图 6-12）。

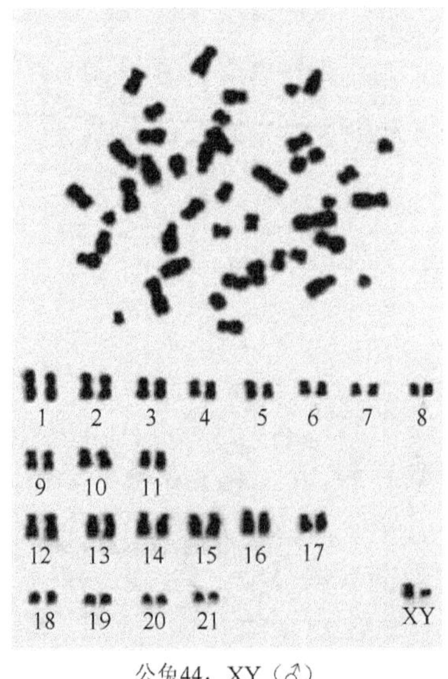

公兔44，XY（♂）

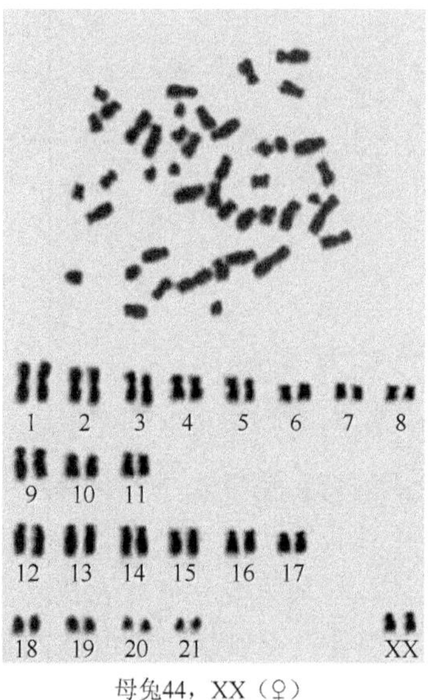

母兔44，XX（♀）

图 6-12　兔染色体核型（赵淑娟等，2007）

十、鸡的染色体核型特征

鸡的二倍体染色体数为 $2n = 78$，性染色体属 ZW 型。10 对大型染色体（包括 1 对性染色体）和 29 对微小常染色体。大型染色体的相对长度递减明显，很容易分清，雄性的性染色体为同型 ZZ，雌性为异型 ZW，性染色体皆为典型的中央着丝粒染色体。家鸡 1～10 号染色体的特征分别为：1 号为中着丝粒染色体，是最大的染色体；2 号是亚中着丝粒染色体；3 号是近端着丝粒染色体；4 号是亚中着丝粒染色体；5 号是 Z 性染色体，为中着丝粒染色体。W 性染色体，为中着丝粒染色体，长度与 8 号染色体相当；6 号是近端着丝粒染色体；7 号是亚中着丝粒染色体；8 号是近端着丝粒染色体；9 号是中着丝粒染色体；10 号是近端着丝粒染色体；11～39 号均为大小不等的粒状染色体，从形态上很难确定它们是中、亚中或端着丝粒染色体。正常公鸡的核型为 78，ZZ，母鸡为 78，ZW（图 6-13）。但 4、6 号染色体在品种间的形态存在一定的差别。

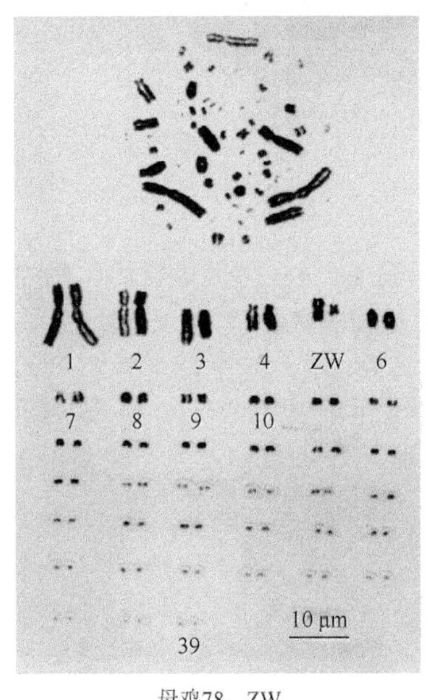

母鸡78，ZW

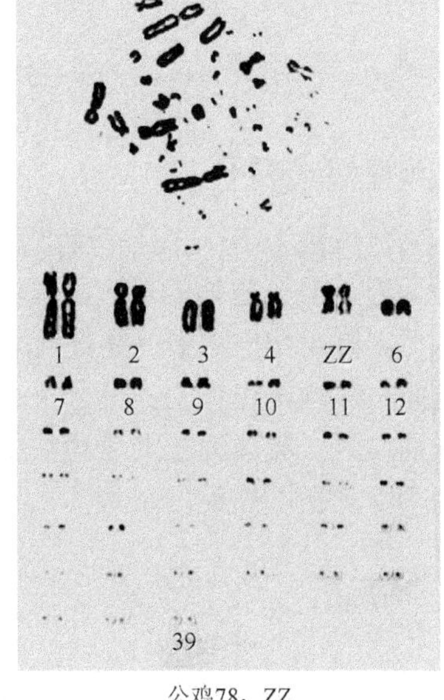

公鸡78，ZZ

图 6-13　家鸡染色体核型（付金莲，1990）

十一、鸭的染色体核型特征

鸭的二倍体染色体数为 $2n = 78$，性染色体属 ZW 型。10 对大型染色体（包括 1 对性染色体）和 29 对微小常染色体。大型染色体的相对长度递减明显，很容易分清，雄性的性染色体为同型 ZZ，雌性为异型 ZW。鸭 1～10 号染色体的特征分别为：1 号常染色体为亚中着丝粒染色体（SM），是最大的染色体；2 号是中着丝粒染色体（M）；3～9 号常染色体及 W 性染色体均为端着丝粒染色体（T）；4 号是 Z 性染色体，为亚端着丝粒染色体（ST）。11～39 号染色体均为大小不等的粒状染色体，与鸡的核型相似，从形态上很难确定它们是中、亚中或端着丝粒染色体。正常公鸭的核型为 78，ZZ，母鸭为 78，ZW（图 6-14）。

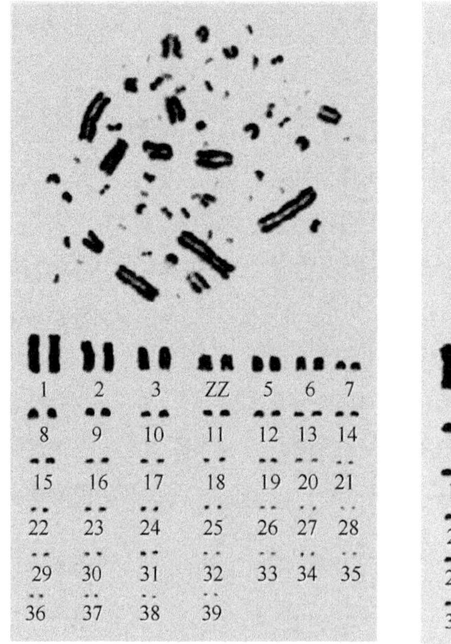

母鸭78，ZW（♀）

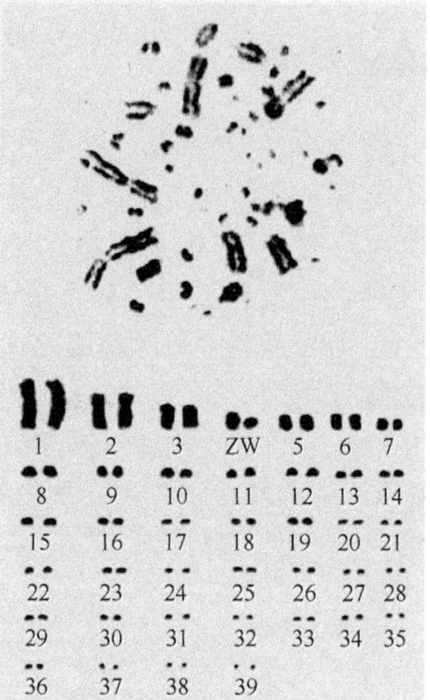

公鸭78，ZZ（♂）

图 6-14　鸭染色体核型（赵捷等，2007）

十二、鹅的染色体核型特征

鹅的二倍体染色体数为 $2n = 78$，一般只分析前 10 对较大的染色体。鹅的染色体形态报道不太一致。一般认为 1 号染色体为最大的亚中着丝粒染色体（SM），第 2、4、Z 和 W 染色体为中着丝粒染色体。第 3、5～9 染色体都为端着丝粒染色体（T）。Z 性染色体大小介于第 3 和第 4 号染色体之间，W 性染色体与第 6 号染色体大小相当。第 11 号到 39 号染色体比较小，染色体形态不易区别，但一般认为是端着丝粒染色体。正常公鹅的染色体核型为 78，ZZ，母鹅的染色体核型为 78，ZW（图 6-15）。

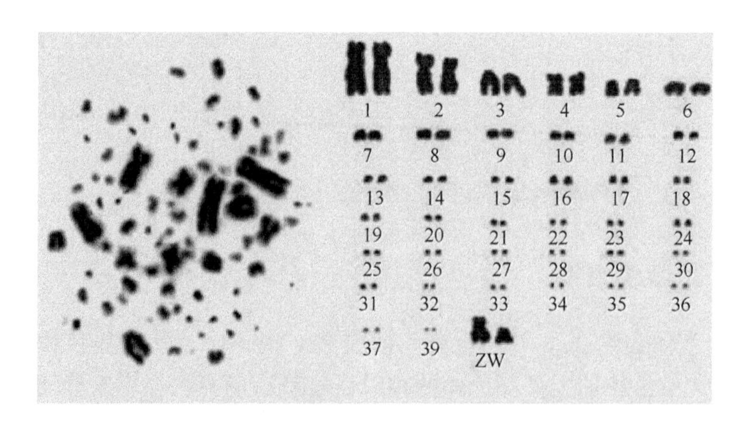

图 6-15　母鹅的染色体核型，78，ZW（♀）（陈清，2008）

十三、鹌鹑的染色体核型特征

鹌鹑二倍体染色体数目为 $2n = 78$，38 对常染色体和 1 对性染色体。性染色体为 ZW 型。常染色体按染色体的大小顺序进行排列编号，除第 1、2 号和 Z 染色体中或亚中着丝粒外，其他染色体均为端着丝粒染色体。正常公鹌鹑的染色体核型为78，ZZ，母鹌鹑的染色体核型为78，ZW（图6-16）。

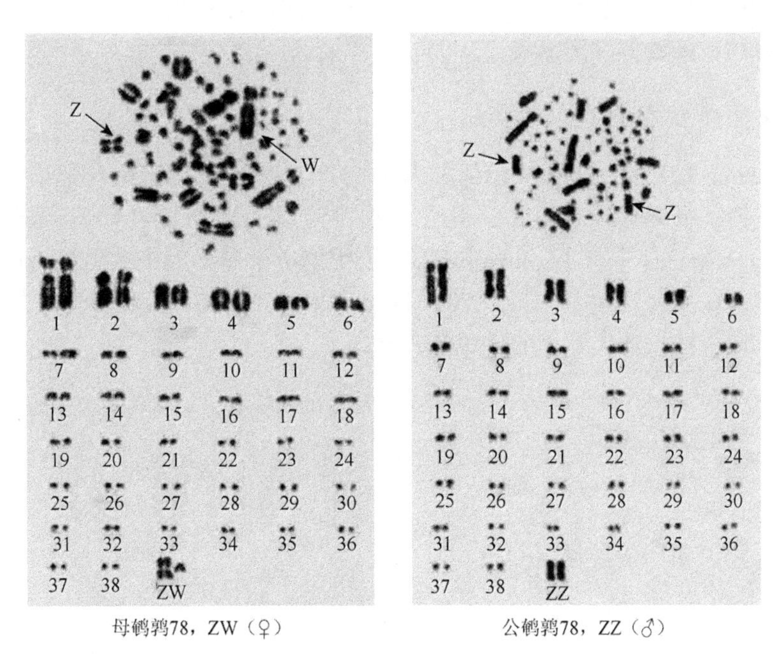

母鹌鹑78，ZW（♀）　　公鹌鹑78，ZZ（♂）

图6-16　鹌鹑染色体核型（徐琪等，2004）

第七节　常见农业植物染色体核型特征

一、小麦的染色体核型特征

小麦有二倍体、四倍体和六倍体，一个染色体组有7条染色体，二倍体小麦有7对染色体（$2n = 2x = 14$），四倍体小麦有14对染色体（$2n = 4x = 28$）（图6-17）。栽培小麦（*Triticum aestivum* L.）为异源六倍体种，染色体数为$2n = 6x = 42$，其染色体核型见图6-18。根据基因组的来源分为A、B和D三组，每组有7对染色体。A组的7对染色体相对长度为4.108～5.369，

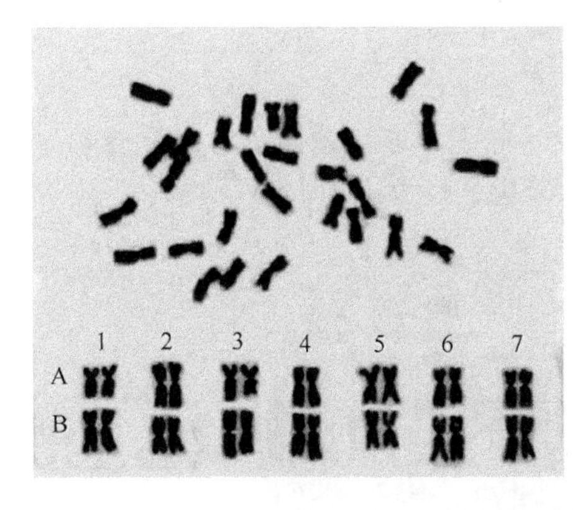

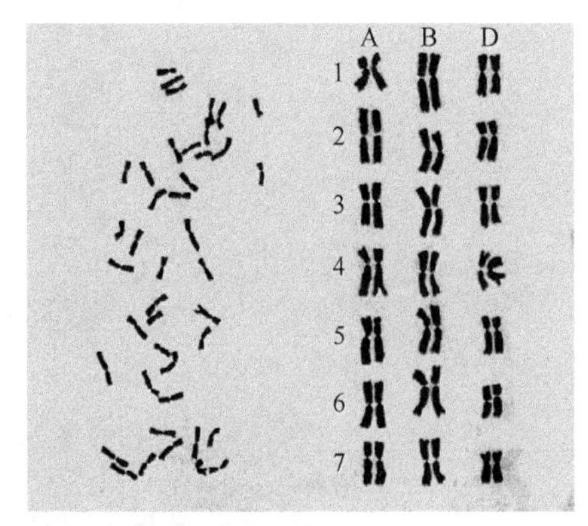

图6-17　小麦染色体核型（陈端阳等，1985）

A. 四倍体小麦染色体核型；B. 六倍体小麦染色体核型

所有的染色体均为中或亚中着丝粒染色体，染色体臂指数为 1.116～2.034。B 组的 7 对染色体相对长度介于 4.582～5.864，染色体的臂指数为 1.170～1.881，B 组染色体均为中或亚中着丝粒染色体。D 组的 7 对染色体相对长度介于 3.553～5.169，染色体臂指数为 1.211～1.909，D 组均为中或亚中着丝粒染色体（王晶等，2003）。

二、玉米的染色体核型特征

玉米（*Zea mays* L.）的二倍体染色体数为 $2n = 20$。图 6-18 为玉米自交系 B73 的有丝分裂中期染色体核型图（杨秀燕等，2011），染色体相对长度介于 7.18～14.16，最长与最短染色体比值为 1.97。20 条染色体中有 14 条为中着丝粒染色体，6 条为近中着丝粒染色体，第 6 号染色体短臂有随体，核型公式为 $2n = 2x = 20 = 14\,m\,(2sat) + 6sm$。染色体臂指数为 1.14～2.42，平均臂指数为 1.62，臂指数大于 2 的染色体占 0.2。

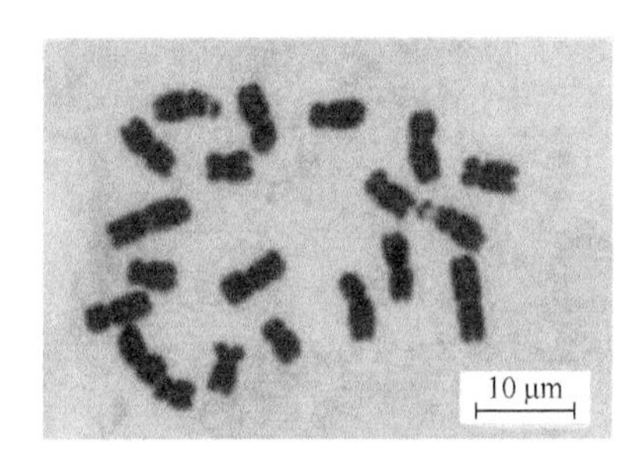

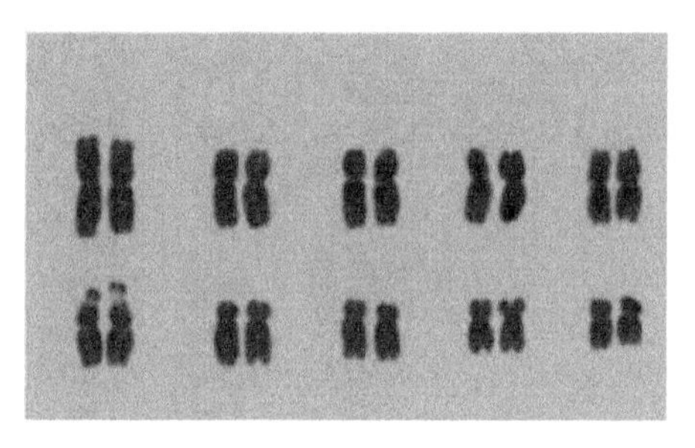

图 6-18　玉米染色体核型（杨秀燕等，2011）

三、马铃薯的染色体核型特征

马铃薯（*Solanum tuberosum*）为同源四倍体种，其染色体数为 $2n = 4x = 48$。图 6-19 为马铃薯品种‘Katahdin’的有丝分裂中期染色体核型图（Braz et al.，2018），其染色体相对长度介于 6.53～12.23。染色体臂指数为 1.19～3.63，其中第 4、5、10、11、12 号染色体为中着丝粒染色体，第 1、3、6～9 号染色体为近中着丝粒染色体，第 2 号染色体为近端着丝粒染色体。

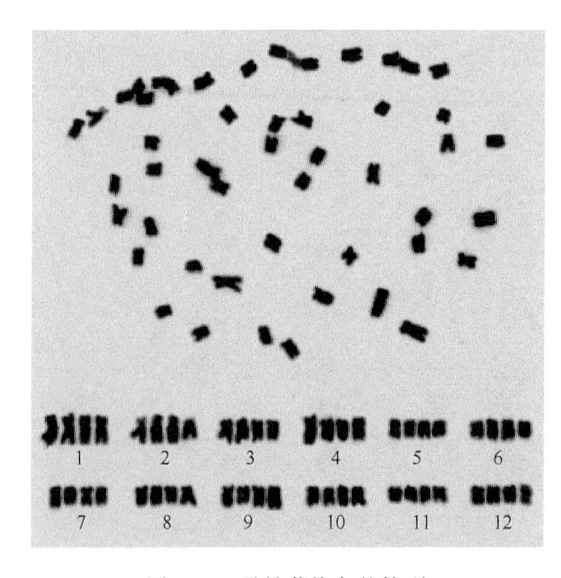

图 6-19　马铃薯染色体核型

四、黄瓜的染色体核型特征

黄瓜（*Cucumis sativus* L.）的二倍体染色体数为 $2n = 14$。图 6-20 为黄瓜品种‘Winter Long’的有丝分裂中期染色体核型图（Koo et al.，2002）。14 条染色体中有 12 条为中着丝粒染色体（第 1～6 对染色体），2 条为近中着丝粒染色体（第 7 对染色体），染色体臂指数为 1.08～1.75。

五、花生的染色体核型特征

花生（*Arachis hypogaea* L.）为异源四倍体种，其染色体数为 $2n = 4x = 40$。图 6-21 为弗吉尼亚型（Virginia type）大花生品种的有丝分裂中期染色体核型图（余朝文等，2012），其染色体相对长度介于 3.28～5.91，染色体臂指数为 1.07～2.18，除第 16 对染色体为亚中着丝粒染色体外，其余染色体均为中着丝粒染色体。

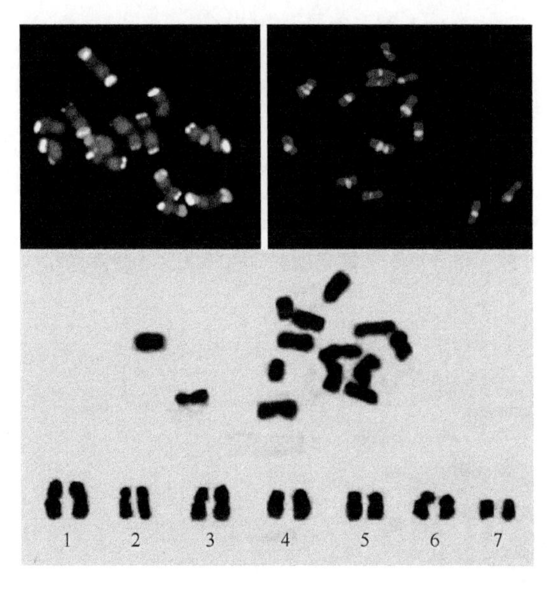

图 6-20　黄瓜染色体核型

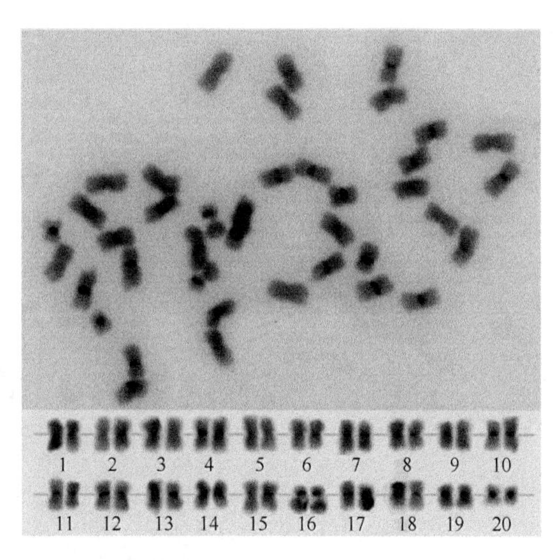

图 6-21　花生染色体核型

六、番茄的染色体核型特征

番茄（*Solanum lycopersicum*）的染色体数为 $2n = 24$。图 6-22 为番茄品种‘Micro Tom’的有丝分裂中期染色体核型图（Braz et al.，2018），其染色体相对长度介于 7.23～12.08。12 对染色体中有 6 对为中着丝粒染色体（第 1、5、7、10、11、12 对染色体），5 对为近中着丝粒染色体（第 3、4、6、8、9 对染色体），1 对为近端着丝粒染色体（第 2 对染色体），染色体臂指数为 1.17～3.31。

七、豌豆的染色体核型特征

豌豆（*Pisum sativum*）的染色体数为 $2n = 2x = 14$。图 6-23 为豌豆品种‘中豌 6 号’的有丝分裂中期染色体核型图（刘宏等，2014），染色体绝对长度变异为 3.21～4.69，染色体臂指数为 1.24～1.74，除第 3 对染色体为近中着丝粒染色体外，其余染色体均为中着丝粒染色体。

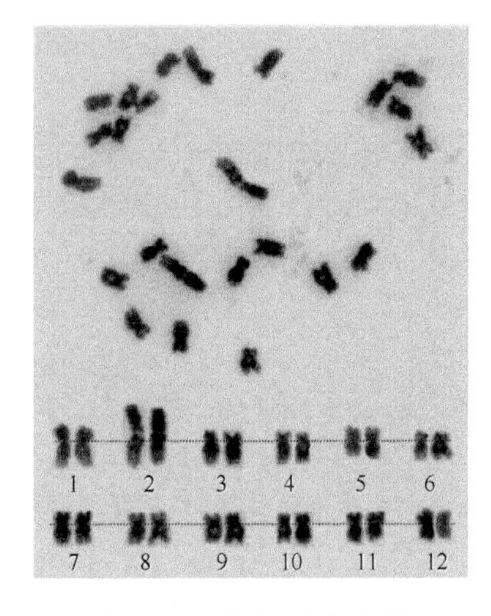

图 6-22 番茄染色体核型

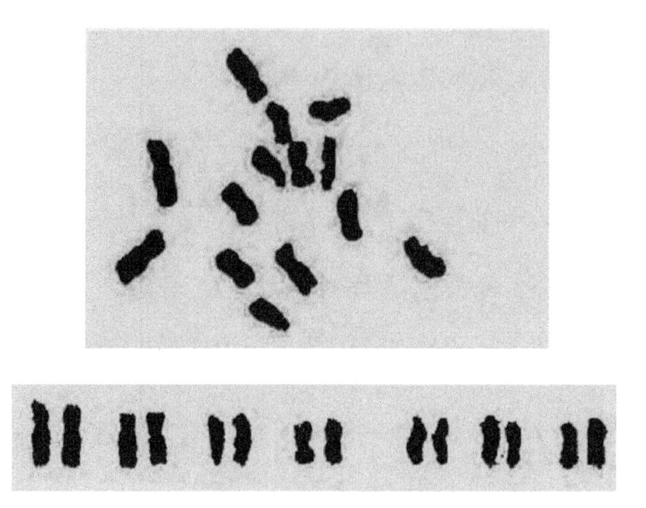

图 6-23 豌豆染色体核型

八、油菜的染色体核型特征

甘蓝型油菜（*Brassica napus*）的染色体数为 $2n = 4x = 38$。图 6-24 为甘蓝型油菜品种‘中双 4 号’的有丝分裂中期染色体核型图（刘勇等，2005），其染色体相对长度介于 3.06～7.65，染色体臂指数为 1.00～2.53，除第 1、2、7～9、13、18 对染色体为近中着丝粒染色体外，其余染色体均为中着丝粒染色体。

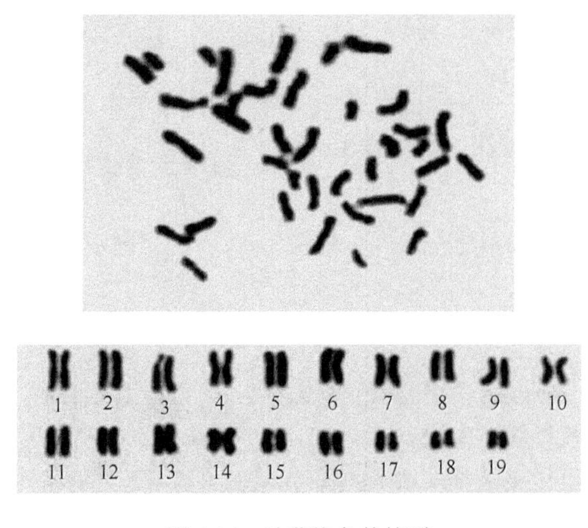

图 6-24 油菜染色体核型

九、向日葵的染色体核型特征

向日葵（*Helianthus annuus*）的染色体数为 $2n = 2x = 34$。图 6-25 为向日葵栽培品种‘内葵杂 3 号’单交种的有丝分裂中期染色体核型图（闫素丽等，2010），其染色体绝对长度变异为 3.05～6.78，染色体臂指数为 1.03～1.60，所有染色体均为中着丝粒染色体。

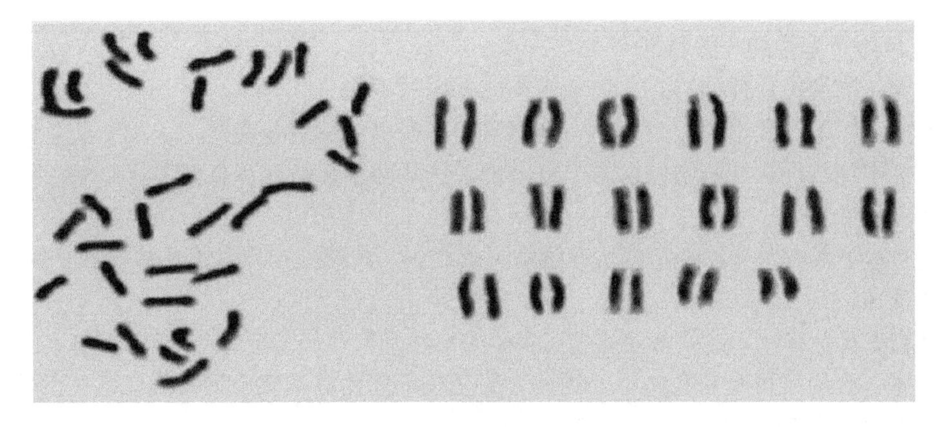

图 6-25　向日葵染色体核型

十、燕麦的染色体核型特征

燕麦（*Avena nuda*）的染色体数为 $2n = 6x = 42$。图 6-26 为燕麦品种‘莜麦青引 3 号’的有丝分裂中期染色体核型图（耿帆等，2014），其染色体相对长度介于 2.73～6.56，染色体臂指数为 1.27～2.95，除第 1、4～8、13、15、18～20 对染色体为中着丝粒染色体外，其余染色体均为近中着丝粒染色体。

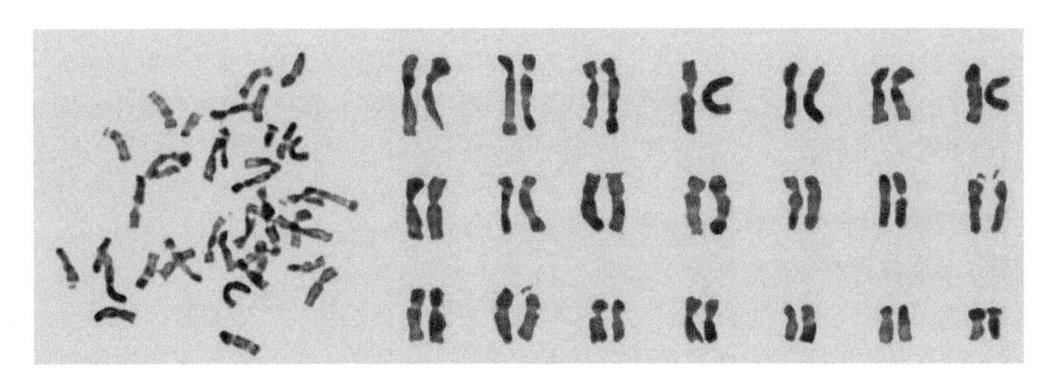

图 6-26　燕麦染色体核型

第八节　染色体核型多样性分析及其应用

研究人员在正常生物染色体核型、组型特征研究的基础上，发现了染色体的多型性，同时也对染色体异常个体进行了研究。因为有些染色体畸变直接与动植物的育种、人类疾病有密切关系。在动物中，各种染色体缺陷所引起的早期胚胎死亡、繁殖机能降低已给畜牧生产带来巨大损失。大约 10%的合子具有染色体畸变，这些合子中约有 90%胚胎死亡，因此，降低畜群染色体缺陷水平是提高家畜生产能力的一个重要方面。

一、染色体的多型性

染色体具有二重性，除前述的稳定性以外，它还是个高度变异的体系。这主要是指在正常动物群体中经常可见各种染色体结构和形态的差异，如染色体着色强度的差异及同源染色体的形态和大小差异等。这种变异称为染色体的多型性（polymorphism）。

1. 染色体多型性的一般特征

（1）两条同源染色体的形态、大小或着色方面的不同。

（2）按孟德尔方式遗传，在个体中是恒定的，在群体中具有变异。

（3）集中地表现在某些染色体的一定部位，这些部位都是含有高度重复DNA的结构异染色质的所在之处。

（4）通常不具有明显的表型或病理学意义。否则，传统上则称为染色体畸变，以示区别于染色体的变异。

在动物的染色体中，含有高度重复DNA的结构异染色质的分布是不均匀的，它集中于着丝粒、随体、次缢痕和Y染色体上。因此，染色体的多型性也集中地表现在这些部位。

2. 性染色体的多型性

在牛和羊等家畜中，曾报道过因X染色体臂指数和相对长度的变化，导致了形态发生多变。而更多是关于Y染色体多态的报道。牛的Y染色体有明显的形态变异。美洲野牛、瘤牛及瘤牛型黄牛的Y染色体为近端着丝粒染色体，而其他野牛、牦牛和普通牛型黄牛为中或亚中着丝粒染色体。我国南方牛种包括海南牛、四川黄牛、温岭高峰牛等多为近端着丝粒Y染色体；北方黄牛品种如延边牛、蒙古牛、新疆褐牛为中或亚中着丝粒Y染色体；中原地区的黄牛，部分为近端着丝粒Y染色体，如鲁西牛和南阳牛，部分为两种着丝粒Y染色体的混合型，即双重核型，如秦川牛、晋南牛、郏县红牛和岭南牛。可见牛的Y染色体的多型具有明显的生态地理效应，显然，它与我国牛的起源和品种形成的系统史有关。通过对中国黄牛Y染色体多态性的研究，陈宏等提出，在长期进化过程中，中国北方黄牛受普通牛的影响大，南方黄牛受瘤牛的影响大，中原黄牛同时受到普通牛和瘤牛的影响，是由普通牛和瘤牛长期交汇融合形成的特殊黄牛品种。

二、染色体标记与起源进化

（一）染色体进化与牛的起源

20世纪60年代末，Ohno通过对哺乳动物的性染色体进化与性连锁基因的研究，提出了假说：哺乳动物的X染色体在其遗传组成上是极为保守的，它们含有相同的遗传信息。20世纪70年代以后，在关于60种哺乳动物（包括各种家畜）X染色体的比较研究中发现：各种哺乳动物X染色体的相对长度差异为5%～6%，G带带型（见第七章）都有相同的两条深染的特征带，种间差异只反映在一些较小带型的变化上。从而从细胞水平证实了Ohno的假说。

有人对洞角反刍科的几个物种如山羊、绵羊与牛染色体的G带作了比较，虽然它们的染色体数不同，但G带有极大的相似性。由此看来，染色体进化与物种起源密切相关。

一般认为，在哺乳动物染色体的进化过程中，各近缘物种染色体数目的差异几乎全是染色体着丝粒处发生的融合（罗伯逊融合）或者断裂（罗伯逊断裂）所致。牛亚科动物的染色体数与核型，表明家牛属、牦牛属、准野牛属和野牛属4属的牛中，虽然染色体数不同，但染色体臂数全部是62，其核型也非常相似，所以这4个属间也就能形成种间杂种了。

（二）染色体进化与牛品种的形成

在哺乳动物染色体的进化过程中，除上述的罗伯逊融合和罗伯逊断裂机制外，染色体臂间与臂内倒位、易位、缺失及异染色质的增生等亦有非常重要的意义，尤其是对种的分化和品种的形成具有决定性的作用。

从进化细胞遗传学的角度看，同一物种具有相对恒定的染色体数目、形态和结构，而家养后的品种分化，则是基因水平的差异。染色体的易位、倒位和重排等畸变为基因排列的差异提供了基础。关于牛 Y 染色体的两种形态，经 G 带证实，中或亚中着丝粒 Y 染色体的短臂与端着丝粒 Y 染色体长臂末端同源。由此认为，瘤牛型黄牛 Y 染色体是普通黄牛 Y 染色体臂间倒位的结果。

（三）染色体标记与牛品种的分类

在众多的细胞遗传学指标中，目前筛选出的较为适合于品种分类的指标是 $Ag\text{-}NOR_s$ 与 Y 染色体的形态。考察牛品种的起源，进行牛品种分类的最好的细胞遗传学标记是 Y 染色体特征。具有肩峰的瘤牛（Bos indicus）Y 染色体是近端着丝粒，无肩峰的普通牛（Bos taurus）、巴厘牛、蒙古利亚牛是中或亚中着丝粒。我国的黄牛品种中，南方牛种有较高的肩峰，Y 染色体也与瘤牛的相似，属近端着丝粒；北方牛种无肩峰，Y 染色体为中或亚中着丝粒；中原地区的牛种有较低的肩峰，Y 染色体在部分品种中为近端着丝粒，部分品种有两种核型。因此，Y 染色体的着丝粒位置类别，是中国家牛起源进化系统的一个有力证据。黄河中下游流域是瘤原牛（Bos namadicus）和长额牛（Bos p. longifrons）两个原始群体的重叠分布地带。

雷初朝等根据牛 Y 染色体的多态性，把中国黄牛大致分为三大区域：①中国的北部，包括西北牧区、青藏高原、蒙古高原、东北平原的辽阔土地和云南西北部分地区是北方黄牛的分布区，其 Y 染色体为中或亚中着丝粒，这些黄牛包括延边牛、科尔沁牛、蒙古牛、乌珠穆沁牛、迪庆牛、丽江牛、新疆褐牛和西藏牛。②中原地区，包括黄河中下游和秦岭以北的狭小地域，是中原黄牛的分布区，其 Y 染色体为中（亚中）和近端着丝粒混合型，这些黄牛包括晋南牛、岭南牛、郏县红牛和秦川牛；③中国的南部，包括长江中下游至珠江、海南岛及云贵高原与四川地区，是南方黄牛的分布区，其 Y 染色体为近端着丝粒，这些黄牛包括鲁西牛、南阳牛、西镇牛、宣汉牛、平武牛、三江牛、峨边花牛、云南高峰牛、文山牛、徐闻牛、海南牛、温岭高峰牛和中国黑白花奶牛。这个分类与微卫星和 SNP 标记的分析结果相吻合。值得注意的是，云南省是南方黄牛（云南高峰牛和文山牛）与北方黄牛（丽江牛和迪庆牛）的聚居区，还分布有半野生动物大额牛。

从 Y 染色体的形态考察，我国的晋南牛、郏县红牛、秦川牛和岭南牛具有双重核型，说明它们的血统受瘤原牛（即 Bos. p. namadicus）和原牛欧洲种（Bos. p. primigenius）两方的影响，但影响的程度各不相同，地理位置偏南的岭南牛和郏县红牛有 83.33%和 75%的公牛 Y 染色体为近端着丝粒染色体，说明它们受瘤原牛的影响大，而偏北的晋南牛和秦川牛正好相反，绝大多数公牛（分别占 77.78%和 75%）为中或亚中着丝粒染色体，表明它们更多地继承了欧洲亚种的血统。即使考虑由于观察头数的限制，具体比例可能存在一定水平的抽样误差，这个倾向也是确信无疑的。现知的南方牛品种，都具有近端着丝粒的 Y 染色体，就此而言当属瘤牛型，而与巴厘牛、爪哇牛不同；这个事实也有悖于一度流行的所谓南方黄牛“有巴厘牛血统”之说，而与现知的血液免疫学、生物化学、形态学以至家畜文化史证据吻合一致。因此，从细胞学角度获得的证据支持排除巴厘牛对华南黄牛有基本血统贡献的可能性。而澳大利亚的近代育成品种‘Droughtmaster’牛，也被检出了两种类型的 Y 染色体，主要原因是在杂交育成的后期用了不同的父本品种。最后用‘Brahma’公牛产生的‘Droughtmaster’公牛为近端着丝粒 Y 染色体；用南非的‘Sanga’（该品种为亚中着丝粒 Y 染色体）公牛产生的 Droughtmaster 系统，公牛有亚中着丝粒 Y 染色体。可见，Y 染色体的多态性可以作为父系牛品种的遗传标记，以用来考察群体血统成分。

三、染色体研究与育种及生产

（一）染色体与家畜育种

染色体数目和结构的改变，均会带来一定的遗传缺陷，特别是繁殖机能，直接影响畜牧生产。因此降低牛群染色体的缺陷水平，提高牛的繁殖力，已被越来越多的畜牧工作者所关注。在国外，许多养牛业发达的国家已将细胞遗传的监测应用于畜牧生产，特别是一些国家已开始将 1/29 易位作为种公牛选择的指标之一。由此可见随着细胞遗传学的不断深入，染色体与畜牧生产的关系也越来越明确，细胞遗传应用于畜牧生产将会显出更大的经济效益。在我国，染色体的监测对种畜的选择和引进作用已被人们所重视。在晋南牛的种公牛精子建设中，陈宏等承担了种公牛染色体的分析，该研究通过淋巴细胞培养法对拟选入精子库的 13 头晋南种公牛的染色体进行了研究和监测。其结果表明，晋南种牛 Y 染色体存在多态性，具有中（亚中）（7 头）和近端（6 头）着丝粒 Y 染色体双重核型；对其体细胞染色体畸变类型和频率分析表明，染色体有三倍体、四倍体和六倍体，其总畸变率为 4.13%。结构畸变的类型有染色单体缺失、断裂、间隙、染色体间隙、着丝点断裂等，其总畸变率为 2.54%。经比较分析认为，所研究的 13 头晋南种公牛染色体的畸变率在正常范围内，可以作为拟选入精子库的种公牛。我国对家畜染色体的应用研究虽然起步较晚，但发展很快，从长远考虑，细胞遗传学检测在家畜育种中已成为必需。

（二）染色体与黄牛的亲缘关系

从上一节可以看出，亲缘关系近的物种间，染色体组型及带型非常相似。牛科中，牛、山羊和绵羊 NORs 数目和 G 带的相似性使人们不难看出，染色体与动物的起源进化和亲缘关系密不可分，染色体将作为一种“活化石”，对它进行深入研究且利用考古学、生化遗传学、分子遗传学等资料，预期将会真正搞清黄牛的起源进化与亲缘关系问题。1990 年，陈宏用银染技术对中国 4 个地方黄牛品种（蒙古牛、秦川牛、岭南牛和西镇牛）40 头牛的 Ag-NORs 作了比较研究，并根据不同 Ag-NORs 的个体频率用数学方法估计了 4 个品种间的遗传距离，以此对 4 个品种作了聚类分析。结果表明，在 4 个品种中，西镇牛与岭南牛关系最近；西镇牛与蒙古牛关系最远。这与从 Y 染色体多态性、外形、历史、地理分布及生态类型的研究结果一致。

（三）染色体与环境检测及家畜的饲养管理

某些化学及物理因素会诱发染色体畸变，从而影响畜牧生产。所以，目前一致认为，细胞遗传学的一些指标可作为监测某些化学及物理因素的可靠依据。在当前的畜牧生产中，广泛使用了饲料添加剂、促长剂、增瘦剂等，这些物质对畜体有无副作用，特别是对种畜的繁殖机能有无影响，可通过检查种畜染色体的畸变率来监测。另外，在兽医临床上，新药不断出现，并且在诊断上采用了超声波等技术，会不会对畜体特别是种畜产生不良影响，也可用细胞遗传学的方法来进行检查。

（四）染色体与性别的早期诊断与控制

对于 XY 异配性别生物而言，雄性动物有 1 条 X 染色体和 1 条 Y 染色体，而雌性动物则有两条 X 染色体，而且对很多生物而言，X 染色体与 Y 染色体大小差别明显，因此性染色体是雄性动物与雌性动物核型区别最典型的特征。通过核型带型分析，可以区分被检测个体的性别。

在性别控制未完全解决之前，性别的早期诊断固然在畜牧生产上是很有意义的。目前，就性别诊断来讲，人们进行了许多有益的探索，若用染色体来进行性别诊断无疑是一种行之有效而可靠的方法。20 世纪 80 年代，人类就已用腹壁穿刺法抽取羊膜细胞，进行短期培养，制备染色体标本，进行性别诊断。在牛上已有人用此法进行了尝试，这种方法应用于牛上，就更容易些，因为这是由牛核型中 X 和 Y 染色体的特殊形态所决定的。目前，胚胎冷冻、切割等技术已在牛上获得成功，如果能用其一部分通过细胞遗传学或分子遗传方法进行胚胎的性别鉴定，其鉴定的准确率达到百分之百，然后按目的进行移植，将会大大提高奶牛业的经济效益。

目前，人们根据性染色体决定性别的基本原理，利用流式细胞仪分离 X 精子和 Y 精子，制备成性控精液，可按需求进行配种，在奶牛业中已经推广使用。当然，在使用中还有一些问题亟待解决，如果能不断突破低受胎率的瓶颈，无疑将给牛业生产带来辉煌的前景。

（五）展望

鉴于细胞遗传在畜牧生产和家畜育种中越来越重要，在家畜的遗传育种与繁殖中，要足够重视家畜的细胞遗传学研究。因此有以下几点建议。①各级领导和育种组织要重视这一工作，把家畜细胞染色体的检查作为选种必要的项目之一，逐步制定出种畜选种的细胞遗传学标准。②对现有种畜和将产生后备公畜的母畜进行细胞遗传学检查，确认无突变后，方可用于育种。③对留种后备家畜进行早期细胞遗传学监测，尽早淘汰染色体缺陷的个体。④对我国种畜进行一次普遍的细胞遗传学检查，从细胞遗传学上搞清品种间的亲缘关系，结合 DNA 分子标记多态性、体质外貌、生态类型及考古等方面的资料，提出比较实际的品种分类，以利于品种的开发和利用。

本 章 小 结

染色体是基因的载体。染色体标本制备出来以后，需要进行染色体的核型分析，即分析一个物种的染色体特征，确定染色体是否异常。将一个生物中期分裂细胞中的全部染色体进行剪切、按照同源染色体配对，分组、依大小排列的图形称为核型。核型反映了一个物种所特有的染色体数目及每一条染色体的形态特征，包括染色体的相对长度、着丝粒的位置、臂指数、随体的有无、次缢痕的数目及位置等。核型是物种最稳定的细胞遗传学特征和标志，代表了一个个体、一个物种，甚至一个属或更大类群的遗传特征。按照同一物种不同个体许多细胞染色体的核型特征绘制出的核型模式图称为染色体组型。一个生物细胞中同源染色体之一构成的一套染色体称为染色体组。

将生物体一个中期分裂细胞内全部染色体拍照下来，按同源染色体进行配对，再按照形态、大小和它们相对恒定的特征排列起来制成核型图，并进行染色体数目、结构和特征有无异常的分析过程称为核型分析。染色体核型分析的内容包括染色体数目确定、染色体大小的确定、染色体形态特征的分析、染色体剪切配对、染色体排列分组、染色体编号及染色体变异观察。

染色体核型正常与异常的表示方式叫核型式。核型式中一般前面的数字代表一个个体、一个品种或一个物种细胞内染色体的总数，在逗号后的两个字母代表性染色体的组成及染色体的变异特征。在此基础上，本章还介绍了一些物种正常和异常染色体核型的表示法和举例。同时描述了人、常见农业动物、农业植物染色体的数目和核型特征，并阐述了染色体研究、核型多样性分析、染色体标记在生物起源进化、动植物育种及生产等方面的应用。

➤思 考 题

1. 什么叫核型？什么叫核型分析？核型分析一般包括哪些内容？

2. 什么是染色体的相对长度？

3. 按照染色体的相对长度，染色体的形态分为哪几种类型？

4. 正常猪有38条染色体，请写出正常母猪和公猪的核型式。

5. 什么是染色体的臂指数（臂比率）？按照臂指数染色体的形态分为几种类型？

6. 牛、猪、绵羊、山羊、马、驴、水牛、兔、鸡、鸭各有多少条染色体？其各自的染色体核型特征如何？

7. 小麦、玉米、马铃薯、黄瓜、花生、番茄、豌豆、油菜、向日葵的二倍体各有多少条染色体？其各自的染色体核型特征如何？

8. 请说出牛61，XXX、59，X0、61，XXY代表的意思。

9. 一个公牛的1号和29号染色体发生罗伯逊易位，为易位杂合体，染色体总数59条，请用核型式表示。

10. 核型分析有何意义？

编者：陈宏　韩永华

主要参考文献

陈端阳，宋文芹，安祝平. 1985. 小麦属核型分析和BG染色体组及4A染色体的起源[J]. 武汉植物学研究，3（4）：304-312.

陈宏. 1990. 中国四个地方黄牛群体的染色体研究[D]. 杨凌：西北农林科技大学.

陈清. 2008. 鹅核型分析和GH、GHR基因多态性与生长性状关联研究[D]. 扬州：扬州大学硕士学位论文.

葛云山，Fort C E. 1983. 第一届国际家畜染色体显带核型标准化会议纪要[J]. 国外畜牧科技，（5）：44-48.

耿帆，周青平，梁国玲，等. 2014. 高寒地区裸燕麦的核型研究[J]. 青海大学学报（自然科学版），32（6）：11-14.

雷初朝，韩增胜，陈宏，等. 2001a. 关中马的染色体核型分析[J]. 西北农林科技大学学报（自然科学版），29（4）：6-8.

雷初朝，李瑞彪，陈宏，等. 2001b. 山羊与绵羊的染色体核型比较[J]. 西北农业学报，10（3）：12-15.

刘宏，郑兴卫，李聪，等. 2014. 豌豆染色体核型分析[J]. 江苏农业科学，42（6）：86-89.

刘勇，林刚，何光源，等. 2005. 两个油菜种的染色体核型分析[J]. 华中科技大学学报（自然科学版），33（3）：119-121.

佘朝文，张礼华，蒋向辉. 2012. 花生的荧光显带和rDNA荧光原位杂交核型分析[J]. 作物学报，38（4）：754-759.

王晶，向凤宁，夏光敏，等. 2003. 普通小麦与高冰草体细胞杂种F5代株系的核型分析[J]. 麦类作物学报，23（1）：12-16，106.

徐琪，陈国宏，张学余，等. 2004. 鹌鹑的核型及G带分析[J]. 遗传，26（6）：865-869.

闫素丽，安玉麟，孙瑞芬. 2010. 内葵杂3号染色体核型分析[J]. 植物遗传资源学报，11（6）：784-788.

杨秀燕，蔡毅，傅杰，等. 2011. 玉米及其近缘种大刍草的核型研究[J]. 中国农业科学，44（7）：1307-1314.

余桂娜，龚荣慈，张成忠，等. 1987. 杂交水牛染色体核型的观察[J]. 西南民族大学学报（畜牧兽医版），（3）：7-10.

张静南. 2011. 马、驴和骡成纤维细胞培养、核型及其G带分析研究[D]. 呼和浩特：内蒙古大学硕士学位论文.

赵捷，段修军，卞友庆，等. 2007. 金定鸭的核型及G带带型研究[J]. 扬州大学学报（农业与生命科学版），28（3）：30-33.

赵淑娟，庞有志，邓雯，等. 2008. 河南大尾寒羊染色体核型与G-带分析[J]. 西北农林科技大学学报（自然科学版），36（3）：39-48.

赵淑娟，薛帮群，庞有志，等. 2007. 洛阳地区八点黑獭兔染色体核型与D G带研究[J]. 中国养兔杂志，（6）：21-24.

Braz G T，He L，Zhao H N，et al. 2018. Comparative oligo-FISH mapping：an efficient and powerful methodology to reveal karyotypic and chromosomal evolution[J]. Genetics，208（2）：513-523.

Braz G T，Martins L V，Zhang T，et al. 2020. A universal chromosome identification system for maize and wild Zea species[J]. Chromosome Res，28（2）：183-194.

Gill B S，Friebe B，Endo T R. 1991. Standard karyotype and nomenclature system for description of chromosome bands and structural aberrations in wheat（*Triticum aestivum*）[J]. Genome，34：830-839.

Koo D H，Choi H W，Cho J，et al. 2005. A high-resolution karyotype of cucumber（*Cucumis sativus* L. "Winter Long"）revealed by C-banding，pachytene analysis，and RAPD-aided fluorescence in situ hybridization[J]. Genome，48（3）：534-540.

Koo D H，Hur Y，Jin D C，et al. 2002. Karyotype analysis of a Korean cucumber cultivar（*Cucumis sativus* L. cv. "Winter Long"）using C-banding and bicolor fluorescence in situ hybridization[J]. Mol Cells，13：413-418.

Levan A. 1964. Nomenclature for centromeric position on chromosomes[J]. Hereditas，52：201-202.

第七章　染色体显带原理及技术

第一节　染色体显带的概念与研究历史

一、染色体显带的概念

染色体显带是20世纪60年代末发明的一种细胞遗传学新技术，染色体显带技术是经特殊的物理、化学等因素处理后，再对染色体标本进行染色，使其呈现特定的深浅不同的带纹的方法。用普通细胞学染色方法，染色体着色是均匀的，但经分带处理后，染色体在纵向结构上显现一定的明暗相间的带纹，这种带纹可在不同物种、品种或个体中表现出差异，同一个体的不同对染色体上带纹是不同的，而且带纹相对比较稳定，把这种带纹特征称为带型。因此，染色体的带型特征可作为一种遗传标记，使人们能更有效地识别染色体，确定染色体组型，更深入地研究染色体的结构和功能，为动植物的育种提供必要的细胞遗传学依据。

染色体带型以染色体显带（chromosome banding）技术为基础。染色体显带显示了染色体上的内部结构分化，为揭示染色体在成分、结构、行为、功能等方面的奥秘提供了更详细的信息。染色体显带技术不仅解决了染色体的识别问题，还能提供染色体及其畸变的更多细节，使染色体结构畸变的断点定位更加准确。

二、染色体显带技术产生的背景

1900年，孟德尔遗传规律被重新发现，标志着遗传学的诞生。但是，此时人们对于遗传物质的本质仍一无所知。1902年，美国生物学家Walter Sutton发现父源与母源染色体在种质细胞中成对存在，在减数分裂过程中发生分离，推测这可能是孟德尔遗传定律的物理基础。几乎在同一时期，德国细胞学家Theodor Boveri发现染色体在细胞分裂过程中可以保持相对完整的结构，而且每条染色体都有各自的特征，能独立影响个体发育；精子和卵子各自提供相同数量的染色体，孟德尔遗传因子的分离与自由组合规律在细胞水平上可以由染色体来解释。至此，Walter Sutton和Theodor Boveri二人的研究确定了遗传的染色体理论，这一理论后来被称为Sutton-Boveri染色体理论。

1926年，摩尔根发表“基因论”，认为孟德尔所称的遗传因子即基因是排列在染色体上的实体，是最小的功能、突变与交换单位（“三位一体”的基因概念）。尽管对于基因有了相对清晰的定义，但是人们对于染色体及基因的化学本质仍知之甚少。当时，人们普遍认为染色体是由蛋白质和脂质组成，而对于核酸的功能一无所知，甚至一度认为核酸是细胞内嘌呤代谢的废弃物。

20世纪30年代中期，人们发明了第一台紫外超微量分光光度计（UV ultramicrospectrophotometer），尝试通过研究核酸在细胞核内的分布而探究其功能。由于核酸在紫外光光谱范围中间值附近（大约260 nm）具有最强的吸光值，而且当时紫外光透镜已经诞生，其分辨率是普通可见光透镜的两倍。因此，瑞典细胞遗传学家托米昂・奥斯卡・卡斯柏森（Torbjörn Oskar Caspersson）及其同事通过紫外超微量分光光度法获得了很多不同的动植物及人类细胞的中期染色体紫外光吸收光谱。紫外光吸收光谱可以将单个中期相的染色体从动植物细胞中区分出来，甚至可以将果蝇唾液腺染色体区分出不同的带型和间带。

1937年，来自摩尔根实验室的遗传学家杰克·舒尔茨（Jack Schultz）受洛克菲勒（Rockefeller）基金资助，来到斯德哥尔摩与托米昂一起工作，他们发现核仁（nucleolus）包含大量戊糖核酸（pentose nucleic acid，即RNA），而染色体本身大部分包含脱氧核酸（deoxypentose nucleic acid，即DNA），而且快速分裂的细胞相比静止期细胞胞质中含有更多的戊糖核酸，这让他们想到基因可能在核糖体和蛋白质合成中发挥功能。

1960年前后，科学家对癌细胞的生长表现出浓厚的兴趣，人们通过孚尔根显微分光光度术（Feulgen microspectrophotometry）发现癌细胞具有不同于正常细胞的DNA光谱模式，而且癌细胞的DNA含量相对更大，但是到底是染色体上哪些化学组成或结构存在差异仍不得而知。

为了回答这个问题，首先需要解决的是人类染色体的鉴定，即准确区分不同的染色体。那个时期，区分染色体唯一可信赖的特征是染色体长度。在此阶段，人类的染色体核型被描述为由7组类型、24种不同染色体组成，除A组包含最长的三条染色体之外，其他组内染色体长度相差都很小，难以区分不同的染色体。因此，开发一种可以稳定鉴别不同染色体的实验流程迫在眉睫。

三、染色体显带技术的理论分析

托米昂分析基因线性排列在染色体上，其特异性取决于包含的嘌呤和嘧啶碱基的排列顺序，据此可推测不同功能的基因应该包含不同含量的碱基，而且碱基排列是不同的。因此，同一染色体的不同区域也应该是包含不同含量及化学组成的碱基，如果可以对某些特定碱基进行标记，就有望获得染色体上碱基组成的某种模式。

四、第一个染色体显带技术——Q带

基于上述考虑，托米昂尝试了很多不同的碱基染料，尤其是那些具有强荧光的化学染料。1968年，经过大量尝试，托米昂发现吖啶喹纳克林芥末（acridine quinacrine mustard）染色可以获得最佳的染色结果，发表了第一张染色体带型图。托米昂等利用Q带技术对人类中期染色体进行了大量观察，并利用荧光光度计记录了每份染色体标本的特征。基于这些荧光特征，人类染色体可以清楚地被分为24类，这也成为人类标准的染色体核型图，为人类异常的染色体鉴别提供了参考依据，也为人类基因定位奠定了坚实基础。

五、染色体显带技术的发展

在Q带技术被报道后不久，其他多种染色体显带技术也相继被报道。1970年，来自美国耶鲁大学的Mary Lou Pardue和Gall报道了小鼠卫星DNA染色技术。由于每条染色体的着丝粒（centromere）包含大量主要由卫星DNA构成的组成型异染色质，因此该技术被迅速用于人类组成型异染色质尤其是着丝粒的定位，被称为C带（C-bind）技术。

1971年研究人员又推出了以吉姆萨（Giemsa）为染料的染色体分带技术，简称为G带技术。相比Q带技术，G带技术不需要借助荧光光度计，操作更为简单，而且所分带型几乎覆盖了所有Q带带型，同时还有更细致的分带，因此可以提供更清晰的染色体带型，现在已经发展成为最常用的染色体显带技术。在G带技术推出后，Dutrillaux和Lejeune发明了R带（reverse G-bind）技术，即先处理染色体使其变性，再通过Giemsa染色，所得带型与G带几乎相反。

在此基础上，对 R 带方法进行改良突显染色体末端，发明了 T 带技术，即 T-banding。

基于传统 G 带染色的核型分析难以鉴别出明显的核仁组织区（nucleolus organization region，NOR）。1975 年，Goodpasture 和 Bloom 在改良 Ag-SAT（ammoniacal silver-satellite staining technique）方法的基础上，发明了 Ag-AS（silver ammoniacal silver）染色技术可以鉴定出 NOR 区域，因此这种分带技术被称为 Ag-NOR。

姐妹染色单体交换（sister chromatid exchange，SCE）是指两条姐妹染色单体之间染色体片段的互换。这一现象最早在 1958 年由 Taylor 首次描述，当时采用 H3 标记 DNA。1973 年，Latt 采用丝裂霉素 C 处理人淋巴细胞，并在培养基中加入碱基类似物 BrdU。经过两轮复制后的染色体 DNA 充分整合了 BrdU，可以被荧光染料 33258 Hoechst 染色，可以清晰地观察到姐妹染色单体交换，而且实验证明这种姐妹染色单体交换通过传统的 Q 带染色是难以观察到的。

第二节　染色体显带技术

自 20 世纪 70 年代以来，染色体的显带技术不断发展，对动植物的遗传鉴定和资源学研究都具有十分重要的意义。最常用的显带技术有 Q 带、G 带、C 带、R 带、T 带、Ag-NOR 和 SCE 等。这些分带已广泛用于动植物的染色体研究。

一、染色体 Q 分带技术、原理与应用

Q 带也叫荧光带，是指染色体标本经喹吖因（quinacrine）等荧光染料染色后，沿着每个染色体的长度上显示出横向的、强度不同的荧光带纹。Q 带是最早应用的显带方法，染色体 Q 分带技术是由瑞典细胞遗传学家托米昂·奥斯卡·卡斯柏森（Torbjörn Oskar Caspersson）于 1968 年首次发明的。Q 分带技术所用染料为具有强荧光的化合物吖啶喹纳克林芥末（acridine quinacrine mustard）或奎纳克林二盐酸盐（quinacrine dihydrochloride），可以与嘌呤碱基的氨基基团反应。因此，利用吖啶喹那克林芥末对染色体进行染色，可以观察到大量明暗相间的荧光条带，其中强荧光区域富含腺嘌呤（adenine）和胸腺嘧啶（thymine）碱基对，这种染色体显带技术被称为 Q 分带（Q-banding）技术。

（1）染色体 Q 分带技术　Q 带染色体标本制片过程是将准备好的染色体标本，浸于 pH 6.0 的磷酸缓冲液中或柠檬酸缓冲液中 5 min，用荧光染料 0.005%吖啶喹纳克林芥末或 0.5%奎纳克林二盐酸盐染色 15～20 min；利用流水冲洗掉荧光染料再将染色体标本片子置于 pH 6.0 的磷酸缓冲液中，或柠檬酸缓冲液，或蒸馏水中分色三次，每次 5 min；分色结束后用干净盖玻片盖上，用石蜡油封片；在荧光显微镜下观察，获得中期染色体图像，以便用于核型分析。

（2）染色体 Q 分带显带原理　喹吖因（quinacrine mustard，QM）是一种烷化剂，与人类染色体结合后显示出特殊带型。最初认为这种带型是通过其烷基基团与 DNA 上的鸟嘌呤结合及将其喹吖因基团嵌入 DNA 双链中而显示出来的，染色体不同区域 QM 结合的量取决于 DNA 与染色质结合蛋白的空间位置关系。但是后续研究发现不含烷基基团的荧光染料也能显示出特殊带型，而且体外实验表明富含 A/T 碱基对的多聚物可以增强 QM 荧光信号，而 G 碱基却表现出淬灭荧光活性的效应，说明决定显带的主要是 DNA 碱基组成及 DNA 结合蛋白，但是具体原理仍有待进一步研究。

（3）染色体 Q 分带技术应用　Q 分带技术已经被成功应用于人类等多种动物中，以及

延龄草（Trillium）植物的核型分析，而且被用于研究几个物种的异染色质和重复DNA。图7-1是利用Q分带技术展示的大蓝羚（Nilgai）与牛染色体核型对比图。

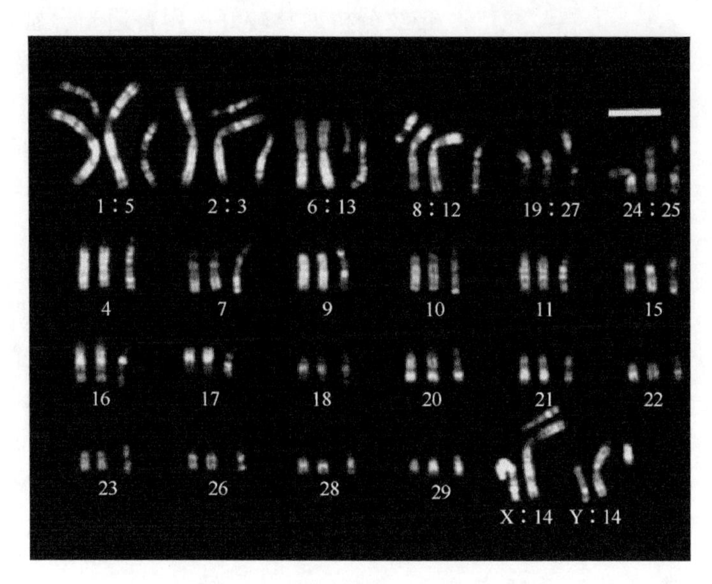

图7-1　大蓝羚（Nilgai）与牛Q带核型对比图（Gallagher et al.，1998）
染色体编号是参照牛的染色体进行编号的

二、染色体G分带技术、原理与应用

G分带即染色体标本经Giemsa染料染色所显示的分带。1971年，Sumner及其同事推出基于冰醋酸和盐溶液预处理染色体的Giemsa染色，同年，Seabright推出基于胰蛋白酶预处理染色体的Giemsa染色。此后，还有多种以Giemsa染色为主的染色体显带技术被推出，这些技术统称为G分带技术。

1. 染色体G分带技术

（1）*醋酸盐吉姆萨（acetic-saline-giemsa，ASG）染色体G分带技术*　利用甲醇、冰醋酸固定液固定细胞，利用空气干燥法制备染色体标本，在2×SSC溶液（0.3 mol/L氯化钠和0.03 mol/L柠檬酸钠）中60℃条件下孵育1 h，再利用Giemsa染色1.5 h，吸干后在二甲苯中浸泡，用中性封片剂（DPX）封片。ASG染色体G分带技术相比Q带技术操作更为简便，而且可以显示出常染色体上一些特异的多态性带型，可以用于染色体异常和交换位点的鉴定。

（2）*胰蛋白酶-EDTA染色体G分带技术*　首先在37℃温箱中预处理染色体标本3 h，再将其浸入0.1%胰蛋白酶和0.02%EDTA按1∶1比例混合的混合液中消化处理30～75 s；利用磷酸缓冲液漂洗标本后用Giemsa染液染色20～40 min；流水冲洗、空气干燥后镜检。一般胰蛋白酶处理的时间随片龄变长而变长。

2. Giemsa显带原理

Giemsa染料由甲基蓝、天青和伊红三种染料混合而成。Giemsa染色在染色体上产生的洋红色是来自于Giemsa溶液天青染料中噻嗪和伊红以2∶1的比例形成的酸性化合物，可以与细胞中的碱性成分结合形成沉淀。这种沉淀优先发生在染色体的疏水区域，在这些区域中，DNA磷酸盐以适当的距离结合两个噻嗪分子，这两个噻嗪分子随后能够结合到同一伊红分子上；而之所以显示出带型可能是染色体上疏水区域分布不均匀造成的。

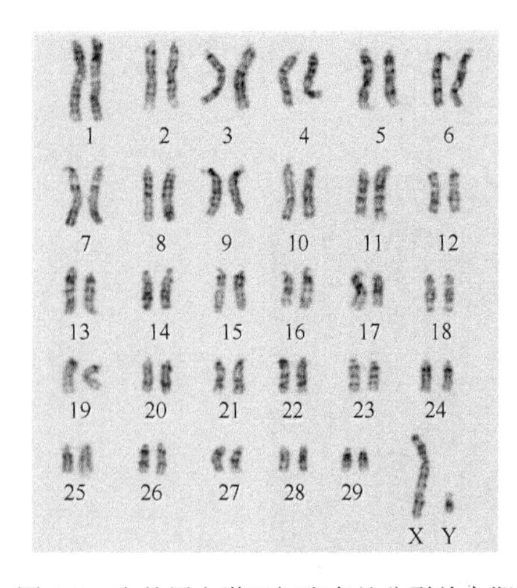

图 7-2　牛外周血淋巴细胞有丝分裂前中期胰蛋白酶-EDTA 染色体 G 分带核型分析图（Iannuzzi，1996）

3. G 分带技术的优势与不足

优势在于染色是永久性的，可以较长时间保存；带纹分析通常较好；用普通光学显微镜即可观察；不足在于 Giemsa 是一种不稳定染料混合物，不同厂家、不同批次生产的染料都可能有变化，所以 G 分带的结果有时难以预料；而基于胰蛋白酶的 G 分带技术实验过程中胰蛋白酶的浓度与处理时间较难把控，可能会导致实验失败。

4. G 分带技术的应用

由于 G 分带沿染色体长度上所显示出的带纹丰富、精细、清晰、分辨率高、技术比较简单，制片可以长期保存，G 分带在人类及动植物染色体的研究中得到了广泛应用。利用 G 分带可以有效识别染色体。图 7-2 显示一个牛外周血淋巴细胞有丝分裂前中期胰蛋白酶-EDTA 染色体 G 分带核型分析图。

三、染色体 C 分带技术、原理与应用

C 分带是专门显示异染色质结构的染色体显带技术，由 Pardue M. L.在 1970 年建立。由于异染色质区存在大量高度重复序列的 DNA，经酸碱变性后，再进行复性处理易于复性，而常染色质区 DNA 不易复性，经 Giemsa 染色后呈现深浅不同的染色反应。

（1）染色体 C 分带技术　选中期染色体分散好的制片，于−80℃超低温冰箱中冷冻 12 h 后揭片，迅速进行乙醇梯度脱水，脱水的制片用于分带处理。首先将制片放在 60℃、1 mol/L HCl 溶液中处理 5～7 min，每隔 10 s 设一个梯度，蒸馏水冲洗 4 次，每次 2～5 min，然后干燥过夜。再在室温条件下，将干燥后的制片置于 0.07 mol/L 氢氧化钾（KOH）溶液中处理 20～120 s，每 5 s 为一个梯度，转入磷酸缓冲液中处理 5～30 s，每 5 s 为一个梯度，其间不断振荡。在 2%～5%（*V*/*V*）Giemsa 染液中染色，每 0.5%为一个梯度，染色时间为 10～60 min，每 5 min 设一个梯度，染色后制片经蒸馏水冲洗气干，滴加二甲苯后观察。

（2）染色体 C 分带显带的原理　研究表明，着丝粒异染色质仅与组蛋白结合而呈现紧密结构，保护着丝粒的异染色质免受强碱和盐类的破坏；而常染色质含有大量非组蛋白，结构相对松散。因此，用强碱和盐类处理染色体，使常染色质区域 DNA 被优先提取出来而着色较浅，而着丝粒等异染色质区域 DNA 不易被提取出来着色较深，而呈现出 C 带特征。

（3）染色体 C 分带的优缺点　C 带的优势在于具有较高的灵敏性，植物染色体 C 带的带型有明显的差别，如玉米、大麦、小麦等作物均有明显的显示核仁组织区的核仁缢痕带。染色体 C 分带技术的不足在于操作烦琐，耗时较长。

（4）染色体 C 分带的应用　染色体 C 分带技术有较高的灵敏度，可以检测到染色体上全部的着丝粒带和大部分的臂间中间带，根据这些带型特征可以识别特定的染色体，可以研究物种的进化及不同基因组之间的关系。目前，已被应用在人类、小鼠、各种家畜、果蝇等动物及麦类、玉米、高粱、黄瓜、水仙等多种植物研究上。在中国黄牛上，C 带的阳性区分布在常染色体的着丝粒部位和整个 Y 染色体上，X 染色体上没有 C 带阳性区，但不同染色体上，同源染色体之间 C 带的大小和深浅是不同的，是有差异的。由于常染色体和 Y 染色体 C

带着色的差异，陈宏利用染色体 C 分带技术有效地鉴别了近端着丝粒 Y 染色体（图 7-3B）。

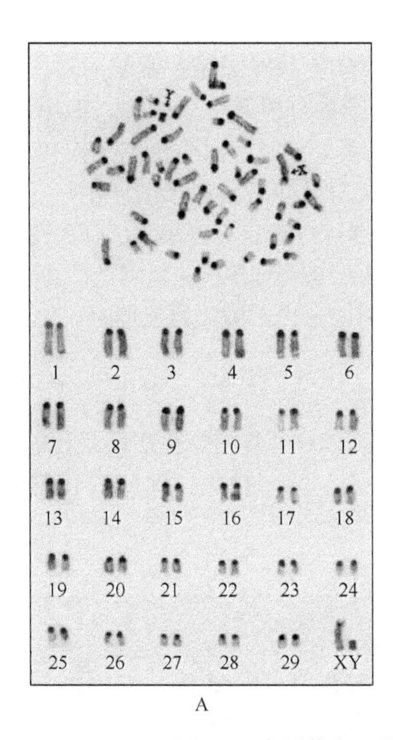

A

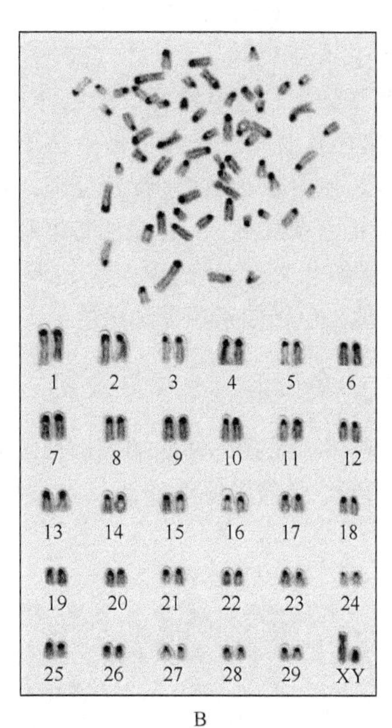

B

图 7-3　中国黄牛 C 带核型（陈宏，1990）

A. 中着丝粒 Y 染色体；B. 近端着丝粒 Y 染色体

四、染色体 R 分带技术、原理与应用

染色体 R 分带技术是先对染色体进行变性处理，再利用 Giemsa 染色，由于这种技术所显示深浅带纹正好与 G 带相反，故称逆相 G 带（reverse G-band），故又称 R 带。在 G 带染色体的两末端都不显示深染，而在 R 带中则被染上深色，因此 R 带有利于测定染色体长度及末端区域结构的变化。目前所用的 R 显带方法是 RBG（R-band by BrdU using Giemsa）法，即经 5-溴脱氧尿嘧啶核苷（BrdU）处理后用 Giemsa 染色（图 7-4）。

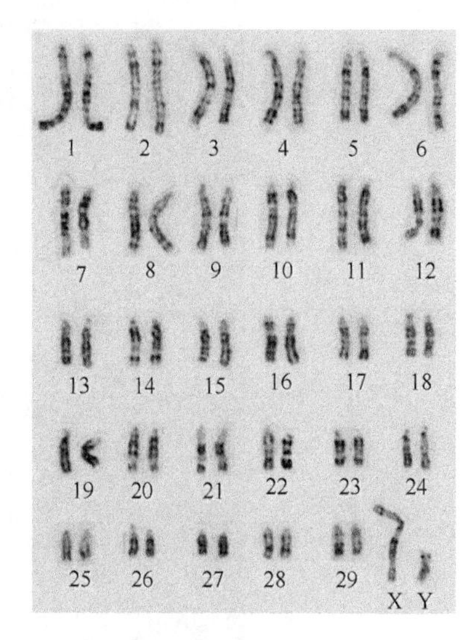

图 7-4　牛外周血细胞有丝分裂前中期 RBG 核型分析图（Iannuzzi，1996）

（1）染色体 R 分带技术　以人外周血细胞 R 分带为例，首先利用含 BrdU 的培养液培养细胞；利用秋水仙碱处理后进行离心、低渗、固定、制片；将染色体玻片置于吖啶橙染料或 Giemsa 工作液中染色 20 min，再用 pH 6.8 磷酸盐缓冲液冲洗；之后将玻片置于 45℃恒温水浴箱保温，并用紫外灯照射变性；将玻片浸于 86℃的 Earle 平衡盐溶液中处理 1～2 min，随后用蒸馏水洗涤二次，冷却；再次用 1∶20 Giemsa 稀释液染色 10 min，晾干，镜检观察。

（2）染色体 R 分带原理　DNA 及结合的蛋白质受热变性，富含 AT 碱基的 DNA 区域解螺旋，难以被 Giemsa 液染色，导致该区域呈浅带；而富含 GC 碱基的 DNA 区域仍保持正常双链结构，因此容易被 Giemsa 液染色，所以显示出深带。

（3）染色体 R 分带优缺点　优点在于染色体能及时显带，带纹清晰、丰富，操作方法稳定、简便、易于识别、重复性好；染色体易位很容易用 R 分带鉴定，但用 G 或 Q 分带鉴定比较困难。普通染色体 R 分带技术的缺点在于，高温处理时会对染色体结构有一定程度的破坏，不利于后期观察。使用了 BrdU 进行预处理，可能导致染色体畸形的产生。

（4）染色体 R 分带应用　R 带的带型和 Q 带、G 带正好相反，G 带的阴性带即 R 带的阳性带。因此，G 带结合 R 带有助于确定 G 带阴性带的染色体重排的断裂点；其次，R 显带时候除 Y 染色体外，其他染色体的末端都是深色带，故对揭示位于染色体末端的缺失和易位特别有利。

五、染色体 T 分带技术、原理与应用

T 带又称端粒带，是染色体的端粒部位经吉姆萨和吖啶橙染色后所呈现的区带，T 带染色过程与 R 显带相似，必须用特殊的高热处理染色体，显示出来的区域是 R 带中最深染的部分（图 7-5）。

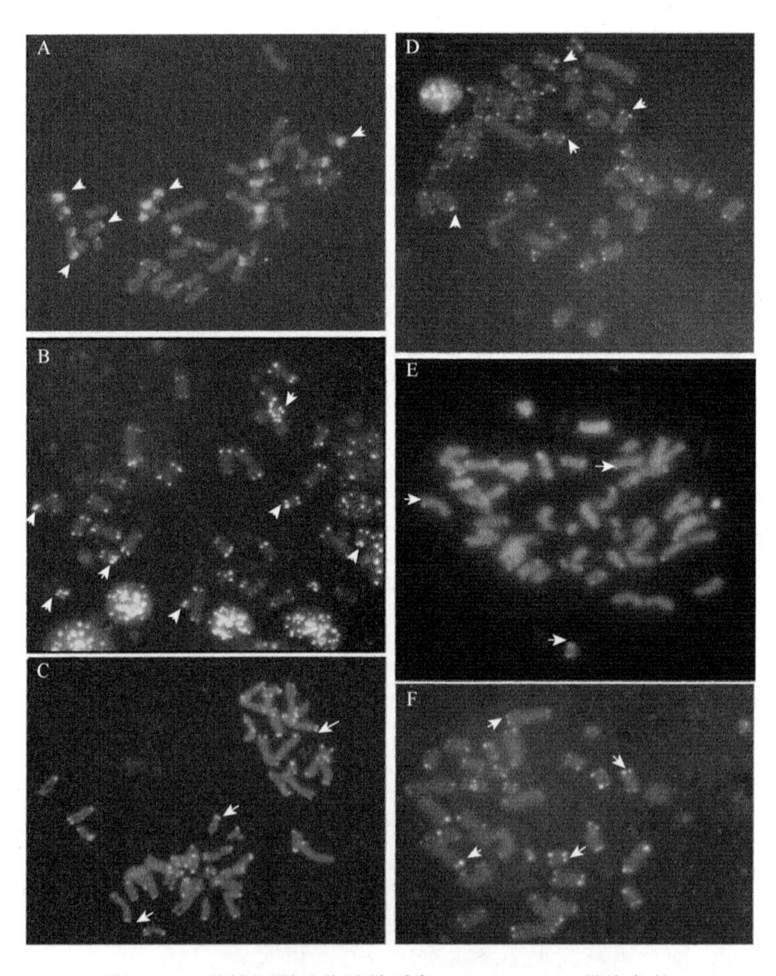

图 7-5　6 种蝙蝠属动物端粒重复(TTAGGG)$_n$ T 带染色体

A. *Eumops auripendulus*；B. *Cynomops abrasus*；C. *Nyctinomops laticaudatus*；D. *Molossus rufus*；E. *Molossops temminckii*；F. *Phyllostomus discolor*

（1）染色体 T 分带技术　基本过程与 R 分带相似，把染色体玻片标本放在含吉姆萨的 pH 6.7 磷酸盐缓冲液中加热至 87℃；用吖啶橙染料或者经热变性后的吉姆萨染液染色 5 min。

（2）染色体 T 分带原理　由于染色体包含有特殊的端粒结构，而端粒区富含 GC 碱基对的重复序列，在高温变性条件下仍能保持正常双链结构，因此容易被染料染色，所以显示出深带。

（3）染色体 T 分带优缺点　T 带染色易操作，但只能使端粒等少数特定区域显带，无法对其他区域进行研究。

（4）染色体 T 分带应用　T 分带可以清晰地显示染色体末端，尤其是端粒结构，可以用来识别染色体末端微小畸变，也常用于染色体末端结构重排分析；此外 T 分带可以用于检测双着丝粒染色体环（dicentric ring），有助于检测染色体末端的缺失、添加和末端区域断裂点易位。

六、染色体 Ag-NOR 分带技术、原理与应用

核仁组织区（nucleolus organizer region，NOR）是染色体上富含核糖体 RNA 编码基因的特定区域，一般位于哺乳动物部分染色体的次缢痕（secondary constriction）或端粒（telomere）上。利用氨化硝酸银（ammoniacal silver，AS）对染色体进行染色，在黄棕色染色体臂上核仁组织区 NOR 区域表现出黑色球状体结构，这种染色方法被称为 Ag-AS 染色，而鉴定出的 NOR 区域被称为 Ag-NOR。

（1）染色体 Ag-NOR 的原理与制备技术　银染技术 Ag-NOR 可在常规组织切片上特异性地显示细胞核内的银染核仁组织区，Ag-NOR 的数目取决于细胞核内的 rDNA 的转录水平和细胞染色体中 NOR 染色体的数目。染色体片子按常规方法制备后，空气干燥的染色体标本置 60℃烘箱中烘烤 2 h（或 37℃烘箱中烘烤 12 h）；玻片上滴 4 滴银染液（1 mL 50%硝酸银水溶液加 1 滴 3%的甲醛溶液），覆以盖玻片；置底部放有少许水和玻璃棒的培养皿中，盖上培养皿盖；置 60℃烘箱中 6～12 h；当染色体呈淡黄色，NOR 呈黑色时，用蒸馏水彻底冲洗，空气干燥，镜检。

（2）染色体 Ag-NOR 的应用　核仁组织区嗜银蛋白（Ag-NOR）是判别细胞核中 rDNA 转录活性的一个指标，可通过测定核仁银染面积与核面积的比值说明其嗜银的强度，广泛应用于肿瘤的研究、不同品种间 Ag-NOR 的定位、数目的比较等（图 7-6）。由于 Ag-NOR 染色技术简便易行，且具有较好的重复性，在各个实验室可推广应用，此技术适用于常规石蜡切片、细胞培养玻片和脱落细胞涂片，对 NOR 的定量分析不仅可反映细胞和细胞核的活性，而且可反映肿瘤细胞的恶性程度。

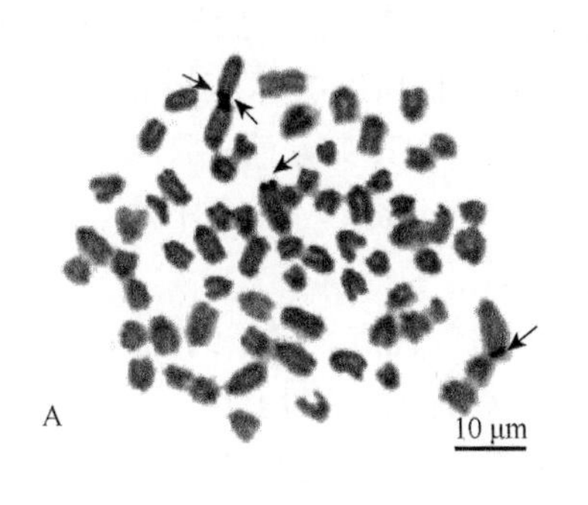

1 2 3 4 5 6 7
8 9 10 11 12 13 14
15 16 17 18 19 20 21
22 23 24 25 26 27 28
29 30 31 32 33 XY

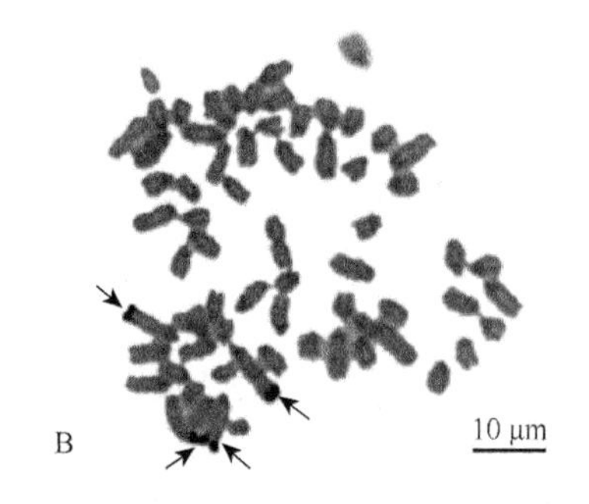

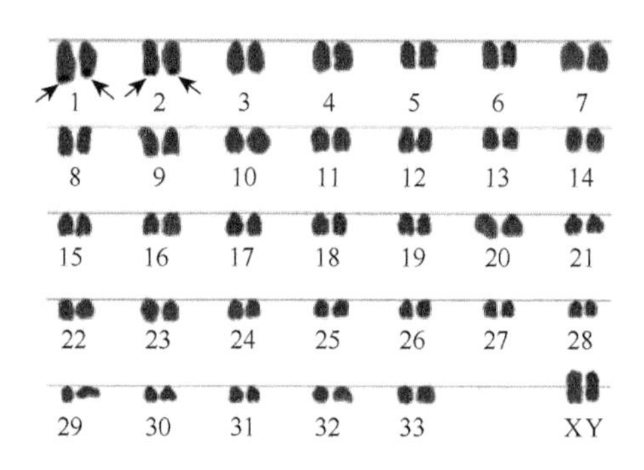

图 7-6　雄性与雌性印度豚鹿中期染色体标本片与 NOR 核型对比分析图（Pinthong et al.，2017）

A. 雄性；B. 雌性；箭头代表 1 号和 2 号染色体上包含 NOR 的区域

七、染色体 SCE 的概念、原理与制备

姐妹染色单体交换（sister chromatid exchange，SCE）是指同一条染色体的两条姐妹染色单体在同源区段发生互换。1938 年，McClintock 首次提出了姐妹染色单体交换的概念；1973 年，Latt 首次建立 SCE 检测技术。SCE 现象发生在 DNA 复制的 S 期，SCE 作为一种灵敏有效的指标，能够反映 DNA 的损伤程度和遗传不稳定性，已经被用于化学药物或毒物暴露对细胞的损伤评估。

（1）SCE 的发生原理　SCE 可在不存在明确诱导因子的情况下自发发生，或是在环境胁迫因子（如光照、射线、温度等物理胁迫因子，重金属、自由基等化学胁迫因子及病毒等生物胁迫因子）诱导下发生。环境胁迫因子促进 SCE 主要通过以下几种机制：①DNA 受损而使 DNA 断链增多；②复制期延长使 DNA 断链交换的机会增多；③影响 DNA 修复系统。

（2）SCE 的检测原理　在 DNA 半保留复制过程中，核苷的类似物 BrdU 或 5-碘脱氧尿嘧啶核苷（5-iododeoxyuridine，IdU）可以代替胸腺嘧啶核苷酸掺入新合成的 DNA。当细胞在含有适当浓度 BrdU 的培养液中经历两个细胞分裂周期之后，一条姐妹染色单体的 DNA 双链 T 碱基完全被 BrdU 代替，而另一条姐妹染色单体双链中的一条链含有 BrdU，另一条链不含 BrdU。经紫外线照射或热碱处理后用吉姆萨染色，其中两条 DNA 链都含 BrdU 的染色单体着色较浅，而只有一条链含 BrdU 的染色单体着色相对较深，所以两条姐妹染色单体在着色上存在明显差异（图 7-7）。如果姐妹染色单体之间在某些部位已发生互换，则在互换处可见一对界限明显、颜色深浅对称的互换片段，由此即可检测出 SCE。

（3）SCE 技术的优缺点　SCE 技术灵敏性好，检测快速。在检测 DNA 损伤的十几种方法中，SCE 技术具有灵敏、快速的优点，与 Ames 试验同样有效，比微核（micronucleus）实验灵敏几十到几百倍（仪慧兰和张自立，1995）。尽管目前 SCE 技术应用面比较广，但大多都带有研究性质，即对 SCE 检测结果所反映的深层次问题及其实际意义只能进行推测或用于辅助分析，如在疾病诊断方面，SCE 只能作为 DNA 受损的一般指标，而不是某种特定疾病的表征。

（4）SCE 的应用　SCE 技术为深入研究染色体的脆性位点、分子结构、DNA 复制、损伤和修复、染色体畸变和细胞周期等重要的基础科学问题提供了有用的工具。植物细胞 SCE 因其灵敏、快速、简便、经济等特点适用于检测环境胁迫因子对细胞 DNA 分子的遗传损伤。

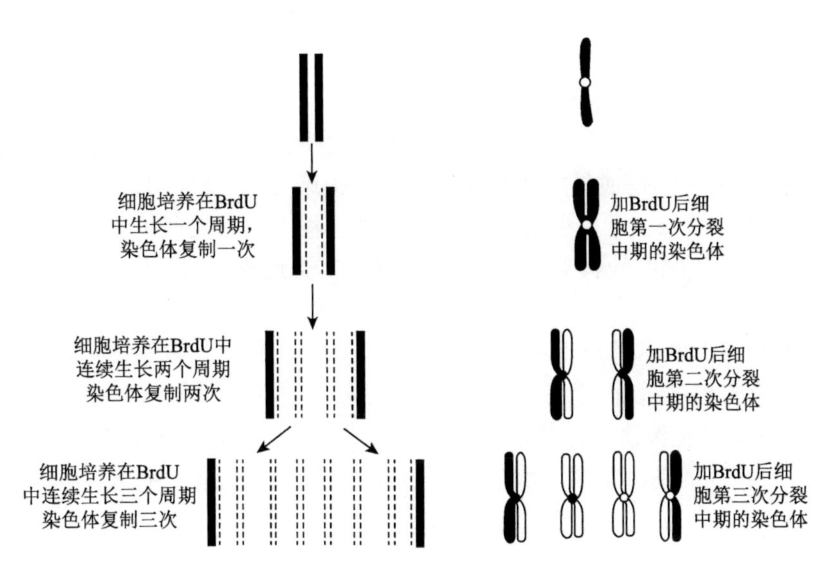

图 7-7　姐妹染色单体交换的原理

在遗传毒理学方面，通过 SCE 检测技术可对食品、药物等产品的有效成分进行必要的遗传安全性评价。此外，SCE 作为一种反映 DNA 损伤和遗传不稳定性的指标，也可用于遗传病和肿瘤等疾病的研究。图 7-8 显示了一个乳腺癌患者外周血淋巴细胞中期染色体 SCE 显带图，箭头所指示的是发生 SCE 的染色体。

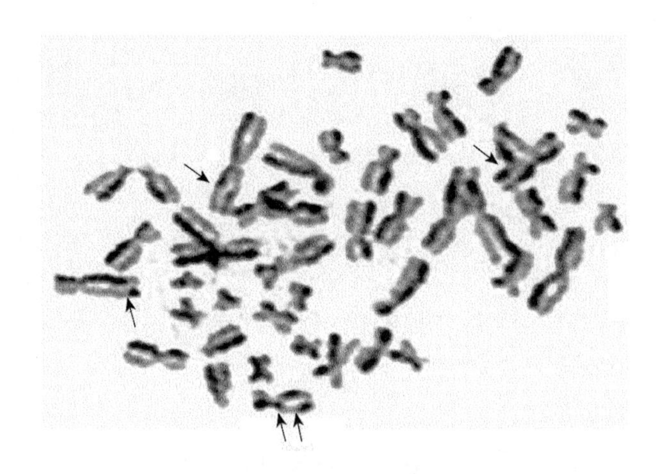

图 7-8　乳腺癌患者外周血淋巴细胞中期染色体 SCE 显带图

八、染色体高分辨 G 显带技术

一般常规的 G 显带技术在人类染色体的单倍体中仅能观察到 320 条带纹，这对于一些染色体异常细微结构的识别是不够的。20 世纪 70 年代后期，由于细胞同步化方法的应用和显带技术的改进，可获得更长而带纹更为丰富的染色体，这种染色体显带技术即称为高分辨分带染色体技术。用细胞同步化药物或有丝分裂抑制剂处理细胞，可以获得大量晚前期、前中期和早中期的有丝分裂细胞，使得人类染色体的单倍体带纹数可增加到 400 条、550 条和 850 条，甚至可达 1200～2000 条，对于进一步研究较细小的染色体缺陷和基因定位具有重大意义。

（1）高分辨 G 显带技术的原理　可用氨基蝶呤或胸腺嘧啶核苷处理培养的细胞从而获

得同步化的细胞，并用秋水仙碱或秋水仙酰胺阻止细胞分裂，再经过常规染色体和 G 显带技术即可得到高分辨 G 显带染色体标本。

（2）高分辨 G 显带技术的优缺点　高分辨 G 显带技术的优点在于能更精确地检测细微的染色体结构差异，对于一些遗传疾病和癌症的检测筛选更为准确，有助于提高基因定位精度。高分辨 G 显带技术的缺点在于，在染色体标本制备过程中容易造成细胞丢失，难以取得足量的中期细胞分裂相，给染色体异常的检测造成困难；实验过程中染色体分散不好，重叠多，不利于做核型分析。

（3）高分辨 G 显带技术的应用　利用高分辨 G 显带技术可以鉴定染色体的结构变异，对一些断点的定位会更加精确；改良高分辨 G 显带技术能更好地发现复杂染色体重排携带者的多个染色体易位，避免漏诊；将高分辨 G 显带技术与其他一些分子生物学技术如 FISH 等结合起来，可以进行精细的基因定位，有利于染色体结构变异所致遗传疾病的初步诊断（图 7-9）。

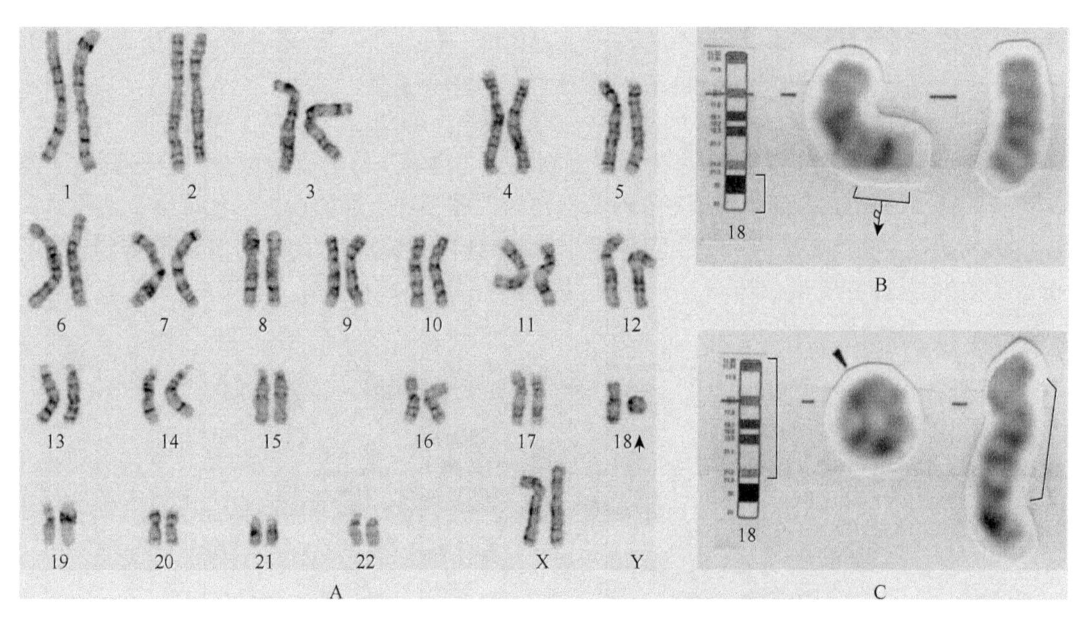

图 7-9　人类 18 号染色体长臂缺失综合征患者高分辨 G 带核型分析图（Ji et al.，2018）

A. 嵌合核型分析图；B. 46，XX，del（18）（q21.3）18 号染色体细节放大核型；C. 46，XX，r（18）（p11.32q21.3）18 号染色体细节放大核型

第三节　染色体带型的分区与命名

同一物种同类细胞内的染色体状态具有相对稳定性，因此当采用某一显带技术进行核型分析会得到相对稳定的带型图。为了便于同行之间相互对比自己的核型图，国际上成立了国际细胞遗传命名委员会，如人类细胞遗传学命名委员会（International System for Human Cytogenetic Nomenclature，ISCN）。ISCN 提供了基于标准 G 带核型分析模式图，以及各条染色体带的标准命名。

对染色体带型的识别和命名依据染色体明显而恒定的形态特征，一般以染色体上的着丝粒和某些特别显著的带作为界标（landmark），每条染色体最典型的核型特征是着丝粒，通过着丝粒，把整条染色体分为长臂（long arm）和短臂（short arm），分别用 q 和 p 表示。依照明显的形态特征即界标将染色体分为几个区。两个界标之间的区域称为染色体区（region）。每区中可以包括若干个带。区和带以序号命名，从着丝粒两侧的带开始，作为第 1 区第 1 号带，向两臂远端延伸，依次编为 2 区、3 区等，第一区内也依次编为 1 号带、2 号带……。定为界标的染色带就作为下一个区的 1 号带。染色体分区是从着丝粒部位向两臂远端依次编号，每个区代表着位于染色体臂上相邻的具有恒定显著形态特征的带之间的区域。“带”是染色体经 G 带染色后呈现出的宽窄各异、明暗相间的横纹，带从着丝粒侧向臂的远端依次编号。亚带和次亚带是在带的基础上逐级细分出来的，亚带写在带号的后面，以小数点相隔，原则也是从着丝粒的近侧向远侧依次编号；次亚带直接写在亚带后，不加标点。带型命名规则是首先写出染色体号，之后写出长短臂符号，其后依次是区、带、亚带和次亚带的名称。例如，11q22.1 表示 11 号染色体长臂 2 区 2 带 1 亚带。

着丝粒将一个完整的带切为两半，这个带就被当成两个带。各划归相应臂的一侧，应为 1 区，1 带。界标本身是一个明显的带，应划归远心端，相当于该区的 1 号带。每条带的编号标在模式图中该区或该带的中部。因为一条染色体的所有区段都可以划入染色体带，所以就没有带间区域。在人类的染色体显带命名法制定以后，首先制备了人类染色体 G 带型模式图（图 7-10），

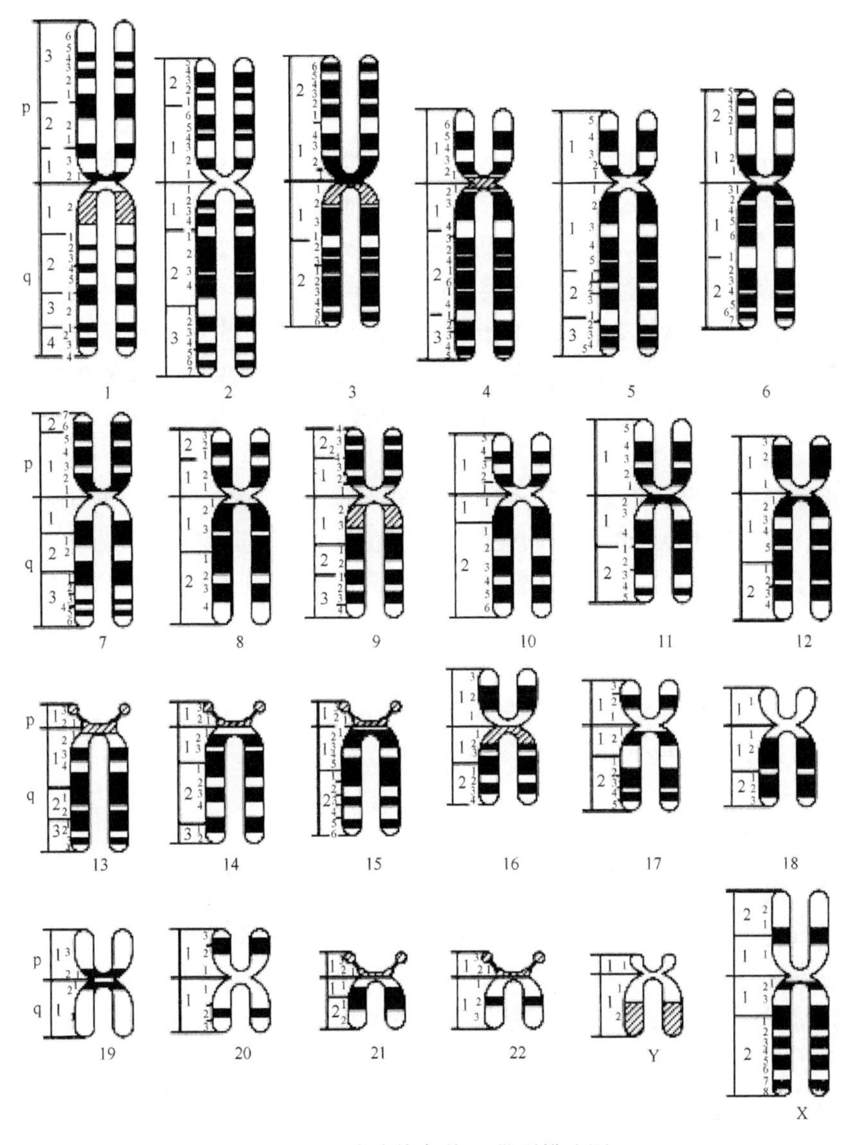

图 7-10　人类染色体 G 带型模式图

人们参考这个模式图可以进行人类各种遗传疾病的染色体分析。其他动植物染色体的分带也参考了这个规则。

第四节　染色体显带分析的意义

一、疾病诊断

染色体的结构变异如缺失，往往与疾病等异常表型相关联，尤其是导致邻近基因相关的综合征，因此为人类疾病基因定位提供了直接线索。染色体易位也被发现与某些疾病相关，如白血病，染色体带型分析不仅为这类癌症发生的分子机制阐释提供了直接证据，而且为诊断和预测提供了方法，成为一些遗传学疾病诊断的黄金标准。其中，最典型的例子是导致人类慢性髓细胞性白血病（chronic myelogenous leukaemia，CML）的费城染色体，即人类 9 号染色体与 22 号染色体之间的易位 t（9；22）（q34：q11）。

二、起源进化分析

进化关系相近的物种间往往存在相对保守的遗传物质重排现象，染色体带型分析可以比较直观了解不同物种间染色体层面的重排事件，为推测物种间起源进化关系提供分子证据。例如，染色体核型分析显示，地中海猕猴（*Macaca sylvanus*，$2n = 42$）除 2 号染色体外与其他猕猴具有一致的染色体核型。利用人类染色体特异的 DNA 探针与地中海猕猴染色体进行 FISH 杂交发现，地中海猕猴 2 号染色体长臂（q-arm）及部分靠近着丝粒的短臂（p-arm）区域可以被人类 7 号染色体特异探针识别，而地中海猕猴 2 号染色体其他短臂区域则被人类 21 号染色体特异探针识别，据此推测 7 号与 21 号染色体发生易位形成了地中海猕猴的 2 号染色体。

从进化细胞遗传学的角度看，同一物种具有相对恒定的染色体数目、形态和结构，而家养后的品种分化，则是基因水平的差异。染色体的易位、倒位和重排等畸变为基因排列的差异提供了基础。关于牛 Y 染色体的两种形态，经 G 带证实，中或亚中着丝粒 Y 染色体的短臂与端着丝粒 Y 染色体长臂末端同源。由此认为，瘤牛型黄牛 Y 染色体是普通黄牛 Y 染色体臂间倒位的结果。关于 C 带大小及其在品种间存在的广泛差异，可能是染色体进化中异染色质增生的结果。至于 Ag-NOR 的多态现象，它本身反映的就是 rRNA 基因的排列状况和活性大小，说明在品种的形成过程中它具有不可忽略的重要意义。

三、基因定位

在人类基因组测序完成之前，基因的定位往往通过核酸杂交实现，而染色体显带技术为基因定位提供了重要技术支撑。例如，Takahashi 等利用直接的 R 带荧光原位杂交技术将 434 个黏粒标记定位到人类 2 号染色体上。此外，由于不同物种直系同源基因（orthologous gene）在进化上具有相对保守性，因此跨物种间核酸杂交为基因定位提供了可能性，这种定位也依赖于染色体核型分析。例如，Chowdhary 利用猪的 GPI（glucose phosphate isomerase）基因特异性 DNA 探针序列将牛、绵羊和山羊的 GPI 基因分别定位到对应物种的 18 号、14 号和 18 号染色体上。

四、变异分析

染色体显带分析不仅提供了物种标准的染色体表型，而且可以发现异常的染色体结构变异，包括染色体缺失（deletion）、重复（duplication）、倒位（inversion）和易位（translocation）。此外，还可以利用染色体带型分析对物种内不同品种之间染色体多态性进行分析。比如 Popescu 等研究了欧洲野猪与 4 个品种家猪的染色体 R 带型和 NOR 模式，结果发现所有家猪都表现相似的 R 带型，而欧洲野猪表现类似的 R 带型及染色体 15 与 17 之间存在着丝粒融合特征。

五、环境监测

环境中一些有毒有害物质可以引起生物体内细胞的病变，有些病变可导致 DNA 损伤或染色体畸变，因此可以通过核型带型分析技术评价特定环境中物质的毒性作用。比如，黄曲霉毒素 B1（aflatoxin B1，AFB1）引起骨髓细胞产生微核细胞和染色体异常可以通过 SCE 技术进行鉴定。

本章小结

染色体显带是 20 世纪 60 年代末发明的一种细胞遗传学新技术，它是经特殊的物理、化学等因素处理后，对染色体标本进行染色，使其呈现特定的深浅不同的带纹的方法。染色体的这种带纹在不同物种、品种或不同个体，同一个体的不同对染色体上是特定和稳定的，把这种带纹特征称为带型。生物的同类细胞也具有相对稳定的染色体带型。染色体的带型特征可作为一种遗传标记，使人们能更有效地识别染色体，更深入地研究染色体的结构和功能，也能提供染色体及其畸变的更多细节，使染色体结构畸变的断点定位更加准确。

染色体显带技术类型很多，包括 Q 带、G 带、C 带、R 带、Ag-NOR、T 带、SCE 等。G 带、Q 带、R 带是针对整条染色体的显带技术；C 带、Ag-NOR、T 带是针对染色体上特定区域或部位的显带技术，T 带主要显示染色体末端端粒所在部位、C 带是显示异染色质存在的部位，NOR 带显示的细胞内核仁组织区的数量与活性；SCE 技术是显示姐妹染色单体交换特征的显带技术。本章重点介绍了上述显带技术的原理、操作要点、优缺点及应用。

本章简单介绍了染色体显带的命名规则，染色体显带的命名包括染色体序号、长短臂、区、带、亚带等，具体命名规则由各个物种的国际细胞遗传命名委员会统一规定。本章最后简单介绍了染色体显带技术的意义：可以用于变异分析、疾病诊断、基因定位、起源进化分析和环境监测等。

➤思　考　题

1. 什么是染色体带型？染色体带型的遗传特征是什么？
2. 染色体显带的理论基础是怎样的？
3. 染色体显带技术都包括哪些？
4. G 带相比 Q 带技术有哪些优势？
5. G 带与 R 带显示的带型模式有何关系？
6. 染色体显带是如何命名的？

7. 染色体显带技术有哪些应用？

8. 依据染色体显带技术进行基因定位的原理是怎样的？

编者：徐学文　陈宏

主要参考文献

陈宏. 1990. 中国四个地方黄牛群体的染色体研究[D]. 杨凌：西北农林科技大学硕士学位论文.

仪慧兰，张自立. 1995. 非诱变剂对姐妹染色单体交换的诱导效应[J]. 遗传，（3）：27-30，38.

Arrighi F E，Hsu T C. 1971. Localization of heterochromatin in human chromosomes[J]. Cytogenetics，10（2）：81-86.

Caspersson T O. 1989. The William Allan memorial award address：the background for the development of the chromosome banding techniques[J]. Am J Hum Genet，44（4）：441-451.

Chowdhary B P，Harbitz I，Davies W，et al. 1991. Chromosomal localization of the glucose phosphate isomerase（GPI）gene in cattle，sheep and goat by in situ hybridization—chromosomal banding homology versus molecular conservation in Bovidae[J]. Hereditas，114（2）：161-170.

Crow E W，Crow J F. 2002. 100 years ago：Walter Sutton and the chromosome theory of heredity[J]. Genetics，160（1）：1-4.

Dutrillaux B，Couturier J，Fosse A M. 1982. The use of high-resolution banding in comparative cytogenetics-comparison between man and lagothrix-lagotricha（Cebidae）[J]. Cytogenetics and Cell Genetics，27（1）：45-51.

Evans H J，Buckton K E，Sumner A T. 1971. Cytological mapping of human chromosomes：results obtained with quinacrine fluorescence and the acetic-saline-Giemsa techniques[J]. Chromosoma，35（3）：310-325.

Fabry L，Roberfroid M. 1981. Mutagenicity of aflatoxin B1：observations *in vivo* and their relation to *in vitro* activation[J]. Toxicol Lett，7（3）：245-250.

Gallagher D S，Davis S K，Donato J D，et al. 1998. A karyotypic analysis of nilgai，Boselaphus tragocamelus（Artiodactyla：Bovidae）[J]. Chromosome Res，6（7）：505-513.

Howell W M，Denton T E，Diamond J R. 1975. Differential staining of the satellite regions of human acrocentric chromosomes[J]. Experientia，31（2）：260-262.

Iannuzzi L. 1996. G-and R-banded prometaphase karyotypes in cattle（Bos taurus L.）[J]. Chromosome Res，4（6）：448-456.

Ji H，Li D，Wu Y，et al. 2018. Hypomyelinating disorders in China：The clinical and genetic heterogeneity in 119 patients[J]. PLoS One，13（2）：e0188869.

Latt S A. 1973. Microfluorometric detection of deoxyribonucleic acid replication in human metaphase chromosomes[J]. Proc Natl Acad Sci U S A，70（12）：3395-3399.

Latt S A. 1974. Sister chromatid exchanges，indices of human chromosome damage and repair：detection by fluorescence and induction by mitomycin C[J]. Proc Natl Acad Sci U S A，71（8）：3162-3166.

McClintock B. 1938. The production of homozygous deficient tissues with mutant characteristics by means of the aberrant mitotic behavior of ring-shaped chromosomes[J]. Genetics，23（4）：315-376.

Moorman A V，Hagemeijer A，Charrin C，et al. 1998. The translocations，t（11；19）（q23；p13.1）and t（11；19）（q23；p13.3）：a cytogenetic and clinical profile of 53 patients[J]. Leukemia，12（5）：805-810.

Pardue M L，Gall J G. 1970. Chromosomal localization of mouse satellite DNA[J]. Science，168（3937）：1356-1358.

Penedo D M，Armada J L A D，Silva J F S D，et al. 2014. C-banding patterns and phenotypic characteristics in individuals of Sapajus（Primates：Platyrrhini）and its application to management in captivity[J]. Caryologia：International Journal of Cytology，Cytosystematics and Cytogenetics，67（4）：314-320.

Pinthong K，Tanomtong A，Khongcharoensuk H，et al. 2017. Karyotype and idiogram of Indian hog deer（hyelaphus porcinus）by conventional staining，GTG-，high-resolution and Ag-NOR banding techniques[J]. Cytologia，82（3）：227-233.

Popescu C P，Boscher J，Malynicz G L. 1989. Chromosome R-banding patterns and NOR homologies in the European wild pig and four breeds of domestic pig[J]. Ann Genet，32（3）：136-140.

Satzinger H. 2008. Theodor and marcella boveri：chromosomes and cytoplasm in heredity and development[J]. Nat Rev Genet，9（3）：231-238.

Seabright M. 1971. A rapid banding technique for human chromosomes[J]. Lancet，2（7731）：971-972.

Sumner A T. 1980. Dye binding mechanisms in G-banding of chromosomes[J]. J Microsc，119（3）：397-406.

Sumner A T，Evans H J，Buckland R A. 1971. New technique for distinguishing between human chromosomes[J]. Nat New Biol，232（27）：31-32.

Takahashi E，Koyama K，Hirai M，et al. 1995. A high-resolution cytogenetic map of human chromosome 2：localization of 434 cosmid markers by direct R-banding fluorescence in situ hybridization[J]. Cytogenet Cell Genet，68（1-2）：112-114.

Taylor J H. 1958. Sister chromatid exchanges in tritium-labeled chromosomes[J]. Genetics，43（3）：515-529.

Wyandt H E，Anderson R S，Patil S R，et al. 1980. Mechanisms of Giemsa banding. II. Giemsa components and other variables in G-banding[J]. Hum Genet，53（2）：211-215.

第八章　染色体结构与数目变异

第一节　变 异 概 述

变异在生命的延续和发展进程中发挥着重要的作用，变异的存在拓宽了生物生命的宽度，丰富了物种的多样性。变异一方面为物种起源进化、生物表型差异提供了合理阐释，另一方面满足了人们对品种性状多样化的需求。丰富对变异的方式及规律的认识，可以加深人们对生命的理解，以及学会去利用变异趋利避害，推动自身发展。

1901 年，由荷兰科学家 De Vries 首次提出“变异”（mutation）一词，用以解释开花植物——月见草（*Oenothera biennis*）的新的、可遗传的表型改变。变异是生物体间反映在表型上的除共性外的一切差异，包括物种间、物种内、亲代与子代之间的差异。这种反映出的表型变异分为两类，一类是可遗传的，被称为遗传变异；另一类则是不可遗传的，被称为表观遗传变异。遗传变异具体是指在生物体间可以进行遗传（后代可以继承）的变异，这种变异从根本上是遗传物质（DNA）出现变化所导致的，也被称为“分子变异”（molecular variation），包含了基因突变、重组及染色体的变异。表观遗传变异，主要是由外界环境因素如光、热等导致生物体在遗传物质不变的情况下发生的变异，并在后代中不会显现出该变异表型。具体地包含了基因沉默、DNA 甲基化、核仁显性、休眠转座子激活和基因组印记等。

在这里我们提到的变异主要是遗传变异，其变异的类型进一步可划分为染色体畸变和基因突变（图 8-1）。染色体畸变包括染色体数目和结构变异（畸变），基因突变是指基因（DNA）序列的改变。突变一般在自然条件下会发生（细胞分裂时遗传基因的复制发生错误），但频率较低。通过人工诱导变异的方法（辐射、激光、病毒、化学物质），去改造利用自然界已存在的生物资源，通过变异，基因会被改造，从而形成不同的新基因，也就是最终生物多样性出现的原因。

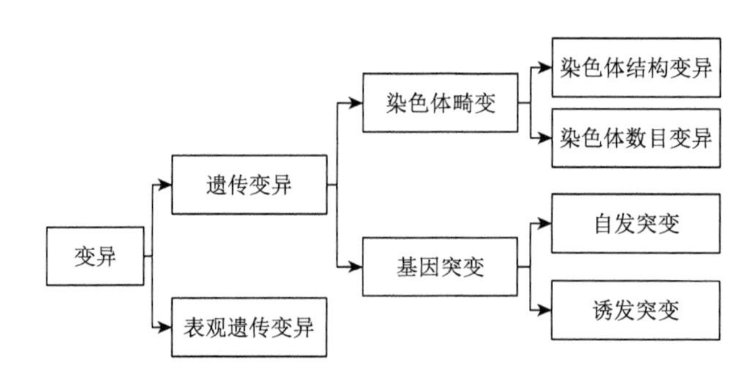

图 8-1　变异的类型

遗传变异在一般情况下会引起细胞形态或生物代谢进程的异常化，严重者致使细胞死亡，或致使细胞永生化，成为癌细胞引发癌症。另外，变异也被认为是环境压力下物种演化的推动引擎，无法适应变化的突变会经环境的筛选而被淘汰，而有利于物种适应环境的变异则会被保留并遗传下去。在这一过程中，产生的部分变异由于不会对物种产生显著的影响而被保留，解释了间断平衡的发生，这种变异在进化学研究中被视为中性突变（neutral mutation）。

（一）染色体畸变

染色体畸变（chromosomal aberration）属于遗传信息改变的方式之一，该畸变包含染色体的结构和数目的变异。基于这种染色体上发生变异的研究，极大地推动了基因的剂量效应、位置效应及遗传图谱的制作和物种起源的深入研究与发展。反映在染色体上的结构变异和数目改变一方面可为自然发生；另一方面通过人工诱变，具体生物的染色体受到一些物理和化学因素的影响，其畸变频率增大（太空辐射、秋水仙碱等）。根据畸变的特殊遗传学效应，有用于动植物育种的，如利用三倍体可培育成不育的无籽西瓜。而造成该结构改变的原理是外界因素导致染色体发生断裂，而形成的断面具有黏性，相互间易结合，从而重组呈现出结构的改变。

染色体的结构变异是指在自然条件下或人为意愿诱导下染色体上某一段发生变异，进一步影响了其上存在基因的数目、位置和顺序。这种结构变异根据具体的染色体断裂重组情况可分为以下几种。①染色体区段的缺失（deletion）；②染色体区段的重复（duplication）；③染色体区段的倒位（inversion）；④染色体区段的易位（translocation）。

染色体除结构变异外，还存在数目上的变异，具体反映出染色体数目上的变化。正常的动物细胞属于二倍体，有两个染色体组，在一定条件下会发生数目的减少或增加，这种染色体数目的变异可归纳为整倍体的变异、非整倍体的变异和嵌合体。整倍体的变异是指细胞中整套染色体的增加或减少（如含有多组的多倍体和含有单组的单倍体）。非整倍体的变异是指在正常染色体（$2n$）的基础上发生个别染色体的增减现象（如比正常染色体数多一个的三体和少一个的单体）。嵌合体是由不同基因型细胞构成的生物体。动物和植物不同，但都有嵌合体现象发生，一般高等植物中发生较为普遍。将含有雌雄两种细胞类型的称为雌雄嵌合体或两性嵌合体。染色体数目的改变一般导致动物不育的发生，甚至致死。而植物中多倍体的形成会推动物种的进化和发展。

（二）基因突变

除染色体畸变外，遗传变异的另一方面是遗传物质 DNA 碱基序列构成上的化学变化，被称为基因突变（gene mutation）。基因突变反映出的是在全基因组 DNA 上发生的碱基序列的变异情况，不包括遗传重组。基因突变发生的位置不受限制，在基因组上可能位于编码区，也可发生在内含子、基因间区等非编码区。基因突变具有重演性、可逆性、多向性、平行性、有利性和有害性等特点。基因突变引起的遗传物质多样性，揭示了物种的多样性（性状和表型的差异），也为遗传学理论研究和多向化的精确育种提供了丰富的素材，通过对突变的检测，还可以分析出物种的起源进化、驯化等情况。基因突变根据不同的方面评估归类，可划分出不同类型的基因突变。

（1）根据密码子编码转录的规律，编码区突变被分为 4 种，包括沉默（同义）突变、错义突变、无义突变和移码突变。其中，①沉默突变指由于密码子的简并性，碱基突变后所形成的新密码子与原来密码子所对应的氨基酸相同，不影响其遗传信息转录、翻译的正确性，也称为同义突变。②错义突变指突变后产生的密码子所结合的编码氨基酸发生改变，导致蛋白质中该位置的氨基酸的特性变异，影响蛋白质的构象及相关功能。③无义突变指突变的发生会使突变位置处形成终止密码子序列，当翻译进程进行到此处时，会由于识别到终止密码子而停止翻译，形成不完整的小肽。④移码突变是当 DNA 编码序列中成对插入或缺失碱基，导致由此处开始密码子错乱，编码出的氨基酸序列与正常的完全不同的现象。

（2）根据 DNA 序列变异的大小和频率，基因突变可分为单碱基替代和大片段的序列变异。单碱基替代指发生在 DNA 序列上，单个碱基对的改变，包括碱基对的颠换、转换、插入和缺失。而根据发生频率，当突变在群体中发生的频率小于 0.001 时，认为其属于点突变，而当大于该界限时，其属于单核苷酸多态性突变（SNP）。大片段的序列变异指除单个碱基对变异外，连续的碱基对形成的片段序列发生改变，包括小片段的插入（insert）和缺失（deletion）、大区间的拷贝数变异（CNV）等。

（3）根据基因突变发生的成因，基因突变可归为两类，自发突变和诱发突变。自发突变指在自然条件下，也可自发进行的一种变异，但频率低且差异大。而通过人为意愿去利用物理化学等因子诱导细胞发生 DNA 的改变可称为人工诱变或诱发突变（induced mutation）。

（4）根据基因突变发生的表型效应情况又可将其分为显性突变和隐性突变。原来的显性基因变为隐性基因的过程称为隐性突变（recessive mutation），而原来隐性基因变为显性基因的过程称为显性突变（dominant mutation）。显性突变在当代就可表现出来，只要突变发生在性细胞，突变就可传给后代。隐性突变只有在隐性纯合时才可表现出来，在杂合状态中不能表现出来。

（5）根据基因突变对于相应基因功能影响的大小，可归类为五大类。①基因功能缺失型突变：是指突变对基因正常结构的干扰，使基因转录活性受到抑制，或导致其编码的蛋白质无效化。②次形态突变：其发生可降低基因及编码产物的生物活性，但不像基因功能缺失型突变，其功能不会消失。③超形态突变：其所导致的生物学效应与次形态突变完全相反，变异使其基因的活性增强。④基因功能获得突变：可使之前处于沉默的基因开始表达，并发挥功能来调控细胞进程等作用。⑤回复突变是指从突变型变为野生型。回复突变可使突变基因产生无功能或有部分功能的多肽，恢复部分或完全功能。

第二节　染色体结构变异

染色体结构变异是指在自然突变或人工诱变的条件下使染色体的某区段发生改变，从而改变了基因的数目、位置和顺序。染色体结构变异的种类很多，但主要可分为 4 种类型，即①缺失（deletion）；②重复（duplication）；③倒位（inversion）；④易位（translocation）。

一对同源染色体其中一条是正常的而另一条发生了结构变异，含有这类染色体的个体或细胞称为结构杂合子（structural heterozygote）。若有一对同源染色体都产生了相同结构变异的个体或细胞，就称为结构纯合子（structural homozygote）。

染色体结构发生改变，是某种内因和外因造成的。出于某种原因，染色体发生一处或一处以上的断裂，而且新的断面具有黏性，彼此容易结合。实验证明，只有新的断面，才有重新黏合的能力。因此，已经游离的染色体断片和颗粒，彼此之间一般是不能再黏合的。如果一个染色体发生断裂，而在原来的位置又立即黏合，这就像正常的染色体一样，不会发生结构变异，这也是同源染色体双线期发生等位基因间交换的原因。如果断面以不同方式黏合，就会形成染色体缺失、重复或倒位。但两对同源染色体各有一条染色体断裂后，如果他们的断裂区段间方能单向黏合或相互黏合，就形成易位。

一、缺失

缺失（deletion）是指任意一个正常染色体上某一区段丢失的现象。从而该区段上所载荷的基因也随之丢失（导致缺失染色体上基因数目的减少）。

（一）缺失的类型

按照缺失区段发生的部位不同，可分为中间缺失和末端缺失两种类型。

（1）中间缺失（interstitial deletion）　染色体中部缺失了一个片段。这种缺失较为普遍，较稳定，故较常见。

（2）末端缺失（terminal deletion）　染色体的末端发生缺失。由于丢失了端粒故一般很不稳定，比较少见，常和其他染色体断裂片段重新愈合形成双着丝粒染色体或易位；也有可能自身头尾相连，形成环状染色体（ring chromosome）。双着丝粒染色体在有丝分裂中有可能形成双着丝粒桥（chromosome bridge）。

发生缺失后，携带着丝粒的一段染色体，仍可继续存留在新细胞里，没有着丝粒的另一段断片由于无法定向移动，将随细胞分裂而丢失。一对同源染色体中如一条染色体发生缺失，另一条染色体正常，就形成了缺失杂合体。若一对同源染色体都发生相同的缺失，就形成了缺失纯合体。

（二）缺失的产生

缺失产生的原因可能有以下几种。

（1）染色体损伤后产生断裂发生末端缺失，非重建性愈合可产生中间缺失或形成环状染色体。

（2）染色体纽结：染色体发生纽结时若在纽结处产生断裂和非重建愈合就可能形成中间缺失。

（3）不等交换：在联会时略有参差的一对同源染色体之间发生不等交换（unequal crossing over），结果产生了重复和缺失（图 8-2）。

（4）转座因子可以引起染色体的缺失和倒位。

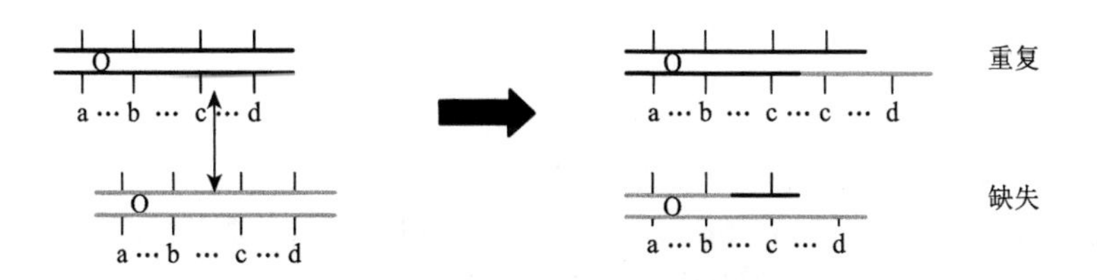

图 8-2　不等交换产生重复和缺失

（三）缺失的遗传与表型效应

缺失将会产生以下几种效应。

1. 致死或出现异常

由于染色体缺失使它上面所载的基因也随之丢失，因此，缺失常常造成生物的死亡或出现异常，但其严重程度决定于缺失区段的大小、所载基因的重要性及属缺失纯合体还是杂合体。

缺失小片段染色体比缺失大片段对生物的影响小，有时虽不致死但会产生严重异常；有时缺失的区段虽小，但所载的基因直接关系到生命的基本代谢，同样也会导致生物的死亡；一般缺失纯合体比缺失杂合体对生物的生活力影响更大。人类的猫叫综合征（cri du chat syndrome）就是 5 号染色体短臂缺失所致。

2. 假显性或拟显性

显性基因的缺失使同源染色体上隐性非致死等位基因的效应得以显现，这种现象称为假显性或拟显性（pseudodominance）。一个典型的例子就是果蝇的缺刻翅（*Notch* 基因），即在果蝇翅的边缘有缺刻，胸部小刚毛分布错乱。这是由于一条 X 染色体 C 区的 2-11 区域缺失了，缺失的区域除含有控制翅形及刚毛分布的基因外还含有控制眼色的基因。

（四）缺失的应用

缺失常作为一种研究手段进行某些功能基因的定位研究，以及探测某些调控元件和蛋白质的结合位点等，如人类决定睾丸分化的基因（*SRY* 基因）就是通过几例 Y 染色体上某区段的缺失而发生性反转的病例研究发现的。

二、重复

重复（duplication）是一个正常染色体增加了与本身相同的一段。重复进一步包括顺接重复、反接重复、同臂重复及异臂重复。重复对细胞活性有影响，并体现在位置效应与剂量效应。

（一）重复的类型

重复按发生的位置和顺序不同，可分为以下两种类型（图 8-3）。

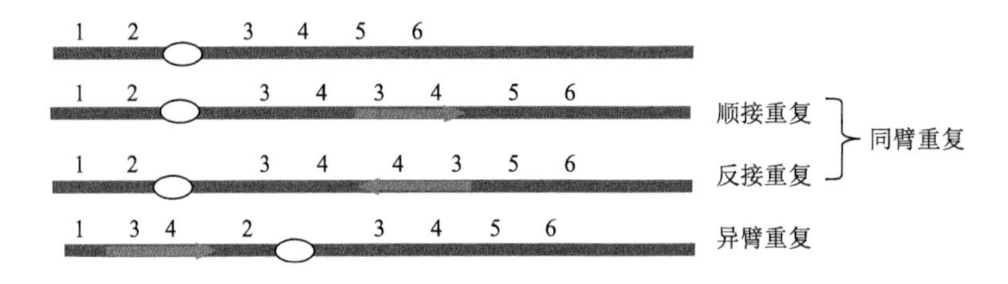

图 8-3　重复的类型

1. 同臂重复：重复的区段在同一条染色体臂上。

（1）顺接重复（tandem duplication）　重复区段按原有的顺序相连接，即重复区段所携带遗传信息的顺序和方向与染色体上原有的顺序相同。

（2）反接重复（reverse duplication）　重复区段按颠倒顺序连接，即重复区段所携带 DNA 顺序与原来的相反。

2. 异臂重复：重复的区段在不同的染色体臂上。

一对同源染色体中如一条染色体发生重复，另一个染色体正常，就形成了重复杂合体。若一对同源染色体都发生相同的重复，就形成了重复纯合体。

（二）重复的产生

1. 断裂—融合桥的形成

染色体由于断裂而丢失了端粒，可自身连接形成环状染色体，复制后若姊妹染色单体之间发生交换则在有丝分裂后期可以形成染色体桥。附着在着丝粒上的纺锤丝不断向两极拉动引起桥的断裂，就会导致染色体的重复和缺失。

2. 染色体纽结

一对同源染色体中的一条若发生纽结和断裂可能会产生反接重复和缺失。

3. 不等交换

一对同源染色体非姐妹染色单体间发生了不等的交换，会导致染色体的缺失和重复。

（三）重复的遗传与表型效应

（1）重复会破坏正常的连锁群　影响固有基因的交换率。

（2）位置效应（position effect）　一个基因随着染色体畸变而改变它和相邻基因的位置关系，所引起表型改变的现象称位置效应。重复的发生改变了原有基因间的位置关系。

（3）剂量效应　由于基因数目的不同，而表型出现了差异称为剂量效应。重复杂合体和重复纯合体所含的某些等位基因已不是一对，而是三个或四个，常常会引起基因的剂量效应，如玉米的糊粉层颜色受第 9 对染色体上一个显性基因 *C* 控制，一个 *C* 存在，颜色最浅，如该染色体显性基因 *C* 区段发生重复，则随着基因 *C* 的增多，颜色会相应地加深。

（4）表型异常　重复对生物发育和性细胞生活力也是有影响的，但比缺失的损害轻。如果重复的基因或产物很重要，就会引起表型异常。

（四）重复的应用

（1）通过重复可以研究位置效应　在细胞学研究中通过重复给某一染色体进行标记。

（2）可以用于杂种优势固定　对于一个杂合体 A/a 来说，A、a 会发生分离，不能真实遗传。如果经过不等交换或基因工程获得了顺式，那么就不会分离而可固定杂种优势。

三、倒位

倒位（inversion）是指一个染色体上某区段的正常排列顺序发生了 180°的颠倒（使这一段染色体上的基因顺序与其他基因顺序方向相反，基因数目没有改变）。倒位进一步包括臂内倒位和臂间倒位。倒位的发生表现为杂合性生物不育，纯合的无影响并可促进生物的进化。

（一）倒位的类型

按照倒位区段包含着丝粒的有无分为以下两种类型。

（1）臂内倒位（paracentric inversion）　一个臂内不含着丝粒的颠倒（图 8-4A）。

（2）臂间倒位（pericentric inversion）　两个臂间并包含着丝粒的颠倒（图 8-4B）。

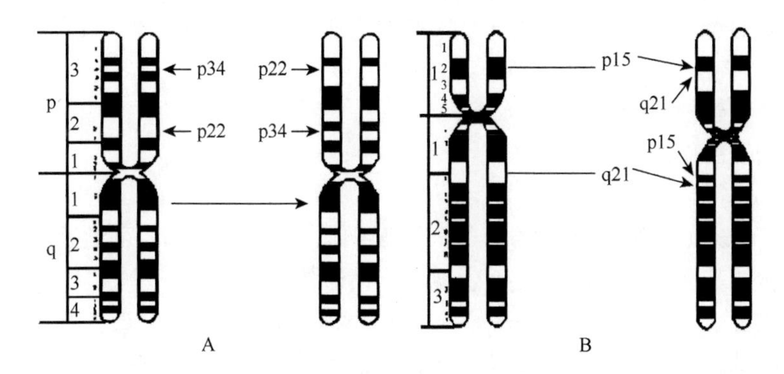

图 8-4　臂内倒位与臂间倒位

（二）倒位的产生

（1）染色体纽结、断裂和重接可引起染色体倒位。

（2）转座因子可以引起染色体的倒位。

（三）倒位的遗传与表型效应

（1）引起基因重排　倒位改变了正常的连锁群，引起基因的重排，使遗传密码的阅读结果发生改变，因而导致相应的表型变化。

（2）产生倒位环　无论是臂内倒位还是臂间倒位，在减数分裂联会时，倒位的染色体与其同源的正常染色体配对过程中，倒位的区段会出现环状的倒位圈。

（3）对生物生活力的影响　若倒位的区段较大，倒位杂合体常常表现不育；但倒位纯合体一般是完全正常的，并不完全影响个体的生活力。

（4）对生物物种进化的影响　染色体一次一次地发生倒位，而且倒位杂合体通过自交会出现倒位纯合体的后代，因而使它们与原来的物种不能受精，形成生殖隔离，往往会形成新的物种，促进物种的进化。

（四）倒位的应用

由于倒位能抑制重组，人们就利用此特点将它应用于突变检测和致死品系的建立与保存上，如两个不同的致死基因反式排列在一对同源染色体上，无须选择就能保持真实遗传，使致死品系得以保存。

四、易位

易位（translocation）是指两对非同源染色体间某区段的转移，包括相互易位和非相互易位。非相互易位中又包含单向易位及罗伯逊易位。

（一）易位的类型

（1）相互易位（reciprocal translocation）　指非同源染色体间相互置换了一段染色体片段（图 8-5）。相互易位的结果一种是两条染色体都含有着丝粒，称对称型相互易位。另一种是产生双着丝粒染色体和无着丝粒染色体的片段，后者可形成微核或丢失，这种称非对称型相互易位。相互易位与前面讲的基因交换有些类似，但二者之间存在本质区别，交换指发生在同源染色体之间，而易位发生在非同源染色体之间。

（2）单向易位（simple translocation）　一个染色体的某区段结合到另一非同源染色体上。

（3）罗伯逊易位（robertsonian translocation）　也指着丝粒融合。它是由两个非同源的端着丝粒染色体的着丝粒融合，形成一个大的中或亚中着丝粒染色体（图 8-6）。

（二）易位的产生

（1）断裂非重建性愈合。

（2）转座因子的作用。

（三）易位的遗传与表现效应

（1）易位可以改变正常的连锁群　一个染色体上的连锁基因，可能因易位而表现为独立遗传，独立遗传的基因也可能因易位而表现为连锁遗传。

（2）位置效应　易位与倒位类似，一般不改变基因的数目，只改变基因原来的位置。若位于常染色质的基因经过染色体的重排转移到异染色质附近区域，该基因就不能表达出相应的

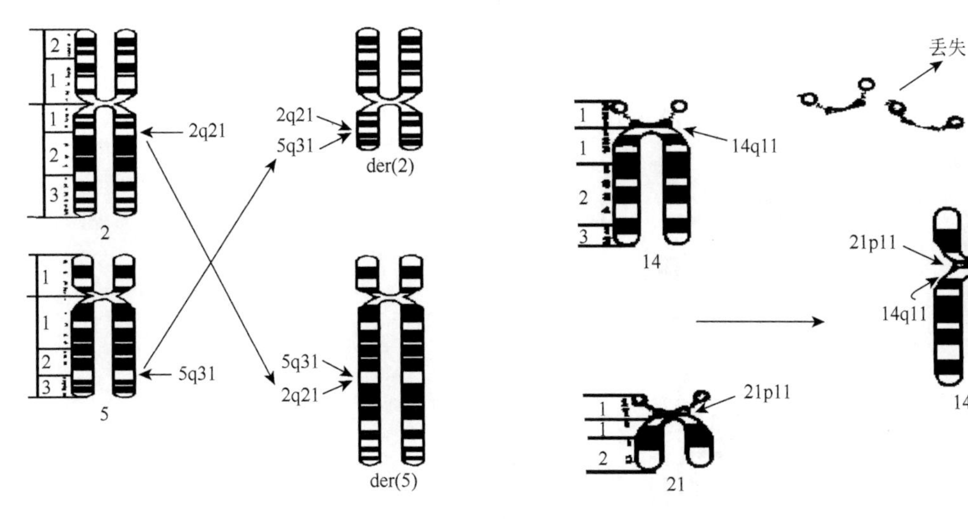

图 8-5　相互易位

图 8-6　罗伯逊易位

表型。例如，控制果蝇红眼基因 W^+易位到异染色质区则不能产生红色，而大部分细胞仍然是正常的，从而出现红白相间的复眼。

（3）基因重排　基因重排会导致癌基因的活化，产生肿瘤。

（4）假连锁现象　在单向易位中，染色体在减数分裂中的动态较为简单，相互易位的纯合体在减数分裂时联会配对的动态也是正常的，与原来未易位的染色体相似。但相互易位的杂合体中，非同源染色体在减数分裂联会时，会形成异常的十字形结构（图 8-7）。后期可能会出现两种分离情况，一种是交互分离（alternate segregation），它是“十”字配对中不相邻的染色体同趋一极。在减数分离中期Ⅰ形成“8”字形的四体环，同源染色体分向两极，产生了染色体正常的配子和平衡易位的配子。平衡易位虽有染色体的重排，但对整个配子来说基因组仍保持完整，没有重复和缺失。若无位置效应及重排则无严重影响，配子是可育的。这种分离的另一特点是未易位的染色体总是趋于拉向同一极，而易位的染色体总是进入另一配子形成假连锁（pseudolinkage）。另一种分离是邻近分离（adjacent segregation），即四体环中相邻的两条染色体同趋向一极。这又有两种情况。一种是同源染色体同趋一极，另一种情况是非同源染色体同趋一极。这两种情况所产生的配子都存在重复和缺失，皆不可育。由于相邻分离所产生的配子不可育，只有交互分离所产生的配子可育，因此，原来不连锁的基因总是同时出现在同一个配子中，似乎是连锁的，故称为假连锁。

（5）易位可导致动物的繁殖机能和生产性能降低　在动物和人类中，易位除导致肿瘤外，还可引起动物的繁殖机能和生产性能降低、人的智力低下等症状。在动物中已发现多种易位类型，如牛的 2/4、13/21、1/25、3/4、5/21、27/29、1/29 等罗伯逊易位，其中 1/29 易位个体在瑞典红白花牛群中占 13%～14%，造成牛繁殖力下降 6%～13%。

（四）易位的应用

易位主要用于动植物的育种。在诱变育种上，人们通过诱发易位，把某一类型或种、属的基因转移过来。这种方法对于转移一个显性性状常具有显著效果。在植物上，已知小伞山羊草具有抗小麦叶锈病的基因，人们通过杂交和 X 射线处理，已将小伞山羊草一段带抗叶锈病基因 *R* 的染色体易位到中国春小麦第 6B 染色体上。在动物上，曾以 X 射线处理蚕蛹，使其第二染色体上载有斑纹基因的片段易位于决定雌性的 W 染色体上，成为伴性遗传，因而该易位品

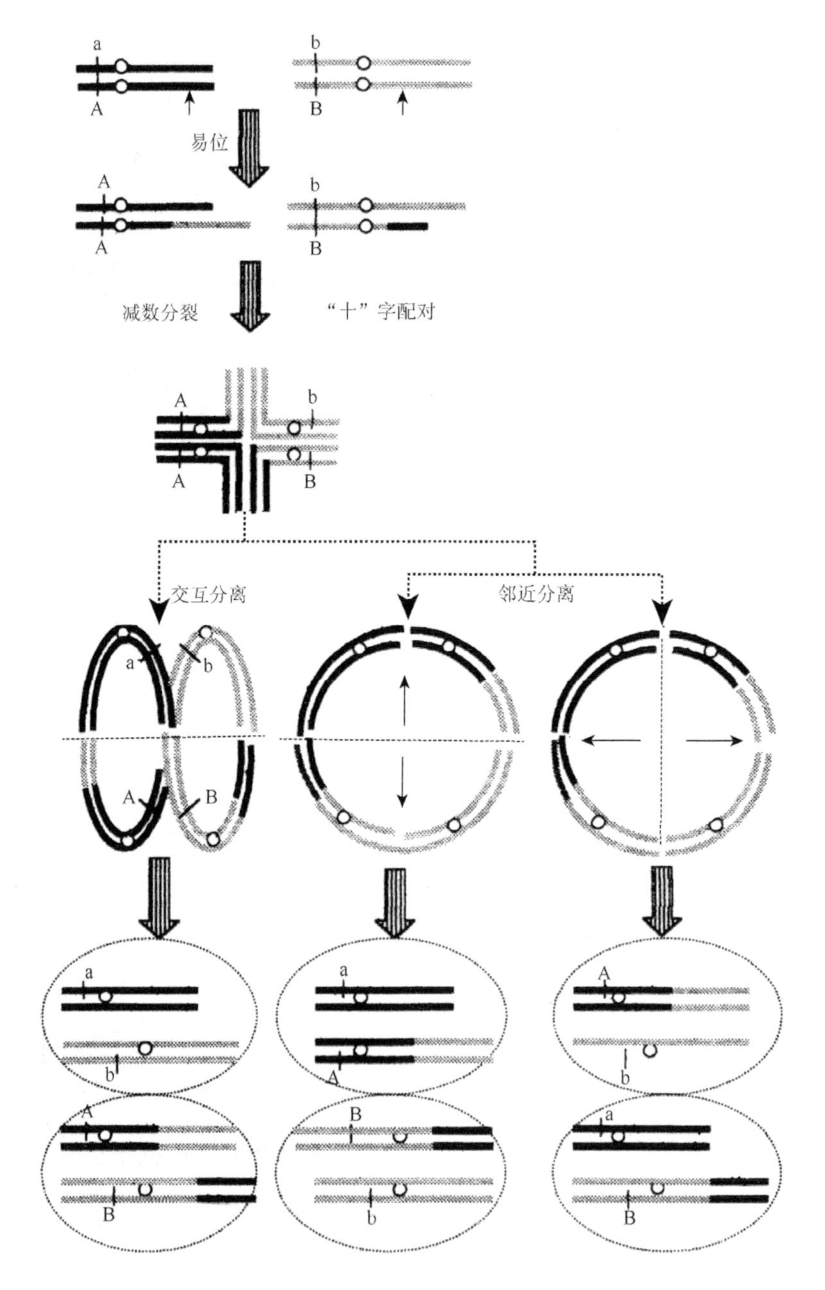

图 8-7　相互易位的两对非同源染色体的配对及三种分离方式示意图

系的雌体与任何白蚕的雄体交配，后代雌蚕都有斑纹，雄蚕为白色。在幼虫期即可鉴别雌雄，以便分别饲养和上蔟，有利于提高产量和品质。

五、其他结构变异

（一）断裂

染色体断裂（chromosome break）指的是染色体的臂裂开，裂开的间距与臂的宽度作比较，小于臂的宽度，称为裂隙（gap），大于臂的宽度称为断裂。断裂后不带着丝粒的部分称断片，因不含着丝粒，断片无法随着细胞分裂而定向移动，所以最终会丢失。而带有着丝粒部分的断端因其具有很强的黏合性，可以与其他染色体的断端相互连接，形成各种类型的畸变。因此，断裂是形成各类结构畸变的基础。

（二）环状染色体

环状染色体（ring chromosome，RC）是环状 DNA 分子，是许多原核生物、病毒及真核质体和线粒体的典型特征，而在真核基因组的核部分中出现的概率就较低。真核生物具有线状 DNA 和两个姐妹染色单体，它们在细胞分裂过程中对称分离。染色体拓扑结构的任何变化，包括 RC，都可能导致细胞分裂异常。

（三）双着丝点染色体

双着丝粒染色体，是指具有两个着丝粒的染色体。这种染色体是由两条染色体（或染色单体）不对称相互易位形成的。双着丝粒染色体可以发生在两条染色单体不对称易位之后，也可以发生在合子染色体不对称易位之后。在不同对染色体之间，由于不对称易位，也可以产生双着丝粒染色体。此外等臂染色体中也可以有双着丝粒染色体。双着丝粒染色体是基因组重排造成的，将两个着丝粒放在同一条染色体上。根据生物体的不同，双着丝粒稳定性在形成后会有所不同。在人类中，双着丝粒自然存在于大部分种群中，并且通常在有丝分裂和减数分裂的过程中成功分离。它们的稳定性归因于两个着丝粒之一的失活，从而产生了一个功能性单中心染色体，可以在细胞分裂过程中正常分离。尽管对模型生物和人类的研究表明可能涉及基因组和表观遗传机制，但是着丝粒失活的分子基础尚不清楚，仍需深入研究。

第三节　动植物中常见染色体结构变异及表现

染色体结构变异（structural variations，SV）是染色体变异的一种，是多种因素作用的结果。外部因素包括各种射线、化学药剂、温度的剧变，内部因素有生物体内代谢过程的失调、衰老等。染色体缺失、重复、倒位、易位等结构变异在动植物内均有存在，以致其本身产生疾病，阻碍发育和影响生殖能力。

一、动物中常见的染色体结构变异及表现

染色体缺失会对动物和人的表型、生殖功能及脑部发育等产生不良影响。例如，果蝇的 X 染色体上的部分缺失会导致其翅缘出现缺口；对于人类来说，染色体结构变异会影响胚胎发育；染色体缺失还会影响儿童的精神系统发育，在儿童青少年精神分裂症的研究结果中，该病患者多为 22q11 染色体微缺失，该变异可能通过降低胼胝体体部、膝部和扣带束各向异性分数（FA）值影响患者视觉记忆、语言流畅和空间广度。

染色体重复同样会引起生物的性状变化，如在果蝇的研究中发现，果蝇棒眼性状的形成是 X 染色体上部分重复导致的；在人类中，*FMR1* 基因的 5′非编码区第 1 外显子内含有 CGG 三核苷酸重复序列，引起 CGG 的异常扩增，从而导致脆性 X 染色体综合征，患者表现为智力低下、巨睾、特殊面容、语言行为障碍等。

染色体倒位会引起动物与原物种产生生殖隔离，不能与原物种受精，但这利于物种的进化和新物种的形成。染色体的易位会导致动物的繁殖技能和生产性能降低，有研究表明，罗伯逊易位在瑞典红白花牛群中的发生可导致牛繁殖率下降 6%～13%。

另外，有研究表明，化学物质能够通过使染色体结构变异，从而造成雏鸡发生畸变。利用

喹乙醇染毒，会使雏鸡染色体结构畸变，且类型主要为断裂、断片和环型相接，而雏鸡的总畸变率也会上升。

但染色体结构变异对畜禽生产也有一定益处。对高低产群香猪 X 染色体的结构变异进行比较和分析，结果表明，在香猪 X 染色体（chr X）上共检测到 3246 个结构变异区域，其中有 311 个 SV 属于高产组特有，138 个 SV 只存在于低产组，利用 PCR 方法对其中 10 个 SV 进行群体验证，发现 SV_GPR143 在高低产群中存在差异（$P<0.05$），可为解析香猪产仔数变化的遗传机制提供理论依据。

而染色体的结构变异同样可以作为判断物种起源的途径之一，如孟智启和徐俊良（2000）对中国野蚕的染色体进行了观察，经过电离辐射，野蚕染色体结构异常的表现主要为易位、缺失、倒位等，其中易位的类型包括相互易位和单向易位；缺失的类型包括中间缺失和顶端缺失。另外，该研究通过辐射发现了野蚕染色体断裂-重接易位的细胞学证据，据此推论认为，古野蚕的染色体数 $n=28$，中国野蚕在未经受外界环境强烈刺激的条件下，染色体数一直稳定保持不变，为 $n=28$；而栖息在日本等地域的野蚕在受到某种外界条件刺激时，某 1 条染色体发生断裂，大的断裂片段易位到非同源染色体上融合后形成了 1 条大染色体，延续至今即形成了日本野蚕亚种群。

二、植物中常见的染色体结构变异及表现

对于植物来说，染色体的易位较为常见。用 ^{60}Co γ 射线（12Gy）辐照普通小麦‘辉县红’-‘荆州黑麦’染色体 1R 二体添加系花粉，检测杂交后所获得的种子，结果表明，电离辐射诱发产生其染色体结构变异，主要为相互易位、大片段易位、小片段易位、整臂易位及端体等，这为染色体缺失作图、重要性状基因定位和培育仅具目标基因的小片段易位提供了可能。同样，利用 ^{60}Co γ 射线可以诱导菊花突变，处理后的菊花生长受到明显的抑制作用，且剂量与抑制作用呈正向关系，经辐射处理的愈伤组织也极易造成植物染色体的断裂、重组、突变，从而导致遗传性状发生变异。

经化学物质处理，植物也将发生染色体结构变异。例如，蚕豆经甲基胺草磷处理可抑制幼苗胚根生长、诱导根尖分生组织细胞多级分裂、桥-断片、滞后染色体和微核等变化，表现为根尖分生组织细胞内出现蛋白质的新增或减少，使得幼苗生长受抑制。

第四节　染色体数目变异

染色体数目变异是指染色体数目发生不正常的改变。染色体数目的改变会给人类和动植物带来不利影响，但人们也可利用染色体数目变异培育新的品种。

在动物细胞染色体中，每一条染色体都有一个相应的大小、形态、结构相同的同源染色体，每一种同源染色体之一构成的一套染色体，称为一个染色体组。一套染色体上带有相应的一套基因，所以，也称为一个基因组（genome）。

在动物正常的细胞中，具有完整的两套染色体，即含有两个染色体组，这样的生物称为二倍体（$2n$）。但由于内外环境条件的影响，物种的染色体组或其中数目可能发生变化，这种变化可归纳为整倍体的变异、非整倍体的变异和嵌合体。

一、整倍体的变异

整倍体（euploid）是指含有完整染色体组的细胞或生物。整倍体的变异是指细胞中整套染

色体的增加或减少。所以整倍体的类型可分为一倍体（monoploid）、单倍体（haploid）、二倍体（diploid）和多倍体（polyploid）。多倍体又可分为三倍体（triploid）、四倍体（tetraploid）、五倍体（pentaploid）、六倍体（hexaploid）等。

（一）一倍体和单倍体

1. 概念

含有一个染色体组的细胞或生物称一倍体（x）；含有配子染色体数的生物称单倍体（n），它具有正常体细胞染色体数的一半。

2. 单倍体的形成与应用

对二倍体的生物来说，单倍体和一倍体染色体是相同的，都含有一个染色体组，x 和 n 可以交替使用。而对某些多倍体植物来说，x 和 n 的意义就不同了，如小麦有 42 条染色体，共有 6 套染色体，那么它的单倍体就不是含一个染色体组了，而是含有 3 个染色体组。

雄性蜜蜂、黄蜂和蚁是由未受精的卵发育而成的，他们是单倍体，也是一倍体。在大部分物种中一倍体个体是不正常的，在自然群体中很少产生这种异常的个体。

单倍体植物在自然界中偶尔也有出现，但出现的频率很低。通常只有 0.002%～0.02%，在特殊情况下也不超过 1%～2%。单倍体后代个体比同类型的二倍体亲代细小衰弱，并高度不育。

单倍体的精细胞不是经过正常减数分裂产生的，因为他们的染色体只有一套，不存在同源染色体的配对，因此，这样的雄性是不育的。如果一倍体的单倍体能够进行减数分裂的话，单独一条染色体随机趋向两极，若一个生物的单倍体数为 30，那么所有染色体都趋向一极，即产生完整、可育配子的概率为 $(1/2)^{30}$，几乎为零。

单倍体及其单倍体培养技术在植物现代育种中得到一定的应用，如花粉培养技术，花粉是单倍体，通过冷处理的诱导能培养成胚状体（一种小的可分裂的细胞团），经进一步培养可长成单倍体植物。

单倍体有利于对某些隐性抗性基因的筛选，只要将单倍体细胞放在选择性的培养基上就可筛选出抗性细胞，然后培养成抗性单倍体植株，再经秋水仙碱适当处理，使染色体加倍，便可获得纯合的抗性可育的二倍体植株。这种方法能很快获得稳定的纯系，缩短育种年限，加快育种进程并可创造出新的生物类型。

（二）多倍体

具有两个以上染色体组的细胞或生物统称为多倍体。含有 3 个染色体组的称三倍体；含有 4 个染色体组的称四倍体；即含有几个染色体组就称几倍体。多倍体又可分为同源多倍体（autopolyploid）和异源多倍体（allopolyploid），前者是指含有两个以上染色体组并来自同一物种的细胞或生物；后者指含有两个以上染色体组并来自于不同物种。

三倍体通常是由同源的四倍体和二倍体自然或人工杂交而产生的。$2x$ 配子和 $1x$ 配子结合形成三倍体。

三倍体的特点是不育，这与减数分裂时染色体分离有关，无论是同源三倍体还是异源三倍体在减数分裂的后期，3 个同源染色体总有一个染色体可随机拉向一极。只有每种同源染色体中的一条染色体同时进入同一配子，这个配子才具有育性。这种配子的概率为 $(1/2)^{x-1}$。由于这种概率太小，故认为无论是同源染色体三倍体还是异源染色体三倍体都是不育的。

1. 同源多倍体

同源四倍体是自然产生的，如一个二倍体的生物，由于本身染色体的加倍就可能产生同源四倍体。即 AABB…TT 加倍后成为 AAAABBBB…TTTT。同源四倍体是同源多倍体中最常见的一种。同源四倍体在减数分裂时，会出现 3 种情况：一个三价体和一个单价体，或两个二价体，或一个四价体。两个同源染色体相互配对的叫二价体；3 个同源染色体相互配对的叫三价体；4 个同源染色体相互配对的叫四价体。2 个二价体和一个四价体的配对形式可以正常分离，一般 2—2 分离产生的配子是有功能的。同源多倍体因为具有多套染色体，植株高大，细胞、花和果实都比二倍体的要大一些。

2. 异源多倍体

异源多倍体是由两个不同物种的二倍体生物杂交，其杂种再经染色体加倍，就可能形成异源多倍体。如 $A_1A_2B_1B_2 \cdots T_1T_2$ 加倍后成为 $A_1A_1A_2A_2B_1B_1B_2B_2 \cdots T_1T_1T_2T_2$。异源四倍体与同源四倍体不同，在减数分裂时能进行正常的染色体配对和分离，产生有功能的配子。因此异源多倍体不但可以繁殖，而且很有规律。

3. 多倍体的形成与应用

在多倍体的形成过程中，染色体之所以能够加倍，主要是在减数分裂时，染色体分裂之后而细胞分裂被抑制的结果。

多倍体物种在植物界是常见的，因为大多数植物是雌雄同体或同花，其雌雄配子常可能同时发生不正常的减数分裂，使配子中染色体数目不减半，然后通过自体受精自然形成多倍体。据估计，高等植物中多倍体物种约占 65%以上，禾本科植物中约占 75%，由此说明多倍体的形成在物种进化上的重要作用。一般认为许多植物可通过多倍体形成新的物种，即多倍体是物种起源进化的方式之一。

多倍体物种在动物中罕见，因为大多数动物是雌雄异体，而雌雄性细胞同时发生不正常的减数分裂机会极小，而且染色体稍不平衡，就会导致不育。但也发现在扁形虫、水蛭和海虾中有多倍体，他们通过孤雌生殖方式繁殖。在鱼类、两栖和爬行动物中也都有多倍体，他们有各种繁殖方式。某些鱼类是由单个的多倍体在进化中产生了完整的分离群。

在动物中也存在不育的三倍体。三倍体牡蛎是存在的，而且比相关的二倍体更具有商业价值。二倍体进入产卵季节味道不好，而三倍体是不育的，不产卵，一年四季味道鲜美。

二、非整倍体的变异

非整倍体变异通常是指染色体非成套的数目变异。非整倍体的变异是指在正常染色体（2*n*）的基础上发生个别染色体增减的现象。按其变异类型可将非整倍体分为以下几种类型。

（一）单体（monosomy）

单体指二倍体染色体丢失一条染色体（2*n*-1）。虽然丢失染色体的同源染色体存在，但由于以下原因，单体仍出现异常表型特征。①染色体的平衡受到破坏；②某些基因产物的剂量减半，有的会影响性状的发育；③随着一条染色体的丢失，其携带的显性基因随之丢失，其隐性基因得以表达。单体在人类和动物中都有表现，如人 45，XO 和牛 59，XO 等，均表现为先天性卵巢发育不全。常染色体的单体导致胚胎的早期死亡。

（二）缺体（nullsomy）

缺体指一对同源染色体成员全部丢失（2*n*-2）的生物个体，又称为零体。由于丢失的染色体上带有的基因是别的染色体所不具有的，无法补偿其功能，故一般是致死的。但在异源多倍体植物中常可成活，但生长较弱小。

（三）多体（polysomy）

多体是指二倍体染色体增加了一条或多条染色体的生物个体。因染色体增加的多少不同，多体可分为以下几种。

（1）三体（trisomy）　三体指某一对染色体多了一条相同染色体（$2n+1$）的生物个体，也就是说有一对染色体成了三倍性的个体。由于染色体平衡的破坏和产物剂量的增加，三体也显示出异常的表型特征。在人类中常见的三种常染色体三体是：①21-三体，即唐氏综合征；②18-三体，即爱德华综合征；③13-三体，即帕塔综合征。也存在性染色体三体，如47，XXX和47，XXY，表现为先天性卵巢发育不全和先天性睾丸发育不全。在动物中同样存在多种类型的常染色体和性染色体三体，均可表现一定的表型异常。如牛的18-三体造成致死三体综合征，23-三体的母犊表现侏儒症。牛的性染色体三体如61，XXX、61，XXY，表现为繁殖机能上的缺陷，公牛性腺发育不全，生长发育受阻，清精和死精的睾丸发育不良症。在水牛中，性染色体三体为51，XXX，表现为不育。

（2）双三体（double trisomy）　双三体指两对同源染色体各增加了一条染色体（$2n+1+1$）的个体。

（3）四体（tetrasomy）　四体指某一对同源染色体又增加了一对染色体（$2n+2$）的个体，也就是说，某一染色体成了四倍性。

（四）非整体变异的形成与应用

在非整倍体变异的类型中，单体和缺体都是正常个体在减数分裂时个别染色体发生了不正常的分裂而形成不正常的配子受精所致。在大多数情况下动物中非整倍体是致死的，而植物中非整倍体常得以生存。单体和缺体对生物的影响大于整个染色体组的增减，这说明遗传物质平衡的重要性。在表型上，植物中的单体小麦与正常小麦差异很小，但缺体小麦之间，以及它们与正常小麦之间则有明显的区别，生长势普遍较弱，并约有半数为雄性不育。三体的影响一般比缺少个别染色体的影响小，但个别染色体的增加，能使基因剂量效应发生变化，从而引起某些性状及其发育的改变。

三、嵌合体

（一）概念

嵌合体（genetic mosaic）是指含有两种以上染色体数目细胞的个体，如$2n/2n$-1，XX/XY，XO/XYY等。将含有雌雄两种细胞类型的称为雌雄嵌合体或两性嵌合体。

（二）人类的两性嵌合体

在人类中，XX/XY两性嵌合体既具有男性生殖腺睾丸，又具有女性的卵巢。这种XX/XY嵌合体可能是两个受精卵融合的结果。另外，两性嵌合体为XO/XYY，它可能是在XY合子发育早期，有丝分裂中两条Y染色体的姐妹染色单体没有分离，同趋一极，而使另一极缺少了Y染色体。这样一个子细胞及其后代为XYY，另一个子细胞及其后代为XO。这种个体的表型性别取决于身体的某一组织的细胞类型是XYY，还是XO。如果不是在受精卵一开始分裂就产生染色体不分离，就可能产生三种类型的嵌合体XY/XO/XYY。还有一种两性嵌合体XO/XY，可能是XY合子在发育早期的有丝分裂中丢失了一条Y染色体所致。

（三）动物的两性嵌合体

在动物中嵌合体存在，在牛上广泛分布着 60，XX/60，XY 的细胞嵌合体，这种核型多见于异性双胎的母牛，一般公牛犊的核型与发育正常。据报道，约有 90%的双生间雌个体其核型为 60，XX/60，XY 嵌合体，这种嵌合体有 30%～40%的细胞为 60，XX 型，58%～70%的细胞为 60，XY 型。这种牛仅表现为外阴小，但一般具有两性的生殖系统和发育不全的生殖器官，没有生育能力。这种牛的嵌合体是由于在胚胎发育的早期，因通过胎盘微血管交换血液而造成的。除此之外，还有 60，XY/61，XYY、60，XX/91，XXY、60，XY/61，XXY 的嵌合体，据报道，第一类型的种公牛，常表现为睾丸发育不全，精子生产水平低下，血液中性激素含量不足。后两种核型的嵌合体，常表现不育。在水牛中，异性双生或三生中，公母犊均为 50，XX/50，XY 嵌合体，均无生育能力。

在黄牛中还发现了二倍体/五倍体（$2n/5n$）的嵌合体，这种牛一般外形正常，发育良好，性器官外观正常，仅无生育能力。在我国滩羊中，也发现有二倍体/四倍体、二倍体/五倍体嵌合体的存在。

以上所述部分染色体整倍体和非整倍体的变异类型可汇总于表 8-1 中。

表 8-1　部分染色体整倍体和非整倍体变异类型

类别		名称		符号	染色体组
染色体数目	整倍体	单倍体		n	（ABCD）
		二倍体		$2n$	（ABCD）（ABCD）
		多倍体	三倍体	$3n$	（ABCD）（ABCD）（ABCD）
			四倍体	$4n$	（ABCD）（ABCD）（ABCD）（ABCD）
			……	$4n$	（ABCD）（ABCD）（A'B'C'D'）（A'B'C'D'）
	非整倍体	单体		$2n$-1	（ABCD）（ABC）
		缺体		$2n$-2	（ABC）（ABC）
		多体	三体	$2n+1$	（ABCD）（ABCD）（A）
			四体	$2n+2$	（ABCD）（ABCD）（AA）
			双三体	$2n+1+1$	（ABCD）（ABCD）（AB）

四、染色体数目及形态的演化

自 1890 年 Waldeyei 发现染色体，1900 年德国人 Borveri 及美国人 Sutton 把染色体的行为同孟德尔的遗传因子联系起来，后来 Morgan 等证明遗传因子位于染色体上之后，染色体的研究蓬勃发展。到了 20 世纪 30 年代末，关于细胞核与染色体的研究成了细胞学的主流。20 世纪 40 年代以后，由于一系列研究方法及技术手段的飞跃发展，从分子水平揭露了染色体的结构与功能，进一步证实染色体是遗传的主要物质基础。不同类群的生物，同一生物类群的不同物种，同一物种的不同个体，同一个体的不同器官，其染色体的大小不同。染色体的大小、形态结构在一定范围内反映了生物的演化及类群和物种间的亲缘关系。所以，近年来广泛研究动植物染色体，用以进一步确定动植物的进化，甚至用来解决在分类学中遇到的疑难问题。

染色体的大小，在宽度上的变异较小，因此，主要指长度上的变异，通常是用显微测微尺对有丝分裂中期的染色体进行测量。根据整个生物界染色体长度的变异，将其分为 4 个等级：

长度在 1 μm 以下者为极小染色体；1～4 μm 为小染色体；4～12 μm 为中等大小染色体；12～60 μm 为大染色体。

演化又称进化，在生物学中是指族群里的遗传性状在世代之间的变化。所谓性状则是指基因的表现，这些基因在繁殖过程中，会经由复制而传递到子代。基因突变会使性状改变，或者产生新的性状，进而造成个体之间的遗传变异。新性状又会因为迁移或是物种之间的水平基因转移而随着基因在族群中传递。当这些遗传变异受到非随机的自然选择或随机的遗传漂变影响，而在族群中变得较为普遍或稀有时，就表示发生了演化。染色体演化本质上是染色体结构变异，包括染色体大小、染色体形态特征及染色体数量的变化，染色体变异往往会造成两个本来很相近的群体间的生殖隔离，从而形成新种。

多数学者认为染色体核型代表着种的特性。通常在一个种群的所有个体或同一个体的所有细胞中，染色体核型基本上是一致的、稳定的。这就为动植物在分类学研究和确定其在进化过程中的位置提供了一个新的且重要的依据。染色体核型的变化包括大小、形态结构与数量的变化。

（一）染色体数目增加与减少的机制

染色体数目的变化有两种基本类型，整个染色体组的变化（导致异常整倍性）和部分染色体组的变化（导致非整倍性）。

1. 整个染色体组的变化（异常整倍性）

具有完整染色体组的生物体称为整倍体。在真核生物中，如植物、动物和真菌，它们的细胞中携带一个染色体组（单倍体）或两个染色体组（二倍体）。在这些物种中，单倍体和二倍体状态都是正常的整倍体。生物体的数目多于或少于正常的数目是异常的整倍体。多倍体是指具有两组以上染色体的生物个体，它们可以用 $3n$（三倍体）、$4n$（四倍体）、$5n$（五倍体）、$6n$（六倍体）等来表示。根据多倍体形成方式的不同，可将多倍体分为同源多倍体和异源多倍体。多倍体的形成机制主要有两种：一是未减数分裂配子的结合形成多倍体（已知多倍体形成的主要机制），二是合子/体细胞染色体的加倍形成多倍体。

（1）未减数分裂配子结合形成多倍体　同一物种经过染色体加倍形成的多倍体称同源多倍体，最常见的有同源三倍体和同源四倍体。在植物界中大多数植物是雌雄同株的，自然条件下，二倍体植物两性配子可能有一方发生异常减数分裂，使配子中染色体数不减半，自交时未经减数分裂的配子与正常配子结合便形成同源三倍体。或者两性配子都发生异常减数分裂，此时自交便会形成同源四倍体。

（2）合子/体细胞染色体加倍形成多倍体　由合子细胞、植物分生组织细胞或生殖细胞的染色体加倍所得的多倍体都能称为同源多倍体或异源多倍体，大致是以纯种或种内杂种的体细胞发育成的多倍体是同源多倍体；由远缘杂种的体细胞发育成的多倍体则是异源多倍体。使用秋水仙碱等化学药剂人工诱导多倍体的原理也是利用该试剂破坏纺锤丝，阻碍复制的染色体向两极移动，最终产生染色体加倍的细胞。

2. 部分染色体组的变化（非整倍性）

如果一个细胞的染色体数目增加或减少，则这类细胞或个体被称为非整倍体。包括细胞中染色体数目多了一条或数条的超二倍体和染色体数目少了一条或数条的亚二倍体。非整倍体的形成与细胞减数分裂或有丝分裂分离时发生异常有关，包括染色体不分离或染色体丢失。

（1）染色体不分离　染色体不分离可能发生在三种情况下：第一次减数分裂、第二次减数分裂、有丝分裂。

以二倍体为例，第一种情况是在第一次减数分裂时同源染色体没有发生分离，导致产生的配子中其中的一种有一对同源染色体，另一种没有染色体。在受精结合后最终导致一种因染色体数目增多形成超二倍体，另一种则因染色体数目减少形成亚二倍体。第二种情况是在第二次减数分裂时姐妹染色单体没有分离，则形成的配子中有一个会有两条染色体，另一个则没有染色体，同时还会产生两个正常的配子；在与整倍体受精结合后，最终产生一个染色体增多的超二倍体和一个染色体减少的亚二倍体及两个正常的合子，如图 8-8 所示。

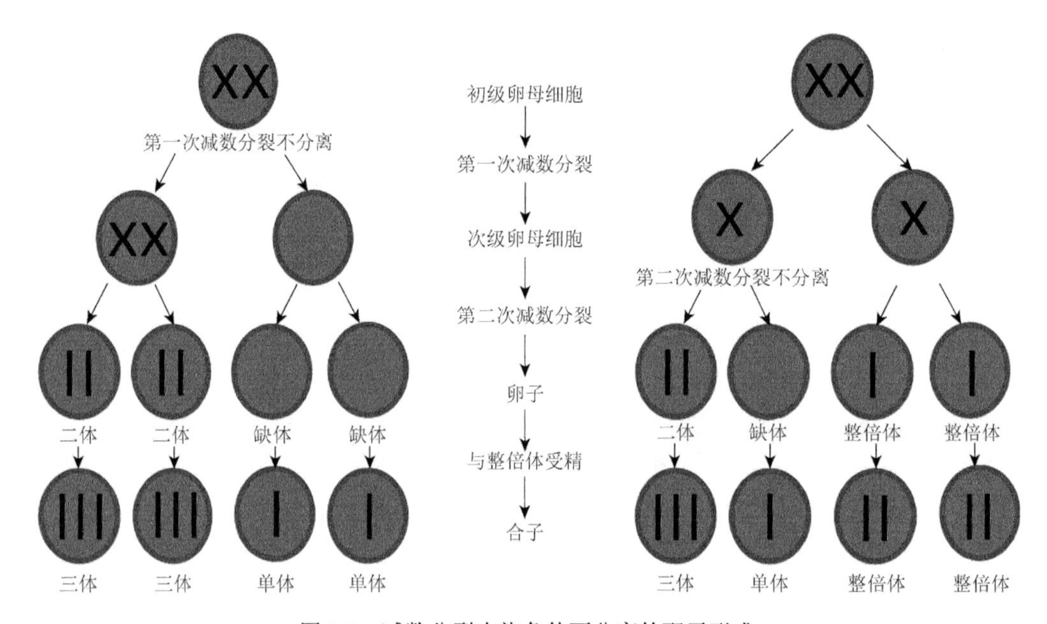

图 8-8　减数分裂中染色体不分离的配子形成

有丝分裂时染色体不分离是指在受精卵、体细胞有丝分裂过程中复制形成的两条子染色体不发生分离，而一起进入同一个子细胞，导致一个子细胞多一条染色体，而另一个子细胞少一条染色体。与第二次减数不分离类似。

（2）染色体丢失　在细胞有丝分裂过程中，某一方面染色单体未与纺锤丝相连，不能移向两极参与新细胞的形成；或者在移向两极时因某些原因导致行动迟缓，滞留在细胞质中，最终造成染色体丢失而形成亚二倍体。

（二）染色体形态的演化

染色体的形态在不同分裂方式的不同时期呈现不同的变化。

1. 无丝分裂下的形态

无丝分裂是简单常见的细胞分裂方式，但它在整个细胞分裂过程中无纺锤丝形成，也不形成染色体。

2. 有丝分裂下的染色体形态演化

在有丝分裂过程中，染色体会呈现出规律性变化。在有丝分裂前期，染色质浓缩，呈现出可见的细线状态，并可看到每条染色体有两条染色单体，二者还由着丝粒连在一起。在有丝分裂中期时，细胞内已出现纺锤体，纺锤丝跟着丝粒相连，牵引染色体移向细胞中央，排列到纺锤体中央的赤道板上，此时染色体达到最高的浓缩程度，具有典型的形状，此时适合对染色体进行鉴别和计数。在有丝分裂后期时，着丝粒分裂为两个，姐妹染色单体分开，在纺锤丝牵引下向两极移动。此时着丝粒走在最前面，染色体的两臂在后面，着丝粒在染色体上的位置不同，导致染色体移向两极时会呈现出 V、L、1、i 等不同形状。在有丝分裂后期时，染色体周围被重新形成的核膜所包围，浓缩的染色体逐渐松散，变得细长。

3. 减数分裂下的形态演化

在减数分裂过程中，染色体的形态变化很复杂，包含同源染色体联会等复杂过程。在减数第一次分裂中可以分为前期Ⅰ、中期Ⅰ、后期Ⅰ和末期Ⅰ等几个时期，其中前期Ⅰ最为复杂。

前期Ⅰ又可分为细线期、偶线期、粗线期、双线期和终变期 5 个时期。在细线期染色质开始浓缩，但仍然很细很长，彼此交织成网，似一团乱麻，看不到每条染色体的两条染色单体。偶线期时随着染色质的浓缩，同源染色体彼此靠拢、接近，而后从端部开始配对，最后整条染色体完成配对即联会。粗线期时配对的同源染色体进一步缩短变粗，此时已经能区分出每条染色体中的两条姐妹染色单体。双线期时，染色体继续缩短变粗，这时每个联会了的四分体（二价体）因姐妹染色单体彼此间的相互排斥而开始分离。尽管如此，仍然能看到在有些部位还保持着相互接触，每一个这样的接触区域就称为交叉。交叉的存在，使得双线期的四分体往往出现 XV8O 等形状。终变期时染色体更加缩短变粗，端化完成，核仁、核膜开始消失。

中期Ⅰ、后期Ⅰ染色体所发生的形态变化与有丝分裂的中后期相似，减数第二次分裂时其情形与有丝分裂大体相同。

（三）染色体大小演化

多数染色体是由单条双链的 DNA 组成，染色体的大小与 DNA 含量呈正相关。大类群之间如植物的藻类、苔藓、蕨类、种子植物等染色体的大小与含信息量的多少大致呈正相关，故染色体的大小可作为大类群的粗略标志。从整个生物界的演化来看，原核生物只有较少的基因就可以完成生命周期。复杂一些的生物则基因相应增多。利用试验，取各大类群中 DNA 含量最少的种类进行比较，则由低等到高等的各大生物类群之间有 DNA 含量加倍的趋势。并且，通常高等动植物的染色体量普遍大于低等动植物的染色体。这说明在生物系统演化的总趋势是增加 DNA 的含量，即增加染色体的体积。但是，在各大类群内部，如科、属、种之间染色体的大小或 DNA 含量与进化的关系，则存在着各种不同的情况，不能统一于一种趋向。

1. 植物界染色体的大小变异

（1）藻类植物　　绝大部分藻类的染色体都是极小的，如团藻目和海带属的染色体为 0.5～1.2 μm。刚毛藻目为 1.5～3.0 μm，个别种可达 6.7 μm。已知甲藻纲中的海洋原甲藻的染色体最大，可达到 15 μm，但这是极少见的个别例子。其余已观察过的种均具有巨大或极小的染色体。

（2）苔藓　　具有小或中等大小染色体，其中苔类一般比藓类染色体大。例如，仙鹤藓属为 1.2～4.0 μm，囊果苔属为 3～6 μm。

（3）蕨类　　种间变异较小，一般为 3.0～7.5 μm。不过，大多数蕨类的染色体数目较多，所以，其单核 DNA 含量是较高的。

（4）裸子植物　　变异最大，染色体长度变异为 0.8～30 μm。大致归纳有以下情况。

1）除泽泻目和番荔枝科的个别种外，绝大部分木本植物均具有小或中等大小染色体。

2）具大染色体者主要为草本植物，其中大部分为单子叶植物，如百合科、石蒜科、延龄草科、泽泻科、禾本科等，尤以百合科居多。双子叶草本植物中，毛茛科、豆科、菊科的某些属或种具有大或中等大小的染色体。像十字花科和葫芦科等，均具有小染色体。

2. 科、属、种内的变异

木本种子植物中，同科不同属之间变异较小，平均大小不超过两倍，如杨柳科、山毛榉科和所有裸子植物。但草本植物中，大小变异则可达 10～20 倍，毛食科最为明显。

同属的不同种之间，一般变异较小，如松属、芍药属、百合属、葱属等，种间染色体平均大小不超过一倍。当然也有少数例外，如野豌豆属（*Vicia*）中的蚕豆和巢菜，其染色体大小相差约 10 倍。

在同一种植物的不同器官中，染色体大小一般是近似的。但也发现了一些变异的例子，如黑麦草的幼苗个体之间染色体大小有明显差别。如果人为控制进行自交，则后代均具有较小的染色体；恢复异交，染色体也恢复为正常大小。此变异是一个隐性基因突变所致。

Schwanitz（1967）报道，两个品种的韭菜，健壮的植株往往比瘦弱者具更大的染色体。Bennett（1970）观察到萌发一周的蚕豆主根比生长三周的侧根细胞染色体要大。此外，对黑麦和洋葱的种子根的观察也发现，萌发 3 周以内的根尖细胞染色体最大，以后便逐渐变小。分析结果表明，这种变异并非 DNA 含量不同，而是非组蛋白含量不同所致。

同一核型中染色体相对大小也不一样，大小相近且具有中部或近中部着丝点的，如松属、大麦属等的核型，称为对称核型。而像龙舌兰属和芦荟属等的核型，则由大小明显不同的两群染色体组成，这类核型称为极不对称核型或称二型核型。大多数植物的核型介于上述二者之间，即同一核型中具不同大小和不同类型着丝点的染色体，形成由对称到不对称的不同等级。Stebbins 在 1971 年根据核型中染色体的臂指数和长度比值的大小，以及它们所占百分比的多少，将生物界的核型分为 12 种类型（表 8-2）。表中的 1A 为最对称的核型，4C 为最不对称的核型。

表 8-2　核型的分类

大染色体/最小染色体	臂指数大于 2∶1 的染色体所占百分比			
	0.0	0.01～0.50	0.51～0.99	1.0
<2∶1	1A	2A	3A	4A
4∶1～2∶1	1B	2B	3B	4B
>4∶1	1C	2C	3C	4C

3. 染色体大小变异的解释

众所周知，果蝇的多线染色体和菜豆胚柄细胞的多线染色体都是巨大染色体，形成这类巨大染色体的原因，是由于它们含有多条双链 DNA。而绝大部分染色体，则是由单条双链 DNA 所组成。那么，染色体的大小不同是否表明其 DNA 含量也不同呢？答案是肯定的，即二者是呈正相关的。接着的问题是，已知所有的遗传信息是 DNA，那么，染色体大小不同是否与信息量的多少也呈正相关呢？

Fxavel 等在 1974 年分析了大量高等植物的单核 DNA 含量和结构，发现不含结构基因的重复 DNA 序列占极大的成分，如亚麻为 59%、玉米为 78%、洋葱为 95%等。从大量统计数字中可见到一个趋向：即含小染色体的种，重复 DNA 所占百分比偏小，如荠菜、亚麻、胡萝卜等，具有大染色体的种则偏大，如洋葱、蚕豆、小麦等。亚麻和洋葱比较，其 DNA 含量（pg）前者为 1.5，后者为 33.5，二者相差约 22 倍，但二者含结构基因的非重复 DNA 含量，则前者为 0.615，后者为 1.675，二者仅相差约 2.7 倍。因此，可以认为，高等植物种间染色体大小的差别，主要表现在重复 DNA 的量变上，与信息量的多少不呈正相关。

4. 染色体大小和进化

从整个植物界的系统演化来看，最简单的有机体，如病毒和细菌，需较少的基因即可完成其生命周期，而更复杂的生物则需要更多的基因或遗传信息。当把高等植物与真菌和细菌等低等植物比较时，通常高等植物的染色体普遍大于低等植物。这表明植物系统演化的总趋势是增加染色体的体积或DNA含量。

但是，有人认为疑点仍然存在，如某些低等藻类具有大染色体，而某些高等植物则具有小染色体，这不是与上述演化的总趋势矛盾吗？

Sporrow等在1976年认为，这种从某一大类群中任意取样比较，是欠科学的，会使人迷惑不解。他们收集和分析了约2400种生物的单核DNA含量的资料，并确定了一个较为科学的比较标准，即取各大类群中含最少DNA的种进行比较，结果发现，由低等到高等的各大类群生物之间，存在着一系列DNA含量的加倍现象，为了与染色体数目加倍相区别，他们称为“隐蔽多倍性”（crypto polyploidy）。他们的分析更令人信服地支持了上述演化总趋势的结论。

然而，在各大类群内部，科、属、种之间染色体大小或DNA含量与进化的关系，则存在着各种不同的情况，并不表现出划一的趋势。

（1）多倍体　已知被子植物中，多倍体几乎占了一半，而蕨类植物则更多。多倍体使单核DNA含量增加，这无疑是一种进化的趋势。因为现已公认，多倍体在植物物种的分化和形成中，起着重要的作用。

（2）二倍体　对还阳参属（*crepis*）、香豌豆属（*Lathyrus*）和单冠毛菊属（*Haplopappus*）的详细研究表明，同属内的各物种之间，则表现出染色体由大到小或DNA含量由多到少的进化趋势。

（3）结构变异　对松属（*Pinus*）、重楼属（*Paris*）和延龄草属（*Trillium*）等的研究发现，物种之间的进化等级与染色体的大小无关，种间的染色体大小和DNA含量的差异并不十分明显，染色体数目也相当稳定。物种之间的趋异和特化主要表现为染色体的结构变异。

以上说明，在种一级水平上，染色体的大小变异和进化是多途径的，往后的发展究竟哪一种途径占优势，取决于自然选择。

上文已简述了对称和不对称核型，包含有核型内各染色体的大小。染色体相对大小相差越大，核型越不对称。1971年，Stebbins分析了大量的核型研究资料，指出整个植物界核型进化的基本趋势，是由对称向不对称发展的，系统演化上处于比较古老或原始的植物，大多具有较对称的核型，而极不对称的核型则主要存在于进化较高级的单子叶植物中。但应该指出的是，当分析同一属内不同种之间的核型进化时，又往往呈现出多样化的形式：在多数情况下，核型由对称向不对称进化；少数科属则相反，核型由不对称向对称方向进化；还有更少的科属，如罗汉松科，核型由对称向不对称或由不对称向对称进化的属都有。

那么，我们应该怎样来理解上述现象呢？植物系统演化的历史告诉我们，在科以上的分类群，其起源相当古老，由于经历了漫长的自然选择过程，因此其进化的总趋势表现得比较明显，而属和种级水平，起源上较晚，自然选择的历史也较短，因此，容易表现出其进化途径的多样性。随着历史的发展，其主要趋势也必然会越来越明显。最后，我们谈谈染色体大小和染色体场。Lima De Faria在1980年分析和研究了几百种生物染色体资料后，认为染色体是具有严格结构的，臂内所有部分是相互依存的。他把这称为“染色体场”（chromosome field）。

上文提到，他把所有真核生物的染色体按大小分为4个等级。也据此把染色体场分为4种类型。类型1：染色体小于1 μm者，所含基因较少，其染色体场是发育不全的。类型2：长度为1～

4 μm 者，已具有正常的着丝点和端粒。不过，由于二者相距太近，其基因调动的自由度非常小，相邻基因有着很强的相互影响。类型 3：长度在 4～12 μm 者，着丝点和端粒之间的距离适宜，包含有 DNA 序列的主要类型。染色体场处于最合适的工作条件。类型 4：长度在 12～60 μm 者，着丝点和端粒之间的距离太长，基因移动的自由度大，易于改变位置，染色体场不稳定，是可塑的。作者认为，类型 3 是最适于基因调控和表达的染色体场，大多数生物种类都具这种类型的染色体，表明这也是自然选择的结果。染色体太小或太大，对生物的进化都可能有不利之处。

（四）染色体特征的演化

1. 形态特征的演化

生物界核型进化的基本趋势是由对称向不对称发展的。在系统演化上比较古老或原始的生物，大多是较对称的核型，而进化较高级的生物则多为极不对称的核型。而分析同一属内不同种之间的核型进化时，又往往呈现出多样化的形式：在多数情况下，核型由对称向不对称进化，少数则相反，核型由不对称向对称方向进化，或二者都有。存在上述现象的原因是，科以上分类群的起源较古老，经历了漫长的自然选择过程，所以其进化的总趋势表现得比较明显，而属及种级水平上起源较晚，自然选择的历史也较短，因而容易表现出进化途径的多样性。

在哺乳动物中，染色体的进化或物种的进化可归结为染色体结构上的各种重组，如相互易位、单向易位、罗伯逊易位与衔接易位、倒位、重复、缺失等。但不出现多倍体。有人提出染色体的罗伯逊断裂是哺乳动物染色体进化的主要方式。据王宗仁等在 1983 年的研究，他们分析了鹿科 11 个种的染色体核型都是同一类型，但其染色体数目不同，有这样的规律：染色体总数（$2n$）每增加 1 条，则 M（或 SM）着丝粒染色体就减少 1 条，而 T 染色体增加两条，反之亦然，如马鹿 $2n = 68$，它们的 M（或 SM）最少，只有 2 条，而 T 染色体最多，有 64 条。白唇鹿 $2n = 66$，比马鹿少 2 条，则 T 少 4 条，有 60 条。

我们可假设鹿科新属种的形成是由于 T 染色体对接，即由两条 T 染色体对接成一条 M（或 SM）。或反之，M（或 SM）由着丝点处断裂，从一条 M（或 SM）变为 2 条 T 染色体。由古生物学和古地理学的研究表明，鹿属中最古老的种类，其染色体数目最少，其中 M（或 SM）数最多，而起源最晚的马鹿各亚种，其染色体数目最多，其中 M 染色体最少，只有 2 条。所以在鹿科动物的进化中，染色体数是由少变多的。同时 M 由多变少，而 T 由少变多。这样就明确了鹿科动物染色体的进化主要是 M 染色体的罗伯逊断裂造成，因而染色体数目逐渐增加。

2. 数量特征的演化

动物物种通常不形成多倍体。而在植物中多倍体几乎占了一半，在蕨类植物中就更多了。形成多倍体是植物的一种进化趋势。公认多倍体在植物物种的分化与形成中起着主导作用，如一粒小麦（*Triticm monoccum*）染色体数是 14，二粒小麦（*T. dicoccum*）和拟二粒小麦（*T. dicoccoides*）的染色体数是 28，普通小麦（*T. vulgare*）的染色体数是 42。上述小麦各物种的分化分别是形成二倍体、四倍体和六倍体。

在动物中，马蛔虫（*Equus roundworm*）有 $2n = 2$ 和 $2n = 4$ 的，这可能是动物中有倍数关系的唯一实例。又如，金仓鼠（*Mesocricetus auratus*）有 44 个染色体，它是由普通仓鼠（*Cricetus cricetus*）（$2n = 22$）与花背仓鼠（*Cricetus barabensis*）（$2n = 22$）的杂种经过染色体加倍后形成的异源四倍体。所以总的说来，在动物中若以异源多倍体方式形成新种是极罕见的。

总之，染色体是基因的载体，它控制着生物的遗传和变异，而它自身的数目、形态和结构的变异，也同样受基因的调控。不过，与那些易受环境影响的生物的外部形态特征相比，具更大的稳定性，所以，也更有可能反映出生物的进化历史和现状，正如 Darlington 所指出的：“染色体的研究不仅可以指向过去，而且可以指向未来。在现代进化论的研究中，染色体已成为研究生物微观进化的主要对象，这对进一步丰富和发展进化论无疑是很有意义的。”

第五节　人类染色体变异类型与染色体病

一、人类染色体病

染色体病是指染色体数目或结构畸变所导致的疾病。因为染色体畸变时所涉及的基因较多，所以机体的异常情况可能会涉及许多器官、系统。染色体病通常表现为具有多种症状的综合征，涉及生长迟缓、多发畸形、智力障碍和皮纹改变等，故又称为染色体畸变综合征。根据染色体畸变的类型，染色体病可分为染色体数目畸变病和染色体结构畸变病两大类。

（一）染色体数目畸变病

染色体数目畸变是指人体细胞在正常二倍体（$2n$）基础上，发生了染色体整组或整条的增减，其实质是染色体上基因群的数量发生了变化。由于涉及的基因数量多，染色体数目畸变可使细胞的遗传功能受到损害，扰乱基因之间的相互作用和平衡，影响物质代谢的正常过程，进而使机体产生严重的损害。染色体数目畸变病主要分为整倍体畸变病和非整倍体畸变病。

1. 整倍体畸变病

染色体组相比于正常的二倍体数目发生了成倍地增加或减少。整组减少，即形成单倍体（n）；整组增加即形成多倍体（或 $3n$，或 $4n$）。

（1）单倍体　单倍体的染色体数为 n（即 23 条），人类正常的精子和卵子属于单倍体，但单倍体胎儿或新生儿尚未发现，可能此类变化提高了胎儿的死亡率。

（2）多倍体　含有 3 个或 3 个以上的染色体组的细胞或个体。其中三倍体细胞具有 3 个染色体组，每对染色体都增加了 1 条，染色体总数为 $3n$。其核型为 69，XXX；69，XXY；69，XYY 及一些嵌合体，如 46，XX/69，XXX 等。四倍体细胞则含有 4 个染色体组，每对染色体都增加两条，染色体总数为 $4n$。

人类多倍体较为罕见，多在胚胎期死亡，所以常见于妊娠前 3 个月的自发流产胎儿，迄今为止，仅有 10 多例三倍体胎儿活到临产前或出生时，而四倍体胎儿更为罕见。

2. 非整倍体畸变病

单个细胞内染色体数目比二倍体增加或减少 1 条或数条，称非整倍体畸变。比二倍体少了 1 条或多条，称亚二倍体，而多 1 条或数条则称超二倍体，二者统称为非整倍体。主要有以下四种染色体畸变可引起非整倍体畸变病。

（1）单体型　某对染色体减少了 1 条（$2n-1$），细胞内染色体总数为 45 条。由于单体型个体的细胞中缺少了 1 条染色体，这会严重破坏基因间的平衡性，所以该类型的个体一般难以存活，临床上常见的情况有 45，XO；45，XX（XY），-21；45，XX（XY），-22。这些个体绝大多数死于胚胎期，只有极少数存活，但仍表现为较严重的畸形。除上述几种类型外，人类尚未发现其他的单体型。如同 1 号染色体减少 2 条（$2n-2$），即这对染色体不存在，则称为缺体型。人类缺体型还未见报道，意味着这样的胚胎根本不能存活。

（2）三体型　某对染色体增加 1 条（$2n+1$），染色体总数为 47 条。在常染色体中，除 17 号和 19 号染色体未发现三体报道外，其他常染色体均能出现三体型，其中，以 13 号、18 号和21号染色体三体型常见。增加1条额外染色体比减少1条染色体的危害要轻，但是大量基因的增加，破坏了基因间的平衡，同样严重地干扰了胚胎发育的过程。事实上，50%的常染色体三体仅在流产胚胎或胎儿中可见到。除去最小的21号染色体三体外，其他各号染色体的三体型个体很难活到1岁以上，除非是嵌合体。患唐氏综合征的个体部分能活到成年，接近半数的个体在5岁前夭折。

（3）多体型　某对染色体增加2条或2条以上的个体称为多体型。染色体数为48条或48条以上，主要发生于性染色体。

（4）嵌合体　含有2种或2种以上的不同核型细胞系的个体。

（二）染色体结构畸变病

染色体结构畸变（structural aberration）是染色体或染色单体断裂和重接而形成各种类型重组染色体的结果。

二、人类常见遗传病的类型

（一）单基因遗传病

单基因遗传病是指受一对等位基因控制的遗传性疾病。致病基因有的位于常染色体上，有的位于性染色体上，有的致病基因是显性基因，有的致病基因是隐性的。比如软骨发育不全是属于常染色体上的显性遗传病。

（二）多基因遗传病

多基因遗传病是由多对基因控制的人类遗传病，在同世代中的发病率并不像单基因遗传病那样，发病比例是1/2或1/4，而远比这个发病率要低，是1%～10%。多基因遗传病常表现出家族聚集现象，且比较容易受环境因素的影响。目前已经发现的多基因遗传病有100多种，如唇裂、无脑儿、原发性高血压和青少年型糖尿病等。

（三）染色体异常遗传病

如果人的染色体发生异常，也可引起许多遗传性疾病。比如染色体结构发生异常：人的第5号染色体因部分缺失而患病，患病儿童哭声轻，音调高，很像猫叫而取名为猫叫综合征；又比如染色体的非整倍体变异，第21号染色体数目为3条的患者，产生智力低下、身体发育缓慢、外眼角上斜和口常半张的症状，即为唐氏综合征，此患者体细胞为47条染色体，即核型为“47，XY，+21”；又比如女性中，患者缺少一条X染色体，即核型为“45，XO”，会出现性腺发育不良症等。

三、人类严重遗传病的危害

各种严重遗传病的危害程度差异很大，一般可分为以下几类。

（一）致死性严重遗传病

致死性严重遗传病是指这些疾病的患者存活不到生育年龄即死亡。例如，进行性假肥大性肌营养不良（DMD）是X连锁隐性遗传病，4～6岁发病，一般20岁左右死亡；染色体18三体综合征，一般6岁以内死亡，个别患者活到15岁；13三体综合征，一般6个月内死亡，个别患者活到10岁；猫叫综合征（染色体5p缺失）个别活到15岁；黏多糖贮积症Ⅰ型（MPS Ⅰ）2～4岁发病，10岁死亡；黏多糖贮积症Ⅱ型（MPS Ⅱ）2～4岁发病，青春期前死亡；黏多糖贮积症Ⅲ型（MPS Ⅲ）2～4岁发病，20岁前死亡。这些遗传病都是致死性的，存活不到生育年龄即死亡，对整个人群素质影响不大。

（二）迟发性严重遗传病

迟发性严重遗传病患者出生时无异常表现，发育到一定年龄才表现出症状，患者有生育能力，尤其是许多迟发的常染色体显性遗传病，发病年龄间期很长，如慢性进行性舞蹈症（亨廷顿病）发病期为25～60岁；遗传性痉挛性共济失调（Marie型），一般20～40岁发病，少数患者50～60岁才发病；面-肩-肱型肌营养不良发病期从15～60岁；成年型多囊肾一般35～60岁出现症状，迟的到70岁以后才表现出症状。这些疾病的患者未发病以前常结婚生育，传递遗传病基因，对人口先天素质有严重影响，遗传咨询时要特别注意。

（三）不完全外显严重遗传病

不完全外显严重遗传病是某些显性致病基因携带者本人终身不发病，但可以把致病基因传给子代，导致子代发病。例如，视网膜母细胞瘤是不完全外显的常染色体显性遗传病，这种遗传病的携带者，本人不发病，常结婚生育，可以生产患儿。在遗传咨询时，很容易被忽视，要特别注意。

（四）慢性进行性严重遗传病

有许多遗传病表现为慢性进行性，病程发展缓慢，开始时病情较轻，以后逐渐加重。不了解这种严重遗传病的患者，在病情未加重以前正常结婚生育，可能把这种遗传病的致病基因传给子代，使子代患病。例如，肢带型肌营养不良，从发病到丧失活动能力，经过大约20年；少年型脊髓性肌萎缩，一般17岁以后发病；青少年肌阵挛性癫痫，10～20岁起病；视网膜色素变性等，都是致残性遗传病、慢性进行性发展，不宜婚育。

（五）表现度不同的严重遗传病

表现度不同的严重遗传病，如外显不全的常染色体显性遗传病。有些患者症状表现得轻，有些患者症状表现得重。例如，成骨发育不全、马方综合征、α-珠蛋白生成障碍性贫血、β-珠蛋白生成障碍性贫血等。虽然有些患者本人病情表现轻，但所生子女可能为重型患者。

（六）严重遗传病致病基因携带者

严重X连锁隐性遗传病致病基因携带者本人不发病，所生的孩子患此类遗传病或携带致病基因，进行性假肥大性肌营养不良（DMD）是X连锁隐性致死性遗传病，女性携带者，本人不患病，但可能生男性患儿和女性携带者。

四、遗传病的检测与预防

（一）遗传病的检测

1. NIPD检测

传统方法是通过绒毛膜取样或羊膜腔穿刺获得胎儿样本后进行产前诊断。该方法对于孕妇及胎儿是创伤性的，有流产、死胎等风险。妊娠妇女血浆中胎儿游离DNA的发现使无创产前检测筛查胎儿染色体非整倍体成为可能，并已广泛用于胎儿常无创产前诊断检测染色体非整倍体的筛查。随着研究的不断深入，利用孕妇外周血中胎儿游离DNA片段（cell-free fetal DNA，cff DNA）进行无创性产前诊断（non-invasive prenatal diagnosis，NIPD）单基因遗传病的研究也取得一些成果。

（1）PCR技术　实时PCR是通过扩增胎儿样本来诊断单基因遗传病，如Y染色体序列以确定胎儿性别或*RHD*基因确定胎儿RH血型，来诊断单基因遗传病，而不是直接检测基因突变，比如仅在男胎中确诊杜氏肌营养不良（Duchenne muscular dystrophy，DMD），或仅在女胎中确诊先天性肾上腺皮质增生症（congenital adrenal cortical hyperplasia，CAH），这样避免了大约 50%的有创产前诊断。在英国等国家和地区，通过 cff DNA 检测 Y 染色体已经成为严重性连锁遗传病标准产前服务的一部分，2011 年英国遗传监测网批准 3 个实验室开展该技术用于无创产前诊断。

早期一些 NIPD 是应用 PCR-RED 检测基因突变，如与软骨发育不全、致死性软骨发育不良相关的 *FGFR3* 基因突变。其原理是应用限制性内切酶切断包含突变位点的 DNA 序列，再通过琼脂糖凝胶电泳判定结果。该方法准确、快速、费用相对低，但评价结果主观性强，7%～8%无肯定结论，也不适用所有突变。除此之外，该方法 1 次仅能发现 1 个突变，适合检测已知突变。超声结果提示胎儿异常或突变未知，尤其是多种突变引起的异常时，该方法并不适用。

（2）环化单分子扩增和重测序技术（cSMART）　环化单分子扩增和重测序技术（circulating single-molecule amplification and resequencing technology，cSMART）是一种对血浆中游离 DNA 低比例突变进行定性和绝对定量的新型检测技术，可以消除潜在的 PCR 扩增偏倚（即非特异性的扩增），精确量化原始血浆样本中突变等位基因的比例。该方法已经用于无创胎儿单基因遗传病的检测、肿瘤靶向用药及疗效动态监测。有研究者首先应用该技术对 4 个肝豆状核变性（hepatolenticular degeneration）家族的 *ATP7B* 基因突变进行了无创产前诊断，结果与有创产前诊断结果一致。因为该方法只需知道父母的致病性突变，其有望成为各种单基因遗传病 NIPD 的通用策略。

（3）下一代测序技术（NGS）　高通量测序（high-throughput sequencing）[又名二代测序（next-generation sequencing，NGS）] 的出现，尤其是台式测序仪的出现，使无创产前诊断（non-invasive prenatal diagnosis，NIPD）的范围逐渐扩大，从定向扩增选定基因中含有多个已知突变，到遗传分析更为复杂的隐性遗传病、X 连锁遗传病和母源性显性遗传病。和 PCR-RED 技术相比，该方法可以同时分析 *FGFR3* 基因的 29 个已知致病突变，显著提高了检测覆盖度和敏感度，在 2014 年被英国国民健康服务（national health service，NHS）准入临床应用，该方法已有广泛的验证，而检测流程仅需 5 天。

2. 超声辅助检测

随着超声的普及化，孕期行正规的超声筛查能够提升胎儿异常的检出率，减少缺陷儿的出生。胎儿超声结构异常是其染色体异常及复杂综合征的影像表现方式，同时胎儿颈后透明层厚度（nuchal translucency，NT）增厚等软指标异常也是遗传病的重要表现。超声探查到的软指标及结构异常作为孕妇侵入性产前诊断的指征，可以提升胎儿染色体异常的阳性率。

通过妊娠超声异常可检测出相关的遗传病，如面部畸形、神经系统畸形、泌尿系统畸形、心脏大血管畸形、骨骼系统畸形等。胎儿超声异常是产前诊断的重要指征。

（二）遗传病的预防

从当前科学技术发展的水平来看，遗传病多是困扰终生、难于治疗的疾病，有些即使可以治疗，所需的费用也十分昂贵。因此，大力开展遗传病的预防工作，防止遗传病患儿的出生显得尤为重要。预防遗传病的有效手段是开展遗传咨询，遗传咨询不仅能使一个有遗传风险的家庭不再出生遗传病患儿，而且，如果在群体筛查的基础上开展前瞻性咨询，可以更有效地预防遗传病的发生。大规模地开展群体筛查，亦是降低遗传病的重要手段之一。群体筛查是指在个性特定人群中，对某种在群体中发病率高的疾病进行逐个的检查，它又可分为对患者的筛查和对携带者的筛查，如我国一些省、市对新生儿苯丙酮尿症利用 Guthrie 细菌抑制后进行了筛查，结果发现苯丙酮尿症的发病率约为 1/16，对 500 对筛查出的患儿实行饮食控制治疗，就可以防止苯丙酮尿性白痴患儿的出现。此外，遗传学产前诊断也是预防遗传病患儿出生的方法之一，它连同遗传咨询和选择性流产称为“优生学”。在妊娠期的一定阶段，对染色体病、一些先天性畸形、代谢性疾病均可进行产前诊断，对检查出的异常胎儿进行选择性人工流产。当前我国开展的羊水检查、早妊绒毛进行胎儿诊断和B型超声波等，已在降低遗传性疾病和先天畸形胎儿出生率方面起到十分积极的作用。一些常见病和先天畸形属于多基因遗传病，发病率高，因此预防工作尤为重要。首先，要严禁近亲婚配，尤其有多基因遗传病的家族成员间更不能近亲婚配。其次，对于遗传率高、病情严重、家族中发病人数多的多基因遗传病，其家族的正常成员携带较多的致病基因，不能与类似情况的家族成员结婚。如果结婚，妊娠后应尽早进行产前筛查和产前诊断，如果发现胎儿不正常，应选择人工终止妊娠。再次，应从预防环境因素着手，对于环境因素起主要作用的多基因遗传病，如家族中有糖尿病患者的人，应该减少进食含糖量高的食物，不吸烟、少喝酒、适量参加体育运动等，从而降低发病的风险。

本章小结

遗传信息的改变是指遗传物质不因遗传重组而产生的任何可遗传的改变。它包括基因的剂量改变、基因的位置改变和基因碱基组成的改变。发生在染色体水平上的改变是染色体畸变，发生在基因水平上的是基因突变。

基因的剂量改变包括基因组数目、染色体数目和个别基因数目的变化，基因组数目加倍而形成的同源多倍体往往表现增大性；基因组数目加倍而形成的异源多倍体往往表现能育；基因组数目减半而形成的单倍体往往表现弱小甚至不育。增加染色体数目而形成的超倍体有可能改变生物体的表型；减少染色体数目而形成的亚倍体有可能改变表型，导致不育或死亡。个别基因的重复有可能增加生物的适应性，或不同程度地改变表型。个别重要基因的缺失可导致生物体不育或死亡；杂合体的显性基因缺失时可出现假显性现象。

染色体结构改变包括倒位、易位、重复和缺失。倒位和重复在同一条染色体内改变基因之间固有的相邻关系，易位在非同源染色体间改变基因之间固有的相邻关系，它们都有可能引起生物的表型效应。

基因碱基组成的改变方式包括碱基的替换和由于碱基缺失、插入所引起的移码突变。突变的结果可产生不同的情况，错义突变可以导致氨基酸的替换，无义突变可以导致合成提前终止。同义突变不会使氨基酸的序列发生改变。基因突变往往表现为生物形态特征和生化功能的改变。基因突变按照不同的分类标准有不同的名称。从发生的原因可分为自发突变和诱发突变两大类。自发突变的频率极低，人工利用理化因素进行诱变，可以大大提高突变的频率。放射线和许多化学物质既可引起DNA的损伤，也可引起染色体的断裂。其导致诱变的机制不尽相同，可以是碱基类似物的替代，碱基的化学修饰及碱基的插入和缺失等。在原核和真核生物细胞中都存在很多DNA修复系统，从而保证了生物遗传的相对稳定性。然而，修复系统的校正是有限的，超出一定范围就会导致突变。

➤思　考　题

1. 染色体畸变与基因突变有何区别？又有什么联系？
2. 染色体整倍体变异的类型有哪些？
3. 染色体非整倍体变异的类型有哪些？
4. 试述染色体结构变异产生的机制。

5. 试述染色体数目变异是如何产生的。
6. 什么是罗伯逊易位和罗伯逊断裂？
7. 为什么生物体生活在千变万化的复杂环境中，还能保持相对的遗传稳定性？
8. 紫外线诱变的主要原因和诱变后的修复机制是什么？
9. 什么是两性嵌合体？
10. 遗传疾病的检测都有哪些方法？其意义是什么？

编者：黄永震

主要参考文献

白小青，白微，周林双，等. 2020. 111 例早期胚胎停育患者绒毛染色体测序分析[J]. 重庆医学，49（21）：4.
陈梅，李惠娟，李毅. 2020. 胎儿超声检查辅助遗传病产前诊断的研究进展[J]. 泰山医学院学报，41（7）：552-555.
关晶. 2000. 人类染色体数目畸变类型和机理[J]. 生物学通报，（2）：18-19.
贺竹梅. 2011. 现代遗传学教程：从基因到表型的剖析[M]. 2 版. 北京：高等教育出版社.
洪亚辉，朱兆海，黄璜，等. 2003. 菊花组织培养与辐射诱变的研究[J]. 湖南农业大学学报（自然科学版），（6）：457-461.
胡英考. 2011. 细胞遗传学[M]. 北京：中国农业科学院.
黄海泉，江帆，尹风英，等. 2007. 甲基胺草磷诱导蚕豆染色体结构与蛋白质组分变化[J]. 农业环境科学学报，（5）：1806-1811.
李宁. 2011. 动物遗传学[M]. 北京：中国农业出版社.
刘畅，王嘉福，黄世会，等. 2017. 高低产群香猪 X 染色体的结构变异比较分析[J]. 农业生物技术学报，25（7）：1045-1058.
刘庆昌. 2012. 遗传学[M]. 2 版. 北京：科学出版社.
门正明. 1999. 动物遗传学[M]. 2 版. 兰州：兰州大学出版社.
孟智启，徐俊良. 2000. 中国野蚕染色体结构及其变异的研究[J]. 蚕业科学，（1）：5-9.
史云芳，张颖. 2018. 无创产前诊断单基因遗传病的研究进展[J]. 天津医药，46（12）：1347-1351.
孙乃恩，等. 1990. 分子遗传学[M]. 南京：南京大学出版社.
王从磊，庄丽芳，亓增军. 2012. 辐射诱导荆州黑麦染色体 1R 结构变异的研究[J]. 核农学报，26（1）：28-31.
王丽娜，谷景阳，李玉玲，等. 2020. 儿童青少年精神分裂症中 22q11 缺失综合征对精神症状与认知功能的影响[J]. 卫生研究，49（4）：640-644.
吴常信. 2009. 动物遗传学[M]. 北京：高等教育出版社.
徐晋麟，徐沁，陈淳. 2001. 现代遗传学原理[M]. 北京：科学出版社.
由天姿，贾琳琳，贺笛，等. 2010. 喹乙醇对鸡骨髓细胞染色体畸变和微核率的影响[J]. 东北农业大学学报，41（7）：103-107.
袁智敏. 2002. 人类染色体数目畸变类型及其产生机理[J]. 山西职工医学院学报，（4）：2-3.
朱来晴，汪珣，孙国海，等. 2021. 不同 Y 染色体微缺失类型对生精功能的影响研究[J]. 中华男科学杂志，27（6）：517-521.
Evans H J. 1988. Mutation cytogenetics：past，present and future[J]. Mutation Research/Genetic Toxicology，204（3）：355-363.
Li L，Xia J H，Dai H P，et al. 1986. Chromosome analyses of 2，319 cases in genetic counseling clinic[J].Chin Med J，99（7）：527-534.
Maftah A，Petit J M，Julien R. 2011. Mini Manuel de Biologie Moléculaire[M]. 2nd ed. Paris：Dunod.
Mohr O L. 1919. Character changes caused by mutation of an entire region of a chromosome in Drosophila[J]. Genetics，4（3）：275-282.
Muller H J. 1936. Bar duplication[J]. Science，83（2161）：528-530.
Petit J M，adapté par Arico S. 2013. Mini Manuel de Génétique 3ème édition[M]. Paris：Dunod.
Read A J，Strachan T . 2004. Human Molecular Genetics[M]. 3rd ed. New York：Garland Science.
Wilfried J，Elisabeth K. 2008. Genetik：Allgemeine Genetik-Molekulare Genetik-Entwicklungsgenetik[M]. 2nd ed. Auflage. Stuttgart：Georg Thieme Verlag.
Wolfgang H，Jochen G. 2010. Genetik（Springer Lehrbuch）[M]. 5th ed. Heidelberg：Springer.

第九章　染色体工程与育种

染色体变异在自然界中发生频率很低。为了增加变异的频率，可以利用各种物理（如射线、超声波、高温等）方法和化学方法（如秋水仙碱诱导等）人工诱发染色体变异，这样得到的诱发频率要高出自然突变频率的几百倍甚至几千倍。于是出现了染色体工程（chromosome engineering）这门技术。染色体工程这一术语最早是由 C. M. Rick 和 G. S. Khush 在 1966 年论述番茄单体、三体和缺体时首先提出的。

广义的染色体工程包括染色体组工程和染色体工程两个方面。染色体组工程是对物种染色体组的操作，如单倍体育种、多倍体育种及雌雄核发育等。染色体工程是对染色体个体的操作，包括染色体的分离、微切割，人工染色体的构建，个别染色体的削减、添加和置换，将外源染色体片段移植插入受体染色体中创造异源易位系及其他染色体结构变异的诱发等。

当前染色体组工程和染色体工程主要还是通过常规遗传学和生物学方法，即通过杂交、回交、染色体加倍、组织培养、理化因子诱导等方法来实现。染色体工程不仅是新的种质资源培育的重要途径，也是基因定位和染色体转移等基础研究的有效手段。

第一节　单倍体育种

一、单倍体育种的概念

单倍体（haploid）是细胞中含有正常体细胞一半染色体数，即具有配子染色体数目（n）的个体。单倍体通过加倍可以在一个世代内得到在遗传上 100%纯合的双单倍体（doubled haploid，DH）。

单倍体育种（haploid breeding）即通过各种有效方法产生单倍体后，进行染色体人工或自然加倍得到纯合可育的双单倍体的育种方法。双单倍体可直接作为亲本用于杂交育种，在遗传育种中可以极大地加快育种进程。近年来，单倍体育种技术已经被越来越多的商业育种公司和研究机构采用，成为遗传育种中的研究热点之一。

二、获得单倍体的途径

单倍体的获得是单倍体育种的基础条件。单倍体可通过自然发生和人工诱导两种方法获得。由于单倍体自然发生的频率很低，无法满足育种的需求，因此人工诱导成为主要的手段。人工诱导依据诱导方式分为体外诱导和体内诱导。体外诱导进一步分为雄配子体离体培养和雌配子体离体培养。雄配子体离体培养包括花药培养和小孢子培养，雌配子体离体培养包括胚珠培养和胚囊培养。体内诱导分为远缘杂交诱导、花粉诱导、诱导系诱导和沉默着丝粒特异性组蛋白 CENH3 编码基因诱导。

（一）体外诱导单倍体技术

1. 雄配子体离体培养

雄配子体离体培养是植物中诱导产生单倍体的传统方法，包括花药培养和花粉培养。

（1）花药培养　花药培养是把发育到一定阶段的花药接种到培养基上，以改变药囊内的花粉原有的向配子体方向发育的程序，促使花粉向孢子体的方向发育，形成体细胞胚或愈伤组织，最后形成单倍体植株的过程。据不完全统计，目前花药培养已在 200 多种高等植物中获得成功，通过花药培养成功获得单倍体植株最多的是茄科植物，其次是十字花科、禾本科和百合科。首先，在花药培养中，花粉发育时期的不同会影响花粉胚或花粉愈伤组织形成率的高低，对于培养的成功与否至关重要。对于大多数植物来说，单核中晚期到双核早期较为适宜。首先，双核期的花粉中开始积累淀粉，不利于花粉发育成植株。其次，供试材料的生理状态及其栽培条件也有一定的影响。从大多成功报道来看，在多年生植物中，幼龄植株比老龄植株的花药诱导率高。草本植物生长健壮且处于生殖生长高峰期的花药诱导率高，而徒长或营养不良的植株花粉培养则难以成功。与在温室盆栽条件下生长的供体植株相比，田间自然条件下生长植株花药诱导率更高。此外，不同植物种类及同一物种的不同品种对花药培养反应也不一样。例如，烟草花药是较容易培养的材料，但‘朗氏烟草’花药培养则很难成功。培养基和培养条件也是影响花药培养的重要因素。一般来说，培养基的使用因植物种类不同而异，但 MS 培养基应用最为普遍。MS、White、Nitsch 和 N6 培养基比较适合于茄属作物，B5 较适合于芸薹属及豆科植物，N6 和马铃薯-2 培养基较适合于禾本科植物。

花药培养由于花药壁和花丝组织的存在，诱导的单倍体可能存在嵌合体现象，为后续单倍体鉴定和染色体加倍带来了困难，进而花粉培养技术逐渐发展起来。

（2）花粉培养　花粉培养又称小孢子培养，是从花药中分离出花粉粒，使其成为分散或游离状态，通过培养使其脱分化进而发育成完整植株的过程。与花药培养相比，花粉培养的优越性在于：①游离小孢子培养消除了小孢子和花药壁、绒毡层细胞之间可能存在的营养竞争现象，可以以更高的频率诱导小孢子胚胎发生；②花粉培养可以排除花药培养中花丝、花药壁等体细胞的干扰，在花药培养中，一些植物如棉花、大豆、油菜、番茄等花丝断口处、花药壁、药隔等体细胞都容易脱分化而产生愈伤组织，这给花粉的脱分化启动造成一定困难，并且还可能造成再生植株倍性混乱，为克服这些问题，进行游离花粉培养是行之有效的方法；③一个花药中的花粉数目是惊人的，因此花粉培养可以大大减少试验材料的用量，提高单位培养基的诱导率，节省人力和物力；④花粉具有单细胞、单倍性和较高的同步性等特点，花粉培养的成功将为后续单倍体鉴定、遗传转化和染色体加倍等研究工作打下良好基础。

培养条件是影响花粉诱导率的重要因素。通过花粉培养产生单倍体的技术关键是适宜培养基的选择和培养条件的控制。与花药培养相似，单核中期至晚期的花粉容易形成花粉胚或愈伤组织。低温预处理可提高花粉诱导率。一般来说，较低的温度处理时间短，较高的温度处理时间长。尽管小孢子培养研究比较晚，但显现出明显优势，已成功应用于小麦、大麦和水稻等重要作物批量获得双单倍体植株。目前，花药和花粉培养植株的方法依然是育种中优先选用的方法。

2. 雌配子体离体培养

雌配子体离体培养又称大孢子发育技术，是指在离体条件下未受精胚囊细胞经过诱导产生单倍体植株的过程，有未授粉子房培养和未受精胚珠培养两种途径，是单倍体育种的重要手段之一。1964 年最先从裸子植物银杏的未受精子房得到单倍体愈伤组织。1976 年首次用大麦未授粉子房培养出单倍体植株。随后在多种植物，如小麦、水稻、向日葵、洋葱、矮牵牛中也取得了成功。影响子房培养效率的因素很多，除材料基因型外，胚囊发育时期也非常关键。大多报道认为，选择成熟胚囊期的子房在外植体的培养中比较容易成功，但由于胚囊的分离和观察较为困难，因此，通常根据胚囊发育与开花习性及形态指标的相关性来确定。另外，子房的接种方式也是不可忽略的因素。由于子房具子房壁，营养物质通透困难，因此子房培养时应采用适宜于营养物质吸收的接种方式。在大麦未授粉的子房培养中，花柄插入培养基的诱导率是子房平放于培养基的 7 倍，证明通过花柄吸收和输导外源物质可提高诱导率。

由于 1 个胚珠中仅含 1 个卵细胞，与单个花药中含有数百个小孢子的花药培养相比较，雌配子体离体培养诱导的单倍体频率和再生植株的数量远低于雄配子体离体培养。但是，对于具有孤雄生殖障碍、花粉缺陷或雄配子体诱导产生白化苗的物种或基因型而言，通过雌配子培养诱导单倍体是有效的途径。总体而言，雌核培养产生的单倍体遗传较为稳定、白化苗率较低。目前，利用此技术已经成功地从多种植物中获得了单倍体植株，被广泛应用于育种实践和遗传研究。

（二）体内诱导单倍体技术

1. 远缘杂交诱导

远缘杂交（distant hybridization）诱导包括属间杂交（intergeneric hybridization）和种间杂交（interspecific hybridization），在植物中利用远缘物种进行授粉，除多数形成正常的杂合后代以外，某些杂交会造成单亲本基因组染色体消失并诱导产生单倍体（图 9-1A）。这种现象最早是在栽培大麦（*Hordeum vulgare*，$2n = 2x = 14$）和球茎大麦（*H. bulbosum*，$2n = 2x = 14$）的杂交中发现的。球茎大麦是大麦属（*Hordeum*）中的一种多年生野生大麦，有二倍体（$2x = 14$）和四倍体（$4x = 28$）两种倍性类型。通过栽培大麦和球茎大麦的种间杂交，合子胚中球茎大麦染色体组消失而获得栽培大麦单倍体的方法，被称为球茎大麦法（bulbosum method）。栽培大麦和球茎大麦的合子胚中，无论球茎大麦作父本还是母本，都是球茎大麦的染色体组消失。但不是所有球茎大麦与栽培大麦杂交球茎大麦的染色体都消失，绝大部分二倍体球茎大麦与二倍体栽培大麦的杂交合子中球茎大麦的染色体组消失，极少数二倍体球茎大麦和所有四倍体球茎大麦与二倍体栽培大麦杂交合子中球茎大麦的染色体组不消失。利用球茎大麦法也可以诱导普

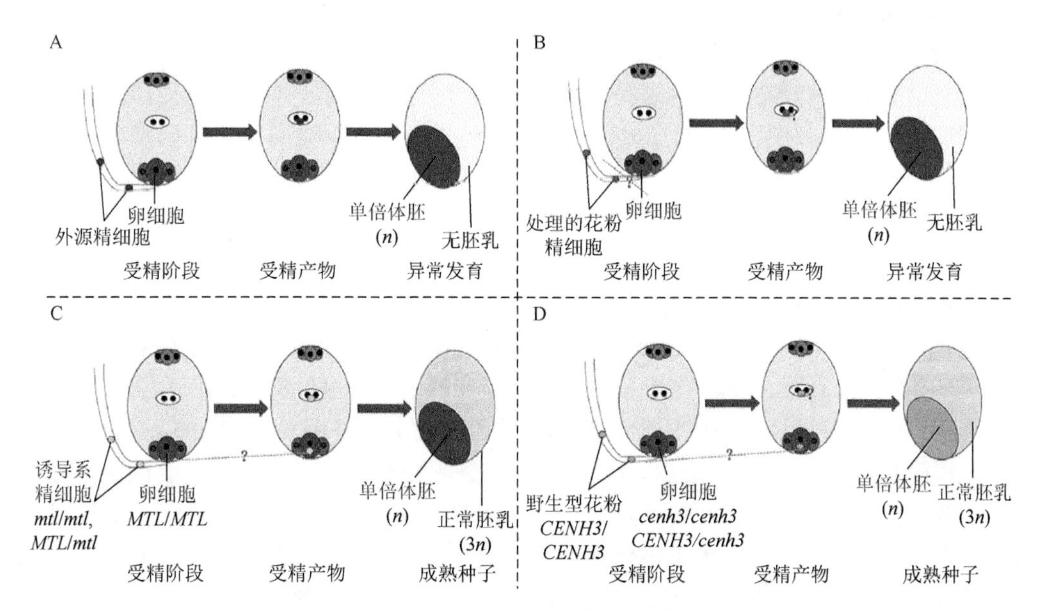

图 9-1　体内诱导植株单倍体 4 种方法示意图（陈海强等，2020）

A. 远缘杂交诱导；B. 花粉诱导；C. 诱导系诱导（*MTL*）；D. 沉默着丝粒特异性组蛋白 CENH3 编码基因诱导

通小麦产生单倍体，但效果不如诱导大麦好。以小麦作母本与玉米远缘杂交，在合子发育过程中杂种胚内的玉米染色体会出现染色体消失现象，具体表现为细胞分裂后期玉米染色体不与纺锤丝相连而出现染色体滞后，这些滞后的染色体以微核的形式逐渐被排出体外，最终形成小麦的单倍体。玉米花粉不但可以诱导小麦产生单倍体，也能够诱导黑麦和燕麦等禾谷类作物产生单倍体。此外，鸭茅状磨擦禾（*Tripsacum dactyloides*，$2n = 4x = 72$）、高粱（*Sorghum bicolor*）和珍珠粟［*Pennisetum americarum*（L.）Leeke.］等植物的花粉也可以诱导小麦单倍体植株。远源杂交一般会导致胚乳败育，所以一般需要对产生的胚进行培养才能获得单倍体植株。

目前，绝大多数关于染色体消减的研究发现，单亲染色体的丢失是以微核的形式完成的，但是染色体是如何消减的却仍不清楚，主要有下面几种假设：①有丝分裂主要过程的时间差异性导致了细胞周期的不同步；②核蛋白合成的不同步导致受阻碍的染色体丢失；③多极纺锤丝的形成；④细胞分裂间期双亲基因组的空间分离和芽殖；⑤宿主特异的核酸酶降解外源染色质；⑥细胞分裂后期单亲染色体不分离；⑦亲本特异的着丝粒失活等。

2. 花粉诱导

花粉诱导法是通过在授粉前采用物理（辐射和高温）或化学（甲苯胺蓝）方法处理花粉，甚至通过延迟授粉时间等方法，致使花粉中遗传物质损伤进而诱导单倍体的产生。这些经过处理的花粉不能与胚珠内卵细胞正常受精，但能刺激卵细胞形成单倍体胚胎（图 9-1B），从而获得母系单倍体种子和植株。该技术已成功应用于小麦、玉米、烟草（*Nicotiana tabacum*）等重要作物的单倍体诱导。例如，利用 X 射线照射处理减数分裂时期的一粒小麦（*Triticum monococcum*）植株，获得了单倍体籽粒，诱导率为 0.5%；对玉米花粉进行 3 个不同温度（40℃、45℃和 50℃）的热击处理，发现 50℃热击处理下单倍体诱导率达 1.5%。通过对一粒小麦延迟授粉时间，单倍体植株诱导率提高，在延迟授粉 9 天后处理，单倍体诱导率达 37.5%。花粉诱导法最关键的环节在于对花粉的处理，其中，使用辐射处理的剂量需要适中，剂量偏低花粉生殖核部分受损，但能与卵细胞结合产生杂交种，剂量偏高胚胎形成率降低但多为单倍体，延迟授粉时间要根据不同物种开花规律掌握。

3. 诱导系诱导

使用诱导系杂交来诱导孤雌生殖是形成单倍体的主要方法之一。植物以孤雌生殖诱导系作父本，与母本基础材料杂交，便能形成由母本卵细胞发育成的只含有母本基因型的单倍体植株（图 9-1C）。基于诱导系的方法十分高效，对基因型依赖较小，并且具有操作方便和成本较低的优点。目前，玉米、小麦、大麦、烟草等作物中的自然存在的单倍体诱导体系已经获得了广泛的应用。

诱导系诱导是目前玉米产生单倍体的主要方式。第一个玉米孤雌生殖诱导系是 Coe 在 1959 年发现的，其命名为 Stock6，Stock6 作为父本可诱导母本产生 2.0%～3.0%的单倍体种子。随后国内外的育种家利用 Stock6 培育了多个效率更高的玉米单倍体诱导系，诱导率可达 8.0%～16.0%。研究表明，玉米诱导系中诱导玉米单倍体主要由关键基因 *MTL*/*ZmPLA1*/*NLD* 控制，其编码一个精子特异性磷脂酶 A 蛋白，该基因的突变是玉米单倍化产生的主要因子。最近，另外一个单倍体诱导基因 *ZmDMP* 被克隆，发现 *ZmDMP* 基因单碱基突变体单倍体诱导率提高了 2～3 倍，完全敲除 *ZmDMP* 基因单倍体诱导率提高 5～6 倍。尤其同时编辑 *ZmMTL* 和 *ZmDMP* 基因显著提高了单倍体诱导率。通过 CRISPR/Cas9 技术编辑玉米、水稻和小麦中的 *MTL* 基因，相继建立了这些作物的单倍体诱导体系。同时，可以克隆双子叶植物中的 *MTL* 基因，通过 CRISPR/Cas9 技术编辑这些植物中的 *MTL* 基因，获得单倍体植株。

目前对 Stock6 来源的玉米单倍体诱导系的作用机制还不清楚，主要有两种假说：第一种认为精子没有与卵细胞受精，而只是和极核受精了，所以形成了单倍体的胚和三倍体的胚乳；另外一种假说认为发生了双受精，但在胚发育过程中诱导系来源的染色体慢慢降解了，所以最终形成了单倍体的胚。将含有 B 染色体的诱导系与常规材料杂交后，在胚中依然可以观察到 B 染色体，且在大约一周内全部消失，这说明 Stock6 诱导系的精子确实是与常规材料的卵细胞受精后，才逐渐消除 DNA 并形成单倍体。另一个报道也确认了在单倍体诱导中双受精的发生，并且暗示染色体消除是单倍体诱导的直接原因。

4. 沉默着丝粒特异性组蛋白 CENH3 编码基因诱导

编码着丝粒特异性组蛋白的基因 *CENH3* 研究是近年来利用诱导系诱导单倍体的另一个研究热点（图 9-1D）。着丝粒是染色体上一个功能比较保守的区域。着丝粒特异组蛋白 CENH3 能够与其他着丝粒蛋白形成复合体共同参与调控着丝粒的组装及与纺锤丝的连接，对确保染色体在有丝分裂与减数分裂过程中正确分离与移动具有重要作用。在拟南芥中，利用修饰过的 *CENH3* 的突变体材料 *CenH3* 与野生型材料进行杂交，在杂交后代中，结合突变蛋白的染色体比野生型染色体分离滞后，不占优势，渐渐地会被排除掉，从而形成了只含野生型 CENH3 着丝粒染色体的单倍体植株。除拟南芥外，研究人员通过改造玉米中 *CENH3* 基因也同样低效率地获得了只包含野生型基因组的单倍体植株。由于 CENH3 在植物中普遍存在且功能较为保守，在更多物种中建立与应用 CENH3 介导的单倍体诱导技术具有一定的可行性。

三、单倍体二倍化及其染色体倍性鉴定

单倍体在植物育种过程中虽然十分重要，但是单倍体育种技术所利用的是双单倍体而非单倍体本身。从单倍体到双单倍体需要经历基因组加倍的过程。染色体的加倍可以自然发生，但是频率较低，不能满足育种的需求。所以，通常使用人工加倍的方法来实现高效大规模的单倍体二倍化。有效的单倍体二倍化方法可以使我们获得更多的纯系材料，而快速简便的鉴定方法可以使我们方便地找出加倍后的植株，提高育种效率。因此，加强单倍体二倍化和染色体倍性鉴定的研究对作物育种有重要意义。

（一）单倍体二倍化

1. 自然加倍

单倍体自然加倍是在自然条件下，依靠自身的遗传调控机制，使单倍型染色体恢复正常二倍体水平，获得育性的途径。大多数单倍体材料的自然加倍结实率很低，一般不超过 10%，有的甚至不发生自然加倍，因此，仅仅依靠单倍体的自然加倍难以满足育种实践需求，必须对其进行人工加倍。

2. 人工加倍

由于单倍体植株不能正常结实，在农业生产上也不能直接应用。因此，除利用无性繁殖的方式保持单倍体植株进行遗传学的研究之外，有必要对单倍体材料进行染色体加倍的处理。对单倍体材料进行加倍的处理方法为：对于培养瓶中的再生小苗，可以用 0.2%～0.4%的秋水仙碱溶液浸泡 24～48 h；对于移栽后的植株，可以用秋水仙碱溶液处理茎尖生长点。此外，利用单倍体植株的组织进行培养诱导愈伤组织的形成，然后用添加秋水仙碱的培养基培养愈伤组织，也可获得染色体加倍的再生植株。虽然秋水仙碱加倍效果较好，但秋水仙碱存在毒性较强、危及人体健康、污染环境、用量较大和价格较高等问题，需要寻找安全、低廉和环境友好型加倍试剂。

研究表明，甲基胺草磷、炔苯酰草胺和氟乐灵等除草剂对单倍体植株具有加倍效果。利用

适宜浓度甲基胺草磷溶液滴心处理三到五叶期源自玉米诱导系诱导的玉米单倍体植株，加倍率为20.0%～30.0%。培养基表面添加不同浓度炔苯酰草胺溶液处理来自玉米花粉诱导的小麦单倍体植株，加倍率为28.6%～100.0%。

此外，利用植物中存在的自然加倍的遗传机制实现对人工诱导单倍体植株的自然加倍，也是一个极具潜力的研究方向。研究表明，小麦单倍体染色体组自然加倍率与未减数配子形成率呈高度正相关，并在四倍体小麦——节节麦的单倍体群体中检测到1个依赖单倍体、影响未减数配子形成的主效QTL位点*QTug.sau-3B*，该位点可能位于*Ttam.3B*基因区域，进一步发现*Ttam*基因的低表达可能促进小麦单倍体中高频率未减数配子发生。所以，利用基因编辑技术沉默小麦中的*Ttam*基因可能会提高单倍体植株自然加倍频率。

（二）染色体倍性鉴定

1. 形态学鉴定

形态学鉴定是最简单直观的鉴定方法。不同倍性植株早期幼苗在形态和大小上会有比较明显的差别。单倍体植株通常表现出植株矮小、茎秆纤细、生活力较弱、叶片短小、叶色浅等特征。而双单倍体与二倍体相似，表现为正常特征。形态鉴定方法的优点是简便快速、成本低、实用性强，但不完全可靠。同时，形态特征的表现也经常受到环境条件的影响。

2. 染色体计数法

染色体计数法是确定染色体倍性最基本，也是最准确可靠的鉴定方法，通常使用根尖或其他分生组织（如茎尖或卷须）进行染色体计数。但该方法操作过程比较烦琐，工作量大，一般用于经过形态学初步鉴定为单倍体的材料，或者是少数珍贵材料的鉴定。

3. 流式细胞分析法

流式细胞分析法是通过流式细胞仪测定细胞核内DNA的含量进而确定细胞倍性的方法。一般以已知倍性的同类试材为对照，确定待测样品的倍性。该方法的特点是快速、简便、准确，特别适合样本量大的倍性检测分析，且不受取材部位及发育时期限制，同时还可以检测出混倍体。

4. 生化标记

生化标记如同工酶也被用于某些植物的单倍体鉴定。由于大多数同工酶的等位基因呈共显性，易于区分杂合和纯合位点。所以如果体细胞起源的植株显示杂合谱带，单倍体起源的纯合植株则显示一条谱带。常用于纯合性鉴定的有酯酶（EST）、乳酸脱氨酶（LDH）、磷酸葡萄糖异构酶（PGI）、超氧化物歧化酶（SOD）、苹果酸酶（ME）、过氧化物酶（POD）等。

5. 分子标记

随着分子标记技术的发展，其在倍性鉴定中也发挥了重要的作用。共显性标记SSR已经在玉米、小麦、苹果、黄瓜、甜瓜等多种植物上用于鉴定单倍体和双单倍体。单一的分子标记都有一定的局限性，无法揭示足够的遗传信息，因此需要几种分子标记技术的结合，才能对再生植株的倍性进行全面准确的分析。

此外，可根据气孔大小及叶绿体数目来鉴定植株倍性。多数研究表明，保卫细胞叶绿体数和植株倍性呈正相关，且不同倍性间差异明显。用气孔保卫细胞叶绿体计数测定染色体倍性的方法适用于多种作物，而且该方法简便、快速，精确度也较高。

四、单倍体育种的意义

单倍体植物不结种子，它本身是没有利用价值的，但是单倍体加倍以后可以成为纯合二倍体，也就是纯种，这在育种上就很有价值了。单倍体在育种上的优越性具体表现在以下几方面。

1. 缩短育种所需年限

在常规杂交育种中，由于杂种后代各种性状的不断分离，要育成一个遗传稳定的新品种一般需要8～10年的时间。而应用单倍体育种技术，通过人工方法使单倍体的染色体加倍以后就可以获得纯合二倍体，选择性状好的植株，便可鉴定繁殖选育品种。因此，可以大大地缩短育种所需年限，也由此可以大大减少田间试验所需的土地和劳力。

2. 提高选择效率

常规杂交后代会出现基因的分离和重组，除产生一部分纯合基因型的个体之外，更多的是产生出杂合基因型的个体，这给后代的选择带来了很大的困难。而杂交一代如果进行花药或未授粉子房的培养得到单倍体，加倍后的后代基因型都是纯合的，减少了大量的杂合基因型，这样就可以提高优良基因型的选择效率。

3. 可提供转基因操作的理想材料

单倍体细胞是进行转基因操作的理想材料，导入的基因经过染色体加倍后将成为一对纯合的等位基因，可以更加稳定地遗传，解决了以二倍体细胞作为外源基因受体时常常出现的遗传不稳定的问题。

4. 可使特定性别植物扩群或繁殖

有些植物是雌雄异株，雄株的生产能力比雌株高。雄株的性染色体组成是XY，正常的有性后代中一半是雄株，一半是雌株。由雄株花粉培养可以得到X型和Y型单倍体，加倍后得到XX雌株和YY超雄株。用不同品种的超雄株和雌株杂交制种，不仅可以得到全部都是雄株的F_1代，而且可以同时获得杂种优势，从而达到提高产量的目的。

五、单倍体育种的成就

随着单倍体诱导技术和染色体加倍方法不断完善，单倍体育种技术已经用于多种作物的改良，包括大麦、小麦、油菜、水稻、玉米和烟草等。在许多研究机构和商业育种公司，单倍体育种已经成为很多作物育种的首选方法。欧洲目前种植的大麦品种中约50.0%是通过双单倍体技术选育出来的。法国、加拿大等育成了一批高产优质的小麦新品种，并在欧洲和中东地区得到推广。20世纪80年代以来，中国科学家利用花培技术培育了一批水稻和小麦新品种。利用小麦-玉米杂交技术培育了高产、节水、抗条锈病和白粉病的小麦新品种。

六、自然界的单倍体动物

单倍体在动物中比较少见，而且一般很难存活。在果蝇中出现的一些单倍体个体，生活力大大降低。在蛙、小鼠和鸡中出现的单倍体，生理上很不正常，在胚胎发育过程中即死亡。但是在一些存在世代交替的动物中比较常见单倍体，如腔肠动物的水母体。此外，还存在于一些群体生活的昆虫中，如雄蜂、雄蚁、夏季孤雌生殖的蚜虫中等。

第二节　多倍体育种

一、多倍体育种的概念和种类

多倍体（polyploid）是指体细胞中含有三个或三个以上染色体组的个体。多倍体育种

（polyploid breeding）就是利用人工的手段诱发作物，使其染色体数目加倍，以所产生的遗传效益为根据，来选育符合人们需要的优良品种的育种技术。

二、人工诱导多倍体的技术方法

虽然高等植物中多倍体现象相当普遍，但这些多倍体的形成过程却基本相似，主要通过两条途径产生多倍体。其一是原种或杂种所形成的未减数配子的受精结合，使染色体数加倍；其二是通过各种方法使原种或杂种的合子染色体数加倍。在自然界中，自发形成的多倍体往往是通过第一条途径产生的，而人为创造多倍体则以第二条途径实现。人工诱导染色体数加倍的方法有生物方法、物理方法和化学试剂诱导法。其中物理方法主要用于多倍体育种的初期，现已不常用；生物方法是随着组织培养技术发展起来的新技术，尚不成熟。这两种方法由于加倍的效率低而很少使用。目前最普遍采用的方法是化学试剂诱导法，其中秋水仙碱是至今发现的最有效、使用最为广泛的染色体加倍诱导剂。下面对三种类型的方法作简单介绍。

（一）生物方法

生物方法主要包括利用胚乳培养、体细胞融合和利用 $2n$ 配子诱导多倍体等。

1. 利用胚乳培养

被子植物中，胚乳是天然的三倍体组织，含有双亲的遗传物质，其中两份母本遗传物质，一份父本遗传物质。由于胚乳同样具有一般细胞的全能性，通过胚乳培养获得三倍体植株为培养无籽或少籽果实开创了新途径。早在 20 世纪 30 年代，科学家就开展了胚乳培养研究。但由于技术上的原因，一直未取得实质性的进展，直至 1973 年印度学者 Srivastava 首次利用大戟科的罗氏假黄杨（*Putranjiva roxburghii*）的成熟胚乳培养获得三倍体再生植株并进行了移栽。然而，目前胚乳培养在生产上应用得还很少，其难点在于胚乳是程序性退化组织，分化难度较大。此外，胚乳愈伤组织在继代培养中染色体数目不稳定，其再生植株多为非整倍体、混倍体。例如，苹果（$2n = 34$）胚乳植株染色体数的分布范围是 29～56 条，其中多数是 37～56 条，真正三倍体细胞只占 2%～3%。枸杞、梨、玉米和大麦等胚乳植株的染色体数也不稳定，同一植株往往是不同倍性细胞的嵌合体。然而，也有不少植物的胚乳细胞在培养中表现出了倍性的相对稳定性，并且能长期保持器官分化能力。属于这一类植物的如罗氏核实木、檀木、核桃、橙和柚等。

2. 体细胞融合

细胞融合又称原生质融合，是用纤维素酶和果胶酶处理植物细胞，得到大量无壁的原生质体，通过化学或物理学方法诱导种内、种间或属间的原生质体融合成细胞，经培养产生愈伤组织，再诱导分化成再生植株。细胞融合法可以克服远缘杂交遇到的生殖障碍，获得有价值的异源多倍体和同源多倍体植株。原生质体的融合方法有化学融合、电融合和 PEG 融合法。

3. 利用 $2n$ 配子诱导多倍体

在自然条件下，很多植物都能够产生未减数的 $2n$ 配子（与体细胞的染色体数目相同的花粉或卵细胞），这些未减数的花粉粒比已减数的正常花粉粒大，可在显微镜下挑选出来，给正常二倍体植株授粉，得到三倍体。应用 $2n$ 配子能够有效地提高杂交后代的倍性水平，已经在马铃薯、果树、牧草等作物上做了大量的研究。例如，在杨树上，将花粉用 40 μm 的筛子过筛后，大花粉粒的纯度从 4%～9%提高到 40%～50%及以上，用大花粉授粉得到三倍体。

（二）物理方法

常用的物理方法有温度骤变（温度休克法）、机械创伤、电离辐射、非电离辐射、离心、水静压法和高盐高碱法等。

1. 温度休克法

包括冷休克法和热休克法两种方法。温度休克法廉价、易操作，是诱导染色体加倍经常使用的方法，也适合大规模生产使用。相对而言，热休克比冷休克使用得更多。温度休克的原理是极限的温度可以引起细胞内酶构型的变化，不利于酶促反应的进行，导致细胞分裂时形成纺锤丝所需的 ATP 的供应途径受阻，破坏微管的形成，阻止染色体的移动，从而抑制细胞的分裂，达到染色体加倍的目的。

目前，对鱼类使用温度休克法诱导三倍体的报道较多。一般来说，冷水性鱼类应用热休克法效果好，而温水性鱼类用冷休克法效果较好，这可能是增加了刺激强度所致。但这不是绝对的，如鲤鱼和香鱼三倍体的诱导用冷、热休克法均可获得令人满意的结果。在植物中的研究发现，用高温处理玉米正在发育的胚，可以得到同源四倍体植株，频率为 2%～5%。将枸杞未授粉的子房置于 0～4℃低温下培养 48 h 后，得到了四倍体植株和非整倍体植株。将桃、李的花枝在减数分裂前期Ⅰ时进行 32℃、12 h 热激处理，获得了 20%左右的 2*n* 花粉，比对照 1%高出 19 倍。在中粒种咖啡花粉母细胞减数分裂时期，应用骤变低温（8～10℃）直接处理花器官，可获得大量二倍性花粉粒。此外，变温处理、反昼夜生长、干旱处理等也均有诱导产生 2*n* 配子的报道。

2. 水静压法

利用水静压设备（液压机等）对受精卵施加一定的压力（如 65 kg/cm^2），其机制主要是抑制微丝和微管的形成，终止染色体的移动，阻止极体的排出或有丝分裂的进行，从而达到染色体加倍的目的。这种方法具有诱导率高（一般在 90%～100%）、处理时间短（3～5 min）、对受精卵损伤小、成活率高等优点，但需要整套的水静压设备，比用温度休克法及药物处理更加复杂，且水静压处理不当还可能使受精卵的结构发生某些物理和化学变化，造成发育受阻。

3. 机械创伤法

植物的组织被切伤、摘心或嫁接后，往往在切口处产生愈伤组织，某些愈伤组织细胞的染色体能自然加倍，因此在愈合处发生的不定芽因染色体加倍而发育成多倍体枝条。例如，番茄用切伤的方法诱导多倍体的成功率较高，单倍体变成二倍体的成功率达到 32%；而二倍体变成四倍体的成功率达到 36%。用反复摘心法和切伤作用一样，也可以产生多倍体。在茄科植物中常见，如把茄属植物的梢端切断，再除去长出的侧芽，从切断部愈伤组织长出的不定芽发育成的枝条，有 10%为四倍体。用种间和属间植株进行嫁接，在接口愈合的地方常常产生多倍体，如用番茄嫁接马铃薯，往往会产生多倍体植株。

（三）化学试剂诱导法

化学试剂诱导法是利用化学试剂来诱发染色体加倍产生多倍体的方法，常用的化学试剂主要有秋水仙碱、氨磺乐灵、氟乐灵、萘乙烷、二甲基亚砜、吲哚乙酸、氧化亚氮等。其中，秋水仙碱是至今发现的最有效、使用最为广泛的染色体加倍诱导剂，下面重点对秋水仙碱诱导多倍体产生的原理和诱导方法作介绍。

秋水仙碱（colchicine）是从百合科植物秋水仙（*Colchicum autumnale*）的种子及器官中提取出来的一种化合物，一般为淡黄色粉末，纯品为极细的针状无色晶体，分子式为 $C_{22}H_{25}NO_6 \cdot 1.5H_2O$，性剧毒，具有麻痹作用，使用时要注意防护。秋水仙碱能特异性地与细胞中的微管蛋白分子结合，从而使正在分裂的细胞中的纺锤丝合成受阻，导致复制后的染色体无法向细胞两极移动，最终形成染色体加倍的核。在一定浓度的范围内，秋水仙碱不会对染色体结构有破坏作用，在遗传性上也很少引起不利变异。处理一定时间的细胞可以在药剂去除后恢复正常分裂，形成染色体加倍的多倍体细胞。秋水仙碱一般配成水溶液，也可选择配成甘油溶液或制成羊毛脂膏、琼脂、凡士林等制剂。由于秋水仙碱不能直接溶于水，配制秋水仙碱水溶液时，可先用少量乙醇或二甲基亚砜等有机溶剂使其溶解，然后再添加蒸馏水至一定浓度备用。利用秋水仙碱诱导植物多倍体时，应重点注意以下几个问题。

1. 处理部位

秋水仙碱对植物的刺激作用只发生在细胞分裂时期，对于那些处于静止状态的细胞没有作用，所以处理用的组织必须是旺盛分生的部分。通常是处理萌动或刚发芽的种子及正在膨大的芽、根尖，幼苗或嫩枝的生长点等。此外，花分生组织也可作为处理对象，诱导配子染色体加倍，再经传粉受精获得多倍体种子。

2. 药剂浓度

秋水仙碱的使用浓度随植物种类、被处理的器官、处理时间和温度等条件的不同而有差别。有效浓度为0.000 6%～2%，一般多为0.1%～1.0%。浓度过低效果不好，浓度过高会引起染色体的多次加倍形成更高的倍数体，甚至发生药害而死亡。

3. 处理时间

处理时间长短对诱变成败有很大影响。时间过短往往只有少数细胞染色体加倍，大多数细胞仍停留在二倍体状态，在细胞分生过程中，四倍体细胞的竞争力弱于二倍体细胞，结果导致诱变失败。但是，如果处理时间过长，又会造成分生组织的染色体加倍再加倍，进而多次加倍而使分生组织停止生长而死亡。

4. 处理温度与湿度

温度条件与细胞分裂有直接的关系，利用秋水仙碱诱导植物多倍体，是要阻止纺锤体的出现，所以一般是处理期间温度要稍低于被诱导物种的最适生长温度，多以20～25℃为宜，喜温类可略高一些（25～30℃），麦类以10℃左右为宜。处理期间的湿度以能保持诱导器官的正常生长为宜，主要是要防止药液的过快蒸发。

5. 处理方式

常用的方法主要有浸渍法、涂抹法、滴液法和培养基内添加秋水仙碱法。

（1）浸渍法　一般采用水溶液，方式有种子浸渍、生长点倒置浸渍、腋芽浸渍等。

（2）涂抹法　将一定浓度的秋水仙碱和一定浓度的羊毛脂膏或者琼脂混合，涂抹在幼苗或枝条的顶端。

（3）滴液法　用于较大植株的顶芽、腋芽处理，可用滴管将秋水仙碱溶液直接滴在幼芽处，为防止溶液流下，也可用脱脂棉球包裹幼芽，再滴上秋水仙碱溶液，使棉花浸湿。此法需定时添加秋水仙碱，以保证溶液透过表皮渗入组织内部。

（4）培养基内添加秋水仙碱法　随着植物组织培养技术的发展，越来越多的植物可以通过组织培养再生植株，这使得秋水仙碱在离体组织水平上诱导细胞内染色体加倍成为一条重要途径。通过组织培养诱导多倍体时，秋水仙碱施加的时段可以有几种不同的选择：①在脱分化培养基中加入秋水仙碱短暂培养后，进入新鲜培养基继代培养；②对愈伤组织施药加倍后，进入继代增殖和分化培养；③对再生芽施药加倍后，再进入生长和生根培养。

三、多倍体倍性鉴定

由于各种处理方法均不能百分之百成功地诱导出多倍体，处理过的群体可能是由多倍体、二倍体甚至是多倍体与二倍体构成的嵌合体等的混合群体，因此需要一个准确的方法来确定染色体的倍性。与单倍体倍性鉴定使用的方法相同，多倍体倍性鉴定也是采用形态学鉴定、染色体计数法、流式细胞分析法、生化标记、分子标记等鉴定方法。

形态学鉴定主要是指根据植株的根、茎、叶、花、果实、种子等形态特征来鉴别。植株器官的巨大性是多倍体的重要形态特征，但肥大的叶片、高大的植株并不一定都是多倍体。花器变大也是大多数物种染色体加倍的显著形态特征之一，当然也有相反的变异，但这种情况一般较少。多倍体果实的大小，不同物种的表现不尽一致。多倍体种子的秕籽多，正常可育种子大幅度减少，作为一种直观性状，也可用于初选多倍体变异体。多倍体的“巨大性”一般不是细胞数量的增加，而是细胞体积的增大。这种体积的增大不仅涉及分生细胞，也涉及分化细胞，是植物遗传性状的变异。因而在多倍体鉴定中，细胞体积的大小可作为初步鉴定的指标之一。观测细胞体积的大小，采用组织切片比较麻烦，一般可徒手剥离叶片表皮，观测气孔保卫细胞的大小，通过简单染色观察统计保卫细胞中叶绿体数量的变化；同时还可以取花药涂片经简单染色或不染色直接观察花粉粒的变化，二倍体花粉可育率高，花粉粒体积小；而多倍体花粉粒不育率高，体积大。

四、多倍体在育种和生产上的应用

1. 通过加倍改善作物经济性状

大多数植物诱导成多倍体以后由于染色体组成倍增长，在形态上一般表现为巨大性，如四倍体的萝卜主根肥大，远远超过最优良的二倍体品种。另外，多倍体植物在果实品质和产量上，都较二倍体优越，如四倍体番茄所含的维生素 C 比二倍体高一倍；三倍体的甜菜比二倍体的含糖量要高，也比较耐寒。但是也有一些作物在直接加倍后某些经济性状可能还不如未加倍的植株，如有结实率低、种子不饱满等缺点。所以，任何新诱变成功的多倍体均是未经筛选的育种原始材料，必须经选择加工才能利用，因此诱变的群体要大，以便于选择。

2. 利用多倍体作桥梁种及创造种质材料

大多数物种人工多倍体的农学利益常常难以预料，在很多情况下，多倍体作为媒介更可能发挥重要作用，而不作为育种的最终产物。通过多倍化使原来不能杂交的物种间接交配，可以实现物种或种群之间的基因流动，也是把野生种中的优良基因转移到栽培种中的有效途径。据报道，烟草、小麦、燕麦、马铃薯和棉花等作物都曾从非栽培的亲缘种中获得过抗病或抗虫基因，即便是数量性状，如棉花纤维品质和牧草的饲料品质也都曾通过诱导多倍性而实现基因转移。用中棉与美洲野生棉杂交和加倍所得到的双二倍体，再与陆地棉杂交所产生的棉花三交种，已在改良陆地棉纤维强度的育种中广泛应用。

3. 可造成少籽和无籽品种

多倍体孢母细胞减数分裂时，染色体联会配对异常，导致后期染色体分离紊乱，配子染色体组成不均衡，产生的配子绝大多数是败育的，正常授粉受精的可能性极小，故形成的果实少籽或无籽。在育种上，常常用将二倍体加倍成多倍体的方法来选育少籽或无籽的品种，以三倍体无籽西瓜最具代表性，三倍体无籽西瓜是由日本学者木原均在 1939～1949 年育成的。是以人工诱导的四倍体为母本，以普通二倍体为父本进行杂交而来的。另外，少籽或无籽的柑橘、葡萄、柿子、番茄、黄瓜、丝瓜等也已选育成功。

4. 利用多倍体技术创造新作物

利用亲缘种属间杂交，F_1 染色体加倍可直接创造新作物。最具代表性的是小黑麦的育成，十字花科的蔬菜作物‘白蓝’（由白菜与甘蓝杂交，用秋水仙碱处理加倍获得）的育成也是一项重要成就；在一些经济及花卉植物中新作物的创造也取得了一定的进展。

五、多倍体育种的成就

对于植物而言，新生的多倍体与其二倍体原种相比，在对不利环境的适应性上经常表现出明显的优势，如对逆境的耐抗性、光合效率等方面均会得到增强。另外，多倍体最普遍的效应是细胞增大，其花和果实等营养器官也显著增大。用于花卉上，可使花器官增大、色彩更鲜艳，同时还能使花期延迟，这些都大大提高了花卉的观赏价值和商业价值。对于果树等，可以延长果实的储存期。因此，自 1937 年布莱克斯利（A. F. Blakeslee）和埃弗里（A. G. Avery）利用秋水仙碱诱发曼陀罗四倍体获得成功以后，掀起了多倍体育种的热潮，国内外许多科技工作者都开展了多倍体的诱导工作。到目前为止，已在玉米、小麦、棉花、甜菜、西瓜、苹果、梨、桃、葡萄、草莓、柑橘、百合、金鱼草等 1000 多种植物上诱导多倍体获得成功。三倍体无籽西瓜是植物多倍体育种典范之一，无籽西瓜的果实由于没有籽、品质好、食用方便、高产、抗病、耐贮存等优点而深受生产者、经营者和消费者欢迎。异源多倍体一个代表性的例子是小黑麦的人工培育，它是由小麦和黑麦两个不同属的物种杂交而成的。小黑麦能抗寒冷、干旱、贫瘠等不良条件，在高寒地区和盐碱地区具有一般小麦不具有的优势，在产量和品质上都优于小麦。

对于动物而言，许多诱导的多倍体动物具有生长快、个体大、产量高、可降低繁殖期死亡率、缩短养殖周期等特点。此外，还可以利用三倍体的不育性培育出不育的群体以控制养殖密度。至今，人工诱导多倍体技术已成为低等经济动物育种的主要技术之一，在甲壳类、贝类、海洋鱼类、淡水鱼类中培育出了多种多倍体动物，取得了明显的经济效益及社会效益，如在美国，三倍体牡蛎已成为牡蛎养殖中的重要组成部分。以我国王子臣教授为首的研究小组开展了鲍多倍体育种研究，目前已在世界上率先实施了鲍三倍体种的规模化生产。

六、多倍体育种的优点与缺点

多倍体育种一方面由于其诱变手续较简单，育出的品种经济价值高，尤其在园艺作物上，利用染色体加倍的剂量效应，增大作物的花朵、果实等营养器官和增强抗逆性，同时园艺作物多数为无性繁殖，不存在需克服低育性的问题，应用前景更广。另一方面也可通过异源多倍体克服远缘杂交的不育性等困难，合成新品种或新物种。所以，近年来，国内外在园艺作物的育种工作中，十分重视多倍体的诱导和选育。

但是多倍体育种在近 30 年的应用过程中，其不足的方面也表现了出来，主要是不育性，尤其同源多倍体植株基本上不育。因此使多倍体育种在以生产种子为目的的粮食作物中的应用受到了极大的限制，而园艺作物主要是以营养器官作为产品，同时又多以无性繁殖的方法为主，所以在园艺作物的育种上，多倍体育种是很有前途和潜力的一项应用技术。

七、自然界的多倍体植物和动物

植物界中天然多倍体普遍存在。苔藓中的多倍体约占苔藓植物总种类的 53%，蕨类植物中的多倍体频率高达 95%，裸子植物中约 38%的种类为多倍体，整个被子植物中约 70%的种是多倍体。一些常见作物，如甘蔗、烟草、花生、小麦、燕麦、陆地棉和海岛棉等都是多倍体。现有栽培的蔬菜中有很多也是多倍体，如马铃薯、甘薯、山药、落葵、韭菜、荠菜、苋菜、茭白、牛蒡、香葱、菊芋、山药、刀豆、苦苣菜等。果树植物中的多倍体也很普遍，如草莓、猕猴桃、香蕉、李子、樱桃、菠萝、柑橘、枣、葡萄、苹果、梨等，都有多倍体类型。其中有些是在一个属内存在着不同倍性的种，如草莓属 $x = 7$，有 $2n = 2x$、$4x$、$6x$、$8x$ 等不同的种。目前全世界经过染色体鉴定的果树有 800 余种，其中多倍体约占鉴定总数的一半。

多倍体动物也广泛存在，如马蛔虫有二倍体、三倍体和四倍体的不同亚种，蜗牛中有四倍体，家蚕、果蝇、蝾螈和蛙等动物中，也有三倍体和四倍体。昆虫中有一种蝴蝶，其二倍体染色体数为 64 条；单性生殖时常为四倍体变种，染色体数为 128 条。家蚕和果蝇中也有四倍体和八倍体的。在蝾螈和蛙等两栖动物中都发现过三倍体和四倍体。最高等的多倍体动物，是一种黄金仓鼠（*Mesocricetus auratus*），其体细胞中有 46 条染色体，它是普通仓鼠（染色体数为 22 条）与花被仓鼠（染色体数为 24 条）的杂交种，经染色体加倍后形成。有趣的是，有时候动物的躯体上会出现染色体倍数不同的情况，如有一种蝌蚪在 28 天时，身体的一边是二倍体，另一边却是三倍体，甚至还有少数是四倍体。有一种蚊蛹消化道竟有数目为 9、18、72 的异常染色体。

第三节　其他染色体变异育种

一、染色体的削减——单体与缺体系统

（一）单体

单体（monosomic）是指正常二体缺少了 1 条染色体的个体，通常用公式 $2n-1$ 表示。自然界中，正常的二倍体植株有时会自发产生一些单体，这样的单体如出现在二倍体植物中一般都不具活力，而且往往是不育的；只是异源多倍体的单体才具有一定的活力和育性。

人工创造单体植株常用种、属间远缘杂交及理化因素诱导，另外也有用非整倍体、回交转育、易位杂合子、组织培养等方法培育单体的报道，但目前看来单倍体×二倍体的杂交法是比较有效的。

以小麦为例，单倍体的染色体组型为 ABD，即 $3x = 21$。这 21 条染色体互相是不同源的，在大孢子母细胞的减数分裂 I 的前期不能配对，从而随机分配到大孢子中去。其中主要是 $n = 21$ 和 $n = 20$ 的大孢子有生活能力，能够发育成雌性生殖细胞，其他大孢子由于染色体缺少过多，生活能力差，难以形成卵细胞。这样，如以单倍体小麦为母本，用正常二倍体小麦的花粉进行杂交时，在杂种植物中可期望获得单体植物。目前，世界上已育成小麦单体系统近百套，除小麦之外，普通烟草、燕麦和棉花中也有了单体系统。

（二）缺体

缺体（nullisomic）是缺失了一对同源染色体的个体，常用公式 $2n-2$ 表示，一般来源于单体的自交，远缘杂交，细胞组织培养过程中有时也会产生缺体植株。目前，普通小麦的 21 对染色体都有了缺体，但它们的活力和育性均较差，图 9-2 为普通小麦品种‘中国春’缺体系统穗部性状特征。与单体一样，缺体也是植物染色体工程中重要的基础材料，可作为创造代换系的材料。

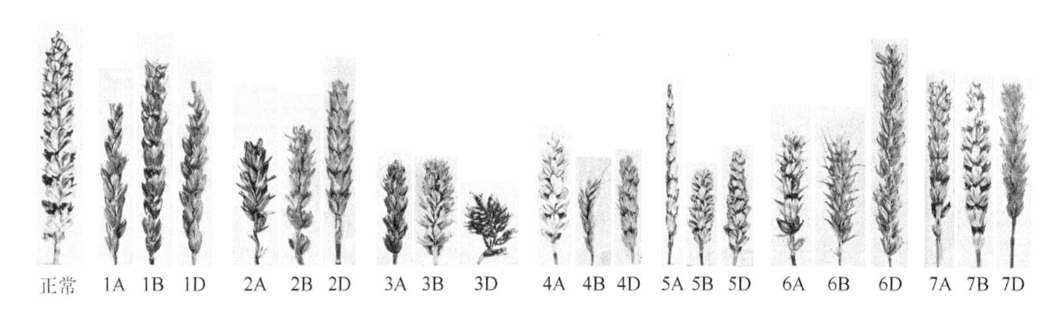

图 9-2　普通小麦品种‘中国春’缺体系统穗部性状（Riley and Lewis，1966）

二、染色体的添加

（一）同种染色体的添加——三体和四体

1. 三体

三体（trisomic）是在物种染色体组中添加了 1 条额外的（同源）染色体，即 $2n+1$。创造三体植物通常首先用同源四倍体植物与二倍体植物杂交，所得三倍体植物再与二倍体回交，从这样的杂种中可以期望得到三体植物。因为在三倍体植物产生的雌配子中应有染色体数为 $n+1$ 的各种类型，它们与二倍体植物的精子（染色体数为 n）受精，产生的合子染色体数则为 $2n+1$，即为三体植物。用这种方法已育成了玉米、大麦、黑麦、水稻、谷子、高粱、番茄、矮牵牛、金鱼草等的三体系列。此外，利用物理和化学因素诱导产生三体，在一些作物上也取得了成效。例如，在小麦中，利用六倍体普通小麦的缺体——四体的辐射花粉与四倍体硬粒小麦杂交、回交的方法，得到了硬粒小麦的全套三体系统。通过对同源四倍体的花药培养也获得了水稻和大白菜的部分三体系。

三体在遗传育种研究中主要用来了解基因与染色体的关系，确定基因所属的连锁群。由于位于三体上的基因与二体上的基因分离比率截然不同，在遗传上就可以利用三体作工具来测定有关基因所属的连锁群。三体也用来研究染色体的重复效应。另外，三体还是四体的主要来源。

2. 四体

四体（tetrasomic）是物种染色体组中某同源染色体为四条的个体，即 $2n+2$。四体的主要产生途径是三体自交。据研究，三体后代中有 0.5%～12.5%（平均为 3.3%）的四体。

四体的表型和相应缺体表现型相似，差异很小，但育性和结实性优于相应缺体。大多数四体系都比较稳定，自交后代一般可产生 80%以上的四体。但也存在恢复为正常二体的倾向，所以需要定期进行细胞学检查。四体是研究基因剂量效应的特殊遗传材料，也是染色体基因定位的有效材料。

（二）异种染色体的添加——异附加系

1. 异附加系及其获得

异附加系（alien addition line）是在物种原染色体组中附加 1 条或 1 对异源种属染色体的种质材料。附加 1 条的为单体异附加系（monosomic addition line，MAL），附加 1 对的为二体异附加系（disomic addition line，DAL）。

单体异附加系遗传稳定性较差。二体异附加系由于附加的为 1 对同源的外源染色体，在减数分裂中可以自行配对，所以较为稳定。在育种中主要是获得二体异附加系，获得单体异附加系后通过自交即可获得二体异附加系。目前培育异附加系的主要方法如下：

（1）常规法　以栽培品种与近缘植物杂交，杂种后代再用栽培种回交一到数次，从回交后代中选择单体异附加系，经自交可选得二体异附加系；也可以从回交后代中直接筛选出二体异附加系。目前的很多异附加系都是通过这种程序获得的，如在小麦中已选育出添加了长穗偃麦草、鹅观草、大赖草、大麦等物种染色体的异附加系；在水稻中已获得栽培稻中添加多种野生稻染色体的单体异附加系；在燕麦中已获得添加一整套玉米染色体的单体异附加系及添加了玉米第1～4号、6号、7号和9号染色体的二体异附加系。图9-3为含有玉米第1号染色体的二体异附加系的植株形态特征（图9-3A）及以荧光素（绿色）标记的玉米基因组DNA为探针对该二体异附加系的基因组原位杂交分析结果（图9-3B）。

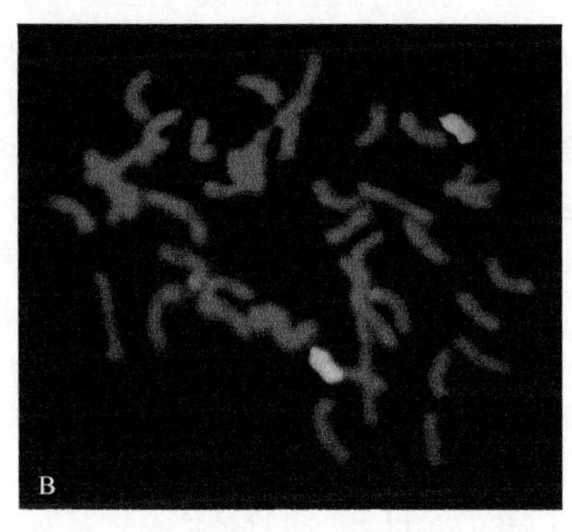

图9-3　燕麦-玉米1号染色体二体异附加系的植株表型（A）与基因组原位杂交分析（B）（Kong et al.，2018）

（2）双二倍体回交法　采用常规远缘杂交和连续回交，可以把外源种的有益基因转移到栽培种中。近缘种间的杂交相对比较容易，远缘种间的杂交则因在杂交过程中出现各种障碍，不能得到杂种或杂种不能继续繁育，严重阻碍了野生近缘物种的利用。远缘杂种高度不育的主要原因是杂种在减数分裂期间不能正常配对，通过使杂种 F_1 加倍，合成双二倍体可有效提高远缘杂交的成功概率。双二倍体含有外源的整套染色体，可以保存近缘物种的有益基因，同时它们还是染色体工程的重要材料，可以作为桥梁材料进一步创制异附加系、异代换系或易位系。例如，Kong等（2018）利用普通小麦-纤毛鹅观草双二倍体和普通小麦‘中国春’的回交自交后代群体，首次获得了一整套（14个）普通小麦-纤毛鹅观草二体异附加系。图9-4为以荧光素标记（绿色）的纤毛鹅观草基因组DNA为探针对含有纤毛鹅观草 $1S^c$ 二体异附加系的基因组原位杂交的分析结果，箭头指示的为纤毛鹅观草的染色体 $1S^c$。

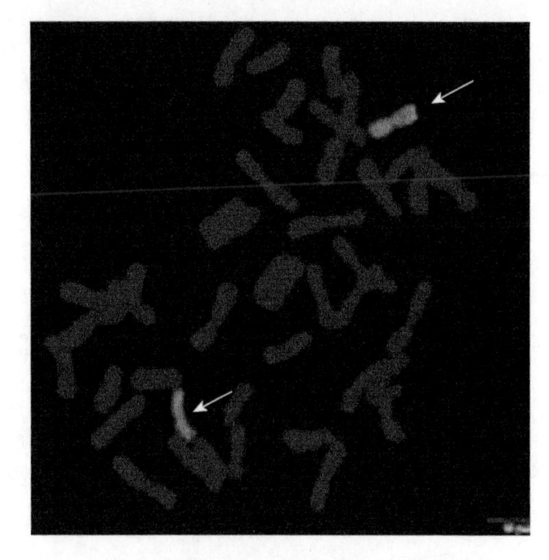

图9-4　普通小麦-纤毛鹅观草 $1S^c$ 二体异附加系的基因组原位杂交分析（Kong et al.，2018）

2. 异附加系的应用

异附加系伴随有不良基因的导入及其稳定性的不足，限制了其在生产上的直接利用。然而，成套异附加系是研究染色体组亲缘关系、物种起源与进化、基因互作和基因表达的重要材料。在育种中，异附加系主要用作选育异代换系和异源易位系的中间材料，有时还可以作为特殊材料在杂种优势利用中发挥作用。

三、染色体的代换

（一）同种染色体代换

如果想把 A 品种的某对染色体换成其他品种的染色体，首先要有 A 品种的单体系统或缺体染色体系统。例如，要把小麦 A 品种的第一对染色体换成 B 品种的第一对染色体时，先以 A 品种的单体-1 作母本与 B 品种杂交。对 F_1 进行细胞学观察，选出单体植株。这种植株的第一对染色体只有一条，并且是来自 B 品种，而其余各对染色体都是一条来自 A 品种，一条来自 B 品种。使这种单体植物自交，在 F_2 中选出 $2n$ 的个体。这种植物的第一对染色体都是 B 品种的，而其余染色体则是 A、B 两品种的基因，在统计学上应各占一半。用这种 F_2 的植株作父本，再与 A 品种的单体-1 杂交，下一代选择单体植株，自交后再选染色体数为 $2n$ 的个体。这样反复与 A 品种的单体-1 杂交，选单体植株，自交再选 $2n$ 个体。在这种循环过程中第一对染色体总是保持 B 品种的，而不会受 A 品种的相同染色体混杂。但其余各对染色体则不同，每循环一次 B 品种的染色体基因就减少一半。经过 10 次循环可把第一对染色体以外的 B 品种染色体基因除掉 99.9%以上。也就是除第一对染色体换成 B 品种外，其他染色体都是 A 品种的。

（二）异代换系

1. 异代换系的创建

异代换系（alien substitution line）是物种染色体组分中 1 条或 1 对染色体被外源染色体置换，置换 1 条染色体叫单体异代换系，置换 1 对染色体叫二体异代换系。异代换系可以在远缘杂交、回交过程中产生，也可以利用单体、缺体、异附加系等基础材料杂交、回交选育。另外，通过异源杂种的组织培养也可获得异代换系。

（1）远缘杂交筛选　通过远缘杂交、回交选育异代换系在许多物种中都有报道。例如，在山羊草、鹅观草、大麦与小麦的远缘杂交后代中都得到了自发代换系。但通过这种方法选育异代换系随机性大、时间长、效率也相对较低。

（2）单、缺体和异附加系杂交法　异代换系也可利用缺体或单体与异附加系杂交后自交的方法产生。由于异代换系通常发生在部分同源染色体之间，因此在遗传学和细胞学上比较稳定，且补偿性较好，但代换系能够在生产上直接利用的还是极少，究其原因除整条外源染色体的转移会不可避免地带入许多不利基因外，还会因为对应染色体的缺失造成了细胞学上的不稳定和遗传学上的不平衡，从而对整体农艺性状带来了较大影响。目前，利用此种方法已获得涉及多个种属的异代换系。例如，Friebe 等（2011）利用普通小麦-拟斯卑尔脱山羊草的二体附加系和普通小麦‘中国春’（CS）的单体系统杂交，在自交后代 F_2 中筛选出一整套拟斯卑尔脱山羊草基因组代替普通小麦 B 基因组的二体异代换系，图 9-5 为该套异代换系的穗型特征。

图 9-5　普通小麦-拟斯卑尔脱山羊草二体异代换系的穗型（Friebe et al.，2011）

（3）缺体回交法　依供体不同分为两种途径。

1）缺体与近缘种属杂交、回交。若缺体和供体容易杂交，应用此法选育异代换系，具有遗传背景变化小、自花结实无单价体变迁、代换定向、速度快、周期短、细胞学工作量小等优点。

2）缺体与双二倍体杂交、回交。如缺体和供体杂交亲和力很差，或者供体的染色体数目多时，借助双二倍体等中间材料与缺体杂交、回交，选育异代换系比较方便。

（4）组织培养法　即通过对远缘杂交 F_1 或 F_2 进行花药培养获得单倍体植株，对单倍体人工加倍后从双单倍体中鉴定筛选异代换系。

2. 异代换系的应用

在异代换系中，外源染色体一般对被代换物种的部分同源染色体具有一定补偿能力，所以异代换系在细胞学和遗传学上都比相应的异附加系要稳定。在研究物种与亲缘种属染色体之间的进化关系、亲缘种属染色体在受体遗传背景下的遗传效应、基因定位、基因互作等方面，异代换系都有特殊的价值；用异代换系培育易位系转移外源基因比用异附加系优越。目前，在一些主要作物上大都已获得了一些不同的异代换系。异代换系随着外源染色体的代入而使受体物种原有遗传系统遭到不同程度的破坏，以及外源染色体常同时带有不利基因等，使得很少能在生产中直接利用。

四、异源易位系

异源易位系是物种染色体与外源染色体之间发生相互易位产生的种质材料。染色体易位可使两个正常的连锁群改变为两个新的连锁群，同时易位还会造成染色体融合，进而导致染色体的变异。

（一）异源易位系的创建

1. 在杂交中自发产生异源易位

具有同源染色体组的杂交时，物种间可交配性一般较好，同源染色体可以良好配对，因而能够比较容易地通过杂交、回交发生交换产生易位。不具有同源染色体组的杂交时，当交配不存在很大困难时，在杂交、回交过程有时会因供体与受体部分同源染色体配对、着丝粒处断裂重新融合时自发产生易位，尽管其频率很低。在杂种不活或杂种不育下，可以利用双二倍体、异附加系、异代换系等中间材料与农艺亲本杂交、回交，一般都会收到理想的成效。

例如，Liu 等（2016）利用普通小麦-拟斯卑尔脱山羊草的异代换系和‘中国春’杂交，从 F_2 群体中筛选到一整套普通小麦-拟斯卑尔脱山羊草的罗伯逊易位系，图 9-6 为部分易位系的 GISH/GAA-FISH 结果，图中来自拟斯卑尔脱山羊草的染色体区域显示为红色荧光，重复序列$(GAA)_9$杂交位点显示为绿色荧光。

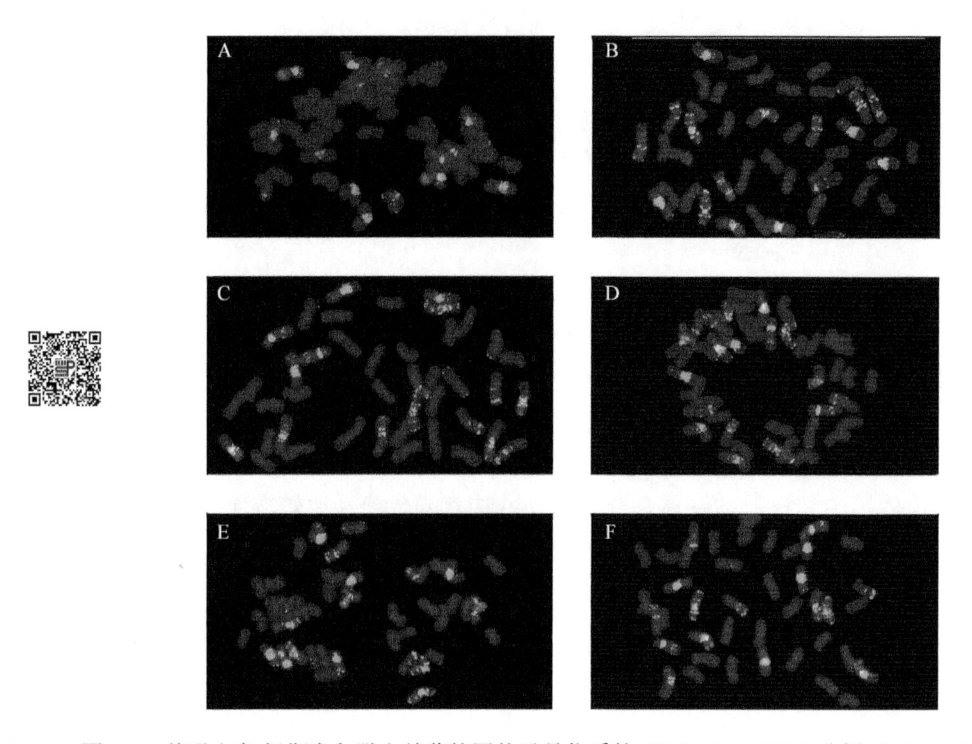

图 9-6　普通小麦-拟斯卑尔脱山羊草的罗伯逊易位系的 GISH/GAA-FISH 分析（Liu et al.，2016）

2. 诱导部分同源染色体配对产生易位

与栽培种具有同源染色体组的物种较少，大部分野生种的染色体组和栽培种仅有部分同源关系。部分同源染色体和栽培种染色体有可能在同源节段配对，也有可能不配对，不配对往往受抑制部分同源配对基因所控制。例如，普通小麦的 3 个基本染色体组 A、B、D 之间具有较高的同源转化关系，但其减数分裂时期配对只发生在完全同源的染色体之间，而在部分同源染色体之间发生配对的概率很小。这是由于 5B 染色体上携带有抑制部分同源染色体配对的基因 *Ph1*，当 *Ph1* 基因一旦缺失或受到抑制时，部分同源染色体之间就会发生配对，从而产生染色体重组。由此可以诱导小麦与近缘物种间部分同源染色体的易位，达到转移外源有益基因的目的。

3. 辐射诱导易位

首先，辐射能使染色体随机断裂，断片常以各种不同的方式进行重接，产生各种染色体结构变异，包括易位，其效率不受目的基因在外源染色体上位置和供、受体（部分同源）染色体配对频率低等因素的影响。其次还有可能在载有目的基因的外源染色体片段插入受体染色体时不丢失任何受体的染色质。利用电离辐射诱导带有目的基因的外源染色体片段转移到栽培种染色体上，被照射的材料可以是带有目标性状的双二倍体或异附加系、异代换系的种子、植株、花粉及与农艺亲本杂交的 F_0 或回交种子。目前通过电离辐射已将小伞山羊草、黑麦、大麦、长穗偃麦草、中间偃麦草、簇毛麦等一系列亲缘植物的抗病基因和其他优良基因成功地导入了普通小麦的染色体。

4. 组织培养诱发易位

植物种属间杂种及其中间材料经过组织培养可以增加亲本染色体间的遗传交换，促进外源基因的转移，在有些情况下有其他方法难以替代的作用。例如，在普通小麦与小黑麦、小偃麦杂种花药培养产生的再生植株中都曾观察到性状和遗传结构的各种变异，包括染色体片段易位。

（二）异源易位系在植物育种中的利用

异源易位系不仅可作为种质资源供遗传和育种研究利用，而且优良的异源易位系还可以直接作为品种供生产使用。例如，目前广泛种植的许多小麦品种为1BL/1RS易位系，在棉花、果树、蔬菜及其他作物上也都有许多著名易位系品种的育成与应用。在杂种优势利用中，某些异源易位系还另具特殊价值。

第四节　雌、雄核发育

一、雌、雄核发育的概念

雌核发育（gynogenesis），俗称假受精，意指精子虽然正常地钻入和激活卵子，但精子的细胞核并未参与卵球的发育，精子的染色体很快消失，胚胎的发育仅在母体遗传的控制下进行的一种发育方式。自然界里一些无脊椎动物和鱼类等都存在雌核发育现象。

人工诱导雌核发育是指用经过紫外线、X射线和γ射线等辐照或用化学药品处理后已失去遗传能力的精子给正常卵子受精，以激活卵子，并在适当时机对这种“受精卵”施以“冷、热休克”等物理或化学药物处理，使其自身染色体加倍而发育成二倍体个体的过程。这种人工诱导雌核发育技术是德国学者赫特维希（Hertwig）在1911年以蛙为材料首先获得成功的，所以也被称为“赫氏效应”。

与雌核发育相反，雄核发育（androgenesis）是与精子结合的卵子失去遗传活性，胚胎的发育仅受父本遗传控制的一种发育方式。还未有自然雄核发育的报道，在鱼类的杂交中可以自发产生极少数的雄核发育个体。雄核发育可以通过人工诱导实现。

人工诱导雄核发育其基本原理类似于人工诱导雌核发育，即将正常精子授给一个已用物理或化学方法处理过且失去遗传能力的卵子，“受精”后再通过温度休克或静水压处理抑制第一次卵裂的发生，由此使单倍体胚胎的染色体加倍而发育成二倍体个体的过程。与人工诱导的雌核发育相比，人工诱导的雄核发育个体生存率更低，相关研究也不甚成熟。

二、人工诱导雌、雄核发育的方法

人工诱导雄核发育过程中，卵子遗传失活，卵细胞的发育只是依靠精子染色体组进行；雌核发育过程中，同源或异源精子也只具有激活卵子发育的作用，并不参与胚胎发育。这样发育起来的胚胎只有一套染色体，不能存活，必须通过染色体操作使单倍体胚胎的染色体加倍才能获得具有生活力的单性发育二倍体个体。因此人工诱导雌、雄核发育包括两个步骤：卵子或精子染色体的遗传失活，以及精子或卵子染色体的二倍化。

（一）卵子或精子染色体的遗传失活

卵子或精子染色体的遗传失活是人工诱导单性发育的关键步骤之一。目前人工诱导雄核发育和雌核发育技术中，失活卵子或精子所采用的方法基本一致：电离辐射（γ射线、X射线）、非电离辐射（紫外线）、化学试剂、杂交诱导等。

1. 电离辐射

电离辐射有很多种，由于电离密度不同，其生物学效应是不同的，考虑到射线来源、设备条件和安全等因素，应用最多的是γ射线和X射线。电离辐射具有较好的穿透能力，主要能诱发染色体的断裂，达到一定剂量后，能够使卵核或精核中的DNA完全被破坏。但应用辐射的方法对卵细胞的遗传物质进行灭活时，往往易使卵细胞质中的某些线粒体DNA、信使RNA及其他结构连同染色体DNA一起被破坏，而这些物质在胚胎发育过程中又是必不可少的。尽管如此还是有不少学者应用电离辐射使卵核或精核遗传失活，并成功地诱发了雄核发育和雌核发育。

2. 非电离辐射

与γ和X射线相比，用紫外线处理卵子或精子要简便、廉价得多，且危险性小。紫外线的诱变机制在于它能够使DNA氢键断裂，同一链上相邻的或双螺旋相对应的两条链上的胸腺嘧啶之间形成胸腺嘧啶二聚体，从而使双螺旋两链间的键减弱，使DNA结构局部变形，从而严重影响DNA的正常复制和转录。它的穿透力较低，因而在诱导雄核发育的过程中可能具有对卵子细胞质成分的损伤降低到最低限的优点。此外，用紫外线使精子遗传失活诱导雌核发育，还有照射后精核染色体碎片少的优点。不同波长的紫外线具有不同程度的破坏力，一般以250～280 nm波长的破坏力最强。这是因为DNA与RNA吸收峰在250 nm处，蛋白质吸收峰在280 nm处。

3. 化学试剂

人工致使卵子或精子遗传失活，除物理方法之外，某些化学药剂也可以达到同样效果。目前已使用的有甲苯胺蓝（toluidine blue）、乙烯脲（ethyleneurea）、二甲基硫酸盐（dimethylsulfate）、吖啶黄（trypaflavine）和噻嗪（thiazine）等。

4. 杂交诱导

种间杂交这一方法在诱导单性发育的研究中也有报道。这可能是因不同种的胚胎细胞分裂节奏不同步造成的。

无论是物理方法、化学方法或生物学方法，都应使卵子或精子的遗传物质完全遭到破坏，同时还要保持较高的受精率和单倍体胚胎获得率。

（二）精子或卵子染色体的二倍化

用遗传失活的卵子或精子与正常的精子或卵子受精所产生的个体是单倍体，会出现一系列遗传缺陷的单倍体综合征，绝大部分不能存活。因此，要获得具有生存能力的单性发育个体，还必须使受精卵染色体二倍体化。

人工诱导雄核发育二倍体和雌核发育二倍体的方法大致相同，主要有物理和化学两种方法。物理方法包括温度休克法、水静压法。化学方法主要是用一些化学诱导剂，如细胞松弛素-B（cytochalasin B）、秋水仙碱、6-二甲基氨基嘌呤（6-DMAP）及咖啡因（caffeine）等。

1. 温度休克法

详见本章第二节内容。

2. 水静压法

详见本章第二节内容。

3. 化学试剂

化学方法主要是利用一些化学诱导剂来干预染色体的分离或细胞分裂，从而达到二倍化的目的。

细胞松弛素-B是一种抑制细胞分裂而不影响染色体复制和分离的真菌类代谢产物。一般认为其抑制胞质分裂的机制是特异性地破坏微丝，使最终导致细胞分离的由微丝构成的“收缩环”解体，通过阻止分裂沟的形成，抑制细胞的分裂，并不影响细胞核的分裂和染色体的分离。细胞松弛素-B在雌核发育人工诱导中应用最广泛，常见的有效使用浓度为0.2～1.0 mg/L。但由于细胞松弛素-B是一种剧毒化学药物，有致癌性，因此经细胞松弛素-B处理后胚胎的畸形率和死亡率也较高，对实验人员也存在一定的危险性。

与细胞松弛素-B相比，6-二甲基氨基嘌呤具有低毒安全、操作简便、价格经济、处理后胚胎发育较正常及存活率较高的优点。6-二甲基氨基嘌呤的主要作用机理是通过对磷酸化激酶的抑制，抑制一系列有磷酸激酶参与的生化反应和细胞功能，从而达到阻止第一极体、第二极体释放或第一次卵裂以使染色体数目加倍的目的。已有的研究表明其有效使用浓度为200～600 μmol/L。

咖啡因的作用效果在于提高细胞内的 Ca^{2+}浓度。由于构成细胞分裂过程中的纺锤丝的微管对细胞内的Ca^{2+}浓度非常敏感，当Ca^{2+}浓度极低时，微量的钙离子就会引起微管二聚体的解聚，导致染色体的分离运动受阻，从而阻止细胞的分裂。常见的有效使用浓度为5～15 mmol/L。

秋水仙碱作为诱导剂其加倍机理在于一定浓度的秋水仙碱会抑制细胞分裂时纺锤体的形成，使复制后的染色体不能拉向两极，细胞不能继续分裂，从而导致染色体加倍。

三、单性发育二倍体的鉴定

由于人工失活卵子或精子的处理并非百分之百成功，因而当单性发育二倍体产生的时候，必须有充分的证据证明卵核在雄核发育或精核在雌核发育中对胚胎确实没有提供遗传物质，这就牵涉到如何鉴定单性发育二倍体与正常受精而产生的杂种二倍体的问题。

1. 形态学鉴定

形态学鉴定就是采用典型的形态特征将单性发育后代同杂交或正常受精个体区别开来。在性状的选择上一般选取肉眼可辨，且差异明显的性状。总体来说利用形态学作为遗传标记比较方便，利于鉴定。

2. 受精细胞学检测法鉴定

受精细胞学检测法是通过4′, 6-二脒基-2-苯基吲哚（4′, 6-diamidino-2-phenylindole，DAPI）染色和荧光显微镜观察，提供一个快速而可靠地证实雌核发育倍性的方法。其观察的主要对象是精核在卵子中的命运。如果精核不与卵核结合，卵子将可能发育成单倍体或雌核发育二倍体。

3. 同工酶鉴定

同工酶可以有效地鉴定单性发育后代。若后代为雄核发育二倍体，则各基因位点均处于纯合状态，而且与父本相同；相反，若后代为雌核发育二倍体，则各主要基因位点与母本相同；若为正常的杂交后代，则各基因位点表现为父母双亲的杂合状态。

4. 染色体分析鉴定

采用染色体计数和染色体组型分析鉴别单性发育是最直接和最准确的方法之一。若细胞中只有一套染色体组，则为单倍体；如果是正常受精发育而来的杂种二倍体，则有来自雌核和雄核的染色体各一套。

5. 分子标记鉴定

由于卵子或精子在灭活过程中，其染色体并非被破坏到单个核苷酸，而是出现染色体断裂或形成胸腺嘧啶二聚体（紫外线失活法），从而影响其正常复制。受精后，雌核或雄核的某些染色体片断或基因可能会重新整合到精子或卵子的染色体中，从而出现具有某些雌性性状的雄核发育个体或者具有某些雄性性状的雌核发育个体。采用 DNA 指纹、RAPD 标记等分子生物学手段可以鉴定雌雄亲本及单性发育个体的 DNA 标记，从而查明单性发育个体遗传物质的来源，是鉴定单性发育后代更为有效和准确的分析方法。

四、人工诱导雌、雄核发育在遗传育种中的意义和应用

1. 有利于纯系的快速建立

纯系对于育种来说是十分重要的，在传统的育种方法中，要建立一个遗传纯系一般要经过连续数代的近亲交配才能完成。这需要长期、大量的工作，不仅费时而且耗费大量资金，对于繁殖周期较长的种类而言难于办到。而人工诱导单性发育能够在短时间内实现纯系培育，因而在育种中具有极高的应用价值。

2. 有利于性别决定机制的判别

雄核发育的后代，其性别决定完全由精子的性染色体控制；雌核发育后代的性别则由卵子的性染色体决定。

对雄性异型的生物而言，其雌核发育后代应该全部是雌性的，雄核发育后代应是雌性（XX）和超雄性（YY）的个体各占一半；对雌性异型的生物来说，其雌核发育的后代应是雄性（ZZ）和超雌性（WW）各占一半，雄核发育后代则全部是雄性的。这样可以通过单性发育后代的雌雄个体出现率来判别该种生物的性别决定机制。

3. 有利于单性种群的利用

由于雌雄个体之间生长速度差异的存在相当普遍。利用单性发育技术培养具有生长优势的单性群体以提高产量就成为可能。

4. 有利于濒危物种保护

由于人类的生产活动及环境的变迁，很多物种多样性急剧下降、数量递减，有些已濒临灭绝的险境。保存现有物种及濒危个体及其配子是解决这一问题的有效方法之一。对于多卵黄的卵子来说，长期保存技术尚未突破。但是精子的超低温长期保存已是一项十分成熟的技术，对濒危动物，通过冷藏精子与灭活的亲缘关系较近的卵子“受精”，可以获得该物种的恢复。因此，冷藏精子和雄核发育技术相结合，将成为物种保护的重要手段之一。

第五节　染色体显微操作技术

一、染色体分离

染色体分离较常采用的是流式细胞分析仪技术。基本原理是：由于染料 Hoechst 33258 只对 A-T 特异性染色，而染料 Chromomycin A3 只对 G-C 特异性染色。染色体上 DNA 的碱基序列是不同的，因此这些特异性染料和不同染色体上 DNA 结合的量和比例是不同的。结合这些染料后，再经激光照射，染色体就会呈现不同的荧光带。将特定染色体发出的荧光波长输入计算机，通过计算机控制就可将发出同一波长的染色体收集在一起，从而实现染色体的分离。具体步骤如下。

（1）细胞分裂同步处理　可以用秋水仙碱处理培养细胞，抑制纺锤丝的形成，使细胞分裂停留在中期。

（2）染色体的荧光色素染色　将细胞温和破碎，用前面提到的DNA特异性染料染色。

（3）染色体分离　把已染色的染色体转移到流式细胞仪上，按照荧光波长进行分类、分离。

二、染色体微切割

染色体微切割（chromosome microdissection）技术就是在显微镜下，主要采用微细玻璃针或激光对特定的染色体或染色体片段进行切割与分离的技术。它是进行特定染色体DNA序列分析、遗传作图、基因定位和目标基因分离的重要技术手段。目前，染色体微切割与微分离最常采用的方法有以下两种。

（1）微细玻璃针切割法（microdissection via fine glass needles）　是采用特细的玻璃针（尖端直径约为0.17 μm）在倒置显微镜下对目的染色体直接切割与分离的方法。该方法是显微切割的主要方法，具有费用低的优点，但存在操作技术难度大、效率不高等缺点。

（2）显微激光切割法（microdissection by laser beam）　是将染色体标本在底部贴有特殊薄膜的培养皿上制作，利用激光共聚焦扫描显微系统，依靠高能量激光照射将目的染色体周围的染色体“烧掉”，接着“烧掉”目的染色体片段以外其他染色体片段，而目标染色体片段却得以保留。虽然该方法对设备条件要求较高，但由于操作容易，能使染色体显微切割逐渐走向简单化而得到许多研究者的青睐。

第六节　人工染色体技术

一、人工染色体的概念

人工染色体是染色体工程的重要研究方向。人工染色体是指利用染色体的关键因子构建或者利用物理、化学或生物途径诱致的小染色体，包含必要的稳定传递的结构元件（着丝粒、复制起点和端粒），可以作为新的载体系统转移和叠加多个外源基因。

目前已成功构建并应用的人工染色体主要有酵母人工染色体（yeast artificial chromosome，YAC）、细菌人工染色体（bacterial artificial chromosome，BAC）、来源于P1的人工染色体（P1-derived artificial chromosome，PAC）、哺乳类人工染色体（mammalian artificial chromosome，MAC）。另外，植物人工染色体（plant artificial chromosome，PAC）的构建也在进行中。

二、人工染色体的类型

（一）酵母人工染色体（YAC）

YAC是由DNA复制起始序列、着丝粒、端粒及酵母选择性标记组成的能自我复制的线性克隆载体，可插入100～1000 kb的外源DNA片段。

1983年，Murray和Szostak在大肠杆菌质粒pBR322中插入酵母的着丝粒、ARS序列及四膜虫核糖体RNA基因rDNA（Tr）末端序列，并转化酵母菌，构建成了第一个人工染色体，称为酵母人工染色体（yeast artificial chromosome，YAC）。在此基础上，Burke等（1987）构建了第一个YAC载体（图9-7），它可插入上千kb的外源DNA，是大片段基因组文库构建、染色体步移或登陆、物理图谱构建和基因组织结构分析等的有力工具。

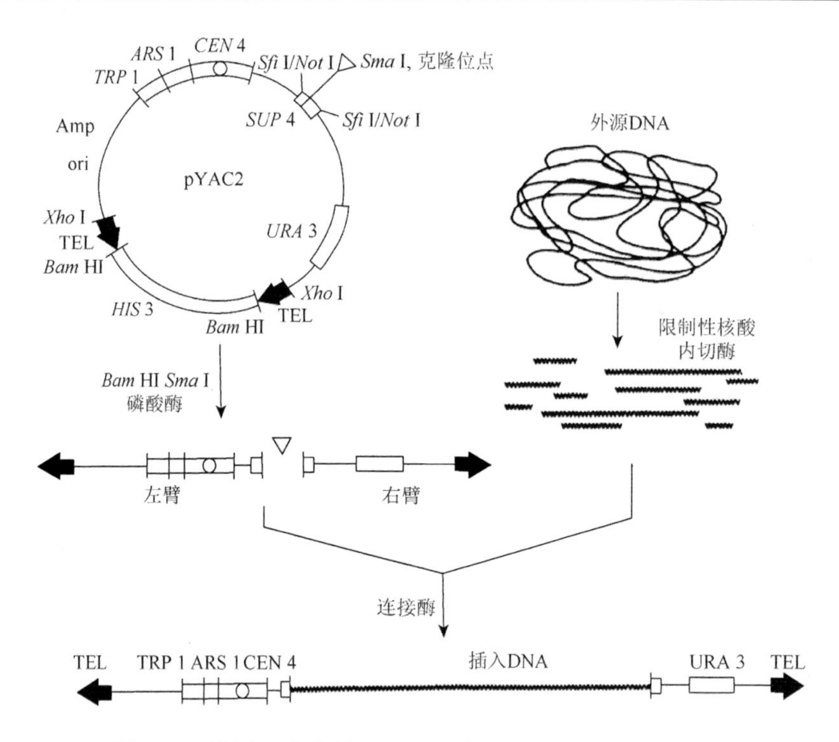

图 9-7　酵母人工染色体（YAC）载体（Burke et al., 1987）

YAC 的优点：可容纳更长的 DNA 片段，因而用不多的克隆就可以包含特定基因组的全部序列，这样可以保持基因组特定序列的完整性，有利于制作物理图谱。

缺点：外源基因容易出现嵌合体，即在一个 YAC 克隆里含有两个本来不相连的独立片段；某些克隆不稳定，在传代培养时可能会缺失或重排其中的片段；此外，由于 YAC 与酵母染色体具有相似的结构，不易与酵母自身染色体相分离，给制备 YAC 克隆带来不便。

（二）细菌人工染色体（BAC）

BAC 是以细菌 F 因子（细菌的性质粒）为基础组建的克隆载体。第一个构建的 BAC 载体 pBAC108L 包含一个氯霉素抗性标记 CM^R，一个严谨型控制的复制子 Ori S，一个易于 DNA 复制的由 ATP 驱动的解旋酶 *Rep*E 及两个确保低拷贝质粒精确分配至子代细胞的基因座 *parA* 和 *parB*（图 9-8），它可以插入达 300 kb 左右的 DNA 片段（Shizuya et al., 1992）。但 pBAC108L 上无重组子选择的标记，重组子的选择必须进行杂交验证。为此，Kim 等（1996）在 pBAC108L 上又插入 pGEM3Z 的 *lacZ* 基因片段于多克隆位点上，构建了 pBeloBAC11（图 9-8），可通过 *lacZ* 的 α 互补所造成的菌落蓝白色来筛选白色重组子。这使得重组子的筛选更趋于直观、简便。在近几年的基因组文库和基因的图位克隆研究中，已从 pBeloBAC11 衍生出十几种 BAC 系列载体，它们极大地促进了基因组文库、物理图谱的构建和基因的图位克隆及基因组织结构分析与遗传转化的研究。

优点：尽管 BAC 克隆容量（350 kb）较 YAC 小，却具有许多 YAC 所不可比拟的特点。BAC 的复制子来源于单拷贝质粒 F 因子，故 BAC 在宿主菌内只有极少拷贝数，可稳定遗传，无缺失，重组和嵌合现象。

缺点：无选择性标记的 DNA 片段产率很低。

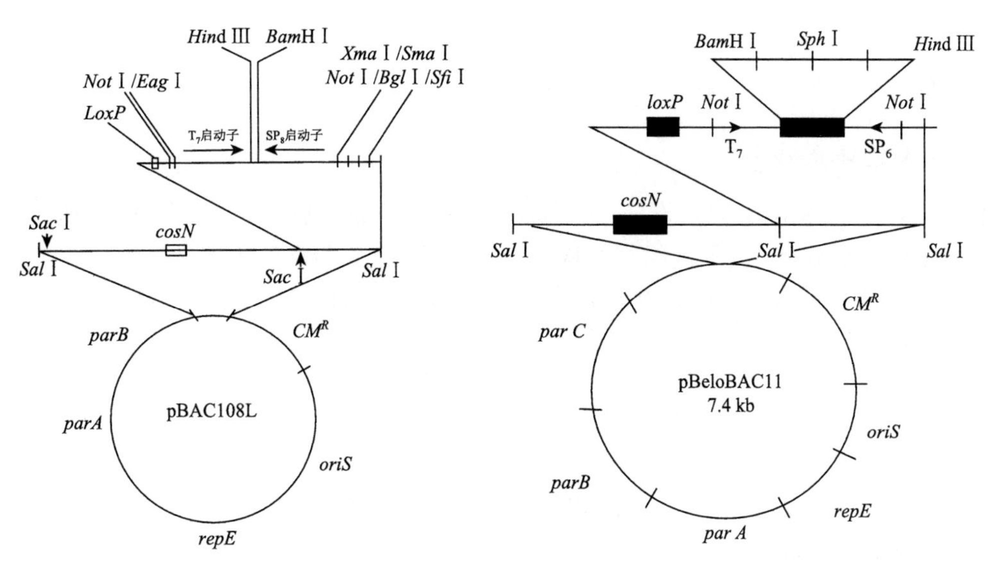

图 9-8　pBAC108L 和 pBeloBAC11 基因图（Shizuya et al.，1992；Kim et al.，1996）

（三）哺乳类人工染色体（MAC）

哺乳类人工染色体是以哺乳动物细胞中的复制起始区、端粒及着丝粒为基本构体组建的人工染色体，能够容纳大于 1000 kb 的外源 DNA。

建立 MAC 的基本方法可概括为两种：从头合成组装法（bottom up）及截短法（top down）。bottom up 与建立 YAC 相似，即将克隆的端粒 DNA、着丝粒及复制位点 DNA 在体外或在酵母中连接起来组成人工染色体，再转入哺乳细胞。这种方法的优点是可对连接物转入细胞前后进行鉴定。这种策略的前提是要对组成成分有深入的了解。目前对于哺乳类端粒的结构和功能研究比较透彻，而在确定哺乳类着丝粒和复制起点方面进展缓慢。top down 是指通过建立小染色体来建造 MAC。建立小染色体最常用的方法是端粒 DNA 切割法。该法用克隆的端粒 DNA 转化细胞，细胞内的染色体可被随机或选择性切割，由此产生一系列大小不等的小染色体。这种方法的缺点是很难把这种小染色体从哺乳细胞中拿出来进行详细分析和操作。

（四）植物人工染色体（PAC）

植物人工染色体的构建主要参照哺乳动物中人工染色体构建的 bottom up 及 top down。top down 的策略中，一种重要的方法就是端粒介导的染色体截断技术。通过克隆的端粒序列偶联位点特异性重组系统构建载体，可以将植物染色体截断，从中挑选微小染色体并应用于大片段的定点整合，Yu 等（2006，2007）利用这一方法在玉米中成功构建了玉米微小染色体，并将染色体片段整合其中，这是端粒介导的染色体截断技术在植物中的首次报道，也为植物人工染色体的成功应用奠定了基础。

bottom up 策略是利用克隆的染色体功能元件体外拼接形成可以稳定遗传的微小染色体。在植物中，利用这种方法的第一个微小染色体的成功报道也是在玉米中，这也是植物人工染色体研究中的又一次进步。Carlson 等（2007）在体外将标记基因、筛选基因及着丝粒重复序列连接成环，通过粒子轰击将这段 DNA 序列转化到玉米细胞中，在细胞中完成微小染色体的组装，这种染色体在有丝分裂和减数分裂过程中可以稳定遗传。不过这种环状染色体与真核生物中的正常线状染色体相差较远，它不含有端粒结构，能否作为一种稳定的载体系统还有待研究。Ananiev 等（2009）将玉米的着丝粒序列、端粒序列及选择标记基因等在体外连接，通过粒子轰击的方法导入宿主细胞中，最终组装成为微小染色体。

三、人工染色体的应用

目前，YAC 和 BAC 已经广泛应用于基因组文库的构建、基因组物理图谱的构建、基因组测序、基因的图位克隆、基因的组织结构分析及基因表达调控和基因转化等研究；MAC 在基因治疗和外源医用蛋白的生产等方面显现出广阔的应用前景；PAC 对于培育作物新品种和改良品质有着潜在的价值。

本章小结

本章主要介绍了染色体工程的主要技术，包括单倍体育种、多倍体育种、其他染色体变异育种、雌核发育和雄核发育、染色体显微操作技术及人工染色体技术。单倍体育种即通过各种有效方法产生单倍体后，进行染色体人工或自然加倍得到纯合可育的双单倍体的育种方法。人工诱导单倍体形成的方法包括雄配子体离体培养、雌配子体离体培养、远缘杂交诱导、花粉诱导、诱导系诱导和沉默着丝粒特异性组蛋白 CENH3 编码基因诱导。

多倍体育种就是利用人工的手段诱发作物，使其染色体数目发生加倍，以所产生的遗传效益为根据，来选育符合人们需要的优良品种的育种技术。目前广泛应用的多倍体诱导方法有生物、物理和化学方法。由于生物和物理方法的加倍效率低而很少使用，目前最有效的方法是化学试剂诱导法，其中秋水仙碱是使用最为广泛的染色体加倍诱导剂。

染色体变异材料，包括染色体的削减系——单体与缺体，染色体的添加系——三体、四体和异附加系，染色体的代换系——同种染色体代换和异代换系及异源易位系等，都可作为进行植物育种及遗传分析的工具材料及种质材料，其中优良的异代换系和易位系还可直接用作生产品种。

在动物中单倍体的获得主要是通过人工诱导雌、雄核发育的方法。人工诱导雄核发育过程中，卵子遗传失活，卵细胞的发育只是依靠精子染色体组进行；雌核发育过程中，同源或异源精子也只具有激活卵子发育的作用，并不参与胚胎发育。这样发育起来的胚胎只有一套染色体，不能存活，必须通过染色体操作使单倍体胚胎的染色体加倍才能获得具有生活力的单性发育二倍体个体。与人工诱导的雌核发育相比，人工诱导的雄核发育个体生存率更低，相关研究也不甚成熟。

染色体显微操作技术主要包括染色体分离与微切割技术，其优点是可以根据需要分离任意一条或特定染色体片段。染色体分离较常采用的是流式细胞分离法，其原理是利用不同染色体上基因碱基的不同，其对 DNA 特异性染料的结合量不同，从而产生不同的荧光波长，这样就可以将相同的染色体收集在一起而分离。染色体微切割最基本的方法有微细玻璃针切割法和显微激光切割法，得到的染色体片段可以直接或经 PCR 扩增后作为分子生物学研究的材料。

人工染色体是染色体工程的重要研究方向，是指利用染色体的关键因子构建或者利用物理、化学或生物途径诱致的小染色体，包含必要的稳定传递的结构元件，可以作为新的载体系统转移和叠加多个外源基因。目前有 4 种主要类型：酵母人工染色体、细菌人工染色体、哺乳类人工染色体和植物人工染色体。

➤思 考 题

1. 什么是染色体工程?
2. 什么是单倍体育种? 人工诱导单倍体形成有哪些方法?
3. 单倍体在育种上的优越性表现在哪些方面?
4. 什么是多倍体育种? 人工诱导多倍体形成有哪些方法?
5. 举例说明多倍体在育种和生产上的用途。
6. 简单介绍多倍体育种的优缺点。
7. 什么是异附加系? 如何创建异附加系?
8. 什么是异代换系? 如何创建异代换系?
9. 什么是异源易位系? 如何创建异源易位系?
10. 什么是雌核发育? 什么是雄核发育?
11. 人工诱导雌、雄核发育有哪些方法?
12. 简单介绍人工诱导雌、雄核发育在遗传育种中的意义和应用。
13. 简述染色体分离较常采用的方法、基本原理及具体步骤。
14. 什么是染色体微切割技术? 最常采用的方法有哪些?
15. 简述人工染色体的概念和主要类型。

编者:韩永华

主要参考文献

陈海强,刘会云,王轲,等. 2020. 植物单倍体诱导技术发展与创新[J]. 遗传,42(5):466-482.

陈荣,刘艳红. 2015. 植物细胞工程[M]. 北京:中国农业出版社.

李林川,韩方普. 2011. 人工染色体研究进展[J]. 遗传,33(4):293-297.

李树贤. 2008. 植物染色体与遗传育种[M]. 北京:科学出版社.

李志勇. 2003. 细胞工程[M]. 北京:科学出版社.

米福贵,云锦凤,逯晓萍. 1999. 植物染色体工程与育种[J]. 中国草地,2:64-67,78.

宋灿,刘少军,肖军,等. 2012. 多倍体生物研究进展[J]. 中国科学,42(3):173-184.

张燕,王春,王克剑. 2020. 人工创制植物无融合生殖的研究进展[J]. 科学通报,27:2998-3007.

赵振山,吴清江,高贵琴. 2000. 鱼类雄核发育的研究进展[J]. 遗传,22(2):109-113.

Ananiev E V,Wu C,Chamberlin M A,et al. 2009. Artificial chromosome formation in maize(*Zea mays* L.)[J]. Chromosoma,118:157-177.

Appels R,Morris R,Gill B S,et al. 1998. Chromosome Biology[M]. Boston,Dordrecht,London:Kluwer Academic Publishers.

Barclay I R.1975. High frequencies of haploid production in wheat(*Triticum aestivum*)by chromosome elimination[J]. Nature,256(5516):410-411.

Burke D T,Carle G F,Olson M V. 1987. Cloning of large segments of exogenous DNA into yeast by means of artificial chromosome vectors[J]. Science,236(4803):806-812.

Carlson S R,Rudgers G W,Zieler H,et al. 2007. Meiotic transmission of an in vitro-assembled autonomous maize minichromosome[J]. PloS Genetics,3:1965-1974.

Friebe B,Qi L L,Liu C,et al. 2011. Genetic compensation abilities of *Aegilops speltoides* chromosomes for homoeologous B-Genome chromosomes of polyploid wheat in disomic S(B)chromosome substitution lines[J]. Cytogenet Genome Res,134:144-150.

Guha S,Maheshwari S C. 1964. *In vitro* production of embryos from anthers of Datura[J]. Nature,204(4957):497.

Kim U J,Shizuya H,Kang L,et al. 1996. A bacterial artificial chromosome-based framework contig map of human chromosome 22q[J]. Proc

Natl Acad Sci USA，93（13）：6297-6301.

Kong L，Song X，Xiao J，et al. 2018. Development and characterization of a complete set of *Triticum aestivum-Roegneria ciliaris* disomic addition lines[J]. Theor Appl Genet，131（8）：1793-1806.

Kynast R G，Riera-Lizarazu O，Vales M I，et al. 2001. A complete set of maize individual chromosome additions to the oat genome[J]. Plant Physiol，125（3）：1216-1227.

Laurie D A，Bennett M D. 1986. Wheat×maize hybridization[J]. Can J Genet Cytol，28（2）：313-316.

Liu W，Koo D H，Friebe B，et al. 2016. A set of Triticum aestivum-Aegilops speltoides Robertsonian translocation lines[J]. Theor Appl Genet，129（12）：2359-2368.

Murray A W，Szostak J W. 1983. Construction of artificial chromosomes in yeast[J]. Nature，305（5931）：189-193.

Riley R，Lewis K R. 1966. Chromosome Manipulations and Plant Genetics[M]. Berlin：Springer US.

Shizuya H，Birren B，Kim U J，et al. 1992. Cloning and stable maintenance of 300-kilobase-pair fragments of human DNA in Escherichia coli using an F-factor-based vector[J]. Proc Natl Acad Sci USA，89（18）：8794-8797.

Sybeaga J. 1972. General Cytogenetics[M]. Amsterdam：North-Holland Publishing Company.

Yu W，Han F，Gao Z，et al. 2007. Construction and behavior of engineered minichromosomes in maize[J]. Proc Natl Acad Sci USA，104：8924-8929.

Yu W，Lamb J C，Han F，et al. 2006. Telomere-mediated chromosomal truncation in maize[J]. Proc Natl Acad Sci USA，103：17331-17336.

第十章　动物性别决定与控制技术

第一节　性别决定的类型

一、性别决定

性别决定（sex determination）一般是指雌雄异体生物决定性别的方式，它是遗传、环境和生理因素相互作用的结果。性别决定存在着多种多样的机制，一般可分为染色体性别决定和非染色体性别决定两种类型。

1. 染色体性别决定

某些动物，特别是高等脊椎动物，个体的性别是在精子和卵子受精时由不同的染色体重新分配和组合所决定的。对于哺乳动物，如果受精卵的染色体组合为XX的则发育为雌性，而染色体组合为XY的则发育为雄性。以人类为例，所有人在其二倍体细胞中携带有23对共46条染色体，这些染色体中的22对在雄性（男性）和雌性（女性）之间是难以区分的，称为常染色体；雌性（女性）除22对常染色体外，还有另外两条同源性很高的染色体，即X染色体。而雄性（男性）则有两条在形态学上有差异的染色体，一条是与存在于雌性中一样的X染色体，另一条是与X染色体有明显差异且较小的染色体，称为Y染色体。X和Y染色体通常被称为性染色体（图10-1）。这两条性染色体，在人和其他动物中，雌性（XX）是同型配子、雄性（XY）是异型配子。而鸟类刚相反，雌性（母）通常是异型配子（ZW），雄性（公）是同型配子（ZZ）。在精子发生过程中，以人类为例，当发生减数分裂时，染色体中的一半就被包裹到一个未来的精子细胞中。这套染色体除包括常染色体之外，还包括性染色体，50%的精子细胞获得X染色体，而另外的50%的精子细胞获得Y染色体；在卵子发生过程中，所有未来的卵子除获得22条常染色体之外，都获得X染色体；既然所有的卵子都有X染色

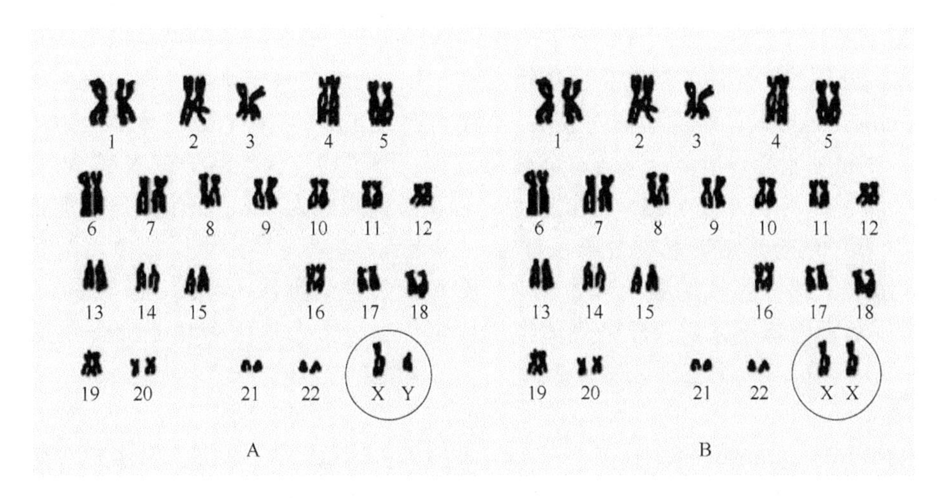

图10-1　常见的44条染色体和雄性XY染色体（A）与雌性XX染色体（B）

体，那么性别的遗传基础就依赖于精子细胞的表型。若携带 X 染色体的精子与卵子结合，该受精卵则发育成雌性，若携带 Y 染色体的精子与卵子结合，该受精卵则发育成雄性。Y 染色体对雄性决定之所以如此重要，是因为它携带有一个主导基因 *SRY*（sex-determining region of Y chromosome，Y 染色体性别决定区域）。*SRY* 的激活可产生转录因子 TDF（testis-determining factor，睾丸决定因子），而 TDF 含有一个 HMG（high mobility group，高移动基团）类的 DNA 结合区域，二者一经结合可使 TDF 指导激活次级基因的活动。虽然这些次级基因仍不太清楚，但这些激活的次级基因对雄性决定可能起一定的作用。

2. 非染色体性别决定

在非染色体性别决定机制中，以对外部环境因素的影响研究得最多。这类性别决定的机制常见于无脊椎动物和低等脊椎动物。在这一机制中，性别的决定仅仅是在受精之后，如性伴侣体温或当时的状态等外界条件影响到主导基因的激活，从而决定了选择的方向。例如，一种海生蠕虫——后螠，其雌虫所产生的卵子具有相同的性潜能。当受精卵发育成幼虫时，若周围海水中无成体雌虫存在，则幼虫发育成雌性。若周围有成体雌虫存在，幼虫则发育成雄虫。又如某些蛙类的蝌蚪在 20℃环境下发育，则雌雄各半；若在 30℃环境下发育，全部变成雄蛙。然而，在这两种情况下蛙的 XX 和 XY 染色体组合方式仍占各半，这说明环境因素只影响蛙的表型性别。再比如说蜜蜂，蜜蜂的性别由细胞中的染色体组数量决定。雄蜂由未受精的卵发育而成，仅含一个染色体组，染色体数量为 $n = 16$ 条。雌蜂由受精卵发育而来，含有两个染色体组，是二倍体，染色体数量均为 $2n = 32$ 条。营养差异决定了雌蜂是发育成可育的蜂王还是不育的工蜂。若整个幼虫期以蜂王浆为食，幼虫发育成体大的蜂王。若幼虫期仅食 2～3 d 蜂王浆，则发育成体小的工蜂。单倍体雄蜂进行的减数分裂十分特殊，减数分裂第一次，出现单极纺锤体，染色体全部移向一极，两个子细胞中，一个正常，含 16 个染色体（单倍体），另一个是无核的细胞质芽体。正常的子细胞经减数第二次分裂产生两个单倍体（$n = 16$）的精细胞，发育成精子。

二、两种典型动物的性别决定类型

1. 哺乳动物

哺乳动物的性别是由遗传因素决定的，雌雄个体的性特征（sexual character）是在不同的性激素刺激下的具体表现。性别在受精的一瞬间就已决定，或者具体地说是由受精时的精子来决定的。我们介绍的二倍体的动物染色体组成中，有一对专门决定个体性别的染色体称为性染色体（sex chromosome），雌性动物为 XX，雄性动物为 XY，其中 Y 染色体是决定动物性别的关键所在。生殖细胞为单倍体，只含一条性染色体，卵子均为 X，精子有 X 或 Y 两种，数量相同。如果卵子和一个 X 精子结合形成胚胎的性染色体组成为 XX，将来发育为雌性个体；如果卵子和 Y 精子结合形成胚胎的性染色体组合为 XY，将来发育为雄性个体。例如，人的染色体数为 46 条，那么男性的染色体数为 46 条（44 条常染色体 + XY），女性的染色体数为 46 条（44 条常染色体 + XX）。性染色体组成异常往往导致个体生殖功能障碍或其他相关疾病的发生。

2. 鸟类

鸟类的性别决定与哺乳动物相反。例如，鸡的染色体总数为 78 条，其中也有两条性染色体（Z 和 W），但 ZZ 为雄性，而 ZW 为雌性。另外，某些爬行动物的性别受温度的影响，也就是说温度变化导致生物的性别转变，这是一种很有趣的性别决定现象。

第二节　性别决定的理论与外界因素

性别决定存在多种多样的机制，有的机制现在已经研究得比较透彻，如染色体性别决定相关理论。下面将重点介绍染色体性别决定理论及其分子基础。

一、染色体性别决定理论

严格地讲，哺乳动物的性别决定取决于性染色体的组成，常常并不受环境因素影响。在大多数情况下，雌性为XX核型，雄性为XY核型。Y染色体是性别决定的重要遗传因子（图10-2）。即使某一个体具有5条X染色体而仅有一条Y染色体，也将成为雄性。此外，仅有单条X染色体而无Y染色体的个体将发育成雌性。通过经典研究已得出性别决定的两个法则。

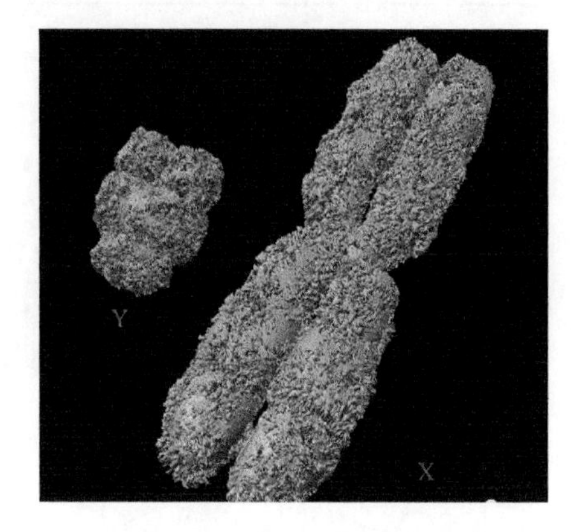

图10-2　X染色体和Y染色体

第一个法则即在性腺发育过程中，其特化为睾丸或卵巢决定着胚胎后来的性分化。Jost用手术方法摘除子宫中处于发育状态胎兔的生殖嵴（性腺嵴），然后，让胎兔发育到足月，结果此种胎兔发育为雌性。不管它们是XX或XY核型，它们都具有输卵管、子宫和阴道，但缺少阴茎和雄性副性器官。Jost推断睾丸能产生某些使胎儿雄性化的物质。他证明主要的效应因子是睾酮，并正确地预测出第二种效应因子的存在，即抗苗勒氏管因子，也称作苗勒氏管抑制物。

哺乳动物性别决定的第二法则即Y染色体上携带有雄性性别决定所必需的遗传信息。哺乳动物和果蝇两者都具有XX/XY染色体系统。在果蝇中，X染色体和常染色体的比率是性别决定至关重要的因素，即剂量补偿效应（dosage compensation effect），而Y染色体存在与否则对性别决定无关紧要。1959年之前，有人推测哺乳动物性别决定的控制机理也与两种染色体的剂量有关。然而，有人相继证明携带X单体的个体为雌性，而带有多条X染色体和一条Y染色体者为雄性。结合上述两个法则导出这样一个结论：Y染色体上存在一个或多个睾丸发育和形成所必需的基因。此假设基因在人中被命名为*TDF*，在小鼠中为*Tdy*。*TDF*/*Tdy*位于Y染色体上，雌性不存在。如此说来*TDF*/*Tdy*就是性别决定基因。然而，许多分布于常染色体上的基因也是睾丸形成时所必需的。新近的研究已鉴定并克隆出了Y定位基因*SRY*。*SRY*基因与*TDF*/*Tdy*基因概念等同。

二、基因平衡性别决定理论

美国遗传学家Bridges（1932）在研究果蝇性别时提出，性染色体上与常染色体上都有决定性别的基因，雄性基因主要在常染色体和Y染色体上，雌性基因主要在X染色体上，受精卵的性别发育方向取决于这两类基因系统的力量对比。在果蝇中，性别取决于X染色体数目（X）与常染色体组数（A）的比值，Y染色体上的雄性化力量不大。通过性指数（X/A）即X染色体的数目/常染色体组数可以决定果蝇的性别（表10-1）。

超雄或者超雌的个体，其体表、外貌与正常的雄性和雌性相似，但是身材娇小，生活力很弱并且会高度不育。另外，果蝇的Y染色体上含有雄性可育性基因，与精子形成有关。XO型的果蝇可以发育为雄性个体，但产生的精子无活动能力。因此果蝇的Y染色体不参与性别决定，而是控制雄性个体的育性。

表 10-1　性指数与性别的关系

性指数	<1/2	=1/2	1/2<*X*/*A*<1	=1	>1
性别	超雄	雄性	中间体	雌性	超雌

三、性别决定的基因理论

从进化角度来看，X和Y染色体来自同一对常染色体。但是对不同动物的染色体分析结果显示，X染色体在种间具有很多的相同性，而Y染色体在即使像黑猩猩和大猩猩这样来源接近的种类之间也存在很大差别，从而显示了在物种进化中Y染色体的多变现象。

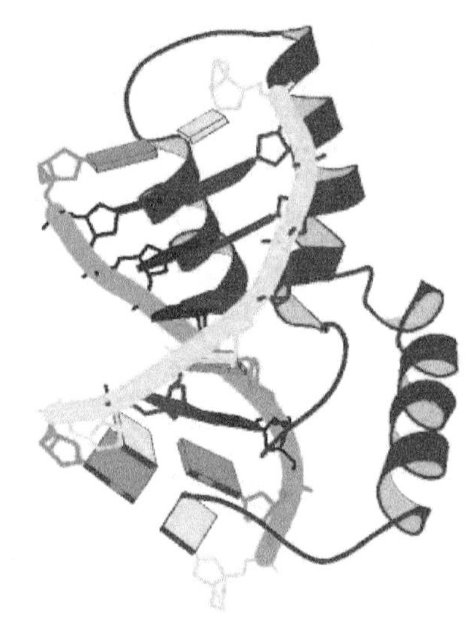

图 10-3　SRY 蛋白与 DNA 形成的复合物

人类的Y染色体遗传组成虽然只占总体遗传组成的2%左右，但它决定了后代的性别分化及与性别相关的许多遗传特征。Y染色体的结构可以分为4个主要部分，以染色体的着丝粒为界，短臂的远端附近区域是假常染色体区（pseudoautosomal region，PAR）、短臂的PAR以外的部分、长臂着丝粒近位的Q（喹吖因荧光染色）阴性区域和远位的Q阳性区域。短臂所有部分均显示Q阴性。作为遗传学上又一个新的突破，1990年Sinclair和Gubbeg等分别发表了Y染色体上睾丸决定因子（TDF）的碱基序列，揭开了哺乳动物性别分化研究新的一页，从当时在染色体水平开始探讨这一问题时算起用了30多年的时间，许多科学工作者参与并做了大量的基础性和关键性工作，可见揭示一个生命现象的艰难程度，他们把人类的这个基因起名为*SRY*（图10-3）。通过进一步分析，*SRY*基因在我们熟悉的家畜和其他哺乳动物中基本上得到保存，并显示了该基因Y染色体的特异性存在。目前，以*SRY*基因为模板设计出各种DNA探针，广泛地应用于性别分化和性别异常发生的研究、疾病诊断，以及动物生产的性别鉴定和控制领域。Y染色体上有许多基因，除*SRY*以外，精子形成时不可缺少的无精子因子（azoospermia factor，*AZF*）等与性别分化有关的几个重要基因也已基本上解析完毕。

2009年，澳大利亚科学家珍妮弗·格雷夫斯指出：3亿年前每个Y染色体上约有1438个基因，而现在只剩下45个。按照这种衰减速度，500万年后Y染色体上的基因将全部消失。因此，男性可能最终会灭亡，这种“Y染色体消亡说”轰动一时。2012年，珍妮弗·休斯等在*Nature*上发表研究报告，他比较了人和恒河猴Y染色体上的基因后发现，人类Y染色体上基因衰减的速度正逐渐减慢，几乎进入停滞状态。休斯说，与恒河猴Y染色体相比，人类Y染色体2500万年来只流失了一个基因，而在过去600万年中，人类Y染色体上的基因流失数为零，其基因衰减的速度越来越慢，“所以，我相信即使再过500万年，人类Y染色体依然会存在，‘Y染色体消亡说’可以就此打住了”。

哺乳生物中，X 和 Y 染色体共同判断性别分化的偏向，并与常染色体共同完成性别分化历程。性别决定由 Y 染色体上的 *SRY* 和 X 染色体上的 *SDX* 共同作用，其中 *SDX* 通过增进 *SRY* 表达来确保个体朝雄性发育。近期研究指出，X 染色体也参与性别决定，没有 X 染色体上的 *SDX* 基因的协助，Y 染色体是无法确保个体发育为雄性的。

四、性别决定的外界因素

1. 激素性别决定

在胎儿发育的时候，激素的水平会影响胎儿性别的发育，如母牛怀双胎，且为一公犊和一母犊，则称为自由马丁现象。在异性双核中，母牛往往不育，这些牛称为自由马丁牛。因为自由马丁现象中公牛胚胎的睾丸发育较早，先分泌雄性激素，通过血液循环流入母牛胎儿，抑制了雌性胎牛的正常的性腺分化。这种母牛出生后虽然外生殖器像母牛，但性腺像睾丸，没有生殖能力。

除了双胎牛的激素水平会影响性别的分化，海生蠕虫后螠的雌虫身体前端有一分叉的长吻，吻部含有类似激素的化学物质，也会影响幼虫性分化。成熟雌虫将受精卵产于海水中，发育成无性别差异的幼虫，当幼虫落到雌虫吻部，便发育成雄虫，没有落到雌虫吻部的幼虫则发育成雌虫。若把幼虫从雌虫吻部移去，在海水中生活，则发育成间性个体，且其雄性程度与它在雌虫吻部停留时间长短呈正相关。

2. 温度性别决定（temperature-dependent sex determination，TSD）

1966 年，塞内加尔达喀尔大学的动物学家马德琳·夏尼尔（Madeline Charnier）首次发现温度这一环境因素对彩虹飞蜥（生活在非洲中部及西部）性别发育的影响：当温度超过 30℃，胚胎则多发育为雌性个体。这一发现揭示了温度对性别的影响某些时候可以超越性染色体，某些动物的雌性有两种发育方式。

爬行动物的龟鳖目和鳄目无性染色体，由卵的孵化温度决定其性别，如乌龟卵在 20～27℃条件下孵出的个体为雄性，在 30～35℃时孵出的个体为雌性。鳄类在 30℃及以下温度孵化时，全为雌性；在 32℃孵化时，雄性约占 85%，雌性仅占 15%左右。孵化温度也会影响两栖类的性别分化，如蝌蚪在 20℃下发育，结果一半为雌性，一半为雄性；若在 30℃下发育，则全部发育成雄蛙。

3. 营养性别决定

以蜜蜂为例，蜜蜂在幼虫时期，连续吃蜂王浆的天数及发育的天数最终会影响蜜蜂性别的分化（表 10-2），因此说明了对于蜜蜂来说，在幼虫时候的营养会决定其性别。除蜜蜂外，多数线虫是靠营养条件的好坏来决定性别的，它们一般在性别未分化的幼龄期侵入寄主体内，若营养条件差，就会失去 1 条 X 染色体，变为雄性染色体组成，发育为雄性成体。若营养条件好，则保留 2 条 X 染色体，发育为雌性成体（雄性的染色体总数比雌性少 1 条）。

表 10-2 营养对蜜蜂性别分化的影响

	吃蜂王浆的天数	发育时间	性别
蜜蜂幼虫时期	2～3 天	21 天	工蜂
	5 天	16 天	蜂王
	2～3 天	25 天	雄蜂

第三节　性染色体的多态性与演化

一、性染色体的多态性概述

性染色体多态性是指性染色体结构或带纹宽窄及着色强度等的微小变异，被认为是染色体变异的一种。由于染色体多态性主要表现为异染色质的变异，特别是含有高度重复 DNA 的结构异染色质，因此一直以来认为染色体多态现象属于正常变异，大部分对表型无影响，不具有临床病理意义，较少受到关注。近年来随着我国对生殖健康和人口素质的日益重视，以及细胞遗传学诊断在产前诊断中的广泛应用，发现染色体多态性与流产、生育畸形儿、不孕不育等相关，其临床效应颇受关注。

二、性染色体的多态性变异类型

Y 染色体是人类最小的近端着丝粒染色体，长 50～60 Mb，约占男性体细胞中 DNA 的 2%，由长臂（Yq）和微小短臂（Yp）组成。位于 Y 染色体两端的为假常染色质区（PAR），其中只有 5%的部分能与相应的 X 染色体发生重组。Y-DNA 区占 Y 染色体的大部分，包含许多与性别决定及精子发生有关的基因。Y 染色体长度变化及臂间倒位等多态性变异与精子异常、自然流产及不孕不育密切相关。在同一核型中，Y 染色体大于 18 号染色体者称为大 Y 染色体，小于 21 号染色体者称为小 Y 染色体，另外，Y 染色体也可以发生臂间倒位 inv（Y）。

1. 大 Y 染色体

大 Y 染色体是指染色体长臂异染色质区长度增加。长臂异染色质区有精子分化和发育的基因，其高度重复可能影响减数分裂时 X、Y 染色体的配对联会，导致精子生成障碍或影响精子受精能力，从而引起不育和流产。大 Y 染色体在中国人和日本人中发现的比例较高（图 10-4），大 Y 染色体在人群中的发生率为 13.8%。117 例大 Y 染色体病例中有 60.7%的孕妇有胎儿流产史。在细胞遗传学检查中，以 Y 染色体长度≥18 号染色体的长度作为诊断大 Y 染色体的标准。

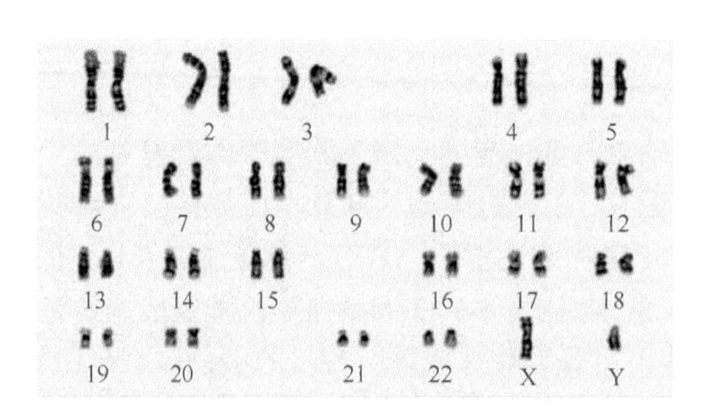

图 10-4　大 Y 染色体核型图

2. 小 Y 染色体

小 Y 染色体较少见，主要指 Y 染色体部分缺失或异染色质减少，导致减数分裂发生错误形成异常精子，或异染色质减少而使常染色质排列松散，最终造成基因功能的丧失和生殖异常。小 Y 染色体还可能是 Y 染色体 DNA 序列排列过分紧密导致其功能障碍。Y 染色体长臂1区1带（Yq11）存在无精子因子（AZF），可分为4个区域AZFa、AZFb、AZFc、AZFd。Y染色体上AZF区域位点的缺失或突变均可能导致精子生成障碍。对162例无精症患者进行AZF微缺失检查，发现有26例存在微缺失，检出率16.05%，其中最常见的为AZFc完全缺失，占无精子症患者的7.40%，其病理表现从无精子到中度或重度少精子，并且可以遗传给下一代。

3. Y染色体臂间倒位inv（Y）

Y染色体臂间倒位inv（Y）产生临床效应的机理可能与9号染色体臂间倒位类似，断裂位点处可能存在与性别决定及精子发生有关的关键基因。不同断裂位点引起的inv（Y）类型不同，其遗传效应可能也会有所不同（图10-5）。inv（Y）在正常人群中的发生率约为0.1%，不同种族不同人群的发生率不同，东印度人种发生率最高为5.67%，其次是黑人为0.63%，其他人种发生率较低。在我国，inv（Y）在男性不育人群中的发生率为0.44%。

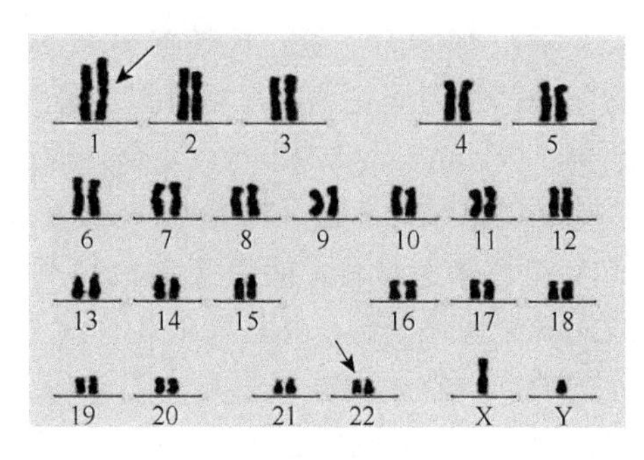

图10-5　Y染色体异常核型46，X，inv（Y）

三、性染色体的演化

1. 性染色体基本演化过程

性染色体通常被认为是从一对普通的常染色体演化而来的，突变使得原始常染色体上的某个或某几个基因获得了性别决定的功能（如*SRY*，*DMRT1*基因）。随后，与性别决定基因相关的性别拮抗基因（sexually antagonistic alleles，即对一种性别有益但对另一种性别有害的基因，如控制雄性孔雀羽毛的基因可以提高雄性的繁殖竞争力，却可能使雌性更容易被捕获）在其周围聚集，逐渐沿Y/W染色体扩散，形成广泛的重组抑制，这种现象被认为有利于这些基因与性别决定基因连锁在一起于某一性别中遗传下去。此外，重组抑制还可能通过转座子的积累或者染色体倒位（chromosome inversion）发生。在Y染色体或W染色体上，大多数区域已停止了和X或Z染色体之间的重组，但多数已知物种的性染色体，为了保证在减数分裂过程中能够正常配对，仍然在一端或者两端保留了可以重组的区域，被称为假常染色体区域（PAR）。群体遗传理论预测，非重组基因组区域很容易因为“希尔-罗伯特森干扰效应”导致有害突变大量累积，有益突变难以快速固定，表现出较低的适应水平。这些过程导致了Y/W染色体上多数基因功能丧失，发生功能退化。然而，X/Z染色体在同型配子体（XX/ZZ）中仍然可以重组，同型配子体有两份位于X染色体上基因的拷贝，这势必会引起在不同性别中X/Z染色体与常染色体之间基因表达量的失衡。许多物种通过独立地演化出不同形式的剂量补偿机制来解决此问题，因此大多数X/Z染色体基因尽管在某一性别中只有一个拷贝，但其活性在雄性和雌性中实际上是相同的。

2. 性染色体在遗传决定性别物种中的特点

它们染色体大小不同，相互之间重组抑制；性别特异性的Y/W染色体发生功能退化，且所有类型的性染色体都会积累与性别特异功能相关的基因和显示出性别特异的基因表达。

3. 性染色体在不同物种间的多样性

性染色体在不同物种间表现出高度的多样性，主要体现在性染色体的类型：从哺乳动物的XY染色体到鸟类的ZW染色体，再到单倍体UV染色体；性染色体对之间分化的程度和其性别特异染色体的退化程度，以及剂量补偿的机制都各有不同。随着测序技术的爆炸性增长，对不同物种性染色体及其演化的探索和理解已经远远超出了经典遗传模式物种的范畴。

四、性染色体演化的基本模式

1. 演化断层

早在 1999 年，通过比较 X 和 Y 染色体上基因对相互之间的演化速率就发现，染色体上不同区域基因的演化速率呈现明显的像地质年代梯度一样的变化模式，被称为性染色体的“演化断层”（evolutionary strata）现象。根据推测，这是 X 和 Y 染色体之间重组在不同的时间点发生抑制的结果：在越早时间点抑制的区域，X 和 Y 等位基因之间的差异就越大。目前已发现人的 Y 染色体上具有可能由 X 染色体和常染色体形成的融合，以及 Y 染色体上发生倒位导致形成的 5 个演化断层，并且其中 3 个演化断层在所有真兽亚纲的哺乳动物（除袋鼠、鸭嘴兽等以外的哺乳动物）之间共享。之后的研究发现演化断层在动植物的性染色体上是广泛存在的现象。例如，鸟类性染色体非重组区域有明显的演化断层，它们所有物种共享了一个由染色体倒位形成且包含雄性决定基因 *DMRT1* 的演化断层。之后重组抑制继续扩散，分别独立在今颚总目（Neognathae，包括鸡、斑马雀等 90%以上的鸟类物种）部分鸟类中形成了 3 个演化断层，在古颚总目（Palaeognathae）部分鸟类中形成了 1～2 个演化断层。除此之外，鸡 W 染色体连锁基因的部分注释数据里，暗示其至少有 3 个演化断层。同时，在白花蝇子草的性染色体上也发现了明显的演化断层。

2. Y/W 染色体的退化

Y/W 染色体上非重组区域的延伸，将导致有害突变和转座子序列更容易聚集，造成基因功能的丢失，Y/W 染色体发生异染色质化和功能退化，在许多物种内形成高度分化的性染色体。Y/W 染色体退化的区域通常表现为富集重复序列和转座元件。通过对年轻（通常起源时间在 500 万年以内）Y 染色体系统的研究，如果蝇、三刺鱼、青鳉鱼和木瓜的年轻 Y 染色体序列分析表明，它们在重组抑制以后比同源 X 染色体连锁区域更快地积累重复件。此外，它们的蛋白质编码基因容易积累破坏氨基酸读码框的无义突变，改变氨基酸序列的错义突变，甚至因转座子序列插入发生大规模染色质结构变化，而这都是重组抑制以后，Y/W 染色体序列受到的自然选择作用降低导致的。同时在极为年轻（起源时间在 10 万年左右）的果蝇 Y 染色体上的研究发现，大部分年轻 Y 染色体的基因，尽管氨基酸序列没有发生改变，但它们的表达水平发生了下调，表明在 Y 染色体退化的过程中基因调控区的有害突变可能比编码区发生得更早。尽管对 Y/W 染色体如何退化的研究取得了大量进展，但关于它们为什么会发生退化，仍有待深入研究。如前所述，通常认为 Y/W 染色体上有害突变的积累，以及长期的完全退化，是 Y/W 染色体上积累的有害突变和与其连锁的没有突变或带有有益突变的序列之间的互相干扰（希尔-罗伯特森干扰效应）所致，这一过程与该染色体缺乏重组相关。通常群体遗传模型有 3 个重要组成部分：突变、选择和遗传漂变。自然群体不同个体的基因组中容易积累有害突变及极少量的有益突变，前者在染色体重组区域将受到自然选择负选择的作用，按其有害程度大小（即选择系数）被清除，后者则会受到正选择的作用在群体中被固定。然而在重组率降低或没有重组的性染色体上，一个基因座中的有害或有益突变的自然选择作用将受到连锁区域其他突变的干扰，选择效率降低，从而导致 Y/W 染色体的退化。至今关于 Y/W 染色体的退化主要有以下 4 种模型。

（1）通过背景选择（background selection）　具有强烈有害突变的等位基因会在自然群

体中被迅速清除，导致无法重组的 Y/W 染色体多态性下降，有效群体大小变小，从而不断地积累弱有害突变，致使长期内 Y/W 染色体不断退化。

（2）缪勒氏齿轮（Muller's ratchet）　没有突变或携带最少数量有害突变的 Y/W 染色体在群体中随机丢失，在不能重组的情况下该过程不可逆，导致 Y/W 染色体上有害突变的固定及不断积累。

（3）通过对有益突变的正选择而产生遗传漂移（genetic drift）效应　通过对非重组的 Y/W 染色体上有益突变的正选择，使与其连锁的其他有害突变也固定在了染色体上。

（4）非重组的 Y/W 染色体相比 X 染色体适应性下降　自然选择将清除非重组的 Y/W 染色体上严重有害的突变，但这一过程将同时清除与其连锁的其他有益突变，从而相对于可以自由重组的 X 染色体或常染色体，Y/W 染色体发生适应性进化的速率会降低。这些模型表明 Y 染色体退化可能是以牺牲染色体上大多数其他基因为代价来使少数基因座（通常是性别特异性功能基因）得到保留。需要指出的是，尽管有些生物完全失去了 Y 染色体（如蟋蟀和鼹鼠），但并非所有的性染色体都会高度分化，比如鸵鸟和蟒蛇。部分学者认为 Y 染色体最终会消失，但目前在人类 Y 染色体上报道了越来越多的蛋白质编码基因，以及在某些物种中发现基因数目大致相同的性染色体能稳定地长期保持，这些结果都在不断修正 Y/W 染色体一定会消失的观点（图 10-6）。

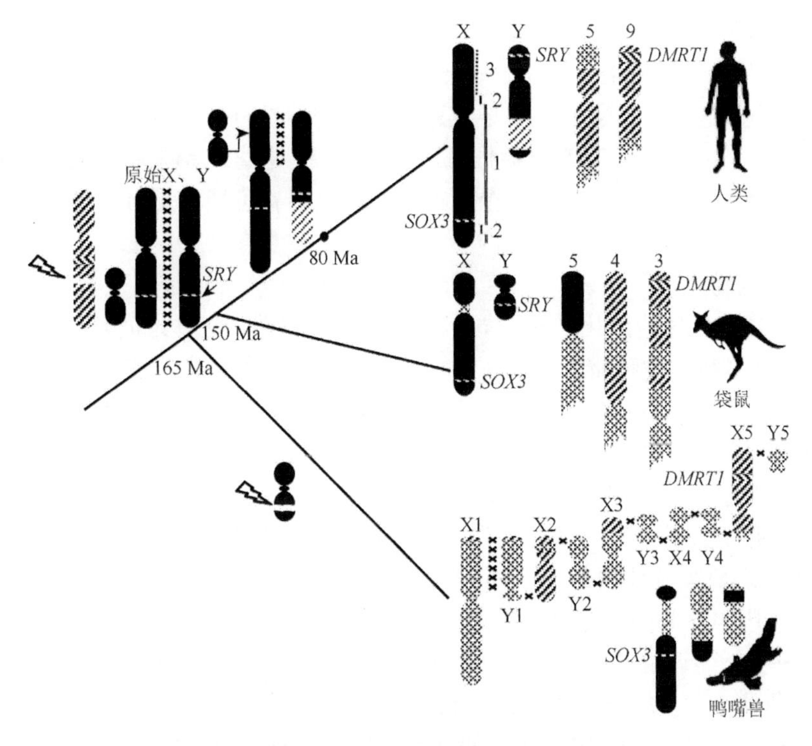

图 10-6　哺乳动物主要类群的性染色体系统进化

3. 剂量补偿效应

在 Y/W 染色体退化后，具有同型配子的性别（XX/ZZ）有两份位于 X/Z 染色体上基因的拷贝，而具有异型配子的性别（比如哺乳动物的雄性或者鸟类的雌性）仅有一份拷贝，但两种性别常染色体上基因拷贝数却是相同的。这会导致异配性别中 X/Z 染色体上基因表达量相对于常染色体上基因表达量的比值不同，进一步影响两种性别中的基因表达网络。因此为了平衡性染色体与常染色体之间的基因表达量，生物体采取了剂量补偿（dosage compensation）的机制。这一术语最初由 Muller 在 1947 年提出，指在不同性别中平衡性染色体或常染色体连锁基因表达的过程。经过剂量补偿后，X/Z 染色体上的许多基因在两性中经常表现出具有相同的表达水平。剂量补偿是一种常见的生物现象，在哺乳动物、鸟类、蛇中都可不同程度地观察到。剂量补偿可通过多种方式实现，且不同的生物体中常常有不同方式和程度的剂量补偿机制。例如，雄性果蝇中 X 染色体的转录增加 2 倍；XX 雌雄同体的秀丽隐杆线虫有效地将每个 X 染色体的表达减半；雌性哺乳动物中的两条 X 染色体有一条随机失活。这些物种中的剂量补偿为全局剂量补偿（global dosage compensation），即几乎整条 X 或者 Z 染色体的基因表达量都受到了影响。但同时也有研究表明哺乳动物 X 染色体上大约有 15%的基因不存在剂量补偿效应。与全局剂量补偿不同的是，在许多其他物种，尤其是雌性异配的 ZW 性染色体系统中，大都只存在局部剂量补偿或者单个基因的剂量补偿（partial or gene by gene dosage compensation）。对鸡和斑马雀的研究发现，它们仅有一部分性染色体上的基因被单独剂量补偿，623 个鸡 Z 连锁基因中有 479 个基因至少在一个组织中显示出雄性偏向表达，被研究的斑马雀的 52 个基因中有 36 个 Z 连锁基因在雄性中表达水平较高。此外，在家蚕中也发现其仅在特定的发育时间和组织中对某些基因进行局部剂量补偿，但在不同组织的 579 个基因中分别有 21%～65%比例的 Z 连锁基因却是雄性偏向的。相比于 ZW 性染色体系统，全局剂量补偿通常更容易发生在 XY 性染色体系统中。有可能的一种解释是性别选择更容易发生在雄性中；且雄性的突变速率通常比雌性高“雄性驱动进化”（male-driven evolution）效应，导致 Y 染色体比 W 染色体更容易积累有害突变发生退化，这两个因素的作用导致许多 ZW 物种没有像 XY 物种那样广泛地演化出全局剂量补偿机制。但目前还没有实验数据可证明该解释。总之，越来越多的研究表明，我们对剂量补偿机制的认识仍然是不全面的，全局剂量补偿机制有可能不是必需的且并不必然伴随性染色体的演化。

4. 性染色体的特化

性染色体与常染色体的演化方式不同。在性染色体和常染色体之间可以观察到许多差异，许多爬行动物、大多数鸟类和哺乳动物在异型性别中具有染色体大小和基因组组成相差很大的性染色体对。这些差异是 Y/W 染色体的退化和特化，同时也是 X/Z 染色体的特化共同造成的结果。众多研究表明，Y 和 W 染色体由于其性别特异的遗传方式而受到独特的进化压力，性别特异性适应可能驱动了早期性染色体的进化。例如，Y 染色体失去了大部分曾经和 X 染色体共享的原始基因并积累了大量的重复序列。但是同时，人类的 Y 染色体含有大量的回文序列，这些序列可以介导 Y 染色体内部自身序列的重组，以延缓功能的退化过程。另外，最近对小鼠 Y 染色体全基因组序列的测定显示，有少数几个基因通过串联重复的机制发生大规模复制，产生了几百个拷贝，而这些基因都专一地在雄性睾丸中表达。这一结果揭示雄性特异的遗传模式有利于 Y 染色体上大量雄性相关基因的获得（雄性化）。类似的结果也在果蝇（*D. miranda*）年轻的 Y 染色体上发现，对于雄性有利的基因相比其他基因更可能经历适应性的进化，而一些在果蝇睾丸或者附睾中特异表达的基因，在 Y 染色体上不但没有发生退化，反而显示出表达量的升高。相比之下，X 染色体仍在雌性中重组，且相比于常染色体，X 染色体通过雌性传播的频率高于雄性，将导致雄性相关基因的丢失（去雄性化）。Sturgill 等对多种果蝇物种的 X 染色体进行了研究，发现相比其他染色体，这些物种的 X 染色体上都欠缺雄性偏向表达的基因。而在鸟类中 Moghadam 等通过研究不同驯化模式下鸡的品系，尤其是将被驯化具有优良产蛋性状的品系和被驯化用于斗鸡的品系相互比较，揭示了雌性特异的选择模式将对 W 染色体基因的表达产生更严重的影响。在具有优良产蛋性状的鸡品系里面，其 W 连锁的基因都发生了基因表达量相对于其他品系的上调。

第四节 性别诊断技术

性别鉴定是指利用遗传学、生物学、医学理论、聚合酶链式反应（polymerase chain reaction，PCR）技术、荧光定量分析技术等，经过多重离心分离 DNA 染色体，检测血液样品中是否存在 Y 染色体（人类），以确定胎儿性别。

一、性别诊断的技术方法

1. 抽绒毛鉴定

抽绒毛鉴定又叫绒毛取样，就是在超声波导引之下，用一支细长针，经由孕妇的腹部、子宫壁、羊膜而进入羊膜腔，抽取少量（约 20 mL）的羊水。胎儿及其四周的羊水，由一层羊膜所包围。羊水中含有许多胎儿皮肤、呼吸道、消化道、泌尿道黏膜所剥落的细胞，可供检查。一般多在怀孕 10 周以后施行。自 1968 年第一个羊水培养成功至今已 50 多年。但是，抽绒毛鉴定有一定的风险，可使孕妇流产或胎儿畸形。

羊膜穿刺术后进行细胞培养和染色体制备，这样既可以诊断胎儿的染色体是否正常，也可诊断胎儿的性别。准确率可达 100%，2 天得到结果。虽然在怀孕 10 周左右利用抽绒毛鉴定即能判断胎儿的性别，但它可能造成流产（1%可能伤害胎儿）。

2. B 超

B 超鉴定胎儿性别是根据胎儿性状表现的影像特征判断胎儿的性别。要求孕妇怀孕 19 周以上。即便是最有经验的影像学专家也只能在妊娠三个月以上才能看出婴儿性别，准确率也不能达到 100%，但是安全性最高。

3. 羊水穿刺

羊水穿刺是用一根长针，经孕妇腹壁从羊膜腔中吸取羊水，从而检测胎儿情况。羊水穿刺是一种入侵性性别鉴定方法，具有 1%～3%流产、胎儿畸形、感染的风险。准确率可达 95%左右。

4. DNA 性别鉴定

孕妇最早怀孕满 7 周便可以通过 DNA 性别鉴定方法知道胎儿性别，准确率可达 99.4%。母体 DNA 验血：可利用基因工程的技术，采取母体静脉的血液，来判断胎儿的性别。对胎儿及母体没有任何风险，由于出自 DNA 香港 Zentrogene（大 Z）化验所生物科学实验室提起的报告，现在鉴定的准确度高达 99.4%以上，通过染色体做出性别推断。最初，研究人员发现一个名为“*SRY*”的基因只存在于 Y 染色体上。一旦被发现，就意味着胎儿是男性。因此，我们可以从母亲血液中分离出胎儿的 DNA，看看是否能找到 *SRY* 基因，性别问题就迎刃而解了。与 B 超只能在胎儿足够大时观察性别特征不同，这种方法可以在受孕 7 周后进行。

二、诊断技术的优缺点

诊断胎儿性别的方法有 B 超和羊水穿刺法等，虽然这些方法都是被医学证实可以用作测试胎儿性别，但也存在很多缺点。

很多孕妇做胎儿性别鉴定，都是通过B超，由妇科医师告知胎儿的性别。这种检测方法存在以下几个问题。

第一，准确性的问题。很多因素会影响准确性，如B超机的型号，旧款的B超机妇科医师可能看得不清楚，作出判断失误；胎儿的位置也会影响准确率，如胎儿的性器官被压着，也会影响妇产科医师的判断。当然妇产科医师的经验、技术、年资都会影响准确率，所以通过B超去鉴定胎儿的性别，存在很多不确定因素，准确率普遍来说只有70%左右。

第二，风险的问题。羊水穿刺法可以知道胎儿的性别，而且准确率达到100%，可是羊水穿刺法存在两个问题，①需要怀孕10～11周才可以进行；②抽取羊水属于入侵性的测试，对胎儿及孕妇有一定的危险，流产风险比较高。所以羊水穿刺法通常是用作鉴定胎儿是否有先天性疾病，如唐氏综合征等医疗用途，很少会用于鉴定胎儿的性别上。最严重的是抽取羊水的过程中孕妇有可能被细菌感染或发生羊水栓塞，风险不可以忽视!

第五节　动物的性别控制技术

性别控制（sex control）即通过人为地干预并按人们的愿望使雌性动物繁殖出所需性别后代的一种繁殖新技术。一般来说，这种控制技术主要在两个方面进行，一是在受精之前，二是在受精之后。前者是通过体外对精子进行干预，受精之时便决定后化的性别。后者是通过胚胎的性别进行鉴定，从而获得所需性别的后化。

一、性别控制的意义

性别控制对人类和动物，尤其是家畜的育种和生产有着深远的意义。其重要意义至少有以下几点。

（1）可使受性别限制的限性性状（如泌乳性状、鹿茸性状）和受性别影响的生产性状（如肉用、毛用性状等）获得更大的经济效益，如奶牛场主希望从其优质、高产的核心群中繁殖出更多的小母牛来更换奶牛群，而肉用牛场主则希望繁殖出更多的小公牛。因为牛的生产速度和肉的品质与性别有关，公牛生长速度比母牛快，而且阉公牛肉的价格较高。

（2）可增强良种选种的强度和提高育种效率，以获得最大的遗传进展。对于家畜育种者来说，根据市场需求，可利用性别控制技术以更高的效率繁殖出所需要的性别种畜。同时，对后裔测定来说，性别控制比无性控制至少可以节省一半的时间、精力和费用。

二、性别分化调控机制

性别分化始于性腺的形成和发育，原生殖细胞经迁移与体细胞形成生殖腺，随后向睾丸或卵巢分化。该过程依赖于睾丸或卵巢特异性通路的激活，2个不同的通路激活，其中一个则会持续抑制另一通路，如果人为干预来选择特定通路，则会出现性别反转。

1. 睾丸发育的基因调控

*SRY*已被证实为雄性动物Y染色体中起性别决定作用的主开关，是驱动睾丸发育信号通路的关键基因，贯穿整个雄性动物睾丸发育，能激活*SOX9*的表达。它与下游*SOX9*构建了包括*WT1*、*NR5A1*、*MAPK*、*GATA4*和*DMRT1*等基因，促进睾丸发育。

当生殖腺开始向睾丸分化时，*EMX2*与*LHX9*开始表达，*LHX9*和*WT1*可以激活*NR5A1*表达，最重要的是*NR5A1*与*WT1*启动了*AMH*表达，诱导缪勒氏管退化，刺激附睾、输精管和精囊等雄性生殖器发育，*CBX2* 不仅能促进性腺形成，也能促进 *NR5A1*、*WT1* 和 *SRY* 的转录。当进入睾丸发育时期，*SOX9* 的表达开启了睾丸分化。*SOX9* 可以通过睾丸增强子核心序列 TESCO 调节自身转录，也可以与 *FGF9*、*PIOGD* 形成彼此促进表达的正向调控循环，维持高水平表达状态，取代 *SRY* 的调节功能，促进支持细胞谱系分化，诱导睾丸进一步发育。

在 2018 年的一项研究中，研究人员在距离 *SOX9* 超过 50 万个碱基的地方发现了一小段称为增强子 13（*Enh13*）的 DNA，它在调节 *SOX9* 的表达中至关重要。*Enh13* 会在合适的时刻促进 *SOX9* 的产生，从而引发睾丸发育。当研究人员删除小鼠模型中的 *Enh13* 时，他们发现 *SOX9* 的表达下降到足以导致完全的性别反转，即染色体雄性（XY）的小鼠胚胎发育为典型的正常雌性，其卵巢与雌性小鼠的卵巢几乎一样。

可是，在性别逆转患者（46，XY 雌）中，大约只有 15%可归因于 *SRY* 的突变。然而，是否存在另一种性染色体基因参与决定性别仍不清楚。有趣的是，X 染色体的重排导致部分非洲侏儒鼠（*Mus minutoides*）表现出雄性向雌性（XY 雌）的性别逆转，这提示着哺乳动物 X 染色体上可能存在雄性性别决定基因。在哺乳动物中，X 和 Y 染色体共同确定性别分化的方向，并与常染色体共同作用完成性别分化过程。性别决定由 Y 染色体上的 *SRY* 和 X 染色体上的 *SDX* 共同做出，其中 *SDX* 通过促进 *SRY* 表达来确保个体朝雄性发育。性别决定领域传统观念认为哺乳动物性别由 Y 染色体（*SRY*）决定，没有 Y 染色体或者缺失 *SRY* 基因，个体将发育为默认的雌性。其实，X 染色体也参与性别决定，没有 X 染色体上的 *SDX* 基因的帮助，Y 染色体无法确保个体发育为雄性。

在睾丸分化的成熟阶段，*DMRT1* 对于维持哺乳动物睾丸后期发育是至关重要的。*DMRT1* 位于减数分裂前的生殖细胞和支持细胞中，它可以抑制卵巢发育关键基因 *FOXL2* 的表达以维持睾丸发育，这种抑制作用一直持续到机体成年后。此外，*DMRT1* 在鸡胚早期缪勒氏管中表达，参与导管形成的调控（图 10-7）。近期，英国罗斯林研究所、弗朗西斯·克里克研究所和国家鸟类研究机构的科学家还发现了 *DMRT1* 可以决定禽类是发育睾丸还是卵巢，这一发现明

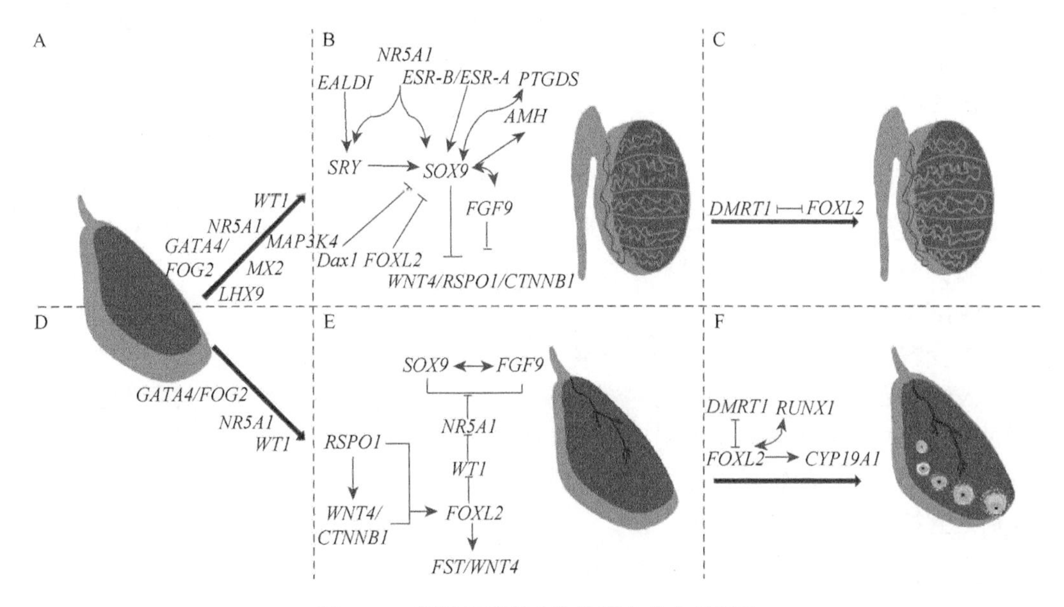

图 10-7　基因在哺乳动物性腺分化中的调控

A. 相关基因促进性腺开始向睾丸分化；B. 睾丸发育阶段；C. 睾丸成熟阶段；D. 相关基因促进性腺开始向卵巢分化；E. 卵巢发育阶段；F. 卵巢成熟阶段

确了鸟类和哺乳类动物在生物学上的一个关键区别，与哺乳动物不同，禽类的性发育是由体内单个细胞决定的，而非性腺激素。研究人员在雄性鸡胚中使用基因组编辑技术删除了一个性别决定有关的基因拷贝，发现该雏鸡发育出了卵巢而保留了雄性的身体特征（如体型和雄性羽毛样式）且不产卵。研究还表明，雌激素在决定禽类是发育卵巢还是睾丸方面起着关键作用，并控制着 *DMRT1* 基因的活性。这项研究可为鸡的早期性别鉴定提供新的方法，从而防止雄性卵的孵化。还可为生产卵巢功能正常的性反转鸡提供帮助。

2. 卵巢发育的基因调控

卵巢发育是以抑制雄性特异性基因表达为基础，通过 *WNT*/*CTNNB1* 信号通路调控卵巢发育，促进卵巢发育基因的表达，促使雌性动物卵巢发育。在性腺向卵巢发育时，*RSPO1* 与 *WNT4* 相互协同促进 *CTNNB1* 表达，激活基因 *FOXL2* 抑制 *SOX9* 的表达来促进卵巢发育。*FOXL2*、*RSPO1*、*WNT4* 和 *CTNNB1* 的表达能调控多种基因的转录，包括重要的卵巢成分和卵泡抑制素基因 *FST* 的表达，促使性腺发育开启卵巢的发育。研究发现，*FOXL2* 发挥维持卵巢组织和卵泡发育的主要作用，通过抑制 *WT1* 表达来阻止卵巢发育中 *NR5A1* 表达，同时在卵巢发育过程阻滞 *SOX9* 表达，可防止性别反转。当进入卵巢成熟阶段时，*FOXL2* 与 *RUNX1* 相互促进，降低 *DMRT1* 表达水平，正向调控芳香化酶基因等表达，从而维持和促进卵巢发育（图 10-7）。

三、性别控制的途径

性别控制最早可追溯到 2500 年前古希腊德谟克利特，20 世纪随着孟德尔遗传理论的重新确立，人们提出性别由染色体决定的理论。1923 年 Painter 证实人类 X 和 Y 染色体的存在。1959 年 Welshons 和 Jacobs 等提出 Y 染色体决定雄性的理论，后来 Jacobs 等在 1966 年发现雄性决定因子位于 Y 染色体短臂上，1990 年英国学者 Sinclair 和 Gubbay 发现了 Y 染色体性别决定区（sex-determining region of Y，SRY）。同时伴随着人工授精和胚胎移植技术的发展和应用，性别控制的研究出现了高潮。就目前的研究内容看最主要的有两条途径，其一是精子的性别控制，其二是胚胎的性别鉴定。

1. 精子的性别控制

从 20 世纪 50 年代开始，人们就对 X 和 Y 精子的大小、带电荷数、密度和活力等作了较深入的研究。人们试图根据 X 与 Y 精子之间的生物学差异识别带有不同染色体的精子，并将其分开进行人工授精，从而控制家畜的性别。但由于除 X 精子的染色体含量高于 Y 精子和 Y 染色体上有特异的 *SRY* 序列外，两种精子在其他方面没有明显差异。

2. 胚胎的性别鉴定

正常的受精卵从卵子获得一条 X 染色体，从精子获得一条 X 或 Y 染色体，以此决定胚胎的性别。人们开始运用细胞学、分子生物学或免疫学方法对哺乳动物附植前的胚胎进行性别鉴定，通过移植已知性别的胚胎可控制后代性别比例。但当 Y 染色体上 *SRY* 基因被发现后，人们就开始对早期胚胎利用特异性 DNA 探针或 PCR 技术进行鉴定然后按要求选择胚胎进行移植，从而达到控制后代性别的目的。

四、性别控制的方法

现阶段家畜性别控制主要有 4 种途径，即性细胞分离法、早期胚胎性别鉴定法、调节母畜生殖道环境法和采用不同的温度解冻冻精法。

（一）性细胞分离法

1. X、Y 精子的分离

利用凝胶过滤法、密度梯度离心法、电泳技术、免疫法和流式细胞分离技术等，对 X、Y 精子进行分离，但绝大多数技术因分选速度过慢、纯度过低或对精子损害性过大等而不再应用，只有流式细胞分离技术进展较快，成为目前唯一有效的精子分离手段。

（1）根据精子的理化性质分离　人们分别采用了沉降法、电泳技术、密度梯度离心法和凝胶过滤法等各种技术分离精子。但许多研究结果表明，以上几种方法分离的精子数少、准确率低且可重复性差，所以现在很少应用。

（2）以长臂 Y 染色体为标记分离　Barlow 在 1970 年以长臂 Y 染色体为标记对 X、Y 精子进行分离，其原理为根据 Y 精子具有长臂 Y 染色体的特征，利用盐酸奎纳克林荧光监测技术来分离精子。由于精液准备程度的变化性和连续观察与识别荧光信号的难度，许多人对此法的效率和重复性持怀疑态度，在实际生产中更是很少应用。

（3）免疫分离精子法　该方法是利用 H-Y 抗体检测精子细胞膜上存在的 H-Y 抗原，以此来分离 X 精子和 Y 精子。只有 Y 精子才能表达 H-Y 抗原，因而，利用 H-Y 抗体结合精子细胞膜上存在的 H-Y 抗原，再通过一定的程序，就能将 $H\text{-}Y^{+}$（Y 精子）和 $H\text{-}Y^{-}$（X 精子）精子分离。将所需性别的精子进行人工授精，即可获得预期性别的后代。这种分离精子的方法依赖于 H-Y 抗血清的制备，尤其是抗血清的质量。这种方法目前主要采用免疫亲和柱层析法、H-Y 抗血清直接输入法和免疫磁珠技术来分离精子。Zavos 等（1982）用兔子生产抗血清进行实验，把 H-Y 抗血清注入母兔阴道 15 min 后输精，产出的雌兔为 74.2%；1987 年他又采用免疫过滤法对兔子和牛进行试验，结果后代中雌兔为 78.9%、母犊为 74.4%。王光亚等（1994）用兔 H-Y 抗血清进行试验，将效价为 1∶32 的兔 H-Y 抗血清输入发情母兔阴道内 10～15 min 后自然交配，所生 2 只小兔均为雌兔。罗承浩等（2004）应用此法对奶牛进行实验，结果表明比自然产母犊性比率理论值提高 10.7 个百分点。但由于 H-Y 抗原是一种弱抗原，所以其准确性比较低。

（4）流式细胞仪分离精子法　这是目前分离 X 精子和 Y 精子比较理想的方法，借助流式细胞仪进行相测定，其理论依据是 X 与 Y 精子 DNA 的含量不同。DNA 含量高，当用专用荧光染料染色时，其吸收的染料就多，发出的荧光也强，反之发出的荧光就弱。这种分离方法开创了精子分离的新局面。Johson 等（1989）用分离的兔 Y 精子在子宫内输精后，预测雄性兔比例为 81%，与实际相符。Abeydera 等（1998）报道，利用该法分离的猪 X 精子受精，产雌性 23 头，雄性 1 头，准确率为 95.8%；利用分离的 Y 精子受精，产雄性仔猪率为 100%。Seidel 等（1999）报道了使用牛分离精子冷冻保存后的受精效果，后代性别的准确率在 90%以上。但是用一般流式细胞仪分离精子时，需要精子一个个通过，这样就必须稀释精液，造成精子的运动能力下降，加之分离效率太低，目前还无法应用于实际生产。但是，据 Johson（2000）报道，同时分离收集 X 和 Y 精子，分离速度已达到每小时 6 000 000 个精子；若只若同时分离收集 X 和 Y 精子，分离速度以达到每小时 60 000 精子；若只分离和收集 X 精子，则分离速度可达到每小时 18 000 000 精子。如果结合显微注射技术，该方法将是一种有效的分离 X、Y 精子的技术。

（5）调控 X、Y 精子活力进行分离技术　近年来，研究人员通过调控 X、Y 精子活力达到分离 X、Y 精子的目的。Umehara 等研究发现小鼠 X 染色体基因编码的 TLR7 和 TLR8 受体与 X 精子的活力有关；将 TLR7 和 TLR8 的配体（R848 和 R834）加入精子缓冲液后，上层溶液大部分为活跃的 Y 精子，活跃度低的 X 精子在下层溶液。TLR7 表达于 X 精子尾部，被 R848

激活后使糖原合成酶激酶（GSK3α/β）和核因子 KB（NFKβ）磷酸化，从而切断己糖激酶途径，导致糖酵解受抑制，减少 ATP 的产生。TLR8 表达于 X 精子中部，受 R837 或 R848 激活抑制线粒体活性。有研究表明，线粒体中 ATP 的产生调节精子的前进运动，并且该系统独立于糖酵解，因此 TLR8 通过抑制线粒体活性从而抑制精子运动。随后，研究人员通过收集上层和下层溶液的精子在小鼠中展开了人工授精实验，溶液上层精子后代中雄鼠占 90%；下层精子的后代雌鼠占 81%。由此证明，运用激活 TLR7 和 TLR8 抑制 X 精子达到分离 X、Y 精子效果的方法是简便高效的，可快速筛选出 X 精子和 Y 精子，比现有分离技术安全度更高，不损伤精子活性及繁殖能力，适合需大剂量精子受精的家畜（如猪等）繁殖。此外，TLR7 和 TLR8 还能被丙型肝炎、艾滋病毒和寨卡病毒等 RNA 病毒释放的单链 RNA 激活，这些病毒通过感染雌性生殖道可能使进入生殖道的 X 精子的活性受抑制，从而影响性别比例（图 10-8）。

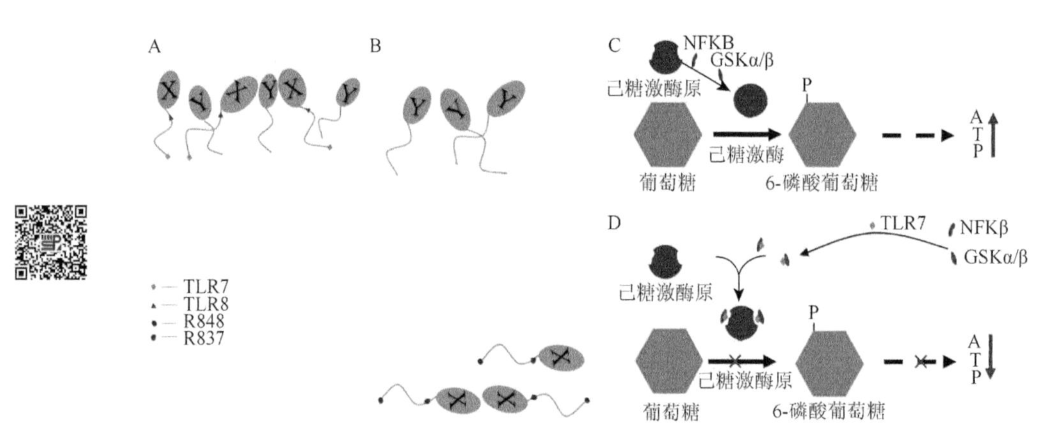

图 10-8　配体加入前后 X、Y 精子之间的变化及发生机制

A. 加入配体前 X、Y 精子都为溶液上层；B. 加入配体后 X 精子位于溶液底层，Y 精子位于溶液上层；C. 激活己糖激酶原启动糖酵解；D. 激活 TLR7 引发糖酵解抑制

2. 基因缺失调控后代性别比例

相关的性连锁基因缺失会影响动物的性别比例。*SLY* 缺失的雄性与雌性交配产生的后代中雄性远远少于雌性。研究发现，Y 染色体部分缺失小鼠的 *SLY* 基因减少使其产生的 Y 精子形态扭曲程度比 X 精子更严重，这导致 Y 精子运动能力受损从而不能到达受精部位参与受精，而 X 精子几乎不受影响仍能正常与卵子结合。值得注意的是，虽然 Y 精子运动能力受到影响，但依然能穿过卵丘细胞层和透明带，与卵母细胞膜表面结合，并且精子卵细胞正常融合且胚胎正常发育，还有研究表明，将 X 连锁的 *SLXLl* 基因完全去除掉，从而调节减数分裂后生殖细胞（圆形精子细胞到细长精子细胞）发育成熟为更多的 Y 精子，进而产生更多的雄性后代。

（二）早期胚胎性别鉴定法

动物性别控制除通过对 X、Y 精子进行分离以外，还可以通过对其胚胎进行性别鉴定，胚胎的性别鉴定已成为实现人为控制出生家畜性别的主要途径之一。现在能够实现胚胎性别鉴定的技术很多，而且已经达到成熟。但是这些方法存在准确率不高、费时或试验费用昂贵等不足。随着研究的深入和现代分子新技术的出现，细胞遗传学方法、分子生物学方法等方法对胚胎性别鉴定较为有效、准确和快速，并且具有一定发展和推广前景。

1. 细胞遗传学方法

通过核型分析对胚胎进行性别鉴定，即通过 Y 染色体的核型鉴定来达到鉴定胚胎性别的方法。此方法是取一小部分滋养层细胞，将被鉴定胚胎用含有丝分裂阻滞剂（如秋水仙碱）的培养液培养，然后诱使细胞及染色体扩展并加以固定，以永久性 DNA 染料如吉姆萨液染色（图 10-9），用显微镜检查，其性别鉴定准确率可达 100%，但采集细胞鉴定时对胚胎具有很大损伤，同时由于 Y 染色体的核型鉴定只有在细胞分裂中期才能观察到，所以难度极大且费时，对于技术水平也要求比较高，所以不适用于实际生产。

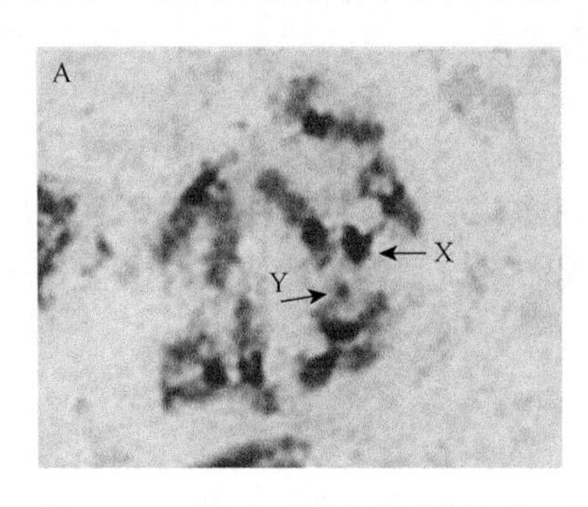

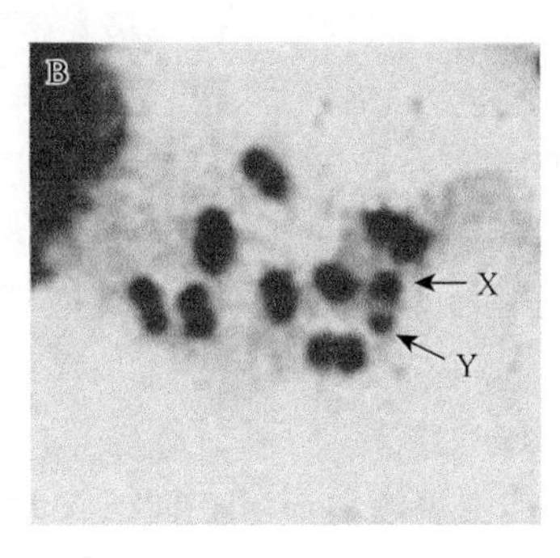

图 10-9　减数分裂粗线期晚期和第一次分裂中期染色体的吉姆萨液染色

2. 分子生物学方法

分子生物学方法是近十几年发展起来的一种利用雄性特异性基因探针和 PCR 扩增技术鉴别家畜胚胎性别的崭新方法。它具有灵敏、准确、特异、快速等特点，因此它成为胚胎性别鉴定中最具研究价值和发展潜力的技术方法，其实质就是检测 Y 染色体上 *SRY* 基因的有无，有则判为雄性，无则判为雌性。

（1）*雄性特异 DNA 探针检测法*　主要是从胚胎取下少量细胞，将其 DNA 与 Y 染色体特异标记的 DNA 序列（探针）杂交，结果如果为阳性，则为雄性胚胎，否则为雌性胚胎。

（2）*荧光原位杂交法（FISH）*　FISH 主要有荧光素探针制备、探针和靶 DNA 的变性与杂交、观察鉴定三部分组成。FISH 技术制备了特异性序列片段探针，而且杂交在细胞内进行，并能使用试剂而发光、显色，既能在细胞分裂间期杂交，也能在分裂中期杂交，所以具高效性和低的错误率。Kawarasaki 等（2000）用 FISH 技术以染色体 Y-探针和切割胚胎进行杂交检测猪胚胎性别，鉴定率为 87.6%（85/97），而 92%（60/65）的切割胚体外发育 48 h 后有明显的囊胚腔和内细胞团，在移植的 12 头受体中产出 12 头与鉴定结果一致的仔猪。此方法具有高效、快速、准确的特点。其不足之处是 DNA 探针特异性不强、荧光素分辨率低且对胚胎毒相关性较大。

（3）*PCR 扩增法*　利用 PCR 扩增法，若出现特异条带的是雄胚，否则为雌胚。国内外的专家学者相继用此技术，通过扩增胚胎的性别决定基因（*SRY*）鉴定胚胎性别，其准确率达到 100%。该技术灵敏度高，可重复性好，该技术建立后很快被用于胚胎的性别鉴定。但是该技术容易造成污染，同时耗时长，因此，还需进一步改进。

（4）*环介导等温扩增（loop-mediated isothermal amplification，LAMP）法*　与 PCR 技术同属于基因扩增技术的 LAMP 法是一种全新的基因扩增法。由于双链 DNA 在 65℃左右处于动态平衡状态，任何一条引物对双链 DNA 的互补部位进行碱基配对时，一条链就会脱落变成单链（淮亚红等，2005）。LAMP 法就是利用这一特点，对目标基因的 6 个区段设定雄性特异性及雌雄共同引物（4 种），利用链置换活性 DNA 聚合酶，在 65℃的恒温条件下对胚细胞中的雄性特异性核酸序列和雌雄共有核酸序列进行扩增反应，最后通过反应过程中获得的副产物焦磷酸镁形成白色沉淀的浑浊度来进行早期胚胎性别的鉴定。王海浪利用此法对牛早期胚胎进行检测，其性别符合率达到100%，与H. Hirayama等鉴定113头奶牛胚胎性别符合率（58枚雄性，55枚雌性）结果相符。LAMP反应是很灵敏的反应。只要混入极其少量的目标基因以外的基因DNA或其他检品的扩增产物，也可能造成误判。所以LAMP技术具有PCR技术相似的缺点，就是因极高的灵敏度而容易受到污染的干扰。比较胚胎性别鉴定的各种方法，应用PCR技术、LAMP法进行胚胎性别鉴定，具有灵敏、快捷、简便、实用等特点，但灵敏度高本身又是该技术的缺点，因为操作过程极易遭到污染。

综上所述，哺乳动物性别控制技术近年来已取得了很大的进展。精子分离技术，到目前为止只有流式细胞仪可将X、Y精子高效地分开，但其价格昂贵，并且受胎率偏低，其应用受到一定的限制。从胚胎性别鉴定的整个历史进程来看，用分子生物学方法进行准确高效的胚胎性别鉴定是可行的，但从胚胎上切取部分细胞，而后经冷冻，解冻会对胚胎造成一定的损害。

（三）调节母畜生殖道环境法

即制造相应的生殖道内环境，抑制Y精子或X精子与卵子结合。调节母畜生殖道内环境虽然尚在摸索阶段，其准确度也不是很高，但由于其操作方便、成本低、对母畜伤害小等因素，逐渐被广大养殖户接受。

（四）采用不同的温度解冻冻精法

即用不同的温度解冻冻精，母畜所生后代性别比例不同。其原理是X、Y精子对不同温度的敏感性不一样，其在不同的解冻温度下活力和苏醒速度也不一样，故导致了后代性别比例不同。这种方法虽然在不同类别、品种家畜中会有所区别，其准确度亦不是很高，但因其操作性强等特点，将会成为广大养殖户性别控制的一种方法。

五、家畜性别控制技术在实际生产中的应用

目前，由于设备、技术、成本等原因，不是所有的性别控制技术都能在实际生产中得以广泛应用推广。生产中常用的性别控制方法有流式细胞分离法、调节母畜生殖道环境法、改变冻精解冻温度法等。前一种分离精确度高，但耗时长、成本高、设备要求高，一般在较大的研究机构或企业使用，而后两种方法由于操作简单，简便易行，实用性更强。

1. 流式细胞分离法

曾有权等（2012）利用流式细胞仪分离获得的猪的X和Y精子对母猪进行输卵管授精，结果显示，母猪怀孕率和产仔率均为100%，输Y精子的母猪产雄仔率为100%。比对照组母猪产雄仔率高42.86%；输X精子的母猪产母仔率为91.67%，比对照组母猪产母仔率高51.67%，效果显著。高一龙等在拉布拉多犬X/Y精子分选及性别控制冷冻精液制备实验中得出，流式细胞仪分选的X/Y精子纯度达到89%～91%，冷冻后活率无明显差异（$P>0.05$），常规冷冻精液和X、Y型冷冻精液性别比例差异显著（$P<0.05$）。

2. 调节母畜生殖道环境法

曾有学者研究表明，将生理盐水稀释的精氨酸溶液分为高（10%）、中（5%）、低（3%）3种浓度，输精前20～30 min注入某一浓度的精氨酸溶液1 mL，结果显示，注入高浓度和中浓度时，牛产公犊多，注入低浓度时，产母犊多。梁明振等研究了牛阴道液pH与后代性别比例的关系，发现碱性环境适宜Y精子，酸性环境适宜X精子，当pH>7.6时，Y精子的活力较强，后代公犊所占比例达66.7%；当pH<6.8时，X精子的活力较强，后代公犊所占比例为37.5%。于涛等（2015）检测奶牛宫颈黏液pH，结果显示宫颈黏液的pH越高后代为雄性的概

率越大，反之宫颈黏液 pH 越低产雌性个体的概率越大。奶牛宫颈黏液 pH≤6.7 的母牛，后代性别多为雌性，pH≥7.6 时，后代多为雄性，奶牛宫颈黏液 pH 为 6.8～7.5 时，雌雄后代数目较为均等，接近于 1∶1。

张岳周等（1990）用 20%食醋溶液冲洗阴道发现，牛阴道黏液 pH 与性别存在一定的关系，当 pH≤6.7 时，母犊占 63.5%。

3. 改变冻精解冻温度法

马正文应用高温 41℃解冻冻精和应用 20%食醋溶液冲洗阴道再输精，结果共输配母牛 886 头，受胎 710 头，共产活犊牛 701 头，其中产母犊牛 476 头，占 67.9%。李来平和沈平（2015）将冷冻精液用 40～45℃、45～55℃和 55～60℃ 3 个不同温度区间解冻，对犊牛的性别有显著影响的温度区间为 55～60℃，母犊率为 58%，打破了自然交配条件下犊牛公、母比例 1∶1 的自然规律，使母犊率在一定程度上得到了提高。姜忠玲和王国志等（2004）也研究证明在一定范围内提高冻精解冻温度会增加后代个体的雌性率。

第六节　动物的孤雌生殖

一、正常生殖

真核生物胚胎的形成是精、卵作用的结果。1 个精原细胞经过两次减数分裂产生 4 个精细胞，1 个卵原细胞经过两次减数分裂产生 1 个卵细胞，雌雄两种单倍体细胞结合，使染色体数目恢复为二倍体，生命由此开始。卵原细胞完成第一次减数分裂，形成次级卵母细胞，遇到精子后完成第二次减数分裂形成卵细胞。

二、孤雌生殖

孤雌生殖也称单性生殖，孤雌生殖是在无须精子的条件下，自发（不经过受精）或经物理、化学刺激，使卵母细胞有丝分裂激活，而形成胚胎，并可继续发育至成熟而产生后代，孤雌生殖现象是一种普遍存在于一些较原始动物种类身上的生殖现象。简单来说就是生物不需要雄性个体，单独的雌性也可以通过复制自身的 DNA 进行繁殖。即无雄性配子的任何作用，由雌性配子产生胚胎。孤雌生殖在许多动物身上均有体现，诸如昆虫类的蟑螂、苍蝇、蚂蚁、蜜蜂，脊椎动物类的蜥蜴（图 10-10）、蛇、鱼、鸟类及两栖动物等，甚至在锤头鲨这种较为原始的软骨鱼类身上竟也曾出现过孤雌生殖的现象。

图 10-10　孤雌生殖新墨西哥长尾蜥蜴（中间）

（一）孤雌生殖类型

1. 偶发性孤雌生殖

偶发性孤雌生殖（sporadic parthenogenesis）是指某些昆虫在正常情况下行两性生殖，但雌成虫偶尔产出的未受精卵也能发育成新个体的现象。常见的如家蚕、一些毒蛾和枯叶蛾等。

2. 经常性孤雌生殖

经常性孤雌生殖也称永久性孤雌生殖。这种生殖方式在某些昆虫中经常出现，而被视为正常的生殖现象。

在膜翅目的蜜蜂和小蜂总科的一些种类中，雌成虫产下的卵有受精卵和未受精卵两种，前者发育成雌虫，后者发育成雄虫。有的昆虫在自然情况下，雄虫极少，甚至尚未发现雄虫，几乎或完全行孤雌生殖，如一些竹节虫、粉虱、蚧和蓟马等。

3. 周期性孤雌生殖

周期性孤雌生殖也称循环性孤雌生殖。昆虫通常在进行 1 次或多次孤雌生殖后，再进行 1 次两性生殖。这种以两性生殖与孤雌生殖交替的方式繁殖后代的现象，又称为异态交替或世代交替，如棉蚜从春季到秋末，进行孤雌生殖 10～20 代，到秋末冬初则出现雌、雄两性个体，并交配产卵越冬。

（二）孤雌生殖的生殖方式

孤雌生殖的生殖方式主要有 4 种（表 10-3），包括均等分裂型、卵核与极体融合型、极体融合型和分裂核融合型 4 种孤雌生殖方式，这 4 种孤雌生殖的生殖方式在蛾、蝶中均有发现。另外，孤雌生殖有别于无性生殖，它是由生殖细胞而非体细胞完成的繁殖现象。这产生的个体多数为单倍体，或者是进行重组之后的二倍体，而无性生殖产生的是和母体遗传物质完全相同的个体，所以通常把孤雌生殖归类于有性生殖而非无性生殖。

表 10-3　孤雌生殖的生殖方式

孤雌生殖的生殖方式	概念
均等分裂型孤雌生殖	卵原细胞正常进行减数分裂，产生 3 个极体和 1 个卵细胞，其中卵细胞独立发育为后代个体的现象（后代为单倍体）。
卵核与极体融合型孤雌生殖	卵原细胞正常进行减数分裂，产生 3 个极体和 1 个卵细胞，其中卵细胞与任意极体随机结合，形成“极体-卵细胞-受精卵”，并由此细胞发育成后代个体的现象（后代为二倍体）。
极体融合型孤雌生殖	卵原细胞正常进行减数分裂，产生 3 个极体和 1 个卵细胞，但任意两个极体间发生了融合，形成了“极体-极体”融合细胞，由于此细胞也携带有母体全套遗传物质，也可以独立发育为后代个体（后代是二倍体）。
分裂核融合型孤雌生殖	卵原细胞在进行减数第一次分裂时正常分裂，但不进行减数第二次分裂，最终形成了 1 个极体和一个“双套卵”，由于它携带有母体的全套遗传物质，自然可以独立地发育为后代个体（后代为二倍体）。

（三）孤雌生殖昆虫的起源及细胞学机制

孤雌生殖不等同于无性繁殖。从定义上来讲，孤雌生殖是从未受精的卵发育成一个新的幼体，而卵是两性生殖中进化出的雌配子，那么可以推知，孤雌生殖是从两性生殖中产生和衍化出的一种特殊生殖方式。目前对孤雌生殖机制的研究和一些系统地理学的证据也表明，自然界中一般孤雌生殖的种群都是由相近的两性种群中杂交产生的。孤雌生殖昆虫的起源方式有以下几种。

1. 自发起源

自发起源式的孤雌生殖在昆虫中广泛存在，如一些蛾类、蚜虫和竹节虫等。

2. 杂种起源

一些孤雌生殖种是通过种间杂交，但杂交后不能进行正常的减数分裂，只能通过孤雌生殖的方式来繁衍。这种杂交起源的孤雌生殖常伴随多倍体现象，如蓑蛾和孤雌生殖的多倍体象甲。

3. 传播起源

一些自发起源的孤雌生殖昆虫具有产生雄性后代的能力，比如黄蜂和蚜虫，由此产生的雄性个体与两性生殖的雌性交配后，可以产生两性生殖的品系和孤雌生殖的品系。

4. 感染起源

一些特殊的共生微生物对宿主进行“生殖操作”后引起的孤雌生殖，如昆虫纲中最常见的沃尔巴氏菌（wolbachia）感染寄主后就可使寄主从两性生殖转变到孤雌生殖，但利用抗生素处理后就能使寄主恢复到正常的两性生殖方式。

三、孤雌生殖的意义

孤雌生殖技术通过人工刺激模拟受精过程，提高胞质内钙离子浓度，从而使卵母细胞在无须精子条件下被激活，是一项重要的生物技术，可用于间接评估卵母细胞的质量、分析早期胚胎发育中父系母系配子相互作用、研究胚胎发育初始机制。同时成熟卵母细胞的体外激活还是通过核移植进行动物克隆的必要条件。

四、孤雌生殖的发展简史

生物学家 Jacquesloeb（1899）首次提出人工激活孤雌生殖概念，他通过针刺和改变周围盐溶液的浓度激活海胆和青蛙的卵母细胞。Pincus 于 1993 年提出通过温度变化和化学物质激活哺乳动物的卵母细胞。此后，孤雌生殖技术逐渐在各种动物中展开，实验涉及的动物有鼠、兔、牛、羊、猪、猴等。目前已有人卵母细胞通过孤雌生殖技术来激活从而完成减数分裂及孤雌生殖嵌合体形成的报道，然而由于实验研究涉及众多伦理学问题，故其总体报道甚少。

五、孤雌生殖动物的形成

有些动物不行孤雌生殖，但其卵在未受精前，用人工方法刺激，如改变温度、pH 等，或用化学和机械方法刺激卵，亦可使其进入孤雌发育。例如，家蚕的卵经温汤处理后就可促使卵开始分裂进行孤雌发育，并能形成相应的孤雌品系。

（一）孤雌生殖发育途径

一些昆虫发生孤雌生殖的细胞学机制已被初步揭示出来。进入孤雌生殖的卵因为没有受精，大致上采用三种发育途径。

1. 单倍体卵直接发育

减数分裂后，单倍体的卵可以直接发育为成体，如蜜蜂的产雄孤雌生殖。

2. 两个卵核合并发育

减数分裂后，以自合的方式恢复染色体的两倍数，自合的方式可以是极体的核与卵核的合并，也可以是卵裂时两个卵核的合并，甚至是卵核内的染色体只进行核内有丝分裂而形成再组核，根本不产生极体的核，这些方式都可以导致染色体数目的恢复。发现于一些产二倍体后代的孤雌生殖昆虫。

3. 卵核直接发育

卵核不经减数分裂，在核内保持两倍的染色体，因而也就无须以受精恢复其染色体倍数。

对于这些不同的发育途径，其背后形成机制可以是遗传因素，也可以是外来因素（如共生菌感染）。需要注意的是，遗传因素引起的孤雌生殖和共生菌引起的孤雌生殖在细胞学机制上是不同的。对于遗传因素引起的孤雌生殖，卵母细胞通常通过调整减数分裂及染色体加倍等方式绕过减数分裂的障碍，从而进入孤雌发育；而共生菌引起的孤雌生殖，卵母细胞进行正常的减数分裂，依靠卵母细胞分裂产物的中部融合生殖或者端部融合生殖来恢复母本的染色体倍性。

（二）孤雌生殖动物的选择

已报道的用于孤雌生殖实验的动物有鼠、兔、牛、羊、猪、马、猴等。实验表明不同动物或同种动物的不同种系，对于同一诱发孤雌激活的条件，其反应常常是不同的。一般认为，这种差异源于不同动物的遗传学背景。因此，对于不同的动物种类，根据不同的实验要求，选择不同的孤雌生殖实验方法。由于兔的卵母细胞体积大，弹性好，胞质透明度比其他动物的高，容易操作，且其孕期短，仅 1 个月，故有人认为兔是开展孤雌生殖实验的理想动物模型。2018 年中国科学院动物研究所李伟研究员、周琪研究员与胡宝洋研究员团队合作，对单倍体胚胎干细胞进行印记基因修饰，在对其进行复杂胚胎操作后，得到了世界上首只双父亲来源的小鼠，以及性状正常的双母亲来源小鼠（图 10-11）。

图 10-11　世界上首只双父亲来源的小鼠及性状正常的双母亲来源小鼠

（三）孤雌激活条件的探索

成熟猪的卵母细胞能被各种物理或化学条件激活，且在体外发育至囊胚期，然而并不意味其还能进一步发育，因为激活方法常会影响和改变胚胎进一步发育的能力。多年来，科学家一直在探索孤雌激活的最佳方法，以求卵母细胞达到最大比例的激活及激活后细胞最大程度地发育直至胚胎的产生。好的激活方法简单且有效，激活后发育成胚泡的比例高，且胚泡的形态和质量好。孤雌激活不充分或培育条件不恰当都会影响孤雌胚胎的发育潜力。目前研究的激活方法主要有两类：物理方法和化学方法。前者包括机械、温度及电刺激；后者包括酶刺激、高渗或低渗环境、离子处理和蛋白质合成抑制剂处理等。

1. 物理方法

电场力和脉冲次数对染色体的形成及孤雌生殖发育的影响至关重要。在所有激活方法中，电刺激应用最为普遍，其能够促进胞膜小孔的形成，有利于细胞外钙离子的摄入，使细胞内钙离子浓度增加，便于卵母细胞的激活，该结论已在小鼠、兔、牛等动物实验中得到证实。Fissore 和 Rob 于 1992 年报道，电刺激的持续时间和电场力均会影响胞质内钙离子升高的幅度，Funahashi 等（1994）提出电刺激可以明显增加发育到囊胚期的卵母细胞数量。卵母细胞分裂及发育到囊胚期的数量与电场力强度密切相关。Lee 等（2004）提出 2200 kV/cm DC 的电场力加一次 30 U/s 脉冲是使猪卵母细胞分裂及发育到囊胚期分数最高的强度。

2. 化学方法

目前用于孤雌激活较重要的试剂是乙醇，Cuthberst 和 Nagai 等分别于 1981 年和 1987 年用乙醇来诱导鼠和牛卵母细胞的激活。Yang 于 1994 年报道用 7%的乙醇加环己酰亚胺（cycloheximide，CHX）共同激活牛卵母细胞 10 min，其激活率比以往有较大程度的提高。此后又发现用细胞松弛素激活卵母细胞 10 min 后，再加蛋白合成抑制剂（CHX）、细胞松弛素（CCB）和 6-二甲基氨基嘌呤（6-DMAP），其效率比各种试剂单独激活有显著提高。有报道用钙离子载体和嘌呤霉素联合激活人卵母细胞，其激活率达 95%以上。然而，并不是所有的联合激活都有很高的效率，也有实验表明，CCB 和 CHX 联合激活猪卵母细胞，发育到囊胚期的数量低于单用 CCB，表明只有 CCB 在起作用。CHX 不会阻止第二极体的释放，因此如果单用 CHX，会有大量的单倍体出现，并使胚泡发育不良。

常用的化学试剂及其在卵母细胞孤雌激活中的机制如下。

（1）乙醇是较重要的一种孤雌生殖激活试剂，能诱导细胞内钙离子信号增加，使某些卵母细胞激活。

（2）CCB 能抑制激活后第二极体的释放，促进二倍体的发育，防止染色体分离，抑制胞质的分裂，形成有两个原核的二倍体。其能加强卵母细胞发育至囊胚期的能力，同时还可以防止胚胎的崩解。

（3）蛋白合成抑制剂（CHX），用于诱导成熟小鼠和牛等细胞内原核的形成及发育。

（4）6-DMAP 丝-苏氨基酸蛋白磷酸化抑制剂，直接抑制胞质成熟促进因子（maturation promoting factor，MPF）磷酸化过程，使其不能激活，致减数分裂不能恢复；亦可作组蛋白激酶抑制剂，抑制蛋白激酶活性，能加速和促进细胞分裂中原核的形成，引起第二次减数分裂中纺锤体的崩解，使卵母细胞直接进入分裂间期，促进有丝分裂。

3. 联合激活

有实验证明电刺激联合化学试剂 6-DMAP 作用于小鼠卵母细胞，激活率及发育到胚泡的数量比单一处理要高。电刺激联合丁内酯-Ⅰ激活猪的卵母细胞，较单一条件刺激有更高的激活率，同时其卵裂率和发育到囊胚期的数量也有明显增加。联合激活的高效性在兔、牛等动物身上都得到证实。故多数学者认为，联合激活能够极大地提高卵母细胞的激活率，导致 MPF 不可逆性下降，对其胚胎的后期发育有明显的促进作用。

4. 蛋白质合成抑制剂的激活

在蛋白质类细胞因子如成熟促进因子（MPF）和细胞静止因子（CSF）的作用下，卵母细胞分裂停滞在第二次成熟分裂中期。这些因子对 Ca^{2+}十分敏感，当卵激活胞质 Ca^{2+}升高到一定水平时，MPF 和 CSF 便失活或消失，使用蛋白质合成抑制剂如嘌呤霉素或亚胺环己酮等激活卵母细胞时，可直接抑制这些蛋白质类细胞因子的合成，使卵母细胞从 M 期休止状态解脱出来，恢复第二次成熟分裂。

本章小结

在正常情况下，自然界动物群体公母性别比例基本上近于 1∶1，保持性别比例平衡是生物进化的结果。但在畜牧生产中，肉、奶、蛋等重要经济性状在性别间有差异，有的是限制性状。因此，人为干预性别比例具有重大经济价值和育种价值。随着分子遗传学和发育生物学及其他相关学科的发展，人们从本质上对性别决定及性别控制有了一些较为清楚的认识。

性别决定是性别分化的基础，性别分化是性别决定的必然发展和体现。性别分化是指受精卵在性别决定的基础上，进行雄性或雌性性状分化和发育的过程，这个过程和环境具有密切关系。当环境条件符合正常性分化的要求时，就会按照遗传基础所规定的方向分化为正常的雄体或雌体；如果不符合正常性分化的要求时，性分化就会受到影响，从而偏离遗传基础所规定的性分化方向。内外环境条件对性别分化都有一定影响。

性别控制（sex control，SC）是一项能显著提高畜牧业经济效益的生物工程技术。在过去的几十年里，对哺乳动物的性别控制进行了大量研究，如应用性激素、改变体液酸碱度、改变食物营养、饲喂不同金属元素、改变生殖道环境、杀死或灭活带某种染色体的精子等，但这些方法仅能改变一定性比，达不到完全控制性别的目的，并且这些实验结果常常是不稳定和缺乏重复性的。目前控制性别的方法很多，按照控制途径可归纳为 4 种：一是性细胞分离法；二是早期胚胎性别鉴定法；三是调节母畜生殖道环境法；四是采用不同的温度解冻冻精法。此外，动物的孤雌生殖是动物的遗传生殖方式。本章也简单介绍了孤雌生殖类型、方式、意义，动物的选择及孤雌激活条件等。

➤思 考 题

1. 术语解释：性染色体、常染色体、拟常染色体区域、性反转、限性遗传、孤雌生殖。
2. 何谓性别决定？何谓性别分化？
3. 动物性别决定理论有哪些？性别决定的实质是什么？
4. 简述环境对性别分化的影响。
5. 性别控制的方式有哪些？这些方法是如何实现性别控制的？
6. 在畜牧产业中实现性别控制有什么意义？

编者：李辉

主要参考文献

陈从英，黄路生，陈静波，等. 2003. 牛早期胚胎性别鉴定 PCR 反应体系的优化研究[J]. 畜牧兽医学报，34（3）：209-212.
淮亚红，辛晓玲，昝林森，等. 2005. LAMP 法在牛早期胚胎性别鉴定中的应用[J]. 河南农业科学，（8）：91-94.
姜忠玲，王国志. 2004. 奶牛性别控制的研究途径与现状[J]. 黑龙江动物繁殖，（2）：10-12.
李来平，沈平. 2015. 细管冻精的解冻温度对人工授精后犊牛性别的影响[J]. 畜牧兽医杂志，34（5）：44.
刘芳，于辛酉，包俊华，等. 2020. 常见染色体多态性与生殖异常关系研究[J]. 宁夏医科大学学报，42（8）：859-863.
罗承浩，贾德福，马骏洪，等. 2004. 应用生殖免疫方法制作性别化冷冻精液对奶牛性别控制的研究[J]. 中国生工程杂志，24（2）：84-87.
马正文. 2016. 中西结合对家畜性别控制的初探[J]. 中兽医学杂志，（5）：99.
王光亚，段恩奎. 1994. 山羊胚胎工程[M]. 西安：天则出版社：149-179.
吴芮封，徐小曼，周琦. 2019. 性别决定机制和性染色体的演化[J]. 中国科学：生命科学，49（4）：403-420.
邢光东，夏银，茆骏，等. 2009. 基于母体血浆胎盘源及胚胎源核酸分子的早期妊娠诊断及早期胎儿性别鉴定技术[J]. 江苏农业学报，25（6）：1420-1422.
于涛，马梦婷，陈晓利，等. 2015. 奶牛宫颈黏液 pH 与后代性别相关性分析[J]. 草食家畜，（1）：40-43.
曾有权，陆阳清，杨小淦，等. 2012. 使用流式细胞仪分离精子进行仔猪性别控制的研究[J]. 畜牧兽医学报，43（7）：1163-1169.
曾玉峰，阎萍，郭宪，等. 2008. 哺乳动物早期胚胎性别鉴定技术研究进展[J]. 江苏农业科学，（6）：207-208.

张建新，岳文斌，赵宇军. 2004. 山羊体外受精胚性别鉴定不同取样方法的研究[J]. 激光生物学报，（2）：120-123.

张岳周. 1990. 家畜性别控制的研究进展（综述）[J]. 中国牦牛，（02）：5.

Abeydeera L R，Johnson L A，Welch G D，et al. 1998. Birth of piglets preselected for gender following in vitro fertilization of in vitro matured pig oocytes by X- and Ychromosome-bearing spermatozoa sorted by high speed flow cytometry[J]. Theriogenology，50：981-988

Bridges C B，Dobzhansky T. 1933. The mutant "proboscipedia" in Drosophila melanogaster—A case of hereditary homoösis[J]. Wilhelm Roux' Archiv fur Entwicklungsmechanik der Organismen，127（4）：575-590.

Dinnyés A，Lonergan P，Fair T，et al. 1999. Timing of the first cleavage post-insemination affects cryosurvival of *in vitro* produced bovine blastocysts[J]. Molecular Reproduction and Development，53（3）：318-324.

Funahashi H，Stumpf T T，Terlouw S L，et al. 1993. Effects of electrical stimulation before or after in vitro fertilization on sperm penetration and pronuclear formation of pig oocytes[J]. Molecular Reproduction and Development，36（3）：361-367.

Gasparrini B，Boccia L，Rosa A D，et al. 2004. Chemical activation of buffalo（bubalus bubalis）oocytes by different methods：effects of aging on post-parthenogenetic development[J]. Theriogenology，62（9）：1627-1637.

Hong Y，Zhou Y，Tao J，et al. 2011. Do polymorphic variants of chromosomes affect the outcome of in vitro fertilization and embryo transfer treatment？[J]. Human Reproduction（Oxford，England），26（4）：933-940.

Hughes J F，Skaletsky H，Brown L G，et al. 2012. Strict evolutionary conservation followed rapid gene loss on human and rhesus y chromosomes[J]. Nature，483：82-86.

John L A，Flook J P，Hawk H W. 1989. Sex preselectionin rabbits：live birth from X- and Y- sperm separated by DNA and cell sorting[J]. Biol Reprod，41：199-203.

Johnson P A. 2000. Sexing mammalian sperm for production of offspring：the state-of-the-art[J]. Anim Reprod Sci，61-66：93-107.

Kawarasaki T，Matsumoto K，Chikyu M，et al. 2000. Sexing of porcine embryo by in situ hybridization using chromosome Y- and 1-specific DNA probes[J]. Theriogenology，53（7）：1501-1509.

Kruger A N，Brogley M A，Huizinga J L，et al. 2019. A neofunctionalized x-linked ampliconic gene family is essential for male fertility and equal sex ratio in mice[J]. Current Biology，29（21）：3699-3706.

Lee J，Tian X C，Yang X. 2004. Optimization of parthenogenetic activation protocol in porcine[J]. Molecular Reproduction and Development，68（1）：51-57.

Liu J，Sung L，Du F，et al. 2004. Differential development of rabbit embryos derived from parthenogenesis and nuclear transfer[J]. Molecular Reproduction and Development，68（1）：58-64.

Maxwell W M C，Evans G，Hollinshead F K，et al. 2004. Integration of sperm sexing technology into the art toolbox[J]. Animal Reproduction Science，82-83：79-95.

Rathje C C，Johnson E E P，Drage D，et al. 2019. Differential sperm motility mediates the sex ratio drive shaping mouse sex chromosome evolution[J]. Current Biology，29（21）：3692-3698.

Sandstedt S A，Tucker P K. 2004. Evolutionary strata on the mouse x chromosome correspond to strata on the human x chromosome[J]. Genome Research，14：267-272.

Seidel G E Jr，Schenk J L，Herickoff L A，et al. 1999. Insemination of heifers with sexed sperm[J]. Theriogenology，52：1407-1420.

Sengoku K，Takuma N，Miyamato T，et al. 2004. Nuclear dynamics of parthenogenesis of human oocytes：effect of oocyte aging *in vitro*[J]. Gynecologic and Obstetric Investigation，58（3）：155-159.

Zavos P M. 1982. Preconception sex determinatio viaintravagi. na1 adminis-tration of H-Y antigen in rabbits[J]. Theft—Oaenofoav，20：23-24.

Zhu J，King T，Dobrinsky J，et al. 2003. *In vitro* and *in vivo* developmental competence of ovulated and *in vitro* matured porcine oocytes activated by electrical activation[J]. Cloning and Stem Cells，5（4）：355.

Zhu Z，Umehara T，Okazaki T，et al. 2019. Gene expression and protein synthesis in mitochondria enhance the duration of high-speed linear motility in boar sperm[J]. Frontiers in Physiology，10：252.

第十一章　植物的无融合生殖

第一节　无融合生殖的遗传类型

一、概述

植物的生殖方式可分为两类，一类是有性生殖（sexual reproduction），凡由雌雄配子结合，经过受精过程形成种子繁衍后代的生殖方式，都称为有性生殖。根据雌雄配子来自同一植株或不同植株，又可将有性繁殖分为自花授粉（self-pollination）、异花授粉（cross-pollination）和常异花授粉（often cross-pollination）。另一类是无性生殖（asexual reproduction），凡不经过两性细胞受精过程生殖后代的方式统称为无性生殖。无性生殖又分为营养生殖和无融合生殖两类。无融合生殖（apomixis）是指在植物中不经过雌雄配子融合而产生新个体的生殖方式，能够固定杂种优势，后代性状不发生分离，繁殖方式与其遗传特点紧密联系，具有极其重要的理论研究和育种应用价值。图 11-1 展示了植物生殖方式的主要分类。了解植物的繁殖方式，有利于植物资源的保护与合理利用，有利于农产品生产及植物品种的选育改良。

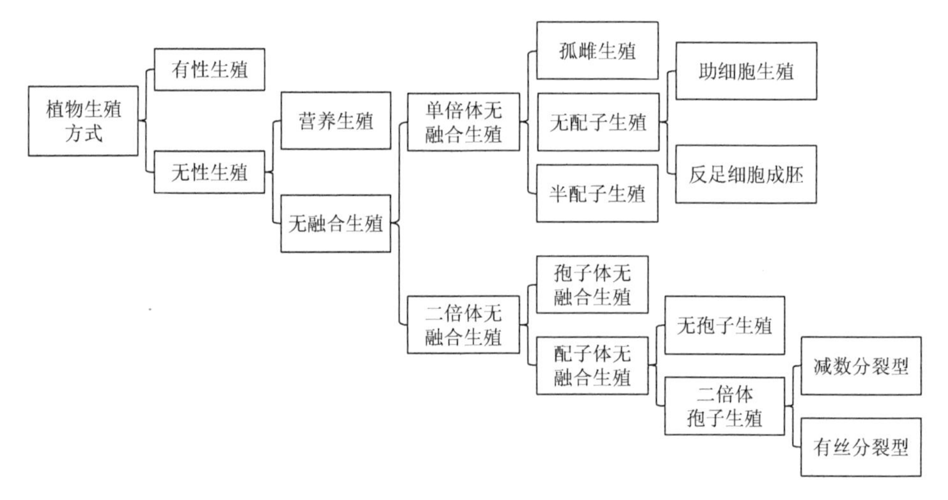

图 11-1　植物的生殖方式

二、无融合生殖的分类

无融合生殖按照生殖专一性分为专性无融合生殖（obligate apomixis）和兼性无融合生殖（facultative apomixis）两种。专性无融合生殖是指种子中的胚是由一个未减数分裂的二倍体细胞或减数分裂的单倍体细胞发育而来，无须受精作用，产生与母本完全相同的后代；兼性无融合生殖是指一些植株同时具有有性生殖和无融合生殖，它们的后代在遗传上是不一致的，一部分是纯合的母本型，另一部分产生了一个或更多不同性状的类型。

为了与营养器官的无性繁殖区分，国际上将无融合生殖的概念限定为三种常见类型：二倍体孢子生殖（diplospory）、无孢子生殖（apospory）和不定胚生殖（adventitious embryony）。前两者由于涉及未减数胚囊的形成，属于配子体无融合生殖，而后者直接起源于胚珠的体细胞，属于孢子体无融合生殖。经历无融合生殖的子代没有发生基因重组，而是继承了母本的所有遗传特征，因此可以经由种子繁殖获得无性克隆。尽管无融合生殖有多种机制，但却有三个显著的共同特点：①由未经分裂的胚囊形成；②不依赖于受精作用的胚胎发育（孤雌生殖）；③胚乳自主发生。

（一）无孢子生殖

由胚珠中不同位置的体细胞发育（经过2次或者3次有丝分裂）形成不减数的胚囊，由不减数的胚囊进一步发育为具有胚和胚乳的种子，就叫无孢子生殖。在二倍体植物中起源于未减数胚囊中的助细胞或反足细胞的无融合生殖又称为二倍体无配子生殖。

（二）二倍体孢子生殖

是由大孢子母细胞未进行减数分裂而是进行有丝分裂，或经过不正常的减数分裂所成二倍性胚囊，再由这些胚囊进一步发育形成的植物胚的生殖方式。在二倍体植物中，起源于未减数胚囊中的卵细胞的无融合生殖又称为二倍体孤雌生殖。

（三）不定胚生殖

由胚囊外面的珠心细胞或珠被细胞，直接经过有丝分裂而发育形成的植物胚的生殖方式叫不定胚生殖，故不定胚又叫珠心胚，不定胚生殖又称孢子体无融合生殖。而二倍体孢子生殖和无孢子生殖称为配子体无融合生殖。不定胚生殖与无孢子生殖的不同之处在于，不定胚生殖在不定胚的形成过程中，珠心细胞或珠被细胞不形成胚囊结构。在未发生的受精作用的胚珠中，也可以发生不定胚，但由于缺乏胚乳的滋养，这种不定胚只能发育到球形胚或早期子叶胚时期，然后解体消亡。不定胚生殖在柑橘、兰科植物和芒果的多胚品种中较为常见。

三、无融合生殖种质资源的发现

（一）从自然界中发现的无融合种质

Barcaccia等（2006）利用流式细胞仪对贯叶连翘的种子进行分析，发现贯叶连翘进行兼性无融合生殖。Cardone等（2006）发现禾本科的弯叶画眉草可进行二倍体孢子生殖，而且是进行专性无融合生殖，胚囊类型为蝶须型。Garcia等（2007）发现禾本科的毛花雀稗的四倍体进行有性生殖，五倍体则进行无融合生殖。Acuna等（2007）发现，分布于美国南部的百喜草三倍体主要进行无融合生殖。紫花大翼豆（*Macroptilium arenarium*）是豆科大翼豆属的一种植物，它闭花受精的花进行无融合生殖。菊科山柳菊属的绿毛山柳菊（*Hieracium pilosella*）进行兼性无融合生殖。曾庆文等对焕镛木自然种群的繁育系统研究发现，焕镛木既能通过有性生殖方式结实，又能通过无融合生殖方式结实，而且这两种生殖方式获得的种子均能萌发成幼苗，这是首次报道木兰科植物中存在无融合生殖现象。Yao（2004）等采用石蜡切片技术对龙须草进行系统的胚胎学研究证明，龙须草为禾本科植物中一种新的无融合生殖材料，宽叶型进行专性无融合生殖，窄叶型和红秆型进行兼性无融合生殖。张鹏飞等（2006）对核桃无融合生殖结实率的研究结果表明，4个供试品种都具有一定的无融合生殖能力，平均无融合生殖率为15.72%，最高达37.5%。另外，在蕨类植物中也发现无融合生殖的现象。

（二）对已有无融合生殖种质的性状改良

随着转基因技术的日益成熟，目前已成功地将外源基因导入已有的无融合生殖种质中，既增加了新的性状，又避免了外源基因向其他物种扩散。例如，百喜草进行无融合生殖，在美国东南部地区高速公路旁边广泛种植。Agharkar等（2007）利用玉米的组成型泛素启动子与一个分解赤霉素的基因*AtGA2ox1*及*Nos*终止子构建表达载体，通过基因枪导入百喜草基因组中，

Southern 杂交证实外源基因稳定表达。与野生型相比，转基因植株的内源赤霉素水平降低，分蘖数目增加，植株的高度下降，开花延迟，草皮的密度也增加。此外，也可以通过组织培养和诱变的方法培养出生殖方式改变的新种质。例如，Cardone 等（2006）利用进行专性二倍体孢子生殖的弯叶画眉草品种‘Tanganyika’的未成熟花序作为实验材料进行离体培养，获得了一种特殊的植株‘UNST1122’，这个植株进行有性生殖。对 R_1 代产生的 500 粒种子进行秋水仙碱加倍，获得两株加倍植物，RAPD 分析表明，这些后代进行有性生殖。这样获得的进行有性生殖的四倍体可用于弯叶画眉草育种，也可用于作图群体的构建。

（三）人工创造新的植物无融合生殖种质资源

冯辉和翟玉莹（2007）以 9 个韭菜品系为试材，人工去雄后用二甲基亚砜、激动素和失活韭菜花粉诱导，获得无融合生殖种子。无融合生殖植株自交后代多胚苗发生频率明显提高，说明多胚苗与无融合生殖有关。甜菜单体附加系 M14 的染色体组成中除含有 18 条栽培甜菜染色体外，还附加有一条野生白花甜菜第 9 号染色体，该附加染色体通过母本的传递率为 96.5%，单体附加系进行无融合生殖。李春秋（2006）通过用不同浓度化学药剂处理不同生育期的玉米自交系及杂交组合，从而诱导玉米无融合生殖的研究发现，几种试剂对诱导玉米的无融合生殖发生频率为 0%～54.80%，诱导后代出现丰富的变异类型。Ravi 等（2008）通过突变拟南芥（*Arabidopsis thaliana*）中负责调控染色体减数分裂的基因 *DYAD*/*SWITCH1*（*SWI1*），从而导致不完全减数分裂，结果发现二倍体植物能繁殖产生三倍体种子，该三倍体种子是由一个单倍体雄配子授精一个未经减数分裂的雌配子产生的，表明通过改变有性生殖植物的单个基因可获得无融合生殖植物材料。

第二节　无融合的胚胎发育

一、植物无融合生殖胚胎学的研究

（一）蒲公英胚胎发育的研究

蒲公英属植物无融合生殖现象比较普遍，一般二倍体蒲公英为专性异交，三倍体为专性无融合生殖，四倍体为兼性无融合生殖。张建（2013）对东北地区的部分蒲公英进行繁殖生物学方面的研究，确定东北蒲公英为有性生殖，斑叶蒲公英为兼性无融合生殖。宁伟等（2014）确定丹东蒲公英为专性无融合生殖。国外对蒲公英无融合生殖方面的报道也比较多，主要集中在有性生殖与无融合生殖的胚胎学比较，子房和胚珠的发育、花粉管生长特性、杂种后代检测和遗传多样性等方面。

蒙古蒲公英大孢子母细胞较其他细胞体积明显增大，细胞核明显，由一圈珠心细胞所包围。大孢子母细胞随之进入减数分裂期或减数分裂异常的有丝分裂期，从而进入二分体阶段。功能大孢子发育为单核胚囊，经过一次有丝分裂，形成二核胚囊，经两次有丝分裂，形成四核胚囊，但 4 个细胞核存在形态差异，并在成熟四核胚囊中观察到该异常现象。理论上讲，四核形态应该无显著区别，但蒙古蒲公英的二核胚囊时期，2 个核明显进行了一次不均等分裂，分别形成大小不等的 2 个核，类似于花粉单核期形成大小不等的营养核及生殖核（图 11-2）。四核胚囊于合点端和珠孔端各有 2 个姐妹核分布。最后四核胚囊再进行一次有丝分裂，形成 8 个核，随后，八核胚囊很快进行胞质分裂，分化出细胞。合点端的 4 个核形成 3 个反足细胞和 1 个下极核，上极核和珠孔端的下极核分别向胚囊中间移动，并相互融合，形成含有 2 个极核的中央细胞，珠孔端其余 3 个核，1 个核分化为卵细胞，另外 2 个核分化为助细胞，至此形成 1 个成熟胚囊。胚囊中，中央细胞体积较大，卵细胞稍小，之后，卵细胞进行有丝分裂，待卵细胞复制形成原胚时，中央细胞才开始进行复制，中央细胞体积较大，逐渐包裹住原胚。但也观察到胚乳先发育，而卵细胞后发育的情况，究其原因还需要进一步研究。原胚继续发育，体积增大，游离胚乳核逐渐增多，胚囊开始解体。

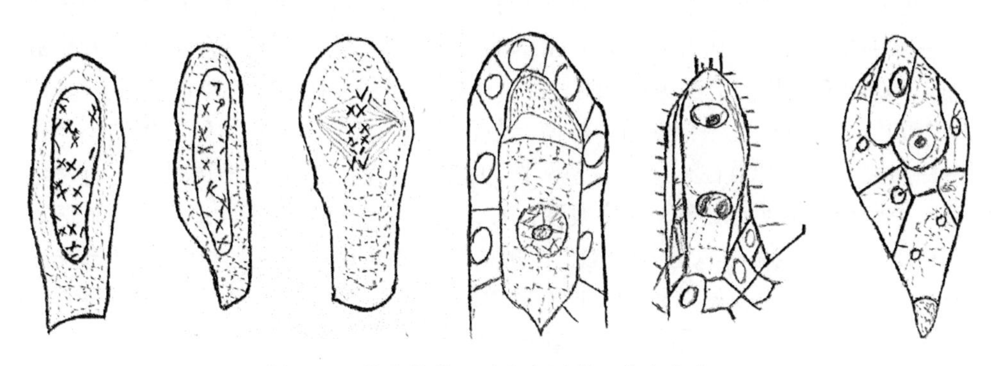

图 11-2　蒲公英的胚胎发育过程（从左向右）

蒙古蒲公英为四倍体，花粉育性 10%左右，花粉在柱头的萌发附着生长还需要进一步研究，以确定花粉的萌发特性。兼性无融合生殖体的后代群体中，有性胚和无性胚的比率在一定程度上受外界环境因素的影响，其中光周期、温度、无机盐和营养状况等因素的影响明显。此外，授粉方式、授粉时间及花粉粒的生理状态等因素对无融合的发生率也有一定影响。如何有效地鉴别有性胚和无性胚是值得关注的一个热点问题，同位素示踪、分子标记可能是解决问题的关键方法，对于明确有性胚及无性胚的发生机制具有重要意义。蒙古蒲公英未减数的卵细胞不经受精就可自主发育形成幼胚，胚乳也属于极核的自主发育类型。

（二）全雌性苎麻发育研究

湖南农业大学揭雨成课题组发现了栽培种雌性系苎麻（定名为‘GBN09’）。该材料头、二、三麻都开花，头麻开花量少，且以雌花为主，混有少量（10%以内）雌雄同株。到目前为止，发现在苎麻野生种和栽培种中无融合生殖材料均为全雌性，且野生种苎麻无融合生殖的生殖方式存在多样性。利用显微镜观察全雌苎麻胚囊和胚的发育过程。从图 11-3 中可以看出，在现

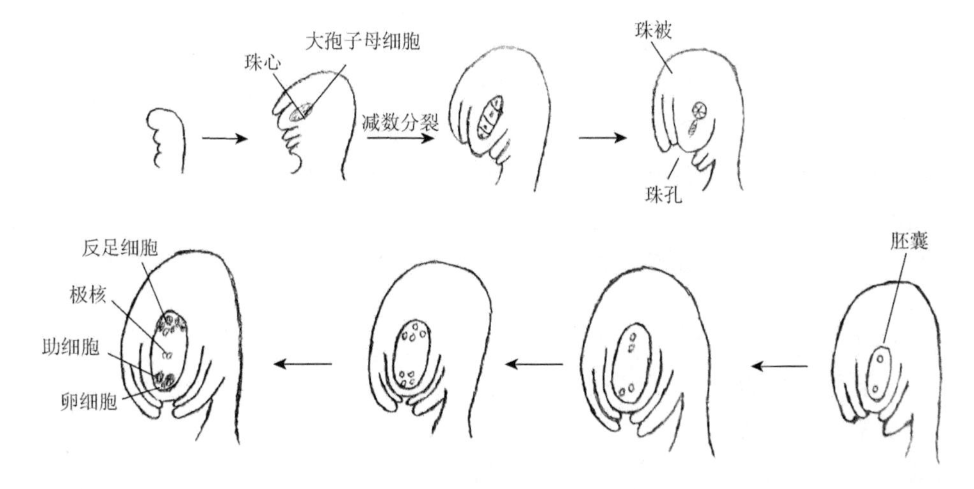

图 11-3　苎麻的胚胎发育过程

蕾后，‘GBN09’大孢子母细胞可以发育成为有功能的大孢子，在没有授粉的情况下，功能大孢子可以分裂和分化形成完整的胚，形成种子。因此可以确定，‘GBN09’可以进行无融合生殖。同时发现，有部分功能大孢子并不能形成完整的胚，说明并不是所有‘GBN09’的雌花都可以进行无融合生殖。

无融合生殖是植物不经过精卵结合而形成种子的生殖方式，是介于有性生殖与无性生殖之间的一种特殊的生殖方式。研究者发现‘GBN09’在现蕾后，大孢子母细胞可以发育成为有功能的大孢子，在没有授粉的情况下，功能大孢子可以分裂和分化形成完整的胚，从而形成种子，表明‘GBN09’可以进行无融合生殖。植物无融合生殖，按照无融合生殖发生的完全程度可将其分为专性无融合生殖和兼性无融合生殖两种，而兼性无融合生殖植株同时发生有性生殖与无融合生殖，子代会发生性状分离。研究发现，有部分功能大孢子并不能形成完整的胚，说明全雌性‘GBN09’并不是都可以进行无融合生殖，即‘GBN09’的无融合生殖属于兼性无融合生殖，而不是专性无融合生殖。目前，根据胚胎发生的起源不同，可将无融合生殖分为两类，孢子体无融合生殖（不定胚）及配子体无融合生殖。孢子体无融合生殖又可以分为无孢子生殖和二倍体孢子生殖。无孢子生殖是由珠心体细胞直接发育成胚囊后，由未减数卵细胞发育成胚。二倍体孢子生殖是大孢子母细胞减数分裂受阻形成的，而后由未减数胚囊发育形成胚。研究发现大孢子母细胞进行了减数分裂，形成了二分孢子，与二倍体孢子生殖大孢子母细胞不进行减数分裂这一特征不相符，说明全雌性‘GBN09’的无融合类型不是二倍体孢子生殖。但要弄清全雌性苎麻‘GBN09’的无融合生殖方式属于无孢子生殖还是配子体无融合生殖，还需要在胚囊发育的早期进行鉴定。

二、无融合生殖胚胎发育的机制

无融合生殖胚胎发育的机制主要是指各种无融合生殖胚胎发育的细胞学基础，由此决定后代的遗传组成。

（一）无孢子生殖机制

无孢子生殖的胚囊通常是由胚珠的珠心细胞发育形成的。这种特化了的珠心细胞称为无孢子生殖胚囊原始细胞，其经过有丝分裂直接形成未减数无孢子生殖胚囊。在有些无孢子生殖种中，有性胚囊和无孢子生殖胚囊可以共存于同一胚珠中；有些无孢子生殖种中，有性胚囊退化、消失，只保留无孢子生殖胚囊。在同一胚珠中，无孢子生殖胚囊数目的多少具有种属特性。

未减数无孢子生殖胚囊在胚囊的发育过程中，首先是一些珠心细胞膨大，其细胞体积增加、细胞质变浓，形成类似大孢子母细胞的胚囊原始细胞，再由胚囊原始细胞经过 2 种方式中的 1 种形成无孢子生殖胚囊，如①山柳菊属型：胚囊原始细胞直接经过有丝分裂形成 8 个核、2 个极核、3 个反足细胞、1 个卵细胞和 2 个助细胞，它们均为二倍体细胞；②黍属型：分化程度较低，胚囊原始细胞只经过 2 次有丝分裂，产生 4 个细胞核，其中 1 个为卵核，2 个为助细胞核，1 个为极核，它们都是二倍体。据统计，在禾本科无融合生殖植物中，95%以上属于无孢子类型。

（二）二倍体孢子生殖机制

二倍体孢子生殖均起始于大孢子母细胞，其后代有两种情况。

1. 减数分裂不正常型

主要是指大孢子母细胞在形式上可以启动减数分裂，进入前期 I，但减数分裂很快受到了抑制，结果形成了含有整套体细胞染色体的“再组核”，再组核进行一次有丝分裂，形成 2 个未减数的大孢子，其中一个经连续3次有丝分裂形成8核未减数胚囊，另一个退化，这种方式在蒲公英属中最为典型，因此这种形成的无融合生殖被称为蒲公英属型。另外，减数分裂的第一次分裂也以重组核方式结束，但减数分裂的第二次分裂后没有形成细胞壁，两个子核分别移向珠孔端和合点端，经过两次有丝分裂，形成了一个四孢子起源的二倍体8核胚囊。这种方式在苦荬菜属中最为典型，所以这种形成的无融合生殖被称为苦荬菜型；有时减数分裂的两次分裂结束时均出现了重组核，因此，胚囊由一个四倍体的细胞经过三次有丝分裂而成。这种胚囊是8核、7细胞、四倍体的，其中央细胞为八倍体，这种方式在金光菊属中最为典型，因此这种形式的无融合生殖被称为金光菊属型。

2. 有丝分裂型

大孢子母细胞并不进入减数分裂状态，只是细胞体积增大，然后经有丝分裂形成8核未减数胚囊。而这种方式最初是在高山蝶须属中观察到这种类型，故又称为蝶须属型。胚胎的发生可能在胚乳发生之前，也可能在胚乳发生之后。二倍体孢子生殖胚囊的卵细胞不经受精就可自发分裂形成胚，其胚乳在菊科植物中多由极核自发分裂形成，而在禾本科植物如早熟禾属中需经授粉的精核和极核结合的假受精作用即为非自主的无融合生殖形成。

（三）不定胚的生殖机制型

不定胚的起源有两种：珠心细胞起源和珠被细胞起源。其中珠心细胞起源比较常见。起源于珠被细胞的不定胚极为少见。关于不定胚原始细胞的发生时期在不同植物间有差异。柑橘属的不定胚珠心原始细胞在开发前已存在，并以浓厚的细胞质和大的细胞核而区别于其他珠心细胞。蒲桃的珠心胚在授粉前已经开始发育，可是只有在授粉、受精和胚乳形成后才能发育成熟。在某些植物中，不定胚与合子胚同在胚囊中发育，共存于同一粒种子中，如芒果的一些品种，其合子胚早期退化，种子里只剩下不定胚。不定胚也可根据是否需要授粉或受精刺激而分为自主的和非自主的两类。具有自主不定胚的植物如花椒，其胚和胚乳均自发地发生和发育，不需要授粉和受精的刺激。具有非自主不定胚的植物，其不定胚的发育需要授粉和受精的刺激。

三、无融合生殖及多胚现象

无融合生殖遗传特性复杂，不同物种中可能存在不同的发生机制与遗传规律。通过对无融合生殖和有性生殖植物的比较、有性生殖植物与其无融合生殖突变体的比较和相关标记基因表达模式的研究，逐步揭示了无融合生殖并不是一种异常或者新型生殖方式，而是有性生殖过程的一种改良结果，或许是当有性生殖因某种原因受阻后，植物本身为了繁衍后代而产生的一种替代生殖方式。

一粒种子中具有一个以上的胚，称为多胚现象（polyembryony），其表现为以下几点。①具有多胚种子和萌发多实生苗。多胚和多实生苗的频率可能与其无融合生殖方式和种子成熟时胚胎的发育程度有关。②多胚种子中胚的形态变化主要表现在胚的大小和发育程度、子叶数目（如柑橘、花椒）与盾片形状（如草地早熟禾、滨草）的差异。③胚集中在珠孔一端，少见位于种子中部或合点端。④小胚胚轴的方向与单胚种子的胚和多胚种子中的大胚基本一致（即胚根向着珠孔端，胚芽向着合点端），与大胚的胚轴呈斜向、横向或反向，这种现象在柑橘类植物中普遍存在。通常柑橘的一粒种子中可产生4～5个胚，其中除1个为合子胚外，其余均为不定胚，有时则全部为珠心胚。大多数柑橘品种具有多胚性，导致柑橘杂交育种效率低下，杂柑品种的遗传背景比较狭窄。多胚现象产生的原因极为复杂，除形成不定胚可以产生多胚现象外，还能从胚囊中卵细胞以外的细胞（常为助细胞）发育为胚。此外，还有裂生多胚现象，即1个受精卵分裂成 2 个或多个独立的胚，此现象在裸子植物中出现较多，在柑橘倍性杂种中也有发现；也有在胚珠中有 2 个以上的胚囊，形成多胚的现象，如桃等。珠心胚胚数多少与珠心胚原基细胞数相关，原基细胞数多，发育成的珠心胚也就多，大小不一的胚充满胚囊，可多达数十个。影响柑橘胚数的因素较多，主要有气候条件，温暖的地区柑橘胚数多；树体条件，树体北侧、树势强、树龄高的胚数多；土壤和肥料，施用磷酸钙的植株胚数多。

在所有多胚性植物中，柑橘的多胚性或许是最具特点，而且表现最为稳定的。对这一性状的深入研究，不仅在科学层面可以理解这一特殊的植株生殖现象，而且可以利用它为种业发展提供一些创新的思路。也可能是这一潜力，100 多年来，每当有新的研究手段出现，人们总要对柑橘的多胚性进行研究。21 世纪，生物学研究进入组学时代，各种新的研究手段不断出现；柑橘基因组测序也已完成，在这样一个科学发展的大背景下，加强柑橘这一特殊生物学现象研究就成了必然。可以预见，揭开柑橘无融合生殖的谜团，将无融合生殖基因真正运用到农业领域的梦想在不久的将来会成为现实。

第三节　无融合生殖的遗传

一、植物无融合生殖的遗传学机制

植物无融合生殖的遗传机制较为复杂，根据基因控制数量的不同，主要有两种理论。一种认为植物无融合生殖是由单基因控制的，另一种认为植物无融合生殖是由多基因控制的。1945 年，Pauers 提出植物无融合生殖是由一个或多个隐性基因控制的。1980 年，Asker 提出了植物无融合生殖为隐性遗传。2001 年 4 月，在第二届无融合生殖国际会议上，Yves Savidan 根据一些禾本科植物无融合生殖胚胎学与遗传学研究结果，提出了 1 对基因控制模型。E. J. Martinez 等对雀稗属无融合生殖植物百喜草（*Paspalum notatum*）的研究及 Masumi Ebina 等对大黍（*Panicum maximum*）的研究，均支持 Yves Savidan 的显性单基因模型。E. Albertini 等对草地早熟禾（*Poa pratensis*）无融合生殖进行研究，证明了体细胞无孢子生殖的胚囊发生与未减数卵细胞的孤雌生殖可能是受不同基因控制的两个不相干的事件。Hans de Jong 等提出三基因观点，认为蒲公英的无融合生殖至少由 3 对基因控制。

（一）单基因控制理论

Savidan 等通过研究发现，无孢子生殖的大黍（*Panicum maximum*）的无融合生殖是受 1 个显性基因控制的，该基因独立于有性生殖基因而存在，控制着无融合生殖原始细胞的分化、分裂、胚囊形成等一系列过程。Pessino 等把有性生殖和无孢子生殖的珊状臂形草（*Brachiaria brizantha*）进行杂交，然后对杂交后代的生殖方式进行观察，结果发现珊状臂形草的无融合生殖是由 1 个显性基因控制的。Gustine 等的研究结果发现，水牛草（*Pennisetum ciliare*）的无孢子生殖也是由 1 个基因控制的。Leblanc 等发现，在二倍体孢子生殖的磨擦禾（*Tripsacum dactyloides*）和玉米（*Zea mays*）杂交的 F_1 中，二倍体孢子生殖和有性生殖的分离比例为 1∶1，从而推断磨擦禾的二倍体孢子生殖是由 1 个显性基因控制的。

（二）多基因控制理论

在蒲公英属（*Taraxacum*）有性生殖二倍体和无融合生殖三倍体的杂交实验中发现，无融合生殖是由 1 个以上的基因控制的，而且控制无融合生殖的二倍体孢子形成和孤雌生殖的基因是不连锁的，可能有 7 个位点与无融合生殖有关。在水牛草（*Cenchrus ciliaris*）中，无融合生

殖则由 *A* 基因和 *B* 基因共同控制，*B* 基因是 *A* 基因的上位基因，只有基因型为 A-bb 的植株才表现为无融合生殖。Daniel 等通过对磨擦禾无融合生殖的四倍体和有性生殖的二倍体进行杂交发现，无融合生殖可能是由连锁的多个基因控制的。Martinez 等用自交不亲和的雀稗（*Paspalum ionanthum*）四倍体与兼性无融合生殖的毛颖雀稗叉仔草（*P. cromyorrhizon*）杂交后，得到 169 个杂种，其中无孢子生殖有 127 个，无孢子生殖和有性生殖之比为 3∶1，说明有性生殖的母本基因型是 AAAa，而无融合生殖的父本基因型为 Aaaa，其中 *A* 控制无融合生殖。并且无融合生殖的表达至少需要 2 个隐性基因和 1 个显性基因的共同作用。在金发状毛茛（*Rununculus auricomus*）的研究中，无融合生殖是由 2 对连锁基因控制的，其中 1 对显性基因为 *Eis*，起上位作用，它一旦启动将促进其他基因的表达，导致无融合生殖的发生。在毛茛属（*Ranunculus*）和山柳菊属（*Hieracium*）中，*A* 基因控制无融合生殖，其作用是保证珠心细胞不进行减数分裂形成胚囊和产生不经受精作用而形成的种子。*a* 基因的作用是促使减数分裂进行，形成有性胚囊，产生经受精作用而形成的种子。而且在多倍体中随着 *a* 基因数目的增多，无融合生殖的频率下降。说明无融合生殖是由主效基因和修饰基因共同控制的。Richard 等用一年蓬（*Erigeron annuus*）的三倍体和有性生殖的二倍体粗糙飞蓬（*E. strigosus*）杂交得到了 130 个 F_1，对 F_1 进行 AFLP 分析，结果发现在 387 个片段中有 4 个片段与孤雌生殖有关，11 个片段与二倍体孢子形成有关，从而说明孤雌生殖与二倍体孢子形成是由不同基因控制的，而且是不连锁的。郭德栋等在甜菜（*Beta vulgaris*）的研究中发现，小叶型单体附加系和栽培型单体附加系的专性无融合生殖分别是由 2 个定位在 5 号和 9 号染色体的无融合生殖基因控制的。

二、与无融合生殖相关基因的研究

无融合生殖涉及多种基因之间不同时空表达的互作和协调抑制，因此从无融合生殖材料中克隆那些控制有性生殖和无融合生殖性状的基因，是一项十分艰巨的工作。但目前利用突变体和多种分子生物学方法已成功分离、克隆和鉴定了一些涉及胚胎孤雌生殖、减数分裂过程的中断和改变、胚和胚乳的自发形成等可能与无融合生殖过程有关的基因，如与胚发育相关的 *rolB* 基因、*PGA6/WUS* 基因、*BBM* 基因、*SERK* 类基因和 *LEC* 类基因；与胚乳发育相关的 *FIS* 类基因、*MSI1* 基因；与减数分裂相关 *SWI1* 基因、*SPL/NZZ* 基因。

（一）与胚发育相关的基因

1. *SERK* 类基因

（1）*SERK* 类基因的类型及其结构　植物中广泛存在一类与动物受体蛋白激酶（receptor protein kinase，RPK）结构类似的激酶，称为类受体蛋白激酶（receptor-like protein kinase，RLK）。富亮氨酸重复类受体蛋白激酶（leucine-rich repeat receptor-like protein kinase，LRR-RLK）是其中最大的一类。LRR-RLK 具有典型的胞外结合域和胞内激酶域结构，能独立完成信号的接收和跨膜转化及向胞内传递，参与植物发育中的激素感应和病理反应等，在植物生命活动中起多种作用。Schmidt 等在胡萝卜（*Daucus carota*）下胚轴胚性细胞培养中，分离出一个编码一种 LRR-RLK 的 cDNA 克隆，命名为体细胞胚发生相关类受体蛋白激酶（somatic embryogenesis receptor-like kinase，*SERK*）基因，又称 *DcSERK*。随后又在拟南芥（*Arabidopsis thaliana*）、玉米（*Zea mays*）、苜蓿（*Medicago truncatula*）、向日葵（*Helianthus annuus*）、草地早熟禾（*Poa pratensis*）、水稻（*Oryza sativa*）等植物中克隆和鉴定了 *SERK* 基因，分别命名 *AtSERK*、*ZmSERK*、*MtSERK*、*HaSERK*、*PpSERK* 和 *OsSERK*。目前拟南芥基因组已发现有 5 个 *SERK*（*AtSERK1*、*AtSERK2*、*AtSERK3*、*AtSERK4* 和 *AtSERK5*）成员，玉米基因组至少有 3 个 *SERK* 成员即 *ZmSERK1*、

ZmSERK2 和 *ZmSERK3*。在苜蓿高胚性种系 2HA 培养物中克隆出了 *MtSERK1*。以草地早熟禾减数分裂期的穗子为材料，利用 cDNA-AFLP 方法克隆出两个 *SERK* 成员，即 *PpSERK1* 和 *PpSERK2*。水稻中发现有两个 *SERK* 基因，即 *OsSERK1* 和 *OsSERK2*。

不同物种来源的 *SERK* 基因大多含有相似的内含子/外显子结构，序列分析表明不同 *SERK* 之间有着较大的相似性。SERK 蛋白既有 LRR-RLK 的经典结构，又有其独特的部分，即包括 1 个信号肽（signal peptide，SP）、1 个锌铁调控蛋白（zipper，ZIP）、5 个 LRR 基序（motif）和 1 个富脯氨酸结构域（proline-rich region，SPP），大多 SERK 蛋白 N 端存在 1 个疏水信号肽。

（2）*SERK* 类基因在组织细胞中的表达　不同物种 *SERK* 表达存在较大差异。*SERK* 在鸭茅胚胎发育早期和晚期都有表达，主要集中在分生区如茎顶端分生组织、胚芽鞘、胚根鞘及盾片中等，在成熟的组织中未检测到表达。在体细胞胚形成过程中，*DcSERK* 在球形胚后表达停止，在植株中只在合子胚到早期球形胚期间瞬时表达，未受精的花和植株的其他部位都不表达。这表明从外植体感受态细胞到早期球形体细胞胚和受精后的合子胚到早期球形胚共享一个高度特异的信号传导链。

AtSERK1 在胚性细胞、体细胞胚及合子胚发育早期表达水平高。合子胚发育时，未发育完全的胚珠细胞核、功能性大孢子及受精前的胚囊细胞表达水平上升，但是受精后表达水平下降。*AtSERK* 启动子融合 *GUS* 基因表达分析表明，在莲座叶、根等器官的成熟维管组织中都有低水平的表达，比在胡萝卜、鸭茅表达时间和范围上广泛，这可能是拟南芥与胡萝卜、鸭茅间物种差异所致。

MtSERK1 在高胚性种系和低胚性种系苜蓿中表达无明显区别，与对照（无激素培养）相比，表达水平在培养 2 天后均明显上升，而体细胞胚开始出现是在培养 3～3.5 周后，即 *MtSERK1* 在此前已经高度表达。比较特殊的是 *ZmSERK*、*ZmSERK1*、*ZmSERK2* 在胚性愈伤组织和非胚性愈伤组织中都存在表达差异，*ZmSERK2* 在非胚性培养物、成熟胚珠、叶、单核小孢子等材料中都表达；而 *ZmSERK1* 在小孢子中强烈表达，在根尖、成熟叶等组织中都无表达，与其他 *SERK* 的一个最重要区别则在于 *ZmSERK1* 在体细胞胚中不表达。

OsSERK1 具有组织特异性，可在萌发的种子、叶、根等不同的非胚性组织器官中表达，而不在发育的胚中表达。但是 Hu 等研究表明，*OsSERK1* 除在营养器官中表达外，在水稻体细胞胚性愈伤组织中也高度表达，通过对 *OsSERK1* 转基因愈伤组织的 RNAi 干扰，*OsSERK1* 的表达受到抑制，愈伤组织的芽再生能力显著降低，而 *OsSERK1* 的过量表达则可提高芽的再生能力。

组织原位杂交表明，*PpSERK* 在有性生殖型的大孢子母细胞中表达，而在无融合生殖型的大孢子母细胞中不表达，却在无融合生殖型大孢子母细胞邻近的珠心细胞中有很强的杂交信号。

（3）*SERK* 类基因的功能及其与无融合生殖的关系　拟南芥 serk1 或 serk2 单一突变体没有发育表型，serk1serk2 双突变体不能产生种子。在幼蕾中，serk1serk2 双突变体的花粉囊发育正常，小孢子囊可以产生更多的造孢细胞，但不能进行减数分裂。此外，双突变体的小孢子囊中，小孢子周围只有 3 层细胞，而野生型则有 4 层。通过共聚焦显微镜观察，serk1serk2 双突变体花粉囊绒毡层细胞发育不良，说明 *SERK* 基因与小孢子发育中断和雄性不育有关。*AtSERK1* 和 *AtSERK2* 普遍在子房室中表达，而在绒毡层细胞中有强烈表达，是绒毡层细胞和小孢子成熟的一个重要的控制点。

SERK 不仅仅局限于在胚胎发生中表达，在其他组织如非胚性组织、成熟维管组织、器官发生、器官形成中都有不同程度的表达。这表明，在组织形态发生过程中，*SERK* 家族成员的

功能不仅仅是特异于胚胎发生，而且起更广泛的作用。*AtSERK1* 参与胚胎发育过程的信号传导，能标记有能力形成体细胞胚的细胞，同样也和 *AtSERK2*、*AtSERK3* 参与了油菜素内酯的沉积和信号传导。*OsSERK1* 可以被稻瘟病病菌激活，还可以被脱落酸（ABA）、水杨酸等防御性物质所诱导，过量表达也可以提高对稻瘟病的抗性，参与寄主的防御过程。

在无孢子生殖类型中，首先由子房内的体细胞如珠心组织改变其发育方向形成无孢子初始体，然后再通过孤雌生殖发育成未减数分裂的胚囊而产生有功能的胚。无融合生殖胚的形成，在其胚形成能力的获得和胚的形成过程中有一个转变阶段，在植物胚形成早期，缺少一些有关细胞与细胞之间进行信息传递的元件，*SERK* 基因可能是细胞可否形成胚机制中的一个重要的元件。原位杂交显示，*PpSERK* 在无融合生殖型大孢子母细胞邻近的珠心细胞中有很强的杂交信号，这表明 *PpSERK* 可能与胚囊中珠心细胞发育成胚有关。珠心细胞是所有营养源的库，并调控大孢子母细胞与珠心细胞之间的正常营养通道，无融合生殖型珠心细胞 *PpSERK* 的激活可能是胚囊发育途径的一个开关，能改变信号传导途径，把信号传导给对应的受体。*SERK* 基因介导的信息传导途径，还可以与生长素/激素途径相互作用而控制植物胚的形成。

2. *LEC* 类基因

（1）*LEC* 类基因的类型及结构　*LEC*（leafy cotyledon）最初是在拟南芥中应用突变体中克隆出来的基因，包括 *LEC1* 和 *LEC2* 两个成员，后相继在胡萝卜、玉米、向日葵等植物中克隆出 *LEC1* 基因，分别命名为 *C-LEC1*、*ZmLEC1* 和 *HaL1L*（*leafy cotyledon1-like*），与拟南芥 *LEC1* 基因具有很高的同源性。*LEC1* 编码 CCAAT-box 结合转录因子 *HAP3*（heme-activated protein 3）亚单位，*LEC2* 编码一个含 B3 区域（植物特有的一种 DNA 结合基序）的转录调控因子。

（2）*LEC* 类基因在组织细胞中的表达　拟南芥 *LEC1* 和 *LEC2* 基因在种子发育中的胚细胞和胚乳组织中表达。*ZmLEC1* 基因在玉米体细胞胚中的表达模式与在拟南芥合子胚中的表达模式一样。*HaL1L* 在向日葵发育中的胚体、胚柄、胚乳、珠被和绒毡层细胞中都有很高的表达水平，而在未受精的合子中表达相当低，在球形体细胞胚和早期子叶阶段有 *HaL1L* 的转录本。胡萝卜 *LEC1* 基因（*C-LEC1*）可以在胚性细胞、体细胞胚中表达，但不在胚乳中表达。

（3）*LEC* 类基因的功能及其与无融合生殖的关系　拟南芥 *LEC1* 和 *LEC2* 基因是诱导胚形态建成和控制胚发育的重要调控因子，通过建立一个适合胚发育的细胞间环境来调控胚的形成。*LEC1* 基因在营养细胞中的异位表达可诱导胚特异性基因的表达和起始类似胚结构的形成，在 lec1-1 突变体的角果中，体细胞胚的形成能力下降，*LEC2* 的异位表达可诱导营养细胞在没有激素的条件下形成体细胞胚。生长素是合子胚发育和诱导体细胞胚形成所需要的信号分子，Gaj 等以未成熟的合子胚为外植体供体，用合成的高活性生长素反应元件 DR5 启动子驱动表达 *GUS* 基因，分析转基因拟南芥植株中生长素在体细胞胚形成诱导分布的时空表达模式，结果表明 lec2-1 突变体 DR5：：GUS 的表现型与野生型一致，在含 2, 4-D 的诱导培养基中，外植体所有组织中的生长素积累非常快。还发现，离体 lec2 突变体胚发生能力的缺失与生长素在外植体分布的局部变化没有关系，表明离体 lec2 突变体的胚发生潜力与外源生长素分布无关，*LEC* 基因没有参与离体诱导体细胞胚反应的生长素信号转导网络，可能是在生长素诱导体细胞胚的下游起作用。

LEC1 不仅是控制拟南芥胚形成的重要调控因子，也是控制种子成熟的重要调控因子，能够以多级方式控制种子贮藏蛋白基因（*SSP*）的表达。诱导 *LEC2* 可使贮藏脂肪在叶中积累，*LEC2* 的活化可诱导种子发育其他调控因子即 *LEC1*、*FUS3*（fusca3）和 *ABI3*（abscisic acid insensitive 3）的表达。

HaL1L 和 *C-LEC1* 既可在体细胞胚中又可以在合子胚中起调控作用。以拟南芥 *LEC1* 启动子驱动的 *C-LEC1* 的表达，能够与拟南芥 lec1-1 突变体的缺陷互补，表明 *C-LEC1* 是拟南芥 *LEC1* 的功能性同源物，是合子胚和体细胞胚发育的重要调控因子。而 *ZmLEC1* 基因在玉米体细胞胚中的表达模式与在拟南芥合子胚中的表达模式一样，这表明在获得胚形成能力后，体细胞胚与合子胚有着相似的发育途径。

二倍体孢子生殖和无孢子生殖既不需要经过减数分裂，也不需要受精过程就能形成有生殖能力的胚和胚乳。在 lec1 突变体中，控制胚性细胞转变过程，需要生长素和蔗糖为信号物质来促进细胞分裂和胚的分化。植物胚的发育是由一些调控因子组成的网络来调控的，这些因子包括 *LEC1*、*L1L*（*LEC1-LIKE*）、*B3-domain*、*LEC2*、*FUS3*、*ABI3* 等，这些因子间有序的相互作用，可建立起适合胚发育的细胞环境，来调控胚的发育，即使是在没有受精的条件下，也能起始胚的形成并使其发育成有生殖能力的种子。

3. *BBM* 基因

BBM（baby boom）基因是 Boutilier 等利用离体培养油菜（*Brassica napus*）未成熟花粉，诱导出体细胞胚，再利用消减杂交方法克隆出来的。*BBM* 与 *AP2*/*ERF* 转录因子家族有同源性，在发育的胚中特异性表达。

在 CaMV 35S 启动子控制下，*BBM* 在拟南芥和油菜幼苗中的异位表达可同时诱导体细胞胚和类似子叶结构的形成，*BBM* 与 *LEC* 相似，都编码一种转录因子，它们的功能获得性表型也相似。*BBM* 在转基因烟草中的异源表达，可激活细胞分裂增殖途径，而且是组织/细胞依赖型，在信号分子上，与拟南芥和油菜存在差异。在 35S *BBM* 转基因植株中，除诱导出叶与花器官的细胞生长和分化外，还能诱导出新的表型，即从营养组织中诱导不定根的产生。玉米素和苄基腺嘌呤（BAP）在野生型植株中不能诱导体细胞胚形成，但在 *BBM* 转基因的烟草植株中能诱导产生体细胞胚。在大多数物种中，体细胞胚的发育是受激素诱导的，但 *BBM* 的表达可以使外植体在没有外源激素的条件下再生，说明此基因可以促进细胞分裂和体细胞胚胎的形态发生变化，起诱导植物激素的作用或提高细胞对激素的敏感性。

4. *PGA6*/ *WUS* 基因

植物体细胞胚的形成需要高浓度的生长素或 2, 4-D 激发信号传递。Zuo 等利用化学诱导激活系统分离出能够在没有外源激素的条件下诱导高频体细胞胚形成基因 *PGA6*（plant growth activator 6）的等位基因，*PGA6* 与 *WUSCHEL*（*WUS*）是一种同源物。在水稻和玉米中也克隆出 *WUS* 的同源基因，分别命名为 *OsWUS* 和 *ZmWUS*。

PGA6/*WUS* 在胚形成过程中，促进营养性细胞向胚性细胞的转变，维持胚干细胞的决定性。在体细胞胚培养过程中，*WUS* 的高效表达抑制了 *LEC1* 的表达。植物不同的器官在有生长素的条件下，*WUS* 的短暂高效表达能产生胚性愈伤组织，然后在没有外源生长素的条件下，直接诱导体细胞胚的形成，跟其他能够诱导胚形成的基因如 *LEC1*、*LEC2* 和 *SERK1* 结合一体构成复杂的调控网络，共同调控胚的形成和发育。在花药发育过程中，还可以调控细胞分化。

（二）与胚乳发育相关的基因

1. *FIS* 类基因

（1）*FIS* 类基因的类型及结构　*FIS* 基因是在研究无融合生殖过程中，从无须受精即形成种子的拟南芥突变体 fis 中鉴定得到的，包括 *FIS1*/*MEA*/*MEDEA*、*FIS2* 和 *FIS3*/*FIE* 三类。

FIS 基因具有几个相同的特征，能够编码产生具 WD40-motif 的 PcG（polycomb）蛋白质，与果蝇 PcG 蛋白同源，*FIS1* 与 E（z）相关；*FIS2* 编码具有 1 个 C2H2 的锌指结构及 3 个核定

位信号，与 Zeste 抑制因子 12 同源；*FIE* 则与额外性梳（extra sex combs，ESC）同源。

（2）*FIS* 类基因在组织细胞中的表达　*MEA* 表达的特点不仅表现在特定的时间和空间，还表现出父本、母本 *MEA* 基因表达水平的差异。Vielle-Calzada 等用原位杂交研究表明，受精前的雌配子体和受精后的胚和胚乳中均可检测到 *MEA* mRNA，而在其他花器官发育的任何阶段，如花瓣、萼片、雄蕊和心皮中，均未检测到 *MEA* 表达。处于发育阶段或成熟的花粉粒中也未检测到 *MEA* 表达。*MEA* 在胚中的表达一直延续至球形胚晚期和鱼雷形胚，在胚乳中主要在胞质分裂前表达。

FIS1、*FIS2* 和 *FIS3* 基因启动子融合 *GUS* 表达试验结果表明，FIS2∷GUS 可在极核和中央细胞核中表达，FIS1∷GUS 表达模式与 FIS2∷GUS 相似，但是 FIS3∷GUS 可以在许多组织中表达，包括授粉前的胚囊和授粉后的胚、胚乳，在突变体表型中也一样。

（3）*FIS* 类基因的功能与无融合生殖的关系　PcG 蛋白参与果蝇合子基因表达的稳定抑制，通过母体效应控制果蝇发育模式建成。在有性生殖的拟南芥中，相继得到的 *MEA*、*FIS2* 及 *FIE* 基因，都与动物 PcG 蛋白同源，其突变株都不同程度地表现出胚乳自主发生的潜力。

突变体 fis1 能自发形成二倍体胚乳（游离核或胞质分裂阶段），并偶尔在珠孔端生成类似于早期合子胚的结构。当突变体 mea、fis2 和 fie 用野生型花粉授粉后，种子发育则在心形胚期停止，胚乳不能细胞化。fis2 和 fie 突变体的表型与 mea 非常相似，且具有同源效应，根据 mea 突变体的表型推断，*MEA* 的功能是抑制受精前中央细胞核的复制，维持与细胞增殖相关基因的表达抑制状态，并且直接或间接地维持种胚发生的正常细胞增殖水平。尽管目前并不清楚拟南芥与某些无融合生殖的胚乳自发形成是否由同一机制决定，但是这些单基因控制的胚乳自发产生揭示了有性生殖与无融合生殖植物之间的遗传差异并不大。

Tucker 等从山柳菊中分离了 *FIE* 同源序列 *HFIE*，并发现无融合生殖山柳菊中的 *HFIE* 与有性生殖类型中的同源序列只有 3 个氨基酸的差异。以 CaMV35S 启动了驱动 *HFIE* 基因，转入可以自发形成胚乳的无融合生殖山柳菊中，结果发现，*HFIE* 表达量下降较多的转化子胚乳都发生败育，表达量下降较少的转化子胚乳仍可自发形成，表明在山柳菊中 *FIE* 的同源基因与胚乳的形成有关。

2. *MSI1* 基因

Kohler 等以拟南芥为材料，克隆出一个 WD-40 结构域蛋白 MSI1（multicopy suppressor of ira1）。突变体 msi1 的配子体可以在不受精的条件下以非常高的外显率起始胚乳的发育，同样也能通过减数分裂起始胚的孤雌生殖发育。授粉后，只有卵细胞受精，中央细胞在受精前就开始分裂，形成的种子含胚和二倍体的胚乳。在拟南芥中，600 kDa 类 PcG 复合体包括 MEA、FIE 和 MSI1，此复合体起源古老，在动植物的进化中非常保守，跟 MEA 和 FIE 相似，MSI1 是配子体母性效应，其父本拷贝对子代没有效应，这跟无融合生殖极其相似。*MEA* 和 *FIS2* 的父源等位基因可被印记，但 MSI1 不是父源印记。在 msi1 突变体中，种子的发育不需要雌蕊的授粉就能产生二倍体的胚乳，从这点来看，与 mea 和 fie 突变体相比，可能是在更早阶段阻碍了胚的发育。突变体 msi1 胚乳的发育起始是否与无融合生殖胚乳的自发形成机制完全相关，还需进一步证实。在拟南芥中，*MSI1* 还与开花时间有关，msil 突变体和 *MSI1* 反义基因植株开花延迟，当 *MSI1* 异位表达时可促进开花。

（三）与减数分裂相关的基因

1. *SWI1* 基因

减数分裂是植物有性生殖极其重要的过程，这个多步骤、复杂的过程涉及如 DNA 的复制、染色体的配对、联会复合体的形成等许多紧密相关的基因调控。近年来，拟南芥成为研究减数分裂的模式植物，以 T-DNA 和转座子突变系为工具分离出了一些减数分裂突变体并鉴定了相应的突变基因。

SWI1/SWITCH1 是从拟南芥中克隆出来的，专一性地影响雌性有丝分裂—减数分裂转换的基因，在 G_1 期和 S 期特异性地表达。在减数分裂过程中，*SWI1* 基因与姐妹染色单体黏着的建立有关，在大孢子形成的最早阶段（包括细胞极性的建立），从体细胞分裂转变为减数分裂周期起着特异性的作用。*SWI1* 的等位基因突变体 switch1-1 和 switch1-2 能使正常的减数分裂途径受阻。在 swil-2 突变体中，大多数大孢子母细胞在减数分裂Ⅰ期，发生一次类似有丝分裂的分裂而不是减数分裂，分裂发生后而染色体数目未减半，没有同源染色单体的联会，在分裂中期Ⅰ染色单体臂和着丝点逐步失去融合，染色单体异常分离。由此可推测，在雌性细胞中存在一个依靠 *SWI1* 的旁路系统，在 *SWI1* 没有参与的条件下导致减数分裂完全转变为有丝分裂，这个旁路系统可能是在 S 期姐妹染色单体融合后起作用。正常有性生殖雌配子形成需经过减数分裂，但是在无融合生殖中减数分裂缺失，经有丝分裂而产生两倍体的胚囊，在这个过程中，*SWI1* 基因可能起着非常重要的调控作用。

2. *SPL*/*NZZ* 基因

在被子植物中，孢囊经过减数分裂形成小孢子和大孢子，单倍体孢子的形成标志着维管植物生命周期配子体阶段的开始。拟南芥 *SPL*（squmosa promoter binding protein like）基因，编码一种与 MADS-box 转录因子相似的核蛋白，并在大孢子母细胞和小孢子母细胞中表达。

NZZ（nozzle）可在合点、珠被和珠柄中表达。在 nzz 突变体中，珠心和花粉囊不能形成，由此可见，*NZZ* 基因在两种孢子囊中都起作用。*NZZ* 还与子房发育的近轴-远轴极性模式形成有关。spl 是属于生殖细胞型中减数分裂前缺陷型突变体。在 spl 突变体的子房中，孢原细胞正常，因突变阻遏孢囊形成而不能分化成大孢子母细胞和小孢子母细胞，也没有减数分裂，珠心的发育受到影响，但不影响珠被的发育。激活 *SPL* 基因，可诱导小孢子发生。无融合生殖类型中的无孢子生殖和不定胚生殖，都不需要形成大孢子母细胞和减数分裂，由体细胞组织直接发育形成有生殖能力的胚和胚乳，*SPL* 基因可能在孢囊形成和减数分裂过程中起着调控作用。

（四）可能与无融合生殖相关的基因片段

APOSTART、*PpRAB1*、*PpARM* 和 *PpAPK* 都是用 mRNA-差异显示和 cDNA-AFLP 方法相结合，从草地早熟禾减数分裂期穗子中克隆出来的基因，通过基因表达分析，这几个基因在无融合生殖型和有性生殖型中的减数分裂前、减数分裂期、减数分裂后及开花期各个发育时期表达量均不同，据推测可能与胚发育过程中，细胞与细胞间相互作用和激素诱导的信号转导有关。

Pca21 和 *Pca24* 是用抑制消减杂交从狼尾草（*Pennisetum ciliare*）无融合生殖的子房中克隆出来的两个基因，Northern 杂交和原位杂交表明，*Pca21* 在无融合生殖雌配子体的整个发育过程中都有表达，而在有性生殖的子房内表达率非常低，而且 *Pca24* 是无融合生殖特异性基因，只在无融合生殖型子房的胚囊内表达，表明这两个基因都可能与无融合生殖有关。用差异显示法从大黍（*Panicum maximum*）中克隆出来的 *ASG-1*、百喜草（*Paspalum notatum*）中克隆的 *apo417*、*apo398*、*apo396* 等基因都为无融合生殖差异性表达的基因，在无融合生殖过程可能大孢子早期发育有关。

三、无融合生殖的表观遗传调控研究

（一）无融合生殖的表观遗传模型

研究表明，有性生殖过程可能受表观遗传学调控的某些突变或下调基因控制而导致无融合生殖，并将其称为表观遗传模型。表观遗传模型可以解释无融合生殖发育过程中，不利于植物发育的无融合非减数分裂、单性生殖和假受精诱导自发胚乳形成3个过程同时共存的现象。因此表观遗传对无融合生殖的调控是宏观的，可以同时对上述过程和多个位点进行调控。另外，表观遗传模型也可解释无融合生殖的起源问题。目前一些学者认为，无融合生殖的起源是不同程度突变累加的结果，但这一观点遭到多数学者的反对，因为这些效应同时出现的可能性不大，只有表观遗传的突变或者调控才会导致大规模基因的表达变化，因此利用表观遗传模型解释无融合生殖的起源更具有说服力。

（二）无融合生殖表观遗传调控的分子机制

目前对无融合生殖的表观遗传调控分子机制的研究主要集中在基因组印记和染色体水平的修饰两个方面。被子植物的基因组印记主要发生在胚乳中。在假配对无融合生殖中，胚的发育无须父本的贡献，而胚乳受精是必需的，其背景正是通过基因组印记使父母本基因组在表观遗传学上表现不同。DNA 甲基化修饰可以使基因组印记发生改变从而导致胚乳的自主发育。Aguilar 等发现，在玉米胚珠中，基因组中的低甲基化可以诱导类似于无融合生殖的表型。在早期拟南芥的研究中发现，某些基因组的甲基化程度也与胚乳自主发育有关。基因表达的活性主要受染色体状态决定，染色体水平上的表观遗传调控使营养生长向生殖生长转变的机制尚不清楚。在对拟南芥 ago9 突变体的研究发现，ARGONAUTE9 在胚珠体细胞中表达并调控配子体的分化过程，该突变体的胚珠可以形成多个类似于无孢子体类型的孢子，表明染色体水平上的修饰对无融合生殖的产生起着十分重要的作用。此外，Ravi 等（2010）发现拟南芥中着丝粒特异表达组蛋白 CENH3 过量表达会产生单性生殖现象。

四、分子标记与遗传定位在无融合生殖研究中的应用

人们对基因如何控制无融合生殖、这些基因在整个基因组的分布及具体位置、在植物育种中如何整合这些基因的作用所知甚少。已经证明，遗传定位是解决这些问题强有力的方法，它旨在将复杂的表型解析成各个对表型发生作用的称为数量性状位点（quantitative trait locus，QTL）的基因。遗传定位方法的原理是连锁分析，即分析在减数分裂中两个同源染色体间的交换产生重组的配子，通过计算重组配子占总配子数量的比率来量化并检测基因间的连锁程度。分子标记技术的发展为连锁分析打开了方便之门，而连锁分析的最终目的是在构建遗传图谱的基础上定位与标记相连锁的基因/数量性状位点。Noycs 等利用 AFLP 标记曾经对飞蓬属（*Erigeron*）一个三倍体无融合生殖物种与一个二倍体有性生殖物种的杂交子代群体进行分析，定位出 2 个独立的控制无融合生殖的位点，表明不完全减数分裂与孤雌生殖是非连锁独立遗传的。以无融合山核桃（*Carya cathayensis* Sarg.）、美国山核桃（*Carya illinoensis*）为研究材料，在混合模型的框架内，在连锁分析的模型中整合了无融合生殖；新模型不但能准确地对标记的连锁进行估计，且能检测无融合生殖比率及减数分裂过程中遗传干扰的程度。此外，还发展了利用连锁分析来分析物种基因型到无融合现象多样化的模型，无融合生殖物种中定位 QTL 的模型，说明连锁分析可用于无融合生殖的研究。事实上，研究表明，山核桃中存在印记 QTL84，而印记效应多与甲基化有关，进而产生表观遗传学的效应。此外，自 1993 年分子标记首次用于无融合生殖研究以来，分子标记（RAPD、SCAR、AFLP、SSR）已在多种植物中用于区分同一物种中的无融合生殖与有性生殖鉴定，以及以无融合生殖个体为亲本的杂种后代鉴定（RAPD、RFLP）与亲子代分析（SSR、RAPD），或发现与无融合生殖基因连锁的标记。Ruiz 等以柑橘（*Citrus reticulata*）为材料的研究结果表明，利用同工酶在有些群体中未能揭示出无融合生殖个

体与有性生殖个体的差异，而利用 SSR 就可揭示出两者之间的差异；刘丽等在龙须草（*Eulaliopsis binata*）中开发了 SSR 引物，并证明开发的 SSR 引物可揭示龙须草生殖方式的复杂性，适用于龙须草遗传分析及亲缘关系鉴定。但其中生殖方式的区分往往是在已知有性与无融合生殖方式的前提下进行，并在此基础上进行 mRNA、cDNA 差异分析，不同程度地获得了一些与无融合生殖相关或无融合生殖特有的片段。例如，利用 cDNA-AFLP 对单穗雀稗（*Paspalum simplex*）无融合生殖与有性生殖基因型进行转录组比较，发现了无融合生殖花发育阶段中控制无融合生殖位点的扩增子。

第四节　无融合生殖在作物育种中的应用

一、无融合生殖在作物育种中的优势

被子植物以双受精体现其最进化的生殖方式，其无融合生殖特性并不常见。20 世纪 30 年代，Navashin、Karpachenko 和 Stebbins 先后提出利用无融合生殖固定生物杂种优势的设想。1987 年，袁隆平首先提出杂交水稻育种的战略是“三系”变“二系”，“二系”变“一系”，即利用无融合生殖固定杂种优势。1992 年，Stelly 认为，如果我们能够使有性生殖的作物变为无融合生殖的，那么随之而来的农业革命就能使原来的绿色革命相形见绌了。1996 年，美国冷泉港实验室 J. P. Vielle Calzada 等在《科学》（*Science*）上，以“无融合生殖：无性革命”为题发表了文章，指出无融合生殖的开发和利用是继 20 世纪 60 年代绿色革命后的又一次更有意义的革命。

20 世纪 70 年代后，无融合生殖进入育种应用研究，而用无融合生殖固定杂种优势是作物育种的最新领域。无融合生殖技术能使后代遗传背景保持一致，而不发生性状分离，近年来发展迅速，在水稻和玉米等作物育种中可固定其杂种优势；在苹果、柑橘、马铃薯等无性繁殖作物中，可获得无性种子进行繁殖，从而克服无性繁殖的不便，并能避免长期营养繁殖造成的亲本退化，因此，无融合生殖在作物育种上具有广阔的应用前景。

2004 年 7 月黑龙江大学郭德栋教授主持的课题组已成功地从野生甜菜中分离出带有无融合基因的单个染色体，这也是世界上第一次将无融合基因定位在一个染色体上。2020 年 6 月山东农业大学曾范昌教授课题组剖析了植物无融合生殖形成过程及种子单倍体诱导调控的细胞生物学基础，在该领域首次鉴定揭示了植物有性生殖过程中假受精介导的虚拟有性生殖，诱发了无融合生殖过程发生，进而导致种子单倍体形成，对作物现代细胞工程与拓展无性育种具有重要指导意义和应用价值。

现今，世界上许多国家十分重视植物无融合生殖研究，把作物无融合生殖研究作为重点课题之一。据统计，全世界已有几十个国家，200 多个实验室从事植物无融合生殖研究。美国、印度等国的科学家已开展利用 PCR、随机扩增的多态性 DNA（PAPD）技术鉴别与无融合生殖基因连锁的分子标记，克隆诱导无融合生殖基因进行属间的基因渗入和体外染色体杂交工作。随着生物技术研究的深入和技术的成熟，人工操纵、控制无融合生殖基因将成为现实。

二倍体无融合生殖可使世代更迭但不改变核型，后代的遗传结构与母体相同，将这种特性用到育种上，其优越性是很大的。主要优点如下。①固定杂种优势，育成不分离的杂交种。因此，只要获得一个优良的杂种单株，其杂种优势就可以依靠种子繁殖迅速地应用于大规模生产。②简化杂交种的制种程序和方法。不需专门的制种田和隔离区，不需大量繁殖父母本，也不会因发生串粉而引起生物学混杂，因而能降低杂交种子成本和提高其纯度。③扩大杂种优势的利

用领域。对难以育成三系的作物和靠异花传粉不能生产大量 F_1 代杂交种的作物（如花生等闭花受精植物）通过无融合生殖育种，亦能达到利用杂种优势的目的。④增加选到优良基因组合的机会。通过无融合生殖的特殊机制，可以固定任何基因型，而不论其杂合性的复杂程度如何。因此，无融合生殖育种的意义不仅在于固定杂种优势，还在于它能快速固定任何高度杂性结合的基因型，甚至包括发生疯狂分离的远缘杂种。⑤减少或避免某些杂种的遗传不一致导致的结实不良问题。⑥对以营养体进行繁殖的作物如马铃薯等，利用无性种子繁殖也有很多好处，如能避免病毒传播、复壮再生、降低种子成本、减轻贮藏和运输负担，以及便于推广。

由于无融合生殖具有上述优点，使用其产生杂种种子可降低生产成本和简化育种程序。凡是在有性生殖体与无融合生殖体间杂交可亲合的作物种，以及杂交 F_1 代或以后各代均发现无融合生殖体的作物都可能培育出无融合生殖的优良品种。由于无融合生殖体亲本的异质性，在有性生殖体和无融合生殖体的杂交组合中经常会产生大量的遗传变异。除非以专性无融合生殖体为父本与正常有性生殖体进行杂交，否则专性无融合生殖体的异质性是不会显现的。

在育种实践中，无融合生殖体的理想特性包括简单遗传、显性度、专性程度对环境的适应性及正常胚和胚乳的形成。在同一属不同种间无融合生殖体的表现程度及机制是不同的。因此，在作物品种改良中，选择那些具有最多优良特性的种或基因型作为材料，将会增加无融合生殖体在品种改良中成功的可能性。

基因控制的无融合生殖特性的遗传，在很大程度上取决于所采用的育种方法。研究表明，无融合生殖特性通常是由几个隐性或显性基因控制的。作为育种途径来说，隐性基因控制无融合生殖特性可以通过父本或杂合体母本引入杂交组合，这样产生的子代由有性生殖和无融合生殖两部分组成，而其中杂合子的有性生殖体通过自交可产生大量的有性及无融合生殖体。真实遗传的、高度专性的无融合生殖体可在 F_1 代或自交后代中选出，显性基因控制的无融合生殖体只能通过以无融合生殖体作为授粉者父本引入杂交组合。为了不断提高和强化优良种性，可利用优良的无融合生殖体作父本与优良的有性生殖母本进行重复杂交（轮回杂交），从杂交各代中选择优良的专性无融合生殖体，并进一步扩大繁殖，作为新品种使用。

二、利用无融合生殖的主要方法

（一）常规杂交方法

利用无融合生殖的野生种和一些作物进行杂交，可把无融合生殖基因转育到栽培作物中。Sokolov 等用四倍体玉米与无融合生殖的近缘野生种鸭茅状磨擦禾（*Tripsacum dactyloides*）（$2n=72$）杂交，获得了 F_1（$2n=56$，含 36 条磨擦禾染色体和 20 条玉米染色体），F_1 表现为无融合生殖。又继续回交，获得含有 9 条磨擦禾染色体和 30 条玉米染色体的无融合生殖杂种，这说明随着世代的延续，最后有可能将无融合生殖转育到二倍体玉米中。

（二）体细胞杂交方法

辛化伟等将水稻悬浮细胞分离出来的原生质体和大黍的原生质体经 PEG 或电融合处理后，获得的杂种细胞能进行持续分裂，而且形成愈伤组织，并分化出完整的再生植株，该再生植株具有无孢子生殖的特性。

（三）人工加倍方法

黄群策等用水稻多胚苗“双三”等二倍体材料，人工诱导出性状稳定的无融合生殖同源四倍体，为在多倍体水稻中筛选无融合生殖的种质资源开辟了新的途径。许秋生等通过多倍化提高水稻的结实率，并得到具有无融合生殖特性的水稻。

（四）基因技术

定位和分离自然的专性或高度无融合生殖基因，利用基因工程技术将其转移到作物中去。目前发现与无融合生殖相关的基因有 *FIS* 类基因、*rolB* 基因、*BBM* 基因、*SERK1* 基因等。在这些基因中，*FIS* 类基因与胚乳的产生有关，其余的基因与胚的产生有关。*FIS* 类基因可协调有性生殖过程中胚和胚乳的发育，*FIS* 类基因 *FIS1* 编码的蛋白质与果蝇 ZESTE 增强子 *E*[*Z*]基因编码的蛋白质有序列相似性。*FIS2* 和 *FIS3* 编码一种锌指蛋白，该蛋白质与果蝇、人类中多梳组蛋白中的 Su（Z）12 有同源性，可通过改变染色体的结构来抑制基因活性、调节基因的表达。*BBM*（babyboom）基因与转录因子 *AP2*/*ERF* 家族有同源性，主要在胚和种子中表达；说明 *BBM* 基因可以促进细胞分裂和体细胞胚胎的形态发生变化。*rolB* 基因是发根农杆菌中诱导双子叶植物在侵染部位发毛根症的一类基因，它具有类似生长素的生理效应，可诱导根原基发端和根的伸长，维持顶端优势，与 *SERK1* 和胚的产生有关。在甜菜中，利用甜菜‘M14’和有性生殖栽培甜菜的花期mRNA对白花甜菜第9号染色体的BAC芯片进行了差异杂交等实验，结果证明，甜菜中有性生殖和无融合生殖可能共享某些调节因子的相关路径，正是白花甜菜第9号染色体上的特异基因使甜菜M14中无融合生殖特性得以表达。此外，在水稻、高粱、苹果等作物上有应用，无融合生殖在今后的作物育种中将具有非常大的应用前景。

三、研究无融合生殖的主要方法

从国内外的研究现状来看，无融合生殖的研究方法有常规的杂交和显微结构观察等，但随着分子生物学技术的发展，超微结构研究法、分子标记、原位杂交及流式细胞仪等已成为目前无融合生殖研究的主要方法。

（一）无融合生殖显微结构和超微结构的研究

目前，显微结构观察法和超微结构研究法是研究无融合生殖胚囊发育的重要方法。例如，Yao等采用石蜡切片技术对龙须草进行胚胎学研究，证明龙须草无融合生殖方式为无孢子生殖，胚囊类型是大黍型，存在多胚现象，胚的发生有早发生胚和迟发生胚两种类型。申业等利用常规石蜡制片法，对甜菜单体附加系‘M14’雌配子体的发生与发育进行了研究，结果表明，‘M14’二倍体孢子生殖的雌配子体为韭型和蝶须型；有性生殖雌配子体为蓼型。‘M14’的胚胎学研究结果表明，二倍体孢子无融合生殖的胚珠中，珠孔处看不到花粉管，胚囊没有发生受精作用，卵细胞和次生核均可以自发分裂分别产生无性胚和胚乳；有性生殖胚珠中，珠孔处可见多条花粉管，胚囊里见到精卵融合的图像。

申业等应用脱色苯胺蓝荧光法观察了甜菜单体附加系‘M14’正常有性生殖与二倍体孢子生殖胼胝质的变化情况，结果表明，韭型胚囊在大孢子发生时，大孢子母细胞呈现胼胝质荧光；二分体时，局部细胞壁具有荧光，二倍体功能大孢子的合点端细胞壁内的胼胝质荧光消失。单核胚囊形成后，其细胞壁内无胼胝质荧光，而退化的大孢子细胞壁胼胝质荧光显著。蝶须型胚囊大孢子发生时，大孢子母细胞、二倍体功能大孢子的细胞壁均无胼胝质荧光。蓼型胚囊的大孢子母细胞、二分体、三分体、四分体时期，都有胼胝质荧光，退化的大孢子细胞壁胼胝质荧光明显，功能大孢子细胞壁上缺少胼胝质荧光。

Barcaccia 等对贯叶连翘胚胎学的研究表明，无孢子生殖原始细胞是在大孢子母细胞分化时期出现的。M. Arenarium 的胚胎学研究发现开花受精的珠心中具有四分体，而闭花受精的花中仅仅发现了大孢子二分体，闭花受精的花可以进行无融合生殖。

Guan 等对进行兼性无融合生殖的大黍（*Panicum maximum*）的超微结构研究发现，无融合生殖胚囊位于珠孔端，含有 2 个助细胞、1 个卵细胞和 1 个单核中央细胞。卵细胞细胞质浓厚，质体和线粒体围绕细胞核。极核具备一个大液泡，大液泡几乎占据了整个细胞，细胞质比卵细胞的淡一些，分布在卵器的周围；中央细胞在珠孔端的细胞壁向内突出，表明这种结构与运输营养有关。助细胞的细胞质更淡，脂质体、质体和线粒体等细胞器主要沿珠孔端的丝状器（filiform apparatus）分布。丝状器主要位于助细胞的顶端，与有性生殖的胚囊相同。此外，对已经确定进行无融合生殖的种质资源的研究也在进一步深入。例如，非洲狼尾草（*Pennisetum squamulatum*）的染色体数目过去认为是六倍体（$2n = 6x = 54$），利用着丝粒和 18S-5.8S-26S rDNA 作为探针的研究发现，非洲狼尾草是八倍体（$2n = 8x = 56$）。刘传虎等对禾本科无融合生殖植物龙须草的染色体数目进行深入的研究，发现龙须草根尖细胞染色体数目为 40 条，是异源四倍体植物。

（二）无融合生殖的分子标记和原位杂交的研究

近年来随着分子标记技术的发展，RAPD、AFLP 和 mRNA 差异展示技术等分子标记技术已被广泛地用于无融合生殖，促进了无融合生殖遗传机理和分子机制的研究。

刘传虎等利用 RAPD 分子标记和形态特征观察，分析研究了中国 12 个龙须草居群的遗传差异，16 个寡聚核苷酸引物扩增共得到 124 条带，其中 110 条为多态性带。

百喜草二倍体进行有性生殖，四倍体进行无融合生殖。Espinoza 等对来源于美国多个百喜草群体的配子体的形态进行了 AFLP 的研究，从这些群体的基因型中产生了 1342 个 AFLP 片段，其中有 11 个 AFLP 的特异片段仅仅在无融合生殖的植株中发现，这些特异片段可能与无孢子生殖有关。Goel 等利用 8 个与无融合生殖特定遗传区域（apospory-specific genomic region，ASGR）连锁的 AFLP 分子标记对非洲狼尾草和蒺藜草属植物水牛草（*Cenchrus ciliaris*）进行原位杂交实验发现，其中的一个 AFLP 标记与无孢子生殖的胚囊发生了重组。这个标记在非洲狼尾草中位于携带 ASGR 的染色体上，且靠近着丝粒，却不位于水牛草的携带 ASGR 的染色体上。

李海英等采用 mRNA 差异展示技术对甜菜无融合生殖品系‘M14’和正常有性生殖的二倍体栽培甜菜‘A_{2Y}’花蕾减数分裂时期的基因表达进行了差异分析，采用 $GT_{15}A$、$GT_{15}G$、$GT_{15}C$ 3 种锚定引物，共筛选了 20 个随机引物，通过 RT-PCR 检测，获得 6 个阳性差异表达的 cDNA 片段。

禾本科臂形草属植物珊状臂形草（*Brachiaria brizantha*）是一种在巴西种植的牛饲料，Alves 等对肌球蛋白、水通道蛋白（aquaporin）和有丝分裂原活化蛋白激酶（mitogen-activated protein kinase）3 个 cDNA 序列在有性生殖子房和无融合生殖子房中的差异表达进行了分析，结果发现，肌球蛋白主要在无融合和有性生殖胚囊中表达，在蓼型胚囊中表达晚一些；水通道蛋白和有丝分裂原活化蛋白激酶主要在无融合生殖的大黍型胚囊中表达；有丝分裂原活化蛋白激酶在助细胞中表达，水通道蛋白在胚珠不同细胞中表达。

戈岩等对无融合生殖的甜菜品系‘M14’进行基因组原位杂交（GISH）和细菌人工染色体荧光原位杂交（BAC-FISH）分析，发现供试探针均被定位于附加的白花甜菜第 9 号染色体长臂末端，呈半合子状态。结合两种生殖途径中胚和胚乳发育表达方式的保守性可推断，甜菜中有性生殖和无融合生殖可能共享某些调节因子的相关路径。

（三）流式细胞仪在无融合生殖中的应用

流式细胞仪能直接测定细胞中 DNA 的含量，可快速准确地鉴定出植株的染色体倍性，因此被广泛地用于无融合生殖的研究。例如，为进一步了解欧洲中部的四倍体和多倍体山柳兰（*Pilosella officinarum*）的细胞地理学差异，Mraz 等采用流式细胞仪和染色体计数法对来自捷克斯洛伐克社会主义共和国、斯洛伐克和匈牙利东北部共 336 个地方的 1059 株山柳兰

（*P.officinarum*）进行了DNA倍性水平和染色体数量鉴定分析，统计结果显示，在捷克斯洛伐克社会主义共和国西部分布最广泛的类型是有性繁殖的四倍体，而无融合生殖的五倍体和多数无融合生殖的六倍体则分布在斯洛伐克与捷克斯洛伐克社会主义共和国的东部。

山楂属（*Crataegus*）中既有无融合生殖的多倍体植物又有有性生殖的二倍体植物，因此在分类学上较为复杂。Talent等采用流式细胞技术以期弄清无融合生殖发生的频率，多倍性、杂交与无融合生殖之间的关系。流式细胞仪DNA计量法推进了染色体倍性水平确定的效率，能测定野生群体的细胞学变化。同时流式细胞仪能揭示成熟种子胚和胚乳的倍性水平，从而可知胚囊是否未经减数分裂。研究表明，在山楂属中，二倍体或四倍体减数分裂产生的精子有一半能授精无融合生殖三倍体和四倍体产生的未经减数分裂的卵细胞，产生多倍体后代。

此外，Kao用流式细胞仪对山金车花（*Arnica cordifolia*）的混合细胞型种群的成株和种子进行研究，确定了生殖方式，并评估了细胞型的频率与繁育成功之间的关系。Wieners等采用流式细胞仪对草地早熟禾（*Poa pratensis*）叶片和成熟种子的DNA含量进行了分析，并对每份种质的生殖方式作了鉴定。

四、无融合生殖在部分作物中的应用

（一）无融合生殖在水稻中的研究进展

我国自从1987年袁隆平首先提出利用无融合生殖固定水稻杂种优势变“三系”为“一系”的战略设想以来，已取得了明显的进展，先后报道了一些具有无融合生殖特点的品系。

1988年中国农业科学院陈建三等报道野生稻与栽培稻的远缘杂交后代‘84-15’品系，具有兼性无融合生殖特性。1990年四川农业大学又报道了SAR-1品系，经鉴定认为该材料是以减数分裂后的胚囊内的卵细胞形成胚，以极核自发分裂形成胚乳为主的无融合生殖材料。同年湖南杂交水稻研究中心又报道了APⅠ、APⅡ、APⅢ、APⅣ四个双胚苗品系。经研究认为双胚苗受两对隐性基因控制。已经证实，这些品系还有低频率的无融合生殖。虽然由于无融合生殖频率太低无法在生产上应用，但他们认为若能选出无融合生殖频率达30%～50%的品系，就可设想通过以下方法来利用这种兼性无融合生殖以固定杂种优势，即利用有性胚和无性胚在生理生化上的差异，配制杀合子胚的专性药物。虽然每年生产F_1杂种都要用这种化学药物杀合子（或胚），但与现行的三系法相比，杂交水稻的种子生产程序将大大简化，比二系法制种也方便得多。另外有研究证实，多胚水稻无融合生殖中存在不定胚这种类型，不定胚起源于二倍体的珠心细胞。1991年华中农业大学又报道了HDAR001、HDAR002品系。该材料为二倍体，能在未受精的情况下自发形成胚，具有高的无融合生殖频率（48%～50%）及趋向稳定和较高结实率的特点。

2020年1月，中国农业科学院王克剑研究团队利用CRISPR/Cas9基因编辑技术在粳杂交稻品种‘春优84’中同时敲除*PAIR1*、*REC8*、*OSD1*和*MTL* 4个内源基因，获得了可以发生无融合生殖的fix（fixation of hybrids）植株。fix植株在营养生长阶段表现正常，但育性也明显下降。通过细胞倍性检测，在其子代中获得了细胞倍性为二倍体且基因型与亲本完全一致的植株，这些F_2代植株的表型也与其F_1代杂交稻高度相似。由此证明，通过基因编辑技术同时编辑4个基因，就可将无融合生殖特性引入杂交稻当中，从而实现杂合基因型的固定。该研究建立了可永久固定杂种优势的水稻无融合生殖体系，成功获得杂交水稻的克隆种子，实现了杂交水稻无融合生殖从无到有的突破。单倍体诱导介导的基因编辑技术加快了作物精准育种进程。中国农业科学院生物技术研究所和中国农业科学院作物科学研究所有关团队将单倍体育种与基因编辑技术结合，实现了一年（两代）内对育种材料的定向改良，大大缩短了育种周期。

2020年3月，中国科学院遗传与发育生物学研究所程祝宽课题组利用CRISPR/Cas9技术对水稻中*OsSPO11-1*、*OsREC8*、*OsOSD1*及*OsMATL*同时进行敲除，获得四突变体AOP（apomictic offspring producer）。*OsSPO11-1*、*OsREC8*和*OsOSD1*是参与水稻减数分裂过程的三个重要功能元件。其中，*OsSPO11-1*参与减数分裂DNA双链断裂（double-strand break，DSB）的形成，是染色体同源重组起始的关键。*OsREC8*是姐妹染色单体间粘连复合物的关键组分，而*OsOSD1*是实现减数分裂从第一次分裂过渡到第二次分裂的关键组分。同时敲除这三个基因可以导致水稻减数分裂细胞同源重组消失，姐妹染色单体提前解离，并导致第二次减数分裂消失，从而实现从减数分裂到有丝分裂的转变，形成二倍体的克隆配子。对四突变体AOP的减数分裂细胞进行染色体行为观察，发现其减数分裂过程确实转变成了有丝分裂过程。进一步运用免疫荧光细胞学实验观察，发现指示同源重组的关键细胞学标记γH2AX、OsMER3和HEI10在AOP中均没有信号，说明同源重组在突变体中确实没有发生。荧光原位杂交实验表明，AOP形成的小孢子是二倍体细胞。这些结果均表明AOP确实产生了二倍体的克隆配子。通过上述观察，*OsMATL*的突变对二倍体克隆配子的形成没有影响，*OsMATL*在水稻中突变后可以使得突变体在自交或作为父本进行杂交时具有2%～6%的诱导单倍体的能力。通过组合*OsMATL*和上述三个减数分裂基因的突变，可以实现二倍体克隆配子转变为二倍体克隆后代，从而实现无融合生殖。

不论是从天然无融合生殖植物中导入，还是人工突变有性生殖相关基因创造新的无融合生殖材料，都是未来利用植物的无融合生殖特性进行“一系法”杂交种生产的关键环节。

（二）无融合生殖在高粱中的研究进展

过去对无融合生殖的研究多集中在理论方面，自从高粱兼性无融合生殖体‘R473’发现以来，对无融合生殖的研究，才逐步转向应用无融合生殖机理，选育固定杂种优势的融合杂种。

1968年，Rao等首次报道了高粱无融合生殖品系R473。随后又有人报道了一些品系，其中研究和应用最多的是R473。最初认为R473是专性无融合生殖，后来发现是兼性无融合生殖。Murty及其同事对R473进行了深入细致的研究。已经证实了R473的无融合生殖机理是无孢子生殖和二倍体孢子生殖。

Murty的研究还证实，高粱无融合生殖在杂交授粉时达到30%，白花授粉时达到80%。高粱的无融合生殖具有以下三个基本要素：①生成未减数和二倍体雌细胞；②防止了受精；③从未减数和二倍体性细胞未受精形成胚胎和胚乳。产生未减数和二倍体有性细胞发生了无孢子生殖和二倍性孢子生成及再组核发生。试验证明，高粱的无融合生殖是假受精，即产生能发育的胚胎和胚乳需要有授粉刺激。

Murty在用R473与兼性无融合生殖体杂交时发现，有些组合F_2总有一定比例的F_1基因型出现。由此他提出了“无融合杂种”的概念。定义为，兼性无融合生殖体之间杂交后，以兼性无融合生殖方式繁殖的后代。他还预计，无融合杂种的产量将介于纯系和杂种之间，无融合杂种可以通过从每代F_1型株收获的种子来延续保存。我国高粱育种专家牛天堂等通过对R473与不同材料配合选育无融合杂种的研究，对Murty等提出的选育方法进行了修正。认为无融合杂种的产生只出现在不同兼性无融合生殖材料的组合中，不是部分而是接近完全固定杂种优势。兼性无融合生殖材料与有性生殖材料的杂交，疑是对兼性无融合生殖材料的遗传改良，无法形成无融合杂种。并认为选育应分为两个范畴：一是无融合生殖系的遗传改良，二是无融合生殖杂种的组配既要体现杂种优势，又要完成杂合性的固定，所用材料应为含有不同血缘的兼性无融合生殖体。主要步骤如下。

（1）无融合生殖系的改良　选择具有理想农艺性状的保持系、恢复系，分别与高频率的兼性无融合生殖系杂交并进行回交。对回交后代进行单株选择和穗行选择，直到筛选出具有理想农艺性状的无融合生殖系。

（2）*无融合生殖杂种的组配*　多个有理想农艺性状的无融合生殖系成对组配，鉴定 F_1 的产量及其他农艺性状，选择性状优良组合种植 F_2。从 F_2 中选 F_1 基因型出现频率高，F_2 基因型最低负向超亲分离的组合，从中选择具有 F_1 基因型的单株，种植穗行，进行穗行选择，最后对入选组合进行产量比较。到目前为止，高粱无融合生殖的研究已经获得了不分离的类杂交种，虽然由于材料的限制尚不能在生产上直接利用，但是能够证明无融合生殖育种是固定杂种优势的重要途径。

如果不能育成遗传上相对稳定、性状上基本一致的品种，在生产上是很难推广的，所以在高粱兼性无融合生殖育种中应特别注意下列几点。①在兼性无融合生殖系中选择能产生高频率无融合生殖的后代材料，减少后代变异，才可能为育种提供机会。②选择无融合生殖频率高、杂交后代中仍有较高频率无融合生殖植株产生的无融合生殖系作亲本。③杂交亲本双亲间的主要农艺性状应相对一致，如株高、熟期等应特别重视。④兼性无融合生殖受环境影响较大，光照、温度等因子均可影响无融合生殖频率的表达，因此在育种过程中，要有多点、多代鉴定无融合生殖品种稳定性的鉴定体系。⑤尽可能地在杂种 F_1、F_2 中寻找和选择无融合生殖体，以保持选择品种较大的杂合性和较强的杂种优势。

五、前景与展望

无融合生殖的子代携带有母本的全部遗传成分，形成一个稳定的无性繁殖系，这一特性对于植物杂交和种子生产具有重大价值。由于大多数作物不具备无融合生殖特性，用传统的杂交方法很难或几乎不可能将其导入作物中，因此利用遗传工程被人们认为是一种可能的和更直接的方法。向作物中导入无融合生殖特性的研究主要在拟南芥、玉米和水稻中进行，因为易于对它们进行遗传和分子生物学分析，尤其是玉米和水稻的无融合特性研究具有巨大的经济和社会动力。对拟南芥，重点在于寻找其减数分裂中涉及减数和核重组过程的突变体，描述变异表型的细胞学特征，研究变异对雌雄可育性的影响和基因功能，以便能利用拟南芥的减数分裂突变体基因进行作物改良。

一旦无融合生殖技术被成功应用到作物后，将在解决全球的粮食问题上发挥重要作用。无融合生殖技术对农业生产带来的益处具体包括以下几个方面。

（1）可以广泛利用和固定作物的杂种优势，包括那些难以施行杂交技术的作物。从杂交优势中获取的利润多少，取决于用在 F_1 代杂交种子生产上的体力投入。通过无融合生殖固定杂交优势，对制种者和农民都有益处。利用无融合生殖稳定杂交基因型将使杂交程序更为快速和廉价。无融合工程的最大意义在于将其引入谷类、豆类或其他杂交价值大但很难进行杂交的作物中。

（2）可以延续和快速固定合成的遗传资源，包括那些远缘杂交后代不能进行有性生殖的资源，扩展遗传资源的应用。

（3）使目前以营养繁殖的作物转向真正的种子繁殖。无融合生殖技术也能给营养繁殖的作物（克隆作物）提供益处。克隆作物的产量常受到病原菌的限制，这些病毒性的和内生的病原菌连续积累，严重影响了作物产量。利用无融合生殖技术，通过无性种子进行繁殖，将为这些作物的繁殖提供新的繁殖手段，成为除离体培养、体细胞胚的诱导及茎尖培养以外的一种新的繁殖手段，而且具备无病毒、易储藏、耐运输的特性。利用无融合生殖产生的种子作为克隆繁殖的手段，也对目前这类作物真正的种子应用带来诸如低成本、高产量等益处。

（4）作为一种更为快捷的杂交程序，能对市场需求和环境变化作出及时反应。利用无融合生殖技术对植物进行杂交时，可对特定的微环境、种植情况、社会经济体制和市场等作出快速而灵敏的反应。无融合生殖技术能保存那些适应当地环境的栽培种和野生近缘种的种质资源，而这些资源用常规的繁育程序可能无法得以保存。目前，将野生近缘种的基因渗入玉米、小麦和珍珠粟等重要作物中的尝试受到种间和倍性等障碍，还未得到能用于农业的基因型。在中国，也先后在一些重要作物中开展了无融合生殖研究，但到目前为止，仍缺乏具有实用价值的无融合生殖种质。利用无融合生殖是有性生殖在发育关键阶段的短路和失调的假说，人们在尝试用人工诱导的方法培育无融合生殖植物，如 2004 年，美国专利与商标官方公报上公开了一项专利，利用改变光周期和改变植物有性生殖中的大孢子发生与雌配子体发育过程等方法来生产无融合生殖植物。

在将无融合技术引入作物的同时，必须注意到，无融合技术可能是一柄双刃剑，在为人类带来光明前景的同时，也藏有生态隐患。无融合作物无疑会引起生物安全问题，它可能成为入侵性杂草、新奇杂草，有侵染性的无融合生殖植物可能引起遗传多样性减少。因此，在将无融合基因转入作物时，应当选择那些无杂草化历史或无杂草近缘种的作物。特别应当阻止和限制由显性无融合性状的花粉所介导的基因流，如可开发具有雄性不育特性的诱导系统或自发无融合生殖植物。

本 章 小 结

无融合生殖是一种不经过雌雄配子融合而产生新个体的生殖方式，它不同于有性生殖繁殖的受精过程，也不同于无性繁殖用营养器官进行繁殖的过程。无融合生殖按照生殖专一性分类分为专性无融合生殖和兼性无融合生殖两种，但是无融合生殖能力各不相同。根据无融合生殖机制的不同，可以分为无孢子生殖、二倍性孢子生殖、不定胚生殖、孤雌生殖、单倍体无配子生殖。

无融合生殖遗传特性复杂，不同物种中可能存在不同的发生机制与遗传规律。根据基因控制数量的不同，主要有两种理论，一是单基因控制理论，二是多基因控制理论。无融合生殖涉及多种基因之间不同时空表达的互作和协调控制，如目前已发现与胚发育相关的 *rolB* 基因、*PGA6*/*WUS* 基因、*BBM* 基因、*SERK* 类基因和 *LEC* 类基因；与胚乳发育相关的 *FIS* 类基因、*MSI1* 基因；与减数分裂相关的 *SWI1* 基因、*SPL*/*NZZ* 基因等。

无融合生殖具有固定杂种优势、后代不发生性状分离等优点。目前，自然界中发现一些无融合生殖的种质资源，我们可以对种质资源进行性状改良，人工实现无融合生殖。无融合生殖在部分作物如水稻、高粱中已经有成功应用，这将为农业生产带来益处，但同时也要避免产生生态隐患。

➤思 考 题

1. 解释无融合生殖的概念。
2. 简述无融合生殖的类型，并比较它们之间的区别。
3. 简述无融合生殖的胚胎学机制。
4. 列举植物无融合生殖的研究方法。

5. 列举与植物无融合生殖发育相关的基因及其功能。
6. 简述无融合生殖在作物育种中的优势。

编者：李宗芸　徐美玲　汪文静

主要参考文献

冯辉，翟玉莹. 2007. 韭菜多胚苗及其与无融合生殖关系的研究[J]. 园艺学报，34（1）：225-236.

贺凤丽，马三梅. 2009. 植物无融合生殖研究新进展[J]. 生命科学，21（1）：139-144.

李春秋. 2006. 不同化学药剂诱导玉米无融合生殖的研究[J]. 核农学报，20（1）：36-39.

宁伟，张建，吴志刚，等. 2014. 丹东蒲公英专性无融合生殖特性[J]. 植物学报，49（4）：417-423.

张建. 2013. 蒲公英属植物繁殖生物学研究[D]. 沈阳：沈阳农业大学博士学位论文.

张鹏飞，刘亚令，张燕，等. 2006. 核桃无融合生殖现象及其矿质营养变化研究[J]. 安徽农业科学，34（10）：2032-2043.

Acuna C A，Blount A R，Quesenberry K H，et al. 2007. Reproductive characterization of bahiagrass germplasm[J]. Crop Sci，47（4）：1711-1717.

Agharkar M，Lomba P，Altpeter F，et al. 2007. Stable expression of AtGA2ox1 in a low-input turfgrass reduces bioactive gibberellin levels and improves turf quality under field conditions[J]. Plant Biotechnol J，5（6）：791-801.

Barcaccia，Arzenton，Sharbel，et al. 2006. Genetic diversity and reproductive biology in ecotypes of the facultative apomict Hypericum perforatum L[J]. Heredity，96（4）：322-334.

Cardone S，Polci P，Selva J P，et al. 2006. Novel genotypes of the subtropical grass Eragrostis curvula for the study of apomixis[J]. Euphytica，151（2）：263-272.

Garcia M V，Balatti P A，Arturi M J. 2007. Genetic variability in natural populations of Paspalum dilatatum Poir. analyzed by means of morphological traits and molecular markers[J]. Genet Resour Crop Evol，54（5）：935-946.

Ravi M，Marimuthu M P A，Siddiqi I. 2008. Gamete formation without meiosis in Arabidopsis[J]. Nature，（7182）：1121-1128.

Yao J L，Yang P F，Hu C G，et al. 2004. Embryological evidence of apomixis in Eulaliopsis binat[J]. Acta Bot Sin，46（1）：86-92.

第十二章　细胞融合与基因定位

第一节　细 胞 融 合

一、细胞融合的概念、意义

（一）细胞融合的概念

细胞融合（cell fusion）是指细胞在外力（诱导剂或促融剂）作用下，2个或2个以上异源（种间，属间）细胞或原生质体（去除细胞壁的细胞），发生膜融合、胞质融合或核融合形成双核或多核的杂合细胞的过程。自发细胞融合是多细胞生物中常见的一种生命现象。例如，有性繁殖过程中发生的精卵结合时性细胞的融合，通过雌、雄配子融合形成新的二倍体，对于依赖交配及受精完成繁衍过程的生物具有重要意义。通过人工方法实现的细胞融合又称为体细胞杂交（somatic hybridization）或细胞杂交（cell hybridization），是在离体条件下将异种生物或同种生物不同类型的细胞通过生物方法、物理方法或化学方法融合形成杂合细胞的技术。

（二）细胞融合的意义

细胞融合是20世纪60年代发展起来的一门细胞工程技术，它不仅在基础研究中有重要的作用，而且在植物、动物和微生物的改良，以及人类疾病的诊治基因治疗等领域中也展现着广阔的应用前景。通过细胞融合制备单克隆抗体被誉为免疫学上的一次技术性革命。细胞融合不受种属的局限，可实现种间生物体细胞的融合，使远缘杂交成为可能，因而是改造细胞遗传物质的有力手段。其意义在于打破了依赖有性杂交重组基因创造新物种的界限和生殖壁垒，极大地扩大了遗传物质的重组范围。细胞融合已成为细胞工程中的核心技术。

人们很早就发现在生物界中有自发的细胞融合现象。目前，通过原生质体融合进行体细胞杂交已成为细胞工程研究的重要内容之一。可把这种技术应用于克服远缘杂交中的不亲和障碍，从而更加广泛地组合起各种植物的优良遗传性状，选育出理想的新品种。由于原生质体融合重组的频率高，人们已经把它作为一种育种手段，并和其他的有效方法结合起来，如将不同诱变中得到的优良遗传性状用原生质体融合把他们重新组合到一个单株中，还可使两个亲株的结构基因和调节基因之间发生重组，从而使原来不表达的基因开始表达而产生新的产物，也有可能使两亲株的结构基因重组，从而产生新的杂合物种。

体细胞融合还有一个更重要的价值，就是创造细胞质杂种。农作物的许多性状由细胞质控制，如细胞质雌雄不育、除草剂抗性等，但有性杂交中雄配子所携带的细胞质较少，难以产生细胞质杂种。而在体细胞杂交中双亲的细胞质都有一定的贡献。据试验，融合后的杂种细胞质最终会选择某一亲本的叶绿体，但线粒体可以实现双亲重组。因此，有可能通过细胞融合获得细胞核、叶绿体、线粒体基因组的不同组合，这在育种上无疑有着重大的价值。例如，通过融合已获得具有油菜叶绿体和萝卜胞质不育特性的春油菜，这在有性杂交中难以得到，因此叶绿体和胞质不育特性均为母性遗传。

细胞融合技术作为细胞工程的核心基础技术之一，已在农业、畜牧业、医药、环保等领域取得了开创性的研究成果，而且应用领域不断扩大。细胞融合技术完全为核质相互关系、基因转移、质粒转染、遗传互补、肿瘤发生、基因定位、亚细胞生物分子研究、衰老控制等领域的研究提供了有力的手段，而且在遗传学、动植物远缘杂交育种、发生生物学、免疫医学及医药、食品、农业等方面都有广泛的应用价值。在动植物新品种的培育、转化抗体的制备、哺乳动物的克隆及抗癌疫苗的研发等技术中，细胞融合技术已成为关键技术。

二、细胞融合的方法和基本程序

为了使制备好的原生质体或细胞能融合到一起，选择适宜有效的诱导融合方法也很重要。诱导细胞融合主要包括两个阶段，即诱导亲本细胞在空间接近和相互充分接触的阶段及诱导亲本细胞膜融合的阶段。根据诱导细胞融合的介质或手段可以将细胞融合的方法分为生物法、化学法、物理法。近年来，在生物法、化学法、物理法诱导的基础上，还利用微流控芯片发展了一些高效特异性细胞融合技术：微流控芯片细胞融合技术、激光诱导细胞融合技术和离子束诱导细胞融合技术。

现代细胞融合技术的发展，已由传统的生物法发展到了化学法和物理法（图 12-1），目前应用最为广泛的方法是以聚乙二醇（PEG）为代表的化学法，该技术不需特殊设备、成本低廉、融合率高、深受研究者喜爱；而物理法是指通过电场、磁场、离子束或激光等物理因素实现细胞融合的技术，物理法具有直观、高效和针对性强的特点，但往往需要些特殊的专用设备。

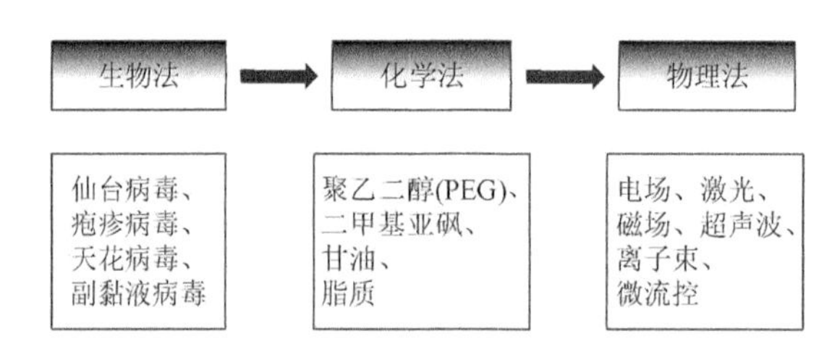

图 12-1　细胞融合技术的发展

1. 生物法

生物法是指利用生物因子，主要是病毒作为融合剂诱导细胞融合的方法。最早被用作融合剂的病毒有仙台病毒、疱疹病毒、天花病毒和副黏液病毒等。

1957 年日本学者冈田善雄发现已灭活的仙台病毒（HVJ，一种副黏液病毒）可诱发艾氏腹水癌细胞（EAC）融合形成多核细胞，实现了利用灭活的病毒促进动物异种细胞融合，从而打破了细胞融合的种属屏障，推动细胞融合技术跃上新台阶，为人工诱导细胞融合奠定了方法学基础。1965 年，英国的 Harris 和 Watkins 利用灭活病毒诱导细胞融合，将灭活病毒作为一种普适的融合剂来诱导不同种动物的细胞融合，成功进行了人类细胞、动物细胞、鸟类和蛙类细胞之间的融合并得到存活的杂合细胞。他们同时证明了病毒法诱导细胞融合的有效成分存在于病毒外膜或病毒膜片中。紫外线灭活的病毒或者超声破碎后的病毒都能使细胞发生凝聚和融合。此后研究证明多种病毒如疱疹病毒、天花病毒、副流感型病毒、副黏液病毒等，都能诱导细胞融合，但由于它们具有很大的毒性，因而在应用上受到很大限制。解决病毒制备困难、操作复杂、灭活病毒的效价差异等问题是病毒诱导细胞融合新的研究方向。

病毒诱导细胞融合的主要原理是，病毒表面含有的糖蛋白和一些酶能够与细胞膜上的糖蛋白发生相互作用，使细胞凝集，细胞膜上的蛋白质和脂类分子发生重排，细胞膜打开，细胞发生融合。病毒诱导细胞融合的过程为，首先是细胞表面吸附许多病毒粒子；接着细胞发生凝集，几分钟至几十分钟后，病毒粒子从细胞表面消失，而就在这个部位邻接细胞的细胞膜融合，胞质相互交流，最后形成融合细胞。

使用仙台病毒诱导细胞融合大致可分为亲本细胞混合、加以仙台病毒重悬、融合和培养等4个步骤（图12-2）。

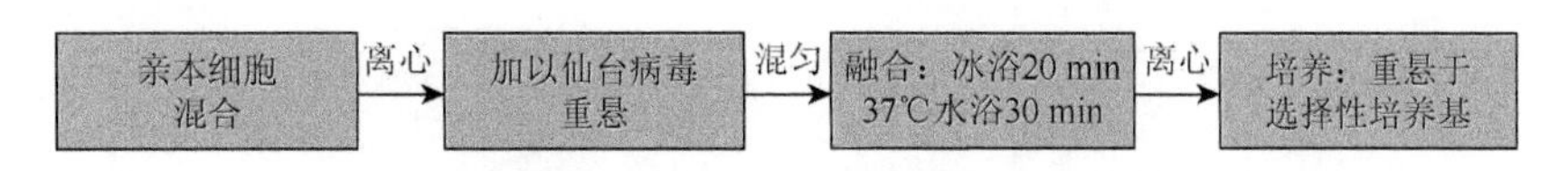

图12-2　仙台病毒诱导细胞融合过程

2. 化学法

化学法主要是指通过化学诱导剂诱导细胞融合的方法。加拿大华裔学者Kao和Michayluk（1974）用聚乙二醇（PEG）为融合剂诱发大豆与大麦、大豆与玉米、哈加野豌豆与豌豆的融合，其融合效率与病毒诱导法比，可提高1000倍以上。此法比病毒更简单和易控制，活性稳定，用PEG作为病毒的替代物诱导细胞融合。在PEG诱导细胞融合的有效浓度范围内（50%～55%）对细胞的毒性应进一步减小。此后，人们发现聚乙二醇、二甲基亚砜、甘油、钙离子配合物等均能诱导细胞融合。

PEG诱导细胞融合的原理主要分为以下3个方面。

（1）PEG带负电，可与带正电的细胞表面基团结合，使得相邻细胞接触。

（2）PEG改变细胞膜的理化性质，增加膜的流动性，破坏细胞表面的水化层使细胞膜脂类分子的物理结构发生重排，易于细胞膜打开和融合。

（3）PEG可作用于细胞膜磷脂极性基团和细胞膜表面蛋白，使细胞膜磷脂的表面电位下降，同时使细胞膜糖蛋白的排阻体积减小，最终使膜出现缺口，进而引起融合。使用PEG诱导细胞融合的步骤主要有细胞混合、水浴、加PEG融合、细胞培养等4个步骤（图12-3）。

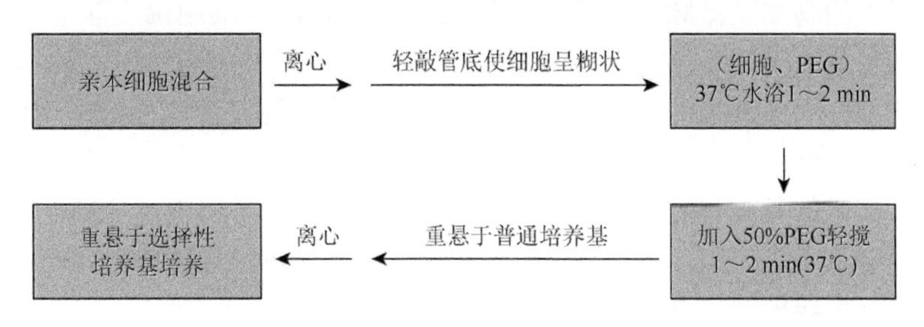

图12-3　PEG诱导细胞融合的过程

PEG诱导细胞融合的步骤比较简单，在混合的细胞中加入适当浓度的PEG即可诱导细胞融合。融合的效率与PEG的分子量和浓度密切相关。一般来说，细胞融合常用的PEG分子量为1000～6000 Da，浓度为30%～50%，过高细胞死亡率大，过低则融合率低。

3. 物理法

从20世纪80年代起，电场、磁场、超声波等物理手段被广泛应用于人工细胞融合，在细胞融合过程的两个阶段（即诱导亲本细胞在空间接近和接触阶段，以及引发亲本细胞膜融合形成杂合细胞的阶段）充分发挥了物理法的直观、高效、针对性强等特点，结合生物法和化学法诱导细胞融合的优点，建立起以电融合技术为代表的物理法诱导细胞融合的技术。

物理法是指通过电场、磁场、离子束或激光等物理手段诱导和控制细胞融合的方法。常用的物理法有电融合、激光融合、离子束融合和微流控融合技术等。

细胞的电融合是指细胞在电场中极化成偶极子，并沿着电力线排列成串，然后用高强度、短时程的电脉冲击穿细胞膜而导致细胞融合的技术（图 12-4）。

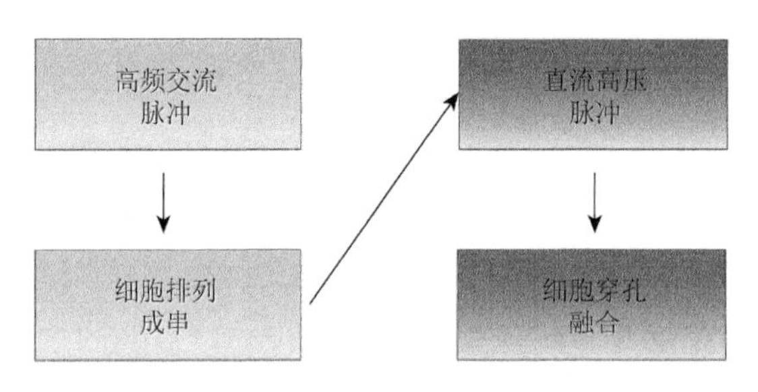

图 12-4　电融合技术

细胞的电融合技术（electro-fusion technique）是以细胞双向电泳和细胞膜可逆电降解为基础。细胞电融合仪主要由交流脉冲电压电路、频率信号发生电路和直流单脉冲电压发生电路及其他控制电路组成，并包含检测电路、数显电路。在细胞融合过程中，通过细胞双向电泳来实现亲本细胞在空间上的充分接近和相互接触，细胞在非均匀交流电场中会朝电场强度高的方向运动，即使电极的极性发生反转，细胞仍然向电场强度最高的区域移动。当一个细胞向另一个细胞靠拢时，会受到略高非均一局部电场作用，使前者向后者进一步靠拢，从而促使细胞在非均一电场中相互接触形成串珠状排列。电融合仪的交流脉冲信号发生电路产生的高频交流脉冲可使原生质体极化。在细胞融合过程中，电融合仪的直流单脉发生电路可按设定的次数发出脉宽可调的直流高压脉冲，使融合电极间的电场强度瞬间最高达到 6 kV/cm，通过细胞膜的可逆电降解作用实现亲本细胞间的融合。

电融合仪产生的高频交流脉冲可使细胞极化，形成偶极子，细胞由于静电吸力而彼此靠近。在电极间的不均匀电场下，细胞依次向电场强度高的电极移动并排列成串珠状。电融合仪产生的直流高压脉冲可使相互接触的细胞质膜间出现可逆穿孔，通过细胞膜的可逆电降解作用实现异源亲本细胞间的融合。

细胞电融合技术的基本过程如图 12-5 所示。首先，通过双向电泳使细胞间的接触变得非常紧密。然后，给予短暂的高压脉冲，细胞膜发生穿孔，随后细胞膜发生结合导致细胞融合。接着，细胞质融合为异核体。最终，细胞核融合。

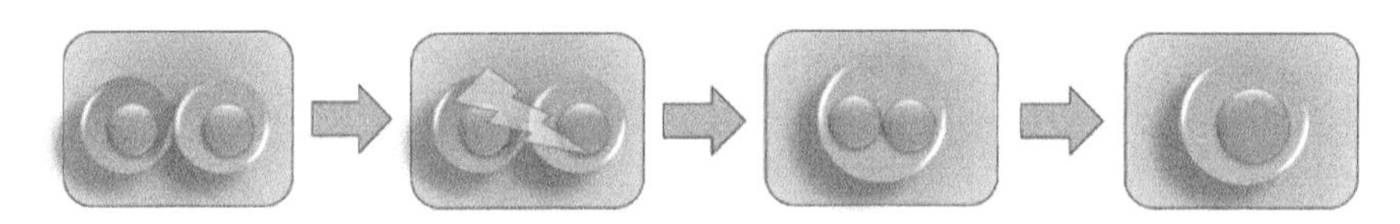

图 12-5　细胞电融合技术的基本过程

电融合技术对细胞活力损伤小，整个过程是在室温和生理条件下进行的，只有小面积的细胞膜在电场的作用下产生了暂时性的结构变化。因此，该方法对细胞活力损伤小。可直观地在光学显微镜下观察、记录细胞融合全过程。融合同步，活细胞多，融合率高，重复性强，可广泛适用于动物细胞、酵母和植物原生质体的融合，电融合相对于生物法和化学法来说，其最突出的优点是可以对数量很少的细胞进行操作，对一些获取困难的亲本细胞融合，特别有用。采用电融合技术必须使用电融合仪。

激光诱导细胞融合技术是利用激光微束对相邻细胞接触区的细胞膜进行破坏（或扰动），可将两个不同特性、不同大小的细胞在显微镜下实现融合。即利用光镊（optical tweezers）捕捉并拖动一个细胞使其靠近另一个细胞并紧密接触，然后对接触处进行脉冲激光束处理，使质膜发生光击穿，产生微米级的微孔。这样，由于质膜上微孔的可逆性，细胞开始变形融合，最终成为一个细胞（图 12-6）。该法可选择任意两个细胞进行融合，易于实现特异性细胞融合，作用于细胞的应力小，定时定位性强，损伤小，参数易于控制，操作方便，可利用监控器清晰地观察整个融合过程，实验重复性好，无菌无毒性，但它只能逐一处理细胞，不便于大批量的细胞融合实验。

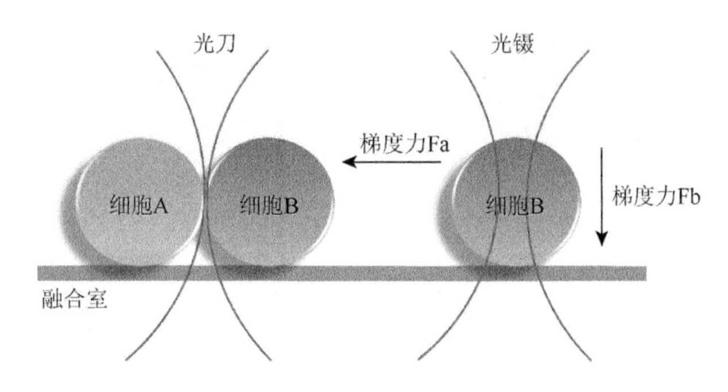

图 12-6　激光诱导细胞融合技术

微流控芯片细胞融合技术是利用微流控系统，对细胞群或单个细胞进行转移、定位和配对等操控，从而在芯片上以并行或快速排队的方式实现细胞配对，为后续的精准融合提供基础。

微流控系统最大的作用就是在细胞融合之前将两种亲本细胞进行配对。大致过程是通过芯片里特定尺度的小室捕获细胞，结合流体控制让细胞配对，然后通过电脉冲引发细胞融合形成杂合细胞（图 12-7），大幅提高杂交细胞形成的效率。

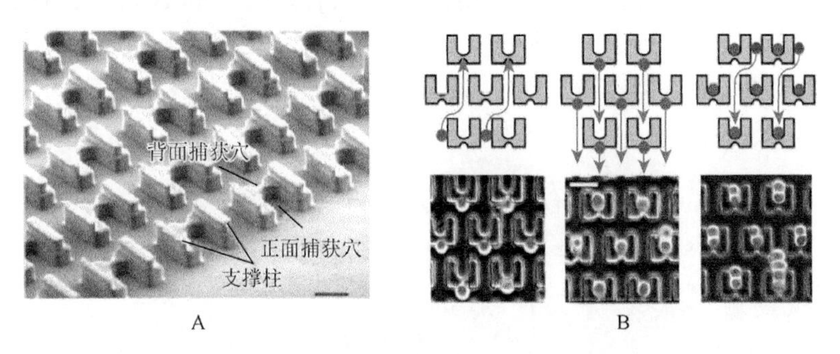

图 12-7　激光诱导细胞融合技术（李玉刚，2014）

A. 微流控芯片上 U 型围堰式微结构；B. 细胞配对

三、融合杂种细胞的选择与鉴定

融合细胞筛选的方式有两种，就是选择性筛选和非选择性筛选。非选择性筛选主要是通过形态特征、物理性状或荧光标记来筛选备选细胞，所有的细胞都可以存活下来。而选择性筛选则是通过使亲本细胞死亡，仅让杂种细胞存活下来的方式进行筛选。选择性筛选依据其筛选原理具体又可分为基因互补选择、药物抗性互补选择、营养缺陷型互补选择、温度敏感选择、生长特性选择等几种。

1. 基因互补选择

基因互补选择就是根据基因性状互补来筛选杂种细胞（图 12-8）。基因缺陷型是指缺少某种特殊基因的细胞类型，经常表现为基因缺陷型细胞在特定的选择培养基中不能存活，而正常的野生型细胞可以存活。假设亲本细胞 A 的 X 基因缺陷（X^-），亲本细胞 B 的 Y 基因缺陷（Y^-），两种亲本细胞在选择性培养基中均不能存活，当细胞 A 和 B 融合后，杂交细胞由于基因互补恢复了野生型，就可以在选择性培养基中存活了，这样将融合后的混合细胞置于选择性培养基中培养最终能存活下来的即为杂交细胞。

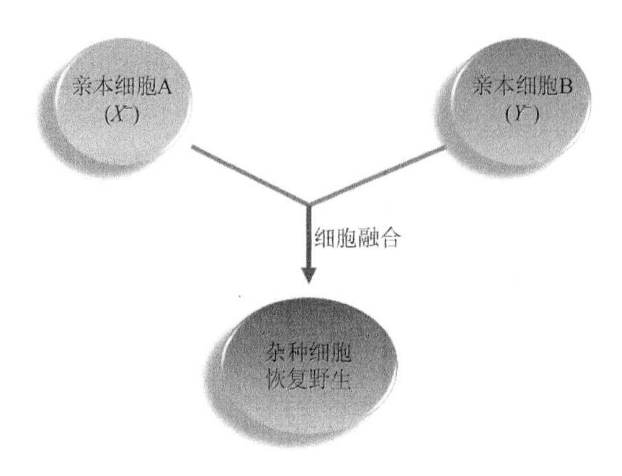

图 12-8　基因性状互补来筛选杂种细胞

2. 药物抗性互补选择

药物抗性互补选择就是根据细胞对抗生素等毒性物质的抗性来筛选杂种细胞（图 12-9）。假设亲本细胞 A 只对氨苄青霉素有抗性，亲本细胞 B 只对卡那霉素有抗性，当培养基中同时加入这两种抗生素时，A、B 两种细胞均不能存活，只有细胞 A 和 B 融合后的杂交细胞，由于抗性互补可以同时耐受两种抗生素而存活。因此，将两种细胞融合后的混合细胞置于同时含有氨苄青霉素和卡那霉素的培养基中培养，最终能存活下来的即为杂交细胞。

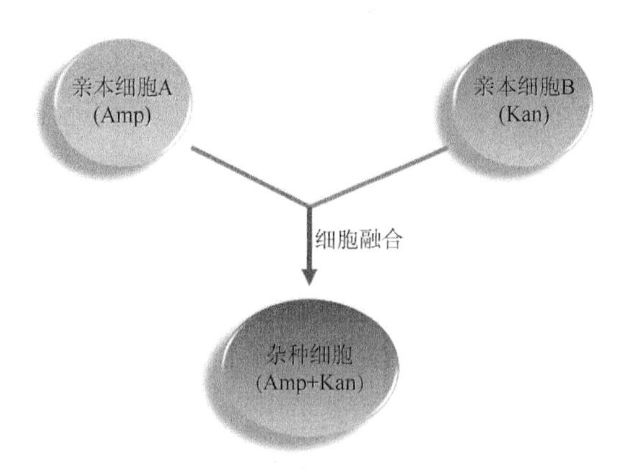

图 12-9　根据细胞对抗生素等毒性物质的抗性来筛选杂种细胞

3. 营养缺陷型互补选择

营养缺陷突变型是细胞突变型中的另一种重要突变类型。这些突变型细胞合成低分子量代谢物（如氨基酸，嘌呤、嘧啶等代谢物）的能力发生了改变，以致这些细胞需要在培养基中额外添加这些特殊成分才能成活。

营养缺陷型互补选择就是通过使营养缺陷型恢复为野生型来筛选杂种细胞（图 12-10）。假设亲本细胞 A 是色氨酸缺陷型，亲本细胞 B 是苏氨酸缺陷型，两种亲本细胞在普通的不含有色氨酸、苏氨酸两种成分的培养基中均不能存活，只有细胞 A 和 B 融合后形成的杂交细胞由于营养缺陷互补可以存活，这样将两种亲本细胞融合后的混合细胞置于不含有色氨酸、苏氨酸两种成分的培养基中培养，最终能存活下来的即为杂种细胞。

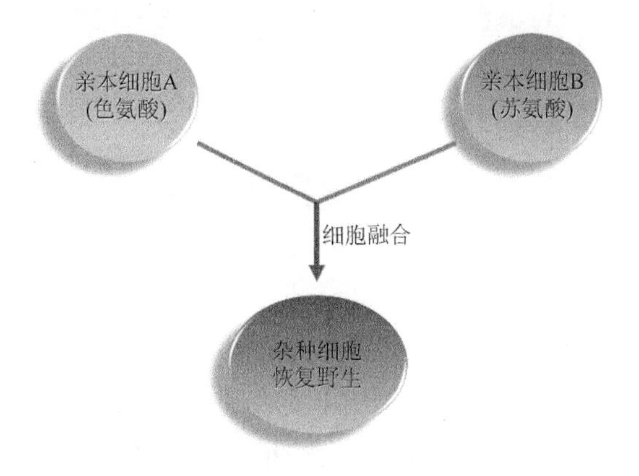

图 12-10　通过使营养缺陷型恢复为野生型来筛选杂种细胞

4. 温度敏感选择

温度敏感选择是利用体外培养细胞的生存温度范围来设计的筛选方法（图 12-11）。常见的可体外培养的哺乳类动物细胞，均可在 32～40℃内生长，其最适温度则为 37℃。但某些突变型细胞不能在 38～39℃下生长，这些细胞称温度敏感突变型细胞。如果将温度敏感型细胞与抗卡那霉素的细胞融合，得到的杂交细胞将同时具有抗高温和抗卡那霉素的特性。这样将两种亲本细胞融合后的混合细胞置于含有卡那霉素的培养基中高温下培养，最终能存活下来的即为杂种细胞。

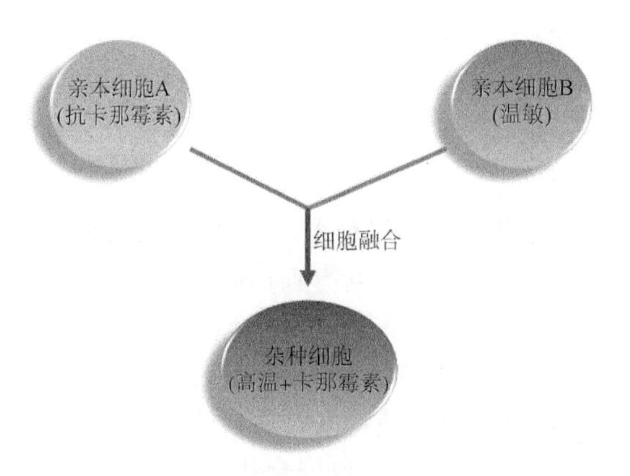

图 12-11　利用体外培养细胞的生存温度范围来筛选杂种细胞

5. 生长特性选择

生长特性选择是根据细胞对培养基成分的反应对杂种细胞进行筛选的方法（图 12-12）。例如，用两种生化试剂在融合前分别以致死剂量处理不同的亲本细胞，由于每种试剂损伤的成分不同，杂交细胞因为有来自两种不同亲本细胞的未受损成分而得到了拯救，因而可以存活，如用碘乙酸和焦碳酸二乙酯分别处理两种亲本细胞，融合后能存活下来的细胞 98%是异核体杂交细胞。

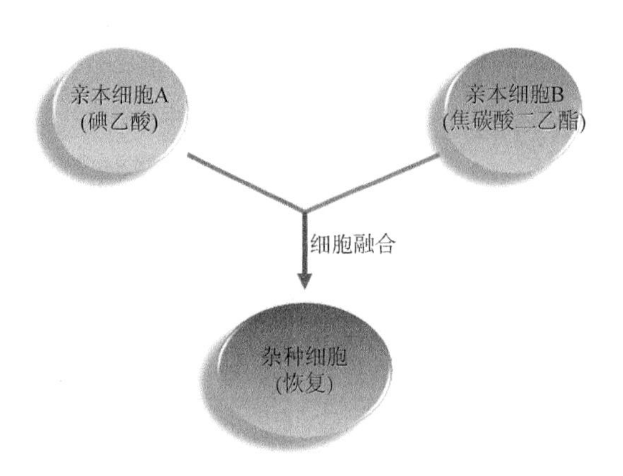

图 12-12　根据细胞对培养基成分的反应对杂种细胞进行筛选

第二节　胚胎融合

一、胚胎融合的概念、意义

（一）胚胎融合的概念

胚胎融合又叫胚胎嵌合，是将两枚或两枚以上胚胎（同种或异种动物）的部分或全部细胞融合在一起，使其发育成一个胚胎，然后移植到受体母畜体内让其继续发育形成一种嵌合体后代的技术。

最先进行嵌合动物研究的是 Sperman，他在 1901 年培育出蛙的嵌合体，其目的是弄清两栖动物的发育机制。对于哺乳动物，Nicholas 曾试图用不同品系的大鼠，将其早期分裂球进行组合制作嵌合体，并确认已产融合胚胎，结果只得到一个死胚，未能证明为嵌合体。直到 1961 年 Takowski 首次利用两种不同毛色的小鼠胚胎，在不同的卵裂球时期进行胚胎嵌合实验，成功获得世界上第一只嵌合鼠。1992 年柏崎等采用囊胚注射法进行嵌合体的制备，他们将一种表现为白色毛系的猪囊胚内细胞团（inner cell mass，ICM）注入表现褐色毛系的猪受体囊胚中，获首例嵌合体猪。

2010 年 Nakauchi 和 Okabe 将大鼠诱导性多功能干细胞（induced pluripotent stem cell，iPSC）注入胸腺缺陷或胰腺缺陷的小鼠囊胚后可以得到类似野生型各种生长体质情况的大鼠-小鼠种间嵌合体，表明囊胚补偿法制得的异种嵌合体内可以获得具有正常功能的组织或器官。2016 年潘登科课题组利用 48 细胞期体细胞核移植（SCNT）胚胎，通过囊胚聚合法成功制备出了异种嵌合体型猪，比 Onishi 等通过注射法获得嵌合体猪的效率要稍微高一些。

2017 年 Yamaguchi 等获得到了小鼠-大鼠嵌合体，利用小鼠干细胞使得其在胰腺发育缺失的大鼠体内长出具有正常功能的胰腺，在停止进行免疫抑制控制（排除移植后的前 5 天）后，经移植的胰腺成功维持糖尿病小鼠的血糖指标在标准数值范围内超过 370 天。同年 Wu 等将人类的诱导多功能干细胞（iPSC）通过微注射到猪的囊胚内并使其经体外培养后手术移入母猪体内培养，检测统计了有蹄类动物在人类多能干细胞（human pluripotent stem cell，hPSC）的整合分化能力，虽然经检测其嵌合的水平和效率都十分低，但这却是使与人类多能干细胞形成种间嵌合囊胚成为可能的重要一步。2019 年 Fu 等把猴子的胚胎干细胞注射到了猪的胚胎中，产生了世界首例“猪猴嵌合体”生物，虽然所有仔猪均在一周之内死亡，但是这在动物体内培养人体器官进行移植的道路上又迈出一大步。

胚胎融合技术多应用于发育生物学、免疫学和医学动物模型的研究领域，在畜牧业生产中也展现了广阔的前景。一些稀有毛皮动物，如水貂、狐狸、绒鼠等，利用胚胎融合技术可获得具有特殊皮毛特性的新品种，从而提高毛皮的经济价值。

（二）胚胎融合的意义

胚胎融合技术主要用于研究胚胎发育的过程和控制机制。对于植物而言，可以打破种子休眠，促进胚萌发；克服种子生活力低下和自然不育性，提高种子发芽率，进行种子活力的快速测定；同时，获得单倍体和多倍体植株，克服杂种胚的败育，获得稀有杂种，提高后代抗性，改良品质；快速繁殖良种，缩短育种周期；也可用于种质资源的搜集和保存。对于动物而言，胚胎融合技术可克服动物种间杂交的繁殖障碍，创建动物新品种，还能够培育出含有人类细胞的动物，为人类器官异种移植提供材料。

二、胚胎融合的方法和基本程序

哺乳动物嵌合体的制备方法有早期胚胎与卵裂球聚合法、囊胚注射法和囊胚重组法。

1. 早期胚胎与卵裂球聚合法

聚合法就是指将遗传性状不同而发育阶段相同或相近的卵裂球或者胚胎干细胞等特殊细胞聚合在一起制备嵌合体动物的方法。又分为裸胚聚合法和卵裂球聚合法。

（1）裸胚聚合法　　发育到 8 细胞至桑葚期的胚胎，去掉透明带后，将两枚裸胚聚合，在二氧化碳培养箱中培养，使其发育到囊胚，再移植给受体，获得嵌合体个体（图 12-13）。

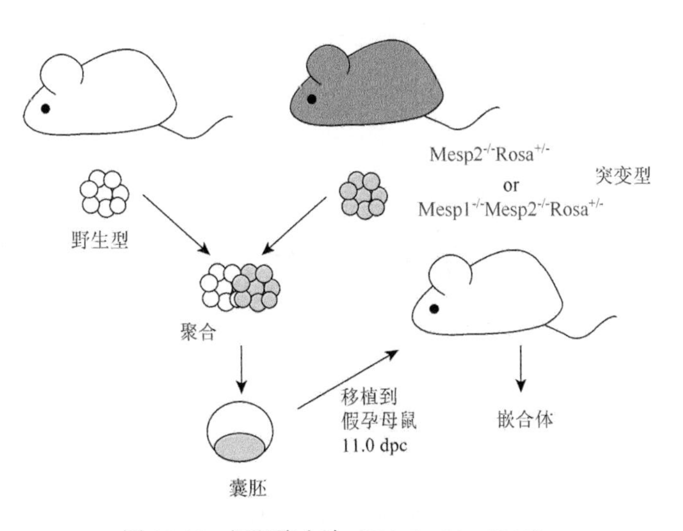

图 12-13　裸胚聚合法（Takahashi，2005）

（2）卵裂球聚合法　将发育阶段相同的两胚胎各自的分裂球进行聚合，或将发育阶段不同胚胎的分裂球相聚合，制作嵌合体个体。通常是在一个透明带中，人为地将胚胎的分裂球，通过反复吹吸法分离成单个卵裂球，从中取相同数量的两个不同种属的卵裂球装入空的透明带内，加入植物凝集素 A 使其聚合。用琼脂包埋，然后移植到中间受体的输卵管内，发育到囊胚后再移植到该种动物的受体子宫内孕育出嵌合体动物（图 12-14）。

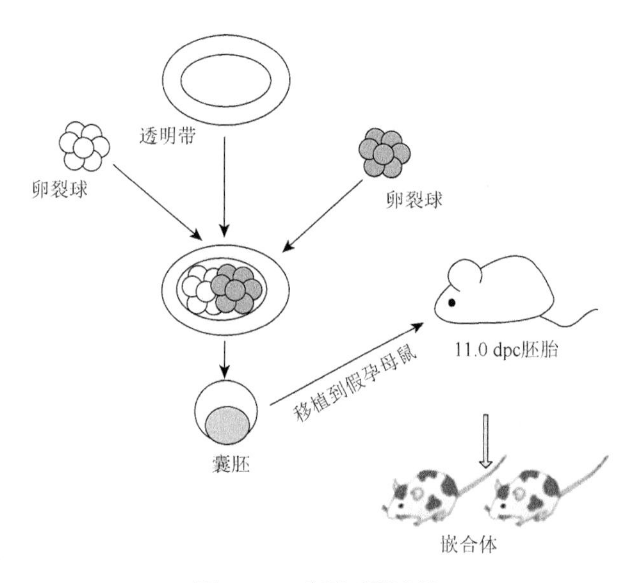

图 12-14　卵裂球聚合法

2. 囊胚注射法

在显微操作仪下，将目的细胞或细胞团注入囊胚腔，使注入的细胞与内细胞团结合共同发育，以获得嵌合体个体。注射的供体细胞可以是卵裂球、发育后期的胚胎细胞、胚胎干细胞（图 12-15）。

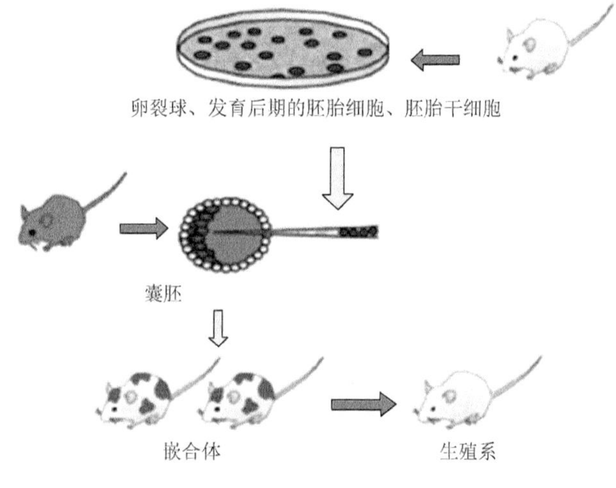

图 12-15　囊胚注射法

3. 囊胚重组法

受体囊胚中去掉原有的内细胞团，再导入目的内细胞团，培养出新的囊胚（图 12-16）。这种方法可广泛用于研究基因型已知的内细胞团的发育能力和具有不同基因型的滋养层细胞在个体发育中的相互关系。

通常，先用固定吸管固定受体囊胚的滋养层端；在内细胞团一侧的透明带开口；将开过口的受体囊胚培养 5～6 h；受体囊胚的内细胞团会从透明带中长出来（图 12-17）；向该空囊腔内注入外源的内细胞团；切掉受体囊胚本身长出透明带的内细胞团，在体外培养移植给受体，可得到嵌合体后代。

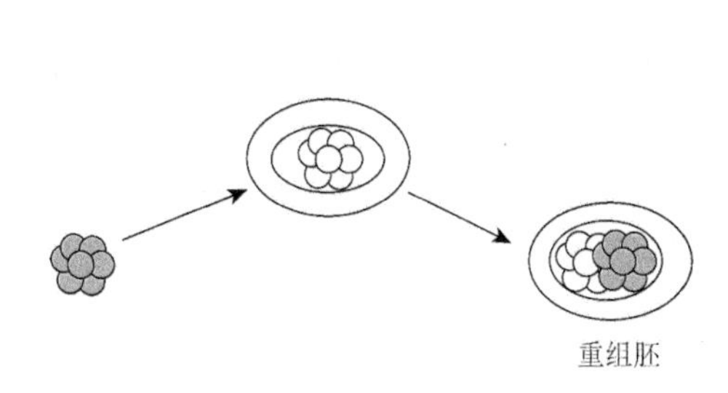

图 12-16　囊胚重组法

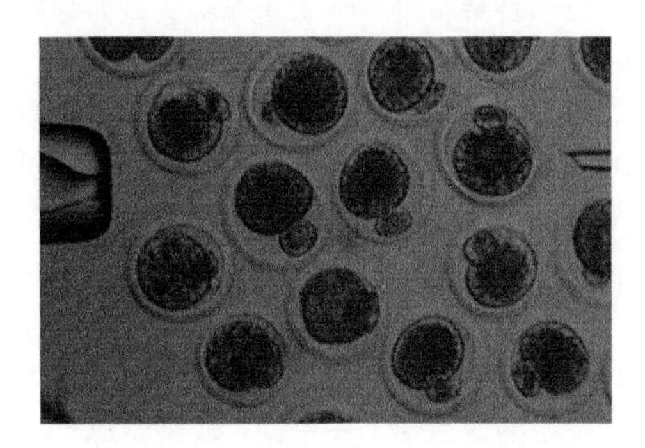

图 12-17　受体囊胚内细胞团外移制备

三、融合个体的选择与鉴定

动物嵌合体的鉴定主要是鉴定子代动物体内是否存在不同遗传性状的细胞，这是确定嵌合体动物制备是否成功的关键。目前嵌合体动物主要通过外观表型、遗传标记和基因及其表达产物分析来进行鉴定。

外观表型鉴定：通常会选择不同遗传表型来源的细胞或胚胎进行，这样获得的嵌合体动物从表型上就可以很明显地判别是否是嵌合体动物。比如，图 12-18 中的小羊和小鼠，从毛色上就可看得出来是嵌合体动物。

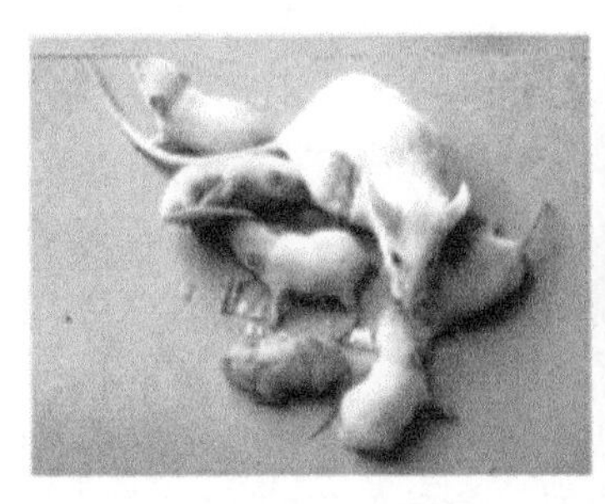

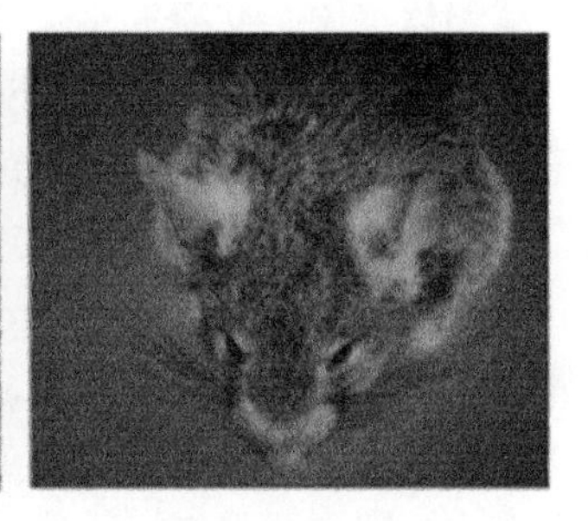

图 12-18　外观判断嵌合体动物

遗传标记鉴定：在构建嵌合体动物前，通过基因打靶的方式将相应的报告基因（如绿色荧光蛋白，β-半乳糖苷酶基因等）构建到供体细胞中，制备的嵌合体动物带有相应的报告基因及其表达产物，可非常方便地查看嵌合体动物，像有绿色荧光毛色的小鼠（图 12-18）等。

此外，可通过基因及其表达产物分析来进行鉴定，包括 PCR 法、原位杂交、测序、Western-blotting 分析等。

第三节 基因定位

基因定位（gene location）是用一定的方法将基因确定到染色体的实际位置。这是现代遗传学的重要研究内容之一。将不同的基因确定于染色体的具体位置之后，即可绘制出基因图谱（gene map）。

有两种基本方式制作人类染色体的基因图谱，即物理作图（physical mapping）和遗传作图（genetic mapping）。物理作图是从 DNA 分子水平制作基因图谱。它表示不同基因（包括遗传标记）在染色体上的实际距离，以碱基对为衡量标准，所以物理图谱（physical map）最终是以精确的 DNA 碱基对顺序来表达，从而说明基因的 DNA 分子结构。从细胞遗传学水平，用染色体显带等技术在光学显微镜下观察，将基因定位不同染色体的具体区带，又称区域定位（interval mapping），而把基因只定位到某条染色体上则称为染色体定位（chromosome localization）。

基因定位可从家系、细胞、染色体和分子水平进行研究，同时由于使用手段的不同派生出多种方法，不同方法又可联合使用，互为补充。伴随着分子生物学和细胞分子遗传学的进展，基因定位的新方法不断出现，特别是体细胞杂交、分子杂交、DNA 重组和 DNA 体外扩增等技术出现与应用后，产生了许多定位新技术，如脉冲场凝胶电泳、染色体显微摄影、染色体步移和酵母人工染色体（YAC）克隆等，使基因定位的研究工作得到了迅速发展。

一、体细胞杂交

（一）体细胞杂交的概述

体细胞是生物体除生殖细胞外的所有细胞。将从身体分离的体细胞做组织培养进行遗传学研究的学科称为体细胞遗传学（somatic genetics）。与基因定位有关的是体细胞杂交（somatic cell hybridization）。体细胞杂交是将不同遗传型的体细胞融合在一起，通过培养而成为一种新杂种个体的方法。它是 20 世纪 60 年代后迅速发展起来的一种细胞工程技术，现已成为遗传工程（genetic engineering）的一项重要研究内容和技术手段。

植物体细胞杂交研究是从 20 世纪 60 年代大量制备原生质体技术建立后才开始的。1972 年，美国科学家 Carlson 培育出第一个体细胞杂种植物（烟草）。近年来，一些研究者还获得了烟草与马铃薯、胡萝卜与羊角芹、番茄与马铃薯等的杂种个体。体细胞杂交在动物与动物之间也有许多成功的实例，如鼠与鸡、鸡与兔、人与鼠、人与兔、人与蚊等。1978 年，瑞士的 K. Illmensee 和美国的 C. M. Crose 等利用人与小家鼠的体细胞进行杂交，已培育出带有人的染色体镶嵌小鼠。在子鼠的背部、尾部、中侧部及足端等处嵌有白色皮毛。这种新产生的杂种细胞（hybrid cell）含有双亲不同的染色体，在其繁殖传代过程中出现保留啮齿类一方染色体而人类染色体则逐渐丢失，最后只剩一条或几条，其原因至今不明。这种仅保留少数甚至一条人染色体的杂种细胞正是进行基因连锁分析和基因定位的有用材料。而且在用于人类染色体的基因定位上也有很大的价值。

（二）体细胞杂交在基因定位上的应用

在人类染色体基因定位的研究中，遗传学上常用的杂交分析法不适用于人类，只能靠家谱系的收集和数理分析来决定基因在染色体上的位置。这显然既费时又降低效率。过去根据伴性遗传的一些特点，人们较为容易地把某些基因定位于性染色体上，但是常染色体上的基因得到定位的却很少，体细胞杂交技术的应用，使这一工作取得了很大的进展。50 多个基因已定位于 18 条常染色体上。根据 1976 年 C. J. Avers 的资料，现已大大地增加到 400 多个基因。

以人与小鼠的体细胞杂交为例，把小鼠的瘤细胞和人的成纤维细胞悬浮液混合在一起，再加一定浓度比例的紫外线灭活的仙台病毒（*Sendi virus*）进行处理（用以提高不同类型的细胞的融合率），使两细胞融合成单核的杂种细胞系。这些杂种细胞有以下几个特点。①杂种细胞内小鼠的 40 条染色体全部保留下来了，而人类的 46 条染色体却逐代丢失，最终留下 1～5 条染色体，甚至在某些克隆中人的染色体消失。②杂种细胞内小鼠和人的基因可同时表达，各自控制其蛋白质合成，这些不同的蛋白质可以根据其组分氨基酸的数量、种类和排列顺序的不同而加以区分。③杂种细胞内人与小鼠的染色体是易于区分的。一方面根据形态来看，小鼠的染色体都是近端着丝点的，而人的染色体除 D 组和 G 组的之外，都是中间着丝点的；另一方面留在杂种细胞内的人的染色体，可以根据姬式染色显带后的特征加以鉴定和区分。

上述动物杂种细胞的特征，给人类染色体的基因定位研究创造了有利条件：由于杂种细胞内人的染色体随机丢失，可获得一系列含有人的各种不同染色体的杂种细胞系（包括含单个人类染色体的杂种细胞），不同染色体上的基因不同，基因调控的表型也必然不同，研究者就可根据这些基因不同时表达而把某基因定位于某一特定的染色体上。例如，一个缺乏 β-半乳糖苷酶的小鼠突变细胞系，只要带有人的第 3 号染色体，便能合成这种酶，这就说明编码这种酶的基因位于第 3 号染色体上。当然，含单个人类染色体的杂种细胞系更有利于基因定位的研究，但因为技术上的原因，用体细胞杂交法还不可能获得 24 个各带不同的单个人类染色体的杂种细胞系。因此，在检测的过程中，通常是用 8～10 个不同的细胞系同时进行，每一个系都具有一些特定的染色体，通过比较所有细胞系的表型，并在某一基因发生表态的全部细胞系中，找出一条共同的染色体，那么这条染色体就应该是这个基因的携带者。然后再反证是否在一个样品里，只要有这一染色体，该基因就有所表达，否则就不能表达，这样就可较为准确地将该基因定位于该染色体上。当涉及两个或两个以上的基因是否同在一条染色体上（连锁）时，一般要先检测若干杂种细胞系，根据某一染色体的存在与否，即某些基因同时丢失或同时表达，就可以提供线索来判定它们是否发生连锁，从而把这些基因共同定位于这一条染色体上。上述的方法，只是把若干基因定位于特定的染色体上，并没有指出它们在染色体上的具体座位，要解决这一问题，还需进一步探索和利用其他方法加以配合。例如，使用染色体臂或臂的部分断节所发生的缺失或易位的细胞系，则可以把某基因定位于染色体某一限定的区限内。用体细胞杂交法，第一个被定位的人类区间是胸腺嘧啶核苷激酶（thymidine kinase，TK）。在检查若干人与鼠的体细胞杂种后，发现有一个细胞系是人的 17 号染色体长臂的一部分易位到小鼠的一条染色体上。这个细胞系里没有人的 17 号染色体的其他部分，而小鼠的亲本细胞本身也是缺乏 TK 的，但带有这种易位的杂种细胞系却能合成此种酶，这一情况证明，只要有人的 17 号染色体长臂的这一部分时，这种杂种细胞系就能合成 TK。所以这个基因就被定位在人的 17 号染色体的长臂这一区段内。

（三）动物杂种细胞筛选方法

细胞融合处理液中含有多种类型的细胞。例如，未融合的亲本细胞、同核体（同源细胞的融合体）、异核体（非同源细胞的融合体）、多核体（含有双亲不同比例核物质的融合体）、异胞质体（具有不同胞质来源的杂合细胞）、核质体（有细胞核而带有少量异种细胞质）。因此，需要通过筛选除去不需要的细胞，分离出需要的杂种细胞。

1. 抗药性筛选法

利用细胞对药物敏感性的差异筛选融合细胞。例如，如果亲本 A 对氨苄青霉素敏感而对卡那霉素不敏感，亲本 B 对卡那霉素敏感而对氨苄青霉素不敏感，那么融合细胞可以在含有两种抗生素的培养基上生长，而亲本细胞会死亡。

2. 营养互补筛选法

细胞在缺乏一种或几种营养成分时不能生长繁殖，即属于营养缺陷型细胞。利用两亲本细胞营养互补可以筛选融合细胞。例如，亲本 A 为色氨酸缺陷型，亲本 B 为苏氨酸缺陷型，杂种细胞可以在不含色氨酸和苏氨酸的培养基上培养，而亲本细胞均会死亡。

3. 物理特性筛选法

利用细胞在形态、大小、颜色上的差别可以在倒置显微镜下用微管将融合细胞吸取挑选出来。也可以采用离心方法分离融合细胞。

4. 荧光标记法

对于形态、颜色上都不能区分的情况，可以采用不同的荧光染料（如发绿色荧光的异硫氰酸荧光素和发红色荧光的碱性丽丝胺碱性蕊香红）分别标记两个亲本细胞，这样融合细胞内存在两种荧光标记，可以在荧光显微镜下挑选分离或用流式细胞仪分离。

（四）体细胞杂交在人类染色体基因定位研究中的特有作用

体细胞杂交法的引入，加快了人类基因染色体定位的发展速度，这与体细胞杂交所具有的特有作用是分不开的。如前所述，对人类基因定位的研究，即是允许采用杂交分析的后鉴定法，但由于每一世代需要 20～30 年，耗时太长。同时，对一个研究者本身来说，由于寿命有限，要进行多代的观察和检测分析是不可能的。再者要获得众多相同或相似的实验对象来进行分析对比和综合实验，故实验结论的准确性也有限。而采用体细胞杂交法，研究者在较短的时间内利用较多的杂种细胞系进行观察、实验、对比分析和重复验证，必然能较快地和较为准确地获得实验成果。

然而，体细胞杂交法用于人类染色体的基因定位上也有一定的局限性，它更多的是把基因定位于染色体上，而具体到能把基因定位于染色体某一座位则很困难，往往需要其他方法的配合。但是，体细胞杂交法目前仍是人类染色体基因定位的一种有效方法。加之其他方法的利用，如定位法（locating）、划区法（regional mapping）、连锁标志法（linkage marker）等，人类染色体的基因定位工作取得了很大的成绩。

二、原位杂交和荧光原位杂交

重组 DNA 技术的建立与分子杂交相结合，从分子水平研究基因定位，发展了一系列有效方法。分子杂交的基本原理是碱基的互补配对，同源的 DNA-DNA 双链或 DNA-RNA 链在一定条件下能结合成双链，用放射性或非放射性物质标记的 DNA 或 RNA 分子作为探针，结合成专一的核酸杂交分子，经一定的检测手段将待测核酸在组织、细胞或染色体上的位置显示出来。例如，原位杂交（in situ hybridization）就是分子杂交技术在基因定位中的应用，也是一种直接进行基因定位的方法。1977～1978 年首次将分子杂交应用于基因定位，即用 α 及 β 珠蛋白基因的 cDNA 为探针，与各种不同的人/鼠杂种细胞进行杂交，再对 DNA 杂交情况进行分析，找出 cDNA 探针与人染色体 DNA 顺序间的同源互补关系，从而将人 α 及 β 珠蛋白基因分别定位于第 16 号和第 11 号染色体上。

（一）原位杂交的分类

原位杂交的特点是杂交在显微镜载玻片上的中期染色体标本上进行。所谓原位，即指标本上 DNA 原位变性，在利用放射性或非放射性标记的已知核酸探针杂交后，通过放射自显影或非放射性检测体系来检测染色体上特异 DNA 或 RNA 顺序，可用放射性颗粒在某条染色体的区带出现的最高频率或荧光的强弱来确定探针的位置，从而进行准确的基因定位。

原位杂交可根据核酸杂交的类型分为液相杂交和固相杂交。液相杂交是将待测的核酸样品和同位素标记的 DNA 探针同时溶于杂交液中进行反应，然后分离杂交双链和未参加反应的标记探针，用仪器检测并计算分析杂交结果。固相杂交是将待测的靶核苷酸链预先固定在固体支持物（硝酸纤维素膜或尼龙膜）上，而标记的探针则游离在溶液中，进行杂交反应后，使杂交分子留在支持物上，然后再进行检测和计算。固相分子杂交又可分为 Southern 印迹杂交、Northern 印迹杂交、Western 印迹杂交、斑点杂交等。

1. Southern 印迹杂交

Southern 印迹杂交是 1975 年建立的一种 DNA 转移方法。该法所用的硝酸纤维素膜（或经特殊处理的滤纸或尼龙膜）具有吸附 DNA 的功能。首先用酚提取法从待检测组织中提取 DNA，然后以限制性内切酶消化待测的 DNA 片段，接着进行琼脂糖凝胶电泳使 DNA 按分子量大小分离，电泳完毕后，将凝胶放入碱性溶液中使 DNA 变性，解离为两条单链。再在凝胶上贴上硝酸纤维素膜，使凝胶上的单链 DNA 区带按原来的位置吸印到膜上。然后直接在膜上进行核酸探针（已被同位素标记）与被测样品之间的杂交，再通过放射自显影对杂交结果进行检测。

2. Northern 印迹杂交

1976 年 Alwine 建立了该方法。这是一种将 RNA 从琼脂糖凝胶中转印到硝酸纤维素膜上的方法。其检测过程与 Southern 印迹杂交基本相同，所不同的是 Northern 印迹杂交是用 DNA 探针检测经凝胶电泳分开的 RNA 分子。它主要用于研究基因的转录活性及表达。

3. Western 印迹杂交

Western 印迹是指将蛋白质样品经聚丙烯酰胺凝胶电泳分离，然后转移至固相载体上，用抗体通过免疫学反应检测目的蛋白，分析基因的表达程度。固相载体以非共价键形式吸附蛋白质，且能保持电泳分离的多肽类型及其生物学活性不变。以固相载体上的蛋白质或多肽作为抗原，与对应的抗体起免疫反应再与酶或同位素标记的第二抗体起反应，经过底物显色或放射自显影以检测电泳分离的特异性目的基因表达的蛋白质。

4. 斑点杂交

将待测 DNA 或 RNA 样品进行变性处理后，直接点在硝酸纤维素膜上，经烘烤固定后，与同位素或生物素标记的探针进行杂交，杂交后放射性双链 DNA 可使 X 线片感光，形成自显影斑点。

此外，可根据原位杂交探针将原位杂交分为三类：寡核苷酸探针、cDNA 探针和 RNA 探针原位杂交；根据所用探针和靶核酸的不同，原位杂交可分为 DNA-DNA 杂交、DNA-RNA 杂交和 RNA-RNA 杂交。

（二）荧光原位杂交技术

荧光原位杂交（florescence in-situ hybridization，FISH）是一种非放射性原位杂交方法。FISH 技术发展早期，应用放射性同位素标记探针来定位目标序列，直到 1980 年 Bauman 等才将荧光染料直接标记 RNA 探针的 3′端，并检测到了特异的 DNA；1982 年 Manuelidis 等采用生物素标记的探针进行了染色体原位杂交。自 1990 年以来，FISH 在方法上形成了从一种颜色到多种颜色、从中期染色体 FISH 到粗线期染色体 FISH 再到纤维 FISH 的发展趋势，灵敏度及分辨率有了大幅度提高。

（三）FISH 技术的原理

FISH 是一种重要的非放射性原位杂交技术。其基本原理是如果被检测的染色体或 DNA 纤维切片上的靶 DNA 与所用的核酸探针是同源互补的，二者经变性—退火—复性即可形成靶 DNA 与核酸探针的杂交体。将核酸探针的某一种核苷酸标记上报告分子如生物素、地高辛，可利用该报告分子与荧光素标记的特异亲和素之间的免疫化学反应，经荧光检测体系在显微镜下对待测 DNA 进行定性、定量或相对定位分析。该技术目前广泛应用于动植物领域内的 DNA 重复序列或多拷贝的基因家族的染色体定位、杂种亲本染色体的鉴定，染色体的结构分析与染色体物理图谱构建，外源染色质检测，物种进化及亲缘关系等的研究。

（四）FISH 探针的种类

在荧光原位杂交中，探针的最佳长度为 100～300 bp。常用的探针可分三类。①染色体特异性重复序列探针（probe to chromosome specific repeated sequence），如卫星 DNA 一类的探针，它们的杂交靶位常大于 1 Mb，不含散在重复序列，与靶序列结合紧密，杂交信号强，易于检测，常用于检测间期细胞非整倍体和微小标志染色体。②全染色体或染色体区域特异性探针（whole chromosome or chromosome region specific probes），由一条染色体或其上某一区域的几段不同核酸片段组成，可由克隆到噬菌体（phage）和黏粒（cosmid）上的染色体特异性大片段插入文库制取。还可通过微切 DNA 大量制取，且微切 DNA PCR 文库探针片段小，与邻近区域发生重叠及在制片过程中被破坏的可能性小。这类探针可用于中期染色体重组和间期核结构分析。③特异位置探针（specific locus probe）常由一个或几个克隆序列组成，可由 cDNA 克隆或克隆到大片段插入载体内的核酸片段制取，主要用来进行染色体克隆 DNA 序列定位和检测靶 DNA 序列拷贝数及结构变化。

（五）操作流程

FISH 的操作流程总结如图 12-19 所示。

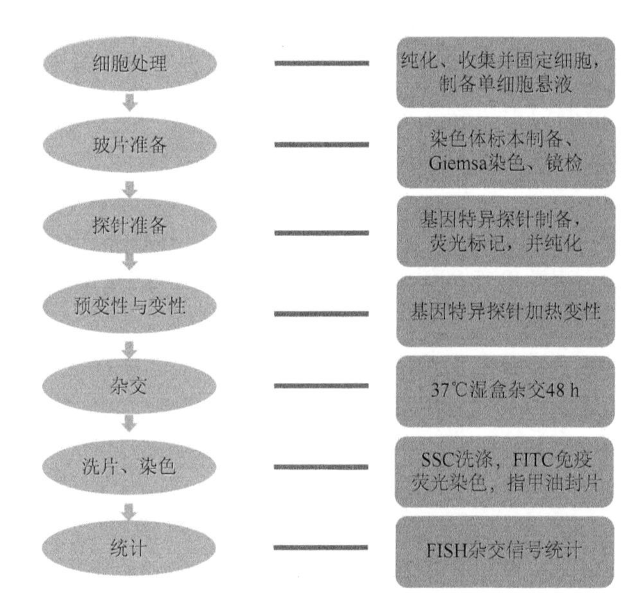

图 12-19　FISH 操作流程简图

（六）FISH 技术的特点

FISH 选用的标本可以是分裂期的细胞染色体，也可以是间期细胞。生物素、地高辛、二硝基苯［Dinitrophenyl（DNP）］、2-氨基乙酰氟 N-acetyl-2-aminofluorene［Aminoacetyl Fluorine（AAF）］等均可用于探针标记。近年来，大片段的 DNA 探针（100～400 kb）已被研制出来，由于探针较长，故可将荧光物质直接标记在核苷酸上，使杂交过程进一步简化，而且杂交信号更强。荧光原位杂交可通过激光共聚焦扫描成像系统将摄取的信号存储在计算机中，经过软件特殊处理后显示在屏幕上。使用数码成像相机系统，灰度图像被拍摄几次并存储在计算机中，接下来通过一些人造色，软件系统接收获得的示例图像，经过软件的综合处理，最后以多色图像显示出来。此外，在 G-带状染色体被 75%乙醇或甲醇褪色后，FISH 可以更清楚地识别易位。FISH 技术和限制片段长度多态性（restrict fragment length polymorphism，RFLP）结合，可以更准确地描述染色体长短臂的结构变化及染色体的性质。FISH 和细胞免疫技术结合，可以同时用多种颜色反应检测不同的核苷酸链和蛋白质。在基因图谱绘制中，FISH 和连锁图谱结合起来，可以准确确定具有高多态性的基因位点。

（七）FISH 技术的应用

FISH 技术已在疾病诊断、产前检查、环境微生物监测、辐射生物计量等多领域发挥重要的作用。而基因定位是使 FISH 技术广泛应用的基础。从产生到现在，FISH 在方法上逐步形成了从单色向多色、从中期染色体 FISH 向粗线期染色体 FISH 再向 DNA 纤维 FISH（DNA fiber-FISH）发展的趋势，灵敏度和分辨率也有了大幅度的提高。

1. FISH 在癌症诊断方面的应用

在癌症研究中，FISH 可用于对分离出的癌基因和抗癌基因的定位，这给研究肿瘤中常见的染色体或基因改变，进一步研究其生物学和分子特征提供了依据。梁芳等（2008）对蛋白磷酸酶 2A（protein phosphatase 2A，PP2A）突变型肺癌相关基因在染色体区域进行定位，其编码区 C-A 的突变点突变引起 PP2A 活性改变，从而基因易位，导致肺肿瘤的产生。张晶璞等（2016）借助全基因组图谱微阵列芯片分析和 qRT-PCR 发现血浆 miR-19b-3p 和 miR-16-5p 可用于区分不同胃癌分期及分化程度的胃癌样本与正常样本间的差异，并建立了一种基于发夹型 DNA 捕获探针和 AgNCs/DNA 信号探针的 miRNA 荧光原位杂交检测方法，为应用小 RNA（microRNA，miRNA）标记诊断胃癌提供了新思路。

2. FISH 在产前诊断上的应用

FISH 利用荧光标记探针可以对 21 三体、18 三体、13 三体及性染色体非整倍体等常见染色体畸形进行快速检测。与染色体核型分析相比，FISH 不需要细胞培养过程，最快 24 h 内得到检测结果，能够为孕妇和临床医生采取进一步措施争取时间，有效缓解孕妇焦虑。有临床研究对 1676 名接受羊水穿刺的孕妇同时进行核型分析和 FISH 检测。FISH 检测结果阳性 240 例（14.32%），包括 21 三体 140 例、18 三体 44 例、13 三体 14 例、性染色异常 32 例及嵌合体 10 例。核型分析阳性 252 例，除包括上述 240 例 FISH 检测阳性结果外，还包括 22 号染色嵌合体 1 例、平衡结构重排 6 例、非平衡结构重排 1 例及多态 4 例。说明 FISH 检测能够快速准确诊断 21 号、18 号、13 号及性染色体数目异常，根据 FISH 结果可进行进一步临床处理。

3. FISH 在转基因方面上的应用

在转基因表达中一个重要的影响因素就是位置效应，即外源基因在受体细胞基因组中的位置不但影响转入基因的表达，还影响生物内在基因的结构和表达。如果原位杂交检测显示特异的杂交信号，则表明外源基因已整合到该生物的染色体上。对转基因大麦的绿色荧光蛋白（green fluorescent protein，GFP）染色体定位时发现，在大麦的根尖和花粉中均有表达，四倍体的荧光表达强度大于二倍体，表现出基因的剂量效应。*GFP* 基因插入第 6 染色体（6H）短臂和另一染色体的短臂近末端。对外源性人金属肽酶抑制剂 1（TIMP metallopeptidase inhibitor 1，*TIMP1*）基因在转基因小鼠染色体上的整合及定位，结果显示转基因小鼠自 F_4 代起是纯合子，外源基因整合在 17 号染色体 E 区，外源基因整合在 17 号染色体 E1.3 区间变性淋巴瘤激酶（anaplastic lymphoma kinase，*ALK*）基因第 23 个内含子区域，说明获得的转基因小鼠为纯系，外源基因 *hTIMP-1* 已稳定整合在转基因小鼠染色体上，并能遗传给后代。

第四节　人类基因定位和基因组作图

基因定位是指基因所属连锁群或染色体及基因在染色体上位置的测定。基因定位是遗传学研究中的重要环节，是遗传学研究中的一项基本工作。

狭义的基因定位是指基因所属连锁群及基因在染色体上位置的测定。1911 年，Morgan 等首次将红绿色盲基因定位于 X 染色体上，开创了人类基因定位的先河。1968 年，Donahue 利用系谱分析法将Duffg血型基因定位于1号染色体上，是人类首次在常染色体上进行的基因定位。20 世纪 70 年代后，体细胞杂交重组、DNA 分子杂交、PCR 技术、基因组测序技术的出现和应用使基因定位的方法越来越先进，基因定位的速度越来越快。

一、人类基因定位方法

人类基因定位的方法包括系谱分析定位法、异常染色体定位法、体细胞杂交定位法、分子杂交定位法、限制性酶分析定位法、基因组全序列测定法等。

（一）系谱分析定位法（pedigree analysis）

人类基因的定位研究在早期主要采取系谱调查的办法。系谱分析最常用的方法是连锁遗传分析法。早在 20 世纪 30 年代，通过家系分析法将人类的绿色盲、G6PD、红色盲、血友病 A 的基因定位在 X 染色体上。所以系谱分析定位法研究的对象主要为与遗传性疾病有关的基因，定位的基因有 5 类。

1. 细胞质基因的定位

如果系谱中出现下列情形：母亲有病（父亲正常）子女全有病，而父亲有病（母亲正常）子女全正常，则该病基因可以定位于细胞质中的线粒体上。例如，人类线粒体 DNA 的突变会导致人体患一种称为 Leber 遗传性视神经病（LHON）的疾病，该病病症是患者成年后会突然失明。该类型家庭中只要母亲患病则子女一律患病。

2. Y 染色体基因的定位

如果某遗传病只出现在男性中，即父亲患病，儿子全患病，女儿全正常；儿子是患者，孙子全是患者，孙女全正常。则这类遗传病的致病基因定位在 Y 染色体上，且在 X 染色体上没有与之相对应的基因。到目前为止，由于 Y 染色体很小，其定位的致病基因仅有 10 余种，如外耳道多毛症基因、箭猪病基因、蹼趾病基因。

3. X 连锁基因的定位

伴 X 染色体遗传是指控制遗传病的基因定位在 X 染色体上。伴 X 染色体遗传又分为伴 X 染色体显性遗传和伴 X 染色体隐性遗传两种主要的遗传模式。根据伴性遗传原理，如果一种遗传病表现出隔代遗传的特征，并且只出现在男性外孙个体身上，可将控制这种遗传病的基因定位到 X 染色体上。这种疾病为伴 X 染色体隐性遗传性疾病，其来自于外祖父，如果祖母正常，一般母亲不会表现出该病，但她的两条 X 染色体中有一条带有该病的控制基因，所以外祖父携带的伴 X 染色体隐性遗传病有 50%的可能会出现在外孙身上（图 12-20A）。如果母亲患病儿子全患病，则致病基因也定位于 X 染色体上，且属于隐性遗传（图 12-20B）。人类的红绿色盲基因、血友病 A 等均属于伴 X 隐性基因。如果父亲患病女儿全患病，或母亲患病儿女全患病，或母亲患病儿女均有 50%的患病可能，则致病基因可定位于 X 染色体，属于显性遗传（图 12-21），如抗维生素 D 佝偻病基因。

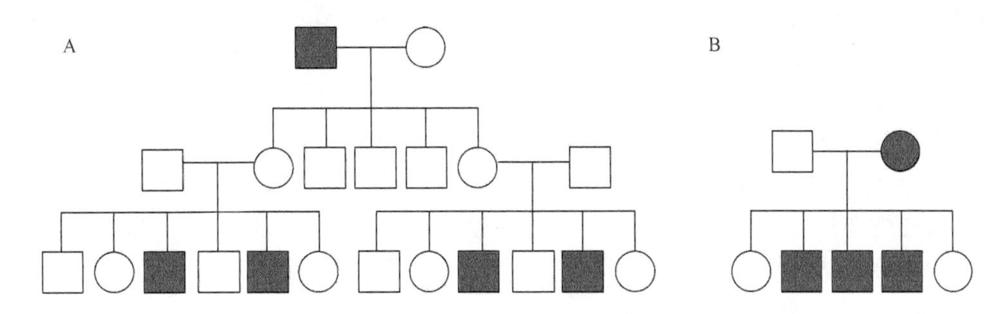

图 12-20　伴 X 染色体隐性遗传病系谱关系图

A. 致病基因在外祖父 X 染色体上；B. 致病基因在母亲 X 染色体上隐性纯合

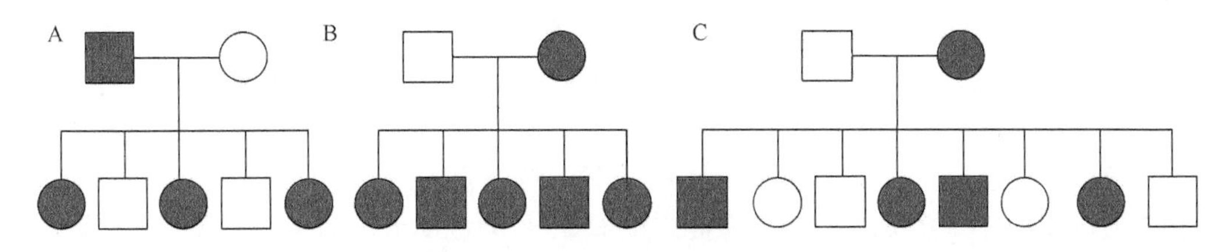

图 12-21　伴 X 染色体显性遗传病系谱关系图

A. 致病基因在父亲 X 染色体上；B. 致病基因在母亲 X 染色体上显性纯合；C. 致病基因在母亲 X 染色体上显性杂合

4. 常染色体基因的定位

如果统计很多家庭，系谱中都出现下列情形：父母正常有一女儿患病，或父母患病有一女儿正常，则该种遗传病的致病基因可以定位于常染色体上（图 12-22）。且前者属于隐性，如人类白化病基因、镰刀型细胞贫血症基因；后者属于显性，如人类多指基因、软骨发育不全基因。

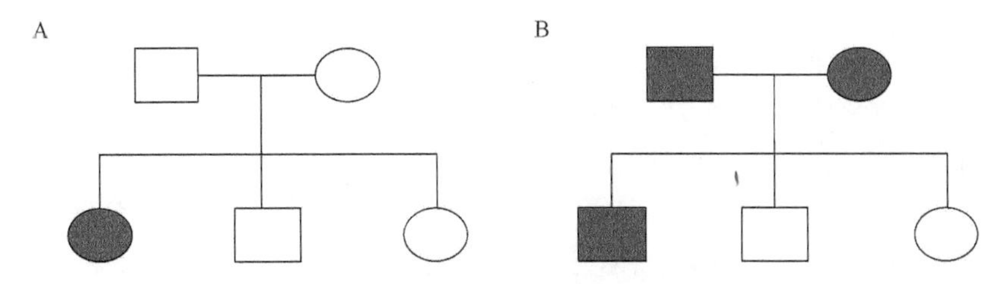

图 12-22　常染色体遗传病系谱关系图

A. 致病基因在常染色体隐性遗传；B. 致病基因在常染色体显性遗传

5. 外祖父法（grandfather method）

虽然通过这些系谱遗传分析可以确定 X 染色体上存在的多个基因，但不能确定它们的排列次序。而重组率的计算依赖于重组型个体的多少，要确定存在于 X 染色体上的两个基因之间的距离，必须计算出它们之间的重组率。在确定两对基因在 X 染色体的连锁关系后，根据双亲的基因型判断子代中哪些是重组体，哪些是亲本型，从而计算重组率，进一步确定其相对距离。对于 X 染色体上的基因来说，只要知道作为母亲的基因型是否为双重杂合体，即两对基因都处于杂合状态。根据双重杂合体的母亲所生儿子中有关性状的重组情况，就可以估计重组率，而母亲的 X 染色体上的基因组成，可以由外祖父（母亲的父亲）的表型得知，因此，这种基因定位的方法称为外祖父法（grandfather method），就 Aa/Bb 两对连锁基因而言，母亲为双重杂合体时，可能有两种连锁相：互引相 AB/ab（又称顺式相，cis phase）和互斥相 Ab/aB（或称反式相，trans phase）。

两对等位基因定位于一对同源常染色体上，如果一种性状总是伴随着另外一种性状的出现而出现，或知道染色体上的某个标记与一个基因连锁时，则控制这 2 种性状的基因就可能位于 1 对同源染色体上，如甲髌骨综合征患者的主要症状是指甲发育不健全，髌骨缺少或发育不良。该病是一种显性遗传病，调查还发现，凡这种病患者的血型往往都是 A 型或 AB 型，说明控制指甲髌骨综合征的基因与控制血型的基因位于同一条常染色体上。

（二）异常染色体定位法

利用异常染色体进行基因定位主要有基因剂量效应法和染色体缺失定位法。如果某条染色体某一片段发生缺失或重复的患者体内或培养细胞内存在某个基因表达产物在剂量上的明显变化，可以将该基因定位到发生缺失或重复的染色体部位。如果某个基因表达产物的量与某一条染色体的数目变化之间存在明显的相关性，可将该基因定位到这条数目发生变化的染色体上。如果某个基因表达产物的量与某一染色体片段的重复数量存在比例关系，可将该基因定位到这个染色体片段上。唐氏综合征患者为 21-三体，这种个体的超氧化物歧化酶 1（SOD1）活性为正常人的 1.5 倍，所以 *SOD-1* 基因被定位于 21 号染色体上。临床上发现的异常染色体可以直接用于基因定位。例如，编码红细胞酸性磷酸酶 1（ACP1）的基因定位在 2p23。研究者发现一个 2 号染色体短臂缺失的患者的 ACP1 酶的活性明显降低，结合体细胞杂交及系谱分析的结果证实，基因 *ACP1* 定位在 2p23 是正确的。

并非所有的基因拷贝异常都具有明显的剂量反应，因为存在 X 染色体的剂量补偿、基因相互作用等遗传效应的影响。

另外，还有很多遗传疾病与染色体结构异常有关。例如，视网膜母细胞瘤患者的 13 号染色体长臂 14.11 区域存在缺失，神经纤维瘤患者的 17 号染色体长臂 11.2 区域发生了颠倒易位，肾母细胞瘤患者的 11 号染色体短臂 13 区域存在缺失，普拉德-威利综合征患者 15 号染色体长臂存在部分缺失和部分重复，迪格奥尔格综合征患者 22 号染色体长臂 11 区域发生了倒位，眼脑肾综合征患者的 X 染色体长臂 25 区域发生了易位。

（三）体细胞杂交定位法

这是一种可将某基因准确定位在某条染色体上的方法。不同物种的细胞杂交形成的杂种细胞在培养过程中会出现保留一方染色体，另一方染色体逐渐被丢失的现象。将人细胞与小鼠细胞进行细胞融合，得到人鼠杂种细胞，培养时，杂种细胞进行有丝分裂的过程中，人的染色体会被排斥而丢失，最终可保留一条或几条染色体。人染色体的丢失是随机的。这样就可以得到一系列稳定的含一条或少数几条人染色体的杂种细胞。鉴别杂种细胞中保留了人的哪些染色体，再测定杂种细胞产生了哪些基因产物，就可将基因定位在哪一条染色体上。这样，研究者就可集中精力分析某一条或少数几条染色体，而不必从 22 条常染色体和 2 条性染色体上寻找某一基因的座位了。因此，含有一条或少数几条人类染色体的杂种细胞就成为基因定位极好的工具。例如，人胸苷激酶基因定位。用胸苷激酶缺乏的小鼠体细胞与正常人体细胞杂交得到人鼠杂种细胞。经多次分裂，选出一些保留人个别染色体的杂种细胞株，测胸苷激酶的活性如表 12-1 所示（+ 表示有胸苷激酶活性，–表示无胸苷激酶活性）。凡保留 17 号染色体，酶都具有活性，无 17 号染色体，则不具有活性，因此该基因位于 17 号染色体上。这是 1968～1971 年，Miller 运用体细胞杂交法进行的首例基因定位。也可同时确定几个基因，如表 12-2 所示。凡保留 2 号染色体，A、C 酶都具有活性，无 2 号染色体，则 A、C 酶都不具有活性，因此可断定控制 A、C 酶活性的基因位于 2 号染色体上。同理，控制 B 酶活性和基因位于 1 号染色体上。控制 D 酶活性的基因不位于 1、2、3 号染色体上。

表 12-1 6 个细胞株中染色体的分布情况

细胞株	保留人染色体	酶活性
1	5、9、12、21	–
2	3、4、17、21	+
3	5、6、14、17、22	+
4	3、4、9、18、22	–
5	1、2、6、7、20	–
6	1、9、17、18、20	+

表 12-2 5 个细胞株中染色体的分布情况

细胞株	保留人染色体	酶活性			
		A 酶	B 酶	C 酶	D 酶
1	2	+	–	+	+
2	1	–	+	–	+
3		–	–	–	+
4	1 2 3	+	+	+	–
5	3	–	–	–	–

（四）分子杂交定位法

这是一种可将某基因准确定位在某条染色体具体位点的方法，又称原位杂交定位法。将待定位基因的特定 DNA 序列或该基因转录的 RNA 作为探针，在标记了放射性同位素或非放射性化学物质后，与变性后的染色体 DNA 杂交，该探针就会同染色体 DNA 与其互补的序列结合成为双链。通过放射自显影或显色技术，就可确定探针（即待定基因）在染色体上的位置。这是最直接、简便的基因定位方法之一。

分子杂交定位法的优点是很简便、直观。但由于该法需要首先制备特异基因探针。只能用作定位已知基因或已知的 DNA 片段；同时由于染色体 DNA 进行了高度螺旋化和折叠，所以并非所有的已知基因都能在中期染色体上显示出杂交信号。

如果找到了与某个基因紧密连锁的分子标记或者基因序列已经被分离，利用这些已知 DNA 序列与染色体 DNA 进行分子杂交，可以直接在染色体上找到基因的位置，用已经知道序列的 DNA 片段制备探针，用限制酶切割来自人体细胞、CHO 细胞和人-CHO 杂种细胞的 DNA 样品，通过印迹杂交实验可将基因定位在某一条染色体上。例如，人白蛋白基因 cDNA 探针与人体细胞 DNA 杂交后显示出一个 6.8 kb 的条带，与 CHO 细胞 DNA 杂交后显示一个 3.5 kb 的条带，与包含人 4 号染色体的杂种细胞 DNA 杂交后显示 6.8 kb 和 3.5 kb 两条带，与不包含人 4 号染色体的杂种细胞 DNA 杂交后只显示 3.5 kb 一条带，很显然人的白蛋白基因位于 4 号染色体上。

对只包含一条人染色体的杂种细胞进行诱变处理，使它们包含的人体染色体发生不同程度的片段缺失，利用带有缺失突变的杂种细胞可以进行基因的区域定位。例如，人的 β-珠蛋白基因位于 11 号染色体，对包含该染色体的杂种细胞进行射线处理，得到多个带有缺失突变的杂种细胞系，用 β-珠蛋白基因片段制备探针与这些缺失杂种细胞系的 DNA 进行杂交，发现缺失 J1-23、J1-10 和 J1-11 时有杂交信号，缺失 J1-9 时没有杂交信号，所以该基因位于 J1-9 区域。

在人神经纤维瘤致病基因定位时，使用了 5 个带有人 17 号缺失染色体的杂种细胞，结果显示从 A、B、D 和 E 4 个杂种细胞系提取的 DNA 与人神经纤维瘤致病基因探针可以杂交，而标号为 C 的杂种细胞系没有杂交信号，因此将该基因定位在 C 细胞系与 D 细胞系之间的一段很短的染色体差异片段中。

随着技术的发展，对已经分离的基因经常会采用原位杂交方法及荧光原位杂交（FISH）进行定位。具体步骤见第三节。通过这种方法已经定位了很多基因。例如，人免疫球蛋白 K 轻链（1 gk）基因的位置是 2 p，人组蛋白（H1，H2A，H2B，H3，H4）基因的位置是 7q21-36，人 Cmos 同源基因的位置为 8q22，人 C-myc 同源基因的位置是 8q24，人 α 和 β 干扰素基因位于 9 号染色体，人胰岛素基因的位置为 11p15，人 α 珠蛋白基因位于 16 号染色体上，人生长激素 GH 基因簇的位置为 17q22-q24。p 代表染色体的短臂，q 代表染色体的长臂。

（五）限制性酶分析定位法

用限制性内切酶切割 DNA 分子，可得到许多 DNA 片断，通过凝胶电泳，可将长度不同的片断分开，如果 DNA 的碱基序列发生了改变，那么原有的酶切位点可能被破坏或出现新的切点，结果 DNA 片断的长度也随之改变，这种变异称为限制性片断长度多态性（restriction fragment length polymorphism，RFLP）。

RFLP 是 DNA 本身多态性的反映，数量极多，遍及整个基因组，以简单的共显性方式遗传，无表现型效应，无上位性，不受环境条件和发育时期的影响，没有组织器官特异性，是很好的分子遗传标记。利用 RFLP 进行基因定位的基本原理就是对待定位基因与 RFLP 分子标记之间是否存在连锁性进行分析，若待定位基因支配的性状与某一 RFLP 分子标记连锁，即可推知待定位基因与该 RFLP 分子标记位于同一染色体上相邻的位置。此技术在基因组大规模测序之前快速发展，得到了广泛应用。

（六）基因组全序列测定法

基因是 DNA 分子中具有遗传效应的一段核苷酸序列，一旦染色体 DNA 全序列搞清楚了，基因在染色体上的位置也就阐明了，因此基因组的全序列测定是基因定位的最高目标。随着 2003 年人类基因组图谱完成，近 20 年来，基因组的大规模测序技术正以惊人的速度向前发展，测序技术的发展和改进最终体现在测序成本、高通量水平、测序速度和测序准确度上。运用全基因组测序法除对基因进行更准确地定位以外，还能够对基因组上出现的突变或变异进行准确筛查。目前，其更具发展前景的是其用于人类疾病的诊断、癌症研究及个性化治疗。如 Herdewyn 对肌萎缩侧索硬化症家系 5 个成员的血液样本进行全基因组测序发现，肌萎缩侧索硬化症是非致病基因 *C90rf72* 变异后的复制与表达所导致。Campbell 等 2008 年首次将大规模平行测序技术应用于肺癌研究，通过对两组肺癌细胞进行平行测序发现数百个与肺癌相关的基因突变及 4 种蛋白质表达相关的突变序列。随着基因组测序的费用不断下降，个性化的医疗服务也逐步开展。全基因组测序结合基因激活或抑制技术的发展会对患者的治疗起到巨大的影响。

二、人类基因组作图方法

基因组计划的主要任务是获得全基因组序列，基因组太大，必须分散测序，然后将分散的顺序按原来位置组装，需要基因组图进行指导，基因组存在大量重复顺序，会干扰排序，因此要高密度基因组图。基因组作图，即是应用界标或遗传标记对基因组进行精细的划分，进而标示出 DNA 的碱基序列或基因排列的工作，主要有遗传图谱、物理图谱、序列图、基因图。基因组作图的基本构想是在长链 DNA 分子的不同位置寻找特征性的遗传标记，并将其定位在染色体的特定位置上，绘制基因组图。

（一）遗传图谱（genetic map）

1. 遗传图谱的概念

采用遗传分析的方法将基因或其他 DNA 序列标定在染色体上，得到的线性排列图称为遗传连锁图，简称遗传图谱。通过计算连锁的遗传标记之间的重组频率，确定它们的相对距离，一般用厘摩（cM，即减数分裂的重组频率为 1%）来表示。

2. 遗传标记

遗传标记是 DNA 水平上绘制现代遗传图谱的主要路标（landmark）。染色体上的基因和 DNA 顺序均可作为路标，路标具有物理属性，它们由特定的 DNA 顺序组成。路标位于染色体上的位置是固定的，具有唯一性，不会更改的，因而提供了作图的依据。

遗传标记的类型包括基因标记，如形态标记、细胞学标记、生化标记等；DNA 标记，如限制性片段长度多态性（restriction fragment length polymorphism，RFLP）标记、可变数目串联重复序列（variable number of tandem repeat，VNTR）标记、短串联重复序列（short tandem repeat，STR）标记，以及单核苷酸多态性（single nucleotide polymorphism，SNP）标记等。

在遗传图谱中，使用遗传标记越多，越密集，所得到的连锁图谱的分辨率就越高，目前遗传图谱的分辨率已精确到 0.75 cM 左右。人类基因组中至少有 400 万个 SNP，其中只有 10 万个可以形成 RFLP。

遗传标记的特征为，①个体间存在着多态性（即差异），也就是说具有可识别性；②该多态性在后代中可以重演，即具有可遗传性。

3. 遗传作图的基础

连锁分析是遗传作图的基础。在同一条染色体上的基因间表现出遗传连锁；减数分裂时同源染色体发生交换；两个彼此靠近的基因之间因交换而分离的频率，要比相互远离的两个基因之间发生分离的频率小；重组率可成为测量基因之间相对距离的尺度，只要获得不同基因之间的重组率，就可绘制一份基因位于染色体上相对位置的地理图。

4. 遗传作图的方法

对人的遗传作图，只能通过系谱分析法来完成，即分析家庭连续几代成员遗传标记与某基因（或某疾病）共同出现的频率。

5. 遗传图谱的偏离

造成遗传图谱偏离的原因有以下几点，①重组热点（recombination hot spot）：染色体上某些比其他位点有更高交换频率的位点；②近端粒区和远着丝粒区有较高重组率；③性别之间也表现重组率的差异。

6. 遗传图谱的用途

1）提供基因在染色体上的坐标，为基因识别和基因定位创造了条件。例如，6000 多个遗传标记能够把人的基因组分成 6000 多个区域，连锁分析找到某一疾病基因与某一标记紧密连锁的证据，可把这一基因定位于这一已知区域。

2）遗传图谱的分子坐标也是基因组物理图谱绘制的基础。

（二）物理图谱（physical map）

用分子生物学方法直接检测 DNA 标记在染色体上的实际位置绘制成的图谱称为物理图谱。这是以一个“物理标记”作为路标，以 Mb、kb、bp 作为图距的基因组图。

1. 物理图谱的重要性

遗传图谱的缺陷有以下几点。①分裂率有限，人类只能研究少数减数分裂事件，不能获得大量子代个体。②覆盖面较低，经典遗传学认为，交换是随机发生的，但基因组中有些区域是重组热点，倒位、重复等染色体结构变异会限制交换重组。③遗传标记的排列有时会出现差错。

物理图谱与遗传图谱相互参照就可以把遗传学的信息转化为物理学信息。物理图谱的构建是基因组测序的基础，有承上启下的作用。

2. 物理图谱作图方法

（1）限制性酶切作图　根据重叠序列确定酶切片段间连接顺序，以及遗传标志之间的物理距离。该方法快速，信息详细，但不适合大基因组。构建重叠群程序复杂，费时费力。

（2）荧光原位杂交（FISH）作图　将分子标记与完整染色体杂交来确定标记的位置。该方法操作困难，资料积累慢，一次实验定位的分子标记不超过3～4个。

（3）序列标记位点（STS）作图　通过对基因组片段进行PCR和杂交分析来对短序列进行定位作图。

人类基因组计划（HGP）中以酵母人工染色体（YAC）或细菌人工染色体（BAC）为载体构建的连续克隆系覆盖人的每条染色体的大片段DNA。以YAC叠连群或BAC叠连群为大尺度物理图谱，同时寻找分布于人类整个基因组的序列标签位点STS。STS是具有位点专一，染色体定位明确，而且可用PCR扩增的单拷贝序列，是物理作图通用语言。以STS为基础的图谱最大的优点是适合于大规模测序，并很容易在染色体上定位。1995年，第一张以称为序列标签位点STS为物理标的物理图谱问世，它包括了94%的基因组和1500多个标记位点，平均间距为200 kb（这就是所谓的分辨率）。这样，物理图谱就把人庞大的基因组分成具有界标的1500个小区域。

序列标记位点（STS）作图具体绘制方法如下。首先，科学家从人类的DNA中鉴定出1500种单一的遗传标记——STS。通过筛选含有人基因组DNA片段的酵母人工染色体（YAC）来确定这些STS标记在基因组上的顺序。YAC库就是一个含有人类染色体约1 Mb大小片段的酵母人工染色体克隆群，约3万个克隆。如果2个STS标记间距小于1 Mb，它们将可能存在于同一个YAC克隆中。这样，利用自动的机器，分别以STS片段为标记，针对每个YAC染色体DNA进行PCR扩增，鉴定出阳性克隆，然后将结果输入数据库中，利用计算机软件分析就可确定这些STS之间的距离。如果要更精确地确定STS之间的距离，还可以用细菌人工染色体（BAC）和哺乳动物细胞人工染色体（MAC）技术。BAC可以确定距离较近的STS标记。MAC比YAC容量大，可以确定间隔较大的STS标记间的距离。

3. 基因组物理图谱的用途

基因组物理图谱是DNA顺序测定的基础，是测序工作的第一步，为基因的定位、克隆与基因之间的相互关系分析提供了有效的途径。

（三）序列图

随着遗传图谱和物理图谱的完成，测序成为重中之重的工作。基因组序列图是人类基因组在分子水平上最高层次、最为详尽的物理图，测定总长为1 m，由约30亿对核苷酸组成的基因组DNA序列。

测序分为两种不同的战略：全基因组随机测序战略及以物理图谱为基础的以大片断克隆为单位的定向测序战略（公共领域测序计划）。两者的最大区别在于是否依赖基因组作图。

1. 全基因组鸟枪法

随机先将整个基因组打碎成小片段进行测序，最终利用超级计算机根据序列之间的重叠关系进行排序和组装，并确定它们在基因组中的正确位置。优点是速度快，简单易行，成本较低；缺点是最终排序结果的拼接组装比较困难，尤其在部分重复序列较高的地方难度较大。

2. 逐个克隆法

对连续克隆系中排定的 YAC 克隆逐个进行亚克隆测序并进行组装，即遗传图谱-物理图谱-亚克隆测序-计算机拼装。理想状况下，整条染色体就是由一个完整的重叠群构成。

（四）基因图（gene mapping）

在识别基因组所包含的蛋白质编码序列的基础上，绘制的有关基因序列、位置及表达模式等信息的图谱。

（1）制作方法：通过基因的表达产物 mRNA 反追到染色体的位置。用 cDNA 或 EST 作为“探针”进行分子杂交，鉴别出与转录有关的基因。

（2）基因的数量：人类不同个体间的碱基顺序有 99.9%相同，基因总数为 2 万～3 万。1 号染色体已定位基因数最多（2968 个），Y 染色体最少（231 个）。第 22 号定位了 679 个基因，这些基因主要与先天性心脏病、免疫功能低下和多种恶性肿瘤等有关。

（3）结构基因的分布：在人类 DNA 中有基因密集的“城市中心”，GC 含量很高；而在基因稀少的“沙漠”区，AT 含量很高；紧邻基因富集区处常有 GC 重复区，可能调节基因活性。

本 章 小 结

细胞融合最早是在生物体中发现的一种自然现象，是两个细胞或原生质体融合形成一个新细胞的过程。由于其在种质资源开发和利用、远缘物种间遗传物质交换、单克隆抗体制备等基础研究和应用方面的重要价值，发展起了一系列人工诱导产生细胞融合的方法，如利用仙台病毒和促融合剂聚乙二醇的化学诱导技术及利用离心振动和电脉冲的物理诱导技术，并被广泛应用于细胞遗传学、细胞生物学和医学研究等各个领域。

胚胎融合是细胞融合的一种类型，有时也可见自然发生的例子，但现在主要是指在人工干预条件下将两枚或两枚以上的胚胎（同种或异种动物）的部分或全部细胞融合在一起，使其发育成一个胚胎的过程，广泛用于研究胚胎发育的过程和控制机制，在动植物品种改良、新品种培育及人类器官异种移植等领域具有重要的应用价值。

基因定位是指基因所属连锁群或染色体及基因在染色体上位置的测定，是遗传学研究中的一项基本工作。随着遗传学相关学科，如细胞生物学、分子生物学和基因组学等的发展，基因定位从最早的利用杂交、侧交和自交结合系谱分析的方法逐步发展起了脉冲场凝胶电泳、染色体显微摄影、染色体步移和酵母人工染色体（YAC）克隆等新技术，使基因定位的研究工作得到迅速发展。

人类基因定位常用的方法包括系谱分析定位法、异常染色体定位法、体细胞杂交定位法、分子杂交定位法、限制性酶分析定位法、基因组全序列测定法等。

➤思 考 题

1. 名词解释：细胞融合、胚胎融合、基因定位、体细胞杂交、基因克隆。
2. 细胞融合的原理是什么？

3. 细胞融合的主要方法有哪些?
4. 胚胎融合的常用方法有哪些?举例说明胚胎融合在畜禽生产中的应用。
5. 有哪些方法可筛选融合(嵌合)个体?
6. 基因定位的方法有哪些?举例说明基因定位在畜禽生产中的应用。
7. 荧光原位杂交(FISH)的原理和主要用途有哪些?

编者:刘小军

主要参考文献

安国利. 2015. 细胞工程[M]. 北京:科学出版社.

陈琦,贾宇臣,王利,等. 2012. 荧光原位杂交技术及其在医学诊断上的应用[J]. 现代生物医学进展,12(5):988-991.

邓宁. 2014. 动物细胞工程[M]. 北京:科学出版社.

李玉刚. 2014. 微流控芯片技术研究进展[J]. 中国现代药物应用,8(17):230-231.

李志勇. 2003. 细胞工程学[M]. 北京:科学出版社.

李志勇. 2010. 细胞工程[M]. 2版. 北京:科学出版社.

梁芳,王秦秦,马丽菊,等. 2008. PP2Ac突变型肺癌相关基因在染色体区域的定位[J]. 山东医药,48(27):3.

刘立新. 2003. 猪胚胎干细胞(EG)嵌合体制作研究[D]. 北京:中国农业科学院硕士学位论文.

刘品彦,刘茹凤,丛江珊,等. 2019. 家蚕狭胸(narrow breast,nb)突变性状观察及基因的精细定位[J]. 蚕学通讯,39(1):1-8.

鲁青喜. 1987. 体细胞杂交与人类染色体的基因定位[J]. 怀化师专自然科学学,(6):131-133.

潘星华,傅继梁. 1996. 基因狩猎:功能克隆、定位克隆和表型克隆[J]. 自然杂志,(2):80-87.

钱文丹,陈波利. 2018. 荧光原位杂交技术及其应用[J]. 乡村科技,(25):51-52.

王健康,李慧慧,张鲁燕. 2014. 基因定位与育种设计[M]. 北京:科学出版社.

王莎莎. 2019. 囊胚补偿法制备人-猪嵌合胚的研究[D]. 南宁:广西大学硕士学位论文.

王小荣. 2013. 医学遗传学基础[M]. 2版. 北京:化学工业出版社.

余龙江. 2017. 细胞工程原理与技术[M]. 北京:高等教育出版社.

张晶璞. 2016. 胃癌血浆microRNA标志物筛选及基于DNA模板合成银纳米团簇探针的microRNA检测[D]. 上海:上海交通大学博士学位论文.

张淼,陈瑛,吴忆宁,等. 2014. 荧光原位杂交技术的应用进展[J]. 哈尔滨师范大学自然科学学报,30(6):90-93.

Fu R,Yu D,Ren J,et al. 2020. Domesticated cynomolgus monkey embryonic stem cells allow the generation of neonatal interspecies chimeric pigs[J]. Protein & Cell,11(2):97-107.

Kang H M,Zaitlen N A,Wade C M,et al. 2008. Efficient control of population structure in model organism association mapping[J]. Genetics,178(3):1709-1723.

Kao K N,Michayluk M R. 1974. A method for high-frequency intergeneric fusion of plant protoplasts[J]. Planta,115(4):355-367.

Klein R J,Zeiss C,Chew E Y,et al. 2005. Complement factor H polymorphism in age-related macular degeneration[J]. Science,308(5720):385-389.

Patterson H D,Thompson R. 1971. Recovery of inter-block information when block sizes are unequal[J]. Biometrika,58(3):545-554.

Risch N,Merikanga K. 1996. The future of genetic studies of complex human diseases[J]. Science,273(5281):1516-1517.

Takahashi Y. 2005.Differential contributions of Mespl and Mesp2 to the epithelializati onandrostro-caudal patterning of somites [J]. Development,132(4):787-796.

第十三章　干细胞的特性与研究应用

第一节　概　　述

干细胞是一种具有复制能力且能分化成各种不同功能细胞的早期未分化细胞。虽然干细胞已有百余年的历史，但其在疾病发生、发展和治疗中的作用却是近几十年才被逐渐认识的。这还要归功于干细胞研究和应用领域的四大进展：一是 1998 年人体胚胎干细胞的体外成功培养与建系；二是成体干细胞“可塑性”（plasticity）或“转分化”（transdifferentiation）现象的发现；三是以间充质干细胞为代表的成体干细胞在多种疾病治疗中的成功应用；四是诱导多能干细胞（iPSC）技术的出现和迅猛发展。随着干细胞基础研究与技术的不断改进和完善，干细胞已经从基础研究走向临床应用，而且临床应用的范围也越来越广泛。

诺贝尔奖获得者 Joseph Goldstein 曾说：“21 世纪将是以生物技术为代表的生命科学与技术的世纪”。生物技术是 21 世纪科技领域最令人瞩目的高新技术，而干细胞技术则是生物技术的核心内容之一。干细胞的再生医学或组织再生治疗是继药物治疗和手术治疗之后的又一次医疗技术革命，目前干细胞药物已成为与小分子化学药物、工程化蛋白质或抗体类药物并重的第三类药物，干细胞治疗在疾病的康复阶段将具有更加重要的意义。

第二节　干细胞的概念与分类

一、干细胞的概念

干细胞（stem cell）这一概念自 19 世纪首次出现以来已得到广泛的应用，它是一类具有自我更新和分化潜能的细胞。所谓自我更新（self-renewal）是指经母细胞分裂形成的两个子细胞中，至少有一个具有与母细胞相同的自我更新和分化能力。所谓分化（differentiation）是指经母细胞分裂形成的子细胞中，至少有一个与母细胞具有不同的表型。据此定义，在个体发育的不同阶段及成体的不同组织中均存在着干细胞，只是随着年龄的增长，干细胞的数量逐渐减少，其分化潜能也逐渐变窄。在干细胞的发育过程中，还存在一种中间类型的细胞称为祖细胞（progenitor cell）。祖细胞具有有限的增殖和分化的能力，但与干细胞不同的是，它没有自我更新能力。祖细胞在经过几轮细胞分裂周期后产生的两个子代细胞均为终末分化细胞（terminal differentiated cell）。以造血过程为例，造血干细胞（hematopoietic stem cell，HSC）是造血祖细胞的来源，HSC 在分裂过程中生成一系列的造血祖细胞，如淋系共同祖细胞（common lymphoid progenitor，CLP）、髓系共同祖细胞（common myeloid progenitor，CML）等，其下游为更成熟的造血祖细胞，这些下游的造血祖细胞所能生成的细胞类型和数量更为局限，最终生成淋巴细胞、红细胞、血小板、粒细胞和单核细胞等终末分化细胞，完成造血过程。改变性状培养出来的细胞能分裂成与自己表型相同的细胞，但没有分化能力，因此不能称为干细胞。在鉴定干细胞和已分化细胞时，不同的细胞常用一些不同的细胞表面标志。

二、干细胞的分类

目前，常用的干细胞分类方法有三种：①根据其分化潜能的宽窄将干细胞分为全能干细胞、亚全能干细胞、多能干细胞和单能干细胞（图 13-1）；②根据组织来源的不同，分为胚胎干细胞、核移植胚胎干细胞、诱导多能干细胞、成体干细胞和肿瘤干细胞；③根据发育阶段的不同，将干细胞分为胚胎干细胞和成体干细胞。

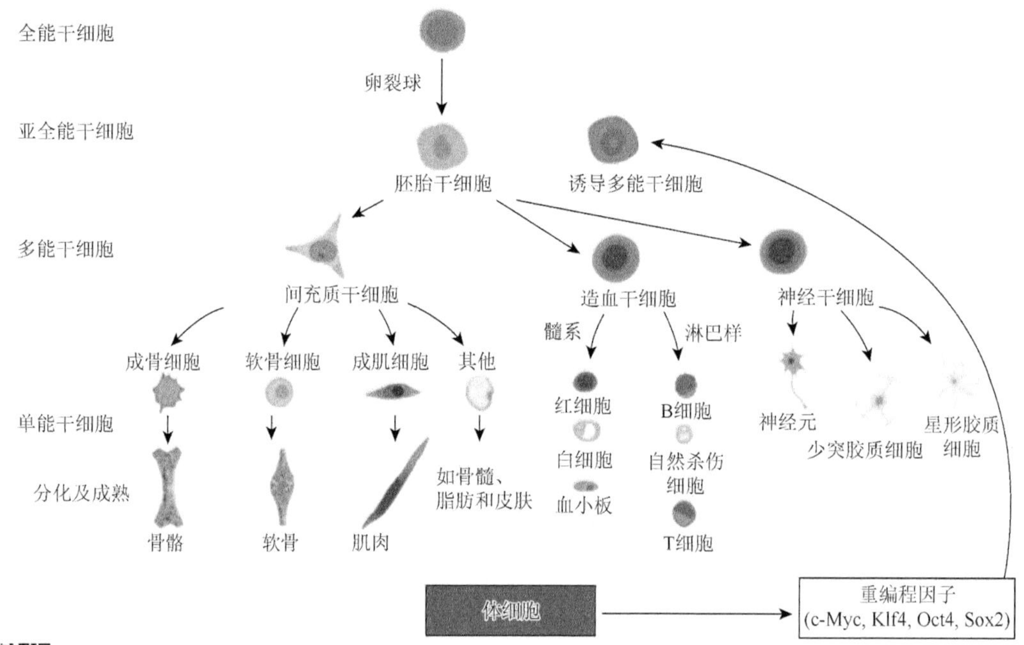

图 13-1 干细胞模式图（引自 https://www.novusbio.com/research-areas/stem-cells）

（一）根据分化潜能分类

1. 全能干细胞

全能干细胞（totipotent stem cell）是具有分化为组成整个个体的所有 200 多种细胞类型，并能成功构建完备的器官及形成完整个体能力的细胞。受精卵和前三次分裂产生的 8 个细胞，每个都有能力发展成一个完整的个体，是全能干细胞。

2. 亚全能干细胞

亚全能干细胞（pluripotent stem cell）或称万能干细胞、三胚层多能干细胞，是全能干细胞分化而来的子代干细胞，不能形成完整个体，可以形成内、中、外三个胚层来源的所有细胞类型。大多数胚胎干细胞、核移植胚胎干细胞及诱导多能干细胞（iPSC）属于此类。

3. 多能干细胞

多能干细胞（multipotential stem cell）或称单胚层多能干细胞，是由亚全能干细胞分化而来的，分化潜能有所下降，不能形成完整个体，只能分化出部分种类的组织细胞。例如，神经干细胞可以分化成各类神经细胞；造血干细胞可以分化为红细胞、白细胞、血小板等；间充质干细胞可以分化为成骨细胞、成软骨细胞等。

4. 单能干细胞

单能干细胞（unipotent stem cell）也称专能干细胞、祖细胞，由多能干细胞分化而来，只能分化成一种或者密切相关的两种组织类型的细胞，如上皮干细胞、卫星细胞等。

（二）根据组织来源分类

1. 胚胎干细胞

胚胎干细胞（embryonic stem cell，ESC）是指由胚胎内细胞团（inner cell mass，ICM）或原始生殖细胞（primordial germ cell，PGC）经体外抑制培养而筛选出的细胞。胚胎干细胞具有发育全能性，在理论上能诱导分化为机体中所有种类的细胞；胚胎干细胞具有在体外无限扩增并保持未分化状态的能力。因此，它能够在体外大量扩增、筛选、冻存和复苏而不会丧失其原有的特性。胚胎干细胞主要有 3 个特点：①具有发育全能性，在一定的条件下有向三个胚层细胞分化的能力，在理论上能诱导分化为机体中所有种类的细胞；②具有种系传递能力，能够形成嵌合体动物；③易于进行基因改造操作，胚胎干细胞技术和基因打靶技术相结合（如基因敲除和基因转染）已成为研究基因功能的重要手段。胚胎干细胞成为发育生物学中研究细胞分化、组织形成过程的基本体系，并成为临床细胞替代治疗和移植的新的细胞来源，在各种干细胞的研究与应用中最引人关注。

胚胎干细胞是从着床前囊胚或早期胚胎生殖细胞中分离得到的高度未分化细胞，能在体外长期培养和增殖，具有稳定的二倍体核型，能表达很高的端粒酶活性，在适合的条件下可分化为胎儿或成体内的各种类型的组织细胞。胚胎干细胞由于容易分离和鉴定，同时分化和增殖的能力比成体干细胞强大，因此是理想的开展细胞治疗或再生医学研究的种子细胞。但人工操作囊胚或胚胎甚至会导致其被破坏，引起严重的伦理学争议，因此，许多国家禁止进行胚胎干细胞克隆的研究。但美国于 2009 年已经允许人类胚胎干细胞用于研究。

2. 核移植胚胎干细胞

核移植胚胎干细胞（embryonic stem cells via nuclear transfer），又称治疗性胚胎干细胞，是利用核移植技术将成体细胞的细胞核植入去核的卵母细胞中，经体外培养后获得的干细胞克隆，其分化潜能类似胚胎干细胞。世界上第一只成体细胞克隆羊“多莉”的基因组就来自于绵羊的乳腺上皮细胞。核移植胚胎干细胞由于基因组来自本体，在细胞移植或再生医学中可以避免免疫排斥反应的发生，同时引起的伦理学争议也相对较小。

3. 成体干细胞

成体干细胞（somatic stem cell，SSC）存在于成熟个体的各种组织中，为专能或多能干细胞，如造血干细胞、间充质干细胞（mesenchymal stem cell，MSC）、神经干细胞（neural stem cell，NSC）、肝脏干细胞（hepatic stem cell）、肌源性干细胞（muscle-derived stem cell）、表皮干细胞（epidermal stem cell）、肠上皮干细胞（intestinal epithelial stem cell）等。不仅细胞更新活跃的组织和器官（如骨髓、小肠上皮、表皮）存在干细胞，在一些原来认为更新极为缓慢甚至不更新的组织（如神经）中也存在干细胞。科学家从自体组织中分离出的成体干细胞，在体外定向诱导分化为靶组织细胞并维持其增殖能力，以达到研究和临床应用的目的。成体干细胞具有一定的跨系甚至跨胚层分化的特性，称其为干细胞的“可塑性”（plasticity）。成体干细胞的“可塑性”和人胚胎干细胞系的建立是目前干细胞生命科学领域最重要的研究进展，至今关于成体干细胞可塑性的机制尚不清楚。以神经干细胞向造血细胞分化为例来说，科学家认为有几种可能的机制：①神经干细胞向造血干细胞发生转分化或者是横向分化；②神经干细胞发生逆分化（dedifferentiate）或者去分化，形成全能或多能干细胞，这种全能或多能干细胞进一步向造血细胞分化；③神经干细胞可能并不存在真正的可塑性，只是在分离的神经干细胞中含有少量的多能或全能干细胞，造血干细胞正是来源于这些少量存在的多能或全能干细胞。

与胚胎干细胞相比，成体干细胞在研究和应用方面具有 5 个优点：①成体干细胞的自体移植避免了免疫排斥；②成体干细胞在正常情况下处于静止状态，只有在病理情况下才显示出一定的自我更新潜能，因此成体干细胞导致细胞“永生化”甚至癌变的可能性较小；③成体干细胞的分化潜能比较局限，更容易诱导向特定的组织细胞分裂，也可以直接用于体内组织的原位修复；④某种类型的成体干细胞有向同种组织的损伤部位迁移的趋势，其中神经干细胞表现尤为明显，这有助于临床应用干细胞来进行疾病替代治疗时的定位；⑤分离和使用成体干细胞不存在伦理学问题。但是，成体干细胞的应用还受到以下因素的制约：①目前尚未在人体所有部位中分离出成体干细胞；②在一些遗传性疾病中，遗传错误也会出现在患者的干细胞中，而且由于环境因素的影响，成体干细胞也有可能存在基因突变等 DNA 异常情况，这种干细胞是不适合移植的；③成体干细胞没有胚胎干细胞的增殖能力强。所有这些因素使得成体干细胞无法完全取代胚胎干细胞。

4. 诱导多能干细胞

2006 年日本科学家山中伸弥首次成功获得诱导多能干细胞（induced pluripotent stem cell，iPSC）。2009 年，中国科学家周琪等利用 iPSC 培育出成活小鼠，首次证明 iPSC 有分化全能性。iPSC 的研究成功，避免了胚胎干细胞和核移植胚胎干细胞研究及应用中面临的伦理学问题、异体移植时的免疫排斥难题，为干细胞应用开辟了崭新的道路和美好的未来。

5. 肿瘤干细胞

现代理论认为肿瘤组织由异质性的细胞群体组成，其中极少部分细胞具有干细胞特性，称为肿瘤干细胞（cancer stem cell）。肿瘤干细胞决定着肿瘤的发生、侵袭、转移、播散，以及对各种治疗是否敏感。而其他大部分肿瘤细胞经过有限的几次增殖后衰亡失去形成肿瘤的能力。肿瘤干细胞由干细胞突变而来，可以分化为多种表型的肿瘤细胞。肿瘤干细胞的存在，被认为是化疗或放疗失败及肿瘤复发、转移的根本原因，因为一般的治疗只对普通肿瘤细胞有效，而不能消灭肿瘤干细胞。

（三）根据发育阶段分类

根据干细胞所处的发育阶段分为胚胎干细胞和成体干细胞。胚胎干细胞的发育等级较高，属于全能性干细胞，能分化出成体动物的所有组织和器官，包括生殖细胞。而成体干细胞的发育等级较低，属于多能或单能干细胞，一般认为具有组织特异性，能分化成特定的细胞或组织。胚胎的分化形成和成年组织的再生都是干细胞进一步分化的结果。而成体组织或器官内的干细胞最新研究表明，组织特异性干细胞或成体干细胞同样具有横向分化成其他类型细胞或组织的潜能。在特定条件下，成体干细胞产生新的干细胞，或者分化形成新的功能细胞，从而使组织和器官保持生长与衰退的动态平衡，这为干细胞的应用开创了更广阔的空间。

第三节　干细胞的主要生理特征

一、干细胞的表型特征

干细胞在形态上具有共性，通常呈圆形或椭圆形，细胞体积小，核相对较大且细胞核多为常染色质，并具有较高的端粒酶活性。干细胞的自我复制或分化功能，主要由细胞本身的状态和微环境因素所决定。细胞本身的状态指细胞内是否存在调节细胞周期的各种周期素和周期素依赖激酶、基因转录因子、影响细胞不对称分裂的细胞质因子；微环境因素包括干细胞与周围细胞、干细胞与外基质及干细胞与各种可溶性因子的相互作用。

二、干细胞的生物学特征

（一）干细胞的自我更新特征

所谓干细胞的自我更新是指在细胞分裂增殖过程中，子代细胞仍维持干细胞的原始特性，即保持增殖能力、多分化潜能和表达标志性特异干细胞蛋白质的能力。干细胞在体内终生都具有自我更新能力，这与祖细胞（具有优先更新能力）不同。干细胞的自我更新能力是通过不对称分裂（asymmetrical division）和对称分裂（symmetry cell division）这两种形式实现的，但主要是不对称分裂的形式。不对称分裂指一个干细胞分裂产生一个干细胞和一个短暂增殖细胞（定向祖细胞），此复制模式使干细胞维持在一定数量。产生不对称分裂的原因可能是细胞发育决定子不均等地进入不同的细胞，使子代细胞获得了不同的发育潜能。对称分裂则是指分裂产生的两个子细胞都是干细胞，或都是短暂增殖细胞，此复制模式用于干细胞数量的增加。以上两种复制模式属于干细胞自律性控制模式，由此可引申出另一种模式：干细胞分裂成的两个子细胞均暂时失去了母细胞所具有的干细胞特性，其后两个子细胞中至少有一个重新回到微环境中获得了与母细胞相同的干细胞特性，此复制模式属于干细胞非自律性控制模式，具有较大的生物学意义。

（二）干细胞的增殖特征

在体外，干细胞的增殖是对干细胞进行研究及应用的关键和前提。干细胞虽然具有多能性，但数量有限，只有通过体外扩增，才能获得足够多的供研究及临床应用所需的原材料。在体内，干细胞的增殖也具有重要的生物学意义，比如造血干细胞通过高速扩增来补充由于细胞衰老、死亡而丧失的血细胞。因此，干细胞增殖是机体维持正常功能的前提，它具有缓慢性和自我稳定性的特点。

（1）干细胞增殖的缓慢性　一般情况下，干细胞处于休眠或缓慢增殖状态，然而当其接受刺激而进行分化时，首先要经过一个短暂的增殖期，产生短暂增殖细胞，即过渡放大细胞（transit amplifying cell）。干细胞的缓慢增殖有利于其对特定的外界信号作出反应，以决定细胞是进行增殖还是进入特定的分化程序；缓慢增殖还可以减少基因发生突变的危险，使细胞有更多的时间发现和校正错误，具有防止体细胞自发突变的作用。

（2）干细胞增殖的自我稳定性　干细胞增殖的自我稳定性也被称为自我维持（self-maintenance），是指干细胞在生物个体生命期间自我更新并维持其自身数目的恒定性。自我稳定性是通过多种形式来实现的。无脊椎动物的干细胞常以不对称分裂来维持自身数目的恒定。哺乳动物的干细胞常常以对称分裂和不对称分裂两种形式进行，但主要是不对称分裂，并通过两种分裂方式的协调，保证干细胞数目相对恒定，同时更适应组织再生的需要。对于多细胞生物，有的细胞是对称分裂，有的是不对称分裂，但对于整个细胞群体而言是对称的。细胞群体的对称分裂方式使机体对干细胞的调控更具灵活性，以便应对机体生理、病理损伤，快速产生相应反应。例如，机体受伤失血，造血干细胞很快产生短暂增殖细胞，迅速生成足够的血细胞以补充丧失的细胞。干细胞的自我稳定性是其区别于肿瘤细胞的本质特征。

（三）干细胞的分化特征

干细胞分化是指干细胞由非专业化的早期胚胎细胞形成专业化的细胞，如心脏细胞、肝细胞或肌细胞。干细胞的分化是干细胞的重要生物学特征。在分化方面，干细胞具有分化潜能且具有可塑性及复杂性。

（1）干细胞的分化潜能　干细胞的分化具有多潜能性，但不同的干细胞具有的分化潜能不同，如胚胎干细胞可以分化为三个胚层的任何一种组织类型的细胞但不能发育为一个完整的生物体；成体干细胞在自然状态下则只能分化为其相应或邻近组织的细胞，如肠干细胞可分化为肠的吸收细胞、杯细胞、潘氏细胞和肠内分泌细胞。胚胎干细胞分化为成体干细胞是一个连续的过程，在此过程中的各种细胞都处于不同的分化等级。这些干细胞随着其分化（即个体发育）的进行，分化方向趋于增多，分化潜能也逐渐变窄。正是由于各种干细胞不同分化潜能的存在，才保证了个体发育在时间上的有序性和在空间上的正确性。

（2）可塑性（去分化与转分化）　一种组织类型的干细胞在适当条件下可以分化为另一种组织类型的细胞，这种现象被称为干细胞的转分化或横向分化。1997 年 Eglitis 等首次证明成年动物的造血干细胞可分化为脑的星形胶质细胞、少突胶质细胞和小胶质细胞。目前发现多数成体干细胞都可以转分化，如人的骨髓干细胞可以分化为肝细胞、肌细胞和神经细胞等：成体造血干细胞可分化为肌细胞、肝细胞；神经干细胞可分化为造血细胞等。此外，与转分化对应的概念是去分化，所谓干细胞的去分化（dedifferentiation）是指一种细胞向其前体细胞的逆向转化。长期以来，对细胞是否可以逆向分化一直存在争议。

（3）复杂性　干细胞分化的复杂性多种多样，如胚胎干细胞已被用于在体外研究神经细胞、各系造血细胞和心肌细胞的起源及分化。但迄今为止，触发和控制干细胞分化的机制仍不清楚，因为这是一个非常复杂的过程，也是发育生物学和细胞生物学中最大的谜题之一。以神经元干细胞的分化为例，即使应用现有的功能最强的神经生长因子，也只能诱导所培养的神经元干细胞中的一半分化为神经元。

第四节　干细胞的遗传特性

研究干细胞的遗传特性已成为近年的研究热点之一，为此，本节简单介绍胚胎干细胞、间充质干细胞及造血干细胞在体外培养条件下的遗传特性。

一、胚胎干细胞的遗传和表观遗传不稳定性

胚胎干细胞（ESC）来源于第 5～8 天囊胚或桑葚期胚胎的内部细胞团，是一种多能干细胞。它能够进行核型稳定的自我更新，并具有在体外和体内分化为三个胚层细胞的潜力，因此，它为再生医学、疾病模型和药物测试等各个领域的研究奠定了基础。然而，多能性和可塑性的明显优势伴随着许多劣势，如伦理道德问题和遗传不稳定。Hayflick 和 Moorhead 研究表明，所有细胞都具有一定的极限，超过此极限，它们便停止增殖并进入停滞状态，这称为“Hayflick 的限制”。虽然先前的研究已经表明，大多数人类胚胎干细胞在长期培养中相对稳定，但目前已经观察到 12、17、20 号和 X 染色体的基因组畸变，并且在人 ESC（hESC）和小鼠 ESC（mESC）中观察到 12 号染色体的整个或部分增加。任何细胞命运的变化在很大程度上都是表观遗传变化过程，许多表观遗传因素和表观遗传修饰的化学调节剂能够影响重新编程的效率。ESC 的表观遗传状态具有开放的染色质结构，具有特征性的组蛋白和 DNA 修饰等特征。

（1）开放的染色质结构　与分化细胞相比，ESC 具有与其独特特性有关的独特染色质特征。ESC 中的染色质处于“开放”状态，染色质结构域更易访问，异染色质更少。在 ESC 中核蛋白的超动力和全局转录的过度活跃也表明 ESC 染色质处于开放状态。

（2）特征性的组蛋白与 DNA 修饰　以组蛋白乙酰化为例，组织修饰酶在调节 ESC 的同一性和 iPSC 的生成过程中发挥重要作用。组蛋白修饰被认为是通过直接影响高阶染色质配置或通过招募特定的结合蛋白介导染色质相关过程发挥作用。组蛋白乙酰化可能通过中和组蛋白赖氨酸残基的正电荷而打开染色质。与此功能相一致的是，在 ESC 中，组蛋白乙酰化富集程度远高于分化细胞，说明它有助于 ESC 染色质的开放状态。ESC 组蛋白 H3K9 乙酰化（H3K9ac）的低水平与成纤维细胞的细胞核重编程效率的降低相关，而组蛋白去乙酰化酶（HDAC）抑制剂可以提高重编程效率。

二、间充质干细胞遗传特性

1968 年 Friedenstein 等首次发现间充质干细胞（MSC），它是一类具有多向分化潜能的干细胞。MSC 是来源于中胚层的成体干细胞，是造血微环境中的一种重要细胞成分，具有高度自我更新和多向分化的潜能，可以向多种组织如骨、软骨、肌肉、韧带、肌腱、脂肪及基质细胞增殖分化，而且免疫原性弱，是组织工程理想的种子细胞来源。此外，间充质干细胞易于外源基因的转染和表达，在细胞治疗和基因治疗中也有着广泛的应用。目前，临床试验证实间充质干细胞移植可用于组织的修复及治疗间充质组织遗传缺陷性疾病，具有广阔的临床应用前景。

通过对脐带间充质干细胞（umbilical cord derived mesenchymal stem cell，UC-MSC）、脂肪间充质干细胞（adipose derived mesenchymal stem cell，AD-MSC）和胎盘间充质干细胞（placenta derived mesenchymal stem cell，PMSC）体外培养 10 代或 20 代细胞的染色体核型分析发现，间充质干细胞在传代过程中细胞核型均未见异常，无缺失、易位和倒位等变化。已有研究表明：细胞传代后增殖活性受到抑制可能导致 AD-MSC 传至第 10 代后细胞生长速度很慢，细胞数量不足；此外，还可能是 AD-MSC 细胞功能衰退速度较 UC-MSC 和 PMSC 要快一些。三种间充质干细胞各自在体外传代培养过程中，细胞因子的表达量都很稳定，但是它们之间相比较，其细胞因子的表达量有一定差异，说明来源不同的间充质干细胞对不同细胞因子的分泌能力也有所不同，这体现了不同组织细胞具有不同的功能。因此，在遗传特性方面，三种细胞的染色体核型均保持稳定；相关基因表达量表明在各自传代过程中及三种细胞相比较都存在一定差异；不同的间充质干细胞对不同细胞因子的分泌能力有所不同。

三、造血干细胞表观遗传特性

人体内每天产生数十亿个新血细胞，每个血细胞都来自造血干细胞（hematopoietic stem cell，HSC）。由于大多数成熟的血液干细胞的寿命有限，因此，HSC 通过自我更新并在生物体的生命周期内产生新的血细胞的能力对于维持生命至关重要。最新研究显示，它们不仅确保血细胞的持续更新，而且还能够记住以前的感染经历，从而在未来引发更快更有效的免疫反应。近年来在关于造血干细胞的表观遗传学方面也取得了较多的进展。表观遗传学（DNA 甲基化、组蛋白修饰和染色质结构）在 HSC 增殖分化中具有重要调控功能。

（1）DNA 甲基化在 HSC 中的调控作用　甲基化和去甲基化都在 HSC 谱系发展中起着至关重要的作用，其中 DNA 甲基化对于造血干细胞分化极其重要。造血干细胞分化过程中的基因组 DNA 甲基化如图 13-2 所示。

（2）HSC 谱系中的组蛋白修饰　在小鼠 HSC 中，LSD1 通过去除增强子和启动子区域激活的 H3K4 甲基化标记来沉默造血干细胞特异性基因，促进分化。组蛋白脱乙酰酶（HDAC）在决定 HSC 的命运方面也起着重要的作用。HDAC1 和 HDAC2 水平是红细胞-巨核细胞分化的关键，HDAC1 和 HDAC2 的双重敲除导致巨核细胞（MK）凋亡和血小板减少。机体衰老与分化组织中 H3K27me3 水平的降低有关。

（3）非编码 RNA 对 HSC 分化的调节　microRNA 在骨髓造血系统中具有监管作用，如 miR-223。非编码 RNA 对 HSC 分化的调节如图 13-3 所示。

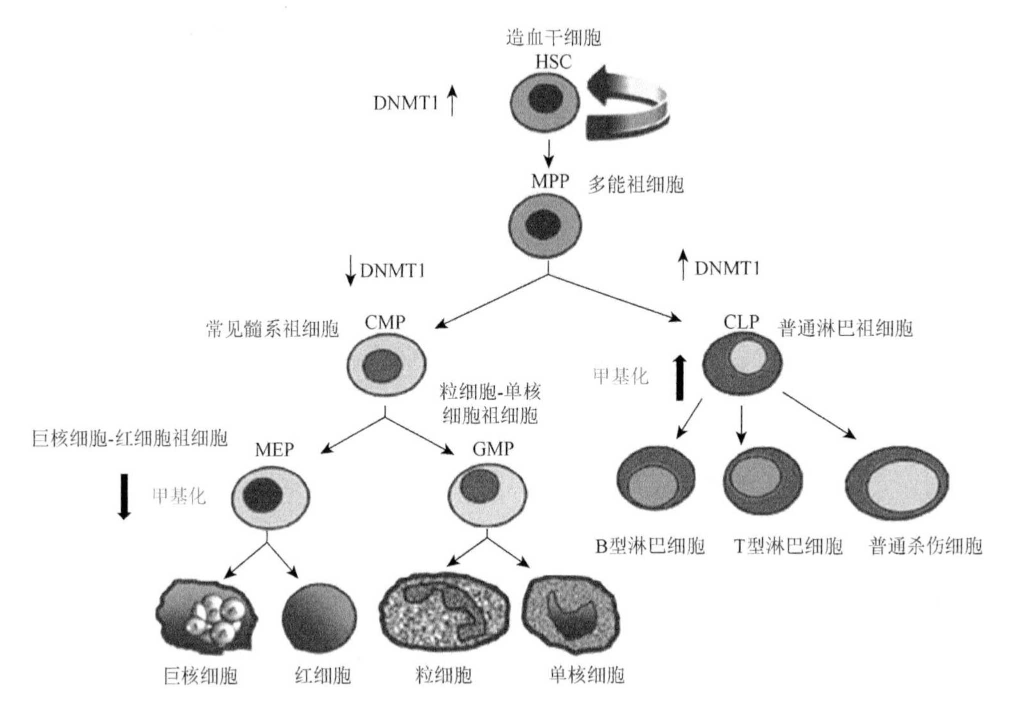

图 13-2　造血干细胞分化过程中的基因组 DNA 甲基化（Raghuwanshi et al.，2018）

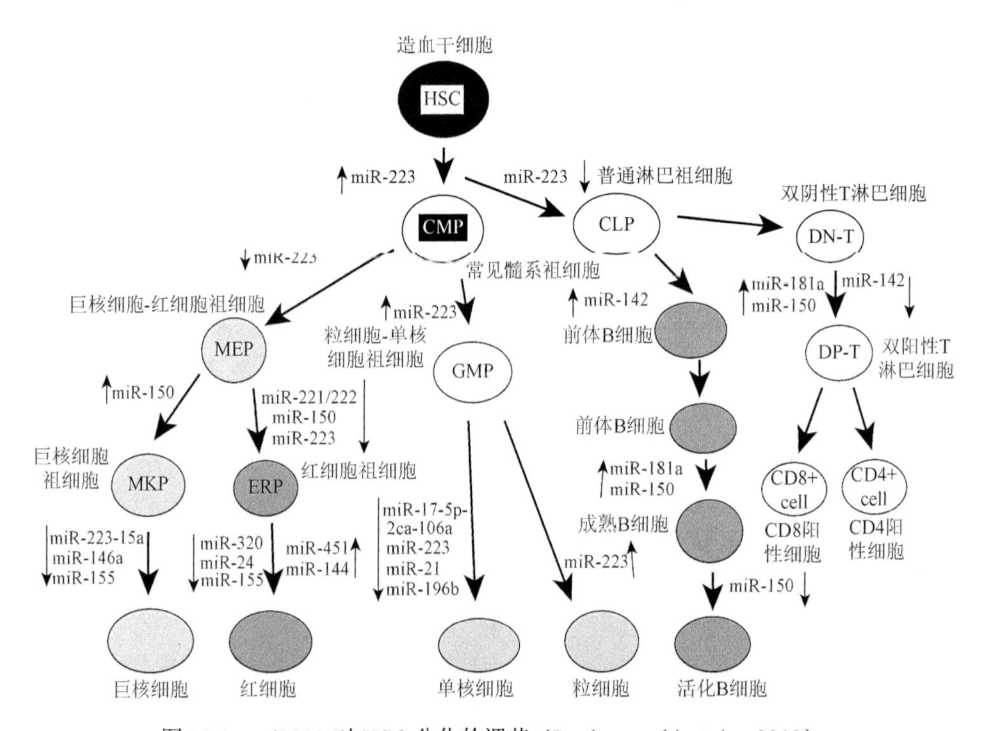

图 13-3　miRNA 对 HSC 分化的调节（Raghuwanshi et al.，2018）

第五节　干细胞的基础研究

在所有具有更新能力的组织中，几乎都存在干细胞。由于干细胞独特的自我更新能力和分化潜能，干细胞的增殖调控与其他细胞的增殖调控存在或多或少的差异。在体内环境中，干细胞的增殖一方面要求能够保持干细胞库中细胞数量的恒定，另一方面还要求保留其分化潜能，即维持其未分化的状态。在体外培养干细胞时，同样要求在增殖的同时保留干细胞的分化能力。常用的在体外扩增一般细胞的方法并不能刺激干细胞的有效增殖。因此，探究干细胞特异的增殖及调控机制已成为目前干细胞研究的热点和难点之一。

一、干细胞的增殖与分化

（一）干细胞的增殖

干细胞的增殖不是一个孤立的事件。在正常情况下的组织发育中，干细胞可能面临多种命运的选择：处于静止状态、自我更新、增殖、分化或者凋亡。干细胞的各种命运决定于精细调控，各种命运之间的选择存在动态平衡，这种平衡的破坏对生物个体是有害的。组织干细胞在体内环境中通常处于休眠或慢周期的状态，即处于细胞周期的 G_0/G_1 期。例如，在无压力情况下，造血干细胞中有90%以上处于休眠状态。在发育、损伤修复过程中，或者在某些因素的刺激作用下，部分干细胞将从休眠状态重返细胞周期，进行细胞分裂，其中干细胞的分裂有两种形式：非对称分裂和对称分裂。非对称分裂是体内干细胞分裂的主要方式。干细胞通过非对称分裂完成自我更新，保持干细胞的数量，维持体内干细胞库的稳定，并进行机体的新陈代谢。对称分裂则是干细胞增殖的主要方式，是发育过程、损伤修复过程及在生长因素的刺激作用下所进行的主要分裂方式。在干细胞的体外培养过程中，对称分裂是科学家希望的方式，因为只有对称分裂才能使干细胞进行增殖，才能维持干细胞系的稳定传代。但是在正常的体内环境中，对称分裂不是一种理想的方式，而干细胞的过度增殖最终可能导致癌变。经过细胞分裂之后，干细胞面临三种命运的选择：保持为干细胞、分化或发生凋亡。干细胞经过非对称分裂产生两个子代细胞，其中一个保留亲代特性，成为子代干细胞，而另一个则成为短暂增殖细胞。短暂增殖细胞进行有限次数的细胞分裂，沿预定途径进行分化，并最终分化为终末分化细胞，执行各种功能。干细胞的分化潜能是干细胞的重要特性之一，干细胞的凋亡则是机体的自我保护机制之一。干细胞通过凋亡去除出现复制错误或受到损伤的细胞，防止转化的发生，避免细胞的癌变。

（二）干细胞的分化

自1998年第一次从内细胞团中分离到人的胚胎干细胞后，科学家很快就认识到胚胎干细胞在再生医学中的潜在应用价值，相信干细胞的研究将给临床治疗各种疾病带来一场革命。成体干细胞就是胎儿和出生后个体的不同组织中具有自我更新、多向分化潜能和增殖特性的细胞。成体干细胞不仅对其所在的组织器官有重建和修复功能，而且能分化成与其来源不同的其他组织类型的细胞。干细胞分化有以下特征和意义。

（1）多潜能性　不同的干细胞具有不同的分化潜能。组织干细胞不仅可修复组织的损伤，而且通过体外定向诱导还能分化形成某种组织或器官，因此，可以把它作为多种疾病细胞替代治疗和基因治疗的理想载体。目前，基因工程和组织工程的热点之一就是深入了解干细胞的生物学特性及其与新型生物材料的相互作用，探讨成体干细胞的分离、纯化技术，以及体外三维立体培养和定向诱导分化的条件，希望在体外诱导培养出有功能的组织或器官，用于临床组织器官损伤、遗传缺陷性或退行性疾病的治疗，这必将给人类健康带来无限希望。虽然人胚胎干细胞也具有多能性，在理论上可以在体外诱导分化出任何一种需要的组织或器官，但这会受到伦理道德方面的限制。

（2）可塑性　对成体组织干细胞可塑性的研究表明，干细胞的微环境对其转分化具有非常重要的作用，一些内在和外在的信号调节着这些干细胞的命运，这些将为干细胞的定向培养和应用带来新的前景。

二、干细胞增殖和分化的调控

干细胞是具有多能性维持和分化潜能的细胞，其多能性维持表现在干细胞的自我更新及增殖方面；分化潜能表现为干细胞向祖细胞的演进及祖细胞最终分化为系分化细胞或终末分化细胞。在此期间，部分分化过程需要经过前体细胞的进一步放大。自我更新是分化的基础，若没有更新的增殖，分化则是短期的，因为干细胞池的减小和终末分化细胞的凋亡最终会影响系细胞池的平衡。

（一）细胞周期

干细胞增殖分化的调控与细胞周期的调控密切相关。现已发现，调控干细胞增殖的主要时期就在三个检验点，即 G_1/S 期、G_2/M 期和纺锤体检验点。参与细胞周期调控的各类因子如 CDK4/6-Cyclin D、CDK2-Cydin E、Rb 和 E2F 等也具有调节干细胞增殖和分化的作用。此外，各种细胞因子还能够改变干细胞的细胞周期进程。各类细胞因子对干细胞增殖的调控最终通过调节细胞周期进程来实现。胚胎早期的 LIF 信号途径可以通过 gp130 作用于细胞周期运动的诸多方面，gp130 也对视网膜肿瘤因子 Rb 有下调作用。Rb 可以促进分化转录因子的激活和 G_1/S 期捕获，也可对增强因子 E2F 进行下调，从而通过对细胞周期运转的调节（负调）作用于多能性负调、分化促进事件。

（二）干细胞分化决定

Stoffel 等认为，经过由细胞因子受体激活的信号转导途径只是提高了干细胞的增殖和存活能力，并不能决定细胞向某系的分化。干细胞向某系的分化主要决定于核内调节因子，即细胞核决定了干细胞的分化。锌指蛋白 GATA-1 和 GATA-2 在系特异性分化中可促进干细胞的成熟和分化。也有研究者认为，在表现出分化标志前，分化已经决定并开始表达。一部分人认为系特异性基因参与了干细胞的分化决定，但分化启动还需要其他信号的协同或加强；另一部分人则认为细胞核内存在随机、微量的转录，这是细胞的正常生理状况。但是，在体内或体外培养中，信号物质，特别是细胞因子参与并促进了干细胞的增殖、分化。细胞的微环境主要体现为细胞因子组成的复杂调控网络。细胞中一种因子的作用表现为干细胞的自我更新（系细胞库的长期稳定）、分化的刺激及抑制、祖细胞和前体细胞的增殖放大等。另一种对干细胞分化有决定意义的因子是转录因子，转录因子相互拮抗作用的平衡直接决定了干细胞是增殖或是分化。在脊椎动物中，转录因子对干细胞分化的调节非常重要。比如在胚胎干细胞的发生过程中，转录因子 Oct4 是必需的。Oct4 是一种哺乳动物早期胚胎细胞表达的转录因子，它诱导表达的靶基因产物是 FGF4 等生长因子，能够通过生长因子的旁分泌作用调节干细胞及周围滋养层细胞的进一步分化；Oct4 缺失突变的胚胎只能发育到囊胚期，其内部细胞不能发育成内层细胞团。另外，白血病抑制因子（LIF）对培养的小鼠胚胎干细胞的自我更新有促进作用。又如 Tcf/Lef

转录因子家族对上皮干细胞的分化非常重要；Tcf/Lef 是 Wnt 信号途径的中间介质，当与 β-连环蛋白形成转录复合物后，促使角质细胞转化为多能状态并分化为毛囊。

（三）细胞微环境

一般来说，干细胞存在于一个被称为壁龛的特殊的组织部位。在这个微环境中，干细胞有很高的自我更新能力并进行缓慢的细胞分裂。微环境提供了支持干细胞存活和增殖的复杂环境，其中保留了维持干细胞自我更新的因子，排除了诱导分化的因子。干细胞的增殖或自我更新受到微环境中各种因子的有效调控。细胞的结构蛋白，特别是细胞骨架成分对干细胞的增殖和分化调控非常重要，如在果蝇卵巢中，调控和诱导干细胞不对称分裂的是种被称为收缩体的细胞器，其包含有许多调节蛋白，如膜收缩蛋白和细胞周期素 A。收缩体与纺锤体的结合决定了干细胞分裂的部位，从而把维持干细胞性状所必需的成分保留在子代干细胞中。决定细胞周围环境相关的因子有整合素等。整合素家族是介导干细胞与胞外基质黏附的最主要的分子。整合素与其配体的相互作用为干细胞的非分化增殖提供了适当的微环境。比如当 β_1 整合素丧失功能时，上皮干细胞逃脱了微环境的制约，分化成角质细胞。此外，胞外基质通过调节 β_1 整合素的表达和激活，从而影响干细胞的分布和分化方向。β-连环蛋白也是一种介导细胞黏附连接的结构成分，它的突变导致干细胞运动，改变所处的微环境和其分化命运。

三、细胞因子及信号转导与干细胞增殖分化的调控

干细胞的增殖与分化受细胞因子或细胞分泌信号（如 Notch）、细胞微环境、自身顺式作用元件和反式作用元件等因素调控。

（一）细胞因子或细胞分泌信号

细胞因子与激素、化学信号（如视黄酸、二甲亚砜等）、细胞骨架体系及胞外基质协同作用，引导细胞的增殖、分化或凋亡。许多细胞因子是通过对增殖的调控来实现对分化的促进或下调作用的，它们在干细胞发育分化事件中的程序性作用保证了干细胞的正常分化和系细胞池的平衡。细胞因子介导的信号转导形成了功能重叠、协同或是相互拮抗的网状体系。有的信号是在进化上高度保守的，有的则表现出系特异性或非系特异性。近年来参与干细胞命运调控的分子不断被发现，包括细胞因子（cytokine）、细胞与细胞相互作用的分子（cell-cell interaction molecule）和胞外基质蛋白（extracellular matrix protein）等。早期发现的细胞因子包括干细胞因子（stem cell factor，SCF）、白介素（interleukin，IL）、转化生长因子（transforming growth factor，TGF）、表皮细胞生长因子（epidermal growth factor，EGF）、成纤维细胞生长因子（fibroblastic growth factor，FGF）、肝细胞生长因子（hepatic growth factor，HGF）及白血病抑制因子（leukemia inhibitory factor，LIF）等。最新的研究表明，Notch 蛋白家族、Wnt 蛋白家族、骨形态发生蛋白（bone morphogenetic protein，BMP）家族及 SHH（sonic hedgehog）蛋白家族的成员对干细胞的增殖与分化具有重要的调节作用。不同细胞因子的组合会导致不同的增殖、分化结果。在体外，通过各种细胞因子的组合，可以定向诱导细胞的分化。

（1）转化生长因子-β　转化生长因子-β（TGF-β）是一类多效性的因子，包括 TGF-β1（哺乳动物）、TGF-β2（哺乳动物）、TGF-β3（哺乳动物）、TGF-β4（鸡）、TGF-β5（非洲爪蟾），以及最近发现的子宫内膜出血相关因子（endometrial bleeding associated factor，EBAF）等。TGF-β 可通过自分泌或旁分泌的途径产生，在大多数组织发育和更新的过程中具有调控作用，能调节

细胞分化，抑制细胞增殖并刺激胞外基质的合成。最近的观点认为，TGF-β是一种维持造血干细胞“干细胞状态”的因子。其对干细胞增殖的调控除通过调控细胞周期外，还可能与细胞凋亡有关。在某些成白血病细胞（leukemia blasts）中，TGF-β的生长抑制效应部分是通过细胞凋亡来发生的。因此，TGF-β与细胞凋亡之间的关系可能依赖于细胞不同的分化状态及不同的培养条件（例如各种细胞因子的浓度）。值得注意的是，人类不同组织来源的干细胞对TGF-β的应答反应不同。

（2）白血病抑制因子　白血病抑制因子（LIF）主要作用于免疫系统和神经系统。LIF可诱导白血病细胞系发生分化。在成熟的神经系统中，LIF似乎对损伤诱导的神经肽合成非常重要。LIF也可作为少突神经胶质细胞的营养因子而发挥作用，还能促进星形胶质细胞的存活和分化。虽然有报道认为LIF对囊胚发育和着床十分重要，但目前还没有确凿的证据证明LIF在发育过程中具有重要作用。LIF敲除，小鼠没有明显的结构和功能缺陷，而白血病抑制因子受体（LIFR）敲除，小鼠则表现出造血干细胞和神经干细胞数量的降低，并在胚胎期或出生后不久死亡。目前，LIF被广泛应用于小鼠胚胎干细胞的培养。在小鼠胚胎干细胞的培养过程中，饲养层细胞（feeder cell）作为抑制分化的重要因素，其作用一方面是提供物理支持，另一方面则是提供某些可溶性的或膜结合性的生长因子以维持胚胎干细胞的未分化状态。研究从饲养层细胞的条件培养基中分离到分化抑制活性物（differentiation inhibitory activator，DIA），发现它在结构和功能上与LIF存在许多相似之处。为此，在培养体系中加入重组LIF或DIA等可有效地抑制胚胎干细胞的分化，促进其增殖。进一步的研究表明，IL-6、IL-11、睫状神经营养因子、致癌蛋白M（oncostain M，OSM）及心营养因子-1（cardiotrophin-1，CT-1）都能抑制胚胎干细胞的分化。这类细胞因子具有相似的结构特征，都通过gp130传递信号。因此，通过gp130介导的JAK-STAT信号在干细胞增殖与分化中的调节作用可能是广泛保守的。

（3）Notch信号途径　Notch是个相对分子质量为30000的单次跨膜受体，其信号途径在后生动物中广泛保守。相邻细胞之间通过Notch受体的信号传递能够巩固并放大分子差异，实现对细胞增殖、分化及凋亡等事件的调控。因此，Notch信号作为普遍的发育工具被用于指导细胞命运及个体的发育。Notch信号传递或信号调节的蛋白质核心元件包括Notch受体、DSL配体和下游因子CSL。目前已确定一些Notch信号的初级目标基因，其中最先发现的是转录调控因子的基因。研究表明，Notch活性与干细胞的增殖和分化调控存在内在的联系。比如，Notch信号可调节肌干细胞的增殖和分化。随着个体年龄的增长，肌干细胞增殖以修复肌损伤的能力逐渐降低，减弱的Notch信号在其中发挥了重要作用。此外，Notch信号对维持体内神经干细胞群体具有一定作用。但是，目前还不清楚Notch活性怎样调节神经干细胞群体的大小，在脊椎动物中，Notch的功能与淋巴实体瘤相关，还可阻断神经发生、体节形成、血管生成和淋巴发育。同样，在小鼠白血病细胞中，Notch的活性似乎可抑制凋亡。小鼠乳腺癌可能是Notch活性改变诱导细胞异常增殖而导致的。

（4）Wnt信号途径　*Wnt*基因家族成员包括果蝇的Wingles（*Wg*）、线虫的*lin*-44和哺乳动物的各种*Wnt*基因，它们编码350～400个氨基酸残基组成的分泌型糖蛋白，即Wnt蛋白。十多年的研究已经证实，Wnt蛋白是一类在发育中至关重要的信号分子，其功能主要是通过调节细胞与细胞之间的相互作用，参与细胞命运的特化、细胞黏附和迁移、细胞极性的形成及细胞的增殖，从而影响胚胎形态建成、肠建成、神经系统发育及对非对称分裂的控制等过程。此外，Wnt信号途径与肿瘤发生的关系是非常明显的，这个途径中许多成分的遗传缺陷都能促进肿瘤的进程。Wnt/β-连环蛋白途径是目前 Wnt 信号途径中研究得较为清楚的一条。Wnt/β-连环蛋白途径调控的目标基因包括参与细胞增殖、凋亡及细胞命运决定等过程的各类基因。最近研究证明，Wnt 信号是造血干细胞正常生长所必需的。还有研究表明，Wnt 信号参与了肌干细胞的增殖调控。现在普遍的观点认为，$CD45^+$肌干细胞是肌损伤修复的主要组织者。肌损伤后，$CD45^+$肌干细胞的数量迅速增加，其中很大一部分肌干细胞进入细胞周期。对胚胎肌发生的研究发现，Wnt 信号诱导 $CD45^+$肌干细胞分化为肌细胞，而 Wnt 蛋白拮抗物可降低肌修复过程中干细胞的增殖和向肌细胞的分化。这表明在肌修复时诱导 $CD45^+$肌干细胞向肌细胞分化的关键是 Wnt 信号机制。因此，Wnt 信号可以作为治疗肌退化性疾病的一个非常有希望的靶标。目前研究发现的 Wnt 信号在各类干细胞增殖调控中的作用还处于初级阶段，还存在许多问题有待阐明，特别是在干细胞中 Wnt 信号特异的转导方式和路径及干细胞特异的目标基因还需要详细研究。对 Wnt 信号途径作用机制及 Wnt 信号与其他信号之间相互关系的广泛研究，将有助于人们深入了解干细胞自我更新的调控机制。

（5）其他细胞因子　除上面提到的信号途径外，现在的研究发现，BMP、Shh、nucleostemin、Nanog 及 Musashi 等多种蛋白质类调节因子能够参与各类干细胞的增殖和分化调控。值得一提的是，最近发现的 Musashi 家族巩固了这样一种观点，即干细胞的增殖和分化过程可能存在转录后水平的基因调控，这包括 mRNA 的稳定、剪接或翻译调控。比如，Musashi 可与 Numb mRNA 的 3′非翻译区（3′-UTR）结合，抑制 Numb 的翻译。由于 Numb 是 Notch 的抑制蛋白，因此，可以推测 Musashi 是 Notch 信号的正向调节者，可以抑制 Numb 的翻译从而激活 Notch 信号转导。Musashi 对 Notch 信号的增强则能够维持干细胞的未成熟的增殖状态。尽管目前对 Musashi 家族成员的具体分子功能还不很清楚，但 Musashi 的发现已为研究调控干细胞增殖及其命运决定的分子机制开启了一扇新的大门，目前正在深入进行相关上游信号机制、信号传递流程及与其他信号机制相互关系的研究。

（二）干细胞干性维持及分化中的选择性剪接

1. 干细胞干性维持及分化中选择性剪接相关基因

近期研究表明一些干细胞富集基因（干性基因）的剪接变异体表达水平与特定的分化阶段有关，一些类似的研究表明不相干和具有再生基因的表型与干性基因的剪接变体的过度表达相关。这些结果提示了单一基因位点的剪接变体对表型的不同影响及认识选择性剪接对转录后基因表达调节的重要性。为此，该部分将介绍几例对干细胞生物学比较重要的选择性剪接基因。

POU5F1 是一种受选择性剪接调节的关键干性基因，这一基因编码 POU 结构域转录因子 OCT4，其是一种干细胞多能性的关键调节因子。OCT4 高表达于干细胞，它的表达在成熟细胞重编辑为诱导多能干细胞过程中是必需的。尽管对 *POU5F1* 基因产物的精细分辨提示为不同的受控剪接体，但在一些体细胞中检测出了 OCT4 之后，它作为干细胞标志物的有效性就受到了质疑。一种被称为 OCT4A 的剪接体仅存在于胚胎干细胞和胚胎肿瘤细胞中，并能在 OCT4 启动子的作用下起始表达。相反，OCT4 启动子并不能起始 OCT4B 的表达。更复杂的是，另一个叫作 OCT4B1 的异构体也在胚胎干细胞和胚胎肿瘤细胞中高表达，但是 OCT4B 在许多已分化的细胞类型中表达水平却很低。这些异构体的功能明显不同，但我们对此仍然知之甚少，这也提示了选择性剪接在另一个水平上对 OCT4 功能的调节。

在干细胞和分化细胞中，DNA 甲基转移酶组成了另一群具有完全不同的选择性剪接模式的基因。通过使 DNA 甲基化，甲基转移酶能表观上影响基因的转录并提供了表达调控的可遗传方式。最初的研究揭示了 DNA 甲基转移酶 3B（DNMT3B）被高度选择性剪接；已经鉴定出了将近 40 种异构体。

选择性剪接也介导了在自我更新中功能相反的剪接体的产生。已知成纤维细胞生长因子（FGF）对人胚胎干细胞的自我更新信号通路具有正调节功能。Mayshar 等发现一种被称为 FGF4 的剪接变异体在人胚胎干细胞（hESC）分化之后表达下调，而另一种被称为 FGF4si 的剪接变异体在多能性的和分化的 hESC 中都表达。FGF4 的自我更新潜能依赖于它对 ERK1/2 的磷酸化和激活 MEK/ERK 信号通路的能力，而可溶性的 FGF4si 似乎可以显著降低 ERK1/2 的磷酸化。这种在不同剪接体之间的相反作用证明了对多能性相关信号通路的强力调节，并揭示了相同基因不同剪接体之间的调控网络。

成体干细胞的多能性和自我更新也受选择性剪接的高度影响。胰岛素样生长因子 1（IGF-1）的多种剪接体能产生促进增殖并阻止肌肉干细胞分化（IGF-IEc）或者通过合成代谢途径诱导肌肉细胞生长（IGF-IEa）的作用。这些剪接变异体以一种顺序的方式表达，以响应能促使肌肉生长和修复的机械应力。低水平的 IGF-IEc 与受伤患者肌肉组织中的肌肉萎缩有关，这提示了针对这种剪接体的临床治疗潜能。

血管内皮生长因子 A（VEGFA）强烈影响间充质干细胞（MSC）并受选择性剪接的调节。MSC 的治疗效用依赖于它们独特的旁分泌信号通路，鼠的同源 VEGF 剪接变异体影响 MSC 中的旁分泌和其他信号通路。未来的组织治疗依靠 VEGF 以提高 MSC 的再生潜能，需要选择合适的 VEGF 异构体。除了顺式选择性剪接，蛋白质的多样性也因反式剪接而增加。反式剪接是指来自于至少一个基因的前体 mRNA 片段集合而产生一个新的 mRNA 转录产物。很少几个与干细胞干性相关的反式剪接产物被发现，但是来自 RNA 结合基序蛋白 14（RBM14）和 RBM4 的反式剪接 mRNA 能间接影响重要基因产物的剪接。RBM14 单独能产生增强和抑制许多基因的共转录剪接体 CoAA 和 CoAM。尽管这些剪接变异体的功能尚不清楚，它们在分化前后不同的表达谱暗示了它们对干细胞生物学的重要性。

这些研究揭示了选择性剪接能够调节与干细胞状态相关的所有方面的基因。DNA 甲基化受高度剪接的 DNA 甲基转移酶的影响。对干性发挥主要和次要作用的转录因子活性也受选择性剪接机制的调控，甚至剪接机制本身也受反式剪接产物 RBM4 和 RBM14 的调控。很多这些基因剪接模式与干细胞的不同时期相关，并且有时与干细胞的终末分化相关。大多数调控干细胞特性的剪接变异体尚未发现。目前，基于基因组水平的选择剪接体检测的新方法能够显著增加检测效率、减少费用。一旦确定功能，这些剪接变异体及剪接代码将揭示前所未有的转录后基因调控机制。

2. RNA 结合蛋白对干细胞中选择性剪接的调控

一系列 RNA 结合蛋白参与多功能干细胞及分化细胞中选择性剪接的调控。目前，对维持干细胞特性的剪接因子知之甚少。大部分的剪接事件通过直接与前体 mRNA 某些区域作用的剪接因子来调控。因此，找到剪接因子作用的 RNA 靶点及作用机制，能更好地理解并破译干细胞分化过程中选择性剪接的规则。比如，在人胚胎干细胞神经分化研究中，发现“GCAUG”保守序列常出现在不同选择性剪接位点的附近；FOX 剪接因子在人胚胎干细胞中剪接位点的选择中有重要作用。SAM68 是一种表达于细胞核的、参与剪接的 RNA 结合蛋白，广泛表达于多种细胞，其过表达可抑制神经干细胞的增殖。提示 SAM68 是神经分化过程中重要的剪接调节子。随着基于基因组水平的检测技术的发展，大量 RNA 结合蛋白及基序（motif）被发现，RNA 剪接代码规则将逐渐清晰，这将有助于预测 RNA 剪接模式和更好地控制干细胞命运。

第六节　诱导多能干细胞

一、iPSC 的诞生

2006 年以前，具有重编程能力的细胞除 ESC 和卵细胞之外，再无其他类型细胞。日本科学家山中伸弥研究者以此为切入点，提出了“ESC 具有特定基因，体细胞可以向 ESC 转化”的学说。曾有报道称，Oct3/4 和 Sox2 的因子是维持细胞分化多能性的重要因子，但仅这些并不足以确立学说。2006 年山中伸弥等比较了 ESC 中表达的基因群和体细胞中表达的基因群组，辨别出 ESC 中特有的表达基因。然后，针对候补基因进行功能性的筛选，根据 Oct3/4、Sox2、Klf4、c-myc 4 种基因的组合，利用小鼠成纤维细胞制备成了与 ESC 具有相似特征的细胞。这种经过已知因子初始化处理的体细胞被命名为诱导多能干细胞（induced pluripotent stem cell，iPSC）。且可以认为，最重要的重编程契机是转录因子介导的基因表达变化。

二、iPSC 带来的可能性

2007 年人类 iPSC 也被发现。人体细胞来源的多能干细胞解决了 ESC 的“使用受精卵”和“排斥反应”的问题。但是其前提是 iPSC 和 ESC 拥有同等的性质和能力。在最初的报告中小鼠 iPSC 与 ESC 的分化能力相比较是处于弱势的，随后改良了方法，发现了与 ESC 拥有极其相似能力的细胞。另外，证实分化多能性的最严格的实验室方法是用凝集胚胎制作克隆小鼠，此实验仍然证实 iPSC 有着很高的多能性。上述嵌合小鼠的制作研究仅限于实验动物，应用现实中已经存在的评价方法来评价 iPSC 非常困难。这个问题不仅仅局限于 iPSC，也包括 ESC。也就是说，与多能性干细胞有关的问题，就是 ESC/iPSC 共同的问题，与 iPSC 特有的问题应该明确地区别开来。接下来，列举说明 iPSC 在再生医学上的应用。

（一）细胞库的建立

iPSC 是利用体细胞制作而成的多能性干细胞。如果利用由自体细胞制作而成的 iPSC，就可能实现自体移植医疗，这是所有医学家的梦想。因此，对 iPSC 的期待已经超过了目前 iPSC 的所能。假如每个人都用自己的皮肤细胞制作出 iPSC，预先储存在医疗机构，等到需要的时候拿出来使用。这样的设想能否在全民中施行呢？恐怕无论从金钱、设备等任何方面来看都是不可能的。况且要保持全民的 iPSC 株的品质是非常困难的事情。另外，如果从实际的事故、疾病等发生来考虑，因其发生的不可测性，一旦突然发生会面临细胞种类的问题。iPSC 这样的多能干细胞不能直接移植，而首先要向所需要的细胞分化。例如，需要神经细胞、肝细胞等的情况下，首先 iPSC 必须向前体细胞分化再促其成熟，然后经过检测，确定分化细胞具有可移植的品质，才可以真正使用。这些都需要一定的时间，基本上不能用于紧急情况。因此，用自己专用的 iPSC 医疗只限定于时间比较充裕的场合。因此，为了解决以上的问题，提出了建立 iPSC 库的设想。

（二）制作方法的革新

最初，为了向 iPSC 内导入重编程基因，使用了反转录病毒和慢病毒。反转录病毒针对成纤维细胞等增殖旺盛的细胞显示出很高的导入效率。目前为止，在很多的细胞生物学研究中，向成纤维细胞等的分化细胞中导入的基因显示出高表达。但是，在 ESC、成体干细胞、成熟细胞中却被显著抑制。这种现象成了 ESC 研究中的难题，却在 iPSC 的制作方面带来了有利的一面。也就是说，为了引起初始化，在必要的时期初始化因子高表达，初始化完成之后迅速地抑制那些表达，即一过性表达。如果用于医疗以外的用途，反转录病毒插入细胞基因组 DNA 中并不是十分特别的问题。但是，应当避免外来基因插入用于医疗移植的细胞。实际上，小鼠 iPSC 会低频度地受到外来基因的再活化而形成肿瘤，很有可能其表达方式也会改变。为了解决这个问题，科学家尝试采用各种各样的方法来制作 iPSC。在小鼠细胞上，除了利用腺病毒，也可以利用质子载体使初始化因子一过性表达来制作 iPSC。在这些细胞中不能检出基因组中被插入的表达载体。这些利用一过性表达来制作 iPSC 的方法有不伤害基因组 DNA 的有利的一面，但也存在制作效率低的问题。因此，研究者开发了首先让初始化因子稳定的表达。在 iPSC 制成以后再取出的技术。PiggyBac 是在飞蛾中发现的转座子配列载体，依赖转座酶对转座序列的宿主 DNA 进行插入。PiggyBac 针对基因组上 TTAA 4 个碱基对进行插入。转座的一大特征是，再一次让转座酶表达的话，就能够去掉被插入的转座部位。在不影响周围的基因组 DNA 序列的情况下进行切除和文字处理中的剪切、粘贴是一样的。利用这个理论来制作 iPSC，实际上就能够在建立之后立即切除插入的基因。此外，不仅利用 DNA 表达，也可直接将蛋白质导入细胞中来制备 iPSC。大分子蛋白质不能通过细胞膜，不能进入细胞。然而，将特定的氨基酸序列（大多数情况下是富含赖氨酸和精氨酸）附加到蛋白质上，就可获得透过细胞膜的性质。这样的序列是在携带人类免疫缺陷病毒的 Tat 蛋白质上发现的，而后应用于细胞生物学研究。有报道指出，运用初期化因子的末端附加 11 个精氨酸的精制蛋白质可以制作小鼠 iPSC。而后有人 iPSC 也可用同样方法制作的报道，即用表达初期化因子细胞株的粗制抽提液来处理成纤维细胞，可生成人 iPSC。然而在现实中实施的例子很少，效率也非常低。用自我更新型 Episoma 运载体的方法或者用属于 RNA 病毒的 Sender 病毒，通过重编程因子的一过性表达，而完成了无外来基因插入的 iPSC 的制作。这些都是人类 iPSC 的应用技术，而不是小鼠细胞。Episoma 运载体中有保持 DNA 复制活性的 EB 病毒核抗原（Epstein-Barr virus nuclear antigen，*EBNA*）基因和它的目标复制起点序列。通过这个组合，被导入细胞内的 DNA 并没有进入染色体内，而是在细胞核内复制，可以在较长时间内持续表达。完成了初始化的细胞有很高的增殖能力，但细胞内 Episoma 运载体的增殖能力低下，最终会消失。另外，由于有极少数进入基因组 DNA 的情况，所以需要对制作出来的 iPSC 进行仔细地检查。迄今为止，利用 Episoma 运载体，从皮肤成纤维细胞、牙髓干细胞、血细胞等来源的 iPSC 均成功地制作完成。Sender 病毒是具有自我更新能力的 RNA 病毒，可以人工地使其二次感染能力下降。Sender 病毒感染后，局限于细胞质内，完全没有向宿主细胞基因组内插入的可能性。Sender 病毒也具有细胞增殖依存性，拷贝数量低下，不久就会从宿主细胞内消失。不插入宿主的基因组，但必须确认残存病毒。到现在为止，利用皮肤成纤维细胞或血细胞等来源的 Sender 病毒可以制作形成 iPSC。特别是外周血中含有的 T 细胞感染效率高，表现出有效制作 iPSC 的潜能。另外，可以用人工合成的信使 RNA 作为初始化因子编码，导入细胞内制作 iPSC。利用此 RNA 并不是想向宿主基因组内插入，而是使病毒游离使其没有残存的可能，进而能够克服 Episoma 运载体或 Sender 病毒的弱点。然而，因为这种方法是用了比较不稳定的 RNA 分子，制作 iPSC 要用 2 周以上的时间，而且每天都必须进行基因的导入操作。与之相比，Episoma 运载体或 Sender 病毒进行最初一次导入就足够了。基因导入的反复操作对细胞来说是一种压力，有必要慎重评价符合医疗应用标准的 iPSC 制作流程。综上所述，为了克服反转录病毒对宿主基因插入的问题，科学家开发了各种各样的方法。今后需对各种方法制作的 iPSC 进行严格的评价，以决定哪些最适于临床应用。

（三）细胞来源的扩大

iPSC 最初是由成纤维细胞制作而成的。很难说成纤维细胞的培养是完全地均一，有含有相对未成熟的干细胞或前体细胞的可能性。因此，存在“初始化因子是否仅仅提高了这些干细胞增殖”的疑问。而后发现，最终分化的 T 细胞或 B 细胞及基因组 DNA 再编的细胞来源也能制成 iPSC，上述疑问便迎刃而解。考虑到医疗应用的实际，细胞来源必须满足一些基本条件。首先，尽可能降低侵袭性，成纤维细胞获取时需要边长 5 mm 的正方形皮肤才能得到足够的细胞数量。因此要考虑到供区术后瘢痕的影响。其他可能的 2 个候补供区包括牙髓和外周血。牙髓干细胞取自医疗废物智齿，无侵袭因素。牙髓干细胞与间充质干细胞性质相似而且有很高的增殖能力。与皮肤成纤维细胞相比，牙髓干细胞制作 iPSC 更有效率。在日本国内有几个牙髓干细胞库，细胞长期保存的可行性得到证实。外周血也是一个较有前景的细胞来源。外周血可以通过采血而得来，无手术创伤，对供体影响较少。外周血有各种各样不同种类的细胞。可以对有核细胞通过运用 Episoma 运载体、Sender 病毒的方法来制作 iPSC。如果利用已有的血液库就会发现更多的 HLA 同型。利用脐带血库有更高的可行性，它对提供者完全无侵袭性，但存在供体健康状态未知的缺点。选择牙髓或外周血作为供体组织，可以准确了解病史提供临床应用所需的一些重要信息，以便于今后评价不同来源细胞制作 iPSC 的效果，并最终决定临床应用的最佳方案。

三、作为病理生理学和药理学工具的 iPSC

iPSC 不仅可以作为再生医学的材料，也可以作为病理生理学的探索工具。研究患者来源的细胞，在发病机理探讨、新药物开发、毒性试验等方面都是非常有实际意义的。但是，操作起来又不切实际。例如，为了开发针对帕金森的新药物，从患者那里得到足够的神经细胞几乎是不可能的，为了毒性试验而采取肝细胞在现实中也是很难实现的。所以迄今为止都是用小鼠模型或细胞株来解析筛选。但是，小鼠和人类的分子结构、代谢路径等多个方面都是存在一定差异的，在小鼠上有用却未必在人体上同样有用。

人类多能干细胞可以在试管内增殖并向不同种类细胞分化，所以来自患者的多能干细胞很有可能具备阐述病理机制的功能。迄今为止，已经建立了囊包性纤维症和亨廷顿舞蹈症等多种疾病特异性的 iPSC 系。将这些细胞诱导分化为目标细胞，如果能够在试管内再现病情，就可以进行分子水平的病理学分析。ESCs 以未分化的状态增殖、诱导，可以得到多种目标细胞，均可用于检测研究。但是这样做就要面对胚胎的利用问题。然而，利用志愿者提供胚胎来制作 ESCs 的事例仅在美国等地实现过。

如果能用 iPSC 替换 ESCs，许多问题就可以迎刃而解。iPSC 最可能带来突破的是致病基因不明确地孤立发病的疾病，或随着年龄增加而发病的疾病。例如，肌萎缩侧索硬化、帕金森病等多发于成人的疾病在幼年时期不能预测。但是可以将患者提供的体细胞重编程为 iPSC，从疾病特异的 iPSC 可以得到很多新的发现。首先，通过利用从几个患者得到的同一疾病的细胞，就可以降低由个人特异性而导致的影响。另外，如果 iPSC 能制作成功，对于一些稀有疾病的研究是非常有利的。

自从发现人类 iPSC 以后，在全世界范围内正重编程着针对多种疾病的 iPSC，希望在未来能用来解释病情或发明新药。疾病特异性 iPSC 和用于再生医学 iPSC 是有区别的，疾病特异性 iPSC 可以使用在医疗中不能使用的逆转录病毒，而且可以利用它特定的插入部位来鉴别株间的差别、防止异物混入等。另外，还可利用其与来源细胞相关的特点，通过手术时得到组织或从细胞库购入患者来源的成纤维细胞等。

然而，利用疾病特异性 iPSC 来再现疾病，仍存在待解决的问题。最早报告的疾病特异性 iPSC 是关于肌萎缩侧索硬化，提供细胞的患者呈现症状减轻的趋势，促使患者来源的 iPSC 向运动性神经分化，与健康人来源的 iPSC 相比较，未观察到显著差异，因此试管内未实现疾病再现。此外，还有用脊髓性肌萎缩患者来源的 iPSC 进行疾病再现的报道，在患者来源的 iPSC 制作而成的运动性神经元中观察到有细胞的程序性死亡，并可以通过给予确认有效的化合物而得到改善。因此，即便是由患者来的细胞也不能轻易地实现疾病再现。iPSC 先返回到与受精卵相近的未成熟状态，再为模拟疾病状态而向目标细胞分化，此过程中时间和刺激等都可能给细胞带来二次负荷，这些是疾病再现失败的原因所在。但无论怎样，iPSC 都是今后分析疾病的理想工具之一。

在医疗行为中使用的细胞应该是经过最严格检查的细胞，所以流程应该标准化。对原材料、制作工序、产品性质等都应该进行详细的检查和评价。iPSC 是从生命体中提取出来的材料，它的制作过程也是人为的。但由于目前在分子结构重排方面仍有很多谜团，没有达到可以人为自由操控的程度。现在，无数科学家在推动着 iPSC 研究的进展，期待开创一条具有高度可信赖性和安全性的医疗应用之路，为大众造福。

第七节 干细胞的诱导分化研究

一、多能干细胞分化研究的意义

干细胞作为与组织和器官的发育、再生、修复等密切相关的细胞，有着自我更新能力和分化成各种细胞的分化能力。此外，干细胞在医疗方面也是一种重要的细胞。通过干细胞移植重新形成新生细胞，用以替代受损组织的细胞，进而治疗难治性疾病，是非常值得期待的方法。这种能够修复组织结构的干细胞或者未成熟前体细胞，有很高的临床应用价值。虽然对于这点已经有了充分的认识，但实际上，除一部分干细胞外，大多数成体干细胞并没有实现治疗的实用化。同时将大多数干细胞或者前体细胞从组织中分离出来时，对于患者来说通常伴有一定的伤害，因此并不是一件简单的事情。另外，有很多细胞可分离的数量很少，不能保证足够的治疗剂量。因此，当务之急是开发出能够在试管内培养细胞的增殖技术，并且可以维持其机能。但是到目前分止，成功的例子还很少，仍在探索之中。

另外，ESC 等多能干细胞，具有分化成各种组织的能力（多能性），同时也是一种可以在试管中进行增殖的细胞，增殖的同时还能够维持其多能性。因此，有研究通过诱导 ESC 形成各种成体干细胞或者未成熟前体细胞的方法，用以解决成体干细胞供给不足的问题。迄今为止，有成功诱导 ESC 分化而不是基因操作来生成神经干细胞或间充质干细胞等干细胞的例子。但是，在应用人的 ESC 时，获取患者本人的 ESC 时需要采用未受精卵克隆技术，而且破坏人体胚胎的操作必不可少，因此存在伦理方面的问题，研究并非易事。在这种情况下，开发出了一种技术，能够诱导小鼠或者人体的体细胞生成一种拥有与 ESC 分化能力极其相似的诱导多能干细胞（induced pluripotent stem cell，iPSC）。如果这项技术得到应用的话，就可以在不损害患者体细胞的同时，得到类似于 ESCs 的多能干细胞，并且也不涉及未受精卵和胚胎，不存在伦理方面的问题。因此，这种细胞作为代替 ESCs 用于治疗的细胞来源，很值得期待。如果要测定诱导 iPSC 所必需的分子，就必须进行 ESCs 的研究。确定 ESCs 内原始活性因子存在之后，就可以进行原始活性因子的测定。从这项研究结果可知，根据 ESCs 研究而来的成果不仅能用于 ESCs 部分，还能广泛地应用于干细胞的研究之中。所有对于 ESCs 研究的已知研究结果，都可以对 iPSC 的再生医疗研究起到指导作用。今后如果能够很好地运用成体干细胞、ESCs 和 iPSC 这三种细胞，就能更好地推进干细胞再生医学的应用研究。

二、多能干细胞分化应考虑的因素

首先讨论一下关于多能性干细胞试管内分化研究的争论之处。多能干细胞在试管内进行分化时，最重要的问题就是识别和测定细胞的种类和性质。特别是在研究未成熟的胚层样细胞时，仅靠显微镜来识别其形态是很困难的。想要更清楚地观察，必须在固定的组织上进行详细的研究。依靠这种手段进行细胞分析，尤其是细胞走向的分析是不可能实现的。而且，在个体发育的研究中，一般情况下都是通过组织中细胞的位置来确定细胞的系列或种类，但在试管内 ESCs 分化后的细胞就不能通过位置来确定细胞的种类。因此，需要用到与发生学研究方法不同的确定细胞的方法。

考虑到以上几点，在思考什么样的方法比较合适时，有较高利用价值的就是在确定血细胞时用到的使细胞表面特异的标记可视化的方法。但遗憾的是，对于干细胞早期分化过程中出现的胚层样细胞表面特异标记的可视化技术开发较晚，而且可以利用的标记也很有限。这也是妨碍多能干细胞分化研究的一个重要的因素。

另外，为了开发建立有效诱导目标细胞的方法，也常常进行只关注是否出现目标细胞的研究。但是，在试管内进行分化时，有各种各样因素的存在，这些因素通过各种方式影响着目标细胞的分化。在这种状态下，即使确定了诱导条件，也很难提高这个条件的稳定性和再现性。因此，有很顺利进行的情况，也有完全不出现目标细胞的情况。解决这个问题的方法就是构造出一个能监视分化过程的系统，也就是说在明确目标细胞分化路径的前提下，能够正确地把握在这个过程中某个中间阶段的细胞诱导状态。用这种方法可以监视分化过程中的关键诱导状态。

总结以上几点，对于合适的诱导条件，重要的是在明确目标细胞分化路径的同时，能够识别和监视中间阶段的细胞表面标记。ESC 化诱导形成的胚层细胞作为从多能干细胞中最早出现的细胞群，在明确其分化路径的同时，它的可视化及诱导条件的确立十分重要。

为了控制向目标细胞的分化，用怎样的培养系统来进行诱导是一个重要的因素。现在，有三种较常用的多能干细胞试管内分化诱导的方法：①形成细胞群进行分化诱导的类胚体（embryoid body）形成法；②与饲养细胞一起培养的共培养方法；③单层培养方法。以上三种方法分别有其各自特点。

（1）*类胚体形成法*　是一种能尽可能真实地再现发生现象的方法。这种方法适用于使目标细胞出现，但是如果要大量地诱导生成某个系列的细胞时，容易出现各种各样的细胞而并不适用。

（2）*与饲养细胞一起培养的共培养方法*　该法虽然能较简单地达成获取目标细胞的目的，但是培养过程复杂，而且诱导的效率会被培养细胞的状态所左右，因此其再现性不好。而且一旦确定过程之后，在简化培养系统时就不容易实现。

（3）*单层培养方法*　该法对于大量地诱导生成某个系列的细胞来说是很适用的，但是诱导形成新的细胞时则较为困难。

如上所述，每个方法都有其优缺点，因此根据目的来灵活运用这几种方法。总之，在临床应用的时候，最重要的就是要尽可能地简化分化系统（避免形成类胚体或者与其他的细胞共同培养），并且只用明确化学性质的物质（不用血清）来进行分化诱导，从而确定其发生条件。

三、关于 iPSC 的研究

在 ESCs 的分化诱导中获得的知识，能够运用到上述的与 ESCs 特征非常相似的 iPSC 的研究中，并且可以在未来再生医学的临床研究中进行进一步的研究。同时，在 ESCs 中得到的知识不仅限于将 iPSC 作为再生医学细胞的来源，也可以用来分析从患者中提取的 iPSC。

以正常 ESCs 的诱导分化方法作为标准，从患者中提取的 iPSC 的诱导结果，如果有与其不同的地方，就可能与疾病的病因和症状有关。并且，像这样确立的诱导方法将来有可能应用到治疗疾病药物的开发和筛选系统中。将研究 ESCs 获得的知识广泛地应用到医学研究中，是再生医学研究的一个重要方向。

第八节　干细胞的应用与前景

一、干细胞研究的应用

干细胞的用途非常广泛，涉及多个医学领域。科研工作者已经可以在体外鉴别、分离、纯化、扩增和培养多种干细胞，并以干细胞为“种子”培育出各种组织器官。从科学的角度看，掌握干细胞分化发育的规律，使其能按照人们的需求发育成各种组织器官，解决紧缺的组织和器官移植的来源问题，用以治疗目前还难以治愈的早老性痴呆、帕金森病、糖尿病、白血病等疾病是干细胞治疗未来的主要发展方向，而且干细胞及相关的组织工程研究已成为当前转化医学最前沿的研究领域之一，与干细胞相关的疾病治疗方法也得到了很大的发展。在干细胞临床应用研究、体细胞遗传学、现代基因组学、RNA 组学及蛋白质组学的发展和带动下，干细胞势必可以为生物学和医学研究创造很多机会并发挥重要作用。

（一）干细胞移植研究

就目前而言，对于许多缩短生命的疾病，虽然没有十分有效的治疗方法，但是可以通过一些代替自然发育过程的医疗方法予以缓解。例如，在弱化免疫反应的基础上，可以将一个人的器官和组织移植给另一个人，取代患病的器官。尽管移植科学已十分成熟，但由于捐献器官的短缺与伦理道德的限制，单纯以器官移植来挽救更多生命越发显得不可能。因此，干细胞及其衍生组织器官在临床上的广泛应用必将引发一次重大的医学革命，产生一种全新的治疗技术，即再造正常的甚至更年轻的组织和器官，使任何人能用上自己的或他人的干细胞衍生的新组织器官，来替代病变或者衰老的组织器官，从而达到治疗的目的。就现阶段而言，使用干细胞替换治疗神经疾患是研究的主要焦点。脊髓损伤、帕金森病和阿尔茨海默病（AD）的治疗都可在脑或脊髓中用干细胞代替损坏或者无功能细胞。

（二）基础研究应用

干细胞在基础科学和人类健康方面有重要的指示作用，最基本的就是可以帮助我们理解人类发育过程中的复杂事件，可以更为直观地了解生物个体中细胞的分化过程，如癌症和先天缺陷就是因异常的细胞分化所导致的。如果能更好地了解正常细胞的分化发育过程，就能更深刻地理解其中发育错误的本质，了解这些致死疾病的成因。不仅如此，通过对干细胞尤其是胚胎干细胞的研究可以帮助我们理解胚胎发育的基本过程，在未来的某一天也许能够解释胎儿畸形的原因并予以预防。另一个与发育生物学和干细胞生物学研究相关的重要研究领域是了解胎儿发育期间起主要作用的基因和营养分子，借此培养实验室条件下的干细胞，诱导其定向发育成为目的细胞。近年来，世界各国均在干细胞的基础研发及应用领域加大投入，欧美等国制订了干细胞研究和新药研发计划，中国也制订了国家中长期科学和技术发展规划纲要。根据该纲要，2006～2020 年中国重点研究了干细胞增殖、分化和调控，生殖细胞发生、成熟与受精，人体生殖功能的衰退与退行性病变的机制，辅助生殖与干细胞技术的安全和伦理等。

（1）新药的研发和筛选　干细胞提供了新药的药理、药效、毒理及药代等细胞水平的研究手段和生物学模型，目前上述实验使用的细胞系多来自其他种属的细胞系，很多时候并不能真正代表正常人体细胞对药物的反应。利用干细胞技术，无疑会加快新药发现、筛选和开发，大大减少了药物实验所需动物的数量。同时，干细胞还可以用来帮助寻找有效和持久的治疗方法和药物。

（2）基因治疗的载体　干细胞是基因治疗较理想的靶细胞。干细胞可以自我复制更新，可将治疗基因通过它带入人体持久地发挥作用，而不必担心像分化的细胞那样，在细胞更新中可能会丢失治疗基因。还可以对干细胞基因做某些特定的修饰，以达到特殊的治疗效果，矫正缺陷基因。

（三）治疗转移系统

目前的药物治疗都是对症治疗，治标不治本，而以干细胞为主的细胞治疗则能够在根本上治疗疾病，是一种治本的措施。另外，现今干细胞临床研究正处在一个飞速发展的阶段，众多有识之士一致认为在干细胞治疗领域采用转化医学的模式，将临床与科研紧密结合，能更好地促进研究成果的转化。例如，美国食品药品监督管理局（FDA）批准的干细胞临床试验主要以成体干细胞为细胞来源，试验方向主要是急性移植物抗宿主病（GVHD）、自身免疫性疾病及急性损伤等方面。

（四）药物筛选模型的建立与评价体系建立

干细胞研究使更多类型的细胞实验成为可能，将大大改进药品研制和安全性实验的方法。例如，新的药物治疗方法可以先用人类细胞系进行实验，以确定其安全性再考虑进一步的临床应用。虽然这些实验不可能取代动物和人体实验，但这会使新药研发的过程更为有效，只有当细胞系实验表明药物是安全且有效时，才可以在实验室进行动物和人体实验。因此，干细胞提供了新药的药理、药效、毒理及药物代谢等细胞水平的研究手段，大大减少了药物实验所需动物的数量，并且还可以用来研究人类疾病发生的机制和发展过程，以便找到持久有效的治疗方法。

（五）干细胞在动物育种中的应用

（1）胚胎干细胞　1986 年，英国科学家 Steen Willadsen 成功地获得了第一例核移植哺乳动物——绵羊。这是人类第一次获得核移植哺乳动物，说明核移植操作在哺乳动物中是切实可行的。尽管他们用早期胚胎细胞作为核供体，但是为哺乳动物体细胞核移植提供了实验依据。2011 年，George 等使用来自成年水牛克隆囊胚的胚胎干细胞样细胞（ES）进行核移植，解析其遗传修饰，并成功获得克隆牛。

（2）精原干细胞　产生基因组编辑动物的另一种方法是使用精原干细胞（SSC）。SSC 是未分化 A 型精原细胞的一个亚群，是一种单能干细胞，位于生精小管基底膜，可进行自我更新或分化形成精子。因此，SSC 是后代的遗传基础。当含有 SSC 的细胞群被移植到受体睾丸时，SSC 建立了供体来源的精子发生，使它们成为基因改造的理想目标。为了扩大对非啮齿动物物种的研究，Honaramooz 等首次报告了腺病毒介导的山羊生殖细胞转导，也是通过生殖细胞移植在大家畜中进行转基因的第一份报告。目前 SSC 操作最有前景的应用是转基因农场动物的产生，尤其是在猪上，通过移植基因改变的 SSC 对牲畜进行基因改造，为生物医学研究提供越来越多的价值。

二、干细胞研究面临的问题

随着干细胞治疗的疾病种类不断增加，众多受死亡威胁的患者得到了新生，并促进了医学事业的进步，但是关于干细胞的研究还有很多基础研究方面、临床应用方面及伦理道德方面的问题尚待解决。

（一）基础研究方面

是什么机制决定了胚胎干细胞（ESC）和胚胎生殖细胞（EGC）维持不分化状态？控制干细胞分化的内部机制是什么？干细胞沿着特别的路径定向分化形成一种特化细胞的内部调控机制是什么？这种内部机制如何在微环境的影响下转变？干细胞通常位于什么地方？什么是相对重要的细胞和分子的信号？仅使用成体干细胞就能满足所有治疗需求了吗？有多少种干细胞能在短期内产生并可以用于治疗？高等生物，特别是哺乳动物，它们是从一个受精卵发育成一个完整的个体的。在这个过程中，细胞要经过很多次分裂，并发生分化，形成各种各样的器官和组织。那么，在这个过程中是什么样的机制使得一个小小的细胞能够准确无误地形成这样复杂的个体呢？

（二）临床应用方面

干细胞在再生医学中的作用机制是什么？干细胞治疗是否会增加肿瘤发生的风险？如何掌握各种疾病适应证在临床上的应用？干细胞产品怎样标准化？此外，干细胞的移植时机、移植途径、移植频率等各种问题都必须进行深入研究。规范化的管理是目前我国干细胞临床研究亟待解决的问题，也是干细胞事业在我国健康发展的重要保证，完善我国的干细胞治疗监管和准入体系迫在眉睫。

1. 干细胞的来源或状态是否是影响临床疗效的重要因素？

鉴于疾病或康复治疗大部分情况是针对特定组织器官的损伤修复，而各个组织器官都存在其组织特异性干/祖细胞。因此，理论上讲，不同的组织器官损伤选用不同组织来源的干细胞会具有更好的效果。但受到取材或技术限制，目前还不能做到这一点。间充质干细胞是一类特殊的干细胞，几乎可以从所有组织如脐带、胎盘、脂肪、骨髓、乳牙、经血等中分离获得，并且可以在体外培养和大量扩增，因此可以看作一类通用型干细胞。人体的组织器官均主要由实质细胞和间质细胞组成。实质细胞的功能差异决定了组织器官的功能不同，而间质细胞具有普遍性，主要作用是营养和支持实质细胞。从本质上讲，间充质干细胞是间质细胞的母细胞。因此也就不难理解，为什么可以从多种组织中分离得到间充质干细胞。由此推论，另一种通用型的干细胞应该是血管内皮祖细胞。因为几乎所有的组织器官都需要血液的供应，都存在血管内皮细胞。

2. 什么是影响细胞活性的主要因素？

干细胞培养技术的核心是其培养体系，也就是培养基。这也是决定干细胞活性的一个关键因素。如同婴幼儿的奶粉一样，是普通奶粉还是配方奶粉，对婴幼儿的发育和身体健康具有重要作用。培养基对干细胞制品的标准化也起着关键作用。干细胞也有年轻和衰老之分，因此，细胞的代数也是影响干细胞活性的一个重要因素。理论上讲，细胞代数越少，干细胞的活性也越强。但是，在培养干细胞过程中，干细胞有从组织微环境到体外培养环境的一个调整和适应过程，一部分不适应的细胞会被淘汰，所以在前两三代，干细胞的基因组不稳定，可能不宜临床应用，如通过核型分析我们发现，在前三代细胞中，干细胞存在异常核型的比例偏高。就间充质干细胞而言，临床应用的最佳代数应该在4～6代。

3. 选择自体干细胞还是异体干细胞？

从修复角度讲，选用自体干细胞更有优势。具体体现在不存在免疫排斥和更容易适应自体身体环境等。但也存在取材难、患病情况下干细胞数量减少和不容易分离培养等问题。考虑到间充质干细胞的通用性、低免疫原性和免疫调节功能，选用脐带组织来源的异体间充质干细胞也具有现实的意义。除此之外，异体干细胞移植还存在供体细胞和受体组织的整合问题，如神经环路的重建，供体细胞在受体体内是否有功能表达，是否能建立广泛的突触联系等。

4. 细胞输注途径、数量和周期如何确定？

一般来讲，干细胞进入体内有以下5个途径：静脉输注、血管介入、病变部位直接注射、腔室内注射和蛛网膜下腔（腰穿）给药。选用哪种方式，应根据具体情况而定。如果病变部位确切，易于操作，建议病变部位直接注射为好，如糖尿病足的治疗，一般采用局部多点肌内注射，在临床已经确定了很好的治疗效果。对于多组织、多器官功能的修复，如糖尿病或糖尿病伴有并发症的治疗，建议采用静脉输注治疗。对于神经损伤修复治疗，大多数医疗机构的生物治疗中心倾向于将干细胞经腰穿注射到脑脊液中。脑脊液中没有免疫细胞，注射的干细胞不容易被排斥，同时脑脊液的主要功能是营养神经，这样更有利于神经的修复。干细胞使用的数量和周期目前还没有统一的标准，可以参照相关的临床试验或根据情况自己确定并验证。

（三）伦理道德方面

干细胞移植治疗和基因治疗的安全性问题及其所涉及的社会伦理问题和法律问题均受到人们关注。尽管人胚胎干细胞有着巨大的医学应用潜力，但围绕该研究的伦理道德问题也随之出现，人类ESC的研究工作也在全世界范围内引起了很大的争议。这些问题主要包括人胚胎干细胞的来源是否合乎法律及道德规范、应用潜力是否会引起伦理及法律问题。因此，目前许多干细胞转化医学研究工作都是以小鼠ESC为研究对象展开的。出于社会伦理学方面的原因，有些国家甚至明令禁止进行人类ESC研究。近来意大利研究者发现，干细胞移植也会引发严重的甚至是威胁生命的神经并发症。但无论从基础研究角度来讲还是从临床应用方面来看，人类ESC带给人类的益处远远大于在伦理方面可能造成的负面影响，因此全面展开人类ESC研究的呼声也一浪高过一浪。

三、干细胞研究的展望

干细胞与再生医学研究的情况作为衡量一个国家生命科学与医学发展水平的重要指标，理应是国家重大科技的发展方向。近年来，我国干细胞与再生医学领域的研究取得了长足进步，但仍面临着许多挑战与机遇。在未来的研究工作中，研究人员应针对干细胞的调控理论及干细胞治疗的核心机制等制约干细胞与再生医学发展的瓶颈问题进行更加深入、系统的研究，力争在干细胞多能性维持与重编程的分子机制、干细胞与微环境的相互作用、干细胞定向分化与转分化、建立新型且安全的重编程技术及转分化技术，以及建立系统、完善的干细胞临床治疗体系、疗效评价体系等方面取得突破，从而形成安全、有效的干细胞治疗临床应用模式，满足人类社会因创伤、疾病、遗传和衰老产生的对于功能性组织、器官的需求，提高人民的健康水平。

由于干细胞将给人类健康带来巨大的好处，以干细胞为主的生物高新技术研究将是21世纪生物技术研究的重中之重，会对整个生物技术产业产生全局影响，干细胞技术及其产品的开发将成为新的经济增长点，萌生诸多新的技术产业。因此，干细胞是未来生物技术发展与医疗途径改进最大的希望之一。

本章小结

本章介绍了干细胞的概念与分类、主要生理特征及遗传特性，干细胞的基础研究、诱导多能干细胞、干细胞的诱导分化研究、干细胞的应用与前景等。根据最新研究成果，阐述了干细胞的基础知识与应用前景；归纳了干细胞体外遗传特性及调控网络；概述了干细胞诱导分化的机制。干细胞是一类具有自我更新和分化潜能的细胞，即具有复制能力，能分化成各种功能细胞的早期未分化细胞。干细胞的分类根据分化潜能可分为全能干细胞、亚全能干细胞、多能干细胞和单能干细胞；根据来源可分为胚胎干细胞、核移植胚胎干细胞、诱导多能干细胞、成体干细胞和肿瘤干细胞；根据干细胞所处的发育阶段可分为胚胎干细胞和成体干细胞。干细胞的自我更新能力是通过不对称分裂和对称分裂这两种形式实现的。胚胎干细胞可以在体外无限期分裂，同时可以保持生成成年生物的所有细胞类型的能力，这都是基因调控的结果。体细胞经处理重编程成为诱导多能干细胞（iPSC）。干细胞的增殖、分化及调控机制是当前研究的热点之一。随着人胚胎干细胞的培养建系，成体干细胞跨胚层和谱系分化的发现，开创了干细胞科学的新时代，如今无论在基础理论研究方面还是在临床医学应用乃至商业服务方面，干细胞都是未来的生物技术发展领域之一。

思考题

1. 简述干细胞的定义与分类及其基本主要生理特征。
2. 简述干细胞的遗传特性。
3. 简述干细胞分化的特征及其意义。
4. 阐述干细胞的基础研究现状。
5. 简述干细胞微环境的概念和组成。
6. 试述iPSC技术的概念和发展及其分化研究现状。
7. 干细胞是如何进行诱导分化的？
8. 论述干细胞应用前景及其存在的问题和可能的解决方案。

编者：潘传英

主要参考文献

de Laval B，Maurizio J，Kandalla P K，et al. 2020. C/EBP β-dependent epigenetic memory induces trained immunity in hematopoietic stem cells[J]. Cell Stem Cell，26（5）：657-674.

George A，Sharma R，Singh K P，et al. 2011. Production of cloned and transgenic embryos using buffalo（Bubalus bubalis）embryonic stem cell-like cells isolated from in vitro fertilized and cloned blastocysts[J]. Cell Reprogram，13（3）：263-272.

Johnnidis J B，Harris M H，Wheeler R T，et al. 2008. Regulation of progenitor cell proliferation and granulocyte function by microRNA-223[J]. Nature，451（7182）：1125-1129.

Kerenyi M A，Shao Z，Hsu Y J，et al. 2013. Histone demethylase Lsd1 represses hematopoietic stem and progenitor cell signatures during blood cell maturation[J]. Elife，2：e00633.

Raghuwanshi S，Dahariya S，Kandi R，et al. 2018. Epigenetic mechanisms：role in hematopoietic stem cell lineage commitment and differentiation[J]. Curr Drug Targets，19（14）：1683-1695.

Rice J C，Allis C D. 2001. Histone methylation versus histone acetylation：new insights into epigenetic regulation[J]. Curr Opin Cell Biol，13（3）：263-273.

Wagers A J，Sherwood R I，Christensen J L，et al. 2002. Little evidence for developmental plasticity of adult hematopoietic stem cells[J]. Science，297（5590）：2256-2259.

第十四章　核移植与动物克隆技术

第一节　细胞核移植的概念

所谓“细胞核移植”就是将一个细胞的细胞核替换为另一个细胞中的细胞核，以便研究核质间的互作。将分化的体细胞或具有全能性的卵裂球细胞核移植到去核的卵母细胞内，可以获得后代个体。

“克隆”（clone）一词来源于希腊语，是指无性繁殖，但在生物学上却有三个方面的含义。①在分子水平上，克隆是指DNA克隆（又被称为分子克隆）。主要是指将某一段DNA片段通过聚合酶链式反应（polymerase chain reaction，PCR）扩增，或通过DNA重组技术将这段DNA片段插入载体（如质粒或病毒基因组等）中，进而在宿主细胞内大量增殖，从而获得大量相同的该DNA分子。②在细胞水平上，克隆是指由一个祖先细胞分裂而成的一个遗传背景完全相同的细胞群体。③在个体水平上，克隆是指基因型完全相同的两个或多个个体组成的群体。包括了同卵双生或多生个体、胚胎分割所获得的个体和由胚胎细胞或体细胞核移植所获得的个体。

本章所述克隆主要是指由核移植技术所获得的动物个体。核移植技术是指利用物理学、化学和生物学等方法将供体细胞核移植到去掉细胞核的卵母细胞中，从而得到重构胚胎（又被称为核移植胚胎）的过程。由于每次可同时获得大量的来源于相同类型细胞核的核移植胚胎，因此核移植胚胎又被称为克隆胚胎。

一、核移植技术的发展历程

两栖动物的卵母细胞较大，易于体外培养和人工操作，成了人们早期通过核移植技术研究细胞核和细胞质互作的最佳模式动物。1952年Robert Briggs和Thomas King建立了以北美豹蛙囊胚卵裂球为核供体的核移植技术。1958年，John Gurdon利用非洲爪蟾晚期胚胎来源、未完全分化的体细胞核进行核移植，成功获得了数只爪蟾后代。1962年，Gurdon首次以爪蟾幼体中完全分化的小肠上皮细胞为核供体克隆出爪蟾，但效率很低（约1.4%，10/726），充分证明了分化的细胞核不仅表达分化的遗传信息，同时还包含发育成一个完整个体所需要的全部遗传物质。非洲爪蟾是有记载以来第一例体细胞核移植动物，打开了体细胞重编程领域的大门，John Gurdon与体细胞重编程领域的另一位开拓者Shinya Yamanaka共同分享了2012年的诺贝尔生理学或医学奖。

哺乳动物的卵母细胞较小，培养难度大，在显微操作技术尚未成熟之前，人们尝试了利用病毒介导的胚胎与细胞融合技术进行核移植研究。1973年Lin等将体细胞和仙台病毒共同注射到2-8细胞期小鼠胚胎的卵周隙中实现体细胞与卵裂球融合。1975年Bromhall利用显微注射方法对兔子的卵母细胞进行了核移植研究，并首次使得兔子的克隆胚胎发育到桑葚胚阶段，为核移植技术在哺乳动物中的广泛应用奠定了重要基础。1996年，英国爱丁堡罗斯林研究所维尔穆特（Wilmut）领导的一个科研小组通过体细胞核移植获得了克隆羊“多莉”，从此震惊了世界。

二、核移植的基本原理

干细胞具有能分化成其他类型细胞的能力。分化相对不可逆性，但在特定的条件下，细胞可能去分化。转分化是指一种类型的分化细胞通过基因选择性表达（或基因的重编程）使其在结构和功能上转变成另一种分化细胞的过程。细胞编程与重编程是生命个体形成的基础，由体细胞向全能细胞的转变称为体细胞重编程。体细胞克隆是将完全分化的体细胞重新编程为具有发育成完整个体的全能性细胞。卵母细胞中含有促进细胞重编程物质，能更充分地让一个体细胞恢复到能够发育成一个完整个体的状态。

虽然核移植技术的发展较快，目前也存在着许多不足，如克隆效率低、动物出生后死亡、畸形比例高等。基因重编程的机制尚不完全清楚，基因印记对核移植重编程的影响也不清楚。其中供体细胞 DNA 甲基化和组蛋白修饰的不完全重编程被认为是造成效率低的重要原因。结合单细胞/微量细胞测序技术，绘制不同发育命运胚胎细胞的基因表达图谱，找出体细胞核移植胚胎表观重编程的障碍是一种有效的途径。

核移植技术在畜牧业与医药卫生领域拥有着广泛的应用前景。克隆技术可以用于器官移植，也可以进行物种改良；克隆技术与基因修饰技术结合，可大批量复制含有产生药物原料的动物。治疗性克隆是利用核移植技术将患者的体细胞核移植到去核的卵母细胞中，重编程后发育成囊胚，获得克隆囊胚的内细胞团（ICM）分离出多能胚胎干细胞（ESC），再定向诱导其分化成患者所需要的体细胞进行移植，以取代和修复患者已丧失功能的细胞、组织或器官。要实现体细胞重编程，还可以向体细胞内导入特定的转录因子，该技术不仅避免了核移植的伦理争论，还使人们对细胞治疗及再生医学充满期待。

第二节　胚胎克隆技术

胚胎克隆又称胚胎细胞核移植，它利用早期在子宫未附着的胚胎细胞，解离成单个卵裂球，然后将这些未分化的卵裂球细胞与去核的卵母细胞进行融合和激活，构建重组胚胎并移植给受体，发育产生与供体胚胎基因型基本一致后代的繁殖体系（图 14-1）。

虽然通过胚胎分割或胚胎卵裂球分离的单个卵裂球可按照原先的程序继续发育成单独的囊胚，但分离的卵裂球形成的囊胚比正常囊胚细胞数量少且存活率低，一般只能产生 2～4 个相同基因型的动物，应用存在局限性。胚胎克隆最早期起始于 19 世纪 30～40 年代，由于没有先进的实验仪器，Spemann 利用头发丝勒住蝾螈受精卵，使细胞核定位于其中一侧，另一侧只有细胞质，随着胚胎的发育，只有核一侧分裂，在 16 细胞时期解开头发丝可使细胞核流入只有细胞质的一侧，重新启动卵裂和发育。1952 年，Briggs 和 King 沿用 Spemann 胚胎细胞核移植构想，将胚胎分化的单个细胞核通过显微操作注入去核的卵母细胞中可以重编程，首次获得了两栖动物美洲豹蛙胚胎克隆后代，奠定了哺乳动物胚胎克隆基础，同时他们发现使用发育时程越靠后的胚胎细胞进行核移植时，重组胚胎发育潜力越低。随后 Gurdon 等研究结果表明来自两栖动物原肠胚阶段前的组织细胞作为核供体可获得长期发育。在哺乳动物中，Hoppe 等 1981 年通过直接显微注射小鼠囊胚 ICM 的细胞核到去核受精卵中，共出生三只存活后代。1983 年，McGrath 和 Solthe 应用胚胎核移植技术将 4-8 细胞阶段的卵裂球注入 2 细胞阶段的去核小鼠受精卵中获得后代。1986 年英国科学家 Steen Willadsen 通过盲吸法去除绵羊卵母细胞极

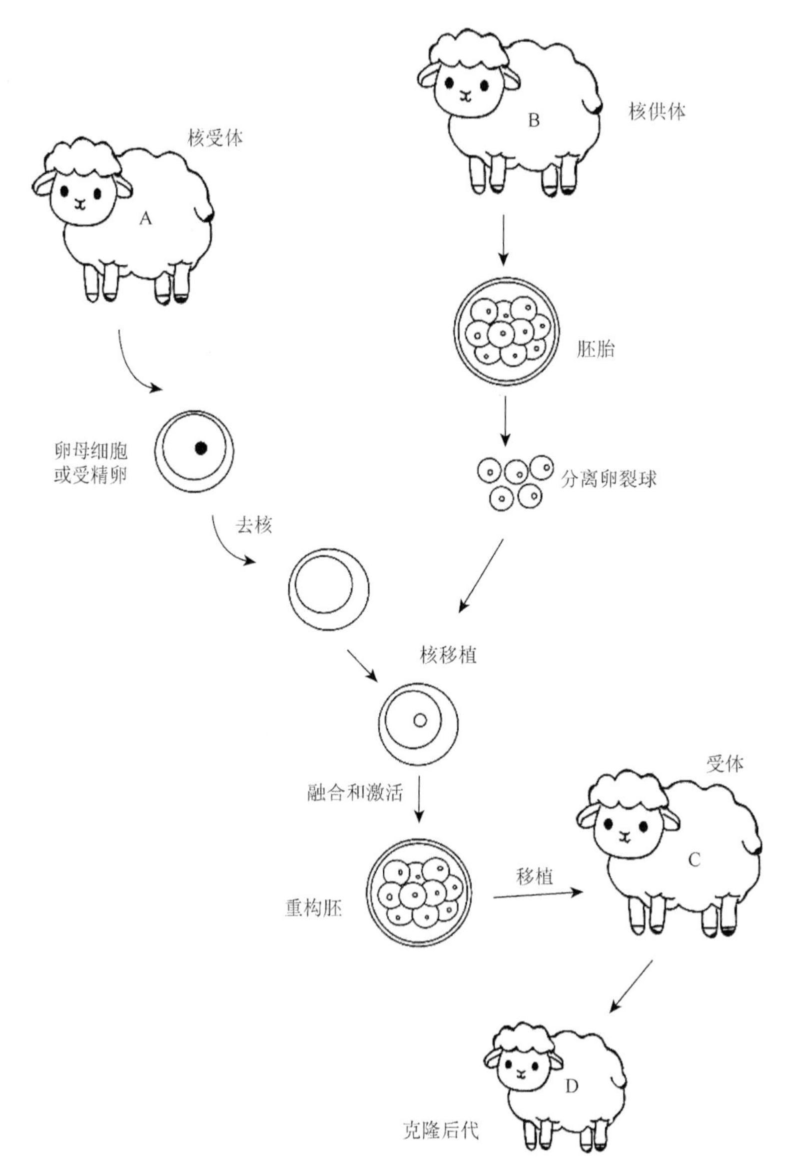

图 14-1　胚胎细胞核移植过程

体及以下近一半的胞质从而达到去核目的，然后将 8-16 细胞时期的卵裂球作为核供体注入卵周隙中，并通过灭活仙台病毒或电刺激诱导融合，首次获得了 3 只核移植羔羊，标志着世界上第一例胚胎克隆家养哺乳动物的诞生。随后，利用二细胞及后期的桑葚及 ICM 阶段的胚胎细胞陆续在牛、兔、猪、猴和山羊上取得胚胎克隆成功。1987 年，Prather 等首次获得胚胎克隆牛后，Bondioli 和 Willadsen 等分别利用 16-64 和 8-64 细胞时期的卵裂球作为核供体，获得重组胚胎，移植均具有较高的妊娠率。另外，牛的冷冻胚胎移植及多次连续克隆极具商业价值，美国多家克隆公司瞄准了克隆牛的巨大市场，纷纷批量制备克隆牛，但胚胎克隆牛的难产、巨胎等一系列问题成为该项技术大规模应用的绊脚石。

Stice 和 Robl 等在 1988 年通过利用 8 细胞时期的兔卵裂球首次获得了胚胎克隆兔，此后 1990～1992 年，Collas 和 Robl 等改进技术，分别实现了 16 细胞到 ICM 阶段的兔卵裂球胚胎克隆，成功率显著提高。猪的胚胎克隆研究较少，1989 年，Prather 等通过取二细胞到桑葚胚不同阶段的卵裂球，分别进行胚胎克隆，但仅 4 细胞时期作为供体胚胎获得的 88 枚重构胚胎经移植后成功诞生一只仔猪。

1997 年，美国俄勒冈国家灵长类动物研究中心利用 4-32 细胞阶段的早期胚胎卵裂球成功克隆出两只恒河猴。该团队通过盲吸去核法抽掉恒河猴成熟卵母细胞第一极体及极体附近 30%左右的胞质从而达成去核目的，注入单个卵裂球后在含有亚胺环己酮（CHX）和细胞松弛素 B（CB）的富钾培养基（KSOM）培养液中激活卵胞质，并进行电融合。此实验也验证了新鲜 MⅡ卵母细胞、老化 MⅡ卵母细胞和受精卵来源的卵胞质对重构胚胎发育的影响：新鲜 MⅡ卵母细胞组有 55%发育到 8-16 细胞时期，显著高于老化 MⅡ组和受精卵组。移植 29 枚新鲜 MⅡ组克隆胚胎后有 3 只受体怀孕，获得世界上首例 2 只胚胎克隆猴。

对于上述物种来说，ICM 胚胎作为核移植中核供体的重构胚可发育到囊胚期，而使用超出囊胚期的细胞会产生更多的胚胎，但其发育会受到限制，胚胎发育到囊胚阶段之后会发生不可逆的分化，导致细胞数量的急剧增加，伴随着细胞核染色质不可逆的修饰发生和细胞周期的变化，如非洲爪蟾细胞周期约 35 min，M 期和 S 期之间没有停顿，缺乏 G_1 和 G_2 期，不发生 RNA 转录合成，当胚胎发育到中胚层时，增加了 G_1 和 G_2 期，M 和 S 期长度不变，延长了细胞周期。核移植后的胚胎，与来自囊胚的细胞核供体相比较，发育后期的细胞核供体胚胎有着更长的细胞周期，需要在更早期发生卵裂，且 G_1 期的细胞在注入活化的去核卵母细胞中并未完全完成 DNA 复制，这种不完全的 DNA 复制会导致子代细胞之间染色体断裂和不平等的遗传，在发育后期这些染色体异常会导致胚胎发育受限，这些发现为建立体细胞核移植奠定了重要基础。

1983 年 McGrath 和 Solter 创立了非穿刺原核移植（PNT）法，该方法的核心和创新之处在于避免了穿透卵膜的程序，通过一个口径大小合适的固定管和尖锐的注射针，吸住卵并抽出卵膜结合的核质体再注入受体细胞核，经热灭活的仙台病毒介导二者融合，随后发展成电融合。胚胎克隆的技术一直沿用着 PNT 的方法，其基本步骤包含卵母细胞去核、胚胎中卵裂球解离、卵裂球卵间隙注射及融合、卵母细胞激活及胚胎移植、卵母细胞胞质成熟与活化，以及供体和受体细胞周期协调的核质互作。

（1）*卵母细胞去核*　目前常用的方法有盲吸法，收集减数第二次分裂的 MⅡ期卵母细胞在含有细胞松弛素的操作液中处理，使卵胞质膜不易破裂且具有伸缩性，用口径合适的固定管吸住卵母细胞，带有斜角尖端的细注射针沿着卵母细胞靠近透明带下第一极体附近进针，吸出第一极体及附近部分胞质。半卵法，利用注射针在透明带上作一切口，利用注射针吸出一半胞质到一个空的透明带中，通过 Ho33342 染料确定没有核的部分，胞质减少的卵母细胞再植入细胞核，并不影响其重编程能力。功能性去核，卵母细胞的细胞核 DNA 可与 Ho33342 特异性结合，紫外激光可激发 Ho33342 并对其标记的细胞核 DNA 造成功能损伤。以上三种去核的方法各有优劣，对于小鼠等物种，其胞质透明，在偏振光的条件下可直接观察到原核，可直接去核。牛猪羊等大动物中，胞质中卵黄核脂肪颗粒等物质存在，胞质颜色深无法肉眼观测到原核，一般采用盲吸去核或与 Ho33342 共染后，在紫外光激发条件下针对性去核。这些方法产生的机械损伤和紫外照射对胞质及重组后期胚胎发育的影响仍有待进一步探究。

（2）*胚胎中卵裂球解离*　将二细胞至囊胚不同阶段的供体胚胎通过 EDTA 解聚后，在 0.5%链蛋白酶作用下软化溶解透明带后，移入胚胎操作液中，口吸管轻轻吹去透明带即可解离出卵裂球。

（3）*卵裂球卵间隙注射及融合*　根据卵裂球大小利用口径合适的注射针直接将卵裂球注

入受体透明带下，随后可利用热灭活的仙台病毒或者电进行融合。1958 年日本学者冈田发现仙台病毒是一种感染病毒，可与细胞膜发生融合反应，细胞膜遭受破坏出现孔道进行融合，可用于触发动物细胞融合效应。随后 80 年代电融合技术出现了，它是一种在甘露醇或蔗糖等物质组成的电解质或非电解质溶液中，两根平行的细铂金丝组成的电极小室中摆好待融合的卵，直流电脉冲诱导下，细胞膜表面的氧化还原电位发生改变，使细胞黏合并在质膜上瞬间穿孔，随后发生质膜封闭的技术，促进形成融合体，一般认为电融合过程会引起卵的钙离子振荡，在融合的同时激活卵母细胞，不同物种的卵母细胞融合率和激活率有较大差异，因此电融合参数差异较大，需要保持合适的脉冲数和脉冲强度及间隔来保证融合效率。仙台病毒对鼠的融合效果良好，但其他物种中效率不高，因此主要采用电融合。除此两种融合方法外，还有一种化学诱导法即通过聚乙二醇（PEG）诱导，但操作步骤多且有毒性，融合效应较差，一般不采用。

（4）*卵母细胞激活及胚胎移植*　卵母细胞主要靠化学激活或物理激活。物理激活包括电击活、机械激活和温度激活等，常用的便是电激活，电激活是卵母细胞在瞬间的高压电场的刺激下，改变细胞膜结构的稳定性，形成可恢复的微小孔洞，并引起胞外钙离子流入，胞内钙离子浓度升高会激活蛋白激酶 C，导致细胞静止因子（CSF）活性消失，细胞周期蛋白 B1（cyclin B1）迅速降解，抑制促成熟因子（MPF）活性，引起胞内一系列信号转导，发生磷酸化修饰，激活与减数分裂相关的蛋白质和酶，卵母细胞激活完成减数第二次分裂并发生皮质反应。在小鼠和兔卵母细胞直接经过直流电脉冲后可直接发育到囊胚，小鼠、兔、牛、猪中单次的直流电脉冲仅诱发一个钙离子瞬间振荡峰，不能像受精一样产生连续的钙离子振荡波，但单次钙离子振荡就可以激活大部分卵母细胞，不同物种的卵母细胞电激活率存在差异。化学激活包含离子或离子载体激活（Ca-A23187）、蛋白质合成抑制剂（放线菌酮，嘌呤霉素）激活或蛋白激酶抑制剂（6-DMAP）激活。目前常见的化学激活是联合使用蛋白质合成抑制剂或蛋白激酶抑制剂激活与其他激活方式，均可获得良好的激活效果；A23187 处理活化卵母细胞，6-DMAP 通过抑制蛋白激酶活性和染色体分离，抑制 MPF 表达水平，促进卵母细胞激活。此外，7%的乙醇可改变卵母细胞膜的稳定性，引起钙离子内流，激发卵母细胞激活信号转导通路。激活后的胚胎手术法移植到发情状态与胚胎发育时辰相匹配的代孕母体输卵管特定部位。

胚胎克隆从诞生到发展，经历了数十年，其本身存在供体胚胎来源数量、胚胎时期、胚胎保存和重克隆等问题，限制了其进一步发展，直到 1996 年体细胞克隆羊“多莉”的诞生，体细胞克隆优势凸显，胚胎克隆迅速失去热度。纵观胚胎克隆的发展历史，它开创了很多体细胞克隆的先河，完善了克隆程序，探索了很多胚胎发育过程中的关键事件，演变出后来胚胎干细胞和多能干细胞的发展。胚胎克隆发展过程中发现了一些影响其进一步发展的因素，如卵母细胞胞质成熟与活化、供体和受体细胞周期协调的核质互作、受体卵母细胞选择特殊发育过渡期出现的不可逆分化等，对后续提高克隆效率有着重要的借鉴意义。

（5）*卵母细胞胞质成熟与活化*　卵母细胞的成熟包括核成熟和胞质成熟。核成熟指的是卵核膜的崩解，染色质凝集成染色体，继而完成第一次成熟分裂，进入第二次分裂，并停滞在分裂Ⅱ期，胞质成熟涉及蛋白质合成的变化、已有的蛋白质转录后修饰和细胞质内细胞器的复位。随着核的成熟，胞质内细胞器离开皮质部向中心迁移，对应皮质颗粒迁移到透明带下特定部位。体内成熟的卵母细胞核成熟和胞质是同步的，而体外成熟是不同步的，体外成熟过程中胞质内细胞器的迁移往往在核成熟之后，卵胞质积累的发育因子如促成熟因子（MPF）等在完全成熟前卵母细胞核已经成熟，对后续启动胚胎卵裂球重编程会造成异常影响。胚胎克隆时电刺激融合虽然也能导致活化并发育，但胞质不成熟的卵母细胞对胚胎克隆的重构胚发育能力可能存在影响。

（6）*供体和受体细胞周期协调的核质互作*　细胞周期有两个明显的时期，M 期（分裂期）和 S 期（DNA 复制期）；分裂间期包含 G_1 期（DNA 复制前期）和 G_2 期（DNA 复制后期）。早期胚胎在基因组表达前主要有 M 期和 S 期。胚胎克隆成功的关键在于协调供体和受体细胞的细胞周期，以避免 DNA 损伤和维持正确的胚胎倍性，早期的胚胎克隆探索阶段，只有 2 细胞阶段的胚胎作为供体才能发育，供体细胞所处的阶段与其表观修饰存在一定关联，分化程度低，抑制性表观修饰水平低，有利于克隆效率的提高。

供体细胞核被受体细胞质重编程，恢复到与合子相同的形态和发育模式。这些变化包括转录的减少或停止、核中蛋白质的变化、染色质结构、核仁形态和阶段特异性的蛋白质合成。对兔核供体细胞的同步实验表明，对于重构胚，细胞核在 G_1 期被化学阻滞比在 S 期阻滞有更高的发育潜能。在 S 期或 G_2 期细胞核重构胚胎中的染色体损伤和非整倍体的发生率已被证明依赖于受体细胞质的成熟/减数分裂/有丝分裂促成熟因子（MPF）活性的水平。绵羊胚胎细胞系、胎儿，甚至成体来源都被报道为成功的核供体，在血清饥饿后诱导静止并迫使细胞进入 G_0 状态。从这个阶段开始，二倍体细胞可以根据外界因素的影响重新进入细胞周期，从而在转移到受体细胞质后允许细胞核重编程。这可能支持被报道静止细胞的一些变化，包括转录水平降低、大多数 mRNA 种类的破坏、多核糖体的变化及核染色质的凝结。后者可能更容易被卵母细胞的细胞质修饰，以促进基因表达的重编程。

影响核重编程的另一个因素是受体卵母细胞所处的阶段，受体的卵母细胞一般选择未受精的 MⅡ期去核卵母细胞。MⅡ期卵母细胞 MPF 累积水平高，细胞核首先发生核膜破裂和早熟染色质凝集（PCC）。当供体细胞核处于 S 期时，PCC 后细胞核染色体粉末状，染色质发生断裂，造成染色体异常，不利于胚胎发育，当供体细胞核处于 G_2 和 G_1 期时，PCC 后染色体形态完整，有利于胚胎分裂，但 G_2 期细胞核 DNA 完成复制，会产生四倍体状态。而使用去核的激活 MⅡ期卵母细胞，由于激活后 MPF 水平降低，克隆胚胎细胞核不会出现 PCC 反应异常，不会出现 S 期细胞核染色体异常，在绵羊中，受者卵母细胞在融合前的激活及 MPF 水平的降低，证明会产生一个“万能受体”，能够支持细胞核在细胞周期任何阶段的发育。此外，MPF 已被证明在核重塑方面发挥正向的作用，特别是当分化的细胞作为核供体时。体外成熟 16～24 h 的卵母细胞完成去核，可支持成年牛、羊、猪、猴和大鼠皮肤成纤维细胞（血清饥饿培养）核移植的胚胎发育到桑葚胚和囊胚（27%～58%），揭示了保守的核重编程的机制。不同物种克隆效率不同的潜在原因包括肚胎基因组激活时间的不同，小鼠在二细胞期、猪在四细胞期、羊和牛激活发生在八细胞期。胚胎基因组激活的时间可能会影响核重编程，进而影响克隆到后代的发育。重构胚胎的发育被认为是受体细胞质和供体染色质之间的相互作用，核移植的基础研究将继续增加我们对基因组激活和细胞周期同步如何影响核重编程和克隆效率的理解。

在畜牧业生产中，优良品种的牛、猪、羊等育种一直是畜牧业经济价值的核心，通过连续的自然选育和分子育种，畜牧工作者培育了一大批优良生产性能的畜禽品种，可以极大程度地提高产肉、产奶、抗病等性状，此外良种品系会随着配种杂交而不稳定和退化，后代性状的稳定需要长期不停地选育配种及引种，中国每年动物引种费用数以亿计。选择性遗传育种改良进展的速度受到代次间隔时间和繁殖效率的限制。最初，胚胎克隆是为了扩繁更多优良基因的农业动物个体，通过克隆可以获得基因型一致的动物群体，标准理想化的统一集约化规模饲养可以最大程度发挥其遗传潜力，降低养殖规模节约饲料的同时，还能保证生产效益，保护生态环境的稳态。

体外受精和体外胚胎培养等技术，可以有效地收集优良种畜的胚胎作为核移植的供体，通过卵裂球核移植，一枚供体胚胎可以复制成多个优良供体胚胎，极大扩展了优良种畜的群体扩繁及商业化应用，具有巨大的经济价值，掀起了动物克隆研究热潮。早在 20 世纪 80 年代末 90 年代初，很多国家开始转化胚胎克隆到商业化生产应用中，美国格雷纳德生物技术公司早在 1986～1992 年已获得 700 多头胚胎克隆牛，最多一次从一个胚胎获得 7 头核移植犊牛，其他公司也不甘落后，每年妊娠的克隆牛都有上百头；同时搭配牛的性别鉴定技术、胚胎冷冻技术，可以按人们的预期进行优良胚胎培育及跨时空限制的移植，为胚胎工厂的建立创造了先驱条件。然而，利用植入前胚胎的细胞作为核供体，胚胎克隆的潜力受到每个胚胎细胞数量的限制，通过重新克隆胚胎用作胚胎克隆核供体以产生多代犊牛被证明是困难的。除整体克隆效率低之外，胚胎克隆的动物出生体重增加、新生胎牛畸形和生存能力普遍较差也是主要存在的问题。这些问题在一定程度上可能与使用的胚胎培养系统有关，大量体外生产的胚胎诞生的犊牛或羔羊中均存在相关变化。此外对基因表达特别是印记基因的表观遗传调控的研究，有助于揭示胚胎操作和培养系统影响后代表型的机制，这些机制问题的解决有助于克隆技术在农业中的广泛应用。

第三节　动物体细胞克隆技术

一、体细胞克隆的概念和研究历史

体细胞克隆，即体细胞核移植（somatic-cell nuclear transfer，SCNT），是指将体细胞的核移入去核卵母细胞中，使其发生重编程并发育为新的胚胎、妊娠产仔，产生与供体细胞具有相同基因型后代的一种无性繁殖技术。哺乳动物克隆始于 20 世纪 70 年代中后期，Derek Bromhal 通过显微注射将桑葚胚核转移至兔卵母细胞中，由灭活的 HVJ 病毒介导融合成重构胚。由于当时没有移除受体卵母细胞的细胞核，因此，所形成的三倍体或四倍体胚胎未能发育成个体。1981 年，研究人员将内细胞团的细胞核转移至去核的受精卵中发现小鼠存活，而滋养外胚层细胞核的转移则无法支持发育，但这些结果无法被他人重复。1996 年，维尔穆特（Wilmut）领导的科研小组克隆的“多莉”羊诞生，第一次展示了体细胞克隆技术，引起公众和科学界的关注。“多莉”是用一只 6 岁绵羊的乳腺细胞与去除了纺锤体和赤道板的减数第二次分裂中期停止的卵母细胞杂交产生的，是第一只成功使用成年供体体细胞繁殖的哺乳动物，并发现去核卵母细胞是比受精卵更好的受体。这些发现对后续牛、山羊、猪、兔、小鼠及灵长类动物克隆研究产生巨大影响。

1999 年，第一只体细胞克隆山羊出生。供体细胞来源于转基因山羊胎儿，与 MⅡ期卵母细胞质融合成重构胚。有研究将牛卵母细胞用于羊、猪、猴和大鼠成纤维细胞的种间移植，牛卵母细胞质确实支持体外发育，但无法成功妊娠。随着供体和受体物种之间分类距离的增加，体细胞被重新编程的能力降低，囊胚产量减少。最近研究发现，来自家养物种的去核卵母细胞，如果在系统发育上与捐献细胞核的野生物种相近，可增加体细胞克隆成功率，如家养绵羊的细胞质能够重新编程野生盘羊的成纤维细胞核。

最初发现，分化的供体细胞只有在核移植前处于 G_0 期才能成功重新编程。但随后 Cibeli 等（1998）报道，使用 G_1 期供体细胞，仍然获得活的后代，第一头转基因牛成功诞生。这一发现表明供体细胞处于 G_0 期不是细胞核重编程所必需的。进一步研究发现，对于非转基因成纤维细胞，血清饥饿使细胞进入 G_0 期会导致足月存活率显著高于 G_1 期，然而对于转基因成纤维细胞，选择 G_1 期的细胞表现出比 G_0 期细胞更高的出生率和存活率。这表明，可能有必要协调供体细胞类型和细胞周期阶段，才能最大限度地提高总体克隆效率。另外，在体细胞克隆中使用体外成熟卵母细胞和体内成熟卵母细胞作为受体的比较研究发现，虽然体内成熟卵母细胞有着更高的发育率，但在活体动物资源有限的情况下，体外成熟卵母细胞（屠宰场卵巢回收）也是一个可行的选择。体外成熟卵母细胞作为受体的成功，不仅降低了此类实验的经济成本，而且减少了用于实验的活体动物数量，使研究人员能够启动大量有价值的体外研究。

体细胞克隆动物，端粒长度往往发生变化。端粒由真核细胞染色体末端的重复 DNA 序列组成，随着细胞每次分裂而缩短，是细胞年龄和衰老的指示器。研究发现，与年龄相当的绵羊相比，克隆羊的端粒明显更短，这意味着克隆动物的遗传年龄比表型年龄更老。因此，供体细胞核在体细胞克隆之后完全重新编程似乎是不正确的。随后研究发现，克隆动物端粒缩短似乎在不同组织中有所不同，供体细胞来源于一头 10 岁公牛体细胞，所克隆出小牛的耳部细胞的端粒长度与原始公牛相似，而白细胞的端粒长度与小牛的年龄匹配，这与对绵羊的研究结果不同。因此推测，除在羊和牛之间的端粒研究中发现的物种特异性差异外，供体细胞的状态，包括血清饥饿、培养总时间、传代次数、组织来源等也都可能是导致这种结果相互矛盾的原因。

mtDNA 在体细胞克隆动物中的遗传呈现多样性。尽管体细胞克隆既含供体细胞 mtDNA，又含卵母细胞质 mtDNA，所产生的胚胎有很大的机会发生 mtDNA 异质性，但在克隆绵羊身上只能检测到来自受体卵母细胞的 mtDNA。然而，在 10 只克隆牛中，有 7 只发育完全时保持了 mtDNA 的供受体比，只有 3 只表现出供体 mtDNA 的显著减少。这表明线粒体 DNA 的遗传可能涉及多种机制，mtDNA 异质性并不抑制正常发育，但它可能与体细胞克隆中观察到的高妊娠损失有关。随后的研究发现，供体细胞来源的 mtDNA 在早期发育过程中经历了严重的遗传漂变，导致了 mtDNA 的减少或完全消除。

体细胞克隆动物的健康一直备受争议，其中很大程度上是因为“多莉”在 2003 年去世之前接受了一段时间的骨关节炎治疗。为此，研究人员对 13 只 7 至 9 岁的成年克隆绵羊（绵羊的自然寿命通常小于 10 年）进行了详细的非传染性疾病评估，检测项目包括葡萄糖耐量、胰岛素敏感性、动态血压、主要关节的临床和放射学检查，以及对股骨和胫骨之间的关节进行磁共振成像。尽管这些克隆羊年龄较大，但他们血糖正常，对胰岛素敏感，血压正常。虽然大多数克隆羊都有一个或两个关节的轻度骨关节炎，但没有跛足，也没有需要治疗。因此，证据表明体细胞克隆对后代年老后的健康没有长期不利影响。

随着研究的深入，体细胞克隆开始与分子生物学结合，既可添加基因，也可敲除基因，以生产转基因后代。目前，已经产生 300 多种转基因动物，包括猪、牛、绵羊和山羊等。通过体细胞克隆，生产转基因动物，应用十分广泛。

（1）品种改良。传统的动物品种改良只能依靠亲缘关系近的物种间的自然突变，而自然突变发生的频率极低，利用转基因技术可以加快改良进程、创造新的突变、打破物种间基因间交流的限制。

（2）为生命科学领域的研究提供合适材料，用于研究相关基因的表达、功能和调控。

（3）为人类疾病研究提供模型。目前，研究人员对许多人类疾病的机理不是很清楚，贸然在人体上进行相关实验涉及安全和伦理等问题，构建转基因动物模型可以解决自然突变和人工诱变带来的突变率低及突变方向难控制的问题。

（4）为患者提供可移植器官。利用转基因动物技术对动物器官进行人源化修饰和改造可以培育出基本不使人体发生免疫排斥的器官。

（5）为人类生产药用蛋白。在食品药品生产方面，对动物进行基因工程方面的改造可以使动物生产重组蛋白如生长因子、酶、乳蛋白、纤维蛋白原等，将编码药用蛋白的外源基因导入雌性家畜的体内，使其在家畜的乳腺中特异性表达出相应的药用蛋白，可以实现生物反应器的功能。

二、动物体细胞克隆一般步骤

通过体细胞核移植产生胚胎和后代是一个多步骤过程，包括卵母细胞的采集、供体细胞的制备、核移植、核移植胚胎的激活与培养及胚胎移植（图 14-2）。

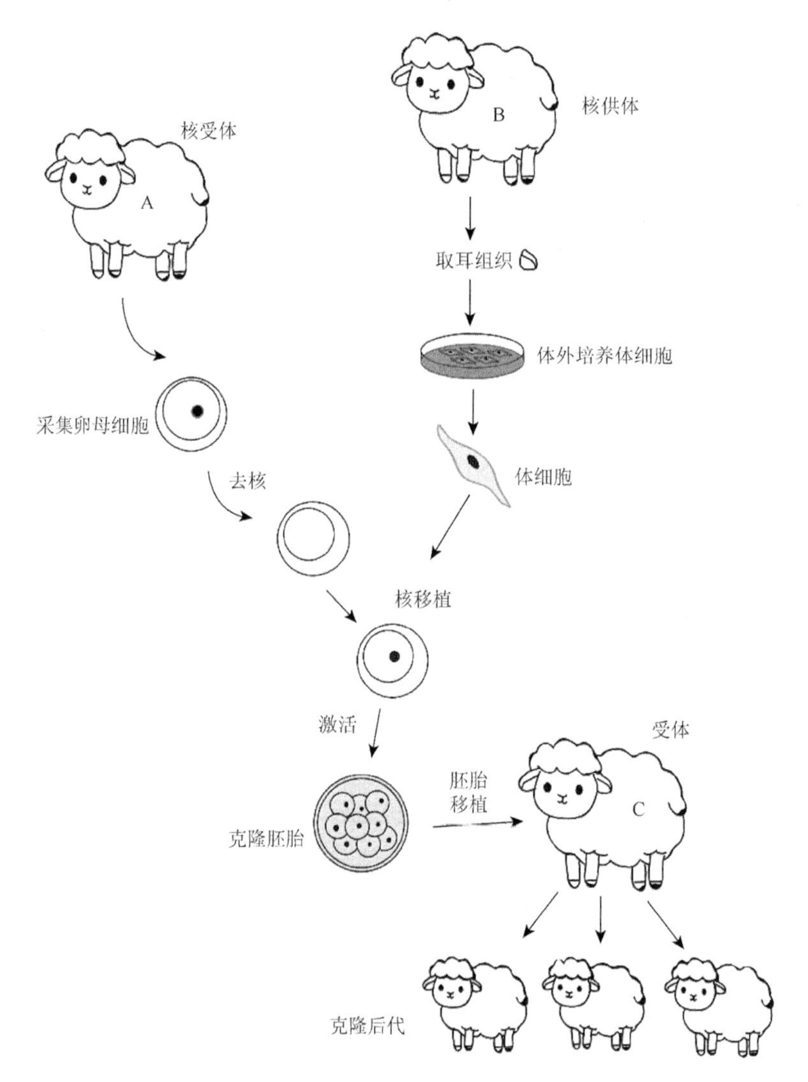

图 14-2　动物体细胞克隆一般步骤

（1）*卵母细胞的采集*　　屠宰场采集动物卵巢，置入常温加有双抗的生理盐水中，于 4 小时内送至实验室。然后用生理盐水（20～25℃）洗涤卵巢数次，高压灭菌纱布擦拭干净。一次性注射器抽吸卵巢表面 2～8 mm 的卵泡液，抽出的卵泡液转入含有 3%胎牛血清（FBS）的磷酸盐缓冲液（PBS）中，收集卵丘-卵母细胞复合体（COC）。体视显微镜下将 COC 分级：A 级至少包含 4 层卵丘细胞，且致密、不扩散，卵母细胞胞质均匀、黑亮；B 级包含 1～3 层卵丘细胞，卵母细胞胞质均匀，黑亮；C 级为退化的卵母细胞，包括裸卵、卵丘细胞松散的或卵母细胞胞质不均一的 COC。A 级和 B 级 COC 在 PBS 中洗 3 次，而后在卵母细胞成熟培养液中清洗一次，转入盛有卵母细胞成熟培养液的培养皿中，于 37℃、5% CO_2、饱和湿度的条件下培养 24～26 h。培养后的 COC 用 PBS 清洗 1 次，转入含有 0.1%透明质酸酶的无钙镁离子的 PBS 溶液中，37℃作用几分钟，消化卵母细胞和卵丘细胞之间的细胞间基质。用 1 mL 移液器反复吹打直至卵母细胞外周的卵丘细胞全部被吹打干净，卵母细胞轻轻移入新的 M_2 培养液中，清洗三次；优质卵母细胞收集于 M_{16} 培养液中，在 CO_2 培养箱中孵育 30 min。大约 10%的卵母细胞异常，如胞质暗或卵带增大的卵母细胞，应予以淘汰。整个过程于 37℃下操作最佳。

（2）供体细胞的制备　选择处于 G_0/G_1 期的二倍体供体细胞，经血清饥饿或接触抑制培养。核移植前 4 天，在 10 cm 细胞培养皿中培养（1～2）$\times 10^6$ 个细胞，保持低血清浓度（0.5%），每日更换细胞培养液。核移植前 2 天在倒置显微镜下确认细胞发生接触抑制，吸去培养基，用不含钙镁离子的PBS洗涤三次。培养皿中加入 1 mL 含有 0.25%胰蛋白酶和 0.02% EDTA 的 PBS，37℃孵育几分钟。倒置显微镜确认 80%的细胞形成单个悬浮细胞后转入 3 mL 培养基中和胰蛋白酶并重悬，离心收集细胞。PBS 清洗细胞两次以去除残留胰蛋白酶，用 M_2 培养液悬浮细胞，使这些高浓度的细胞保持在 4℃，直到进行核移植。

（3）核移植　将 20～40 个卵母细胞置于含有细胞松弛素（CB）和 10% FBS 的 M_2 培养液中，时长以少于 20 min 为宜。等待 5 min，直到 CB 破坏卵母细胞的细胞骨架，将 2 μL 供体细胞悬液置于与卵母细胞相同的液滴中。取一个卵母细胞，用左手握着固定管轻轻旋转固定卵母细胞，此时卵母细胞质的外缘应清晰聚焦。用注射吸管从右侧接近透明袋，使用压电脉冲钻取透明袋，直到穿透透明袋。在不使用压电脉冲的情况下，将去核吸管插入卵母细胞，以避免破坏卵膜。通过抽吸的方式取出纺锤体，快速而平稳地将注射针从卵母细胞中抽出。为避免损害卵母细胞，需确保透明袋和卵膜之间有较大的间隙。

用去核管吸取形态正常的供体细胞，慢慢注入去核成功的卵母细胞透明袋下。在去核管完全脱离细胞质之前，必须小心地拉起膜的破损边缘，以密封注射针打洞，尽量抽出最小量细胞质。将重建的卵母细胞从固定吸管中释放出来，选择下一个卵母细胞并重复核移植过程。核质复合体在电融合液中平衡 3 min，用微电极法进行融合，用与显微操作仪连接的微电极尖部排列重组体，使膜接触面与两电极的连线垂直，微电极尖轻轻压住重组体，施加电脉冲进行电融合。融合参数需根据不同物种适当调试。将融合后的重组细胞放入 M_{16} 培养液中，37℃、5% CO_2、饱和湿度条件下培养 2 h 观察融合情况（图 14-3）。

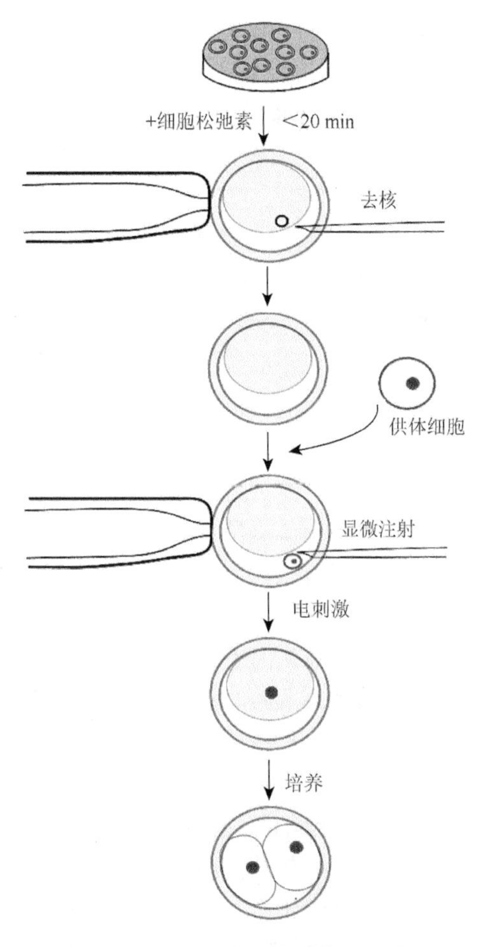

图 14-3　显微操作去卵母核与移植核

（4）核移植胚胎的激活和培养　配制 5 μmol/L 离子霉素的 6-DMAP 激活培养液，于 37℃、5% CO_2 细胞培养箱中平衡 1 h。电融合后 2 h，挑选出成功融合的重构胚，将重组胚胎移到激活培养液中培养 5 h，用 M_{16} 培养液清洗激活后的重组胚胎三次以去除 CB。转入矿物油覆盖并预先在 CO_2 细胞培养箱中平衡后的培养液中培养，每个液滴 15 枚胚胎，液滴大小为 50 μL，第 3 天换液，第 7 天检查囊胚发育情况（图 14-3）。

（5）胚胎移植　将培养至第 7 天形态良好的囊胚进行胚胎移植，移入自然发情天数与移植胚胎培养的天数一致的受体动物子宫内，每只受体移植 1 枚胚胎，移植后观察并记录受体动物的发情情况。

三、影响动物体细胞克隆的因素

体细胞克隆技术有望在动物育种、生产生物医学用转基因动物和保护濒危物种等方面发挥重要作用。然而，大量的研究显示克隆效率仍然较低。核移植是一个复杂的多步骤过程，包括卵母细胞的成熟、供体细胞周期同步化、去核、细胞融合、重组细胞激活和胚胎培养等，因此，许多因素可影响 SCNT 后胚胎发育。

卵母细胞来源和质量是影响体细胞克隆的重要因素。卵母细胞通常取自屠宰场卵巢或活体动物，经体外成熟后用于 SCNT。研究发现，体内成熟卵细胞比体外成熟卵细胞具有更强的发育能力和更高的囊胚形成率。两种细胞的克隆胚胎妊娠率没有差别，但体外成熟卵细胞的 SCNT 胎儿的流产率很高。卵泡刺激素处理对卵母细胞的质量有积极影响，促卵泡激素预处理可以提高卵母细胞的耗氧量和卵母细胞 OCT4、干扰素 τ 的表达，使其接近受精胚胎的水平。这些结果表明，受体卵母细胞细胞质的成熟不完全是导致体细胞移植后胚胎或胎儿丢失的因素之一。

受体细胞去核是核移植的关键环节。去核过程会造成卵母细胞不同程度的物理或化学损伤，如果去核不完全，重构胚染色体倍性异常，胚胎发育率下降。所以优化去核方法，有助于提高动物克隆效率。目前，常用的去核方法有盲吸法和化学诱导法。盲吸法去核时间应选择在第一极体刚排出时，因为随着时间的延长，卵母细胞核远离第一极体，影响去核效率。不同动物最佳去核时间不同，牛卵母细胞一般为体外成熟 18～20 h 后，而猪卵母细胞则在体外成熟 44～48 h 后。此外，不同动物卵母细胞的结构特点不同，盲吸法的去核效率也不同。盲吸法去核的缺点是会造成细胞质流失和一些重要因子丢失，从而影响核重编程和重构胚的后续发育，操作不慎还可能会给卵母细胞带来机械损伤。但操作方便快捷，所以，目前仍是哺乳动物克隆去核的常用方法。化学诱导法去核的原理是在极体排出阶段采用干扰染色体分离或纺锤体功能的化学试剂，使所有染色体与纺锤体牢固结合，同时蛋白质合成抑制剂抑制细胞周期蛋白 B 合成，降低促成熟因子浓度，极体借助于惯性将染色质和纺锤体带到胞外达到去核的目的。脱羰秋水仙碱（demecolcine，DC）是目前最常用的化学诱导去核剂。与盲吸法这种建立在显微操作系统基础上的机械去核法相比，化学诱导法去核程序简单、机械损伤小、胞质丢失少、重复性好，更适合大规模的卵母细胞去核，具有较好的应用前景。

供体细胞细胞周期影响 SCNT 胚胎发育。因为供体细胞和受体卵母细胞的细胞周期协调对于维持染色体倍性和防止 DNA 损伤至关重要。研究发现，激活 2.5 h 内的卵母细胞似乎有能力重新编程体细胞核，这很大程度上取决于供体细胞的细胞周期阶段。研究发现：G_0 期和 G_1 期 SCNT 胚胎体外囊胚发育差异不显著，但使用 G_1 期供体细胞的发育能力往往高于使用 G_0 期供体细胞。然而也有实验得出了不同的结果，用 S/G_2 期的供体细胞和卵母细胞重组的 SCNT 胚胎成功地克隆出了小牛，相反，使用 G_0 和 G_1 期的供体细胞无法获得克隆牛。这些实验说明，供体细胞时期对体细胞克隆胚胎体内发育影响大，并可能存在物种特异性。

供体细胞类型及体外培养时间也可影响动物克隆效率。由于哺乳动物克隆效率较低，很难在不同供体细胞类型之间找到显著差异，所以，目前未能确定哪种细胞最适合 SCNT。在体细胞克隆程序中，供体细胞通常于移植前进行体外培养，不仅短期培养的，也有培养长达 3 个月的，甚至那些接近寿命末期的细胞核也有能力在移植后产生健康后代。当牛卵丘细胞在 4 种不同培养条件下（未培养、培养 20 h、连续分裂和血清饥饿培养）生长后，从连续分裂培养和血清饥饿培养的卵丘细胞获得的 SCNT 胚胎的囊胚形成率和囊胚细胞数显著高于未培养细胞。这些结果表明，供体细胞的培养提高了体细胞克隆胚胎的体外生产效率。但是，克隆胚胎的体内发育能力在未培养细胞和培养细胞之间没有差异，在所有培养条件下都能获得活体后代。

在体细胞克隆中，供体细胞与含有大量异源细胞质的去核受体卵母细胞进行电融合，来自供体细胞和受体卵母细胞的线粒体 DNA 混合对 SCNT 胚胎发育也会有影响。实验发现体细胞克隆可以同时使用来自同一动物的卵母细胞和体细胞来生产，以避免外来卵母细胞细胞质的影响，用这种方式生产的克隆动物不会表现出异质性。研究表明，与异体 SCNT 胚胎相比，自体 SCNT 胚胎在体外和体内的发育率更高。但也有报告认为自体 SCNT 没有这样的积极作用，这种差异可能是个体卵细胞状态不同的影响，因为进一步的研究发现自体 SCNT 胚胎到囊胚期的发育率在不同动物之间差异很大，并且后代存活率不高。这些结果表明，仅使用来自同一个体的卵母细胞和体细胞很难提高健康克隆动物的出生率。

重组细胞激活时间影响体细胞克隆。在 SCNT 中，由于缺乏精子诱导受精，需要人工激活才能触发进一步发育。激活重组细胞分为融合后立即激活（同时融合激活法，FA）和融合数小时后激活（延迟激活法，DA）。FA 较 DA，供体染色体暴露于卵细胞质中的时间较短，染色质形态异常率较低。当体外克隆胚胎在融合后 2.5 h 左右激活的，核形态得到改善，能够顺利发育到致密桑葚胚/囊胚阶段；但如果在融合 6 h 后才激活 SCNT 胚胎，其发育率会显著低于 FA。但两种方法的妊娠率和产犊率没有显著差异。

表观遗传对体细胞克隆有影响。SCNT 胚胎中，经常会观察到组蛋白修饰和 DNA 甲基化异常，因此防止表观遗传错误，可提高动物克隆效率。目前，已发现去乙酰化酶抑制剂和 DNA 甲基化抑制剂可以提高 SCNT 胚胎的发育能力。当小鼠 SCNT 胚胎经 TSA（组蛋白去乙酰化酶抑制剂）处理 9～20 h，不仅显著提高囊胚形成率，而且显著提高发育率；TSA 处理也可提高牛 SCNT 胚胎的囊胚形成率。另一种组蛋白去乙酰化酶抑制剂 Scriptaid，可提高生成纤维细胞系 L_1 和 L_2 来源的 SCNT 胚胎的囊胚形成率，但对 L_3 来源的 SCNT 胚胎的囊胚形成率没有显著提高。这些结果表明，使用组蛋白去乙酰化酶抑制剂处理牛 SCNT 胚胎可以提高囊胚形成率，但不同供体细胞系的最佳处理条件可能不同。同样地，甲基转移酶抑制剂 5-aza-DC 和 TSA 联合处理供体细胞和 SCNT 胚胎后，可以使牛克隆效率从 2.6%提高到 13.4%（Wang et al.，2011）。然而，仅靠表观遗传学修饰剂处理很难完全纠正表观遗传学异常，因为已经在用 5-aza-DC 和 TSA 联合处理后产生的克隆牛中观察到各种异常。

综上所述，影响 SCNT 胚胎发育的生物学因素和技术因素有很多，许多研究已经使 SCNT 方案有了重大改进，然而就健康克隆动物出生而言，克隆效率仍然较低。未能对供体基因组重新编程是克隆效率低的主要原因，为了提高克隆的效率，有必要进一步研究并优化 SCNT 的每一步以更好地理解重编程机制。

四、动物克隆的意义与前景

自“多莉”出生以来，通过克隆技术建立的 SCNT 协议物种数量不断增加，动物克隆研究在理论基础、技术优化及实际应用等方面均已取得较大进展。通过动物克隆，可保持优良种质特性，保护重要商业物种的遗传资源，促进育种牲畜的繁殖，避免因种质杂化而造成良种丢失，拯救珍稀濒危动物。结合 CRISPR/Cas9 基因修饰技术，可生产出快速生长、具有抗病性和良好肉质等优良性状的克隆哺乳动物，从而培育新品种。在基础研究中，SCNT 已用于研究细胞核与细胞质之间的相互作用，加深人们对细胞机制的了解。在生物医学中，SCNT 可用于创建乳腺生物反应器以生产治疗性蛋白，建立动物模型以研究人类疾病的发病机制，生产转基因的异种移植器官供患者移植。SCNT 还可以用于产生胚胎干细胞，尤其是人胚胎干细胞，它们与供体基因相同，在移植时不会引起免疫排斥，为器官再生提供了重要途径。

基因靶向与 SCNT 的结合，可对新的动物物种进行基因修饰，靶向诱变可用于将突变或缺失掺入所选基因的编码区中，以破坏其表达，或产生与特定人类疾病表型相关的突变蛋白。现在，转基因小鼠已广泛用作生物医学研究中的动物模型。但是，对于许多疾病，由于细胞生物学和生理学的物种特异性差异，小鼠模型无法复制人类表型。众所周知的例子是囊性纤维化（CF），尽管已经创建了超过 11 种不同的 CF 小鼠模型，但没有一种小鼠能够再现人 CF 患者肺部或胰腺的病理特征。几十年来，非啮齿类转基因动物的生产主要是通过将 DNA 注射到受精卵原核的低效方法来完成的，同源重组的概率极低。因此，尽管小鼠的遗传操作极大地促进了生物医学研究的发展，但对替代物种基因组遗传操作的需求日益增长。利用小鼠的转基因方法较多，包括 DNA 原核显微注射、使用转基因胚胎干细胞（ESC）生产嵌合体，或者使用转基因供体细胞生产 SCNT，但只有最后一种方法在家养物种中有实际应用。SCNT 能为转基因动物的生产提供最大的优势，通过体细胞核移植来生产靶向基因的动物。SCNT 允许在选择和鉴定供体细胞后产生转基因后代，这一过程确保了后代是转基因的，并拥有适当数量的转基因拷贝，实际上也确保了动物含有并表达转基因。目前已经培育出表达工业蛋白、生物制药和人类多克隆抗体的转基因牛、山羊、猪和绵羊。生产的动物具有改良的生产性状，包括牛奶中酪蛋白的增加、脂肪酸组成的改变，以及对乳腺炎的抵抗力增强。此外，SCNT 还被用于制作糖尿病、视网膜色变、癌症、肌肉萎缩等疾病的医学模型，这些新开发的模型在提供对疾病的洞察力方面很有潜力，能够帮助产生新的治疗方法。

总的来说，在过去的十几年中，尽管 SCNT 的效率仅略有提高，但对 SCNT 的研究已经积累了一些知识，这些知识促进了我们对细胞进行重编程机制的了解，以及对胚胎发育过程中表观遗传调控的理解。虽然对 SCNT 的研究进展速度比较缓慢，但该领域有望在不久的将来取得重大突破。

第四节　动物体细胞克隆研究进展

自 1996 年首次报道成年体细胞克隆绵羊出生以来，科学家通过不同方法对 SCNT 技术进行优化，包括分析基因组重编程影响因素、增强重组胚胎染色质中组蛋白乙酰化水平和改进 X 染色体失活技术等。

一、分析基因组重编程影响因素

基于克隆实验中各种效率水平的累积信息，人们普遍认为，就子代的出生率而言，克隆效率受许多生物学和技术因素的影响。然而，受体卵母细胞、供体细胞和雌性受体的质量不可避免地存在个体差异，通常很难从统计学上确定决定性因素，因此确定克隆动物的最佳实验条件会受到影响，有时会引起争议。相比之下，小鼠已有明确的遗传背景和超数排卵方法、成熟的胚胎培养和胚胎移植方案，为研究人员提供了更具可重复性的实验系统。

自 1998 年首次成功克隆小鼠以来，具有 B6D2F1 遗传背景的卵丘细胞已成为标准的核供体来源，并已用作评估其他供体细胞“克隆性”的对照。通过选择适当的细胞类型和基因型组合，体细胞克隆的效率，特别是胚胎移植后的胎儿存活率可以显著提高。来自胎儿或新生儿大脑的神经干细胞可以通过 SCNT 克隆产生正常后代，而成年神经元细胞仅支持克隆胚胎发育到 6～7 dpc，表明神经系细胞在分化过程中失去了可重编程性。然而，使用造血系细胞的另一系列证据表明，这种情况并不总是如此。克隆 T 或 B 细胞极其困难，而克隆自然杀伤 T（NKT）细胞相对容易，即使它们都是携带重排 DNA 的终末分化淋巴细胞。胚胎干细胞也被用于小鼠的克隆研究，只要细胞周期与卵母细胞周期同步，并且在体外培养过程中避免表观遗传错误，用 ES 细胞克隆小鼠的效率通常很高，移植胚胎的出生率从 12%到 33%不等。如上所述，细胞类型是影响克隆效率的主要因素之一。另外，供体细胞的基因型也会影响克隆效率。使用卵丘和输卵管上皮细胞，日本黑牛在 SCNT 后出生的比率高达 80%，这一效率远远高于同期进行的其他品种克隆牛（约 10%）。就克隆胚胎发育的成功与否而言，绵羊也表现出特定品种差异。针对这一现象，研究人员从测试的所有近交系中均可获得克隆小鼠，其中 129 小鼠的出生率最高，其次是 DBA/2，另外 129 克隆鼠的胎盘形态接近正常，而其他鼠系容易表现出胎盘肿大。因此，129 小鼠基因组中可能有某些因素保证了其较高的基因组可塑性，如果找到它们，将对体细胞克隆发展有很大帮助。

二、增强重组胚胎染色质中组蛋白乙酰化水平

自然界中，卵母细胞质包含重编程机制，如组蛋白乙酰化或 DNA 去甲基化，能将精子和卵母细胞核转化为全能状态。然而，卵细胞质潜在的重编程机制是为接收单倍体精子核而不是体细胞核而准备的。一开始认为，SCNT 后体细胞核的不完全重编程是卵母细胞基因组重编程不良所致，然而通过实验发现，也可能是卵母细胞质对体细胞核进行了过于强烈的重编程，或者是体细胞核对卵母细胞的重编程比精子细胞核更加敏感。因此，通过抑制特定的组蛋白乙酰化或卵细胞质中的重编程因子，防止核重编程过程中的表观遗传错误，可以提高动物克隆成功率。通过反复试验，研究人员终于找到克隆小鼠胚胎去乙酰化酶抑制剂 TSA 的最佳处理浓度、时间和周期，使克隆小鼠成功率提高了五倍以上。但与克隆小鼠不同，在牛、猪、兔和大鼠模型中，TSA 对克隆效率的影响到目前仍有争议，一些研究结果显示：TSA 治疗对 SCNT 胚胎的体外和体内发育有不利影响。进一步研究发现，药物 Scriptaid 可以用作组蛋白去乙酰化酶抑制剂，其优点在于毒性低于 TSA，可以提高杂交小鼠克隆成功率，还可以提高被认为是“不可克隆”的近交系小鼠的克隆成功率。另外，使用 Scriptaid 还可以提高克隆猪的成功率。这些结果表明，尽管去乙酰化酶抑制剂的使用可以促进克隆胚胎的重编程，但由于它们的毒性，其效果取决于供体细胞基因型或物种的个体敏感性。为此，近几年研究人员们试图寻找其他有用的去乙酰化酶抑制剂用于小鼠克隆，最终发现了两种药物 SAHA 和

Oxamflatin 乙酰化酶抑制剂，不但可以显著促进克隆小鼠的完全发育，也不会导致明显异常。由此可见，SCNT 克隆过程中进行去乙酰化酶抑制剂处理，可以促进组蛋白乙酰化、mRNA 的转录和基因表达，其方式与正常受精胚胎相似。用去乙酰化酶抑制剂处理的克隆小鼠表现为，上调或下调的基因总数减少到传统 SCNT 小鼠的一半，胚胎中染色体解聚和核体积增加。因此，人们认为去乙酰化酶抑制剂是通过诱导染色质重塑，组蛋白修饰和 DNA 复制促进基因重新编程的。

三、改进 X 染色体失活技术

去乙酰化酶抑制剂对克隆胚胎染色质重塑是全方位的，没有基因组区域特异性，促进整个基因组正常重编程。然而，许多 SCNT 特异性表型依然存在，如胎盘异常、肥胖和免疫缺陷，表明 SCNT 不可避免地在供体基因组中诱导特定的表观遗传学错误。它们是植入时施加在体细胞核上的基本表观遗传性质造成的，可能是非随机和可定义的特征。为了检验这种可能性，研究人员将克隆胚胎与相同环境下体外受精产生的基因型进行比较，发现当克隆胚胎中所有个体基因的相对表达水平被集中在 20 条染色体上时，X 染色体上的许多基因明显下调。这种对 X 连锁基因的抑制是整个染色体范围的，并与 *XIST* 基因的表达上调有关，*XIST* 基因在牛和猪 SCNT 胚胎中表达上调，并与克隆猪和牛的产前死亡有关。Xist 是女性细胞中一条 X 染色体失活的原因，对细胞核中 Xist mRNA 的荧光原位杂交分析表明，Xist 在雄性和雌性克隆胚胎中均有过度的信号，在 X 染色体上异位表达。Xist 缺失的供体细胞用于核移植后细胞克隆的出生率增加了 8～14 倍。同样，将 XIST 的干扰 RNA 注射到重构卵母细胞中将 *XIST* 基因沉默，出生率提高约 10 倍。此外，Xist 表达水平的正常化导致克隆中染色体基因下调的数量分别减少到 6%和 25%。这些结果表明，Xist 在克隆中的异位表达可能在全基因组范围内对克隆胚胎的基因表达产生了不利影响。虽然我们无法实现对 Xist mRNA 抑制的精确定量控制，这种敲除策略目前只适用于雄性克隆，但这项技术对于未来 SCNT 的实际应用很有前景，因为技术简单，不会改变供体基因组或克隆后代的基因组组成。对于家畜动物，如牛和猪，胚胎植入发生在胚胎移植之后很长一段时间，所以还需要仔细研究 *XIST* 基因敲除的效果是否能持续到克隆胚胎存活的关键发育期。尽管要完全理解基因组程序设计和全能性需要花费很长时间，但可以预期，体细胞克隆技术将很快广泛地应用于包括医学，制药和农业在内的诸多领域。

第五节　动物体细胞克隆存在的问题与展望

一、动物体细胞克隆存在的问题

高效的动物体细胞克隆技术将为畜牧业、人类医学和动物保护提供许多新机会，但是目前该技术效率仍然较低。以牛为例，只有约 6%的克隆胚胎能产生健康的牛并能长期存活，但在整个胚胎和胎儿发育过程中及出生后，还有可能发育异常。与克隆程序相关的高频率妊娠损失是导致体细胞克隆无法广泛使用的主要障碍。许多妊娠损失与胎盘无法发育和正常运作有关，胎盘功能障碍可能对产后健康产生不利影响，这些异常也可能是由于体细胞移植后，供体基因组的表观遗传重编程不正确导致克隆发展过程中基因表达有误。优化 SCNT 技术参数并不能显著提高克隆效率，只有弄清 SCNT 介导的核重编程分子机理，才能揭示克隆胚胎发育不良和异常的原因，增强克隆胚胎发育。

重新编程表观遗传不充分导致克隆效率低。供体核的重编程不是导致动物克隆效率低、胚胎表型异常和生存力低的所有原因，基因表达的遗传变化在 SCNT 后的胚胎发育中起着关键作用。与受精胚胎相比，在核移植胚胎中某些基因组区域对重新编程具有抵抗力，普遍认为移植胚胎基因表达的重新编程通过表观遗传机制进行，不涉及 DNA 序列水平的修饰，而是染色质和核结构的改变，改变单个基因的转录状态，这些修饰包括 CpG 上 DNA 的甲基化，组蛋白的乙酰化、甲基化、磷酸化、泛素化和基因组印记等。

DNA 甲基化发生在 CpG 二核苷酸的胞嘧啶残基处，通常与转录沉默相关。在生命周期中，基因组经历 DNA 甲基化、DNA 去甲基化和 DNA 再甲基化，使生物能够根据生长和发育的需要激活或沉默特定基因。在克隆胚胎中，供体体细胞的基因组 DNA 高度甲基化，所以 DNA 去甲基化重编程对于正常发育是必须的；但与正常胚胎相比，这个过程经常延迟或不完整，使克隆胚胎 DNA 甲基化模式错误重建，导致胚胎正常发育所需的关键基因表达异常，克隆效率低下或胚胎异常死亡。因此，SCNT 胚胎成功发育需要与正常受精胚胎相似的 DNA 甲基化模式。

染色质结构和组蛋白修饰也是调节基因表达的关键因素。染色质的基本结构单位是核小体，是组蛋白的八聚体形式，基因表达取决于染色质可及性，染色质可及性受染色质重塑因子和组氨酸的共价修饰（如乙酰化、甲基化和磷酸化）控制。由于研究胚胎 SCNT 介导的表观遗传重编程过程中的染色质可及性需要大量胚胎，所以到目前尚未得到广泛研究。随着技术的进步，开展了染色质转座酶可及性测序，发现与基因表达呈正相关的对 DNase Ⅰ 表现出高敏感性的染色质位点 DHS 存在于供体体细胞中，并在克隆胚胎中被重新编程。然而，供体体细胞的特定 DHS 未能被重新编程为胚胎的 DHS，所以这阻止了与克隆胚胎中调节基因表达的染色质重塑因子的结合。

组蛋白乙酰化受组蛋白乙酰转移酶（HAT）和组蛋白去乙酰化酶（HDAC）的调控，HAT 促进基因转录激活，而 HDAC 促进基因转录失活。受精后，组蛋白开始乙酰化，以允许与早期胚胎发育相关的基因开始适当表达；而在 SCNT 期间，组蛋白乙酰化标记减少乃至逐渐消失。基于 SCNT 的乙酰化水平低于受精胚胎的事实，研究人员将组蛋白去乙酰化酶抑制剂（HDACi）注射到 SCNT 胚胎中，发现可以改善早期胚胎的核结构，并能促进早期胚胎发育到足月，而通过结合注射 HDACi 和去甲基化酶 mRNA 获得了第一只克隆猴。

组蛋白甲基化主要发生在赖氨酸和精氨酸上，涉及三种甲基化模式，包括单甲基化、二甲基化和三甲基化。H3K9me3 是大量存在于成体细胞中的抑制性组蛋白修饰，可以改变染色质构象以抑制基因表达。研究发现，H3K9me3 富含抗 SCNT 介导的核重编程的基因启动子，因此 H3K9me3 不完全去甲基化会抑制克隆胚胎的发育。这些被破坏的组蛋白修饰，最终会影响染色质的可及性，基因表达紊乱，导致克隆效率低下。

基因组印记是一种表观遗传调控现象，表现为亲本等位基因的选择性表达。一般来说，父系和母系的基因印记分别促进和抑制后代的生长和发育，父本印记基因和母本印记基因的平衡表达对早期胚胎的正常发育十分重要。然而，基因组印记在克隆胚胎中通常无法得到有效的维持，异常表达的印记基因会导致发育缺陷，如胎盘肥大、胎儿流产和死亡，从而制约克隆效率。

此外，线粒体 DNA 母系遗传是否会导致克隆胚胎发育不良，一直具有争议。一般来说，单个卵母细胞含有超过 105 个拷贝的线粒体 DNA，而体细胞只有 102～103 个拷贝。理论上，克隆动物拥有来自卵母细胞和供体细胞的两种 mtDNA。在第一只克隆哺乳动物多莉羊的组织中没有发现核供体细胞来源的 mtDNA，而在由三种类型供体细胞产生的克隆牛胚胎中检测到异质性，并发现克隆动物的异质性在不同实验中有很大不同。在一项小鼠实验中，25 个克隆后代中有 24 个携带了供体细胞的线粒体 DNA，比例高达总 DNA 的 13.1%。然而，目前还没有实验证据表明异质性会损害克隆胚胎的发育或后代的健康状况。相比之下，种间 SCNT 的情况则截然不同，线粒体 DNA 和编码线粒体蛋白的核基因之间的不亲和性被认为是异种体细胞胚胎发育停滞的主要原因。

二、动物体细胞克隆展望

最近，一种损伤更小的活细胞荧光成像系统，可以用于移植前选择染色体正常地克隆胚胎，提高胚胎移植后的克隆成功率。如果该法与表观遗传修饰方法结合，将加速对基因组重编程机制的探索。而且，核移植技术也可用于生殖细胞表观遗传学分析。通常，很难通过传统的生殖细胞直接分析，确定印记基因表达谱，因为大多数印记基因主要在发育中的胎儿和胎盘中表达，生殖细胞的克隆可以克服这个生物学和技术上的缺点。基于成熟卵中的重新编程不会改变基因组印记的原理，由生殖细胞产生的克隆动物可以反映供体细胞的基因组印记状态。减数分裂前的生殖细胞用于核移植构建二倍体胚胎，可以作为一种强有力的工具，确定生殖细胞发育过程中表观遗传变化，分析生殖细胞特别是原始生殖细胞和性腺细胞的基因组印记状态。

核移植技术还可挽救或保护濒危哺乳动物。人们已经知道，冷冻干燥处理的精子仍然拥有完整的单倍体基因组，当注射到卵母细胞中，所产生的胚胎可以发育成完全健康的后代。令人惊讶的是，DNA 的韧性不仅在精子顶体上表现出来，在体细胞中也有体现。研究人员试图利用在没有任何冷冻保护措施的情况下，选用零下 208℃冷冻了长达 16 年的鼠体细胞，克隆出小鼠，这种情况类似于从永久冻土中找到冰冻体，所有器官的细胞都已经被完全破坏。当将这些细胞核注射到去核的小鼠卵母细胞中后，一些胚胎可以发育到囊胚，虽然不能直接从体细胞中获得克隆后代，但从克隆的胚胎中建立了几个胚胎干细胞系。最终，通过第二轮核移植，从这些胚胎干细胞中培育出了健康的克隆小鼠。因此，体细胞克隆技术可以用来复活动物，甚至在没有活细胞可用的情况下。

尽管核移植技术取得较大进展，但相关理论研究还比较薄弱，要提高动物克隆的成功率还需不懈努力。如果能了解卵细胞质如何有效地对体细胞核进行重编程更多细节，那么，通过体细胞重编程，产生大量不同种类新细胞的成功率就大大增加，对人类减轻疾病具有巨大益处。另外，克隆动物与正常胚胎的发育有何异同也值得深入研究，有助于加深人们对动物胚胎发育过程中分子机制的认识，更好地认识克隆技术的作用和限度，为人类兴利除弊。

第六节　细胞器移植及应用

细胞器移植是将细胞器（主要是线粒体和叶绿体）分离纯化，转移到另一细胞的细胞质中的技术。动物体中，细胞器移植则是线粒体移植。除了成熟的红细胞，线粒体存在于所有哺乳动物细胞中，是细胞质中双层膜包被的具有自身基因转录和蛋白质合成机制的细胞器，为细胞提供能量的同时维持胞内稳态，也参与调控钙离子平衡、细胞信号转导和细胞凋亡等其他细胞活动。线粒体复制和 mtDNA 转录直到胚胎分化时才开始，这意味着卵母细胞需要足够的功能性线粒体为胚胎发育的最初几天提供燃料，线粒体功能不足或受到干扰会极大影响卵母细胞的质量，进而影响 SCNT 胚胎发育及着床。与年轻动物相比，老龄动物卵母细胞易发生线粒体异常聚集，体外成熟率下降，凋亡率增加。当将卵泡颗粒细胞分离出的少量线粒体输注给体外易于凋亡的 FVB 小鼠卵母细胞中，可以阻止卵母细胞凋亡。因此，线粒体移植技术可应用于辅助生殖领域，探讨线粒体移植对早期胚胎发育的影响可以促进 SCNT 技术成熟。

线粒体移植，作为一种治疗策略，也可应用于心肌缺血及乳腺癌患者。对于心肌缺血患者，缺血后线粒体形态和结构会发生明显变化：线粒体基质、嵴面积及基质体积会显著增加，线粒体活性降低，耗氧量减少，钙积累增加。从患者自身非缺血区分离出有活力的线粒体，直接注射到缺血器官中，可以取代或增强受损线粒体，挽救心肌细胞，恢复心肌功能。线粒体移植的具体保护机制尚未完全阐明，经推测，潜在机制有：①已移植的线粒体增加了心脏细胞 ATP 含量，并激活 ATP 合成；②移植的线粒体通过肌动蛋白依赖的内吞作用迁移到心肌细胞中，释放保护心脏的细胞因子，促进细胞生长和增殖，从而促进血管生成，保护心肌细胞免于凋亡；③正常线粒体 DNA 替代了受损线粒体 DNA，提高 ATP 合成能力，并且利用患者自身的线粒体避免了非自体细胞治疗所需的抗排斥治疗。将正常乳腺上皮细胞线粒体移植到人乳腺癌细胞中，会抑制癌细胞增殖，增加 MCF-7 人乳腺癌细胞系对药物的敏感性。

线粒体移植分自体移植与异体移植。对于后天获得性损伤（如缺血和物理损伤）所致的线粒体功能障碍，应移植同一患者完整组织中分离出来的线粒体。但对于由先天性线粒体功能障碍引起的各种线粒体病，自体线粒体移植不合适，因为所有组织中的线粒体都有可能出现功能障碍，因此需要同种异体线粒体移植。线粒体移植，是否发生免疫反应尚有争议。小鼠腹腔注射自体或同种异体线粒体后，血清中白细胞介素-2（IL-2）、干扰素-γ（IFN-γ）和免疫球蛋白 M（IgM）等细胞因子和趋化因子水平均未见升高；血液中 mtDNA 水平未见增加，也未见肺或心脏组织的任何组织损伤（Ramirez-Barbieri et al.，2019）。但是，也有报道发现同种异体线粒体移植，会导致效应因子 IFN-γ 和 TNF-α 的增加（Lin et al.，2019）。因此，对于线粒体移植过程中产生免疫反应的机制仍需进一步的研究。

尽管线粒体移植尚处于发展起步阶段，许多问题仍需解决，包括安全性、线粒体储存方法、线粒体质量控制、移植后可以起作用的时间及商业化线粒体药物开发等。但可以预见细胞器移植，尤其是线粒体移植，将成为临床医生用于辅助生殖。治疗各种缺血性疾病、线粒体病和相关疾病的重要手段，具有非常广阔的应用前景。

本 章 小 结

胚胎克隆又称胚胎细胞核移植，它利用早期还没有在子宫附着的胚胎细胞，即把供体胚胎解离成单个卵裂球，然后将这些未分化的卵裂球细胞与受精卵或激活的去核的受体卵母细胞进行融合和激活，构建重组胚胎并移植给受体，发育产生与供体胚胎基因型基本一致后代的繁殖体系。胚胎克隆技术一直沿用非穿刺原核移植（PNT）法，其基本步骤包含卵母细胞去核、胚胎中卵裂球解离、卵裂球卵间隙注射及融合、卵母细胞激活及胚胎移植、卵母细胞胞质成熟与活化、供体和受体细胞周期协调和核质互作。随着体细胞克隆技术的出现与发展，胚胎克隆技术发展停滞，但胚胎克隆的体系为体细胞克隆的发展铺平了道路，利用卵裂球的克隆方式为特殊的发育生物学事件研究提供了一种可靠的技术方法。

体细胞克隆，即体细胞核移植（somatic-cell nuclear transfer，SCNT），是指将体细胞的核移入去核卵母细胞中，使其发生重编程并发育为新的胚胎、妊娠产仔，产生与供体细胞具有相同基因型后代的一种无性繁殖技术。通过体细胞核移植产生胚胎和后代是一个多步骤过程，包括：卵母细胞的采集、供体细胞的制备、核移植、核移植胚胎的激活和培养及胚胎移植。影响体细胞克隆效率的因素众多，主要有卵母细胞来源和质量、受体细胞去核方式、供体细胞细胞周期、供体细胞类型及体外培养时间、表观遗传等。针对这些因素，对体细胞核移植技术进行优化，包括分析基因组重编程影响因素、增强重组胚胎染色质中组蛋白乙酰化水平、改进X染色体失活技术等，动物克隆效率明显提高。

细胞器移植是将细胞器（主要是线粒体和叶绿体）分离纯化，转移到另一细胞的细胞质中的技术。尽管线粒体移植尚处于发展起步阶段，许多问题仍需解决，但线粒体移植将成为临床医生用于辅助生殖、治疗各种缺血性疾病、线粒体病和相关疾病的重要手段，具有非常广阔的应用前景。

➤思　考　题

1. 什么是胚胎克隆？
2. 试述体细胞核移植概念与标志性研究进展。
3. 试述动物胚胎核移植和体细胞核移植的区别。
4. 影响体细胞克隆效率主要有哪些因素？
5. 简述细胞器移植概念及应用前景。

编者：韩红兵

主要参考文献

Briggs R，King T J. 1952. Transplantation of living nuclei from blastula cells into enucleated Frogs' eggs[J]. Proc Natl Acad Sci U S A，38（5）：455-463.

Cheong H T，Takahashi Y，Kanagawa H. 1993. Birth of mice after transplantation of early cell-cycle-stage embryonic nuclei into enucleated oocytes[J]. Biol Reprod，48（5）：958-963.

Cibelli J B，Stice S，Golueke P J，et al. 1998. Cloned transgenic calves produced from nonquiescent fetal fibroblasts[J]. Science，280（5367）：1256-1258.

Collas P，Barnes F L. 1994. Nuclear transplantation by microinjection of inner cell mass and granulosa cell nuclei[J]. Mol Reprod Dev，38（3）：264-267.

Collas P，Robl J M. 1990. Factors affecting the efficiency of nuclear transplantation in the rabbit embryo[J]. Biol Reprod，43（5）：877-884.

Dyer O. 1996. Sheep cloned by nuclear transfer[J]. BMJ，312（7032）：658.

Kono T，Kwon O Y，Watanabe T，et al. 1992. Development of mouse enucleated oocytes receiving a nucleus from different stages of the second cell cycle[J]. J Reprod Fertil，94（2）：481-487.

Kwon O Y，Kono T. 1996. Production of identical sextuplet mice by transferring metaphase nuclei from four-cell embryos[J]. Proc Natl Acad Sci U S A，93（23）：13010-13013.

Lin L，Xu H，Bishawi M，et al. 2019. Circulating mitochondria in organ donors promote allograft rejection[J]. Am J Transplant，19（7）：1917-1929.

Meng L，Ely J J，Stouffer R L，et al. 1997. Rhesus monkeys produced by nuclear transfer[J]. Biol Reprod，57（2）：454-459.

Prather R S，Barnes F L，Sims M M，et al. 1987. Nuclear transplantation in the bovine embryo：assessment of donor nuclei and recipient oocyte[J]. Biol Reprod，37（4）：859-866.

Prather R S，Sims M M，First N L. 1989. Nuclear transplantation in early pig embryos[J]. Biol Reprod，41（3）：414-418.

Ramirez-Barbieri G，Moskowitzova K，Shin B，et al. Alloreactivity and allorecognition of syngeneic and allogeneic mitochondria[J]. Mitochondrion，46：103-115.

Smith L C，Wilmut I. 1989. Influence of nuclear and cytoplasmic activity on the development *in vivo* of sheep embryos after nuclear transplantation[J]. Biol Reprod，40（5）：1027-1035.

Wang Y S，Xiong X R，An Z X，et al. 2011. Production of cloned calves by combination treatment of both donor cells and early cloned embryos with 5-aza-2/-deoxycytidine and trichostatin A[J]. Theriogenology，75：819-825.

Westhusin M E，Pryor J H，Bondioli K R.1991. Nuclear transfer in the bovine embryo：a comparison of 5-day，6-day，frozen-thawed，and nuclear transfer donor embryos[J]. Mol Reprod Dev，28（2）：119-123.

Willadsen S M. 1986. Nuclear transplantation in sheep embryos[J]. Nature，320（6057）：63-65.

Yong Z，Yuqiang L. 1998. Nuclear-cytoplasmic interaction and development of goat embryos reconstructed by nuclear transplantation：production of goats by serially cloning embryos[J]. Biol Reprod，58（1）：266-269.

第十五章 转基因与转染色体原理及技术

1982 年转基因“硕鼠”的出生，掀起了利用转基因技术改善动物生产性能、改善动物抗病能力、开发乳腺生物反应器的研究浪潮，有力地推动了功能基因组学、转基因技术、体细胞核移植等前沿技术的快速进步。转基因物种涉及猪、牛、羊、鸡、鱼、家蚕、果蝇、大豆、玉米、棉花等，涉及的性状囊括了生长、繁殖、饲料转化率、肉质、乳腺（输卵管）特异性表达药用或营养蛋白、人源化器官、抗虫、抗病等，使得转基因技术或产品涉猎了生物医学、组织工程、细胞工程、特殊表型动植物等多个方面。

第一节 转基因技术的概念

转基因技术（transgenic technique）是利用现代生物技术，将人们期望的目标基因，经过人工分离、重组后，导入并整合到生物体的基因组中，从而改善生物原有的性状或赋予其新的优良性状。人们常说的“遗传工程”“基因工程”或“遗传转化”均为转基因技术的同义词。转基因技术所转移的基因不受生物体亲缘关系的限制。利用转基因技术，可有目的地改变动植物的性状，培育出有优良品质的新品种，也可以利用其他生物体以培育出所期望的药物、疫苗等生物制品。例如，将苏云金芽孢杆菌 Bt 毒蛋白基因转移到棉花中培育成抗虫棉；将人的胰岛素基因转移到大肠杆菌中可大批量生产胰岛素。

转基因生物是指通过转基因技术改变基因组构成的生物。转基因生物（genetically modified organism，GMO）还被称为基因工程生物、现代生物技术生物、遗传改良生物、遗传工程生物、具有新性状的生物、改性活生物等。

第二节 转基因研究的历史与现状

1973 年美国科学家 Cohen 和 Boyer 利用 DNA 重组技术成功完成了重组质粒 DNA 对大肠杆菌的转化，这是基因工程的第一个实验，为后来转基因的发生发展奠定了基础。目前，随着生命科学的蓬勃发展，生物学家利用基因工程技术对部分动植物进行了改造、优化，培育了有更高利用价值的转基因作物及动物，并渐渐出现在人们的生活中。特别是转基因技术在作物育种中的应用已取得显著成效，并产生巨大的商业价值。

一、转基因植物发展概况

1983 年诞生了第一株转基因作物——抗病毒烟草，1986 年首批转基因作物获得田间试验，1992 年美国成为第一个商品化种植转基因作物烟草的国家，1994 年美国在世界上第一个被批准的商业化转基因食品（延熟保鲜转基因番茄）问世，1996 年被称为转基因作物大规模种植元年，美国是当时全球唯一种植转基因作物的国家，种植面积为 170 万 hm^2。自 1983 年第一例转基因植物问世至 1996 年转基因作物大面积推广仅用了 13 年，其后 23 年转基因农作物种植面积在激烈争论中快速增长。2019 年，全球 29 个国家种植了 1.904 亿 hm^2 的转基因作物，比商业化之初的 1996 年增加了约 111 倍。此外，另有 42 个国家/地区进口了用于养殖饲料和食品加工的转基因农产品。1996～2018 年，转基因技术应用为全球提供农产品产量 6.576 亿 t，价值 2250 亿美元，同时提升耕地生产力，节省 1.83 亿 hm^2 土地，为应对全球性的气候变化、环境污染和资源短缺，保障全球食品、饲料和纤维的供应做出巨大贡献。

目前，国内外大规模商业化种植的转基因作物主要是第一代转基因产品，涉及耐除草剂、抗病、抗虫、抗病毒、抗逆、品质改良等目标性状。同时，为了满足种植、生产、加工或消费的多样化需求，正在研发的转基因作物的目标性状不断扩展，包括耐除草剂性状，如耐草丁膦和耐麦草畏等；抗病性状有抗晚疫病和抗黄瓜花叶病等；抗虫性状如抗马铃薯甲虫和抗水稻褐飞虱等；抗逆性状有耐盐碱和养分高效利用等；品质改良性状如高赖氨酸、高不饱和脂肪酸、延熟耐贮和防褐变等。近年来，利用基因沉默技术培育的直接食用转基因产品产业化加速，防褐变和抗晚疫病转基因马铃薯、防褐变转基因苹果、番茄红素转基因菠萝及快速生长转基因三文鱼相继在美国批准上市，农业转基因产业化应用从最初非食用的棉花和饲料用作物，拓展到直接食用的粮食作物、水果等。

我国一直高度重视转基因技术的研究与应用。自 20 世纪 80 年代中期以来，我国设立了“高技术研究发展计划（863 计划）”和“科技攻关计划”等国家重大研发计划，对转基因技术研发给予了大力支持，使我国转基因研发及其育种应用取得了巨大成就。我国转基因技术研发及其产业化经历了以下两个发展阶段。

第一个阶段从 1986 年我国启动了国家“高技术研究发展计划”到 2008 年我国启动了国家转基因生物新品种培育重大专项。这一时期，我国研究的转基因植物达数十种，其中 5 种获得商业化生产许可，包括抗虫棉、改变花色的矮牵牛、抗病毒番茄、耐储存番茄和抗病毒甜椒等。尤其是在抗虫棉研究方面，成功研制出具有自主知识产权的 *Bt* 抗虫转基因棉花，使我国成为世界上第二个拥有抗虫棉研究开发整套技术的国家。2008 年，我国转基因作物种植面积达 380 万 hm^2，居世界第六位。国产抗虫棉种植面积已达近 200 万 hm^2，占全国棉花种植面积的 70%。

第二个阶段从 2009 年我国批准转基因抗虫水稻和饲用转植酸酶基因玉米安全证书，到 2020 年批准转基因抗虫耐除草剂玉米和耐除草剂大豆安全证书。这一时期，转基因安全问题被“妖魔化”。2009 年，农业部颁发抗虫转基因水稻和饲用转基因玉米的安全证书，引发了全社会对转基因食用安全的空前关注，“挺转”和“反转”两方在转基因食用安全、环境风险、产品标识、政策法规和生物伦理等方面展开激烈论战。尽管面临巨大争议，我国转基因重大专项仍然顺利实施并取得显著成效，带动我国农业生物技术实现了总体跨越，在重要农艺性状基因鉴定、克隆，以及植物基因组学相关基础学科方面取得了突破性进展，水稻转基因育种等领域已处于世界领先水平。特别是 2019～2020 年，我国自主研发的 3 个转基因玉米和 2 个转基因大豆获得生产应用安全证书。

转基因植物育种技术是 20 世纪生命科技不断进步的产物，其产业化在激烈争论中飞速发展。转基因植物产品也逐渐被广大公众所接受，并带来了巨大的经济效益、社会效益和生态效益，具有广泛的应用前景。在新的历史时期，我国加强生物育种技术研发并促使其产业化，是当代科技不断交叉融合和不断创新发展的必然趋势，也必将为我国未来农业发展提供强大的科技支撑。

二、转基因动物发展概况

除转基因植物外，人们在转基因动物上也进行了探究。狭义的转基因动物，即通过实验手段将设计的目的基因导入到动物胚胎细胞中，并随机整合到基因组中，进入生殖细胞，以致能稳定地遗传到下一代，由此获得的动物称为转基因动物。

1976 年，德裔美国科学家 Jaenisch 与 Mintz 合作，首先利用显微操作技术将猿猴病毒 40（SV40）DNA 注入小鼠囊胚中，发现外源的 SV40 DNA 可转入体细胞，得到转基因嵌合小鼠，但外源 DNA 并没有进入生殖细胞系，不能传入子代。1980 年，Gordon 等报道用显微注射法将外源 DNA 直接注入小鼠受精卵的雄原核里，再将其受精卵植入假孕小鼠输卵管内，得到新生小鼠，然后用分子生物学方法（如基因组 DNA 的 PCR、Southern blotting 等）从所得到的新生鼠中筛选出基因组中整合有转基因的小鼠。从此，建立了用显微注射法制备转基因动物的基本方法，广泛应用至今。

Jaenisch 把猿猴病毒 SV40 转入了小鼠囊胚腔中，得到嵌合体小鼠，并通过将逆转录病毒与小鼠卵裂球共培养使得莫氏白血病病毒基因插入到了小鼠基因组中。1982 年，Palmiter 等将融合大鼠生长激素（*GH*）基因的小鼠金属硫蛋白-I 基因启动子的 DNA 片段通过显微注射到小鼠受精卵原核中，得到拥有金属硫蛋白-生长激素融合基因的快速生长的“超级小鼠”，自此，转基因动物迅猛发展。1985 年，Hammer 等通过显微注射法获得了转基因兔、转基因羊和转基因猪；同年，德国 Berm 转入人的生长激素基因生产出了转基因兔和转基因猪；1987 年，Simon 等在转基因小鼠的乳汁中得到绵羊的 β 球蛋白，1988 年，该研究小组又从转基因绵羊的乳汁中得到了 α 抗胰蛋白酶。随后，世界各国先后开展此项技术的研究，并相继在兔、羊、猪、牛、鸡、鱼等动物上获得成功。

我国转基因动物的研究始于 20 世纪 80 年代中后期，由国家“高技术研究发展计划（863 计划）”资助。魏庆信等（1992）以湖北白猪为实验材料，采用显微注射法导入 *OMT/PGH* 基因，获得了首批转生长激素基因的转基因猪；1999 年，曾溢滔实验室培育出了我国第 1 头转有人血清白蛋白基因的转基因牛。近年来，在国家转基因生物新品种培育重大科技专项的支持下，我国的转基因家畜研究取得了令世界瞩目的成就，培育出一大批转基因猪、牛、羊新材料，转基因动物研究已经处于国际先进、部分领先的水平。

（1）技术上实现了从低效到高效的转变。我国第一批转基因山羊和转基因牛，是采用显微注射法获得的，花费很大。但是，1997 年体细胞克隆技术发展起来以后，给转基因技术带来了低投入、高效率的转变。

（2）转基因对象由少到多，功能基因实现了多样化。目前，已成功获得了转基因小鼠、转基因大鼠、转基因兔、转基因鱼、转基因猪、转基因羊、转基因牛和转基因猕猴等。已有多种功能基因成功转入不同的动物，如提高动物生长速度的 *IGF-1*，改善动物肉品质的 *ω-3*，以及各种具有医疗保健功能的基因如人乳铁蛋白基因、人 α-乳清白蛋白基因、人溶菌酶基因等。

（3）部分转基因动物已进入研发高级阶段，如中国农业大学已形成了转基因奶牛和转基因猪群体，其中 3 种转基因奶牛已经进入生产性试验阶段，2 种转基因猪也已完成环境释放相关试验。

转基因家畜研究始于 20 世纪 80 年代，在 2010 年以后出现爆发式发展，尤其是中国科学家在转基因猪、转基因牛和转基因羊研究中取得了若干突破性进展。分别在提高繁殖力、提高抗病能力、促进肌肉生长、改良肉质与乳质、建立人类疾病模型、构建乳腺生物反应器及提高羊毛或羊绒质量等方面取得了国际先进水平的研究成果。

第三节 植物转基因技术

转基因植物（genetically modified plant，GMP），是指利用基因工程和遗传工程技术将优良性状功能基因整合进入目标植物基因组的一定位置，并得以表达，从而获得具有新的遗传性状的植物。复合性状转基因植物（stacked-trait GMP）是把两个或多个外源基因（能表达相应性状）利用基因工程技术或杂交育种技术整合到同一植物的基因组中，使植物能够表达并在后代可稳定遗传的新特性，而转化到植物中的两个或两个以上的有效目的转基因统称为复合转基因。

一、基本技术

植物细胞的全能性是植物细胞培养、组织培养及转基因的有利条件。在植物组织培养基础上发展起来的植物转基因技术的基本工艺包括：①获取转基因，如植物抗旱基因、抗虫基因；②培养寄主植物，如愈伤组织、悬浮细胞、无菌苗；③以转基因转化寄主植物；④培育和筛选阳性转化植株；⑤培育和鉴定转基因植物。

转基因转化是植物转基因技术的核心，目前已经有多种成熟的转化工艺，包括农杆菌介导转化法、基因枪法、花粉管通道法、显微注射法、电穿孔法、脂质体转染法等，其中有的需要通过组织培养再生植株，如农杆菌介导转化法、基因枪法；有的则不需要通过组织培养，如花粉管通道法；还有的需要用纤维素酶消化细胞壁制备原生质体，如电穿孔法、脂质体转染法。它们各有优缺点及适用范围。

（一）农杆菌介导转化法

农杆菌是一种革兰氏阴性植物致病菌，能在自然条件下感染大多数双子叶植物和少数单子叶植物（但不包括谷物）的伤口。农杆菌带有一种 200 kb 的闭环 Ti 质粒，其序列中有一段 20～23 kb 的转移 DNA，它能从 Ti 质粒转移并整合到植物基因组中，影响细胞生长，结果在植物伤口附近形成冠瘿瘤。因此，Ti 质粒是一种天然的植物转基因载体，农杆菌是一种天然的植物转化体系（图 15-1）。Ti 质粒转移的分子基础是其 T-DNA 的 25 bp 末端重复序列。以转基因置

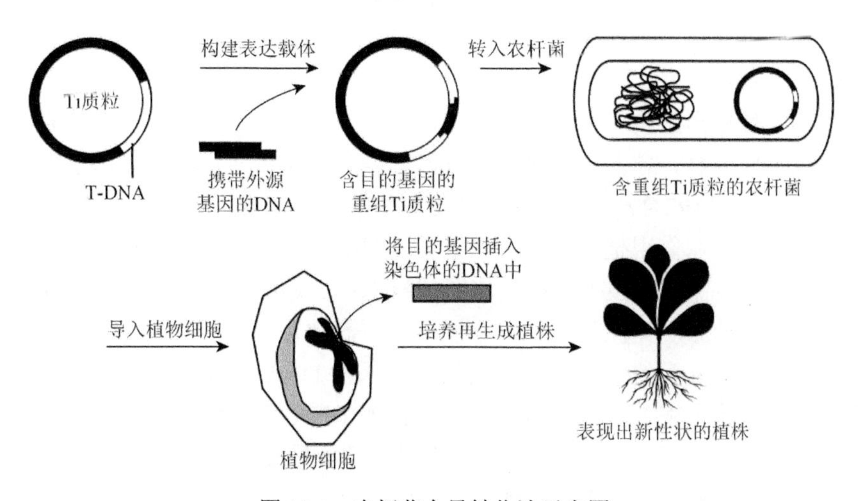

图 15-1 农杆菌介导转化法示意图

换 T-DNA，构建重组 Ti 质粒，再以该质粒转化农杆菌，以该农杆菌感染植物，则转基因可以随 25 bp 序列整合到植物细胞的基因组中，进一步培育可获得转基因植株。

（二）基因枪法

基因枪法的工作原理是将转基因用 $CaCl_2$、亚精胺或聚乙二醇沉淀，黏附在微小的钨粒或金粒表面，利用基因枪形成的高压气体加速，直接射入植物细胞或者细胞器，转基因整合到植物染色体 DNA 中，然后通过细胞和组织培养技术再生植株，筛选阳性转基因植株。基因枪法可用于培育转基因棉花、玉米、大豆、水稻、小麦及高粱等农作物。主要优点：①寄主植物范围广，能有效转化单子叶植物和裸子植物；②可将转基因转入叶绿体和线粒体等细胞器中；③载体构建相对简单。不足之处：①转化效率低而成本高；②多拷贝转入，会有基因沉默现象；③转基因容易整合到异染色质区域。

（三）花粉管通道法

花粉管通道法的基本工艺是在植物授粉时将转基因溶液涂在柱头上，利用植物在开花、受精过程中形成的花粉管通道，将转基因导入胚囊，并进一步整合到寄主植物的基因组中，使受精卵发育成转基因植物。花粉管通道法于 20 世纪 80 年代初由周光宇提出，主要用于棉花转基因研究。我国目前推广面积最大的 *Bt* 基因和豇豆胰蛋白酶抑制剂基因双转基因抗虫棉就是用花粉管通道法培育出来的。花粉管通道法的最大优点是不依赖组织培养人工再生植株，技术设备简单，易于掌握，在育种研究中有广阔前景。目前利用花粉管通道法已成功培育转基因棉花、小麦、水稻、玉米、甘蓝、黄瓜、西葫芦等。

（四）显微注射法

植物细胞的原生质体经过聚乙二醇、磷酸钙、氯化钙等化学药剂处理后，便能够捕获外源的转化 DNA。早在 1982 年就有报道，加入小牛胸腺 DNA 时，纯化的 Ti 质粒 DNA 可以直接转化烟草的原生质体。如今经过改良之后，应用化学刺激法已成功地转化了包括小麦、玉米、水稻等多种植物的原生质体。

（五）电穿孔法

电穿孔法又称电击法，就是将高浓度的含有外源基因的质粒 DNA 加到原生质体的悬浮液中，然后置于电场下进行电脉冲刺激，经过处理的原生质体在组织培养基中培养 1～2 周之后，选择含有外源 DNA 的细胞，作进一步的继续培养后获得再生植株，应用这种方法已成功转化了玉米和水稻的原生质体，其转化效率为 0.1%～1.0%。

（六）脂质体转染法

脂质体转染法是根据生物膜的结构和功能特征，用磷脂等脂类化学物质合成的双层膜囊将 DNA 或 RNA 包裹成球状，导入原生质体或细胞，以实现遗传转化的目的。脂质体转染法有两种具体方法：一是脂质体融合法，先将脂质体与原生质体共培养，使脂质体与原生质体膜融合，然后通过原生质体的吞噬作用把脂质体内的外源 DNA 或 RNA 分子高效地转入植物的原生质体内，最后通过原生质体培养技术，再生出新的植株；二是脂质体注射法，通过显微注射把含有外源遗传物质完整的脂质体注射到植物细胞以获得转化。

脂质体转染法有多方面的优点，如脂质体可以保护 DNA 在导入细胞之前免受核酸酶的降解作用，降低对细胞的毒害效应，包裹在脂质体内的 DNA 可以稳定贮藏，适用的植物种类广泛，重复性好等。美国 BRL 公司研制了一种新型脂质体，只要将该脂质体与 DNA 简单地混合，可将 DNA 包裹在脂质体内，并可有效地转化植物细胞，脂质体的商业化生产无疑为脂质体转染法的广泛应用奠定了基础。

后三种均是以原生质体为转化受体的转化方法，但是植物细胞原生质体的培养与再生，不仅费时费力，而且转化成功与否还取决于受体植物的基因型。因此，目前这几种方法很少用于商业化转基因植物的遗传转化。

（七）植物基因工程新技术

（1）ZFN 技术和 TALEN 技术　目前，一些新的生物技术被广泛地应用到植物基因工程研究中。例如，近几年开发的靶向基因修饰技术（ZFN 技术、TALEN 技术，详见第十六章），可以解决当前核转基因技术中，外源目的片段插入到染色体上的随机性所带来的位置效应和基因沉默，以及无法对内源目的基因进行靶向修饰等遗憾。

（2）基于 CRISPR 的基因编辑技术　CRISPR 是一种功能强大的、新的基因组编辑技术，具有编辑效率高、操作过程简便、实现多靶点编辑、形式多样等特点。此外，该系统的突变效率相较于 ZFN 和 TALEN 也有了大幅的提高，仅短短几年的时间，CRISPR/Cas 系统就成了主流的基因组编辑技术（CRISPR 技术详见第十六章）。

二、转基因植物的应用

（一）培养抗虫、抗病毒的转基因植物

全世界每年因病虫害损失大量粮食，为降低农药用量、减轻环境污染和减少经济损失，急需培育抗虫转基因品种。抗虫基因主要有毒蛋白基因、蛋白酶抑制剂基因、植物凝集素基因和淀粉酶抑制剂基因。苏云金芽孢杆菌 *Bt* 晶体毒素蛋白基因是最早被利用的杀虫基因。*Bt* 基因对哺乳类动物、鸟类、鱼类和一些有益昆虫不产生毒害作用，也不造成环境污染，目前全球已获得了 50 多种转 *Bt* 基因植物。

病毒病是农业生产中较难对付的主要病害之一，会造成农作物产量降低与品质变劣。人们通过导入植物病毒外壳蛋白基因、病毒复制酶基因、核糖体失活蛋白基因、干扰素基因等来提高植物抗病毒的能力。目前用得最多的是病毒的外壳蛋白（*CP*）基因。现今利用 *CP* 基因培育成功的有烟草、番茄、马铃薯、苜蓿等抗病毒转基因作物。

（二）培养抗除草剂的转基因作物

杂草是严重影响作物生长的因素之一，大量施用除草剂虽然能抑制杂草的生长，但也对作物造成一定的伤害。抗除草剂转基因作物是通过基因工程技术将抗除草剂基因克隆到作物中，赋予其抗除草剂的新特性。目前市场上较多的是抗草甘膦和抗草丁膦转基因作物。

（三）提高植物的抗逆性

植物对逆境的抵抗一直是人们关心的问题，为提高植物对干旱、低温、盐碱等逆境的抗性，研究人员把这些逆境基因克隆后转入植物，使其获得抗性。我国在抗盐基因工程上已取得了一些进展，先后克隆了脯氨酸合成酶（proA）、山菠菜甜菜碱醛脱氢酶（BADH）、甘露醇-1-磷酸脱氢酶（mtlD）及 6-磷酸山梨醇脱氢酶（gutD）等与耐盐相关基因，通过遗传转化获得了耐 1%NaCl 的苜蓿，耐 0.8%NaCl 的草莓及耐 2%NaCl 的烟草，这些转基因植物已进入田间试验阶段。中国科学院遗传与发育生物学研究所将 *BADH* 基因导入水稻，获得的转基因水稻有较高的耐盐性，并能在盐田中结实。

（四）改良作物的营养品质及延长果实的货架期

随着人们生活水平的提高，人们对饮食质量的要求越来越高。利用转基因技术可以有效地改良植物的营养成分、口感、观赏价值等品质性状。作物种子蛋白是人类和牲畜日常蛋白质的主要来源；与肉类相比，植物蛋白质的氨基酸比例不合理，主要表现在禾谷类单子叶植物种子蛋白质中的赖氨酸和色氨酸含量低，而豆类和蔬菜类等多数双子叶植物蛋白质中缺乏蛋氨酸和半胱氨酸等含硫氨基酸。目前科学家按照人类的意愿，已对不同作物的蛋白质、碳水化合物、油脂、微量元素和维生素等营养物质进行了成功的改良实验，获得许多有应用价值的转基因作物品系。北京大学已将编码必需氨基酸的基因转入马铃薯，获得高含量必需氨基酸的马铃薯品系。中国农业大学成功地将高赖氨酸基因导入玉米，获得的转基因玉米中赖氨酸含量比对照提高 10%。国外科学家成功地将维生素 A 合成的关键基因导入到水稻中，并能够在水稻的种子中组织特异性表达，生产出含有维生素 A 的稻米。在控制植物果实发育的基因工程中，华中农业大学获得了延迟成熟的转基因番茄，与未转基因番茄相比，显著延长了储存时间，1997 年农业生物基因工程安全委员会已批准这种耐储存番茄进行商业化生产。

（五）生产药用蛋白质

利用转基因植物作为生物反应器生产药用蛋白质的研究逐渐受到各国的重视，研究探索的热点之一是利用转基因植物生产口服疫苗。目前，香蕉、番茄、烟草、马铃薯、莴苣等植物都已被用来生产食用疫苗。中国农业科学院生物技术研究所的科研人员将乙型肝炎病毒表面抗原基因导入马铃薯和番茄，饲喂小鼠试验检测到较高的保护性抗体，浓度足以对人类产生保护作用。利用转基因植物生产口服疫苗可以大大降低疫苗的生产成本，在发展中国家有更良好的发展前景。

尽管转基因植物研究已取得了很大的成就，但由于在供体、载体与受体三个中心环节之间的不同步不配套，影响着研究的进展，特别是对一些农作物优良性状的控制基因缺乏了解植物抗旱特性是由多基因控制的，基因的测定和筛选都存在一定的困难。另外，不少主要农作物的转化效率较低。因此，建立重要农作物的高效、重复性高的转化系统应是今后研究的重要课题。

第四节　动物转基因技术

转基因动物（transgenic animal）指借助分子生物学与繁殖生物技术将已知的外源基因导入生殖细胞、早期胚胎干细胞或早期胚胎细胞，并整合到受体细胞的基因组中所培育出的携带有外源基因并能遗传的动物个体或品系。

一、常规技术

动物转基因技术主要是针对早期胚胎进行操作，以获得转基因个体。早期胚胎的脆弱性、环境条件要求的严谨性、胚胎移植过程的技术依赖性，造成了转基因动物生产的难度大、生产效率低等。经过多年来世界范围内有关科学家的艰苦努力，动物转基因技术无论在技术上还是在理论上均取得了重要突破，实现了由随机整合到定点修饰、由单一基因的转移到多基因的联合转移、由组织特异性表达到条件性表达调控、由胚胎的微注射到体细胞核移植等方面的巨大进步，转基因动物生产效率明显提高，转基因方法繁多，并获得了大量的转基因动物，有些已经实现了产业化，价格超过了非转基因个体的 4 倍之多，充分展示了转基因动物诱人的前景。

动物转基因技术的流程包括受体细胞制备、供体 DNA 制备、基因导入受体细胞及获得了外源基因的生殖细胞或胚胎植入受体动物体内（图 15-2）。目前，基因导入受体细胞的常规技术主要有显微注射法、胚胎干细胞介导法、精子载体法、PGC 法、逆转录病毒感染法等。

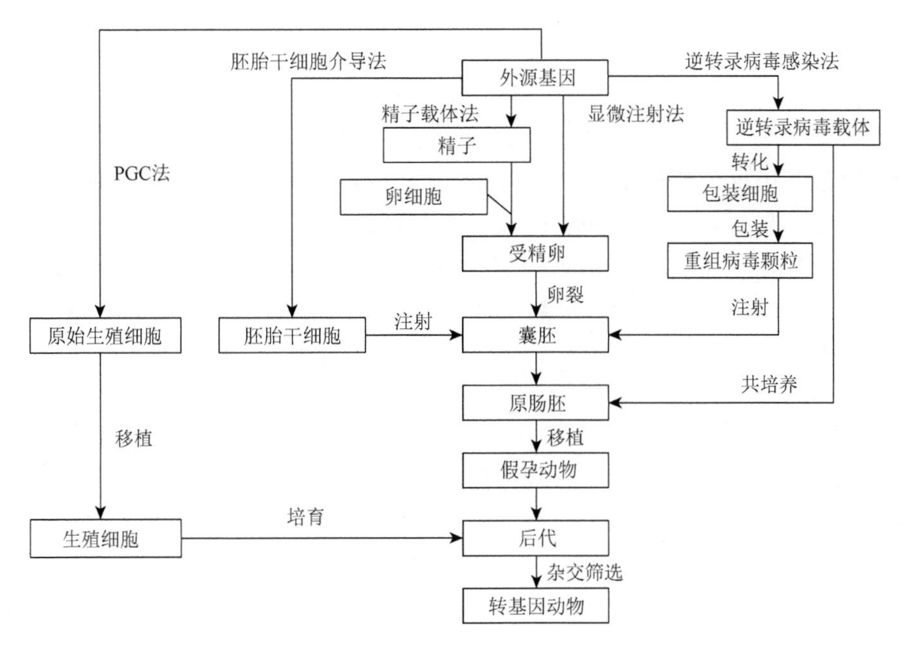

图 15-2　动物转基因技术流程

（一）显微注射法

显微注射 DNA 的方法是对单细胞的胚胎进行基因操作，涉及复杂的操作步骤。第一步是要准确掌握母畜的性周期，在此基础上加以人工调节，使母畜在预先确定的时间排卵，保证获得大量的刚刚受精的单细胞胚胎。第二步是用手术或非手术的方法收集单细胞胚胎，经短暂的离心处理后、放在显微镜下用口径 1 μm 玻璃微管向细胞核注射 500～600 拷贝基因。然后把经过 DNA 注射的胚胎移植到另外一头处于相同性周期的母畜的子宫内。经过这样处理后，在后代中就会出现 1%～3%的转基因动物，效率虽然不高，但结果相当稳定。全世界已在各种动物身上进行了上万次的试验，都能生产出转基因动物。

对于大动物，由于其受精卵中的雄性原核和雌性原核的能见度都比较差，给实验人员带来很大的困难；也就是说，需要相当高的显微操作水平和高级仪器来完成。因此，与小动物比较，大动物的实验费用要高很多。

从大量的实验结果显示，显微注射法将外源基因导入生殖细胞或体细胞后，在染色体上的整合位置是随机的；外源基因甲基化程度在胚胎发育过程中会影响其活性；某些外源基因的表达程度可受到个体细胞正常调节机制的控制；由于受到宿主组织分化的影响，外源基因还具有一定的组织特异性。

（二）胚胎干细胞介导法

胚胎干细胞是从动物胚胎发育早期阶段的囊胚的内细胞团中分离建系的，该细胞具有发育潜能性，由 Evans 和 Kauffman 于 1981 年首先培养成功。同年，Martin 也获得了相同的细胞株，并命名为胚胎干细胞（embryonic stem cell）。胚胎干细胞能够参与早期胚胎的发育。当胚胎干细胞注入囊胚腔以后，如果该胚胎能够发育成个体的话，其个体的部分组织细胞就来源于胚胎干细胞；也就是说，胚胎干细胞有能够发育成个体的能力。构建带有抗性基因的外源 DNA 来转染胚胎干细胞，随后经过药物筛选得到阳性克隆细胞，将该克隆细胞注入囊胚腔，让其在假孕动物体内发育成个体；那么，这种个体的部分组织中一定有外源基因的存在。一旦生殖细胞出现外源基因的整合，就有可能传入下一代，获得转基因动物。由于外源基因的整合位点、拷贝数目、表达水平及稳定性都是在细胞水平筛选和检测的，其预期性明显高于原显微核显微注射，所以胚胎干细胞介导法将广泛应用于动物遗传操作实验。通过基因原位修饰或敲除（knock out）技术可使动物中某个基因不表达。在个体上为了获得敲除转基因小鼠，先要构建一个打靶载体。打靶载体中有一段基因必须与靶基因有高度同源性，还有带启动子的阳性选择基因。阳性选择基因通常用新霉素抗性基因。含有新霉素抗性基因的细胞对遗传霉素 G418（一种氨基糖苷类抗生素）有抗性，这样便于阳性克隆细胞的筛选。

（三）精子载体法

精子介导的基因转移是把精子作适当处理后，使其具有携带外源基因的能力。然后，用携带有外源基因的精子给发情母畜授精。在母畜所生的后代中，就有一定比例的动物是整合了外源基因的转基因动物。1971 年，有科学家证明了 SV40 病毒基因能和精子结合，提示精细胞可能被用作外源基因转导的载体。精子是一种高度专一的细胞，在受精过程中，它携带雄性基因组进入成熟的卵细胞后会形成受精卵，在动物体内发育成个体。虽然受精的生物学过程仍存在许许多多的奥秘，受精的分子控制机制还有待于进一步深入研究。由于通过精细胞转导外源基因生产转基因动物操作简单并可用于所有动物，因此吸引了许多学者从事这方面的研究并取得了成功。精子介导的基因转移有两个优点：①成本很低，只有显微注射法成本的 1/10；②由于它不涉及对动物进行手术处理，因此，可以用生产牛群或羊群进行试验，以保证每次试验都能够获得成功。

（四）PGC 法

原始生殖细胞（primordial germ cell，PGC）介导的转基因技术在原理和方法上与胚胎干细胞介导法相似，应用 PGC 技术在制作转基因家禽方面有明显的优势。1994 年，科学家尝试了在公畜个体之间转移精原细胞的可行性，研究者将 ZlacZ 系供体小鼠的 PGC 植入 C57BL/6xSTL 杂交一代的曲精细管，之后的研究结果表明移植后的 PGC 能够发育成具有受精能力的精子细胞，并产生了后代。随后又有研究者应用此方法制作了转基因鸡。

大家畜 PGC 可否像小鼠 ES 那样抑制分化并增殖，到目前还不能得出确切结论，如果能，这将为动物转基因带来一场革命。已有研究证实 PGC 具有受精能力。这项技术结合基因定位整合技术极有可能在较短的时间内得到转基因家畜纯品系。

（五）逆转录病毒感染法

逆转录病毒是一种 RNA 病毒，当它的基因组 RNA 进入细胞时，经逆转录产生原病毒 DNA，并在它的整合酶和其基因组末端的特殊核苷酸序列帮助下，整合到宿主细胞的基因组中，成为原病毒。目前主要是利用逆转录病毒 DNA 的长末端重复序列（LTR）区域具有转录启动子活性这一特点，将外源基因连接到 LTR 下部进行重组后，再使其包装成为高滴度病毒颗粒，去直接感染受精卵，或显微注入囊胚腔中，携带外源基因的逆转录病毒 DNA 可以整合到宿主染色体上。采用这种方法时，由于逆转录病毒进入细胞后才能使目的基因插入动物的染色体上，因而得到的转基因动物必然是嵌合体。逆转录病毒作为动物基因转移载体的研究，早在 1974 年就有报道。

用病毒作为转基因载体的主要优点是可以直接把外源 DNA 导入用于形成嵌合体的胚胎干细胞，或导入能替代内源组织的多能干细胞；而且，各种发育阶段的胚胎或干细胞与产生病毒的细胞共同培养，其感染率可达到 100%。逆转录病毒能感染许多体细胞，但对生殖细胞的感染率很低。逆转录病毒感染法的优点是操作简单，且能很快得到适当的病毒产生株，外源基因的整合率较高。

二、转基因克隆动物技术

将动物克隆技术、核移植技术与转基因技术相结合生产转基因动物的技术叫作转基因克隆动物技术。在世界上首例体细胞克隆绵羊多莉（Dolly）在英国 Roslin 研究所诞生之后，该所结合核移植技术又获得一些转基因绵羊，被称为波利（Polly），这些母羊的细胞中含有人凝血因子Ⅸ基因，从而开创了将克隆技术与转基因技术结合起来制作转基因动物的历程。转基因克隆动物技术的一般步骤为：首先是将目标基因转移到体外培育的动物体细胞中，筛选出阳性转基因细胞并进行繁殖，制备出供移植的细胞核供体；其次将转基因细胞核供体移植到去核的卵母细胞中，重构胚胎经过启动和培养后，移植到受体母畜的输卵管或子宫中。通过体细胞克隆生产转基因动物的突出优点是可以减少受体动物的数目，不需要用受体母畜来承载那些非转基因的胚胎，表现出了强大的生命力。另外，该方法事先在细胞中进行基因转移和对阳性细胞进行筛选，简化了转基因动物生产的许多环节，节约了人力，具有很大的优越性。

转基因实验的方法还有很多，如基因打靶、原始生殖细胞技术、磷酸钙沉淀法、电转染法和脂质体载体法等。

三、动物转基因技术的应用

转基因技术打破了物种的种间隔离，使基因能在种系很远的机体间流动，因此该技术对整个生命科学产生了全局影响，该技术在生产中主要应用于以下几个方面。

（一）在畜禽生产中的应用

1. 改良动物生产性能

利用转基因技术，将所需的优良基因直接转入待改良群体中，增加新的遗传品质，形成优良的转基因畜禽，从而改良畜禽生产性能，如生长速度、繁殖率、瘦肉率、产毛量等，最终培育成满足人们需要的、具有优良品质的畜禽及鱼类新品系。1994 年德国成功培育出转入生长素的转基因猪，出现了壮如小牛的“超级猪”。

2. 动物抗病育种

通过克隆特定病毒基因组中的某些编码片段，对其加以一定修饰后转入畜禽基因组，如果转基因在宿主基因组中能得以表达，那么畜禽对该种病毒的感染应具有一定的抵抗能力，或者应能够减轻该种病毒侵染时为机体带来的危害。

（1）抗猪瘟基因育种　通过基因编辑技术将猪的猪繁殖与呼吸综合征病毒和传染性胃肠炎病毒的受体蛋白 CD163 和猪氨基肽酶 N（pAPN）基因的等位基因进行双基因敲除（DKO），DKO 猪表现出对两种病毒的完全抗性，同时发现 DKO 猪对三角洲冠状病毒的易感性降低。

（2）抗流感基因工程育种　流感病毒可感染多数禽类及哺乳动物，而小鼠可以有选择性地抗流感病毒的侵染，研究表明这种抗性与其抗黏液病毒（myxovirus resistant，*MX*）基因的表达有关。Arnheiter 等（1990）将 MX1 蛋白的 cDNA 导入对流感病毒敏感的小鼠受精卵，获得了抗流感病转基因小鼠。

（3）抗肿瘤动物模型　美国培育出易发乳腺癌的转基因小鼠，为研究癌诱发和抗肿瘤药物筛选提供了研究的动物模型。迄今为止已培育出许多与癌基因有关的转基因小鼠。

（二）在生物学领域中的应用

利用生物反应器（包括细菌基因工程、细胞基因工程、转基因动物生物反应器）可以生产出各种稀有的、用其他方法不易得到的有生物活性的各种药用蛋白，其中研究最深入、应用最广泛的是转基因动物生物反应器。利用该生物反应器，可以大量生产稀有的、用其他方法不易得到的有生物活性的人类药用蛋白质，这方面最具有诱惑力和商业价值。1991 年，美国 DNA 公司成功获得了能生产人血红蛋白的转基因猪，通过这些能高效表达的转基因猪来提供大量安全、廉价的血红蛋白，既可节约医药费，又能避免使用过期、有传染性疾病（如肝炎、艾滋病等）的血液。该项技术已经走向商业化应用阶段，展示了广阔的应用前景。

（三）在医学领域中的应用

1. 利用转基因猪生产人类所需要的器官

长期以来，医学界一直试图利用器官移植来治疗一些疾病，但器官来源一直很困难。转基因动物技术的发展可以将携带有人免疫系统基因的转基因猪，作为给人进行异种器官移植的供体。猪在体重和生理上与人类相似，其器官与人的器官大小相仿，施行手术相对快速简单。并且猪容易饲养，成熟快，数量多，也没有伦理和安全性方面的问题。所以，转基因猪为人的器官移植提供了有效的器官来源途径。人的异种器官移植的主要问题在于克服免疫排斥。特别是超急性排斥最快可致命，这主要与体液免疫即天然抗体和补体有关。在一系列免疫排异过程中，补体激活是一个中心环节。在生理条件下，补体的激活受到细胞膜上补体调节蛋白（CRP）的调控。当进行异种心脏移植时，供体与受体的种系相差甚远，供体心内膜上的 CRP 不能抑制循环中补体的激活，导致免疫排斥的急性反应。采用基因工程方法有望解决超急性排斥反应。1992 年 11 月，英国剑桥大学将 *DAF* 基因（能调节免疫反应补体系统）克隆后，转基因到猪，生产出一窝转基因仔猪，其血管内皮上表达了人类的 *DAF* 基因。随后 White 等获得了表达外源 *hDAF* 的猪，White 还将这种转基因猪的心脏移植给 10 只猴子，该心脏在 2 只猴子体内跳动了 60 d，而普通猪心脏只能跳 1～24 h，2022 年 1 月 7 日，美国马里兰大学医学中心将携带了 10 种基因编辑的猪心脏成功移植到人体，虽然患者只存活了 60 天，但暗示异种移植可能在未来挽救生命。

2. 基因治疗

基因治疗从基因角度讲是用正常功能基因去置换或增补有缺陷的基因，从治疗角度讲是将新的遗传物质转移到某个体的细胞中获得治疗效果。其操作对象包括体细胞和生殖细胞。导入方法分两种，可以在体外将基因导入细胞，再移植到病体，也可以直接用于病体。已试验的疾病有免疫系统疾病（对类风湿免疫系统疾病有效率高）、动脉粥样硬化和乳腺癌等。

转基因动物技术目前尚存在一些问题，其中最主要的是转基因整合效率低、转基因动物成活率低。另外，已整合的外源基因遗传给后代的概率较低，即外源基因容易从宿主基因中消失，外源基因有时不能表达或表达异常，得不到预期的表型效应，且容易引起动物的遗传缺陷。因此，转基因动物的研究仍是一项复杂的系统工程。在家畜育种方面，目前尚没有通过转基因培育的动物品系。

第五节　转多基因技术与染色体转移技术

一、转多基因技术

随着植物基因工程和分子生物学研究的深入，植物遗传改良手段不断创新。在植物转基因方面，单个目的基因的转化已经不足以满足植物改良的需要，尤其是对一些代谢途径或数量性状的遗传修饰，多基因转化研究应运而生，并迅速发展。

（一）多次转单基因与杂交相结合的方法

植物获得多基因最早的方法是多个转单基因品系之间杂交。Ma 等利用分别转有鼠单克隆抗体 κ 链 4 条亚基基因的烟草进行互相杂交，最后选育出可以表达并组装 4 个亚基的植株，获得的蛋白质具有生理活性。由于在植物中表达分泌抗体只需要一种细胞便可，而在哺乳动物中需要两种，因此，Ma 提出可以利用植物生产大分子量的重组抗体和其他一些蛋白质。Zhao 等利用分别含有不同 *Bt* 基因 Cry1Ac 和 Cry1C 的转基因西兰花进行杂交，得到了含有 2 种 *Bt* 基因的西兰花，西兰花对小菜蛾的抗性明显提高。另一种传统的方法是对转基因植株进行再次转化从而得到多重转基因植株。Singla-Pareek 等对转 *gly I* 基因的烟草进行再次转化，得到 *gly I* 和 *gly II* 共表达的转基因烟草。Qi 等对拟南芥进行 3 次有序的转基因，最终得到将不饱和脂肪酸生产途径优化过的植株。但是这两种转基因方法比较耗时耗力，需要得到一种转基因植株后再进行下一个基因的导入，并且最终得到的植株并不能稳定遗传，它们的后代发生分离的概率很大。

（二）双元载体转化

双元载体系统包含两部分：一部分是位于农杆菌中的卸甲 Ti 质粒，这个质粒缺少 T-DNA 区，但能表达 Vir 蛋白；另一部分是微型 Ti 质粒，它包含 T-DNA 结构。外源基因可插入 T-DNA 内部，然后将之转入农杆菌，农杆菌中的卸甲 Ti 质粒可以表达 Vir 蛋白协助微型 Ti 质粒将外源基因插入植物染色体。然而，实现多基因单 T-DNA 转化的前提是具有大容量的双元载体，以容纳大片段外源基因。多基因多 T-DNA 结构转化是用含有不同双元载体的农杆菌进行共同侵染植株，最后筛选具有共同表型的后代。利用这种方法最成功的例子就是黄金大米。但是用这种方法转化得到的植株容易产生外源基因不在同一个位点的情况，容易发生基因分离，因此它只适用于 2～3 个基因的转化。

（三）直接转化

1. 生物活性珠法

在转基因研究的初期，质粒是直接转化或借助聚乙二醇诱导转化植物原生质体的，但由于外界条件的不确定性，直接转化效率一直都很低。Sone 等发明了一种海藻酸钙微珠介导的转基因方法，称为生物活性珠法。海藻酸钠和有机溶剂以一定的水、油比例加入含 Ca^{2+} 的溶剂中时，海藻盐会形成一种规则的微小圆珠，此时将外源亲水性的 DNA 加入到此乳液中，微珠会将外源 DNA 包被起来，借助于聚乙二醇，微珠可将外源 DNA 导入植物原生质体。Sone 利用此方法将 *GFP* 基因转入烟草原生质体，和聚乙二醇介导的转化相比，这种转化方法得到的转基因烟草的 *GFP* 表达量比后者高出近十倍。借助于生物活性珠的直接转化法经过不断改进，其转化效率得到很大提高。Wada 等建立了一种标准的制造统一大小的生物活性珠的办法，增加了转化效率，并将约 150 kb 的质粒转化入水稻原生质体，表明此方法可应用于大载体的转化。生物活性珠法最大的优点是方法简单，物种通用，可批量操作，但原生质体再生植株的效率较低，直接会影响转基因效率。

2. 质体转化法

存在于植物细胞中的质体被认为是来源于细菌，并保留了细菌对基因调控的操纵子系统，将多基因构建于同一操纵子中进行协同表达是一种对多基因研究的十分有效的方式。将两端含有质体同源序列的基因构建于载体上，直接转化质体后通过基因的同源重组使外源基因与质体基因整合，由于质体保留了操纵子系统，载体的大小得以减小。Cosa 等将 Bt 蛋白和两个伴侣蛋白作用元件构建于同一个载体上并成功转化到烟草的质体上，Bt 蛋白的表达量达到可溶性蛋白总量的 45%，这是目前转基因植物中达到的最高表达量。但是操纵子结构中越靠近 3′端的基因表达量会越小，因此质体转化的基因数量受到限制，且这种系统目前也只适用于模式生物。

3. 基因枪法

基因枪法又称为生物弹道术，是用携带有外源 DNA 的钨粉或金粉高速射入细胞，钨粉或金粉上携带的外源 DNA 可以融合到目的细胞染色体上的一种转基因方法，由美国康奈尔大学的 Sanforda 等在 1987 年发明。这种方法最大的优点便是受体类型极其广泛，它可以转化任何具有再生能力的组织或细胞；另外，基因枪法转化容量大，一次能同时导入多达十几个质粒，是多基因转化较理想的方法。但基因枪法转化消费较高，应用范围受到一定限制。

（四）新兴共转化方法

1. 植物人工染色体

微小染色体同常规染色体一样，具备染色体结构的功能单元：复制起点、着丝粒、端粒。通过对植物微小染色体的修饰可以创造出植物人工染色体，用来多基因转化。植物人工染色体的构建主要有 2 种策略，一种是自上而下对自身染色体进行修饰，利用含拟南芥端粒重复序列的双元载体转化玉米，成功得到了玉米微小染色体并将染色体片段整合其中，这是端粒介导的染色体截断技术在植物中的首次成功，奠定了植物人工染色体成功应用的基础。另一种是自下而上以染色体功能元件为基础进行组装，Carlson 等在体外将着丝粒重复序列、红色荧光基因及卡那基因连接成环形质粒，以粒子轰击的方式将其转入玉米胚胎组织，在细胞中形成微小染色体，得到的玉米微小染色体经有丝分裂和减数分裂稳定遗传了 4 代。植物人工染色体不能与宿主染色体配对，以附加体的形式存在于植物细胞中，因此外源基因的表达不受植物本身基因的影响，但植物人工染色体的研究还处于起步阶段，在除玉米外的其他植物中对于微小染色体的研究还比较少。

2. 操纵子多顺反子调控

将多个基因串联在同一开放阅读框（open reading frame，ORF）中协同表达多顺反子 mRNA 是一种有效的共转化方法，通过启动子串联表达聚合蛋白，可以协调控制多个基因。此方法参与的质体改造已用于在烟草中生产虾青素。虾青素是由 β-胡萝卜素酮化酶和 β-胡萝卜素羟化酶表达形成的。但是通过多顺反子调控的方法目前仅适用线粒体中基因的表达，且仅在模式植物如烟草中得到应用，还不适用于谷类作物等其他作物。

植物多基因转化方法的不断发展使改变植物的多个性状、阐明代谢通路等研究得以加快发展，BIBAC 和 TAC 之类的大容量载体的出现，使最终载体可以容纳更多的外源基因，特别是一些新的转化方法如生物活性珠法和植物人工染色体法，正在使多基因的转化越来越便捷。但是多基因转化不可忽视的两个问题也越来越突出：转化植株的稳定性和启动子的稳定性。转化植株的外源基因会不会发生基因分离或基因丢失，这需要进行多世代研究，目前对于转基因植株的遗传稳定性研究还不多。人工染色体由于含有真核生物的结构元件，其遗传稳定性可能优于其他载体系统，但这还有待于进一步研究。在构建多基因载体时，一方面，有限的可用启动子数目势必造成重复使用启动子，多个相邻的相同启动子可能会造成同源重组以至于转基因沉默，因此需要寻找更多的启动子。另一方面，组成型启动子与诱导型启动子同时存在可能造成诱导型启动子转变为组成型启动子，造成外源基因的组成型表达。解决启动子问题的一个可能途径是使用核基质结合序列，据报道核基质结合序列可减少转基因沉默，增强外源基因表达能力，某些核基质结合序列还可以起到隔离增强子和诱导型启动子的作用，阻止诱导型启动子在转基因植株内的组成型表达。

二、染色体转移技术

为了改变真核细胞的遗传性状和控制高等生物的生命活动，除需要在细胞整体水平和胞质水平上转移整个核的基因组外，还有必要在染色体水平上建立一种新的技术体系。通过这种技术将同特定基因表达有关的染色体或染色体片段转入受体细胞，使该基因能得以表达，并能在细胞分裂中一代又一代地传递下去，这项技术称为染色体转移（或染色体转导）。

染色体转移技术不仅可以将各种可供选择的基因导入受体细胞，还可以用于确定基因在染色体上的连锁关系，尽管目前还不可能完全按照人们意志把外源基因导入受体的特定染色体位点上，从而有目的地控制遗传性状，但是，自从 1973 年染色体转移技术首创以来，随着体细胞遗传学的发展，染色体转移技术正日益发展成为一项重要的既具有理论价值，又具有广阔应用前景的细胞工程技术。目前已建立的染色体转移技术主要包括染色体介导的基因转移、染色质介导的基因转移和微细胞介导的基因转移 3 种方法。

（一）染色体介导的基因转移

染色体介导的基因转移法（chromosome-mediated gene transfer，CMGT）是指将分离得到的染色体转入相应受体细胞的一种技术。当把分离到的中期染色体同完整细胞混合时，供体染色体的一部分可被某些细胞摄取并加以表达。如果受体细胞缺乏该染色体所携带的功能性基因，而后者又是该细胞在选择性条件下生存所必需的，转移就可得到证实。因此，在选择性条件下生存的基因转移克隆，其核内一定有必需的供体基因参与，而且必须能表达其基因产物。被转移的染色体物质称为转移基因组，而表达这些基因的细胞则称为转化株（transformant）。在染色体工程中常用的基因有嘧啶激酶基因、乳糖酶基因、抗甲氨蝶呤基因、抗乌本因基因、抗鹅膏蕈碱基因等。染色体是基因的天然载体，染色体工程的关键技术是把着丝粒分离、克隆，然后与目的基因重组，并与组蛋白合成一个染色体片段。

1. 染色体分离技术

（1）哺乳动物细胞培养，按常规培养于 CO_2 培养箱中。

（2）用秋水仙碱处理单层细胞，进行强烈摇动使细胞处于分裂中期。秋水仙碱的浓度因细胞而异。

（3）经过低渗处理后，加入皂苷，放入匀浆器中捣动，使细胞破裂，释放染色体。

（4）把含有染色体的悬浮液经 TMS 液处理后，离心以收集染色体。

（5）蔗糖将在用 TMS 液洗涤染色体的过程中被除去，染色体在 0℃的 TMS 液中可以至少保存 2 个月。如果在–20℃下长期保存，需要储存于含 20%甘油的 TMS 液中，防止染色体在冰冻或融化时破裂。

2. 染色体转移技术

（1）将染色体悬液与受体细胞混合在 37℃下 2 h，混合的比率是 10^2 个/mL 受体细胞及相应的供体细胞染色体。

（2）混合物铺于培养皿中，使其生长在非选择培养基中持续 3 代，加入多聚 L-鸟氨酸可提高染色体进入受体细胞的概率。

（3）约 3 d 后移入选择性培养基。

（4）筛选与鉴定。不具有正常基因的受体细胞，在培养基上不能生存，而含有正常基因的供体染色体转入受体细胞，则这种转化体细胞就能够在培养基上正常生长，而被选择下来。

为了提高染色体转移效率，Miller 和 Rudle 用磷酸钙沉淀染色体，并用秋水仙碱、秋水仙胺、细胞松弛素混合物处理，再用二甲亚砜处理受体细胞，可提高转化效率 100 倍。后来发现，真正起作用的是磷酸钙沉淀染色体和二甲亚砜处理。进入受体细胞的外源染色体中，只有带着丝粒的片段，因其可能参与受体细胞的有丝分裂而延长滞留在受体细胞内的时间，从而更利于整合到受体细胞染色体中。

染色体介导的基因转移的主要作用有两方面，一是用于染色体内的基因作图；二是用于分离或克隆一些特殊的基因。虽然在 DNA 序列分析技术和基因克隆技术高度发展的后基因组时代，以上用途显得无用，但染色体片段作为真核细胞基因的天然载体，仍是诱人的课题。

大约 15%的染色体受体细胞，在光学显微镜下可见到各种大小的染色体片段，它们从很小的片段到整个染色体臂。光学显微镜下见到的最小染色体片段是双微体，它们含有的 DNA 约为 1000 kb。

（二）染色质介导的基因转移

染色质介导基因转移初始的目的是利用染色质或染色质片段来转移外源基因，但是由于不能控制所转基因的染色质或染色质片段的种类、数目和大小，故不能有选择地转移目的基因；并且不能对被转移的染色质片段进行克隆及重组，因此它仅仅用来作为染色质内的作图技术。为了克服染色质工程中不能选择性地转移目的基因的特点，利用模板活性染色质来转移预期基因。实际上，利用这种方法转移的是一个预期的基因群，而不是单个基因。这恰好弥补了基因工程的不足，染色质介导的基因转移主要包括染色质的分离、活性染色质的制备及活性染色质作为基因载体的特性和鉴定。

1. 染色质的分离

（1）取 1 g 组织放入匀浆器中，进行手工匀浆 2 min，把匀浆物置于冰上 5 min。

（2）加入 4 mL 的 4 mol/L 蔗糖溶液，匀浆 30 s。

（3）把 20 mL 的匀浆物铺于 15 mL 的离心液上，在 4℃下，以 30 000*g* 离心 1 h，所得沉淀为细胞核。

（4）把细胞核沉淀重新悬浮于 20 mL 的低渗液中，在 4℃下，以 12 000*g* 离心 10 min。

（5）以 2 mmol/L 的 EDTA、1 mmol/L Tris-HCl 洗涤沉淀 3 次，反复地重新悬浮与离心（在 4℃下，以 12 000*g* 离心 10 min）。纯化的染色质在电泳上为均匀连续的带，其 A_{320}/A_{260} 小于 0.1。

2. 活性染色质的制备

制备活性染色质的基本方法是将含有活性基因的染色质片段用酶解法、热层析法或者机械性断裂（匀浆器或超声波）的方法从长的全染色质片段中选择性地截取。不同的方法所得的染色质片段的长度不同。①羟基磷灰石柱层析法是限于提取基因群中小于 10 kb 的目的基因的方法；②手匀浆法得到的染色质其 DNA 长度为 76～150 kb。可保证一个复杂系统中的活性基因的完整性。此方法缺点是收获量不大，许多活性染色质片段往往因为所占比例不够而与非活性染色质一起作为沉淀被废弃。这个缺点可以用加大样品量来弥补，也可以进一步对染色质 DNA 进行克隆。

3. 活性染色质作为基因载体的特性和鉴定

染色质工程能选择性地转移基因，并可在不知道目的基因序列或其探针的情况下进行。且可获得一个复杂系统的全部活性基因，可以对所获取的活性基因进行克隆（如 YAC 克隆或其他质粒的克隆）。然后进行基因转移或者对一个复杂系统的基因活动进行分析。

（三）微细胞介导的基因转移

微细胞（或微核体）是指含有一条或几条染色体（即只含有一部分基因组），外有一薄层细胞质和一个完整质膜的核质体。这种细胞只能存活几个小时。微细胞介导的基因转移法（microcell-mediated chromosome transfer，MMCT）就是以微细胞为供体，通过与遗传性完整的受体细胞融合，从而将微细胞内所含有的一条或几条染色体转移至受体细胞中去，而成为能够存活的杂合细胞的一种技术。微细胞被导入受体细胞后仍能进行 RNA 合成，因而微核编码的基因信息有望在微细胞的杂合细胞内表达出来。微细胞介导的基因转移具有简化供体基因表达、对受体细胞影响小、微核染色体稳定的优点。该方法主要包括微细胞的制备和微细胞的融合。

1. 微细胞的制备

一般常用化学药剂（如秋水仙碱）阻断供体细胞的有丝分裂，使染色体停滞在有丝分裂中期，从而在染色体周围逐渐形成核膜而成为众多的微核，然后在细胞松弛素 B 的作用下使微核逐渐突出细胞膜外，最后经过离心获得含有一个微核，四周有一薄层细胞质和质膜界限的微细胞。

2. 微细胞的融合

制备的微细胞一般情况下只能存活几个小时，但经过微细胞后可使其成为能够存活的整体细胞，PEG 法是常用的融合方法，另外，微细胞的融合最好选用带有营养缺陷标志的受体细胞。由于微细胞的染色体含有互补的原养型基因，微细胞与受体细胞形成的杂合细胞即可在特定的选择性培养基中生长而被筛选出来，这样有利于微细胞融合后的筛选与鉴定。

第六节 转基因研究存在的问题与展望

转基因技术极大地促进了我国的农业发展，已经生产出许多转基因作物。转基因作物凭借其抗虫、抗旱等优良品质在我国得到了飞速发展，具有广阔的发展前景，能够促进我国优良农作物产量的提高，从而有利于我国农业的可持续发展。尽管转基因技术发展迅速，对人们的健康生活起了巨大作用，但是目前仍存在一些问题。首先，转基因技术支撑体系不够完善，主要表现为目前转基因动物的成功率不高，体细胞克隆、基因表达、大片段 DNA 转移技术、信号传导与基因调控等技术环节还有待完善，并且有些技术会对动物健康产生危害，这就需要研究者在转基因技术的基础理论研究方面进行更为深入的探索，完善转基因技术的理论知识。其次，社会对转基因食品的接受也是值得考虑的一个环节，现在还难以评估和猜测未来消费者的态度。最后，从目前转基因动植物技术的研究开发现状来看，利用转基因动物作为生物反应器生产药用及保健蛋白，生产抗真菌、抗病毒、抗虫害、抗逆、抗除草剂等转基因植物的应用前景被人们普遍看好，但是转基因植物的安全性评价仍存在一些问题，需要研究者完善转基因植物的安全性评价标准，确定安全管理办法，保证我国的食品安全。

我国目前对待转基因的态度可以概括为积极研究、慎重应用、科学宣传、严格管理。在研究上要大胆，要做到占领科技制高点和主动权，坚持自主创新；在应用上要慎重，在保证安全的前提下进行；在管理上要严格，要坚持依法依规进行监管；在宣传上要积极，充分利用宣传队伍、宣传平台等方式在社会中营造好的转基因科普氛围，让公众了解转基因的原理和监管制度。站在科学的角度来看，技术是中性的，无论是生产转基因动植物，还是用于其他方面，转基因只是一项技术。从理论上来看，转基因技术可以造福人类，也有可能产生风险，需要在政府的科学严格监管之下发挥技术的优势，促进产业进步。

然而，我国尚未制定对转基因药物的药审规定，这是转基因动物产品能否实现产业化的一个重要限制因素。要解决这个问题需要政府制定相应的政策来推动其发展。这些都是转基因动物发展中的问题，需要进一步探讨。另外，我国转基因生物技术的发展必须从我国的实际出发，以现阶段农业、农村和环保问题的重大战略需求为导向，以产品和产业发展为根本目的，以加强创新和推进产业化为重点，以实施人才、专利和标准三大战略为手段，从战略高度上进行统筹规划。国家在政策和资金上重点支持有关的基础研究项目，培育自主创新能力，力争在相关领域取得重大突破。同时，要培育和壮大一批具有国际竞争力的农业生物技术企业，为实现我国农业生物技术和农业、农村经济可持续的跨越式发展创造良好条件。

本章小结

转基因技术发展到今天，已经历经了几十年的历史，在这几十年中，转基因技术日趋成熟，新的方式方法不断出现。通过这些方法可人为地改造实验动物或植物的基因组，为研究其相关基因的结构与功能提供了新方法及新思路。这些方法各具特点，各有各的优点与限制，它们的不断出现、改进及具备的重大应用意义，也使得转基因动植物及转基因技术成为生命科学研究的重要领域。目前的发展趋势表明，动植物转基因技术和转基因生物的制备在生物科学领域内具有较高的研究价值，领域内也已经掀起了相关研究的热潮，这是现在十分具有应用价值的研究内容之一。虽然如今转基因技术还在不断完善和革新的过程中，许多方面的应用尚未进入最终的产业化阶段，但随着理论和技术不断向前推进，转基因技术必将对人类的疾病治疗、生产生活、社会发展等方面产生巨大的影响。

➤思考题

1. 什么是转基因技术？如何认识转基因技术在现代生命科学研究中的意义？
2. 简述转基因技术的研究进展。
3. 谈谈对转基因食品安全性问题的认识。
4. 简述常规转基因载体的基本结构。
5. 如何认识转基因载体？其如何分类？
6. 质粒载体与病毒载体有何异同？
7. 何谓转基因植物？创造转基因植物的方法有哪些？
8. 简述转基因植物在生产中的应用。
9. 何谓转基因动物？简述转基因动物生产的技术环节。
10. 基因导入动物受体细胞的主要方法有哪些？各有何特点？
11. 转基因动物的应用领域有哪些？
12. 转多基因技术的方法有哪些？
13. 何谓染色体转移技术？简述染色体转移技术的分类及操作方法。
14. 谈谈对转基因和转染色体技术的看法。

编者：李惠侠

主要参考文献

初易洋，田慧琴，许蕙金兰，等. 2016. 植物多基因转化方法研究进展[J]. 中国生物工程杂志，36（12）：111-116.

邓小梅，赵先海，袁金英，等. 2014. 植物多基因转化方法研究进展[J]. 林业科技开发，28（2）：7-11.

高晗，钟蓓. 2020. 转基因技术和转基因动物的发展与应用[J]. 现代畜牧科技，（6）：1-4，18.

李碧春，徐琪. 2015. 动物遗传学[M]. 北京：中国农业大学出版社.

李尔炀. 2006. 多基因转化技术[M]. 北京：化学工业出版社.

李立家，肖庚富，杨飞，等. 2018. 基因工程[M]. 北京：科学出版社.

李志亮，黄丛林，刘晓彬，等. 2020. 转基因植物及其安全性的研究进展[J]. 北方园艺，4（8）：129-135.

林敏. 2021. 农业生物育种技术的发展历程及产业化对策[J]. 生物技术进展，11（4）：405-417.

马宇浩，蔡甘先，邓晓恬，等. 2021.我国转基因生物安全评价现状及展望[J]. 中国畜牧杂志，（10）：1-12.

唐炳华. 2017. 分子生物学[M]. 北京：中国中医药出版社.

魏庆信，樊俊华. 1993. 湖北白猪导入OMT/PGH基因的整合，表达和遗传[J]. 华中农业大学学报，12（6）：606-611.

吴晓彤，赵辉，王璞. 2017. 现代食品的安全问题及安全检测技术研究[M]. 北京：中国原子能出版社.

袁晓霞，余露露. 2015. 动植物转基因食品安全性的争议[J]. 现代农业，（9）：110-111.

张峰，陈丽静. 2014. 细胞工程[M]. 北京：中国农业大学出版社.

张惠展. 2017. 基因工程[M]. 上海：华东理工大学出版社.

张翼，路曦结，胡朝中，等. 2003. 转基因技术在我国的研究、应用现状及展望[J]. 安徽农学通报，（6）：124-127.

Cao J，Zhao J Z，Tang J D，et al. 2002. Broccoli plants with pyramided crylAc and crylC Bt genes control diamondback moths resistant to Cry1A and Cry1C proteins [J]. Theor Appl Genet，（105）：258-264.

Carlson S R，Rudgers G W，Zieler H，et al. 2007. Meiotic transmission of an in vitro-assembled autonomous maize minichromosome [J]. PLoS Genetics，3（10）：1965-1974.

Cosa B D，William M，Lee S B，et al. 2001. Overexpression of the Btcry2Aa2 operon in chloroplasts leads to formation of insecticidal crys-tals [J]. Nature Biotechnology，19：71-74.

Ma J K，Hiatt A，Hein M，et al. 1995. Generation and assembly of secretory antibodies in plants [J]. Science，268（5211）：716-719.

Qi B，Fraser T，Mugford S，et al. 2004. Production of very long chain poly-unsaturated omega-3 and omega-6 fatty acids in plants [J]. Nat Biotechnol，22（6）：739-745.

Sanforda J C，Kleina T M，Wolfb E D，et al. 1987. Delivery of substances into cells and tissues using a particle bombardment process [J]. Particulate Science and Technology，5（1）：27-37.

Singla-Pareek S L，Reddy M K，Sopory S K. 2003. Genetic engineering of the glyoxalase pathway in tobacco leads to enhanced salinity tolerance[J]. PNAS，100（25）：14672-14677.

Sone T，Nagamori E，Ikeuchi T，et al. 2002. A novel gene delivery system in plants with calcium alginate micro-beads [J]. J Biosci Bioeng，94（1）：87-91.

Wada N，Cartagena J A，Khemkladngoen N，et al. 2012. Bioactive bead-mediated transformation of plants with large DNA fragments[J]. Methods in Molecular Biology，847：91-106.

Zhao J，Cao J，Li Y，et al. 2003. Transgenic plants expressing two *Bacillus thuringiensis* toxins delay insect resistance evolution [J]. Nature Biotechnology，21（12）：1493-1497.

第十六章 细胞基因组编辑原理及技术

第一节 概 述

基因组编辑（genome editing）技术是指在特异性人工核酸内切酶技术的基础上，实现对特定 DNA 序列的删除、插入或修饰，从而获得具有特定遗传信息的生物材料的一种手段。基因编辑技术起源于 19 世纪 80 年代，是利用细胞自有的同源重组（homologous recombination，HR）修复机制将目的基因序列整合到基因组靶点处，但效率极低（10^{-6}），且脱靶现象严重。后来 Maria Jasin 实验室发现了一种归巢核酸内切酶 I-*Sce*I，该酶切割染色体产生双链断裂后，通过激活损伤修复机制参与断裂修复来提高基因的编辑效率。但归巢核酸内切酶的 DNA 识别和切割功能位于同一结构域，导致编辑位点受序列的限制，因此基于 DNA 靶向蛋白与核酸内切酶相结合的定点编辑技术逐步发展起来，如锌指核酸酶（zinc-finger nuclease，ZFN）、转录激活因子效应物核酸酶（transcription activator-like effectors nuclease，TALEN）技术及 CRISPR/Cas9 技术。真核生物中产生 DNA 双链断裂（double-strand break，DSB）后的修复途径主要为非同源末端连接（non-homologous end joining，NHEJ）。与同源介导修复（homology directed repair，HDR）相比，NHEJ 发生的频率更高，而且对断裂位点的修复不依赖于模板，容易引起 DNA 接口处碱基的插入或缺失，造成移码突变，从而达到基因敲除的目的。

传统的基因组编辑方法只是基于生物体细胞内对DNA损伤的自发修复机制而实现对DNA片段的插入或删除（insertion-deletion，In-del），并依赖细胞中天然存在的同源重组将外源基因片段整合到基因组中。为了得到理想的基因突变类型，研究者将靶向特定 DNA 序列的蛋白质与具有 DNA 切割活性的蛋白质相融合得到人工改造的核酸酶（artificial nuclease），使基因组编辑技术的开发和应用迅速发展起来。能够定点切割基因组的人工核酸酶，可以在基因组的特定位置引入 DSB，从而提高特定位点编辑细胞的效率。

生物的遗传信息主要以 DNA 的形式储存并传递。近年来 CRISPR/Cas9 系统定点打靶技术发展成熟，使基于 NHEJ 的基因敲除（knock-out）和基于 HDR 修复机制的基因敲入（knock-in）等基因工程手段获得极大发展，可以在基因组的特定位点对基因组进行编辑，使目标基因组的“精确编辑”成为可能。目前已被应用于基因功能研究、畜禽优良新品种培育、模式动物生产、探寻疾病的发病机制和新型基因疗法等方面。

第二节 锌指核酸酶技术

锌指核酸酶（ZFN）技术是最早发展起来的一种可用于动植物转基因、人类遗传疾病基因治疗及微生物基因组改造的新兴技术。在发展初期，该技术就以其高效性和特异性受到高度重视，有多篇研究成果在 *Nature* 和 *Science* 等国际顶级杂志上发表。

一、锌指核酸酶的构成

锌指核酸酶是一种人工合成酶，含有锌指蛋白 DNA 结合域和非特异性核酸酶（*Fok* Ⅰ）催化结构域。单个锌指含24～30个氨基酸，这些序列在锌离子存在时折叠形成紧密的β-β-α结构，其中两个Cys和两个His与一个锌离子共价结合。从α螺旋开始，1、2、3、6位点的氨基酸残基与DNA相互作用，形成对碱基位点识别的特异性。除识别位点以外，其他位点高度保守（图16-1）。典型的锌指蛋白含有3个锌指结构，每个锌指可特异性地识别DNA链上3个碱基，3个锌指能识别9个连续碱基。因此，锌指蛋白与DNA的结合具有高度特异性。而且3锌指核酸酶比多锌指核酸酶更有效，对细胞的毒性较低。

二、锌指核酸酶的工作原理

锌指核酸酶技术是利用锌指蛋白对DNA的特异性结合和核酸酶对DNA双链的切割机制，形成的一种高效性和特异性的基因修饰技术。锌指核酸酶有一个特异的DNA结合域和核酸酶催化结构域，两个锌指核酸酶以二聚体的形式特异性结合到目标DNA，然后二聚锌指核酸酶将中间的六个核苷酸切断（图16-2）。这种核酸酶像一把剪刀，可对核酸酶识别的特异DNA位点进行切割，通过细胞内固有的DNA双链断裂修复机制将该位点的基因敲除，或者在引入外源基因的前提下可以在该位点插入外源基因，这一技术因其特异性和高效性特点，在果蝇、植物细胞和人类细胞中得到广泛应用。

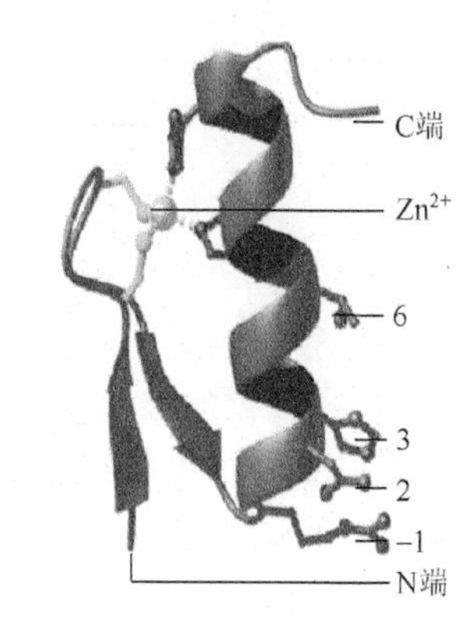

图16-1　C_2H_2型锌指结构示意图

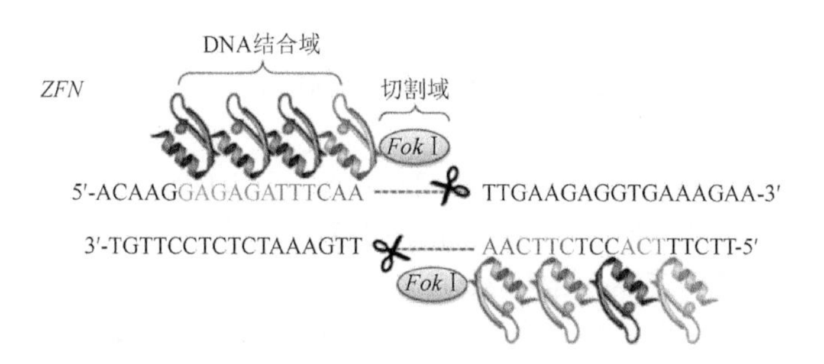

图16-2　锌指核酸酶与DNA相互作用示意图

三、锌指核酸酶的修复机制

细胞对锌指核酸酶产生的DNA双链切口通过非同源末端连接（NHEJ）和同源重组（HR）进行自我修复。应用细胞中固有的非同源重组末端连接机制，可以在细胞修复断裂的DNA双链时，需要去掉断口处几个核苷酸，从而导致该基因的阅读框发生改变，将该基因敲除；应用同源重组修复机理，可以在该位点插入一个外源基因，达到转基因的目的。两种修复机制的模式如图16-3所示。

（一）非同源末端连接（NHEJ）修复

NHEJ修复的机制是哺乳动物细胞中产生DSB后的主要修复方式，不需要同源DNA序列的参与，依赖DNA连接酶将两个断裂的DNA双链末端连接起来。因此，NHEJ修复方式可以发生在细胞的整个周期中（有丝分裂可能受到抑制）。

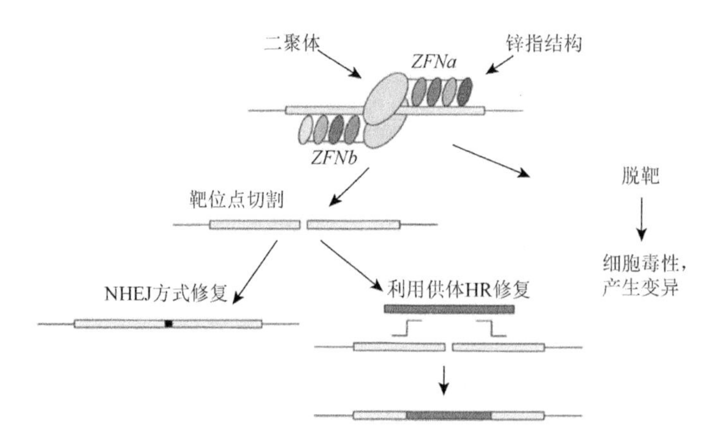

图 16-3　细胞内修复双链断裂结构的两种模式示意图

NHEJ 修复的基本过程：当 DNA 双链发生断裂损伤后，DNA 依赖蛋白激酶的两个调节亚单位 Ku70/Ku80 蛋白形成异源二聚体识别并结合在 DNA 双链断裂末端，防止 DSB 产生的游离末端被 DNA 核酸酶进一步降解。与此同时，Ku 二聚体结合到 DNA 末端后开始作为一种“工具纽带”或“载体蛋白”招募其他非同源末端连接蛋白。DNA 依赖蛋白激酶催化亚基（DNA-PKcs）对 Ku 二聚体-DNA 末端结构具有高度吸附性，DNA-PKcs 吸附 Ku 二聚体后形成 DNA-PK 全酶复合体。该复合体经激活后进一步募集 Ligase Ⅳ和 XRCC4 等因子，此时，完成招募工作的 DNA-PK 全酶从 DNA 末端释放，细胞中的多核苷酸激酶（PNK）、Artemis 和 DNA 聚合酶λ和μ（DNA polλ/μ）开始对 DNA 末端进行修饰，最后 Ligase Ⅳ/XRCC4/XLF 复合体对经修饰的 DNA 末端执行有效连接功能，使断裂的 DNA 双链重新连接。

（二）同源重组介导修复（HDR）

DNA 损伤后除启动 NHEJ 修复机制外，还存在另一种 HDR 修复机制。这种修复途径发生在含有同源序列 DNA 之间，能够保护基因组的完整性，被称为同源重组介导修复。真核生物染色体上非姐妹染色单体的交换、姐妹染色单体的交换、细菌及某些低等真核生物的转化、细菌的转导与结合及噬菌体重组等都属于这一类型。真核生物中以未受损的姐妹染色单体的同源序列作为修复模板，所以 HDR 的修复过程一般发生在细胞周期的 S 期后期到 G_2 期。

HDR 过程中起重要作用的蛋白叫 Rec 家族蛋白，该家族以发现的第一个成员 RecA 命名，RecA 在 *E.coli* 的 HDR 过程和 DNA 复制中起重要作用。RecA 存在很多同源蛋白，如噬菌体中的 UvsX 和哺乳动物中的 Rad51 等，统称为 Rad52 异位显性集合（Rad52 epistasis group），其中最重要的蛋白质为 Rad51、Rad52 和 Rad54。真核生物中 HDR 修复的基本过程是：DSB 发生后，在解旋酶和核酸内切酶的共同作用下，断裂双链末端形成突出的 3′单链 DNA，之后 Rad52 蛋白结合到 DNA 单链末端，在 Rad52 的作用下，MRX 同源重组修复复合物（Mre11-Rad50-Xrs2）被募集至 DSB 断裂处，从而启动 Rad51 蛋白介导的以同源 DNA 为模板的链交换，修复 DSB 引起的碱基缺失并使断裂的 DNA 重新连接。

ZFN 出现之后，人们对其构建方法（主要是锌指蛋白的组装方法）进行了很多改进，先后出现了 Modular assembly 法、OPEN/CoDA 法、Two-finger archive 法和 Extended modular assembly 法等。作为第一代基因组定点编辑技术，ZFN 技术已经成功地应用于人、牛、羊、猪、兔、小鼠、大鼠、鱼类、番茄、酵母和藻类等物种的基因组编辑研究。

第三节　TALE 核酸酶技术

转录激活样效应因子（transcription activator-like effector，TALE）最初是在植物病原体黄单胞菌（*Xanthomonas*）中发现的。植物病原体黄单胞菌将 TALE 蛋白通过Ⅲ型分泌系统注入植物细胞，TALE 细菌蛋白与转录因子行为相似，穿过核膜进入细胞核内与特定的 UPT（up-regulated by TALE）盒结合，调控植物基因组中与疾病和抵抗力相关基因的表达。植物病原菌中发现的该类蛋白质达 10 余种。

TALEN 是由 TALE DNA 结合域和内切核酸酶 *Fok*I 的切割域融合而成。其中，TALE 的 DNA 结合域能够识别特异的 DNA 序列，*Fok*I 可通过二聚体产生核酸内切酶活性，在特异的靶 DNA 序列上产生双链断裂。细胞在修复双链断裂的过程中，可产生各种类型的序列改变。根据 TALE 的结构特点，理论上可以设计出能够识别并结合任意靶序列的 TALEN。而且 TALEN 的操作简单，没有筛选的过程，组装完成后即可进行活性验证，因此该技术在酵母、动植物细胞的基因组定点修饰、遗传疾病的基因疗法及基因的功能研究等方面应用广泛。

一、TALE 结构和 TALEN

TALE 具有特殊的结构特征，包括 N 端分泌信号、中央的 DNA 结合域、一个核定位信号和 C 端的激活域（图 16-4）。TALE 蛋白中 DNA 结合域有一个共同的特点：不同的 TALE 蛋白的 DNA 结合域是由 12～30 个数目不同的、高度保守的重复单元组成，每个重复单元含有 33～35 个氨基酸。这些重复单元的氨基酸组成相当保守，除第 12 位和 13 位两个氨基酸可变外，其他氨基酸都是相同的。这两个可变氨基酸被称为重复序列可变的双氨基酸残基（repeat variable di-residues，RVD）。TALE 识别 DNA 的机制在于每个重复序列的两个 RVD 可以特异识别 DNA 4 个碱基中的一个，目前发现的 RVD 共有 5 种。统计分析发现，HD（氨基酸名称）特异识别 C 碱基，NI 识别 A 碱基，NN 识别 G 或 A 碱基，NG 识别 T 碱基，NS 可以识别 A、T、G、C 中的任一种。通过对天然 TALE 的研究发现：TALE 蛋白框架固定识别一个 T 碱基，所以靶序列总是以 T 碱基开始。

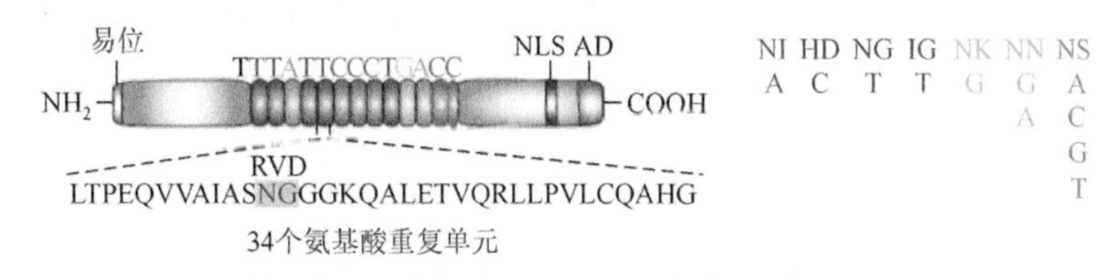

图 16-4　黄单胞菌中分离的天然 TALE 的结构及 RVD 对碱基的识别关系

自然界中，不同 TALE DNA 结合域的氨基酸重复序列的数目不同，因此其结合靶 DNA 的碱基数目也不同（图 16-5，图 16-6）。TALE 蛋白的这一特点可以根据研究目的对 DNA 结合域的重复序列进行设计，得到识别任意序列靶位点的特异 TALE，因而通过对 TALE 重复序列进行人工设计并将其与一些功能域融合产生 dTALE（designer TALE-type transcription factor）和 TALEN（TALE nuclease）。这些功能域包括激活子、抑制子、核酸酶、甲基化酶和整合酶等。TALE 的 DNA 结合域与 *Fok*I 核酸内切酶的切割域融合，形成能够在特定位点产生 DSB 的嵌合酶 TALEN（图 16-7）。

LTPEQVVAIASNIGGKQALETVQRLLPVLCQAHG
LTPEQVVAIASHDGGKQALETVQRLLPVLCQAHG

图 16-5 基于核磁共振波谱的 1.5 个 TALE 重复的结构模型

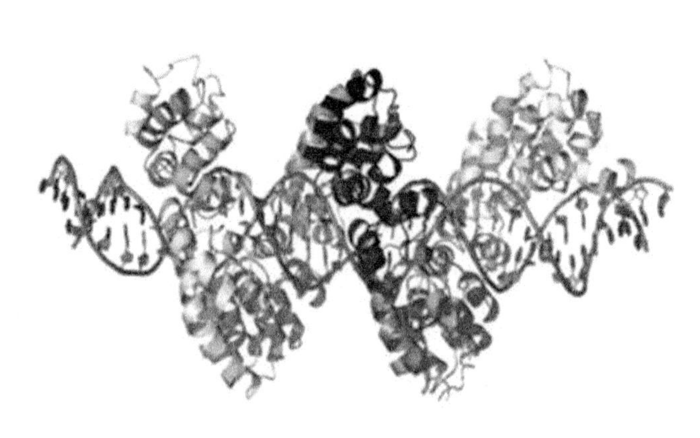

图 16-6 串联的 TALE 重复与 DNA 双螺旋结合的晶体结构图

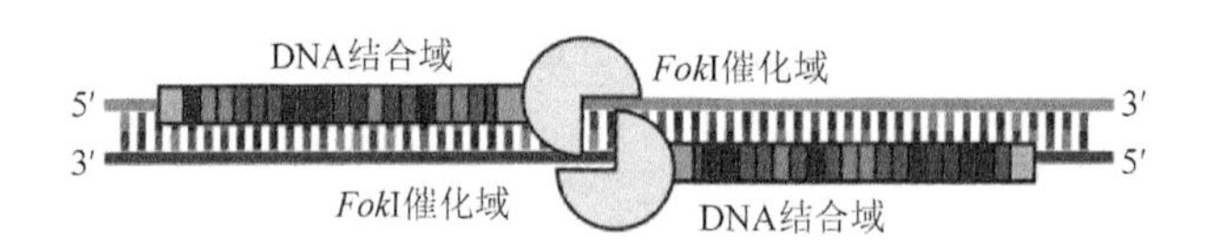

图 16-7 TALEN 结构示意图

二、TALEN 的切割和修复机制

与 ZFN 技术对基因组 DNA 的切割及诱导细胞对双链断裂修复一样，两个 TALEN 单体以尾对尾的方式通过 TALE 部分特异性结合到靶 DNA 上，非特异性的 *Fok* Ⅰ 通过形成二聚体对识别位点间间隔序列（Spacer）的几个核苷酸进行切割。其中，Spacer 和 C 端的长度对 TALEN 的切割效率有很大的影响。与 ZFN 类似，TALEN 产生的 DSB 也是通过以下两种途径进行修复：一种是同源重组介导的修复，在具有同源臂 DNA 模板存在的情况下，细胞能够将含有同源臂的外源基因整合到靶位点的 DNA 序列上；另一种是 NHEJ 修复，直接修复断裂的 DNA 双链，导致 DNA 断裂处发生碱基缺失，如果这种错误修复发生在一个基因的外显子上，能够导致该基因阅读框的改变，达到 DNA 定点敲除的目的（图 16-8）。

三、TALEN 的构建方法

设计和构建 TALEN 的最大挑战是如何把这些能够结合靶 DNA 的重复序列（RVD）组装起来。Golden Gate 方法的核心是应用Ⅱs 型 DNA 内切酶在识别位点以外对 DNA 进行切割，从而达到将多个 DNA 片段连接起来的目的（图 16-9）。

基于 Golden Gate 方法，出现了其他可以特异结合靶位点、实现基因组定点修饰、比较简单实用的 TALEN 构建方案（图 16-10），主要包括以下步骤：

（1）选择组装方案并寻找合适的靶位点。不同组装方案组装的 TALEN 的 DNA 结合域有不同的重复数，特异结合靶位点的碱基数也不同，而且 Spacer 的长度对 TALEN 的切割效率有很大的影响。

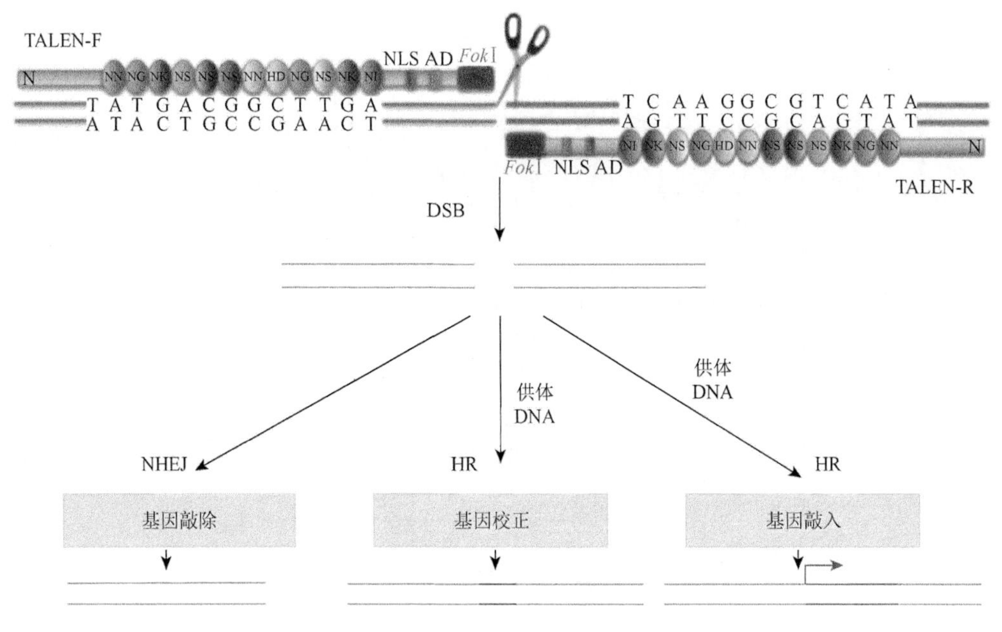

图 16-8 TALEN 的切割修复机制

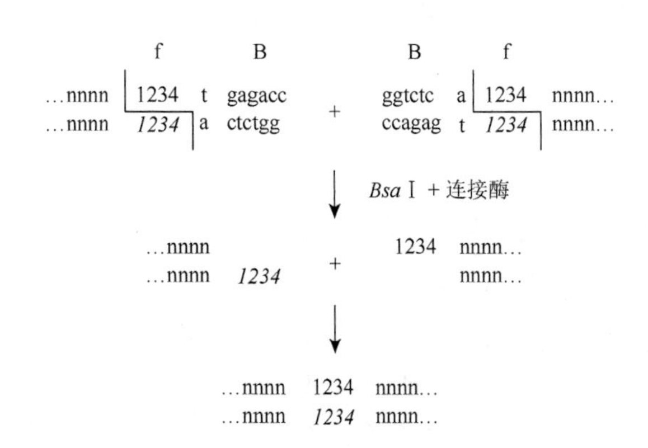

图 16-9 TALEN 的构建方法

（2）构建 TALE 单体库。组装的第一步是按照设计将 TALE 单体两端加上不同的悬臂。

（3）根据靶位点应用“酶切-连接一步法”构建 TALE 模块。“酶切-连接一步法”(cut-ligation strategy)是指Ⅱs 型内切酶和连接酶在同一反应体系内共同作用，边酶切边连接的过程。该种方法利用Ⅱs 型内切酶的酶切位点不在识别位点处的特点，在被连接起来的单体不会再被切开的情况下将 DNA 片段连在一起。TALE 单体被切割后只能按照指定的顺序连接在一起，组装成含多个 TALE 单体的模块。

（4）继续应用“酶切-连接一步法”连接 TALE 模块并与载体相连（Golden Gate 方法是将多个重复单体按照设计的顺序组装起来，并构建到表达载体上）。

（5）将组装的 TALE 与 *Fok*I 相连，完成 TALEN 的构建。与 *Fok*I 连接时可以通过合适的酶切位点的切割改变 C 端氨基酸的个数，筛选活性较高的 TALEN。

（6）在细菌、酵母、动植物细胞上中检测 TALEN 的切割活性，并对其切割效率、毒性等进行验证。

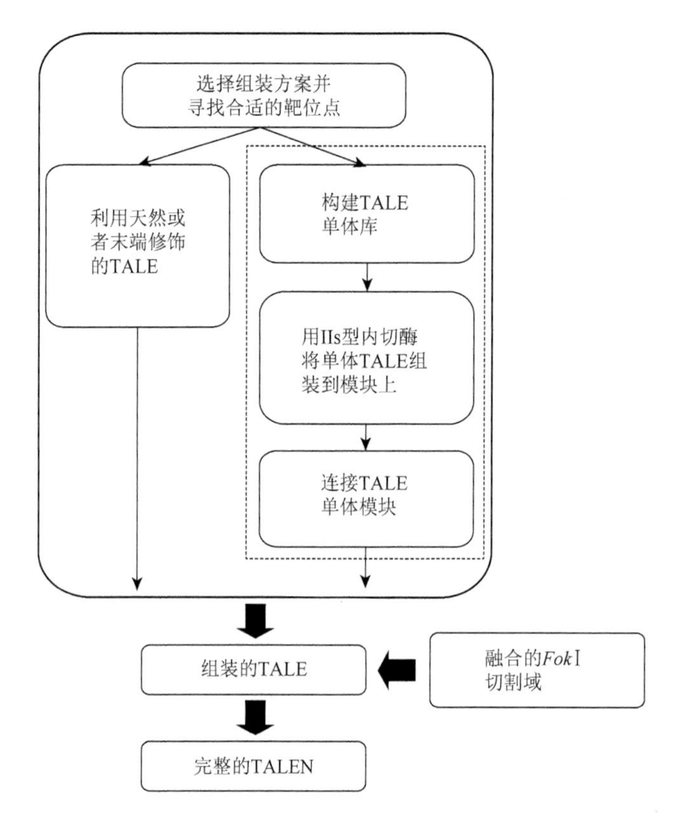

图 16-10　基于 Golden Gate 方法构建 TALEN 的步骤

由于 TALE 的 DNA 结合域由可变的重复序列组成，理论上可以将 TALE 的重复序列进行组装，得到可以识别并结合任意靶序列的 TALEN。基于 Golden Gate 方法的 TALE 组装方案简便可行，直接应用 4 个 RVD 的重复单元（NI、HD、NN 和 NG），按照识别序列进行设计，没有筛选的过程，组装完成后即可进行活性验证，可以在短时间内组装成识别不同序列的 TALEN。作为继 ZFN 之后的基因组定点修饰技术，TALEN 技术以其便捷的组装方式、较高的切割效率、较低的毒性在酵母、植物和一些哺乳动物细胞中相继进行了一系列研究，并能应用于动物体的基因组定点操作。但是，由于 CRISPR/Cas9 技术的出现，最终 TALEN 犹如昙花一现，在基因组定点编辑中的地位很快就被取代了。

第四节　CRISPR/Cas 技术

CRISPR/Cas 技术是 2012 年发展起来的一种由 RNA 导向的基因组编辑技术。CRISPR/Cas 系统主要由细菌中成簇的规律间隔的短回文重复序列（clustered regularly interspaced short palindromic repeats，CRISPR）和 CRISPR 相关联的（Cas）免疫系统组成。由于 CRISPR-Cas 蛋白结合的位点特异性是由 RNA 分子而不是 DNA 结合蛋白控制的，因此 CRISPR 系统与锌指、TALE 蛋白相比，具有成本低、效率高等优势，使得对基因的编辑“普通化”，其发现者 Emmanuelle Charpentier 和 Jennifer A. Doudna 凭借开发基因组编辑方法方面的突出贡献，被授予 2020 年诺贝尔化学奖。

一、CRISPR/Cas 系统的发现

CRISPR/Cas 系统是存在于细菌和古菌针对噬菌体和质粒 DNA 入侵进化形成的一种由 RNA 介导的获得性免疫系统。1987 年，Nakata 等发现了大肠杆菌 *iap* 基因下游一个成簇的 29 bp 重复序列，随后在大于 40%的细菌和 90%的古菌中都发现了这种成簇的重复序列，如分枝杆菌（*Mycobacterium* spp.）、沙门氏菌（*Salmonella enterica*）和痢疾杆菌（*Shigella dysenteriae*）等，这类短重复序列被统称为 CRISPR，通常由非重复的短间隔 DNA 序列隔开（spacer）。细菌经感染后，CRISPR 系统会将噬菌体基因组 DNA 潜在 PAM（protospacer adjacent motifs）序列附近约 20 bp 的 DNA 片段插入到细菌或古菌中，从而延长了 CRISPR 表达盒。当细菌再次被感染时，存在于细菌体内的这些间隔序列可以阻止外源质粒或噬菌体的入侵（图 16-11）。将 CRISPR 与防御外源 DNA 入侵的免疫系统结合起来，发挥类似 RNA 干扰的机制而起到免疫防御的功能。Barrangou 等（2007）将噬菌体间隔序列插入到嗜热链球菌（*Streptococcus thermophilus*）后，能够抵抗噬菌体的感染，证实 CRISPR 诱导的免疫保护细菌抵抗噬菌体入侵。2008 年，Marraffini 等在表皮链球菌（*S. epidermidis*）上发现 CRISPR 系统可以阻止外源质粒的转移。2010 年 Garneau 等研究嗜热链球菌时发现间隔序列可以引导 *Cas* 基因簇中的 Cas9 切割 DNA。这些重要的发现为研究 CRISPR/Cas 系统的作用机制奠定了基础，使得 CRISPR/Cas9 系统在短时间内得以迅速发展。

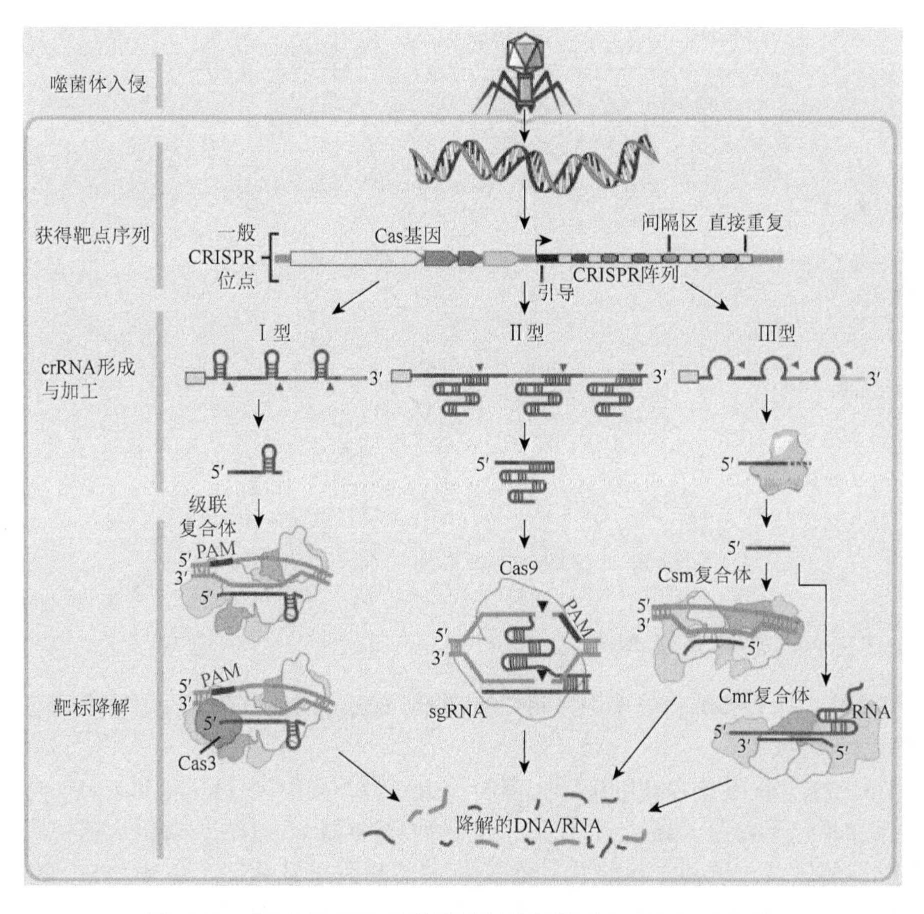

图 16-11　细菌 CRISPR 系统自然免疫机制（Hsu et al.，2014）

二、CRISPR/Cas 系统的结构组成

CRISPR/Cas 系统由 CRISPR 序列和 *Cas* 基因组成。CRISPR 序列由前导序列（leader）、重复序列区（repeat）和间隔序列（spacer）组成。大多数 CRISPR 都有 5′端长度为 300～500 bp 且富含腺嘌呤的前导序列，前导序列有转录起始位点，可以启动 CRISPR 序列转录生成前体 CRISPR RNA（precursor CRISPR RNA），随后这种前体 crRNA 可被 RNase Ⅲ等切割成小的 CRISPR RNA（crRNA）分子；重复序列是一段 24～48 bp 的正向重复序列，两端 5～7 bp 是相对保守成对称结构的回文序列，转录成熟后形成的 CRISPR RNAs（crRNA）有稳定的颈环结构，与 Cas 蛋白相结合形成复合物。重复序列之间并不是连续的，而是被具有相同长度的间隔序列隔开。

CRISPR/Cas 系统的另一个重要组成部分 *Cas* 基因，通常位于 CRISPR 序列的上游区域附近，是一组保守的蛋白编码基因，编码的 Cas 蛋白具有核酸酶功能。crRNA 与反式激活的 crRNA（trans-activating crRNA，tracrRNA）小片段互补配对，经 RNase Ⅲ切割后，共同引导与 CRISPR 基因座相连的 Cas9 蛋白，在 crRNA 的指导下对 DNA 双链进行切割。融合表达 crRNA 与 tracrRNA 的单链 sgRNA（small guide RNA）能够识别目标基因组 DNA 上 PAM 前的靶序列。其中，crRNA 包含 20 nt 导向 RNA（gRNA）和 12 nt 重复区，而 tracrRNA 被分成 14 nt 反向重复区和 3 个茎环（图 16-12）。

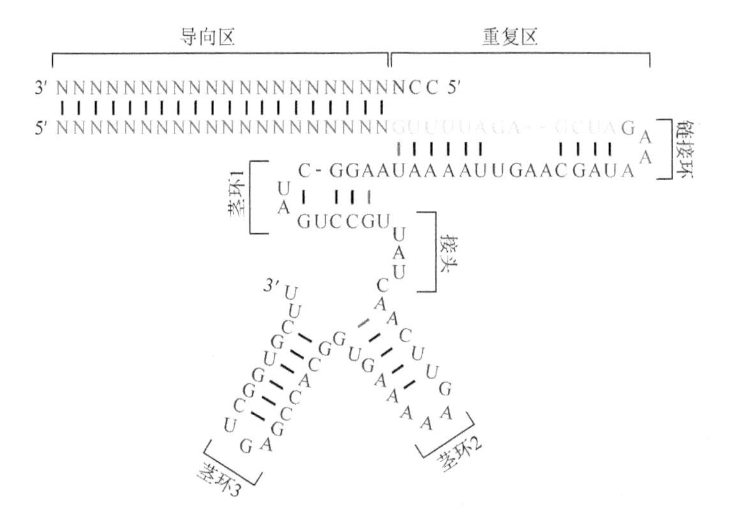

图 16-12　sgRNA 结构示意图（Mei et al.，2016）

三、CRISPR/Cas 系统的类型

根据 Cas 蛋白序列和结构的不同，将 CRISPR/Cas 系统分成Ⅰ型、Ⅱ型和Ⅲ型三种类型和至少 10 种亚型。

Ⅰ型 CRISPR/Cas 系统存在细菌和古菌中，由 6 种不同亚型（I～A 到 I～F）组成。干扰反应中的保守标记蛋白是 Cas3，含有一个组氨酸/天冬氨酸（HD）磷酸水解酶区域和一个 DExH 样解旋酶区域。这两个区域由两个不相关的基因单独编码，依靠 ATP 和 Mg^{2+}在解旋酶区域解旋双链 DNA，在 HD 区域切割单链 DNA。Cas3 和不同的 Cas 蛋白复合体 Cascade

(CRISPR- associated complex for antiviral defense) 相互结合并运送 crRNA，crRNA 和 Cascade 的复合物能识别 DNA 靶序列，招募的 Cas3 蛋白依靠形成负超螺旋 DNA 的方式降解靶 DNA 分子。

Ⅱ型 CRISPR/Cas 系统仅仅在细菌中发现，具有明显特征的最小 Cas 基因。在该类系统中，多功能蛋白 Cas9 既参与 crRNA 的成熟，又参与随后的干扰反应。crRNA 的成熟过程依靠邻近 CRISPR 位点的 tracrRNA 来完成。Cas9 可以促进 tracrRNA 和 pre-crRNA 的碱基配对形成 RNA 双链，随后在 RNase Ⅲ作用下产生成熟的 crRNA。切割靶 DNA 需要 crRNA、tracrRNA 和 Cas9 三者共同参与（图 16-13）。对于互补链，精确的 DNA 切割位点在 PAM 上游 3 bp 处，而非互补的 DNA 链则在 PAM 序列上游 3～8 bp 的位置发生切割产生钝端。

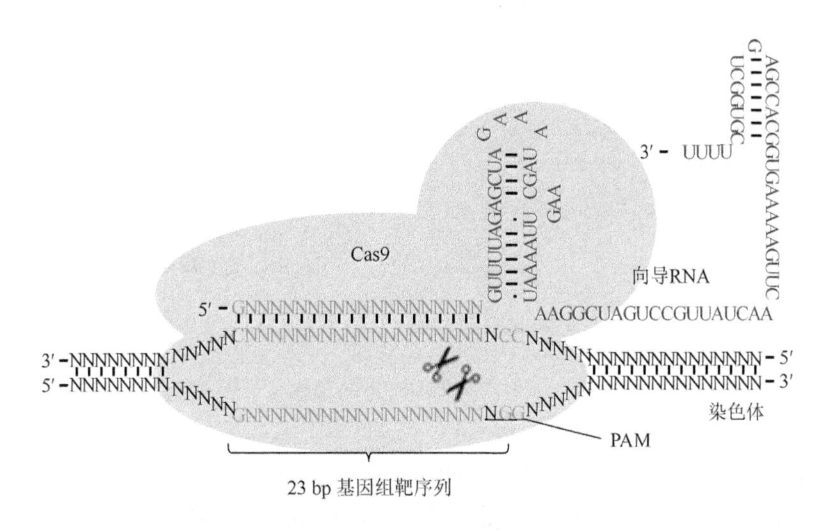

图 16-13　CRISPR/Cas9 系统的工作原理图

两种已知的Ⅲ型 CRISPR/Cas 系统（Ⅲ-A 和Ⅲ-B）主要存在于古菌中，编码 CRISPR 特异的核糖核酸内切酶-Cas6 蛋白和 Cas10 蛋白的特异亚型，很可能参与靶向干扰。由于 Cas10 蛋白编码一个靶向降解 HD 核酸酶的区域，因此Ⅲ型系统靶向 DNA 不需要特异的 PAM 序列，但是不能靶向与 crRNA 5′端 8 个核苷酸互补的序列。嗜热古细菌（*Pyrococcus furiosus*）的Ⅲ-B 型系统，在 crRNA 成熟过程之后，Cas6 不是干扰复合体中必需的部分，但是 5′重复序列标签的 8 个核苷酸提供固定组装 6 个蛋白（Cmr1～Cmr6）的核蛋白干扰复合体。硫矿硫化叶菌（*Sulfolobus solfataricus*）中含有 7 个蛋白（Cmr1～Cmr7）的 Cmr 复合体，在 UA 二个核苷酸处表现内切核酸酶活性切割入侵的 RNA。对于两种 Cmr 复合体，靶 RNA 不需要 PAM 序列。与其他亚型不同的是这两类干扰复合体能够特异地靶向 RNA 而非 DNA。随着研究的深入，发现 Cmr 蛋白在体内能够以不依靠 PAM 序列的方式靶向质粒 DNA（图 16-14）。

四、CRISPR/Cas9 编辑系统

不同的 CRISPR/Cas 系统作为基因组编辑工具具有很大的潜力，研究不同的 Cas 蛋白活性可以开发不同编辑工具的组成部分，如 Csy4 是 CRISPR 家族的一个 Cas9 同源蛋白，也被称为 Cas6f，具有核酸内切酶的功能，能够促进 RNA 的环化效率。近年来对 Cas 蛋白干扰复合体的研究显示，Cas 蛋白能够靶向特异的 DNA 或 RNA，其中最重要的就是Ⅱ型蛋白-Cas9。天然的

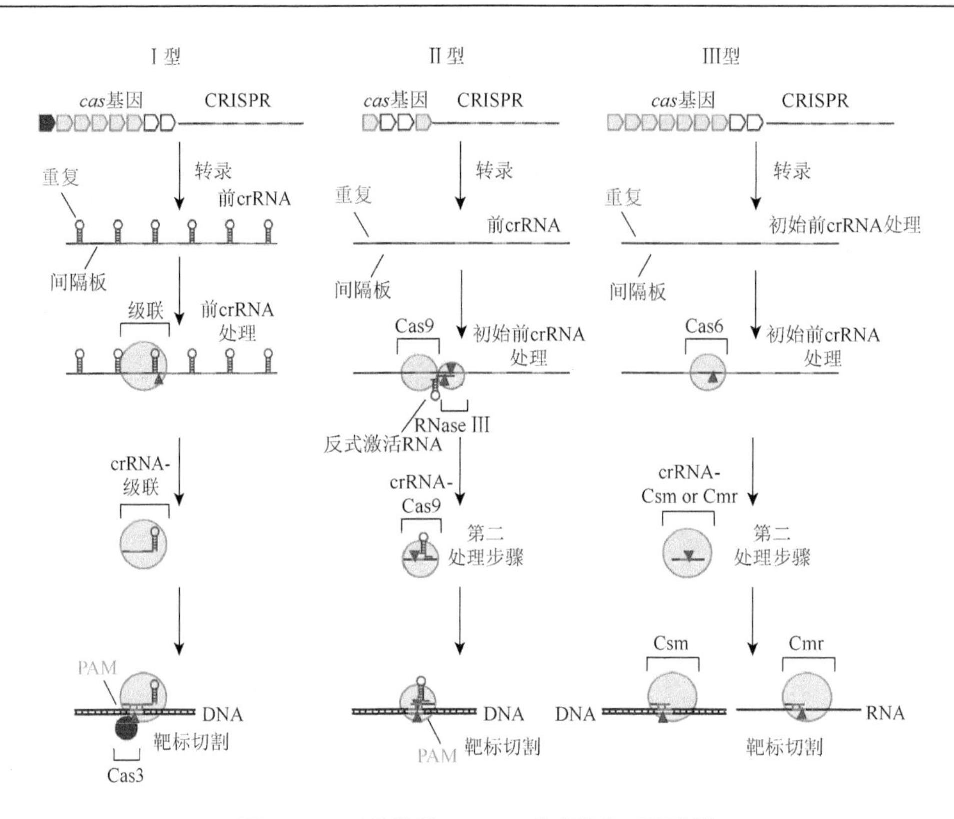

图 16-14　三种类型 CRISPR 的表达和干扰阶段

Cas9 介导的基因组编辑是通过两步来实现的。首先，Cas9 通过 crRNA 中一段 20 nt 的导向序列诱导基因组 DNA 靶位点产生 DSB，接着通过 NHEJ 或 HDR 的方式修复断裂的双链。天然的 Cas9 系统需要三个基本的部分发挥作用：Cas9 核酸酶、tracrRNA 和可设计的 crRNA。随后，Ⅱ型 CRISPR/Cas 系统进一步简化，只需要 Cas9 核酸酶和 guide RNA（gRNA）两部分（图 16-15）。Cas9 干扰实验表明 crRNA 和 tracrRNA 融合的产物与 RNaseⅢ加工的 crRNA、tracrRNA 双链有类似的效率。因此利用 Cas9 和特异的 sgRNA 的设计方法与融合的 crRNA/tracrRNA 序列相似，形成的核糖核蛋白称为 RNA 导向核酸内切酶（RNA guided endonucleases，RGEN），RGEN 可以根据 sgRNA 的序列、特异地靶向单个的基因甚至多基因，对靶序列进行高效特异的编辑。利用不同的 sgRNA 单个 Cas9 蛋白可以进行重复打靶，甚至可以同时用几个 sgRNA 对多个基因同时进行靶向编辑，而无须像蛋白导向的人工核酸酶那样需要进行重新组装。CRISPR/Cas9 系统简单高效，可以同时编辑多个靶基因，可以有效替代 ZFN、TALEN 及其他诱导靶基因改变的核酸内切酶系统，被广泛用于酵母、人类等几乎所有真核生物的基因组编辑研究中。

五、CRISPR/Cas9 系统的断裂修复机制

DNA 产生双链断裂 DSB 后，细胞中存在着多种修复机制以维护遗传信息的完整性和准确性，主要包括非同源末端连接修复、同源重组介导修复和单链退火拟合（single-strand annealing，SSA）修复三种方式（图 16-16）。由于在本章的第一节已经介绍了 NHEJ 和 HDR 的修复机理，在此只介绍 SSA 的修复机制。

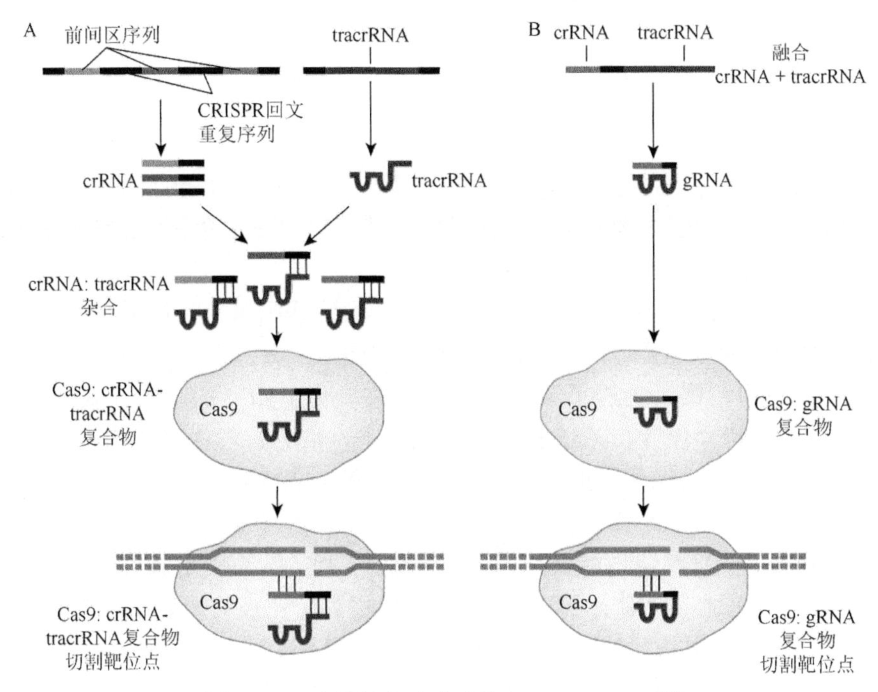

图 16-15　自然的和改造过的 CRISPR/Cas9 系统

A. 自然的 CRISPR/Cas9 系统；B. 改造的 CRISPR/Cas9 系统

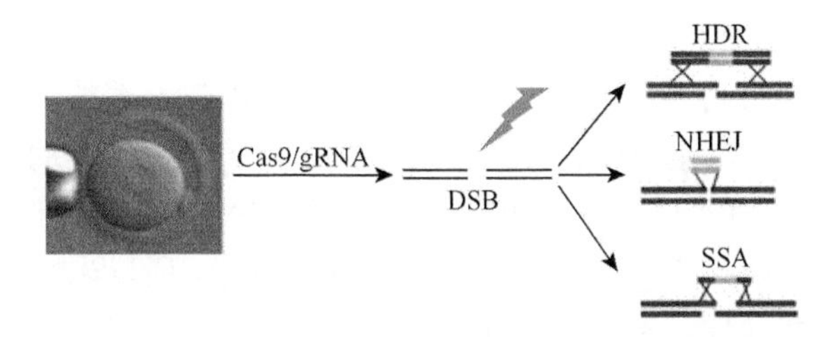

图 16-16　DNA 双链断裂引起的 DNA 修复示意图

SSA 修复是在 DNA 同一方向上相距较近的两段同源序列之间产生 DSB 时发生的一种特殊的修复机制。当 DSB 形成后，断裂缺口两侧游离的双链通过外切活性产生 3′单链 DNA（ssDNA），同源互补的两条 3′ssDNA 经单链退火的方式相互结合形成新的双链中间产物，该产物经切除无关序列及 3′单链尾巴等加工后连接形成 DNA 双链。这种通过删除中间序列及一个重复序列修复 DSB 的机制最早由 Sternberg（1984）实验室提出，他们将含有同源重复序列的 DNA 质粒转染至小鼠细胞后建立了该修复机制的模型，之后又在多种哺乳动物细胞中被证明。SSA 修复机制的基本过程是：当 DNA 双链发生断裂损伤后，包含同源重复序列的双链断裂末端经关键末端切除因子 CtIP 修饰后产生 3′ssDNA，之后互补的两条同源单链发生单链退火，形成双链前体，之后 RAD52 和 ERCC1/XPF 复合物共同作用于双链前体并切除退火后的 3′ssDNA 尾。同时，在 DNA 聚合酶作用下，填补缺失的 DNA 碱基，再在 DNA 连接酶作用下连接 SSA 单链，使其重新恢复 DNA 双链结构。

CRISPR/Cas9 核酸酶技术相比 ZFN 和 TELEN 技术起步相对较晚，虽然功能强大但系统仍存在部分问题亟待进一步解决优化。随着该技术的日趋完善，CRISPR/Cas9 已经应用于人类疾病的基因治疗及动物基因编辑育种等方面。

第五节　基因组编辑技术的应用前景及存在问题

在基因组编辑技术的发展历程中，从 ZFN 技术到 TALEN，再到目前的 CRISPR/Cas 技术，从动植物的基因功能研究到人类疾病的基因治疗，它们在生命科学的许多领域中得到普遍应用。

虽然 ZFN 技术可以应用于很多物种及基因位点，使基因组定点敲除的效率达到 20%，并且取得了巨大的成就，但是 ZFN 存在筛选时间比较长、效率低、重复性较差等问题，严重限制了 ZFN 的适用范围，制约了该技术的发展，如设计 ZFP 的时候需要考虑靶位点上、下游基因组的序列；特异性锌指筛选和构建步骤烦琐，相应的表达载体构建比较费时费力；获得 ZFN 的工作效率难以保证；虽然三联体设计具有一定特异性，但仍存在不同程度的脱靶效应等。

TALEN 技术中的 TALE 蛋白能够特异识别 DNA 序列，其被用来取代 ZFN 技术中的锌指蛋白。它的可设计性更强，原则上可以得到识别任意序列靶位点的特异 TALE，不受靶点上下游基因序列的影响，具备比 ZFN 更广阔的应用潜力。TALEN 定点修饰人内源基因的突变率可以达到 25%。但是仍存在一些问题，如 TALE 蛋白质分子量较大，存在一定的脱靶效应；TALEN 与基因组进行特异结合与染色体位置及邻近序列有关等。在细胞毒性方面，TALEN 比 ZFN 的细胞毒性要低得多。

CRISPR/Cas 由于其构建比较容易，作为当下最有效、最便捷的基因组编辑技术，已被应用于不同细胞及物种基因组的高精度改造和修饰。CRISPR/Cas 系统具有巨大的发展空间和优化潜能，它的编辑效率高、构建简单、特异性强等的独特优势在建立动物模型和生物医学等方面有巨大潜力。但目前 CRISPR/Cas9 系统的脱靶效应和 PAM 序列的局限性仍然是其主要缺陷，脱靶效应和外源基因的定点插入效率等问题仍需要深入探索，所以未来的主要发展方向仍然是降低脱靶效率，提升其特异性、精准性和稳定性。

本章小结

基因编辑技术是在特异性人工核酸内切酶技术的基础上，实现对特定 DNA 序列的删除、插入或修饰，从而获得具有特定遗传信息的生物材料的一种手段。最初基因编辑技术是利用细胞自有的同源重组修复机制将目的基因序列整合到基因组靶点处，但效率极低且脱靶现象严重。因此基于 DNA 靶向蛋白与核酸内切酶结合的策略对目的位点进行定点切割的技术逐步发展起来，这其中就包括了锌指核酸酶（ZFN）技术、转录激活效应样因子（TALE）技术及 CRISPR/Cas 技术。这些技术都能在特定位点对双链 DNA 进行特异性切割，DNA 双链断裂后的修复途径主要为非同源末端连接（NHEJ）、同源重组介导修复（HDR）和单链退火拟合（SSA）三种修复方式，从而达到基因敲除的目的。

虽然不同的基因编辑技术在靶向 DNA 的特异性、基因编辑的效率、脱靶效应等方面存在问题，但是都能够实现基因编辑的目的，在动植物的基因功能研究、人类疾病的基因治疗等生命科学的许多领域中得到普遍应用。

➤思　考　题

1. ZFN 的工作原理是什么？
2. 简述 TALE 蛋白的结构。
3. 试述 TALEN 的工作原理。
4. 简述 CRISPR/Cas9 系统的结构组成。
5. DNA 双链断裂后，主要通过哪些方式进行修复？
6. 试述 CRISPR/Cas9 基因编辑的原理。

编者：王昕

主要参考文献

陈宏. 2020. 基因工程[M]. 北京：中国农业出版社.

Barrangou R，Fremaux C，Deveau H，et al. 2007. CRISPR provides acquired resistance against viruses in prokaryotes[J]. Science，315（5819）：1709-1712.

Boch J，Scholze H，Schornack S，et al. 2009. Breaking the code of DNA binding specificity of TAL-type Ⅲ effectors[J]. Science，326：1509-1512.

Borchardt E K，Meganck R M，Vincent H A，et al. 2017. Inducing circular RNA formation using the CRISPR endoribonuclease Csy4[J]. RNA，23（5）：619-627.

Christian M，Cermak T，Doyle E L，et al. 2010. Targeting DNA double-strand breaks with TAL effector nucleases[J]. Genetics，186：757-761.

Cong L，Ran F A，Cox D，et al. 2013. Multiplex genome engineering using CRISPR/Cas systems[J]. Science，339：819-823.

Deng D，Yan C，Pan X，et al. 2012. Structural basis for sequence specific recognition of DNA by TAL effectors[J]. Science，335：720-723.

Hsu P D，Lander E S，Zhang F. 2014. Development and applications of CRISPR-Cas9 for genome engineering[J]. Cell，157（6）：1262-1278.

Kleinstiver B P，Prew M S，Tsai S Q，et al. 2015. Broadening the targeting range of Staphylococcus aureus CRISPR-Cas9 by modifying PAM recognition[J]. Nat Biotechnol，33：1293-1298.

Kleinstiver B P，Prew M S，Tsai S Q，et al. 2015. Engineered CRISPR-Cas9 nucleases with altered PAM specificities[J]. Nature，523：481-485.

Lin F L，Sperle K，Sternberg N. 1984. Homologous recombination in mouse L cells[J]. Cold Spring Harb Symp Quant Biol，49：139-149.

Mak A N，Bradley P，Cernadas R A，et al. 2012. The crystal structure of TAL effector PthXo1 bound to its DNA target[J]. Science，335：716-719.

Mali P，Yang L，Esvelt K M，et al. 2013. RNA-guided human genome engineering via Cas9[J]. Science，339：823-826.

Marraffini L A. 2015. CRISPR-Cas immunity in prokaryotes[J]. Nature，526：55-61.

Marraffini L A，Sontheimer E J. 2010. CRISPR interference：RNA-directed adaptive immunity in bacteria and archaea[J]. Nat Rev Genet，11（3）：181-190.

Ran F A，Cong L，Yan W X，et al. 2015. *In vivo* genome editing using Staphylococcus aureus Cas9[J]. Nature，520：186-191.

Rouet P，Smih F，Jasin M. 1994. Expression of a site-specific endonuclease stimulates homologous recombination in mammalian cells[J]. Proc Natl Acad Sci U S A，91：6064-6068.

Zetsche B，Gootenberg J S，Abudayyeh O O，et al. 2015. Cpf1 is a single RNA-guided endonuclease of a class 2 CRISPR-Cas system[J]. Cell，163：759-771.

第十七章 染色质三维结构与功能

随着现代生物技术发展，人类、动物和植物全基因组关联分析（GWAS）研究发现、鉴定出影响性状的显著位点绝大部分并不位于基因编码区，解析这些位点的分子调控机制是后 GWAS 时代的研究重点。研究表明，哺乳动物细胞内长约 2 m 的 DNA 分子，以高度折叠浓缩成染色质的方式存储于直径大约 8 μm 的细胞核内，形成复杂有序的三维结构，使得在线性基因组上相距很远的基因组调控元件与其靶基因在三维空间上充分接近，从而发挥功能元件的精细调控作用。基因组染色质三维结构的变化，如启动子与增强子互作的改变，会导致基因表达及其调控模式发生异常，进而引起表型变化。但传统的基因组学功能研究无法系统揭示这种三维调控信息。三维基因组学正是以研究基因组空间构象与基因转录调控关系为主要内容的一个新的学科方向，它的出现推动了基因组学第三次发展浪潮的到来。随着高通量测序技术的发展，不同层次的基因组三维结构（也可称为基因组染色质三维结构）被先后揭示，包括染色质疆域（chromatin territory）、染色质区室（chromatin compartment）、拓扑关联结构域（topologically associating domains，TAD）和染色质环（chromatin loop）。

第一节 基因组三维结构

一、基因组三维结构层次

（一）染色质疆域

利用显微观测技术和染色质构象捕获技术，人们发现在细胞核内，每条染色质并不是无序分布的，而是各自倾向占据的独立空间，这些区域称为染色质疆域（chromatin territory）（图 17-1A），也叫染色体疆域。染色体疆域并不是完全隔开的（图 17-1B，C），不同染色体疆域也可以在边界处产生互作。

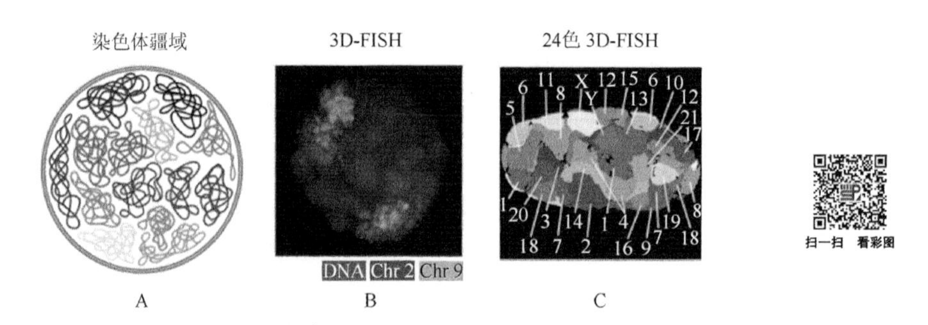

图 17-1 染色质三维结构中的染色体疆域（Bolzer et al.，2005；Kempfer and Pombo，2019）

（二）染色质区室

染色质可以分为常染色质和异染色质，前者指是碱性染料染色后，着色较浅的那部分染色质，该区域的染色质折叠压缩程度低，通常处于转录激活状态；后者是指碱性染料染色后，着色较深的那部分染色质，该区域的染色质折叠压缩程度高，通常处于转录抑制状态。显微观测研究表明，两者在细胞核内是相互分离的，异染色质倾向分布于核仁和核纤层相关区域，而常染色质倾向分布于核仁和核纤层之间的区域。基因组 ATAC-seq 和不同组蛋白修饰标记的 ChIP-seq 实验表明，染色质中的常染色质区域和异染色质区域是间隔分布的。染色质构象捕获技术（如 Hi-C）表明相同状态的染色质区域之间互作较强，不同状态的染色质区域之间互作较弱，这使得基因组互作矩阵呈现“棋盘型”或“方格型”。在三维基因组中，常染色质区域被命名为染色质区室 A（chromatin compartment A），异染色质区域被命名为染色质区室 B（chromatin compartment B）（图 17-2A）。这种结构被 Hi-C（图 17-2B）和电子显微观测技术（图 17-2C）所证实。染色质区室并不是固定不变的，区室 A 和 B 可以发生相互转换，这种转换域与染色质的表观修饰和基因转录活性密切相关。

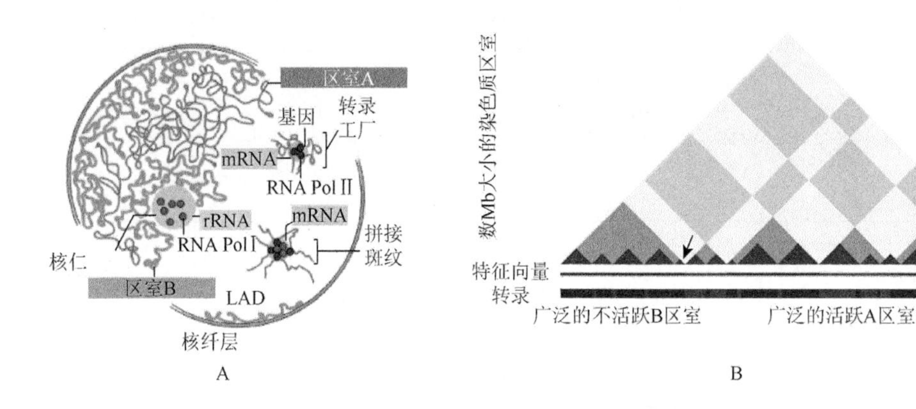

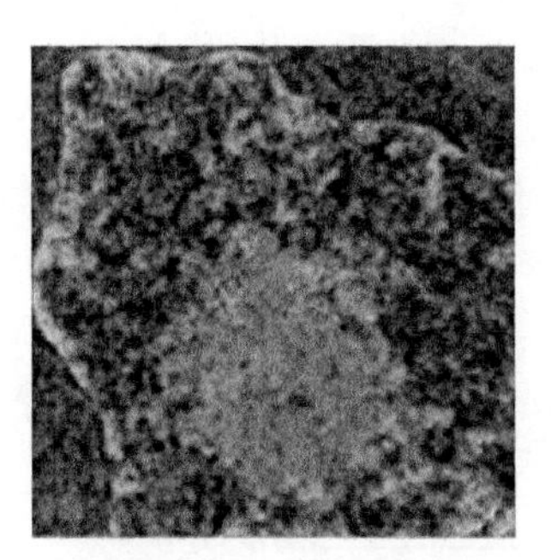

黄：异染色质，蓝：常染色质

C

图 17-2　染色质三维结构中的区室（Rowley and Corces，2018；Kempfer and Pombo，2019）

A. 染色质区室；B. Hi-C 技术鉴定染色质区室；C. 电子显微观测技术观测常染色质与异染色质；LAD. 层关联域

虽然染色质区室（chromatin compartment）与染色质状态存在对应关系，但是在三维基因组中，染色质区室的鉴定并不依赖于染色质的状态，而是利用数理统计的方法对高通量测序数据进行分析，计算特定大小的染色质片段（生物信息学中称为 bin）内特征向量的大小来判定区室 A、B（详见本章第三节）。在早期研究中，高通量测序费用昂贵，使得基因组测序深度（即测序数据量与基因组大小的比值）不足，因此常采用 1 Mb 的 bin（即分辨率为 1 Mb）鉴定染色质区室，其大小在 1 Mb 以上。但随着测序成本大幅度降低，目前可达到 300× 的测序深度，使得人们可以在 1～10 kb 分辨率下鉴定染色质区室，结果发现染色质区室大小的中位数仅为 15 kb。这表明，基因组三维结构的鉴定依赖于测序深度和所用分辨率的大小（所用分辨率取决于测序深度）。综上，染色质三维结构目前有两种不同的模型，概括如图 17-3 所示。随着分子生物学和高通量测序技术的发展，更加精细的三维结构将被鉴定出来。

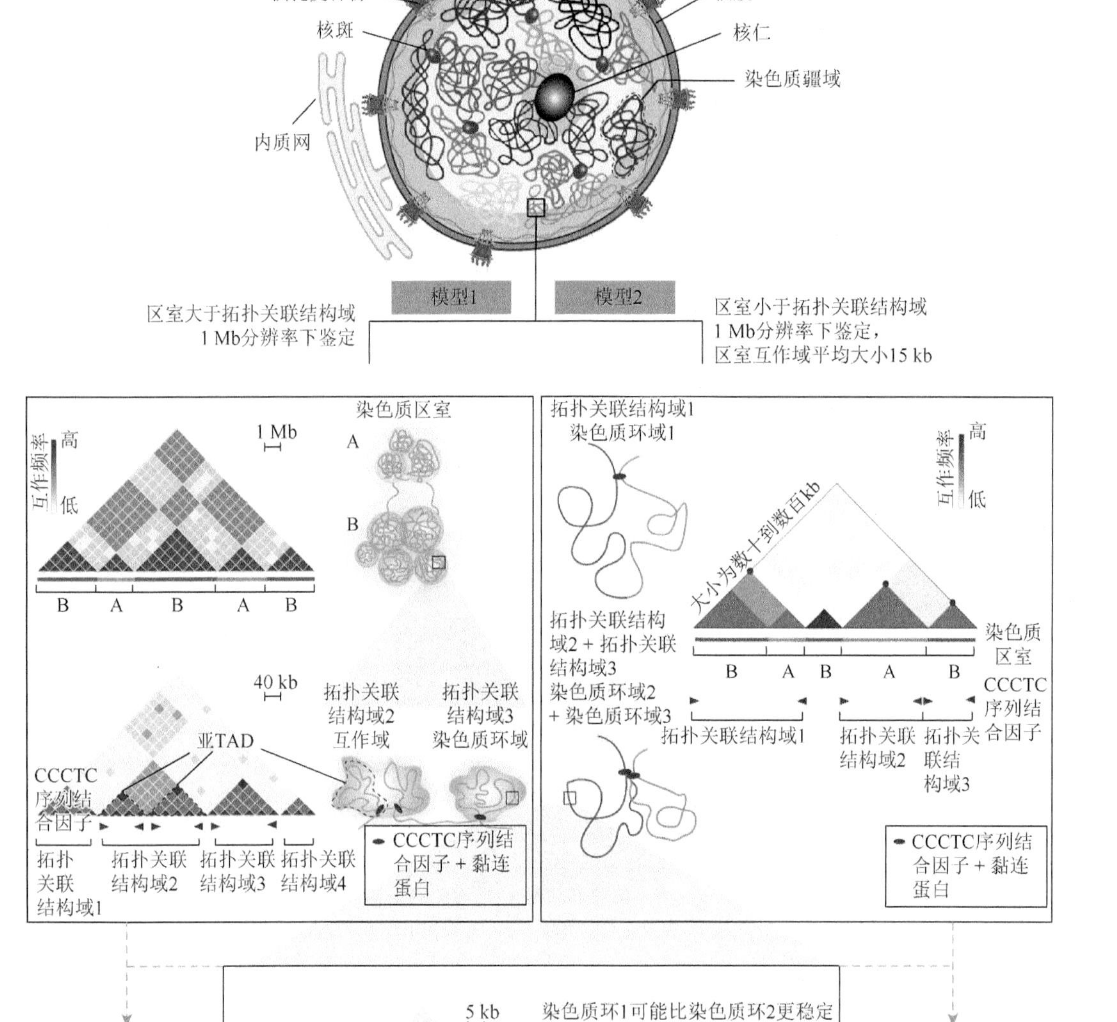

图 17-3　染色质三维结构的两种不同的模型

染色体在细胞核内占据特定的空间位置，称为染色体疆域。靠近核纤层和核仁的染色体片段转录活性较低，称为区室 B，位于两者之间和核斑附近的染色体片段转录活性较高，称为区室 A。目前关于区室和 TAD 有两种不同的模型，一种以为区室要比 TAD 大，TAD 是另一层次的高级结构，一种认为区室通常要比 TAD 小，它是三维结构的基本单位，TAD 是在区室的基础上由 CTCF 介导形成的。启动子与增强子互作的鉴定往往需要更高的测序深度和分辨率，两者互作可以由 CTCF 介导，也可由其他因子介导如 YY1 等，但前者往往比后者更加稳定，在互作热图中会呈现互作热点，即颜色较深的三角形顶点

（三）拓扑关联结构域

染色质三维结构的另一层次是拓扑关联结构域（topologically associating domain，TAD）（图 17-4A）。TAD 最初是利用 5C 技术，在 30 kb 分辨率下，研究包含小鼠 *Xist* 基因的 4.5 Mb DNA 片段互作时鉴定出来的一种自我互作域，它不同于染色质区室，不受组蛋白修饰的影响（Nora et al.，2012）。深入研究发现，TAD 在基因组中是普遍且广泛存在的，且 TAD 边界处会显著富集结构蛋白 CCCTC 序列结合因子（CCCTC-binding factor，CTCF），限制调控元件的互作距离。随后人们将 TAD 定义为：由于结构蛋白形成的边界阻断了染色质环挤压而形成的一种互作域（图 17-3，模型 2）。其中互作域是指在高通量测序构建的互作矩阵中某一片段内部两两互作形成的“方块”或“三角形”，当在其顶点处存在一个“亮点”时，代表结构蛋白形成的 TAD 两个边界存在显著互作，且形成了染色质环。值得注意的是，目前针对 TAD 开发的算法并未考虑 TAD 边界是否存在结构蛋白结合，也未鉴定 TAD 边界是否成环，由此鉴定出的结构也称为 TAD（图 17-3，模型 1）。

TAD 通过明显的边界与相邻区域分离开来，形成一个独立的调控单元，主要功能是限制调控元件的互作距离（图 17-4B）。TAD 边界通常具有较高的保守性，但也存在一些细胞特异的 TAD 边界。TAD 边界的染色质结构蛋白 CTCF 和黏连蛋白（植物中 TAD 边界一般缺少绝缘蛋白，边界不明显），对于维持 TAD 结构及稳定性具有重要作用，不但可以指导染色质折叠成高级结构，还可以正确指导远距离转录调控，该边界发生变化会导致基因调控变得紊乱。TAD 边界通常具有与基因激活相关的组蛋白修饰，如 H3K4me3 和 H3K36me3。敲除黏连蛋白（环形挤压模型中 TAD 形成关键蛋白）后，尽管 CTCF 和黏连蛋白结合的 TAD 边界已经消失，但仍然存在 TAD 样结构，这种 TAD 样的结构可能是染色质区室域。研究表明，TAD 与染色质区室域是彼此拮抗的，敲除人类癌症细胞黏连蛋白复合物 RAD21 或小鼠 NIPBL 会导致 loop 和 TAD 的消失，但是会使染色质区室域明显加强。

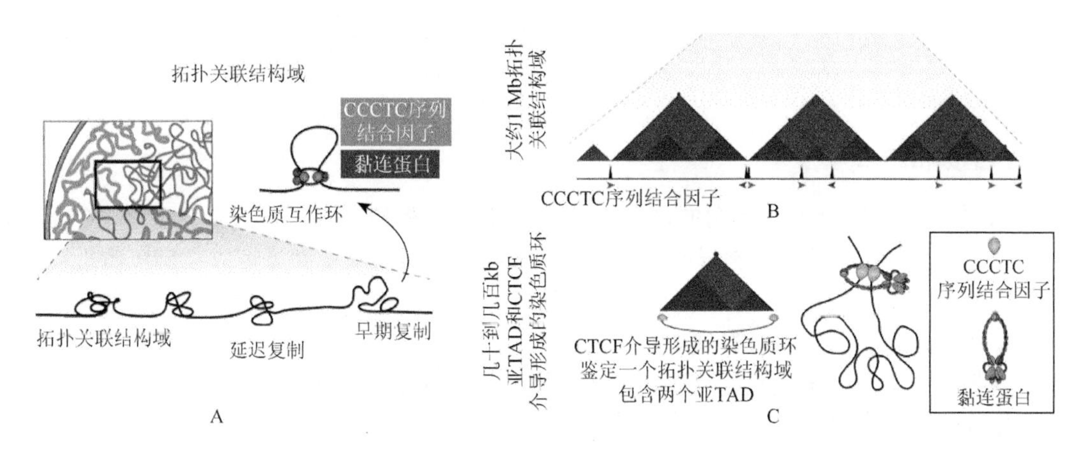

图 17-4　染色质三维结构中的拓扑关联结构域（Rowley and Corces，2018；Kempfer and Pombo，2019）

（四）染色质环

随着测序深度的增加，在 TAD 内部进一步发现了更加细小的互作结构，这是由 TAD 内调控元件远距产生的，称为染色质互作环（图 17-5A）。图 17-5B 和图 17-5C 分别是活细胞成像技术和 4C 技术得到的增强子与基因启动子的互作。与 TAD 两端边界成环相似，调控元件间的远距互作也会使染色质成环。因此广义上讲，染色质环（chromatin loop）包括 TAD 环和染色质互作环，这点一定要注意，因为在许多研究报道中并没有进行严格区分。染色质环在互作矩阵中表现为一个“亮点”，在统计学上的意义是两位点间的互作频率显著高于其周围其他两位点间的互作频率。这意味着，即使启动子与增强子存在显著互作，但其互作频率并未显著高于其周围两位点间的互作频率时，在统计学上并不能被鉴定为染色质环。TAD的生物学意义之一是将调控元件互作限定在其内部，因此互作环要比 TAD 环小。TAD 和染色质环的发现是随着测序深度和相应算法而定义的，因此采用不同算法和分辨率得到的结果会存在不同。互作环是三维基因组学研究的热点，可以有效注释基因组功能元件互作。2003 年至今，“人类基因组 DNA 元件百科全书计划”（ENCODE）已揭示了几十万的基因组功能元件，这些调控元件对基因的精准表达调控起到至关重要的作用。例如，MYC 启动子和 PVT1 启动子可以竞争性地与 PVT1 内部 4 个增强子相互作用，当 PVT1 启动子区发生突变后，增强子与 MYC 启动子在三维空间上的相互作用增强，促进癌症发生；位于 *FTO* 基因内含子中的肥胖相关变异会与 *IRX3* 基因启动子产生远距互作。由此可见，互作环对基因的精准表达调控起到至关重要的作用。

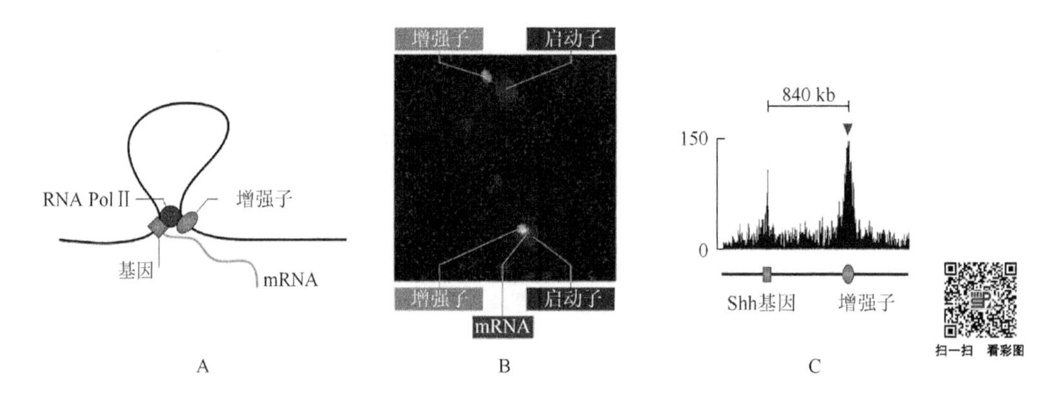

图 17-5　染色质三维结构中的互作环（Kempfer and Pombo，2019）

A. 启动子与增强子互作；B. 活细胞成像技术；C. 4C 技术

二、染色质环挤压模型

TAD 是在 CTCF 和黏连蛋白的挤压作用下形成的（图 17-6A）。在这个模型中，CTCF 和黏连蛋白亚基 RAD21 锚定黏连蛋白复合物可以形成环状蛋白结构并且可以在染色质上移动，黏连蛋白可以招募 NIPBL 和 MAU2 蛋白，并且通过 WAPL 蛋白从染色质上释放。黏连蛋白向外挤压染色质，直到黏连蛋白遇到 CTCF 形成的 TAD 边界（图 17-6B）。TAD 通常是组织或细胞群体水平“平均”后的结果，而不同细胞处在环形挤压的不同阶段，这造成了单细胞 Hi-C 鉴定的 TAD 并不完全相同。

染色质环两个边界处的 CTCF 结合位点通常是反向的，且其基序是面对面的。改变 CTCF 基序的方向会破坏染色质环和 TAD 的形成。这些结果强有力地说明了 CTCF 会促进染色质环的形成（图 17-6）。敲除 CTCF 后，染色质环结构消失，但是染色质区室及其互作仍然存在，表明染色质区室和 TAD 是相互独立形成的。敲除黏连蛋白装配蛋白 NIPBL 和 MAU2 并不影响 CTCF 与 DNA 的结合，但会使黏连蛋白无法装载到 DNA 上，导致染色质环结构消失，同时不同类型染色质区室的互作域区分更加明显。敲除 RAD21 也会出现相似的结果。敲除黏连蛋白释放因子 WAPL 或 PDS5 不会影响已有的染色质环结构，而是会形成新的、更大的染色质环，表明黏连蛋白停留时间会影响染色质环的大小。此外，黏连蛋白在染色质上的移位需要 ATP，因为非特异性抑制 ATPase 或特异性突变黏连蛋白复合物中的 ATPase 结构域会抑制这种移位。基因转录也有利于促进黏连蛋白的移位，进而促进其环形结构的形成。TAD 形成的环形挤压模型也可以解释 TAD 内部调控元件互作环的形成。在挤压过程中，活性启动子与增强子产生接触，在转录因子和其他辅因子（如 YY1）的作用下产生稳定互作，形成染色质环结构，或者 TAD 环形成后，在特定时间或外界环境刺激下，启动子和增强子被激活，两者 TAD 内产生随机碰撞，在转录因子和其他辅因子（如 YY1）的作用下产生稳定互作，形成互作环。

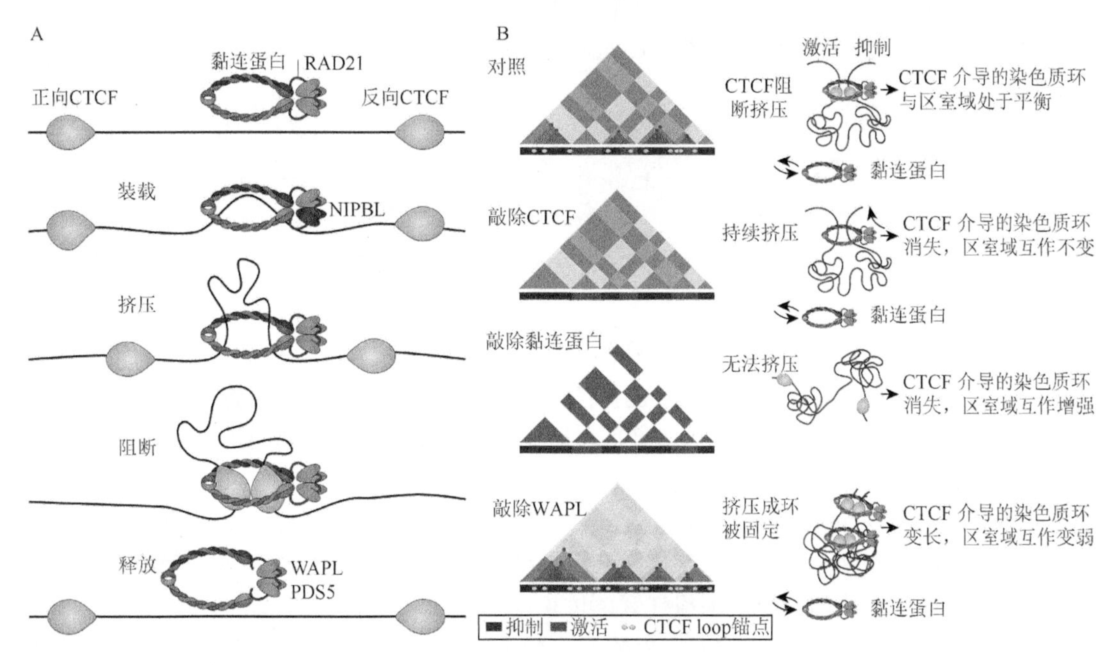

图 17-6 染色质环形成的环挤压模型及结构蛋白对基因组三维结构的影响示意图（Rowley and Corces，2018）

第二节 基因组三维结构研究的方法

基因组学的研究发生了三次浪潮，其中，第一次浪潮是 1990～2003 年的“人类基因组计划”，定义人类基因组中的主要基因及其线性位置；第二次浪潮是 2003 年至今的“人类基因组 DNA 元件百科全书计划”，系统地注释人类基因组调控元件；第三次浪潮是三维基因组的发展，基于染色体全部的互作信息，利用一定的数学模型，将二维的染色体互作信息转化成三维空间结构的物理坐标，构建全基因组的三维空间结构及互作信息。

这只是一个令人兴奋的时代，我们可以在全基因组三维空间结构中理解生物发生的本质。然而，我们对染色体折叠的认识受到方法的限制。解开这些谜团可能依赖于新技术的不断发明。直到最近，对 3D 基因组折叠的研究还依赖于这两种主要技术。成像技术，特别是 DNA 荧光原位杂交技术（DNA-fluorescence in situ hybridization，DNA-FISH）和染色体构象捕获（chromosome conformation capture，3C）及其衍生方法中的高通量-染色体构象捕获（high-throughput chromosome conformation capture，Hi-C）。这两种技术，可以在全基因组范围内定位相互作用的调控元件，同时检测染色质的三维层次结构。

一、以 3C 为基础的方法

Dekker 等在 2002 年提出了染色质构象捕获的新技术，通过生物信息学分析，将位点间的三维互作信息反映到二维互作热图上。3C 的方法依赖于染色质 DNA 末端的近距离接触，已经能够识别增强子启动子的互作。3C 基本原理如图 17-7 所示，首先分离细胞，然后利用甲醛固定 DNA-蛋白质复合物，再用酶切或超声波将基因组 DNA 切割成特定大小的片段，再利用 DNA 连接酶进行邻位连接，提取 DNA，最后进行 PCR 检测。对于可能存在远程互作的两个位点，根据这两个位点的序列分别设计上下游引物，PCR 扩增后，如果得到的 PCR 产物大小和序列符合预期，那么说明这两个位点可能存在非随机的远距互作。

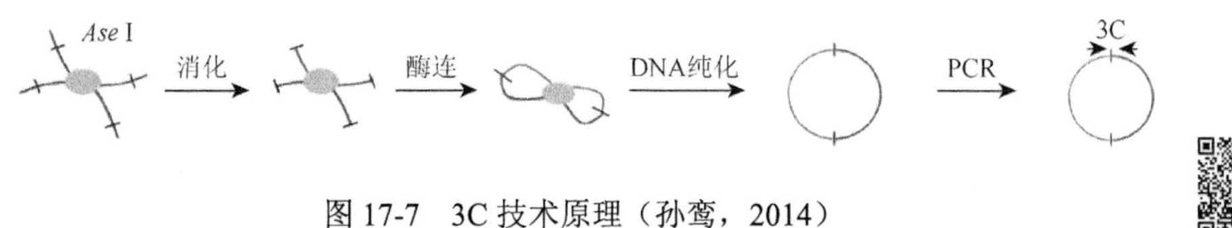

图 17-7　3C 技术原理（孙鸾，2014）

3C 实验中的 PCR 模板，包含了大量的远距位点间的片段交联，称为“3C 文库”。在这个文库中存在这些大量未知的基因组染色体位点间的互作信息。得益于高通量测序技术快速发展，为了充分挖掘 3C 文库中的互作信息，科研工作者在 3C 技术的基础上又先后提出了多个高通量检测位点间远程互作的技术，如 4C（circular chromosome conformation capture）和 5C（chromosome conformation capture carbon copy），Hi-C（high-throughput chromosome conformation capture）等。3C 检测的是“一对一”互作，4C 检测的是“一对全”互作，5C 检测的是“多对多”互作，Hi-C 则检测的是全基因组任意两位点间的互作。

在 4C 实验中通过引入第二次限制性酶切，减小连接片段的大小，这有利于高通量双端测序。在目的片段上设计特异“背对背”引物，PCR 扩增与之连接的片段，然后进行高通量测序，最终可得到所有与目的片段互作的基因组区域。5C 技术是基于结合连接介导的扩增（ligation-mediated amplification，LMA）来增加 3C 检测的通量。以 3C 酶切连接文库为模板，在紧邻酶切位点的两侧设计含有通用接头的探针，在连接酶的作用下一个探针的 3′-OH 与另一个探针的 5′-P 反应，使得两个紧邻的探针连接一个整体，利用通用引物进行 PCR，而后将产物进行高通量测序即可实现高通量 3C 实验。严格意义上讲，5C 技术并不能像 Hi-C 一样实现基因组任意两片段间的互作检测，因为 5C 技术所有的引物需要逐个设计，该技术更适用于某一特定区域内，任意两位点间的互作检测。

高通量染色体构象捕获技术的 Hi-C 技术，是 3C 的一个高通量版本，操作简便，重复性较好，并且可以实现检测全基因组任意两位点间的互作（图 17-8）。与 3C 文库构建不同，DNA 酶切末端用生物素标记的核苷酸补平，这样可以提高后续文库的特异性，随后用连接酶进行连接，提取并纯化基因组 DNA，进一步将基因组 DNA 切割成特定大小的片段，然后用亲和素对具有生物素标记的片段进行富集，最后进行高通量测序。经过生物信息学分析可得到整个基因组任意两位点间的互作信息，从而构建全基因组互作矩阵，互作矩阵的分辨率不仅取决于分析时所用基因组片段（bin）的大小，还与内切酶的特性（4 或者 6 碱基酶切）和测序深度有关。

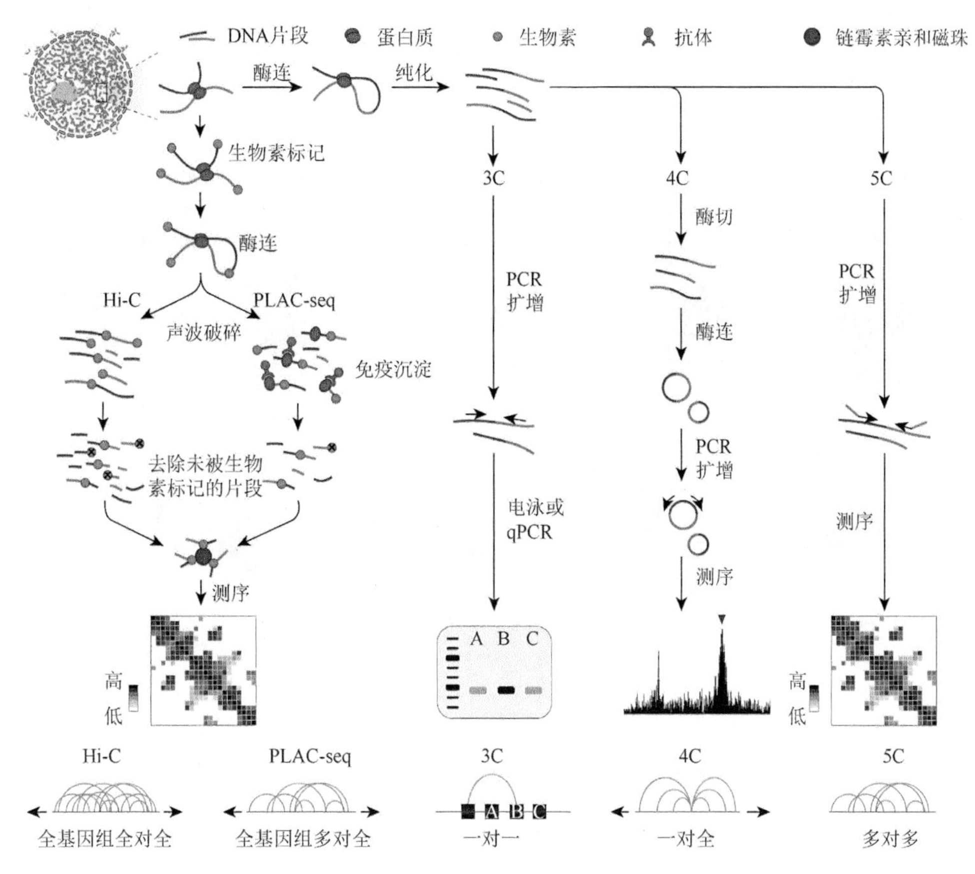

图 17-8　3C 及其衍生技术（Kempfer and Pombo，2019）

基于 3C 的构象捕获测序技术虽然可以证实两个远距位点在空间上的互作，但是却无法研究特定蛋白或转录因子是否介导了染色质高级结构的形成。ChIA-PET、PLAC-seq 及染色质免疫共沉淀构象捕获（ChIP-loop）等技术完美解决了这个问题（图 17-9，表 17-1）。ChIP-loop 技术的基本原理是利用特定抗体将 DNA-蛋白质交联固定后的复合物富集下来，经邻位连接后采用 PCR 检测目标位点间是否存在由特定蛋白质介导的远程相互作用。PLAC-seq（Hi-ChIP）技术整合了 Hi-C 和 ChIP 技术，在 Hi-C 文库构建过程中，超声波破碎之后利用 ChIP 技术通过特异抗体富集与目标蛋白（抗原）结合的 DNA，然后进行高通量测序。ChIA-PET 技术是基于双末端标签（paired-end tag）技术开发的。取 DNA 片段两端 20 bp 左右的序列作为 PET，在 PET 的末端添加 19 bp Linker 序列（包含 *Mme* I 限制性内切酶位点），邻位连接后 *Mme* I 酶切，进行高通量测序。该技术通过设置两个实验组，添加不同 Linker 来排除非特异性连接的影响（图 17-9）。PLAC-seq 和 ChIA-PET 技术可以实现特定蛋白质介导的全基因组范围内的互作检测。

二、以成像技术为基础的方法

基于显微镜的荧光原位杂交技术是探索基因组空间结构的主要方法之一。2D-FISH 首先将携带有荧光染料的基因探针及目的基因片段在高温的条件下变性，打开 DNA 双链，然后在低温退火的条件下，探针核苷酸单链与目的基因片段杂交，通过不同荧光信号的共定位来判断两位点是否存在互作。但有些三维互作信号，在二维平面上可能会出现重叠（类似于三维结构的平面投影）。所以利用 2D-FISH 就会得到假阴性互作，而 3D-FISH 技术可以对此进行判别。

3D-FISH 是在 2D-FISH 基础上发展起来的，两者杂交原理相似，但是在操作技术方面有很大不同。3D-FISH 技术不仅要保证探针杂交的特异性，同时也要保证细胞三维形态的完整性。3D-FISH 结合共聚焦激光扫描显微成像系统，可以在三维空间成对样品进行成像，获取的大量图像经过量化处理和统计分析，得到染色体空间构象或两位点间互作信息。

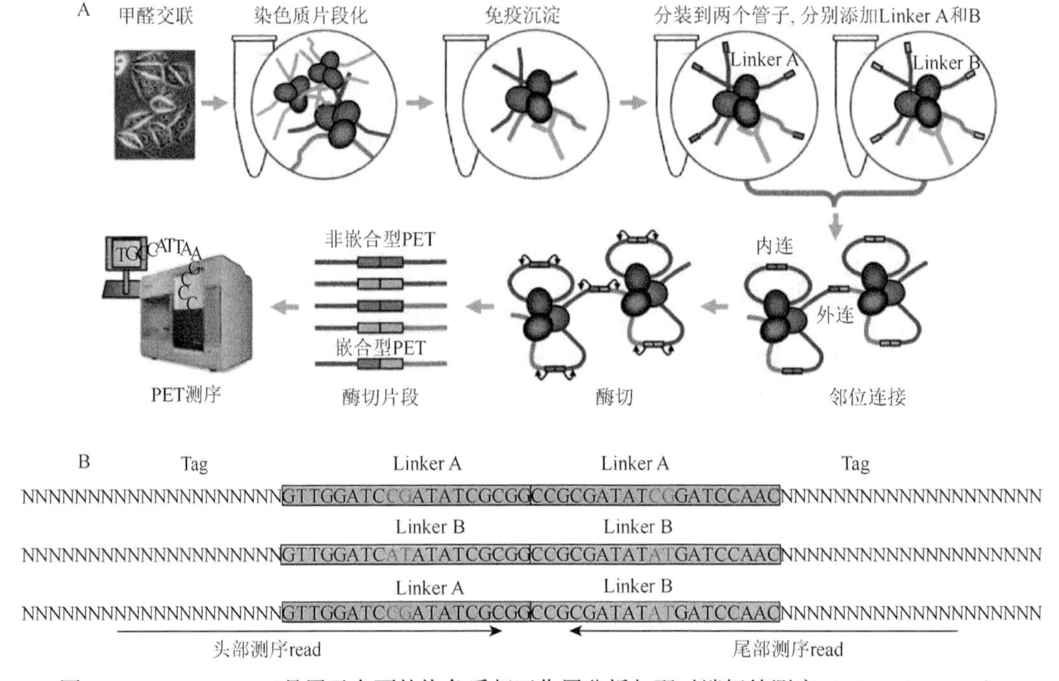

图 17-9　ChIA-PET 工具用于全面的染色质相互作用分析与配对端标签测序（Li et al.，2010）

表 17-1　主要的染色质构象捕获技术（Kempfer and Pombo，2019）

方法	描述	每次实验互作的数量	互作的多样性	单细胞信息	细胞数目	可检测的相互作用
以 3C 为基础的方法						
3C	邻位连接和通过引物靶区选择，定量 PCR 检测	一对一	成对	不能	1×10^8	蛋白质介导的
4C	邻位连接和通过反向 PCR 方法检测与一个饵区相互作用的区域，测序检测	一对全	成对	不能	最适：1×10^7 低：3.4×10^5	蛋白质介导的
5C	邻位连接和用引物富集更大的目标区域，测序检测	多对多	成对	不能	最适：（5～7）$\times10^7$ 低：2×10^6	蛋白质介导的
Hi-C	邻位连接和富集所有酶连互作对，测序检测	全对全	成对	不能	最适：2.5×10^6 低：（1～5）$\times10^5$	蛋白质介导的
TCC	栓系邻位连接和富集所有酶连互作对，测序检测	全对全	成对	不能	2.5×10^6	蛋白质介导的
PLAC-seq ChIA-PET	邻位连接和下拉特异性蛋白介导的互作，测序检测	多对多	成对	不能	最适：1×10^8 低：5×10^5	特异蛋白质介导的
Capture-C C-HiC	邻位连接和用探针靶向感兴趣的基因组区域，测序检测	多对全	成对	不能	最适：1×10^5 低：（1～2）$\times10^4$	蛋白质介导的
Single-cell Hi-C	邻位连接和富集所有酶连互作对，测序检测	全对全	成对	能	数百个	蛋白质介导的

续表

方法	描述	每次实验互作的数量	互作的多样性	单细胞信息	细胞数目	可检测的相互作用
成像方法						
2D-FISH	平细胞固定，荧光探针与目标区域杂交，测量二维空间距离		成对或更多	能	数百个	空间接近
3D-FISH	固定细胞，荧光探针与目标区域杂交，测量三维空间距离	2～52 区域[1]	成对或更多	能	数百个	空间接近
Cryo-FISH	固定细胞，冷冻切片，荧光探针与目标区域杂交，测量二维空间距离	2～52 区域[1]	成对或更多	能	数百个	空间接近
Live-cell imaging	活细胞基因组位点的荧光标记，随时间的空间距离测量	2～12 区域	成对或更多	能	数百个	空间接近
免酶连方法						
GAM	固定细胞进行冷冻切片，从核切片中提取 DNA 并且测序，推断核切片中基因组区域共分离的空间距离	全对全	成对或更多	能	数百个	空间接近
SPRITE	细胞固定，通过分裂池条形码和测序鉴定交联染色质片段	全对全	多	不能	1×10^7	蛋白质介导的
ChIA-Drop	细胞固定，通过液滴和条形码连接测序鉴定交联染色质片段	全对全	多	不能	1×10^7	蛋白质介导的

注：1. 经典的 FISH 实验很少同时区分超过 2～5 个差异标记区域。探针杂交的周期可以增加到 52 个。

3C. 染色体构象捕获；4C. 圆形染色体构象捕获；5C. 染色体构象捕获碳拷贝；Hi-C. 高通量染色体构象捕获；TCC. 栓系染色体捕获；PLAC-seq. 邻近连接辅助染色质免疫沉淀测序；ChIA-PET. 染色质互作分析；C-HiC. capture HiC；FISH. 荧光原位杂交；GAM. 基因组结构图谱；SPRITE. 分裂池识别的交互标记扩展；ChIA-Drop. 染色质相互作用的液滴和条形码测序分析

灵敏度和分辨率是荧光原位杂交实验成功的两个关键因素。灵敏度主要是指荧光信号与背景信号的比值大小（信噪比），分辨率则指的是分辨两个荧光位点的能力。2D-FISH 和 3D-FISH 技术信噪比较低，适用于 TAD 水平的互作验证。Cryo-FISH 技术通过将样品处理成约 150 nm 的超薄冷冻切片来提高荧光探针的结合能力，从而提高图像的信噪比，达到提高分辨率的目的。虽然 Cryo-FISH 技术鉴定结果丢失了三维互作信息，但由于其冷冻切片仅有约 150 nm，这极大地降低了两位点互作的假阳性率。Cryo-FISH 技术可以用于鉴定相距 100 kb 以上的启动子与增强子互作。此外，基于 CRISPR/Cas9 系统的相关技术可以用来鉴定活细胞中的基因组两位点间的互作。该技术使用了突变失活 Cas9 蛋白（dead-Cas9，dCas9），并与荧光蛋白融合，融合蛋白中的 dCas9 通过与 gRNA 的相互作用被招募到目标位点，通过电镜成像实时观测两位点间的互作动态。

三、无酶连方法

基于 3C 原理的检测技术依赖于互作簇中 DNA 片段的酶连反应，但某一特定片段只能随机地与邻近片段连接，所以在单个细胞核中无法同时获取该特定片段的所有互作信息，造成有效信息的浪费。近年来，科学家相继开发了多种免酶连反应的三维基因组高通量检测技术，如基因组结构映射（genome architecture mapping，GAM），通过标签扩展识别相互作用的分裂池（split pool recognition of interactions by tag extension，SPRITE）和通过基于液滴和条形码链接测序的染色质相互作用分析（chromatin-interaction analysis via droplet-based and barcode-linked sequencing，ChIA-Drop）等。例如，SPRITE 技术通过重复“分装—加标签—混池”操作来鉴定互作信息，不同互作簇的 DNA 片段经过上述重复操作形成唯一的序列标签，而某一互作簇中的所有 DNA 片段具有相同的序列标签，进一步通过高通量测序来判定互作信息。

第三节 基因组三维结构的构建

一、基因组三维结构的鉴定

基于高通量测序鉴定基因组染色质三维结构的技术手段有很多，其文库构建方法不尽相同，使得原始的下机测序数据的质控存在很大不同，此处不再详述。但无论哪种建库测序方法都需要从测序数据（生物信息学中称为 reads）中剔除错误和无用的 reads，利用有效 reads 构建基因组互作图谱（又称互作矩阵）。首先将基因组划分为大小相等的片段（生物信息学中称为 bin），然后统计分布于基因组任意两个片段内的相关 reads，reads 的多少可以反映这两个 bin 的互作频率。例如，对于 Hi-C 技术来说，相关 reads 是指某一 read 比对到基因组时，并不是连续的，而是一部分位于某一个 bin 内，另一部分位于其他 bin 内；对于 SPRITE 技术而言，相关 reads 是指带有相同标签序列的 reads，由于同一互作簇中的所有 DNA 片段具有相同标签序列，因此它们测序得到的 reads 带有相同标签序列，而这些 reads 可以比对到不同的 bin 上，进而实现两个基因组片段间互作频率的统计。等分基因组的片段大小决定了互作图谱的分辨率大小，即 bin 的大小就是互作图谱的分辨率，bin 越大分辨率越低，bin 越小分辨率越高。值得注意的是，互作图谱的分辨率并不是越高越好，它取决于有效 reads 数的多少。如果有效 reads 不足的情况下采用了高分辨率构建互作图谱，会导致 bin 内的相关 reads 很少，甚至没有，以至于无法进行统计分析。

染色质疆域的存在使染色质内部互作频率远高于染色质间互作，在互作图谱中呈现为对角线上明显独立的“方块”。在互作图谱的基础上利用不同算法和相应软件可以实现染色质区室、拓扑关联结构域和染色质环的鉴定。下面以应用较广的 Hi-C 技术为例，简要说明基因组三维结构鉴定原理和相关软件。将构建好的互作矩阵转换为皮尔逊相关矩阵，进行主成分分析（PCA），提取第一主成分（PC1）并命名为 Eigenvector，Eigenvector＞0 的区域为 A 区室，反之为 B 区室，常用软件如 Juicer；Insulation Score 算法反映 bin 两侧片段间的互作情况，如某个 bin 的 Insulation Score 较两侧低，说明该 bin 两侧间存在互作隔绝，则该 bin 会被识别成 TAD 边界，则两个 TAD 边界间的区域为一个 TAD，常用软件如 cworld-dekker。TAD 内上游区域倾向与该 TAD 的下游区域发生互作，其下游区域倾向与该 TAD 的上游区域发生互作，Directionality Index 算法正是利用 bin 间互作方向的改变来确定 TAD 的位置，常用软件如 HiC-Pro；通过判定互作图谱中某两个 bin 的互作频率是否显著高于其周围任意两个 bin 的互作频率，检测两个 bin 是否形成 loop 结构，常用软件如 HICCUPS。

二、基因组调控元件互作的鉴定

转录调控元件解析对基因表达调控机制研究具有重要意义。虽然三维基因组学可以解析基因组染色质调控元件成环，但是互作环两个锚点处的调控元件类型却无法分辨。利用高通量测序技术，人类基因组已经注释了几百万的顺式调控元件，包括启动子（promoter）、绝缘子（insulator）和增强子（enhancer）等。启动子通常位于转录起始位点上下游 2 kb 左右，而绝缘子通常位于 TAD 边界处，或者通过 CTCF ChIP-seq 进行鉴定。但增强子与基因的相对位置并不固定，这就造成了利用传统基因组学揭示增强子的靶基因比较困难（详见本章第四节）。完成基因组调控注释之后，将其比对染色质环的两个边界处，即可鉴定调控元件互作，包括增强子与启动子互作（增强子及其靶基因的鉴定）、增强子与增强子互作、启动子与启动子互作等。2019年，Suhn Kyong Rhie 团队利用人类3种细胞系研究了不同类型调控元件互作的比例，结果发现在所有注释的启动子中，与增强子互作的启动子占比约为40%，与绝缘子互作的启动子占比约为20%，启动子间互作占比约为10%，与其他区域互作的和不产生任何互作的启动子占比约为30%。值得注意的是，不同细胞类型的调控元件互作占比也不同。

基因组选择信号是指长期的自然或人工选择在基因组上留下的选择印记，该区域的分子标记表现为紧密连锁且遗传多样性很低。将基因组调控元件比对到基因组选择信号上，并进行统计检验，即可判定调控元件是否受到自然或人工选择。黄牛和绵羊已有研究结果表明，启动子和增强子可以显著富集到基因组选择信号，表明基因组启动子和增强子受到自然或人工选择，在黄牛和绵羊驯化过程中发挥重要作用，这对畜禽表型变异的致因突变鉴定及分子育种具有指导意义。

第四节　增强子的预测与功能验证

增强子按照序列长度和调控方式可分为普通增强子和超级增强子（super enhancer，SE）。普通增强子即传统意义上的单个增强子。超级增强子是2013年由Richard A. Young团队提出的一个全新概念，它是指在基因组上彼此靠近且串联分布的增强子簇，富集高密度的关键转录因子（master transcription factor）、辅因子（BRD4、MED1和p300等）和增强子的组蛋白表观修饰标记（H3K4me1和H3K27ac）等，控制细胞命运相关基因的表达，SE的长度范围平均超过20 kb。转录共激活因子可以在超级增强子处发生相分离形成液滴，将转录复合物聚集在超级增强子附近，强有力地调控关键基因的表达。因此，超级增强子可以认为是普通增强子由量变到质变的结果。

一、普通增强子的预测

（一）基于比较基因组学预测增强子

比较基因组学就是基于DNA序列保守性，将某一物种的DNA序列比对到其他物种的基因组上，通过后者已知的基因组注释信息来预测前者的DNA片段注释信息。虽然目前已经开展了“国际动物基因组功能注释计划”（FAANG），并且已经初步完成了猪、鸡和山羊肝脏组织功能元件的注释，但由于增强子具有组织特异性，因此根据FAANG已有的数据无法获知其他组织或细胞中的增强子。为此可以利用“基因组百科全书计划”（ENCODE）注释的人类海量组织和细胞基因组增强子数据库，通过比较基因组学的方法，基于序列保守性，预测其他物种组织或细胞基因组增强子。

超保守元件（ultra-conserved elements，UCE）是由Bejerano G等于2004年提出的。他们定义在人、小鼠及大鼠基因组中，连续长度大于 200 bp 且在三个物种中完全相同（相似度为100%，且没有插入或者缺失）的同源区域为UCE。超保守元件可以鉴定出一部分增强子元件，也不是所有的增强子都是超保守元件。

（二）基于组蛋白修饰标记预测增强子

增强子依据组蛋白修饰标记的不同可划分为初始（primed）、蓄发（poised）和激活（active）3 种状态，当增强子区只有 H3K4me1 修饰富集时，该增强子处于初始（primed）状态，此时增强子处于无活性状态；当增强子区域同时具有 H3K4me1 和 H3K27me3 修饰时，该增强子就处于蓄发（poised）状态，等待进入下一步的激活态，基因尚未转录；当增强子区域同时具有 H3K4me1 和 H3K27ac 修饰时，该增强子就处于激活（active）状态，基因开始转录。因此，利用增强子的组蛋白修饰特征可以实现全基因组增强子的预测。

目前应用较多的是 ChIP-seq 技术。基因组经片段化后，利用抗体将对特定表观修饰的组蛋白进行染色质免疫共沉淀（chromatin immunoprecipitation，ChIP），然后提取富集到的组蛋白-DNA 复合物中的 DNA，利用高通量测序技术鉴定这些 DNA 片段的位置，即可实现全基因组增强子的预测。但是 ChIP-seq 文库构建过程中采用的甲醛交联会使蛋白质与 DNA 产生非特异性结合，并且超声波处理后的 DNA 片段具有不均匀性（200～600 bp），这两个因素会导致测序结果背景噪音高。2019 年 CUT&Tag 技术的出现大大简化了 ChIP-seq 的操作步骤，待测样品文库构建的所有步骤在一个试管中即可实现，无须交联、超声波片段化和解交联等烦琐步骤，具有简单易行、信噪比高、重复性好、所需样品量少等优点。CUT&Tag 技术的基本原理为：利用抗原抗体特异性反应，加入特异性抗体与特定表观修饰的组蛋白结合，加入二抗与该抗体结合以募集更多的 protein A-Tn5 转座酶融合蛋白（pA-Tn5）；protein A 可以与免疫球蛋白 G（IgG）结合，而 Tn5 的转座酶可以切割裸露的 DNA，并且 Tn5 装配有测序接头，切割后的 DNA 片段两端加入测序接头；最后提取 DNA，进行高通量测序。CUT&Tag 的文库构建在一天内即可完成，而 ChIP-seq 则需要 3～5 天。

（三）基于转录因子和辅因子预测增强子

广泛表达的转录因子 Yin Yang 1（YY1）具有类似于 CTCF 的作用，对启动子与增强子互作环的形成具有重要作用。ChIA-PET 实验表明，YY1 介导的启动子-增强子互作在所有功能元件互作中的占比为 27%，绝缘子间的互作占比为 1%，而 CTCF 介导的启动子-增强子互作占比为 7%，绝缘子间的互作占比为 47%，这表明 YY1 对互作环的形成具有重要作用，而 CTCF 对 TAD 环的形成具有重要作用。敲除 YY1 会破坏互作环的形成，改变基因表达模式。但目前尚不清楚 YY1 是否可以在黏连蛋白不存在的情况下，独立介导启动子与增强子互作。辅因子（cofactor）通常不能与 DNA 产生直接互作，而是被转录因子招募到增强子处来抑制或激活转录。p300 蛋白是激活型辅因子，具有组蛋白乙酰化转移酶活性，可以改变染色质构象，使其呈较为松散的状态，从而利于转录因子的进入和结合。研究表明 p300 可以预测人和小鼠 80% 以上的增强子（Ryan and Farley，2020）。因此，基于 YY1 和 p300 在启动子和增强子互作中的作用，利用 ChIP-seq 和 CUT&Tag 技术可以实现部分增强子的预测。

（四）基于染色质开放性预测增强子

大多数基因组中的染色质都紧紧盘绕在细胞核内，但也有一些区域经染色质重塑后呈现出松散的状态，这部分无核小体的裸露 DNA 区域被称为开放染色质区域，这些区域通常是基因组调控元件所在的区域。将鉴定出的开放染色质区域排除启动子区域后，剩下的可以大致作为增强子，因为这些区域中还包含了其他蛋白质的结合区域，如 CTCF 等。目前研究染色质开放性较为常用的是 ATAC-seq（assay for transposase accessible chromatin using sequencing），即利用高通量测序探究 Tn5 转座酶的染色质开放性技术。该技术的基本原理如图 17-10 所示，在核小体连接致密的地方，Tn5 转座酶不能进入，而松散的区域，Tn5 转座酶能够进入并切割暴露的

DNA 区域，并同时连接上测序接头，提取 DNA 后进行高通量测序。Tn5 转座酶同时具有切割和连接两种活性，并且改造后的 Tn5 转座酶比天然转座酶活性更强。与 MNase（micrococcal nuclease）和 DNase（deoxyribonuclease I）建库相比，Tn5 建库时间短、效率高，因为 Tn5 转座酶可以在一个步骤中同时完成酶切、末端修复和连接等一系列过程，极大简化了操作步骤。甲醛辅助分离调控元件测序（formaldehyde assisted isolation of regulatory element sequencing，FAIRE-seq）虽然不依赖核酸内切酶，但它的检测背景较高，测序信噪比相对较低，甲醛交联时间不好把握（图 17-10）。

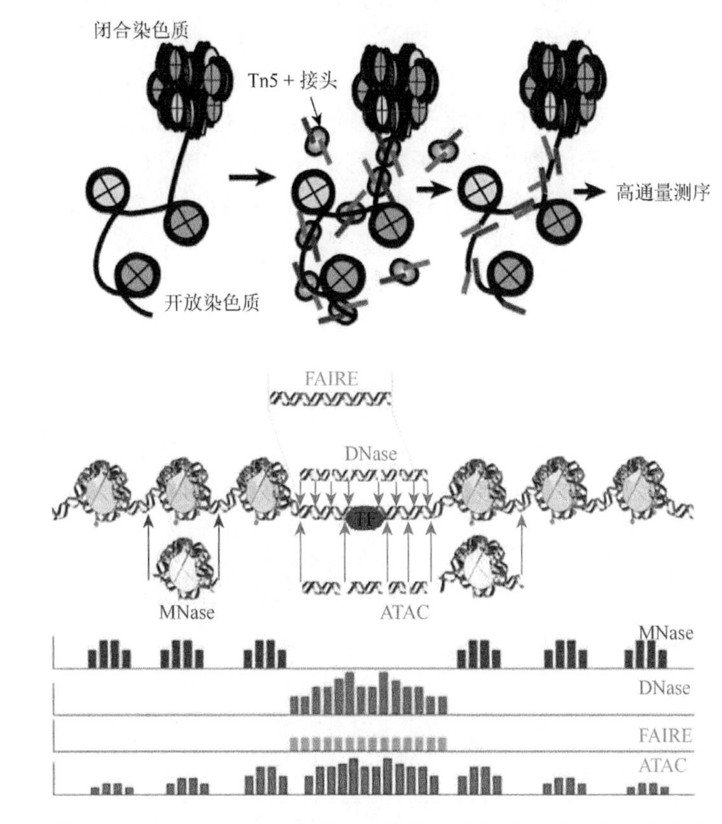

图 17-10　ATAC-seq 技术原理及染色质开放性主要研究方法比较
（Tsompana and Buck，2014；Buenrostro et al.，2015）

（五）基于 eRNA 预测增强子

非编码 RNA（non-coding RNA，ncRNA）在机体生长发育过程中发挥着重要作用，如 miRNA、lncRNA 和 circRNA 等。最近研究发现大部分活性增强子（active enhancer）可以转录产生 ncRNA，称为增强子 RNA（enhancer RNA，eRNA）。eRNA 按照大小可以分为小分子 eRNA 和大分子 eRNA，其中小分子 eRNA 通常小于 200 nt，且双向转录，但不会进行多聚腺苷酸化和剪切，极易降解，而大分子 eRNA 通常大于 200 nt，单向转录，需要进行多聚腺苷酸化和剪切，较稳定。据估计人体可以产生 40 000～65 000 个 eRNA。最近研究表明 eRNA 具有顺式和反式调控作用。eRNA 可以与转录共激活因子 p300 结合，增强其组蛋白乙酰化酶活性，从而调控互作环中靶基因的表达。而 eRNA 反式调控作用是依赖于染色体间的互作环，*MyoD* 基因增强子转录形成的 eRNA 可以通过招募黏连蛋白、辅因子、增强染色质开放性来促进 *MyoG* 基因的表达。但是这类反式作用的 eRNA 可能属于 lncRNA，这有待深入研究。由于绝大部分 eRNA 不稳定，因此在 RNA-seq 数据中很难检测到 eRNA。利用基于新生转录本测序技术，如 GRO-seq、PRO-seq、CAGE-seq 和 Start-seq 等技术不仅能够鉴定出 eRNA，还能鉴定出启动子上游转录本（promoter upstream transcript，PROMPT）和启动子上游反义 RNA（promoter upstream antisense RNA，uaRNA）。

二、超级增强子的预测

与普通增强子相比，超级增强子对靶基因的调控作用更强，eRNA 表达水平更高。超级增强子在大量共激活因子（如 Med1）的作用下，产生相分离，将转录复合物限定在细胞核内的一个微环境中，实现靶基因的高效表达（图 17-11A）。但超级增强子的调控作用也依赖于关键转录因子的结合。例如，转录因子 Oct4 水平的降低会导致 SE 相关基因表达比普通增强子下降更显著。研究发现，不同细胞类型的增强子数目为 10 000～150 000，然而调控细胞命运相关基因的超级增强子数目在不同类型细胞中只有几百个左右，这些少数的超级增强子却决定着细胞分化的特异性进程。

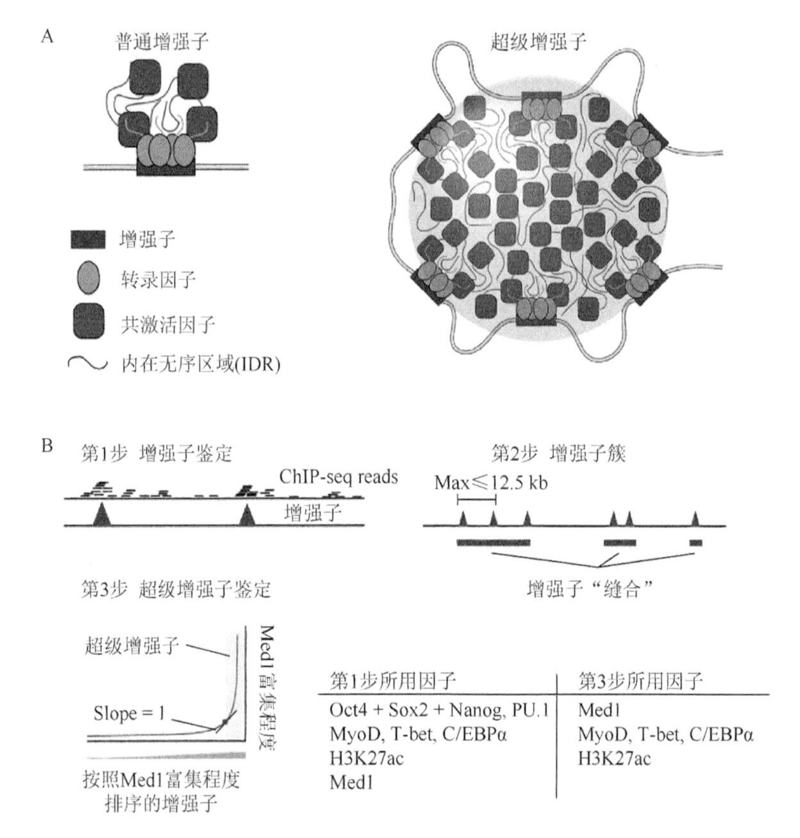

图 17-11　超级增强子与普通增强子示意图和超级增强子鉴定基本流程（Pott and Lieb，2014）

超级增强子最初是由 Richard A.Young 团队于 2013 年利用 ChIP-seq 技术在小鼠胚胎干细胞鉴定出来的。他们首先利用小鼠胚胎干细胞的关键转录因子 Oct4、Sox2 和 Nanog ChIP-seq 鉴定增强子；将间隔在 12.5 kb 以内增强子“缝合”；然后根据 Med1 ChIP-seq 信号强度对缝合增强子和剩余的单个增强子进行排序，绘制成曲线图，以该曲线斜率为 1 的点作为阈值，高于该值为超级增强子，其余的则称为普通增强子（图 17-11B）。但由于不同细胞类型其关键转录因子可能不同，并且它们的结合位点未知。因此，人们对增强子的标志蛋白（H3K27ac、H3K4me1、DNase 高敏感位点、p300）进行比较分析，发现 H3K27ac 为鉴定超级增强子的最佳选择，并据此构建了 86 种人类细胞的超级增强子图谱。基于超级增强子的鉴定原理，利用 CUT&Tag 技术也可实现超级增强子的鉴定。

三、增强子的功能验证

对于预测出的增强子，我们不能完全确定它们对靶基因是具有调控作用的，特别是利用单一技术预测出的增强子。为了提高增强子预测的准确性，通常需要采用两个及以上的技术手段进行预测。从预测出的增强子数据中集中筛选感兴趣的区域作为候选增强子，用于进一步的功能验证。其中，转基因小鼠的表型检测是验证增强子功能最有力的手段。但制备转基因小鼠的技术要求和经济成本较高，需要前期利用其他技术手段验证增强子功能后再进行，这样可以有效降低转基因小鼠阴性表型的风险。以下将从 4 个方面对增强子功能进行逐步、系统、深入地验证。

（一）增强子活性验证

增强子功能研究首先需要确认候选增强子是否具有活性，如果候选增强子没有活性，那么下游的任何功能验证都是徒劳的。目前，验证增强子活性最常用的是双荧光素酶载体报告系统。该系统包含两个载体，pGL3-promoter 和 pRL-TK，其中前者（pGL3-promoter）包含 SV40 启动子和编码萤火虫荧光的基因，后者（pRL-TK）包含 HSV-TK 启动子和编码海肾荧光的基因。将候选增强子克隆至 pGL3-promoter 萤火虫荧光基因的下游，与 pRL-TK 载体共同转染细胞后，如果增强子具有活性，那么萤火虫荧光基因启动子的转录活性会增强，导致萤火虫荧光蛋白表达升高，利用酶标仪检测细胞中两种荧光强度（海肾荧光作为内参进行矫正），通过与阴性对照组（pGL3-promoter 空载体）、空白对照组（pGL3-basic 空载体）和阳性对照组（pGL3-control）进行比较就可判定增强子是否具有活性。值得注意的是，增强子活性具有细胞特异性，选用的细胞不同，会导致增强子活性存在差异。建议采用与预测增强子时所用样品一致的细胞进行验证。

双荧光素酶载体报告系统适用于单个候选增强子活性的验证，如果要研究成百上千个候选增强子，这种方法显然不适用。增强子活性的高通量验证技术较好地解决了这一问题，如位点特异整合流式细胞分选测序（site-specific integration fluorescence-activated cell sorting followed by sequencing，SIF-seq）、大规模并行报告实验（massively parallel reporter assays，MPRA）和自转录激活调控区域测序（self-transcribing active regulatory region sequencing，STARR-seq）等。这些技术都需要构建增强子载体文库、细胞转染、高通量测序检测标志基因或特异标签表达等步骤。SIF-seq 基本原理如下：首先合成候选增强子片段或将细菌人工染色体（BAC）随机打断，然后将 DNA 片段池与表达黄色荧光蛋白的载体进行连接，构建增强子载体文库，最后将文库转染细胞，使载体文库中的增强子 + 黄色荧光蛋白基因与细胞基因组整合；利用荧光激活细胞筛选（fluorescence-activated cell sorting，FACS）技术筛选具有黄色荧光的细胞；进行高通量测序，通过与未经分选的细胞进行比较，检测显著富集的增强子片段。MPRA 和 STARR-seq 两种技术与 SIF-seq 相似，但它们的载体文库转染细胞后不会整合到基因组上。MPRA 的文库中每个增强子下游远端连接有唯一的标签序列，提取转染后细胞中的 RNA 和载体 DNA，利用高通量测序技术检测每个标签序列的 RNA 表达，并通过载体 DNA 进行矫正，据此判定每个候选增强子的活性。STARR-seq 将载体上的基因开放阅读框与候选增强子融合，通过高通量测序直接检测候选增强子的 RNA 表达水平，判定每个候选增强子的活性。

（二）增强子与靶基因互作的验证

虽然上述技术可以检测增强子活性，但它们并不能判定候选增强子是否可以调控靶基因的表达，因为这些技术检测的都是标志基因或特异标签的表达。利用基因组编辑技术，如CRISPR/Cas9技术，特异性敲除候选增强子，通过qPCR或Western blotting检测靶基因表达变化，可以间接证明增强子与靶基因的互作。但当增强子位于其靶基因内部时，直接敲除候选增强子并不是最佳选择，因为这样会破坏靶基因的结构，从而无法判定是增强子还是靶基因结构变化导致的基因表达改变。将Cas9蛋白失活，使其不再具备切割活性，然后将dCas9蛋白与VP64激活域或KRAB抑制域(可以改变组蛋白修饰)融合。这样在gRNA的引导下，dCas9-VP64和dCas9-KRAB就可以在DNA水平执行特异增强或抑制功能，这种技术称为CRISPR介导的激活（CRISPR mediated activation，CRISPRa）和CRISPR介导的抑制（CRISPR mediated interference，CRISPRi）。目前CRISPRa和CRISPRi技术已在ncRNA和调控元件研究中得到了广泛应用。此外，CERES（CRISPR-Cas9-based epigenomic regulatory element screening）和Mosaic-seq（mosaic single-cell analysis by indexed CRISPR sequencing）技术可以实现候选增强子与靶基因互作的高通量检测。CERES技术首先构建稳定表达dCas9蛋白和红色荧光蛋白（mCherry）的细胞株，其中mCherry连接至靶基因的下游，转录后形成融合蛋白，然后将慢病毒包装的gRNA文库转染细胞，经FACS筛选高荧光活性的细胞，利用高通量测序技术检测gRNA表达，并以未经FACS处理的细胞作为对照，检测gRNA的富集，从而判定哪些增强子可以与靶基因互作。Mosaic-seq技术首先构建稳定表达dCas9蛋白的细胞株，然后将慢病毒包装的gRNA文库转染细胞，但载体中每个gRNA下游远端都连接有12 bp的唯一标签（这是为了排除gRNA转录偏好性的影响），转染细胞后，利用单细胞测序技术检测每个细胞中标签的RNA和靶基因RNA的表达量，并与阴性对照组细胞RNA-seq数据进行比较，判定靶基因的表达变化，从而判定哪些增强子可以与哪些靶基因互作。

增强子发挥调控功能离不开转录因子的结合。例如，转录因子TCF4结合AJUBA启动子和超级增强子区域，驱动其表达，导致肝细胞癌（HCC）中AJUBA上调，从而通过激活Akt/sk-3β/Snail通路，促进上皮-间充质转化（EMT）；转录因子KLF4水平升高，通过靶向超级增强子，重新激活下游关键基因的受抑制的染色质结构域，来维持头颈部鳞状细胞癌的致癌状态；转录因子Meis1与circnfix位点上的超级增强子结合，并增加circnfix的表达量。利用DNA pull down结合蛋白质谱可以筛选与候选增强子互作的转录因子，并结合ChIP-qPCR或EMSA实验进一步证明转录因子与候选增强子的结合。干扰该转录因子，检测靶基因的表达变化，可以间接证明增强子与靶基因的互作。

增强子与启动子空间互作的直接证据需要利用3C、4C和Cryo-FISH技术获取。抑制、定点突变增强子和启动子及干扰、敲除转录因子后，利用3C、4C和Cryo-FISH技术检测增强子和启动子互作是否发生变化。以上这些技术不仅适用于普通增强子，也适用于超级增强子，因为这些技术并不涉及增强子文库的构建。而增强子活性验证所涉及的技术一般只适用于普通增强子，因为超级增强子片段较大，增强子文库构建较为困难。

（三）增强子对细胞和个体表型影响的验证

验证增强子与启动子存在空间互作之后，需要进一步确认增强子的表型作用。值得注意的是增强子的表型作用可能并不完全是其单个候选靶基因的表型作用，因为一个增强子可能会调控多个基因的表达。抑制、定点突变增强子后，在细胞水平可以检测细胞增殖、分化、凋亡等方面的作用，在个体水平上可以检测基因编辑鼠血液生理指标、体重、行为等方面的变化，也可取相应组织进行高通量测序，从 DNA、RNA、表观修饰等分子水平进行深入解析。例如，在脊椎动物中高度保守的增强子极化活性区调控序列 ZRS（zone of polarizing activity regulatory sequence），可以通过调控 *SHH* 基因来控制肢体发育。在 ZRS 的敲除鼠中，四肢严重变短。目前，VISTA Enhancer Browser 数据库（https://enhancer.lbl.gov/）收录了上千个人和小鼠活性增强子元件，这些增强子是利用 LacZ 转基因小鼠经染色后鉴定出的发育相关增强子，为后续增强子表型机制解析提供数据支撑。

第五节　三维基因组学的应用

一、构建基因组三维结构

利用三维基因组测序数据可以构建基因组三维结构，包括染色质区室、拓扑关联结构域和染色质环，其中染色质环是目前最为精细的基因组三维结构，也是三维基因组学研究的热点，因为染色质环通常涉及了调控元件的互作。拓扑关联结构域通常是基因组结构变异研究的热点，因为基因组大片段的插入、缺失、倒位和易位等会导致 TAD 的消失、融合或产生新的 TAD，改变基因表达调控模式。因此，基因组三维结构的构建对系统解析基因的转录调控具有重要意义。此外，基于三维基因组测序数据可以构建基因组三维模型，对揭示基因组在细胞核内的空间分布具有重要意义。例如，2017 年，Jonas Paulsen 等利用 Hi-C 数据构建了基因组三维模型，并结合 ChIP-seq 技术鉴定核纤层相关 TAD（图 17-12）。

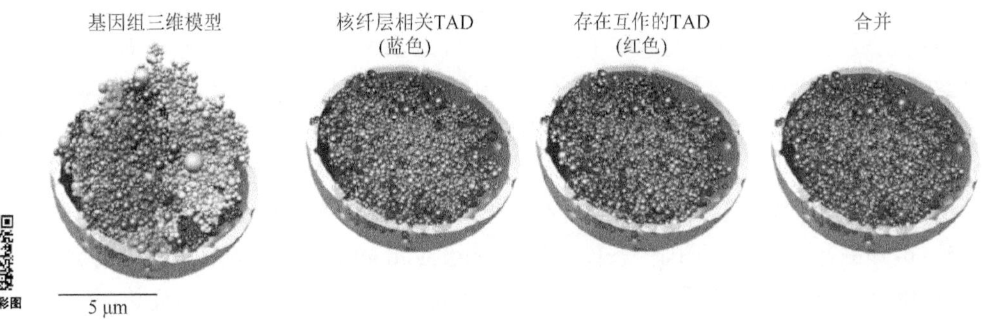

图 17-12　基因组三维模型（Paulsen et al.，2017）

灰色. 所有 TAD

二、构建基因组单倍型

单倍型是单倍体基因型的简称，指在单条染色体上一系列遗传变异位点的组合。单倍型的鉴定在挖掘致病基因、追踪个体亲缘关系和发掘优异等位基因变异等方面具有重要意义。但传统测序技术只能收集得到个体的基因型，而不能直接获知遗传变异的两个等位突变在哪条亲本染色体，为此通常需要对双亲进行测序，来提高单倍型构建的准确性。2014 年，Kuleshov 团队利用三代基因组测序技术，直接获得长达 10 kb 的 reads，组装出高分辨率的基因组单倍型（Kuleshov et al.，2014）。2013 年，任兵教授团队开发了基于 Hi-C 数据组装单倍型的方法，能很好地解决单倍型组装不能跨过着丝粒的问题，从而获得准确率达 98%全基因组完整的单倍型。针对 Hi-C 数据，研究人员开发了 HapCUT2 软件，专门用于单倍型构建。基于 Hi-C 数据构建基因组单倍型的基本原理是通过寻找杂合的遗传变异位点，利用 Hi-C 数据中的顺式双端read将同源染色体间远距离遗传变异位点进行连锁分析，分成两套单倍型图谱(图17-13)。三维基因组学已成为目前基因组单倍型构建的重要补充手段。

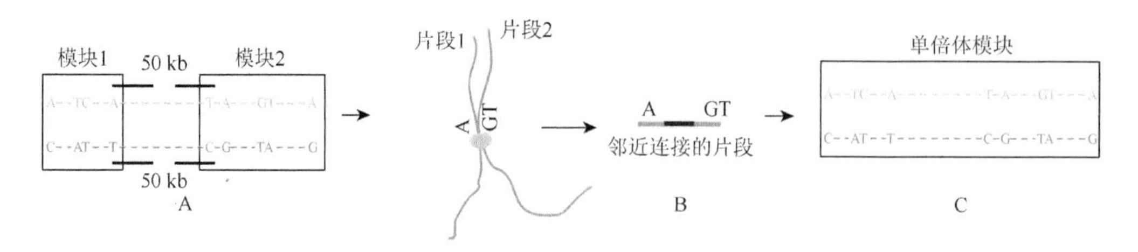

图 17-13　基于 Hi-C 数据构建单倍型原理（Selvaraj et al.，2013）

三、辅助基因组组装

目前二代和三代测序都是借助于全基因组鸟枪法将基因组打断成小片段进行测序，然后将这些小片段重新拼接起来还原基因组信息。基因组组装的过程是将 reads 拼接成 contig，再将 contig 组装成较长的 scaffold，最后将 scaffold 定位到染色体。染色体水平参考基因组是后续功能基因研究的基础，早期的基因组一般都是通过高密度遗传图谱进行染色体挂载，然而构建作图群体耗时较长，再加上有些物种没法构建作图群体，故很多基因组都在 scaffold 甚至 contig 水平。随着 Hi-C 技术的发展，越来越多的研究者转而利用 Hi-C 将基因组挂载至染色体水平。Hi-C 不依靠群体，用单一个体就能将基因组序列组装到染色体水平，还能够纠正基因组的组装错误，目前已成为基因组组装的重要手段。Hi-C 辅助基因组组装的基本原理为：首先，细胞核内同一染色体上位点间的交互频率高于不同染色体间的交互频率，从而实现将初步组装的 contig 分配到各染色体群组中。其次，染色体内部两位点间的交互频率与线性距离一般近似服从幂次递减定律，因而通过交互频率的高低可确定每个染色体群组中的不同 contig 或 scaffold 的顺序与方向。在已知染色体数目和基因组草图序列的前提下，其基本步骤是首先根据 scaffold/contig 的 Hi-C 交互矩阵进行聚类，属于同一条染色体的 scaffold/contig 聚到一起；第二步确定同一染色体上多个 scaffold/contig 的排列顺序；第三步确定 scaffold/contig 的方向性，从而达到辅助组装基因组的目的。目前利用 Hi-C 技术已经辅助完成多个物种的基因组组装，详见表 17-2。

表 17-2　Hi-C 辅助基因组组装进展

物种	年份	杂志
人	2013	*Nature Biotechnology*
小鼠、果蝇	2013	*Nature Biotechnology*
拟南芥	2015	*Molecular Plant*
非洲爪蟾	2016	*Nature*
山羊	2017	*Nature Genetics*
蚊子	2017	*Science*
大麦	2017	*Nature*
榴莲	2017	*Nature Genetics*
苦荞	2017	*Molecular Plant*
小麦	2017	*Science*

续表

物种	年份	杂志
棉花	2018	*Nature Genetics*
月季	2018	*Nature Genetics*
猪	2019	*Science China Life Sciences*
德国牧羊犬	2020	*GigaScience*
鹅	2020	*GigaScience*
东非狒狒	2020	*GigaScience*
非洲狮	2020	*BMC Biology*
北极狐	2021	*Molecular Ecology Resources*

四、解析遗传变异的表型调控机制

在后基因组时代，解析非编码区遗传变异的表型调控机制是后 GWAS 时代的研究重点。基因组染色质三维结构的变化，如启动子与增强子互作的改变，会导致基因表达及其调控模式发生异常，进而引起表型变化。因此与表型变异相关的非编码区突变可能会通过影响增强子活性来调控靶基因的表达。研究表明，前列腺癌的风险等位基因的转录因子结合位点改变，导致启动子转化为增强子，并影响长链非编码 RNA 不同转录本的表达和肿瘤发生。如图 17-14 所示，rs6426749-G 等位基因与 TFAP2A 稳定结合，提高了含有 rs6426749 的增强子活性，增加了 LINC00339 的表达。过表达的 LINC00339 作为顺式调控元件抑制 CDC42 的表达，CDC42 的相对低表达水平增加骨质疏松发生率。反之，rs6426749-C 等位基因可以降低了骨质疏松症的发生风险。除此之外，研究报道，杂合子体细胞突变可以在一个精确的非编码位点引入 MYB 转录因子的结合基序，从而在 TAL1 癌基因上游产生一个超级增强子（Mansour et al., 2014）。综上所述，增强子上的突变通过与转录因子的结合，影响增强子的功能。

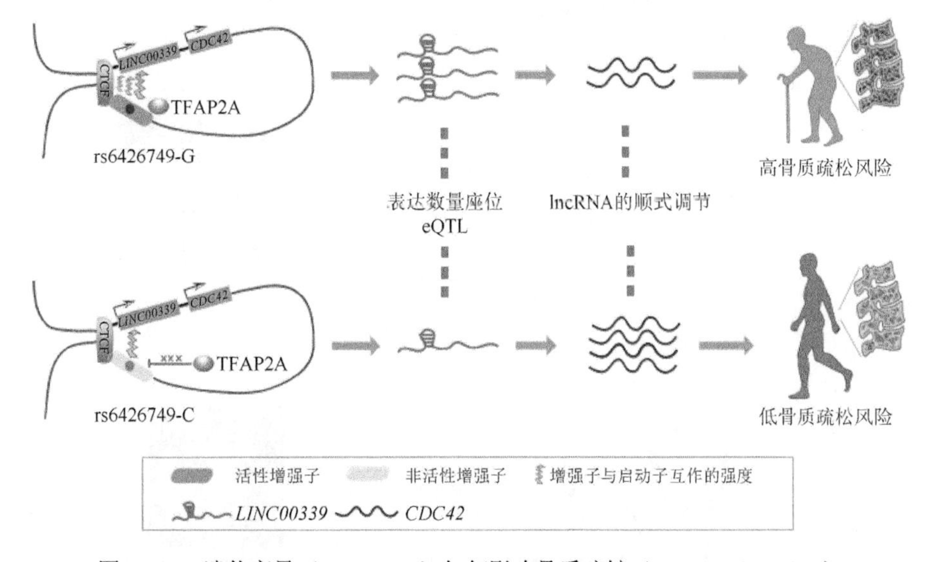

图 17-14　遗传变异（rs6426749）如何影响骨质疏松（Chen et al., 2018）

结构变异（structural variation，SV）可以通过破坏如拓扑关联域来改变调控元件的拷贝数或基因组三维结构。这些位置效应，SV 可以影响断点的基因表达，从而导致疾病。在解释这些变异类型的致病潜力时，必须考虑 SV 对 3D 基因组和基因表达调控的影响。如图 17-15A 所示，IHH 位点增强子的重复发生在拓扑关联域（intra-TAD）内，导致组织特异性失调，并与足并趾多趾畸形相关。在 SOX9 位点的 TAD 边界重复导致新 TAD 形成，并与烹调综合征、短指和指甲发育不全有关（图 17-15B）。在 LMNB1 位点上 TAD 边界的缺失导致增强子激活和成人脱髓鞘脑白质营养不良（图 17-15C）。在 EPHA4 位点的增强子簇倒置导致增强子激活和 WNT6 失调，并与韦伯综合征、拇指和食指并指有关（图 17-15D）。MEF2C 位点的平衡易位导致调节功能丧失，并与大脑异常（包括胼胝体发育不良）和发育迟缓有关（图 17-15E）。

2021 年，李文博研究组在 *Nature* 杂志上发表研究表明，在增强子和启动子互作的过程中，启动子因为功能丢失（DNA 片段切除，单核苷酸突变或者表观遗传导致的沉默）而失去了与增强子互作，但这个被释放的增强子并不会因此不发挥作用，而是在同一个染色体结构互作域中重新选择其他启动子，从而导致相邻基因表达上升。其为启动子区域及其附近的遗传突变导致的表型变化机制提供了新的解释。

三维基因组学的出现，让我们对基因组有了新的认知，基因的精准转录调控处于层层架构、有条不紊的染色质的三维结构中。其应用目前主要包括 4 个方面：构建基因组三维结构、构建基因组单倍型、辅助基因组组装、解析遗传变异的表型调控机制。它的出现为鉴定重要的因果变异，并解析其表型调控机制提供了新的思路。

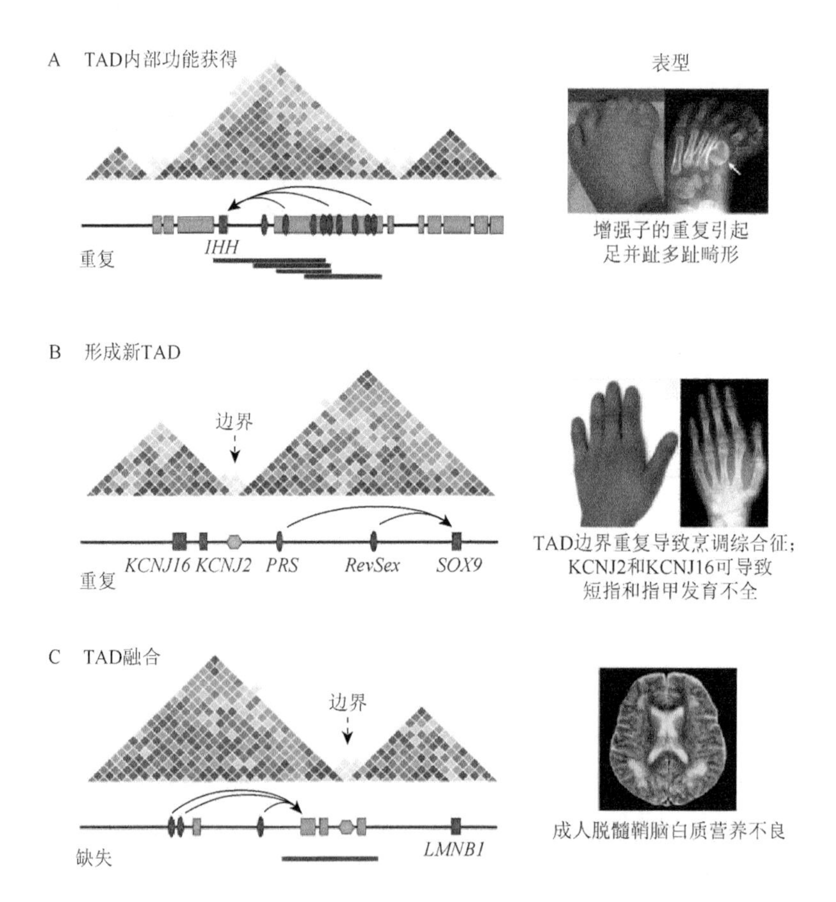

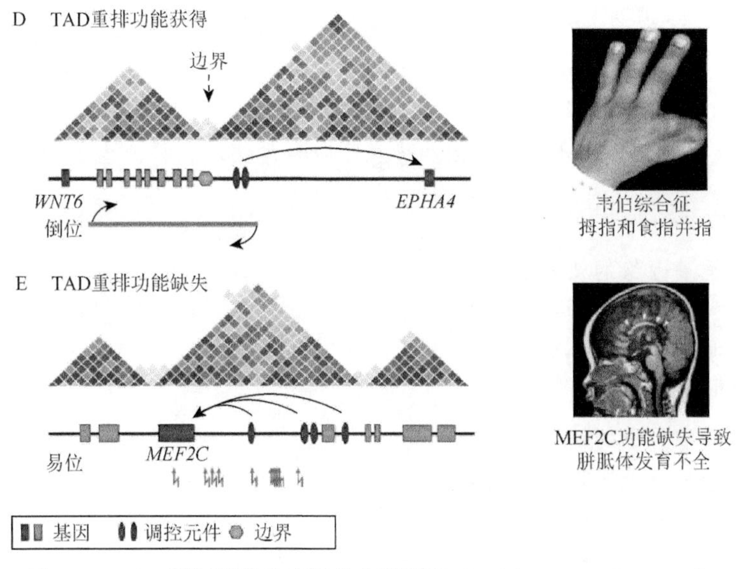

图 17-15　3D 基因组结构变异的临床例子（Spielmann et al.，2018）

PRS. 与 Pierre Robin 序列相关的元件；RevSex. 与性发育障碍相关的元件

本 章 小 结

三维基因组学是以研究基因组空间构象与基因转录调控关系为主要内容的一个新的学科方向，其应用目前包括构建基因组三维结构、构建基因组单倍型、辅助基因组组装、解析遗传变异的表型调控机制4个方面。它的出现推动了基因组学第三次发展浪潮的到来，也是后GWAS时代鉴定因果突变并解析其表型调控机制的重要手段。

随着高通量测序技术的发展，不同层次的基因组三维结构（也可称为基因组染色质三维结构）被先后揭示，包括染色质疆域、染色质区室、拓扑关联结构域和染色质环。这些三维结构均是基于高通量测序数据分析的特定算法而鉴定出来的，目前尚未有统一标准的定义。这是因为在进行高通量测序时采用的测序深度、分辨率、分析方法等不同造成的，因此与基因组真实的三维结构可能存在偏差。

基因组三维结构研究的方法可以大致分为三类：以 3C 为基础的方法、以成像技术为基础的方法和无酶连方法。其中，基于 3C 技术的 Hi-C 目前应用最为广泛，但是要想得到高分辨率的互作信息，该方法需要进行深度测序，因为该方法得到的有效 reads 的比例不如无酶连方法，此外以成像技术为基础的方法可以直观地观测基因组片段互作，但通量一般较低，适合于验证研究。

染色质环包括 TAD 环和染色质互作环（即调控元件互作成环），这一点尤其需要注意，因为在很多研究中并没有将其区分。环形挤压模型可以很好地解释 TAD 内部调控元件互作环的形成，而且越来越多的实验研究也支持这一模型。染色质环的鉴定对于揭示增强子的靶基因具有重要意义。虽然单纯基于 Hi-C 数据可以实现增强子的预测，但目前通常采用基于组蛋白修饰标记预测增强子。与普通增强子相比，超级增强子对靶基因的调控作用更强，往往决定着细胞的分化命运。在活性和功能验证上，两者也存在一些不同，因为超级增强子的平均长度大于 20 kb，因此基于载体转染的验证方法对其并不适用，通常对超级增强子中的单个增强子进行研究，并直接采用基因编辑技术进行增强或敲除。

2003 年至今，“人类基因组百科全书计划”（ENCODE）已揭示了几十万计的基因组功能元件（调控元件、沉默子、绝缘子等），这些调控元件对基因的精准表达起到至关重要的作用。三维基因组学将这些调控元件与靶基因关联起来。与二维线性基因组功能研究相比，三维基因组学通过探究基因组染色质三维结构及其基因表达调控作用，可以更加系统深入地解析基因转录的精准调控机制。我们相信，未来三维基因组学在生命科学领域必将产生革命性创新成果。

➤思 考 题

1. 谈谈对三维基因组的认识。
2. 三维基因组的层级结构是什么？
3. 研究三维基因组的方法有哪些？
4. 试述三维基因组的应用。
5. 谈谈对超级增强子的认识。
6. 超级增强子与普通增强子有何异同？
7. 怎样进行超级增强子的鉴定与筛选？
8. 启动子、增强子上突变的影响表型的机制是什么？

编者：程杰　曹修凯

主要参考文献

孙鸾. 2014. 浅谈染色质高级结构与基因转录的远程调控[J]. 中国细胞生物学学报，36：1460-1469.

Bolzer A，Kreth G，Solovei I，et al. 2005. Three-dimensional maps of all chromosomes in human male fibroblast nuclei and prometaphase rosettes[J]. PLoS Biol，3：e157.

Buenrostro J D，Wu B，Chang H Y，et al. 2015. ATAC-seq：a method for assaying chromatin accessibility genome-wide[J]. Current Protocols in Molecular Biology，109：21.29. 1-21.29. 9.

Chen X F，Zhu D L，Yang M，et al. 2018. An osteoporosis risk SNP at 1p36.12 acts as an allele-specific enhancer to modulate LINC00339 expression via long-range loop formation[J]. Am J Hum Genet，102：776-793.

Kempfer R，Pombo A. 2019. Methods for mapping 3D chromosome architecture[J]. Nature Reviews Genetics，21：207-226.

Kuleshov V，Xie D，Chen R，et al. 2014. Whole-genome haplotyping using long reads and statistical methods[J]. Nature Biotechnology，32：261.

Li G，Fullwood M J，Xu H，et al. 2010. ChIA-PET tool for comprehensive chromatin interaction analysis with paired-end tag sequencing[J]. Genome Biology，11：1-13.

Mansour M R，Abraham B J，Anders L，et al. 2014. An oncogenic super-enhancer formed through somatic mutation of a noncoding intergenic element[J]. Science，346：1373-1377.

Nora E P，Lajoie B R，Schulz E G，et al. 2012. Spatial partitioning of the regulatory landscape of the X-inactivation centre[J]. Nature，485：381-385.

Paulsen J，Sekelja M，Oldenburg A R，et al. 2017. Chrom3D：three-dimensional genome modeling from Hi-C and nuclear lamin-genome contacts[J]. Genome Biology，18：1-15.

Pott S，Lieb J D. 2014. What are super-enhancers? [J]. Nature Genetics，47：8-12.

Rowley M J，Corces V G. 2018. Organizational principles of 3D genome architecture[J]. Nature Reviews Genetics，19：789-800.

Ryan G E，Farley E K. 2020. Functional genomic approaches to elucidate the role of enhancers during development[J]. Wiley Interdisciplinary Reviews：Systems Biology and Medicine，12：e1467.

Selvaraj S，Dixon J R，Bansal V，et al. 2013. Whole-genome haplotype reconstruction using proximity-ligation and shotgun sequencing[J]. Nature Biotechnology，31：1111.

Spielmann M，Lupianez D G，Mundlos S. 2018. Structural variation in the 3D genome[J]. Nat Rev Genet，19：453-467.

Tsompana M，Buck MJ. 2014. Chromatin accessibility：a window into the genome[J]. Epigenetics & Chromatin，7：33.

第十八章　染色质重塑与组蛋白修饰

表观遗传学是目前生物学中最活跃的研究领域之一，其中，染色质重塑和组蛋白修饰是至关重要的组成部分。染色质重塑可以引起核小体位置和结构的变化，从而引起染色质变化，进而在动物生理功能中发挥作用。组蛋白修饰可以通过甲基化和乙酰化等方式来影响组蛋白结构与功能，进而参与基因的表达调控。为此，本章旨在介绍染色质重塑和组蛋白修饰的相关知识。

第一节　染色质重塑

染色质重塑（chromatin remodeling）是以染色质重塑复合物等介导的一系列染色质上核小体的变化为基本特征的生物学过程。基因复制和重组等过程往往都伴随着染色质重塑的发生。染色质重塑在调控基因转录等方面发挥着重要作用。接下来，将介绍核小体的定位、染色质重塑的种类和染色质重塑复合体的种类与功能等内容。

一、核小体的定位

核小体是由 DNA 和组蛋白形成的染色质基本结构单位。每个核小体由 146 bp 的 DNA 缠绕组蛋白八聚体 1.75 圈形成。而组蛋白八聚体由各两份拷贝的组蛋白 H2A、H2B、H3 和 H4 组成。核小体核心颗粒之间通过 50 bp 左右的连接 DNA 相连。H1 结合在盘绕在八聚体上的 DNA 双链开口处，核小体的形状类似一个扁平的碟子或一个圆柱体。染色质就是由一连串的核小体所组成。这些组蛋白称为核心组蛋白（core histone）。组蛋白 H1 称为接头组蛋白，其作用有别于核心组蛋白的功能。它存在的量相当于核心组蛋白的一半，更容易从染色质中被抽离出来。组蛋白 H1 的去除不会影响核小体的结构，这与它定位于颗粒外的现象是一致的。包含接头组蛋白的核小体有时被称为染色质小体（chromatosome）（图 18-1）。

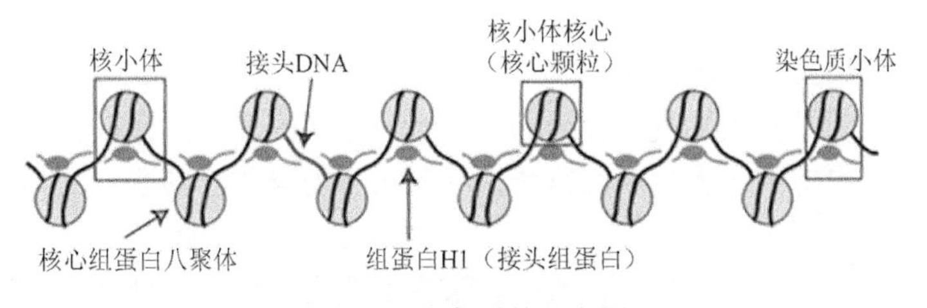

图 18-1　染色质的示意图

核小体固定在 DNA 双螺旋上精确位置的现象称为核小体定位。通常情况下核小体与 DNA 的结合是动态的，并没有序列特异性。但有些情况下，对核小体的位置进行限制是有利的。因此，某些核小体被限定在基因组固定位置。核小体定位通常发生在基因启动子区域。因为启动子常常存在短区域，它可排除核小体，形成一个边界，或称为无核小体区（nucleosome depletion region，NDR 或 nucleosome free region，NFR），用于限定核小体的位置。其中绝大多数来自于启动子所限定的位置。

核小体定位由特殊的 DNA 序列或 DNA 结合蛋白所决定。其中，由特殊的 DNA 序列所决定的称为顺式决定。而由 DNA 结合蛋白决定的称为反式决定。

核小体定位的顺式决定因素：某些特殊 DNA 序列可以影响核小体的位置。核小体中的组蛋白八聚体优先在 DNA 易弯曲的区域结合。A-T 双核苷酸很容易弯曲。因此，富含 A-T 的序列很容易紧紧包裹组蛋白形成核小体。富含 A-T 的序列排列使 DNA 小沟朝向组蛋白八聚体，而富含 G-C 区域的排列使得小沟朝外，也有利于组装。相反，长的 dA：dT（大于 8 bp）会使 DNA 变得僵硬，不利于核小体结合，常出现在 5′或 3′的无核小体区域。在酵母中高达 50%的核小体定位可归功于这些特殊 DNA 序列。

核小体定位的反式决定因素：可以决定核小体定位的结合蛋白包括 RNA 聚合酶、染色质重塑复合物、转录因子和组蛋白变异体等。最常见的方式是核小体和DNA结合蛋白与特殊DNA序列的竞争性结合。此外，一些 DNA 结合蛋白可以与相邻的核小体发生作用，导致核小体优先在这些蛋白质相邻的位置组装。

二、染色质重塑的种类

根据参与酶的类型，将染色质重塑分为两类：一类是依赖组蛋白修饰的染色质重塑；另一类是 ATP 依赖性染色质重塑。

（一）依赖组蛋白修饰的染色质重塑

组蛋白修饰可以引起染色质重塑，如各种共价修饰甲基化、乙酰化及磷酸化等。其中，组蛋白尾部的赖氨酸是最普遍的修饰靶标。当然，所有组蛋白共价修饰是可逆的，由特定的酶催化。最新研究发现，组蛋白修饰可以通过多种方式影响染色质结构。

1. 组蛋白修饰引起的电荷变化影响染色质结构

组蛋白修饰引起的电荷变化会直接改变染色质结构。一些组蛋白修饰改变了组蛋白八聚体蛋白质分子的电荷，因而它们能潜在地引起蛋白质功能属性的改变。正电荷的缺失减少了组蛋白尾巴对带负电荷 DNA 骨架的亲和性。例如，赖氨酸残基的过度乙酰化会降低尾部的总正电荷，使得组蛋白尾部能从 DNA 的相互作用中释放出来。同时，组蛋白尾部的修饰影响了核小体形成更为抑制状态的高级染色质结构的能力。例如，H4 的 N 端尾部乙酰化会阻止核小体压缩为抑制状态。

2. 识别组蛋白修饰的蛋白结构域影响染色质结构

组蛋白修饰可以为非组蛋白提供结合位点，而一些能识别被修饰组蛋白的非组蛋白会影响染色质结构。目前鉴定出了许多与修饰组蛋白尾部进行特异结合的蛋白质结构域，如克罗莫蛋白质结构域等就可以特异性识别甲基化赖氨酸（或精氨酸）。这些结构域不仅能识别专一的修饰位点，还能区分单、双和三甲基化赖氨酸。除克罗莫蛋白质结构域外，许多其他能识别甲基化赖氨酸的结构域也陆续被鉴定。总之，自然存在的、能识别特殊甲基化位点的不同结构域的种类多样性强调了组蛋白修饰的重要性和复杂性。那么，这些能识别修饰组蛋白的结构域是如何改变核小体相关功能呢？一个重要的方式是经修饰的组蛋白能将很多酶募集起来，而这些酶进一步修饰邻近的核小体。另外，很多染色质重塑复合物的一个或几个亚基及很多转录调控相关蛋白质都含有识别修饰组蛋白尾部的结构域。

（二）ATP 依赖性染色质重塑

ATP 依赖性染色质重塑通过依赖 ATP 的染色质重塑复合体或重塑因子作用实现。这些重塑复合体大多数是以 ATP 水解酶为催化中心的多蛋白亚基复合物。它们可以通过多种机制改变染色质结构，引起染色质重塑。目前，人们研究发现很多染色质重塑复合物（如 ISWI 家族、SWI/SNF 家族、CHD 家族及 INO80 家族）在染色质重塑的过程中通过不同的分子机制发挥重要作用。

1. DNA 移位

染色质重塑复合物能紧密结合到组蛋白八聚体上，并将 DNA 相对于组蛋白进行移动，称为 DNA 移位。重塑因子通常是从核小体内部固定位点起始 DNA 的移位。不同重塑因子复合物与核小体的相互作用有所不同。例如，ISWI 重塑因子依赖于两个单独的结合位点与核小体进行结合，①距中心二价轴两个超螺旋位置，也称为核小体内部位点。②核小体进/出口处的接头 DNA，也称核小体外部位点。ISWI 重塑因子通常用 SANT 结构域（类似于有些转录因子的 DNA 结合结构域）与外部结合位点产生强的作用。同 ISWI 重塑因子，SWI/SNF 重塑因子家族中的 RSC 复合体也需要特殊的内部结合位点。由于同时将所有的 DNA 都相对于组蛋白移位在能量上消耗大，因此 ATP 酶亚基只能在一次移动一部分的 DNA。尽管存在不同的机制，但是类似于 SF1 及 SF2 移位酶家族的 DNA 移位属于“尺蠖样”运动，由 DBD 及 DNA 轨道亚域的协调运动来完成。DBD 结构域含有两个 RecA 样模体，它们间有核苷酸（ATP）结合口袋。核苷酸的结合及 ATP 水解引发两个 RecA 样模体的结构变化，从而导致 DNA 轨道亚域在一条 DNA 链（也称轨道链）上以 3′→5′方向移动 1 bp，而 DBD 结构域此时从 DNA 上释放，向前移动并在新的位置与 DNA 结合，引起新一轮的 DNA 轨道亚域的运动，这种运动类似于“尺蠖样”运动而得名。

2. 核小体置换

SWI/SNF 家族所有成员及 ISWI 家族部分成员重塑因子具有置换核小体或组蛋白的能力。许多基因的启动子处通过核小体置换来激活转录。目前，有不同的模型解释核小体置换机制。其中，DNA 环（DNA loop）模型认为，SWI/SNF 重塑因子产生的 DNA 环破坏核小体的稳定状态，降低组蛋白分子伴侣的能量屏障，从而置换整个组蛋白八聚体。在组蛋白八聚体表面短暂形成的 DNA 环及组蛋白-DNA 相互作用的破坏都促进八聚体解聚成 H2A-H2B 二聚体及 $(H3\text{-}H4)_2$ 四聚体的内在动态过程。其他的一些机制也认为，DNA 易位使 DNA 从邻近核小体上解离，导致邻近组蛋白八聚体或二聚体的释放。

3. 组蛋白交换

重塑因子通过组蛋白交换改变组蛋白八聚体组分。在许多启动子上，含 H2A.Z 的核小体与转录激活有关。例如，重塑复合物 SWR1 及 INO80 除正常的重塑能力外，具有组蛋白交换能力，在分子伴侣，如 Nap1、Chz1（chaperone for H2A.Z）及 FACT（facilitates chromatin transcription）的协助下进行对 H2A-H2B 及 H2A.Z-H2B 二聚体的交换，从而改变核小体组分。体外研究显示，SWR1 对 H2A-H2B 的交换按阶段进行，先交换一个分子的 H2A.Z 产生异 H2A.Z-H2B 二聚体。INO80 复合体以“手”型结构抓住核小体，但其组蛋白二聚体交换机制有别于 SWR1 重塑复合体。

4. 染色质重塑复合体破坏组蛋白-DNA 接触

核小体通过组蛋白与 DNA 的相互作用维持稳定状态。DNA 磷酸糖骨架约每 10.4 bp（即每一个 DNA 小沟）都与组蛋白带正电荷氨基酸残基进行相互作用，从而产生 14 个组蛋白-DNA

接触。每一个组蛋白-DNA 接触储藏约 1 kcal/mol 能量。如果 DNA 在组蛋白八聚体表面滑动或置换，需要打破所有的组蛋白-DNA 接触，如果这种打破要同时发生则需要 12～14 kcal/mole 能量。在一些极端条件（如高温、高离子强度）下组蛋白-DNA 相互作用变得微弱，从而诱发组蛋白八聚体的滑动。而正常情况下，重塑复合体通过水解 ATP（约 7.3 kcal/mole 自由能）改变组蛋白-DNA 的相互作用。所有重塑复合体的 ATP 酶实际上属于 DEAD/H-box 解旋酶和移位酶超家族Ⅱ（superfamily Ⅱ，SF2）成员。SF2 超家族构成了数量上最多的、结构上最为多样性的解旋酶/移位酶马达蛋白。这些蛋白质都含有马达核心，能结合 ATP 并水解 ATP 产生能量。重塑因子 ATP 酶具有移位活性而缺乏解旋酶活性，重塑因子利用这种 DNA 移位活性干预组蛋白-DNA 接触，从而进行染色质的重塑。关于组蛋白-DNA 接触的干预，存在包括卷轴、卷曲及凸起等不同模型。这些模型认为，重塑因子 ATP 酶结构域通过核小体表面 DNA 的扭曲产生扭曲张力，或通过 ATP 水解改变本身结构产生 DNA 环或凸起（loop or bulge），从而破坏组蛋白-DNA 的接触，引起核小体滑动。卷曲模型中，核小体进口的 DNA 拓扑学发生改变，DNA 以长轴发生旋转，引起超螺旋卷曲形成扭曲张力（twisting force）。每旋转 36°就能引起 1 bp 的 DNA 易位。这种扭曲沿着组蛋白八聚体表面传播，因此也称为扭转扩散模型。凸起模型用于解释转录依赖性核小体移动，认为核小体沿着 DNA 的易位是通过组蛋白八聚体表面形成 DNA 凸起及其旋转完成的。

三、染色质重塑复合体的种类与功能

染色质重塑依赖 ATP 的染色质重塑复合体执行染色质重塑过程。染色质重塑复合体是指能够引起染色质结果变化的多分子组合体系。染色质重塑复合体是基于作为催化亚基的 ATP 酶亚基进行分类的。所有重塑复合体的 ATP 酶亚基都含有保守的 ATP 酶结构域，它利用 ATP 水解的能量打断组蛋白-DNA 接触。尽管所有复合体都拥有保守的 ATP 酶结构域，但根据 ATP 酶亚基中其他独特的侧翼结构域，将染色质重塑复合体分类为 4 种不同的家族，这些家族包括 SWI/SNF 家族、ISWI 家族、CHD 家族及 INO80 家族。

所有重塑因子 ATP 酶亚基的 ATP 酶结构域由 DExx 及 HELICc 两部分组成。DExx 及 HELICc 含有 7 个保守的解旋酶相关序列，属于 SF2 超家族解旋酶样蛋白，但不属于解旋酶。DExx 及 HELICc 执行两个功能，即结合核小体 DNA 和水解 ATP。ATP 酶结构域的内部结构赋予重塑家族不同特性，其中每个家族子 ATP 酶亚基侧翼结构也不同。

（一）SWI/SNF 家族

第一个被鉴定的染色质重塑复合体是酿酒酵母中的转换缺陷/蔗糖不发酵（SWI/SNF）复合体，由多个亚基组成。最早，在酿酒酵母变异体筛选中发现了两个基因与染色质重塑有关，即转换缺陷型 2（SWI2）基因和不能发酵蔗糖型 2（SNF2）基因。随后发现，SWI2/SNF2 能改变染色质结构并有助于转录激活。SWI/SNF 家族成员一般是由多亚基（8 个或以上）组成的庞大复合物（表 18-1）。一般来讲，SWI/SNF 复合体 ATP 酶亚基包含 ATP 酶结构域、HSA 结构域及 C 端布罗莫结构域。SWI2 和 SNF2 是酵母 SWI/SNF 复合体中的两种 ATP 酶亚基。酵母细胞中除 SWI/SNF 复合体（每个酵母细胞含约 150 个 SWI/SNF 复合体）外，还含有更加丰富的重塑因子，称为重塑染色质结构复合体（remodel the structure of chromatin，RSC）。该复合体包含 Sth1 ATP 酶亚基，此复合体也是细胞生存所必需，对约 700 个基因座起作用。在大多数真核生物中，都有两种相关的 ATP 酶催化亚基构成了相应的两类 SWI/SNF 复合体。人类 SWI/SNF 复合体含单个 ATP 酶亚基，即 BRM（brahma）或 BGR1（brahma-related gene 1）亚基。另外，该复合体还含有三个核心亚基（BAF155、BAF170 及 BAF47/SNF5）。然而，SWI/SNF 复合体亚基成分具有高度可变性，通过更换亚基组成参与不同细胞或发育调控。不同染色质重塑复合体通过不同的重塑模式参与染色质的重塑。SWI/SNF 复合体可以在多个座位上进行核小体的滑动（sliding）及弹出（ejection），但该复合体缺乏染色质装配（chromatin assembly）活性。

表 18-1　SWI/SNF 家族组成及同源亚基

复合物	ATP 酶亚基/催化亚基	附属亚基/非催化性亚基	物种
SWI/SNF	Swi2/Snf2	Swi1/Adr6，Swi3，Swp73，Snf5，Arp7，Arp9，Swp82，Snf11，Taf14，Snf6，Rtt102	酵母
RSC	Sth1	Sth1，Rsc8/Swh3，Rsc6，Sfh1，Arp7，Arp9，Rsc（1，2 或 4），Rsc 7，Rsc30，Rsc3，Rsc5，Rtt102，Rsc14/Ldb7，Rsc10，Rsc9	
BAP	BRM/Brahma	OSA/BAP200，MOR，BAP60，SNR1/BAP45，BAP111/dalao，BAP55 或 BAP47，Actin	果蝇
PBAP		Polybromo，BAP170，MOR/BAP155，BAP60，SNR1/BAP45，BAP111/dalao，BAP55 或 BAP47，Actin	
BAF	hBRM 或 BRG1	BAF250，BAF155，BAF170，BAF60（a，b 或 c），SNF5，BAF57，BAF53（a 或 b），β-actin，BAF45（a，b，c 或 d）	人
PBAF	BRG1	BAF180，BAF200，BRD7，BAF155，BAF45（a，b，c 或 d），BAF170，BAF60（a，b 或 c），SNF5，BAF57，BAF53（a 或 b），β-actin	

（二）ISWI 家族

ISWI（imitation switch）家族是根据果蝇中 ATP 酶亚基与 Swi2/Snf2 的序列相似而命名的，后来发现它在所有物种中都呈现高度保守。ISWI 家族成员复合体由 2～4 个亚基组成。多数真核生物中，ISWI 家族含 1～2 两个不同的 ATP 酶催化亚基，从而构成了不同的复合体（表 18-2）。在酵母中，两个 ATP 酶亚基（Isw1 和 Isw2）构成了三种不同的酶复合体（ISW1a、ISW1b 及 ISW2）。果蝇中唯一的催化亚基（ISWI 蛋白）形成了三种不同的复合体，即 NURF（nucleosome remodeling factor）、CHRAC（chromatin accessibility complex）及 ACF（ATP-utilizing chromatin assembly and remodeling factor）。哺乳动物中有两个催化亚基，即 SNF2L 和 SNF2H，或分别称为 SMARCA1 和 SMARCA5（SWI/SNF related，matrix-associated，actin dependent regulator of chromatin，subfamily a，members 1 and 5）。SNF2L 及 SNF2H 与果蝇 ISWI 蛋白同源，可形成 NURF、CHRAC 及 ACF 复合物，也与一些附属亚基构成其他不同的重塑复合物。ISWI 家族 ATP 酶亚基含有一组特征性的 C 端的结构域。SANT（switching-defective protein 3，adaptor 2，nuclear receptor co-repressor，transcription factor ⅢB）结构域及邻近的 SLIDE（SANT-like domain）结构域，它们共同构成了核小体识别结构域，能与未修饰的组蛋白尾及 DNA 结合。另外，ISWI 家族复合物中的附属亚基也含有许多染色质结合结构域。对重塑的模式而言，ISWI 复合体主要影响核小体的定位，而不会置换核小体。许多 ISWI 复合体（ACF、CHRAC 及 NoRC 等）参与染色质装配及转录抑制，如 ISWI 复合体在细胞中作为阻遏物，利用重塑活性将核小体滑动至启动子区域以便阻止转录。研究表明，NoRC 与 rDNA 启动子区核小体特殊定位相关，引起异染色质的形成及基因沉默。果蝇中，ISWI 缺失引发染色质（尤其在雄性 X 染色体）高级结构的紊乱。但在生殖干细胞中，ISWI 复合体 NURF 参与蜕化素（ecdysone）引导的转录激活，这也说明复合体亚基及功能的多样性。

表 18-2　ISWI 家族组成及同源亚基

复合物	ATP 酶亚基/催化亚基	附属亚基/非催化性亚基	物种
NURF	ISWI	NURF301，NURF55/p55，NURF38	果蝇
ACF		ACF1	
CHRAC		ACF1，CHRAC14，CHRAC16	
ISWI1a	Isw1	Ioc3	酵母
ISWI1b		Ioc2，Ioc4	
ISWI2	Isw2	Itc1	
NURF	SNF2L	BPTF，RbAp46 或 48	人
ACF	SNF2H	ACF1	
CHRAC		ACF1，CHRAC17，CHRAC15	
NoRC		Tip5	
RSF		Rsf1	
WICH		Wstf	

（三）CHD 家族

CHD（chromodomain-helicase-DNA-binding protein）家族首次在非洲爪蟾中被鉴定。CHD 家族重塑因子在低等真核生物中以单体形式存在，而在脊椎动物中形成大的复合体。CHD 家族中的 ATP 酶亚基 N 端含有特征性的串联克罗莫结构域（chromodomain），中间有保守的 SNF2 样 ATP 酶结构域（SNF2-like ATPase domain）。人源的 Chd1 蛋白中两个串联的克罗莫结构域可以协同作用并识别甲基化的组蛋白 H3 尾巴，而克罗莫结构域的缺失会削弱 CHD 蛋白与核小体的亲和力，降低其 ATP 水解活性与染色质重塑活性。根据克罗莫结构域和 ATP 酶结构域外的组成，将 CHD 家族分为 CHD1、Mi-2 及 CHD7 等三个亚家族（subfamily）。其中，CHD1 亚家族成员包括酿酒酵母中唯一成员 CHD1 蛋白及高等真核生物中的 CHD1 和 CHD2 蛋白，这些蛋白 C 端含有 DNA 结合结构域，在体外与富含 AT 的 DNA 序列优先结合。CHD7 亚家族 C 端含有额外的模体，如 Brahma 和 Kismet（BRK）成对结构域、SANT-like 结构域、CR 结构域及 DNA 结合结构域。BRK 结构域在果蝇和人 SWI/SNF 家族成员中的 BRM 及 BRG1 蛋白中保守（而不是酵母的 SWI2/SNF2 及 Sth1 中），说明此结构域可能与高等真核生物染色质功能相关。SANT 结构域在核受体共阻遏物（co-repressor）及许多染色质重塑复合体中相继被鉴定，能特异性地与组蛋白相互作用。

CHD 家族蛋白执行多种功能。其中，CHD1 亚家族与转录正调控相关。另外，CHD 蛋白也构成多亚基复合物，但很多复合体尚未进行鉴定。研究较为透彻的是 NURD（nucleosome remodeling and histone deacetylase）复合物，包括 CHD3、CHD4、HDAC1/2（histone deacetylase 1/2）、RbAp 46/48（retinoblastoma-associated protein 46/48）、MTA1/2/3（metastasis-associated protein1/2/3）及 MBD（metyl1-CpG binding domain）蛋白，具有 ATP 依赖性染色质重塑、组蛋白脱乙酰化及 DNA 甲基化活性。同时，CHD1 的克罗莫结构域与具有 HDAC 活性的共抑制子 NCoR（co-repressor of nuclear hormone transcription）相互作用。CHD 蛋白也具有转录延伸因子活性，与一些基础转录延伸因子相互作用。CHD3、CHD4、CHD5 及 CHD7 等也与人类疾病发生有关。

（四）INO80 家族

INO80（inositol requiring 80）家族最初是从酿酒酵母中鉴定，是由于调控肌醇反应性（inositol-responsive）基因表达而得名，也是唯一一类保留有解旋酶活性的染色质重塑复合体。INO80 家族 ATP 酶催化亚基的显著特征是其断裂性的 ATP 酶结构域，即 ATP 酶结构域中间存在一个长的插入结构，这种独特的结构域不仅使蛋白质保留了 ATP 酶活性，还充当了其他蛋白质的结合平台。复合体的两个亚基，即 Rvb1 及 Rvb2（RuvB-like proteins）（人 Tip49a/Tip49b）结合中间的插入片段，从而募集 Arp5，在调控 INO80 染色质重塑活性中发挥重要作用。INO80 家族成员复合体由 10 个以上的亚基组成。酵母中，INO80 家族 ATP 酶催化亚基为 INO80 和 SWR1 蛋白，构成 INO80 及 SWR1 复合体，在高等生物中对应于 hINO80、SRCAP（SNF2-related CREB-activator protein）及 p400 亚基，构成 INO80、SRCAP 及 p400/TIP60 复合体，它们都具有 HAT 酶活性。酵母的 INO80 和 SWR1 复合体都含有肌动蛋白（actin）和肌动蛋白相关蛋白 4（actin related protein 4，Arp4）。INO80 复合体在转录激活及 DNA 修复中都有重要的功能。INO80 复合体具有 DNA 解旋酶活性，在同源重组和 DN 复制中与霍利迪连接体（Holliday junction）结合。INO80 复合体与 SWR1 复合在重构核小体上具有独特的活性，在全基因组范围内控制 H2A.Z 交换，将规范性 H2A-H2B 二聚体交换成变异体二聚体 H2A.Z-H2B。哺乳动物中，SRCAP 复合体与发育及癌症发生相关。SRCAP 作为包括雄激素受体（androgen receptor，AR）的核受体转录因子的共激活物（coactivator），激活激素依赖性的转录。

第二节　细胞周期中的染色质重塑

ATP 依赖性染色质重塑因子参与 DNA 复制、损伤修复及染色质凝聚等过程，整体水平影响细胞周期调控，同时还参与细胞周期特异性调节因子的表达调控。

一、染色质重塑与 DNA 复制起始

SWI/SNF 和 ISWI 家族可能调控 DNA 复制起始点的选择和激活。酿酒酵母中，SWI/SNF 重塑因子与自主复制序列（ARS）激活相关。酵母中缺乏 Sfh 亚基和 Rsc3 亚基的 RSC 复合体引起细胞倍性的改变，因此，RSC 复合体可能与 S 期调控有关。在体外，果蝇 ISWI 家族的 CHRAC 复合物在 SV40 复制起始点处进行染色质重塑，从而增强复制起始效率。Epstein-Bar 病毒（EBV）的质粒复制起始点（Ori P）一般在 S 期晚期引发复制，而 G_1 晚期/S 早期，ATP 依赖性重塑因子 SNF2h 蛋白与 HDAC2 形成稳定复合体，引起组蛋白 H3 的低乙酰化与 MCM（mini-chromosome maintenance proteins）的装配，从而调控 S 期晚期复制起始点的过早复制。总之，在复制起始点处特殊 ATP 依赖性重塑因子的选择性募集影响复制起始的不同时间。

二、染色质重塑与复制偶联的染色质装配

复制需要 DNA 双链的打开，因此，核小体结构的破坏是不可避免的。然而，这种结构改变仅局限于复制叉直接邻近的区域，复制叉移动时破坏核小体，DNA 一旦复制完成，在两条复制子链上核小体会很快形成。事实上，复制 DNA 时，核小体装配与 DNA 复制中的复制体直接关联。在真核生物细胞周期 S 期中，用等量的旧组蛋白和新组蛋白混合物装配染色质的途径称为复制偶联途径（RC）。在体内的核小体装配途径中，首先装配形成两分子 H3-H4 四聚体，然后加入两个 H2A-H2B 二聚体，从而装配完整的核小体。核小体装配需要辅助蛋白与 ATP 依

赖性重塑因子的参与。辅助蛋白具有分子伴侣的功能，它以一种可控的方式结合与释放单个组蛋白或复合体（$H3_2$-$H4_2$ 或 H2A-H2B），以便传递组蛋白。

重塑因子在染色质装配中主要起到的作用是对新生核小体的重新定位。果蝇 ACF 复合体及人源 SNF2h 蛋白都与复制偶联的染色质重塑有关。在突变果蝇幼虫中，神经母细胞（neuroblast）细胞呈现异染色质复制时间（replication timing）的缩短现象，说明 ACF 复合体与抑制型染色质结构的装配相关。在哺乳动物细胞中，含 SNF2h 蛋白的两个染色质重塑复合体被定位在异染色质复制区域，其中一个复合体含人源 ACF1 亚基，RNAi 介导的 ACF1 敲除会影响细胞周期进程。另外一个复合体 WICH，含 WSTF。WSTF 与 PCNA 相互作用，并靶向于 SNF2h 蛋白。总之，ISWI 家族成员复合体在 DNA 复制中与染色质装配及异染色质重塑相关。

值得注意的是，由上述这些染色质重塑因子失活引起的核小体组装缺陷不会触发细胞周期停滞，这表明细胞能够忍受一定程度的染色质结构扰乱。然而，细胞对整体染色质结构变化的敏感性可能取决于它们的发育或分化阶段。果蝇 CHD1 复合体在受精过程中通过加入组蛋白变体 H3.3 来重组父系原核染色质是必要的，而 CHD1 的缺失阻止父系原核进入有丝分裂。从 ISWI 突变果蝇中分离出来的多线染色体与接头组蛋白 H1 关联的普遍减少，表明 ISWI 在染色质高级结构的形成中发挥了作用。尽管有这些发现，关于 ATP 依赖性重塑因子在染色体复制过程中的功能仍需要被深度挖掘。例如，还没发现与复制偶联的常染色质装配直接联系的染色质重塑因子。此外，关于在复制叉之前触发核小体破坏的机制尚未阐明。

三、染色质重塑因子与有丝分裂

除对 S 期的作用外，ATP 依赖性染色质重塑因子影响有丝分裂进程。不同的染色质重塑因子与染色体凝聚、黏合素（cohesin）的连接、着丝粒装配及纺锤丝及中心体完整性有关。RSC 不同亚基失活揭示了 RSC 在有丝分裂中的关键作用，但其作用机制仍不清楚。此外，在酿酒酵母染色体臂上（而不是着丝粒区域），RSC 复合体是黏合素连接所必需的。Rsc2 亚基的丢失及催化性 Sth1 亚基的温度敏感突变导致姐妹染色单体过早分离、染色体丢失频率升高及酵母细胞加速进入出芽阶段。此外，人 SNF2h 蛋白和含 Mi-2 蛋白的 NuRD 复合物与黏合素的联系和（或）功能相关。裂殖酵母（*Schizosaccharomyces pombe*）中 CHD 家族 Hrp1 蛋白的缺失导致了多染色体分离缺陷。因此，Hrp1 被认为在染色体浓缩和（或）将组蛋白 H3 变异 CENP-A 加载到着丝粒中发挥作用。CHD 家族成员 CHD3/Mi-2α 及 CHD4/Mi-2β 与中心体重要组分中心粒旁素（pericentrin）相联系，RNAi 介导的 CHD3/Mi-2α 敲除导致中心粒旁素与中心体的分离和各种有丝分裂缺陷。然而，染色质重塑因子 CHD3/4 在中心体上发挥作用机制尚未明确。总之，不同的 ATP 依赖性染色质重塑因子不仅影响核小体的结构，而且与染色体的高级结构组织密切相关。

四、重塑因子参与 DNA 修复

DNA 的损伤包括碱基或核苷酸损伤、错配、聚合物的形成及链的断裂等不同类型。DNA 损伤会通过多种机制和途径得到修复，以防止突变的积累和（或）复制及转录等重要过程的受阻。RSC、SWI/SNF、INO80、SWR1 及 Rad54 等染色质重塑因子可能直接参与 DNA 修复过程，但执行的功能各不相同。INO80 参与双链断裂（double-strand break，DBS）处的核小体置换，在 DNA 损伤处 SWR1 与组蛋白交换相关，SWI/SNF 及 Rad54 参与核小体重塑，而 RSC 在损伤处与黏合素加载有关。

除直接参与修复过程外，一些染色质重塑因子还与 DNA 损伤的检查点控制有关。RSC 活性与 DNA 损伤检查点激活之间存在联系。Rsc2 突变体中，组蛋白变异体 H2AX 在 DSB 位点处表现低磷酸化水平，从而在 DSB 中缺乏 Tel1 和 Mec1 激酶的募集，导致 G1 检查点激酶 Rad53 的激活缺陷。与哺乳动物 ATM/ATR 激酶相对应的 Mec1/Tel1 激酶也直接靶向 INO80 复合物。INO80 复合物 Ies4 亚基的磷酸化似乎影响复合物活性，激活检验点检验。综上所述，染色质重塑复合体参与 DNA 修复的不同途径。在 DNA 损伤位点，重塑因子通过核小体结构的重塑促进修复装置的募集，促进修复效率。

第三节　染色质重塑研究技术

随着生物合成技术和检测技术的日益发展完善，越来越多的研究方法被开发出来以满足不同染色质研究类型需要。在这里主要针对重组单核小体、体外重组染色体和染色质免疫共沉淀技术做重点介绍。

一、重组单核小体

用微球菌核酸酶（micrococcal nuclease，MNase，MN 酶），即一种内切核酸酶，处理染色质时可得到单个的核小体。核心颗粒是由 MN 酶对核小体单体的消化作用而定义的。酶的最初作用是在核小体之间的连接 DNA（或接头 DNA）开始，对单个核小体 DNA 继续进行消化，直至剩下核心颗粒 DNA，即 145～147 bp 长度的 DNA。用纯化的核心组蛋白和长度为 150～250 bp 的 DNA 片段可以在体外制备单核小体，需注意的是，制备的单核小体与典型的核心颗粒不同，含有的 DNA 长度大于 147 bp。这个基础上，也可以制备双或三核小体。通常用盐（NaCl）透析法在较短 DNA 片段上制备核小体。核心颗粒或单核小体可能用于很多研究中。单核小体可用于研究蛋白质（如序列特异性 DNA 结合因子或非组蛋白染色体蛋白）与核小体核心相互作用，也可用于研究 ATP 依赖性染色质重塑因子的活性，如它们促进序列特异性 DNA 结合蛋白的结合，或催化核小体滑动等。单核小体是研究组蛋白修饰酶的底物。此外，染色质的生物物理学研究经常使用单核小体。例如，用制备的核心颗粒构建核小体核心的高分辨率 X 射线晶体结构。

体外重组的核心颗粒或单核小体具有以下优点：①由高度纯化的核心组蛋白和 DNA 制备。②通常用核小体凝胶位移分析及 DNase I 印迹来检测因子与核小体的结合。③利用与组蛋白八聚体有较高亲和力的卷曲 DNA 模板将核小体进行特定位点的定位。④用凝胶电泳通过组蛋白八聚体在 DNA 上的位置来区分不同的单核小体种类。

但是，体外重组的核心颗粒或单核小体也存在一些弊端：①单核小体与核小体阵列不同，是染色质的不完整模型。有些因子可能与单核小体的游离 DNA 末端结合，而这种情况在核小体阵列中可能不会存在。另外，核心组蛋白尾部的相互作用在单核小体和核小体阵列中的情况可能不同。②可以用小于 147 bp 的 DNA 和八聚体组蛋白制备单核小体。比如，用 145 bp 的 DNA 片段重组单核小体，其中只有 128 bp 的 DNA 与核心组蛋白结合。因此，在实际应用中，用 147 bp 的 DNA 结合核心组蛋白是非常重要的。总之，在较简单的实验系统中，用制备的单核小体研究组蛋白八聚体的精确定位是非常有效的手段。

二、体外重组染色质技术

体外重组染色质（核小体）过程至少包括 DNA 模板、核心组蛋白和分子伴侣。伴侣的作用是允许带正电荷的组蛋白适当地加入到带负电荷的 DNA 上，并防止组蛋白与其他分子的相互作用。伴侣功能可以由组蛋白结合蛋白［如 NAP-1 或核质蛋白（nucleoplasmin）］、带负电荷的聚合物［如聚麸胺酸盐（polyglutamate）或 RNA］或相对高浓度的盐（如 NaCl）介导。如果缺乏伴侣，核心组蛋白和 DNA 会在低离子强度（如 0.1 mol/L NaCl 缓冲液）下形成不溶性的、非核小体聚集物。在体外重组染色质主要有两种方法，即 ATP 不依赖的染色质重组技术及 ATP 依赖性染色质重组技术。

（一）ATP 不依赖的染色质重组技术

ATP 不依赖的染色质重组过程涉及核心组蛋白、DNA 和组蛋白“伴侣”（如 NaCl 或 NAP-1），通常通过盐透析方法将组蛋白随机性装配在非重复 DNA 上，也可装配在核小体定位序列的串联重复（通常是 12～18 个）DNA 模板上，形成特定定位的核小体阵列（图 18-2）。当用这种重复 DNA 模板通过盐透析法重组染色质时，在每个重复序列上形成一个定位的核小体，从而形成间隔均匀的核小体阵列。这种串联重复的核小体可用于多种研究，如染色质上转录延伸，组蛋白乙酰化对染色质折叠的影响及 SWI/SNF 复合体的染色质重塑等。ATP 不依赖的染色质重组方法的一个优点是，它可以用来产生纯染色质，即仅含纯化的核心组蛋白和 DNA，不含其他可能干扰后续应用的大分子（如装配因子）。然而，核小体随机分布的染色质可能包含裸露的 DNA。

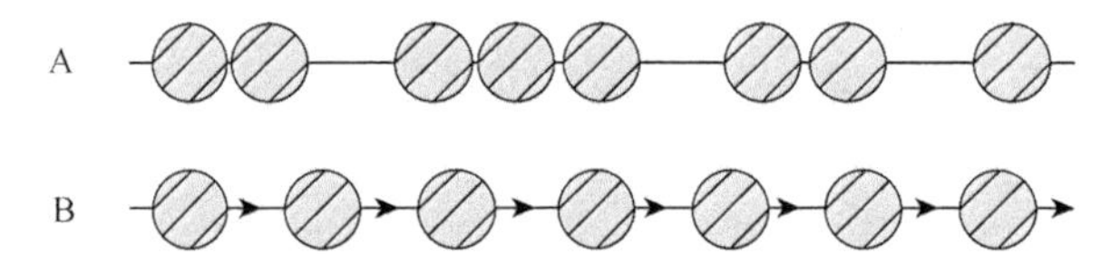

图 18-2　ATP 不依赖性盐透析法装配核小体阵列

A. 用非重复 DNA 制备的核小体的随机分布；B. 用重复序列 DNA 制备的核小体的规律阵列，核小体都定位在特定位点上

（二）ATP 依赖性染色质重组技术

ATP 依赖性染色质重组是在无限长的 DNA 上制备周期性间隔的核小体阵列，需要 ATP 利用马达蛋白，如 ATP 利用染色质装配和重塑因子 ACF（ATP-utilizing chromatin assembly and remodeling factor）和 RSF（remodeling and spacing factor）或细胞粗提液。ATP 依赖性重组染色质的一个关键特点是核小体的周期性分布，这种特征较接近于体内真实的染色质状态。也可以通过使用序列特异性 DNA 结合蛋白制备定位于局部区域的核小体阵列（图 18-3）。ATP 依赖性重组的染色质是研究转录调控及染色质重塑很好的材料。然而，ACF 的存在可能在后续应用中潜在影响重组染色质的特性。如果彻底消除装配因子的影响，那么需要将重组染色质进行纯化，或者用盐透析法进行核小体阵列的制备。

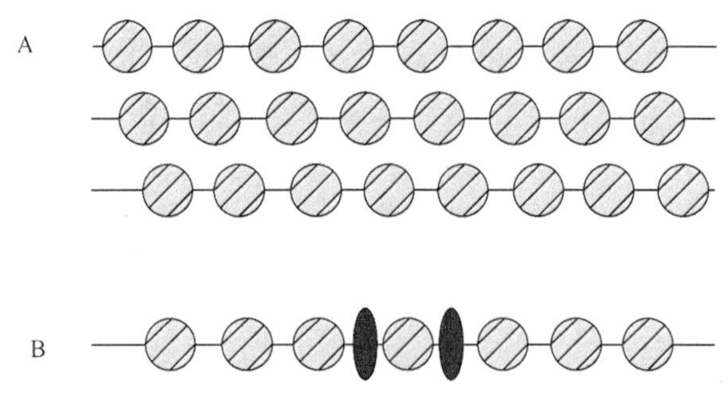

图 18-3　ATP 依赖性染色质重组

A. 产生周期性或规律性的，但不是特定位点定位的核小体阵列。B. 局部定位的核小体阵列。浅灰球表示核小体，深灰球表示 DNA 结合蛋白。定位的核小体位于 DNA 结合蛋白相邻位置，定位可以扩展到离结合蛋白两边 2～3 核小体位置

三、染色质免疫共沉淀技术

染色质免疫共沉淀技术（chromatin immunoprecipitation，ChIP）是专用于研究体内DNA与蛋白质之间相互作用的一种技术。它的基本原理是：在活细胞状态下，固定蛋白质DNA-复合物，然后通过酶或超声处理将染色质转变为一定长度的染色质小片段，随后用免疫学方法沉淀该复合体，特异性地收集与目的蛋白相结合的DNA片段，再通过对目的片段的纯化和测定，从而得到DNA与蛋白质相互作用的信息。染色质免疫共沉淀技术一般包括细胞固定、染色质断裂、染色质免疫沉淀、交联反应的逆转、DNA的纯化及DNA的鉴定这些步骤。

该技术除可以检测体内DNA与反式因子之间的动态作用之外，ChIP还可以用来研究基因表达与组蛋白的各种共价修饰之间的关系。同时，ChIP的应用范围在与其他方法结合后逐渐得以推广：①体内足迹法与ChIP相结合，用于寻找反式因子的体内结合位点；②RNA-ChIP用于研究基因表达调控中RNA的作用；③基因芯片与ChIP相结合建立的ChIP-chip方法已经广泛应用在特定反式因子靶基因的高通量筛选过程中。染色质免疫共沉淀结合PCR技术（ChIP-PCR），或免疫共沉淀结合新一代短序列测序技术（ChIP-seq）和染色质免疫共沉淀结合芯片技术（ChIP-chip）是目前检测组蛋白修饰最常使用的三种方法。

（一）染色质免疫共沉淀结合PCR技术（ChIP-PCR）

富含有特定翻译后修饰的基因组位点可以通过将含目标标记的染色质片段进行免疫沉淀来确定，然后再对与该翻译后修饰相关的不同位点其所占的相对比例进行定量。如果只是想分析某些位点的翻译后修饰水平，可以通过实时定量PCR或在溴乙菲啶染的凝胶上对PCR产物进行定量来实现。简而言之，从免疫沉淀产物和投入组分的稀释液中将待分析位点扩增出来并进行比较，最好是针对组蛋白免疫沉淀平行样中带有翻译后修饰的这些组分。为了确定翻译后修饰在一个特定位点上是否有富集，标准化的组蛋白修饰有很多种类型，主要是翻译后修饰（post-translational modification，PTM）。组蛋白翻译后修饰PTM/组蛋白比例需要同附近经预测没有相应翻译后修饰区域的比例进行比较。

（二）染色质免疫共沉淀结合芯片技术

染色质免疫共沉淀结合芯片技术（ChIP-chip）是将生物芯片与ChIP相结合，在全基因组或基因组较大区域上对DNA结合位点或组蛋白修饰进行高通量分析的方法。基于微阵列的方法能够对许多位点的组蛋白修饰富集情况同时进行分析。微阵列本身是一种包被的玻璃载玻片，其上附着有不同的寡核苷酸有几万至数千万。蛋白质富集的位点可以通过将荧光标记的来自于免疫沉淀产物和投入组分的DNA一起共杂交到阵列上并比较阵列上标准化的免疫沉淀/投入荧光强度比来确定。该技术所获得的信息量大小主要取决于芯片的探针密度、覆盖度与分辨率。该技术的基本流程是：先通过染色质免疫共沉淀技术（ChIP）富集组蛋白已经被修饰的DNA片段，随后加上通用接头进行PCR扩增，随之在扩增的过程中加入荧光基团。由于富集片段的长短不同，所以扩增效率也会不同，通过控制循环数来减少其偏好性。最后将设计的芯片与扩增的片段杂交。杂交可通过两种方法，一种是双色竞争法：即用另一不同颜色的荧光标记对照组，试验组和对照组同时与设计的芯片进行竞争性杂交，通过两种信号的强弱对比得到该位点的修饰程度信息；另一种是单杂交法：试验组与对照组（未经免疫沉淀富集的基因组DNA）分别与芯片杂交，然后对比。

（三）染色质免疫共沉淀结合新一代短序列测序技术

大规模富集分析也可以利用大规模并行DNA测序方法来进行。这些方法可以对数百万的

DNA 分子进行实时并行测序。染色质免疫共沉淀结合新一代短序列测序技术（ChIP-seq）是将测序技术与 ChIP 技术相结合，在全基因组范围内测定 DNA 组蛋白修饰情况的高通量方法，可用于任何基因组序列的物种，并且能够得到每一个片段的准确序列信息。ChIP-seq 样品的准备是先将免疫沉淀下来的 DNA 连接到寡核苷酸接头分子上，之后将连接产物（在某些实验方案中）用 PCR 扩增几轮，然后再纯化。样品再注射到表面包被有与连接产物接头序列互补的寡核苷酸的芯片上。锚定的寡核苷酸的密度可以保证在扩增步骤中新合成的分子均出自附着在邻近芯片表面的引物，使得 DNA 在空间上始终靠近父模板。实验方案的测序阶段则是利用荧光标记的且可以可逆性终止延伸过程的核苷酸进行单碱基延伸来完成的。因此，测序反应过程是按如下进行的：一个带标记的核苷酸添加到游离的 3′末端，随后延伸暂停，以便检测掺入的核苷酸。接着，终止基团被切除掉，从而可以加入下一个核苷酸。核苷酸延伸需要再重复几个循环，通常会产生 40 bp 左右读长。该技术已经比较成熟，通量也不断提高，随着新一代测序技术的出现和发展，测定成本逐步降低，测序技术和 ChIP 的结合越来越广泛地应用到 DNA 与互作蛋白的分析中。迄今公布的 ChIP-seq 研究绝大多数是使用 Illumina“边合成边测序”的平台来完成的。这个平台的基础是在一个芯片表面对几百万的 DNA 克隆簇进行并行测序。目前，研究证实 ChIP-seq 技术的主要瓶颈在于测序完成后对海量数据的分析。同时，由于各个环节均有不同的差异，如获取片段的长短不同导致的扩增效率差异、DNA 质量、测序和序列比对过程中的错误及基因组的重复程度，这些都会引入系统误差从而造成假阳性。

第四节　组蛋白修饰

组蛋白修饰（histone modification）是指组蛋白在相关酶作用下发生甲基化、乙酰化、磷酸化、腺苷酸化、泛素化、ADP 核糖基化等修饰的过程。组蛋白修饰是表观遗传学研究的核心，近年来新型组蛋白翻译后修饰及新颖的调控机制成为研究的热点。

一、组蛋白修饰的生物学基础

目前人们已经发现了 20 多种组蛋白修饰类型，包括：磷酸化、乙酰化、单甲基化、二甲基化、三甲基化、丙酰化、丁酰化、巴豆酰化、2-羟基异丁酸化、丙二酸化、琥珀酰化、戊二酸化、甲酰化、羟基化和泛素化等。

（一）组蛋白修饰的结构基础

组蛋白大多数是由一球状区和突出于核小体外的组蛋白尾构成的碱性氨基酸组成。组蛋白 H2A、H2B、H3 和 H4 各两个分子形成一个八聚体，真核生物中的 DNA 缠绕于此八聚体上形成核小体。组蛋白 H1 结合于核小体之间的连接 DNA 上，使核小体一个挨一个，彼此靠拢。5 种组蛋白（H1、H3、H2A、H2B 和 H4）中，除 H1 的 N 端富含疏水氨基酸、C 端富含碱性氨基酸之外，其余 4 种都是 N 端富含碱性氨基酸（如精氨酸、赖氨酸），C 端富含疏水氨基酸（如缬氨酸、异亮氨酸）。在组蛋白中带有折叠基序的 C 端结构域与组蛋白分子间发生相互作用，并与 DNA 的缠绕有关。而 N 端可同其他调节蛋白和 DNA 作用，且富含赖氨酸，具有高度精细的可变区。组蛋白 N 端尾部的 15～38 个氨基酸残基是翻译后修饰的主要位点。

（二）组蛋白密码

单一组蛋白的修饰往往不能独立地发挥作用，一个或多个组蛋白尾部的不同共价修饰依次发挥作用或组合在一起，形成一个修饰的级联，它们通过协同或拮抗来共同发挥作用。这些多样性的修饰及它们时间和空间上的组合与生物学功能的关系可作为一种重要的表观标志或语言，也被称为“组蛋白密码”（histone code），在不同环境中可以被一系列特定的蛋白质或者蛋白质复合物所识别。从而将这种密码翻译成一种特定的染色质状态以实现对特定基因的调节。组蛋白修饰与 DNA 甲基化、染色体重塑和非编码 RNA 调控等，在基因的 DNA 序列不发生改变时，使基因的表达发生改变，并且这种改变还能通过有丝分裂和减数分裂进行遗传，这种遗传方式是遗传学的一个分支，被称为“表观遗传学”。组蛋白密码扩展了 DNA 序列自身包含的遗传信息，构成了重要的表观遗传学标志。

（三）组蛋白修饰生物学功能和机制

组蛋白和组蛋白修饰有很多种类型，主要是翻译后修饰（post-translational modification，PTM）。组蛋白翻译后修饰（PTM）调节染色质的结构和功能。首先，组蛋白翻译后修饰可以通过改变组蛋白的电荷状态或通过核小体间的相互作用直接调节染色质的包装，从而调节染色质的高级结构和 DNA 结合蛋白（例如转录因子）的结合。此外，组蛋白翻译后修饰可以通过募集翻译后修饰特异性结合蛋白（也称为阅读器“readers”）及其相关的结合伴侣（效应蛋白“effector proteins”）或抑制蛋白质与染色质的结合，来修饰染色质的结构和功能。翻译后修饰诱导的染色质与其结合蛋白之间的蛋白质相互作用的变化又转化为生物学结果。通过直接结合到特定结构域，蛋白质被募集到组蛋白翻译后修饰中。例如，已知 Chromo、Tudor、PHD、MBT、PWWP、WD、ADD、zf-CW、BAH 和 CHD 结构域均与甲基赖氨酸结合，而溴结构域则与乙酰赖氨酸结合。包含这些翻译后修饰特异性结合域的蛋白质可能募集其他蛋白质因子来执行其功能。或者，它们可以携带可进一步修饰染色质结构和功能的酶。

组蛋白修饰调节各种以 DNA 为模板的生物过程至关重要。根据翻译后修饰的类型和位置，其中一些组蛋白 PTM 与转录激活或抑制相关。为了执行 DNA 模板处理，组蛋白翻译后修饰协调染色质的分解以执行特定功能。例如，组蛋白赖氨酸乙酰化（K ac）通常与转录激活相关，而赖氨酸脱乙酰化与转录抑制相关。赖氨酸甲基化（K me）与基因激活（H3K4、H3K36 和 H3K79）和转录抑制（H3K9、H3K27 和 H4K20）有关。此外，一些组蛋白的单甲基化可以促进转录激活，如 H3K9me1 和 H3K27me1，而相同位点（H3K9me3 和 H3K27me3）的三甲基化与抑制相关。同样，其他一些组蛋白翻译后修饰也与 DNA 修复（如 H2AS129 磷酸化和 H4S1 磷酸化）和复制（如乙酰化）相关。组蛋白翻译后修饰的每个步骤的调节异常，包括通过“writer”添加组蛋白标记，通过“eraser”去除组蛋白标记，以及通过“reader”进行蛋白质错误的解释，这均与疾病的发生（如癌症）密切相关。

染色质动力学主要受 ATP 依赖的染色质重塑酶/复合物和组蛋白翻译后修饰的控制。相反，染色质重塑酶也会影响组蛋白翻译后修饰。例如，ATP 依赖性核小体重塑复合物、核小体重塑和脱乙酰基复合物（NuRD）可以促进目标组蛋白的脱乙酰化。

某些组蛋白翻译后修饰（如果不是全部的话）在细胞分裂过程中是可遗传的，并且与基因表达相关。因此，组蛋白翻译后修饰与表观遗传现象有关，通常被认为是表观遗传标记的主要类型。

二、组蛋白修饰的分析方法

目前，组蛋白修饰分析主要包括以下几个步骤：组蛋白的分离与富集、组蛋白纯化和组蛋白修饰检测等。

（一）组蛋白富集

在一些实际应用中，有必要检测富集有组蛋白的组分或纯化的组蛋白；富集的样品可以是分离得到的细胞核或者是染色质的粗提取物。从后生动物细胞或者酵母中提取细胞核较为简单，基本上只需要三个步骤：低渗膨胀（酵母要先将细胞壁消化掉以后）、利用机械力剪切进行细胞膜裂解（例如用杜恩斯匀浆器进行破碎或者在旋涡混合器上温和震荡）和通过离心分离细胞核。染色质粗分离步骤即为在去垢剂裂解步骤后用离心将染色质沉淀。

（二）组蛋白纯化

一些现有的组蛋白纯化实验方案已较为成熟，在这里介绍的方法中，组蛋白是使用稀硫酸溶液从细胞核中提取的，然后通过柱层析纯化。此方法的优点在于核酸和许多非组蛋白由于在酸性 pH 值下是不溶的，可以很容易地通过离心来去除掉。可溶的含有组蛋白的组分就可以用三氯乙酸（TCA）来沉淀，并且如果需要的话，可以通过一个反相高效液相色谱柱的方法来纯化。这样提取出来的组蛋白，可用于多种应用，包括免疫印迹和质谱。

（三）组蛋白修饰检测

组蛋白的翻译后修饰一般是通过抗体检测的。抗 PTM 抗体的质量和特异性，应在实验应用之前仔细评估。要考虑的问题包括：其他组蛋白修饰位点的交叉反应、对未修饰（重组）蛋白的识别及与核中其他物质的交叉反应。这种类型的评价程序也非常简单，涉及对核提取物进行针对重组组蛋白的免疫印迹或对点在硝化纤维膜上的一组修饰过的和未被修饰过的多肽进行免疫印迹。此外，还可以利用质谱法检测组蛋白修饰。

（四）质谱法鉴定组蛋白修饰

质谱法（mass spectrometry，MS）是一种分析技术，可测量组成样品分子的气相离子的荷质比（*m*/*z*）。对于复杂的生物学研究，MS 通常与高效液相色谱（HPLC）结合使用。通常，制备复杂样品中的蛋白质，然后用蛋白水解酶（如胰蛋白酶）消化。利用 HPLC 将样品中的蛋白水解肽分离，然后将其引入质谱仪中的离子源。HPLC 具有两个主要功能，提高肽的浓度和降低样品的复杂性，因此具有更高的灵敏度和选择性。例如，在反相 HPLC 中，通过增加水性溶剂中有机溶剂的百分比，可以将与 C18 树脂结合的肽样品逐渐从树脂中释放出来。在序列比对过程中，将 HPLC/MS/MS 分析中生成的质量指纹图谱（MS/MS 数据）与源自蛋白质序列数据库的所有可能的胰蛋白酶肽的理论质量指纹图谱数据库进行比较，以找到最佳匹配。为了快速准确地分析大量 MS 数据，已经开发了许多数据库搜索引擎。最受欢迎的是基于 MS 数据与已知蛋白质序列数据库的蛋白质序列比对。其他一些软件工具也使用从头测序方法，这些方法非常适合从没有已知基因组的生物中进行蛋白质组数据挖掘。一些工具利用已知光谱的优势并使用光谱库数据库。为此目的，已经建立了许多软件包：包括 Sequest、Mascot X！Tandem、pfind、Skyline、Sonar 和 ProbID 等。流行的蛋白质序列数据库，如 Uniprot、NCBInr 和国际蛋白质索引（IPI），可用于构建大量指纹数据库。利用质谱法鉴定组蛋白修饰涉及三个步骤：①制备目的蛋白裂解物并用蛋白水解酶（通常是胰蛋白酶）消化；②使用合适的方法从蛋白水解肽中富集目的 PTM 肽；③分离的肽通过 nano-HPLC/MS/MS 分析；然后针对蛋白质序列数据库搜索所得的 MS/MS 数据，以鉴定肽和定位 PTM 位点。提高翻译后修饰蛋白质组学的灵敏度和准确性的 4 个关键因素：样品复杂性、富集方法、HPLC/MS/MS 系统的灵敏度及鉴定翻译后修饰肽和绘制翻译后修饰位点的准确性。

MS 对翻译后修饰的有效检测高度取决于两个主要因素：第一，翻译后修饰的化学稳定性质；第二，样本中翻译后修饰的丰度。赖氨酸乙酰化和甲基化等修饰非常稳定，在样品制备和

MS 实验期间通常保持完整。相反，挥发性修饰（如磷酸化）的稳定性要差得多。对于非常动态的修饰（如磷酸化、SUMO 酰化和乙酰化），通常将靶向橡皮擦酶的抑制剂添加到样品收集方案中，以减少样品制备过程中 PTM 的损失。

质谱仪可以正离子模式或负离子模式运行。其中，负离子模式尚未广泛用于肽检测，因为它具有较低的灵敏度，并且除骨架解离外还经常促进侧链裂解。但此功能可用于识别某些特定类型的肽，如具有二硫键的肽。肽阴离子中半胱氨酸侧链的裂解导致有效的二硫键解离，因此在碎片离子质谱图中显示出特征性碎片离子峰。

（五）质谱与 Western blotting 检测组蛋白翻译后修饰

蛋白质印迹（WB）分析和质谱法（MS）是两种互补方法，已广泛用于组蛋白标记的检测和定量。在过去的几十年中，WB 已成为测量蛋白质丰度相对变化的金标准。WB 具有简单、低成本和方便的优点。它不需要昂贵的仪器，并且可以在任何生物学实验室中进行。当可获得良好的抗体并使用适当的实验程序时，WB 对组蛋白标记的分析可能具有很高的敏感性和特异性。尽管其用途广泛，但是 WB 在分析组蛋白和组蛋白标记方面存在 6 个缺点，①WB 一次只能检测到一个组蛋白标记。相反，组蛋白可以具有许多同时发生的修饰；②感兴趣的组蛋白标记的抗体可能会在其相邻残基处发生其他修饰，或被表位封闭；③一些组蛋白标记具有非常细微的结构差异，需要极高的抗体特异性；④核心组蛋白序列的许多片段是非常同源的。因此，针对一种修饰的序列特异性抗体可能与其他修饰具有交叉反应性；⑤产生针对特定组蛋白变体的抗体最具挑战性；⑥WB 仅可以识别已知的 PTM。

MS 可用于发现未知的 PTM，鉴于其定量性质和高特异性，已建议将 MS 作为 WB 的替代方法。蛋白质组学界甚至建议，无须同时进行 WB 和 MS 即可传递蛋白质或蛋白质修饰的定量信息。然而，MS 方法有其自身的问题。MS 分析通常在专业的蛋白质组学实验室中使用昂贵且复杂的仪器进行。此类设备的操作需要技术人员进行高水平的培训。MS 不能轻易用于区分具有相同质量变化的两种蛋白质修饰。例如，没有创造性方法的结构异构体。总之，基于 WB 和 MS 的技术是互补的技术，对于分析组蛋白标记具有重要的价值。

（六）组蛋白翻译后修饰结合伴侣的表征检测

蛋白质对修饰的偏好性可以通过比较该蛋白质对不同修饰多肽的相对亲和力来确定。这可以用几种不同的方法来实现。有一种方法是 Pull-down 检测，即利用固定在珠子上的多肽将一个待测蛋白拉下来，使用重组蛋白或核提取物，并使用免疫印迹来测定蛋白质的相对回收率。在该实验中，首先化学合成生物素化的组蛋白肽包含一个或几个修饰的组蛋白残基。当与蛋白质提取物（如蛋白质全细胞裂解物或核提取物）一起孵育时，该肽可用作诱饵来分离其“黏合剂”。作为对照，在平行实验中使用其相应的未修饰肽。两次平行实验之间的差异结合蛋白表明存在“结合剂”蛋白候选物。将短肽作为诱饵分子的原理也已被用于实验中，用以发现以前未知的组蛋白翻译后修饰结合蛋白。在该测试中，相对于未修饰过的多肽或在不同氨基酸上带有相同修饰的多肽而言，根据在修饰过的多肽上的富集可以确定核提取物中的结合蛋白。即能够同时筛选探针蛋白与多个多肽间相互作用的基于阵列的方法。对于这样的实验，目标蛋白孵育在一个多肽微阵列的表面，该多肽微阵列基本上是一块经抗生蛋白链菌素包被的且点有不同的生物素标记的多肽的载玻片。蛋白质多肽复合物可以用结合有荧光基团的抗体和阵列扫描仪检测，从而实现可视化。利用一个相反的装置来进行研究，如用荧光标记的多肽去孵育蛋白质阵列。

三、组蛋白修饰的应用研究

组蛋白修饰是表观遗传学研究的核心热点，2018年9月，Albert Lasker基础医学研究奖便授予了在组蛋白功能和修饰研究中做出开创性贡献的两位科学家：Michael Grunstein和Charles David Allis。近年来，随着蛋白质组学技术及抗体技术不断发展，越来越多的新型组蛋白修饰及新颖的调控机制被揭示出来。

（一）组蛋白修饰与生物进程

来自美国西奈山医学院的Lorna A. Farrelly等（2019）研究者揭示了5-羟色胺一方面通过细胞表面受体激活细胞内信号转导通路影响细胞内生化动态改变；另一方面通过细胞表面转运分子，5-羟色胺转运进入细胞并最终进入细胞核，通过TGM2转移至组蛋白上，形成组蛋白5-羟色胺化，与其他组蛋白修饰一道直接改变染色质结构，调控基因表达。首次报道了神经递质5-羟色胺能够进入细胞核使组蛋白发生化学修饰（chemical modification），进而调控基因表达。

He等（2019）在组蛋白修饰与RNA m6A修饰领域有突破性报道。研究者通过组蛋白修饰及基因组大数据分析发现转录组m6A修饰与组蛋白H3K36me3信号高度重叠，当细胞内H3K36me3水平降低时，m6A修饰同时下降，表明二者之间潜在的调控关系。并最终发现m6A甲基转移酶复合物MTC关键亚基METTL14能够作为H3K36me3的reader直接识别并结合H3K36me3，促进m6A MTC与毗邻的RNA聚合酶Ⅱ结合，从而将m6A MTC递送到活跃的转录新生RNA，发生m6A甲基化。

Karim-Jean Armache研究组（2019）报道了Dot1L催化结构域结合在H2BK120泛素化的核小体的冷冻电镜结构的工作，研究者从结构生物学的角度证明了H2BK120泛素化通过相互作用定位稳定Dot1L与核小体的结合，而甲基转移酶Dot1L能够特异性催化H3K79甲基化修饰。这是一种高度保守的组蛋白修饰串话调控机制，H2BK120泛素化作为信号枢纽，导致染色质结构变化，引起高级结构的松散，进而促进诸如转录调控等下游表观遗传调控机制。阐明了H2BK120泛素化修饰调控甲基转移酶Dot1L催化组蛋白甲基化的分子机制。

来自哈佛医学院的C. Ronald Kahn课题组（2019）关注到小鼠褐色脂肪组织线粒体中酰化修饰水平影响到葡萄糖等能量代谢稳态。并通过敲除去酰化修饰酶SIRT5，研究琥珀酰化、乙酰化及丙二酰化等修饰酰化修饰在关键代谢调控酶功能上的影响。通过定量修饰组学分析，研究者锚定到UCP1这一关键产热蛋白上两个琥珀酰化修饰位点会显著调控UCP1功能活性，证明了酰化修饰在维持能量代谢稳态调节中的重要作用。

（二）组蛋白修饰与衰老

2018年美国Stanford大学研究者利用流式质谱实现在单细胞的水平对蛋白质的检测，对来源于人体的22种主要免疫细胞进行染色质修饰筛选。实现了对不同人群来源的免疫细胞多种组蛋白修饰类型（乙酰化、磷酸化、泛素化、巴豆酰化）进行定量检测筛选，构建免疫细胞组蛋白修饰谱图。结果发现，不同类型的免疫细胞具有不同类型的组蛋白位点特异性修饰，且随着衰老过程的进行，免疫细胞的组蛋白修饰差异逐渐增大，表明环境因素和非遗传因素对组蛋白修饰表观调控机制的影响。

此外，Zhang等（2019）应用蛋白质组学与泛素化修饰组学技术，绘制出果蝇成体的体细胞组织和生殖组织中长半衰期蛋白质的全景图，并证实了H2A泛素化水平的降低会显著延长果蝇的寿命和健康生存期。该项研究不但发现H2A泛素化是一种进化上保守的衰老标志物，同时还将表观遗传调控与衰老联系起来，为进一步揭示衰老相关疾病或生理性衰退的分子机制，提供可靠的理论依据。

（三）组蛋白修饰与疾病

2018 年中国科学院上海药物研究所耿美玉课题组（2018）针对目前肿瘤表观遗传抗肿瘤药物的临床用药困境，结合组蛋白修饰谱-转录谱-蛋白质谱-磷酸化谱协同差异化分析揭示了 EZH2 生物学功能的发挥和 H3K27 甲基化与乙酰化互为依存、相互牵制的调控模式密切相关，H3K27 甲基化与乙酰化的同时抑制导致激酶 MAPK 信号通路异常激活。这揭示了决定组蛋白甲基转移酶 EZH2 抑制剂实体瘤疗效响应的核心机制，提出新的肿瘤分群策略和联合用药方案，为肿瘤表观遗传靶点 EZH2 高表达肿瘤的个性化治疗指明方向。

此外，组蛋白巴豆酰化修饰基团与组蛋白乙酰化修饰在结构上具有一定的相似性，研究者（2018）在组蛋白乙酰化修饰的基础上，从表观遗传学角度，进一步发现新型修饰——组蛋白巴豆酰化修饰在 HIV 休眠与激活的表观遗传调控中扮演的重要角色，同时提出了增加巴豆酰化修饰和传统激活药物的联合用药能够大大提高 HIV 激活效率，提出代谢酶 ACSS2 通过组蛋白巴豆酰化修饰调控 HIV 休眠的观点，这为 HIV 的研究与治疗指明了方向。

2019 年 *Science* 背靠背在线了两篇文章，来自奥卢大学和哈佛大学的研究者揭示细胞通过氧气含量直接调控组蛋白赖氨酸去甲基化酶（KDM）活性，改变组蛋白甲基化水平调控基因表达影响细胞分化。该发现暗示了在肿瘤分化发生过程中缺氧环境的关键表观调控机制，揭示了一种新型的抗癌药物相关思路。

与此同时，洛克菲勒大学 David Allis 教授团队联合普林斯顿大学 Tom W. Muir 教授团队在致癌组蛋白（oncohistone）方面的工作揭示了完整的人类致癌组蛋白突变谱。研究者对 3143 个人类癌症样本数据进行分析，共发现 4025 种组蛋白突变体，除组蛋白 H3.3 的致癌突变外，在组蛋白 H3.1/3.2、H2A、H2B 和 H4 中也发现了致癌突变，且这些突变不仅存在于组蛋白游离 N 端，也在组蛋白球形结构域中发现，证明了致癌组蛋白发生的普遍性与广泛性。

罗建沅课题组（2019）采用 TMT 标记定量乙酰化组学方法，分析 HCT116 细胞在饥饿状态下乙酰化水平变化，鉴定到 58 个乙酰化修饰上调的蛋白，并通过生物信息学分析发现 RNA 结合蛋白在上调蛋白中显著富集，并关注到 PHF5A K29 乙酰化，最终通过临床样本免疫组化染色证实了 PHF5A 乙酰化状态在结肠癌组织中显著高于癌旁组织，且和结肠癌 AJCC 临床分期有明显的相关性。研究以基于质谱的蛋白质修饰组学为切入点，寻找到一个新的显著差异的蛋白质位点，进而通过细致的生物学研究，再回归到临床样本的检测验证，完成了一个典型的“组学分析-机制研究-临床验证”的完整过程，不仅揭示了 PHF5A 蛋白的乙酰化能够通过调节 KDM3A 介导的选择性剪切来调控在细胞应激反应，并在结肠癌发生中发挥重要的作用，也再次扩充了人们对于蛋白质乙酰化修饰功能的理解。

本章小结

染色质重塑是以染色质重塑复合物等介导的一系列以染色质上核小体变化为基本特征的生物学过程。染色质重塑可导致核小体位置和结构的变化，引起染色质变化。根据参与酶的类型分为两种：依赖组蛋白修饰的染色质重塑和 ATP 依赖性染色质重塑。前者需要通过组蛋白修饰来改变染色质电荷及 DNA 结合蛋白结合情况来引起染色质重塑；后者需要染色质重塑复合体的参与。其中，染色质重塑复合体包括 SWI/SNF 家族、ISWI 家族、CHD 家族和 INO80 家族，它们可以通过 DNA 移位、核小体置换和组蛋白交换等方式引起染色质重塑。

组蛋白修饰是指组蛋白在相关酶作用下发生甲基化、乙酰化、磷酸化、泛素化等修饰的过程。组蛋白修饰调节染色质的结构和功能。首先可以通过改变组蛋白的电荷状态或通过核小体间的相互作用直接调节染色质的包装，从而调节染色质的高级结构和 DNA 结合蛋白（如转录因子）的结合。其次还可以通过募集组蛋白特异性结合蛋白及其相关的结合伴侣来影响染色质的结构和功能。此外，组蛋白修饰可通过影响组蛋白与 DNA 双链的亲和性，从而改变染色质的疏松或凝集状态，或通过影响其他转录因子与结构基因启动子的亲和性来发挥基因调控作用。

思 考 题

1. 通过本章的学习，对染色质重塑和蛋白质磷酸化修饰有何认识？
2. 染色质重塑有哪几种模式，其分子机制分别是什么？
3. 试述染色质重塑复合物的种类及功能。
4. 组蛋白修饰主要有哪几种类型？每种修饰是如何发挥功能的？
5. 检测组蛋白修饰有哪些方法？其原理是什么？

编者：蓝贤勇　娜日苏

主要参考文献

Cui X J，Shi C X. 2016. Combinations of histone modifications for pattern genes[J]. Acta Biotheoretica，64（2）：121-132.

Cunliffe V T. 2016. Histone modifications in zebrafish development[J]. Methods Cellular Biology，135：361-385.

Farrelly L A，Thompson R E，Zhao S，et al. 2019. Histone serotonylation is a permissive modification that enhances TFD Ⅱ binding to H3K4me3[J]. Nature，567（7749）：535-539.

Fu S，Wang Q，Moore J E，et al. 2018. Differential analysis of chromatin accessibility and histone modifications for predicting mouse developmental enhancers[J]. Nucleic Acids Research，46（21）：11184-11201.

Gaiti F，Jindrich K，Fernandez-Valverde S L，et al. 2017. Landscape of histone modifications in a sponge reveals the origin of animal *cis*-regulatory complexity[J]. Elife，6：e22194.

Gallipoli P，Huntly B J P. 2019. Histone modifiers are oxygen sensors[J]. Science，363（6432）：1148-1149.

Geng M，Huang X，Yan J，et al. 2018. Targeting epigenetic crosstalk as a therapeutic strategy for EZH2-aberrant solid tumors[J]. Cell，175（1）：186-199.

Huang H，Sabari B R，Garcia B A，et al. 2014. SnapShot：histone modifications[J]. Cell，159（2）：458.

Huang H，Weng H，Zhou K，et al. 2019. Histone H3 trimethylation at lysine 36 guides m6A RNA modification co-transcriptionally[J]. Nature，567：414-419.

Jayani R S，Ramanujam P L，Galande S. 2010. Studying histone modifications and their genomic functions by employing chromatin immunoprecipitation and immunoblotting[J]. Methods Cell Biology，98：35-56.

Kahn C R，Wang G，Meyer J G，et al. 2019. Regulation of UCP1 and mitochondrial metabolism in brown adipose tissue by reversible succinylation[J]. Mol Cell，74（4）：844-857.

Lorna A F，Robert E T，Shuai Z，et al. 2019. Histone serotonylation is a permissive modification that enhances TFIID binding to H3K4me3[J]. Nature，567（7749）：535-539.

Luo J R，Wang Z，Yang X，et al. 2019. Acetylation of PHF5A modulates stress responses and colorectal carcinogenesis through alternative splicing-mediated upregulation of KDM3A[J]. Mol Cell，74（6）：1250-1263.

Marco I，Pablo D，Miao W，et al. 2019. Structural basis of Dot1L stimulation by histone H2B lysine 120 ubiquitination[J]. Mol Cell，74（5）：

1010-1019.

Qin H，Zhao A，Zhang C，et al. 2016. Epigenetic control of reprogramming and transdifferentiation by histone modifications[J]. Stem Cell Reviews and Reports，12（6）：708-720.

Schwanhäusser B，Busse D，Li N，et al. 2011. Global quantification of mammalian gene expression control[J]. Nature，473（7347）：337-342.

Valencia-Sánchez M I，De Ioannes P，Wang M，et al. 2019. Structural basis of Dot1L stimulation by histone H2B lysine 120 ubiquitination[J]. Molecular Cell，74（5）：1010-1019.

Wang Z，Yang X，Liu C，et al. 2019. Acetylation of PHF5A modulates stress responses and colorectal carcinogenesis through alternative splicing-mediated upregulation of KDM3A[J]. Molecular Cell，74（6）：1250-1263.

Zhang Y，Yang L，Ma Z，et al. 2019.Ubiquitylome study identifies increased histone 2A ubiquitylation as an evolutionarily conserved aging biomarker[J]. Nat Commun，10（1）：2191.

第十九章　单细胞测序技术与应用

第一节　单细胞测序技术的概念与背景

一、单细胞测序技术的概念

单细胞测序技术是对单个细胞及细胞内的组成分子进行分离提取，结合高通量测序技术，获得单个细胞在基因组、转录组等方面的多组学大数据信息，揭示单个细胞的基因组变异、染色体空间结构和基因表达状态等，反映细胞间的异质性，在肿瘤、发育生物学、微生物学、神经科学等领域发挥重要作用，是从单细胞水平和全基因组水平进行细胞遗传学和细胞生物学研究的一门新兴技术。

二、单细胞测序技术的背景

（一）细胞异质性

绝大部分组织是由多种细胞构成的，不同种类细胞之间的形态、细胞分子构成、遗传物质等都可能存在一定的差异，这些差异被称为细胞异质性（heterogeneity）。例如，正常的肌肉组织中除含有肌卫星细胞和肌纤维细胞外还有细胞间的结缔组织、毛细血管和神经纤维等，各种细胞之间的形态和功能存在很大差异；而非正常的肿瘤组织中，由于突变的存在，每个单细胞的基因组可能都是不一样的。细胞的异质性在一定程度上决定了细胞间的形态和功能差异；而明确细胞间的异质性，或利用细胞间的异质性进行细胞鉴定、分化或发育等方面的机制研究是细胞生物学的一个重要方向。

目前，我们所理解的绝大多数生物学现象是建立在对群体层面平均水平的研究上的，这包括很多的细胞信号网络等。但是建立在细胞群体平均水平的研究极有可能会掩盖一些稀少却关键的小细胞群体，从而导致错误的结论。现在已经发现小群体的异质性可能携带着引发整个细胞群体变化的重要信息。目前，对单细胞分析的结果显示，即使是相同的细胞系或者组织在细胞分裂和分化过程中也会表现出不同的基因组、转录组和表观组。例如，一个发育的胚胎、大脑或者肿瘤具有多个可能出现空间分离的不同类的细胞构成的复杂结构。来自美国布罗德研究所（Broad Institute）的遗传学家 Joel Hirschhorn 指出，在研究一个细胞群体的时候，很多细胞和细胞之间的多样性及差异会被忽略掉。因此，为了更好地理解细胞异质性及其功能，从单细胞水平对其特征进行研究显得尤为必要。

（二）单细胞测序的技术难点

1. 单细胞的分离提取

单细胞测序是细胞异质性和单细胞序列分析的基础。单细胞测序的第一个步骤即将单个细胞从对应的组织或培养环境中分离出来，这对于后续的研究至关重要。单个细胞的体积很小，原核细胞直径为 1～10 μm，真核细胞直径为 3～30 μm，因此，对单个细胞的分离需要较高的精准度，必须在显微镜下或利用高分辨率的仪器进行。在理想状态下可以借助显微操作仪、流式细胞仪、微流控等技术实现单细胞的分离。但现实中，存在很多实际操作的问题，包括如何实现单细胞的精准转移和目标细胞的准确鉴定等。尤其是对于固体的组织块或者经过特殊处理后的长时间保存组织，如何将目标细胞从组织中分离出来，并实现顺利转移将是一个很棘手的问题。

2. 单细胞的测序文库构建

高通量测序技术可以从全基因组水平实现对遗传等信息的高效分析评估，将单细胞和高通量测序技术结合起来，实现对单个细胞的快速全面解析，对细胞生物学领域的研究起到了巨大的推进作用。但之前高通量测序的基本材料均来自混合的细胞或组织，对于起始 DNA、RNA、蛋白质等的要求较高。例如，对全基因组重测序建库的 DNA 量要求一般在 200 ng 左右，但单个细胞的基因组 DNA 总量一般只有几匹克，需要进行额外的扩增来满足构建测序文库的基本要求。由于单细胞 DNA 的起始量较低，对于普通 PCR 的成功实施也存在着多方面的挑战：一是模板的起始浓度太低，二是很容易受到环境中其他 DNA 的干扰造成污染，最后 PCR 不一定能够最大限度实现对单细胞 DNA 序列及均一性保真。

3. 单细胞测序的数据分析

单细胞测序获得的数据相对传统的高通量测序数据具有以下三个特点：一是单细胞的基因组信息经过扩增后才能满足后续测序需求，相对普通高通量测序的保真性较低；二是单细胞基因组 PCR 扩增的均一性一般较低，并且单个细胞一般不能获得全基因组的信息；三是单细胞基因组扩增的过程中更可能会掺杂一些外来 DNA，造成数据污染。因此，在对单细胞数据进行分析的时候据需要对数据进行额外的处理，并可能需要更多的生物和实验重复对结果进行校正。

（三）单细胞测序技术的发展历程

早在 17 世纪，显微镜的发明使人们看到了细胞，到了 19 世纪，科学家创立了细胞学说，并通过显微镜观察到即使是同一组织也是由一些形态特征不同的细胞构成，人们首次认识到了细胞的异质性。现如今，已经明确细胞是生物的基本结构和功能单元，科学家在不断地尝试对单个细胞进行提取、研究和比较。最开始主要是集中在对微生物单个细胞的简单基因组进行测序研究，多细胞动物和植物的基因组信息相对就更加复杂和多样，这对曾经的单细胞研究来说是一个很大的挑战。但科学家的脚步永远没有停止，在不断地开发和优化单细胞的分析方法。2000 年大规模平行信号测序法和 2005 年焦磷酸测序法的应用使人们的传统细胞生物学研究发生了巨大的转变，并且以此为基础的高通量测序方法得到了飞速的发展。大批量的高通量测序数据用于组织或混合细胞的研究，同时，科学家也在不断地尝试将高通量测序技术应用在单细胞上。在 2009 年汤富酬首次发表了单细胞转录组测序的文章。在 2012 年的 5 月，在美国冷泉港举行的基因组生物学大会上有 4 组科学家汇报了从单细胞水平上对肿瘤治疗过程中基因组变化的研究。科学家 Hirschhorn 说这只是对单细胞研究的开始。在近十年的时间里，单细胞测序无论从单细胞的分离提取还是在与测序相结合的技术优化方面均产生了巨大的进步。图 19-1 详细地展示了单细胞分离及单细胞测序技术的发展历程。

单细胞测序技术的出现给科学研究带来了巨大的进步。2013 年单细胞测序技术被 *Nature Methods* 评为年度技术，并且 *Science* 杂志将单细胞测序列为年度最值得关注的六大领域榜首，认为该技术将改变生物界和医学界的许多领域。由于单细胞测序技术广阔的应用前景，2015 年单细胞测序技术再度登上 *Science* 转化医学封面。2017 年 10 月 16 日，与“人类基因组计划”相媲美的“人类细胞图谱计划”首批拟资助的 38 个项目正式公布。人类细胞图谱计划是一项大型国际合作项目：根据独特的分子信息对所有人类细胞种类进行定义，并将这些信息与传统的细胞学表述相关联。其中一项关键的技术就是单细胞测序。2019 年，单细胞测序技术被 *Nature*

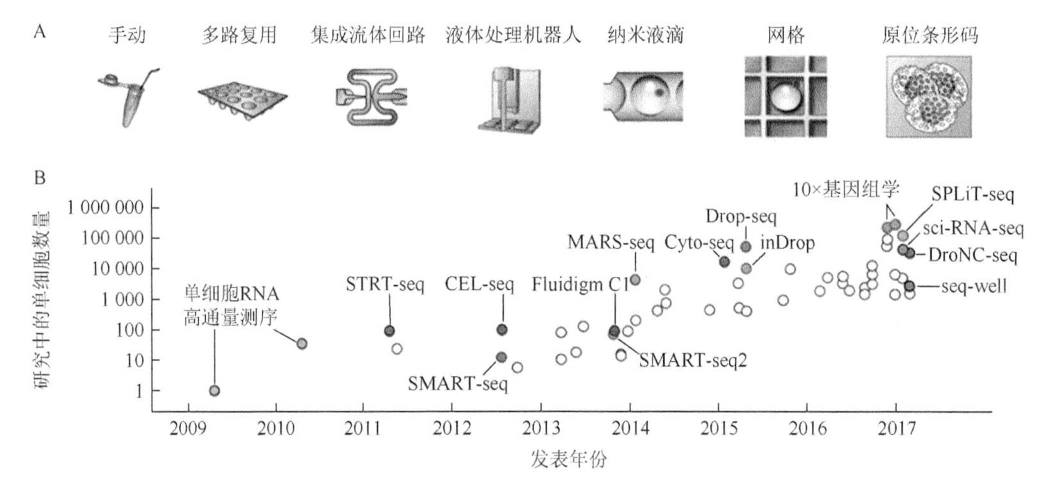

图 19-1　单细胞分离及单细胞测序技术的发展历程

A. 单细胞分离技术的发展历程（Tang et al.，2009；Islam et al.，2009；Brennecke et al.，2013；Jaitin et al.，2014；Klein et al.，2015；Macosko et al.，2015；Bose et al.，2015；Cao et al.，2017；Rosenberg et al.，2017）；B. 单细胞测序的发展历程

期刊评为最值得期待的生物技术之一。仅 2019 年以来，单细胞测序技术相关的 SCI 论文就有 17000 多篇。

三、单细胞测序技术的意义及面临的问题

（一）单细胞测序技术的意义

1. 突破高通量测序对初始细胞数目需求的局限

传统的高通量测序方法一般至少需要 10^5 个细胞才能满足测序文库的构建。单细胞含有的 DNA 或其他分子是极其微量的，必须要对单个细胞的 DNA 或 RNA 等实现高保真性的扩增才能达到建库的需求。单细胞测序技术中在单细胞分离和高通量测序之间穿插了一个 PCR 扩增的步骤，并且科学家突破原有的技术手段，建立了可用于全基因组均匀扩增的方法，成功地将单细胞和高通量测序联系起来，实现了单细胞高通量测序技术的突破。

2. 实现对细胞异质性的深度探索和精准分类

单细胞测序可以从全基因组范围内快速地比较单个细胞之间的异质性。在单细胞测序技术出现之前，研究者只能对单个细胞进行有限的分离，并且只能对细胞遗传物质的局部进行研究，比较费时费力，并且结果容易受到污染。现有的单细胞测序技术无论是在单细胞的分离提纯，还是在信息的获取方面，均得到了巨大的提升，使从全基因组范围内解析单个细胞异质性变为可能。同时，对细胞异质性研究的分辨率提升到单细胞水平，将会鉴定出更多的细胞类型、完善组织的细胞组成等信息，扩展人们对细胞在分类学上的认识。

3. 极大地提高研究结果的可靠程度

与传统的全基因组测序相比，单细胞测序将会获得更为精确的细胞基因组及表达信息。传统的全基因组测序获得的信息是多个或多种混合细胞的均值，而单细胞测序可以对单个细胞的遗传信息进行分别定位，并且可以检测到微量的基因表达或罕见非编码 RNA；这种优势在 DNA 甲基化方面显示得尤为突出，传统的测序方法只能获得某一位点或区域的甲基化水平，通常只能用百分比表示，容易受不同细胞比例的影响，而单细胞测序则可以获得最为精确的 DNA 甲基化信息，将甲基化水平定义为 0 或 100%。

4. 对稀有细胞的检测成为可能

无论是胚胎发育的机制解析还是肿瘤的发生研究，都涉及对稀有细胞的检测。胚胎发育是从少数几个细胞发展到多数细胞的过程，其中最早时候只有少量的几个细胞在起作用然后导致组织分化；单细胞测序技术不仅可以帮助研究工作者实现对胚胎发育机制的研究，而且也可以实现胚胎早期遗传疾病的诊断等，从而减少一系列的社会问题。

（二）单细胞测序技术面临的问题

虽然单细胞测序技术目前已经得到了较为广泛的应用，并得到了飞速的发展，但其依旧面临着很多的问题需要继续解决。单细胞测序技术的步骤主要包括单细胞的分离、细胞遗传物质或大分子的提取、构建文库、高通量上机测序、数据分析等。在这个过程中，存在着很多的细节问题，可能会影响最终的分析结果。

1. 单细胞分离问题

在单细胞分离的过程中依旧存在较小比例的细胞分离不纯或分离不彻底的现象，这些均会影响后续的测序。例如，如果细胞分离不纯，就可能导致全基因组测序结果中含有非该细胞甚至是其他物种细胞的基因组信息。对于转录组等易于因细胞受刺激而变化的组学来说更容易受细胞分离问题的影响。以转录组为例，在单细胞分离过程中，转录组会根据各种刺激做出改变，而且这种改变在单细胞层面上表现得更加突出。使用膜片钳或纳米管来获取单个细胞的胞质内容物是目前分离细胞 RNA 的常规方法，这种操作容易遗漏细胞器成分；使用微流体设备可以分离得到一个个单独反应室里的细胞，但是需要将细胞与其他底物分离开，而这些底物就有可能会干扰细胞的转录状态。分散培养的细胞相对来说容易分离，但是用这种细胞做实验需要非常好的实验设计，以免因为缺乏微环境的影响而造成实验结果解读有偏差的问题。最理想的情况是在组织或者天然的微环境状态下，实现单细胞的分离，才能够反映出细胞在整体条件下最真实的状态，并减少人为操作给细胞带来的影响。

2. 单细胞核酸扩增问题

核酸的扩增是实现高通量测序与单细胞衔接的关键，在当前的技术下还未达到可以对单细胞内的核酸进行直接测序的能力，核酸的扩增失误最终将会导致测序结果发生偏差。在对基因组 DNA 进行扩增的时候，主要会产生两方面的扩增误差。以 PCR 技术为基础的扩增技术的确可以获得很高的覆盖度，但同时也会带来扩增不均一和错误扩增的问题。这一系列的错误会给后续分析的准确性带来阻碍。同样，对于转录组而言，最大的问题是在扩增过程中保证原始分子之间的丰度比例关系。转录组扩增的第一步是利用反转录酶获得互补的 cDNA，这个反转录的扩增效率直接决定了细胞中能够被测序的 RNA 数量，扩增的均一性出现误差可能直接导致对转录组中基因表达关系的判断失误。

PCR 可以以单细胞内的核酸为模板进行指数扩增，但同时针对某些高 GC 含量或茎环结构等特定序列的低扩增效率也会呈指数形式增长。因此，在实际单细胞核酸扩增的时候，科研人员均会尽量地减少 PCR 的反应循环数来降低由于扩增造成的误差。有一种可以初步解决这种扩增偏差的策略，在 cDNA 第一链合成时掺入特定的分子标签，利用标签分子的数量就可以准确地反映出细胞里原始 RNA 分子的数量，从而避免扩增偏差问题。但这种方法操作起来相对较为复杂，还需要开发更为简便的方法来保障单细胞扩增的保真性问题。

3. 单细胞测序数目问题

由于单细胞在扩增过程中可能存在误差，研究人员一般采用增加重复的个数来保障结果的准确性，如在鉴定 SNP 或者结构变异的时候，一般采用 3 个重复样品来对结果进行校正。在进行单细胞转录组测序的时候，这种情况就比较复杂了。在一个典型的哺乳动物细胞内，有5000～15000个不同的基因在转录和表达。如果我们认为每一个基因的情况都是不同的，并且这些基因之间的变化情况假设是非线性的，那么将需要至少数千次的检测次数。另外，在单细胞中绝大部分基因的转录产物量相对比较低，很多低表达的基因在研究过程中就会很难被发现，但某些低表达的基因可能是非常重要的分子。所以我们不能忽视单细胞测序敏感性问题，通过对足够数量的细胞进行测序来充分覆盖每一个转录组的动态范围是非常必要的。但目前，单细胞测序的成本相对还是比较昂贵，开发新的技术来提高单细胞扩增的保真性和降低单细胞测序的成本是单细胞能够被广泛应用的必经之路。

第二节　单细胞测序技术的方法与步骤

一、单细胞的分离

（一）单细胞分离技术的发展历程

1. 单细胞分离技术的要点

单细胞的分离是实现单细胞测序的首要步骤，是单细胞测序是否成功的基础。单细胞分离的技术原则主要考虑三个方面。①效率和通量：在单次可以分离细胞的数目。②纯度：在分离之后目标细胞的比例。③回收率：在分离后获得的目标细胞相对最初样品中存在的目标细胞的比例。

2. 单细胞分离技术的类型

目前，实现单细胞分离主要依赖两种方式：①根据目标细胞和其他相邻细胞的特征差异进行分选；②直接对目标细胞进行定点获取从而实现单细胞的分离。基于细胞特征来实现单细胞分离又可分为两个主要的类型。第一类是基于物理特性，如尺寸、密度、电变化和变形性，所用的分离方法包括密度梯度离心、膜过滤及基于微芯片的捕获平台等。第二类是基于细胞的生物学特性，包括亲和方法，如利用亲和固体基质（珠、板、纤维）或者基于生物蛋白质表达特性，如荧光激活细胞分选和磁激活细胞分选。基于细胞特性的原理特点，目前已开出多种单细胞分离的高通量方法，包括基于物理特性的微流控技术和基于生物学特性的荧光激活细胞分选技术及免疫磁性细胞分离技术等。以上收集单细胞的方法会对细胞产生破坏，并将其从微环境中分离出来，而不能够根据细胞在样品中的位置或表型性状对单细胞进行分离。直接对目标细胞进行定点获取的方法包括显微操作技术和激光捕获显微切割技术等（图19-2），这些方法是基于显微技术从组织块或悬液中直接获取单细胞的技术。这些类型的技术可以在不破坏原有组织的前提下对微量细胞群定点选择单细胞，并且可以结合对应的表型数据进行遗传学分析，这是研究单细胞基因表达和分子调控机制的重大进步。但这种方法相对基于细胞特征的细胞分选方法而言，对操作人员的技术要求较高，并且很难一次获得批量的单细胞。

（二）不同单细胞分离技术简介

1. 荧光激活细胞分选技术

荧光激活细胞分选法（fluorescence-activated cell sorting，FACS）是以具有分选能力的流式细胞仪为基础，利用不同类型细胞的荧光标记差异将所定义的异质细胞群进行分选的技术。其基

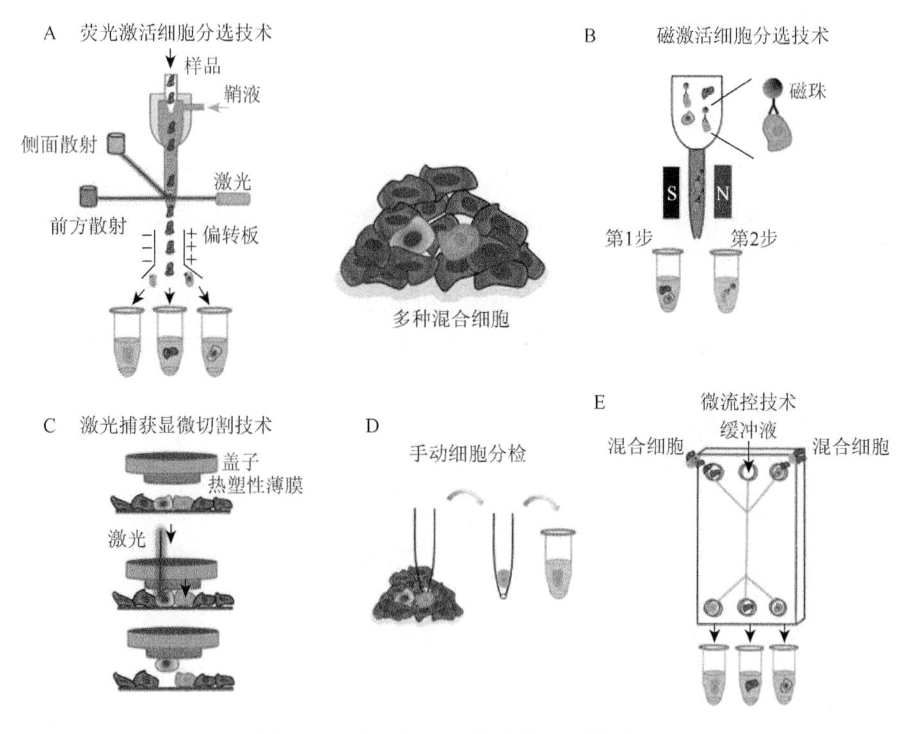

图 19-2　单细胞分离常用的方法原理图

本流程如下。在进行分选之前，用荧光探针对细胞悬浮液中的靶细胞进行标记；当细胞悬浮液通过运行的流式细胞仪时，荧光探测器根据暴露在激光下的细胞荧光特性进行分选，并利用仪器中的静电偏转系统对含有靶细胞的液滴进行分选收集（图 19-2A）。

FACS 技术虽然在细胞生物学相关领域得到了广泛的应用，但依旧存在几个限制性的缺点。①FACS 需要大量的初始细胞（超过 10^5 个）用于后续的分选。因此，该技术对于从少量细胞中实现分离单细胞的研究将存在一定的难度；②流式细胞仪中细胞较快的流速和非特异性荧光标记会导致对细胞的分选失败；③在利用 FACS 技术对细胞进行分选之前，需要对细胞进行额外的处理。

2. 磁激活细胞分选技术

磁激活细胞分选（magnetic-activated cell sorting，MACS）是另一种根据细胞的聚类或者细胞间的差异实现对非悬浮细胞进行分离的常用技术。与 FACS 技术不同的是，MACS 技术主要是利用磁珠上特异的抗体、酶或凝集素等来与靶细胞表面的分子进行结合，当混合的细胞群被放置在一个外部磁场中时，磁珠被激活，被标记的细胞会被极化，没有被标记的细胞则被冲走，磁场关闭后，即可通过洗脱的方法获得目标细胞（图 19-2B）。

MACS 技术相对比较简单高效，但相比较其也存在着一定的不足。首先，MACS 系统分离磁体的初始成本和运行成本较高，需要购买磁珠和换柱；此外，MACS 对细胞的分选最终纯度取决于用于选择靶细胞的磁珠标记物特异性和亲和力，背景细胞可能会吸附到捕获设备上或者较大的细胞可能会被困在过量的磁性粒子中从而造成非特异性污染；最后，MACS 只能利用细胞表面分子作为活细胞分离的标记物，不能区分表达存在差异的细胞，并且 MACS 只能将细胞分为阳性和阴性两类，因此相对 FACS，MACS 在对细胞进行分类的分辨率上相对比较局限。

3. 激光捕获显微切割技术

激光捕获显微切割（laser capture microdissection，LCM）技术是一种结合显微镜和低能激光，可视化地从固体组织样本中分离纯细胞群或单个细胞的方法。LCM 的基本原理是首先通过倒置显微镜观察感兴趣的细胞，然后利用聚焦的激光脉冲将透明的热塑性薄膜（乙烯-乙酸乙烯酯膜）熔化，熔化后的热塑性薄膜会渗透到所选择的细胞间隙周围，并迅速地凝固，从而选择性地从载玻片中获取靶细胞（图 19-2C）。

LCM 技术的主要优势在于其有较快的速度和精度，其“无接触”的操作方式，在显微切割后不会破坏邻近的组织细胞，捕获的细胞和剩余的组织细胞形态都得到了很好的保存；并且在取出所选细胞后，载玻片上剩余的组织完全可以进行进一步的捕获。但 LCM 技术主要是通过形态学特征的视觉显微检查来识别靶细胞，对操作的经验和细胞背景知识要求较高；并且其分辨率依赖于现有的染色等在视觉条件下分辨细胞的技术。

4. 手动细胞分检

手动细胞分检技术是一种简单、方便分离单个细胞的方法（图 19-2D）。在基本的操作原理层面，手动细胞分检技术与 LCM 类似，但不同的是手动细胞分检一般不能从固定组织中分离单个细胞，其主要在分离培养的活细胞或胚胎细胞方面起着重要作用。在配备膜片钳系统的电生理实验室中，可以很容易地进行微操作。除膜片钳外，操作者还可以使用口吸管等辅助性工具选择性地从细胞悬液中吸取所需要的细胞。手动细胞分检技术虽然所需设备简单、目标清晰，但对操作者技能的依赖性很大，并且对单细胞的分选效率很低。

5. 微流控技术

微流控技术是研究细胞固有复杂性的一种强大的实用技术（图 19-2E）。根据微流控技术对细胞进行分选的原理可将其至少分为 4 类：基于细胞亲和层析、基于细胞的物理特性、基于免疫磁珠及基于不同细胞介电性质差异。细胞亲和层析是基于抗原与抗体、配体与受体之间高度特异的相互作用的原理，相对其他方法具有更高的特异性和灵敏度，在微流控技术分析中应用最为普遍。基于细胞亲和层析的微流控细胞分选技术的应用流程如下：微流控芯片中的微通道被特定抗体修饰，从而可以与细胞表面特定抗原相结合；一旦样本流经微通道，靶细胞表面的抗原可与特定抗体相结合，剩余细胞则随缓冲液流出芯片；最后，使用不同的缓冲液，可以洗脱固定化的细胞进行下游分析。

微流控技术在细胞分选过程具有以下优势：流体控制精确、样品消耗低、设备体积小、分析成本低和易于处理等。另外，微流控技术还具有同时集成细胞分选和处理的优点，在 DNA 测序、蛋白质分析、细胞操作和细胞成分分析等方面显示了潜在的应用前景。

（三）不同单细胞分离技术之间的比较

以下总结了 5 种常规的单细胞分离技术之间的优缺点及应用范围，具体如表 19-1 所示。

表 19-1　不同单细胞分离技术之间的比较

分离方法	原理	优点	缺点	应用
梯度稀释法（手动细胞分拣）	梯度稀释	技术操作简单，成本低	易分离错误或丢失	主要用于人工培养样品分离研究
微流控技术	微流体芯片平行分离	灵活选样，密闭操作空间	需要专门空间，操作较复杂	用于样品量少的分离研究

续表

分离方法	原理	优点	缺点	应用
荧光（磁）激活细胞分选技术	荧光（抗体等）标记特异分选	分选准确度高	分选机制复杂，设备昂贵，有气溶胶危险	用于对细胞活性和形态要求较低的研究
显微操作技术	倒置显微镜下直接分离	灵活取样，操作简单，成本低	可能损坏细胞，出错率高	适用于小细胞群体的分离研究
激光捕获显微切割技术	激光定位切割	保证组织完整性	成本高，出错率高，细胞损坏严重	用于冰冻或石蜡包埋样品分离研究

二、细胞溶解与 DNA 的获取

（一）细胞溶解的方法

在分离得到单细胞之后，需要对单细胞进行进一步处理来实现和后续高通量测序技术的衔接，这包括单细胞的溶解、核酸分子的获取，并且这两个步骤非常关键，直接会影响后续扩增的实验结果。细胞溶解效果的好坏决定着核酸分子是否能够成功获取。目前有多种方法可以实现单细胞的溶解，可以大致分为三大类：物理法、化学法和酶降解法。

1. 物理法

物理法即在微环境下利用外力或改变微环境来实现对细胞的直接溶解，常见单细胞溶解的物理方法一般包括超声破碎、反复冷冻、研磨、剪切、高压和热破坏法等，在近些年研究人员也将激光和纳米等技术融入单细胞的溶解方法中，提出了光解法、纳米刀法等相关的技术。本章就对其中的部分技术原理做简单介绍。

（1）*超声破碎法*　超声波会产生局部高压区域，从而引起空化，使细胞剪切分离，这种方法可以裂解大部分的单细胞，并且由于不需要额外添加其他的物质，可以在较为封闭的环境中开展，引起污染的可能性极小。但超声波产生的氧化自由基和热量常常会使目的蛋白质变性失活，细胞内容物的过度扩散会导致下游检测困难。所以利用超声破碎法一般需要在较短时间内溶解细胞来实现细胞内容物的有效分离。

（2）*反复冷冻法*　细胞被骤然冷冻或经热水浴后急速冷冻，反复数次后会导致细胞内冰粒形成，且剩余细胞液盐浓度升高，从而引起溶胀导致细胞结构破碎。该方法相对温和，但需要与其他方法联合使用。

（3）*电裂解法*　0.2～1.5 V 级的跨膜电位电场会导致形成孔的脂质双层膜破裂，并且在足够大的电场强度和足够长的暴露时间下会导致细胞溶解，根据这个原理可以实现利用电裂解的方法来溶解单细胞。达到促进细胞裂解阈值所需的电场强度一般取决于细胞大小、形状及膜组成的流动性。例如，对于较小的微生物细胞需要 7～10 kV 的直流电场来溶解，而较大的植物原生质体仅需要 1.5～1.75 kV 的电场进行裂解。

（4）*光解法*　应用激光脉冲可以实现快速溶解单个细胞的效果（图 19-3）。脉冲激光微束是将激光产生的纳秒脉冲通过高数值孔径物镜后，聚焦到目标区域，产生冲击波和空化气泡，该气泡可在几微秒内膨胀和收缩。位于目标中心附近的细胞，在气泡破裂期间，使位于脉冲中心附近的细胞被完全破坏。另外，为了实现更为灵活的细胞溶解，可以通过调制激光脉冲能量，溶解单个神经元过程的一部分，而不会损坏神经元本身，或者使用更高的脉冲能量，对小簇细胞进行取样。这就为精确调节激光参数来选择性地溶解细胞群中的单个细胞提供了可能性。激光裂解非常适合集成到微流控芯片平台中，因为它只需要光通路进入细胞裂解区，不需要额外的通道或电极，不会增加芯片设计的复杂性。

(5)纳米刀法　有研究人员也使用具有纳米级倒钩的锋利表面的纳米刀来实现机械裂解单个细胞。当细胞以足够的速度穿过纳米刀组成的阵列时，通常可以实现有效地裂解，但有些细胞会黏附在阵列的上游表面，在纳米刀之间慢慢伸长，最终分离成几个小泡。这种方法可以导致99%的细胞裂解，但对裂解后的游离蛋白质测量表明，只有6%的总蛋白被自由释放。这些数字之间的差异表明，大多数蛋白质在溶解后被重新捕获到囊泡中，或者留在仅仅被穿孔而不是完全破坏的细胞中。

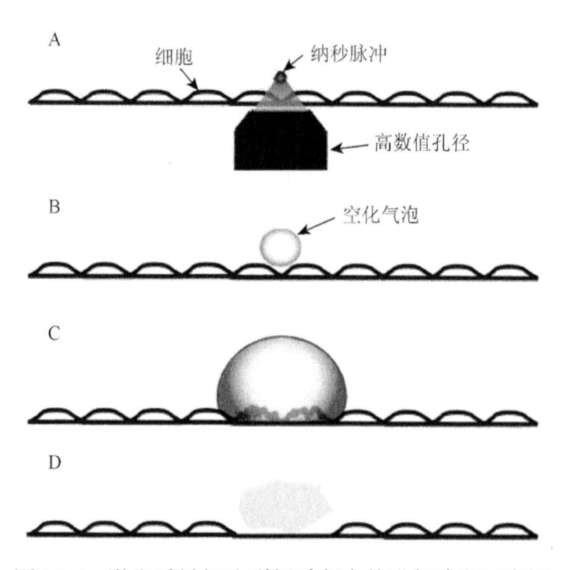

图 19-3　激光诱导细胞裂解过程中的进行阶段示意图

A. 激光微脉冲聚焦在靶细胞附近；B. 空化气泡形成于聚焦激光脉冲周围；C. 扩张的空化气泡扰乱细胞；D. 损伤区内的细胞被选择性裂解

2. 化学法

每一个细胞的成分都可以最终分解为各种化学物质成分，利用化学物质间可以相互特异反应的原理，实现单细胞的溶解，比较常用的为表面活性剂法和极端 pH 法，下面对这两种方法做简单介绍。

(1)表面活性剂法　表面活性剂进入细胞膜后，可以溶解膜中的脂类和蛋白质，使细胞膜内形成孔隙，最终使细胞完全溶解。表面活性剂法能很好地转化应用到单细胞水平。目前，有多种表面活性剂被应用在单细胞的溶解方法上，包括离子型、非离子型和两性离子型。表面活性剂的选择对细胞裂解速度和蛋白质提取效率有重要影响。强离子洗涤剂，如十二烷基硫酸钠（SDS）能够提供几秒钟的细胞溶解，使细胞中的蛋白质变性。这有利于随后用毛细管电泳分离中性蛋白。然而，如果提取的蛋白质用于蛋白质结合或酶活性测定，则不太理想。温和的非离子清洁剂，如 Triton X-100，会导致细胞裂解较慢，但蛋白质变性和分解蛋白质复合物的趋势要低得多，因此更适合于涉及蛋白质结构或活性的应用。两性离子表面活性剂也可用于细胞裂解，并且不会导致可溶性蛋白质电荷的净变化，但是必须小心，因为它们可能导致下游电泳分离方法中的电渗流抑制或逆转。

（2）极端 pH 法　细胞结构在极端 pH 的情况下会被破坏，从而导致细胞的溶解和破裂（除少数耐极端 pH 环境的细菌外）。对于溶解单细胞来说，极端 pH 是一种快速简便的方法，但是需要后续的中和操作。这种方法可以和电极相结合起来，碱解法就是依赖于在电极上产生 OH^-来驱动细胞裂解。Di Carlo 等（2005）发现，通过在靶电极之间施加一个 43 V/cm 的小电场，细胞可以完全地在阴极附近裂解。

3. 酶降解法

除物理法和化学法之外，在生物界还存在着具有催化活性和反应活性的各种酶类，这些酶在生物学反应过程中发挥着重要的作用，也正是这些酶的存在，使得生物界中存在的细胞生物得以正常地存活和运转。因此可以利用生物界现有的具有溶解细胞的酶类或其合成类似物来应用到细胞的裂解中。常见用于溶解单细胞的酶类包括蛋白酶 K 和溶菌酶等。

（二）细胞溶解方法的比较分析

在以上 3 种方法中，物理法和化学法相对操作简单、应用范围比较广。超声破碎法可以裂解大部分的单细胞，而且引起污染的可能性极小。反复冷冻法相对温和，但需要与其他方法联合使用，如酶裂解法。化学法里面的表面活性剂（SDS、Triton X-100）可以溶解细胞膜上的脂质和蛋白质，形成孔洞，进而彻底溶解细胞；极端 pH 法是一种快速简便的方法，但是需要后续的中和操作。虽然物理法和化学法相对简单，但是可能会降解 gDNA 或造成 gDNA 断裂。酶裂解法是最温和的方法，大多数革兰氏阳性菌则需要加入一些其他的酶，如无色肽酶、广谱溶菌酶等。虽然酶裂解法是最温和的方法，但需要额外注重酶的用量；另外，对于一些复杂的群落，通常联合使用多种酶来达到彻底溶解的目的。在设计单细胞测序工作流程时，应当谨慎选择细胞溶解方法，不仅需要尽可能彻底地溶解细胞，更要与后续 gDNA 获取和全基因组扩增相兼容。细胞溶解方法的选定，需要综合考虑多方面因素，如细胞的类型、下游用途、gDNA 纯化难易程度等。

（三）单细胞测序中 DNA 的获取

在传统的高通量测序流程中，细胞溶解获得的基因组 DNA 需要通过进一步纯化后才能用于扩增。但是对于单细胞测序，为了避免基因组 DNA 在纯化过程中丢失，目前大部分流程已经省去了这一步骤。在某些基因组中，该位点仅存在 1 个拷贝，纯化过程中的样品丢失会直接导致扩增产物中的位点缺失，严重影响后续的基因组重建。gDNA 纯化步骤的省略，对细胞溶解操作提出了更加苛刻的要求，那些可能与基因组扩增试剂相互作用的溶解试剂都应当避免使用。另外，DNA 结合蛋白通常会阻碍模板扩增，需要事先将其切割或变性，蛋白酶可以高效地溶解 DNA 结合蛋白，目前广泛用于待扩增模板的预处理中。

三、全基因组扩增

（一）单细胞全基因组扩增的概念及背景

1. 单细胞全基因组扩增的定义

单细胞全基因组扩增技术是从全基因组层面对单个细胞的基因组进行扩增的技术，其是连接单细胞提取技术和高通量测序技术的纽带，在单细胞测序技术中起着关键的作用。

2. 单细胞全基因组扩增面临的技术问题

对单细胞进行全基因组扩增将面临至少三大问题：①单个细胞中的 DNA 含量极其有限，如人的单个细胞内 DNA 的重量仅为 6 pg 左右；②在基因组中每个基因一般只有 2 个拷贝，这完全不能达到当前较为流行的二代测序对 DNA 的需求量；③应用传统的 PCR 扩增方法对单细胞 DNA 进行扩增也会导致严重的偏好性，并且在扩增过程中会导致大片段的 DNA 信息丢失；④由于单个细胞的起始 DNA 含量比较低，几乎和外界 DNA 处在一个相同的浓度，很容易受到外界 DNA 的污染。

（二）单细胞全基因组扩增技术介绍

一般来说，单细胞全基因组扩增技术有 7 种，具体如下，其中三种常见的扩增原理如图 19-4 所示。

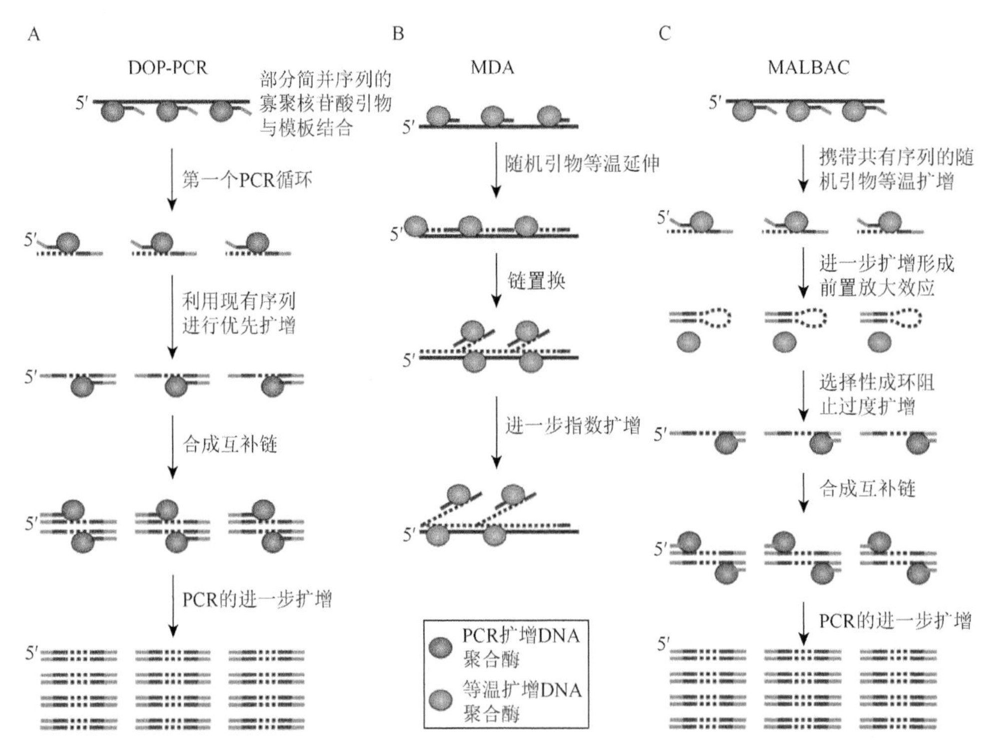

图 19-4　三种常见单细胞全基因组扩增原理图

1. 引物延伸预扩增法

引物延伸预扩增法（primer-extension preamplification，PEP）是一种出现较早的单细胞全基因组扩增技术。早在 1992 年，Zhang 等就应用 PEP 方法实现了对单个单倍体细胞基因组的全扩增。这是一种基于 PCR 技术的单细胞全基因组扩增技术的方法，主要是使用了含 15 个碱基的随机引物，在 37℃条件下退火，并在 55℃进行延伸，如此循环进行复制。Anchordoquy 等对之前的方法中反应循环条件的优化及高保真聚合酶的使用等进行了优化。但该方法使用随机引物及较为不严格的 PCR 循环参数，可能导致不均衡的扩增，在较大程度上限制了该方法的应用。

2. 简并寡核苷酸引物 PCR 技术

简并寡核苷酸引物 PCR 技术（degenerate oligonucleotide-primed PCR，DOP-PCR）是以热循环 PCR 为基础，其采用部分简并序列的寡核苷酸引物，在最初几个循环中，利用低初始退火温度（～25℃）的 PCR 方案确保引物与模板结合，从预定基因组内的多个均匀分散的位点开始，然后进行较高退火温度（～55℃）的常规多循环 PCR 反应（图 19-4A）。DOP-PCR 具有简单、快速和廉价的优势，但是该技术在灵敏度和错误率方面存在明显的不足。van 和

Blagodatskikh 等在这个基础上分别对 DOP-PCR 进行了改进。van 等采用同时使用 4 条简并引物进行扩增的方法，提高了其引物的简并性。Blagodatskikh 等则在 van 的基础上通过修改引物设计和 DNA 聚合酶，在扩增效率和扩增质量方面均做了进一步的提高，开发了 iDOP-PCR（improved degenerate oligonucleotide-primed PCR）技术。

3. 多重置换扩增技术

多重置换扩增技术（multiple displacement amplification，MDA）是由耶鲁大学的 Lizardi 博士于 1998 年首次提出的，该方法是利用链置换扩增的原理，在恒温条件下，利用噬菌体 phi29 DNA 聚合酶，对 DNA 实现扩增（图 19-4B）。phi29 DNA 聚合酶具有强大的延伸活性和保真性。在其与模板结合之后，能连续扩增 100 kb；同时具有 3′→5′的外切酶活性，错误率仅为 5×10^{-6}，相对传统 PCR 使用的 *Taq* DNA 聚合酶具有更高的保真性。由于其较高的延伸活性和保真性，MDA 可以将单细胞中微量的 DNA 较为均匀地扩增到微克水平，进而用于后续的常规实验分析及高通量测序。因其具有较高的扩增真实度和简单操作的特点，成为一时被广泛使用的一种单细胞全基因组扩增方法。但 MDA 技术并不是完美的技术，其依旧存在着较高的扩增偏差和等位基因丢失率，从而为后续的研究可能带来不必要的噪音和错误的结果。

4. 多次退火环状循环扩增技术

多次退火环状循环扩增（multiple annealing and looping-based amplification cycles，MALBAC）技术通过引入另外一种新的思路来降低 PCR 扩增的偏好性，是哈佛大学谢晓亮院士团队的一项专利技术，通过以分离出来的单细胞 DNA 为模板，利用 27 nt 通用引物序列和 8 nt 随机引物序列作为引物，与模板 DNA 的随机位置进行互补作为复制起点；其技术的重点在于对引物的设计，引物包括了 8 个随机核苷酸和 27 个核苷酸的共同序列两个部分，随机序列作为随机引物广泛地与模板 DNA 结合，共同序列部分则可以渗入新扩增的链中自身形成环，从而阻止该片段过度再次扩增，以减少与非线性放大相关的偏差，从而降低扩增的偏好性，可以完成高达 93%的基因组测序（图 19-4C）。在相同条件下，MALBAC 比 MDA 方法展现出更高、更均匀的基因组覆盖率，但同时也存在假阳性偏高的结果，可能是因为 *Bst* 和 *Taq* 聚合酶的保真性不高，以至于扩增过程中准确率低，所以 MALBAC 一般需要多个细胞基因组才能获得更为准确的结果。

5. 乳液全基因组扩增

乳液全基因组扩增技术（emulsion whole-genome amplification，eWGA）利用油中的少量水性液滴，实现对单个细胞内基因组的均匀扩增。这种方法通过将单细胞基因组 DNA 片段分配到大量小的（皮升量级）液滴中，同时每个液滴中含有用于等温 MDA 的其他原料，使每个分隔的液滴内都可以进行独立的扩增反应。这些独立的反应之间虽然在动力学上存在显著差异，但是在这一受限体系内可以相继达到饱和。经过破乳合并液滴后，DNA 片段之间的扩增增益的差异显著最小化。这种方法与 MDA、MALBAC 和 DOP-PCR 比较后的结果显示，eWGA 不仅提高了覆盖率，而且在对 SNV 和 CNV 的检测中能够有更高的准确度和更高的分辨率，在许多方面优于现有的单细胞扩增方法。

6. 通过转座子插入的线性扩增

转座子插入的线性扩增技术（linear amplification via transposon insertion，LIANTI）是一项经过改良的单细胞全基因组扩增方法。该方法首先利用 Tn5 转座子结合 LIANTI 序列，形成 Tn5 转座复合体（含 T_7 启动子），之后该复合体随机插入单细胞基因组 DNA，经转座后，将 DNA 随机片段化并连接 T_7 启动子。随后 T_7 启动子行使体外转录功能，用转录获得大量线性扩增的转录本，转录本再经过逆转录之后得到大量的扩增产物，随后进行正常的建库测序操作。LIANTI这种方法是由Xie等在2017年发表在*Science*上的一种新的单细胞全基因组扩增方法，其优于现有方法，减少了其他单细胞全基因组扩增技术（whole-genome amplification，WGA）中使用的非特异性扩增和指数扩增，从而大大降低了扩增偏差和误差，能够以千碱基分辨率进行微型CNV检测。

7. 利用微流体反应器进行单链测序

利用微流体反应器进行单链测序的技术（single-stranded sequencing using microfluidic reactors，SISSOR）是利用微流体处理器将单个细胞双链染色体DNA分子用碱性溶液分离，并将百万碱基大小的DNA片段使用旋转泵随机分割成大量的纳升级的组分，用于MDA扩增和构建测序文库，最终收集每个区室的扩增基因组DNA合并转换成条形码测序文库（barcoded sequencing libraries），并使用Illumina的合成短读测序，从而实现对同源染色体的互补双链分别进行独立的测序。这种方法利用冗余序列信息和基于单倍体型减少序列错误，使测序结果错误率低至10^{-8}，而且在更均匀的扩增和更准确的序列比对后可以进一步提高性能。该方法能够获得精准的单细胞基因组序列及单倍体信息以满足临床对基因组测序的不同需求。SISSOR是对单细胞测序技术的一次突破，将测序准确性提高了两个数量级。

（三）不同单细胞扩增技术的比较分析

虽然目前已经发明了多种单细胞扩增技术，并且不断地在提高扩增的均一性和准确性。但单细胞扩增中的本质问题还没有得到根本的解决，不同的单细胞扩增方法在不同方面具有各自的优势，科研工作者在不断地努力使单细胞扩增技术尽量地接近于期望水平，但这还需要一定的时间来寻求合适的方法来克服单细胞扩增中存在的主要细节问题。

PEP和DOP-PCR作为早期常用的经典技术，它们的PCR扩增的效率存在很大的偏差，其中对PCR的扩增方法影响较大的因素是聚合酶和引物浓度；另外，在扩增过程中模板的大小、GC含量、DNA二级结构等都会对聚合酶的扩增效率有影响，使扩增不能完全覆盖整个基因组，导致扩增产物不均匀或出现非特异性扩增产物和扩增偏好性，影响进一步的实验分析。对PEP、MDA、MALBAC三种单细胞扩增方法的比较分析显示，MDA的扩增均匀性随着扩增产率的提高会出现明显下降的趋势，但MALBAC和PEP则相对要好很多；如果用于从头测序的基因组拼装，这三种方法的效果则没有显著的差异。基因组上存在着大量的重复序列，基本上可以占到全基因组的一半左右。MDA技术对于短串联重复序列（short tandem repeat，STR）的扩增存在一定的不足，会比较多地出现等位基因缺失和假等位基因的现象；但是PEPE技术则在这类变异的分型方面显示出了自己的优势。对于拷贝数变异，MALBAC和MDA都展示出了比较好的效果，并且MALBAC要比MDA具有更好的效果。但对于SNP的研究显示MDA比MALBAC更为合适。在这之后出现的LIANTI和SISSOR技术相对之前的技术均表现出明显的优势。谢晓亮团队对比了LIANTI、MDA、MALBAC和DOP-PCR方法，结果显示LIANTI扩增效率及均匀性是最优的，并且基因组覆盖率可达到97%，可以说是目前CNV检测最准确的方法。SISSOR技术可以提供比其他单细胞扩增和测序平台的其他技术更高的单碱基准确度和得到更长的单倍型，是迄今为止最精确的单细胞基因组测序。

四、测序与数据分析

（一）单细胞测序

最直接的单细胞测序方法就是将分离出的单细胞通过特殊PCR扩增将单细胞少量的

DNA 扩增至可用于测序的 DNA 起始含量，然后进行单独构建文库和测序。这种测序通量比较低，受 PCR 扩增的影响较为严重，并且成本非常高，不适用于批量地进行细胞测序。

此后，第二种单细胞测序方法即基于标签（barcode）的单细胞测序方法。在测序过程中对每一个细胞内的 DNA 或 mRNA 添加相同的标签，并且不同细胞使用不同的标签，即可以对细胞进行混合测序，在获得测序数据后则可以利用标签的差异将不同细胞的测序数据进行分开，从而获得不同单个细胞的测序数据。这种测序理念极大地提高了单细胞的测序通量，并且省略了单细胞分离的步骤，为高通量的研究单细胞测序提供了新的契机。

近几年单细胞高通量测序技术发展迅猛，不断地在更新换代。Vital 提出了 SCI-seq（single- cell combinatorial marker sequencing technique）可以同时构建上千个单细胞文库并且可以用以进行检测细胞基因组拷贝数。这项技术增加了同时检测的单细胞数量，降低了文库构建的成本，在研究体细胞基因组变异方面发挥着重要的作用。Chen 发明了一种可以将 CNV 的检测精确到 1 kb 的单细胞测序方法。Guo 发明了 scCOOL-seq（single-cell multiple sequencing technique）技术，可以同时分析单细胞的染色体构象、拷贝数变异、染色体倍数和 DNA 甲基化，对于研究单细胞染色质构象和 DNA 甲基化功能的差异提供了有效的手段。Casasent 发明了 TSCS（topographic single cell sequencing），可以准确地反应细胞的空间定位信息。这项技术可以准确地对单个肿瘤细胞的空间特点进行研究，有助于对肿瘤细胞的入侵和转移研究。Demarre 提出了一种高通量低误差的单细胞测序方法（SiC-seq），使用微流控的微滴技术来分离扩增和标记单细胞的基因组。这种方法促进了对不同细胞群的广泛分析。Rosenberg 发明的 SPLit-seq 技术是基于低成本的标签，可以将单细胞转录组测序成本降至 1 美分，这再次刷新了人们对单细胞测序成本的认识。

然而，除单个细胞的分离和多个 cDNA 文库的并行测序等实验挑战外，单细胞水平数据的统计分析本身也是一个挑战。首先，由于细胞总 mRNA 含量的差异，细胞特异性测量的尺度可能有所不同。本着同样的精神，如果对这些细胞应用不同的测序深度（测序过程中读取单核苷酸的次数），表达计数的规模也会受到影响。因此，在这种情况下，正常化是一个关键问题。解释单细胞测序的另一个基本问题是存在大量无法解释的技术噪音（与测序深度和其他放大偏差无关），这就给鉴定基因带来了新的挑战，这些基因显示出真正的生物细胞间异质性，而不仅仅是由技术变异引起的，而且促使了在单细胞实验中系统地包含尖峰基因。量化基因表达的真实异质性是一个重要的步骤，因为它可以导致发现共表达基因和新的细胞亚群等。近年来，反转录过程中每个 cDNA 分子的独特分子标识符（UMI）的引入，大大降低了无法解释的技术噪音水平，消除了测序深度变化和其他放大偏差对单细胞实验的影响。

（二）单细胞数据分析

1. 单细胞数据分析存在的问题

单细胞测序数据的整体分析流程和传统的混合多细胞测序分析过程基本一致，包括数据的预处理（去除接头和低质量的 reads），将过滤得到的高质量 reads 和参考基因组进行比对，根据 reads 在基因组上比对的结果进行后续 SNP、In-Del、CNV 等变异信息的鉴定，进而用于后续的分析。但需要格外注意的是，单细胞数据的产生和传统混合多细胞测序的主要区别步骤在于单细胞基因组的扩增。在单细胞基因组扩增过程中，单个细胞基因组 DNA 提供模板浓度低，会大大地提高不均一扩增的概率，最终导致扩增结果不能完全覆盖整个基因组信息和扩增数据的不均一分布。

基于单细胞测序存在的以上问题，研究者在扩增技术和后续的数据分析方面均开展了相应的研究，寻找合适的措施和策略克服单细胞扩增带来的技术噪音。在单细胞遗传变异的鉴定过程中，存在的两个主要问题是：①单细胞基因组扩增过程中会引入新的假阳性突变；②在基因组扩增过程中发生的等位基因失衡。这两个问题在后续鉴定过程中必须加以考虑。

2. 单细胞数据分析常见的分析策略

目前，有两种基本的策略来降低由于扩增而引入的假阳性突变。①可以利用大样本作为参考，来降低错误发现率；②当仅使用单细胞数据时，要求两个或三个细胞在同一位置具有相同的突变。增加样本量是我们利用统计学剔除假阳性的常用和有效手段，但需要足够的经费作为支持；利用重复样本间的一致性是经济且有效剔除假阳性的方法。为了克服等位基因的不平衡，我们需要调用不同的算法来排除技术噪声。一种策略是要求所有调用变量都高于控制样本中的技术噪声水平，而控制样本不应具有方差；另一种方法是利用分子条形码（molecular barcoding）技术降低测序错误率。随着人们对单细胞测序的进一步了解和算法的更新，研究工作者在不断地开发新工具来优化单细胞数据中的变量调用，纠正单细胞测序数据中的错误。

第三节　单细胞测序技术的应用

一、在肿瘤研究中的应用

（一）在肿瘤研究中的必要性

在单细胞测序技术出现之前，通过深度测序技术来获取癌细胞的遗传异质性主要依赖 3 个因素：①足够的材料（即组织或细胞）来纯化基因组 DNA，以满足高通量测序文库的制备；②样本中需要存在足够高比例的克隆体细胞突变和亚克隆体细胞突变，以作为检测信号；③具有可以检测这些信号的有效方法。

对于一些原发性肿瘤，活检的难度很大；在临床上，医生通常依靠细针抽吸来提取肿瘤材料进行组织病理学检查和诊断；但是这种方法通常不能获得足够的肿瘤材料进行深度测序。即使在有些时候获得的组织材料满足建库需求，但正常组织材料和肿瘤材料之间的交错分布，会给肿瘤或肿瘤亚克隆变体的发现和研究带来阻碍。尤其是在转移灶的研究中，由于转移灶的分布不确定和数量不充分，最终用传统的深度测序将很难拿到准确的结果。另外，许多肿瘤表现出明显的间质浸润。因此，检测癌细胞的突变信号就需要测序到很高的深度，这在某些情况下可能是不切实际的。假设一个胰腺癌的病例，其中只有 30%的肿瘤活检是由肿瘤细胞组成的，而其余的肿瘤肿块是由间质成分组成的。在这种情况下，检索所有存在于肿瘤细胞中的亚克隆单核苷酸变异信息，需要测序覆盖率超过 10^3 倍。这种覆盖范围费用对于外显子组的研究来说是特别昂贵的，而且在整个基因组测序研究中并不实用。

同样，对肿瘤转录组的异质性进行量化也依赖于物质的数量和基因表达信号的检测；并且，在转录组水平上进行单细胞分析的需要可能更为明显。首先，对浸润间质转录组的基因表达信号是以成百上千个离散的基因表达值来衡量的，因此很难去卷积；其次，转录组数据本质上是定量的，而不是定性的，当汇集在一起时，是不可能解开的。另外，造成大量转录组数据的分析进一步复杂化还存在另外一个原因，肿瘤肿块中存在的不同细胞类型本身即存在异质性。

（二）提高肿瘤研究的准确性和可行性

单细胞测序技术可以将对肿瘤内遗传异质性的剖析细化到单细胞分辨率。该技术的出现对肿瘤研究起到了巨大的推进作用，尤其是在肿瘤研究的准确度和可行性两个方面发挥了关键作用。

美国冷泉港实验室 Michael Wigler 团队在 2011 年利用 DOP-PCR 方法第一个发表用来鉴定乳腺癌细胞基因组的 CNV 研究。在 2012 年，中国华大基因组研究团队用等温扩增法完成了肾细胞瘤和骨髓增生性疾病患者的样本中 SNV 的鉴定。这两项研究都表明了虽然肿瘤细胞后期具有较为明显的遗传异质性，但可以初步看到肿瘤细胞是起源于单克隆的。2012 年，美国圣犹达儿童研究医院的 Charles Gawad 联合斯坦福大学的科学家在膀胱癌中发现了两个不同的克隆群体。这些初步研究为肿瘤单细胞测序提供了希望，但是由于技术上的限制，数据质量的不确定性使研究人员无法提出较为准确的结论。

近几年随着单细胞测序技术的高速发展，单细胞测序技术已经被广泛地应用在结肠癌、乳腺癌、脑癌、头颈部细胞癌、血癌、肝癌和肺癌等研究中。单细胞测序可以很好地揭示癌症组织细胞的异质性，在各种癌症的细胞图谱绘制研究中发挥着必要的作用。在大肠癌的研究中，2018 年，Zhang 等利用单细胞测序技术绘制大肠癌 T 细胞免疫受体图谱，揭示大肠癌 T 细胞亚群分类、组织分布特征、肿瘤异质性及药物靶基因表达，确定了分布在组织中的 T 细胞群和亚群之间的潜在状态转移关系。同年，Nguyen 等利用单细胞测序技术绘制了人类乳腺上皮细胞的单细胞模式，分析了乳腺细胞中细胞类型的多样性和现状，这个研究有助于了解乳腺癌的早期起源，为提高乳腺癌的早期发现和阻碍癌症进展提供依据。在脑瘤研究中，2016 年 Tirosh 等通过人类突胶质瘤的单个细胞图识别了癌症干细胞及其不同的后代，这个结果支持肿瘤干细胞假说，证实肿瘤干细胞是少突胶质瘤生长的主要来源，这些细胞可能成为新的治疗靶点，对此类疾病的治疗具有重要意义。

除用来绘制癌症细胞的图谱外，单细胞测序技术在癌症的研究中还发挥着其他重要的作用，如示踪癌症的发展和癌症治疗的检测等。2020 年俄勒冈大学科学家概述了有关小细胞肺癌亚型起源的新发现，他们开发了一种新的测定方法，使研究小组能够追踪肿瘤样本中的单个细胞，并观察它们随时间的变化。同年，奥地利科学院分子医学研究中心的研究小组，使用单细胞测序和表观遗传学分析方法对靶向白血病治疗的反应进行了详细研究，他们结合了免疫表型分析、单细胞转录组分析（scRNA-seq）和染色质定位（ATAC-seq）的方法，共同监测慢性淋巴细胞性白血病（CLL）细胞和免疫系统其他细胞类型的活性、调控和表达。单细胞测序在癌症研究中的应用极其重要，对于人们研究这种稀少且变化的异质性细胞提供了很大的便利，并且具有非常广阔的应用空间。

二、在发育生物学中的应用

一个受精卵经过有丝分裂可以产生所有的细胞类型。在原肠胚形成的过程中，囊胚的外胚层细胞将会重组，产生属于三个胚层的不同细胞：内胚层、中胚层和外胚层，这些细胞随后将成熟为有机体所有不同类型的细胞。发育生物学的一个主要目标是解析决定这些细胞命运的背后机制。传统利用多混合细胞进行分析的方法将会掩盖每个样本内异质性引起的变化。以前对细胞命运进行定位的方法依赖于荧光标记、组织移植实验或显微镜。这些技术可以勾勒出胚胎早期发育的基本原则，但这些方法受到分辨率、发育中哺乳动物胚胎样品的可取性等的限制，或者只能跟踪胚胎发育过程中细胞或基因的子集。近些年，胚胎及个体发育领域取得的突破进展，得益于单细胞测序技术的出现。单细胞测序技术克服了低细胞数和高细胞多样性的双重问题，允许对整个胚胎发育过程从单细胞水平的甲基化、组蛋白修饰、转录组、蛋白组、空间定位等层面进行全面的快速分析。这将使研究人员能够确定脊椎动物胚胎发生过程中决定细胞命运的细胞类型特异性调控网络。

发育生物学的研究和肿瘤研究不同的是，发育生物学多集中在对同一个体或细胞的不同时期进行研究，因此主要集中在单细胞的转录层面或与基因表达相关的研究。单细胞转录组图谱可以用来深入了解细胞特性、生物活性和发育轨迹。对于一个由混合细胞组成的组织或培养体，单细胞方法的一个特别之处在于其能够在一个实验中捕捉不同发育阶段的细胞，分析各阶段细胞状态，从而可以重建发育路径；利用这种细胞排序，可以检查细胞在发育过程中的变化，以及哪些基因对推动进展至关重要。

三、在微生物研究中的应用

微生物是地球生物圈的重要组成部分。高度复杂和活力各异的微生物群落影响着地球上的每一个生态系统。人们对描述这些微生物的生理学、它们之间的关系及它们对人类社会的影响产生了极大的兴趣。基因组科学和测序技术的持续革命对环境微生物组学产生了强烈的影响，使细菌和古细菌分离物的基因组测序成为常规。16S rRNA 基因 PCR 分析的发展使微生物基因组学领域发生了革命性的变化，因为它能够从大多数细菌物种中扩增出一个信息丰富的基因并进行测序。虽然 16S rRNA 基因序列可以构建系统发育树，但分析仅限于这一个基因。下一代测序目前已被广泛应用于微生物基因组测序研究，即宏基因组学（metagenomics）。这是一种对环境样本中的总 DNA 进行测序的方法。但宏基因组组装和有限数量培养菌株的基因组序列，并不能作为准确模拟自然微生物网络反应的基础。这是一个关键的限制，因为只有由同一生物体编码的基因产物才能自由地相互接触，形成复合物，驱动信号通路。此外，编码完整基因组的个体有机体（实际上是单个细胞）是生物学的基本复制单位，也是进化选择的重要单位，在理解微生物网络在更大群体中的发展是不能忽视的因素。

单细胞测序使得微生物研究得到较为迅速的发展。传统的测序方法无法对自然界中不易培养的微生物进行测序，并且单细胞测序可以大大地减少利用传统测序来鉴定微生物的密集劳动力。单细胞测序则区别于宏基因组研究，可以对单个微生物细胞进行分析，进而发现新的微生物物种，构建新的微生物进化树和微生物基因组序列，加深科学家对微生物生命活动过程的理解。单细胞测序是目前唯一的一种不需要复杂的培养或来自多个细胞或菌株的数据合成而获得单个细胞基因组的方法。从形式上讲，由于细菌一般为单个细菌，其测序获得的基因组数据集在根据来源菌株进行单细胞分类时不存在不确定性，并且可以在整个基因组水平上无歧义地解析菌株结构、高变位点和相位变化。在无性微生物基因组测序中，解决细尺度异质性的能力是很重要的，无性微生物的重组频率低于繁殖。这类生物的种群有可能以多种模式迅速多样化，因为新的突变不一定会在种群中混合，并且没有必要立即保持与种群其他成员重组的兼容性。由此产生的突变“模糊性”，使系统发育分析和限制微生物物种的努力变得复杂。单细胞测序有望通过解析整个细菌基因组中的“模糊”多样性，对复杂微生物群体的异质性进行精细的研究。因此，单细胞基因组测序正在迅速改变我们对环境中大量微生物的理解。为了确认单细胞测序最近对许多科学领域的影响，单细胞测序被评为 2013 年的年度方法。

四、在神经科学中的应用

在神经系统中，神经元是独一无二的。神经元之间的异质性使得研究脑回路如何形成和解决神经元之间的重新连接变得更加复杂。但单细胞测序技术可以对多个不同时期的神经细胞进行有效的研究，通过绘制详细的单细胞图谱，以了解和识别神经系统中不同类型的神经元及其连接分子。单细胞测序技术赋予了对神经系统研究更高的分辨率。通过单细胞测序技术可以实现中枢神经系统中不同的细胞类型的鉴定。例如，Macosko 等利用单细胞转录组测序技术，分析了 44 808 只小鼠视网膜细胞的转录组，从中鉴定出 39 个转录不同的细胞群体，在已知的视网膜细胞类型基础上创造了以基因表达分子图谱来分类的细胞亚型。

除用于鉴定神经系统的不同细胞类型外，单细胞测序技术还在脑神经发育与再生的应用中发挥了一定的作用。单细胞测序技术可以研究脑细胞的类型和发育过程中细胞之间的关系。Fan 等通过单细胞测序技术鉴定了人类中期胚胎不同区域的多个细胞亚群。Zhong 等绘制了人类前额叶的单细胞转录组图谱，这个研究中分析了人胚脑前额叶细胞类型的多样性和不同细胞类型之间的发育关系，进一步揭示了神经元产生和环路形成的分子调控机制。在研究大脑的再生潜力方面，Carter 等在单细胞测序绘制的小鼠小脑发育图中，确定了小脑细胞的主要亚群和有利于小脑发育的亚群。

五、在生物育种中的应用

单细胞测序技术具有广泛的应用范围，其极高的分辨率带给了科研工作者更为精细和精准的研究体验，将对细胞的认识深入到单个细胞水平同样对于生物育种来说也是非常重要的一个步骤。对组织中细胞群体的认识往往是单细胞测序研究的开始。同样，目前已经在植物或家畜等动物中开始展开对组织中细胞构成进行描述的研究。在植物中，2016 年 Idan 等描述了单细胞测序技术在解决植物生物学基本问题的潜力。2019 年一系列关于植物单细胞测序的文章被发表出来。Kook 等对 1 万多个拟南芥根细胞进行了单细胞转录组测序，发现了不同的亚群和罕见的细胞类型，进一步分析确定了单个细胞从分生组织到根毛和非毛细胞分化成熟阶段的发育轨迹。Victoria 则总结了单细胞测序研究在植物再生方面的研究，为植物组织的再生提供了一个新的视角。在家畜中，单细胞测序最早被应用在对动物卵子和胚胎发育的研究中。2018 年 Liu 等利用单细胞测序技术发现 CDC5L 蛋白对于卵子成熟的重要作用。Ilaria 等在 2018 年利用单细胞转录组测序揭示了主基因组激活过程中牛胚胎卵裂球发育的异质性。目前对于植物和动物的单细胞测序研究还比较少，还没有深入到直接和育种相关的研究中。但单细胞测序技术已经开始展现出其在生物育种中的潜力。例如，从单细胞水平解析细胞对环境的适应性和受环境影响后发生改变的分子机制，将与经济性状相关的分子调控机制深入到单细胞水平，获得更为精准的研究结果等。随着单细胞测序技术的成熟和价格降低，相信在生物育种领域会有越来越多的研究和单细胞测序技术相结合。

本章小结

本章对单细胞测序技术进行了系统的总结和介绍，主要包括单细胞测序技术的概念与背景、单细胞测序技术的方法与步骤、单细胞测序技术的应用三方面的内容。单细胞测序技术是单细胞分离、核酸物质提取与二代高通量测序技术优势结合的产物，突破了单个细胞获取、微量核酸物质提取、均匀 PCR 扩增和测序等一系列的技术难题，是一个划时代的技术革新。这项技术对于组织发育、疾病研究、微生物功能等领域产生了巨大的影响，使人们对相应领域知识的认识从一个混沌的状态深入到以单个细胞为单位的层面，提高了对知识认知的精细度和准确度。单细胞测序的方法步骤主要涉及单细胞的分离、细胞溶解与 DNA 的获取、全基因组扩增和测序与数据分析 4 个方面。其中单细胞的分离和全基因组扩增是整个技术的难点和突破点，涉及不同的方法和技术原理，是单细胞测序成功的关键点。单细胞测序技术的应用目前主要集中在对人疾病方面的研究，并逐渐地扩展到其他各个层面，其随着技术的革新和突破及成本的降低，将会更加广泛地应用在各个领域。

➤思 考 题

1. 简述单细胞测序技术发展的源动力。
2. 简述单细胞测序技术主要涉及的关键环节。
3. 简述不同单细胞分离方法的原理及优缺点。
4. 简述不同单细胞 DNA 扩增技术的原理及优缺点。
5. 试述单细胞测序技术面临的技术瓶颈及将来的应用前景。

编者：周扬

主要参考文献

Baslan T，Hicks J. 2017. Unravelling biology and shifting paradigms in cancer with single-cell sequencing[J]. Nat Rev Cancer，17（9）：557-569.

Brasko C，Smith K，Molnar C，et al. 2018. Intelligent image-based *in situ* single-cell isolation[J]. Nature Communications，9（1）：226.

Dal Molin A，Di Camillo B. 2019. How to design a single-cell RNA-sequencing experiment：pitfalls，challenges and perspectives[J]. Briefings in Bioinformatics，20（4）：1384-1394.

Efroni I，Birnbaum K D. 2016. The potential of single-cell profiling in plants[J]. Genome Biology，17：65.

Gawad C，Koh W，Quake S R. 2016. Single-cell genome sequencing：current state of the science[J]. Nature Reviews Genetics，17（3）：175-188.

Griffiths J A，Scialdone A，Marioni J C. 2018. Using single-cell genomics to understand developmental processes and cell fate decisions[J]. Molecular Systems Biology，14（4）：e8046.

Grün D，van Oudenaarden A. 2015. Design and analysis of single-cell sequencing experiments[J]. Cell，163（4）：799-810.

Hwang B，Lee J H，Bang D. 2018. Single-cell RNA sequencing technologies and bioinformatics pipelines[J]. Exp Mol Med，50（8）：96.

Marioni J C，Arendt D. 2017. How single-cell genomics is changing evolutionary and developmental biology[J]. Annual Review of Cell & Developmental Biology，33（1）：537.

Papalexi E，Satija R. 2017. Single-cell RNA sequencing to explore immune cell heterogeneity[J]. Nature Reviews Immunology，18（1）：35-45.

Svensson V，Vento-Tormo R，Teichmann S A. 2018. Exponential scaling of single-cell RNA-seq in the past decade[J]. Nature Protocols，13（4）：599-604.

Tang X N，Huang Y M，Lei J L，et al. 2019. The single-cell sequencing：new developments and medical applications[J]. Cell & Biosci，9（1）.

Tim S，Andrew B，Paul H，et al. 2019. Comprehensive integration of single-cell data[J]. Cell，177（7）：1888-1902，e21.

Ton M N，Guibentif C，Göttgens B. 2020. Single cell genomics and developmental biology：moving beyond the generation of cell type catalogues[J]. Current Opinion in Genetics & Development，64：66-71.

Wagner D E，Klein A M. 2020. Lineage tracing meets single-cell omics：opportunities and challenges[J]. Nature Reviews Genetics，21（7）：410-427.

第二十章　细胞器遗传学

孟德尔遗传自发现后一直被认为是自然界通用且唯一的遗传方式，但是在 1909 年，法国植物学家 C. Correns 报道了不符合孟德尔定律的遗传现象。他发现紫茉莉（*Mirabilis jalapa*）中花斑叶的母本与绿色叶的父本杂交后，子代都是花斑叶；而绿色叶母本与花斑叶父本的杂交子代却都是绿色叶。通过正反交验证的结果判断紫茉莉后代叶色只是由母本传递，因此，人们推测细胞质中可能存在遗传物质，但直到 1953～1964 年才相继获得在线粒体和叶绿体中存在 DNA 的直接证据。此后，核外遗传的研究逐渐成为遗传学中的重要领域之一。对线粒体 DNA（mitochondrial DNA，mtDNA）和叶绿体 DNA（chloroplast DNA，cpDNA）结构、功能等方面所进行的大量研究揭示这些细胞器都是半自主性的，是细胞中的核外遗传体系。

第一节　线粒体基因遗传学

一、线粒体遗传物质的发现

（一）线粒体遗传的发现

作为典型的非孟德尔遗传现象，线粒体遗传自发现后就引起了广泛的关注。1949 年，埃弗吕西（B. Ephrussi）发现一种由突变导致的厌氧型小群落酵母的遗传与细胞质有关，而不是与细胞核有关；不久后，斯洛尼姆斯基（P. Slonimski）和埃弗吕西进一步证实了这种突变与线粒体的强烈关联。1950 年我国科学家陈士怡在其导师埃弗吕西指导下首次发现酵母菌的细胞质基因。1950～1952 年，米切尔（M. B. Mitchell）等也发现粗糙脉孢菌线粒体的形成不符合孟德尔遗传规律，这种生长缓慢型粗糙脉孢菌的遗传与线粒体有关。

（二）线粒体 DNA 的发现

作为真核细胞中核外唯一的遗传物质，线粒体 DNA（mtDNA）绝大多数呈母性遗传，它体积较小，结构简单，存在于线粒体基质中，与核 DNA 相比，mtDNA 更容易发生突变，其进化速率为核 DNA 的 5～10 倍。

1963 年，瑞典大学实验生物学研究所的 M. 纳斯和 S. 纳斯通过线粒体内纤维固定和电子染色反应的方法，借助电子显微镜观察到小鸡胚胎细胞的线粒体中存在具有 DNA 特性的丝状纤维，这些丝状纤维和细菌、蓝藻核质的相似度非常高，这一发现也被认为是首次证实了线粒体中存在着 DNA 分子。1964 年，沙茨（G. Schatz）等用氯化铯密度梯度离心法发现，酵母菌线粒体的核酸存在于 DNA 卫星带中（这是因为酵母菌线粒体中在碱基组成上比染色体具有更丰富的 A、T 碱基），再次证实了 mtDNA 的存在（任衍钢等，2019）。

随着 mtDNA 被学术界所公认，1968 年，Thomas D. Y. 和 Wilkie D. 等用经典遗传学方法绘制了酵母菌线粒体基因图。mtDNA 是细胞内较小而又易于纯化的复制转录单位，基因组结构比较简单，且具有很高的专一性。

二、线粒体基因组的大小

（一）数目

一个动物细胞内线粒体的数目根据物种和细胞类型的不同，一般在几百到几千个不等，如人细胞内约含有几百个线粒体；而植物细胞线粒体数目一般比动物细胞少，动物细胞每个线粒体中约含有 6 个 mtDNA 分子。生物细胞中的线粒体遗传信息量产生差异的原因之一就是 mtDNA 数目的不同。

（二）大小

物种 mtDNA 的分子量为 1×10^6～2×10^8Da，其含量仅为核的 1%～2%。其中动物线粒体 DNA 为 15～18 kb，长约 5.5 μm，分子量在 10×10^7Da 左右，比核 DNA 分子量小很多。而植物线粒体 DNA 变异幅度为 120～2700 kb，小的如十字花科的几种植物，只有 200 kb 左右；较大如甜瓜，有 2600 kb。另外，哺乳动物线粒体 DNA 为 16～16.7 kb，原生动物线粒体 DNA 为 15～47 kb，昆虫线粒体 DNA 为 14.5～17.9 kb，真菌线粒体 DNA 为 18～78 kb，藻类线粒体 DNA 为 15～18 kb。mtDNA 大小与基因间隔区的大小及内含子的数量有关，而编码蛋白质的基因含量尽可能保持一定水平。几种生物的 mtDNA 的参数见表 20-1。

1981 年剑桥大学 Hensgens 小组在国际著名学术期刊 *Nature* 上公布了人类线粒体基因核苷酸的完整序列和密码子的特征，这个序列被称为“剑桥序列”（CRS）。这个序列共有 16 569 个碱基对，除与启动 DNA 有关的 D 环区（D-loop）外，只有 87 个碱基对不参与基因的组成。现在使用的人类 mtDNA 序列是它的修订版（rCRS）。

表 20-1　几种生物的 mtDNA

生物种类	mtDNA 大小/kb	每细胞中线粒体数/个	mtDNA 与核 DNA 比值
酵母	84	22	0.18
鼠（L 细胞）	16.2	500	0.002
人（HeLa 细胞）	16.6	800	0.01

三、线粒体基因组分子特征

线粒体在真核细胞内发挥着不可替代的重要作用，它不仅是能量生成的场所，也参与脂肪酸的合成及某些蛋白质的合成。自 mtDNA 被发现以来，大量学者对其进行了深入的研究，在其形态结构、基因组成、复制、转录与翻译、与核基因组的关系、遗传特点、进化特点和分子系统学等方面积累了大量的珍贵资料。

线粒体基因组在细胞内相对独立，其体积较小且又容易纯化，基因组结构比较简单，并具有很高的专一性和独特性，它的传递、重组、分离、复制、转录等过程都可应用分子生物学的许多手段和方法进行分析。

（一）mtDNA 结构组成

mtDNA 测序结果表明，大多数动物的 mtDNA 组成是相同的。哺乳动物的 mtDNA 基因排列非常紧密，基因之间没有间隙且没有内含子，正常大小约为 16 kb，根据其是否编码蛋白质可分为编码区和非编码区。

1. 编码区

线粒体 rRNA 基因的结构比较简单，其分子结构域进化的平均速率主要被其功能所制约。绝大多数的线粒体 tRNA 或核 tRNA 都存在一个规则的三叶草形二级结构，线粒体 rRNA 基因相对于蛋白质编码基因而言，其进化速率要慢得多。除 tRNA 基因外，线粒体基因组序列非常保守，但在 rRNA 基因、tRNA 基因及编码蛋白质基因之间，由于其结构和功能上的不同，进化方式也存在较大差异。

mtDNA 的蛋白质编码基因和 RNA 基因的主要差别是前者含有一个编码氨基酸的开放阅读框，由于蛋白质编码密码子的简并性，这些蛋白质基因受到限制较少，序列变化也较多。在不同物种的种属间对应的线粒体蛋白质编码序列的对比结果显示，*CoX Ⅰ*、*CoX Ⅱ*、*CoX Ⅲ* 和 *Cytb* 基因较为保守且同源性较高，*ATPase8*、*ATPase6* 和 *ND* 基因的变异性较大，这些基因编码的产物主要参与电子传递及偶联氧化磷酸化。植物线粒体基因组上一般还存在一些特殊的呼吸链蛋白质基因（如 *nad7*、*nad9* 等）且还包含特异的动物和真菌 mtDNA 中不存在的 5S rRNA 基因及核糖体蛋白质基因。序列比较分析表明，原生动物线粒体基因组组成更接近于植物。

2. 非编码区

线粒体基因组在非编码区中主要有轻链复制起始区和控制区两部分。控制区又称 D-环区，是 mtDNA 碱基对中由少数碱基对构成复制起始区的特有序列。D-环区位于 *tRNA-Pro* 和 *tRNA-Phe* 基因之间，是整个线粒体基因组序列和长度变异最大的区域，虽然其整体变异程度大，但其中也包含有比较保守的片段。轻链复制起始区长 30～50 bp，位于 *tRNA-Asn* 和 *tRNA-Cys* 基因之间，该段可折叠成茎环结。从总体上看，非编码区包含有重链复制起始区 OH、保守序列节段（conserved sequence blocks，CSB Ⅰ，CSB Ⅱ，CSB Ⅲ）、轻链启动子（L-strand promoter，LSP）、重链启动子（H-strand promoter，HSP）及终止结合序列（termination associated sequences，TAS）。

（二）mtDNA 其他分子特征

现有的研究结果表明，大多数多细胞动物的 mtDNA 是以单环共价闭合的分子形式存在的，极个别除外（如一种海葵为线形线粒体 DNA 分子）；高等植物和真菌线粒体 DNA 一般是以线状分子形式存在的，部分植物中也存在特例环状分子形式。

mtDNA 重复序列较少，浮力密度低，G＋C 的含量少于 A＋T 的含量，如酵母 mtDNA 的 G＋C 含量仅为 21%。动物线粒体基因排列紧密，基因间隔短，内含子很小，甚至有重叠现象，几乎不含重复序列；植物细胞 mtDNA 分子较大，含重复序列，目前已发现有不少基因如玉米、小麦等编码 rRNA、tRNA、细胞色素 C 氧化酶等的基因位于 mtDNA 上。

在动物线粒体基因组中，根据 mtDNA 两条链 G＋T 含量的不同和变性氯化铯密度梯度离心可将两条链分为重链（H 链）和轻链（L 链），mtDNA 的两条链都可作模板，没有有义链和无义链的区分。mtDNA 单个拷贝非常小，约是核 DNA 的 1/10，但线粒体基因组常含有多个 mtDNA 拷贝。

人、鼠和牛的 mtDNA 的全序列是最早被测出来的，3 种 mtDNA 均显示相同的基本遗传信息结构：都含有 2 个 rRNA 基因、22 个 tRNA 基因和 13 个蛋白质结构基因。人 mtDNA 是一个环状 16 569 bp 的分子，编码氧化磷酸化所必需的成分。

四、线粒体基因遗传的特点

（一）线粒体基因组基因成分

1. 蛋白质编码基因

动物线粒体基因组含有 13 个蛋白基因，分别为 1 个细胞色素 b 基因（*Cytb*），2 个三磷酸腺苷（ATP）酶亚基基因（*ATPase6*、*ATPase8*），3 个细胞色素 C 氧化酶亚基基因（*COXI*、*COXII*、*COXIII*），7 个烟酰胺腺嘌呤二核苷酸（NADH）氧化还原酶亚基基因（*ND1*、*ND2*、*ND3*、*ND4*、*ND4L*、*ND5*、*ND6*）。这 13 个蛋白质或亚基都是线粒体内膜呼吸链的组分。

2. tRNA 基因

动物线粒体基因组含有 22 个 tRNA 基因，可以满足线粒体蛋白质翻译中所有密码子的需要。其中 tRNA-Glu、Ala、Asn、Cys、Tyr、Ser、Gln 和 Pro 等 8 个由 L 链编码，其余 13 个由 H 链编码。H 链编码的 tRNA 基因散布于蛋白质基因和 rRNA 基因之间，相邻基因间隔 1～30 个碱基或紧密相连，有时也发生重叠。

3. rRNA 基因

线粒体的 12S rRNA 和 16S rRNA 基因位于 H 链的 tRNA-Phe 和 tRNA-Leu（UUR）基因之间，并以 tRNA-Val 基因为间隔。rRNA 基因的二级结构具有较强的保守性，会形成多个大小不一的茎环结构，环结构的核苷酸代替率高于茎，C-T 转换是一种常见的核苷酸替代形式。

4. 潜在的开放阅读框

两栖类和哺乳类 mtDNA 中重链启动子的转录起始位点位于 tRNA-Phe 基因上游 35 nt 处，这一段间隔区中存在一个潜在的开放阅读框（ORF），编码一个含 26 个氨基酸的多肽，相应的 RNA 长 155 nt，包含起始密码子 ATG 和一个线粒体通用的终止密码子。在人 Hela 细胞的线粒体中发现了相似的 RNA（7S RNA），也含有一个线粒体通用的终止密码子及 poly（A）尾，是 Hela 细胞中含有 poly（A）尾最多的 mtRNA，其间也有一个潜在的 ORF，编码 23 或 24 个氨基酸的多肽。

（二）线粒体基因组的复制

mtDNA 的复制同核 DNA 一样都是以半保留复制的方式进行的。用 ^{3}H 嘧啶核苷标记实验证明，mtDNA 复制时间主要在细胞周期的 S 期及 G 期，DNA 复制后线粒体分裂。在脊椎动物中，每条 mtDNA 链都有一固定的复制起点，重链的复制起点（O_H）和轻链的复制起点（O_Z）被多个基因隔开，相距大约 5000 个碱基对，当重链子链合成开始时，mtDNA 开始复制，这个复制起点在 D 环内，所以这一复制方式又被称为 D 环复制，当重链的合成延长到轻链的合成起始点时，轻链子链合成开始，以亲本重链为模板，链延长方向同重链子链延长方向正好相反，当重链子链合成结束时，重链子链同亲本链脱离，此时轻链子链的合成仍在继续。参与线粒体复制过程的酶主要有 RNA 加工酶、DNA 聚合酶 γ（DNA polymerase γ）及单链结合蛋白（SSBP）。RNase MRP 由蛋白质和 RNA 两种成分组成，都为核基因编码，可识别由 LSP 转录出的 RNA 中保守的 CSB 序列，并在 CSB 区内的某处切断，形成 H 链复制的引物。DNA polymerase γ 是线粒体中存在的唯一的 DNA 聚合酶，含有两个亚基：一个是 125～140 kD 的大亚基，具有 DNA 结合、5′→3′聚合和 3′→5′外切功能；另一个是 35 kD 左右的小亚基，可能有维持 DNA polymerase γ 结构的作用。

（三）线粒体基因组遗传特点

1. 结构紧密且编码效率高

一般来说，动物 mtDNA 中没有内含子且 mtDNA 的编码效率要高于核 DNA。蛋白质编码基因间几乎没有间隙序列，即使存在也仅由少于 10 个的核苷酸组成。线粒体基因组的基因转录物和产物呈现完全的共线性关系，并且在相邻基因之间有时相互交搭，tRNA 基因和蛋白质编码基因之间的这种交搭在鱼类和其他动物体中非常普遍。

2. 组织特异性

在研究的所有哺乳动物和大多数其他脊椎动物中，个体内 mtDNA 具有高度的同质性，即从同一个体的肾脏、心脏、肝脏、胎盘和皮肤等不同组织中获得的 mtDNA 是一致的，即存在无组织特异性，这有助于使用限制酶进行分析。但不同组织 mtDNA 的含量和断裂的程度有所不同，实验证明，从肝脏提取最容易。但在有些脊椎动物中，个体内也存在着多种重复序列数目不同的线粒体基因组，称为异质性（heteroplasmy），如弓鳍鱼、西鲱、鲟。重复序列能够形成发卡结构，发卡结构引起的高频率回复突变可能是异质性形成的原因，也不排除父本 mtDNA 的渗漏造成的异质性。

3. 严格的母系遗传

作为真核生物胞质遗传的重要组成部分，mtDNA 由卵细胞传递给后代，被认为属于典型的母性遗传。在高等动物中，精子含有 100 个左右的 mtDNA 拷贝；而卵细胞却含有 108 个以上 mtDNA 分子。1983 年 Lansman 等用放射自显影技术证明：高等动物 mtDNA 来自父系所占的比例不超过 0.004%。驴和马的杂交、绵羊和山羊的杂交、鸡和鹌鹑的杂交及具有不同 mtDNA 谱带的人类婚配后代 mtDNA 检测都证实了 mtDNA 的母性遗传。一般认为严格的母系遗传有利于种群分析。一个个体可以代表一个母系群体，一个群体的遗传结构可以通过几个随机的动物个体来理解。但 1991 年 Gyllensten 等用 PCR 方法检测到小鼠父系 mtDNA 会使线粒体基因组产生异质性。因此在应用 mtDNA 作为分子标记进行系统发育、种群遗传方面的研究时，取材及结果分析时应全面考虑。

4. 进化速率快

近年来，对 mtDNA 的分析已成为研究动物进化的有效工具。通过对 mtDNA 的分析可以观察群体的遗传结构、基因流动、杂交、生物地理学及系统发育。虽然 mtDNA 基因组的长度及组织结构十分稳定，但其一级结构上的进化却很快，是单拷贝核 DNA 的 5～10 倍。研究表明，哺乳动物 mtDNA 的突变方式主要是碱基替代（substitution），包括转换（transition）和颠换（transversion），很少有基因重排。造成 mtDNA 进化速率快的有 7 个因素。①脊椎动物 mtDNA 复制酶Ⅰ多聚酶不具备校对能力，且线粒体修复机制较弱，造成碱基不配对的频率较高。②mtDNA 增殖更快，为碱基突变提供了更多的机会，会有很多来不及纠正却保留下来并传递给后代的错误信息，而且突变不断地传递下去。③受诱变的影响大，一方面，线粒体作为真核细胞进行氧化磷酸化的主要场所，会有大量的自由基产生，特别是超氧阴离子自由基和氢氧自由基，会导致 mtDNA 损伤，其损伤程度较核 DNA 高 16 倍。在正常情况下这些损伤会由线粒体修复系统修复，但修复系统本身也会受到自由基的攻击，随着年龄的增长修复系统的功能减弱，致使有些损伤得不到修复而保留下来，形成变异。另一方面，mtDNA 不同于核 DNA，几乎没有与其结合的组蛋白，处于裸露状态，故易受到自由基和一些代谢中间物等强诱变剂的作用，从而使 mtDNA 的突变率增高。实验证明，黄曲霉素 B1 与肝 mtDNA 共价结合高于核 DNA 的 3～4 倍。④选择压力低，细胞核承担细胞生长、发育和代谢的大部分功能，而线粒体只是细胞内进行有氧代谢的细胞器。核 DNA 承担大部分选择压力，而 mtDNA 的选择压力相对较小，因此其突变易于修复。⑤mtDNA 一级结构中的分歧现象不仅存在于不同种的动物之间，也存在于同一种内的不同遗传群体之间。⑥mtDNA 基因组内不同区域的进化速率不同，适合不同水平的进化研究。*Cytb* 和 *ND* 基因由于进化快速，故适合于种群水平差异的检测，也可用于种间分析。D 环在哺乳动物中进化较快，也用于种群分析。⑦进化速率受物种的生理、生态因素的影响。研究显示，青年个体所繁殖的后代其 mtDNA 变异程度明显低于老年个体所繁殖的后代。生态因素如个体大小、种群大小、代谢率等对 mtDNA 的进化也有明显影响，在哺乳动物中，体型小的物种其进化速率一般快于体型大的物种。

五、线粒体基因的密码子特性

线粒体的遗传密码子比较特殊，不同物种的线粒体遗传密码子与通用密码子都存在差异。例如，动物和酵母线粒体基因中 UGA 为色氨酸密码子而不是通用密码中的终止密码。另外，AGA 和 AGG 在脊椎动物线粒体基因中为终止密码子，而在棘皮动物线粒体基因中为丝氨酸密码子，在酵母线粒体基因中却与通用遗传密码子一样是精氨酸密码子。大多数阅读框以 AUG 作为起始密码子，而在人和鼠线粒体中 AUA 和 AUU 也可作为起始密码子。翻译所有遗传密码子至少需要 32 个 tRNA。在线粒体密码子和反密码子相互识别的过程中，当反密码子的第一部分为 U 时，它可以与 4 个碱基中的任何一个配对。因此，仅用 24 个 tRNA 就可以满足线粒体基因表达。事实上，很多脊椎动物，如哺乳动物和爪蟾，因为无 AGA 或 AGG 编码的精氨酸密码子和相对应的 tRNA，并且携带甲酰甲硫氨酸的 tRNA（fMet-tRNA），既可与起始密码子 AUG 识别启动翻译过程，也可携带蛋氨酸在翻译延长过程中与编码甲硫氨酸的密码子 AUA 识别配对，所以更加简化，仅有 22 种 tRNA。不同物种线粒体核糖体也存在着显著差别，动物线粒体核糖体大小为 55～60S。与细胞质系统中的一样可分为大小两个亚基：39S 和 28S，大亚基含有一个 16S rRNA，小亚基含有一个 12S rRNA，另外还有大约 85 种 rRNA 蛋白质。在组成上，线粒体核糖体的蛋白质成分与 rRNA 之比大于细胞质中核糖体。虽然这些蛋白质在细胞质内合成，但它们与细胞质中核糖体蛋白质并不相同。最近有人发现人和大鼠线粒体核糖体还含有 5S rRNA，它是核基因编码经转录后输入线粒体的，但其作用仍不清楚。

线粒体基因的转录过程类似于细菌的多顺反子结构，即每个 mtDNA 分子只有一个位于 D 环区域的启动子。转录从 rRNA 基因的前端开始，并以顺时针方向在整个 DNA 周围继续进行。每个基因的转录产物在 tRNA 基因的两端被切割，最后在 D 环处终止。除 *ATPase6* 和 *COX III* 基因外，所有转录的产物均被剪切为单顺反子，再进一步加工为成熟的 mRNA。

由于线粒体基因的排列极为紧凑，除 D 控制区外都是基因编码区。因此，线粒体基因组的解码可以由数量很少的 tRNA 系统完成，其基因编码也不同于核 DNA 的方式，启动子和终止子采用极为压缩的方式进行连接，有时甚至重叠好几个碱基，如 mtDNA 在 D 环中的起始密码子常为 AUG、AUA 或 AUU，而终止密码子为 AGA 或 AGG，但在细胞核密码子系统中上述密码子代表精氨酸，其他密码子也有所不同。表 20-2 显示出线粒体 DNA 与核 DNA 遗传密码子的差别。

表 20-2　线粒体 DNA 与核 DNA 遗传密码子的差别

遗传密码子	线粒体内含义	细胞核内含义
UGA	色氨酸	终止密码
AUA	甲硫氨酸	异亮氨酸
AGA、AGG	终止密码	精氨酸
AAA	天冬酰胺	赖氨酸
CUU、CUC、CUA、CUG	苏氨酸	亮氨酸

20世纪80年代戴霍夫（M. O. Dayhoff）分析了线粒体DNA、叶绿体DNA、原细菌、细菌与高等生物细胞核密码子系统的差别，以十多种生物的200多种tRNA核苷酸顺序作为资料，运用数理统计程序建立了用于转译起始的甲硫氨酸tRNA系统树，进一步推测遗传密码的发生与演化过程。根据戴霍夫的假说：①高等生物细胞器的遗传密码系统比细胞核的遗传密码系统更原始；②tRNA的类型决定了翻译过程的复杂性，因此，tRNA丰度的增加决定着遗传密码的演化；③在生物祖先tRNA分子中的C、G碱基含量远远多于A、U含量，随着A、U的丰度逐步增加并逐渐参与编码，较为复杂的氨基酸在蛋白质中逐步被编码，使生物体结构与功能的多样性逐渐增加。

六、线粒体基因表达特征

（一）线粒体基因的表达

脊椎动物的mtDNA由两个较大的转录单位构成，每一个转录单位都编码多个基因的信息。根据密度大小被分为H链（重链）和L链（轻链）。两条链都能在人线粒体中进行转录。H和L转录单位的启动子都正好位于苯丙氨酸tRNA基因的上游。从这些位点开始的转录物沿着整个线粒体分子的圆周向相反的方向延伸。H链的转录本编码两类核糖体RNA，14种tRNA及12种多肽，而L链的转录本编码8种tRNA和一种多肽。经过剪切，每个转录本的tRNA都与rRNA及mRNA分离，mRNA还发生聚腺苷酸化。然后每个mRNA利用线粒体核糖体，以及细胞核和核糖体tRNA的组合，翻译成多肽。

线粒体中的翻译与细胞质核糖体中的翻译方式大致相同，只是一些密码子具有不同的含义。在哺乳动物线粒体中，AGA和AGG是终止密码子，而在细胞质中它们是将精氨酸加入到多肽链中；UGA在细胞质中是终止密码子，而在线粒体中是色氨酸密码子；AUA在细胞质中编码异亮氨酸，但在线粒体中是甲硫氨酸起始密码子。线粒体密码子的这些例子和其他变异表明遗传密码子并不完全通用。线粒体显然在自己的遗传密码中进化出了变异——这可能是它们从十亿多年前进入真核细胞的独立生物进化而来的结果。在真菌和植物中，mtDNA组成许多独立的转录单元，其中一些含有不止一个基因的信息。虽然对转录的细节所知甚少，但已知道，在酵母中，线粒体RNA聚合酶是由一个核基因编码的单一多肽。RNA加工过程将植物线粒体的转录本分离出结构基因部分，并去除存在于其中的内含子。

植物线粒体基因表达的另一奇特之处是许多的mtRNA转录本要经过编辑；也就是在转录本合成之后一些核苷酸发生变换的现象。最常见的变换是由C到U，但有时候也会由U变到C。因此，RNA编辑改变了植物线粒体转录本中密码子的组成，包括那些本来提供多肽合成终止信号的密码子。编辑改变了那些在mtDNA中实际编码的信息，使有功能的多肽链得以合成。奇怪的是，尽管在所有高等植物（蕨类植物、裸子植物和被子植物）中都存在RNA编辑，但在无维管植物（苔藓和藻类）中并没有发现。因此，RNA的编辑机制可能是在陆生植物出现后才进化出来的。RNA编辑也发生于原生动物的线粒体中，包括锥体虫的线粒体，其中的编辑机制已经进行了详细的研究。在这些生物中，那些与线粒体转录本部分互补的小RNA分子充当了RNA编辑过程的引导者。因此，它们被称为引导RNA（guide RNA，gRNA）。植物中可能存在类似的引导机制，但细节尚不清楚。植物线粒体基因表达的第三个奇特之处是一些线粒体信使RNA是通过反式剪接（trans-splicing）过程形成的。当一个基因的各个片段散布在mtDNA分子上时就会发生反式剪接作用。每一个基因片段都是独立转录的，然后通过各外显子两侧的内含子之间的相互作用，不同转录本的外显子被剪接到一起。

（二）线粒体基因和核基因产物的互作

在线粒体中，线粒体基因组的 DNA 信息是有限的，大多数线粒体基因组仅能编码两种 rRNA 和 20 种 tRNA（原生动物除外）及 13 种多肽。因此，线粒体虽然有自己的 DNA 及核糖体等遗传装置，但由于它所含的遗传信息不足以支持它的生命活动，仍然要受核基因的控制。线粒体中的绝大多数蛋白质都是由核基因编码并在细胞质中的核糖体内合成后，通过线粒体膜运至内部进行更新与组装。大多数或许是全部的线粒体基因产物仅在线粒体中起作用，但它们并不是单独起作用。许多核基因产物被输入线粒体中以增强或促进线粒体基因的功能。例如，线粒体核糖体是由线粒体基因转录的核糖体 RNA 和由核基因编码的核糖体蛋白质共同组成的。核糖体蛋白质在细胞质中合成，然后输入线粒体中，装配成核糖体。

对酵母的研究发现，核基因与线粒体基因两套遗传系统具有密切配合的协调性，如酵母在有放线菌酮存在的情况下，细胞质蛋白质合成受到特异性抑制，即细胞核中控制蛋白质合成的基因受到抑制，当培养 1 h 左右，线粒体的生物合成活性也显著下降，这说明控制线粒体生物合成的基因由于核基因受到抑制，也受到了影响。在对链孢霉的实验中，还发现另一现象，即在氯霉素（专一抑制细菌的蛋白质合成，不抑制细胞蛋白质合成）存在的条件下，链孢霉线粒体 RNA 合成和蛋白质合成都受到了抑制，但是却刺激了细胞中与线粒体基因表达和复制有关的 RNA 聚合酶、DNA 聚合酶的活性。根据这个现象，人们假设在正常情况下线粒体基因可能编码一种阻遏物，具有阻遏细胞核 DNA 转录和合成与线粒体有关的蛋白质及酶的作用，在氯霉素作用下抑制了线粒体蛋白质的合成，同时使得这种阻遏物不能形成，从而导致了由核基因编码的 RNA 聚合酶活性的升高。

在对哺乳动物内细胞色素氧化酶的研究中，研究人员发现无论是抑制或是促进哺乳动物体内的酶活性，都需要 13 种基因的协同作用，而这 13 种基因有 3 种分布在线粒体基因组上，另外 10 种则分布在核基因组中。

综上所述，线粒体基因表达是建立在核基因表达基础之上的，并且在生物体内所进行的生命活动需要线粒体基因组与核基因组共同配合、协调作用才能正常进行。这充分说明了线粒体基因组与核基因组相互关系的重要性。

七、线粒体基因遗传病

（一）线粒体遗传病的特点

（1）半自主性　mtDNA 具有独立复制、转录和翻译的能力，但维持线粒体结构与功能仍然需要依赖核 DNA，故线粒体遗传表现为半自主性。

（2）母系遗传　受精卵中大多胞质来自卵细胞，精子进入卵细胞几乎不携带线粒体。

（3）异质性　细胞分裂过程中线粒体的不均等分配使得同一组织或个体中（如同卵双生子）可具有不同的细胞质基因型，进而导致表型的差异。

（4）有阈值效应　一般来说，突变的 mtDNA 数量达到一定程度时才引起某种组织或器官的功能异常，不同组织根据其特性的不同对能量水平的敏感性也不同，脑、骨骼肌、心、肾、肝对能量的依赖性逐渐降低，因此，很多线粒体疾病都与脑和肌肉有关系。每一器官都有其能量阈值效应，故线粒体基因突变点也有相应的阈值效应。

（二）几种常见的线粒体遗传病

1. MERRF 综合征

肌阵挛性癫痫伴破碎红纤维病（myoclonic epilepsy with ragged red fibre，MERRF）是较罕

见的线粒体病，呈母系遗传，其发病的症状包括肌阵挛性癫痫的短暂发作、共济失调、肌细胞减少（肌病）、轻度痴呆、耳聋、脊髓神经的退化等。破碎红纤维是指大量的团块状异常线粒体主要聚集在肌细胞中，呼吸链酶复合物Ⅱ的特异性染料能将其染成红色。MERRF 是线粒体脑肌病的一种，包括线粒体缺陷和大脑与肌肉功能的变化。在患有严重 MERRF 者大脑的卵圆核和齿状核发现有神经元的缺失，小脑、脑干和脊髓等部位也发现神经元的缺失。

大部分 MERRF 病例是线粒体基因组内 tRNALys 基因点突变（A8344G），导致蛋白质合成受阻，造成呼吸链酶复合物缺陷。这个突变正式的名称为 MTTK*MERRF 8344G。线粒体碱基置换突变的命名包括 3 个部分：第一部分是确定位点，MTTK 中的 MT 表示线粒体基因突变，第二个 T 代表 tRNA 基因，K 表示赖氨酸，说明点突变发生在线粒体的 tRNA 基因上；第二部分星号之后使用了描述临床特征的疾病字母缩写词，即 MERRF；第三部分 8344G 表示核苷酸 8344 位的鸟嘌呤（G）的变异。MERRF 遗传性状的变异与突变 mtDNA 的比例有关。如果神经和肌肉细胞中 90%的线粒体存在上述突变，那么就会出现典型的 MERRF 症状，而当突变的线粒体所占比例较少时，MERRF 症状也随之减轻。

2. Leber 遗传性视神经病

Leber 遗传性视神经病变（LHON）为视神经退行性变的母系遗传性疾病。男性患者居多，常于 15～35 岁发病，临床主要表现为双眼同时或先后急性或亚急性无痛性视力减退，同时可伴有中心视野缺失及色觉障碍。主要病理特征为视神经和视网膜神经元的变性。另外还有周围神经的变性、震颤、心脏传导阻滞和肌张力的降低。通常在 20～30 岁发病，但最早可在 6 岁发病，最晚可在 70 多岁发病。男性患者远较女性患者多。目前已发现许多 mtDNA 点突变与 LHON 有关。在 9 种编码线粒体蛋白的基因（*ND1*、*ND2*、*COX Ⅰ*、*ATP6*、*COX Ⅲ*、*ND4*、*ND5*、*ND6*、*CYTB*）中，至少有 18 种错义突变直接地或间接地导致 LHON 表型的出现。尽管 LHON 表型都是相同的失明，但是失明的倾向及起始的年龄存在着很大的差异。

LHON 分为两种类型：第一种类型是指线粒体单个突变足以导致出现 LHON 表型，第二种类型是指少见的、需要二次突变或其他变异才能产生临床表型。目前，第二种类型的生物学基础尚不完全清楚。对于第一种类型的 LHON 来说，90%以上的病例中存在 3 种突变（MTND1*LHON 3460A、MTND4*LHON 11778A、MTND6*LHON 14484C），其中 11778A 突变占 50%～70%。在第一种类型 LHON 家族中，往往是纯质性，在异质性 LHON 家族中突变线粒体阈值水平≥70%。

3. MELAS 综合征

MELAS 综合征又称线粒体肌病脑病伴乳酸酸中毒及中风样发作综合征（mitochondrial encephalomyopathy with lactic acidosis and stroke-like episodes，MELAS），是最常见的母系遗传线粒体疾病。临床特点包括 40 岁以前就开始出现的复发性休克、肌病、共济失调、肌阵挛、痴呆和耳聋。少数患者出现反复呕吐、周期性的偏头痛、糖尿病、眼外肌无力或麻痹、眼睑下垂、肌无力、身体矮小等。在 MELAS 患者中，异常的线粒体不能够代谢丙酮酸，导致大量丙酮酸生成乳酸，在血液和体液中堆积，造成酸中毒。MELAS 患者的一个特征性病理变化就是在脑和肌肉的小动脉和毛细血管管壁中有大量形态异常的线粒体聚集。大约 80%的 MELAS 病例都是由 MTTLI*MELAS 3243G 的异质性突变引起，当该位点突变的异质性达到 40%～50%时，就有可能出现慢性进行性眼外肌麻痹、肌病和耳聋，当异质性突变≥90%时，复发性休克、痴呆、癫痫共济失调等症状出现的风险增加。具有 mtDNA 突变的个体也常常随年龄的增长而出现病情加重。

4. KSS 病

Kearns-Sayre 综合征（KSS）的临床一般表现为慢性进行性外侧眼肌麻痹，大多数由大片段的线粒体 DNA 缺失或复制出错导致，偶尔也有点突变导致 KSS 综合征的病例。KSS 患者可表现一系列症状，包括眼肌麻痹、眼睑下垂、四肢肌病、视网膜色素变性、心肌传导异常、共济失调、耳聋、痴呆和糖尿病等。发病年龄一般低于 20 岁，大多数患者在确诊后几年内死亡。

KSS 主要与 mtDNA 缺失有关，偶尔也有 mtDNA 点突变的报道。mtDNA 缺失一般只有一处，但其大小和位置在个体间差异极大。现已发现有 100 多种 mtDNA 缺失，缺失都在 H 链和 L 链复制起始区之间。最常见的是 4977 bp 缺失，该缺失的断裂点位于 *ATPase8* 和 *ND5* 基因内，并伴随间隔结构和 tRNA 基因的缺失。这种缺失在 30%～50%的患者中可以见到。最大片段的缺失达 10 kb，多数患者的缺失为 1.3～7.6 kb，而且并不集中在 mtDNA 任何单一区域。缺失的大小和部位不能预测临床表型，但缺失在不同组织中的分布可能对表型起决定作用。

八、线粒体基因的多态性

mtDNA 缺少组蛋白的保护和支持，且线粒体中没有核 DNA 的损伤修复机制。mtDNA 的突变率很高，比核 DNA 高 10～20 倍，群体中不同个体的 mtDNA 序列差异较大，平均每 1000 个碱基中就有 4 个不同。中性到中度有害的 mtDNA 突变在人群中都有分布，有害的突变水平也在不断增加，生物体中有害的 mtDNA 突变会通过自然及人工选择而消除，因此突变的 mtDNA 较为普遍，但会导致疾病的突变并不常见。除此以外，mtDNA 非编码 D 环（D-loop）具有高度的序列多态性，很容易变异，因此在人类学和进化研究中常用于追溯人类起源及精确认识个体与其母方之间的亲缘关系。

线粒体基因组的突变一般有以下几种类型。

1. 错义突变

碱基的替换会导致氨基酸的改变，也称为氨基酸替换突变，由于这 13 种多肽大多是呼吸酶的亚单位及 ATP 酶的亚单位，所以这些突变常与脑、脊髓和神经系统的疾病有关，如 Leber 遗传性视觉神经病、神经肌肉疾病。

2. 蛋白质生物合成基因突变

主要指 tRNA 编码基因的突变，该种类型的突变会导致 tRNA 携带氨基酸的一般功能发生改变，进而使蛋白质合成功能受到影响，疾病的临床表型比错义突变所致的疾病更具有系统性，主要包括线粒体脑肌病伴高乳酸血症和卒中样发作（MELAS）、肌阵挛性癫痫伴破碎红纤维综合征（MERRF）、母系遗传的肌病和心肌病。

3. mtDNA 缺失插入突变

缺失突变更为多见，存在于许多神经肌肉疾病及一些退化性疾病、肾病、肝病中，绝大多数眼肌病与 mtDNA 的缺失有关。

4. mtDNA 拷贝数目突变

指 mtDNA 拷贝数太少引起呼吸障碍或乳酸中毒等。以 mtDNA 突变为基础的线粒体病的临床表现为多种多系统紊乱，症状包括肌病、心肌病、痴呆、突发性肌痉挛、耳聋、失明、贫血、糖尿病和大脑供血异常等。线粒体病还具有组织特异性，这与不同组织对氧化磷酸化的依赖性差异相关。细胞内氧化磷酸化的作用效果随年龄增大而下降，也许与 mtDNA 突变的积累有关。因此线粒体病的临床表型并非简单或直接与 mtDNA 基因型有关。例如，核基因和线粒体基因决定氧化磷酸化的遗传能力、胚胎发育早期线粒体突变基因组的复制分离程度、体细胞中 mtDNA 突变的积累、杂质性程度、氧化磷酸化的特异组织需要及年龄等。线粒体一般都是母系遗传，但由于某些突变的线粒体基因组不能通过遗传瓶颈，因此线粒体遗传病有时也不完全符合母系遗传方式。

九、线粒体基因的应用

真菌在自然界中数目庞大，有 15 万种左右，加上有的真菌具有双型性或多型性及有性型和无性型不同，使得同种的真菌表现出不同形态，不同属、种之间形态差异很大。由于真菌所表现出的形态特征有可能受到环境因素的影响，因此，有时应用传统的形态分类方法较难对真菌进行鉴定分类和客观地揭示真菌之间的系统进化关系，所以有必要采用分子生物学方法来协助形态学特征对真菌进行分类鉴定并揭示其演化进程。线粒体 DNA 作为细胞质遗传物质，在真核生物的遗传变异中有独特的作用。目前，对线粒体的基因组限制性酶切片段长度多态性（RFLP）研究已广泛应用于真核生物的种群学及进化生物学研究中。

真菌线粒体 DNA 变异丰富，能为真菌的系统发育及系统演化的研究提供大量的信息，部分克服了因真菌营养、生殖结构相对简单，传统的分类方法难以解决的问题，也解决了同工酶谱、感染宿主差异等性状易受环境影响，基因表达不一致的问题。同时由于真菌的线粒体基因组中的许多基因是以多拷贝遗传的，拷贝数较高，不需杂交就可显示酶切片段带谱，大大减少了实验过程中的复杂性。现对真菌线粒体 DNA 的多态性分析已被普遍用来评估真菌的不同属之间、不同种之间及同种不同菌株之间的相互关系。

线粒体是真核细胞内特殊的细胞器，它不仅为各种生命活动提供能量，并且还参与细胞凋亡，维持细胞内钙、铁离子稳定及细胞其他生命活动的信号转导。如果 mtDNA 发生碱基替换或片段缺失等突变，那么线粒体氧化磷酸化能力就会下降。当线粒体提供的能量低于细胞行使正常生理功能所需的最低能量时，就会累及脑、视神经、心脏、骨骼肌、肾脏和内分泌系统等多种器官和组织，引起多种人类疾病。

目前线粒体疾病的治疗尚缺乏有效的措施，因此医学界正在积极地探索被普遍认为极具潜力的基因治疗的可能性。在 1995 年 Chrzanowska 提出了线粒体疾病基因治疗的 3 种途径。

（1）将线粒体缺陷基因的正常拷贝用适当的载体导入细胞核内，并转录后在细胞质中翻译成正常的线粒体蛋白质，然后表达产物通过信号肽序列靶向导入线粒体中，进行线粒体外基因代偿性表达。

（2）借助转染或阳离子脂质体与细胞融合的过程，将与线粒体信号肽序列共价连接的突变部位的正常基因拷贝转入线粒体中，经过特异性重组或表达正常的蛋白质从而达到表型补救。

（3）向线粒体中导入反义核酸，使其能够在线粒体 DNA 复制的单链形成其特异性阻断突变基因复制，而使野生型线粒体基因保持较高的复制优势，从而使其生物功能得以恢复。正是线粒体的特殊性及其在人体细胞中的重要作用，使得它一直成为人们关注的焦点。

细胞质雄性不育（cytoplasmic male sterility，CMS）在开花植物中广泛存在，其表现为不能产生正常的花药、花粉或雄配子。CMS 品系的培育是高等植物传统杂交育种的关键环节，在农业生产中占有举足轻重的地位。大量研究表明 CMS 与 mtDNA 和核基因组相互作用有关，mtDNA 的重排或基因变异都可导致 CMS 发生，某些核基因产物可通过影响 mtDNA 结构或阻止 mtDNA 中 CMS 相关基因的表达而使其恢复育性。因此，可以针对 CMS 相关基因进行 mtDNA 遗传操作和转化，在分子水平上大量培育杂交育种所需要的细胞质雄性不育系、保持系和恢复系，从根本上改变目前建立不育系中烦琐地使用回交育种的程序。

第二节　叶绿体基因遗传学

1962 年 Ris 及 Plaut 第一次明确肯定植物细胞的叶绿体中含有 DNA 的报道，从此开始了植物叶绿体遗传研究新的历史时期。Ris 及 Plaut 利用电子显微镜在衣藻（Chlamydomonas）叶绿体中发现两个电子透明区，该区域中含有一些直径为 2.5～3.0 nm 的细线，这种细线和细菌细胞中所观察到的 DNA 非常相似。采用 DNA 酶处理后，这种细线便不能被观察到，这进一步证实了这些细线非常有可能是 DNA。在此之后，大量研究者立即着手在各类植物的叶绿体中寻找 DNA，并集中注意力去研究 DNA 的物理、化学特性。

一、叶绿体 DNA 概述

与线粒体 DNA 和核 DNA 一样，高等植物叶绿体 DNA（chloroplast DNA，cpDNA）为高分子量的双链结构。cpDNA 的浮动密度在物种之间的差异很大。从表 20-3 数据可以看出，三种藻类的叶绿体 DNA 的浮动密度，均较它们的相应的核 DNA 轻。因此，这两种 DNA 在氯化铯密度梯度中很容易分开。但是，在高等植物中这种差异就不明显。5 种高等植物叶绿体 DNA 所具有的浮动密度为 1.696～1.697 g/cm^3，而它们的核 DNA 的浮动密度则为 1.691～1.702 g/cm^3。事实上，两者极为相近。原因是大多数高等植物细胞中叶绿体 DNA 占总 DNA 的比例小于藻类，确定高等植物叶绿体 DNA 的真正浮动密度比较困难。

表 20-3　绿藻与高等植物叶绿体 DNA 与核 DNA 的浮动密度

种类	在 CsCl 中的密度/(g/cm^3)	
	叶绿体 DNA	核 DNA
小球藻（*Chlorella ellipsoidea*）	1.692	1.716
眼虫藻（*Euglena gracilis*）	1.685	1.707
衣藻（*Chlamydomonas reinhardi*）	1.695	1.723
蚕豆（*Vicia faba*）	1.697	1.695
菠菜（*Spinacia oleracea*）	1.697	1.694
烟草（*Nicotiana* sp.）	1.697	1.695
洋葱（*Allium cepa*）	1.696	1.691
小麦（*Triticum* sp.）	1.697	1.702

所有高等植物叶绿体 DNA 的碱基成分在 37%～38% GC 含量区域是相似的（Baxter and Kirk，1969）。这种相似性主要在于叶绿体基因组产物的编码结构相同。但是也有例外，如单细胞的绿藻正好与此相反，叶绿体 DNA 与核 DNA 浮动密度的较大差异，表明两种 DNA 的碱基成分是很不相同的。例如，衣藻核-DNA 的浮动密度为 1.724 g/cm^3，等于 67%的 GC 含量，它的叶绿体 DNA 的密度 1.695 g/cm^3，代表 39%的 GC 含量。

核 DNA 在体内主要以染色质的形式存在。染色质中大量的蛋白质主要是组蛋白，组蛋白赋予染色质许多结构的稳定性。但是叶绿体 DNA 并非同组蛋白的复合物，而叶绿体 DNA 和细菌 DNA 更为相似。

就确定叶绿体 DNA 分子大小来说，比较常用的两个概念是动态复合性（kinetic complexity）

与分析复合性（analytical complexity）。前者指每一个 DNA 分子的分子量，后者指每个叶绿体所含的 DNA 总量。一个已知 DNA 的编码能力是同它的单一序列的长度成比例的。在确定 DNA 分子大小时，一般常以噬菌体 T_4，或 *E. coli* 已知的单一序列为标准。已有研究表明，高等植物中每个叶绿体所含 DNA 总量为（2～10）$\times10^{-15}$g，相当于分子量为（1.2～6.0）$\times10^9$ Da，而高等植物叶绿体基因组的大小为（1～2）$\times10^8$Da，这样，每个叶绿体中所含的 DNA 总量，相当于 10～30 个基因组的大小。有人把高等植物叶绿体 DNA 认为是多倍体的原因就在这里。特别要说明的是，对于叶绿体 DNA 含量与分子大小的报道并非一致。

二、叶绿体基因组的大小

叶绿体基因组是伴随着染色体外遗传现象的发现而被认识的。1937 年，日本学者今井提出了质体基因的概念，用来指叶绿体中的遗传因子。随着核酸化学的发展，20 世纪 50～60 年代，科学家开始用组织化学和放射自显影的技术对叶绿体 DNA 进行直接的研究，在多种藻类和高等植物中直接发现了叶绿体 DNA 的存在。

叶绿体基因组很类似原核基因组，一般是双链环状分子，也有线状的结构，这两种形态基因组的比例随不同植物而异。叶绿体基因组的长度为 50 μm，且多数质体基因组为环形。一般藻类叶绿体环状的 DNA 约占 35%，高等植物叶绿体中环状分子比例较高，占 80%以上。不同植物叶绿体 DNA 分子量差异也较大，一般在（85.2～143）$\times10^6$ Da，相当于 130～210 kb。环状分子的周长为 43～72 μm。但伞藻叶绿体 DNA 分子量特别大，达 1.5×10^9 Da。

由于质体所处的发育阶段不同，质体基因组的拷贝数不同，有 22～300 个拷贝。这些拷贝在叶绿体中聚于一起形成拟核结构。一般由一对反向重复序列（inverted repeat，IR）、长单拷贝区（long single copy，LSC）和小单拷贝区（small single copy，SSC）组成。IR 区普遍存在于植物中，但在进化过程中 IR 在某些植物中丢失或部分丢失，如豌豆、蚕豆、苜蓿、松等植物的叶绿体 DNA 无 IR 序列。每个叶绿体中基因组以成千上万个拷贝的形式存在，内部碱基分布不均匀，功能相关的基因多以“多顺反子”形式存在。高等植物叶绿体基因组编码 100 个左右的基因，与大约 3000 个核编码蛋白一起，构成了叶绿体的转录、翻译系统，进行包括光合作用、氨基酸和脂肪酸生物合成等在内的复杂新陈代谢过程。

每个叶绿体 DNA 含量为（2～10）$\times10^{-5}$g，相当于（1.2～6）$\times10^9$Da，因此每个叶绿体相当于有几十 kb 的 cpDNA。但不论用复性动力学分析或内切酶片段分析都证明这几十个 DNA 分子是同质的。在高等植物细胞中每个细胞约含有几十个叶绿体，因此以细胞为单位叶绿体基因组相当于有 1～2000 kb。可以认为高等植物叶绿体基因组是一类超多倍体的基因组，因此认为高等植物叶绿体基因可能只具有基因表达能力，而无遗传能力。叶绿体的遗传信息可能是通过其他细胞成分如核和原质体传递至下代的。

三、叶绿体基因组分子特征

cpDNA 的结构是闭合环状的双链，不同生物的 cpDNA 中的碱基成分与核 DNA 有差别。高等植物二者差别不大，如莴苣的 cpDNA 与核 DNA 的 G C 含量均为 38%。单细胞藻类内有明显的不同，如衣藻 cpDNA 的 G C 含量为 39%，而核 DNA 的 G C 含量为 67%。此外，在 cpDNA 中缺少 5-甲基胞嘧啶，而核 DNA 中有 25%胞嘧啶残基是甲基化的。cpDNA 与细菌 DNA 很相似，都是裸露的 DNA 类型，每个细胞内有多个叶绿体，但所有的基因组变幅较小，都有大致相同的基因结构。据测定高等植物中，每个叶绿体内含有 30～60 个拷贝，而某些藻类中每个叶绿体内约有 100 个拷贝。大多数植物中，每个细胞内含有几千个拷贝。单细胞的鞭毛藻中约含有 15 个叶绿体，每个叶绿体内约有 40 个拷贝，因此一个个体中约含 600 个拷贝。

因为叶绿体也是半自主型细胞器，cpDNA 仅能编码叶绿体本身结构和组成的一部分物质，如叶绿体自身所需的 rRNA、tRNA、核糖体蛋白质、光合作用膜蛋白及 RuBp 羧化酶的大亚基等。除为叶绿体自身的组成和功能编码所需要的物质外，cpDNA 的其余部分还与生物体的抗药性、对温度的敏感性等相关的性状有密切关系。双链基因都可翻译，从而可达到高度利用其有限基因组的能力。这是重复基因的一个显著特征。

四、叶绿体基因遗传的特点

（一）叶绿体基因组基因成分

叶绿体基因组含有 140 个开放阅读框（ORF），以烟草为例，由于有 20 个 ORF 位于反向重复序列，因此只编码 120 个基因，其中 80%是已经被定位的基因。叶绿体编码的基因分为两大类：①编码调控质体基因组转录翻译有关的基因；②编码与光系统相关的基因，分述如下。

1. 编码调控质体基因组转录翻译有关的基因

（1）核糖体 RNA（rRNA）基因　叶绿体中含有 70S 核糖体，不同于真核细胞质中的 80S 核糖体。rRNA 的基因在叶绿体基因组的重复序列上，因此每个叶绿体 DNA 中一般存在着两套或两套以上的 rRNA 基因。rDNA 基因于叶绿体基因组上排列成簇，顺序为 16S-23S-4.5S-5S，形成一个操纵子，并且在此操纵子的间隔区分布着 tRNA 基因。叶绿体基因组中 rRNA 序列的分布与 *E. coli* 的基因排布十分相似（16S-23S-5S），并且叶绿体 4.5S rRNA 的 3′端与原核生物 23S rRNA 具有同源性。其与大肠杆菌 rDNA 操纵子另一相似之处在于叶绿体的 rDNA 操纵子的启动子在 16S rRNA 基因上游–326～–319 和–337～–331 位置的序列与原核的–10、–35 区相似。总之，不同种植物叶绿体 rDNA 序列具有高度同源性，但陆生植物和藻类叶绿体 rDNA 操纵子差异很大。

（2）tRNA 基因　用分子杂交技术很早就证明叶绿体 tRNA 都是叶绿体基因编码的。近年来已对十多种植物近三十种叶绿体 tRNA 基因在叶绿体基因组上定位。根据这些资料指出叶绿体 tRNA 基因主要分布在叶绿体基因组的大单拷贝区，也有少数几个 tRNA 基因分布在重复顺序的间隙区。

在叶绿体基因组上的 tRNA 基因数量为 20～40 种。叶绿体编码了所有的 tRNA 基因用以合成叶绿体基因所编码的蛋白质，而不需要像线粒体一样从细胞质中吸收一部分 tRNA。分布在玉米的 16S 和 23S rDNA 的长间隔区中的 trnI 和 trnA 中第一次发现了 tRNA 的内含子，多数植物在此间隙区有 2 个 tRNA 基因。目前，在 6 种陆生植物的叶绿体中发现了长的内含子（0.5～2.5 kb）。长内含子的存在，并不影响基因的有效表达。同时，tRNA 的基因的重复数也与此段序列的表达量无关。在眼虫叶绿体基因组中，含有一个假基因 tRNA Ile，它位于 16S rDNA 的引导序列。到目前已发现 5 种单子叶植物叶绿体 tRNA 假基因。并且它们都位于反向重复序列的末端，人们由此推断，在进化过程中，tRNA 基因与叶绿体 DNA 的反向重复序列相关。

（3）核糖体蛋白质基因　叶绿体核糖体中含有大约 60 种不同的蛋白质成分，其中大约 1/3 是由叶绿体 DNA 编码的，在烟草、地钱、水稻的叶绿体 DNA 中，有 21 种与 *E. coli* 核糖体蛋白质具有同源性。在叶绿体核糖体蛋白中，有两种蛋白质与 *E. coli* 中的核糖体蛋白无任何相似性。核糖体蛋白基因以 *rpl23*、*rpl2*、*rps19*、*rpl22*、*rps3*、*rpl16*、*rpi14*、*rps8*、*infA*、*rp136*、*rps11*、*rpoA* 的顺序串联成簇，形成 rp123 操纵子，并且其排列次序与 *E. coli* 的 S_{10}、Spc、a 三个串联操纵子具有同源性。

（4）翻译因子　虽然在眼虫和其他几种藻类叶绿体 DNA 中发现了 *tufA* 基因，它与 *E. coli EF-Tu* 基因相近。*tufA* 位于 rps12/rps7 的上游，但到目前为止，在陆生植物叶绿体 DNA 中未发现这种基因。在菠菜叶绿体 DNA 中存在与起始因子 IF-1 相似的基因 *InfA*，它存在于 *rpl23* 基因簇中，位于 *rps8* 和 *rpl36* 之间，在烟草中也分离出来有可能是编码叶绿体 IF-I 基因的 cDNA 序列，Wheat 在研究叶绿体基因组中报道了一种编码依赖于 ATP 的蛋白酶的蛋白水解亚基基因 *clpP*，这种酶降解不完整的多肽，并使叶绿体的蛋白质分散开。

（5）RNA 聚合酶的亚基基因　1962 年 Bandurshi 首先发现叶绿体含有 RNA 聚合酶。以后又从小麦、玉米中分别分离纯化出此酶。但是这些研究并未能明确指出 RNA 聚合酶是由核还是叶绿体基因编码的。以后的研究表明，在叶绿体中存在两种不同的聚合酶，一种是由核基因编码的，另一种是由叶绿体 DNA 编码的。在植物中发现的 *rpoA*、*rpoB*、*rpoC* 基因分别与 *E. coli* RNA 聚合酶的 a、β、β′亚基相似。衣藻叶绿体 DNA 与大肠杆菌 RNA 聚合酶杂交也表明两者具有同源性。这些研究结果表明，叶绿体基因至少合成部分叶绿体 RNA 聚合酶亚基。同时也不能排除一些植物的 RNA 聚合酶全部是由细胞质运入的观点。

2. 编码与光系统相关的基因

（1）核酮糖二磷酸羧化酶亚基基因　核酮糖二磷酸羧化酶亚基基因（rubisco）是光合 CO_2 同化过程中最重要的酶，也是叶绿体基质中最主要的蛋白质成分，它是由 8 个大亚基（55 kDa）和 8 个小亚基（2 kDa）构成。在高等植物及绿藻中，大亚基是由叶绿体基因编码。而在褐藻、红藻中，小亚基也由叶绿体基因编码。目前，克隆测序了多种植物的 rubisco 大亚基基因，并且这些序列被用来判定植物亲缘关系。高等植物和衣藻的 *rbcL* 基因内无内含子，但眼虫的 *rbcL* 基因很大（6.5 kb）且含有 9 个内含子，每个内含子 0.5 kb 左右。在含有 *rbcS* 基因的叶绿体基因组中，*rbcS* 位于 *rbcL* 下游，并与 *rbcL* 构成一操纵子，如蓝藻和蓝色小体。在 *rbcS* 基因中，未见有内含子，而位于核内的 *rbcS* 基因有 1～3 个内含子。

（2）光系统Ⅱ（*PS Ⅱ*）基因　叶绿体的类囊体膜中有 4 种独特的复合物：PSⅠ、PSⅡ、ATP 合成酶及细胞色素 b/f 复合物。目前分离定位了编码类囊体蛋白的基因。虽然所有的氧捕获系统（33 kDa、23 kDa、16 kDa、10 kDa）和光捕获复合物（叶绿体 a/b 结合蛋白）是由核编码，但所有的 12 个核心复合物是由叶绿体 LSC 区编码，陆生植物的所有 PS Ⅱ基因都是连续的，而一些藻类 *psb* 基因是被 1～6 个内含子间隔开。在衣藻中，*psbA* 基因含 4 个内含子，并且全部位于反向重复序列上。因此，一个叶绿体基因组上有两个拷贝的 *psbA* 基因。同样，眼虫的 *psbA* 上也存在 4 个内含子。然而在高等植物中，内含子似乎已丢失。*psbC* 和 *psbD*（编码 D2 多肽，353aa）在叶绿体基因上为串联的。高等植物 *psbD* 基因与 *psbC* 基因 5′端有 50 bp 的重叠。这种排列的重要性不清，但至少说明了基因在叶绿体上的排列非常紧密。与 *E. coli* 的–10、–35 启动区相似，在 *rbcL* 转录的上游区也存在这样的调控区，并且在菠菜的编码区下游 85～88 bp、在水稻的编码区下游 111～153 区也发现了颈环结构区。

（3）光系统Ⅰ（PSⅠ）基因　PSⅠ复合体至少含有 13 条多肽，叶绿体基因编码其中 5 个组分，它们是 *PsaA*、*PsaB*、*PsaC*、*PsaI*、*PsaJ*。在高等植物中，*PsaA*、*PsaB* 基因无内含子，并且二者串联。*PsaA* 与 *PsaB* 在序列上有 45%的同源性，据推测 *PsaA*、*PsaB* 产物形成一个亮氨酸拉链结构。这可能与二亚基形成二聚体有关。在衣藻中，*PsaA* 基因被分割成三个外显子，散布于叶绿体基因上。而 *PsaB* 是无间隔的。*PsaA* 的三部分相距很远的外显子通过反式剪切作用形成有功能的一个 mRNA，而 *PsaC* 基因是编码含铁硫载脂蛋白（apoprotein harbouring Fe-S）中心。*PsaC*、*PsaJ* 分别编码 36 和 45 个氨基酸的小肽。

（4）细胞色素 b/f 复合体基因　cytb/f 复合物是由 6 个成分组成，其中有 4 个亚基是由叶绿体基因编码的。*PetA* 基因是由 Herrmann 第一次定位于菠菜的叶绿体基因组上。在高等植物中 *PetA* 编码的 320 个氨基酸的前体蛋白序列基本上与 *rbcI* 相近。Northern 分析表明 *PetA* 是作为一个多顺反子的一部分进行转录。

在高等植物中，*PetB* 和 *PetD* 基因与 *PsbB* 和 *PsbH* 组成簇并形成一个转录单位，*PetB* 和 *PetD* 都有一个内含子，而且第一个外显子很小（6～8 bp）。绿藻的 *PetD* 含 3.5 kb 的内含子，这也是到目前为止叶绿体基因中发现的最大的内含子，内含子中含有一个 ORF（608 bp），显示了与反转录酶基因极高的同源性。

（5）ATP 合成酶基因　ATP 合成酶含两部分，CF_1 和 CF_0，CF_1 由 5 个不同的亚基构成，CF_0 由 4 个不同亚基构成，ATP 合成酶的 6 个亚基是由叶绿体基因编码的，在大多数高等植物中，*atpB* 和 *atpE* 串联在一起，并且二者有 4 bp 的重叠，因此 TGA 的前两个碱基是 *atpB* 的终止码子的一部分，而 A 又是 *atpE* 起始码子 ATG 的第一个碱基。编码三个 CF_0 亚基的基因（*atpI*、*atpH*、*atpF*）成簇排列，且于 *atpA* 前。叶绿体编码这些亚基的氨基酸序列与 *E. coli* 的 ATP 酶的亚基具有同源性。

（6）*ndh* 基因　在植物叶绿体中发现了 11 种 *ndh* 基因序列，由这些序列推算出的蛋白质氨基酸序列与在线粒体中获得的呼吸链 NADH 氧化还原酶的各组分相似。其中，*ndhA*、*ndhB* 基因含单个内含子。由于这些基因大多转录很活跃，并且 *ndhA* 和 *ndhB* 的转录产物迅速地结合，因此看起来它们很像是 NADH 氧化酶的组分。虽然很难确定这些基因的转录产物是否全部都翻译成蛋白质，但是至少说明了在叶绿体中有可能存在呼吸链。

（二）叶绿体遗传信息流动的特点

（1）cpDNA 也是半保留复制方式。现已发现衣藻的 cpDNA 是在核 DNA 复制前数小时合成的，两者的合成时间完全独立。

（2）叶绿体的 mRNA 与细胞质 mRNA 有很大的差别。叶绿体的 mRNA 只能为被大肠杆菌的 70S 核糖体所翻译，却不能被 80S 核糖体所翻译。又发现叶绿体内的核糖体为 70S，而细胞质核糖体为 80S。

（3）叶绿体有自身独特的 tRNA。已知叶绿体蛋白质合成中所需的 tRNA 是由核 DNA 和 cpDNA 共同编码的，其结构与细胞质中的 tRNA 不同：某些氨基酸（如脯氨酸、赖氨酸、天冬氨酸和谷氨酸等）的 tRNA 为核 DNA 所编码，其余氨基酸的 tRNA 均为 cpDNA 所编码。

（4）叶绿体有自身的蛋白质合成体系，但合成的蛋白质成分只是其中的一小部分，如叶绿体中的 RuBp 羧化酶的生物合成，就需要这两个基因组的联合表达。RuBp 羧化酶由 8 个大亚基和 8 个小亚基组成，其中大亚基由叶绿体基因编码，在叶绿体核糖体上合成；小亚基由核基因组编码，在细胞质核糖体上合成。

（5）叶绿体基因组在遗传上仅有相对的自主性或半自主性。叶绿体基因组是存在于核基因组之外的另一遗传系统，它含有为数不多但作用不小的基因。但是，与核基因组相比，叶绿体基因组在遗传上所起的作用是十分有限的，因为就叶绿体自身的结构和功能而言，叶绿体基因组所提供的遗传信息仅仅是其中的一部分，对叶绿体十分重要的叶绿素合成酶系、电子传递系统及光合作用中 CO_2 固定途径有关的许多酶类，都是由核基因编码。

五、叶绿体基因的密码子特性

叶绿体基因在密码子的使用上不同于线粒体，它能使用通用密码表上所有的密码子，包括三个终止密码子：TAA、TAG 和 TGA。但是，对水稻和玉米的 *rpl2* 基因的分析发现，它们的起始密码子是 ACG 而不是 ATG。ACG 作为起始密码子曾经在仙台病毒中报道过，体外实验证明它在原核生物中也有起始功能。叶绿体基因在核苷酸使用上有偏向性，其密码子的第三位往往是 A 或者 T（达 69%）。另外，基因的间隔区（spacer）中 A、T 含量也比较高，因而造成高等植物的 cpDNA 的密度略高于核 DNA。

六、叶绿体基因表达特征

（一）启动子与 RNA 聚合酶

叶绿体基因的启动子至少具有 3 种不同的类型，由 2 种或 2 种以上 RNA 聚合酶催化转录。PEP（一种 RNA 聚合酶由质粒编码）聚合酶和 NEP（一种 RNA 聚合酶由核编码）聚合酶分别由叶绿体基因组和核基因组编码。PEP 聚合酶与细菌中的 RNA 聚合酶很相似，含有核心酶 α、β 和 β′亚基，由 σ 因子识别原核型启动子。PEP 聚合酶也会与其他因素发生变化，如大麦中的 AGF 因子，以及在菠叶中发现的 CDF 和 CDF 因子。PEP 聚合酶主要是负责与光合作用有关的基因转录。由 PEP 聚合酶转录的启动子具有典型同感序列（consensus sequence）即 TTGACA（−35 区）和 TATAAT（−10 区），“−10”和“−35”元件也存在于原核生物启动子之中。NEP 聚合酶与 T_7 噬菌体 RNA 聚合酶相似，主要负责管家基因的表达，包括 rRNA 基因、tRNA 基因、PEP 聚合酶基因和一些与代谢有关的酶的基因。

（二）叶绿体翻译的核糖体

1962 年，Lyttleton 报道了从叶绿体中分离的核糖体。当时，他就发现，植物细胞中存在两类核糖体：70S 和 80S。70S 核糖体位于叶绿体中，而 80S 核糖体位于细胞质中。叶绿体核糖体为原核型 70S 核糖体，由 50S 和 30S 两个亚基组成，50S 亚基中含有 23S、5S 和 4.5S rRNA，30S 中含有 16S rRNA，其中 4.5S rRNA 是叶绿体特有的 RNA，已经清楚核糖体的多数蛋白质是核基因编码的，但它的 4 种 rRNA 却都是叶绿体基因编码的。

（三）叶绿体翻译起始

原核生物的 mRNA 几乎都有 Shine-Dalgarno（SD）序列 GGAGG，SD 序列是核糖体结合位点，控制着翻译的起始。借碱基互补结合到 16S rRNA 3′端的 antiSD 序列上，它位于起始密码子上游 7±2 个核苷酸处，以此形成起始复合物，这是一种具有严格功能意义的结构。在叶绿体 70～80 个蛋白质基因中，49 个含有 SD 序列，如 rbcL、rps19、rpl22 等。但它与原核生物相比，仍有两个不同点，一是 SD 序列所处的位置可变，它们在−27～−7 之间漂移，如果以烟草的 38 个基因有功能的 SD 序列位置（位于−18～−6）作为标准，另外 30 个基因在这个范围就检测不到 SD 序列。有的基因在很远距离处有 SD 序列。另一点是 SD 序列本身发生改变，如 rps14 为 GGA（−14～−12）、atpE 为 GGAG（−18～−15），然而 anti SD 序列都是保守的。用叶绿体基因组定点诱变或缺失后进行莱哈衣藻的转化实验结果表明，psbA mRNA 的 SD 序列（GGAG−31～−28）缺失导致不能翻译。但 PetD mRNA GGAG（−12～−10）突变则不影响翻译，即使在−9～−5 处插入标准的 GGAGG 也不影响翻译效率。从以上研究看来，不仅莱哈衣藻甚至高等植物的叶绿体，可能存在一种和原核生物不尽相同的翻译起始系统，另有某种机制对翻译的起始位点选择起作用，以解决某些基因不存在 SD 序列或者 SD 序列不标准、位置离得很远等情况引起的起始问题。

（四）叶绿体的起始密码子

大多数陆生植物叶绿体基因都利用它的 AUG 作为起始密码子，少数（rps19，psbc，psbk）

用 GUG，但小球藻有时可用 UUG 作为起始密码子，通过编辑 C→U 由 ACG→AUG，通过定点诱变改变密码子，会产生各种不同的影响。在密码蛋白的基因中，经常有多个起始密码子，要确定实际上使用哪一个起始密码子的最精确办法，是对翻译产物的 N 末端测序。由于离体翻译可以测量翻译产物的大小，从而也就可能知道应利用何位置的起始密码子。

七、叶绿体基因遗传病

植物细胞质雄性不育（cytoplasmic male sterility，CMS）是雄蕊退化、花粉败育或功能不育等原因造成的雄蕊不能正常授粉而雌蕊功能正常的现象。以前多数研究者认为，植物的细胞质雄性不育（CMS）只与线粒体 DNA 有关，而与叶绿体 DNA 无关，但是在萝卜 CMS 及其保持系的 cpDNA EcoR Ⅰ 酶切图谱中，保持系比 CMS 系多了一条 3.2 kb 的片段，此外通过 RFLP 分析，萝卜 CMS 系和保持系的 DNA 也有差异。类似研究在高粱上也有，高粱 CMS 系和保持系的 cpDNA 也有明显的差异，在 *Hin*d Ⅲ的酶切片段上，其中 CMS 的一个 3.7 kb 特异片段与保持系的一个 3.8 kb 片段相比缺失了一个 165 bp 的序列，此缺失片段位于编码 RNA 聚合酶 β 亚基基因 *rpoC2* 中间，该缺失片段所决定的氨基酸序列是单子叶植物所特有的肽链区域，可能形成一个亲脂分子的 α 螺旋，这个结构可能与 CMS 有关。在玉米、烟草等的研究中发现，CMS 发生与 cpDNA 的缺失、重复或突变引起的 cpDNA，以及核 DNA 和 mtDNA 之间的不协调有关。有学者认为，CMS 的产生原因是 cpDNA 在核苷酸序列方面产生了某些变异，这些变异可能破坏了叶绿体与线粒体和细胞核之间的固有平衡，最终导致 CMS 产生。

八、叶绿体基因的多态性

叶绿体基因组序列的保守性很强，其进化速率仅为核基因组进化速率的 1/2，特别是叶绿体基因组的沉默替换率较低（核基因的替换率是其 2～3 倍，动物线粒体基因的替换率是其 20 倍）。叶绿体基因组编码区变异相对保守，不容易发生突变，突变类型主要是核苷酸碱基替代突变，但同义替代率远远高于非同义替代率。尽管叶绿体基因组非编码区仅占整个基因组的 32%，片段小而将功能基因分隔，但其变异相对复杂。非编码区往往因小片段的插入或/和缺失而引起长度变异。

九、叶绿体基因的应用

（一）物种鉴定

近年来，DNA 条形码（DNA barcoding）已发展成为物种鉴定的强有力工具。在植物物种鉴定中，常用的 DNA 片段包括叶绿体基因组序列 rbcL、matK、psbA-trnH 等与核基因组的 ITS 和 rTS2（Hollingsworth et al.，2016）。其中，鉴于 ITS2 序列较强的鉴定能力，已被建议作为药用植物的通用 DNA 条形码（Chen et al.，2010）。然而，对于一些特殊药用植物类群，普通 DNA 条形码不具备足够的变异信息以实现物种鉴定，如淫羊藿属的植物（Guo et al.，2018）。与普通的 DNA 条形码短片段相比，叶绿体全基因组包含更丰富的变异位点，鉴定效率更高。叶绿体全基因组一方面被直接用作物种鉴定的超级条形码（super barcode），另一方面则基于其筛选出高变区作为鉴定物种的潜在分子标记。

（二）系统进化

叶绿体基因组在大多数被子植物中为母系遗传，重组率低、核苷酸置换率适中，具有良好的系统发育重建潜力。叶绿体基因组的遗传信息在解决系统发育位置和不同物种间的亲缘关系方面做出了重要贡献，同时也被广泛用于揭示物种起源和估计各谱系间的分歧时间。

本章小结

细胞质遗传学已成为细胞遗传学的重要研究领域之一。主要包括线粒体 DNA 和叶绿体 DNA 的遗传。线粒体 DNA 存在于动植物中，叶绿体 DNA 只存在于植物中，均属于非孟德尔母系遗传。本章重点介绍线粒体和叶绿体基因组的分布、大小、分子特征和遗传特征。线粒体基因组的大小在动物中变化不大，但在植物中相对较大。在哺乳动物的 mtDNA 中含有 37 个基因，其中 13 个蛋白质基因，22 个 tRNA 基因和 2 个核糖体基因，主要影响的是细胞呼吸作用相关过程和酶，线粒体突变在人类引起一些常见的线粒体遗传病，各具有不同的遗传特点。叶绿体基因组比线粒体基因组大，包含的基因更多，但不同物种的叶绿体基因组大小差异很大。叶绿体基因组主要控制与叶绿体本身光合作用相关的酶。线粒体和叶绿体基因组在生物体的生长发育中起着重要作用。

➤思 考 题

1. 比较 mtDNA、cpDNA 和核 DNA 的异同，细胞质基因和核基因又有何相互关系？

2. 为什么细胞器基因组是半自主基因组？线粒体和叶绿体能否在体外独立分离和培养？植物线粒体基因组和动物线粒体基因组有哪些异同？

3. 男性和女性都可以患 Leber 遗传性视神经病（LHON）吗？请解释。

4. 植物雄性不育主要有几种类型？其遗传基础如何？

5. 查阅相关资料，讨论叶绿体和线粒体的起源。

编者：党瑞华

主要参考文献

任衍钢，白冠军，宋玉奇，等. 2019. 线粒体 DNA 的发现及其基因组的揭示过程[J]. 生物学通报，54（6）：55-58.

Baxter R，Kirk J T. 1969. Base composition of DNA from chloroplasts and nuclei of Phaseolus vulgaris[J]. Nature，222（5190）：272-273.

Carlson P S. 1973. The use of protoplasts for genetic research[J]. Proc Natl Acad Sci U S A，70（2）：598-602.

Chen S，Yao H，Han J，et al. 2010. Validation of the ITS2 region as a novel DNA barcode for identifying medicinal plant species[J]. PLoS One，5（1）：e8613.

Guo M，Xu Y，Ren L，et al. 2018. A Systematic Study on DNA Barcoding of Medicinally Important Genus Epimedium L.（Berberidaceae）[J]. Genes，9（12）.

Hollingsworth P M，Li D Z，Michelle V D B，et al. 2016. Telling plant species apart with DNA：from barcodes to genomes[J]. Philosophical Transactions of the Royal Society B Biological Ences，371（1702）：20150338.

Ris H，Plaut W. 1962. Ultrastructure of DNA-containing areas in the chloroplast of Chlamydomonas[J]. J Cell Biol，13（3）：383-391.

Smirnova E，Shurland D L，Ryazantsev S N，et al. 1998. A human dynamin-related protein controls the distribution of mitochondria[J]. J Cell Biol，143（2）：351-358.

第二十一章　细胞遗传学的应用研究

第一节　在植物基础研究中的应用

一、植物物种起源演化的研究

众所周知，细胞遗传学研究最早主要是在高等植物上进行的。虽然早期细胞遗传学发展过程中观察染色体所使用的工具和技术比较简单，但是人们借助于核型分析技术，对一些植物物种的起源和进化进行了初步的研究，也得出许多重要的结论。

在水稻的起源方面，卢永根等（1990）对中国普通野生稻（*Oryza rufipogon* Griff.）、药用稻（*O. officinalis* Wall.）和疣粒稻（*O. meyeriana* Baiee.）进行了粗线期核型的研究，并与栽培稻进行了比较分析，首次建立了中国这三个野生稻种的粗线期核型。他发现，中国普通野稻、药用稻和疣粒稻的粗线期核型存在着一些差异，其中中国普通野生稻与栽培稻在染色体长度变化范围、相同类型和编号染色体的数目、核仁组成中心的位置及染色粒的分布方式等方面的相似性最高。中国这三种野生稻与栽培稻粗线期核型的对比结果进一步支持了丁颖所提出的栽培稻起源的观点，即中国栽培稻起源于华南，华南分布的中国普通野生稻即为中国栽培稻的近缘祖先。

普通小麦（*Triticum aestivum* L.，$2n = 6x = 42$，AABBDD）属于异源六倍体，是植物细胞遗传学研究的典型物种。人们对小麦的起源及小麦染色体组的来源进行了研究。1930 年开始，日本遗传学家木原均建立了染色体组分析法，即利用染色体组组成已知的物种和目标物种进行杂交，通过分析杂种 F_1 减数分裂染色体的行为，结合亲本的减数分裂行为、杂种育性等方面的特征，探讨物种之间的亲缘关系，进而确定目标物种的染色体组组成。基于小麦属内不同种间杂种染色体配对行为的染色体分析，确定了六倍体普通小麦 A、D 染色体组的供体物种分别为乌拉尔图小麦和粗山羊草，但对 B 染色体组的来源仍看法不一。随着现代染色体分析技术，包括常规的 Giemsa 染色、C 带、G 带等技术的发展，人们对黑麦属、小麦属、葱属等近百种植物进行分带工作，为植物物种间亲缘关系的鉴定及栽培植物的起源、进化的研究提供了可靠的依据。1974 年以来，研究者应用分带技术，发现在许多二倍体的近缘野生种中只有拟斯卑尔脱的带型与普通小麦 B 染色体组较为接近，从而为研究 B 染色体组的来源提供了新线索。

中间偃麦草（*Thinopyrum intermedium*，$2n = 6x = 42$，EeEeEbEbStSt 或 JJJSJSStSt）是小麦的野生近缘物种，具备根系健壮、长势繁茂、大穗多花、抗病虫、耐贫瘠等诸多特点，且能与小麦杂交，是国内外研究较多、小麦改良中应用较广的重要野生资源之一。中间偃麦草通常被认为是部分同源异源六倍体，属于含有三个染色体组的属间杂种，它的染色体组构成和演化历史扑朔迷离，直至目前仍未形成共识。归纳前人的研究结果，主要有两类观点，第一类观点认为中间偃麦草含有与小麦同源的染色体组，不同研究将其染色体组构成分别表示为 AaDaX1、AXY、BEF、AaBaDa、B2X1X2、EA1EA2NG 或 EG1EG2NA；第二类观点是中间偃麦草不含与小麦同源的染色体组，不同研究将其染色体组构成分别表示为 NE1E2 或 EN1N2、NNiX、E1E2X、JeJeJeJeSS、XE1E2、JJJsJsSS、EeEeEbEbStSt。

崔雨等以簇毛麦（*Dasypyrum villosum*，$2n = 14$，VV）长末端重复序列（LTR）pDb12H为探针对中间偃麦草根尖细胞染色体进行荧光原位杂交，以及以假鹅观草（*Pseudoroegneria strigosa*，$2n = 14$，StSt）基因组DNA为探针，分别以百萨偃麦草（*Th. bessarabicum*，$2n = 14$，JJ或E^bE^b）或普通小麦‘烟农15’基因组DNA为封阻，对中间偃麦草的根尖细胞染色体进行基因组原位杂交，可以将中间偃麦草的42条染色体分为三个染色体组（图21-1）。以寡核苷酸pAs1-4、pSc119.2-1、$(GAA)_{10}$、$(AAC)_6$和45S rDNA克隆序列pTa71为复合探针，对中间偃麦草的根尖细胞染色体进行原位杂交，构建了中间偃麦草的染色体核型，结果显示三个染色体组中均有7对同源染色体。综合细胞遗传学结果，中间偃麦草的染色体组成公式可表示为$JJJ^{vs}J^{vs}StSt$。

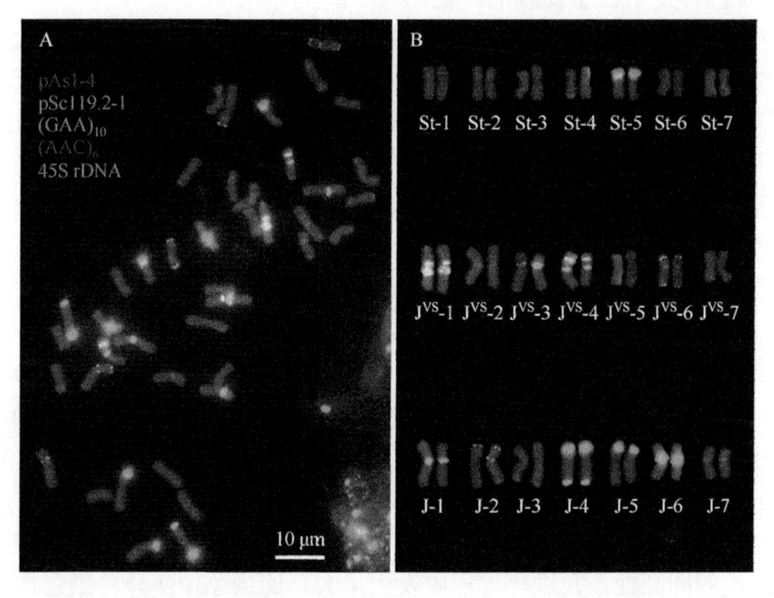

图21-1　基于复合探针的中间偃麦草FISH（A）结果及核型（B）

二、植物染色体特征演化研究

随着技术的进步，细胞遗传学也逐渐成为分析研究植物物种染色体组组成、结构变异及基因组重排的有效工具。

在普通小麦的研究方面，Endo首先通过染色体C分带技术将普通小麦的21对染色体完全区分开来；Gill等建立了普通小麦的标准带型，并通过带型分析发现了普通小麦染色体间的结构变异。目前已对上百种禾本科植物进行了C带和N带的分析，小麦、黑麦等重要作物确立了一套标准的染色体模式图。近年来出现的染色体荧光原位杂交（FISH）和基因组原位杂交（GISH）技术发展迅速，Tang等（2014）利用分别来自黑麦和节节麦的重复序列pScl19.2和pAsl同时区分普通小麦42条染色体，单独使用pScl19.2便可以区分黑麦14条染色体。随着检测技术的发展，单拷贝基因达到3 kb以上便可以在有丝分裂中期染色体上检测到杂交信号。Danilova等利用60个小麦单拷贝基因的全长cDNA为探针建立了小麦的细胞学遗传图谱，并检测了小麦与野生近缘种的亲缘关系与染色体重排。

染色体易位是物种进化过程中基因组形成的主要驱动力量。不同研究表明，染色体易位通常与基因组紊乱紧密相关，而涉及易位的基因具有较高的进化速率。也有研究报道认为染色体易位能改变重组率水平，这不仅是属内变异的主要来源，也是作物改良中的一个限制因素。普通小麦染色体 4A、5A 和 7B 之间的非同源染色体易位是众所周知的。第一个分析报道的此类染色体易位事件是基于染色体配对和基因标记定位完成的。前人基于分子标记的连锁图谱分析进一步确认了这些染色体易位的存在，并据此提出了关于染色体易位和倒位事件的起源进化假说。基于锚定于 bin 区段的表达序列标签（EST）的分析发现，除已知的两次相互易位和两次倒位事件外，第三个倒位发生于 4A 长臂和短臂之间，从而形成现在的“4AL”。人们广泛认为，4AL/5AL 染色体易位发生在二倍体水平，因为它也出现在二倍体的一粒小麦（*T. monococcum*，$2n = 2x = 14$，AA）中，而 4A/7B 染色体易位发生在四倍体水平，因为其出现在四倍体硬粒小麦中（*T. durum*，$2n = 4x = 28$，AABB）。基于染色体附加系和替换系的分析表明，4L/5L 染色体易位同样发生在小麦族的其他物种中。

除以上染色体易位外，也有报道检测到了普通小麦其他染色体间的重排现象。其中一个染色体间的相互易位是在 19 世纪 60～70 年代的西欧小麦中检测到的，位于 5B 和 7B 染色体间，该易位可能广泛分布于现代小麦品种中。另外一个染色体易位发生在 5B 和 6B 染色体间，在埃塞俄比亚的四倍体地方小麦中检测到。有趣的是，这两个染色体易位似乎仅存在于特定地理区域的少数基因型中。尽管我们还不知道它们是否和形态特征有关系，但是它们特异的地理分布特征暗示这些易位可能和适应性有关系。

在其他作物研究中，芸薹属（*Brassica*）包含许多重要的油料作物，是芸薹科（Brassicaceae）（旧称十字花科）的一个重要属，正是由于芸薹属的重要性，十字花科后更名为芸薹科。芸薹属包含 6 个重要的栽培种，即著名“禹氏三角”中的三个基本种和由三个基本种经两两杂交及染色体组加倍而来的复合种。三个基本种包括白菜（*B. rapa*，AA，$n = 10$）、黑芥（*B. nigra*，BB，$n = 8$）及甘蓝（*B. oleracea*，CC，$n = 9$），三个异源四倍体复合种为甘蓝型油菜（*B. napus*，AACC，$n = 19$）、埃塞俄比亚芥（*B. carinata*，BBCC，$n = 17$）和芥菜型油菜（*B. juncea*，AABB，$n = 18$）。白菜和甘蓝属于芸薹属的基本种。细胞遗传学和比较基因作图分析表明，A、C 物种基因组间具有高度的同源性，在进化过程中发生了大量的染色体变异。染色体之间发生融合、分裂、重排，从而导致染色体数目的变化，同时也伴随着大片段染色体的易位和倒位，进而形成了现在的物种分化。

三、植物重要基因定位

在重要性状基因的挖掘和鉴定过程中，确定其所在的染色体及其具体位置，是植物遗传育种研究中对其进行有效利用和后续操作的必要条件。此外，染色体定位也有助于阐明不同基因之间的关系，并验证候选基因是否与先前报道的基因相同。有关基因染色体定位的信息将使研究人员能够识别与目标性状有关的基因组区域，从而有助于分子标记辅助育种的建立和发展。

植物单体、三体、缺失体等非整倍体是遗传研究和染色体工程育种的重要基础材料，在基因及分子标记的物理定位、确定连锁群与染色体的对应关系上具有不可替代的作用。随着分子标记技术的不断进步，创建和研究新的系列非整倍体工具材料对于基因及分子标记的染色体定位，进而实现目标基因的克隆和应用具有重要意义。

‘中国春’小麦作为小麦研究领域的模式基因型植物而受到世界各地的广泛应用。20 世纪 30 年代开始，美国的厄尼 · 西尔斯（Ernie Sears）创制了大量的‘中国春’背景的小麦非整倍体，包括缺体、单体、三体、四体、双端体和缺体-四体（NT）系等，为普通小麦的细胞遗传学研究和基因定位提供了丰富的遗传材料。四倍体小麦的单体系统包括“Swewart”和

“Bijageyellow”两套硬粒小麦单体系统，二倍体小麦目前尚未发现存活的单体。

随着分子标记和分子细胞遗传学技术的发展，各种小麦非整倍体和缺失体被广泛应用于绘制高密度的小麦遗传和物理图谱，为异源多倍体小麦各种重要性状基因的定位和图位克隆等研究奠定了基础，并可用于共线性分析、比较作图等后续的比较基因组学研究。近期人们将细胞遗传学技术和基因组分析技术相结合，如利用流式细胞仪分离出小麦中最大的3B染色体和剩余20条染色体的40条染色体臂，并将其用于开发基于BAC的物理图谱，进而用于‘中国春’小麦6X染色体序列的生成和全基因组序列的组装。

在二倍体植物中，由于很难培育出成套的单体系，因此各类三体被用于确定基因所属的染色体或染色体臂。例如，利用初级三体的遗传分析可以把某个性状标记基因或连锁群定位到相应的染色体上，利用端体或次级三体则可定位到更具体的染色体臂上。

荧光原位杂交（FISH）作为一种有效的分子细胞遗传学方法，利用各种探针（如来自重复DNA、大片段克隆或密切相关物种的探针、寡核苷酸探针）快速对间期和中期染色体进行细胞遗传学特征鉴定，进而用于构建高精度的精细的分子核型，同时也可显示染色体中特定DNA序列的位置信息等。利用FISH对番茄中11个已测序的细菌人工染色体（BAC）进行了注释和定位，从而为研究这种模式双子叶植物中常染色质和着丝粒周围异染色质的成分差异提供了全局性的见解。在常染色体区，BAC基因丰富，逆转录转座子少，其他重复因子较少。相反，异染色质区主要由反转录转座子组成。根据这些发现，人们估计番茄中90%的基因位于25%的常染色体组中。另对拟南芥近缘种间着丝粒周围异染色质的序列比较表明，该区域基因序列是保守的，但由于插入了重复元件和伪基因，基因之间的距离有所不同。

四、植物基因功能研究

FISH在结构基因组学、比较基因组学和功能基因组学中也得到了较好的应用，为DNA序列定位、排列顺序和序列间Gap大小的验证及着丝粒等复杂区域的表征提供了一种有效的手段。例如，对来自玉米9号染色体、番茄2号和6号染色体及马铃薯6号染色体的近着丝粒区域的异染色质基因进行了细胞遗传学分析，有助于解决复杂的基因组结构信息。类似地，FISH技术已经在番茄中得到了应用，鉴定出异染色质-常染色质边界，定位番茄和玉米中的着丝粒区域范围，并估计了水稻、番茄基因组组装序列中BAC之间Gap区域的实际物理大小。作为马铃薯基因组测序项目的一部分，类似的FISH技术和策略被用于指导BAC序列的组装和拼接过程。

尽管植物细胞遗传学以近一个世纪前开创的技术为基础，但仍在不断发展，为植物染色体、基因组的遗传和基因组分析提供了重要的综合工具。将分子生物学技术和新的染色体制备、高分辨率成像等染色质细胞学新方法相结合，为从不同维度理解和研究生物的基因组提供了新的可能。

第二节　在植物育种中的应用

一、创造新品种

植物的进化史伴随着植物的远缘杂交，多倍化过程被认为是植物进化的一个主要驱动力。一些非常重要的作物，如棉花（*Gossypium hirsutum*，AADD，$2n = 52$）、小麦（*Triticum aestivum*，

AABBDD，$2n=42$）、甘蓝型油菜（*Brassica napus*，AACC，$2n=38$）、烟草（*Nicotiana tabacum*，$2n=24$）等都属于远缘杂交而来的异源多倍体。

作物种属间远缘杂交是创造作物遗传变异、培育优异新品种的有力途径之一。在 20 世纪之交，甘蔗业正面临着致命的病毒性疾病的威胁，人们利用含有 80 条染色体的栽培甘蔗与野生甘蔗（*Saccharum spontaneum*）杂交，培育出携 112 个染色体的神奇甘蔗，拯救了甘蔗产业和糖业。现在 FISH 分析已经证实，10%的现代甘蔗染色体可以追溯到野生甘蔗（*S. spontaneum*）。虽然甘蔗的遗传系统大多将其排除在外，但观察到了一些同源重组的染色体。

由于小麦农业生产中的重要地位及拥有丰富的基因源，远缘杂交在小麦育种的研究方面起步较早，应用较为广泛，取得的成果颇为丰富。小麦育种中普遍进行品种间杂交，有限的优良基因被反复地应用，使得小麦的遗传背景日趋单一化，限制了其适应性和生产力的进一步提高。相比之下，小麦的近缘物种类型繁多，变异多样，具有丰富的遗传多样性，并且含有在小麦育种中具有重要利用价值的优良基因，如偃麦草属（*Elytrigia*）对三锈免疫，高抗黄矮病、纹枯病等，还具有非常好的烘烤品质；簇毛麦属（*Haynaldia*）对白粉病免疫，籽粒蛋白质含量高；黑麦属（*Secale*）耐盐、多花多实等。因此通过远缘杂交、染色体工程等技术将小麦近缘物种中蕴藏的有益基因转移进普通小麦，丰富了小麦育种的遗传基础，是进行小麦遗传改良的有效途径和重要方向。

小麦与其近缘植物远缘杂交的尝试和研究已经有 100 多年的历史。1876 年就报道了小麦和黑麦之间的杂交种。1904 年 Farrer 报道了小麦-大麦杂交的研究。20 世纪 30 年代末，利用秋水仙碱使杂种染色体数目加倍技术的利用和推广，开创了普通小麦和近缘植物远缘杂交的新途径。杂交技术和胚胎培养的发展，使得小麦族不同种属植物与小麦杂交范围继续扩大。

黑麦是最早、最广泛用于改良小麦的远缘物种之一，并对小麦生产做出了巨大的贡献。世界各国对黑麦属植物开展了大量的研究，创制了一系列的小麦/黑麦双二倍体、附加系、代换系及易位系等。其中小黑麦（triticale）是由小麦属（*Triticum*）和黑麦属（*Secale*）物种经属间有性杂交和染色体加倍培育而成的一种新的异源多倍体物种，其英文名称 triticale 由小麦属名的字头和黑麦属名的字尾组合而成，1935 年起已成为国际上通用名称。

黑麦 1R 染色体短臂取代小麦 1B 染色体短臂所育成的小麦-黑麦 1BL·1RS 易位系在国内外小麦品种改良中的应用最为广泛。1BL·1RS 易位染色体上除携带抗白粉基因 *Pm8*、抗条锈基因 *Yr9*、抗叶锈基因 *Lr26* 和抗秆锈基因 *Sr31* 以外，还携带与提高产量、抗逆性、适应性等优良性状有关的基因，而且 1RS 在遗传上能很好地补偿 1BS 缺失引起的负效应，被认为是外源基因用于小麦品种改良最成功的范例。我国目前的推广品种中 50%～70%带有 1BL·1RS 血统（图 21-2）。研究者对中国冬小麦的 1BL·1RS 易位进行检测，发现 1BL·1RS 易位在中国北方大平原麦区、黄淮流域麦区、长江中下游麦区、西南麦区的分布频率分别为 48.0%～54.0%、40.0%～50.4%、20.0%～26.9%、21.0%～34.6%。

偃麦草属植物是小麦的野生近缘植物之一，其中二倍体长穗偃麦草、十倍体长穗偃麦草和中间偃麦草已广泛用于小麦的抗病和品质性状的改良。中间偃麦草与小麦的远缘杂交最早可追溯到 1921 年 Percival 的试验；后来 H·B·齐津在 1928～1930 年的杂交实验获得成功；我国学者孙善澄先生等在 1953 年开始进行两者的杂交试验并于 1956 年成功。此后李振声先生等也开始进行两者的杂交工作，1957 年成功获得杂交种子。李振声先生通过辐射诱变小麦与长穗偃麦草的杂种后代，获得了多个易位系，并育成了‘小偃 4 号’‘小偃 5 号’‘小偃 6 号’等

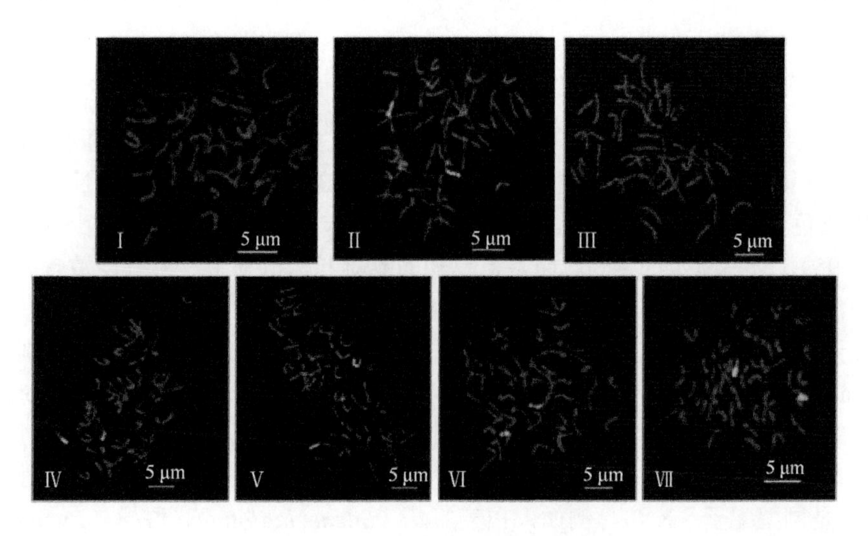

图 21-2　小麦 1BL·1RS 的检测

优良品种；特别是‘小偃 6 号’，不但抗病性好、适应性广，且稳产高产优质，是中国小麦远缘杂交育种中表现比较突出的例子。

对小麦遗传背景中的外源遗传物质进行准确鉴定，可以分析其遗传特点，评价其遗传效应，提高其利用效率。鉴定小麦远缘杂交后代材料中的外源染色体、染色体片段或外源遗传物质的方法主要包括形态学、细胞学、生化化学、分子生物学等方法。其中对远缘杂交后代材料进行染色体数目、形态特征、配对行为和核型分析等细胞学技术，是检测是否存在外源染色体的基本方法。早期的细胞学鉴定主要是根据细胞有丝分裂中期染色体大小、数目、臂指数、着丝粒位置及随体的有无等进行物种核内染色体构成特点的分析。其后染色体显带包括 C 带、G 带、Q 带、R 带等技术，也在小麦染色体工程研究中得到广泛应用。大多数小麦近缘种属也具有特征带型，因此采用适当的分带技术可以跟踪和鉴定小麦遗传背景中的外源染色体（或片段）。GISH 技术的发展，不仅可以在细胞分裂的各个时期检测到外源染色体（质），同时可检测出外源染色体数目及其片段的大小。目前，利用 GISH 已成功检测到小麦遗传背景中大麦、黑麦、偃麦草、新麦草、大赖草、簇毛麦等多种来源的染色体或染色体片段。

随着染色体显带技术和 FISH 的发展，利用 C 分带和 FISH 技术相结合对染色体进行处理分析，能够较精确地对染色体进行识别。在小麦族的物种中，串联重复卫星序列和某些微卫星序列的 FISH 定位可产生特征性的杂交带型，使全部或多数染色体得以识别。例如，来自节节麦的克隆 pAsl 能够识别整个 D 组染色体，而来自黑麦的克隆 pSc191.2 主要与 B 组染色体杂交，这两个克隆的双色 FISH 带型能够识别普通小麦的 17 对染色体。非变性荧光原位杂交（non-denaturing fluorescence *in situ* hybridization，ND-FISH）是近年来由荧光原位杂交演变而来的无须变性染色体用带有荧光基团的寡聚核苷酸作为探针，直接进行杂交的新技术。Tang 等用串联重复序列而设计成的寡聚核苷酸探针 Oligo-B 和 Oligo-D，替代多色基因组原位杂交将小麦 A、B、D 组染色体区分开。王丹蕊等开发了包含 pAs1-1、pAs1-3、AFA-4、（GAA）10 和 pSc119.2-1 共 5 个探针的寡核苷酸探针套，不仅有效用于小麦及亲缘物种染色体的鉴定，而且由探针套构建的高清晰的‘中国春’非整倍体核型为小麦染色体工程提供了参考标准。

二、植物性别控制

雌雄异株植物性染色体的起源和演化是植物生物学里最引人关注的主题之一。与动物系统相比，雌雄异株植物性染色体系统进化时间较短。研究这些物种与“年轻”性染色体可以帮助我们理解性染色体进化的初级阶段。雌雄异株（dioecy）在植物中是相对少的（Renner and Rickelfs，1995），只占总数的 4%。而且，已知的雌雄异株植物中，只有少数含有细胞学上可区分的性染色体。

目前在开花植物中，从 19 个物种中发现了异型的性染色体。这些物种分别属于大麻科（Cannabaceae）、石竹科（Caryophyllaceae）、葫芦科（Cucurbitaceae）和廖科（Polygonaceae）。在植物性别的分化演化过程中，性染色体结构上的变异和数目上的变化对植物的性别决定有重要的影响。在雌雄异株植物中，大部分的物种是属于 XY 的性别决定系统，雄性是异型配子（XY），雌性是同型配子（XX）。例如，白麦瓶草（*Silene latifolia*）、酸模（*Rumex acetosa*）、番木瓜（*Carica papaya*）和菠菜（*Spinach oleracea*）等性别决定依赖于 Y 染色体活性。在其他物种中，性别决定是 ZW 性别决定系统，如草莓属（*Fragaria*）和蝇子草属（*Silene*），雌性是异型配子（ZW），雄性是同型配子（ZZ）。而雌雄异株植物啤酒花（*Humulus lupulus*）、大麻（*Cannabis sativa*）和葎草（*Humulus japonicus*）则为 X/A 平衡性别决定类型。而在银杏和美洲鹅掌楸中，性染色体是否存在还有争议。

第三节 在动物卵母细胞发育中的研究

一、卵母细胞染色质构型的概念

在细胞遗传学研究中，相比染色体，对染色质的研究较少。20 世纪 20 年代，Heitz 在苔藓间期的细胞核中观察到了着色不同的染色质（chromatin），即常染色质和异染色质。在哺乳动物的个体发育过程中，从胎儿期到青春期，位于卵巢中的卵母细胞一直处于减数第一次分裂（MⅠ）前期的双线期；到了青春期，LH（黄体生成素）峰的出现促进了这些卵母细胞减数分裂的恢复。停滞于 MⅠ前期双线期卵母细胞的细胞核又称为生发泡（germinal vesicle，GV），处于生发泡期的卵母细胞又称为 GV 期卵母细胞。随着哺乳动物卵母细胞的生长，GV 会发生染色质修饰和重塑的改变，包括单拷贝基因的特异启动子区及其他顺式调控元件局部染色质修饰的改变、基因组大片段的大规模染色质重塑等，从而控制相关基因的表达。在细胞水平上，则表现为细胞核内染色质空间排布形态的变化，即卵母细胞染色质构型（chromatin configuration）的改变。

GV 期卵母细胞染色质构型是指 GV 期卵子核内染色质的特定形态及在核区的空间排布情况。研究表明，卵母细胞发育期间发生的染色质构型的改变与卵母细胞的发育能力密切相关。影响哺乳动物卵母细胞生长和成熟过程中染色质构型变化的因素及其与卵母细胞发育能力的关系，成为近年来的研究热点，引起了人们的极大兴趣。

二、哺乳动物卵母细胞染色质构型的分类标准

人们根据卵母细胞染色质的组织情况，对哺乳动物卵母细胞的染色质构型进行了分类（图 21-3）。对小鼠卵母细胞染色质构型的研究最多也最深入，将小鼠 GV 期卵母细胞基本上分

为两大类：一是卵母细胞核仁周围有环状的异染色质分布，称为异染色质环绕的卵母细胞（surrounded nucleolus，SN），即 SN 型卵；二是卵母细胞核仁周围的异染色质弥散存在，无环状异染色质的分布，称为非异染色质环绕的卵母细胞（not surrounded nucleolus，NSN），即 NSN 型卵。

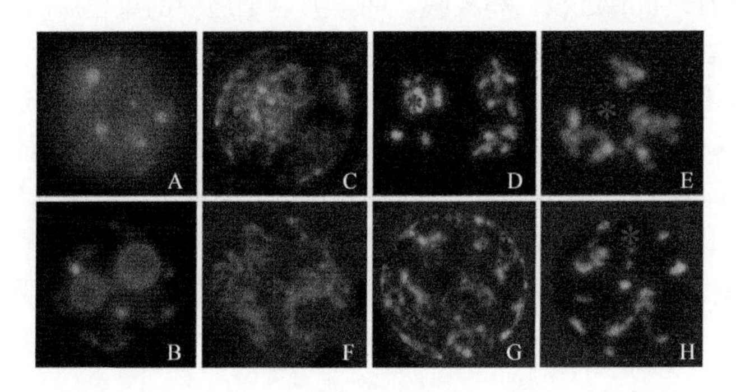

图 21-3　哺乳动物卵母细胞的染色质构型图（Hoechst 33342 染色，400×）（Tan et al.，2009）

*指示的是核仁。A、B 指示小鼠的 NSN 和 SN；C～E 指示牛的 NSN、SN 和 C；F～H 指示山羊的 GV1、GVn 和 GVc

进一步的研究表明，小鼠卵母细胞中染色质的凝集，除 SN 型和 NSN 型以外，还有中间型（intermediate nucleolus，IN），即 IN 型卵，此时的卵母细胞染色质正处于由 NSN 型向 SN 型转变的过程中，染色质尚未完全凝集成环状，但可见雏形，并伴随部分弥散的染色质。有时把 IN 构型的小鼠卵母细胞再细分两类，一类是异染色质聚集于核仁附近（pNSN），另一类是异染色质部分凝集成核仁周环（pSN）。

大鼠卵母细胞染色质的凝集情况与小鼠基本相同。猪卵母细胞染色质凝集的分类稍显复杂，根据染色质凝集程度的不同，可分为 GV0、GV1、GV2、GV3 和 GV4 5 种类型，从染色质弥散型到集中型凝集变化。其中，GV0 型猪卵母细胞与小鼠的 NSN 型相似，在 GV1 至 GV4 型卵母细胞中，染色质逐渐向核仁周围凝集成环状或马蹄状。猴卵母细胞的染色质按凝集程度可分为 GV1、GV2 和 GV3 三类，其中 GV1 型与小鼠 NSN 型凝集程度相似，GV2 和 GV3 的区别是核仁周围的染色质边缘是否完整，GV3 型卵母细胞的染色质边缘较为完整。为了和小鼠卵母细胞的染色质构型作比较，进一步将猪卵母细胞的染色质构型区分为 NSN、SN、pNSN、pSN、cNSN、cpNSN、cpSN 和 ED（early diakinesis）型。

兔卵母细胞中染色质的凝集也分为 NSN 型和 SN 型，而 SN 型进一步分为网状型（netlike，NL）、松散型（loosely condensed，LC）、紧密型（tightly condensed，TC）和块状型（singly condensed，SC）。人卵母细胞的染色质凝集与兔的最为近似，按凝集程度分为 A、B、C、D 4 种，可分别对应于兔的 NL、SC、TC 和 LC 型。

马卵母细胞中染色质的凝集分为 5 类：①纤维型（fibrillar），整个生发泡中弥漫着细细缕缕的相互缠绕的染色质；②中间型（intermediate），生发泡大小的体积中分布着丝状或不规则块状的染色质；③松散凝集型（loosely condensed chromatin，LCC），染色质形成一个边缘不规则的团块，通常围绕在核仁外周；④紧密凝集型（tightly condensed chromatin，TCC），染色质在核仁外周形成一致密的椭圆形团块；⑤荧光核型，这是指在使用 DNA 荧光染料 Hoechst 33342 将卵母细胞染色后，在荧光镜下观察，整个生发泡呈现均一的荧光着色，即染色质均一分布于整个生发泡内。狗卵母细胞的染色质凝集与马的情况类似，也分为 5 类：GV-Ⅰ、GV-Ⅱ、GV-

Ⅲ、GV-Ⅳ和GV-Ⅴ。其中GV-Ⅰ、GV-Ⅱ、GV-Ⅳ和GV-Ⅴ分别与马的纤维型、中间型、松散凝集型和紧密凝集型相对应。

牛卵母细胞中的染色质凝集分为5类：①NSN型，染色质弥漫于整个生发泡中；②网状型（netlike，N）；③块状型（clumped，C）；④SN型，块状染色质围绕核仁分布；⑤絮状型（floccular），染色质的分布靠近核仁和核膜。绵羊卵母细胞中的染色质凝集分为三类，除与小鼠分类相似的NSN型和SN型，还有一种SNE型，凝集的染色质存在于核仁和核膜周围。

山羊卵母细胞的染色质凝集状态分类不仅考虑到了染色质本身的形态，还兼顾了核仁体积这一因素，分为：①GV1，类似NSN型，染色质散在分布，同时具有体积较大的核仁；②GV2，染色质网状或块状分布，核仁体积的大小居中；③GV3，染色质呈网状或块状，核仁体积较小；④GV4，仅存在块状的染色质，无可见核仁。山羊染色质凝集的另一特殊之处在于，其染色质不存在其他物种中常见的环状凝集状态。不同哺乳动物卵母细胞染色质构型的对应如表21-1所示。

表21-1　不同哺乳动物卵母细胞染色质构型的对应（Tan et al.，2009）

动物	染色质构型	
小鼠	NSN	SN
猪	GV0	GV1，GV2，GV3
猴	GV1	GV2，GV3
人	NSN	A，B，C，D
兔	NSN	NL，LC，TC，SC
牛	NSN	N，C，SN
绵羊	NSN	SN，SNE
山羊	GV1	GVn，GVc
马	纤维状的，中间的	LCC，TCC

三、染色质构型和卵母细胞基因转录的关系

小鼠SN和pSN构型卵母细胞中依赖于RNA聚合酶Ⅰ和RNA聚合酶Ⅱ进行转录的相关基因出现沉默，而这类基因在小鼠NSN型卵母细胞中活跃转录。充分生长的SN构型卵母细胞表现出转录抑制，这很可能是其减数分裂发生率高的重要原因。从直径2 mm的卵泡开始，猪卵母细胞的RNA合成开始明显减少，该阶段的卵母细胞主要是GV1（SN）构型，当大于3 mm时完全停止生长。人A构型的较小卵母细胞表现活跃的转录活性，含有C构型的较大卵母细胞RNA转录停止，有腔卵泡中NSN型卵母细胞的特征为含有[^{3}H]标记位点，之后形成的SN构型卵母细胞则停止转录。随着牛卵母细胞的逐渐生长，RNA合成逐渐减少，当卵母细胞变成SN构型后，RNA合成停止。这说明，当凝集的染色质开始环绕到核仁周围时转录活动停止，但也有研究结果显示，敲除核素蛋白2（$Npm2^{-/-}$）的小鼠经过促性腺激素处理后获得的排卵前卵母细胞不转变为SN构型，但基因组的转录活动仍然停止。可见，染色质重塑成SN构型并不是全部转录抑制的必需条件。

山羊核仁周围的异染色质最终不形成环状，但随着卵泡的生长，卵母细胞RNA的合成迅速减少，并且当卵泡直径达到3 mm时停止合成。此外，山羊卵母细胞的转录活动只与GV1

和 GVn 构型有关，与 GVc 构型无关。家兔在初级卵泡形成后，核仁周围环立即形成，但如果不用促性腺激素处理，达到最大卵泡后卵母细胞的转录活动也不会停止。兔卵母细胞的转录活动只与 NL 或 LC 构型有关，与 TC 或 SC 构型无关。但值得注意的是，兔 NL 型卵母细胞核质当中有很多弥散的染色质，其异染色质围绕核仁，也处于转录状态。

四、卵母细胞染色质构型与发育能力的关系

对小鼠染色质构型与卵母细胞发育能力的研究表明，当卵母细胞直径为 10～40 μm，处于原始期至早期生长期时，其生发泡内的染色质凝集状态属 NSN 型；当发育至卵泡募集阶段时，整个卵巢中约 5%的卵母细胞为 SN 型卵；在成熟的有腔卵泡中，SN 型卵母细胞的比例高达 50%。经过充分生长的 NSN 型卵母细胞仍被认为是不成熟的，因为在排卵前它还需经历染色质由 NSN 型到 SN 型的转变。另外，Zuccotti 等选择 5～7 周龄的小鼠，经 Hoechst 33342 染色后，区分出 SN 型和 NSN 型卵母细胞，并进行了发育能力的比较。他们发现，SN 型和 NSN 型卵母细胞在体外都可以发育至第二次减数分裂中期（metaphase Ⅱ，MⅡ），只有 SN 型卵母细胞可以持续发育到囊胚，而 NSN 型的卵母细胞发育至 2 细胞时期即发生阻断。

猪生长至直径约为 2 mm 的有腔卵泡时即获得减数分裂的能力，且该阶段 GV0 构型染色质完全消失。很多猴的 GV3 型卵母细胞可以发育到 MⅡ期，而 GV1 和 GV2 卵母细胞在培养 48 h 后未发育，仍然停留在 GV 期。人类 4 种染色质中只有 C 型的 GV 期卵母细胞可以恢复减数分裂。兔 NL 构型的卵母细胞减数分裂不完全，而 LC 或 TC 构型卵母细胞可进行完全减数分裂，TC 构型比 LC 构型卵母细胞更容易发育到囊胚。马纤丝状染色质构型的卵母细胞成熟率会明显低于 LCC 或 TCC 构型卵母细胞。狗排卵后体外培养发育到 MⅡ期的卵母细胞比从卵巢中取出的 MⅡ期卵的囊胚率高。牛卵泡直径为 1.8～3 mm 的卵母细胞可以发育到 MⅡ期，而直径大于 1.5 mm 的卵泡 NSN 构型完全消失，只有 6%的 GV0（NSN）型牛卵母细胞可以完成第一次减数分裂，大多数 GV1（N）、GV2（C）和 GV3（SN）型卵母细胞可以发育到 MⅡ期，相比 GV1 型，GV2 和 GV3 型卵母细胞发育到囊胚的比例明显提高。胎牛卵母细胞减数分裂能力较低的原因主要是由于其与成年奶牛相比处于 GV 期的较早时期。山羊卵泡达到 1.5 mm 时卵母细胞可发育到 MⅡ期，而直径为 1～1.8 mm 的卵泡中 GV1 型卵母细胞的比例降低到 16%。山羊在卵泡直径大于 2 mm 时的卵母细胞可发育到囊胚，此时的卵母细胞为 GV3n 或 GV3c 构型。

第四节 在人类医学产前诊断中的应用

在人类医学中，新生儿出生缺陷会造成家庭和社会十分沉重的负担。所有的出生缺陷中，染色体疾病是最为严重的一类疾病。因其绝大部分新生儿出生缺陷无法治疗，所以在婴儿出生以前，对染色体异常的胎儿进行筛查和诊断，能够有效降低出生缺陷的发生。我国是出生缺陷高发的国家，如何进行经济、高效的产前诊断，减少出生缺陷的发生仍是产前诊断领域关注的重点。

目前有多种对人胎儿进行细胞遗传学产前诊断的技术，其中，G 显带染色体核型分析技术仍然是当前的“金标准”，该技术的缺点是细胞培养耗时长、分辨率低及人力耗费大。荧光原位杂交（FISH）产前诊断技术虽然有检测快速、特异性好等优点，但不能做到对整个染色体组的全面分析。染色体微阵列分析（CMA）技术，又称“分子核型分析”，能够在全基因组水

平上对染色体进行扫描，可检测出染色体不平衡的拷贝数变异（CNV），尤其适用于染色体组的微小缺失和重复等不平衡性重排的检测。

根据芯片设计与检测原理的不同，又可将 CMA 技术分为基于微阵列的比较基因组杂交（aCGH）技术和单核苷酸多态性微阵列（SNP array）技术。aCGH 技术需要将待测样本 DNA 与正常对照样本 DNA 分别进行标记，然后进行竞争性杂交，从而获得定量的拷贝数检测结果；SNP array 则只需将待测样本 DNA 与一整套正常基因组的对照资料进行对比，即可获得诊断结果。两种 CMA 技术进行比较可见，通过 aCGH 技术能够很好地检出 CNV，而 SNP array 除能够检出 CNV 外，还能够检测出大多数的单亲二倍体（UPD）和三倍体，以及一定水平的嵌合体。通过设计涵盖 CNV + SNP 检测探针的芯片，可同时检测 CNV 和 SNP。

从产前诊断的发展历程可见，过去产前诊断模式一般为 G 显带染色体核型分析联合 FISH 快速诊断或者荧光定量 PCR，但 FISH 快速诊断或者荧光定量 PCR 技术检测昂贵且其检测仅针对部分染色体异常。CNV 作为一类存在于人类基因组中新的遗传变异（遗传分子检测标记），可用于研究遗传与疾病的相关性，其可以将大于 1 kb 染色体变异（基因组变异），包括染色体核型检测不到的基因组微缺失和微重复检测出来。作为 CNV 检测方法之一，下一代测序技术（NGS）检测周期短，且一次可以对大量样本进行检测，与过去使用诊断技术相比优势明显。联用 G 显带染色体核型分析和 NGS-CNV，充分利用两者优势，互相补充，共同发挥产前诊断作用（黄柳萍等，2019）。

近年来随着测序技术的飞速发展和成本的不断降低，NGS-CNV 逐渐在临床上推广。联合应用常规 G 显带染色体核型分析和染色体拷贝数变异测序（CNV-seq）技术对胎儿羊水标本进行染色体检查，有利于分析临床表型与染色体异常的相关性，展示 CNV-seq 在产前诊断中的应用。孙云萍等对辽宁沈阳地区 516 例羊水产前诊断的单胎妊娠孕妇采用常规 G 显带染色体核型分析联合 CNV-seq 技术对胎儿羊水进行了染色体分析，结果表明，CNV-seq 检出 G 显带染色体核型分析漏检的 30 例染色体拷贝数变异（CNV），明确 13 例 G 显带染色体核型分析提示染色体结构异常的具体位点，并检出 5 例高比例（＞10%）嵌合体，但漏检 1 例低比例（1%）嵌合体和 13 例被 G 显带染色体核型分析检出的染色体结构异常。由此可见，CNV-seq 弥补了 G 显带染色体核型分析技术分辨率低的不足，提高了异常染色体的检出率，值得在产前诊断方面推广和应用。

本章小结

细胞遗传学为动植物及人染色体和基因组的遗传、基因组分析提供了重要的研究工具。本章内容包括细胞遗传学在植物物种起源演化、植物染色体特征演化、植物重要基因定位、植物基因功能研究等研究中的应用，细胞遗传学在作物创造新品种和性别控制中的应用，细胞遗传学在动物卵母细胞染色质构型概念、分类标准和与卵母细胞基因转录的关系，以及与发育能力的关系研究中的应用，细胞遗传学在人类医学产前诊断中的应用等，为人们从事相关物种细胞遗传学的研究提供了指南。

➢思 考 题

1. 细胞遗传学技术怎样用于植物物种起源演化研究？
2. 细胞遗传学技术可用于植物基因组学研究的哪些方面？

3. 举例说明细胞遗传和染色体工程是如何用于植物新品种培育的。
4. 什么是哺乳动物卵母细胞染色质构型？
5. 比较不同哺乳动物卵母细胞染色质构型的异同。
6. 哺乳动物卵母细胞染色质构型与基因表达的关系如何？
7. 哺乳动物卵母细胞染色质构型与卵母细胞的发育有什么关系？
8. 对人胎儿进行细胞遗传学产前诊断有哪几种技术？各有什么优缺点？

编者：姜运良　李兴锋

主要参考文献

崔雨. 2019. 中间偃麦草和八倍体小偃麦的鉴定及其染色体构成分析[D]. 泰安：山东农业大学博士学位论文.

黄柳萍，吴海燕，罗小芳，等. 2019. 高通量测序全基因组拷贝数变异检测联合染色体核型分析在产前诊断中的应用[J]. 中国优生与遗传杂志，27（7）：802-804.

李振声，容珊，钟冠昌，等. 1985. 小麦远缘杂交[M]. 北京：科学出版社.

卢永根，万常沼，张桂权. 1990. 我国三个野生稻粗线期核型的研究[J]. 中国水稻科学，4（3）：97-105.

孙云萍，庞泓，冯小静，等. 2020. 联合低深度全基因组测序及核型分析在产前诊断中应用[J]. 中国公共卫生，36（2）：252-253.

王丹蕊，杜培，裴自友，等. 2017. 基于寡核苷酸探针套 painting 的小麦“中国春”非整倍体高清核型及应用[J]. 作物学报，43（11）：1575-1587.

Chen Y，Song W，Xie X，et al. 2020. A collinearity-incorporating homology inference strategy for connecting emerging assemblies in Triticeae Tribe as a pilot practice in the plant pangenomic era[J]. Mol Plan，13：1-15.

Danilova T V，Friebe B，Gill B S. 2012. Single-copy gene fluorescence in situ hybridization and genome analysis：Acc-2 loci mark evolutionary chromosomal rearrangements in wheat[J]. Chromosoma，121：597-611.

Figueroa D M，Bass H W. 2010. A historical and modern perspective on plant cytogenetics[J]. Brief Funct Genomics，9：95-102.

Gupta P K，Vasistha N K. 2018. Wheat cytogenetics and cytogenomics：The present status[J]. Nucleus，61：195-212.

Pan L Z，Zhu S，Zhang M，et al. 2018. A new classification of the germinal vesicle chromatin configurations in pig oocytes[J]. Biol Reprod，99（6）：1149-1158.

Rasheed A，Mujeeb-Kazi A，Ogbonnaya F C，et al. 2018. Wheat genetic resources in the post-genomics era：promise and challenges[J]. Ann Bot，121：603-616.

Tan J H，Wang H L，Sun X S，et al. 2009. Chromatin configurations in the germinal vesicle of mammalian oocytes[J]. Molecular Human Reproduction，15（1）：1-9.

Tang S Y，Tang Z X，Qiu L，et al. 2018. Developing new oligo probes to distinguish specific chromosomal segments and the A，B，D genomes of wheat （Triticum aestivum L.） Using ND-FISH[J]. Front，Plant Sci，9：1104-1113.

Wang R R，Larson S R，Jensen K B，et al. 2015. Genome evolution of intermediate wheatgrass as revealed by EST-SSR markers developed from its three progenitor diploid species[J]. Genome，58（2）：63-70.